Festigkeitslehre

I

Elastizität, Plastizität und Stabilität der Stabwerke

von

Dr.-Ing. Nikola Dimitrov

apl. Professor an der Universität (TH) Karlsruhe und
Lehrstuhlvertreter am Institut für Tragkonstruktionen
und konstruktives Entwerfen an der Universität (TH) Stuttgart

und

Dr.-Ing.habil. Wolfgang Herberg

apl. Professor an der Universität (TH) Karlsruhe

Mit 154 Bildern

Zweite, vollständig neu bearbeitete Auflage

Sammlung Göschen Band 6144

Walter de Gruyter

Berlin · New York · 1971

Erste Auflage 1942 unter Prof.Dr.-Ing., Dr.rer.techn.eh. Willy Gehler und Privatdozent Dr.-Ing.habil. Wolfgang Herberg und erweiterter Neudruck 1952 von den gleichen Autoren.

Band II: Elastizität, Plastizität und Stabilität der Flächentragwerke.

 – Satz: IBM-Composer, Walter de Gruyter und Fotosatz Prill, Berlin – Druck: Mercedes, Berlin – Printed in Germany.

ISBN 3 11 003831 5

Vorwort

Die Festigkeitslehre hat die Aufgabe, die Beanspruchungen oder die inneren Spannungen eines materiellen Körpers (Baustoff, Bauelement, Bauwerk oder Baugrund) infolge Gestaltänderung des Systems oder Deformation des Bauelements zu ermitteln. Die Lösung dieser Aufgabe kann die Festigkeitslehre schon lange nicht mehr allein bewältigen. Viele Teilgebiete (Baustoffkunde, Bodenmechanik, Flugzeug- und Maschinenbau, Stahlbeton-, Stahl- und Leichtmetallbau, Platten- und Schalentheorie u. a. m.) haben sich als selbständige Lehrgebiete durchgesetzt. Dennoch bildet die Festigkeitslehre die Grundlage aller dieser Spezialfächer.

Der Fortschritt der Technik macht es notwendig, die älteren Ausgaben (Bd. 1144 von 1942 und 1952, Bd. 1145/45a von 1955) neu zu bearbeiten und zu erweitern. Dabei sind die wichtigsten physikalischen und mathematischen Grundlagen der Elastizität, Plastizität und Stabilität der Stabwerke (1. Band) und die der Flächentragwerke (2. Band) in Hinblick auf den derzeitigen Stand und auf die Entwicklungstendenzen aufgezeigt.

In den letzten Jahren wird in der Festigkeitsberechnung immer mehr auf das nichtelastische Baustoffverhalten Wert gelegt. Zur Zeit wird in Deutschland noch selten bei den praktischen Berechnungen davon Gebrauch gemacht, und es ist sehr erfreulich, wenn in jüngster Zeit auch im deutschsprachigen Raum Bücher über diese Erweiterung der Festigkeitslehre erscheinen. *Recklings* Plastizitätstheorie [10] und ihre Anwendung auf Festigkeitsprobleme ist ein vielversprechender Anfang.

Die Spannungs- und Stabilitätsprobleme im elastischen und plastischen Bereich gehören heute zusammen zum Traglastproblem etwa in der Reihenfolge:

$$P_B > P_k > P_T.$$

Hierin bedeuten: P_B die Bruchlast infolge von Zug oder Druck,

P_k die Knick- oder Beullast infolge von Gleichgewichtswechsel,

P_T die tatsächliche Traglast infolge gemischter Festigkeit.

Die Äquivalenz zu allen Spannungen ist die dazugehörige Schnittlast, deren Ermittlung naturgemäß die Grundlagen der Statik berühren. Je nach den Voraussetzungen des materiellen Körpers: starr, dehnbar, Kontinuum oder diskret, folgen die vier Arten des Gleichgewichtes: die vektorielle, virtuelle, differentielle und die numerische Art. Außerdem unterscheidet man Gleichgewicht ohne oder mit Berücksichtigung von elastischen oder plastischen Dehnungen, sowie ohne (Theorie 1. Ordnung) oder mit Beachtung der Verformungen (Theorie 2. Ordnung).

In Analogie zum Baustoff besitzen auch alle Tragsysteme eine Last-Verformungskurve, die früher bei elastischen Berechnungen überhaupt nicht interessant war. Heute kann man die älteren Forschungen der 20er und 30er Jahre über die Spannungs-Dehnungs-Linie, wie z.B. den Einspielsatz von Melan, direkt auf die plastische Berechnung der Bauwerke anwenden.

Das Wissen über die Größe der Traglast dient zur Bemessung der Bauteile und zur Berechnung des Gebrauchszustandes. Durch einfache Optimierungsprozesse können auch wirtschaftliche Probleme als Nebenprodukt der Traglastberechnung gelöst werden.

Ohne einen Anspruch auf Vollständigkeit zu erheben, zählen wir hier einige Bauwerke auf, bei denen entweder die Elastizität oder die Plastizität den Vorrang haben müßte. Die Elastizitätstheorie ist maßgebend für: Maschinenteile, Flugzeuge, Stahl- und Stahlbetonbrücken, Behälter bei normaler Temperatur, Schalen u. a. m. Die Plastizitätstheorie ist maßgebend für: Binder aus St 37 und St 52 unter statischer Last, Brücken unter außergewöhnlichen Belastungen, Panzerungen von Kernreaktoren, Unterseeboote, Konstruktionen unter dem Sog von Explosionen, hochgradig statisch unbestimmte Systeme, vorgespannte Konstruktionen, Maschinen u. a. m. Bei Rohrleitungen und Behältern unter hohen Temperaturen sind außerdem viskoelastische und viskoplastische Berechnungen maßgebend. Bei allen Konstruktionen muß aber das stabile Gleichgewicht vorhanden sein. Im Raketenbau ist der überkritische Bereich der Stabilität erforderlich.

Für die Vorbereitung von Europäischen Bestimmungen auf der Grundlage des Traglastzustandes von Betonbauteilen hat das Comité Européen du Béton in 10jähriger Arbeit Grundlagen, Richtlinien und Erläuterungen zur Berechnung und Ausführung von Stahlbetonkonstruktionen erstellt [20]. Daraus sind die Entwürfe vom März 1968 für DIN 1045 und DIN 4224 entstanden (s. Kap. Festigkeitslehre im Betonkalender 1971).

Schließlich sei noch gesagt, daß uns heute mit den neuen Rechenautomaten die Furcht vor langwierigen Rechnungen und z.B. hohen Zahlen von Unbekannten genommen ist. Damit entstehen auch für die Festigkeitslehre neue Möglichkeiten, und manches bisher angewandte Verfahren verliert plötzlich an Bedeutung.

Karlsruhe, im März 1971 *Die Verfasser*

Inhalt

Literaturverzeichnis [1 bis 21] 10

I Grundlagen der Festigkeitslehre

§ 1 *Einleitung* 12
1.1 Übersicht 12
1.2 Elastizität 16
1.3 Plastizität 18
1.4 Stabilität 20

§ 2 *Schnittkräfte und Deformationen* 22
2.1 Statik und Kinematik des starren Körpers 22
2.2 Arbeitsgleichung und Schnittkräfte 24
2.3 Formänderungsenergie und Biegelinie 26
2.4 Differentielles Gleichgewicht dehnbarer Körper 35
2.5 Differentialgleichung der Balkenbiegung als Anfangswertproblem 38
2.6 Differentialgleichung der Balkenbiegung als Randwertproblem 44
2.7 Numerisches Gleichgewicht 58
2.8 Literatur [22 bis 27] 62

§ 3 *Spannung und Verzerrung* 63
3.1 Spannungszustand 63
3.2 Verzerrungszustand 70

§ 4 *Elastizitätsgesetze und Fließbedingungen* 76
4.1 Spannungs-Dehnungs-Linien 76
4.2 Elastische und plastische Hysteresis 86
4.3 Hooke'sches Gesetz und elastische Grundgleichungen 87
4.4 Fließbedingungen und Verfestigungshypothesen 91
4.5 Schrifttum [28 bis 47] 98

5 *Energie- und Extremalprinzipien* 99
5.1 Prinzip der virtuellen Arbeit 99
5.2 Spezielle Sätze und Energiesätze 101
5.3 Sätze zur Berechnung der Traglast 103

5.4 Sätze für stabiles Werkstoffverhalten und für das Einspielen (shake-down) 105
5.5 Schrifttum [48 bis 67] 106

II Zug und Druck

§ 6 *Seile, Ringe und Behälter* 107
6.1 Seile 107
6.2 Ringe und Behälter 116
6.3 Silodruck 119
6.4 Schrifttum [68 bis 80] 121

§ 7 *Verbindungen und Fachwerke* 121
7.1 Verbindungstechnik 121
7.2 Elastische und plastische Fachwerke 125
7.3 Schrifttum [81 bis 93] 132

III Balkenbiegung

§ 8 *Querschnittsfestigkeit* 133
8.1 Querschnittswerte 133
8.1.1 Polygonzug 133
8.1.2 Diskretisierung 138
8.2 Elastische Biegung ohne Normalkraft 139
8.2.1 Allgemeiner Querschnitt 139
8.2.2 Verbundquerschnitt 142
8.2.3 Schubspannungen und Schubmittelpunkt 143
8.3 Elastische Biegung mit Normalkraft 148
8.3.1 Kern des Querschnittes 149
8.3.2 Druckspannungen bei versagender Zugzone 152
8.3.3 Kerbspannungen 154
8.4 Plastische Biegung 154
8.4.1 Grundgleichungen 154
8.4.2 Symmetrische Biegung ohne Normalkraft 157
8.4.3 Biegung mit Normalkraft 164
8.5 Schrifttum [94 bis 102] 167

§ 9 *Balken, Durchlaufträger und Rahmen* 168
9.1 Biegelinie statisch bestimmter Systeme 168
9.1.1 Elastische und plastische Biegung 169
9.1.2 Schubspannungen bei der plastischen Biegung 172

9.2 Statisch unbestimmte Balken und Durchlaufträger 174
9.2.1 Eingespannte Träger 175
9.2.2 Ein Paradoxon der Traglasttheorie 180
9.2.3 Elastische Berechnung und Dreimomentengleichung . . 182
9.2.4 Plastische Berechnung des Durchlaufträgers 184
9.3 Rahmen 188
9.3.1 Elastische Berechnung 188
9.3.2 Plastische Berechnung 190
9.4 Schrifttum [103 bis 111] 193

§ 10 Hängebrücken und Bogenbrücken 193
10.1 Hängebrücken nach der Theorie 2. Ordnung 193
10.2 Zweigelenkbogenbrücken nach der Theorie 2. Ordnung 199
10.3 Zahlenbeispiel 201
10.4 Schrifttum [112 bis 123] 205

§ 11 Elastische Bettung 206
11.1 Steifezahlverfahren 207
11.2 Bettungszahlverfahren 211
11.3 Einfluß der Hochbausteifigkeit 214
11.4 Schrifttum [124 bis 158] 215

IV Knickfestigkeit

§ 12 Knickung 217
12.1 Knickung im elastischen Bereich 218
12.2 Knickung im überkritischen Bereich 223
12.3 Knickung im plastischen Bereich 224
12.4 Kippen 226
12.5 Schrifttum [159 bis 199] 231

§ 13 Knickbiegung 233
13.1 Balkendruckbiegung 234
13.2 Stockwerkrahmen 241
13.3 Omega-Verfahren 241
13.4 Schrifttum [200 bis 210] 243

Sachverzeichnis 245
Namensverzeichnis 247

Inhalt des zweiten Bandes

Elastizität, Plastizität und Stabilität der Flächentragwerke

V Neuere Berechnungsmethoden

§ 14 Operatorenrechnung
§ 15 Matrizen- und Tensoralgebra
§ 16 Elementenmethode

VI Torsion

§ 17 Elastische Torsion
§ 18 Plastische Torsion

VII Membranen, Platten, Scheiben

§ 19 Membranen
§ 20 Platten
§ 21 Scheiben

VIII Schalen

§ 22 Translations- und Rotationsschalen
§ 23 Einfach gekrümmte Schalen und Faltwerke

IX Stabilitätsprobleme

§ 24 Plattenbeulung
§ 25 Schalenbeulung

Literaturverzeichnis

[1] *Szabó*, I.: Einführung in die Technische Mechanik. Berlin 1963 u. Höhere Technische Mechanik. 4. Aufl. 1964

[2] *Timoshenko*, S., u. I. N. *Goodier:* Theory of Elasticity. New York 1951

[3] *Timoshenko*, S.: Theory of Elastic Stability. New York 1936

[4] *Timoshenko*, S., u. S. *Woinowsky-Krieger:* Theory of Plates and Shells. New York 1959

[5] *Hamel*, G.: Theoretische Mechanik. Berlin 1967

[6] *Marguerre*, K.: Technische Mechanik. Bd. I–III. Heidelberg 1967–68

[7] *Leipholz*, H.: Einführung in die Elastizitätstheorie. Karlsruhe 1968

[8] *Flügge*, W.: Festigkeitslehre. Berlin 1967

[9] *Marguerre*, K.: Neuere Festigkeitsprobleme des Ingenieurs. Berlin 1950

[10] *Reckling*, K.-A.: Plastizitätstheorie und ihre Anwendung auf Festigkeitsprobleme. Berlin 1967

[11] *Lueger:* Lexikon der Technik. Bd. 10 und 11 – Bautechnik. Stuttgart 1966

[12] *Lueger:* Lexikon der Technik. Bd. 1 – Maschinenbau. Stuttgart 1960

[13] Handbook of Engineering Mechanics. Hrsg. W. Flügge. New York 1962

[14] *Prager*, W.: Probleme der Plastizitätstheorie. Basel 1955

[15] *Sokolovskij*, V. V.: Theorie der Plastizität. Berlin 1955

[16] Handbuch der Physik: Herausgeber S. Flügge. Bd. VI – Elastizität und Plastizität. Berlin 1958

[17] *Massonnet*, Ch., u. M. *Save:* Calcul plastique des constructions. Bd. 1–2 Bruxelles 1961–63

[18] *Prager*, W. u. P. G. *Hodge*, Jr.: Theorie ideal-plastischer Körper. Wien 1954

[19] *Neal*, B. G.: The plastic Methods of Structural Analysis. London 1956. Dt. Ausg.: Die Verfahren der plastischen Berechnung biegesteifer Stahlstabwerke. Berlin 1958

[20] Europäisches Beton-Komitee (C.E.B.): Empfehlungen und Ausführung von Stahlbetonbauwerken. Deutscher Beton Verein. Düsseldorf 1965

[21] Festigkeitslehre in Jahresübersichten:
VDI-Z. *103* (1961) Nr. 31, S. 1563/80
VDI-Z. *104* (1962) Nr. 30, S. 1569/82
VDI-Z. *105* (1963) Nr. 33, S. 1557/73
VDI-Z. *106* (1964) Nr. 33, S. 1667/82
VDI-Z. *107* (1965) Nr. 33, S. 1603/12
VDI-Z. *108* (1966) Nr. 33, S. 1651/65
VDI-Z. *109* (1967) Nr. 33, S. 1566/84
VDI-Z. *111* (1969) Nr. 16, S. 1117/42
VDI-Z. *112* (1970) Nr. 16, S. 1091/1106

Weitere Literatur am Ende der §§ und im Text.

I. Grundlagen der Festigkeitslehre

§ 1 Einleitung

1.1 Übersicht

Die Festigkeitslehre braucht zu ihrem Aufbau, wie jede andere Naturwissenschaft, exakte Sätze. Für die Aufstellung dieser Sätze ist man gezwungen zu idealisieren, denn jeder Last- und Deformationszustand wird von einer Anzahl „Störungen" begleitet. Das Idealisieren besteht einerseits im Weglassen von verschleiernden Begleitumständen, andererseits im Zufügen von idealen Eigenschaften, wie z.B. starr oder vollkommen elastisch, die natürlich nur Fiktionen sein können. Ein Beispiel des Weglassens von Störungen ist die Bildung des Gleichgewichtes am unverformten Element (Theorie 1. Ordnung) für Konstruktionen, die tatsächlich kleine Deformationen aufweisen. Diese Vernachlässigung würde aber z.B. bei weitgespannten Bogen- und Hängebrücken § 10 oder bei Stabilitätsproblemen § 13 zu gänzlich falschen Ergebnissen führen. Ein Beispiel für die Idealisierung ist die Verwendung von Denkmodellen und Ersatzsystemen.

Es ist selbstverständlich, daß man zur Formulierung exakter Aussagen auch eine exakte Sprache, nämlich die der Mathematik, benutzen muß.

In einer nicht sehr weit zurückliegenden Zeit machte der Ingenieur viel Gebrauch von zeichnerischen Verfahren, denn außer den skalaren Grössen wie Temperatur, Zeit, Länge, Fläche, Leistung, Dichte u. a. m., werden die viel wichtigeren Vektoren wie Kraft, Biege- und Torsionsmoment, Geschwindigkeit, Deformation und Verzerrung durch ihre Eigenschaft der Richtung graphisch anschaulich gekennzeichnet. Obwohl auch heute noch in keinem Buch über Statik das Parallelogramm der Kräfte oder das Seilpolygon fehlen darf, so haben doch die Erfindungen des Rechenschiebers, der elektrischen Rechenmaschine und heute die Entwicklung der elektronischen Rechenanlagen diese graphischen Verfahren nahezu völlig verdrängt.

Zu der Algebraisierung der Gleichgewichtsaussagen hat schon lange vorher die Einführung der „Arbeitsgleichung" beigetragen. Das vektorielle Gleichgewicht wird durch die äquivalente skalare Arbeitsgleichung in ein virtuelles Gleichgewicht umgewandelt. Die zahlenmäßige Berechnung gewann damit zunehmend an Bedeutung.

Aus der Mechanik weiß man, daß das innere Produkt zweier senkrecht stehender Vektoren keinen Beitrag liefert. Diese Orthogonalitätsbedingung und der Fall der parallel stehenden Vektoren finden im *Kronacker-Delta-Symbol*

$$\delta_{\nu n} = \begin{pmatrix} 1\,0\,0\,0 & \dots \\ 0\,1\,0\,0 & \dots \\ 0\,0\,1\,0 & \dots \\ \dots & \dots \end{pmatrix} = \begin{cases} 1 \text{ für } n = \nu \\ 0 \text{ für } n \neq \nu \end{cases} \tag{1}$$

für ein System von Einheitsvektoren ihren Ausdruck. Dies ist ein Sonderfall der allgemeinen Transformation eines Vektors auf andere Koordinatensysteme. Für die Festigkeitslehre liefert der exakte Satz der Orthogonalitätsbedingungen nicht nur die „Hauptspannungen", die „Spannungstrajektorien" und die „Hauptträgheitsmomente" (graphische Darstellung: *Mohr'*sche Kreise und Trägheitsellipsen), sondern in der Form der Gl. (1) gibt die sogenannte *Tensorrechnung* wichtige Invarianten für den Spannungs- und Verzerrungsdeviator, die insbesondere in der Platizitätstheorie große Bedeutung für die Fließbedingungen haben. Ein kurzer Abriß der Tensoralgebra ist im 2. Band § 15 gegeben.

Die Analysis kann nur eine beschränkte Auswahl von Funktionen zur Lösung unserer Probleme zur Verfügung stellen. Eine unbekannte Lösung kann demnach nur durch Approximation gefunden werden. In Bild 1 ist die Annäherung im stetigen und in Bild 2 entsprechend im diskreten Bereich dargestellt.

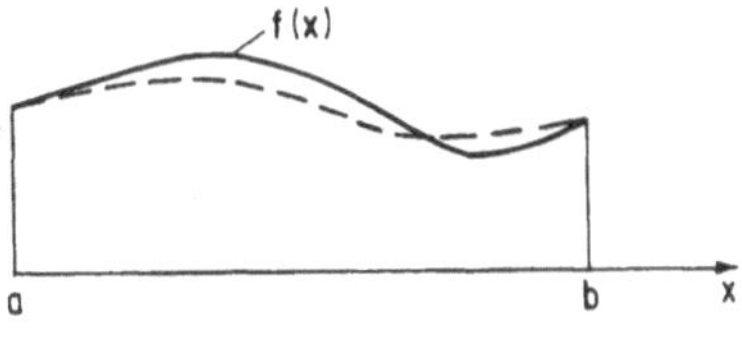

Abb. 1. Approximation im stetigen Bereich

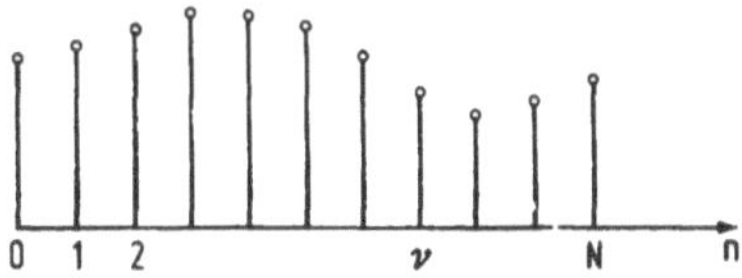

Abb. 2. Approximation im diskreten Bereich

Neben den zahlreichen analytischen Methoden für den stetigen Bereich seien hier die Energiemethoden und die Orthonormalsysteme der Funktionentheorie erwähnt. Oft hat die Ingenieur-Mathematik ihre Anregungen aus der Physik bekommen. Beispielsweise liegt es nahe, die Orthogonalitätsbedingung (1) auch für ganze Funktionensysteme im Sinne von Vektoren einzuführen. Dann wird das innere Produkt für „normierte" Funktionen $\varphi_\nu(x)$ ($\nu = 1,2,3\ldots$) im Bereich a,b die Relation

$$\int_a^b \varphi_\nu(x)\,\varphi_n(x)\,dx = \delta_{\nu n} \tag{1a}$$

benutzt. So erinnert Gl. (1a) an die grundlegende Gleichung der *Fourier*-Reihen

$$\frac{1}{\pi}\int_{-\pi}^{\pi} \sin(\nu x)\sin(nx)\,dx = \frac{1}{\pi}\int_{-\pi}^{\pi} \cos(\nu x)\cos(nx)\,dx = \delta_{\nu n} \tag{1b}$$

Nehmen wir an, eine Funktion f(x) gemäß Bild 1 sei durch die Reihe

$$f(x) = \sum_{\nu=1}^{\infty} a_\nu\,\varphi_\nu(x)$$

dargestellt (für eine Teilsumme hat man die gestrichelte Annäherung im Bild 1), dann können die Koeffizienten a_ν aus der Relation (1a)

$$\int_a^b f(x)\,\varphi_\nu(x)\,dx = \sum_{n=1}^{\infty} a_n \int_a^b \varphi_n(x)\,\varphi_\nu(x)\,dx = a_\nu \tag{1c}$$

sofort ermittelt werden.

Für die Approximation gemäß Bild 2 werden die Unbekannten f(n) wie statisch Unbestimmte aus n Gleichungen ermittelt. Man erhält lineare Bindungen vom Typ

$$\Sigma\, a_{jk}\, b_{kl}.$$

Damit wird ein besonderer Kalkül entwickelt, der rein mathematisch gesehen überflüssig wäre, der aber wegen seiner Knappheit und Übersichtlichkeit in den Anwendungen der Physik und Technik gegenwärtig sehr beliebt ist: es ist der *Matrizenkalkül* (s. auch Band 2, § 15).

Mit der Entwicklung der neuen Generation von Rechenautomaten ist die Schwierigkeit der Lösung linearer Gleichungen höherer Ordnung praktisch aufgehoben. Gegenwärtig wird ein altes Gitterpunktverfahren in der Form von „finiten Elementen" angewendet, ohne sich dabei an der Empfindlichkeit der Rechnung zu stören (Differenzen großer Zahlen); man verwendet eben 12 bis 15 Stellen hinter dem Komma. Der Gedanke, ein elastisches Kontinuum in eine große Anzahl einfach berandeter Elemente aufzulösen und eine Näherungslösung des Gesamtsystems aus den Lösungen der einzelnen Elemente zusammenzufügen, ist zwar nicht neu, aber erst heute richtig praktikabel. Einfache Ersatzsysteme wie Balken, Federn, starre Körper oder mathematische Modelle für ein dehnbares Element, das sich durch eine einfache Parabel beschreiben läßt, bilden die Grundlagen der endlichen Elemente. Die Größenordnung des Lösungssystems besteht aus einigen hundert Unbekannten. Prüfingenieure und Doktorväter sind deshalb oft überfordert, wenn sie eine Arbeit bekommen, die durch die neuen automatischen „Autoritäten" angefertigt ist. Eine gänzlich neue Untersuchung ist dann meist unentbehrlich.

Alle numerischen Methoden stellen die Ordinaten

$$f = \left\{ f_0, f_1, f_2, \ldots f_N \right\}$$

gemäß Bild 2 als eine Folge unabhängiger Werte dar, obwohl bei Rekursionsformeln sogenannte Übergangsmatrizen die Rechnung wesentlich erleichtern.

Wir machen hierzu auf eine neue Operatorenrechnung (s. § 14, 2. Bd.) aufmerksam, bei der die „unabhängigen" Werte f_n durch eine Summe

$$f = \left\{ f(n) \right\} = \sum_{n=1}^{N} f_n h^n$$

abstrakt funktional als Potenzreihe zusammenhängen. Das Einheitselement dieser Operatorenrechnung ist die in der Elektrotechnik bekannte „Dirac-Delta-Funktion", bezw. der Verschiebungsoperator h^ν (nicht mit dem Symbol gemäß Gl. (1) zu verwechseln, dort bedeuten ν und n Vektor-Richtungen, hier eine diskrete Zahl aus der Menge der ganzen Zahlen als einfache Abszissen), s. Bild 3:

$$h^\nu = \begin{Bmatrix} 1 \text{ für } n = \nu \\ 0 \text{ für } n \neq \nu \end{Bmatrix} \qquad (2)$$

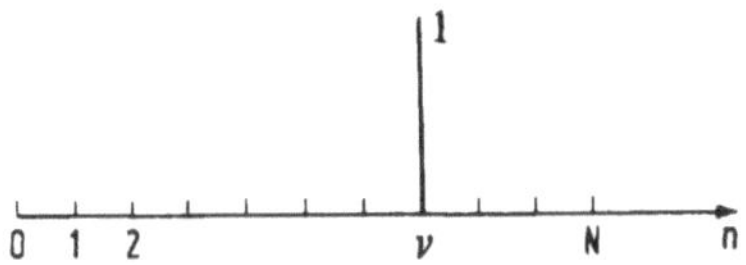

Abb. 3. Einheitselement 1 an der Stelle $n = \nu$ als abstrakte Zahl h^ν

Für die Stabwerke ist diese Operatorenrechnung nahezu abgeschlossen, und man kann beispielsweise (s. § 9.3) eine Rahmenberechnung mit 30 Unbekannten in der Form einer einzigen Operatorfunktion angeben. Schließlich sei noch auf die große Bedeutung des Experimentes als erste und letzte Möglichkeit zur Ermittlung der Festigkeit direkt am Objekt hingewiesen.

Festigkeit wird als Widerstand gegen Deformationen definiert. Je nach der Art der Gestaltänderung unterscheidet man verschiedene Formen der Festigkeit. Man spricht von *Elastizität*, s. [1 bis 9], *Plastizität* [10,14,15,17,18,19] und *Stabilität* [1,3,10,17]. Die Deformationen können sowohl durch statische, dynamische, temperaturabhängige u. a. m., als auch durch gemischte Einflüsse entstehen. In vielen Handbüchern [11,12,13 und 16] werden zahlreiche spezielle Fragen ausführlich besprochen. Wertvolles Schrifttum aus den letzten 10 Jahren ist auch in [21] zusammengestellt.

1.2 Elastizität

Von den Deformationen sei vorausgesetzt, daß sie gegenüber den Trägerabmessungen klein sind und nach Wegnahme der Belastung verschwinden, d.h. der Träger nimmt seine ursprüngliche Gestalt wieder an. Man nennt solche Körper elastisch und die Festigkeit Elastizität. Ihre Charakteristik ist die *zulässige Spannung*. Bei sehr schlanken Trägern kann für die Bemessung auch die *zulässige Durchbiegung* maßgebend sein. Das Deformationsgesetz der Baustoffe ist linear und wird nach *Hooke* (1635–1703) genannt. Die Last-Verformungs-Kurve der Bauteile und der Bauwerke bleibt ebenfalls linear, wenn das Gleichgewicht am unverformten Element (Theorie 1. Ordnung) aufgestellt wird.

Mit der Einführung der zulässigen Spannung (bezw. der zulässigen Durchbiegung) setzt die elastische Berechnung der Tragwerke gegenüber einer fiktiven Bruch- oder Deformationsgrenze eine konstante Sicherheit fest. Für die meisten praktischen Fälle ist diese elastische Berechnung der Festigkeit völlig ausreichend. Obwohl die Elastizität der Tragwerke nichts über die tatsächliche Tragfähigkeit und nichts über die Grenzdeformationen aussagt, ist es fast immer sicher, daß die angenommenen fiktiven Grenzen weit unterhalb der reellen liegen und mit der Sprache des Praktikers somit „auf der sicheren Seite". Deswegen werden auch lebenswichtige Konstruktionen wie Flugzeuge, Schiffe, Maschinenteile, Brücken, Talsperren usw. nach der Elastizitätstheorie berechnet (s. Bild 4).

Das lineare *Hooke*'sche Elastizitätsgesetz läßt sich mit Hilfe der Querkontraktion μ leicht auf den mehrachsigen Spannungszustand übertragen. *Nicht-*

lineare Elastizität entsteht durch physikalische und geometrische Effekte, z.B. an gelochten Scheiben oder durch Berücksichtigung von Verformungen und Dehnungen beim Aufstellen der Gleichgewichtsbedingungen. Alle Systeme

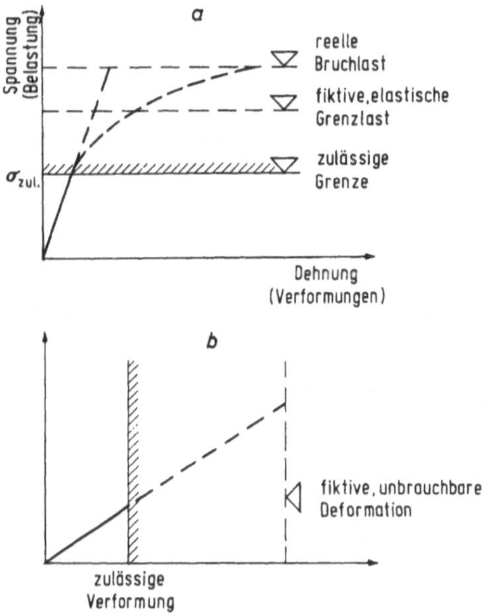

Abb. 4. Elastische Festigkeit, a) Bemessung auf zulässige Spannung
b) Bemessung auf zulässige Deformation

mit großer elastischer Deformation rufen eine nichtlineare Elastizität (Theorie 2. Ordnung) hervor. Beispielsweise werden die weitgespannten Bogenbrücken aus Sicherheitsgründen und die weitgespannten Hängebrücken aus wirtschaftlichen Gründen nach dieser Verformungstheorie berechnet. Auch die dynamischen und knickgefährdenden Einflüsse, wie Druckbiegung oder die stabilisierende Zugbiegung, bewirken eine nichtlineare Elastizität, die bis zur Plastizität führen kann (Bild 5).

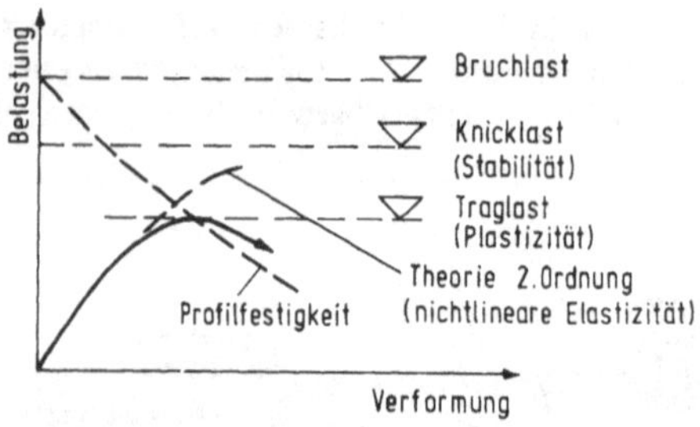

Abb. 5. Nichtlineare Elastizität (Theorie 2. Ordnung)

1.3 Plastizität

Die rasche Entwicklung im Behälter-, Schiffs- und Flugzeugbau bringt für die aus hochfesten Baustoffen, wie Aluminium, Kupfer, Nickel, Titan, und aus verschiedenen Legierungen und Kunststoffen erstellten Konstruktionen die Forderung nach dem Werkstoffverhalten im plastischen Bereich (Bild 6). Bei Laststeigerungen im statischen Zugversuch oder im Bereich hoher Wechselbeanspruchungen ist die Zunahme der Deformationen größer als die der Kräfte. Man kommt auch zu verschiedenen Aussagen über das Festigkeitsverhalten, wenn die Bruchlastspiele statt in Abhängigkeit von Spannungen in Abhängigkeit von den Deformationen dargestellt werden. Von Seiten der Praxis besteht ein großes Interesse an Ergebnissen, bei denen Bauteile mehr formände-

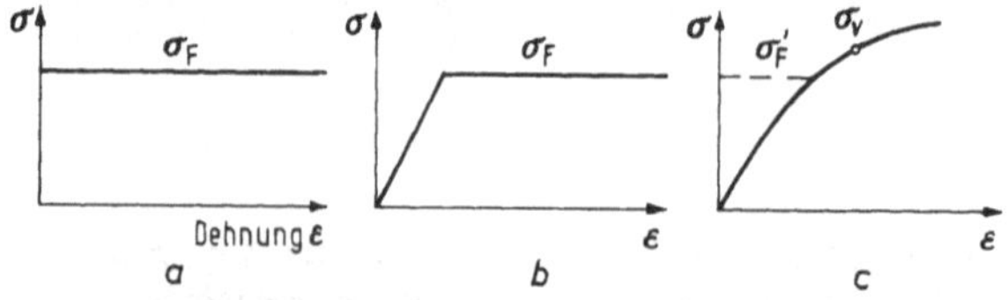

Abb. 6. Plastisches Verhalten der Baustoffe mit σ_F als Fließbedingung und σ_V als Vergleichsspannung,
a) ideal-plastisch
b) elastisch-plastisch
c) verfestigend

rungs- als kraftschlüssig beansprucht werden. Der Gedanke, Bauteile nach ihren örtlichen Dehnbeanspruchungen zu bemessen, hat bereits Eingang in die neuen amerikanischen Normungen gefunden.

Ähnlich dem Verhalten der Baustoffe und Bauteile ist bei Laststeigerung auch im ganzen Baukörper oder Tragwerk eine nichtlineare Momenten-Krümmungs-Beziehung und eine nichtlineare Last-Verformungs-Linie zu erwarten. Dieses plastische Verhalten ist natürlich hinsichtlich der Deformationen (Verformungen und Krümmungen) nichtreversibel. Die Bildsamkeit der Baustoffe (Bild 6a und 6b), d.h. konstante Spannung σ_F bei großer Dehnung, ermöglicht bei Laststeigerungen ein kinematisches Verhalten der Konstruktionen, das umsomehr zur Erhöhung der Festigkeit führt, je statisch unbestimmter die Konstruktion ist (Bild 7). Mit Hilfe der Näherungsmethoden ist die plastische Berechnung einfacher. Werden jedoch die genauen Deformationen benötigt, ist sie schwieriger als die elastische Berechnung, weil die „Vergangenheit" bezw. die Belastungsgeschichte dann oft eine Rolle spielt.

Das Traglastverfahren ist eine Bemessungsgrundlage für statisch unbestimmte Tragsysteme und gibt den reellen Beitrag für die eigentliche Festigkeit. Statisch bestimmte Systeme haben ihre Festigkeit am schwächsten Querschnitt (Profil- oder Querschnittsfestigkeit). Im Spannbeton- und Stahlbetonbau sind die Querschnitte meist gedrungen, so daß gemäß der neuen DIN 1045 E bezw. DIN 4224 E für alle Systeme die Querschnittsfestigkeit allein maßgebend ist.

Im Gegensatz zur Elastizitätslehre sind die Probleme des mehrachsigen Spannungszustandes bei der Plastizität ungleich schwieriger. Anstatt der Querkontraktion μ braucht man zwei zusätzliche Hypothesen a und b,

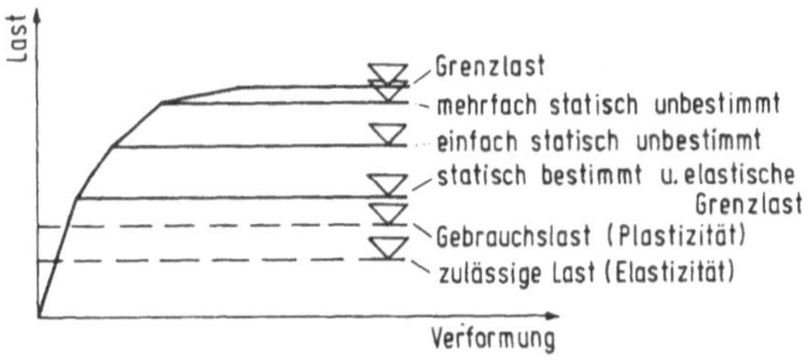

Abb. 7. Plastisches Verhalten der statisch bestimmten und unbestimmten Systeme und Vergleich mit dem elastischen Verhalten

um das eindimensionale Elastizitätsgesetz (aus Zug- oder Druckversuch) auf den mehrdimensionalen Spannungszustand übertragen zu können:

a) die Fließbedingung, die eine Beziehung zwischen dem allgemeinen Spannungszustand und der aus einem Zugversuch gewonnenen einachsigen Fließspannung σ_F herstellt, oder das Verfestigungsgesetz mit der Beziehung zwischen dem allgemeinen Spannungszustand und der Vergleichsspannung σ_V bei verfestigendem Baustoff (Bild 6c).

b) ein Spannungs-Verzerrungsgesetz für den Fließ- bezw. Verfestigungsbereich.

Für die Ermittlung der Festigkeit bei den Stabwerken genügen die sogenannten Traglastsätze.

1.4 Stabilität

Die Stabilität ist eine besondere Festigkeit und ist an das Bauelement oder an das Bauwerk gebunden. Der Baustoff selbst spielt dabei eine Nebenrolle. Für die sogenannte kritische Last (Knick-, Kipp- oder Beullast) sind insbesondere die Randbedingungen entscheidend. Knicken, Kippen (§ 12) oder Beulen (§ 24 u. 25) bedeuten einen plötzlichen lawinenartigen Wechsel, beispielsweise der einer geraden Gleichgewichtslage in eine stabilere gekrümmte Lage. Hierbei ist die Durchbiegung bei Stabwerken so groß, daß auch in diesem Falle das Versagen bei Erreichen der kritischen Last eintritt. Bei Flächentragwerken, insbesondere bei gedrückten Kreiszylindern, kann sich ein stabiler überkritischer Bereich einstellen (s. 2. Band § 25).

Den idealisierten Fall des genau zentrisch gedrückten geraden Stabes gibt es in der Praxis nicht. Alle Stäbe sind im unbelasteten Zustand, wenn auch sehr gering, vorgekrümmt. Außerdem wirkt die Längskraft nie mathematisch genau in der Stabachse. So entsteht von vornherein ein Biegemoment, so daß die Knickung in der Praxis gar kein Stabilitätsproblem im klassischen Sinne ist, sondern ein Spannungsproblem (Knickbiegung) darstellt. Beim „theoretischen" Fall des Stabilitätsproblems sollte man dann nur von Sicherheit gegen Knicken, Kippen, Beulen usw. sprechen. In der Elastizitätstheorie, wo man sowieso eine fiktive Bruchlast zugrunde legt, werden ω-Zahlen verwendet, deren Anwendung sehr geschickt die Methode der „zulässigen Spannungen" handhabt. Beim Spannungsproblem ist dieses Verfahren aber nur eine grobe Näherung und sehr unzweckmäßig. Die Berechnung nach dem Traglastverfahren bietet daher die reellere Grundlage.

In Bild 8 ist das Festigkeitsverhalten eines Hochhauses (starrer Körper) in Abhängigkeit der Randbedingungen der Stützen dargestellt. Trotzdem die Abmessungen und die Baustoffe in allen Last- und Stützfällen unverändert sind,

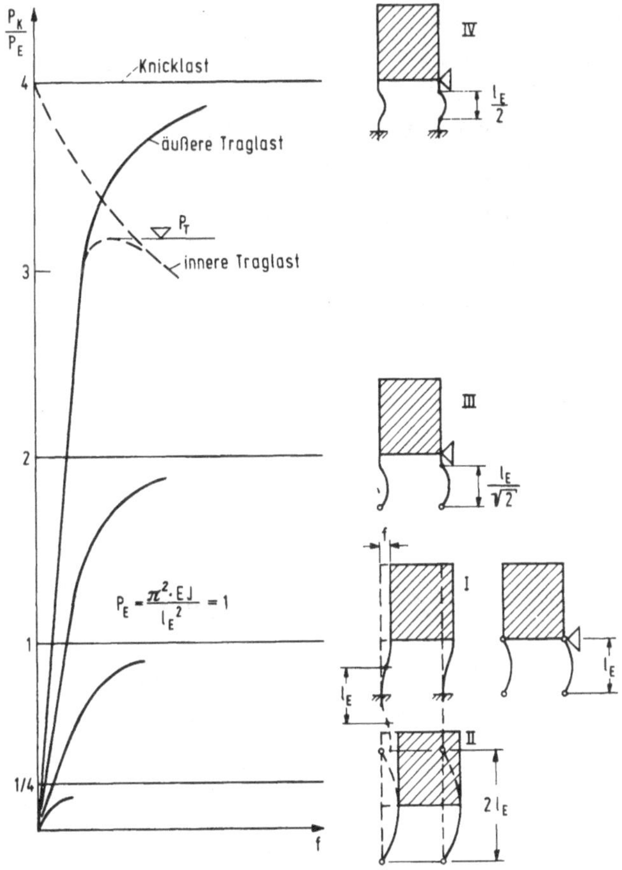

Abb. 8. Knick- und Traglasten für ein Bauwerk mit verschiedenen Stützbedingungen in Abhängigkeit von der Horizontalverschiebung f

hat man dennoch eine 16fache Differenz der Festigkeit (4 zu 1/4). Nimmt man an, daß die Knicklast gleich der Euler-Last

$$P_k = \frac{\pi^2 E I}{l_k^2} = P_E \tag{3}$$

ist, dann hat man für die 4 Fälle:

I) unverschiebliche Gelenke bezw. verschiebliche aber feste Einspannung: mit $l_k = l_E$, $P_k = P_E$,

II) unten feste Gelenke, oben verschiebliche Einspannung $l_k = 2l_E$, $P_k/P_E = 1/4$,

III) unten Gelenke, oben eingespannt und seitenunverschieblich: $l_k = l_E/\sqrt{2}$, $P_k/P_E = 2$,

IV) oben und unten unverschiebliche Knoten: $l_k = l_E/2$, $P_k/P_E = 4$.

Die Knicklasten sind theoretische Werte und bilden eine obere Grenze der Festigkeit. Bei ungewollten Außermittigkeiten oder bei Windlasten ist das Spannungsproblem maßgebend und man findet die tatsächlichen Traglasten weit unterhalb der Knicklasten. Eine genauere Theorie fixiert die Traglast als Maximum.

§ 2 Schnittkräfte und Deformationen

2.1 Statik und Kinematik des starren Körpers

Die Begriffe *Kraft* und *Verschiebung* bezw. *Bewegung* sind aus der Technischen Mechanik bekannt. Wird die Fiktion des starren Körpers, der keine inneren Kräfte kennt, also physikalisch unmöglich ist, benutzt, und der Schwerpunkt als fiktiver Massenpunkt eingeführt, dann sind das Gleichgewicht oder der Ruhezustand (Statik) und die Bewegung (Kinematik) leicht zu beschreiben. Ein Massenpunkt (Bild 9a) unter n Kräften (n = 1 bis N) ist in Ruhe, wenn die Komponentengleichungen

$$\sum_{n=1}^{N} P_n \cos \alpha_n = 0, \quad \sum_{n=1}^{N} P_n \sin \alpha_n = 0 \tag{4}$$

Null sind. Führt man mit u und v die Komponenten einer Verschiebung des Massenpunktes S ein und multipliziert diese Gleichungen damit, so ändern sich die Ergebnisse nicht:

$$\sum_{n=1}^{N} u\, P_n \cos\alpha_n = 0, \quad \sum_{n=1}^{N} v\, P_n \sin\alpha_n = 0 \tag{4a}$$

Die Gleichungen (4a) drücken nun eine Arbeit aus, deren Größe eine skalare ist. Verschiebungen, die zwar möglich sind, die aber nur für die Aufstellung der Gleichgewichtsbedingungen gebraucht werden, nennt man *virtuell*. Greifen alle n-Kräfte nur an einem Massenpunkt an, dann sind die Gleichungen (4) oder (4a) sowohl notwendig als auch hinreichend. Sind aber diese Kräfte an einem starren Körper beliebig verteilt, dann sind obige Gleichgegewichtbedingungen nur notwendig. Eine hinreichende Bedingung ist gegeben, wenn die Momentengleichung um einen beliebigen Drehpunkt Null ist (Bild 9b):

$$\sum_{n=1}^{N} r_n\, P_n \sin\beta_n = \sum_{n=1}^{N} M_n = 0 \tag{5}$$

Aus der Kinematik weiß man, daß die ebene Bewegung einer starren Scheibe sich als Drehung um einen Drehpol (Momentanzentrum) beschreiben läßt. Mit diesem Satz lassen sich fast alle Bewegungen in Maschinen und Getrieben, sowie Mechanismen bezw. Bruchmechanismen, auf eine bequeme Art darstellen. Multipliziert man Gl. (5) mit einem Drehwinkel φ für die ganze Scheibe, dann ist der Punkt 0 im Bild 9b ein momentaner Drehpol und die virtuelle Arbeit des Biegemomentes ist Null:

$$\sum_{n=1}^{N} \varphi\, r_n\, P_n \sin\beta_n = \sum_{n=1}^{N} \varphi\, M_n = 0 \tag{5a}$$

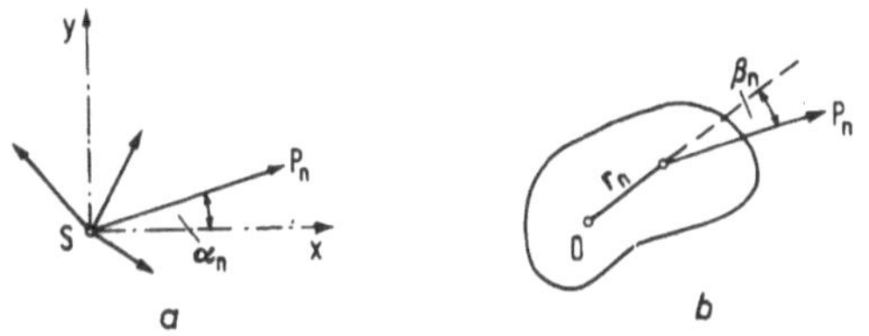

Abb. 9. Gleichgewicht der Kräfte P_n (n = 1 bis N)
a) an einem Massenpunkt S
b) an einem starren Körper mit dem Drehpol 0

Die vektoriellen Gleichgewichtsbedingungen (4) und (5) haben früher in der graphischen Statik eine große Rolle gespielt. Die virtuellen Gleichgewichtsbedingungen gemäß (4a) und (5a) nennt man ***Arbeitsgleichungen***, die zusammen mit den Energiegleichungen (s. 2.2, 2.3 und § 6) die Entwicklung in der Baustatik und in der Festigkeitslehre weiter getrieben und zu einem gewissen Abschluß gebracht haben.

2.2 Arbeitsgleichung und Schnittkräfte

Die Zusammenfassung der Relationen (4a) und (5a) in der Form

$$\delta A = 0 \qquad (6)$$

heißt Arbeitsgleichung und bildet die Gleichgewichtsaussage für den starren Körper. Sie reicht für die Ermittlung der Reaktionskräfte des statisch bestimmt gelagerten Körpers voll aus. Für die sogenannte statisch unbestimmte Lagerung und für die Bestimmung der Festigkeit selbst an Hand der Begriffe *Spannung* und *Verzerrung* über *Schnittkräfte* und *Deformationen* führt man die Hypothese[1] des dehnbaren Körpers ein. In der Ebene und im Raum wird der dehnbare Körper *Kontinuum* genannt. Diese Form ermöglicht eine allgemeinere Aussage durch das differentielle Gleichgewicht (s. 2.4). Die Arbeitsgleichung für den Dehnkörper lautet:

$$\delta A = \delta A_a + \delta A_i = 0 \qquad (6a)$$

Hierbei muß die Summe der äußeren Arbeit (für die eingeprägten Kräfte und die Reaktions- bezw. Auflagerkräfte) gleich Null sein. Man kann die „innere" Schnittkraft Biegemoment $M(x)$ eines Balkens als „äußere" Reaktionskraft oder „Randmoment" ansetzen, wenn gemäß Bild 10b eine besondere *Schnitt-Konstruktion* ausgebildet wird. Das „Gelenk" zwingt den Balken nur dann in seiner Lage zu halten, wenn tatsächlich zwei Momente M als „Auflagerkräfte" wirksam werden. In Bild 10 ist der Balken (a) unbeweglich. Man verwandelt ihn durch die Ausbildung eines Gelenkes in einen Mechanismus (b). Erteilt man diesem Mechanismus eine virtuelle Verschiebung Δ, dann hat man für die Arbeit (äußere Arbeit $P\Delta_1$ ist positiv, innere Arbeit $M(\varphi_1 + \varphi_2)$ ist negativ):

$$\delta A = P\,\varphi_1\,\xi - M\,\varphi_1 - M\,\varphi_2 = 0$$

Mit $\varphi_2 = \varphi_1 \dfrac{x}{l - x}$ (7)

[1] In der techn. Mechanik hat man früher versucht, mit der Hypothese „elastisch" weiter zu kommen. Man zwang sich dabei zu folgender Definition: der Körper ist zwar starr, kann aber unendlich kleine elastische Verformungen mitmachen.

ist dann die Schnittkraft

$$M(x) = P\frac{\xi}{l}(l - x) \tag{8}$$

Die virtuelle Verschiebung Δ bezw. Δ_1 hat mit der richtigen Deformation (elastische Durchbiegung) des Balkens an der Stelle x bezw. ξ[2] nichts zu tun.

Die Arbeitsgleichung (6) bezw. (6a) nennt man auch das *Prinzip der virtuellen Verschiebungen oder Verrückungen*, da hier die Verschiebungen und nicht die Kräfte variiert werden. Ein ganz besonders großer Vorteil der Arbeitsgleichung liegt darin, daß die möglichen Verschiebungen sowohl sehr klein als auch endlich sein können. In der Plastizitätstheorie kann sich beispielsweise das Gelenk gemäß Bild 10 tatsächlich ausbilden, wenn das dazugehörige Moment ein Maximum aufweist. Diese Konstruktion ist in Bild 11 gezeigt. Hier liegt das maximale Moment unter der Last, wie es tatsächlich sein soll. Man nennt solche Momente, die ein *Fließgelenk* hervorrufen *Fließmomente* oder

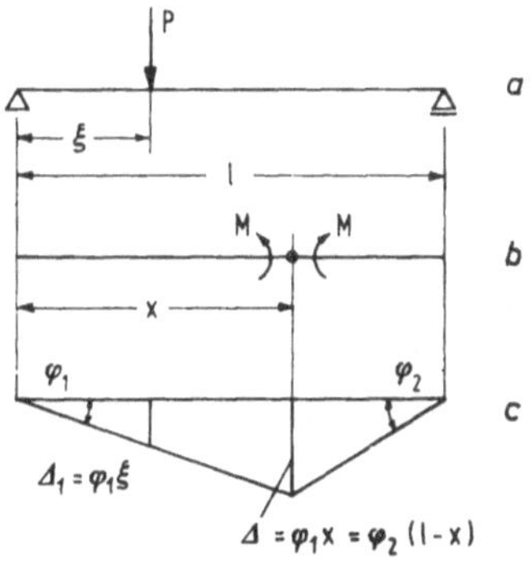

Abb. 10. Ermittlung der Schnittkraft M(x)
a) Balken mit Einzellast
b) Mechanismus als kinematische Kette
c) virtuelle Bewegung des Mechanismus

[2] ξ bedeutet hier eine Strecke, kein Verhältnis wie z.B. in der Statik von K. Beyer [26] und in DIN 1080, 3.2.3.6

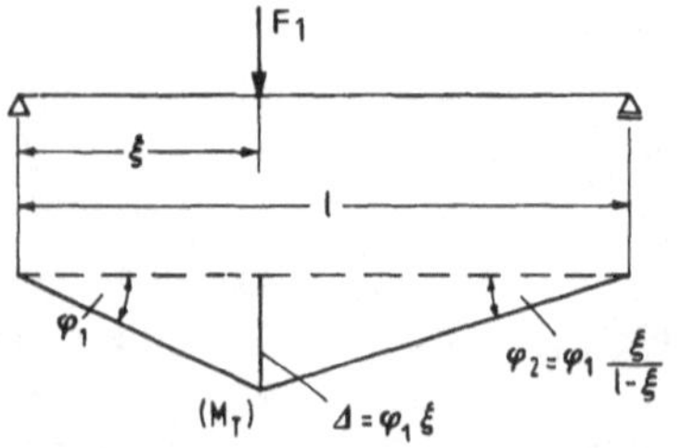

Abb. 11. Ermittlung des Tragmomentes aus einem Bruchmechanismus

Tragmomente M_T. Für den tatsächlichen Bruchmechanismus ist Δ eine reelle aber beliebige Verschiebung bezw. eine Biegeordinate im Bruchzustand. Die Arbeitsgleichung dazu lautet:

$$A = A_a + A_i = 0 \tag{9}$$

oder

$$P_T \varphi_1 \xi - M_T (\varphi_1 + \varphi_2) = 0$$

und daraus

$$M_T = P_T \frac{\xi}{l} (l - \xi) \tag{9a}$$

Normalerweise hat jeder Querschnitt ein bestimmtes Tragmoment M_T und Gl. (9a) dient zur Ermittlung der Traglast P_T.

2.3 Formänderungsenergie und Biegelinie

Mit der Annahme des dehnbaren Körpers wirkt jeder querbelastete Träger im elastischen Bereich wie eine Feder. In Bild 12 hat der mittig belastete Balken eine maximale Durchbiegung f unter der Last P. Verschiebt sich die Last λP $(0 \leqq \lambda \leqq 1)$ in Kraftrichtung um den Betrag λf, dann leistet sie eine äußere Arbeit. Hier hat man eine wirkliche, *aktuelle* Verschiebung im Gegensatz zu der möglichen virtuellen Verschiebung. Für die Änderung $d\lambda$ hat man entsprechend $d A_a$ (statt δA_a für die virtuelle Verschiebung). Die gesamte Arbeit ist dann:

$$A_a = \int_0^1 dA_a = \int_0^1 \lambda P f \, d\lambda = \frac{1}{2} P f \tag{10}$$

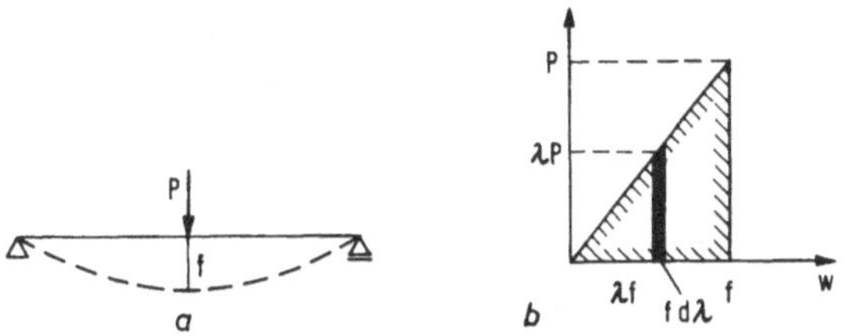

Abb. 12. Ermittlung der Biegeordinate durch die Formänderungsenergie

Bei mehreren Einzellasten und einer Streckenlast q, sowie Randmomenten M_A und M_B (Bild 13) ist die äußere Arbeit:

$$A_a = \frac{1}{2} M_A \varphi_o - \frac{1}{2} M_B \varphi_E + \frac{1}{2} \sum_{n=1}^{N} P_n w_n + \frac{1}{2} \int_{x_1}^{x_2} q\, w\, dx \qquad (11)$$

Die innere Arbeit A_i ermittelt man aus dem Differential $d\,A_i$ des Balkenelementes. In Bild 14 ist die innere Arbeit der lotrechten Querkräfte gleich Null, denn diese Ableitung ist ein Sonderfall einer kinematischen Kette, die

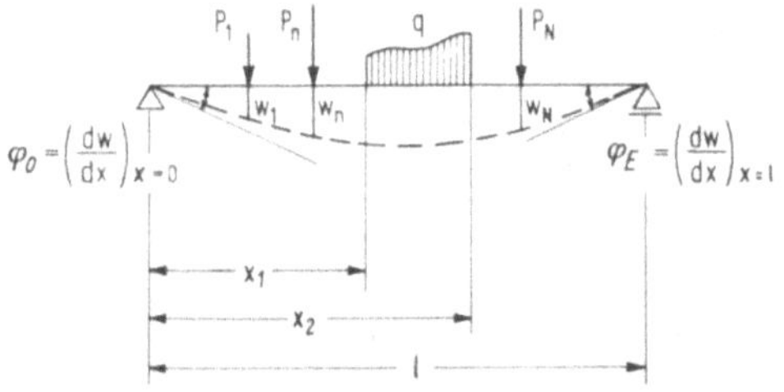

Abb. 13. Äußere Lasten und deren aktuelle Verschiebungen

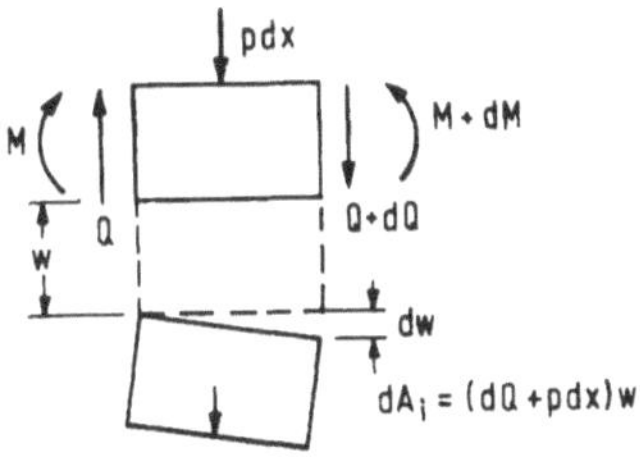

Abb. 14. Arbeit der Querkräfte am Balkenelement

nur Gleichgewichtsbedingungen liefert in der Form $dQ + pdx = 0$ und eine andere Form des Prinzips der virtuellen Verschiebungen darstellt. In Bild 15

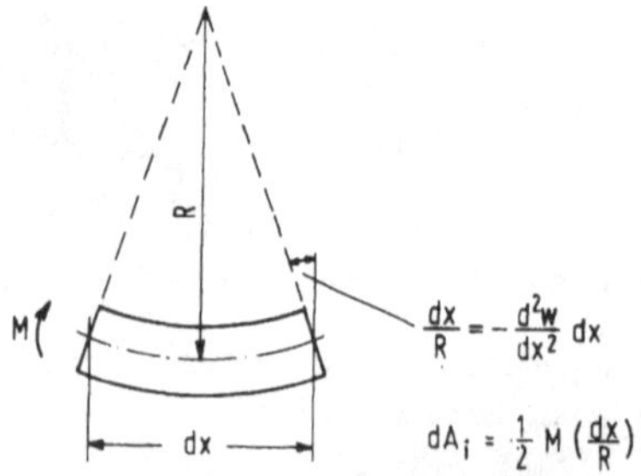

Abb. 15. Arbeit der Biegemomente am Element

dagegen hat die innere Arbeit der Biegemomente am Differentialelement dx einen endlichen Anteil:

$$dA_i = \frac{1}{2} M \left(-\frac{d^2 w}{dx^2}\right) dx \tag{12}$$

Benutzt man die Relation (s. 2.4):

$$\frac{M}{EI} = -\frac{d^2 w}{dx^2} = \frac{1}{R}$$

dann ist

$$dA_i = \frac{1}{2} \frac{M^2}{EI} dx = \frac{1}{2} EI \left(\frac{d^2 w}{dx^2}\right)^2 dx \tag{12a}$$

und die gesamte innere Arbeit als gespeicherte Energie, die bei Entlastung wirksam wird:

$$A_i = \frac{1}{2} \int_0^l \frac{M^2}{EI} dx \tag{13}$$

Nach dem Energieerhaltungssatz müßten beide Arbeiten nach Gl. (11) und (13) gleich sein, d.h.

$$\frac{1}{2} M_A \varphi_0 - \frac{1}{2} M_B \varphi_E + \frac{1}{2} \sum_1^N P_n w_n + \frac{1}{2} \int_{x_1}^{x_2} q\, w\, dx = \frac{1}{2} \int_0^l \frac{M^2}{EI} dx \tag{14}$$

Mit Hilfe der Formänderungsenergie $A_i = A_a$ können aktuelle Deformationen wie Biegeordinaten und Drehwinkel berechnet werden, wie am Beispiel des Bildes 16 gezeigt wird. Gesucht sei zunächst die Biegeordinate w_C an der Stelle C. Für die Belastung nach Bild 16a hat man gemäß Gl. (14):

$$\frac{1}{2}\sum_{1}^{2} P_n w_n + \frac{1}{2}\int_0^l p\, w\, dx = \frac{1}{2}\int_0^l \frac{M^2}{EI}\, dx \tag{15}$$

An der Stelle C wird eine Testlast $P' = 1$ angebracht mit dem dazugehörigen Verlauf des Momentes $\bar{M}$. Für diese Testlast gilt nach Gl. (14):

$$\frac{1}{2} P' w'_C = \frac{1}{2}\int_0^l \frac{\bar{M}^2}{EI}\, dx \tag{16}$$

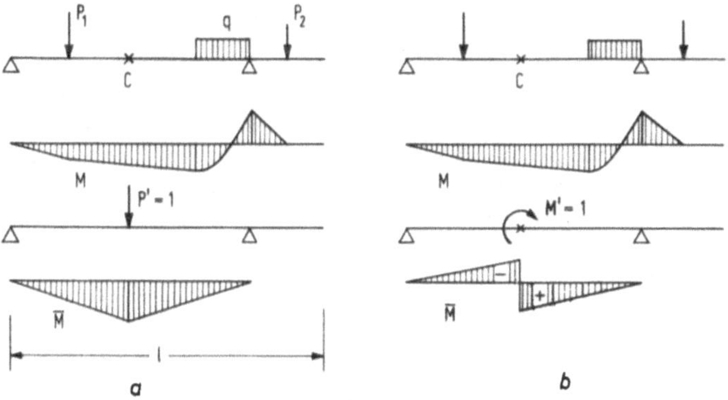

Abb. 16. Ableitung des Mohr'schen Arbeitsintegrals
a) Ermittlung der Biegeordinate w_C
b) Bestimmung des Tangentendrehwinkels φ_C

Bringt man zunächst die Last $P' = 1$ auf und dann die tatsächlichen Lasten, so addieren sich die Gl. (15) und (16). Zu den äußeren Arbeiten kommt noch der Beitrag $P' w_C$ hinzu, weil die Testlast P' die Verschiebung w_C voll als endliche Größe durchwandert. Es gilt also:

$$\frac{1}{2}\Sigma P_n w_n + \frac{1}{2}\int q\, w\, dx + \frac{1}{2} P' w'_C + P' w_C = \frac{1}{2}\int \frac{(M + \bar{M})^2}{EI}$$

$$= \frac{1}{2}\int \frac{M^2}{EI}\, dx + \int \frac{M\,\bar{M}}{EI}\, dx + \frac{1}{2}\int \frac{\bar{M}^2}{EI}\, dx$$

oder

$$P' w_C = \int_0^l \frac{M\,\bar{M}}{EI}\,dx \tag{17}$$

bezw. da $P' = 1$ ist

$$w_C = \int_0^l \frac{M\,\bar{M}}{EI}\,dx \tag{17a}$$

Dieser Ausdruck ist das sogenannte *Mohr'sche Arbeitsintegral.*

Nach Bild 16b gilt für den Drehwinkel an der Stelle C entsprechend

$$\varphi_C = \int_0^l \frac{M\,\bar{M}}{EI}\,dx \tag{18}$$

wobei für $\bar{M}$ der zugehörige Verlauf eingesetzt wird. Die große Bedeutung der Formeln (17) und (18) liegt in der Möglichkeit zur Berechnung der Deformationsordinaten. In der Tafel 1 sind die Integrale nach der Gl. (17) ausgewertet angeschrieben. In der Folge seien mit Hilfe dieser Tafel und den Bildern 17 und 18 zwei Beispiele gegeben.

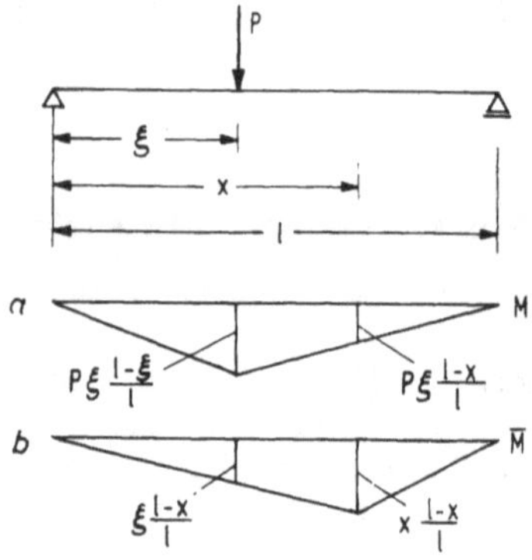

Abb. 17. Berechnung der Biegelinie w(x) mit Hilfe des Mohr'schen Arbeitsintegrals
a) M-Diagramm infolge P an der Stelle ξ
b) $\bar{M}$-Verlauf infolge P' = 1 an der Stelle x

In Bild 17 ist nach der Durchbiegung gefragt im Bereich $x \geqq \xi$ für den Fall, daß eine Einzellast P an der Stelle ξ angreift. Das Arbeitsintegral besteht aus dem Produkt zweier Dreiecke der Länge ξ (Nr. 1 der Taf. 1), zweier Trapeze der Länge $(x - \xi)$ (Nr. 13 Taf. 1) und zweier Dreiecke der Länge $(l - x)$ gemäß Nr. 1 der Taf. 1. Damit wird:

$$\begin{aligned} EI\,w(x) = \int_0^l M\,\bar{M}\,dx = {} & \frac{1}{3}\,\xi\,P\,\xi\,\frac{l-\xi}{l}\cdot\xi\,\frac{l-x}{l} + \frac{1}{6}(x-\xi)\left[P\,\xi\,\frac{l-\xi}{l}\left(2\xi\,\frac{l-x}{l} + \right.\right.\\ & \left.\left. + x\,\frac{l-x}{l}\right) + P\,\xi\,\frac{l-x}{l}\left(\xi\,\frac{l-x}{l} + 2x\,\frac{l-x}{l}\right)\right] + \\ & + \frac{1}{3}(l-x)\,P\,\xi\,\frac{l-x}{l}\,x\,\frac{l-x}{l}\,; \end{aligned}$$

oder

$$EI\,w(x) = \frac{P}{6}\,\frac{\xi}{l}\,(l-x)\,(2lx - \xi^2 - x^2) \tag{19}$$

Werden x mit $l - x$ und ξ mit $l - \xi$ vertauscht, dann erhält man die Biegelinie im Bereich $x \leqq \xi$.

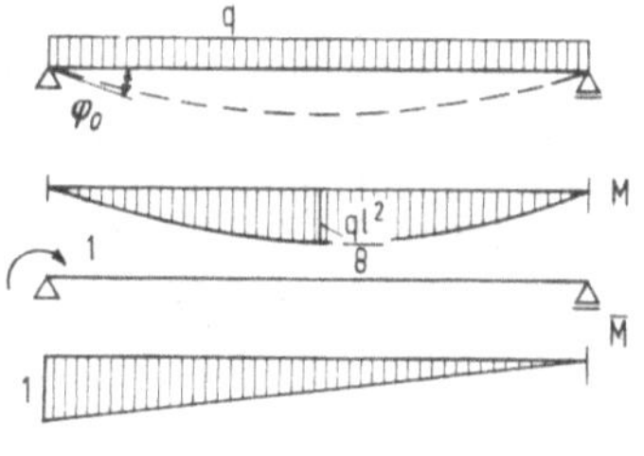

Abb. 18. Berechnung des Drehwinkels φ_0

In Bild 18 sucht man den Drehwinkel φ_0 an der Stelle $x = 0$ und man erhält unter Verwendung von Nr. 10 der Taf. 1:

$$EI\varphi_0 = \frac{1}{3}\,l\cdot 1\cdot\frac{1}{8}\,q\cdot l^2 = \frac{1}{24}\,q\cdot l^3. \tag{20}$$

	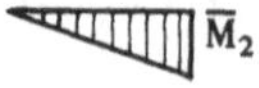				
1	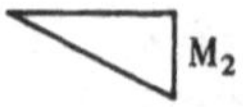	$\frac{1}{3} l \bar{M}_2 M_2$	11	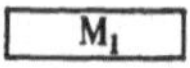	$\frac{1}{2} l (\bar{M}_1 + \bar{M}_2) M_1$
2	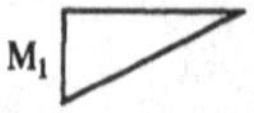	$\frac{1}{6} l \bar{M}_2 M_1$	12	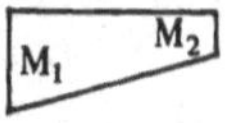	$\frac{1}{6} l [\bar{M}_1 (2M_1 + M_2) + + \bar{M}_2 (M_1 + 2M_2)]$
3	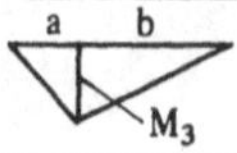	$\frac{1}{6} l \bar{M}_2 M_3 (1 + \frac{a}{l})$			
4	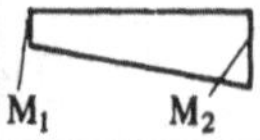	$\frac{1}{6} l \bar{M}_2 (M_1 + 2M_2)$	13		$\bar{M} = M$ $\frac{1}{3} l (M_1^2 + M_1 M_2 + M_2^2)$
5	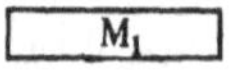	$\frac{1}{2} l \bar{M}_2 M_1$	14		$\frac{1}{12} l (3\bar{M}_1 + 5\bar{M}_2) M_2$
6	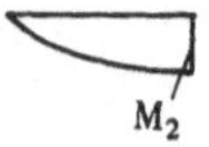	$\frac{5}{12} l \bar{M}_2 M_2$	15	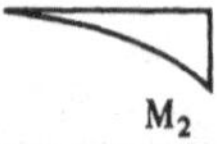	$\frac{1}{12} l (\bar{M}_1 + 3\bar{M}_2) M_2$
7		$\frac{1}{4} l \bar{M}_2 M_1$	16	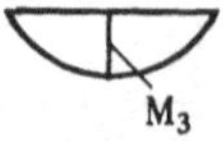	$\frac{1}{3} l (\bar{M}_1 + \bar{M}_2) M_3$
8	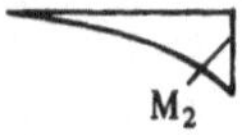	$\frac{1}{4} l \bar{M}_2 M_2$	17	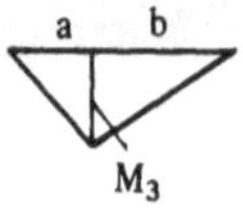	$\frac{1}{6} l [\bar{M}_1 (1 + \frac{b}{l}) + + \bar{M}_2 (1 + \frac{a}{l})] M_3$
9		$\frac{1}{12} l \bar{M}_2 M_1$			
10		$\frac{1}{3} l \bar{M}_2 M_3$	18	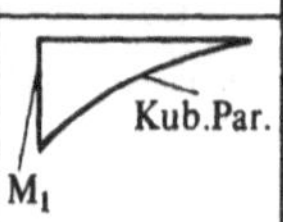	$\frac{1}{20} l (4\bar{M}_1 + \bar{M}_2) M_1$

Tafel 1. Mohr'sche Arbeitsintegrale

Im Folgenden sei zu Bild 19 der *Satz von Maxwell* $w_{ba} = w_{ab}$ bewiesen:

w_{ba} bedeutet die Durchbiegung an der Stelle b, wenn die Last P_a an der Stelle a wirkt. Man setzt die Testlast $P_b = 1$ und erhält nach Gl. (17) mit $M_b = \bar{M}$

$$w_{ba} = \int_0^l \frac{M_a M_b}{EI} dx \tag{21}$$

w_{ab} bedeutet die Durchbiegung an der Stelle a, wenn man die Testlast $P_b = 1$ wählt und $M_a = \bar{M}$ setzt:

$$w_{ab} = \int_0^l \frac{M_b M_a}{EI} dx \tag{21a}$$

Man erhält also die gleichen Werte, d.h.

$$w_{ba} = w_{ab}.$$

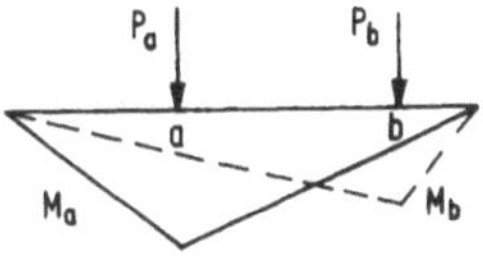

Abb. 19. Maxwell'scher Satz

Besondere Bedeutung erhält die Anwendung des Mohr'schen Arbeitsintegrales bei den statisch unbestimmten Systemen. Bild 20 zeigt einen Durchlaufträger über zwei Felder. Mit der Ausbildung eines Gelenkes auf der Stütze B hat man zwei einfache Balken als Hauptsysteme gewählt. Die hierzu gehörigen Auflagerkräfte sind $A = B = \frac{P}{2}$ und $C = 0$. Die Kontinuität des Durchlaufträgers verlangt die Einführung der Unbekannten X_1, die die Lücke über der Stütze B wieder schließt. Aus der Bedingung, daß über der Stütze die Biegelinie eine gemeinsame Tangente haben muß, kann man die unbekannte Größe X_1 bestimmen. Unter der Wirkung des Stützenmomentes verdrehen sich die Enden der Balken an der Stelle B. Der Drehwinkel δ_{11} über der Stütze ergibt sich mit Nr. 1 der Taf. 1 aus

$$\delta_{11} X_1 = \frac{1}{3} l \frac{X_1}{EI} + \frac{1}{3} l \frac{X_1}{EI} = X_1 \frac{2l}{3EI} \tag{22}$$

Den Drehwinkel δ_{10} unter der Belastung P erhält man mit Bild 20c und d und Nr. 3 der Taf. 1 aus

$$EI\delta_{10} = -\frac{1}{6} l \frac{P \cdot l}{4} (1 + \frac{1}{2}) = -\frac{P \cdot l^2}{16} \tag{22a}$$

Der Gesamtdrehwinkel muß natürlich verschwinden:

$$\delta_1 = \delta_{10} + \delta_{11} X_1 = 0 \, , \tag{23}$$

woraus folgt

$$X_1 = -\frac{\delta_{10}}{\delta_{11}} = \frac{P l^2 \, 3EI}{16EI \, 2l} = \frac{3}{32} P \cdot l$$

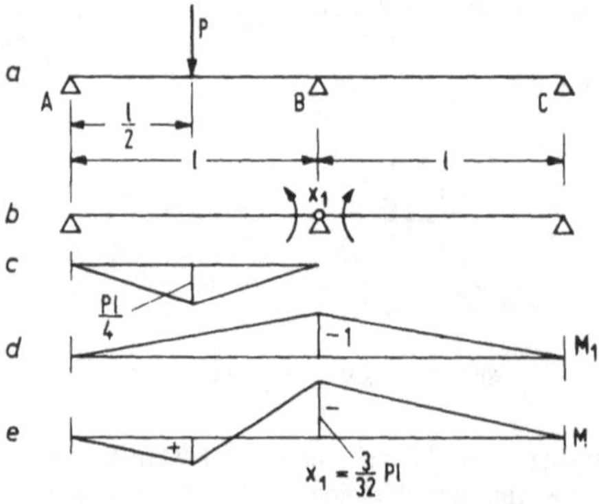

Abb. 20. Einfach statisch unbestimmtes System

Das Gesamtbiegemoment des Balkens (s. Bild 20e) erhält man aus der Gleichung

$$M = M_0 + X_1 \cdot M_1 \, . \tag{24}$$

Aus der Arbeitsgleichung und den Mohr'schen Arbeitsintegralen haben sich zwei statische Methoden entwickelt: die Kraftmethode und die Deformationsmethode. Von diesen wurde die erstere hier vorgeführt. Frei gelagerte Balken bilden das Hauptsystem und durch vorerst unbekannte Schnittkräfte X (Stützenmomente) wird das ursprüngliche System wieder hergestellt. Bei der

Deformationsmethode werden die Knoten kraftschlüssig angenommen. Die unbekannten Größen X sind dabei die Drehwinkel. Beide Verfahren führen zu linearen Gleichungen, die nach dem *Gauß*'schen Algorithmus oder anderen Verfahren wie Iteration oder Relaxion von *Cross*[3] bezw. *Kani*[4] oder nach der Matrizenmethode[5] gelöst werden können. *Stein*[6] hat vor kurzem ein Verfahren angegeben, das die Anwendung der Arbeitsgleichung in verschiedenen Variationen zeigt und somit zur Lösung der linearen Differentialgleichungen führt, die natürlich nur eine andere Aussage desselben Gleichgewichtes bilden.

2.4 Differentielles Gleichgewicht – dehnbarer Körper

Die technische Biegelehre des Stabes oder des Balkens, die man im Bau- und Maschinenwesen auch Träger und Welle nennt, erfüllt folgende Voraussetzungen:

a) Linearer Zusammenhang zwischen der Krümmung $\frac{1}{R}$ der Biegelinie $w(x)$ und der zweiten Ableitung dieser Biegelinie:

$$w'' \cong \frac{1}{R} = \frac{w''}{(1+w'^2)^{3/2}} = \frac{d\varphi}{ds} \tag{25}$$

Der erste Teil ist eine Näherung gegenüber der genaueren Formel $d\varphi/ds$ (Änderung des Drehwinkels φ gegenüber der Bogenlänge s, s. Bild 22b).

b) Linearer Zusammenhang zwischen Krümmung und elastischer Biegeverzerrung (s. auch § 3) gemäß Bild 21a und b:

$$\frac{1}{R} = -\frac{\epsilon_{oben}}{\frac{d}{2}} \text{ (Doppelsymmetrie)} \tag{26}$$

[3] *Cross*, H.: Trans. Amer. Soc. Civ. Engrs. 96/1932, S. 1, *Guldan*, R.: Die Cross-Methode, Wien, 1955

[4] *Kani*, G.: Die Berechnung mehrstöckiger Rahmen. Verlag Konrad Wittwer, Stuttgart, 4. Auf. 1955

[5] *Zurmühl*, R.: Matrizen, Springer Verlag 1961

[6] *Stein*, P.: Die Lösung der linearen gewöhnlichen Differentialgleichungen und simultaner Systeme mit Hilfe der Stabstatik. Das Ersatzbalkenverfahren, Springer Verlag, Wien-New York, 1969.

c) *Hooke*'sches Gesetz oder elastisches Werkstoffverhalten (s. § 4):

$$\epsilon_0 = \frac{-\sigma_0}{E} \qquad \text{und} \qquad \sigma_0 = \frac{M}{W} = \frac{M}{I\,\frac{d}{2}}$$

womit aus Gl. (26) folgt

$$\frac{1}{R} = -\frac{M}{EI} \tag{27}$$

d) Vernachlässigt wird die Schubverzerrung γ, nicht aber die Schubspannung τ

$$\gamma = \frac{\tau}{G}, \tag{28}$$

worin G der Gleitmodul ist. Diese Annahme ist die *Bernoulli*-Hypothese oder das „Ebenbleiben der Querschnitte". Hiermit folgt aus c) das *Navier*'sche Gradliniengesetz (s. Bild 21).

e) Alle Lasten werden unendlich langsam (statisch) aufgebracht, um Schwingungen und Stöße zu vermeiden.

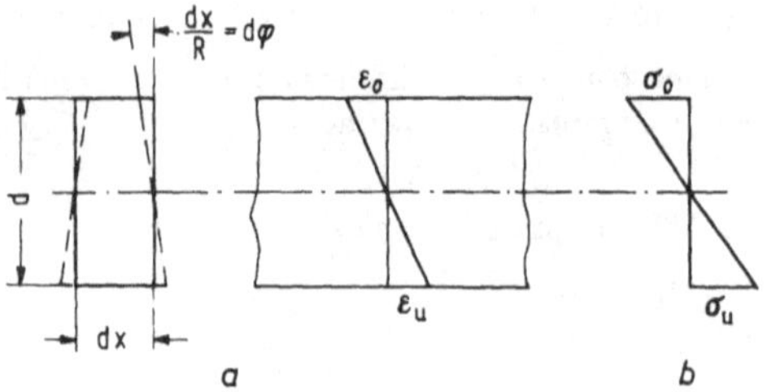

Abb. 21. Navier'sches Gradliniengesetz
a) Biegeverzerrung: ϵ_0 Stauchung, ϵ_u Dehnung
b) Biegespannung: σ_0 Druck-, σ_u Zugspannung

f) Das Gleichgewicht am Balkenelement wird ohne Berücksichtigung der Verformung (Spannungstheorie 1. Ordnung) oder mit Berücksichtigung der

Verformungen (Theorie 2. Ordnung) aufgestellt: Gemäß Bild 14 hat man die Komponentengleichungen

$$\frac{d\,Q}{d\,x} = -\,p, \tag{29}$$

$$\frac{d\,M}{d\,x} = Q, \tag{29a}$$

$$\frac{d^2\,M}{d\,x^2} = -\,p(x) \tag{29b}$$

Mit den Gl. (25) und (27) erhält man:

$$\frac{d^2\,w}{d\,x^2} = -\,\frac{M}{EI} \tag{30}$$

Durch zweimalige Differentiation ergibt sich die *Differentialgleichung der einfachen Balkenbiegung* (Theorie 1. Ordnung):

$$\left[\,EI(x)\,w''(x)\,\right]'' = p(x) \tag{30a}$$

Wird der Träger durch eine Normalkraft H zusätzlich gedrückt oder gezogen, dann erhält man die *Differentialgleichung für Druck- bezw. Zugbiegung* gemäß der Spannungstheorie 2. Ordnung zu:

$$\left[EI(x)\,w''(x)\right]'' \pm H\,w''(x) = p(x)\,, \tag{30b}$$

worin das obere Vorzeichen für die Druck- das untere für die Zugbiegung gilt.

Wird die genaue Krümmungsformel benutzt, dann hat man für das Gleichgewicht drei simultane Differentialgleichungen für die nichtlineare Biegung (Bild 22a und b):

$$\left.\begin{aligned} &\frac{d\,N}{d\,s} \pm Q\,\frac{M}{EI} = -\,q_t \\ &\frac{d\,Q}{d\,s} \mp N\,\frac{M}{EI} = -\,q_n \\ &\frac{d\,M}{d\,s} - Q = 0 \end{aligned}\right\} \tag{31}$$

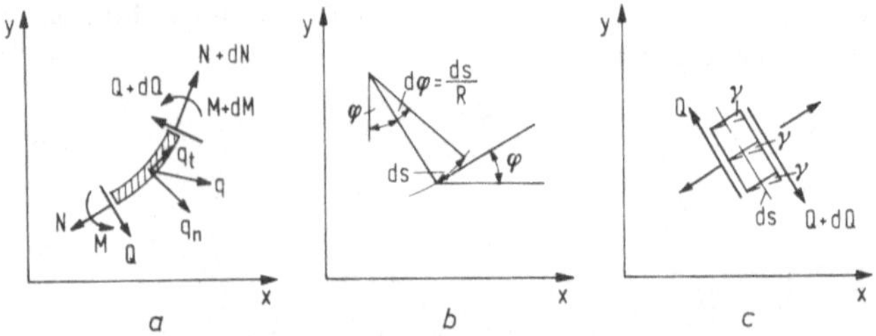

Abb. 22. Gleichgewicht am verformten Element
a) Stabelement unter q, Q, M und N als Zug
b) genaue Krümmungsformel: $R d\varphi = ds$
c) gleichmäßige Schubverzerrung $\gamma = Q/GF$

Werden die Schubverzerrungen γ nicht vernachlässigt, dann erhält man (Bild 22c):

$$\left.\begin{aligned} &\frac{dN}{ds} \pm Q \frac{M}{EI} = - q_t \\ &\frac{dQ}{ds} \mp N \frac{M}{EI} = - q_n \\ &\frac{dM}{ds} - Q\left(1 \mp \frac{N}{GF}\right) = 0 \end{aligned}\right\} \qquad (31a)$$

2.5 Lösung der Differentialgleichung der Balkenbiegung als Anfangswertproblem

Der gültige Bereich für die Längsordinate x sei: $0 \leqq x < \infty$. In Bild 23 ist die Grundaufgabe der Baustatik aufgezeichnet. Mit der Definition des Biegemomentes als Produkt von Kraft und Hebelarm, positiv für Drehung im Uhrzeigersinn, ergibt sich:

$$M(x) = A\,x - P\,(x - \xi). \qquad (32)$$

Hat der Balken an der Stelle $x = l$ ein Gelenk als Auflager (Randwert) und soll dort das Moment $M_1(l) = 0$ werden, dann wird der Parameter A_1 aus der Kontinuitätsgleichung (32) im Sinne des Gleichgewichtes zu

$$A_1\, l = P\,(l - \xi)$$

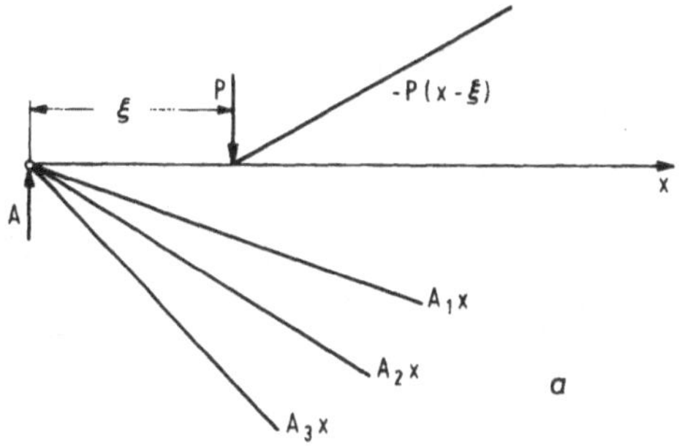

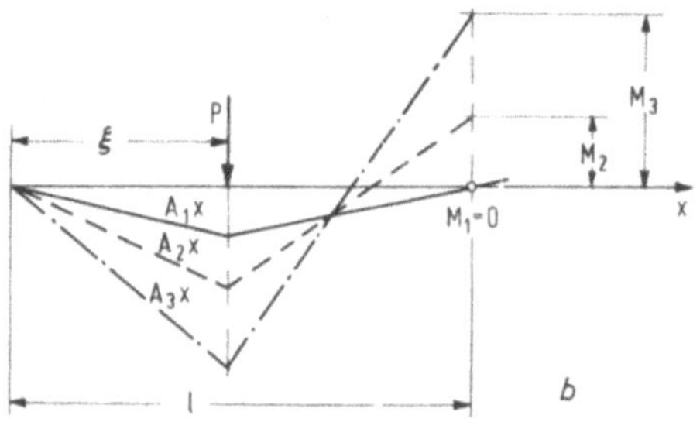

Abb. 23. Biegemomente als Anfangswertproblem
a) Drehung im Uhrzeigersinn positiv
b) Ermittlung des Parameters A aus der Randbedingung
$M(l) = 0 = M_2 = M_3$

bestimmt. Natürlich kann hier jede Ordinate M_2 und M_3 vorgegeben sein, aus der die Parameter A_2 und A_3 folgen (Bild 23b). Bei mehreren Einzellasten hat man die analytische Lösung des „Seilpolygons", dessen „Schlußlinie" die Koordinatenachse selbst ist. In Gl. (32) ist beim letzten Glied $x > \xi$, was auch aus Bild 23a ersichtlich ist.

Für eine kontinuierliche Last $p(x)$ nach Bild 24 kann das Biegemoment als Integral von unendlich vielen Einzellasten $p(\xi)\,d\xi$ angegeben werden:

$$M(x) = A\,x - \int_0^x p(\xi)(x-\xi)\,d\xi \qquad (33)$$

Auch hier ist A ein Parameter, der sich aus der Bedingung an der Stelle $x = l$ errechnen läßt. Die Querkraft ist dann, Gl. (29a)

$$Q(x) = \frac{dM}{dx} = A - \int_0^x p(\xi)\, d\xi \tag{34}$$

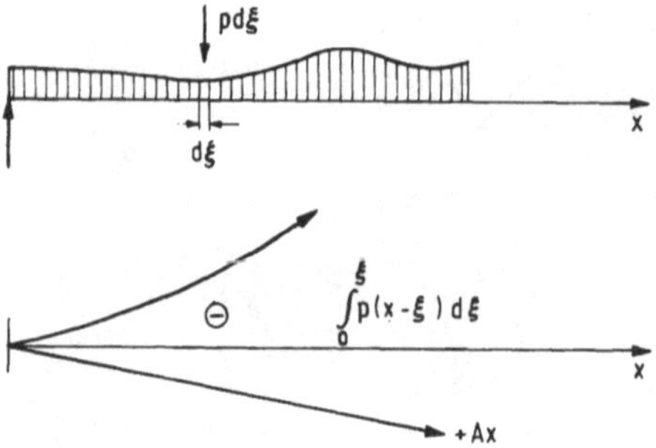

Abb. 24. Momentenverlauf unter stetiger Last p(x)

Gl. (33) ist die Lösung der Differentialgleichung $\frac{d^2 M}{dx^2} = -p(x)$.
Analog folgt aus

$$\frac{d^2 w}{dx^2} = -\frac{M(x)}{EI}$$

die Lösung für die Biegelinie mit den Anfangswerten w_0 (Durchbiegung an der Stelle $x = 0$) und φ_0 (Tangentendrehwinkel am Anfang) aus

$$w(x) = w_0 + \varphi_0 x - \int_0^x \frac{M(\xi)}{EI}(x - \xi)\, d\xi \tag{35}$$

und die Gleichung des Tangentendrehwinkels

$$\varphi(x) = w'(x)$$

entspricht der der Querkraft

$$\varphi(x) = \varphi_0 - \int_0^x \frac{M(\xi)}{EI}\, d\xi, \tag{36}$$

wenn als Belastung die reduzierte Momentenfläche M/EI eingesetzt wird.

Hat ein Balken ein Randmoment M_0 am Anfang, dann ist die Analogie zu Gl. (35) vollkommen:

$$M(x) = M_0 + A\,x - \int_0^x p(\xi)(x-\xi)\,d\xi. \tag{33a}$$

Hieraus kann man die *Mohr'schen Sätze* folgendermaßen definieren:

1. Denkt man sich einen Balken mit der $1/EI(\xi)$-fachen Momentenfläche $M(\xi)$ belastet, so ist das statische Moment für diese gedachte Belastung $M(x)/EI(x)$ gleich der Durchbiegung $w(x)$ infolge der äußeren Belastung $p(x)$, s. Gl. (35) und (33a).

2. Die Querkraft für diese gedachte Belastung $M(x)/EI(x)$ ist gleich dem Drehwinkel $\varphi(x)$, s. Gl. (36). Der Anfangswert φ_0 ist die Auflagerkraft infolge der Belastung $M(x)/EI(x)$.

Für die diskrete Belastung nach Bild 25 sind die Schaubilder für die Querkraft, $Q(x)$ und das Biegemoment $M(x)$ analytisch schwer auszudrücken. Beachtet man jedoch die Operatorenschreibweise (s. 1.1 und 2. Bd. § 14), oder nimmt vorher die Erklärung in Bild 26 zur Kenntnis, dann sind die Operatorformen für die diskreten Funktionen und die unsteten Verläufe der Querkraft- und Momentenlinien gemäß Bild 25 folgende:

$$p = \left\{ p(x) \right\} = -\sum_0^N P_n h^n + s \sum_0^N m_n h^n \tag{37}$$

$$Q = \frac{p}{s} = -\frac{1}{s}\sum_0^N P_n h^n + \sum_0^N m_n h^n \tag{38}$$

$$M = \frac{Q}{s} = \frac{p}{s^2} = -\frac{1}{s^2}\sum_0^N P_n h^n + \frac{1}{s}\sum_0^N m_n h^n \tag{39}$$

Das Symbol $\frac{1}{s}$ heißt „integriere" und „s" bedeutet „differenziere".

Den Drehwinkel $w'(x)$ und die Biegelinie $w(x)$ ermittelt man ebenso symbolisch[7]:

$$EI\,w' = EI\,\frac{w'_0}{s} - \frac{1}{s^2}\sum_0^N m_n h^n + \frac{1}{s^3}\sum_0^N P_n h^n \tag{40}$$

[7] Eine andere symbolische Rechnung ist z. B. das Wurzelziehen durch Potenzieren in der Hoffnung, daß irgendwann die Wurzel wegfällt. Dies ist oft sehr schwierig und manchmal unmöglich, genau so wie bei der Integration.

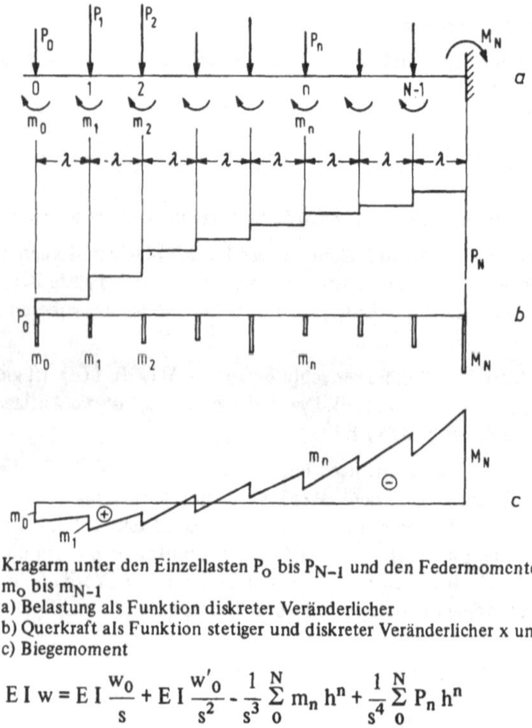

Abb. 25. Kragarm unter den Einzellasten P_o bis P_{N-1} und den Federmomenten m_o bis m_{N-1}
a) Belastung als Funktion diskreter Veränderlicher
b) Querkraft als Funktion stetiger und diskreter Veränderlicher x und n
c) Biegemoment

$$E\,I\,w = E\,I\,\frac{w_0}{s} + E\,I\,\frac{w'_0}{s^2} - \frac{1}{s^3}\sum_0^N m_n\,h^n + \frac{1}{s^4}\sum_0^N P_n\,h^n \tag{41}$$

Man kann zeigen[8,9], daß die Einzelmomente m_n als Knotenmomente steifer Rahmenecken (etwa 30 Unbestimmte) den Drehwinkeln w'_n proportional sind und sich aus Gl. (40) in Form einer unbekannten abstrakten Funktion bestimmen lassen.

Das Anfangswertproblem führt auch zum Reduktionsverfahren[10,11]. Dabei wird die Matrizenalgebra (s. 2. Bd.) verwendet. Für die Lösung von statisch

[8] *Dimitrov*, N.: The Application of the Operational Calculus to Frames. Int. Symp. Univ. of Newcastle upon Tyne, Nr. 3, Paper 11.

[9] *Dimitrov*, N.: Operatorenstatik, Fortschritt-Bericht VDI-Z, Reihe 4, Nr. 4, VDI-Verlag Düsseldorf: 1968.

[10] *Falk*, S.: Die Berechnung des beliebig gestützten Durchlaufträgers nach dem Reduktionsverfahren. Ing. Arch. 24 (1956), S. 216.

[11] *Kersten*, R.: Das Reduktionsverfahren der Baustatik, Springer-Verlag, Berlin-Göttingen-Heidelberg, 1962.

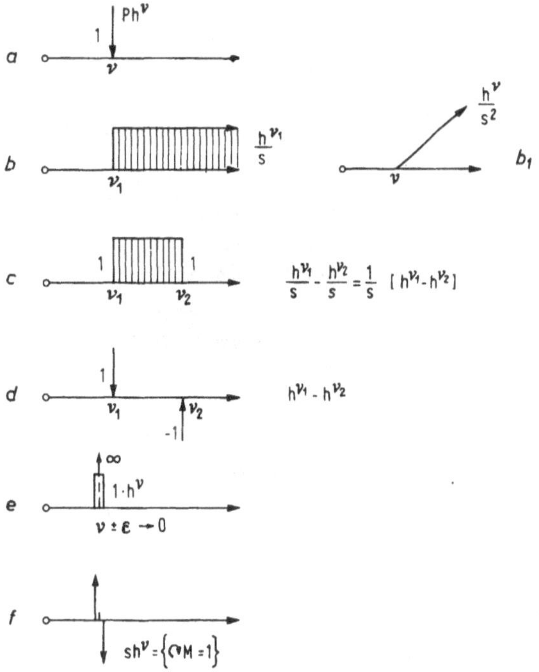

Abb. 26. Operatoren

a) Darstellung einer Einzellast P = 1 an der Stelle $x = \nu$

b) Integration bedeutet $\frac{1}{s}$. Multipliziert man dieses „Symbol" mit $h^{\nu 1}$, dann erhält man die gleichmäßige Last

b_1) Die nochmalige Integration ergibt die „Gerade"

c) Eine Stückfunktion kann man durch die Differenz zweier gleichmäßig verteilter Lasten darstellen

d) Wird die Funktion von c) differenziert, dann erhält man ein endliches Kräftepaar

e) Man beachte, daß eine Einzellast eine unendliche Ordinate besitzt, daß aber der Inhalt des Rechtecks für $\nu \pm \epsilon$, $\lim \epsilon = 0$, gleich Eins ist

f) Differenziert man die „Stückfunktion" gemäß c), dann hat man das Kräftepaar M = 1, so daß das Symbol sh^ν die Momenteinheit an der Stelle $x = \nu$ bedeutet

unbestimmten Systemen ist die Benutzung eines Hauptsystems nicht zwingend. Man kann ebenso Kraft- und Deformationsgrößen nebeneinander herführen. Wie in Bild 23 kann man die vorerst zwei unbekannten Größen A_2 und M_2 über die Kontinuität auf eine Unbekannte *reduzieren.* Bei einem

Durchlaufträger können somit durch „Reduktion" am Balkenende die „Anfangswerte" ermittelt werden. Mit Hilfe der Übergangsmatrizen[12] ist dies einfach anzuschreiben in der Form:

$$\eta_N = \mathbf{P}_N\, \eta_0 = (U_n\, L_n)(U_{n-1}\, L_{n-1}) \ldots (U_2\, L_2)(U_1\, L_1)\, \eta_0 \quad (42)$$

Darin bedeuten:

η_N = Zustandsvektor über die Endwerte,

η_0 = Zustandsvektor über die Anfangswerte,

$\mathbf{P}_N$ = die Produktmatrix aus Übergangs- und Punktmatrix.

Abschließend sei hier vermerkt, daß die Integralgleichungen vom Faltungstypus (33) und (35) sich in der Operatorenrechnung auch als „einfache symbolische Produkte" darstellen lassen.

2.6 Lösung der Differentialgleichung der Balkenbiegung als Randwertproblem

Die Differentialgleichung des Balkens für die einfache Biegung lautet:

$$\left[E\, I\,(x)\, w''(x) \right]'' = p\,(x) \quad (43)$$

bezw.

$$w''(x) = -\frac{M_0\,(x)}{E\, I\,(x)} \quad (43a)$$

und

$$M_0''(x) = -p\,(x) \quad (43b)$$

Die Gleichungen (43a und b) beinhalten den *1. Mohr'schen Satz,* daß man die Biegelinie als „statisches Moment" aus der $1/E\,I\,(x)$-fachen Momentenfläche $M\,(x)$ als Ersatzbelastung ermitteln kann. Einfache Balken sind jedoch für das Randwertproblem prädestiniert. Man löst solche Aufgaben als Anfangswertprobleme von beiden Enden. So ist in Bild 27 die maßgebende Differentialgleichung (43b):

$$M''(x) = -\begin{cases} 1 \text{ für } x = \xi \\ 0 \text{ für } x \neq \xi \end{cases} \quad (44)$$

[12] *Pestel,* E. C. u. Leckie, F. A.: Matrix-Methods in Elastomechanics. Mc.Graw-Hill Book Co., New York-London, 1962.

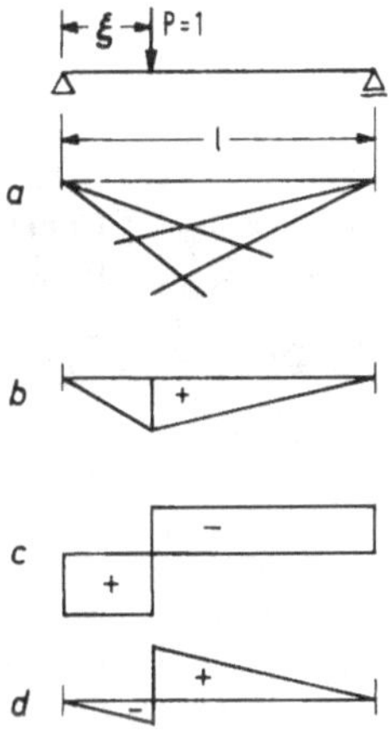

Abb. 27. Einfache Biegung
a) Parameterlösung
b) Green'sche Funktion des Biegemomentes: $K(x, \xi)$
c) Querkraft: $\frac{\partial K(x,\xi)}{\partial x}$
d) Einflußlinie der Querkraft: $\frac{\partial K(x,\xi)}{\partial \xi}$

in der Form von 2 Parameteransätzen sofort lösbar

$$\left.\begin{aligned} M_{links} &= A\,x \\ M_{rechts} &= B\,(l - x) \end{aligned}\right\} \quad (44a)$$

A und B sind vorerst unbekannte Auflagerkräfte. Ihre Bestimmungsgleichungen hat man an der Stelle $x = \xi$. Hier wird durch Kontinuität das Gleichgewicht angegeben:

$$\left.\begin{aligned} M_{links}(\xi) &= M_{rechts}(\xi) \\ M_l'(\xi) - M_r'(\xi) &= P = 1 \end{aligned}\right\} \quad (44b)$$

oder

$$\left.\begin{aligned} A\,\xi &= B\,(l - \xi) \\ A + B &= P \end{aligned}\right\} \quad (44c)$$

d. h.

$$A = P\left(1 - \frac{\xi}{l}\right), \quad B = P\frac{\xi}{l} \tag{44d}$$

Setzt man diese Parameter für $P = 1$ in die Gl. (44a) ein, dann erhält man die Lösung als Green'sche Funktion $K(x, \xi)$, s. Bild 27b:

$$M_0(x, \xi) = K(x, \xi) = \begin{cases} x \leqq \xi: & x\left(1 - \frac{\xi}{l}\right) \\ x \geqq \xi: & (l - x)\frac{\xi}{l} \end{cases} \tag{44e}$$

worin ξ die Laststelle bedeutet und x die Schnittstelle. Die Symmetrie $K(x, \xi) = K(\xi, x)$ beweist auf eine andere Art und Weise das *Maxwell'sche Reziprozitätsgesetz.* Dies besagt, daß Einflußlinie und Zustandslinie für das Biegemoment identisch sind. Für die Zustandslinie der Querkraft hat man mit Bild 27c:

$$Q_0(x, \xi) = \frac{\partial K(x, \xi)}{\partial x} = \begin{cases} x \leqq \xi: & 1 - \frac{\xi}{l} \\ x \geqq \xi: & -\frac{\xi}{l} \end{cases} \tag{44f}$$

Die Einflußlinie der Querkraft lautet (Bild 27d):

$$Q_0(x, \xi) = \frac{\partial K(x, \xi)}{\partial \xi} = \begin{cases} x \leqq \xi: & -\frac{x}{l} \\ x \geqq \xi: & 1 - \frac{x}{l} \end{cases} \tag{44g}$$

Wird der Balken durch eine Normalkraft H zusätzlich gezogen oder gedrückt, dann gehen die Gl. (43) über in:

$$\left[E\,I(x)\, w''(x) \right]'' \mp H\, w''(x) = p(x) \tag{45}$$

bezw.

$$w''(x) \mp \frac{H\, w(x)}{E\,I(x)} = -\frac{M_0(x)}{E\,I(x)} \tag{45a}$$

und

$$M''(x) \mp \frac{H\, M(x)}{E\,I(x)} = -p(x) \tag{45b}$$

Gl. (45a) kann man auch anschreiben als:

Zugbiegung: $M(x) = M_0(x) - H\,w(x)$ (45c)

Druckbiegung: $M(x) = M_0(x) + H\,w(x)$ (45d)

Mit $M_0(x)$ wird das Biegemoment für die einfache Biegung benannt (Theorie 1. Ordnung, d. h. ohne Berücksichtigung der Verformungen $w(x)$). In den obigen Gleichungen gilt jeweils das obere Vorzeichen für die Zugbiegung, das untere für die Druckbiegung. Gemäß Bild 28 hat man für die Zugbiegung

$$M''(x) - H\,\frac{M(x)}{EI} = -\begin{cases} 1 \text{ für } x = \xi \\ 0 \text{ für } x \neq \xi \end{cases} \tag{46}$$

Die beiden Parameterlösungen[13]

$$\begin{aligned} M_{links} &= A\,\mathrm{Sin}\varphi\,\frac{x}{l} \\ M_{rechts} &= B\,\mathrm{Sin}\varphi\left(1 - \frac{x}{l}\right) \end{aligned} \tag{46a}$$

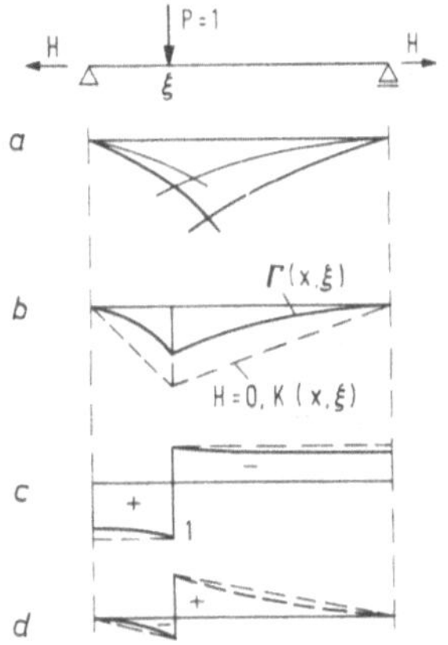

Abb. 28. Zugbiegung
a) Parameterlösung
b) Biegemoment $\Gamma(x,\xi) = K(x,\xi) - Hw(x,\xi)$
c) Zustandslinie der Querkraft: $\dfrac{\partial\Gamma(x,\xi)}{\partial x}$
d) Einflußlinie der Querkraft: $\dfrac{\partial\Gamma(x,\xi)}{\partial\xi}$

13 Hier sind für die Hyperbelfunktionen nicht sinh usw. nach DIN 1302 verwendet, sondern die älteren Bezeichnungen Sinφ, Cosφ, Tanφ, da h in den neuesten Rechenmethoden einen Verschiebungs-Operator darstellt (s. S. 41 und 2. Bd.)

erfüllen die homogene Differentialgleichung (46) für

$$\varphi = l \sqrt{\frac{H}{E\,I}} \tag{46b}$$

Aus den Gleichgewichtsbedingungen Gl. (44b) findet man für die Parameter

$$A = P\,l \,\frac{\mathrm{Sin}\varphi\,(1 - \frac{\xi}{l})}{\varphi\,\mathrm{Sin}\varphi} \;, \quad B = P\,l\,\frac{\mathrm{Sin}\varphi\,\frac{\xi}{l}}{\varphi\,\mathrm{Sin}\varphi}$$

Damit lauten die Formeln der *Green'schen Funktion* für die *Zugbiegung*, s. Bild 28b, mit P = 1:

$$M(x,\xi) = \Gamma(x,\xi) = \begin{cases} x \leqq \xi: & l\,\dfrac{\mathrm{Sin}\varphi\,\frac{x}{l}}{\varphi\,\mathrm{Sin}\varphi}\,\mathrm{Sin}\varphi\,(1-\frac{\xi}{l}) \\ x \geqq \xi: & l\,\dfrac{\mathrm{Sin}\varphi\,(1-\frac{x}{l})}{\varphi\,\mathrm{Sin}\varphi}\,\mathrm{Sin}\varphi\,\frac{\xi}{l} \end{cases} \tag{46c}$$

für die Zustandslinie der Querkraft, s. Bild 28c:

$$Q(x,\xi) = \frac{\partial\,\Gamma(x,\xi)}{\partial\,x} = \begin{cases} x \leqq \xi: & \dfrac{\mathrm{Cos}\varphi\,\frac{x}{l}}{\mathrm{Sin}\varphi}\,\mathrm{Sin}\varphi\,(1-\frac{\xi}{l}) \\ x \geqq \xi: & -\dfrac{\mathrm{Cos}\varphi\,(1-\frac{x}{l})}{\mathrm{Sin}\varphi}\,\mathrm{Sin}\varphi\,\frac{\xi}{l} \end{cases} \tag{46d}$$

und für die Einflußlinie der Querkraft, s. Bild 28d:

$$Q(x,\xi) = \frac{\partial\,\Gamma(x,\xi)}{\partial\,\xi} = \begin{cases} x \leqq \xi: & -\dfrac{\mathrm{Sin}\varphi\,\frac{x}{l}}{\mathrm{Sin}\varphi}\,\mathrm{Cos}\varphi\,(1-\frac{\xi}{l}) \\ x \geqq \xi: & \dfrac{\mathrm{Sin}\varphi\,(1-\frac{x}{l})}{\mathrm{Sin}\varphi}\,\mathrm{Cos}\varphi\,\frac{\xi}{l} \end{cases} \tag{46e}$$

Analog lassen sich die Gleichungen für die *Druckbiegung*, s. Bild 29, anschreiben:

$$M''(x) + H\,\frac{M(x)}{E\,I} = -\begin{cases} 1 \text{ für } x = \xi \\ 0 \text{ für } x \neq \xi \end{cases} \tag{47}$$

Green'sche Funktion der Biegemomente:

$$M(x,\xi) = \Gamma(x,\xi) = \begin{cases} x \leqq \xi: & l \dfrac{\sin\varphi \dfrac{x}{l}}{\varphi \sin\varphi} \sin\varphi\left(1-\dfrac{\xi}{l}\right) \\[2ex] x \geqq \xi: & l \dfrac{\sin\varphi\left(1-\dfrac{x}{l}\right)}{\varphi \sin\varphi} \sin\varphi \dfrac{\xi}{l} \end{cases} \tag{47a}$$

Zustandslinie der Querkraft:

$$Q(x,\xi) = \frac{\partial \Gamma(x,\xi)}{\partial x} = \begin{cases} x \leqq \xi: & \dfrac{\cos\varphi \dfrac{x}{l}}{\sin\varphi} \sin\varphi\left(1-\dfrac{\xi}{l}\right) \\[2ex] x \geqq \xi: & -\dfrac{\cos\varphi\left(1-\dfrac{x}{l}\right)}{\sin\varphi} \sin\varphi \dfrac{\xi}{l} \end{cases} \tag{47b}$$

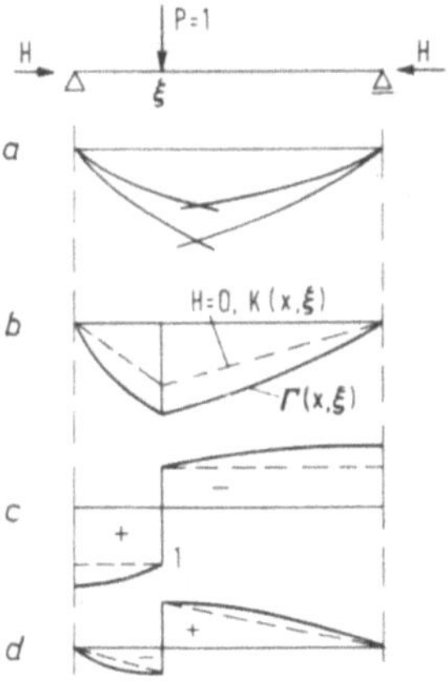

Abb. 29. Druckbiegung
a) Parameterlösung
b) Green'sche Funktion $\Gamma(x,\xi) = K(x,\xi) + Hw(x,\xi)$
c) Querkraft: $\dfrac{\partial\Gamma(x,\xi)}{\partial x}$
d) Einflußlinie der Querkraft: $\dfrac{\partial\Gamma(x,\xi)}{\partial \xi}$

Einflußlinie der Querkraft:

$$Q(x,\xi) = \frac{\partial \Gamma(x,\xi)}{\partial \xi} = \begin{cases} x \leqq \xi : & -\dfrac{\sin\varphi \frac{x}{l}}{\sin\varphi} \cos\varphi \left(1 - \frac{\xi}{l}\right) \\ x \geqq \xi : & \dfrac{\sin\varphi \left(1 - \frac{x}{l}\right)}{\sin\varphi} \cos\varphi \frac{\xi}{l} \end{cases} \quad (47c)$$

Für eine Einzellast P in Feldmitte hat man mit $x = \xi = \frac{l}{2}$ für das Moment

einfache Biegung $$M_{0\,max} = \frac{Pl}{4} \quad (48)$$

Zugbiegung $$M_{max} = \frac{Pl}{4} \frac{\operatorname{Tan}\frac{\varphi}{2}}{\frac{\varphi}{2}} \quad (48a)$$

Druckbiegung $$M_{max} = \frac{Pl}{4} \frac{\tan\frac{\varphi}{2}}{\frac{\varphi}{2}} \quad (48b)$$

Diese Werte sind in Bild 30 aufgetragen, wobei für $\varphi = \pi$ die Druckbiegung einen unbestimmten Wert annimmt, da der Stab auch ohne Querbelastung P ausknickt ($\varphi = \pi$, $H_{kr} = \pi^2 E\, I/l^2$ = Eulerlast).

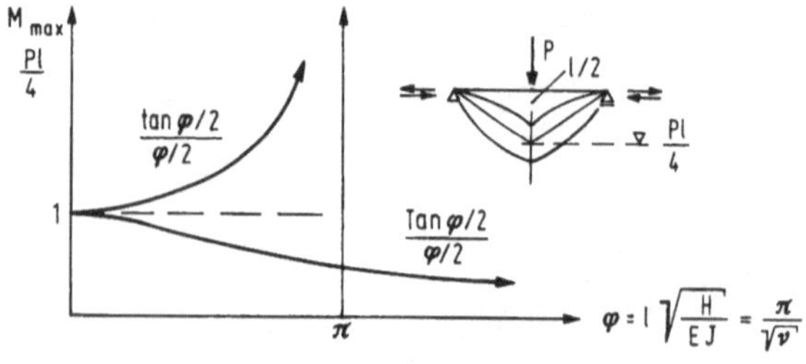

Abb. 30. Maximalmomente für Druck- und Zugbiegung

Für *gleichmäßig verteilte Belastung* p (Bild 31) erhält man die Formel der Biegemomente durch Integration der *Green*'schen Funktionen:

$$M_0(x) = p \int_0^l K(x,\xi)\, d\xi = p\,\frac{l^2}{2}\,\frac{x}{l}\left(1-\frac{x}{l}\right) \tag{49}$$

$$M(x) = p \int_0^l \Gamma(x,\xi)\, d\xi = \begin{cases} \dfrac{p\,l^2}{\varphi^2}\left[1-\dfrac{\operatorname{Cos}\varphi\left(\frac{1}{2}-\frac{x}{l}\right)}{\operatorname{Cos}\frac{\varphi}{2}}\right] & \text{(49a)} \\[2ex] \dfrac{p\,l^2}{\varphi^2}\left[\dfrac{\cos\varphi\left(\frac{1}{2}-\frac{x}{l}\right)}{\cos\frac{\varphi}{2}}-1\right] & \text{(49b)} \end{cases}$$

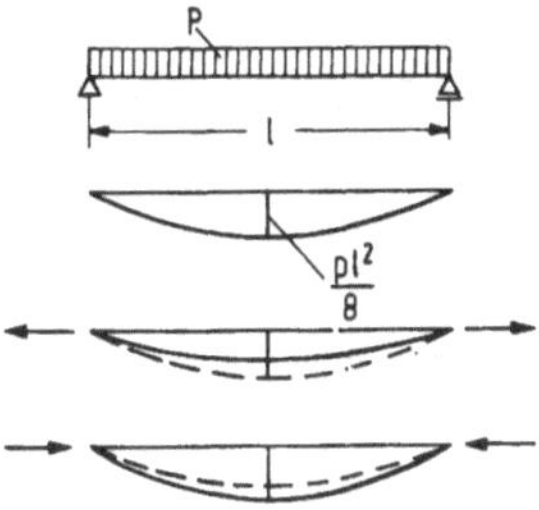

Abb. 31. Konstante, gleichmäßige Belastung

Die Lastfälle mit Randmomenten gemäß Bild 32 liefern:

a) *Einzelrandmoment* M_A

$$M_0(x) = M_A\left(1-\frac{x}{l}\right)$$

$$Q_0(x) = -\frac{M_A}{l}$$

einfache Biegung

$$w_0(x) = \frac{M_A l^2}{6EI}\,\frac{x}{l}\left(1-\frac{x}{l}\right)\left(2-\frac{x}{l}\right), \quad w_0'(o) = \frac{M_A l}{3EI}$$

$$w_0'(x) = \frac{M_A l}{6EI}\left[2\left(1-\frac{x}{l}\right)^2-\frac{x}{l}\left(2-\frac{x}{l}\right)\right], w_0'(l) = \frac{-M_A l}{6EI} \tag{50}$$

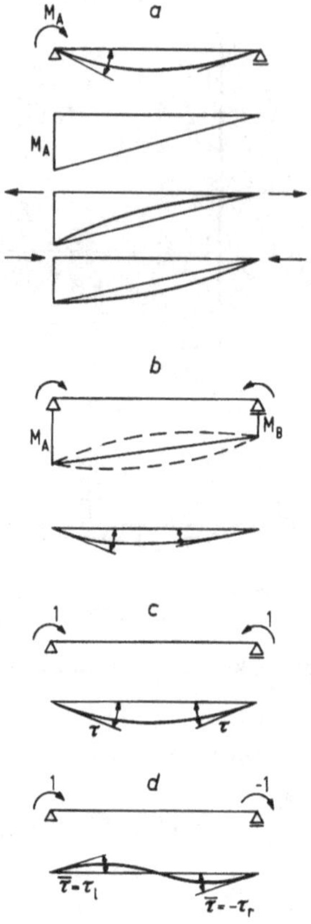

Abb. 32. Randmomente
a) Zug- und Druckbiegung unter M_A
b) Randmomente M_A und M_B
c) Symmetrische Einheitsmomente
d) Antimetrische Einheitsmomente

Zugbiegung:

$$
\left.
\begin{aligned}
&M(x) = M_A \frac{\operatorname{Sin}\varphi\,(1-\frac{x}{l})}{\operatorname{Sin}\varphi}\\
&Q(x) = -\frac{M_A}{l}\varphi \frac{\operatorname{Cos}\varphi\,(1-\frac{x}{l})}{\operatorname{Sin}\varphi}\\
&Hw(x) = M_0(x) - M(x) = M_A\left[1-\frac{x}{l}-\frac{\operatorname{Sin}\varphi\,(1-\frac{x}{l})}{\operatorname{Sin}\varphi}\right]\\
&Hw'(x) = Q_0(x) - Q(x) = \frac{M_A}{l}\left[\varphi\frac{\operatorname{Cos}\varphi\,(1-\frac{x}{l})}{\operatorname{Sin}\varphi}-1\right]\\
&Hw'(o) = \frac{M_A}{l}\left[\frac{\varphi}{\operatorname{Tan}\varphi}-1\right], \quad Hw'(l) = -\frac{M_A}{l}\left[1-\frac{\varphi}{\operatorname{Sin}\varphi}\right]
\end{aligned}
\right\}
\qquad (50a)
$$

Druckbiegung:

$$
\left.
\begin{aligned}
&M(x) = M_A \frac{\sin\varphi\,(1-\frac{x}{l})}{\sin\varphi}\\
&Q(x) = -\frac{M_A}{l}\varphi \frac{\cos\varphi\,(1-\frac{x}{l})}{\sin\varphi}\\
&Hw(x) = M(x) - M_o(x) = M_A\left[\frac{\sin\varphi\,(1-\frac{x}{l})}{\sin\varphi}-(1-\frac{x}{l})\right]\\
&Hw'(x) = Q(x) - Q_o(x) = \frac{M_A}{l}\left[1-\varphi\frac{\cos\varphi\,(1-\frac{x}{l})}{\sin\varphi}\right]\\
&Hw'(o) = \frac{M_A}{l}\left[1-\frac{\varphi}{\tan\varphi}\right]\\
&Hw'(l) = \frac{M_A}{l}\left[\frac{\varphi}{\sin\varphi}-1\right]
\end{aligned}
\right\}
\qquad (50b)
$$

b) *Randmomente* M_A *und* M_B

Zugbiegung:

$$\left.\begin{aligned}
&M(x) = \frac{1}{\mathrm{Sin}\varphi}\left[M_A \mathrm{Sin}\varphi\left(1-\frac{x}{l}\right) + M_B \mathrm{Sin}\varphi\,\frac{x}{l}\right]\\
&Q(x) = \frac{\varphi}{l\,\mathrm{Sin}\varphi}\left[M_B \mathrm{Cos}\varphi\,\frac{x}{l} - M_A \mathrm{Cos}\varphi\left(1-\frac{x}{l}\right)\right]\\
&Hw(x) = M_o(x) - M(x)\\
&Hw'(x) = Q_o(x) - Q(x)\\
&Hw'(o) = \frac{M_A}{l}\left[\frac{\varphi}{\mathrm{Tan}\varphi} - 1\right] + \frac{M_B}{l}\left[1 - \frac{\varphi}{\mathrm{Sin}\varphi}\right]
\end{aligned}\right\} \quad (50c)$$

Druckbiegung:

$$\left.\begin{aligned}
&M(x) = \frac{1}{\sin\varphi}\left[M_A \sin\varphi\left(1-\frac{x}{l}\right) + M_B \sin\varphi\,\frac{x}{l}\right]\\
&Q(x) = \frac{\varphi}{l\,\sin\varphi}\left[M_B \cos\varphi\,\frac{x}{l} - M_A \cos\varphi\left(1-\frac{x}{l}\right)\right]\\
&Hw(x) = M(x) - M_o(x)\,,\quad Hw'(x) = Q(x) - Q_o(x)\\
&Hw'(o) = \frac{M_A}{l}\left[1 - \frac{\varphi}{\tan\varphi}\right] + \frac{M_B}{l}\left[\frac{\varphi}{\sin\varphi} - 1\right]
\end{aligned}\right\} \quad (50d)$$

c) *Symmetrische Einheitsmomente*

Zugbiegung: $H\tau = \frac{\varphi}{l}\,\mathrm{Tan}\,\frac{\varphi}{2}$ (51)

Druckbiegung: $H\tau = \frac{\varphi}{l}\,\tan\,\frac{\varphi}{2}$ (51a)

d) *Antimetrische Einheitsmomente*

Zugbiegung: $H\bar{\tau} = \frac{2}{l}\left[\frac{\frac{\varphi}{2}}{\mathrm{Tan}\,\frac{\varphi}{2}} - 1\right]$ (52)

Druckbiegung: $$H\bar{\tau} = \frac{2}{l}\left[1 - \frac{\frac{\varphi}{2}}{\tan\frac{\varphi}{2}}\right] \tag{52a}$$

Die Anwendung der Green'schen Funktionen führt zu folgenden Integralgleichungen:

Theorie 1. Ordnung oder die einfache Biegung

$$M_0(\xi) = \int_0^l K(x, \xi)\, p(x)\, d\,x = \int_0^\xi p(x)\, x\,(1 - \frac{\xi}{l})\, d\,x + \int_\xi^l p(x)\, \xi\,(1 - \frac{x}{l})\, d\,x \tag{53}$$

$$Q_0(\xi) = \frac{d\,M_0(\xi)}{d\,\xi} = -\int_0^\xi p(x)\,\frac{x}{l}\, d\,x + \int_\xi^l p(x)\,(1 - \frac{x}{l})\, d\,x \tag{53a}$$

$$\frac{d^2 M_0(\xi)}{d\,\xi^2} = \frac{d\,Q_0(\xi)}{d\,\xi} = -\,p(\xi) \tag{53b}$$

$$w(\xi) = \int_0^l \frac{M_0(x)}{E\,I(x)}\, K(x, \xi)\, d\,x$$

$$= \int_0^\xi \frac{M_0(x)}{E\,I(x)}\, x\,(1 - \frac{\xi}{l})\, d\,x + \int_\xi^l \frac{M_0(x)}{E\,I(x)}\, \xi\,(1 - \frac{x}{l})\, d\,x \tag{53c}$$

$$w'(\xi) = \int_0^l \frac{M_0(x)}{E\,I(x)}\left[\frac{\partial K(x, \xi)}{\partial \xi}\right] d\,x$$

$$= \int_0^\xi \frac{M_0(x)}{E\,I(x)}\,\frac{x}{l}\, d\,x + \int_\xi^l \frac{M_0(x)}{E\,I(x)}\,(1 - \frac{x}{l})\, d\,x \tag{53d}$$

$$w''(\xi) = -\,\frac{M_0(\xi)}{E\,I(\xi)} \tag{53e}$$

Die Gleichungen (53) spiegeln die *Mohr*'schen Sätze wieder.

Theorie 2. Ordnung oder die Zug- bezw. Druckbiegung

Die Zusammenfassung der Gln. (45c und d) ergibt die Grundgleichung

$$M(x) = M_0(x) \mp H w(x) \tag{54}$$

Beachtet man Gl. (53c), so ergibt sich:

$$M(x) = M_0(x) \mp H \int_0^l \frac{M_0(\xi)}{E\,I(\xi)} K(x, \xi)\, d\xi \tag{54a}$$

Diese Integralgleichung 2. Ordnung ist schwer zu lösen, da die gesuchte Funktion $M(x)$ auch unter dem Integral steht. Eine bequeme Lösung findet man, wenn für $K(x, \xi)$ der lösende Kern $\Gamma(x, \xi)$ verwendet wird. Dann kann unter dem Integral $M(x)$ mit $M_0(x)$ vertauscht werden und man hat:

$$M(x) = M_0(x) \mp H \int_0^l \frac{M_0(\xi)}{E\,I(\xi)} \Gamma(x, \xi)\, d\xi \tag{54b}$$

Die Green'sche Funktion Γ (auch lösender Kern genannt) kann jetzt geschrieben werden:

$$\Gamma(\bar{x}, \xi) = K(\bar{x}, \xi) \mp H \int_0^l \frac{K(x, \bar{x})}{E\,I(\bar{x})} \Gamma(x, \xi)\, dx \tag{54c}$$

Wird das Integral in Fourier-Reihen angeschrieben und $E\,I = \text{konst.}$ angenommen, dann hat man eine besondere Entwicklung[14], wenn bei x der Querstrich als nunmehr bedeutungslos fortgelassen wird.

Damit wird

$$\Gamma(x, \xi) = K(x, \xi) \mp \frac{2l\varphi^2}{\pi^4} \sum_{n=1}^{\infty} \frac{\sin n\pi \frac{x}{l} \sin n\pi \frac{\xi}{l}}{n^4 \left(1 \pm \frac{\varphi^2}{n^2 \pi^2}\right)} \tag{54d}$$

Das obere Vorzeichen gilt für die Zugbiegung, das untere wieder für die Druckbiegung. Mit dem Ausdruck

$$\varphi^2 = \frac{H\,l^2}{E\,I}$$

[14] Dimitrov, H.: Die Einflußlinie der Theorie 2. Ordnung und einige praktische Formeln. Bauing. 28 (1953), S. 19–22.

ergibt der Vergleich mit Gl. (54):

$$w(x,\xi) = \frac{2l^3}{\pi^4 EI} \sum_1^{\infty} \frac{\sin n\pi \frac{x}{l} \sin n\pi \frac{\xi}{l}}{n^4 \left(1 \pm \frac{\varphi^2}{n^2 \pi^2}\right)} \tag{54e}$$

Schon für n = 1 ist die Näherung sehr gut. So ist beispielsweise für $\varphi = 0$, d. h. die angenäherte Einflußlinie der Biegelinie der Theorie 1. Ordnung, genügend genau:

$$w_o(x,\xi) \approx \frac{2l^3}{\pi^4 EI} \sin n\pi \frac{x}{l} \sin n\pi \frac{\xi}{l} \tag{55}$$

Die genaue Formel für die maximale Durchbiegung bei einer mittigen Einzellast ist bekanntlich

$$w_{o\,max} = \frac{P l^3}{48\,EI}$$

und die Näherung gemäß Gl. (55) ergibt für $x = \xi = \frac{l}{2}$ den Wert $P l^3/48,6\,EI$.

Genügend genau ist auch die Annäherung für $\Gamma(x,\xi)$

$$\Gamma(x,\xi) \approx K(x,\xi) \mp \frac{2l\varphi^2}{\pi^4} \frac{\sin n\pi \frac{x}{l} \sin n\pi \frac{\xi}{l}}{1 \pm \frac{\varphi^2}{\pi^2}} \tag{55a}$$

Wieder für eine mittige Einzellast, s. Bild 30, lautet die Annäherung für das maximale Biegemoment $(x = \xi = \frac{l}{2})$ mit $M_{o\,max} = \frac{Pl}{4}$

$$M_{max} \approx M_{o\,max} \left[1 \mp \frac{8}{\pi^2} \frac{\frac{\varphi^2}{\pi^2}}{1 \pm \frac{\varphi^2}{\pi^2}}\right] \approx \frac{Pl}{4} \frac{1 \pm 0{,}189 \frac{\varphi^2}{\pi^2}}{1 \pm \frac{\varphi^2}{\pi^2}} \tag{56}$$

d. h.
$$\frac{\tan \frac{\varphi}{2}}{\frac{\varphi}{2}} \approx \frac{1 - 0{,}189 \frac{\varphi^2}{\pi^2}}{1 - \frac{\varphi^2}{\pi^2}}, \quad \frac{\mathrm{Tan} \frac{\varphi}{2}}{\frac{\varphi}{2}} \approx \frac{1 + 0{,}189 \frac{\varphi^2}{\pi^2}}{1 + \frac{\varphi^2}{\pi^2}} \tag{56a u. b}$$

2.7 Numerisches Gleichgewicht

Für die Aufstellung des numerischen Gleichgewichtes wird das Kontinuum (in der Stabstatik ist das Kontinuum das dehnbare Element) durch Gitterrostmodelle ersetzt. Die Berechnung der statisch unbestimmten Größen beruht hierbei auf einer solchen diskreten Verteilung. Heute wird das *Schnittverfahren* durch *Mechanismen* ersetzt, die an den diskreten Stellen durch Feder- und Gleitvorrichtungen das elastische oder plastische Verhalten des Tragsystems verdeutlichen (s. Methode der finiten Elemente im 2. Bd. § 16). Mit der Einführung diskreter Werte hat man insbesondere wegen der Handhabung durch den Computer eine Wiederbelebung der einfachen *Punktmechanik* erreicht.

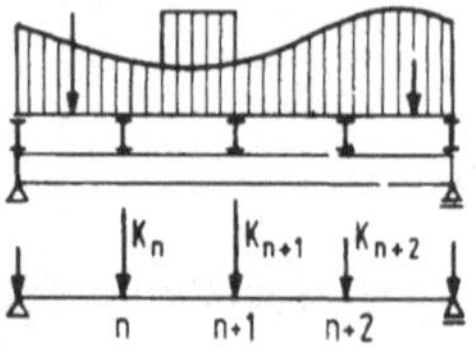

Abb. 33. Diskrete Lasten durch Nebenträgerkonstruktion

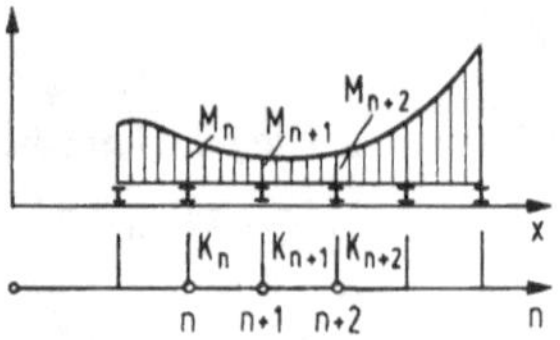

Abb. 34. Modell zur Umwandlung stetiger Funktionen in diskrete Einzelwerte

Der Ingenieur hat schon immer Hilfskonstruktionen verwendet, die es ermöglichen, komplizierte Belastungen in einfache Einzellasten oder Knotenlasten umzuwandeln (Bild 33). Analog können Massen in Einzelmassen oder ganz allgemein beliebige Funktionen in Einzelwerte diskretisiert werden (Bild 34).

Bei solchen punktmäßigen Berechnungen spricht man auch von der Algebraisierung der Rechnung. Die Nebenträger-Hilfskonstruktion ist eine gute Möglichkeit, bekannte Verteilungen in diskrete Form umzuwandeln. Ist die Funktion M (x) unbekannt, dann kann man für die Knotenlasten K_n (in der angewandten Mathematik als Stützwerte bekannt) je nach der Annahme der *Approximation*[15] auch verschieden genaue Annäherungen angeben (Bild 35). Die gewöhnliche Differenz sei

$$K_n = \lambda M_n. \tag{57}$$

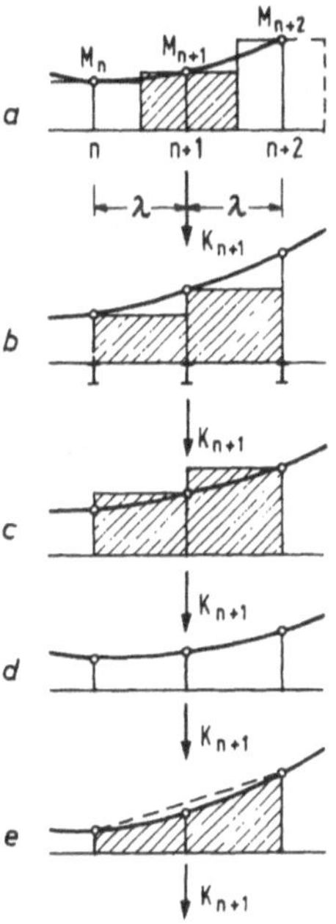

Abb. 35. Knotenlasten für eine unbekannte Funktion
a) mittlerer Treppenverlauf
b) innerer Treppenverlauf
c) äußerer Treppenverlauf
d) Trapez-Verlauf
e) Parabel-Verlauf

[15] Dimitrov, N.: Die Baustatische Methode in Operatorenform. Festschrift Otto Steinhardt. Inst. f. Stahl- und Leichtmetallbau der Universität Karlsruhe, 1969.

Wird der Treppenlauf (abschnittweise konstante Approximation) in den Punkten n, n + 1, n + 2 durch Nebenträger abgefangen, dann hat man für den

(a) *mittleren Treppenverlauf* (Bild 35)

$$K_{n+1} = \frac{\lambda}{8}\left[M_n + 6\,M_{n+1} + M_{n+2}\right] \tag{57a}$$

(b) *innerer Treppenverlauf*

$$K_{n+1} = \frac{\lambda}{2}\left[M_n + M_{n+1}\right] \tag{57b}$$

(c) *äusserer Treppenverlauf*

$$K_{n+1} = \frac{\lambda}{2}\left[M_{n+1} + M_{n+2}\right] \tag{57c}$$

(d) *Trapezförmiger Verlauf*

$$K_{n+1} = \frac{\lambda}{6}\left[M_n + 4\,M_{n+1} + M_{n+2}\right] \tag{57d}$$

(e) *Parabolischer Verlauf* (nach Stüssi)[16]

$$K_{n+1} = \frac{\lambda}{12}\left[M_n + 10\,M_{n+1} + M_{n+2}\right] \tag{57e}$$

(f) Mittel aus Gl. (57b) und (57c)

$$K_{n+1} = \frac{\lambda}{4}\left[M_n + 2\,M_{n+1} + M_{n+2}\right] \tag{57f}$$

Es sei noch darauf aufmerksam gemacht, daß die gewöhnliche Differenz der Gl. (57) für unmittelbare „Stützung" der Lastfunktion abgeleitet wird. Es ist dies eine direkte Anwendung des Mittelwertsatzes der Integralgleichungen. Alle anderen Knotenlasten beruhen auf der Nebenträger-Konstruktion und führen zu besseren Lösungen als die Stützwerte gemäß Gl. (57).

[16] Stüssi, F.: Numerische Methoden der Baustatik. Schweizer Bauzeitung 79 (1961), S. 275–280.

An der bekannten Aufgabe des Durchlaufträgers gemäß Bild 36 soll gezeigt werden, wie man ohne Einführung von Schnittlasten und Grundsystem (Kraft- und Deformations-Methode) allein durch die Kontinuität die fehlenden Gleichgewichtsbedingungen ermittelt (s. 2.6). Aus dem *Mohr'schen Satz* ist bekannt, daß man den Tangentendrehwinkel am Auflager wie eine Auflagerkraft bestimmen kann, wenn als Belastung die $1/E\,I\,(x)$-fache Momentenfläche $M\,(x)$ verwendet wird. Aus Gründen der Einfachheit sei $E\,I = \text{konst.}$ und $\lambda = \text{konst.}$ gewählt. Der Drehwinkel auf der linken Seite des Stützpunktes $(n+1)$ ist dann

$$\tau_l = \frac{1}{E\,I}\left[-\frac{M_n\,\lambda}{6} - \frac{M_{n+1}\,\lambda}{3} + \frac{p\,\lambda^3}{24}\right],$$

worin das letzte Glied in der Klammer die Auflagerkraft aus der parabolischen Belastung gemäß Bild 36d ist.

Entsprechend ergibt sich für den rechten Drehwinkel:

$$\tau_r = \frac{1}{E\,I}\left[-\frac{M_{n+2}\,\lambda}{6} - \frac{M_{n+1}\,\lambda}{3} + \frac{P\,\lambda^2}{16}\right]$$

Hierin bedeutet $P\,\lambda^2/16$ die Auflagerkraft infolge der Dreiecksbelastung. Die Kontinuität

$$\tau_l + \tau_r = 0 \tag{58}$$

ergibt sich durch Kürzung durch $E\,I$ zu:

$$\frac{\lambda}{6}\left[M_n + 4\,M_{n+1} + M_{n+2}\right] = \frac{p\cdot\lambda^3}{24} + \frac{P\cdot\lambda^2}{16} \tag{58a}$$

Dies ist die bekannte Dreimomentengleichung. Die linke Seite ist der Knotenlast K^0_{n+1} gleich, wenn man für den Verlauf der unbekannten Stützenmomenten-Funktion $M\,(x)$ eine Trapezform gemäß Gl. (57) zugrunde legt. Die rechte Seite ist die Auflagerkraft K^u_{n+1} infolge einer bekannten Verteilung (Parabel oder Dreieck). Man kann demnach die Kontinuität der Gl. (58) als Gleichgewicht des Knotens $n+1$ (s. Bild 36e) anschreiben zu:

$$K^0_{n+1} + K^u_{n+1} = 0 \tag{58b}$$

Die Lösung von Rekursionsformeln ist mit Hilfe der Operatorenrechnung (s. 2. Bd., § 14) leicht und aufschlußreich. Natürlich ist auch eine Lösung in der Form von Bandmatrizen möglich.

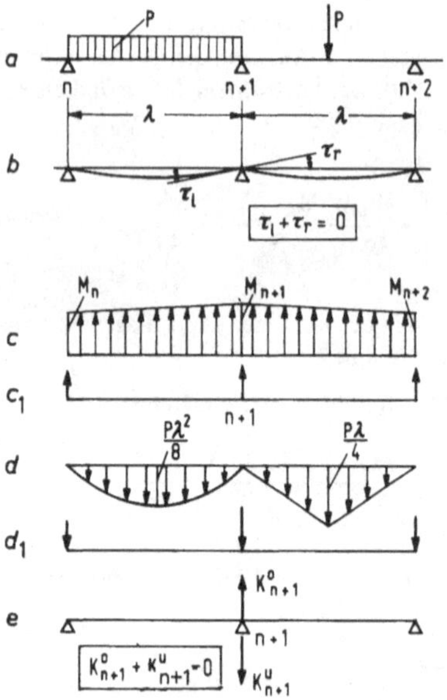

Abb. 36. Kontinuität am Durchlaufträger als Gleichgewichtsbedingung
a) Äußere Lasten
b) Kontinuitätsbedingung
c) unbekannter Trapez-Verlauf
c_1) dazugehörige Knotenlasten
d) bekannter Momentenverlauf
d_1) dazugehörige Knotenlasten
e) Gleichgewichtsbedingung

2.8 Literatur

[22] *Teichmann,* A.: Statik der Baukonstruktionen, Sammlung Göschen Bd. 4119, 2., neubearb. Auflage, Berlin 1971

[23] *Hirschfeld,* K.: Baustatik, 3. umgearbeitete Auflage, Berlin – Heidelberg – New York 1969

[24] *Sattler,* K.: Lehrbuch der Statik, I. Bd.: Grundlagen und fundamentale Berechnungsverfahren, 1969, II. Bd.: Spezielle Berechnungsverfahren

[25] *Stüssi,* F.: Baustatik in zwei Bänden. Basel und Stuttgart, 1953 und 1954

[26] *Beyer,* K.: Die Statik im Stahlbetonbau, 2. Aufl. Neudr. 1948

[27] *Tölke,* F.: Baustatik. Heidelberg 1949

§ 3 Spannung und Verzerrung

3.1 Spannungszustand

Für die Ermittlung der Festigkeit ist die Berechnung der Schnittkräfte (s. § 2) nur der erste Schritt. Mit der Einführung des Begriffs „Spannung" ist es möglich, auch die Verteilung dieser Schnittkräfte längs des Querschnittes zu beschreiben. Als Spannungsvektor s, bei veränderlicher Kraft, wird der Grenzzustand mit

$$\lim_{F \to 0} \left(\frac{P}{F}\right) \tag{59}$$

definiert. Die Richtung der Kraft braucht dabei nicht mit der Richtung der Normalen der Bezugsfläche F zusammenzufallen. In Bild 37 ist die Abhängigkeit der Spannungen von der Schnittrichtung dargestellt. Die zeichnerische Auswertung der Spannungsgleichungen führt zum *Mohr'*schen Kreise.

(a) *Einachsiger Spannungszustand:*

Der Spannungszustand in einem Punkt ist erst bekannt, wenn man die Spannung auch für andere Schnittflächen durch diesen Punkt kennt. Die Spannung σ_I ist eine Normalspannung zum senkrechten Schnitt F_2. Für die Schrägfläche F gilt die Spannung σ_a, die nicht mit der Richtung der Normalen zu F_a zusammenfällt, d. h.

$$\sigma_I F_2 = \sigma_a F_a = \sigma_a \frac{F_2}{\cos a}, \text{ oder}$$
$$\sigma_a = \sigma_I \cos a \tag{59a}$$

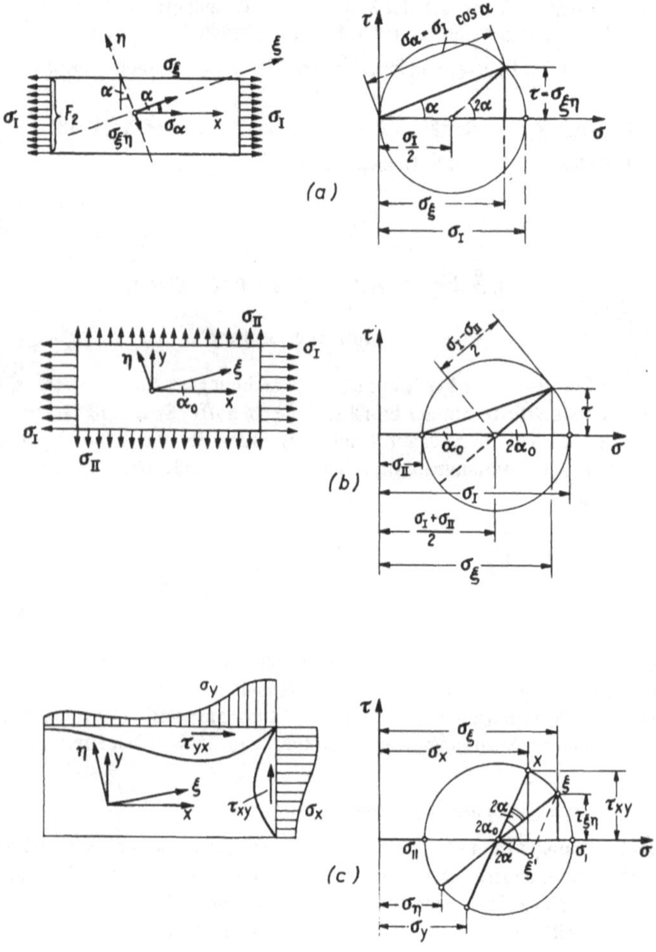

Abb. 37. Abhängigkeit der Spannungen von der Schnittrichtung
a) Normalschnitt mit σ_I und F_2 und Schrägschnitt mit σ_ξ
$\tau = \sigma_{\xi\eta}$ und F_α bei einachsigen Spannungszustand
b) Zweiachsiger Spannungszustand mit σ_I und σ_{II} als Hauptspannungen
c) Allgemeiner ebener Spannungszustand mit σ_x, σ_y, und τ

Dementsprechend sind die Komponenten von σ_a, d. h. die Normalspannung

$$\sigma_\xi = \sigma_a \cos a = \sigma_I \cos^2 a = \frac{1}{2} \sigma_I (1 + \cos 2a) \tag{60}$$

und die Schubspannung $\tau = \tau_{\xi\eta} = \sigma_{\xi\eta}$

$$\tau = \sigma_{\xi\eta} = \sigma_a \sin a = \sigma_I \cos a \sin d\, a = \frac{1}{2} \sigma_I \sin 2a \tag{60a}$$

Aus diesen Gleichungen kann man die Beziehung

$$(\sigma_\xi - \frac{1}{2} \sigma_I)^2 + \tau^2 = (\frac{\sigma_I}{2})^2 \tag{60b}$$

ableiten, die den *Mohr*'schen Kreis in Bild 37a darstellt.

(b) *Zweiachsiger Spannungszustand:*

Analog zu Gl. (59a) gelten für die achsenparallelen Spannungen die Größen $\sigma_I \cos a_0$ und $\sigma_{II} \sin a_0$. Die Komponenten sind dann:

$$\sigma_\xi = \sigma_I \cos^2 a_0 + \sigma_{II} \sin^2 a = \frac{1}{2} (\sigma_I + \sigma_{II}) + \frac{1}{2} (\sigma_I - \sigma_{II}) \tag{70}$$

$$\sigma_{\xi\eta} = \tau = \frac{1}{2} \sigma_I \sin 2a_0 - \frac{1}{2} \sigma_{II} \sin 2a_0 = \frac{1}{2} (\sigma_I - \sigma_{II}) \sin 2a_0 \tag{70a}$$

Der *Mohr*'sche Kreis hat jetzt die Relation

$$\left[\sigma_\xi - \frac{1}{2}(\sigma_I + \sigma_{II})\right]^2 + \tau^2 = (\frac{\sigma_I - \sigma_{II}}{2})^2 \tag{70b}$$

Der Fall (a) ist ein Sonderfall des zweiachsigen Spannungszustandes (b). Die Symmetrie $\tau_{yx} = \tau_{xy} = \tau$ bedeutet die hinreichende Bedingung für das Momentengleichgewicht eines Elementes. Die Gleichheit der einander zugeordneten Schubspannungen nennt man das *Boltzmann*-Axiom.

(c) *Allgemeiner ebener Spannungszustand:*

Die Spannungen σ_x, σ_y und τ der Ebene x, y, seien in die Schnittebene ξ, η zu transformieren:

$$\sigma_\xi = \sigma_x \cos^2 a + \sigma_y \sin^2 a + 2\, \tau_{xy} \cos a \sin a \tag{71}$$

$$= \frac{1}{2} (\sigma_x + \sigma_y) + \frac{1}{2} (\sigma_x - \sigma_y) \cos 2a + \tau_{xy} \sin 2a$$

$$\tau_{\xi\eta} = -\frac{1}{2}(\sigma_x - \sigma_y)\sin 2a + \tau_{xy}\cos 2a \tag{71a}$$

$$\sigma_\eta = \sigma_x \sin^2 a + \sigma_y \cos^2 a - 2\tau_{xy}\cos a \sin a \tag{71b}$$

Bild 37c zeigt rechts den dazugehörigen *Mohr'*schen Kreis. Aus diesen Gleichungen werden die Spannungen für ein beliebiges Koordinatensystem ξ, η berechnet. Da sie eine Funktion des willkürlichen Winkels a sind, kann man etwaige Extremwerte aus der ersten Ableitung $(d\,\sigma_\xi / d\,a = 0)$ erhalten:

$$(\sigma_y - \sigma_x)\sin 2a_0 + 2\tau_{xy}\cos 2a_0 = 0.$$

Diese Gleichung ist mit Gl. (71a) identisch, wenn $\tau_{\xi\eta} = 0$ gesetzt wird. Die Auflösung liefert:

$$\tan 2a_0 = \frac{2\tau_{xy}}{\sigma_x - \sigma_y} \tag{72}$$

Hierbei sind 2 Winkel $2a_0$ möglich, die sich um π unterscheiden, d. h. es gibt zwei aufeinander senkrecht stehende Richtungen $a_0 \pm \frac{\pi}{2}$ zu denen ein Maximum oder ein Minimum gehören. Solche Werte nennt man Hauptspannungen σ_I und σ_{II}. Unter Beachtung des Mohr'schen Kreises kann man die Hauptspannungen auch ohne Gl. (72) sofort anschreiben:

$$\sigma_{I,II} = \frac{1}{2}\left[\sigma_x + \sigma_y \pm \sqrt{(\sigma_x - \sigma_y)^2 + 4\tau_{xy}^2}\right] \tag{72a}$$

Eine Menge von Größen, die solche Beziehungen erfüllt, nennt man Tensor. Man spricht von Spannungs- oder Trägheitstensor. Werden die Koordinatenachsen x, y, z in x_1, x_2, x_3 umbenannt, dann lautet der Spannungstensor in Matrizenschreibweise

$$\sigma_{ik} = \begin{bmatrix} \sigma_{11} & \sigma_{12} & \sigma_{13} \\ \sigma_{21} & \sigma_{22} & \sigma_{23} \\ \sigma_{31} & \sigma_{32} & \sigma_{33} \end{bmatrix} \tag{73}$$

Die in der Hauptdiagonalen der Matrix stehenden Werte sind die Normalspannungen $\sigma_{11} = \sigma_x$, $\sigma_{22} = \sigma_y$, $\sigma_{33} = \sigma_z$. Die Größen mit den gemischten

Indizes sind die Schubspannungen $\sigma_{12} = \tau_{xy}$ usw. Wegen der Symmetrie der Schubspannungen ist

$$\sigma_{ik} = \sigma_{ki} \tag{73a}$$

Der Spannungstensor ist eine Verallgemeinerung des Spannungsvektors: $s_1 = (\sigma_{11}, \sigma_{12}, \sigma_{13})$, $s_2 = (\sigma_{21}, \sigma_{22}, \sigma_{23})$ usw. Beim Hauptspannungszustand hat der Spannungstensor die Form:

$$\sigma_{ik} = \begin{bmatrix} \sigma_I & 0 & 0 \\ 0 & \sigma_{II} & 0 \\ 0 & 0 & \sigma_{III} \end{bmatrix} \tag{73b}$$

Beachtet man Bild 38, dann läßt sich der Spannungstensor für die Ebene wie folgt transformieren:

$$\bar{\sigma}_{mn} = a_{im}\, a_{kn}\, \sigma_{ik} \tag{74}$$

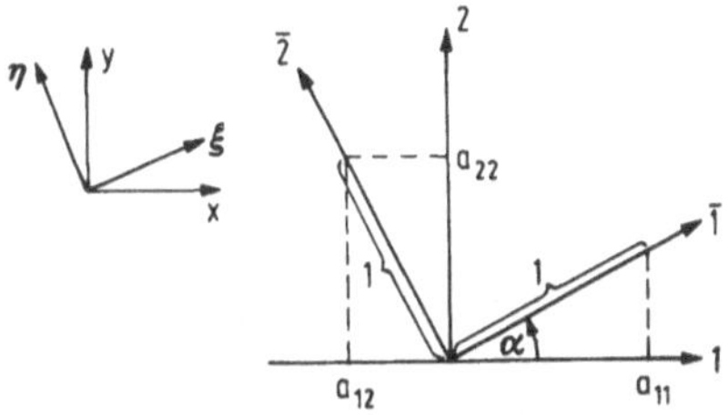

Abb. 38. Richtungscosinus zwischen 1,2- und $\bar{1},\bar{2}$-System anstelle von x,y bzw. ξ, η

Aus der Summationsvereinbarung (s. Tensoralgebra) folgt für $a_{11} = a_{22} = \cos\alpha$, $a_{12} = -\sin\alpha$, $a_{21} = \sin\alpha$ und $m = n = 1$, sowie $i,k = 1,2$. Damit erhält man:

$$\begin{aligned}\bar{\sigma}_{11} = a_{i1}\, a_{k1}\, \sigma_{ik} &= a_{11}\, a_{k1}\, \sigma_{1k} + a_{21}\, a_{k1}\, \sigma_{2k} \\ &= a_{11}(a_{11}\sigma_{11} + a_{21}\sigma_{12}) + a_{21}(a_{11}\sigma_{21} + a_{21}\sigma_{22}) \\ &= \sigma_{11}\cos^2\alpha + \sigma_{12}\sin 2\alpha + \sigma_{22}\sin^2\alpha\end{aligned}$$

und entsprechend für die Schubspannung

$$\bar{\sigma}_{12} = \frac{1}{2}(\sigma_{22} - \sigma_{11}) \sin 2a + \sigma_{12} \cos 2a.$$

Diese Gleichungen sind natürlich mit Gl. (71) und (71a) identisch.

In der Plastizitätstheorie kommt dem sogenannten *Spannungsdeviator* σ'_{ik} besondere Bedeutung zu. Er bildet die Differenz zwischen dem Spannungstensor und dem *Kugeltensor* (hydrostatischer Spannungszustand mit den Hauptspannungen $\sigma = \frac{1}{3}\sigma_{ii}$, d. h. allseitig gleicher Spannungszustand). Der Spannungsdeviator wird angeschrieben zu

$$\sigma'_{ik} = \sigma_{ik} - \sigma\delta_{ik} = \begin{bmatrix} \sigma'_{11} & \sigma_{12} & \sigma_{13} \\ \sigma_{21} & \sigma'_{22} & \sigma_{23} \\ \sigma_{31} & \sigma_{32} & \sigma'_{33} \end{bmatrix} \tag{75}$$

Hierin bedeutet δ_{ik} den Einheitstensor bezw. das *Kronecker-Delta-Symbol* (s. Gl. 1). Weiter gelten:

$$\left.\begin{aligned} \sigma'_{11} &= \sigma_{11} - \sigma = \frac{1}{3}(2\sigma_{11} - \sigma_{22} - \sigma_{33}) \\ \sigma'_{22} &= \sigma_{22} - \sigma = \frac{1}{3}(2\sigma_{22} - \sigma_{11} - \sigma_{33}) \\ \sigma'_{33} &= \sigma_{33} - \sigma = \frac{1}{3}(2\sigma_{33} - \sigma_{11} - \sigma_{22}) \end{aligned}\right\} \tag{75a}$$

bezw.

$$\sigma = \frac{1}{3}\sigma_{ii} = \frac{1}{3}(\sigma_{11} + \sigma_{22} + \sigma_{33}) = \frac{1}{3}J_1 = \frac{1}{3}(\sigma_I + \sigma_{II} + \sigma_{III}) \tag{75b}$$

Die Transformation auf Hauptspannungen lautet einfach:

$$\sigma'_{ik} = \begin{bmatrix} \sigma_I - \sigma & 0 & 0 \\ 0 & \sigma_{II} - \sigma & 0 \\ 0 & 0 & \sigma_{III} - \sigma \end{bmatrix} = \begin{bmatrix} \sigma'_I & 0 & 0 \\ 0 & \sigma'_{II} & 0 \\ 0 & 0 & \sigma'_{III} \end{bmatrix} \tag{76}$$

In der Tensoralgebra werden die sogenannten Invarianten abgeleitet. Sie lauten für den Spannungsdeviator:

$$\left.\begin{aligned}
J_1' &= \sigma_{11}' + \sigma_{22}' + \sigma_{33}' = \sigma_I' + \sigma_{II}' + \sigma_{III}' = 0 \\
J_2' &= \frac{1}{2}\sigma_{ik}'\sigma_{ik}' = \frac{1}{2}(\sigma_{11}'^2 + \sigma_{22}'^2 + \sigma_{33}'^2) + \sigma_{12}^2 + \sigma_{13}^2 + \sigma_{23}^2 \\
&= \frac{1}{6}\left[(\sigma_{11} - \sigma_{22})^2 + (\sigma_{11} - \sigma_{33})^2 + (\sigma_{22} - \sigma_{33})^2\right] + \sigma_{12}^2 + \sigma_{13}^2 + \sigma_{23}^2 \\
&= \frac{1}{2}(\sigma_I'^2 + \sigma_{II}'^2 + \sigma_{III}'^2) \\
&= \frac{1}{6}\left[(\sigma_I - \sigma_{II})^2 + (\sigma_I - \sigma_{III})^2 + (\sigma_{II} - \sigma_{III})^2\right] \\
J_3' &= \mathrm{Det}\,|\sigma_{ik}'| = \sigma_I'\,\sigma_{II}'\,\sigma_{III}' = \frac{1}{3}\sigma_{ik}\,\sigma_{kl}\,\sigma_{li}
\end{aligned}\right\} \quad (77)$$

Die zweite Deviator-Invariante J_2' ist von größter Bedeutung für die Plastizitätstheorie. Sie ermöglicht es, den Zusammenhang zwischen dem allgemeinen und dem einachsigen Spannungszustand (s. § 4) zu beschreiben. Nimmt man an, daß nur die zweite Invariante für das Baustoffverhalten maßgebend ist, dann hat man die sogenannte *von-Mises-Hypothese:*

$$J_2' = \frac{1}{3}\sigma_v^2 \quad \text{bezw.} \quad J_2' = \frac{1}{3}\sigma_F^2 \qquad (78)$$

mit σ_v als einachsige Vergleichsspannung für verfestigende Baustoffe, s. § 1.3 und Bild 6c, sowie σ_F als Fließspannung für elastisch-plastische Werkstoffe (Bild 6b bezw. 6a). Die Gestaltänderung eines Würfels in einen Oktaeder wird von der Schubspannung τ_0 bewirkt und die physikalische Interpretation von J_2' ist

$$J_2' = \frac{3}{2}\tau_0^2 \qquad (79)$$

oder

$$\sigma_v = \sqrt{3 J_2'} = \frac{3}{\sqrt{2}}\tau_0 = \frac{1}{\sqrt{2}}\left[(\sigma_I - \sigma_{II})^2 + (\sigma_I - \sigma_{III})^2 + (\sigma_{II} - \sigma_{III})^2\right]^{\frac{1}{2}} \qquad (80)$$

Genau wie bei den Schnittkräften werden auch hier die Gleichgewichtsbedingungen an einem Element aufgestellt und man erhält die Differentialgleichungen zu

$$\left.\begin{aligned}
\frac{\partial \sigma_{11}}{\partial x_1} + \frac{\partial \sigma_{12}}{\partial x_2} + \frac{\partial \sigma_{13}}{\partial x_3} + q_1 = 0 \\
\frac{\partial \sigma_{21}}{\partial x_1} + \frac{\partial \sigma_{22}}{\partial x_2} + \frac{\partial \sigma_{23}}{\partial x_3} + q_2 = 0 \\
\frac{\partial \sigma_{31}}{\partial x_1} + \frac{\partial \sigma_{32}}{\partial x_2} + \frac{\partial \sigma_{33}}{\partial x_3} + q_3 = 0
\end{aligned}\right\} \quad (81)$$

worin q_i in kp/cm^2 die äußere Belastung des Kontinuums ist.

3.2 Verzerrungszustand

Die Formänderung eines Körpers wird durch die Lageänderung eines einzelnen materiellen Punktes gegenüber einem Ausgangszustand ermittelt. Unter einachsiger Dehnung wird meistens die Deformation eines Zugstabes verstanden. Je nach Größe der Dehnung gibt es zwei Möglichkeiten A und B, um Dehnungen und Spannungen aus den Versuchswerten beim Zugstab zu definieren.

A) *Die konventionelle Dehnung* (Theorie 1. Ordnung)

$$\epsilon = \frac{l_1 - l_0}{l_0} = \frac{\Delta l}{l_0} \quad (82)$$

berücksichtigt nicht, daß die Stablänge in jedem Zwischenstadium eines Zugversuches veränderlich ist, sondern verwendet als Bezug die *unveränderte* Anfangslänge l_0.

B) *Die natürliche oder logarithmische Dehnung* (Theorie 2. Ordnung)

$$\epsilon_n = \int_{l_0}^{l_1} \frac{d\,l}{l} = l\,n \frac{l_1}{l_0} = l\,n\,(1 + \frac{\Delta l}{l_0}) = l\,n\,(1 + \epsilon) \quad (83)$$

ist ein Integral der momentanen Dehnung $d\,l/l$ über die Gesamtänderung $l_1 - l_0 = \Delta l$, d. h. zwischen den Grenzen l_0 und l_1 mit $l_1 = l_0 + \Delta l$.

Auch die Definition der Spannung muß gemäß der Theorie 2. Ordnung korrigiert werden. *Die konventionelle Spannung*

$$\sigma_0 = \frac{P}{F_0} \tag{82a}$$

bezieht sich auf den unverformten Ausgangsquerschnitt F_0 des unbelasteten Stabes. *Die natürliche Spannung*

$$\sigma = \frac{P}{F} = \sigma_0 (1 + \epsilon) \tag{83a}$$

verwendet die natürliche Querschnittsfläche des jeweiligen Versuchszustandes $F = F_0/1 + \epsilon$ nach dem Gesetz der Volumenkonstanz (s. räumlicher Zustand).

Beide Gleichungen (83) und (83a) liefern fast dieselben Werte wie die Gl. (82) und (82a) nach der Theorie 1. Ordnung. Die Dehnung eines eindimensionalen Gebildes ist einfach die 1. Ableitung der Verschiebung u:

$$\epsilon = \lim_{\Delta x \to 0} \frac{u + \Delta u - u}{x + \Delta x - x} = \frac{d\,u}{d\,x} \tag{84}$$

Für die Längenänderung (Dehnung) gemäß Bild 37a der unter a gegen die Stabachse geneigten Geraden ξ gilt

$$\epsilon_a = \epsilon \cos^2 a \tag{85}$$

Dadurch erhält man bei a eine Winkeländerung γ_1 und bei $a + \pi/2$ die Winkeländerung γ_2, für die gilt:

$$\gamma_1 = \epsilon \cos a \sin a$$

$$\gamma_2 = \epsilon \cos a \sin a$$

Für die Gesamtänderung $\gamma = \gamma_1 + \gamma_2$ des ursprünglichen rechten Winkels (ξ, η) ergibt sich

$$\frac{1}{2} \gamma = \epsilon \sin a \cos a \tag{85a}$$

Die Gleichungen (85) und (85a) entsprechen denen der Spannungen Gl. (60) und (60a). Nur für die Walz- und Presstechnik haben die natürlichen Dehnungen und Spannungen eine wesentliche Bedeutung.

Ebener und räumlicher Zustand

Gemäß Bild 39 hat man für die Verschiebungsordinate u_1 in Richtung x_1

$$u_1 = u_1^0 + \left(\frac{\partial u_1}{\partial x_1}\right) \Delta x_1 + \left(\frac{\partial u_1}{\partial x_2}\right) \Delta x_2 \tag{86}$$

Dabei wird nach der Tensoralgebra

$$\frac{\partial u_1}{\partial x_1} = u_{1,1} \quad \text{und} \quad \frac{\partial u_1}{\partial x_2} = u_{1,2}$$

gesetzt (s. Bild 39). Wenn der Abstand Δx_i zwischen den beiden Punkten P_0 und P hinreichend klein ist, kann man die Verschiebungen u_i des Punktes P durch die Verschiebungen u_i^0 von P_0 ausdrücken, indem man in der Taylor-Reihe die Glieder höherer Ordnung vernachlässigt. Für den *räumlichen* Fall hat man für die Verschiebungsordinate u_1 in Richtung von x_1 den Wert

$$u_1 = u_1^0 + \left(\frac{\partial u_1}{\partial x_1}\right)_0 \Delta x_1 + \left(\frac{\partial u_1}{\partial x_2}\right)_0 \Delta x_2 + \left(\frac{\partial u_1}{\partial x_3}\right)_0 \Delta x_3 \tag{86a}$$

Der allgemeine *Verschiebungsvektor* u_i lautet unter Vernachlässigung des Index 0 bei den Ableitungen:

$$u_i = u_i^0 + u_{i,k} \Delta x_k \tag{87}$$

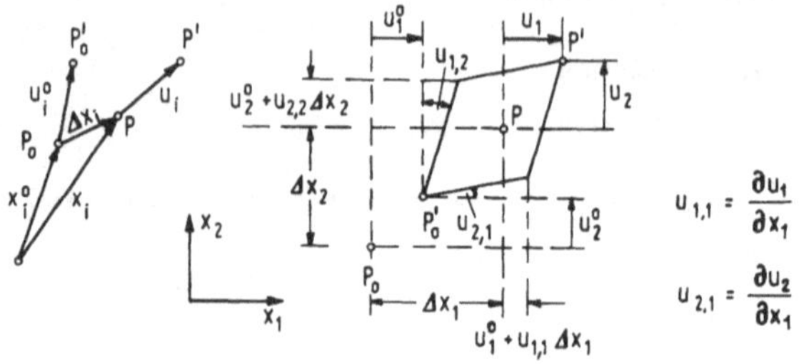

Abb. 39. Deformation der Umgebung von P_0

Der Anteil u_i^0 stellt die Translationsverschiebung des starren Körpers dar. Maßgebend für die Formänderungen sind die Verschiebungs- bezw. Deformationsveränderungen $u_{i,k}$ pro Längeneinheit, die durch die Matrix

$$u_{i,k} = \begin{bmatrix} u_{1,1} & u_{1,2} & u_{1,3} \\ u_{2,1} & u_{2,2} & u_{2,3} \\ u_{3,1} & u_{3,2} & u_{3,3} \end{bmatrix} \tag{88}$$

beschrieben wird.

Man kann $u_{i,k}$ in zwei Teile aufspalten: den *antimetrischen Rotationstensor* ω_{ik} und den *symmetrischen Verzerrungstensor* ϵ_{ik}:

$$u_{i,k} = \omega_{ik} + \epsilon_{ik} \tag{88a}$$

Diese lauten

$$\omega_{ik} = \frac{1}{2}(u_{i,k} - u_{k,i}) = \frac{1}{2}\begin{bmatrix} 0 & (u_{1,2} - u_{2,1}) & (u_{1,3} - u_{3,1}) \\ (u_{2,1} - u_{1,2}) & 0 & (u_{2,3} - u_{3,2}) \\ (u_{3,1} - u_{1,3}) & (u_{3,2} - u_{2,3}) & 0 \end{bmatrix}$$

$$= \begin{bmatrix} 0 & \omega_{12} & \omega_{13} \\ \omega_{21} & 0 & \omega_{23} \\ \omega_{31} & \omega_{32} & 0 \end{bmatrix} \tag{89}$$

worin in der zweiten Form die Antimetrieeigenschaften $\omega_{12} = -\omega_{21}$ $\omega_{13} = -\omega_{31}$ und $\omega_{32} = -\omega_{23}$ verwendet sind, sowie

$$\epsilon_{ik} = \frac{1}{2}(u_{i,k} + u_{k,i}) = \begin{bmatrix} u_{1,1} & \frac{1}{2}(u_{1,2} + u_{2,1}) & \frac{1}{2}(u_{1,3} + u_{3,1}) \\ \frac{1}{2}(u_{2,1} + u_{1,2}) & u_{2,2} & \frac{1}{2}(u_{2,3} + u_{3,2}) \\ \frac{1}{2}(u_{3,1} + u_{1,3}) & \frac{1}{2}(u_{3,2} + u_{2,3}) & u_{3,3} \end{bmatrix} \tag{90}$$

Der Verzerrungstensor ϵ_{ik} mit den Koordinaten $i = k$ bedeutet die Dehnungen und mit den Koordinaten $i \neq k$ die halbe Änderung der rechten Winkel $\epsilon_{ik} = \epsilon_{ki} = \gamma_{ik}/2$.

Bei elastizitätstheoretischen Überlegungen spricht man von der *Kompatibilitätsbedingung* in Hinblick darauf, daß die deformierten Elemente zusammenpassen müssen. Diese Bedingung lautet *in der Ebene:*

$$\frac{\partial^2 \epsilon_{11}}{\partial x_2^2} + \frac{\partial^2 \epsilon_{22}}{\partial x_1^2} - \frac{\partial^2 \gamma_{12}}{\partial x_1 \partial x_2} = 0 \tag{91}$$

Im Raum hat man sechs Bedingungen, die durch die *Bianchi-Identität* gekennzeichnet sind.

Ähnlich wie beim Spannungstensor können alle wichtigen Gleichungen auch dem Verzerrungstensor übertragen werden. So kann man ϵ_{ik} auf Hauptachsen beziehen und, entsprechend Gl. (73b), durch die drei Hauptdehnungen ϵ_I, ϵ_{II}, ϵ_{III} oder durch die Matrix

$$\epsilon_{ik} = \begin{bmatrix} \epsilon_I & 0 & 0 \\ 0 & \epsilon_{II} & 0 \\ 0 & 0 & \epsilon_{III} \end{bmatrix} \tag{92}$$

ausdrücken.

In der Plastizitätstheorie ist es nicht zweckmäßig, mit dem vollständigen Verzerrungstensor zu rechnen. Die *Volumendilatation* e ist eine elastische Eigenschaft und hat auf Fließen oder Verfestigung keinen Einfluß. Es kommt also nur auf die *Gestaltsänderung* an, wofür der *Verzerrungsdeviator* ϵ'_{ik} maßgebend ist:

$$\epsilon'_{ik} = \epsilon_{ik} - \hat{e}\,\delta_{ik} = \begin{bmatrix} \epsilon_{11} - \hat{e} & \epsilon_{12} & \epsilon_{13} \\ \epsilon_{21} & \epsilon_{22} - \hat{e} & \epsilon_{23} \\ \epsilon_{31} & \epsilon_{32} & \epsilon_{33} - \hat{e} \end{bmatrix}$$

$$= \begin{bmatrix} \epsilon_I - \hat{e} & 0 & 0 \\ 0 & \epsilon_{II} - \hat{e} & 0 \\ 0 & 0 & \epsilon_{III} - \hat{e} \end{bmatrix} = \begin{bmatrix} \epsilon'_I & 0 & 0 \\ 0 & \epsilon'_{II} & 0 \\ 0 & 0 & \epsilon'_{III} \end{bmatrix} \tag{93}$$

Hierin bedeutet $\hat{e}$ die *mittlere Dehnung:*

$$\hat{e} = \frac{1}{3}\epsilon_{ii} \equiv \frac{1}{3}(\epsilon_{11} + \epsilon_{22} + \epsilon_{33}) = \frac{1}{3}(\epsilon_I + \epsilon_{II} + \epsilon_{III}) = \frac{1}{3} e \tag{93a}$$

Diese ist also 3mal kleiner als die Volumendilatation e.

Der Deviator gibt die reine Gestaltsänderung des Kontinuums an. Seine *Invarianten* sind:

$$\left.\begin{aligned}
J'_1 &= \epsilon'_{11} + \epsilon'_{22} + \epsilon'_{33} = \epsilon'_I + \epsilon'_{II} + \epsilon'_{III} = 0 \,, \\
J'_2 &= \frac{1}{2}\, \epsilon'_{ik}\, \epsilon'_{ki} = \frac{1}{2}\,(\epsilon'^2_{11} + \epsilon'^2_{22} + \epsilon'^2_{33}) + \epsilon^2_{12} + \epsilon^2_{13} + \epsilon^2_{23} \\
&= \frac{1}{6}\left[(\epsilon_{11} - \epsilon_{22})^2 + (\epsilon_{11} - \epsilon_{33})^2 + (\epsilon_{22} - \epsilon_{33})^2\right] + \epsilon^2_{12} + \epsilon^2_{13} + \epsilon^2_{23} \\
&= \frac{1}{2}\,(\epsilon'^2_I + \epsilon'^2_{II} + \epsilon'^2_{III}) \\
&= \frac{1}{6}\left[(\epsilon_I - \epsilon_{II})^2 + (\epsilon_I - \epsilon_{III})^2 + (\epsilon_{II} - \epsilon_{III})^2\right], \\
J'_3 &= \mathrm{Det}\,|\,\epsilon'_{ik}\,| = \epsilon'_I\, \epsilon'_{II}\, \epsilon'_{III} = \frac{1}{3}\, \epsilon_{ik}\, \epsilon_{kl}\, \epsilon_{li}
\end{aligned}\right\} \qquad (94)$$

Ähnlich wie die Invariante J'_2 des Spannungsdeviators ist auch die Invariante J'_2 des Verzerrungsdeviators von besonderer Bedeutung. Zwischen dem einachsigen Zustand (z. B. Zugversuch) und dem allgemeinen Verzerrungszustand kann man einen einfachen Zusammenhang finden. Für die Vergleichsdehnung ϵ_v des einachsigen Zustandes (Bild 6c) hat man analog zu Gl. (80):

$$\epsilon_v = \frac{2}{\sqrt{3}}\sqrt{J'_2} = \frac{\gamma_0}{\sqrt{2}} = \frac{\sqrt{2}}{3}\left[(\epsilon_I - \epsilon_{II})^2 + (\epsilon_I - \epsilon_{III})^2 + (\epsilon_{II} - \epsilon_{III})^2\right]^{\frac{1}{2}} \qquad (95)$$

Zwischen J'_2 und der Winkeländerung γ_0 der Normalen der Oktaederfläche besteht der physikalische Zusammenhang:

$$J'_2 = \frac{3}{8}\,\gamma_0 \qquad (96)$$

Die Aufteilung des Verzerrungstensors in elastischen und plastischen Anteil ist wichtig und lautet:

$$\epsilon_{ik} = \overset{e}{\epsilon}_{ik} + \overset{p}{\epsilon}_{ik} = \overset{e}{\epsilon}{}'_{ik} + \hat{e}\,\delta_{ik} + \overset{p}{\epsilon}{}'_{ik} \qquad (97)$$

Der fehlende letzte Anteil (plastischer Anteil) der Volumendilatation ist

$$\hat{e}^p = 0 \text{ (Volumenkonstanz)} \qquad (98)$$

Verwendet man die natürlichen Dehnungen, dann ist die Volumendilatation

$$l\text{n}\,(1+e) = \epsilon_{nx} + \epsilon_{ny} + \epsilon_{nz}$$

Das Gesetz der plastischen Volumenkonstanz ergibt auch hier:

$$\epsilon^p_{nx} + \epsilon^p_{ny} + \epsilon^p_{nz} = 0 \tag{98a}$$

Bleibende Verzerrungen treten nur als reine Gestaltsänderungen des Kontinuums auf.

§ 4 Elastizitätsgesetze und Fließbedingungen

4.1 Spannungs-Dehnungs-Linien

Zur Herstellung des σ-ϵ-Diagrammes wird vorwiegend der Zugversuch durchgeführt. In Bild 40 sind die Spannungs-Dehnungs-Linien für Baustahl St37 und St52 aufgetragen. Mit Punkt III ist für St37 die Bruchgrenze mit $\sigma_B = 37\ \text{kp/mm}^2$ bezw. $3700\ \text{kp/cm}^2$ als Mindestgrenze angegeben. Entsprechend bezeichnet Punkt II die Fließspannung σ_F = i.M. $2400\ \text{kp/cm}^2$. Die Strecke zwischen II und III nennt man den *Verfestigungsbereich.* Er erstreckt sich aber in Wirklichkeit bis IV (Bild 40), wenn man statt des „unverformten Querschnittes" die natürliche Querschnittsfläche, s. Gl. (83a), als Bezugsfläche benutzt. Die elastische Spannungsgrenze fällt praktisch mit der Proportionalitätsgrenze zusammen: $\sigma_P = 0{,}8\ \sigma_F$. In Taf. 2 sind die Festigkeitswerte und die zulässigen Spannungen sowie eine Güteziffer $\sigma_B \epsilon_B$ angegeben. Einen großen Einfluß auf die Festigkeit übt der Kohlenstoffgehalt aus,

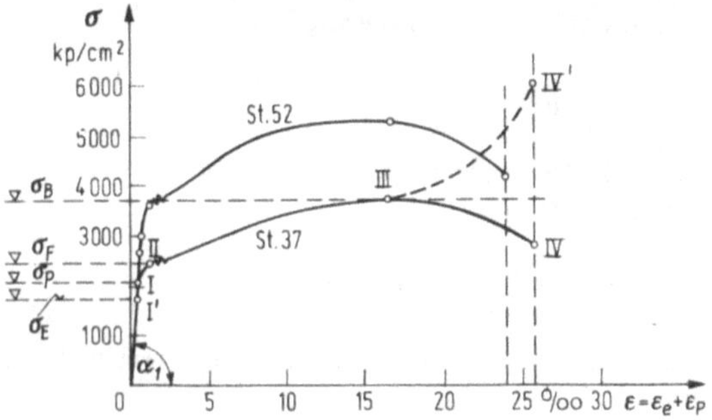

Abb. 40. Spannungs-Dehnungs-Linie für die Baustähle St 37 und St 52

Baustahl	σ_F kp/cm²	σ_B kp/cm²	σ_B i.M. kp/cm²	ϵ_B in H.T.	ϵ_B i.M.	σ_{zul} kp/cm²	Güteziffer $\sigma_B\ \epsilon_B$ kp/cm²
St. 37	2400	3700–4300	4000	20–30	26	1400	1040
St. 52	3600	5200–6000	5600	20–28	24	2100	1350

Tafel 2. Festigkeiten der Stähle St 37 und St 52

Kohlenstoffgehalt in %	Elastizitätsgrenze kp/cm²	Zugfestigkeit in kp/cm²	Bruchdehnung in %	Querkontraktion %
0,14	2950	4430	21,8	49,2
0,54	3490	5560	17,8	32,8
0,78	3750	6470	11,4	19,1
0,96	4870	8305	6,6	10,0

Tafel 3. Einfluß des Kohlenstoffgehaltes auf die Festigkeiten eines Stahles nach Versuchen von Bauschinger (Ternitzer Bessemerstahl)

Stahlsorte	σ_F kp/mm²	σ_B kp/mm²	ϵ_B %	Güteziffer $\sigma_B\ \epsilon_B$
1. Flußstahl St. 37	25,8	39,4	29,0	1140
2. Ein Kohlenstoffstahl	28,3	46,6	24,9	1160
3. Baustahl St. 52	36,0	56,6	24,0	1350
4. Nickelstahl (3 % Ni)	39,4	53,0	26,5	1410
5. Nickelstahl (5 % Ni)	49,9	59,1	18,3	1080
6. Chromnickelstahl 3 % (Cr + Ni)	40,2	62,4	17,0	1060
7. Chromnickelstahl 4 % (Cr + Ni)	53,0	69,3	15,5	1070

Tafel 4. Festigkeitseigenschaften verschiedener Stähle mit Zusätzen von Ni und Cr

wie in Taf. 3 gezeigt ist. Auch andere Zusätze, wie Nickel und Chrom, verändern die Spannungen und Dehnungen sehr, wie in Taf. 4 und Bild 41 gezeigt ist.

Unter Querkontraktion als Kennziffer für die Zähigkeit des Baustoffes beim Zugversuch versteht man das Verhältnis zwischen der Querschnittsdifferenz $F - F_0$ zur ursprünglichen Querschnittsfläche F_0. Sie beträgt bei Baustahl 40 bis 60 % und kann, je nach dem Kohlenstoffgehalt gemäß Taf. 3, bis auf 10 % absinken.

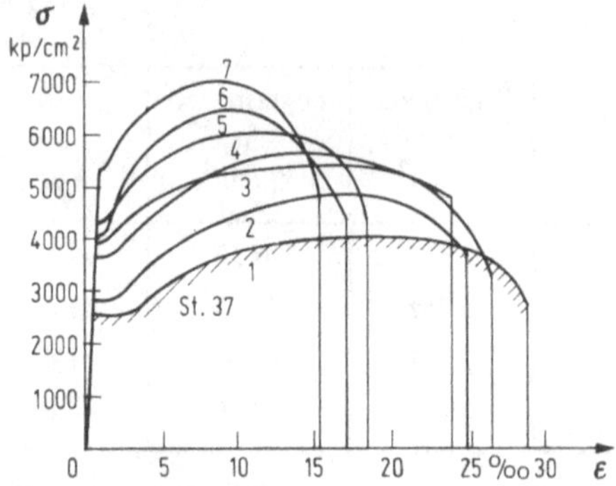

Abb. 41. Einfluß von Kohlenstoffgehalt und hochwertigen Zusätzen auf die Spannungs-Dehnungs-Linie von Stahl (s. Taf. 4)

Eine interessante Arbeit[17] aus jüngster Zeit zeigt die Entwicklung neuer Stähle bei Zusätzen von Mn von 1 bis 3 % und C von Null bis 0,5 %. Bei Versuchstemperaturen von 100°C, Zimmertemperatur, - 78°C und - 196°C wurde die Austenit-Martensit-Phasenumwandlung angewendet, die durch plastische Verformung herbeigeführt wird. Der Stahl erhielt den Namen TRIP-Stahl (Transformation Induced Plasticity) und zeichnet sich durch gute Verformbarkeit bei hoher Festigkeit aus. Kristallographische Untersuchungen ergaben, daß in bestimmten Mustern vorhandene Fehlstellen im Kristallgitter, die künstlich eingebracht werden können, es sind, die erstaunliche Festigkeitssteigerung nach starker Verformung bewirken. Diese induzierte Gefügeumwandlung birgt eine neue Grundlage zur Erhöhung der Festigkeit der Baustoffe.

[17] Fahr, D.: Enhancement of Ductility in High-Strength-Steels. Diss. 1969, Lawrence Radiation Laboratory, University of California, Berkeley

Nach dem neuen Entwurf der Din 1045 (März 1968) für Beton und Stahlbeton bezeichnet man die Würfelfestigkeit des Betons mit β_w, die Prismenfestigkeit mit β_p und die mittlere Betonfestigkeit mit β_{wm}. Ihr Zusammenhang mit den Betongüten Bn 100 bis Bn 550 ist in Taf. 5 angegeben. Der hier genannte E-Modul ist gemäß Bild 42 ein Sekantenmodul für $\beta_p/3$. Bild 42 zeigt Spannungsdehnungslinien für verschiedene Betongüten infolge Kurzzeitbelastung. Die genannten E-Moduln gelten für die Berechnung der Formänderungen infolge der Gebrauchslasten (Elastizitätstheorie).

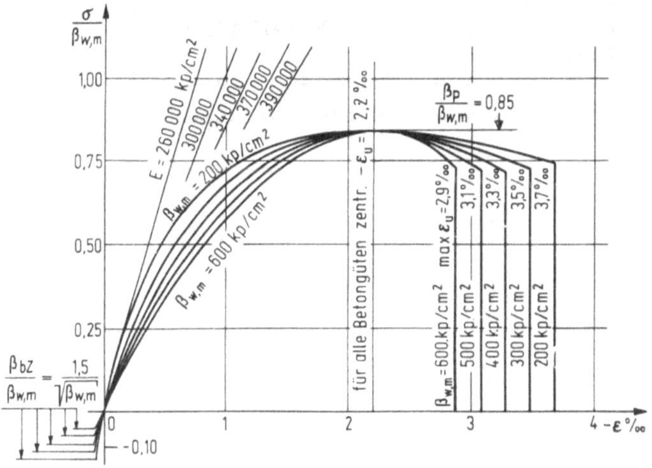

Abb. 42. Mittlere Spannungs-Dehnungs-Linie des Betons (DIN 1045, Entwurf 1968)

Für die Berechnung nach der Plastizitätstheorie hat man nach Din 1045 (Entwurf März 1968) das Spannungs-Dehnungs-Gesetz gemäß Bild 43. Hier wird die Rißfestigkeit $\beta_R = 0{,}7\,\beta_{w28}$ als maßgebende „Fließgrenze" gewählt. Darin bedeutet β_{w28} die Würfelfestigkeit nach 28 Tagen. Wird die Rißdehnung $\epsilon_R = 2$‰ gewählt, dann hat der Verlauf im Bereich $0 \leq \epsilon_b \leq \epsilon_R$ die Form einer quadratischen Parabel:

$$\sigma_b = E_0\,\epsilon_b\,(1 - \frac{\epsilon_b}{2\epsilon_R}) \qquad (99)$$

mit $E_0 = 1000\,\beta_R$.

	1	2	3	4	5	6	7
	Betongüte	Bn 100	Bn 150	Bn 250	Bn 350	Bn 450	Bn 550
1	Mittlere Betonfestigkeit β_{wm} in kp/cm²	150	200	300	400	500	600
2	Elastizitätsmodul E kp/cm²	220 000	250 000	300 000	340 000	370 000	390 000

Tafel 5. Rechenwerte für den Elastizitätsmodul des Betons für Kurzzeitbelastung (n. DIN 1045, Entw. 1968)

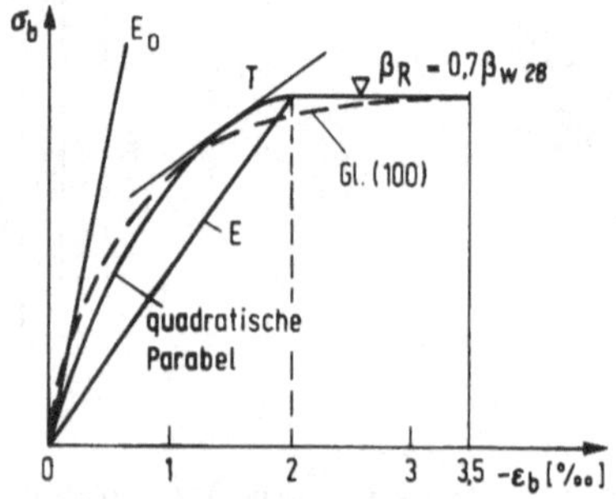

Abb. 43. Rechenwerte für die Spannungs-Dehnungs-Linie des Betons (DIN 1045, Entwurf 1968)

Im Bereich zwischen 2‰ und 3,5‰ ist die Form eine Gerade:

$$\sigma_b = \beta_R = 0{,}7\,\beta_{w28} \tag{99a}$$

Dieses Verzerrungs-Spannungs-Gesetz kann sehr zutreffend durch die Formel

$$\sigma_b = \beta_R \,\mathrm{Tan}\, \frac{E_0 \epsilon_b}{\beta_R} = \beta_R \,\mathrm{Tan}\, 1000\, \epsilon_b \tag{100}$$

angegeben werden, worin der federnde Modul E_0 ebenfalls

$$E_0 = 1000\,\beta_R \tag{100a}$$

ist. Der Sekantenmodul zwischen 0 und 2‰ beträgt $E = 500\,\beta_R$. Der Tangentenmodul T ist gemäß Gl. (99) bezw. Din 1045 (März 1968)

$$T = \frac{d\sigma}{d\epsilon} = E_0\left(1 - \frac{\epsilon_b}{\epsilon_R}\right) \tag{99b}$$

und nach Gl. (100)

$$T = \frac{d\sigma}{d\epsilon} = \frac{E_0}{\mathrm{Cos}^2\, 1000\,\epsilon_b} \tag{100b}$$

Der Unterschied zwischen den beiden Gesetzen Gl. (99) und Gl. (100) ist in der Tafel 6 gezeigt.

In Bild 44 sind die entsprechenden Linien für 3 Bewehrungsstähle angegeben.

Für St. 24/34 gilt im plastischen Bereich:

$$\sigma_e = 2400\ \mathrm{kp/cm^2} \quad \text{für } \epsilon > 1{,}2‰ \tag{101}$$

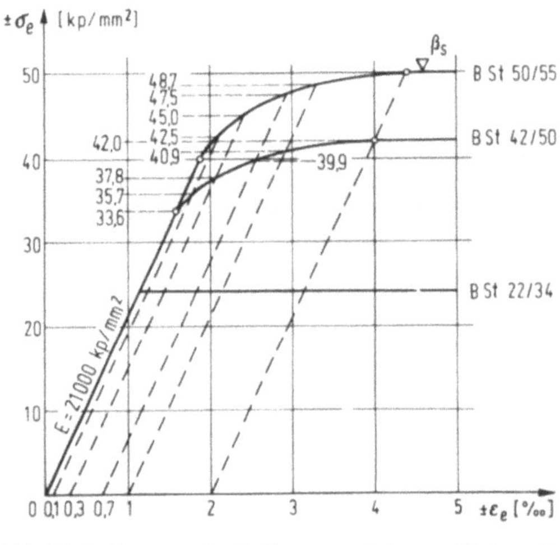

Abb. 44. Rechenwerte für die Spannungs-Dehnungs-Linie des Stahles (DIN 1045, Entwurf 1968)

ϵ_b	0,25	0,50	1,00	1,50	2,00	2,50	3,00	3,50	%
σ_b nach Gl.(100)	0,245	0,462	0,761	0,905	0,964	0,987	0,995	0,998	β_R
σ_b nach Din 1045	0,234	0,437	0,750	0,937	1,000	1,000	1,000	1,000	β_R
Fehler	+ 4,7	+ 5,7	+ 1,5	- 3,4	- 3,6	- 1,3	- 0,5	- 0,2	%

Tafel 6. Spannungsvergleich zwischen den Werten der DIN 1045 und denen der Gl. (100)

Für St 42/50 gilt im plastischen Bereich:

$$\sigma_e = 3360 + 840 \left[1 - \left(\frac{5-\epsilon}{3,4}\right)^4\right] \quad \text{für} \quad 1,6‰ < \epsilon \leqq 5‰ \qquad (101a)$$

und für St 50/55

$$\sigma_e = 4000 + 1000 \left[1 - \left(\frac{5-\epsilon}{3,09}\right)^4\right] \quad \text{für} \quad 1,91‰ < \epsilon \leqq 5‰ \qquad (101b)$$

Versuche von *Roš* und *Eichinger*[18] mit dünnwandigen Hohlzylindern aus Flußstahl (Bild 45) bestätigen insbesondere das Verhältnis $\tau_F/\sigma_F = 0,58$. Der Verlauf der drei Kurven ist fast affin. Für die analytische Berechnung der Querschnittsfestigkeiten der Stäbe und Flächentragwerke werden Näherungsgesetzte für die Spannungs-Dehnungs-Linie angegeben. In Bild 46 sind 4 Kurven als Näherungen aufgezeichnet:

(a) das Tan-Gesetz, welches bereits als Gl. (100) für die Betondruckspannung angeschrieben wurde (Bild 43 gestrichelte Linie), benutzt

$$\sigma = \sigma'_F \operatorname{Tan} \frac{E\,\epsilon}{\sigma'_F} \qquad (102)$$

(b) Die Polygon-Gleichung

$$\left.\begin{aligned} \sigma &= E\,\epsilon && \text{für} \quad -\epsilon_F^* \leqq \epsilon \leqq \epsilon_F^* \\ \sigma &= \sigma^* \operatorname{sgn} \epsilon + \epsilon \tan\alpha^* && \text{für} \quad |\epsilon| \geqq \epsilon_F^* \end{aligned}\right\} \qquad (103)$$

[18] Roš, M. u. Eichinger, A.: Versuche zur Klärung der Frage der Bruchgefahr. Eidg. Mater. Prüf. Anstalt, Bericht Nr. 14, Zürich 1926

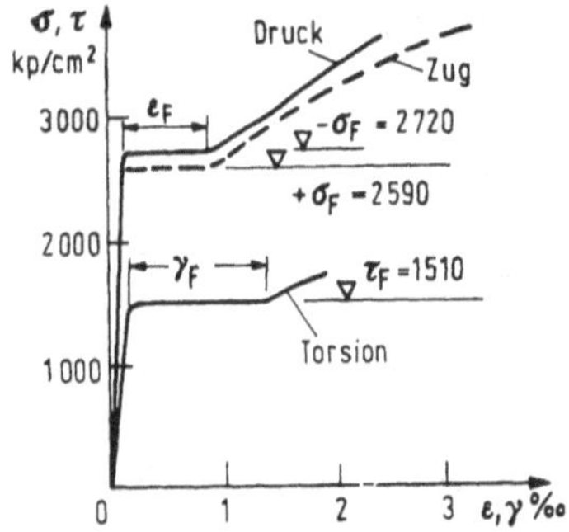

Abb. 45. Versuche nach Rŏs und Eichinger

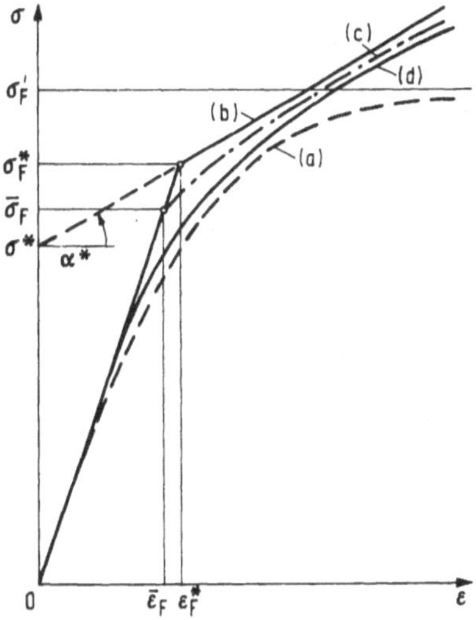

Abb. 46. Näherungsgesetze für verfestigende Baustoffe
a) zu Gl. (102), b) zu Gl. (103), c) zu Gl. (104), d) zu Gl. (105)

(c) Das Potenz-Gesetz für ϵ im plastischen Bereich:

$$\left.\begin{array}{lr} \sigma = E\,\epsilon \quad \text{für} & -\bar{\epsilon}_F \leqq \epsilon \leqq \bar{\epsilon}_F \\ \sigma = A|\epsilon|^k \operatorname{sgn}\epsilon\ (0 \leqq k \leqq 1) & |\epsilon| \geqq \bar{\epsilon}_F \end{array}\right\} \quad (104)$$

(d) Das Potenz-Gesetz für σ

$$\epsilon = \frac{\sigma}{E} + B\left(\frac{|\sigma|}{E}\right)^n \operatorname{sgn}\sigma \quad (n \geqq 1) \quad \text{für alle } \sigma \qquad (105)$$

Die Anwendung der beiden letzteren Potenz-Gesetze Gl. (104) und (105) zeigt *Reckling* in [10, S. 37/39], s. auch Bild 47, bei der Beschreibung von Zugversuchen für neuere Baustoffe, wie z. B. für die Leichtmetall-Legierung AlMgSi 1. Gemäß Gl. (104) hat man für $k = 0{,}126$ und $A = 31{,}8$

$$\sigma = 31{,}8\,\epsilon^{0{,}126} \quad \text{für} \quad \sigma > \bar{\sigma}_F \qquad (104a)$$

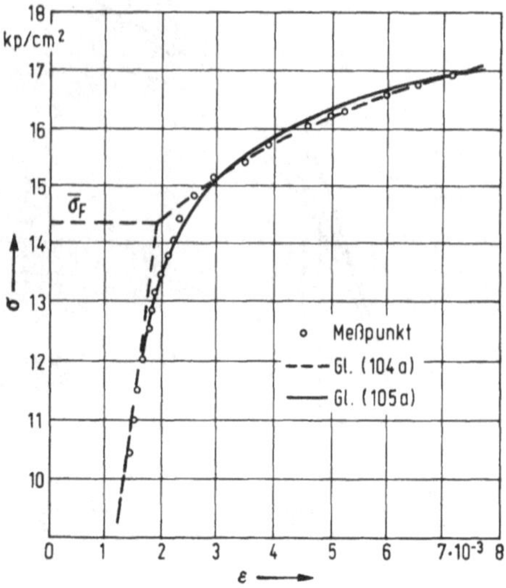

Abb. 47. Näherungskurven für die Leichtmetall-Legierung AlMgSi nach Gl. (104a und 105a

und mit $E = 7600\ \text{kp/mm}^2$

$$\epsilon = \frac{\sigma}{7600} + 4{,}886\ 10^{-8} \left(\frac{\sigma}{7{,}6}\right)^{14{,}32} \tag{105a}$$

Das letzte Gesetz beschreibt den Übergang vom elastischen zum plastischen Bereich sehr gut.

Die Spannungs-Dehnungs-Linie für unlegierte Konstruktionsstähle ist gemäß Bild 48 genügend genau durch das idealplastische Verhalten

$$\left.\begin{array}{lll} \sigma = E\,\epsilon \quad \text{(Hooke'sches Gesetz)} & \text{für} & -\epsilon_F \leqq \epsilon \leqq \epsilon_F \\ \sigma = \sigma_F \operatorname{sgn} \epsilon \quad \text{(Konstante)} & \text{für} & |\epsilon| \geqq \epsilon_F \end{array}\right\} \tag{106}$$

approximiert. Für die praktische Berechnung ist diese Näherung von größter Bedeutung. Hier verläuft das *Hooke*'sche Gesetz über die Proportionalitätsgrenze σ_P hinaus bis zur Fließgrenze σ_F, obwohl oberhalb σ_F bis zur oberen Fließgrenze σ_{F_0} sich der Stahl verfestigt. Nach Erreichen von σ_{F_u} nimmt die Dehnung ohne Spannungserhöhung zu, bis schließlich die Spannung im zweiten Verfestigungsbereich (etwa ab $\epsilon \approx 15$‰, s. Bild 48) wieder anwächst. Die Näherung der Gl. (106) ist sehr gut geeignet, da die Abweichung bei nicht mehr als 0,2 % liegt bei $\sigma_{0,2}$ als maßgebender Spannung.

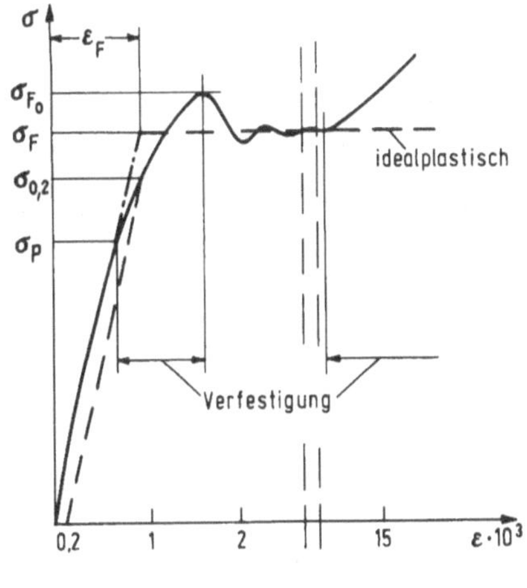

Abb. 48. Unlegierter Stahl

Andere Baustoffe, wie Holz, vorwiegend als Furnier- und Spanplatten[19], sowie hitzebeständige neue Werkstoffe[20] aus der Raketentechnik und die chemischen Kunststoffe[21] sind noch im Forschungs- und Versuchsstadium. Insbesondere die Kunststoffe können für das Bauwesen interessant werden, nachdem durch Glasfasereinlagen schon Bruchfestigkeiten von 5000 bis 7000 kp/cm² mit Polyester- und Epoxydharzen erreicht worden sind. Maßgebend hierfür sind die anisotropen bezw. orthotropen Eigenschaften.

4.2 Elastische und plastische Hysteresis

Entlastung und anschließende Wiederbelastung gemäß Bild 49 verursachen eine Abweichung von der elastischen Geraden. Man nennt diese Abweichung eine *elastische Hysteresis-Schleife,* die auch in das Druckgebiet hineindringen kann. Sie tritt immer beim elastischen Verhalten ohne Plastifizierung auf und verursacht die Werkstoffdämpfungen bei Schwingungen. Dieses Phänomen

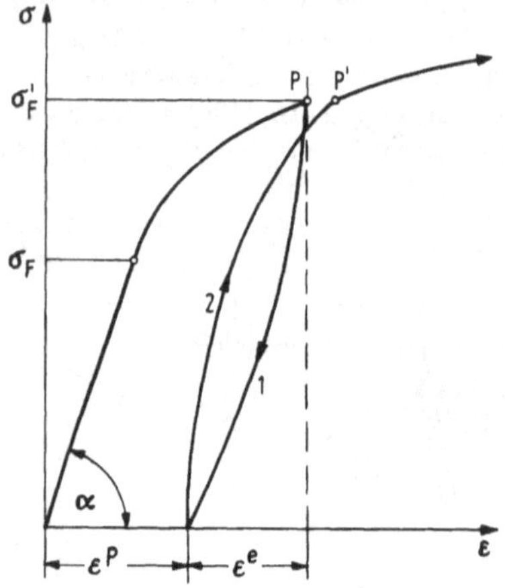

Abb. 49. Elastische Hysterese

[19] Möhler, K. u. Ehlbeck, J.: Versuche über das Dauerstandverhalten von Spanplatten und Furnierplatten bei Biegebeanspruchung. „Holz als Roh- und Werkstoff", Bd. 26 (1968), S. 118–124

[20] Hochtemperaturwerkstoffe. Symposium 1968 in Reute. Herausgeber: F. Benesovsky, Springer Verlag Nr. 8669

[21] Domininghaus, H.: Kunststoffe I und II. VDI-Taschenbücher, Düsseldorf 1969

kann physikalisch mit der Wirkung der Eigenspannungsfelder von Versetzungen erklärt werden, die sich erst bei Entlastung zeigen. Die Anzahl der elastischen Belastungszyklen kann sehr groß sein, bis ein *Dauerbruch* eintritt. Das Durchlaufen der Hysterese ist mit einem Energieverlust verbunden.

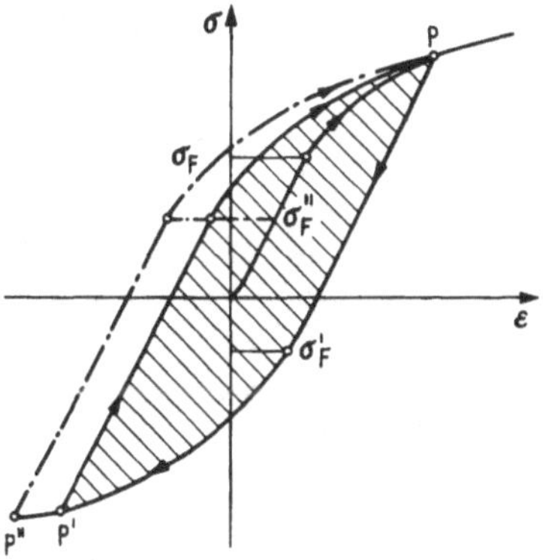

Abb. 50. Bauschinger-Effekt

Mit diesem Effekt verwandt ist die *plastische Hysteresis-Schleife,* die auch der *Bauschinger-Effekt* genannt wird (Bild 50). Diese Schleife ist bedeutend größer als die elastische. Sie wird durch alternierende Belastung erzeugt, die jeweils plastische Verformungen verursachen. Nach Entlastung von P, s. Bild 50, und anschließender Wiederbelastung sind die Beiträge der Spannungen σ'_F an der Druckgrenze und σ''_F an der Zug-Fließ-Grenze merklich abgefallen gegenüber der tatsächlichen Fließgrenze σ_F. Dafür ist der verfestigende Bereich P′ P″ auf der Druckseite erheblich größer als beim Zug. Der Energieverlust ist hier um mehrere Zehnerpotenzen größer als bei der elastischen Hysterese. Die Folge ist, daß alternierende Plastifizierung sehr schnell zum Bruch führt.

4.3 Hooke'sches Gesetz und elastische Grundgleichungen

Die Elastizitätstheorie ist auf das einfache *Hooke'sche Gesetz* des Zugstabes $\sigma = E\,\epsilon$ aufgebaut. Ganz allgemein werden die Baustoffe in isotrope und anisotrope eingeteilt.

a) Isotrope Baustoffe

Hierbei handelt es sich um homogene Werkstoffe, deren physikalische Eigenschaften überall gleichartig und richtungsunabhängig sind. Mit der Querkontraktionszahl μ, auch Querdehnung oder *Poisson'sche Zahl* genannt, für die nachstehend einige Werte angegeben werden:

Stahl	$\mu =$ 0,27 bis 0,30
Kupfer	0,32
Blei	0,43
Glas	0,24
natürliche Steine	0,25
Beton bei Zug	0,10 bis 0,125
Beton bei Druck	1/6 bis 1/5

läßt sich der allgemeine Spannungszustand aus dem einachsigen Spannungs-Dehnungs-Gesetz ableiten. Das *Hooke'sche Gesetz* lautet für Dehnungen in den Richtungen 1, 2, und 3:

$$\left.\begin{aligned} \epsilon^e_{11} &= \frac{1}{E}\left[(1+\mu)\,\sigma_{11} - \mu\,(\sigma_{11}+\sigma_{22}+\sigma_{33})\right] \\ &= \frac{1}{E}\left[\sigma_{11} - \mu\,(\sigma_{22}+\sigma_{33})\right] \\ \epsilon^e_{22} &= \frac{1}{E}\left[\sigma_{22} - \mu\,(\sigma_{33}+\sigma_{11})\right] \\ \epsilon^e_{33} &= \frac{1}{E}\left[\sigma_{33} - \mu\,(\sigma_{11}+\sigma_{22})\right] \end{aligned}\right\} \qquad (106a)$$

Für die Gleitung in der Ebene 1, 2 ergibt sich

$$\epsilon^e_{12} = \frac{1+\mu}{E}\,\sigma_{12} = \frac{\sigma_{12}}{2G} = \frac{\gamma_{12}}{2} \qquad (106b)$$

worin der Gleitmodul ist:

$$G = \frac{E}{2\,(1+\mu)} \qquad (106c)$$

In Tensorschreibweise lautet das *allgemeine Hooke'sche Gesetz:*

$$\epsilon^e_{ik} = \frac{1}{E}\left[(1+\mu)\,\sigma_{ik} - \mu\,\delta_{ik}\,\sigma_{kk}\right] \qquad (106d)$$

Hierin bedeuten

δ_{ik} das Einheitselement (s. Gl. 1)

$$\delta_{ik} = \begin{bmatrix} 1 & 0 & 0 \\ 0 & 1 & 0 \\ 0 & 0 & 1 \end{bmatrix}$$

σ_{kk} den dreifachen hydrostatischen Spannungszustand (s. auch Gl. 75b)

$$\sigma_{kk} = \sigma_{11} + \sigma_{22} + \sigma_{33} = 3\sigma \, .$$

Der Spannungstensor σ_{ik} wird in Deviator σ'_{ik} und Kugeltensor $\sigma\,\delta_{ik}$ aufgespalten:

$$\sigma_{ik} = \sigma'_{ik} + \sigma\,\delta_{ik} \tag{107}$$

Daraus folgt

$$\epsilon^e_{ik} = \epsilon'^e_{ik} + \hat{e}\,\delta_{ik} = \frac{\sigma'_{ik}}{2G} + \frac{1-2\mu}{E}\,\sigma\,\delta_{ik} \tag{108}$$

mit

$$\hat{e} = \frac{1}{3}\,\epsilon_{ii} = \frac{1-2\mu}{E}\,\sigma = \frac{\sigma}{3K} \tag{108a}$$

und

$$K = \frac{E}{3\,(1-2\mu)} \,, \tag{108b}$$

worin K den mittleren Kompressionsmodul bedeutet.

b) anisotrope Baustoffe

Anstelle der Gl. (106) schreibt man für diesen Fall das allgemeine *Hooke'sche Gesetz* an zu (s. [10]):

$$\sigma^e_{ik} = C_{ikjl}\,\epsilon^e_j \tag{109}$$

Bei inhomogenen Baustoffen ist C_{ikjl} ein Tensor 4. Stufe und dabei eine Funktion des Ortes. Bei homogenen Baustoffen ist dieser Tensor invariant. Seine 36 Komponenten[22] sind alle elastische Konstanten. Bei isotropen Werkstoffen läßt sich Gl. (109) auf die einfache Form der Gl. (106) zurückführen,

[22] Wiedemann, J.: Dissertation T.U. Berlin, 1962

die nur die 2 Konstanten E und μ beinhaltet. Die Gl. (109) dient auch als Analogie für die Grundgleichung der „endlichen Elementenmethode", bei der dann C die Steifematrix bedeutet (s. Bd. 2, Abschn. Neuere Berechnungsmethoden).

Im dreidimensionalen Raum hat man es mit 15 Gleichungen für 15 Unbekannte zu tun, nämlich

1. 3 Gleichgewichtsbedingungen nach Gl. (81),
2. 6 kinematische Bedingungen $u_{i,k}$ nach Gl. (88),
3. 6 Spannungs-Dehnungs-Beziehungen nach Gl. (106)

Die praktische und elementarste Lösung wird hier durch eine der ältesten Methoden, die *Airy'sche Spannungsfunktion* Φ, gegeben. Sie wird nach dem Mathematiker Sir John Bidel *Airy* (1801–1892) benannt und stellt eine skalare Ortsfunktion für den ebenen Spannungszustand dar. Die Spannungen selbst gewinnt man durch Differentiation:

$$\sigma_1 = \frac{\partial^2 \Phi}{\partial x_2}, \quad \sigma_{12} = \sigma_{21} = -\frac{\partial^2 \Phi}{\partial x_1 \partial x_2}, \quad \sigma_2 = \frac{\partial^2 \Phi}{\partial x_1} \tag{110}$$

Werden diese Gleichungen in die Kompatibilitätsbedingungen der Gl. (91) eingeführt, dann erhält man für Φ die Bipotentialgleichung

$$\Delta \Delta \Phi = 0\,, \tag{111}$$

worin Δ den *Laplace-Operator* bedeutet.

Diese partielle Differentialgleichung hat unendlich viele Lösungen und die Schwierigkeit besteht darin, die „passende Lösung" aufzufinden. So sind beispielsweise zu der Fülle der Lösungen

$$\Phi = x_1,\ x_1^2,\ x_1^3,\ x_2,\ x_2^2,\ x_2^3,\ x_1 x_2,\ x_1^2 x_2,\ x_1^3 x_2,\ x_1 x_2^2,\ x_1 x_2^3$$

die man als einfache Lösungen bezeichnet, noch ungezählte komplexe Funktionen hinzuzufügen.

Ein anderes Verfahren, das wesentlich kürzer und übersichtlicher ist, ist das der komplexen Spannungsfunktion. *Muskhelishvili* und *Kolossow* [28, 29] fanden einen allgemeinen Lösungsweg für die verschiedenen Randwerte über die konforme Abbildung auf den Einheitskreis. *Green* und *Zerna* [30] verwenden die komplexe Spannungsfunktion in einer umfassenden Darstellung. Eine andere Methode, die auf *Sobrero* [31, 32, 33] zurückgeht, gestattet es, die Spannungen als Elemente der Funktion einer hyperkomplexen Veränderlichen anzugeben. Die Elemente einer Funktion der hyperkomplexen Variablen $(x_1 + j\,x_2)$ erfüllen auch die Bipotentialgleichungen (111), wenn für j

$$(1 + j^2)^2 = 0$$

gefordert wird. Die imaginäre Einheit i ist dann durch

$$2i = 3j + j^3$$

mit der hyperkomplexen Einheit j verknüpft. (Die Elemente einer Funktion der komplexen Veränderlichen $x_1 + ix_2$ genügen der Bipotentialgleichung auf Grund der Beziehung $1 + i^2 = 0$).

Der räumliche Spannungszustand kann durch die Spannungsfunktionen von *Papkovich* und *Neuber* [34], sowie durch die Annäherungen von *Galerkin* und *Westergaard* [36, 37, 38] gelöst werden.

4.4 Fließbedingungen und Verfestigungshypothesen

4.4.1 Isotrope Baustoffe

Während das *Hooke'sche Gesetz* in der Form von Gl. (106a) für den allgemeinen Spannungszustand durch die Einführung von μ eine Erweiterung des einachsigen Spannungszustandes darstellt, ist es für den Fließ- und Verfestigungsbereich wesentlich schwieriger, entsprechende Gesetze aufzustellen. Die ersten Ansätze dazu stammen aus der Zeit von vor 100 Jahren.

4.4.1.1 Tresca-Fließbedingung

Tresca (1864) hat auf Grund von Versuchen die Hypothese aufgestellt, daß die Metalle zu fließen beginnen, wenn die größte Schubspannung τ_{max} einen kritischen Wert erreicht. Für den Hauptspannungszustand $\sigma_I \geqq \sigma_{II} \geqq \sigma_{III}$ gilt

$$\tau_{max} = \frac{1}{2}(\sigma_I - \sigma_{III}) = \frac{\sigma_F}{2} \qquad (112a)$$

oder ganz allgemein

$$\left[\ (\sigma_I - \sigma_{II})^2 - \sigma_F^2\ \right]\ \left[\ (\sigma_{II} - \sigma_{III})^2 - \sigma_F^2\right]\ \left[(\sigma_{III} - \sigma_I)^2 - \sigma_F^2\right] = 0 \qquad (112)$$

4.4.1.2 Spannungs-Dehnungs-Gesetz im plastischen Bereich von Saint Venant und Lévy

Das Spannungs-Dehnungs-Gesetz für die Ebene stellte 1870 *de Saint Venant* auf. Sein Schüler *Lévy* erweiterte es auf den Raum:

$$\left.\begin{aligned} d\epsilon_I &= \frac{2}{3}\left[\sigma_I - \frac{1}{2}(\sigma_{II} + \sigma_{III})\right] d\lambda \\ d\epsilon_{II} &= \frac{2}{3}\left[\sigma_{II} - \frac{1}{2}(\sigma_{III} + \sigma_I)\right] d\lambda \\ d\epsilon_{III} &= \frac{2}{3}\left[\sigma_{III} - \frac{1}{2}(\sigma_I + \sigma_{II})\right] d\lambda \end{aligned}\right\} \quad (112b)$$

Diese Beziehungen gelten nur für den starr-plastischen Bereich. Das differentielle Gesetz kann nicht integriert werden, da $d\lambda$ selbst eine Funktion des Hauptspannungszustandes ist.

4.4.1.3 Mises-Fließbedingung

Im Jahre 1913 hat *von Mises* dasselbe Gesetz formuliert und zusätzlich dazu eine neue Fließbedingung aufgestellt:

$$(\sigma_I - \sigma_{II})^2 + (\sigma_{II} - \sigma_{III})^2 + (\sigma_{III} - \sigma_I)^2 = 2\sigma_F^2 \quad (113a)$$

Die beiden Fließbedingungen der Gl. (112a) und (113a) verwendet man auch für verfestigende Werkstoffe, indem man an Stelle σ_F die einachsigen Vergleichsspannungen σ_v einführt.

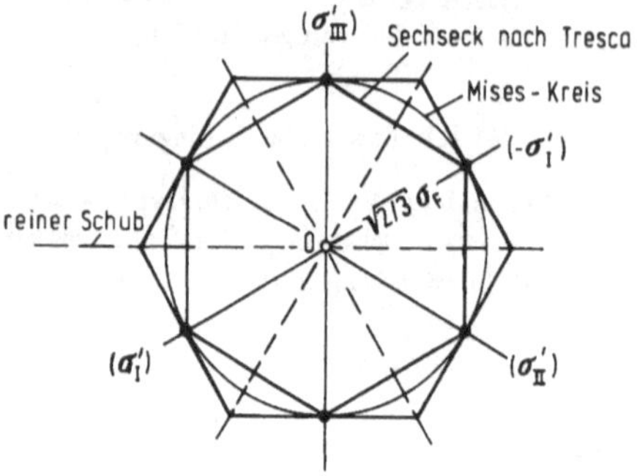

Abb. 51. Fließgrenzkurven für isotrope Werkstoffe

Das Fließen ist nur eine Funktion des Spannungsdeviators (Gl. 75), und hängt daher von den Invarianten (Gl. 77) ab. Zu dieser Feststellung kommt man, weil der hydrostatische Spannungszustand das Fließen nicht beeinflußt. Wenn J_1' gleich Null ist, läßt sich die *allgemeine Fließbedingung für isotrope Baustoffe* durch

$$f(J_2', J_3') = 0$$

angeben, oder

$$J_2' = \frac{1}{3}\sigma_F^2$$

bezw.

$$\begin{aligned} 6J_2' &= 3\sigma_{ik}'\sigma_{ik}' = 3(\sigma_I'^2 + \sigma_{II}'^2 + \sigma_{III}'^2) \\ &= (\sigma_I - \sigma_{II})^2 + (\sigma_{II} - \sigma_{III})^2 + (\sigma_{III} - \sigma_I)^2 = 2\sigma_F' \end{aligned} \qquad (113)$$

d. h.

$$(\sigma_{11} - \sigma_{22})^2 + (\sigma_{22} - \sigma_{33})^2 + (\sigma_{33} - \sigma_{11})^2 + 6(\sigma_{12}^2 + \sigma_{23}^2 + \sigma_{31}^2) = 2\sigma_F^2$$

Die Fließbedingungen lassen sich durch geschlossene Kurven gemäß Bild 51 in der Ebene $J_1' = 0$ darstellen. In Bild 52 ist der ebene Spannungszustand mit den Hauptspannungsrichtungen als Koordinatenachsen abgebildet. Dabei geht der *Mises-Kreis* in eine Ellipse über.

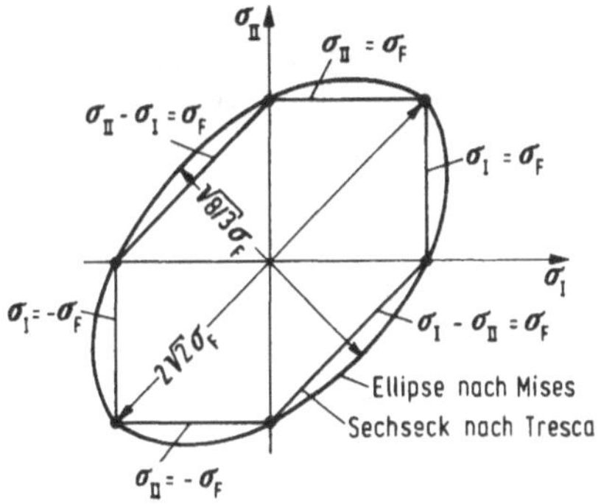

Abb. 52. Fließgrenzkurven des ebenen Spannungszustandes

4.4.1.4 Prandtl-Reusz-Spannungs-Dehnungs-Gesetz

Prandtl hat 1924 für die Ebene und Reusz 1930 für den Raum das Spannungs-Dehnungs-Gesetz nach Gl. (112b) auch für den elastischen Bereich erweitert:

$$d\,\epsilon_I = d\,\epsilon_I^e + d\,\epsilon_I^p = \frac{1}{E}\left[d\,\sigma_I - \mu\,(d\,\sigma_{II} + d\,\sigma_{III})\right] + \frac{2}{3}\left[\sigma_I - \frac{1}{2}(\sigma_{II} + \sigma_{III})\right] d\,\lambda \qquad (114)$$

usw.

Für den einachsigen Vergleichszustand hat man als Verfestigungshypothese:

$$d\,\epsilon_v = d\,\epsilon_v^e + d\,\epsilon_v^p = \frac{1}{E}\,d\,\sigma_v + \frac{2}{3}\,\sigma_v\,d\,\lambda \qquad (115)$$

Ein von *Hencky* (1924) definiertes Gesetz nennt man:

4.4.1.5 Finites Spannungs-Dehnungs-Gesetz

welches lautet

$$\epsilon_I = \epsilon_I^e + \epsilon_I^p = \frac{1}{E}\left[\sigma_I - \mu\,(\sigma_{II} + \sigma_{III})\right] + \frac{1}{E_p}\left[\sigma_I - \frac{1}{2}(\sigma_{II} + \sigma_{III})\right] \qquad (116)$$

usw.

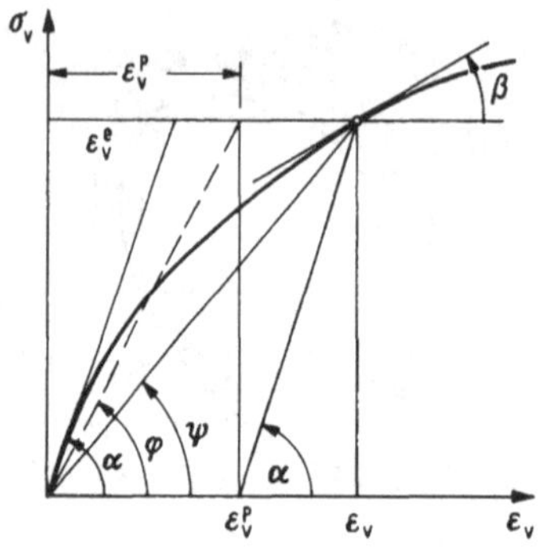

Abb. 53. Einachsiger Vergleichszustand

Für den einachsigen Vergleichszustand, s. Bild 53, gilt:

$$\epsilon_v = \epsilon_v^e + \epsilon_v^p = \left(\frac{1}{E} + \frac{1}{E_p}\right)\sigma_v = \left(\frac{1}{\tan\alpha} + \frac{1}{\tan\varphi}\right)\sigma_v = \frac{\sigma_v}{E_S} = \frac{\sigma_v}{\tan\psi}. \qquad (117)$$

Hierin sind:

$E = \tan\alpha$, $E_p = \tan\varphi$ (Plastizitätsmodul), $E_S = \tan\psi$ (Sekantenmodul). Der Tangentenmodul, der für die Stabilitätsprobleme wichtig ist, lautet

$$T = \frac{d\,\sigma_v}{d\,\epsilon_v} = \tan\beta \qquad (117a)$$

In der maßgebenden Literatur [10, 14–20, 39 u. 40] sind diese Beziehungen noch weiter erläutert.

Heute ist es möglich durch die Arbeiten von *Clavout* und *Ziegler* [41], *Naghdi* [42], *Koiter* [43], *Drucker* [44], *Prager* [14] und *Olszak*, *Mróz* und *Perzyna* [45] Spannungs-Dehnungs-Linien zu formulieren, die nur auf wenigen allgemeinen Voraussetzungen beruhen. So ist beispielsweise die Form

$$F(\sigma_{ik}) = k_F^2 = \text{konst} \qquad (118)$$

viel allgemeiner als die *Mises-Bedingung* der Gl. (113), weil sie keine Symmetriebedingungen zu erfüllen braucht. Der Parameter k_F stellt die Beziehung zu einem beliebigen Vergleichszustand dar. Ein spezieller Verfestigungszustand läßt sich durch die skalare Größe

$$g(\sigma_{ik}, \epsilon_{ik}^p, k) = 0 \qquad (119)$$

herleiten. Mit der Funktion g lassen sich grundsätzlich Anisotropieeigenschaften und *Bauschinger-Effekte* erfassen. Aus dem totalen Differential

$$d\,g = \frac{\partial g}{\partial \sigma_{ik}}\,d\,\sigma_{ik} + \frac{\partial g}{\partial \epsilon_{ik}^p}\,d\,\epsilon_{ik}^p + \frac{\partial g}{\partial k}\,d\,k$$

kann man allgemein gültige Definitionen gewinnen [10, S. 213–223]. So gilt z. B. für verfestigenden Baustoff

$$g = 0 \text{ und } \frac{\partial g}{\partial \sigma_{ik}}\,d\,\sigma_{ik} \begin{cases} < 0 \text{ bei Entlastung} \\ = 0 \text{ bei Spannungsumlagerung} \\ > 0 \text{ bei Belastung} \end{cases}$$

wobei $g(\sigma_{ik})$ für den Verfestigungsbeginn mit der Fließfläche $F(\sigma_{ik})$ übereinstimmt. Die plastische Dissipationsarbeit für den einachsigen Vergleichszustand lautet:

$$d A^p = \sigma_{ik}\, d\epsilon_{ik}^p = \sigma'_{ik}\, d\epsilon_{ik}^p = \sigma'_{ik}\,\sigma'_{ik}\, d\lambda = 2J'_2\, d\lambda = \frac{2}{3}\sigma_v^2\, d\lambda \qquad (120)$$

Diese Arbeit ist reine Gestaltsänderungsarbeit, da der plastische Verzerrungstensor $\epsilon_{ik}^p = \epsilon_{ik}'^p$ nur den Deviatoranteil enthält.

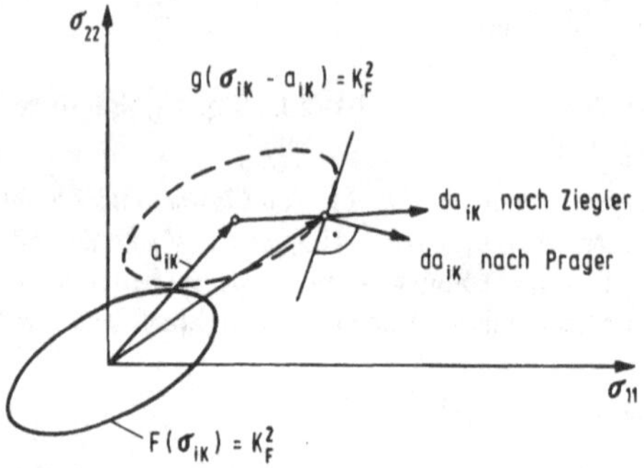

Abb. 54. Verfestigung durch Translation nach Prager und Ziegler

Prager [14] hat ein einfaches kinematisches Modell für einen zweiachsigen Spannungszustand vorgeschlagen, mit dem man den *Bauschinger-Effekt* bei jeder Verfestigung berücksichtigen kann. Dabei wird die Verfestigung durch Translation erzielt (Bild 54):

$$g(\sigma_{ik} - a_{ik}) = k_F^2 = \text{konst} \qquad (121)$$

Da $d\epsilon_{ik}^p$ immer in die Richtung der äußeren Normalen der Verfestigungsfläche weist, lautet die *Prager'sche Verfestigungsregel*

$$d a_{ik} = c\, d\epsilon_{ik}^p \qquad (122)$$

Man kann sich die Translation auch auf andere Weise vorstellen. Nach der *Ziegler'schen Regel* [46] und Bild 54 gilt z. B.

$$d a_{ik} = (\sigma_{ik} - a_{ik})\, d\mu \qquad (123)$$

Noch manche Forschungen jedoch müssen auf diesem Gebiete gemacht werden bis die Grundlagen der allgemeinen Plastizitätstheorie ganz gefestigt sind.

4.4.2 Anisotrope Baustoffe

Man unterscheidet Werkstoffe, die unbelastet isotrop sind, die aber durch die Verfestigung anisotrop werden, und solche, die von vorneherein anisotrop sind.

Da $g(\sigma_{ik})$ affin zur ursprünglichen Fließfläche $F(\sigma_{ik})$ ist, gelten dieselben Gesetze wie bei isotropen Baustoffen, jedoch ohne die Möglichkeit, *Bauschinger-Effekte* zu erfassen.

Nach *Hill* [47] gilt für einen orthotropen Werkstoff:

$$g(\sigma_{ik}) = \frac{1}{6}\left[a_1(\sigma_{11}-\sigma_{22})^2 + a_2(\sigma_{22}-\sigma_{33})^2 + a_3(\sigma_{33}-\sigma_{11})^2\right] + \\ + b_1\sigma_{12}^2 + b_2\sigma_{13}^2 + b_3\sigma_{23}^2 = \frac{\sigma_v}{3} \tag{124}$$

Das differentielle Gesetz lautet dann:

$$\left.\begin{aligned} d\epsilon_{11}^p &= \frac{1}{3}\left[a_1(\sigma_{11}-\sigma_{22}) + a_2(\sigma_{11}-\sigma_{33})\right] d\lambda \\ d\epsilon_{22}^p &= \frac{1}{3}\left[a_1(\sigma_{22}-\sigma_{11}) + a_3(\sigma_{22}-\sigma_{33})\right] d\lambda \\ d\epsilon_{33}^p &= \frac{1}{3}\left[a_2(\sigma_{33}-\sigma_{11}) + a_3(\sigma_{33}-\sigma_{22})\right] d\lambda \\ d\epsilon_{12}^p &= b_1\sigma_{12}\,d\lambda, \quad d\epsilon_{13}^p = b_2\sigma_{13}\,d\lambda, \quad d\epsilon_{23}^p = b_3\sigma_{23}\,d\lambda \end{aligned}\right\} \tag{125}$$

Zum Vergleich mit dem einachsigen Zustand σ_v, ϵ_v^p zieht man im isotropen Fall die Dissipationsarbeit heran:

$$d A^p = \frac{2}{3}\sigma_v^2\, d\lambda = \sigma_v\, d\epsilon_v^p$$

oder

$$d\lambda = \frac{3}{2}\frac{d\epsilon_v^p}{\sigma_v} = \frac{3}{2}\frac{d\sigma_v}{T_p(\sigma_v)\,\sigma_v} \tag{126}$$

wie im isotropen Fall. Hierbei ist T_p der plastische Tangentenmodul

$$T_p = \frac{d\sigma_v}{d\epsilon_v^p}, \tag{126a}$$

den man nicht mit dem Tangentenmodul T der Gl. (117a) verwechseln darf.

4.5 Schrifttum

4.5.1 Elastizitätstheorie

[28] *Muskhelisvili,* N.: Some Basic Problems of the Math. Theory of Elasticity. Groningen (Holland) 1953
[29] *Kolossow,* G. V.: Application of the Complex Variable to the Theory of Elasticity. Moskau-Leningrad, 1935
[30] *Green,* A. E. u. *Zerna,* W.: Theoretical Elasticity. Oxford, 1954
[31] *Sobrero,* L.: Theorie der ebenen Elastizität. Hamb. Mathem. Einzelschriften, Leipzig 1934, H. 17
[32] *Schmidt,* K.: Ing. Arch. 1951, S. 324–341
[33] *Stahl,* K.: Ing.Arch. 1954, S. 1–20
[34] *Neuber,* H.: Kerbspannungslehre. Springer Verlag Berlin, 1958
[35] *Neuber,* H.: Unendliche Scheiben und Halbscheiben mit Kraft- und Versetzungssingularitäten. Ing. Arch. 36 (1968), S. 387–402
[36] *Marguerre,* K.: Ansätze zur Lösung der Grundgleichungen der Elastizitätstheorie. ZAMM 35 (1955), S. 242–263
[37] *Sokolnikoff,* I. S.: Mathematical Theory of Elasticity, McGraw-Hill, New York, 1956
[38] *Lurje,* A. I.: Räumliche Probleme der Elastizitätstheorie. Akademie Verlag Berlin, 1963

4.5.2 Plastizitätstheorie

[39] *Nadai,* A.: Der bildsame Zustand der Werkstoffe. Berlin 1927
[40] *Nadai,* A.: Theory of Flow and Fracture of Solids. New York 1963
[41] *Clavuot,* Ch. u. *Ziegler,* H.: Über einige Verfestigungsregeln. Ing. Arch. 28 (1959), S. 13–26
[42] *Naghdi,* P. M.: Proc. 2nd Symp. on Naval Struct. Mech. Oxford 1961, S. 121
[43] *Koiter,* W. T.: General Theorems for Elastic-Plastic Solids. Progress in Solid Mech., Amsterdam, 1960, S. 165
[44] *Drucker,* D. C.: Proc. Symp. on Appl. Math., New York 1958, S. 7
[45] *Olszak,* W., *Mróz,* Z. u. *Perzyna,* P.: Recent Trends of the Development of the Theory of Plasticity. Oxford u. Warschau, 1963
[46] *Ziegler,* H.: A Modification of Prager's Rule. Quart. Appl. Math. 17 (1959), S. 55
[47] *Hill,* R.: The Mathematical Theory of Plasticity. Oxford 1950

§ 5 Energie- und Extremalprinzipien

Reckling [10] zeigte, wie man durch Erweiterung und Ergänzung der üblichen Energiemethoden der Elastizitätstheorie solche auch in der Plastizitätstheorie zur Anwendung bringen kann. Zur Vereinfachung der Schreibweise setzt man: K_i für die äußeren Kräfte, Q_k für die Schnittkräfte und Spannungen, u_i für die Verformungen und q_k für die zugeordneten Verschiebungen oder Verzerrungen. Diese Größen sind so zu definieren, daß sich bei Multiplikation der zugeordneten Werte die Dimension der Arbeit ergibt, s. *Prager* [14]. Dies gilt auch für ganz allgemeine Spannungszustände. Die Grundlage bildet das

5.1 Prinzip der virtuellen Arbeit

Für die Elastizitätstheorie haben wir in § 2 die Anwendung des Prinzips der virtuellen Arbeit als allgemeines Grundgesetz der Statik definiert, s. auch *Szabó* [1] und *Marguerre* [9]. Für die Plastizitätstheorie eignet sich die Einteilung in das Prinzip der virtuellen Verschiebungen und in das Prinzip der virtuellen Kräfte:

5.1.1 Prinzip der virtuellen Verschiebungen

An einem dehnbaren Körper greifen Einzellasten $K_i = (K_{ix}, K_{iy}, K_{iz})$ und verteilte Belastungen $p = (p_x, p_y, p_z)$ an, deren Gesamtheit symbolisch mit K_i bezeichnet ist. Die Gesamtheit der inneren Kräfte (Schnittkräfte) am Element k des Körpers ist mit Q_k gegeben. Der Tragkörper erhält gedachte, virtuelle Verschiebungen δ_{ui}, die in Richtung K_i fallen und erfährt Verzerrungen $d\,q_k$ in Richtung der inneren Kräfte Q_k. Die notwendige und hinreichende Bedingung für das Gleichgewicht ist das Verschwinden der virtuellen Arbeit $\delta\, A_{(e)}$ der eingeprägten Kräfte, die sich aus der äußeren Arbeit $\delta\, A_{(a)}$ und der inneren Arbeit $\delta\, A_{(i)}$ zusammensetzt:

$$\delta\, A_{(e)} = \delta\, A_{(a)} + \delta\, A_{(i)} = \int K_i\, \delta\, u_i - \int Q_k\, \delta\, q_k = 0 \qquad (127)$$

Darin bedeutet $\int$ die Summierung über Einzellasten oder die Integration über verteilte Lasten bezugsweise über Schnittkräfte im Inneren des Körpers. Man kann das Prinzip der Gl. (127) auch in folgender Form anschreiben:

$$\delta\, A_{(a)} = \int Q_k\, \delta\, q_k = \delta\, U = \delta\, (U^e + U^p) \qquad (127a)$$

Darin bedeuten: U die innere Energie, U^e die elastische Formänderungsenergie, U^p die plastische, oder auch in Form von Wärme abgeführte, Energie. In der Elastizitätstheorie ist mit $U^p = 0$ die Gl. (127a) als Energiesatz bekannt. Mit dem klassischen Stabilitäts-Kriterium $\delta U = 0$, $\delta^2 U \gtreqless 0$ für die stabile, indifferente und labile Lage ergeben sich mit den Verfahren von *Ritz* und *Galerkin*, s. [48, S. 40] zwei brauchbare Näherungsverfahren.

5.1.2 Prinzip der virtuellen Kräfte

Die Kraftänderung δK_i und δQ_k nennt man virtuell im Sinne von klein und statisch möglich. Die geometrischen Verträglichkeitsbedingungen können vorerst unberücksichtigt bleiben. Man erfüllt sie dadurch, daß man den *virtuellen* Kräftezustand auf den *tatsächlichen* (aktuellen) Verschiebungszustand wirken läßt. Das Prinzip der virtuellen Kräfte lautet:

$$\delta \bar{A}_{(e)} = \delta \bar{A}_{(a)} + \delta \bar{A}_{(i)} = \int u_i \delta K_i - \int q_k \delta Q_k = 0 \tag{128}$$

oder

$$\delta \bar{A}_{(a)} = \int q_k \delta Q_k = \delta \bar{U} \tag{128a}$$

Mann nennt $\bar{U}$ die innere Ergänzungsarbeit, s. auch [48, S. 21–40], die keine Arbeit im physikalischen Sinne ist. An Hand des nichtlinearen Last-Verschiebungs-Diagrammes (Bild 55) findet man für das Element k:

$$\bar{U} = \int q_k Q_k - U \tag{129}$$

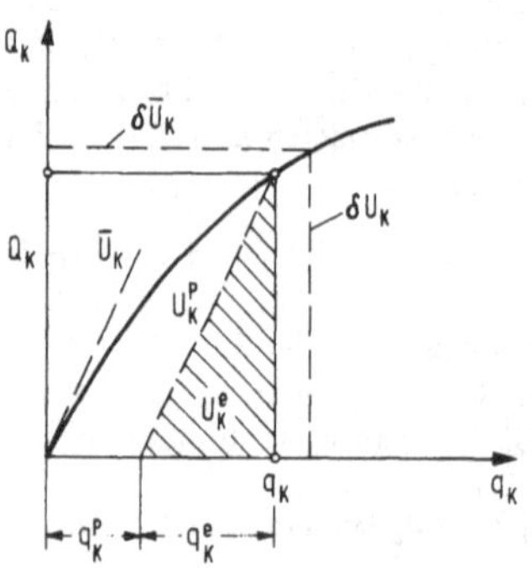

Abb. 55. Innere Energie $U_k = U_k^e + U_k^p$ und Ergänzungsenergie $\bar{U}_k$

worin $\bar{U}_k$ diejenige Energie ist, die gemäß Bild 55 U_k zum Rechteck $q_k Q_k$ ergänzt. Für den ganzen Körper gilt dann die Summation:

$$\bar{U} = \int q_k\, Q_k - U \tag{129a}$$

Für das *Hooke*'sche Gesetz ist die Ergänzungsarbeit $\bar{U}$ gleich der Formänderungsarbeit U. Das Prinzip der Gl. (128a) hat eine besondere Fassung, wenn nur die Schnittkräfte Q_k variiert werden, falls sie im Gleichgewicht stehen. Dann gilt

$$\delta A_{(a)} = 0 \quad \text{und} \quad \delta \bar{U} = \int q_k\, \delta Q_k = 0 \tag{128b}$$

Die beiden Prinzipien der Gleichungen (127a) und (128a) kann man noch einfacher anschreiben, wenn K_i und u_i aus Potentialen Π abgeleitet werden. Aus

$$\delta A_{(a)} = \int K_i\, \delta u_i = -\delta \Pi_{(a)} \quad \text{und}$$

$$\delta \bar{A}_{(a)} = \int u_i\, \delta K_i = -\delta \bar{\Pi}_{(a)} \quad \text{folgt}$$

$$\delta \Pi = \delta\,(U + \Pi_{(a)}) = 0 \tag{130}$$

$$\delta \bar{\Pi} = \delta\,(\bar{U} + \bar{\Pi}_{(a)}) = 0 \tag{130a}$$

Π und $\bar{\Pi}$ werden beim stabilen Gleichgewicht zum Minimum. Sie sagen nichts aus über die Erhaltung der innern Energie bei Entlastungen. Dafür werden folgende spezielle Sätze aufgestellt:

5.2 Spezielle Sätze und Energiesätze

Wenn bei einem Körper nur Belastung und keine Entlastung vorkommt, dann gelten die Zustandsfunktionen $U = \int U_k$ bezw. $\bar{U} = \int \bar{U}_k$, denen ein ähnlicher Verlauf zugrunde liegt wie bei Bild 55. Ersetzt man die äußeren Lasten durch eine endliche Zahl diskreter Einzellasten K_i und variiert U bezw. $\bar{U}$, dann folgt:

$$\delta U = \int \frac{\partial U}{\partial u_i}\, \delta u_i = \int K_i\, \delta u_i$$

und daraus der *2. Satz von Castigliano* [49]:

$$\frac{\partial U}{\partial u_i} = K_i \tag{131}$$

bezw. $\delta \bar{U} = \int u_i \delta K_i$ oder der *Satz von Engesser* [50]:

$$\frac{\partial \bar{U}}{\partial K_i} = u_i \tag{131a}$$

Bei statisch unbestimmten Systemen ist $\bar{U} = \bar{U}(Q_k)$. Falls Q_k variiert werden und die K_i unverändert bleiben, erhält man aus Gl. (128a):

$$\delta \bar{U} = \int q_k \delta Q_k = \int \frac{\partial \bar{U}}{\partial Q_k} \delta Q_k = 0$$

und damit den *Satz vom Extremum der inneren Ergänzungsenergie*

$$\frac{\partial \bar{U}}{\partial Q_k} = 0 \tag{132}$$

Darin wird für stabiles Gleichgewicht $\bar{U}$ zum Minimum. Beim *Hooke*'schen Stoffgesetz gehen die letzten beiden Sätze in den *1. Satz von Castigliano* über:

$$\frac{\partial U}{\partial K_i} = u_i \tag{131b}$$

bezw. in den *Satz vom Extremum der Formänderungsarbeit*

$$\frac{\partial U}{\partial Q_k} = 0 \tag{132a}$$

Man kann die Sätze der Gln. (131b) und (132a) auch aus dem *Maxwell*'schen Wechselwirkungsgesetz ableiten, s. Szabó [1]. Beim plastischen Baustoff hat man für den elastischen Anteil der inneren Energie

$$u^e = \kappa \bar{U} \quad \text{mit} \quad \kappa \leqq 1$$

einen Bruchteil der inneren Ergänzungsenergie $\bar{U}$. $\kappa = 1$ gilt für den elastisch-plastischen Baustoff gemäß Bild 6b. Weiterhin gilt:

$$\delta U^e = \kappa \delta \bar{U}$$

Variiert man die Schnittkräfte Q_k, dann folgt daraus mit Gl. (128b) der *Satz von Haar und v. Kármán* [52]:

$$\delta U^e = 0 \tag{133}$$

Nach diesem Satz nimmt die elastische Formänderungsarbeit im Gleichgewichtsfalle für den tatsächlichen Spannungszustand einen Extremwert an.

Der *Satz von Prager und Symonds* [53] gilt für die fiktiven Restschnittkräfte bzw. Restspannungen nach Entfernung der äußeren Lasten und lautet:

$$\delta U_R^e = 0 \tag{134}$$

Danach hat man für die elastische Formänderungsarbeit nach vollständiger Entlastung für die zurückgebliebenen fiktiven Restkräfte ein Minimum zu bilden.

Für Wiederbelastung eines Systems bringt *Reckling* [10] eine Erweiterung des 2. Satzes von Castigliano in der Form:

$$\frac{\partial U_0}{\partial u_i} = K_i \tag{135}$$

dazu eine *Erweiterung des Satzes der Gl. (132) vom Extremum der inneren Ergänzungsenergie*

$$\frac{\partial \bar{U}_0}{\partial Q_k} = 0. \tag{136}$$

sowie eine Erweiterung des Satzes von *Engesser* für Einzelkräfte K_i

$$\frac{\partial \bar{U}_0}{\partial K_i} = u_i \tag{137}$$

Für plastische Werkstoffe gelten der *Satz von Colonnetti* [54] und die *Sätze von Greenberg* [55], in welche die allgemeinen Fließ- und Verfestigungsgesetze von [18, 43, 44, 47] und *Hodge* [56] eingegangen sind.

5.3 Sätze zur Berechnung der Traglast

Diese Sätze wurden aufgestellt für statisch unbestimmte Systeme und für einen elastisch-plastischen Baustoff gemäß Bild 6b. Man nennt die Last unter welcher ein Tragwerk zusammenbricht die *Traglast* T_i. Die ersten Ansätze zur Berechnung von Traglasten stammen von *Kazinczy* [57] und von *Kist* [58]. Heute wird das Traglastverfahren schon fast überall in den konstruktiven Fächern des Ingenieurs angewendet.

Für das Kontinuum sind in [59] die ersten allgemeinen Sätze der *Traglast-theorie* formuliert. Über die Anwendung auf Balken- und Rahmentragwerke findet man ausführliche Darstellungen bei *Neal* [19], *Beedle* [60] und *Baker*, *Horne* und *Heyman* [61]. Für die Traglasttheorie des Stahlbetons sind *Jäger*

[62], die Richtlinien und Empfehlungen des Europäischen Beton-Komitees [63], sowie [64] und [65] richtungsweisend. In den Büchern von *Reckling* [10], *Prager* [14], *Sokolovskij* [15], sowie *Massonet* und *Save* [17] und in zahlreichen Beiträgen in [20] sind viele Beispiele für die Anwendung der Traglastsätze bzw. der Plastizitätstheorie gegeben.

Für statisch bestimmte Systeme braucht man keine besonderen Sätze der Traglast. Für einen Zugstab z. B. ist sie aus der Fließgrenze sofort zu berechnen. Der einfache Biegebalken – in der Elastizitätslehre als *statisch bestimmt* bekannt – ist in der Plastizitätstheorie *innerlich statisch unbestimmt,* denn er bricht nicht, wenn die Spannungen der oberen bzw. unteren Faser die Fließgrenze σ_F erreichen. Das innere Moment kann auch dann noch weiter zunehmen. Der Grenzzustand dieser Zunahme wird als *Traglastmoment* M_T bezeichnet, ein Zustand, bei dem alle Längsfasern bis zur „Nullinie“ die Fließspannung erreicht haben. An dieser Stelle hat sich dann ein *Fließgelenk* gebildet. Hier nimmt die Krümmung, wie auch die Verdrehung und die Durchbiegung, unbeschränkt zu. Der Balken ist damit für die Plastizitätstheorie *kinematisch bestimmt* geworden. (Näheres in den §§ 8 bis 10).

Statisch unbestimmte Systeme werden durch die Ausbildung eines Fließgelenkes in ihrer Wirkungsweise abgebaut, bis sich eine labile „kinematische Kette“ oder „Gelenkkette“ bzw. ein Bruchmechanismus ausgebildet hat. Bei einer Platte oder Schale spricht man von geraden oder gekrümmten Fließ- oder Bruchgelenklinien, in denen das Traglastmoment wirkt. Auf den Bruchmechanismus wendet man das Prinzip der virtuellen Verschiebungen, s. Gl. (127), an. Als äußere Kräfte wirken die Traglast T_i und als Verschiebungen δq_k nur die plastischen Verformungen an den Fließstellen. Unmittelbar vor dem Bruch ist das System statisch bestimmt geworden. Durch die Ausbildung der letzten Fließstellen wird es auch kinematisch bestimmt (Bild 10). Elastische Verformungen treten in diesem Ansatz nicht auf. Mit der Schnittkraft Q_{kF} an der Fließgrenze gilt:

$$\delta A = \delta A_{(a)} + \delta A_{(i)} = \int T_i \, \delta u_i - \int Q_{kF} \, \delta q_k = 0 \tag{138}$$

Dabei definiert man (s. auch *Reckling* [10] S. 55):

1. Eine Gruppe von Schnittkräften Q_k heißt *statisch möglich,* wenn sie mit den äußeren Lasten im Gleichgewicht steht. Sie heißt *statisch sicher,* wenn keine Schnittkraft die Größe der Fließschnittkraft Q_{kF} erreicht. *Statisch zulässig* ist die Gruppe, wenn an einigen Stellen des Systems Q_{kF} erreicht wird. Die Verträglichkeitsbedingungen brauchen dabei nicht erfüllt zu sein.

2. Ein Mechanismus heißt *kinematisch möglich,* wenn die geometrischen Bedingungen erfüllt sind. Er heißt *statisch unzulässig,* wenn die Gleichgewichtsbedingungen nicht erfüllt sind un an einigen Stellen $Q_k > Q_{kF}$ ist.

Mit diesen Definitionen heißen die

Hauptsätze der Traglasttheorie:

Satz 1: *Die zu einer statisch möglichen und statisch sicheren Schnittkraftgruppe* Q_k *gehörige Gruppe der äußeren Lasten* U_i *ist kleiner als die Traglastgruppe* T_i *(untere Schranke).*

Satz 2: *Die zu einem kinematisch möglichen und statisch unzulässigen Bruchmechanismus gehörige Gruppe der äußeren Lasten* O_i *ist größer als die Traglastgruppe* T_i *(obere Schranke).*

Beide Sätze ergeben die Ungleichung

$$U_i < T_1 < O_i \tag{139}$$

Diese Ungleichung geht in eine Gleichung über beim sogenannten

Folgesatz: *Die zu einem statisch zulässigen und kinematisch möglichen Bruchmechanismus gehörige Gruppe der äußeren Kräfte ist die Traglastgruppe.*

Aus den obigen beiden Sätzen kann man praktische Näherungsverfahren zur Eingrenzung der Traglast entwickeln. *Reckling* empfiehlt folgenden Kunstgriff: Dividiert man die obere Schranke O_i der Traglast durch den größten Überschreitungsfaktor der Fließschnittkraft, so erhält man einen statisch möglichen und statisch sicheren Schnittkräftezustand, bezw. eine untere Schranke, ohne für sie eine neue Berechnung durchzuführen.

5.4 Sätze für stabiles Werkstoffverhalten und für das Einspielen (shake-down)

5.4.1 Stabilitätskriterium von Drucker

Drucker [66] hat den Begriff der Werkstoffstabilität in Analogie zum energetischen Stabilitätskriterium der klassischen Mechanik eingeführt. Er lautet: Um eine Störung der Gleichgewichtslage zu erreichen, sind Störungskräfte zusätzlich zu den Gleichgewichtskräften anzubringen. Wirken die Störungskräfte in Richtung der Störverschiebungen und erzeugen sie dadurch eine positive Arbeit, dann ist das Tragsystem stabil. Sind demgegenüber Haltekräfte notwendig, dann ist das Tragsystem labil. Erreicht man die benachbarte Gleichgewichtslage ohne Störung, dann herrscht das indifferente Gleichgewicht. Der *Satz von Drucker* lautet: *Ein Werkstoff wird als stabil angenommen, wenn die von äußeren Zusatzlasten zur einsinnigen Verformung des Elementes erforderliche Arbeit positiv und die im Verlauf eines Belastungszyklus geleistete Arbeit auch positiv ist.*

Der verfestigende Baustoff nach Bild 6c erfüllt alle Voraussetzungen des Stabilitätskriteriums von *Drucker*. Der elastisch-plastische Baustoff nach Bild 6b ist bei kleinen Verformungen nach Erreichen der Fließspannung indifferent.

5.4.2 Einspielsatz von Melan

Bei allen bisherigen Sätzen bestand die Voraussetzung, daß alle Lasten proportional zueinander und monoton bis zum Endwert anwachsen. Die gesamte plastische Verformung bleibt auch dann begrenzt, wenn sich wechselnde Belastungen auf elastischen Geraden bewegen. Die Belastbarkeit ist in diesem Falle durch die *elastische Dauerfestigkeit* bestimmt.

Nimmt dagegen bei jedem Belastungszyklus die plastische Verformung einsinnig zu, oder werden Hysteresis-Schleifen nach Bild 50 durchlaufen, so wird das Bauwerk nach wenigen Belastungszyklen entweder durch *progressive Plastizierung* oder durch *alternierende Plastizierung* unbrauchbar gemacht. In beiden Fällen wird eine plastische Dissipationsarbeit geleistet. Damit ein Bruch verhindert wird, darf die Belastung sich nur in solchen Grenzen ändern (Einspielen), daß die Dissipationsenergie begrenzt bleibt. *Reckling* [10, S. 61] erinnert hierbei an einen *Satz von Melan,* der schon 1938 aufgestellt wurde. Er lautet:

Einspielen tritt ein, falls es für alle Systemteile fiktive, konstante Restspannungszustände R_k *gibt, von denen ausgehend alle möglichen Kombinationen von äußeren Lastzuständen* K_i *nur elastische Zusatzschnittkräfte bzw. Zusatzspannungen zur Folge haben, die kein Fließen hervorrufen.*

Für den Beweis dieses Satzes muß ein stabiles Werkstoffverhalten vorausgesetzt werden.

5.5 Schrifttum

[48] *Hawranek,* A. u. *Steinhardt,* O.: Theorie und Berechnung der Stahlbrücken. Berlin 1958

[49] *Castigliano,* A.: Trans. Acad. Sci. Turin, 11 (1876), S. 127

[50] *Engesser,* F.: Z. Arch. u. Ing. Ver. Hann., 35 (1889), S. 733

[51] *Ménabréa,* M. L. F.: Comptes rendus Acad. Sci. Paris, 46 (1858), S. 1056

[52] *Haar*, A. u. v. *Kármán*, Th.: Nachr. d. Wiss. zu Göttingen. Math. Phys. Klasse (1909), S. 204
[53] *Prager*, W. u. *Symonds*, P. S.: Proc. 3rd Symp. on Appl. Math. (1909) New York, 1950, S. 187
[54] *Colonnetti*, G.: J. Math. Pur. Appl. 17 (1938), S. 233
[55] *Greenberg*, H. I.: Q. Appl. Math. 7 (1949), S. 85
[56] *Hodge*, P. G. Jr.: The Math. Theory of Plasticity, in: Elasticity and Plasticity. London 1958
[57] *Kazinczy*, G.: Betonszemle 2 (1914), S. 68
[58] *Kist*, N. C.: Dissertation Delft 1917
[59] *Drucker*, D. C., *Prager*, W. u. *Greenberg*, H. I.: Quart. Appl. Math. 9 (1952), S. 381
[60] *Beedle*, L. S.: Plastic design of steel frames, London 1958
[61] *Baker*, J. F., *Horne*, M. R. u. *Heyman*, J.: The steel skeleton. vol. 2 Plastic behaviour and design. Cambridge 1956
[62] *Jäger*, K.: Das Traglastverfahren im Stahlbetonbau. Wien 1962
[63] Comité Européen du Beton: Empfehlungen zur Berechnung von Stahlbetonbauwerken. Düsseldorf 1965
[64] *Baker*, Sir John, u. *Heyman*, J.: Plastic design in Britain, IVBH 26 (1966), S. 31–42
[65] *Yamada*, M. u. *Kawamura*, H.: Elasto-plastische Biegeformänderungen der Stahlbetonsäulen und -balken. IVBH-Abh. 28–I (1968)
[66] *Drucker*, D. C.: Proc. 1st U. S. Nat. Congr. Appl., S. 193–220, Mech. (1951) S. 487
[67] *Melan*, E.: Ing. Arch. 9 (1938), S. 116

II. Zug und Druck

§ 6 Seile, Ringe und Behälter

6.1 Seile

6.1.1 Statisch bestimmt gelagerte Seile

Ein an zwei Punkten A und B aufgehängtes, vollständig biegsames Seil sei durch eine Einzellast P an der Stelle ξ belastet. Die Art der Auflagerung am Endpunkt B erlaubt es, daß das Seil nachlaufen kann, s. Bild 56a. Der Durchhang y (x) ist bekannt, wenn der Anfangswert φ_0 vorgegeben ist:

$$y(x) = \varphi_0 x - \frac{P}{H}(x - \xi)$$

mit $\varphi_0 = y'(0) \cong \tan\varphi_0 \cong \frac{A}{H}$ und $\varphi_\xi \cong \tan\varphi_\xi \cong \frac{P}{H} = \varphi_0 + \varphi(l)$

Aus der geometrischen Bedingung, daß die Biegeordinate an der Stelle $x = l$ verschwindet, erhält man den Anfangswert φ_0:

$$0 = \varphi_0 l - \frac{P}{H}(l - \xi), \quad \text{oder} \quad \varphi_0 = \frac{P}{H}\left(1 - \frac{\xi}{l}\right)$$

d. h.

$$A = P\left(1 - \frac{\xi}{l}\right) \quad \text{und} \quad B = P\frac{\xi}{l}.$$

Der Durchhang infolge der Last P hat die Gleichung:

$$y(x, \xi) = \begin{cases} x \leqq \xi : & \frac{P}{H} x \left(1 - \frac{\xi}{l}\right) \\ x \geqq \xi : & \frac{P}{H}(l - x)\frac{\xi}{l} \end{cases} \tag{140}$$

Für $P = 1$ hat man die *Green*'sche Funktion des Seiles:

$$y(x, \xi) = \frac{K(x, \xi)}{H}, \quad \text{s. auch Gl. (44e)}$$

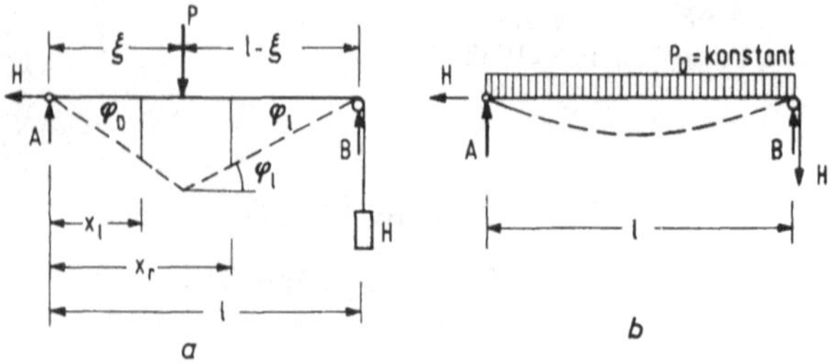

Abb. 56. Die Durchbiegung des straff gespannten Seiles
a) bei Einzellast
b) bei gleichmäßig verteilter Last

Man kann demnach den Durchhang des Seiles bei $H = \text{konst.}$ anschreiben zu:

$$y(x) = \frac{M(x)}{H}, \tag{140a}$$

wenn M (x) das entsprechende Biegemoment des einfach gelagerten Biegebalkens bedeutet. Die maßgebende Differentialgleichung lautet:

$$H\,y''(x) = -\,p(x) \tag{141}$$

Für verschiedene Belastungen werden nachstehend die Lösungen angegeben:

a) *gleichmäßig verteilte Last* $p(x) = p_0$, s. Bild 56b

$$y(x) = \frac{p_0}{H}\,\frac{x}{l}\,\left(1 - \frac{x}{l}\right) \tag{142}$$

$$y_{max} = f = \frac{p_0\,l^2}{8H}\,, \quad \text{oder} \quad H = \frac{p_0\,l^2}{8f}\,, \quad y'' = \text{konst} = -\,\frac{8f}{l^2} \tag{142a}$$

b) *Dreiecksbelastung* $p(x) = \frac{x}{l}\,p_0$

$$y(x) = \frac{p_0\,x\,(l^2 - x^2)}{6H\,l} \tag{143}$$

$$y_{max} = \frac{P_0\,l^2}{9\sqrt{3}\,H} \quad \text{bei} \quad x = \frac{\sqrt{3}}{3}\,l = 0{,}577\,l \tag{143a}$$

c) *Parabelförmig verteilte Last* $p(x) = p_0\,\frac{x\,(l - x)}{2l^2}$

$$y(x) = \frac{p_0\,x\,(l - x)}{24H\,l^2}\left[\,l^2 + x\,(l - x)\right] \tag{144}$$

$$y_{max} = p_0\,l^2\,\frac{5}{384\,H}\,, \quad \text{bei} \quad x = \frac{l}{2} \tag{144a}$$

6.1.2 *Statisch unbestimmt gelagerte Seile*

Wird das Nachlaufen des Seiles an den Auflagerpunkten behindert, dann ergibt sich die statisch unbestimmte Lagerung des Bildes 57. Die Ermittlung des Durchhanges infolge Eigengewicht g und Nutzlast p (x) erhält man aus der Differentialgleichung

$$H\left[\,y''(x) + \eta''(x)\right] = -\,g - p(x) \tag{145}$$

Darin bedeuten: $H = H_g + H_p$ den Horizontalzug infolge Eigengewicht und Nutzlast, y (x) den Durchhang aus g, $\eta(x)$ die Durchbiegung aus der Nutzlast p.

Nimmt man an, daß das Eigengewicht allein das Seil belastet und damit vorspannt, dann hat man, da y (x) eine quadratische Parabel ist, aus Gl. (142a):

$$y'' = \frac{-8f}{l^2} \quad \text{und} \quad f = y_{max}$$

bezw.

$$H_g \, y''(x) = -g \tag{145a}$$

Wird diese Gleichung von Gl. (145) abgezogen, erhält man die *Differentialgleichung des statisch unbestimmten Seiles*

$$H \eta'' = -p(x) - y'' H_p = -p + \frac{8f}{l^2} H_p \tag{146}$$

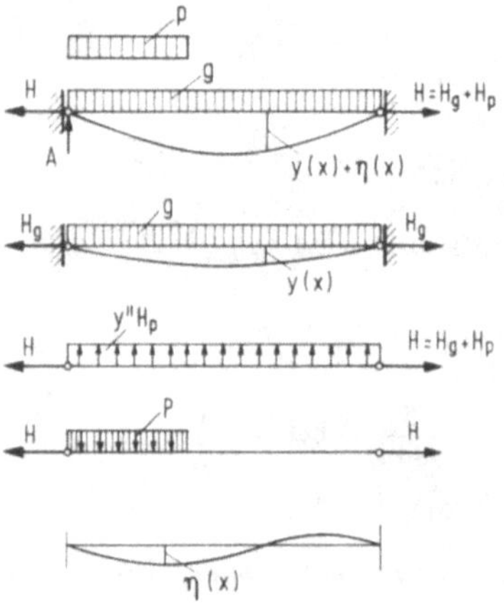

Abb. 57. Durchhang infolge p + y"H_p zur Ermittlung von Hp und Durchhang y(x) infolge g = konst.

Die statisch unbestimmte Größe H_p wird aus der geometrischen Bedingung ermittelt, s. Bild 58, daß die Summe der Horizontalprojektionen der Seilverformung entweder verschwinden muß oder bei elastisch nachgiebigen Stützen gleich $-cH_p$ ist, wobei c die elastische Konstante bei nachgiebigen Pylonen ist.

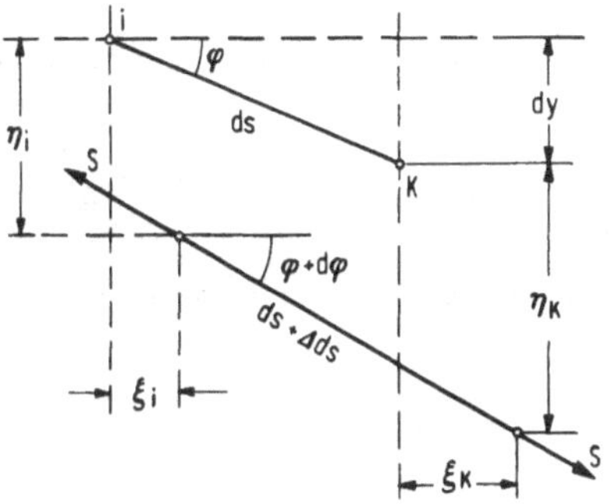

Abb. 58. Ermittlung des Horizontalschubes H_p

Aus

$$ds^2 = dx^2 + dy^2$$

und

$$(ds + \Delta ds)^2 = \left[dx + (\xi_k - \xi_i) \right]^2 + \left[dy + (\eta_k - \eta_i) \right]^2$$
$$= (dx + d\xi)^2 + (dy + d\eta)^2$$

oder bei Vernachlässigung von $(\Delta ds)^2$ gegenüber $2\, ds \Delta ds$ hat man

$$2\, ds \Delta ds = 2\, dx\, d\xi + 2\, dy\, d\eta + (d\xi)^2 + (d\eta)^2 .$$

Teilt man durch $2\,(dx)^2$ und berücksichtigt, daß $dx/ds = \cos\varphi$ (147) ist, so folgt

$$\frac{\Delta ds}{\cos^2 \varphi\, ds} = \xi' + y'\,\eta' + \frac{1}{2}\,\xi'^2 + \frac{1}{2}\,\eta'^2 \tag{148}$$

Die Kabelkraft infolge Nutzlast ist:

$$S = \frac{H_p}{\cos(\varphi + d\varphi)} \approx \frac{H_p}{\cos\varphi} \tag{149}$$

Die elastische Dehnung des Seiles wird

$$\Delta ds = \frac{H_p}{\cos\varphi\, E_k F_k}\, ds \pm \omega_t\, t\, ds, \tag{150}$$

worin bedeuten: $E_k F_k$ das Produkt aus E-Modul und Querschnitt des Kabels oder Seiles, ω_t der Wärmedehnkoeffizient und t die Temperatur. Setzt man Gl. (150) in Gl. (148) ein, so ergibt sich:

$$d\xi = \frac{H_p\, dx}{\cos^3\varphi\, E_k F_k} \pm \frac{\omega_t\, t\, dx}{\cos^2\varphi} - y'\,\eta'\, dx - \frac{1}{2}\,\xi'^2\, dx - \frac{1}{2}\,\eta'^2\, dx \tag{151}$$

Mit Integration und Vernachlässigung des vorletzten Gliedes erhält man

$$\xi_{A,B} = \begin{Bmatrix} 0 \\ -cH_p \end{Bmatrix} = \frac{H_p}{E_k F_k} \int_0^l \frac{dx}{\cos^3\varphi} \pm \omega_t\, t \int_0^l \frac{dx}{\cos^2\varphi} - \int_0^l y'\,\eta'\, dx - \frac{1}{2} \int_0^l \eta'^2\, dx \tag{152}$$

mit den Einzelintegralen

$$\int_0^l y'\,\eta'\, dx = -y'' \int_0^l \eta\, dx \tag{153}$$

(bei konstantem Eigengewicht ist $y'' = \frac{-8f}{l^2} = \frac{-g}{H_g}$)

und

$$\int_0^l \eta\, dx = F_\eta, \tag{154}$$

was mit der Fläche der Biegelinie eine neue statische Größe bedeutet, d. h. $H\eta = M_p(x) - \frac{H}{H_g} M_g(x)$ gem. Gl. (146)

oder

$$\eta = \frac{M_{g+p}}{H} - \frac{M_g}{H_g} \tag{155}$$

und

$$\int_0^l \eta'^2\, dx = -\int_0^l \eta''\,\eta\, dx \tag{154a}$$

Aus M_g bzw. $y(x) = \frac{4fx}{l}\left(1 - \frac{x}{l}\right)$,

$$\tan\varphi = y' = \frac{4f}{l}\left(1 - \frac{2x}{l}\right),$$

$$\frac{1}{\cos^3\varphi} = (1 + \tan^2\varphi) \approx 1 + \frac{3}{2}\tan^2\varphi$$

erhält man mit den Bezeichnungen L und L_t von *Steinmann* [68], wenn die Tragmaste oder Pylone um den Winkel γ_0 verschieden hoch sind $\left[\; y' = \tan\gamma_0 + \frac{4f}{l}\left(1 - 2\,\frac{x}{l}\right)\right]$, für die Integrale die Werte:

$$\int_0^l \frac{dx}{\cos^3 \varphi} = L = l\,(1 + \frac{8f^2}{l^2} + \frac{3}{2}\tan^2 \gamma_0) \tag{156}$$

$$\int_0^l \frac{dx}{\cos^2 \varphi} = L_t = l\,(1 + \frac{16}{3} + \tan^2 \gamma_0) \tag{157}$$

Für $\xi_{A,B} = 0$ ergibt sich mit H bezw. H_p eine Gleichung dritten Grades, s. auch *Stüssi* [25] und *Tölke* [27]:

$$H^3 \frac{2L}{E_k F_k} + H^2 \left[\frac{g}{H_g^2} \int_0^l M_g(x) \cos^2 \gamma_0 \, dx - H_g \frac{2L}{E_k F_k} + 2\omega_t \, t \, L_t \right] - \\ - \int_0^l (g + p) \, M_{g+p}(x) \cos^2 \gamma_0 \, dx = 0 \tag{158}$$

Wird in Gl. (151) auch η'^2 gegenüber $2y'\eta'$ vernachlässigt, dann erhält man eine quadratische Gleichung:

$$H^2 \frac{L}{E_k F_k} + H \left[\frac{g}{H_g^2} \int_0^l M_g(x) \, dx - H_g \frac{L}{E_k F_k} + \omega_t \, t \, L_t \right] - \frac{g}{H_g} \int_0^l M_{g+p}(x) \, dx \tag{159}$$

Man kann diese Gleichung auch anders anschreiben, wenn man die Integralgleichung

$$\xi_{A,B} = -\,c H_p = \frac{H_p L}{E_k F_k} \pm \omega_t \, t \, L_t + y'' F \eta$$

benutzt und beachtet, daß sich die Belastung für die Biegelinie aus den beiden Lastfällen $p + y'' H_p = p - \frac{8f}{l^2} H_p$ zusammensetzt, dann findet man für $HF_\eta = HF_\eta(p) - \frac{2}{3} H_p f l$, und die Gleichung lautet jetzt:

$$H_p = \frac{\dfrac{HF_\eta(p)}{l^2} \mp H\omega_t \, t \, L_t / 8f}{\dfrac{2}{3}\dfrac{f}{l} + \left(\dfrac{L}{E_k F_k} + c\right)\dfrac{H}{8f}} \tag{160}$$

Hierin bedeutet HF_η die H-fache Fläche der Biegelinie und $HF_\eta(p)$ die H-fache Fläche der Biegelinie infolge der Belastung p.

Durch diese Formel wird die Lösung der quadratischen Gleichung nach einem Vorschlag von *Lie* [70] umgangen. Gemäß Bild 59 werden für beide Schranken H_g und H_{max} die Unbekannte durch einen Schnittpunkt (unter 45°)

ermittelt, s. auch § 10. Auch die Lösung für den Durchhang ist entsprechend einfach und die Abweichung von den genauen Werten ist sehr gering. Anstatt der graphischen Lösung für H_p gemäß Bild 59 lautet das analytische Ergebnis

$$H_p = \frac{H_{p_1}}{1 + \frac{\Delta H_p}{\Delta H}} \tag{161}$$

mit $\Delta H_p = H_{p_1} - H_{p_2}$ und $\Delta H = H_{max} - H_g$.

Entsprechend ergibt sich für den Durchhang

$$\eta = \eta_1 - \Delta\eta \frac{\Delta H_p}{\Delta H}, \tag{162}$$

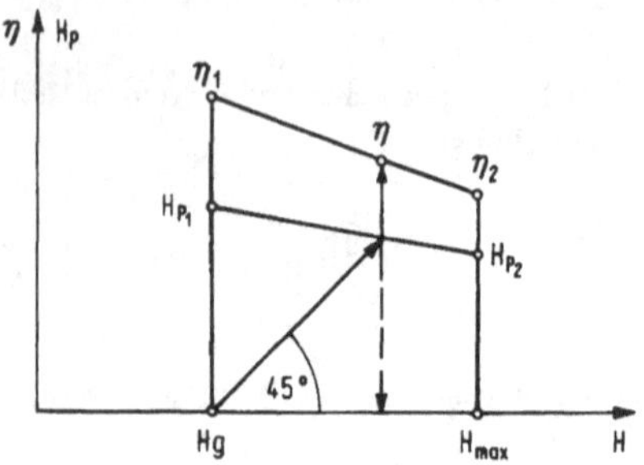

Abb. 59. Berechnung von H_p und η

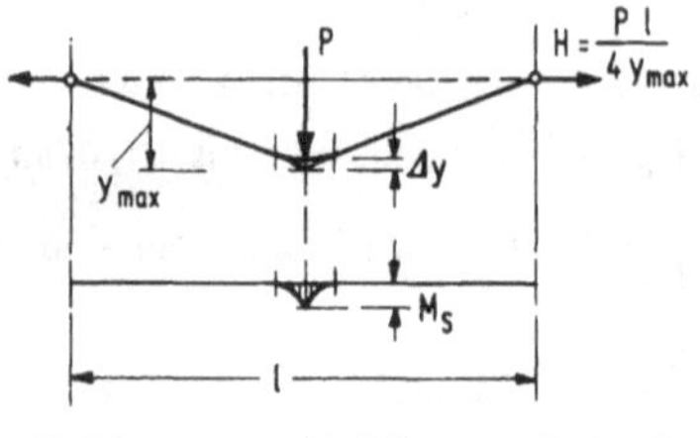

Abb. 60. Biegemoment M_s infolge der Seilsteifigkeit

wobei $\Delta\eta = \eta_1 - \eta_2$ ist. Der Einfluß der Seilsteifigkeit ist in Bild 60 gemäß [69] gezeigt. Für ein waagerechtes Seil unter einer Einzellast P lautet das Biegemoment in Übereinstimmung mit der im Maschinenbau bekannten Formel von *Isaachsen*

$$M_s = \frac{P}{2}\sqrt{\frac{E_k I_k}{H}} \tag{163}$$

Der dazugehörige Durchhang ist

$$\Delta y = -\frac{M_s}{h}\,. \tag{164}$$

6.1.3 Bogenträger

Denkt man sich ein Seil biegesteif und um 180° umgeklappt, dann entsteht ein Zweigelenkbogen, und man kann aus dieser Überlegung die Bestimmungsgleichung für seinen Horizontalschub ableiten. Die maßgebende Differentialgleichung wird unter zwei Annahmen aufgestellt: 1. das Eigengewicht wird allein von Bogen aufgenommen, d. h. (s. Gl. 145):

$$H_g\, y'' = -g \tag{145b}$$

und 2.: Die Nutzlast wird in zwei Anteile aufgespalten, in den Anteil q_k, der vom Bogen allein getragen wird, wofür gilt:

$$H\,(y'' - \eta'') = -g - q_k \tag{145c}$$

und in den Anteil q_{Balken}, der vom Bogen über die Balkenbiegung aufgenommen wird, wofür gilt:

$$EI\eta'''' = q_B = p - q_k \tag{145d}$$

Damit lautet die *Differentialgleichung des Zweigelenkbogenträgers*, s. [69]:

$$EI\eta'''' = p + H_p\, y'' - H\eta'' \tag{146a}$$

Dies bedeutet aber eine Balkenbiegung nach der Theorie 2. Ordnung oder die sogenannte Druckbiegung. Über die Berechnung der Bogenbrücken s. § 10.

Die Gleichung für H_p ist analog zu Gl. (160) abzuleiten:

$$H_p = \frac{HF_\eta(p) \mp \omega_t\, t\, L_t \dfrac{\varphi^2\, EI}{8f}}{-\dfrac{2}{3} f\, l + \dfrac{8 f\, l}{\varphi^2}\left(\dfrac{\tan\varphi/2}{\varphi/2} - 1\right) + \varphi^2\, \dfrac{I\, L}{F\, 8f}} \tag{160a}$$

Der Wert φ ist aus Gl. (46b) für die beiden Schranken $H = H_g$ und $H = H_{max}$ in Gl. (160a) einzusetzen und damit ähnlich wie in Bild 59 zu verfahren (Näheres s. § 10).

6.2 Ringe und Behälter

Die einfachen Zug- und Druckspannungszustände lassen sich auf die gekrümmten Stäbe in Form von Ringen und Behältern anwenden. Die Zylinderschalen als Behälter und Silos wirken für einen stetigen Innen- und Außendruck wie einfache Zug- oder Druckringe. Die Frage der Knickfestigkeit wird in § 12 behandelt.

6.2.1 Die Ringkraft

Die Ringkraft ist eine Membrankraft der Rotationsschalen und wird als Resultierende der Normalspannungen in Ringrichtung definiert, s. auch Membranspannungszustand in § 22. Beim Kreiszylinder ist die Ringkraft

$$R = p\,r \qquad (165)$$

wenn p den Innendruck und r den Radius bedeuten.

Bei der Kugel hat man entsprechend:

$$R = \frac{p\,r}{2} \qquad (166)$$

Für die Berechnung von Rohrdruckleitungen wird auf *Mang* [71] hingewiesen. Die modernen Hochdruckbehälter werden aus einzelnen Schichtringen hergestellt, die sich gegeneinander vorspannen. Über vorgespannte Mehrlagen-Hochdruckbehälter s. *Bornscheuer* [72].

6.2.2 Radialverschiebung

Die Radialverschiebung eines Dampfkessels oder einer waagerechten Druckrohrleitung ist

$$w_0 = \frac{r\,\sigma}{E} = r\,\epsilon_\varphi = \frac{p\,r^2}{d\,E}\,, \qquad (167)$$

mit $F = b\,d$ und $\sigma = \frac{R}{F} = \frac{p\,r}{b\,d}$, wobei b die Ringbreite bedeutet, die für Rechnungen dieser Art in der Regel einer Längeneinheit gleichgesetzt wird. Der Nachteil, der durch den Verzicht auf b entsteht, ist der, daß die Dimensionen der Formeln in den Zwischenrechnungen undeutlich werden.

Für die Berechnung der Kreisrohre ist die Differentialgleichung des *elastisch gebetteten Stabes,* s. § 11, maßgebend:

$$\frac{d^4 w}{dx^4} + \frac{\mu}{r^2}\frac{d^2 w}{dx^2} + \frac{4\lambda^4}{l^4}\,w = \frac{p\,(x)}{D} \qquad (168)$$

Darin bedeuten: μ = Poisson'sche Zahl

$$\lambda = l\sqrt[4]{\frac{3\,(1-\mu^2)}{r^2\,d^2}}$$

$$D = \frac{E\,d^3}{12\,(1-\mu^2)} \quad \text{die Biegesteifigkeit der Schale.}$$

Gemäß Bild 61 ist der zylindrische Teil eines Unterseebootes durch Spantringe gegen Ausbeulen ausgesteift. Ohne diese Aussteifung würde die Schale unter den Ring- und Stirndrücken nach Gl. (165) und (166) die Ring- und Längsspannungen

$$\sigma_\varphi^{(0)} = -\frac{p\,r}{D}, \quad \sigma_x^{(0)} = \frac{-p\,r}{2d}$$

erhalten. Die Zusammendrückung, bezw. Radialverschiebung ist

$$w_0 = r\,\epsilon_\varphi = r\left[\frac{\sigma_\varphi^{(0)}}{E} - \mu\,\frac{\sigma_x^{(0)}}{E}\right] = -\frac{p\,r^2\,(1-\frac{\mu}{2})}{d\,E} \tag{167a}$$

Diese Zusammendrückung ist an den Spantringen aber unmöglich. Die Folge ist eine Ausbeulung der Schale nach außen. Die Lösung der Diff.Gl. (168) lautet unter Beachtung der Randbedingungen

$$w\,(\pm\frac{l}{2}) = 0 \quad \text{und} \quad w'\,(\pm\frac{l}{2}) = 0$$

$$w = w_0 \times \tag{169}$$

$$\left[1 - \frac{(\sin\frac{\lambda}{2}\,\mathrm{Cos}\,\frac{\lambda}{2} + \mathrm{Sin}\,\frac{\lambda}{2}\,\cos\frac{\lambda}{2})\cos\xi\,\mathrm{Cos}\,\xi + (\sin\frac{\lambda}{2}\cos\frac{\lambda}{2} - \mathrm{Sin}\,\frac{\lambda}{2}\cos\frac{\lambda}{2})\sin\xi\,\mathrm{Sin}\,\xi}{\sin\frac{\lambda}{2}\cos\frac{\lambda}{2} + \mathrm{Sin}\,\frac{\lambda}{2}\,\mathrm{Cos}\,\frac{\lambda}{2}}\right]$$

mit $\xi = \frac{\lambda x}{l}$.

In Bild 62 ist der Verlauf von Biegelinie, Biegemoment in Längsrichtung und Querkraft für ein Beispiel nach *Tölke* [73] aufgetragen mit: $p = 5$ kp/cm^2, $r = 2{,}50$ m, $l = 0{,}70$ m, $d = 2{,}40$ cm, $\mu = 0{,}3$ und $E = 2100000$ kp/cm^2.

Für einen Wasserbehälter nach Bild 63 gilt mit dem Raumgewicht γ

$$p\,(x) = p_0\,(1-\frac{x}{l}) = \gamma\,l\,(1-\frac{x}{l})$$

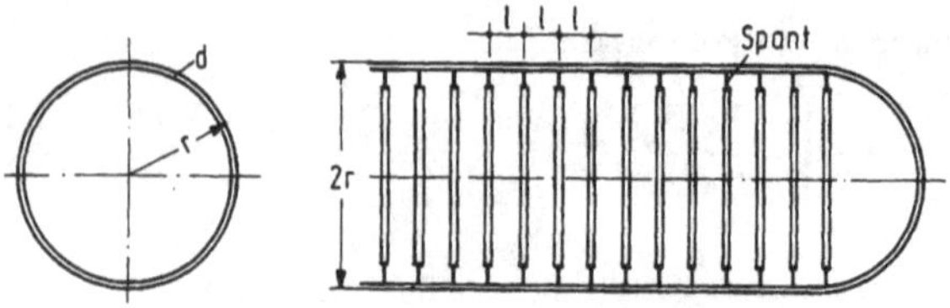

Abb. 61. Unterseebootdruckkörper

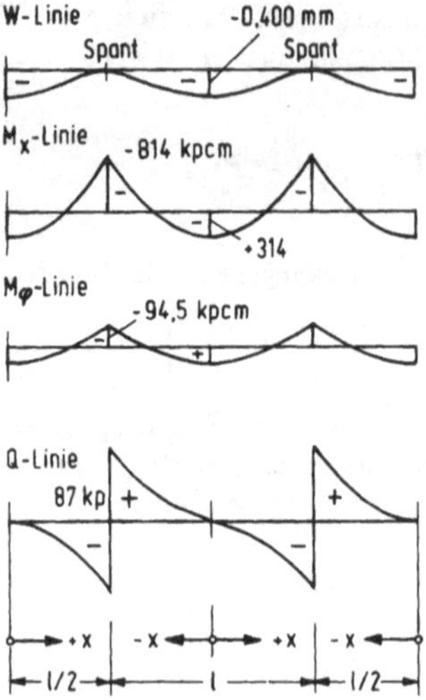

Abb. 62. Biegelinie und Schnittkräfte für das Beispiel nach [73]

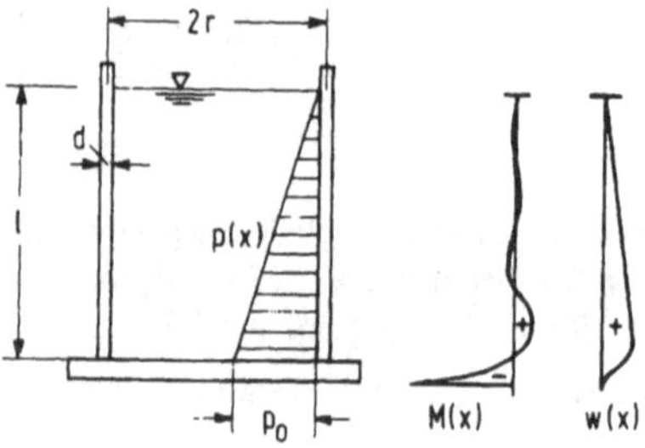

Abb. 63. Wasserbehälter

Mit den Randbedingungen: $w(0) = w'(0) = w''(l) = w'''(l) = 0$ lautet die Lösung von Gl. (168):

$$w(x) = p(x)\frac{r^2}{Ed}\left\{(1-\frac{1}{\lambda}) - e^{-\xi}\left[\cos\xi + (1-\frac{1}{\lambda})\sin\xi\right]\right\} \tag{169a}$$

$$M(x) = Dw'' = \frac{p_0 r^2 d^2}{6(1-\mu^2)} e^{-\xi}\left[(1-\frac{1}{\lambda})\cos\xi - \sin\xi\right] \tag{170}$$

Diese Momentengleichung klingt sehr schnell ab und ist deswegen auch als „Randstörung" bekannt. Bei der Anwendung der exakten Theorie der Behälterberechnung muß auch die Elastizität der Bodenplatte noch berücksichtigt werden, s. [74]. An *Vorschriften* sind zu beachten: DIN 3396 „Richtlinien für den Bau von Behältern" für *oberirdische Hochdruckbehälter*, die „Richtlinien für die Aufstellung und den Betrieb von *Niederdruck-Gasbehältern*", aufgestellt vom Verein Deutscher Gas- und Wasserfachmänner, DIN 4119 und DIN 6608 für den Bau von *Flüssigkeitsbehältern.*

6.3 Silodruck

Silodrücke werden nach der Erddrucktheorie ermittelt. Die Berechnung der vertikalen und horizontalen Spannungen und die Bemessungen von Silowänden erfolgten früher meist nach der Gleichung von *Janssen*, der für das Verhältnis $\lambda_0 = p_h/p_v$ einen konstanten Wert annimmt:

$$\lambda_0 = \frac{p_h}{p_v} = \tan^2(45° - \frac{\varphi}{2}), \tag{171}$$

worin φ den inneren Reibungswinkel der Schüttgüter bedeutet. Hiermit wird eine Gleitung im rolligen Schüttgut vorausgesetzt, wenn die Silowände auseinander rücken (*aktiver Erddruck*). Der horizontale Silodruck p_h ist dann:

$$p_h = \frac{\rho F}{U \tan\varphi'}\left(1 - e^{-\lambda_0 \tan\varphi' \frac{U}{F} x}\right) \tag{171a}$$

worin bedeuten:

x die Höhenabszisse, die von der Oberkante des Silos zählt,

ρ die Dichte, F und U Querschnittsfläche und Umfang des Siloquerschnittes,

φ' den Reibungswinkel zwischen Silowand und Schüttgut.

Werden aus irgendeinem Grunde die Silowände zusammengerückt, dann entstehen konjugierte Gleitlinien und die Gleitung tritt infolge eines *passiven Erddruckes* ein:

$$p_h = p_v \tan^2 (45° + \frac{\varphi}{2}) = p_v \lambda_\varphi \tag{172}$$

Friedrich [75] hat nachgewiesen, daß der λ_φ-Wert veränderlich ist und durch Gewölbewirkung der vertikale Druck ganz verschwinden kann, so daß der maßgebende Silodruck nach Gl. (172) größer ist als jener nach Gl. (171a), s. Bild 64. Dynamische Beanspruchungen beim Abschließen der Siloabzugöffnungen können den Druck etwa verdoppeln, s. *Reimbert* [76]. Versuche von *Pieper* ergaben, daß auch ein größerer horizontaler Silodruck als jener nach der alten Formel Gl. (171a) entstehen kann [77]. *Torre* [78] zeigte die Ermittlung einer oberen Schranke für den Silodruck $p_{max} = \gamma h/2$, wenn $h/2$ die Höhe des Gleitkegels und γ das Raumgewicht des Füllgutes bedeuten. Dieser Druck ist durchgehend konstant, nur im oberen Teil des Silos geht er auf die Hälfte zurück, s. Bild 64.

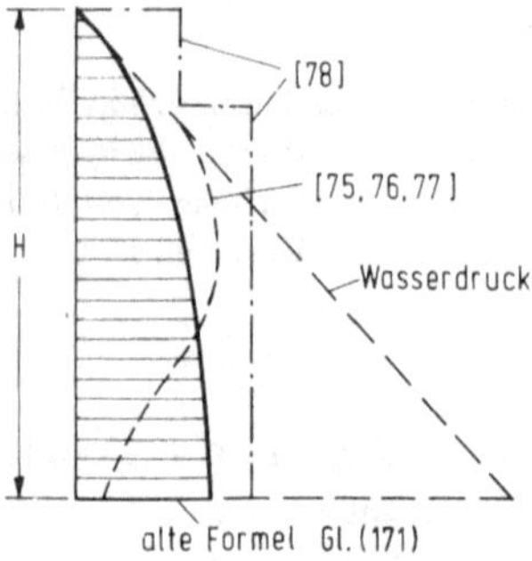

Abb. 64. Silodrücke

Interessante Beiträge lieferte auch das Internationale Symposium über „Probleme des Kugelhaufens und körniger Schüttungen“ 1968 in Jülich [79]. Eine überarbeitete Fassung der Dissertation *Stroppel* über „Spannungszustände in lagernden körnigen Haufwerken in der Nähe einer ebenen Wand“ wird in [80] gegeben. Darin wird auch auf die zahlreichen Dissertationen im Institut für Bodenmechanik der Universität (TH) Karlsruhe aus den Jahren 1959 bis 1968 über das Verhalten des Kugelhaufens aufmerksam gemacht.

6.4 Schrifttum

6.4.1 Seile

[68] *Steinmann,* D. B.: Deflection theory for continuous suspension bridges. Abh. IVBH, 2 (1933/34)
[25] 1. Bd., S. 358–370
[69] *Dimitrov,* N.: Dissertation Universität (TH) Karlsruhe 1949
[70] *Lie,* Kuo-hao: Praktische Berechnung von Hängebrücken nach der Theorie 2. Ordnung. Dissertation Universität (TH) Darmstadt 1940

6.4.2 Ringe und Behälter

[71] *Mang,* F.: Berechnung und Konstruktion ringeversteifter Druckrohrleitungen, Berlin 1966
[72] *Bornscheuer,* F. W.: Vorgespannte Mehrlagen-Hochdruckbehälter. Der Stahlbau 30 (1961), S. 264–268
[73] *Tölke,* F.: Praktische Funktionslehre. 1. Bd. Berlin 1950, S. 23–25 und 50–56.

6.4.3 Silos

[74] *Wolf,* K.: Ing. Arch. 12 (1941), S. 259
[75] *Friedrich,* E.: Vertikale und horizontale Spannungen in Silowänden. Österr. Ing.-Z. 107 (1962), Nr. 7, S. 221–223
[76] *Reimbert,* M.: Surpression dans les Silos lors de la vidange. Travaux 38 (1954), S. 780
[77] *Pieper,* K.: Neuere Erkenntnisse über Silolasten. Bergbauwissenschaften 13 (1966), Nr. 9, S. 365–371
[78] *Torre,* C.: Berechnung von Silodrücken nach der Charakteristiken-Theorie. Österr. Ing.-Z. 108 (1963), Nr. 1, S. 16–19
[79] *Euratom:* Probleme des Kugelhaufens und körniger Schüttungen. Internat. Symposium Jülich 1968
[80] *Stroppel,* A.: VDI-Forschungsheft Nr. 525, Düsseldorf 1968

§ 7 Verbindungen und Fachwerke

7.1 Verbindungstechnik

Ganz allgemein sind punkt-, linien- und flächenförmige Verbindungselemente im Gebrauch. Im *Metallbau* sind die punktförmigen Elemente Bolzen, Niete, Punktschweißungen und hochfeste vorgespannte (HV-) Schrauben. Als linienförmige Verbindungen bezeichnet man die Längsschweißnähte und als flächenförmige die durch Reibungskräfte wirksamen Klebefugen. Auch Kombinationen sind möglich, wie z. B. die VK-Verbindung, die eine vorgespannte Klebeverbindung ist. Über diese modernen Fügetechniken berichtet *Steinhardt* in [81 und 82].

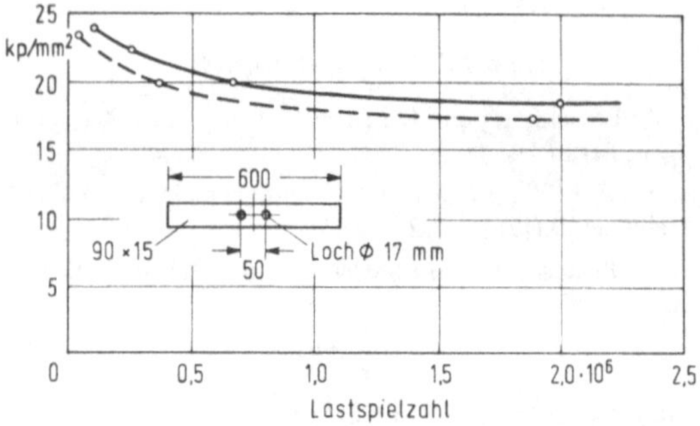

Abb. 65. Dauerfestigkeit σ_D
——— vorgespannter Lochstab
----- gewöhnlicher Lochstab

Die Dauerfestigkeit der Niete und Schrauben wird durch die Vorspannung und das Kleben erhöht. Bild 65 zeigt die *Wöhler*-Linie eines vorgespannten Lochstabes, die über der eines gewöhnlichen Lochstabes ohne Vorspannung liegt. Auch statische Traglastversuche von *Bornscheuer* [83, 84] haben dazu beigetragen, eine erhöhte zulässige Spannung vorzuschreiben (s. DIN 4100). Die günstige Wirkung der Vorspannung bei Lochstäben zeigt Bild 66. Wird der gepreßte Blechring, der durch Anziehen einer Schraubenmutter vorgespannt ist, noch flächenförmig mit Polyester- oder Epoxydharz geklebt, so ergeben sich Abminderungen der Kerbspannungsspitzen bis etwa 40 %. In [85] wird alles Notwendige über Normung von Schrauben und Muttern, über Einfluß höherer Temperaturen, sowie über Korrosionsschutz behandelt.

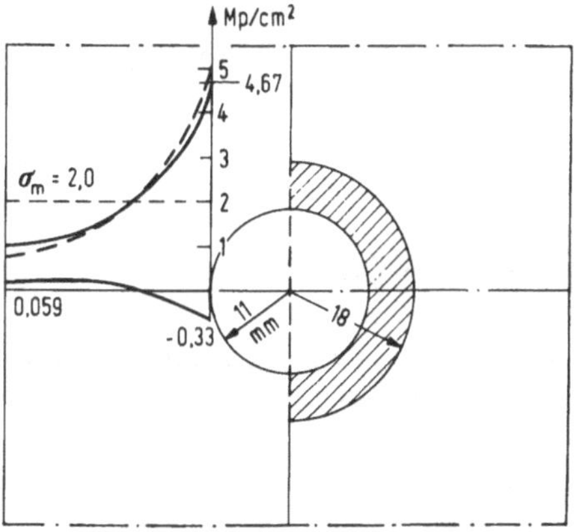

Abb. 66. Spannungsverteilung beim Lochstab mit und ohne Vorspannung (Vorspannung durch Pressung mit einer HV-Schraube)

Die Spannungsberechnung der Niet-, Klebe- und Schweißverbindungen geht auf [86 und 87] zurück und führt zu einer Differenzen- und Differentialgleichung zweiter Ordnung, die in vielen nachfolgenden Arbeiten übernommen wurden. *Bufler* [88] gibt eine interessante Studie über diskrete und kontinuierliche Verbindungen. Dabei ist es möglich, auch elasto-plastisches Verhalten der Verbindungsmittel zu berücksichtigen. *Volkerson* [89] benutzt dabei das Potenzgesetz an Stelle des elastisch-plastischen Stoffgesetzes, wodurch die Rechnung allerdings erschwert wird.

Im *Holzbau* sind punkt- und flächenförmige Verbindungen seit langem üblich. Unter den neueren Untersuchungen berichtet *Kirchner* [90] über die elastomechanischen Eigenschaften von Furnierplatten, *Möhler* und *Ehlbeck* [91] über deren Dauerstandverhalten.

Im *Stahlbetonbau* benutzt man die klassische Verbindung über die einbetonierten Stahlstäbe, die an ihren Stößen untereinander um die „Haftlänge" überlappt werden. Über die Berechnung der Stahl- und Haftspannungen gibt *Bufler* [92] einen neueren Ansatz, wobei die Stahlspannung aus einer Differentialgleichung 2. Grades bestimmt wird:

$$\sigma'' - \lambda^2 (\sigma - \sigma^*) = 0 \qquad (173)$$

Darin bedeutet σ^* die Normalspannung in der Bewehrung bei großer Entfernung vom Rand, d. h. die Spannung, die sich bei gleicher Dehnung von Bewehrung und Beton einstellt. Der Faktor λ ist:

$$\lambda = \sqrt{\frac{U}{2\,(1+\mu_b)\,h\,F_b}\left(1+\frac{E_b\,F_b}{E_e\,F_e}\right)}, \quad \text{worin bedeuten:} \qquad (173a)$$

μ_b Dehnzahl des Betons,
$E_b\,F_b$ Dehnsteifigkeit des Betons,
$E_e\,F_e$ Dehnsteifigkeit der Bewehrung.

Für den Differentialquotienten der Schiebung $d\gamma/dx$ längs der Bewehrung gilt der Ansatz mit ϵ_b als Dehnung des Betons und ϵ_e als Dehnung des Stahles

$$\frac{d\gamma}{dx} = \frac{\epsilon_e - \epsilon_b}{h} \qquad (173b)$$

Für die Haftspannung hat man die Gleichgewichtsbedingung (Bild 67)

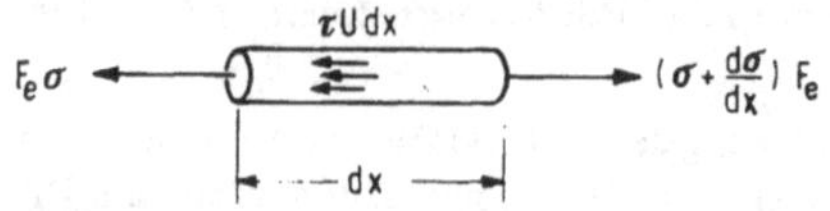

Abb. 67. Gleichgewicht am Bewehrungselement

$$\tau = \frac{F_e}{U}\,\frac{d\sigma}{dx} \qquad (173c)$$

Für den Verlauf der Spannungsverteilung in einem vorgespannten Betonkörper wird die genaue Lösung gemäß Bild 68 und 69 angegeben mit

$$\frac{\sigma}{\sigma_{max}} = 1 - e^{-\lambda x} \qquad (174)$$

$$\frac{\tau}{\tau_{max}} = e^{-\lambda x} \qquad (175)$$

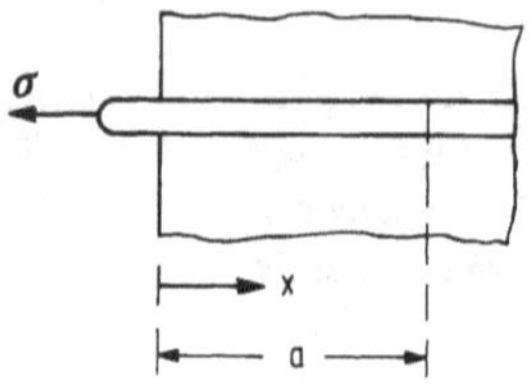

Abb. 68. Teilstück eines Spannbetonkörpers

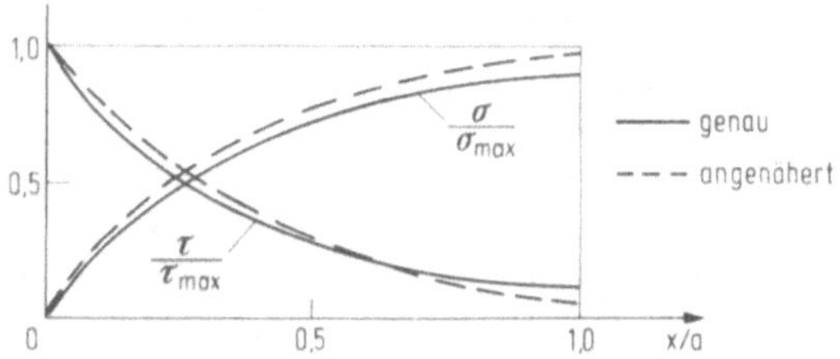

Abb. 69. Vergleich der theoretischen und empirischen Formeln für die Spannungsverteilung ($\lambda = 3/a$)

Die angenäherte Lösung, die nach [93] aus Versuchen ermittelt wird, hat die empirische Formel:

$$\frac{\sigma}{\sigma_{max}} = 1 - (1 - \frac{x}{a})^3 \tag{174a}$$

$$\frac{\tau}{\tau_{max}} = (1 - \frac{x}{a})^2 . \tag{175a}$$

Jede Verankerung erzeugt örtliche Querzugspannungen im Beton (Spaltwirkung), weshalb sie möglichst in Bereichen anzuordnen sind, in denen quer zum Stab Druckspannungen herrschen (s. DIN 1045 u. 4227)

7.2 Elastische und plastische Fachwerke

Als ideales Fachwerk bezeichnet man ein Tragsystem, das aus einzelnen, in den Knotenpunkten durch reibungslose Gelenke verbundenen, geraden Stäben besteht. Die äußeren Kräfte, auch das Eigengewicht, greifen in den Knoten an oder wirken in Richtung der Stabachsen, so daß sämtliche Stäbe nur axiale Zug- oder Druckbeanspruchung erhalten. In Wirklichkeit sind die Knoten durch die Verbindungen steif, wodurch in den Stäben *Sekundärspannungen* erzeugt werden. Man bezeichnet sie auch als Nebenspannungen und vernachlässigt sie zumeist.

7.2.1 Statisch bestimmtes Fachwerk

Ein Fachwerk heißt statisch bestimmt (Bild 70a), wenn die Stab- und Auflagerkräfte allein durch Gleichgewichtsbedingungen ermittelt werden können. Die Traglast K_T kann dann mit den Methoden der Elastizitätstheorie berechnet werden. Sind die Querschnittsflächen der Seitenstäbe 1 bis 4 gleich groß und gleich F_1 und bezeichnet man die Fläche der Diagonalstäbe mit F_5, dann gilt:

$$S_1 = S_2 = S_3 = S_4 = \frac{K_T}{\sqrt{2}}$$

und (176)

$$K_T = S_F = S_5 = \sigma_F F_5 \ ,$$

worin mit S_F die Fließlast des Stabes S_5 bezeichnet ist.

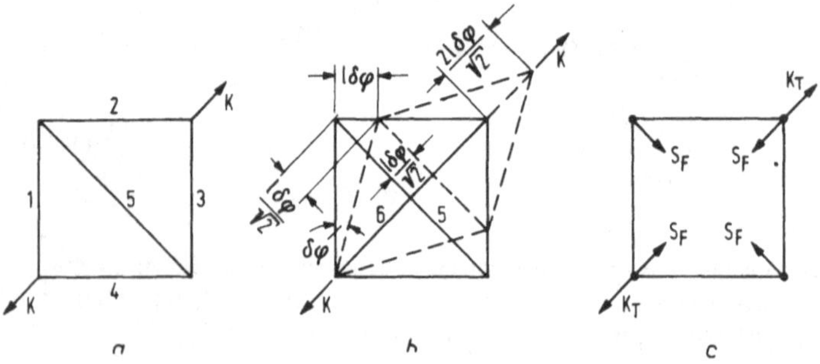

Abb. 70. Fachwerk
a) statisch bestimmt
b) statisch unbestimmt
c) als Bruchmechanismus

7.2.2 Statisch unbestimmtes Fachwerk

Bild 70b zeigt ein maßgebendes Element für das statisch unbestimmte Fachwerk. Die Berechnung dafür ist nach der Plastizitätstheorie einfach und aufschlußreich. Die Traglast ist doppelt so groß wie beim statisch bestimmten System, womit nach Gl. (176) gilt:

$$K_T = 2 S_F = S_5 = S_6 = 2 \sigma_F F_5 \qquad (177)$$

wenn beide Stäbe 5 und 6 dieselbe Fließlast S_F haben. Das Ergebnis kann man sofort aus der Arbeitsgleichung des Bruchmechanismus (Bild 70c) ableiten, wenn die Stäbe 5 und 6 zu fließen beginnen:

$$(K_T - S_F)\frac{2l\delta\varphi}{\sqrt{2}} - 2S_F\frac{l\delta\varphi}{\sqrt{2}} = 0$$

Die Stabkräfte 1 bis 4 haben die Größe $S_1 = S_F/\sqrt{2}$, d. h. nach den Traglastsätzen in 5.3 ist der Mechanismus auch statisch zulässig. Hierbei drängt sich die Frage der *Optimierung* auf. Dies bedeutet: wenn beim Bruch alle Stäbe *gleichzeitig* zu fließen beginnen, dann muß die Bemessung des Fachwerkes am wirtschaftlichsten sein. Bei

$$S_{1F} = \frac{S_F}{\sqrt{2}}$$

muß das Verhältnis der Querschnittsflächen $F_5/F_1 = \sqrt{2}$ betragen. In diesem Falle haben alle Stäbe die gleiche Fließspannung σ_F. Solche Optimierungsfragen können mit Hilfe der Plastizitätstheorie wesentlich einfacher gelöst werden als nach der Elastizitätstheorie. Mit $F_5 = F_6$, $F_1 = F_2 = F_3 = F_4$ und gleichen E-Moduln lautet die Lösung für das elastische Fachwerk:

$$S_1 = \frac{K}{2\sqrt{2} + 2F_5/F_1} \tag{178}$$

$$S_5 = \frac{\sqrt{2}\,K}{2\sqrt{2} + 2F_5/F_1} \tag{179}$$

$$S_6 = \frac{1 + \sqrt{2}\,F_5/F_1}{2 + \sqrt{2}\,F_5/F_1}\,K \tag{180}$$

7.2.3 Elastisch-plastisches Verhalten

Für das statisch unbestimmte Fachwerk nach Bild 71 sei zunächst der Zusammenhang zwischen Belastung und lotrechter Verschiebung bis zum Bruch aufgestellt. Die Axialkräfte sind S_1, S_2 und S_3. Infolge der Symmetrie ist $S_1 = S_3$. Das Verhalten des i-ten Stabes wird durch seine Steifigkeit

$$c_1 = E_1 F_1 / \sqrt{2}\,l \qquad \text{mit} \quad \frac{c_1}{c_2} = \kappa = \frac{E_1 F_1}{\sqrt{2}\,E_2 F_2}$$

$$c_2 = E_2 F_2 / l$$

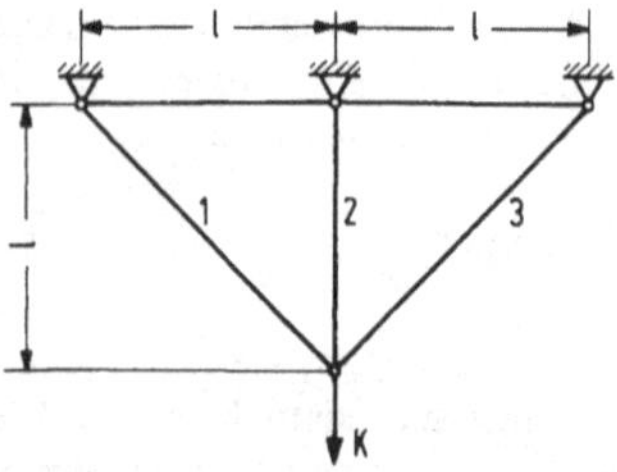

Abb. 71. Statisch unbestimmtes Fachwerk

und durch seine Fließkraft S_{1F} und S_{2F} gekennzeichnet. Der mechanische Zustand des i-ten Stabes ist durch seine Axialkraft S_i und seine bleibende Verschiebung v_i^p mit

$$v_i = \frac{S_i}{c_i} + v_i^p \tag{181}$$

vollständig definiert. Unabhängig vom Verformungszustand gilt stets das Gleichgewicht für die Vertikalkräfte:

$$\sqrt{2}\, S_1 + S_2 = K \tag{182}$$

Solange beide Stäbe noch elastisch bleiben, gilt die Verträglichkeitsbedingung

$$v = \frac{S_1 \sqrt{2}}{c_1} = \frac{S_2}{c_2}$$

oder

$$S_1 = S_2 \frac{c_1}{\sqrt{2}\, c_2} = S_2 \frac{\kappa}{\sqrt{2}} \tag{183}$$

Aus Gl. (182) erhält man für das elastische System

$$K = S_2 (1 + \kappa) \tag{184}$$

Falls die Systemkonstanten derart sind, daß

$$\frac{S_{1F}}{S_{2F}} \left\{ \begin{array}{ll} > \frac{\kappa}{\sqrt{2}} & \text{fließt der Stab 2 zuerst, d. h. } S_2 = S_{2F},\ S_1 < S_{1F} \\ = \frac{\kappa}{\sqrt{2}} & \text{fließen alle drei Stäbe gleichzeitig} \\ < \frac{\kappa}{\sqrt{2}} & \text{fließen Stäbe 1 und 3 zuerst und Stab 2 ist noch elastisch, d. h. } S_2 < S_{2F} \end{array} \right. \tag{185}$$

Nimmt man an, daß der Stab 2 zuerst fließt, dann folgt für die elastische Grenzlast

$$K_e = (1 + \kappa)\, S_{2F} \tag{186}$$

mit der dazugehörigen Grenzverlängerung (Grenzverschiebung)

$$v_e = \frac{S_{2F}}{c_2} = \frac{\sigma_F\, l}{E_2 F_2} = \frac{K_e}{(1 + \kappa)\, c_2} = \frac{K_e}{c_1 + c_2} \tag{186a}$$

Die Traglast erhält man dann, wenn auch die Stäbe 1 und 2 anfangen zu fließen:

$$T = \sqrt{2}\, S_{1F} + S_{2F} = S_{2F}\left(1 + \sqrt{2}\, \frac{S_{1F}}{S_{2F}}\right) = \frac{K_e}{1 + \kappa}\left(1 + \sqrt{2}\, \frac{S_{1F}}{S_{2F}}\right) \tag{187}$$

bei einer zugehörigen Verschiebung:

$$v_T = \sqrt{2}\, \frac{S_{1F}}{c_1} = \sqrt{2}\, \frac{S_{1F}}{\kappa c_2} = v_e\, \frac{S_{1F}}{S_{2F}}\, \frac{\sqrt{2}}{\kappa} \tag{188}$$

Die Sicherheit gegenüber dem völligen Zusammenbruch ist:

$$n_T = \frac{T}{K} = n_e\, \frac{1 + \sqrt{2}\, S_{1F}/S_{2F}}{1 + \kappa}\,,$$

worin $n_e = \dfrac{K_e}{K}$ die Sicherheit gegenüber dem Fließbeginn ist.

Die Tragfähigkeitsreserve gegenüber der elastischen Grenzlast beträgt

$$\frac{T - K_e}{K_e} = \left(\frac{\sqrt{2}}{\kappa}\, \frac{S_{1F}}{S_{2F}} - 1\right) \frac{\kappa}{1 + \kappa}$$

Falls alle Stäbe gleichzeitig fließen, ist diese Reserve natürlich gleich Null.

Für $S_{1F}/S_{2F} = 1{,}25$ und $\kappa = 1/\sqrt{2}$ ist die Reserve 66 % bis das Fachwerk nach Gl. (188) bei einer Verschiebung der 2,5-fachen Grenzverschiebung v_e zusammenbricht. Die elastische Grenzlast beträgt dabei

$$K_e = 1{,}707\, S_{2F}$$

und die Traglast

$$T = \frac{K_e}{1{,}707}\,(1 + 1{,}25) = 1{,}32\, K_e$$

Im Bild 72 sind diese Werte aufgetragen. Bei Wechsellasten muß die maximale Last K_0 immer kleiner bleiben als T. Den Bereich bis zu einem unteren Wert K_u nennt man den *Einspiel-Bereich,* s. auch [10].

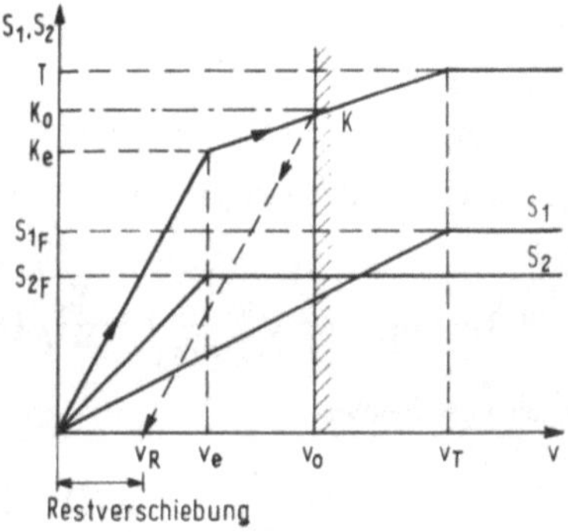

Abb. 72. Belastung K und Stabkräfte S_1 und S_2

7.2.4 Normierte Darstellung nach Prager

Es erweist sich als zweckmäßig, reduzierte Kräfte und reduzierte Verschiebungen folgendermaßen zu definieren:

$$s_1 = \frac{S_1}{\sqrt{c_1}} = \frac{S_1}{\sqrt{\kappa c_2}}, \quad s_2 = \frac{S_2}{\sqrt{c_2}} \tag{189}$$

$$\left.\begin{aligned} \bar{v}_1 &= v_1 \sqrt{c_1} = v_1 \sqrt{\kappa c_2}, \quad & \bar{v}_1^{\,p} &= v_1^p \sqrt{c_1} = v_1^p \sqrt{\kappa c_2} = -\xi_1 \\ \bar{v}_2 &= v_2 \sqrt{c_2}, & \bar{v}_2^{\,p} &= v_2^p \sqrt{c_2} = -\xi_2 \end{aligned}\right\} \tag{190}$$

Damit geht das Gleichgewicht der Gl. (182) über in die *transformierte Gleichgewichtsbedingung:*

$$\sqrt{2\kappa}\; s_1 + s_2 = \frac{K}{\sqrt{c_2}} \tag{191}$$

Für die beiden Anteile der Verschiebung der Gl. (181) hat man:

$$\bar{v}_1 = \frac{S_1}{\sqrt{c_1}} + v_1^p \sqrt{c_1} = s_1 - \xi_1 , \quad v_2 = \frac{S_2}{\sqrt{c_2}} + v_2^p \sqrt{c_2} = s_2 - \xi_2$$

oder

$$\frac{\bar{v}_1}{\bar{v}_2} = \sqrt{\kappa} = \frac{s_1 - \xi_1}{s_2 - \xi_2}$$

und die *transformierte Verträglichkeitsbedingung* lautet:

$$s_1 - \xi_1 - \sqrt{\kappa}\,(s_2 - \xi_2) = 0 \tag{192}$$

Die beiden Geradenscharen der Gln. (191) und (192) stehen im (s_1, s_2)-Koordinatensystem senkrecht aufeinander. Die Steigung α_1 der *Kraftgeraden* der Gl. (191) beträgt $-\sqrt{\kappa}$ und die der *Verträglichkeitsgeraden* der Gl. (192) $\tan\alpha_2 = 1/\tan\alpha_1$, s. Bild 73. Dieses Beispiel ist auch in [18, S. 40–46] behandelt. Dort sind die speziellen Sätze nach 5.2 auch geometrisch erklärt (Bild 73).

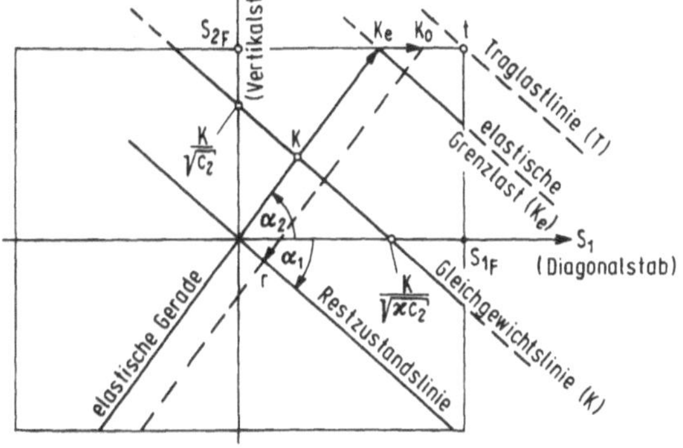

Abb. 73. Normierte Darstellung des Fachwerkverhaltens

7.3 Schrifttum

7.3.1 Verbindungen

[81] *Steinhardt*, O.: Die Verbindungstechnik im Metallbau unter besonderer Berücksichtigung der HV-Technik. Teil 1 VDI-Z. 111 (1969) Nr. 22, S. 1601–05

[82] *Steinhardt*, O.: Stand der Verbindungstechnik im Metallbau. Abh. IVBH Bd. 26 (1966), S. 497–518

[83] *Bornscheuer*, F. W.: Berechnung statisch beanspruchter Kehlnaht-Schweißverbindungen. Fachbuchreihe Schweißtechnik Bd. 40, S. 122, Düsseldorf 1965

[84] *Bornscheuer*, F. W. u. *Feder*, D.: Traglastversuche an Laschenverbindungen aus St 37 mit Flanken- und Stirnkehlnähten. Schweißen und Schneiden 18 (1966), Nr. 7, S. 305–308

[85] *Wiegand*, H. u. *Illner*, K. H.: Berechnung und Gestaltung von Schraubenverbindungen. 3. Aufl. Konstruktionsbücher Nr. 5, Berlin 1962

[86] *Arnovlević:* Z. Arch. Ing. Wes. 55 (1909), S. 90 u. 414

[87] *Fillinger*, P.: Österr. Wochenz. öffentl. Baudienst 25 (1919), S. 78

[88] *Bufler*, H.: Theorie diskontinuierlicher und kontinuierlicher Verbindungen. Ing. Arch. 37 (1968), S. 176–188

[89] *Volkersen*, O.: Energie und Technik 5 (1953), S. 68

[90] *Kirchner*, G.: Diss. Universität (TH) Karlsruhe 1965

[91] *Möhler*, K. u. *Ehlbeck*, I.: Holz als Roh- und Werkstoff 26 (1968), S. 118–124

[92] *Bufler*, H.: Ein neuer Ansatz zur Berechnung der Draht- und Haftspannungen im Stahlbeton. Bauing. 33 (1958), Nr. 10, S. 382

[93] *Ritter-Lardy:* Vorgespannter Beton. Leemann-Verl. Zürich 1946

7.3.2 Traglast der Fachwerke

[10] S. 83–88

[18] S. 40–46

III. Balkenbiegung

§ 8 Querschnittsfestigkeit

8.1 Querschnittswerte

Unter den Querschnittswerten versteht man die Querschnittsfläche F, die Lage des Schwerpunktes S, die Widerstandsmomente und die Flächenträgheitsmomente I_x, I_y und I_{xy}. Für einfache Querschnittsflächen sind in jedem Taschenbuch solche Werte tabeliert. Hier sollen beliebige Formen betrachtet werden, die durch einen Polygonzug darstellbar sind.

8.1.1 Polygonzug

Bei komplizierten Profilen, wie sie Fundamente, Brückenquerschnitte oder Schiffskörper haben können, kann die Form des Flächenintegrales für die Auswertung sehr unpraktisch werden. Die Anwendung der elektronischen Rechenanlagen zwingen uns, zweckmäßigere Verfahren zu benutzen. Wird eine Querschnittsfläche durch einen beliebigen Polygonzug beschrieben, dann benötigt man zur Ermittlung der Fläche, wie in der Geodäsie, nur die Koordinaten der Eckpunkte. Dafür lautet die Trapezformel:

$$F = \frac{1}{2} \sum_{i=1}^{n} (x_i - x_{i+1})(y_i + y_{i+1}) = -\frac{1}{2} \sum_{1}^{n} (y_i - y_{i+1})(x_i + x_{i+1}) \qquad (193)$$

und die *Dreiecksformel* oder *Gauß'sche Flächenformel*

$$F = \frac{1}{2} \sum_{i=1}^{n} x_i (y_{i+1} - y_{i-1}) = -\frac{1}{2} \sum_{1}^{n} y_i (x_{i+1} - x_{i-1}) \qquad (194)$$

Die Koordinaten der Punkte (x_i, y_i), s. Bild 74, sind in mathematisch positiver Reihenfolge in den Gln. (193) und (194) anzusetzen. Die Werte $i = 1$ und $i = n + 1$ bezeichnen denselben Eckpunkt als Anfang und Ende, da die Randkurve stets geschlossen ist. Zusammenhängende Bereiche werden so durchfahren, daß das Innere zur Linken liegt (Bild 74).

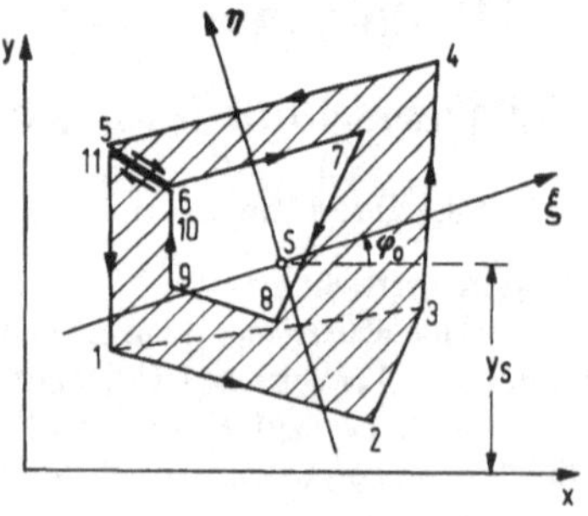

Abb. 74. Fundamentquerschnitt

In der Dreiecksformel der Gl. (194) ist für n = 3 die Fläche des Dreiecks gemäß Bild 75:

$$F = \frac{1}{2}\left[x_1(y_2 - y_3) + x_2(y_3 - y_1) + x_3(y_1 - y_2)\right] = \frac{1}{2}\begin{vmatrix} 1 & x_1 & y_1 \\ 1 & x_2 & y_2 \\ 1 & x_3 & y_3 \end{vmatrix} \tag{195}$$

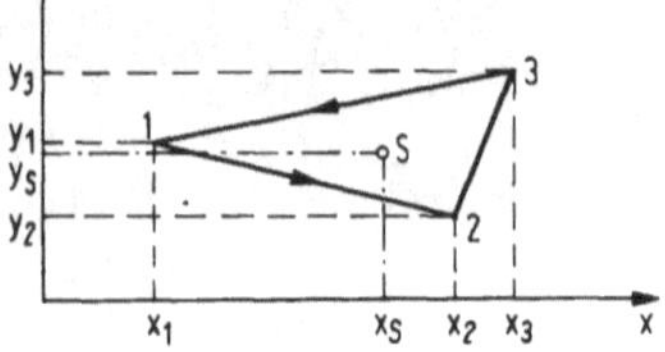

Abb. 75. Dreieckquerschnitt

Die Gleichung für die Koordinaten des Schwerpunktes lautet:

$$x_s = \frac{1}{3}(x_1 + x_2 + x_3)\,, \quad y_s = \frac{1}{3}(y_1 + y_2 + y_3) \tag{196}$$

Besonders einfach werden die Formeln für die Querschnittswerte, wenn das Koordinatensystem durch den Schwerpunkt S geht (Bild 76). Hierbei verschwindet natürlich das statische Moment $\int_F x\,dF = \int_F y\,dF = 0$ und die Trägheitsmomente haben die Gleichungen:

$$I_{xs} = \int_F x^2\,dF = \frac{F}{12}\,(x_{1s}^2 + x_{2s}^2 + x_{3s}^2) \qquad (197)$$

$$I_{ys} = \int_F y^2\,dF = \frac{F}{12}\,(y_{1s}^2 + y_{2s}^2 + y_{3s}^2) \qquad (198)$$

$$I_{xys} = \int_F xy\,dF = \frac{F}{12}\,(x_{1s}\,y_{1s} + x_{2s}\,y_{2s} + x_{3s}\,y_{3s}) \qquad (199)$$

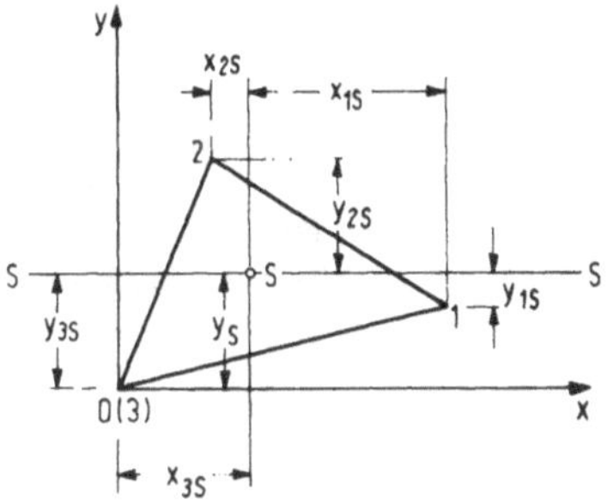

Abb. 76. Dreieckquerschnitt mit Lage der einen Ecke im Koordinatenursprung

Die Formel für die Fläche, Gl. (195), vereinfacht sich auch dann, wenn das Koordinatensystem durch einen Eckpunkt, z. B. Punkt (3) in Bild 76, gelegt wird, dann sind $x_3 = y_3 = 0$ und

$$F = \frac{1}{2}\,(x_1\,y_2 - x_2\,y_1) = \frac{1}{2}\begin{vmatrix} x_1 & y_1 \\ x_2 & y_2 \end{vmatrix} \qquad (195a)$$

Die Koordinaten des Schwerpunktes lauten:

$$x_s = \frac{1}{3}\,(x_1 + x_2), \quad y_s = \frac{1}{3}\,(y_1 + y_2)$$

Die statischen Momente der Fläche um die x- bezw. y-Achse sind:

$$S_x = \frac{1}{6}\,(x_1\,y_2 - x_2\,y_1)\,(y_1 + y_2), \quad S_y = \frac{1}{6}\,(x_1\,y_2 - x_2\,y_1)\,(x_1 + x_2) \qquad (200a$$

Für das Trägheitsmoment I_x gilt: $I_{xs} + Fy_s^2$. Aus der Relation

$$y_{s1}^2 + y_{s2}^2 + y_{s3}^2 = \frac{2}{3} (y_1^2 - y_1 y_2 + y_2^2)$$

und mit der Gl. (197) erhält man für I_x und I_y

$$I_x = \frac{1}{12} (x_1 y_2 - x_2 y_1) \left[(y_1 + y_2)^2 - y_1 y_2 \right] \tag{201}$$

$$I_y = \frac{1}{12} (x_1 y_2 - x_2 y_1) \left[(x_1 + x_2)^2 - x_1 x_2 \right] \tag{202}$$

Und für das Zentrifugalmoment gilt

$$I_{xy} = I_{xys} + F x_s y_s \tag{203}$$

$$I_{xys} = \frac{F}{12} (x_{s1} y_{s1} + x_{s2} y_{s2} + x_{s3} y_{s3}) \tag{204}$$

Verbindet man die n Eckpunkte eines Polygonzuges mit dem Koordinatenursprung des Bezugssystems, so entstehen n Dreiecke, deren Summe die Gesamtfläche ergibt:

$$F = \sum_{i=1}^{n} (x_i y_{i+1} - x_{i+1} y_i) \tag{195b}$$

Das statische Moment des n-Eckes ist:

$$S_x = \frac{1}{6} \sum_{i=1}^{n} (x_i y_{i+1} - x_{i+1} y_i)(y_i + y_{i+1}) \tag{200c}$$

$$S_y = \frac{1}{6} \sum_{1}^{n} (x_i y_{i+1} - x_{i+1} y_i)(x_i + x_{i+1}) \tag{200d}$$

und die Trägheitsmomente entsprechend:

$$I_x = \frac{1}{12} \sum_{1}^{n} (x_i y_{i+1} - x_{i+1} y_i) \left[(y_i + y_{i+1})^2 - y_i y_{i+1} \right] \tag{201a}$$

$$I_y = \frac{1}{12} \sum_{1}^{n} (x_i y_{i+1} - x_{i+1} y_i) \left[(x_i + x_{i+1})^2 - x_i x_{i+1} \right] \tag{202a}$$

$$I_{xy} = \frac{1}{12} \sum_{1}^{n} (x_i y_{i+1} - x_{i+1} y_i) \left[(x_i + x_{i+1})(y_i + y_{i+1}) - \frac{1}{2} (x_i y_{i+1} + x_{i+1} y_i) \right] \tag{203a}$$

Die Berechnung der Schwerachsenabstände, der Hauptträgheitsmomente I_ξ und I_η und des Winkels φ_0 ist in herkömmlicher Art und Weise möglich, s. Bild 74. So lauten die Hauptträgheitsmomente mit

$$\tan 2\varphi_0 = \frac{2 I_{xys}}{I_{ys} - I_{xs}} \tag{205}$$

$$\left.\begin{aligned} I_\xi &= \frac{I_{xs} + I_{ys}}{2} + \frac{I_{xs} - I_{ys}}{2} \cos 2\varphi_0 - I_{xys} \sin 2\varphi_0 \\ I_\eta &= \frac{I_{xs} + I_{ys}}{2} - \frac{I_{xs} - I_{ys}}{2} \cos 2\varphi_0 + I_{xys} \sin 2\varphi_0 \end{aligned}\right\} \tag{206}$$

Fleßner [94] schlägt vor, mit diesen Formeln, die auch die Grundlage der endlichen Elementenmethode (s. § 16) bilden, nach der einfachen Anordnung gemäß Bild 77 zu verfahren, um eine zweckmäßige Programmierung für den Digitalrechner zu erzielen. Wird der Ursprung des ersten Bezugssystems in einen Eckpunkt gelegt, dann ist

$$\begin{aligned} x_0 &= 0 & y_0 &= 0 \\ x_1 &= 0 + \Delta x_1 & y_1 &= 0 + \Delta y_1 \\ x_2 &= x_1 + \Delta x_2 & y_2 &= y_1 + \Delta y_2 \\ x_3 &= x_2 + \Delta x_3 & y_3 &= y_2 \end{aligned}$$

Es sind dies sehr einfache Rekursionsformeln.

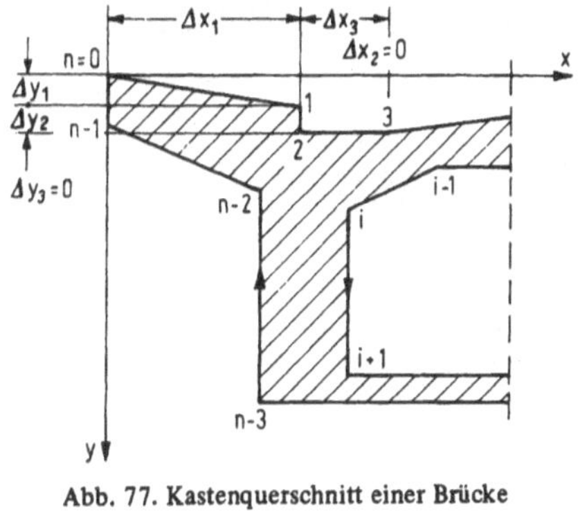

Abb. 77. Kastenquerschnitt einer Brücke

Mit Hilfe der *Gauß'schen mechanischen Quadratur* werden in [95] viele Flächenintegrale durch die *Legendreschen Polynome* ausgewertet:

$$F = \int_{-1}^{+1} F(x)\,dx \approx \sum_{\nu=1}^{n} g_\nu^{(n)} f(x_\nu^{(n)}) \qquad (207)$$

s. auch [96].

Hierin bedeuten:

g_ν die *Christoffel*'schen Zahlen,
x_ν die Nullstellen der Polynome.

8.1.2 Diskretisierung

Bei nichtlinearen Problemen ist eine Diskretisierung des Querschnittes notwendig. Die Berechnungsmethode fordert die Umwandlung einer Fläche in einen Punkthaufen. Man unterscheidet zwei Arten der Diskretisierung von Flächen:

Berechnung einer Ersatzpunktreihe zur y-Achse für eine Fläche nach wählbarem Teilungsmaß Δy, z. B. 6 Punkte in Bild 78 für den Fall der einfachen Biegung, oder

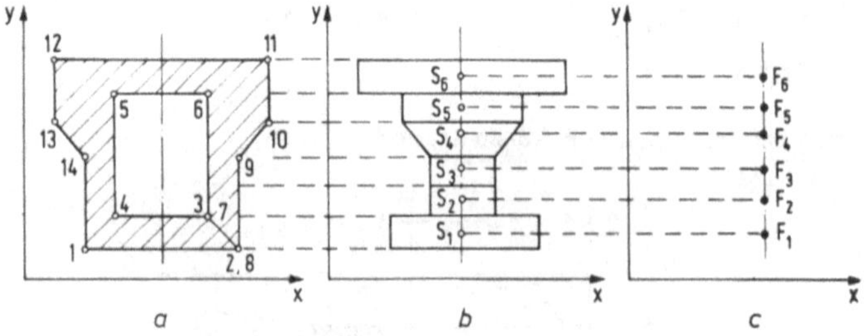

Abb. 78. Diskretisierung eines Querschnittes für die einfache Biegung
a) Polygonzug-Fläche
b) Ersatztrapeze
c) Ersatzpunkte

Berechnung eines Ersatzpunkthaufens für eine Fläche nach wählbaren Teilungsmaßen Δx und Δy, speziell für die schiefe Biegung, s. Bild 79.

Jänike zeigt in [97] zahlreiche Programme in der ALGOL-Sprache. Die Methode des Punkthaufens hat man aus der Schwingungslehre entnommen, wo kontinuierliche Massen durch Einzelmassen ersetzt werden. Noch nicht

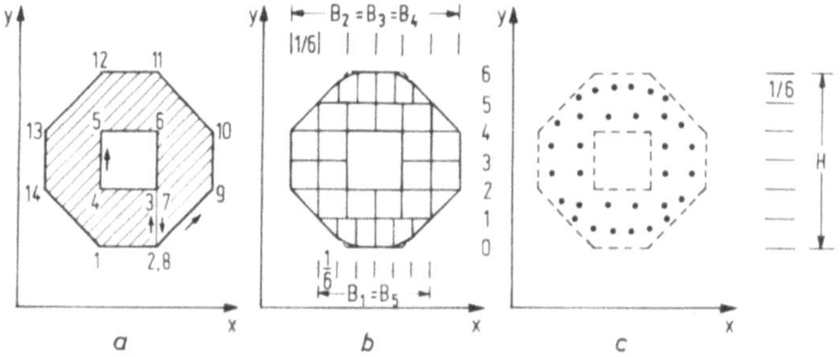

Abb. 79. Diskretisierung eines Querschnittes für die Doppelbiegung
a) Polygonzug
b) Ersatztrapeze
c) Verwandlung der Trapeze in Ersatzpunkte

für einen Digitalrechner ausgelegt, wurde die Biegelinie eines Balkens in [98] dadurch berechnet, daß man die Biegesteifigkeit EI in Gitterpunkten konzentriert annahm.

8.2 Elastische Biegung ohne Normalkraft

8.2.1 Allgemeiner Querschnitt

Für die einfache Biegung wird der allgemeine Querschnitt gemäß Bild 80 symmetrisch gegenüber den Biegeebenen x, z angenommen. Die Grundlagen hierüber wurden bereits in § 2 behandelt. Nach Bild 21 und Gl. (26) hat man für die Biegedehnung ϵ_x bezw. für die Biegespannung σ_x

$$\epsilon_x = \frac{z}{R} \tag{208}$$

$$\sigma_x = \frac{Ez}{R} \tag{209}$$

Darin bedeutet R den Krümmungsradius für das Element gemäß Bild 80.

Die Resultierenden der oberen Druckspannung und der unteren Zugspannung heben sich gegenseitig auf, d. h. das Gleichgewicht

$$\int_F \sigma_x \, dF = 0 \tag{210}$$

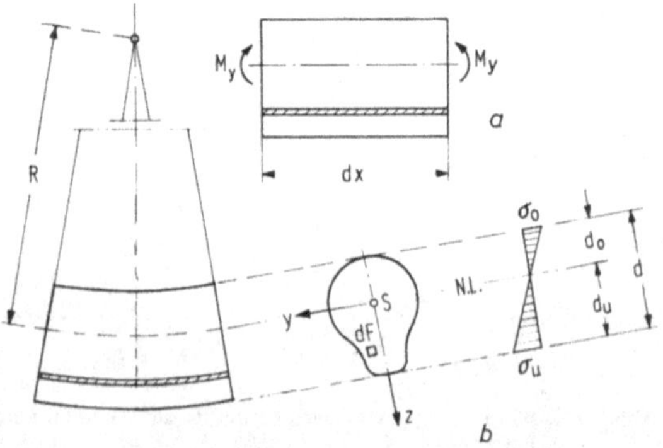

Abb. 80. Einfache Biegung

ergibt die Lage der Nullinie, die mit der Schwerlinie zusammenfällt, d. h.

$$\frac{E}{R}\int_F z\,dF = 0 \tag{211}$$

Das Moment der inneren Kräfte muß dem äußeren Moment M_y gleich sein, oder

$$\int_F \sigma_x z\,dF = \frac{E}{R}\int_F z^2\,dF = M_y \tag{212}$$

Das zweite Integral der Gl. (212) stellt das Trägheitsmoment des Querschnitts um die Nullinie dar. Diese Gleichung kann auch geschrieben werden:

$$\frac{1}{R} = \frac{M_y}{E\,I_y} = \kappa \tag{213}$$

Die Kombination der Gln. (209) und (213) ergibt

$$\sigma_x = \frac{M_y}{I_y}\,z \tag{214}$$

Mit

$$W_0 = \frac{I_y}{d_0} \qquad \text{und} \qquad W_u = \frac{I_y}{d_u}$$

erhält man für die Maximalspannungen:

$$\sigma_0 = \frac{M_y}{W_0} \qquad \text{und} \qquad \sigma_u = \frac{M_y}{W_u} \tag{215a,b}$$

Zur Ergänzung der technischen Biegelehre, s. Abschn. 2.4, muß gesagt werden, daß bei $I_y \gg I_z$ eine Instabilität bezw. ein Kippen bei allein reiner Biegung stattfinden kann, s. § 12.

Für eine *schiefe Biegung* sei ein Querschnitt nach Bild 81 angenommen. Die Normalspannung σ_x im Punkt P dieses Querschnittes ist eine lineare Funktion der Koordinaten y und z des Punktes P und kann durch die allgemeine Formel

$$\sigma_x = a + by + cz \tag{216}$$

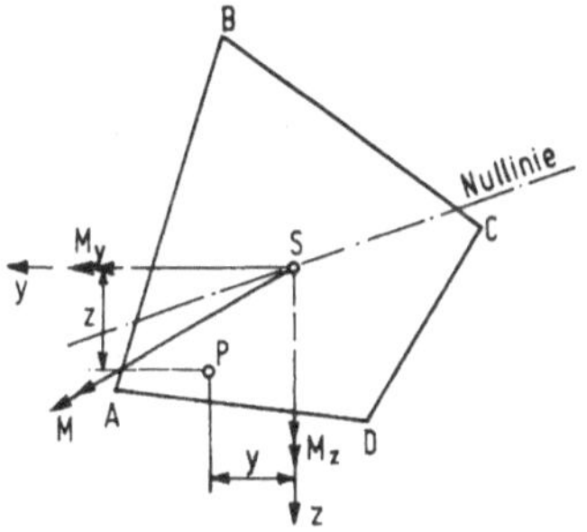

Abb. 81. Unsymmetrischer Querschnitt

angegeben werden. Die drei Koeffizienten a, b und c ermittelt man aus den drei Gleichgewichtsbedingungen

$$\int_F \sigma_x \, dF = 0, \quad \int_F \sigma_x \, z \, dF = M_y, \quad \int_F \sigma_x \, y \, dF = -M_z \tag{217a,b,c}$$

Das negative Vorzeichen soll angeben, daß ein positives Moment auf der y-Koordinate eine negative Druckspannung erzeugt. Für die drei Koeffizienten hat man die Bestimmungsgleichungen:

$$a \int_F dF + b \int_F y \, dF + c \int_F z \, dF = 0 \tag{218}$$

$$a \int_F z dF + b \int_F yz \, dF + c \int_F z^2 \, dF = M_y \tag{219}$$

$$a \int_F y \, dF + b \int_F y^2 \, dF + c \int_F yz \, dF = -M_z \tag{220}$$

Fällt der Koordinatenursprung mit dem Schwerpunkt zusammen, dann ist $a = 0$ und setzt man für

$$\int_F z^2\,dF = I_y, \quad \int_F y^2\,dF = I_z, \quad \int_F yz\,dF = I_{yz}$$

dann geht die Gl. (216) der Biegespannung über in:

$$\sigma_x = \frac{(M_y I_z + M_z I_{yz})\,z - (M_z I_y + M_y I_{yz})\,y}{I_y I_z - I_{yz}^2} \tag{221}$$

Die Nullinie bzw. die neutrale Achse ist eine Gerade und ihre Gleichung lautet:

$$(M_z I_y + M_y I_{yz})\,y - (M_y I_z + M_z I_{yz})\,z = 0$$

Fallen die Koordinaten mit den Hauptachsen η und ζ zusammen, dann ist $I_{\eta\zeta} = 0$, und hier erkennt man die Analogie zum Hauptspannungszustand, bei dem die Schubspannungen verschwinden. G. (221) geht nun über in

$$\sigma_x = \frac{M_\eta}{I_\eta}\,\zeta - \frac{M_\zeta}{I_\zeta}\,\eta \tag{222}$$

8.2.2 Verbundquerschnitt

Die einfache Biegung eines Verbundquerschnittes, inhomogen durch die Baustoffe E_1 und E_2, s. Bild 82, kann durch geringe Änderungen der Formeln für den homogenen Querschnitt gelöst werden. Die Gleichgewichtsbedingungen müssen getrennt über die Flächen F_1 und F_2 integriert werden. Mit $E_2/E_1 = n$, hat man für das statische Moment des Querschnitts, ähnlich zu Gl. (211)

$$\frac{E_1}{R}\left[\int_F z\,dF + n\int_F z\,dF\right] = 0\,, \tag{223}$$

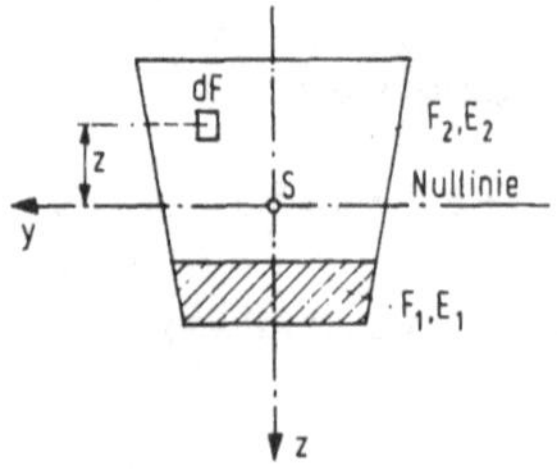

Abb. 82. Verbundquerschnitt

woraus die Lage der Nullinie ermittelt wird. Für das Trägheitsmoment des Verbundquerschnittes $\bar{I}$ ergibt sich die Gleichung

$$\bar{I} = \int_F z^2 \, dF + n \int_F z^2 \, dF \tag{224}$$

Die Gl. (212) für das Biegemoment M_y kann jetzt geschrieben werden:

$$\frac{E_1 \bar{I}}{R} = M_y \tag{225}$$

Für die Biegespannung erhält man damit

für den Baustoff E_1:

$$\sigma_x = \frac{M_y}{\bar{I}_y} z, \tag{226}$$

für den Baustoff E_2:

$$\sigma_x = n \frac{M_y}{\bar{I}_y} z \tag{227}$$

8.2.3 Schubspannungen und Schubmittelpunkt

Aus der Erkenntnis, daß die maximalen Biegespannungen an den oberen und unteren Berandungen liegen, s. Gln. (215a und b), hat man Profile wie z. B. den Doppel-T-Träger hergestellt, die eine wirtschaftliche Ausnutzung der elastischen Festigkeit ermöglichen. Wenn auch der Steg sehr wenig zur Biegesteifigkeit und Biegefestigkeit beiträgt, so kann man ihn dennoch nicht entbehren, denn er hat die Aufgabe, beide Gurte zusammenzuhalten. Die dazu erforderlichen Kräfte und Spannungen heißen Schubkräfte und Schubspannungen. Sie treten dann auf, wenn Biegespannungsdifferenzen von Schnitt zu Schnitt vorhanden sind (Bild 83). Mit $\sigma = M_z/I$ nach Gl. (214) hat man für die Resultierende im Gebiet F':

$$\int_{F'} \sigma \, dF = \frac{M}{I} \int_{F'} z \, dF = \frac{M}{I} S$$

bezw.

$$\int_{F'} (\sigma + \Delta\sigma) \, dF = \frac{M + \Delta M}{I} S,$$

worin S das statische Moment der Fläche in Bezug auf die Nullinie bedeutet. Das waagerechte Gleichgewicht ergibt die Schubkraft

$$\Delta T = \int_{F'} (\sigma + \Delta\sigma) \, dF - \int_{F'} \sigma \, dF = \frac{\Delta M}{I} S$$

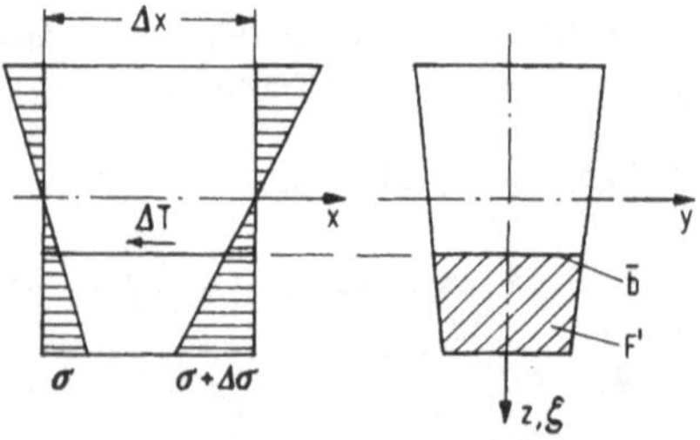

Abb. 83. Schubkraft ΔT im Schnitt $\bar{b}$ eines Elementes

Aus $\Delta M = Q\Delta x$, s. Gl. (29a), folgt

$$\Delta T = \frac{Q\,S}{I}\,\Delta x \tag{228}$$

Der Mittelwert der Schubspannung $\tau = \dfrac{\Delta T}{\Delta x \bar{b}}$ hat den Betrag

$$\tau = \frac{Q\,S}{I\,\bar{b}} \tag{229}$$

In einem Rechteckquerschnitt (Bild 84) ist das statische Moment eines Elementes mit dem Abstand $(\frac{d}{2} - z)$ von der Nullinie

$$S = (\frac{d}{2} - z)\,b\,\frac{1}{2}\,(\frac{d}{2} + z) = \frac{b}{8}\,(d^2 - 4z^2)$$

und mit $\bar{b} = b$ hat man aus Gl. (229)

$$\tau = \frac{Q\,S}{I\,b} = \frac{3Q}{2\,bd}\,(1 - \frac{4z^2}{d^2}) \tag{230}$$

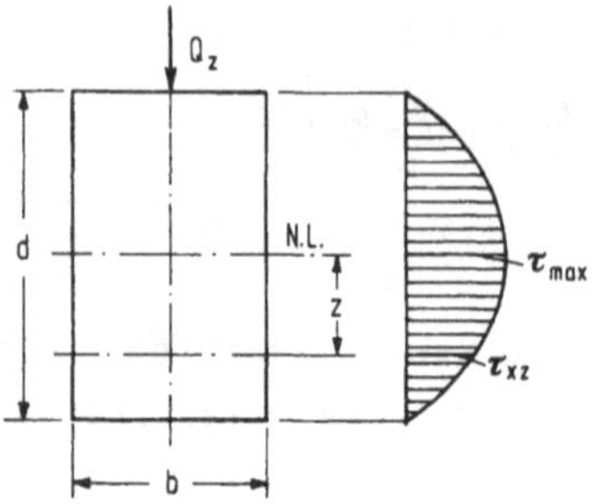

Abb. 84. Schubspannungen im Rechteckquerschnitt

und mit $z = 0$ ergibt sich der Maximalwert

$$\tau_{max} = \frac{3}{2} \frac{Q}{bd} \tag{231}$$

Zu jeder Schubspannung im Längsschnitt gehört eine gleich große Schubspannung in einem dazu senkrechten Schnitt, die genauso parabelförmig verläuft, d. h. $\tau_{xz} = \tau_{zx}$, s. auch Gl. (73a). Man überzeugt sich leicht durch die Gleichgewichtsbedingung:

$$\int_{-d/2}^{d/2} \tau \, b \, dz = 0$$

Der Maximalwert nach Gl. (231) ist 1,5-fach größer als der Mittelwert. Eine genaue dreidimensionale Untersuchung des Schubproblemes liefert das überraschende Ergebnis, daß die Schubspannung auch über die Breite b veränderlich ist, s. [8]. Bild 85 gibt den Verlauf der Randspannung τ_r und den der Mittelspannung τ_m für die Querschnittsmitte (b/2 und d/2) in Abhängigkeit von b/d. Die Abweichungen vom Mittelwert sind $\mu/(1 + \mu)$ proportional, worin μ die Querdehnung bedeutet.

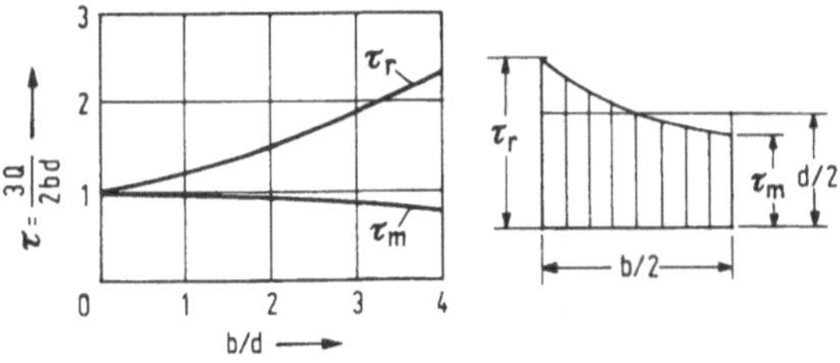

Abb. 85. Schubspannungsverteilung über die Breite b

Bild 86 zeigt den Verlauf der Schubspannungen in einem T-Querschnitt. Im Flansch sind die Schubspannungen geradlinig aber gegenseitig gerichtet. Im Steg verlaufen sie wieder parabelförmig. Bei einem Kreisrohrquerschnitt, Bild 87, ist das statische Moment des schraffierten Teils

$$S = 2 \int_0^{\varphi} a \cos\varphi \, ta \, d\varphi = 2 \, a^2 \, t \sin\varphi$$

Mit $I = \pi \, a^3 \, t$ und $\overline{b} = 2t$ hat man Gl.(229) zu

$$\tau = \frac{Q}{\pi \, at} \sin\varphi \tag{232}$$

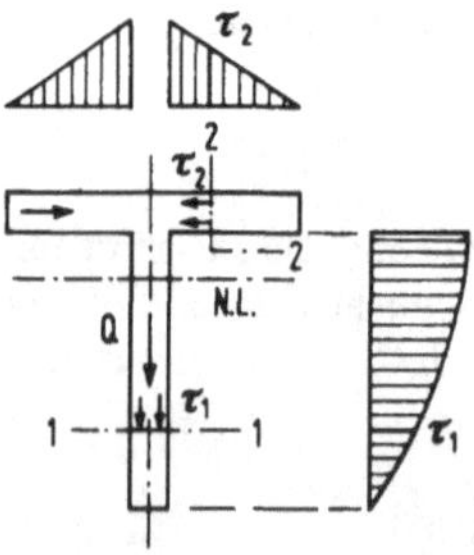

Abb. 86. Schubspannungen in einem T-Träger

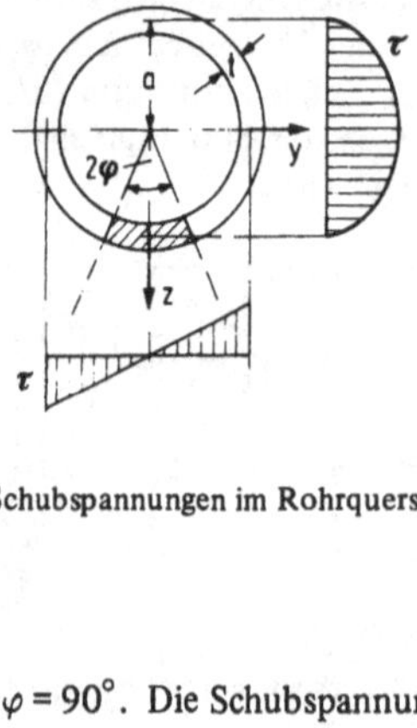

Abb. 87. Schubspannungen im Rohrquerschnitt

Der Maximalwert liegt bei $\varphi = 90^\circ$. Die Schubspannungen als Funktion von y über den lotrechten Durchmesser bilden eine Halbellipse und über den waagerechten Durchmesser eine Gerade.

In einem geschlitzten Rohrquerschnitt sind die Schubspannungen unsymmetrisch und lauten:

$$\tau = \frac{Q}{\pi\, at}\,(1 - \cos\varphi)$$

mit $\tau_{max} = \dfrac{2Q}{\pi\, at}$ bei $\varphi = 180^\circ$, s. Bild 88.

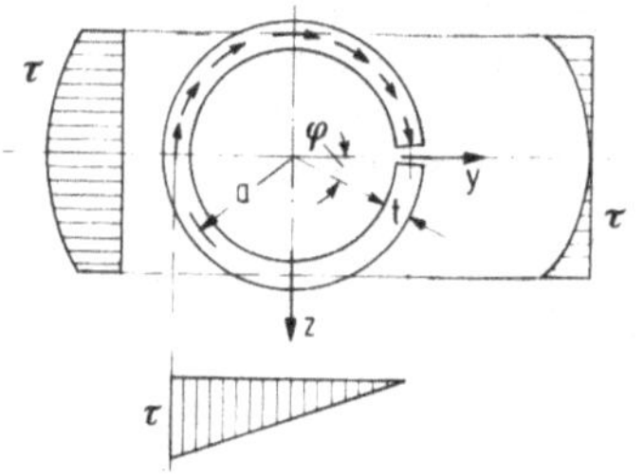

Abb. 88. Schubspannungen im geschlitzten Rohr

Wie Bild 89 zeigt, sind die Schubspannungen in einen U-Querschnitt teils lotrecht, teils waagerecht. Die lotrechten lassen sich zur Schubkraft T_2 zusammenfassen

$$T_2 = \int_{-d/2}^{d/2} \tau \, t_2 \, dz = Q_z,$$

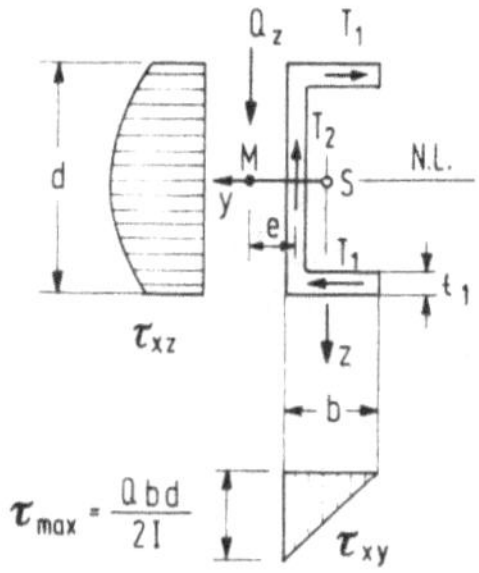

Abb. 89. Schubkräfte, Schubspannungen und Schubmittelpunkt M

deren Wirkungslinie mit der Stegmittelachse zusammenfällt. Die beiden waagerechten Kräfte bilden ein Kräftepaar:

$$T_1 = \int_0^b \tau \, t_1 \, dy = \frac{3\,Q\,b^2\,t_1}{d\,(6bt_1 + dt_2)}$$

und aus $Qe = T_1 d$ folgt:

$$e = \frac{T_1\,d}{Q} = \frac{3b^2\,t_1}{6bt_1 + t_2\,d}$$

Das bedeutet für den U-Querschnitt, daß dieses Profil lotrechte Lasten über σ und τ nur aufnehmen kann, wenn die äußeren Lasten durch den Schubmittelpunkt M im Abstand e gehen. Tun sie das nicht, so muß man gemäß Bild 90 zusätzlich eine Torsionsbelastung einführen (s. § 17 u. 18).

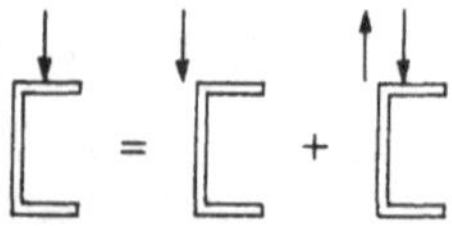

Abb. 90. Zerlegung einer Last in eine durch den Schubmittelpunkt gehende Biegebelastung und in eine Torsionsbelastung

8.3 Elastische Biegung mit Normalkraft

Hierbei sei zunächst die Theorie 1. Ordnung (d. h. Gleichgewichtsermittlung am unverformten Element) vorausgesetzt. (Näheres über die Theorie 2. Ordnung s. in §§ 10 und 13). Bei einer schiefen Biegung gemäß Bild 81 hat man für die Biegespannung

$$\sigma_x = \frac{N}{F} + \frac{M_y}{I_y} z - \frac{M_z}{I_z} y \tag{233}$$

wenn im Schwerpunkt S zusätzlich eine Zugkraft N wirkt und die Koordinatenachsen auch Hauptachsen sind. In diesem Falle ist die Nullinie noch eine Gerade, aber sie geht nicht durch den Schwerpunkt. Wenn beispielsweise N sehr groß ist und M_y und M_z verhältnismäßig klein sind, dann wird σ_x innerhalb des Querschnittes nicht Null, d. h. die Lage der Nullinie befindet sich außerhalb des Profils.

Ein besonderer Fall ist der des exzentrisch belasteten Stabes. Bild 91 zeigt den Querschnitt eines solchen mit x und y als Hauptachsen und den Angriffspunkt der Zugkraft P mit den Außermittigkeiten a_y und a_z. Mit $N = P$, $M_y = P\,a_z$ und $M_z = -P\,a_y$ lautet jetzt die Biegespannung

$$\sigma_x = \frac{P}{F} + \frac{P\,a_z}{I_y} z + \frac{P\,a_y}{I_z} y \tag{234}$$

Wird diese Gleichung durch P/F dividiert und gleich Null gesetzt, dann erhält man die Bestimmungsgleichung der Nullinie:

$$1 + \frac{a_z}{i_y^2} z + \frac{a_y}{i_z^2} y = 0 \tag{235}$$

mit

$$i_y^2 = \frac{I_y}{F} \quad \text{und} \quad i_z^2 = \frac{I_z}{F} \tag{236a,b}$$

als Trägheitsradien. Die Nullinie schneidet die Hauptachsen in:

$$y_0 = -\frac{i_z^2}{a_y}\,, \quad z_0 = -\frac{i_y^2}{a_z} \tag{237a,b}$$

Ist die Lage der Nullinie bekannt, dann ist die Ermittlung der Maximalspannungen sehr einfach, s. Bild 91.

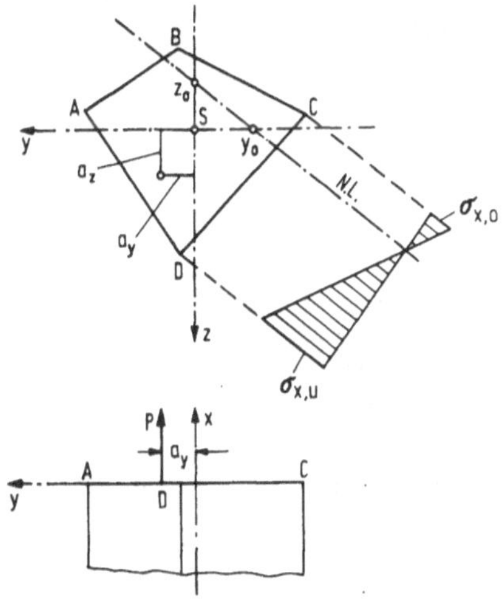

Abb. 91. Exzentrische Belastung

8.3.1 Kern des Querschnitts

Die Gln. (237a,b) drücken den *Satz von der mittleren Proportionalen* aus: „Der Abstand a des Kraftangriffspunktes der Kraft P von der Hauptachse y bezw. z, multipliziert mit dem Abstand y_0 bezw. z_0 von den gleichen Achsen, ist gleich dem Quadrat des Trägheitshalbmessers". Es gibt einen Kraftangriffspunkt, bei dem die Nullinie beispielsweise mit dem Rande BC des Bildes 92 zusammenfällt. Er ist der Schnittpunkt der Geraden b und c. Man kann so einen Bereich abgrenzen, den man den *Kern des Querschnittes* nennt. Er ist der geometrische Ort aller Kraftangriffspunkte, durch die im ganzen Querschnitt nur Spannungen desselben Vorzeichens auftreten. Die Schnittpunkte der Kernbegrenzungen mit den Hauptachsen sind die Kernpunkte. Der Kern stellt bei Profilen mit gekrümmten Umrißlinien auch einen gekrümmten Linienzug dar.

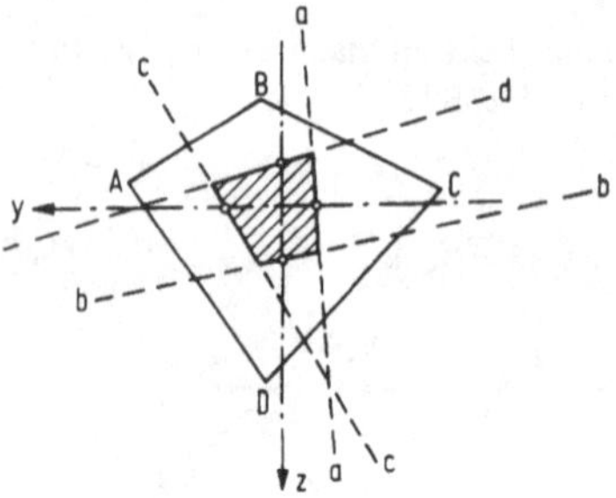

Abb. 92. Kern des Querschnittes

Die Kenntnis der Kernlinien hat für solche Querschnitte besondere Bedeutung, in denen aus Sicherheitsgründen ein Spannungswechsel nicht zulässig ist. Dies gilt z. B. für Pfeiler und Stützmauern aus Beton oder Werksteinen, die nur auf Druck beansprucht werden sollen.

Bei einem Rechteckquerschnitt ist der Kern ein Rhomboid mit den Diagonalen $b/3$ und $d/3$, s. Bild 93. Die Kernpunkte haben die Koordinaten $b/6$

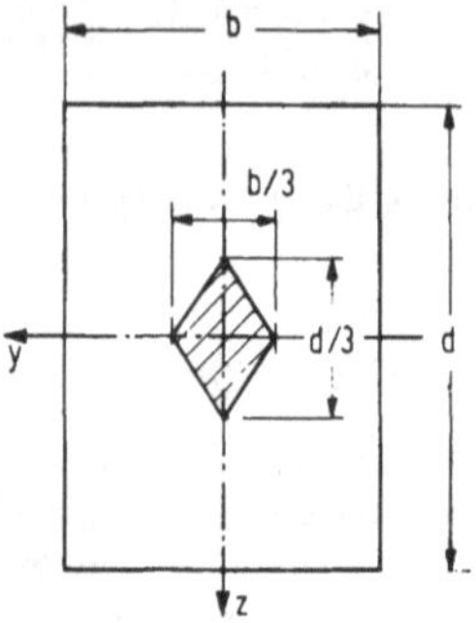

Abb. 93. Kern beim Rechteck

und $d/6$. Die Berechnung ist ganz einfach: liegt die Nullinie am rechten Rande, d. h. $y_0 = b/2$, dann ist mit $i_z^2 = I_z/F = b^3 d/12bd = b^2/12$ und aus Gl. (237a) folgt $a_y = b/6$.

Der Kern eines Kreisquerschnittes ist selbst ein Kreis mit dem Durchmesser $r/2$, wenn der Radius des Profils r ist. Entsprechend erhält man für die Kernfläche eines gleichschenkligen Dreiecks, s. Bild 94, ein ähnliches Dreieck mit der Grundlinie $b/4$ und der Höhe $d/4$. Beim I-Träger (Bild 95) ist die Kernfläche ein Rhomboid mit den Kernpunkten $k_1 = 2i_z^2/b$ und $k_2 = 2i_y^2/d$, worin i_z und i_y die Trägheitsradien bedeuten.

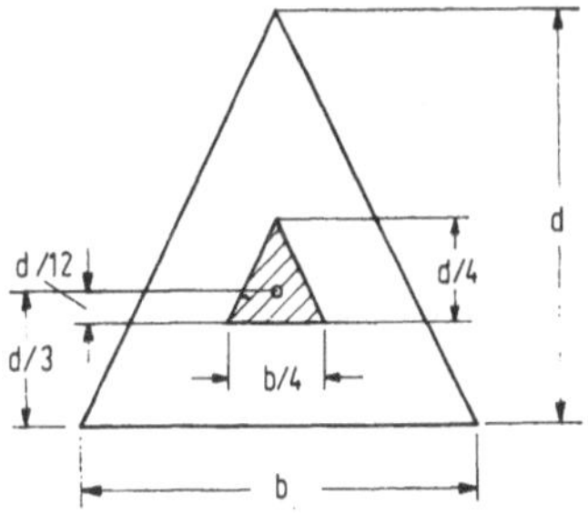

Abb. 94. Kern beim Dreieck

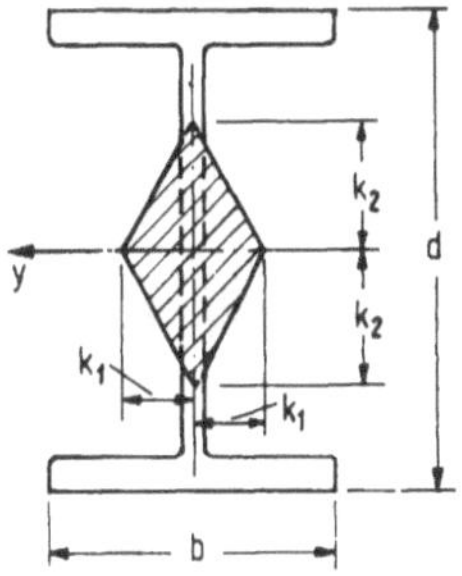

Abb. 95. Kern bei I-Träger

Wird ein Balken durch Normalkraft und Biegemoment beansprucht, dann kann die Berechnung vorteilhafterweise mit Hilfe der Kernpunktmomente durchgeführt werden. Hierbei muß das Moment um eine Hauptachse wirken.

In Bild 96a sind die Kernpunkte eingetragen und Bild 96b zeigt die im Schwerpunkt wirkende Kräftegruppe. Diese Lastgruppe wird durch die gleichwertige des Bildes 96c ersetzt:

$$M_{k_u} = M_y + N\,k_u$$

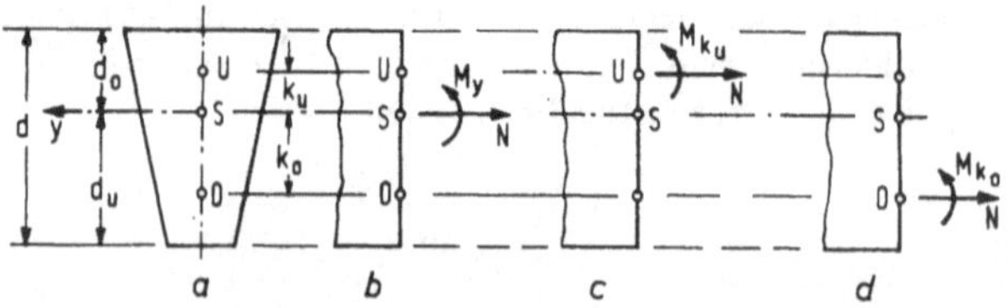

Abb. 96. Kernpunktsmomente

Diese Normalkraft wirkt jetzt im Kernpunkt U. Durch diese Exzentrizität verschwindet die Spannung am unteren Rande, nicht jedoch jene infolge des Biegemomentes M_{k_u}:

$$\sigma_u = \frac{M_{k_u}}{I_y}\,d_u \tag{238}$$

Mit der Konstruktion der Lastgruppe des Bildes 96d verschwindet die Spannung infolge Normalkraft am oberen Rande und die tatsächliche Spannung ist noch:

$$\sigma_0 = \frac{M_{k_0}}{I_y}\,d_0 \tag{239}$$

mit $M_{k_0} = M_y - N\,k_0$. Die Momente M_{k_u} und M_{k_0} nennt man die *Kernpunktsmomente.*

8.3.2 Druckspannungen bei versagender Zugzone

Wenn in der Zugzone keine Spannungen übertragen werden können, „versagt" sie, wie z. B. in der Bodenfuge eines Gründungskörpers. In diesem Falle liegt der Angriffspunkt der Normalkraft N zwischen einem Randpunkt des Querschnitts und dem benachbarten Kernpunkt, d. h. die Nullinie schneidet den Querschnitt. Ihre Lage muß unter der Bedingung bestimmt werden, daß die Druckzone allein wirksam ist. Der Flächeninhalt, der Schwerpunkt und andere Querschnittswerte gelten nun nur für die Druckzone. Für einen Rechteckquerschnitt nach Bild 97 ist das Gleichgewicht

$$N - \frac{1}{2}\,\sigma_{max}\,b\,d' = 0 \tag{240}$$

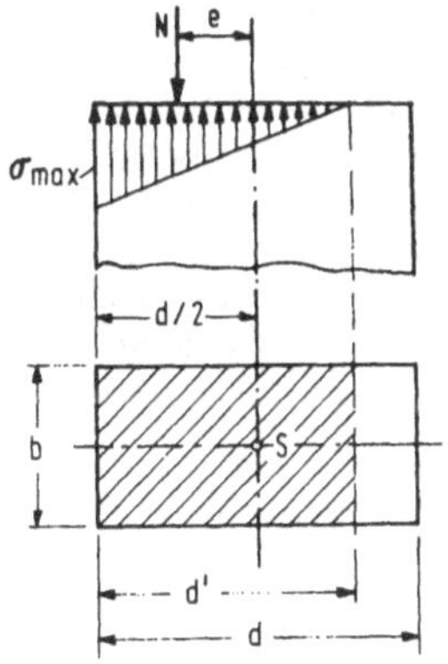

Abb. 97. Rechteckquerschnitt mit versagender Zugzone

und die Momentengleichung lautet:

$$b\,\frac{d'}{2}\,\sigma_{max}\left(\frac{d}{2} - \frac{d'}{3}\right) - N\,e = 0 \tag{241}$$

Aus beiden Gleichungen kann d' und σ_{max} ermittelt werden. Die größte Spannung des Querschnittes ist dann:

$$\sigma_{max} = \frac{4N}{3b\,(d - 2e)} \tag{242}$$

Setzt man hier das Moment $M = N\,e$ ein, dann erhält man

$$\sigma_{max} = \frac{4N^2}{3b\,(Nd - 2M)} \tag{243}$$

Diese Gleichung ist nicht linear und das Superpositionsgesetz gilt nicht. In vielen Büchern, insbesondere im jeweiligen Beton-Kalender, sind entsprechende Tafeln für die Lage der Druckzone bei veränderlichen Drucklasten gegeben.

8.3.3 Kerbspannungen

Wie bereits in Bild 66 gezeigt wurde, weist jeder gelochte oder geschweißte Zugstab Spannungsspitzen auf, die als Kerbspannungen bekannt sind. Im statischen Versuch erreichen solche Spannungsspitzen rasch die Fließgrenze und streben einem Spannungsausgleich zu. Werden dagegen Schwingungsbeanspruchungen mit schnellen Wechseln zwischen einer oberen und einer unteren Spannungsgrenze ausgeübt, wobei dem Baustoff keine Zeit zur Verformung bleibt, so muß hier ein Trennungsbruch eintreten. Im Bild 66 haben wir gesehen, daß durch die modernen Verbindungsmittel, insbesondere durch die Vorspannung, solche Spannungsspitzen abgebaut werden. Alle Berechnungen und alle Versuchswerte werden mit der mittleren Spannungsverteilung $\sigma_m = P/ab$ (s. Bild 98) verglichen. Bild 98 zeigt die Vergrößerungsfaktoren als Funktion einer Formzahl a/r, wobei r den Krümmungsradius des Loches und a die Breite des geschwächten Bleches bedeuten, s. auch [34] und [99]

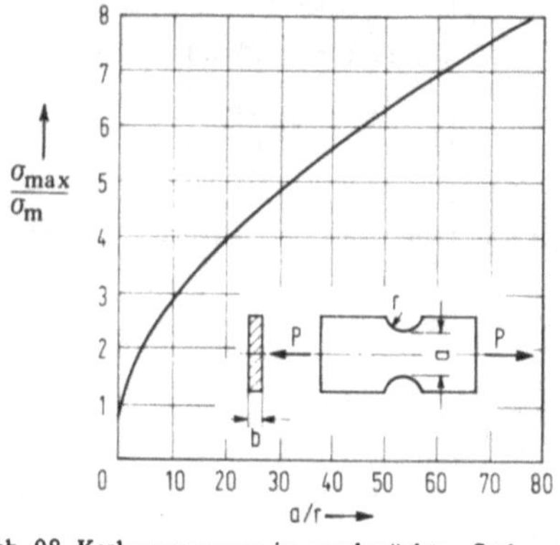

Abb. 98. Kerbspannungen im geschwächten Stab nach [34, S. 37]

8.4 Plastische Biegung

8.4.1 Grundgleichungen

Neben den Voraussetzungen für die elastische Biegung vom § 2, soll für die plastische Biegung noch folgendes gelten:

a) Die aus der Elastizitätstheorie bekannte *Bernoulli-Navier'sche Hypothese* vom Ebenbleiben der Querschnitte bezw. das Gradliniengesetz für die Dehnungen (nicht für die Spannungen) der Querschnittslängsfaser soll auch im plastifizierten oder verfestigenden Querschnittsbereichen gelten. Die Nullinie bleibt dabei eine Gerade und die Krümmungsfläche steht dabei senkrecht zur neutralen Fläche.

b) Als Schnittlasten sollen in jedem Querschnitt nur ein Biegemoment M und eine Längskraft N im Schwerpunkt S wirken.

c) Es wird nur der Längsspannungszustand berücksichtigt.

d) Die Schubspannungen werden allein aus Gleichgewichtsbedingungen ermittelt, nachdem die Längsspannungen bekannt sind.

Aus der ersten Voraussetzung folgt, daß die Dehnung der Längsfaser parallel zur Balkenachse verläuft und eine lineare Funktion der Querschnittskoordinaten x und y darstellt (s. auch Gl. 216 als Analogie zur Elastizität):

$$\epsilon = \alpha + \beta y + \gamma z \tag{244}$$

In der Querschnittsebene existiert immer eine Gerade, bei der $\epsilon = 0$ ist. Das ist die Nullinie. Bild 99 zeigt ihre Nullstellen in Abhängigkeit von α, β und γ.

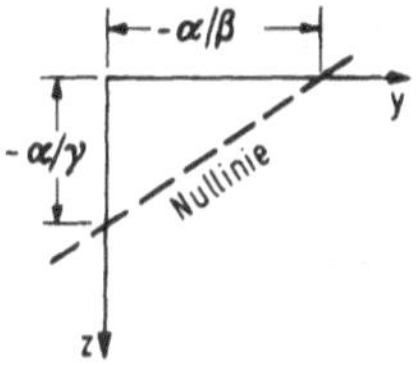

Abb. 99. Nullstellen der Nullinie eines Querschnittes

Das Spannungs-Dehnungs-Gesetz sei:

$$\sigma = f(\epsilon)$$

oder

$$\sigma = f(\alpha + \beta y + \gamma z) \tag{245}$$

Nach der zweiten Voraussetzung, daß N, M_y und M_z im Schwerpunkt wirken, folgt:

$$\left.\begin{aligned} N &= \int_F f(\alpha + \beta y + \gamma z)\, dF \\ M_y &= \int_F f(\alpha + \beta y + \gamma z)\, z\, dF \\ M_z &= -\int_F f(\alpha + \beta y + \gamma z)\, y\, dF \end{aligned}\right\} \tag{246a,b,c}$$

wobei wir uns in diesen Ausführungen eng an die Theorie von *Phillips* [100] halten. Man kann die Größen N, M_y, M_z sofort finden, wenn die Parameter α, β und γ bekannt sind. Umgekehrt ist es schwieriger die Spannungen zu berechnen, wenn die Lastgruppe N und M bekannt ist. Man wählt das Potenzgesetz

$$\sigma = C\,\epsilon^n \tag{247}$$

und kann dann alle Gleichungen (246) umschreiben in eine ähnliche Form wie

$$N = C\,\alpha^n \int_F \left(1 + \frac{\beta}{\alpha}\,y + \frac{\gamma}{\alpha}\,z\right)^n dF$$

Die Lage der Nullinie bleibt dabei fest, wenn entweder $N = M_z = 0$ oder $N : M_y : M_z = \text{konstant}$ ist, s. auch [100]. Ein anderer Fall, bei dem die Nulllinie unverschieblich bleibt, ist die symmetrische Biegung ohne Normalkraft. Hierbei weist der Querschnitt eine Doppelsymmetrie auf und die Spannungs-Dehnungs-Linie ist ebenfalls symmetrisch. Die y-Achse ist eine Schwerachse und Gl. (244) vereinfacht sich zu:

$$\epsilon = \kappa\,z\,, \tag{248}$$

worin κ die Krümmung, d. h. $\kappa = 1/R$ bedeutet. Die Gleichungen (246b und c) nehmen folgende Form an

$$M = \int_F f(\kappa\,z)\,z\,dF = 2 \int_0^{d/2} f(\kappa\,z)\,B(z)\,dz \tag{249}$$

wenn d die Höhe des Querschnittes bedeutet und B (z) die veränderliche Breite. Die Gl. (249) gibt die Beziehung zwischen M und der Krümmung κ bezw. zwischen M und ϵ_{max} wieder mit $\epsilon_{max} = \kappa\,\frac{d}{2}$, s. 8.4.2 und 8.4.3.

8.4.2 Symmetrische Biegung ohne Normalkraft

Das Stoffgesetz der Gl. (247) gilt sowohl für den Zug- als auch für den Druckbereich. Hierbei bedeuten σ und ϵ absolute Größen. Die y-Achse ist gleichzeitig Nullinie und (x, z) die Biegungsebene. Wird Gl. (247) in Gl. (249) eingesetzt, dann erhält man:

$$M = 2C\,\kappa^n \int_0^{d/2} z^{n+1}\,B(z)\,dz = C\,\kappa^n\,I_{n+1} \tag{250}$$

mit

$$I_{n+1} = 2\int_0^{d/2} z^{n+1}\,B(z)\,dz \tag{251}$$

Beispiele für I_{n+1} sind in Tafel 7 gegeben. Für $n = 1$ ist I_2 das Trägheitsmoment nach der Elastizitätstheorie. Nimmt man ein ideal-plastisches Material gemäß Bild 100 an, dann zeigt Bild 101 die Spannungs-Dehnungs-Verteilung in einem symmetrischen Querschnitt. Ist beim Verlauf der Dehnungen $\epsilon_{max} \leqq \epsilon_e$, dann hat man für das Biegemoment

$$M = E\,I\,\kappa \tag{252}$$

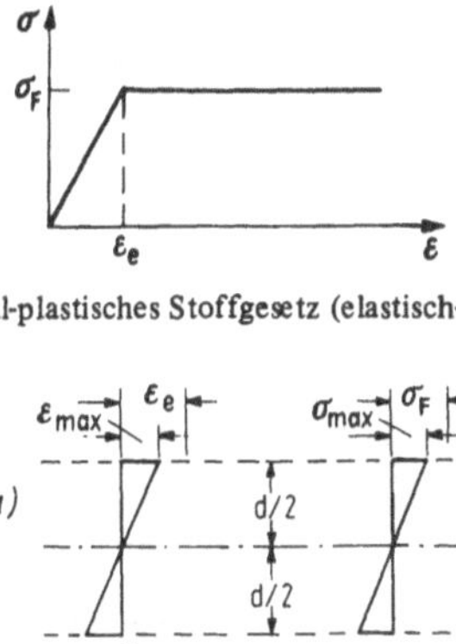

Abb. 100. Ideal-plastisches Stoffgesetz (elastisch–idealplastisch)

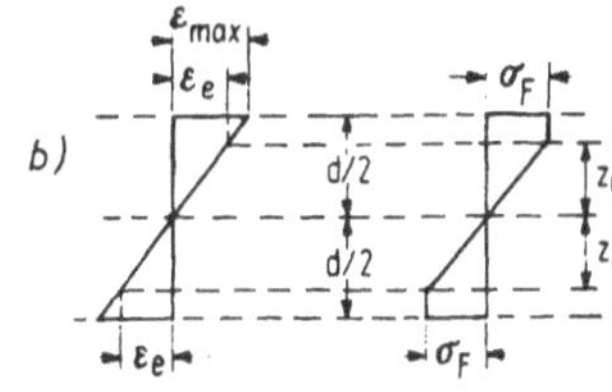

Abb. 101. Dehnungen und Spannungen bei a) elastischer und b) plastischer Biegung

Tafel 7. Trägheitsmomente I_{n+1} verschiedener Querschnitte

	Tafel 7. Trägheitsmomente	
1	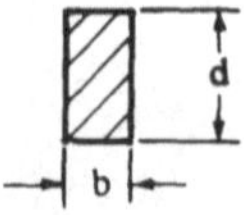	$I_{n+1} = \dfrac{b\,d^{n+2}}{(n+2)\,2^{n+1}}$
2	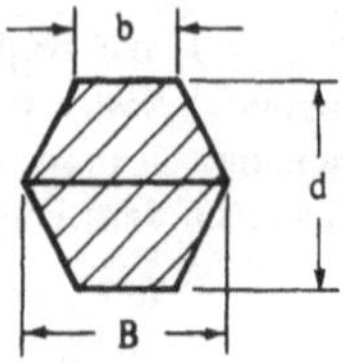	$I_{n+1} = \dfrac{(B+2b+nb)\,d^{n+2}}{(n+2)(n+3)\,2^{n+1}}$
3	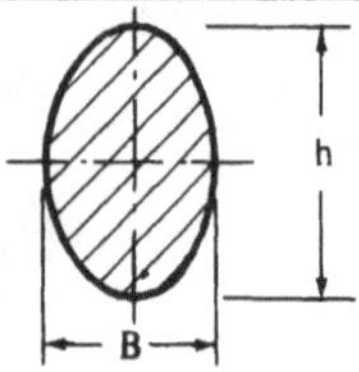	$I_{n+1} = 0{,}4431\,\dfrac{\Gamma(1+\frac{n}{2})\,Bh^{n+2}}{\Gamma[1+\frac{n+3}{2}]\,2^{n+1}}$ Γ = Gamma-Funktion
4	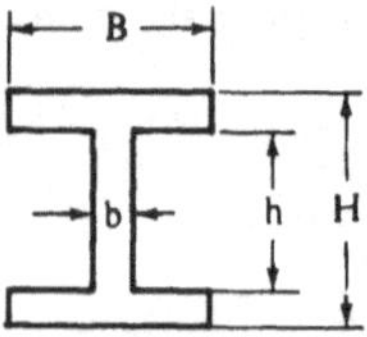	$I_{n+1} = \dfrac{bh^{n+2} + B(H^{n+2} - h^{n+2})}{(n+2)\,2^{n+1}}$
5	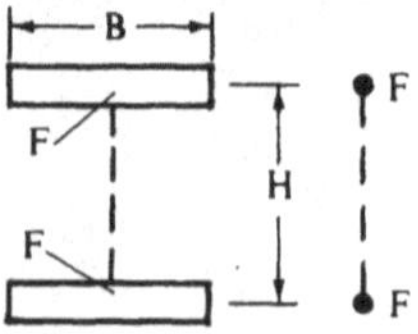	$I_{n+1} = \dfrac{FH^{n+1}}{2^n}$

Nr. 1 bis 4 nach [100]

und mit $\epsilon_{max} = \epsilon_e$ wird das Biegemoment ein Grenzwert

$$M_e = E\, I\, \kappa_e \tag{253}$$

für die *elastische Biegung* und κ_e die *maximale elastische Krümmung.*

Für $\epsilon_{max} \geqq \epsilon_e$ gilt

$$\left.\begin{aligned} \sigma &= E\, z\, \kappa\,, & 0 &\leqq z \leqq z_e \\ \sigma &= E\, z_e\, \kappa\,, & z_e &\leqq z \leqq \frac{d}{2} \end{aligned}\right\} \tag{254}$$

Hierin bedeutet z_e den Abstand zwischen Nullinie und plastischer Zone. Werden diese Beziehungen in Gl. (249) eingeführt, dann findet man

$$M = 2 E\, \kappa\, (I_e + z_e S_p) \tag{255}$$

mit

$$I_e = \int_0^{z_e} z^2\, B(z)\, dz, \quad S_p = \int_{z_e}^{d/2} z\, B(z)\, dz \tag{256a,b}$$

Führt man nach [100] das reduzierte Trägheitsmoment I_r

$$I_r = 2 I_e + 2 z_e S_p \tag{257}$$

und den reduzierten Modul E_r

$$E_r = E\, \frac{I_r}{I} \tag{258}$$

ein, so lautet das Biegemoment

$$M = E\, I_r\, \kappa = E_r\, I\, \kappa \tag{259}$$

Diese Gleichung ist von derselben Art wie die Gln. (252) und (253) bei der Elastizität. Führt man den dimensionslosen Faktor r ein,

$$r = \frac{I_r}{I} = \frac{E_r}{E}\,, \tag{260}$$

dann ist

$$M = E\, I\, \kappa\, r \tag{261}$$

Im elastischen Bereich ist $r = 1$. Man erhält damit den *Überlastungsfaktor* $m(z) = r\,\lambda$, wenn man die Gl. (261) durch die Gl. (253) teilt:

$$\frac{M}{M_e} = m(z) = r\, \frac{\kappa}{\kappa_e} = r\,\lambda \tag{262}$$

Der Zusammenhang zwischen r und $\lambda = \kappa/\kappa_e$ ist für verschiedene Querschnitte in Tafel 8 gezeigt.

Aus Gl. (248) folgt unmittelbar

$$\lambda = \frac{\kappa}{\kappa_e} = \frac{\epsilon_{max}}{\epsilon_e} = \frac{d}{2z_e} \tag{263}$$

Der Überlastungsfaktor $m = M/M_e$ kann jetzt als Funktion von $\epsilon_{max}/\epsilon_e$ bezw. von $d/2z_e$ dargestellt werden. Ist $z_e = 0$, d. h. $\lambda = \infty$, dann ist der Querschnitt vollplastisch, s. Bild 102, und man bekommt als Grenzlast das Tragmoment M_T. Den dazugehörigen Überlastungsfaktor nennt man den *plastischen Formfaktor* m_T

$$m_T = \frac{M_T}{M_e} = \lim_{z_e \to 0} m\left(\frac{d}{2z_e}\right) \tag{264}$$

Bild 103 zeigt den Zusammenhang zwischen den Überlastungsfaktoren und den Krümmungsverhältnissen für folgende Querschnitte: Rhomboid, Rechteck,

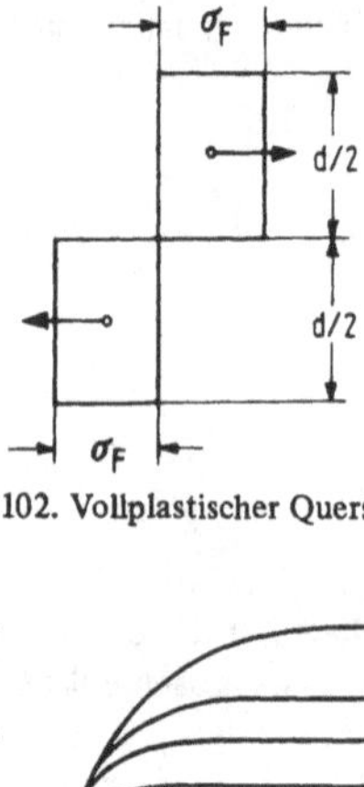

Abb. 102. Vollplastischer Querschnitt

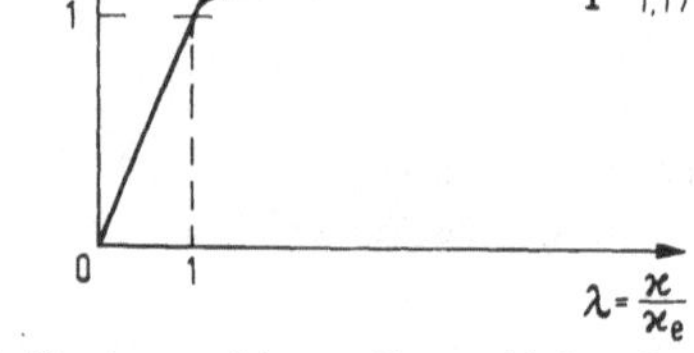

Abb. 103. Überlastungsfaktoren für verschiedene Querschnitte

Tafel 8. Elastische und plastische Momente. Zusammenhang zwischen den Werten r und $\lambda = \kappa/\kappa_e$ für verschiedene Querschnitte

	Tafel 8. Elastische und Plastische Momente	
1	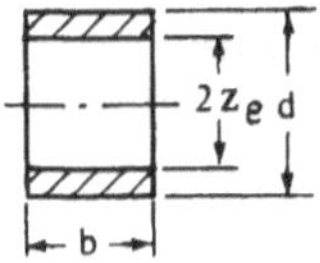	$r = \frac{3}{2\lambda}\left(1 - \frac{1}{3\lambda^2}\right)$ $M_e = \frac{bd^2\sigma_F}{6}$; $M_T = \frac{bd^2\sigma_F}{4}$
2	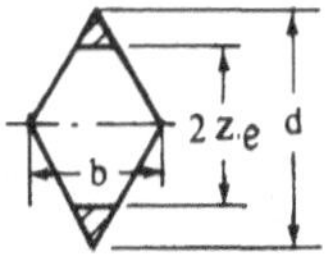	$r = \frac{2\lambda^3 - 2\lambda + 1}{\lambda^4}$ $M_e = \frac{bd^2\sigma_F}{24}$ $M_T = \frac{bd^2\sigma_F}{12}$
3	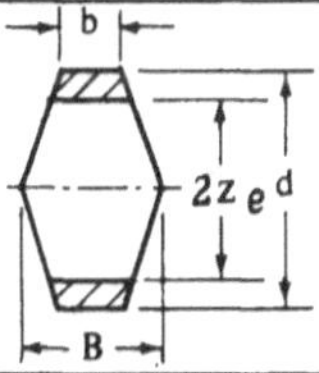	$r = \frac{2B\lambda(3\lambda^2 - 1) - (B - b)(4\lambda^3 - 1)}{\lambda^4(B + 3b)}$ $M_e = \frac{(B + 3b)\,d^2}{24}\,\sigma_F$ $M_T = \frac{(B + 2b)\,d^2}{12}\,\sigma_F$
4	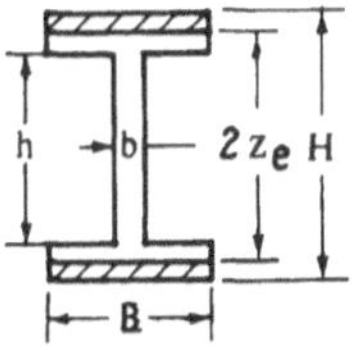	$r = \frac{(3\lambda^2 - 1) - 2\lambda^3 \frac{h^3}{H^3}\left(1 - \frac{b}{B}\right)}{2\lambda^3\left[1 - \frac{h^3}{H^3}\left(1 - \frac{b}{B}\right)\right]}$ $M_e = \frac{1}{6}\left[BH^3 - (B - b)\,h^3\right]\frac{\sigma_F}{H}$
4a	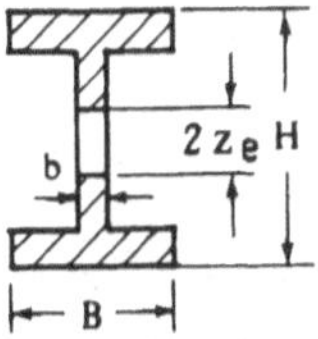	$r = \frac{3\lambda^2\left[1 - \frac{h^3}{H^3}\left(1 - \frac{b}{B}\right)\right] - \frac{b}{B}}{2\lambda^3\left[1 - \frac{h^3}{H^3}\left(1 - \frac{b}{B}\right)\right]}$ $M_T = \frac{1}{4}\left[BH^2 - (B - b)\,h^2\right]\sigma_F$
5	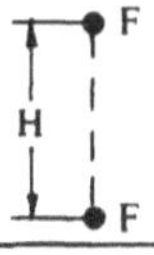	$r = \frac{1}{\lambda}$ $M_T = M_e = FH\sigma_F$

Kreis und I-Profil. Im Bild 104 wird der Überlastungsfaktor für den Rechteckquerschnitt bei einem verfestigenden Baustoff mit dem des idealplastischen verglichen. *Reckling* [10] hat nach Gl. (104) für $k = 0{,}126$, $A = 31{,}8\ \text{kp/mm}^2$ und im elastischen Bereich $E = 7{,}6.10^3\ \text{kp/mm}^2$ mit $\sigma_F = 14{,}4\ \text{kp/mm}^2$ für ideal-plastisches Material den Überlastungsfaktor in Abhängigkeit vom reziproken Wert $1/\lambda = 2z_e/d$ gemäß Bild 104 berechnet. Die maßgebenden Formeln lauten:

$$M_e = \frac{\sigma_F\, bd^2}{6}$$

$$m = \frac{M}{M_e} = \left(\frac{2z}{d}\right)^2 \left\{ 1 + \frac{3A\,\sigma_F^{k-1}}{(k+2)\,E^k} \left[\left(\frac{2z}{d}\right)^{-(k+2)} - 1 \right] \right\} \tag{265}$$

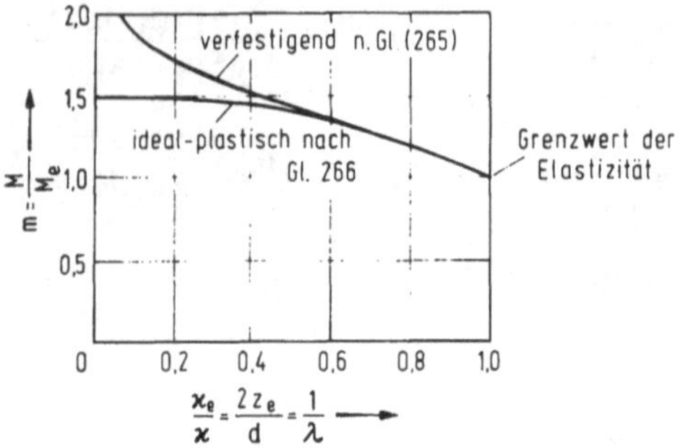

Abb. 104. Überlastungsfaktor m für den Rechteckquerschnitt

Für $k = 0$ und $A = \sigma_F$, d. h. für idealplastischen Baustoff, wird

$$m = \frac{M}{M_e} = \left(\frac{2z}{d}\right)^2 \left\{ 1 + \frac{3}{2} \left[\left(\frac{2z}{d}\right)^{-2} - 1 \right] \right\} = \frac{3}{2} - \frac{1}{2}\left(\frac{2z}{d}\right)^2 \tag{266}$$

Für ganz *allgemeine Verfestigungsgesetze* gibt *Phillips* in [100] eine Möglichkeit, den Verlauf gemäß Bild 106 durch drei idealplastische Gesetze und ein plastisches, s. Bild 105, genügend genau zu ersetzen. Werden statt 4 Stufen n Stufen verwendet, dann lautet das Moment:

$$M = \sum_{i=1}^{n} M_i$$

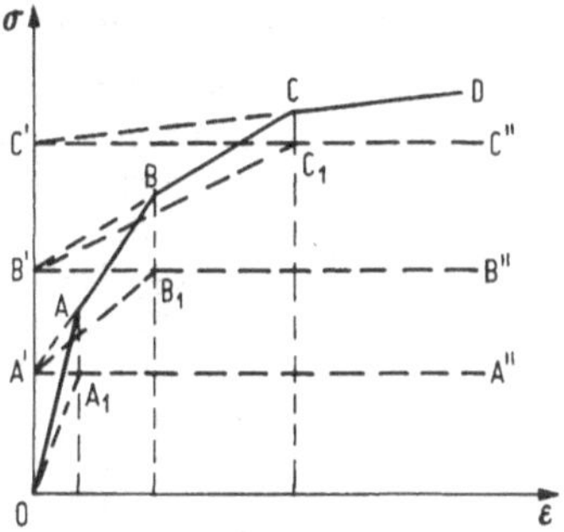

Abb. 105. Verfestigender Baustoff

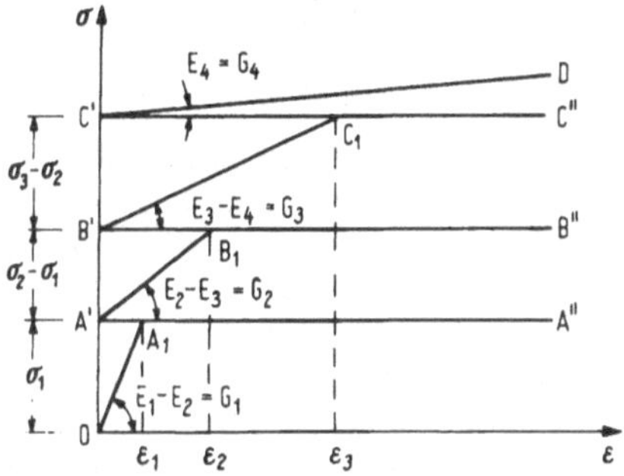

Abb. 106. Ersatz durch drei idealplastische Gesetze und ein elastisches Stoffgesetz $E_4=G_4$

und nach Gl. (261)

$$M = \kappa \, I \sum_{i=1}^{n} G_i \lambda_i \,, \tag{267}$$

worin G_i der elastische Modul des i-ten Materials nach Bild (106) ist. Die Summe der Gl. (267) bedeutet den reduzierten Modul für das Material gemäß Bild 105, dessen Spannungs-Dehnungs-Verlauf einen Polygonzug darstellt.

8.4.3 Biegung mit Normalkraft

Im Falle der Biegung mit Normalkraft hat die Nullinie keine feste Lage. Wird sie durch die Abstände d/2 und d'/2 von den unteren bezw. oberen Fasern festgelegt, dann hat man nach Bild 107 für die Dehnungen

$$\epsilon = \left(\frac{d}{2} - \zeta\right)\kappa \qquad \text{bezw.} \qquad \epsilon = \left(\frac{d'}{2} - \zeta\right)\kappa$$

oder

$$\zeta_1 = \frac{d}{2} - \frac{\epsilon_1}{\kappa} \qquad \text{bezw.} \qquad \zeta_1' = \frac{d'}{2} - \frac{\epsilon_1'}{\kappa} \tag{268a,b}$$

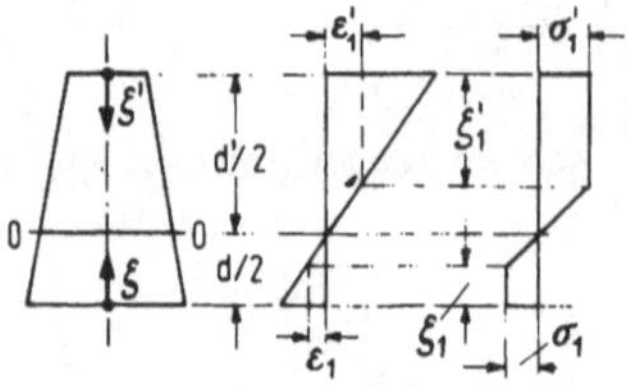

Abb. 107. Biegung mit Normalkraft

Diese Gleichungen legen die elastischen und plastischen Bereiche in einem Querschnitt fest, wenn die Krümmung κ und die Lage der Nullinie bekannt sind. Sie gelten aber nur, wenn $\kappa > 2\epsilon_1/d$ bezw. $\kappa > 2\epsilon_1'/d'$ sind. Das Spannungs-Dehnung-Gesetz ist zwar ideal-plastisch, aber die Zug- und Druckbereiche sind verschieden. Auch die E-Moduln sind nicht gleich, sondern es gibt deren zwei, nämlich E_1 und E_1'. Wenn eine oder beide Ungleichungen nicht erfüllt sind, dann hat der Querschnitt nur eine oder gar keine plastische Zone. Führt man nach *Phillips* [100] folgende Funktionen ein:

$$\left.\begin{aligned} A_1(a) &= \int_0^a B(\zeta)\,d\zeta \qquad & A_1'(a') &= \int_0^{a'} B(\zeta')\,d\zeta' \\ A_2(a) &= \int_0^a A_1(\zeta)\,d\zeta \qquad & A_2'(a') &= \int_0^{a'} A_1'(\zeta')\,d\zeta' \\ A_3(a) &= \int_0^a A_2(\zeta)\,d\zeta \qquad & A_3'(a') &= \int_0^{a'} A_2'(\zeta')\,d\zeta' \end{aligned}\right\} \tag{269}$$

und wertet sie für einige Umrandungen B nach Tafel 9 aus, so kann man zeigen, daß, wenn die Nullinie durch d/2 bezw. d'/2 und die Krümmung κ gegeben sind, die Normalkraft

$$N = \kappa \left\{ E_1 \left[A_2\left(\frac{d}{2}\right) - A_2(\zeta_1) \right] - E_1' \left[A_2'\left(\frac{d'}{2}\right) - A_2'(\zeta_1') \right] \right\} \tag{270}$$

Tafel 9. Funktionen A_1, A_2 und A_3 nach Gl. (269)

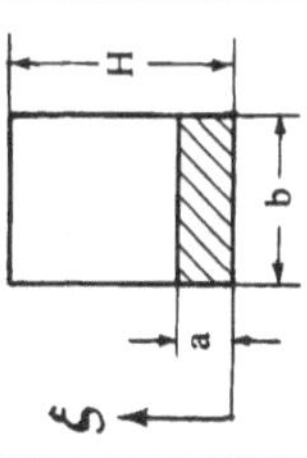	$a \leqq H$ $A_1(a) = ba$ $A_2(a) = ba^2/2$ $A_3(a) = ba^3/6$	$a \geqq H$ $A_1(a) = bH$ $A_2(a) = bH\,(2a - H)/2$ $A_3(a) = bH\,(H^2 - 3Ha + 3a^2)/6$
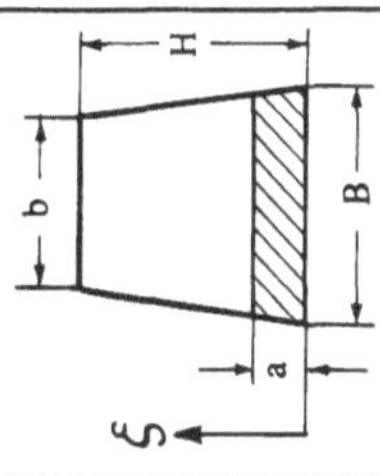	$\lambda = \frac{B - b}{H}\,, \quad a \leqq H$ $A_1 = a\,(2B - \lambda a)/2$ $A_2 = a^2\,(3B - \lambda a)/6$ $A_3 = a^3\,(4B - \lambda a)/24$	$a \geqq H$ $A_1 = H\,(2B - \lambda H)/2$ $A_2 = H^2\,[(2B + b) + 3\,(B + a)\,(\frac{a - H}{H})]/6$ $A_3 = \frac{H^3}{12}\,[\frac{3B + b}{2} + 2\,(2B + b)\,(\frac{a}{H} - 1) +$ $+ 3\,(B + b)\,(\frac{a}{H} - 1)^2]$

und das Biegemoment M

$$M = \kappa\, E_1 \left[2A_3(\tfrac{d}{2}) - (\tfrac{d}{2} - \zeta_1)\, A_2(\zeta_1) - 2A_3(\zeta_1) \right] + \\ + \kappa\, E_1' \left[2A_3'(\tfrac{d'}{2}) - (\tfrac{d'}{2} - \zeta_1')\, A_2'(\zeta_1') - 2A_3'(\zeta_1') \right] \qquad (271)$$

bestimmte Gleichungen erfüllen müssen. Möglich ist auch die Lösung der umgekehrten Aufgabe, nämlich Zusammenhänge zwischen N und M zu finden, wenn plastische Zonen auftreten, s. auch [101].

Natürlich kann auch bei verfestigendem Baustoff gemäß Bild 105 das Superpositionsgesetz angewendet werden. Mit

$$\xi_i = \frac{d}{2} - \frac{\epsilon_i}{\kappa} \qquad \text{für} \qquad i = 1,2,3\ldots n$$
$$\xi_i' = \frac{d'}{2} - \frac{\epsilon_i'}{\kappa} \qquad \text{für} \qquad i = 1,2,3\ldots n' \qquad (272)$$

können durch Summation über i von 1 bis n bezw. n′ leicht die Gleichungen für N und M angeschrieben werden, wobei statt E jetzt G verwendet wird, z. B.

$$N = \kappa \left\{ \sum_{i=1}^{n} G_i \left[A_2(\tfrac{d}{2}) - A_2(\zeta_i) \right] - \sum_{i=1}^{n'} G_i' \left[A_2'(\tfrac{d'}{2}) - A_2'(\zeta_i') \right] \right\} \qquad (270a)$$

Bei einfachen symmetrischen Querschnitten und symmetrischen Stoffgesetz kann man die Überlastungsfaktoren $m = M/M_T$ als Funktion der Normalkraft bezw. des Verhältnisses

$$n = N/N_e \qquad (273)$$

darstellen. $N_e = F\,\sigma_F$ bedeutet die einfache Bruchlast infolge Normalkraft für den Querschnitt F.

Für den *Rechteckquerschnitt* gilt

$$m_F = \frac{M}{M_T} = \frac{3}{2}(1 - n^2) \qquad (274)$$

Bei $n = 0$ ist $m_F = m_T = 1{,}5$ (s. Bild 108). Für den *Sandwich-Querschnitt*, der praktisch durch zwei Flächenpunkte im Abstand H ersetzt werden kann, gilt:

$$m_F = 1 - n = me \qquad (275)$$

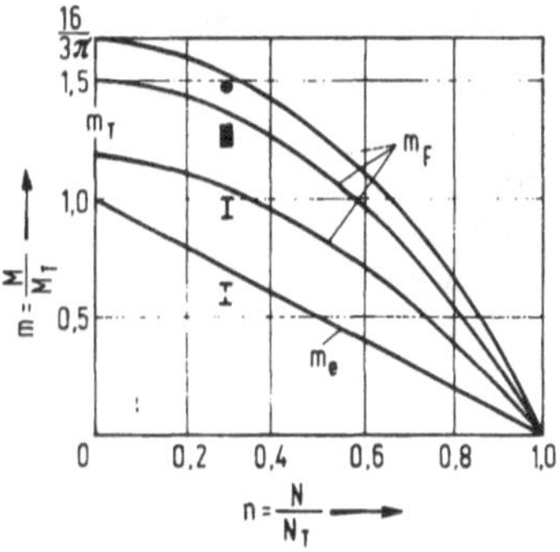

Abb. 108. Zusammenhang zwischen Normalkraft N und Biegemoment M

Bei einem *Kreisquerschnitt* hat man für $n = 0$ den Überlastungsfaktor $m_T = 1{,}69 = 16/3\pi$ für reine Biegung ohne Normalkraft. Entsprechend ist der Überlastungsfaktor für das *I-Profil* $m_T = 1{,}17$, s. auch Bild 108 sowie [19, S. 26] und [102], bezw. [10, S. 110--117].

8.5 Schrifttum

8.5.1 Querschnittswerte

[94] *Fleßner,* H.: Ein Beitrag zur Ermittlung von Querschnittswerten mit Hilfe elektronischer Rechenanlagen. Bauingenieur *37* (1962) Nr. 4, S. 146/49.

[95] *Kopal,* Z.: Numerical Analysis. 2. Ausg. Chapman & Hall: 1961

[96] *Frank,* Ph., u. R. v. *Mises:* Die Differential- und Integralgleichungen der Mechanik und Physik. Bd. 1. Nachdruck, Dover Publ.-New York: 1961, S. 394 (Die Gaußsche Quadratur).

[97] *Jänike,* J.: Nichtlineare Berechnung von Stabwerken. Eine ALGOL-Studie. VEB-Verlag Berlin: 1969, S. 41.

[98] *Biezeno,* C. B. u. R. *Grammel:* Technische Dynamik. Berlin: 1953, S. 184/87.

8.5.2 Elastische Biegung

[8] S. 119

[34] *Neuber,* H.: Kerbspannungslehre, 2. Auflage, Berlin: 1958.

[99] *Peterson,* R. E.: Stress Concentration Design Factors. Wiley, New York: 1953.

8.5.3 Plastische Biegung

[100] *Phillips*, A.: Introduction to Plasticity. Ronald, New York: 1956.
[101] *Seely*, F. B. u. I. O. *Smith:* Advanced Mechanics of Materials. 2. Aufl., Wiley, New York: 1952, § 18.
[102] *Dimitrov*, N.: Plastizität und Verformung. Aus „Lehre und Forschung" Heft 3. Carl Röhrig Verlag Darmstadt: 1959.

§ 9 Balken, Durchlaufträger und Rahmen

9.1 Biegelinie statisch bestimmter Systeme

Für verhältnismäßig kleine Verformungen lautet die geometrische Beziehung der Krümmung

$$\kappa = -\frac{d^2 w(x)}{dx^2} \qquad (276)$$

die in der technischen Biegelehre verwendet wird. Die genaue Formel aber ist

$$\kappa = -\frac{d^2 w(x)/dx^2}{[1 + (dw/dx)^2]^{\frac{3}{2}}} \qquad (277)$$

Die physikalische Relation der Krümmung ist ganz allgemein:

$$\kappa = f(M) \qquad (278)$$

Bei einem elastischen Baustoff gilt (s. auch Gl. 213):

$$\kappa = \frac{M_y(x)}{E I_y} \qquad (278a)$$

bezw.

$$E I_y \frac{d^2 w}{dx^2} + M_y(x) = 0 \qquad (279)$$

Beachtet man den Zusammenhang zwischen Moment und Belastung $M'' = -q$ (s. auch Gl. 43), dann gilt

$$\frac{d^2}{dx^2}\left(E I_y \frac{d^2 w}{dx^2}\right) = q \qquad (280)$$

Besonders einfach ist die Differentialgleichung der Biegelinie des Balkens bei konstantem Trägheitsmoment:

$$E\,I_y\,\frac{d^4 w}{dx^4} = q \tag{280a}$$

Bei einem nichtelastischen Baustoff erhält man aus Gl. (276) und (278):

$$\frac{d^2 w}{dx^2} + f(M) = 0 \tag{281}$$

9.1.1 Elastische und plastische Biegung

Die Krümmung κ stellt ein Maß für die Biegesteifigkeit eines Balkens dar. Ist sie dem Biegemoment proportional, s. Gl. (278a), dann hat man den elastischen Zustand und der Balken verhält sich wie eine elastische Feder. Ganz anders ist es bei einer Erhöhung der Belastung, wobei die Dehnungen im Querschnitt, s. § 8, sich bereits im plastischen Bereich befinden. Die Bilder 109

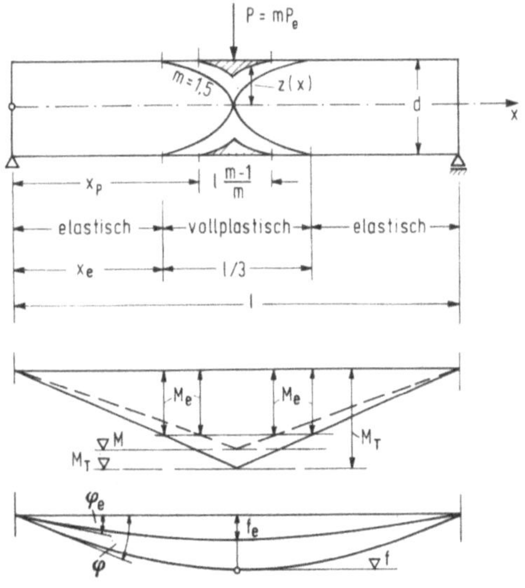

Abb. 109. Elastische und plastische Biegung bei mittiger Einzellast

und 110 zeigen solche plastische Zonen. In diesen Fließbereichen können keine Schubspannungen aufgenommen werden, s. 9.1.2. Dadurch entsteht in der Balkenbiegung etwas Besonderes, was der Elastizitätstheorie fremd ist: eine Veränderung der Biegesteifigkeit infolge der Belastung.

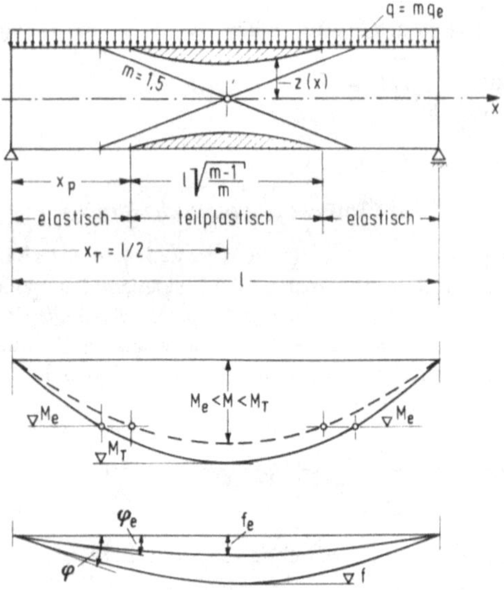

Abb. 110. Elastische und plastische Biegung bei gleichmäßig verteilter Last

Nehmen wir einen ideal-plastischen Baustoff und einen Rechteckquerschnitt an, so ist gemäß Gl. (266) der Überlastungsfaktor:

$$m = \frac{M}{M_e} = \frac{3}{2} - \frac{1}{2}\left(\frac{\kappa_e}{\kappa}\right)^2 = \frac{3}{2} - \frac{1}{2}\left(\frac{2z}{d}\right)^2 \tag{282}$$

mit dem elastischen Grenzwert

$$M_e = \frac{bd^2\,\sigma_F}{6} = \frac{P_e l}{4} = \frac{mP_e x_p}{2} \tag{283}$$

bei einem durch die Einzellast P_e mittig belasteten Balken, s. Bild 109. Das plastische Moment ist $M(x) > M_e$, d. h. $m > 1$. Aus Gl. (282) kann man die Randkurve der plastischen Zone $z(x)$ sofort ermitteln:

$$z(x) = \pm \frac{d}{2}\sqrt{3 - 2\frac{M(x)}{M_e}} \tag{284}$$

Das elastische Grenzmoment M_e, s. Bild 109 und Gl. (283), kann auch außerhalb der Feldmitte auftreten, wenn die Last P_e auf mP_e erhöht wird. Für $M(x) = mP_e x/2$ im Bereich $0 < x < l/2$ erhält man aus Gl. (283) eine Parabel:

$$z(x) = \pm \frac{d}{2}\sqrt{3 - 4m\frac{x}{l}} \tag{285}$$

In Bild 109 erkennt man, daß sich die größte plastische Zone für $m = 3/2$ ergibt. Die äußeren Fasern werden dabei in einem Bereich $l/3$ plastifiziert, die Nullinie jedoch nur an einem Punkt, dem sogenannten *plastischen Gelenk* mit dem Abstand $x_T = l/2$. Der kleinste elastische Abstand ist $x_e = l/3$ beiderseits der Auflager. Für die Ermittlung der Biegelinie kann die Integralgleichung (53c) verwendet werden, s. auch [102]:

$$w(\xi) = \frac{1}{E I_y} \int_{(\text{elastisch})} M(x) K(x, \xi)\, dx + \frac{M_e}{E I_y}\frac{d}{2} \int_{(\text{plastisch})} \frac{1}{z(x)} K(x, \xi)\, dx \tag{286}$$

Die Auswertung ergibt für $\xi = l/2$

$$f = f_0 \frac{1}{m^2}\left[5 - (3 + m)\sqrt{3 - 2m}\right] \tag{287}$$

und für $m = 1$ ist

$$f_0 = \frac{P_e l^3}{48 E I_y} = \frac{4}{3}\frac{M_e^3}{P_e^2 E I_y} \tag{288}$$

Entsprechend erhält man für den Tangentendrehwinkel nach Gl. (53d) für $\xi = 0$

$$\varphi = \varphi_0 (3 - 2\sqrt{3 - 2m}) \tag{289}$$

Mit

$$\varphi_0 = \frac{P_e l^2}{16 E I_y} = \frac{M_e^2}{P_e E I_y} \tag{290}$$

gelten für die gleichmäßig verteilte Last $q = mq_e$ gemäß Bild 110

$$M(x) = \frac{mq_e}{2}\, x\,(l - x) \quad \text{und} \quad M_e = \frac{q_e l^2}{8}\,,$$

sowie die Randkurve der plastischen Zone

$$z(x) = \pm\,\frac{d}{2}\sqrt{3 - 8m\,\frac{x}{l}\left(1 - \frac{x}{l}\right)} \quad \text{(Hyperbel)} \tag{291}$$

Die maximale plastische Durchbiegung f ist dann:

$$f = f_0\left\{m + \frac{12}{5}\left[\frac{5}{12}\,\mathrm{Ar\,Sin}\sqrt{\frac{2\,(m-1)}{3-2m}} + \frac{1}{m}\left(\frac{m^2-1}{4} - \sqrt{m\,(m-1)}\,\frac{2m+1}{2} + \frac{\sqrt{3-2m}-1}{2}\right)\right]\right\} \tag{292}$$

$$\text{mit } f_0 = \frac{5 q_e l^4}{384\,E\,I_y} \tag{293}$$

Für die Berechnung der Biegelinie können auch das Anfangswertproblem, die Energiemethoden oder die Arbeitsgleichung benutzt werden.

9.1.2 Schubspannungen bei plastischer Biegung

Angenommen, die Biegespannung σ eines Rechteckquerschnittes sei bekannt. Dann liefert das Gleichgewicht eine Beziehung für die Schubspannung τ in der Form

$$\frac{\partial\sigma}{\partial x} + \frac{\partial\tau}{\partial z} = 0 \tag{294}$$

Aus dem Potenzgesetz der Gl. (247) und den Gln. (248) und (260) folgt:

$$\sigma = C\,z^n\,\kappa^n = \frac{M\,z^n}{I_{n+1}} \tag{295}$$

und aus Gl. (294) erhält man

$$\frac{\partial\tau}{\partial x} = -\frac{\partial\sigma}{\partial x} = -\frac{z^n}{I_{n+1}}\,\frac{dM}{dx} = -\frac{z^n\,Q(x)}{I_{n+1}} \tag{296}$$

wobei Q (x) die Querkraft bedeutet.

Die Integration ergibt unter Beachtung der Randbedingung $\tau = 0$ für $z = d/2$:

$$\tau = \frac{Q(x)}{(n+1)\, I_{n+1}} \left[\left(\frac{d}{2}\right)^{n+1} - z^{n+1} \right] \tag{297}$$

und mit $z = 0$

$$\tau_{max} = \frac{Q(x)\, d^{n+1}}{2^{n+1}\,(n+1)\, I_{n+1}} \tag{298}$$

In der plastischen Zone ist die Biegespannung σ konstant, d. h. $\frac{\partial \tau}{\partial x} = 0$. Dies bedeutet, daß τ im ganzen plastischen Bereich konstant sein muß, also gleich Null, damit die Randbedingung erfüllt ist. Die Schubspannung in der elastischen Zone, z. B. in Bild 110 zwischen den plastischen Hyperbelbereichen, kann man aus Gl. (297) erhalten, wenn $n = 1$ und z_e statt $d/2$ eingesetzt werden:

$$\tau = \frac{Q(x)}{2\, I_2} (z_e^2 - z^2) \tag{299}$$

Für den Rechteckquerschnitt findet man aus Gl. (251) mit $I_2 = \frac{2}{3} b z_e^3$

$$\tau = \frac{3Q(x)}{4bz_e^3} (z_e^2 - z^2) \tag{300}$$

bezw. für $z = 0$

$$\tau_{max} = \frac{3Q(x)}{4bz_e}$$

Mit $z_e = \frac{d}{2}$ erhält man wieder die Gln. (230 und 231) für den ganzen elastischen Querschnitt, s. auch Bild 111.

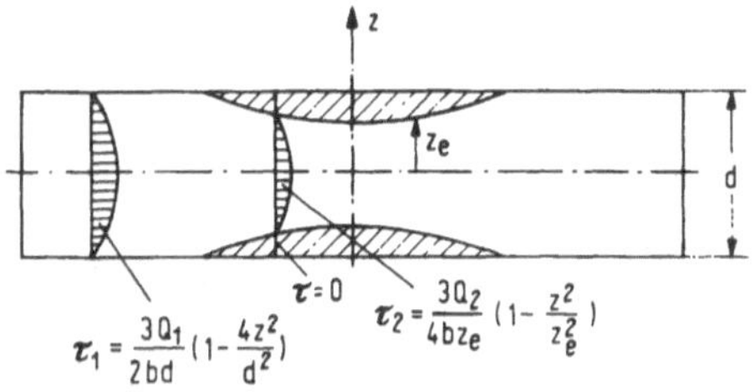

Abb. 111. Schubspannungen sind nur im elastischen Bereich möglich

9.2 Statisch unbestimmte Balken und Durchlaufträger

Die Ermittlung der N Unbekannten bei statisch unbestimmten Systemen erfolgt in der Elastizitätslehre durch N unabhängige Kontinuitätsbedingungen, s. [22 bis 27].

In der Plastizitätstheorie hat man eine einzige Traglastgruppe, die aus einem statisch zulässigen und kinematisch möglichen Zustand eines einzigen Bruchmechanismus ermittelt wird. Hochgradig statisch unbestimmte Systeme bieten eine große Zahl unabhängiger oder kombinierter Mechanismen. Maßgebend für die Berechnung der Traglast ist derjenige, der die kleinste Bruchlast liefert. Deswegen ist auch die Optimierung sehr einfach, indem die Profile so gewählt werden, daß die Konstruktion gleichzeitig an vielen Stellen bricht.

Im nächsten Abschnitt werden wir nachweisen, daß das kleinste Tragmoment M_T mit dem elastischen Grenzmoment M_e in folgender Beziehung steht:

$$\boxed{M_T = m_T\, m_u\, M_e} \tag{301}$$

Hierin bedeuten:

$m_T \geqq 1$ den Überlastungsfaktor, der durch die Querschnittsfestigkeit charakterisiert ist,

$m_u \geqq 1$ den Umlagerungsfaktor, der den Abbau des Grades der Unbestimmtheit auf eine Bruchgelenkkette definiert.

Die Gl. (301) kann man auch in die zwei folgenden umschreiben:

$$T = m_T\, m_u\, P_e \tag{301a}$$

und

$$n_T = m_T\, m_u\, n_e \tag{301b}$$

Die Traglast T wird um das Produkt $m_T\, m_u$ größer als die elastische Grenzlast P_e und die Sicherheit n_T

$$n_T = \frac{T}{P} \tag{302}$$

ist gegenüber der Traglast um $m_T m_u$ größer als die Sicherheit gegenüber der elastischen Grenzlast n_e

$$n_e = \frac{P_e}{P} \tag{303}$$

Hier ist es am Platz zu bemerken, daß der *Stahlbau* gerne auf den Faktor m_T verzichtet, weil die maßgebenden Profile einen Überlastungsfaktor besitzen, der nur wenig größer als 1 ist. Anders ist es im *Stahlbetonbau.* Hier wird derzeit auf den Umlagerungsfaktor m_u verzichtet (d. h. $m_u = 1$) und man begnügt sich allein mit dem Überlastungsfaktor m_T.

9.2.1 Eingespannte Träger

Die Berechnung der Biegelinie eines einseitig eingespannten Trägers (Bild 112) ist sehr schwierig, da sowohl an der Einspannstelle als auch in der Feldmitte parabelförmige plastische Zonen entstehen, die natürlich die Biegesteifigkeit schwächen. Bezeichnet man in Bild 112 mit (1) die Biegelinie, bei der sich über der Einspannstelle ein Fließgelenk ausbildet, und mit (2) die Biegelinie kurz vor Auftreten eines Fließgelenkes in Feldmitte, dann nimmt die Differenz beider Biegelinien ungefähr den Verlauf einer Geraden bezw. einer Gelenkkette an, womit ihre Annahme bewiesen ist. Für die Berechnung der Traglast wählen wir zwei Möglichkeiten. 1. Aus dem Folgesatz der Traglasttheorie, s. 5.3, nach dem die Traglast zu einem statisch zulässigen und kinematisch möglichen Mechanismus gehört, kann das Gleichgewicht aus bekannten Kräften und Momenten gebildet werden (Anfangswertproblem):

$$M(x) = -M_T + Ax \qquad 0 \leqq x \leqq l/2$$

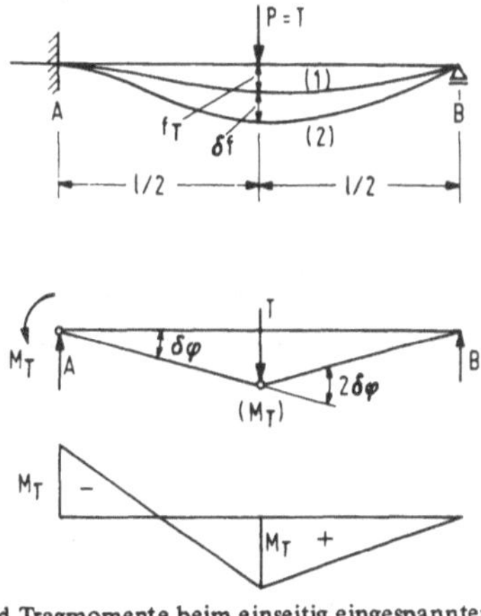

Abb. 112. Biegelinie und Tragmomente beim einseitig eingespannten Träger unter einer Einzellast

Mit $A = M_T/l + T/2$ und $M(l/2) = M_T$ folgt die Traglast

$$T = 6M_T/l \tag{304}$$

2. Wendet man die übliche Arbeitsgleichung auf den Mechanismus des Bildes 112 an, so erhält man:

$$T\left(\delta\varphi \frac{l}{2}\right) - M_T\,\delta\varphi - M_T\,(2\delta\varphi) = 0$$

und damit die Tragfähigkeit T wie in Gl. (304). Bezeichnet man mit P_e die elastische Grenzlast, bei der das elastische Grenz-Einspannungsmoment $M_e = 3P_e\,l/16$ erreicht wird, dann beträgt die *Tragfähigkeitsreserve* gegenüber der elastischen Grenzlast (s. 7.2.3)

$$\frac{T - P_e}{P_e} = \frac{n_T}{n_e} - 1 = \frac{9}{8}\,m_T - 1 = m_u\,m_T - 1$$

Aus dem Fließmoment des Querschnittes $M_T = M_F$ folgt

$$\frac{T}{P_e} = \frac{6M_T\,3l}{l\,16M_e} = \frac{9}{8}\,\frac{M_F}{M_e} = \frac{9}{8}\,m_T$$

Hieraus können sofort die Gln. (301a und b) abgeleitet werden, d. h.

$$T = m_T\,m_u\,P_e \qquad \text{und} \qquad n_T = m_T\,m_u\,n_e,$$

worin $m_u = 9/8$ ist.

Bild 113 zeigt denselben einseitig eingespannten Träger des Bildes 112, jedoch belastet durch die Dreieckslast $q_T\,x/l$. Für die Ermittlung der Traglast hat man 2 Unbekannte, nämlich q_T und den Abstand x_T des Fließgelenkes. Man hat wieder beide Möglichkeiten: 1. nach den Traglastsätzen vorzugehen, wonach das Moment statisch und kinematisch möglich ist. Damit ergibt sich als Anfangsproblem:

$$M(x) = -M_T + Ax - q_T \int_0^x \frac{\xi}{l}\,(x - \xi)\,d\xi \quad \text{für} \quad 0 \leqq x \leqq x_T$$

$$= -M_T + \left(\frac{M_T}{l} + q_T\,\frac{l}{6}\right)x - q_T\,\frac{x}{6}\,(l^2 - x^2)$$

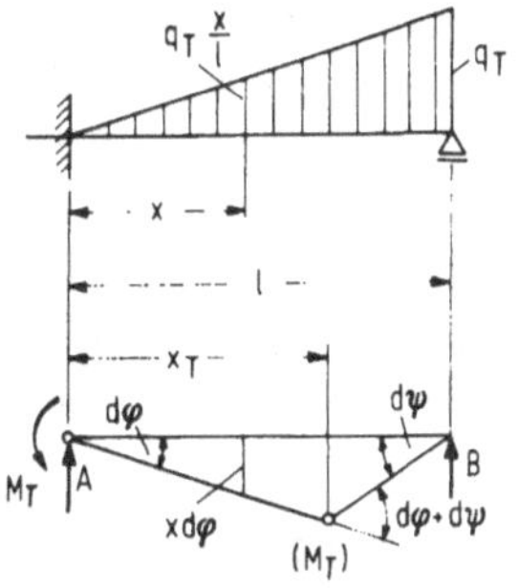

Abb. 113. Einseitig eingespannter Träger mit Dreieckslast

An der Stelle $x = x_T$ ist $M = M_T$ und man erhält:

$$q_T \frac{l^2}{M_T} = 6 \frac{2 - \frac{x_T}{l}}{\frac{x_T}{l}\left(1 - \frac{x_T^2}{l^2}\right)} \tag{305}$$

Aus der Bedingung, daß die Querkraft an der Stelle $x = x_T$ verschwinden muß, erhält man

$$Q(x_T) = \left(\frac{dM}{dx}\right)_{x=x_T} = 0 = M_T + \frac{q_T}{6}\left(l^2 - 3x_T^2\right)$$

oder

$$q_T \frac{l^2}{M_T} = \frac{6}{3\frac{x_T^2}{l^2} - 1} \tag{306}$$

Die Verbindung zwischen den Gln. (305) und (306) ergibt eine kubische Gleichung für x_T:

$$\frac{x_T^3}{l^3} - 3\frac{x_T^2}{l^2} + 1 = 0 \tag{307}$$

2. Aus der Arbeitsgleichung nach dem Mechanismus des Bildes 113 folgt als Randwertproblem:

$$q_T \int_0^{x_T} \frac{x}{l}(x\delta\varphi)\,dx + q_T \int_{x_T}^{l} \frac{x}{l}\left[(l - x)\,\delta\psi\right] dx - M_T\delta\varphi - M_T(\delta\varphi + \delta\psi) = 0$$

Unter Beachtung der geometrischen Bedingung

$$\delta\psi = \frac{x_T}{l - x_T}\,\delta\varphi$$

folgt die Gl. (305). Durch die Relation

$$\frac{dq_T}{dM}\,\frac{dM}{dx} = 0 = \frac{dq_T}{dx}$$

für $x = x_T$ ergibt sich wieder die kubische Gleichung (307). Eine der Wurzeln ist dabei:

$$x_T = 0{,}653\,l$$

Damit wird

$$q_T = 21{,}55\,\frac{M_T}{l^2} \tag{308}$$

Es gibt nach den Traglastsätzen im Abschnitt 5.3 noch eine dritte Möglichkeit, die Traglast zwischen eine obere und eine untere Schranke zu plazieren. Nehmen wir an, daß $x_T = x_0 = 0{,}55\,l$ richtig geschätzt sei, dann ergibt die Arbeitsgleichung als obere Schranke für die Traglast

$$q_T^0 = 22{,}7\,\frac{M_T}{l^2}\ ,$$

denn sie wurde aus einem kinematisch möglichen Mechanismus ermittelt. Die Momentenverteilung, die sich aus dieser Belastung ergibt, ist statisch nicht zulässig. Wohl ist an der Stelle x_0 $M = M_T$, aber an der Stelle $x = 0{,}653\,l$ ist $M_{max} = 1{,}067\,M_T$, also unzulässig. Einen statisch sicheren und möglichen, jedoch dann kinematisch unmöglichen Zustand erhält man, wenn q_T^0 und damit alle Schnittkräfte durch 1,067 dividiert werden. Dann liegt die genaue Traglast q_T zwischen den Schranken:

$$q_T^u < q_T < q_T^0$$

oder

$$20{,}5\,\frac{M_T}{2} < q_T < 22{,}7\,\frac{M_T}{2}$$

Der Mittelwert bildet dabei eine ausgezeichnete Näherung. Bild 114 zeigt den beiderseits eingespannten Träger. Aus Symmetriegründen ist $x_T = l/2$ und die Arbeitsgleichung für eine gleichmäßig verteilte Traglast q_T ergibt:

$$2\,q_T\,\frac{l}{2}\,(\delta\varphi\,\frac{l}{4}) - 2M_T\,(\delta\varphi) - M_T\,(2\delta\varphi) = 0$$

oder

$$q_T = \frac{16M_T}{l^2}$$

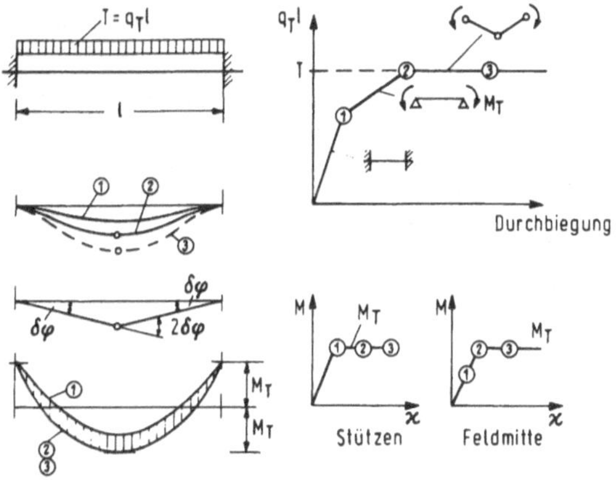

Abb. 114. Beiderseits eingespannter Träger mit gleichmäßig verteilter Last.

Die elastische Grenzlast q_e erhält man aus dem maximalen elastischen Grenzstützmoment

$$M_e = \frac{q_e l^2}{12} \quad \text{oder} \quad \frac{q_T}{q_e} = \frac{4}{3}\,\frac{M_F}{M_e} = \frac{4}{3}\,m_T$$

wobei M_F das Fließmoment bzw. das Tragmoment M_T des Querschnittes bedeutet.

Die Tragfähigkeitsreserve gegenüber der elastischen Grenzlast beträgt:

$$\frac{q_T - q_e}{q_e} = \frac{n_T}{n_e} - 1 = \frac{4}{3}\,m_T - 1 = m_u\,m_T - 1$$

Der Umlagerungsfaktor m_u beträgt dabei 4/3.

Die einfache Methode des Bruchmechanismus linealisiert den Zusammenhang zwischen M und Krümmung κ, ebenso das elastisch-idealplastische Gesetz der Baustoffe. Die komplizierte nichtlineare Funktion zwischen Last und Durchbiegung wird durch einen Polygonzug dargestellt (s. Bild 114). Über die Berechnung der Stabwerke mit veränderlichem Querschnitt weisen wir auf die Literatur: *Sattler* [103], *Neal* [19], sowie [104] und [105] hin.

9.2.2 Ein Paradoxon der Traglasttheorie

Stüssi und *Kohlbrunner* [106] haben vor einer unüberlegten Anwendung der Traglasttheorie gewarnt. Betrachten wir als Beispiel das Mittelfeld des 4fach gelagerten Durchlaufträgers (Bild 115) mit der Spannweite $2l$ gegen λl als Spannweite der Seitenfelder. Die maßgebende Gelenkkette BCD liefert die Traglast aus der Arbeitsgleichung:

$$T\,l\,\delta\varphi - 2M_T\,\delta\varphi - M_T\,(2\delta\varphi) = 0$$

$$T = \frac{8M_T}{(2l)}$$

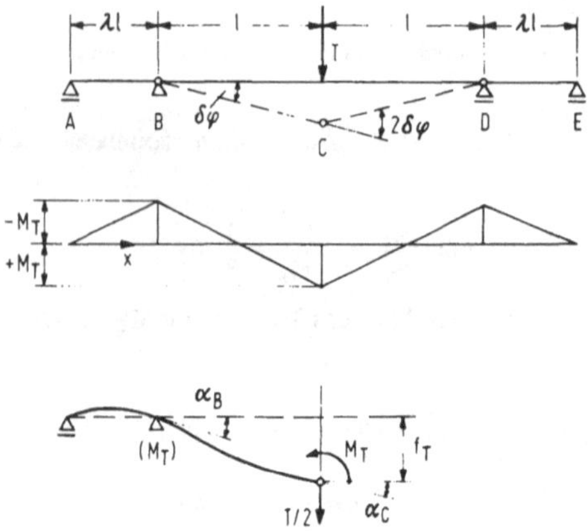

Abb. 115. Durchbiegung und Traglast beim Durchlaufträger

Die dazugehörige Momentenlinie ist in Bild 115 gezeigt. Dieses Ergebnis für T ist von λ unabhängig und man ist dadurch mit einem gewissen Widerspruch konfrontiert. Denn für sehr große λ-Werte hat man tatsächlich nur die halbe Traglast (Balken auf 2 Stützen):

$$T = \frac{4 M_T}{(2l)}$$

Dieser Widerspruch wurde zuerst von *Symonds* und *Neal* [107] aufgeklärt, indem sie die Durchbiegung des Trägers untersuchten. Für einen idealisierten Sandwich-Querschnitt für den Träger des Bildes 115 kann man den Biegepfeil f_T kurz vor der Ausbildung des plastischen Fließgelenkes berechnen. Die Biegelinie ist noch kurz vor dem Zusammenbruch elastisch. Mit

$$\alpha_B = \frac{M_T \lambda l}{3 E I_y}$$

aus dem Nachbarfeld,erhält man für f_T

$$f_T = \alpha_B l + \frac{T l^3}{6 E I_y} - \frac{M_T l^2}{2 E I_y} = \frac{M_T l^2}{6 E I_y} (1 + 2\lambda)$$

Die Elastizitätstheorie ergibt beim Sandwich-Profil $M_e = M_T$, d. h.

$$f_e = \frac{M_T l^2}{6 E I_y} \frac{3 + 4\lambda}{3 + 2\lambda}$$

Aus der Division folgt:

$$\frac{f_T}{f_e} = 1 + \frac{4\lambda (1 + \lambda)}{3 + 4\lambda}$$

Man folgerte daraus, daß der Biegepfeil f_T beim Erreichen der Traglast

1. für kleine λ-Werte dieselbe Größenordnung hat, wie der elastische Biegepfeil f_e, im Grenzfall $\lambda = 0$ ist $f_T = f_e$,
2. für große Werte, $\lambda \gg 1$, ist auch $f_T \gg f_e$.

Im ersteren Fall ist es berechtigt, die Traglastmethode anzuwenden, im 2. Fall dagegen nicht.

Berechnet man die Dehnungen im Fließgelenk über die Verdrehung α_C in der Feldmitte, so ergibt sich bereits für $\lambda < 3$ eine 10fache elastische Dehnung ϵ_F, d. h. etwa 1 % Dehnung beim Baustahl, womit die Gültigkeit der Rechnung fraglich wird. Für $\lambda = 3$ wird $f_T = 4{,}2\, f_e$. Dieses Beispiel von *Stüssi* und *Kollbrunner* zeigt, daß man die Traglasttheorie nicht immer kritiklos anwenden darf. Helfen kann im Zweifelsfall immer eine Abschätzung der Verdrehungen in den Fließgelenken.

9.2.3 Elastische Berechnung und Dreimomentengleichung

Die statisch unbestimmten Stützmomente M_n eines Durchlaufträgers werden mit Hilfe der Dreimomentengleichung ermittelt. Sie drückt die Kontinuität an der Stütze $(n + 1)$ aus, das bedeutet, daß die Summe aller Drehwinkel im Knoten $(n + 1)$ verschwinden muß:

$$\varphi_n^r M_n + (\varphi_{n+1}^l + \varphi_{n+1}^r) M_{n+1} + \varphi_{n+2}^l M_{n+2} + \varphi_{n+1}^p = 0 \qquad (309)$$

Hierin bedeuten φ_{n+1}^l bezw. φ_n^r die Drehwinkel links der Stütze $(n + 1)$ und rechts der Stütze n infolge $M_{n+1} = 1$ bezw. $M_n = 1$ und φ_{n+1}^p die Summe der linken und rechten Drehwinkel im Knoten $(n + 1)$ infolge der äußeren Belastung p.

Werden die *Mohr*'schen Sätze, s. 2.5, angewendet, so drückt die obige Gleichung das Gleichgewicht der Knotenkräfte an der Stütze $(n + 1)$ aus:

$$K_{n+1}^0 + K_{n+1}^u = 0$$

Diesen Gedankengang zeigt Bild 116. K_{n+1}^0 ist die Summe der Auflagerkräfte B_{n+1} und A_{n+1} der beiden reduzierten Trapezlasten M_n und M_{n+1} bezw. M_{n+1} und M_{n+2}. Die Knotenlast K_{n+1}^u ist die Summe der Auflagerkräfte der reduzierten positiven Balkenmomente aus der Belastung q und P. Bei gleichen Spannweiten hat man:

$$M_n + 4M_{n+1} + M_{n+2} = -6 \frac{EI}{l} (\mathbf{B}_{n+1} + \mathbf{A}_{n+1}) \qquad (310)$$

Die Ausdrücke

$$6 \frac{EI}{l} \mathbf{B}_{n+1} = k_{n+1}^l \quad \text{und} \quad 6 \frac{EI}{l} \mathbf{A}_{n+1} = k_{n+1}^r \qquad (311)$$

bedeuten die üblichen Belastungsglieder L_{n+1} bezw. R_{n+1}, wenn „links“ und „rechts“ vertauscht wird.

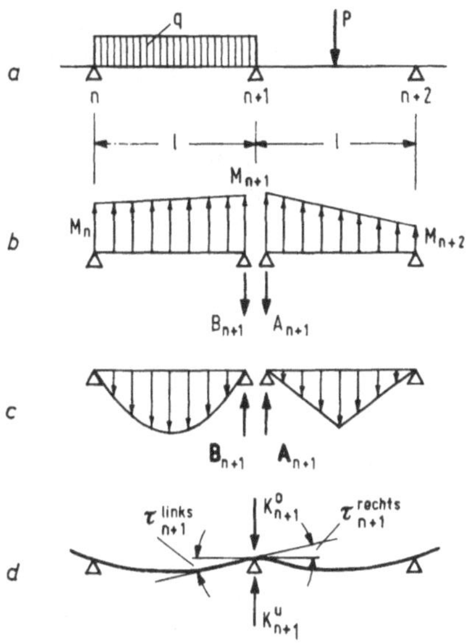

Abb. 116. Kontinuität am Durchlaufträger als Gleichgewichtsbedingung

Die Methode, eine bekannte stetige Funktion durch eine komprimierte diskrete Einzellast zu ersetzen, wurde von *Stüssi* auch für unbekannte Funktionen benutzt, die genügend genau durch Trapeze oder Parabeln angenähert werden können. Hier ist die trapezförmige Verteilung exakt und man erhält nach der Trapezformel

$$K_{n+1}^{0} = \frac{l}{6EI}\,[M_n + 4M_{n+1} + M_{n+2}] \tag{312}$$

Statt der üblichen Lösung von Gl. (310) durch Bandmatrizen, s. § 15, wird in § 14 mit Hilfe der Operatorenrechnung ein bemerkenswert kurzer Weg zur Lösung von Rekursionsformeln angegeben.

Bei verschiedenen Spannweiten und feldweise veränderlichem Trägheitsmoment, gilt gemäß Bild 117 die allgemeine Dreimomentengleichung:

$$\alpha_n M_n + 2(\alpha_{n+1} + \beta_{n+1}) M_{n+1} + \beta_{n+2} M_{n+2} = -\beta_{n+1} k^l_{n+1} - \alpha_{n+1} k^r_{n+1} \tag{313}$$

mit

$$\left.\begin{aligned} \alpha_n &= \frac{l_n I_c}{l_c I^r_n}, & \alpha_{n+1} &= \frac{l_{n+1} I_c}{l_c I^r_{n+1}} \\ \beta_n &= \frac{l_n I_c}{l_c I^l_n}, & \beta_{n+2} &= \frac{l_{n+1} I_c}{l_c I^l_{n+2}} \end{aligned}\right\} \tag{314}$$

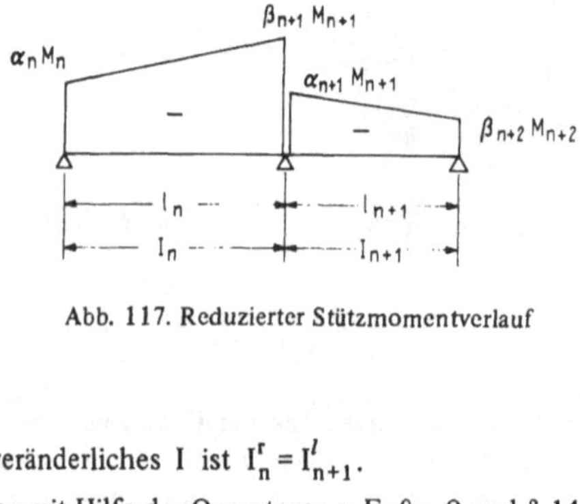

Abb. 117. Reduzierter Stützmomentverlauf

Für feldweise veränderliches I ist $I^r_n = I^l_{n+1}$.

Über die Lösung mit Hilfe der Operatoren s. Fußn. 9 und § 14.

9.2.4 Plastische Berechnung des Durchlaufträgers

Für den Fall des Zusammenbruchs eines gleichmäßig belasteten Feldes (i) eines Durchlaufträgers nach Bild 118 liefert die Arbeitsgleichung

$$q_T \left[x_T \frac{x_T}{2} \delta\varphi + (l_i - x_T) \frac{l_i - x_T}{2} \delta\psi \right] = M^A_T + M^F_T (\delta\varphi + \delta\psi) + M^B_T$$

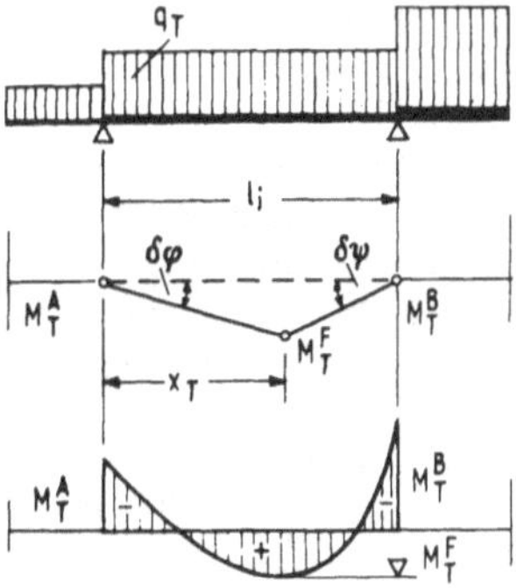

Abb. 118. Trag- und Fließmomente am Durchlaufträger

Für M_T^A und M_T^B sind jeweils die kleinsten Fließmomente der angrenzenden Felder einzusetzen. Mit der geometrischen Beziehung

$$x_T \, \delta\varphi = (l_i - x_T) \, \delta\psi$$

erhält man für q_T

$$q_T = 2 \, \frac{M_T^A \, (1 - x_T/l_i) + M_T^F + M_T^B \, x_T/l_i}{x_T \, (l_i - x_T)} \tag{315}$$

Aus der Beziehung, daß die Querkraft dM/dx an der Stelle x_T verschwindet:

$$\frac{dM}{dx_T} \, \frac{dq_T}{dM} = \frac{dq_T}{dx_T} = 0$$

erhält man, s. auch [10, S. 154],

$$\frac{x_T}{l_i} = \frac{M_T^A + M_T^F}{M_T^B - M_T^A} \left[\sqrt{\frac{M_T^F + M_T^B}{M_T^A + M_T^F}} - 1 \right] \tag{316}$$

Für Träger mit durchgehend gleichem Fließmoment

$$M_T^A = M_T^B = M_T^F$$

ist $x_T = l_i/2$, wie es sein muß. Das folgende Zahlenbeispiel (Bild 119) wendet die Gln. (315) und (316) an. Dabei bekommt man eine gute Näherung, wenn man auch für unterschiedliche Fließmomente dennoch mit $x_T = l_i/2$ die Feldmitte als Lage der Fließgelenke annimmt. Die plastische Berechnung des Durchlaufträgers ist dabei äußerst einfach, weil jedes Feld einen unabhängigen Mechanismus darstellt. In Bild 119 werden alle Lasten gemeinsam durch P und alle Spannweiten durch eine Einheit l ausgedrückt. Die feldweise veränderlichen Trägheitsmomente der Elastizitätstheorie sind bei der Plastizität durch veränderliche Querschnittsfestigkeiten M_T ersetzt. Das einfache Durchrechnen über sämtliche Mechanismen eröffnet die Möglichkeit, durch Vergleich die kleinste Traglast $P = T$ zu ermitteln:

Mechanismus 1: $M_T^A = 0$, $M_T^F = M_T = M_T^B$. Aus Gl. (316) folgt mit $l_1 = 3\,l$

$$x_{1T} = (\sqrt{2} - 1)\,l_1 = 0{,}414\,l_1 \quad \text{und gemäß Gl. (315):}$$

$$T_1 = \frac{3}{2} q_{1T}\,l = \frac{1{,}414}{3\;0{,}414\;0{,}586}\,\frac{M_T}{l} = 1{,}95\,\frac{M_T}{l}$$

Mechanismus 2: $x_{2T} = 4\,(1 - \sqrt{\frac{3}{4}})\,l_2 = 0{,}536\,l_2$

$$T_2 = \frac{2}{3}\,q_{2T}\,l = \frac{4 - 0{,}536}{6\;0{,}536\;0{,}464}\,\frac{M_T}{l} = 2{,}32\,\frac{M_T}{l}$$

Setzt man als Näherung im Feld 1 $x_T = \frac{l_1}{2}$ und im Feld 2 $x_T = \frac{l_2}{2}$, dann hat man gemäß Gl. (315):

$$q_{1T} = 12\,\frac{M_T}{l_1^2}\,, \quad \text{bezw.} \quad T_1 = \frac{3 q_{1T}\,l}{2} = 2{,}00\,\frac{M_T}{l}$$

und

$$q_{2T} = 14\,\frac{M_T}{l_2^2}\,, \quad \text{bezw.} \quad T_2 = \frac{2}{3}\,q_{2T}\,l = 2{,}33\,\frac{M_T}{l}$$

Die so ermittelten Traglasten sind sehr genau.

Mechanismus 3: $M_T^A = M_T^F = M_T^B = \frac{M_T}{2}$ und die Arbeitsgleichung ergibt:

$$T_3\,l\,\delta\varphi = \frac{M_T}{2}\left[\delta\varphi + 2\delta\varphi + \delta\varphi\right], \quad T_3 = 2\,\frac{M_T}{l}$$

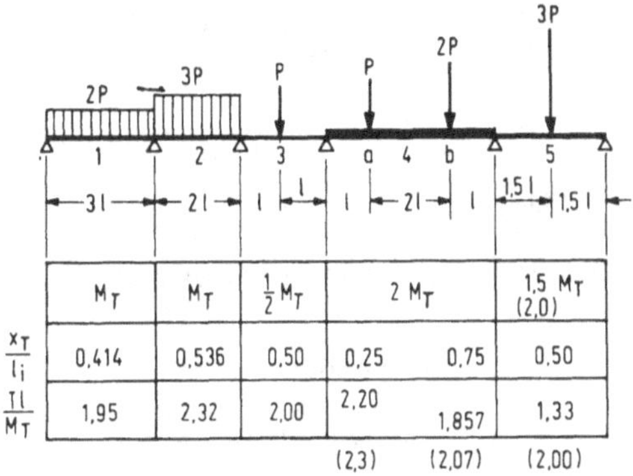

Abb. 119. Zahlenbeispiel zur plastischen Berechnung des Durchlaufträgers

Mechanismus 4a: Bruchmechanismus mit Fließgelenk unter der Last P im 4. Feld:

$$T_{4a}\, l\delta\varphi + 2T_{4a}\frac{\delta\varphi}{3}\, l = \frac{M_T}{2}\,\delta\varphi + 2M_T\left(\delta\varphi + \frac{\delta\varphi}{3}\right) + 1{,}5M_T\,\frac{\delta\varphi}{3}$$

$$T_{4a} = 2{,}20\,\frac{M_T}{l}$$

Mechanismus 4b: Bruchmechanismus mit Fließgelenk unter der Last 2P:

$$T_{4b}\,\frac{\delta\psi}{3}\, l + 2T_{4b}\,\delta\psi\, l = \frac{M_T}{2}\,\frac{\delta\psi}{3} + 2M_T\left(1 + \frac{1}{3}\right)\delta\psi + 1{,}5M_T\,\delta\psi$$

$$T_{4b} = \frac{13}{7}\,\frac{M_T}{l} = 1{,}857\,\frac{M_T}{l}$$

Mechanismus 5: Fließgelenk unter der Last 3P:

$$3T_5\,\delta\varphi\,\frac{3}{2}\, l = 1{,}5M_T\,\left[\delta\varphi + 2\delta\varphi + \delta\varphi\right] = 6M_T\,\delta\varphi$$

$$T_5 = \frac{4}{3}\,\frac{M_T}{l} \quad \text{(Minimum!)}$$

Eine Optimierung erhält man durch eine Erhöhung der Querschnittsfestigkeit des 5. Feldes von $1{,}5 M_T$ auf $2{,}0 M_T$. Damit ergibt sich

$$T_{4a} = 2{,}30 \frac{M_T}{l}, \quad T_{4b} = 2{,}07 \frac{M_T}{l}$$

und

$$T_5 = 2{,}00 \frac{M_T}{l}$$

Damit ist die Festigkeit des Durchlaufträgers nun gut ausgenutzt.

9.3 Rahmen

9.3.1 Elastische Berechnung

Ähnlich wie beim Durchlaufträger zeigen wir für die elastische Berechnung des Rahmens eine neue Methode mit Hilfe der Operatoren. Im § 14 werden wir das Beispiel gemäß Bild 120 lösen (s. auch Lit. der Fußnote 9). Dabei liegt ein System mit 30 Unbekannten vor. Mit dem Kunstgriff, s. Bild 121, einen statisch bestimmten Träger mit 8 eingeprägten Momenten m_0 bis m_7 zu berechnen, ermittelt man die Unbekannten durch die Einführung der dazugehörigen Tangentendrehwinkel y'_0 bis y'_7, die den entsprechenden Eckmomenten m_n proportional sind. Mit Hilfe der Diskretisierung kann eine einzige Unbekannte in Form einer diskreten Funktion

$$m = \sum_{0}^{8} m_n h^n \tag{317}$$

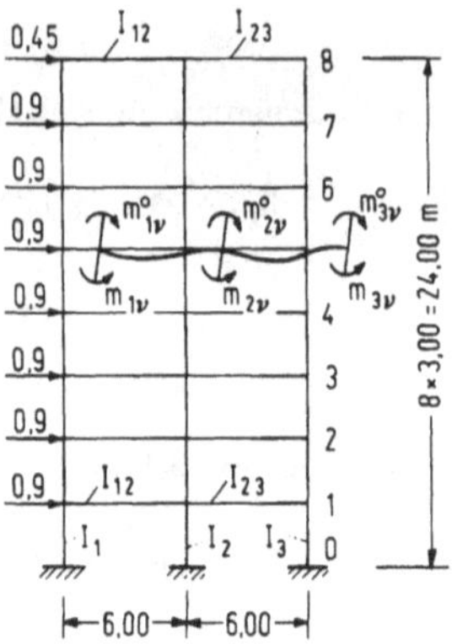

Abb. 120. Zahlenbeispiel Stockwerkrahmen

sämtliche 30 Unbekannte sofort angeben. Mit dem Einspannmoment $M_0 = -18{,}44234$ Mpm ist der Verlauf der Momente in Bild 121 angegeben.

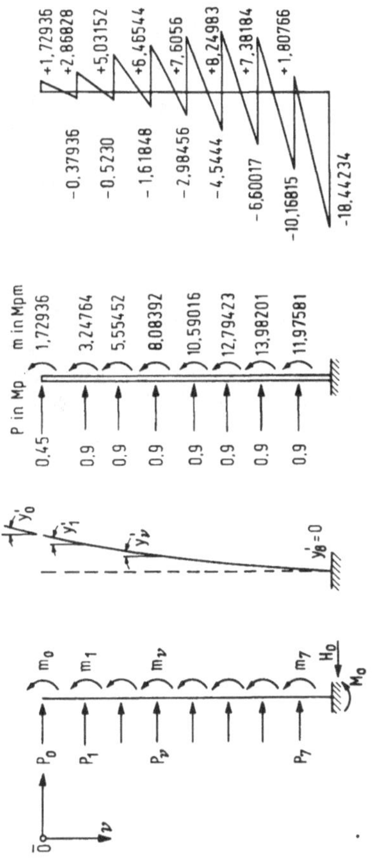

Abb. 121. Berechnung des Stockwerkrahmens mit Hilfe der Operatoren als statisch bestimmtes System

Die Verteilung der Momente auf den Riegel des 4. Stockwerkes zeigt Bild 122. Über die klassischen Verfahren zur Lösung der Berechnung der Stockwerkrahmen s. [22 bis 27].

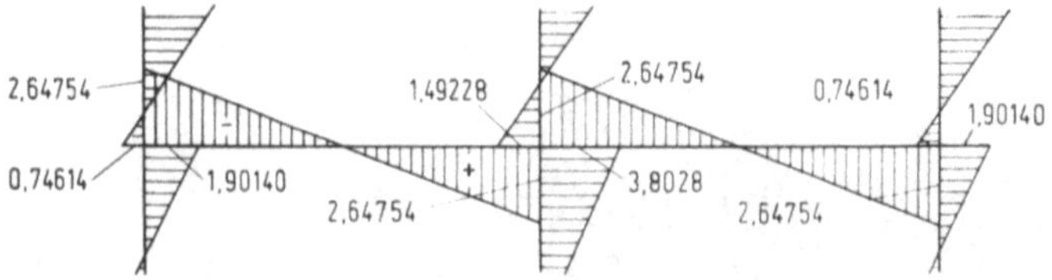

Abb. 122. Momentenverteilung im 4. Stockwerk

9.3.2 *Plastische Berechnung*

Hierbei ist für die Berechnung ein Mechanismus maßgebend. Wird die Belastung durch eine einzige veränderliche Last P ausgedrückt, dann werden sämtliche Bruchmechanismen mit dieser Belastung durchgerechnet. Dabei zeigt es sich, daß die sogenannten kombinierten Mechanismen es sind, die die kleinste Traglast ergeben.

Bild 123 zeigt einen Stockwerkrahmen, der an den 3 Stützen eingespannt ist. Die Querschnittsfestigkeiten sind M_T in den Stützen, $1{,}5\,M_T$ im linken Riegel und $2\,M_T$ im rechten Riegel.

Mechanismus I: gibt den Balkenmechanismus des linken Riegels. Die Traglast $P = T$ ermittelt man aus der Arbeitsgleichung:

$$2T\,(\delta\varphi\, 5l) = M_T\,(\delta\varphi) + 1{,}5 M_T\,(2\delta\varphi) + 1{,}5\,(\delta\varphi)$$

$$T_I = 0{,}55\,\frac{M_T}{l}$$

Mechanismus II: gibt den Balkenmechanismus des rechten Rahmens, $x_T = 6l$. Die Arbeitsgleichung ergibt:

$$2\,\frac{5T}{2}\,\delta\varphi\,\frac{6l}{2} = 2\,M_T\,(\delta\varphi) + 2M_T\,(2\delta\varphi) + M_T\,(\delta\varphi)$$

$$T_{II} = 0{,}467\,\frac{M_T}{l}$$

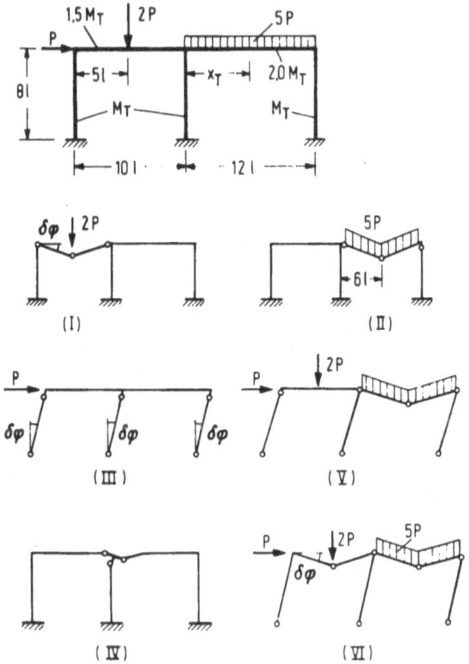

Abb. 123. Traglastberechnung eines Rahmens

Mechanismus III: Rahmenmechanismus:

$$T\,(\delta\varphi\, 8l) = 6\,M_T\,(\delta\varphi)$$

$$T_{III} = 0{,}75\,\frac{M_T}{l}$$

Mechanismus IV: Knotenbruch: Das Tragmoment M_T^R ist die Summe aus

$$M_T^R = (1{,}5 + 1{,}0 + 2{,}0)\,M_T^{Querschnitt}$$

Die fiktive Traglast ist dann:

$$T_{IV} = 4{,}5\,\frac{M_T}{l}$$

Mechanismus V: ist eine Kombination zwischen II und III:

$$T(\delta\varphi\, 8l) + 5T(3\delta\varphi l) = 4\,M_T(\delta\varphi) + 1{,}5\,M_T(\delta\varphi) + 2\,M_T(2\delta\varphi) + M_T(2\delta\varphi)$$

$$T_V = 0{,}500\,\frac{M_T}{l}$$

Mechanismus VI: ist eine Kombination zwischen I, II und III:

$$T(8\delta\varphi l) + 2T(\delta\varphi\, 5l) + 2\,\frac{5T}{2}\,(3\,\delta\varphi l) =$$
$$= 3\,M_T(\delta\varphi) + 1{,}5\,M_T(2+2)\,\delta\varphi + 2\,M_T(2\,\delta\varphi) + M_T(2\,\delta\varphi)$$

$$T_{VI} = 0{,}455\,\frac{M_T}{l} \quad \text{(Minimum!)}$$

Der genaue Wert beträgt $0{,}453\,M_T/l$, da $x_T = 6{,}4\,l$ ist. Der Fehler ist jedoch nicht größer als 0,5 %. Diese Methode des Durchrechnens aller Mechanismen geht auf Neal [19] zurück. Eine andere Methode ist der plastische Momentenausgleich, der der *Cross*-Methode der Elastizitätslehre entspricht, s. [108 und 109]. Bei der Traglasttheorie besteht die Möglichkeit der wirtschaftlichen Optimierung. Bezeichnet man mit g_i das Gewicht auf 1 1 fm des Stabes (i)

$$g_i = a + b\,M_i\,, \tag{318}$$

worin a und b Konstanten bedeuten und M_i die Querschnittsfestigkeit ist. Das Gesamtgewicht bildet die Summe über i

$$a\,\Sigma\,l_i + b\,\Sigma\,M_i\,l_i \tag{319}$$

Die Optimierung hängt von der Gewichtsfunktion G ab:

$$G = \Sigma\,M_i\,l_i \tag{320}$$

Über die Grundlagen der linearen Optimierung bei Stockwerksrahmen wird in [110 und 111] berichtet. In unserem Beispiel muß die Optimierung bei der Gewichtsfunktion

$$G = (24\,M_1 + 10\,M_2 + 12\,M_3)$$

durchgeführt werden, worin M_1 die Querschnittsfestigkeit der Stützen bedeutet, M_2 die des linken Riegels und M_3 die des rechten Riegels. Dabei gibt es eine Verteilung dieser drei Tragmomente, die ein Minimum darstellt (Näheres s. [111]). Über die Berechnung nach der Plastizitätstheorie 2. Ordnung s. § 13 (Knickbiegung).

9.4 Schrifttum

[103] *Sattler,* K.: Die plastische Berechnung stählerner biegefester Systeme mit Stäben veränderlichen Querschnitts. Bauingenieur *35* (1960) Nr. 6, S. 198/201.

[104] *Feinberg,* S. M.: Das Prinzip der Grenzspannung (russisch) Prikladnaja Mathematika i Mechanika *12* (1948), S. 63

[105] *Horne,* M. R.: Determination of the shape of fixed-ended beams for maximum economy according to the plastic theory. Vorbericht des 4. Kongresses der IVBH in Cambridge und London 1952, S. 111

[106] *Stüssi,* F. und C. F. *Kollbrunner:* Beitrag zum Traglastverfahren. Bautechnik *13* (1935), S. 264

[107] *Symonds,* P. S. und B. G. *Neal:* The interpretation of failure loads in the plastic of continuous beams and frames. J. Aeronat. Sci. *19* (1952) S. 15/22

[108] *Horne,* M. R.: A moment-distribution method for the analysis and design of structures by the plastic theory. Proc. Inst. Civil Engrs. London, *3* (1964), S. 51/76

[109] *English,* J. M.: Design of frames by relaxation of yield hinges. Trans. ASCE *119* (1954), S. 1143/53

[110] *Prager,* W.: Minimum weight design of a portal frame. I. Eng. Mech. Div. Proc. ASCE *82* (1956) Paper 1073

[111] *Foulkes,* J.: The minimum weight design of structural frames. Proc. Roy. Soc. London *A.223* (1954), S. 482/94.

§ 10 Hängebrücken und Bogenbrücken

10.1 Hängebrücken nach der Theorie 2. Ordnung

Im Abschnitt 6.1 haben wir bereits über das statisch bestimmt und statisch unbestimmt gelagerte Seil bezw. Kabel gesprochen. Kombiniert man solche Seile mit einem Versteifungsträger gemäß Bild 124, dann spricht man von einer beispielsweise dreifeldrigen Hängebrücke. Zu ihrer Berechnung werden folgende Annahmen gemacht:

1. Das Eigengewicht oder die ständige Last g wird allein von den Kabeln aufgenommen. Kann das, z. B. für nachträglich aufgebrachte Gewichte wie Fahrbahndecke usw., nicht erfüllt werden, so müssen diese Gewichte zur Verkehrslast p hinzugezählt werden. Bei dieser Voraussetzung beträgt der Horizontalschub H_g nach Gl. (141):

$$H_g = \frac{d^2\, y(x)}{dx^2} = -g\,, \tag{321}$$

wenn $y(x)$ den Durchhang des Kabels bedeutet.

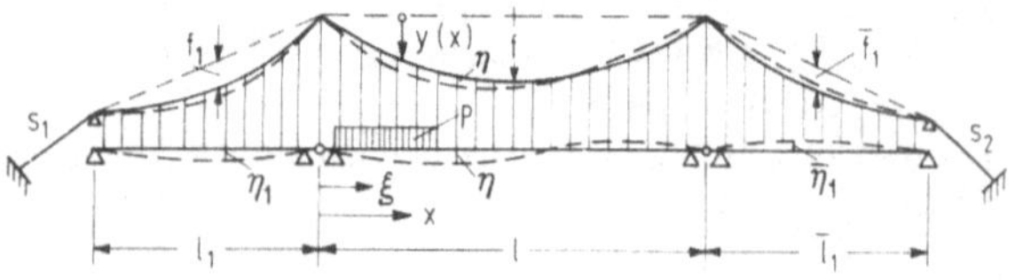

Abb. 124. Dreifeldrige Hängebrücke

2. Das Kabel nimmt unter g die Form einer quadratischen Parabel $y(x)$ an. Dies ist zwar für eine konstante Last g richtig, aber durch die Art der Aufhängung des Versteifungsträgers ist der Durchhang ein Polygonzug. Die Abweichungen von der Parabel sind allerdings gering.

3. Längenänderungen und Schrägstellungen der Hängestangen sind unbedeutend und werden vernachlässigt.

4. Formänderungen und Bewegungen der Pylone werden vernachlässigt, so daß die Lage der Sattellager der Kabel unverändert bleibt und der Kabelzug H in allen Öffnungen gleich groß ist.

Folgende Bezeichnungen sollen gelten:

g = ständige Last
p = Verkehrslast
q_k = Anteil von p auf das Kabel
q_v = Anteil von p auf den Versteifungsträger
(d. h.: $q_k + q_v = p$)
H = $H_g + H_p$ = Horizontalzug infolge $g + q_k$
EI = Biegesteifigkeit des Trägers
E_k = Elastizitätsmodul des Kabels
F_k = Querschnitt des Kabels

$\varphi = l\sqrt{\frac{H}{EI}}$ = Parameter (s. Gl. 46b), bezw. $\varphi_1 = l_1\sqrt{\frac{H}{EI_1}}$, $\bar{\varphi}_1 = \bar{l}_1\sqrt{\frac{H}{E\bar{I}_1}}$

Nach der 2. Annahme gilt:

$$y = 4f\,\frac{x}{l}\left(1 - \frac{x}{l}\right), \quad y_1 = 4f_1\,\frac{x_1}{l_1}\left(1 - \frac{x_1}{l_1}\right), \quad \bar{y}_1 = 4\bar{f}_1\,\frac{\bar{x}_1}{\bar{l}_1}\left(1 - \frac{\bar{x}_1}{\bar{l}_1}\right)$$

und gemäß Gl. (321) und der 4. Annahme ist:

$$H_g = \frac{g l^2}{8f} = g_1\,\frac{l_1^2}{8f_1} = \bar{g}_1\,\frac{\bar{l}_1^2}{8\bar{f}_1} \tag{322}$$

Aus der 3. Annahme folgt, daß die Durchbiegung η infolge der Verkehrslast p, s. Bild 124, gleich dem Durchhang η des Seiles bezw. Kabels ist. Demnach hat man infolge der Verbundwirkung eine gemeinsame Biegelinie η, die durch zwei Differentialgleichungen gekoppelt ist. Aus der Seilgleichung (141) folgt

$$-(g + g_k) = (H_g + H_p)(y'' + \eta'') = H(y'' + \eta'')$$

und entsprechend aus der Balkenbiegung Gl. (43) bezw. (280)

$$q_v = p - q_k = [EI\,\eta''(x)]''$$

Die Elimination von q_k und g aus Gl. (321) ergibt:

$$(EI\,\eta'')'' = p + y''\,H_p + H\,\eta'' \tag{323}$$

Diese Balkenbiegung hat drei verschiedene Belastungen (Bild 125): p, die gleichmäßige Belastung $y'' H_p$ und $H \eta''$, die eine *Zugbiegung* durch eine fiktive Last H darstellt. Damit ist die Berechnung der weitgespannten Hängebrücken auf die des einfachen Balkens zurückgeführt. Der statisch unbestimmte Horizontalzug H_p wird geometrisch aus den Dehnungen des Seilelementes nach Bild 58 ermittelt. Beachtet man dabei die Gl. (160), dann gilt jetzt die Bestimmungsgleichung:

$$H_p = \frac{HF_\eta(p)/l^2 \mp \varphi^2 \omega_t t^0 E I L_t / 8 f l^2}{\frac{2}{3}\frac{f}{l} - \frac{8f}{l}\frac{1}{\varphi^2}\left(1 - \frac{\operatorname{Tan}\varphi/2}{\varphi/2}\right) + \frac{\varphi^2 E I_c L}{l^2 E_k F_k^0 \, 8 f}} \tag{324}$$

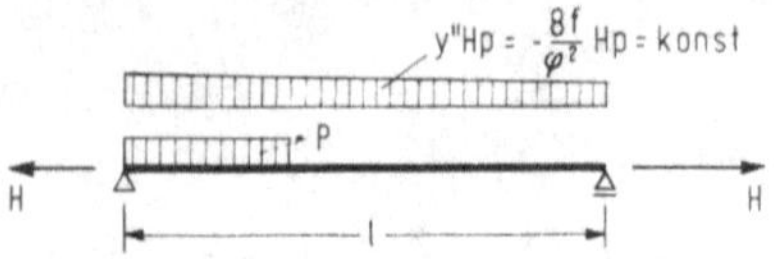

Abb. 125. Ersatzbalkenmethode, s. auch Bild 57

Bei der Ermittlung der neuen statischen Größe F_η gemäß Gl. (154) muß beachtet werden, daß die Biegelinie aus zwei Belastungen entsteht, s. Bild 125. Infolge von p hat man für $H \cdot \eta = M_0 - M$ und infolge von $H_p y''$ entsprechend die Differenz zweier Momente für die gleichmäßige Last $8 f / l^2$. Durch die Integration entsteht das Glied mit $(1 - \frac{\operatorname{Tan}\varphi/2}{\varphi/2})$ im Nenner der Gl. (324), das in Gl. (160) natürlich fehlt. Daß man die Biegelinie einfach durch die Differenz zweier Momente ersetzen kann, ermöglicht die Spannungstheorie 2. Ordnung, s. Gl. (45c).

Den Ausdruck für die Einflußlinie von $H_p(x)$ erhält man, indem man in Gl. (324) im Zähler die H-fache Fläche der Biegelinie für eine Einzellast $P = 1$ an der Stelle ξ bildet. Über die Relation:

$$H \eta(x, \xi) = K(x, \xi) - \Gamma(x, \xi)$$

und deren Integration nach ξ unter Beachtung der Gln. (44e) und (47a) findet man diese H-fache Fläche der Biegelinie, die dimensionslos wird, wenn man durch l^2 teilt

$$\frac{HF_\eta(P=1)}{l^2} = \frac{1}{2}\frac{x}{l}\left(1 - \frac{x}{l}\right) - \frac{1}{\varphi^2}\left[1 - \frac{\operatorname{Cos}\varphi\left(\frac{1}{2} - \frac{x}{l}\right)}{\operatorname{Cos}\frac{\varphi}{2}}\right] \tag{325}$$

Bei einer dreifeldrigen Hängebrücke muß diese Form dreimal auftreten. Die Einflußlinie lautet nun:

$$H_p(x) = \frac{Z_3(x)}{N_3}, \tag{326}$$

worin bedeuten

$$\left.\begin{aligned} Z_3(x) = {} & \frac{1}{2}\frac{x}{l}\left(1-\frac{x}{l}\right) - \frac{1}{\varphi^2}\left[1 - \frac{\operatorname{Cos}\varphi\left(\frac{1}{2}-\frac{x}{l}\right)}{\operatorname{Cos}\frac{\varphi}{2}}\right] + \frac{1}{2}\frac{x_1}{l_1}\left(1-\frac{x_1}{l_1}\right) - \\ & - \frac{1}{\varphi_1^2}\left[1 - \frac{\operatorname{Cos}\varphi_1\left(\frac{1}{2}-\frac{x_1}{l_1}\right)}{\operatorname{Cos}\varphi_1/2}\right] + \frac{1}{2}\frac{\bar{x}_1}{\bar{l}_1}\left(1-\frac{\bar{x}_1}{\bar{l}_1}\right) - \\ & - \frac{1}{\bar{\varphi}_1^2}\left[1 - \frac{\operatorname{Cos}\bar{\varphi}_1\left(\frac{1}{2}-\frac{\bar{x}_1}{\bar{l}_1}\right)}{\operatorname{Cos}\frac{\bar{\varphi}_1}{2}}\right] \end{aligned}\right\} \tag{327}$$

$$N_3 = \frac{2}{3}\frac{f}{l} + \frac{4}{3}\frac{f_1 l_1}{l^2} - \frac{8f}{l}\frac{C_0}{\varphi^2} + \frac{\varphi^2}{l^2}\frac{EIL}{E_k F_k 8f} \tag{328}$$

mit

$$C_0 = 1 - \frac{\operatorname{Tan}\frac{\varphi}{2}}{\frac{\varphi}{2}} + 2\frac{l_1 I_1}{l I}\left(1 - \frac{\operatorname{Tan}\frac{\varphi_1}{2}}{\frac{\varphi_1}{2}}\right), \quad \text{wenn } \begin{cases} l_1 = \bar{l}_1 \\ I_1 = \bar{I}_1 \end{cases} \tag{329}$$

$$L = \sum_i l_i\left[1 + 8\left(\frac{f_i}{l_i}\right)^2 + \frac{3}{2}\tan^2\gamma_i\right] + \frac{2s_1}{\cos^2\gamma} \tag{330}$$

$$L_t = \sum_i l_i\left[1 + \frac{16}{3}\left(\frac{f_i}{l_i}\right)^2 + \tan^2\gamma_i\right] + \frac{2s_1}{\cos\gamma_1}, \quad \text{i über 3 Felder} \tag{331}$$

s. auch Gln. (156 und 157).

Den Lastfall Vollast erhält man durch Integration der Gl. (325). Der *Horizontalschub für Vollast* p und Temperaturänderung $\pm t°C$ lautet:

$$H_p = \frac{p l\left[\frac{1}{12} + 2\left(\frac{l_1}{l}\right)^3\frac{1}{12} - \frac{C_0}{\varphi^2}\right] \mp \varphi^2\omega_t t^0\frac{EIL}{8fl^2}}{N_3} \tag{332}$$

Für die Einflußlinie des Biegemomentes im Mittelfeld an der Stelle ξ hat man aus der Ersatzbalkenmethode, Bild 125:

$$M(x, \xi) = \Gamma(x, \xi) - M\left(8 \frac{f}{l^2}\right) H_p(x) \tag{333}$$

Hierin ist $\Gamma(x, \xi)$ gemäß Gl. (46c) und Bild 28b.

Aus Gl. (49a) ergibt sich für

$$M\left(\frac{8f}{l^2}\right) = \frac{8f}{\varphi^2}\left[1 - \frac{\operatorname{Cos}\varphi\left(\frac{1}{2} - \frac{\xi}{l}\right)}{\operatorname{Cos}\frac{\varphi}{2}}\right]$$

und aus Gl. (326) erhält man Hp (x).

In Bild 126 ist diese Einflußlinie für das Mittelfeld eingetragen. Zum Vergleich ist auch jene der linearen Theorie 1. Ordnung gestrichelt angegeben.

Wie im § 6 wird die nichtlineare Gleichung durch eine zweimalige Berechnung, für eine obere und eine untere Schranke, nach einem Vorschlag von *Lie* [70] gelöst. Diese Lösung zeigt das Bild 127. Die Parameterwerte (φ_1)

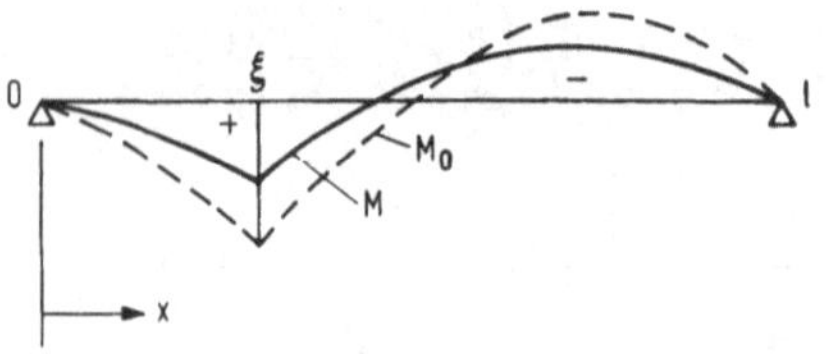

Abb. 126. Einflußlinie des Biegemomentes
M_0 nach der Theorie 1. Ordnung
M nach der Theorie 2. Ordnung

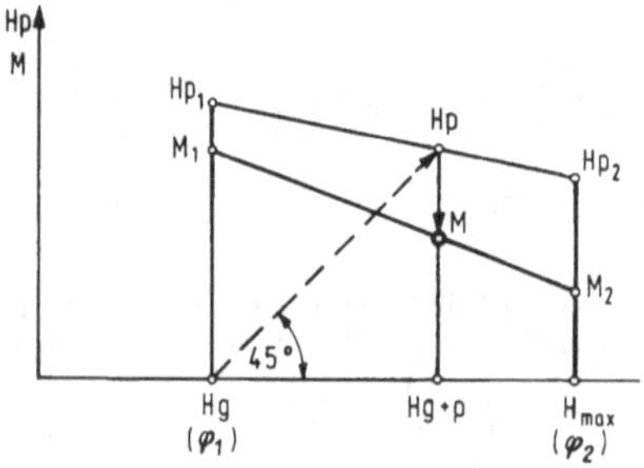

Abb. 127. Konstruktion zur genauen Ermittlung des Biegemomentes M nach [70]

und (φ_2) sind vorläufig konstant. Dadurch kann man die Einflußlinie der Gln. (326) und (333) auswerten, da jetzt das Superpositionsgesetz gilt. Bild 127 ist ähnlich wie Bild 59 dargestellt. Den genauen Wert für H_p erhält man durch den Schnittpunkt unter 45°. Der lotrechte Schnitt zur Sekante M_1 und M_2 ergibt dann den gesuchten Wert M.

Die analytische Auswertung dieser Konstruktion, s. auch Gl. (161), ergibt:

$$H_p = H_{p1} \frac{\Delta H}{\Delta H + \Delta H_p} \tag{334}$$

bezw.

$$M = M_1 - \Delta M \frac{H_p}{\Delta M} \tag{335}$$

mit $\Delta H = H_{max} - H_g$, $\Delta H_p = H_{p1} - H_{p2}$, $\Delta M = M_1 - M_2$.

Hierzu s. auch das Zahlenbeispiel unter 10.3.

Bereits in § 6 haben wir auf die Literatur [25, 68 und 70] hingewiesen. Weiteres Schrifttum darüber s. [112 bis 116]. In [117] werden auch noch Probleme der Schrägseilbrücken behandelt.

Abschließend sei noch erwähnt, daß bei einer Bemessung, die nur nach der Elastizitätstheorie erfolgt, die fiktive Zugkraft gemäß Bild 125 natürlich keine Zugspannungen auf den Versteifungsträger ausüben kann.

10.2 Zweigelenkbogenbrücke nach der Theorie 2. Ordnung

In Anlehnung an den Abschnitt 6.1.3 (Bogenbrücken) hat man die maßgebende Differentialgleichung (146a), die bis auf das Vorzeichen $-H\eta''$ der Gl. (323) ähnelt. Die Zweigelenkbogenbrücke nach Bild 128 wird auch nach der Balkenersatzmethode (Bild 125) berechnet, jedoch ist die Normalkraft $H = H_g + H_p$ eine Druckkraft und die Lasten sind wieder p und $y''H_p$. Die

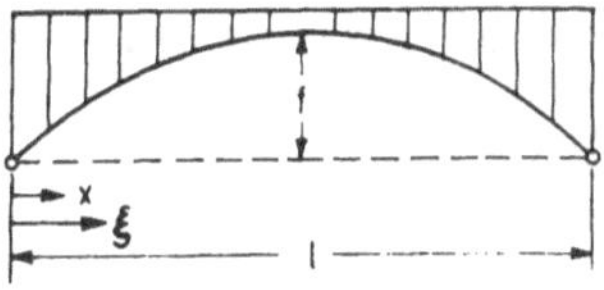

Abb. 128. Zweigelenkbogen

Berechnung verläuft, wenn die Mitwirkung der Fahrbahnplatte vernachlässigt wird, wie bei der Hängebrücke, wobei die hyperbolischen Funktionen durch trigonometrische ersetzt werden, s. Bilder 129 und 130.

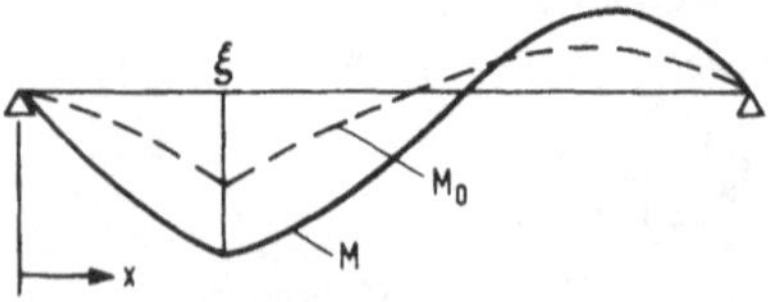

Abb. 129. Einflußlinie für M nach Theorie 1. Ordnung (M_0) und nach Theorie 2. Ordnung (M)

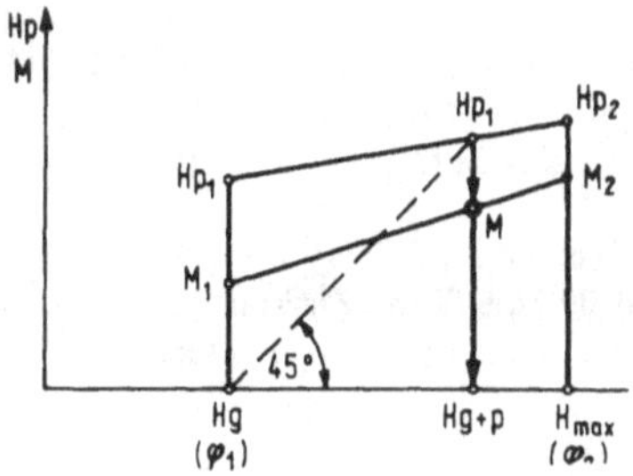

Abb. 130. Konstruktion zur Ermittlung von M

Bei Mitwirkung der Fahrbahnplatte ist die Biegesteifigkeit $E_b I_F + E_b I_b$. Dabei wird die Druckbiegung der Fahrbahnquerschnitt F_b keine effektiven Druckspannungen bekommen.

Die Bemessung bei Stahlbetonbrücken muß natürlich auf das Tragmoment des Querschnittes M_T zugeschnitten sein, s. [123]. Dabei werden die Gebrauchslasten mit der erwünschten Sicherheit multipliziert und für diese Bruchlast $g_T + p_T$ wird das Maximalmoment im Viertelspunkt gleich dem Tragmoment gesetzt. Im Gebrauchszustand darf H_{max} den Wert $H_{kr}/5$ nicht überschreiten. Näheres über die Knicklast H_{kr} s. § 12 und die maßgebende Literatur [116 bis 123].

10.3 Zahlenbeispiel

Zu berechnen sei die Hängebrücke des Bildes 124 mit folgenden Grundwerten:

$f = 87$ m	$\gamma_0 = 0^0$	$E = 2100\ M_p/cm^2$	$I_1 = I = I_c = 11\ m^4$
$f_1 = 10{,}85$ m	$\gamma_1 = 45°$	$E_k = 1550\ M_p/cm^2$	$g_1 = g = 26$ Mp/m
$l = 750$ m	$s_1 = 10$ m	$F_k = 0{,}67\ m^2$	$p = 15$ Mp/m
$l_1 = \bar{l}_1 = 265$ m			

1. H_g *infolge der ständigen Last* erhält man aus Gl. (322):

$$H_g = \frac{26 \cdot 750^2}{8 \cdot 87} = 21013 \text{ Mp}$$

2. H_p *infolge Vollast* p und $\mp 25°C$ erhält man aus Gl. (332):

$$L = 1473{,}4, \quad L_t = 1430{,}1, \quad \omega_t\, t^0 \frac{EI}{8 f l^2} L_t = 0{,}253, \quad \omega_t = 1{,}2 \cdot 10^{-5}$$

$$N_3 = 0{,}0842 - 0{,}928 \frac{C_0}{\varphi^2} + 0{,}8375\ 10^{-4} \varphi^2$$

$$H_p = \frac{p l \left[\frac{1}{12} + 2 \left(\frac{265}{750}\right)^3/12 - C_0/\varphi^2\right] \mp 0{,}253 \varphi^2}{N_3}$$

Für den Sonderfall: $H = H_t$ wenn $p = 0$ und $t^0 = \pm 25°C$ gilt mit der Näherung $H_t = 0$ für φ

$$\varphi = l \sqrt{\frac{H_g}{EI}} = 750 \sqrt{\frac{21013}{2100\ 10^4\ 11}} = 7{,}156\,, \quad \varphi^2 = 51{,}2$$

$$\varphi_1 = 265 \cdot 7{,}156/750 = 2{,}528$$

$$C_0 = 1 - \frac{\text{Tan } 3{,}578}{3{,}578} + 2 \frac{265}{750} \left(1 - \frac{\text{Tan } 1{,}264}{1{,}264}\right) = 0{,}949\,, \quad N_3 = 0{,}0713$$

$$H_t = \mp \frac{0{,}253 \cdot 51{,}2}{0{,}0713} = \mp 182 \text{ Mp}$$

Gesucht wird nun H_{max}. Aus Gl. (332) erhält man

$$H_p = \frac{1018 - 11250\, C_0/\varphi^2 + 0{,}253 \varphi^2}{N_3}$$

Untere Schranke zur Ermittlung von H_{p1} nach Bild 127: $H = H_g$

$$\varphi = (\varphi_1) = 7{,}156, \quad \varphi_1 = 2{,}528, \quad C_0 = 0{,}949,$$

$$\varphi^2 = 51{,}2, \quad N_3 = 0{,}0713$$

$$H_{p1} = \frac{822}{0{,}0713} = 11520 \text{ Mp}$$

Obere Schranke für H_{p2}: Geschätzt $H_{max} = 2 H_g$, d. h.:

$$\varphi = (\varphi_2) = 7{,}156 \sqrt{2} = 10{,}08, \quad \varphi^2 = 101{,}61, \quad \varphi_1 = 3{,}566$$

$$C_0 = 1{,}133, \quad N_3 = 0{,}0824$$

$$H_{p2} = \frac{918{,}3}{0{,}0824} = \mathit{11150} \text{ Mp}$$

Den genauen Wert ermittelt man jetzt aus Gl. (334):

Mit $\Delta H = 2 H_g - H_g = 21013$ Mp und $\Delta H_p = 11520 - 11150 = 370$ Mp ist

$$H_{p\,max} = 11520 \, \frac{21013}{21013 + 370} = \mathit{11327} \text{ Mp}$$

$$H_{max} = H_g + H_{p\,max} = 21013 + 11327 = \mathit{32340} \text{ Mp}$$

3. *Einflußlinie für* $H_p(x)$: Für die Mittelöffnung allein ist die maßgebende Formel

$$H_p(x) = \frac{\frac{1}{2} \frac{x}{l} \left(1 - \frac{x}{l}\right) - \frac{1}{\varphi^2} \left[1 - \frac{\operatorname{Cos} \varphi \left(\frac{1}{2} - \frac{x}{l}\right)}{\operatorname{Cos} \varphi/2}\right]}{N_3}$$

Untere Schranke $H_{p1}(x)$ aus $H = H_g$, d. h. $(\varphi_1) = 7{,}156$, $N_3 = 0{,}0713$

Obere Schranke $H_{p2}(x)$ aus $H_{max} = 32340$ Mp, $(\varphi_2) = 8{,}88$.

Bild 131 zeigt als ausgezogene Linie die untere Schranke $H_{p1}(x)$ mit dem Maximalwert 1,496. Die obere Schranke $H_{p2}(x)$ ist die strichpunktierte Kurve mit dem Größtwert 1,448. Die gestrichelte Kurve zeigt den Maximalwert der Einflußlinie gerechnet nach der linearen Theorie mit 1,650.

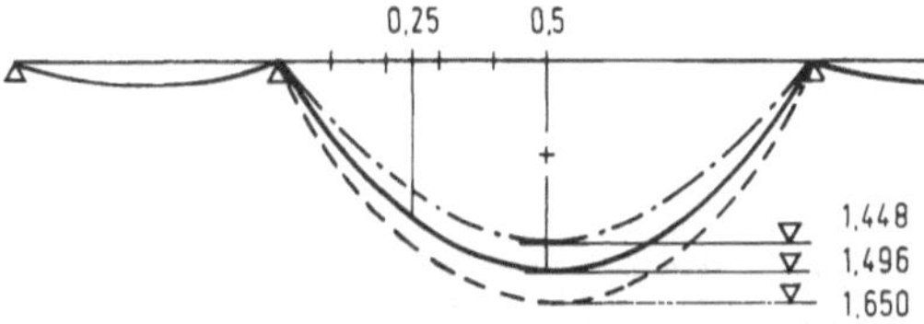

Abb. 131. Einflußlinie für $H_p(x)$

4. *Einflußlinie des Biegemomentes im Viertelspunkt* der Mittel-Öffnung mit $\xi = l/4$:

Aus Gl. (333) hat man für die Einflußlinie:

$$M\left(x, \frac{l}{4}\right) = \begin{cases} x \leqq l/4: & 17{,}544 \operatorname{Sin} \varphi \frac{x}{l} - 11{,}262\, H_p(x) \\ x \geqq l/4: & 0{,}478 \operatorname{Sin} \varphi \left(1 - \frac{x}{l}\right) - 11{,}262\, H_p(x) \end{cases}$$

Der Wert 11,262 ist der Maximalwert $M(8f/l^2)$ für $(\varphi_1) = 7{,}156$ bezw. 7,864 für die obere Schranke $(\varphi_2) = 8{,}88$. $H_p(x)$ bedeutet die Einflußlinie für H_p.

Bild 132 zeigt mit der ausgezogenen Kurve den Verlauf für die untere Schranke mit dem Maximalwert 38,666. Die strichpunktierte Kurve stellt den Ver-

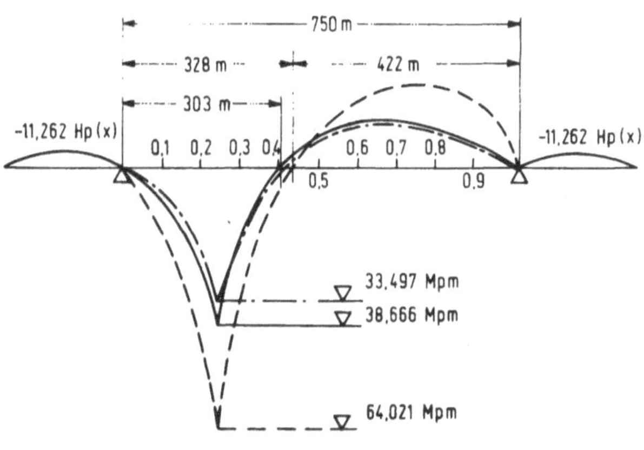

Abb. 132. Einflußlinie für das Moment M im Viertelspunkt

lauf für die obere Schranke ($H = H_{max}$) dar mit dem Größtwert 33,497. Als Vergleich dazu zeigt die gestrichelte Kurve die Einflußlinie berechnet nach der Theorie 1. Ordnung mit dem Größtwert 64,021.

5. *Ermittlung des Maximalmomentes* $M(l/4)$

Die Auswertung der jeweiligen beschränkten Einflußlinien ergibt für:

$H = H_g$; $M = 66683$ Mpm, $H_{p1} = 3947$ Mp

$H = H_{max}$; $M = 51535$ Mpm, $H_{p2} = 3683$ Mp

$H = 0$ (Theorie 1. Ordnung); $M = 159320$ Mpm, $H_0 = 4300$ Mp

Temperaturänderung $+25°C$; $M_1^t = +2049$ Mpm, $M_2^t = +2005$ Mpm

$H_{p1}^t = -182$ Mp, $H_{p2}^t = -255$ Mp

Für die Auswertung der Gln. (334) und (335) erhält man jetzt:

$$\begin{aligned} H_g &= 21013 \text{ Mp} \\ H_{max} &= 21013 + 11327 = 32340 \text{ Mp} \\ H_{p1} &= 3947 - 182 = 3765 \text{ Mp} \\ H_{p2} &= 3683 - 255 = 3428 \text{ Mp} \\ M_1 &= 66683 + 2049 = 68732 \text{ Mpm} \\ M_2 &= 51535 + 2005 = 53540 \text{ Mpm} \end{aligned}$$

und

$$H_p = 3765 \frac{11327}{11327 + 337} = \mathit{3660} \text{ Mp}$$

$$M_{max} = 68732 - 15192 \frac{3660}{11327} = \mathit{63830} \text{ Mpm}$$

6. *Zusammenstellung und Vergleich*

Die Ergebnisse dieses Beispieles, entnommen aus Lie [70], sind im Bild 133 zusammengefaßt. Man kann beim Vergleich den großen wirtschaftlichen Vorteil feststellen, den die Anwendung der genauen Spannungstheorie gegenüber der linearen Theorie 1. Ordnung bringt. Der Vergleich mit dem entsprechenden Durchlaufträger bringt dagegen keine wesentlichen Vorteile, da das Material, das man im Mittelfeld einsparen kann, über den Stützen wieder benötigt wird.

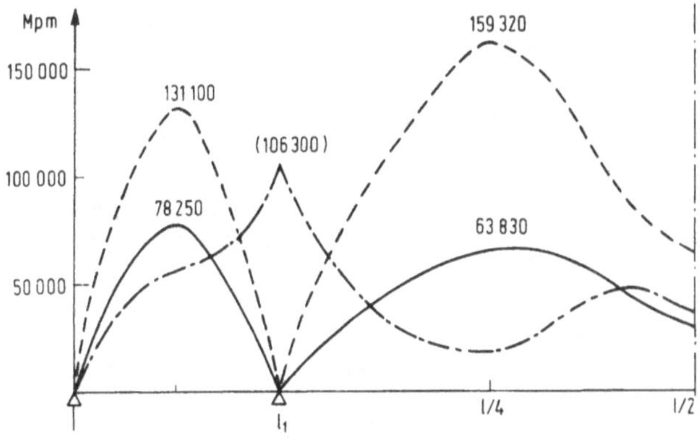

Abb. 133. Verteilung der Maximalmomente

- - - - - - - nach Theorie 1. Ordnung	}	freigelagerter Balken
———— nach Theorie 2. Ordnung	}	freigelagerter Balken
- · - · - · - nach Theorie 2. Ordnung		Durchlaufträger

10.4 Schrifttum

10.4.1 Hängebrücken

[25, 68, 70]

[112] *Asplund,* S. O.: Deflection theory analysis of suspension bridges. IVBH *9* (1949), S. 1/33

[113] *Bleich,* H. H.: Die Berechnung verankerter Hängebrücken. Wien: 1935

[114] *Neukirch,* H.: Berechnung der Hängebrücken bei Berücksichtigung der Verformung des Kabels. Ing.-Arch. *7* (1936) S. 140/155

[115] *Klöppel,* K., u. K. H. *Lie:* Nebeneinflüsse bei der Berechnung von Hängebrücken nach der Theorie zweiter Ordnung. Forchgh. Stahlbau *5,* (1942)

[25] 2. Bd., S. 273/291.

[116] *Unger,* H.: Beitrag zur Berechnung erdverankerter Hängebrücken mit elastischem Verbund. Diss. Universität (TH) Karlsruhe: 1965

[117] *Schreier,* G.: Beiträge zur Anwendung von baustatischen Methoden auf Probleme der Verformungstheorie. Diss. Universität (TH) Karlsruhe: 1961

10.4.2 Bogenbrücken

[69] *Dimitrov,* N.: Beiträge zur Verformungstheorie. Diss. Univ. (TH) Karlsruhe: 1949

[118] *Fritz,* B.: Theorie und Berechnung vollwandiger Bogenträger bei Berücksichtigung des Einflusses der Systemverformung. Berlin: 1934 (Diss. TH-Karlsruhe)

[119] *Dischinger,* F.: Untersuchungen über die Knicksicherheit, die elastischen Verformungen und das Kriechen des Betons bei Bogenbrücken. Bauing. *18* (1937), S. 487/520.

[120] *Stüssi,* F.: Der Formänderungseinfluß beim versteiften Stabbogen. Schweiz. Bauztg. *108* (1936), S. 57/59

[121] *Ziegler,* H.: Zum Problem der großen Spannweiten. Österr. Ing.Arch. *9* (1955) S. 250/262.

[122] *Deutscher Stahlbau-Verband:* Hilfstafel zur Berechnung von Spannungsproblemen der Theorie zweiter Ordnung und von Knickproblemen. Stahlbau-Verlag, Köln: 1959

[123] *Betonkalender:* 1971: Abschnitt Festigkeitslehre.

§ 11 Elastische Bettung

Man versteht unter elastischer Bettung die Berechnung eines Gründungsbalkens oder -platte auf nachgiebigem Untergrund. Die DIN 4018, Abschn. 6.1, s. [124], erwähnt die sogenannten *einfachen Annahmen,* die als die älteren Berechnungsgrundlagen bezeichnet werden können. Hier wird bei mittigen Lasten ein konstanter Sohldruck q_m angenommen. Dies kann bei Stempellasten im plastischen Zustand durchaus möglich sein. Bei Druckspannungen in versagender Zugzone (s. 8.3.2) kann die Exzentrizität gefährlich werden, da zwischen Bodenpressung (Sohldruck) und Normallast eine Nichtlinearität besteht. Für häufig vorkommende Grundrißformen ist in der Literatur die unterschiedliche Sohldruckverteilung bei beliebiger Außermittigkeit in Tabellen und Diagrammen angegeben, s. [127] bis [130]. In [125] sind übersichtliche Formeln für starre Fundamente gegeben. In der 2. Auflage des Grundbau-Taschenbuches, s. [126], S. 549/576, gibt *Graßhoff* einen Überblick über die verschiedenen Berechnungsmethoden der elastischen Bettung. Die Grundlage dabei bildet die Nachgiebigkeit der Unterlage unter einer schlaffen Last nach Bild 134.

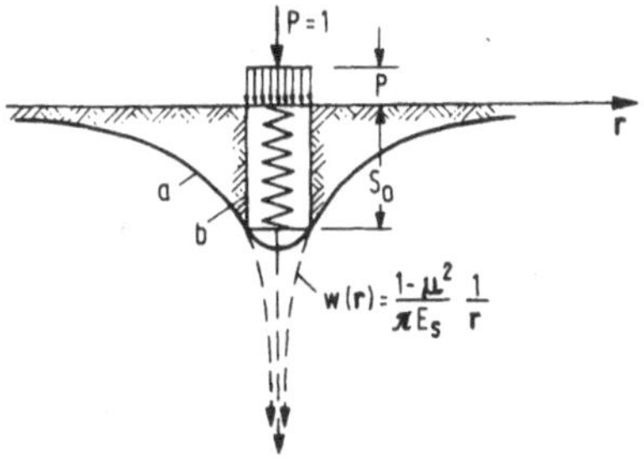

Abb. 134. Setzungsmulde, Setzungsgraben und Boussinesq'sche Einflußlinie w(r) bei konstanter Bettungszahl

11.1 Steifezahlverfahren

Das Steifezahlverfahren berücksichtigt die Elastizität des Baugrundes. Die Einsenkungskurve der Baugrundoberfläche hat zuerst *Boussinesq* [133] gezeigt. Für die Einzellast P auf einem Fundament ist in Bild 134 die Kurve der Bodeneinsenkung w (r) als Funktion des Radius r angegeben:

$$w(r) = \frac{1-\mu^2}{\pi E_s} \frac{P}{r} \qquad (336)$$

Hierin bedeuten E_s die Steifezahl oder den E-Modul der Bodenart (Bild 140) und μ die Querkontraktion. Die Integration für die konstante Last p ergibt die Setzungsmulde. *Schleicher* gibt in [134] genaue Werte für die Setzungsmulde einer Rechtecklast an. Über Verfahren für verschiedene Baugrundschichten bezw. veränderliche Steifezahlen berichten *Jelinek* [135] und *De Beer* [136].

Die Anpassung der Biegelinie eines Gründungsbalkens kennzeichnet das Steifezahlverfahren. Näherungslösungen dazu bringen *Habel* [137] und *Ohde* [138] in Form von Differenzengleichungen. *Kany* [139] benutzt diese Methode und erleichtert die Berechnung der Setzungsmulde durch Angabe zahlreicher Tabellen und Diagramme, die aus einfachen empirischen Formeln entstanden sind. In [140] ist eine übersichtliche Berechnung nach dem Steifezahlverfahren mit vergleichenden Untersuchungen gezeigt.

Für eine Stempellast (Bild 135), bezw. für ein sehr steifes Fundament, ergibt die Integration von Gl. (336), unter Beachtung der Gleichmäßigkeit der Biegelinie über die ganze Breite, die Bodenpressung, die als Linie (1) in Bild 135 wiedergegeben ist, zu

$$q(y) = \frac{P}{\pi\sqrt{c^2 - y^2}} \tag{337}$$

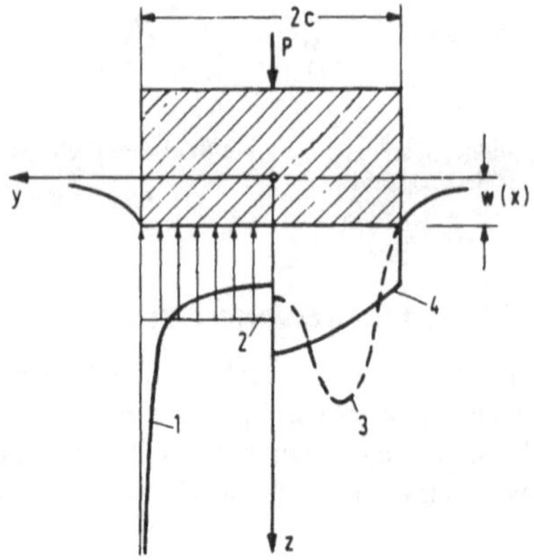

Abb. 135. Bodenpressung q unter einer Stempellast P
(1) Elastizität
(2) Plastizität
(3) nach Föppl [131]
(4) nach Muhs [132]

Die konstante Durchbiegung erzeugt eine konstante Bodenpressung, wenn die Schubfestigkeit des Bodens vernachlässigt oder durch eine Plastizität überwunden wird. Die Vernachlässigung führt zu den „einfachen Annahmen" der DIN 4018. In beiden Fällen erhält man den konstanten Sohldruck, Linie (2) des Bildes 135 zu:

$$q_m = \frac{P}{2c} \tag{338}$$

Föppl vermutet in [131] einen Verlauf gemäß Linie (3) und *Muhs* weist aus Versuchen an wasserführenden und feuchten Sanden den Verlauf (4) nach [132].

Man kann heute eine genaue Berechnung des Gründungsbalkens auf nachgiebigem Untergrund formulieren, wenn man beachtet, daß der Balken (gemäß Bild 136) von der Länge $L = 2l$ und der Breite $B = 2c$ sich in der Querrichtung y wie ein starrer Stempel verhält. Je nachdem welche Verteilung der Bodenpressung benutzt wird, spricht man von einer elastischen (Gl. 337) bezw. einer elastisch-plastischen (Gl. 338) Lösung. Beide Varianten berücksichtigen in der x-Richtung die Elastizität und die Grundgleichung (336) lautet jetzt in karthesischen Koordinaten:

$$w(x, y) = \frac{1-\mu^2}{\pi E_s} \frac{P}{\sqrt{x^2 + y^2}} \tag{339}$$

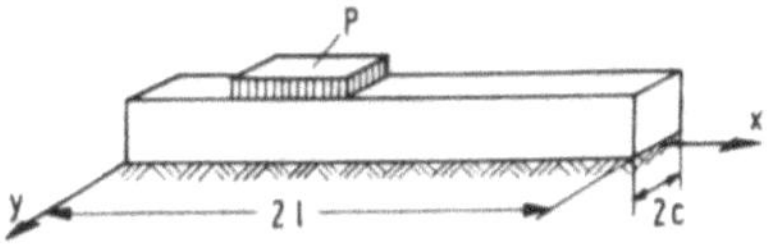

Abb. 136. Gründungsbalken

Für $P = 1$ folgt die Gleichung der *Green*'schen Funktion:

$$K(x, y, \xi, \eta) = \frac{1-\mu^2}{\pi E_s} \frac{1}{\sqrt{(x-\xi)^2 + (y-\eta)^2}} \tag{340}$$

Für eine Bodenpressung, verteilt auf die Rechteckfläche $(2l)(2c)$, lautet die Gleichung der elastischen Biegefläche als Senkungsmulde

$$w(x, y) = \frac{1-\mu^2}{\pi E_s} \int_{-l}^{l} \int_{-c}^{c} \frac{q(\xi, \eta)\, d\xi d\eta}{\sqrt{(x-\xi)^2 + (y-\eta^2)}} \tag{341}$$

Bildet die Rechteckfläche $(2l)(2c)$ eine biegsame Platte, dann ist die Senkungsmulde aus der Differentialgleichung (s. Bd. 2, § 20)

$$\Delta\Delta w(x, y) = \frac{p(x, y) - q(x, y)}{EI'} \tag{342}$$

zu bestimmen, worin $E\,I'$ die Biegesteifigkeit einer Platte bedeutet. Ist die genannte Rechteckfläche einem Balken zugehörig, s. Bild 136, dann wird

$$w(x, y) = w(x, 0) = w(x) \tag{343}$$

und die Gl. (340) nimmt jetzt die Form

$$K(x, 0, \xi, \eta) = \frac{1-\mu^2}{\pi E_s} \frac{1}{\sqrt{(x-\xi)^2+\eta^2}} \tag{344}$$

an.

Die Differentialgleichung (342) und die Integralgleichung (341) erhalten die Form

$$E\,I \frac{d^4 w(x)}{dx^4} = p(x) - q(x) \tag{345}$$

$$w(x) = \int_{-l}^{l} G(x, \xi)\, q(\xi)\, d\xi\,, \tag{346}$$

mit

$$G(x, \xi) = \frac{1-\mu^2}{\pi E_s} \int_{-c}^{c} \frac{q(\xi, \eta)\, d\eta}{\sqrt{(x-\xi)^2+\eta^2}} \tag{347}$$

Setzt man für q die Beziehung der Gl. (337) für $P = 1$

$$q(\xi, \eta) = \frac{q(\xi)}{\pi \sqrt{c^2-\eta^2}}$$

dann erhält man nach *Reissner* [141] aus Gl. (347)

$$G_1(x, \xi) = \frac{2(1-\mu^2)}{\pi^2 E_s c} \frac{K\left[\dfrac{1}{\sqrt{1+(\frac{x}{c}-\frac{\xi}{c})^2}}\right]}{\sqrt{1+(\frac{x}{c}-\frac{\xi}{c})^2}} \tag{348}$$

wobei K das vollständige elliptische Integral 1. Gattung bedeutet. Nach der Annahme der Gl. (338) für $P = 1$ ist

$$q(\xi, \eta) = \frac{q(\xi)}{2c}$$

und man erhält nach [142] für die *Green*'sche Funktion aus Gl. (347)

$$G_2(x,\xi) = \frac{1-\mu^2}{\pi E_s c} \operatorname{Ar\,Sin} \frac{1}{\frac{x}{c}-\frac{\xi}{c}}$$

$$= \frac{1-\mu^2}{\pi E_s c} \ln \left[\frac{1+\sqrt{1+(\frac{x}{c}-\frac{\xi}{c})^2}}{(\frac{x}{c}-\frac{\xi}{c})} \right] \tag{349}$$

Die Auswertung der gekoppelten Gln. (345) und (346) steht noch aus.

11.2 Bettungszahlverfahren

Die konstante Federwirkung der Unterlage geht auf die Bildung eines Setzungsgrabens gemäß Bild 134 zurück. Auf diese Federung machte *Winkler* [143] schon 1867 aufmerksam. Die erste praktische Anwendung in der Form einer Bettungszahl C_b gab *Zimmermann* [144] zu

$$C_b(x) = \frac{q(x)}{s(x)}, \tag{350}$$

worin $s(x) = w(x)$ die Senkung bedeutet. Die maßgebende Differentialgleichung (345) geht damit über in:

$$\frac{d^4 w(x)}{dx^4} + C_b(x)\frac{w(x)}{EI} = \frac{p(x)}{EI} \tag{351}$$

Die allgemeine Lösung der Gl. (351) kann nur numerisch gefunden werden. Dagegen ist die Lösung mit konstanter Bettungszahl sehr einfach, s. [145 bis 150]. Die Wahl einer wirklich zutreffenden Bettungszahl, die von den Bodenkennwerten und der Geometrie der Lastfläche abhängt, ist sehr schwierig, s. [126]. *Levinton* hat in [151] durch Verknüpfung der Formänderungsgrößen des Balkens und des Untergrundes mit Hilfe der Differenzenmethode eine gewisse Berücksichtigung von veränderlichen Bettungszahlen erreicht. *Graßhoff* erweiterte dieses Verfahren und berücksichtigte die Veränderlichkeit von C_b an 7 Schnittstellen des Balkens, s. [140, 152, 153]. Gelingt es, daß jede Konstruktion so ausgelegt wird, daß der End- und Gebrauchszustand einer Gründung eine mittige bezw. symmetrische Belastung aufweist, so kann man für die Ermittlung der Bettungszahlen einen „Endzustand" gemäß Bild 137 zugrunde legen. Hierbei sind tatsächlich veränderliche „Federn" maßgebend. Mit

$$\lambda = \frac{\lambda m}{\sqrt[4]{\omega(x)}} \qquad \text{und} \qquad \lambda_m = \sqrt[4]{\frac{E_s' L^4}{4 E I w_m}} ,$$

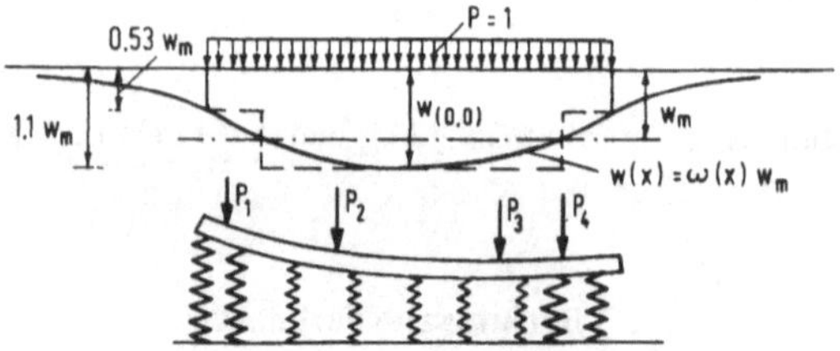

Abb. 137. Veränderliche Bettungszahl $\lambda_x = \frac{\lambda_m}{\sqrt[4]{\omega(x)}}$.

worin w_m nach Schleicher die mittlere Biegeordinate eines Rechtecks bedeutet, s. [134] und

$$L = 2\,l , \quad E_s' = \frac{E_s}{1 - \mu^2}$$

Es lautet die Differentialgleichung für eine Einzellast P = 1 an der Stelle x = ξ:

$$w(x)'''' + 4\,\lambda^4\, w(x) = \begin{cases} \frac{P}{E7} \text{ für } x = \zeta \\ O \text{ für } x \neq \zeta \end{cases}$$

Die Lösung für die Ermittlung von Einfluß- und Zustandslinien kann mit Hilfe des Anfangswertproblemes gefunden werden, s. [154]. Ein Teil der Einflußlinien ist in [155] zu finden. Die Bilder 138 und 139 zeigen Momentenlinien für eine mittige Last P in Abhängigkeit vom Parameter λ. Bei der Auswahl der Steifezahlen genügen die Werte von Kompressionsversuchen, s. Bild 140.

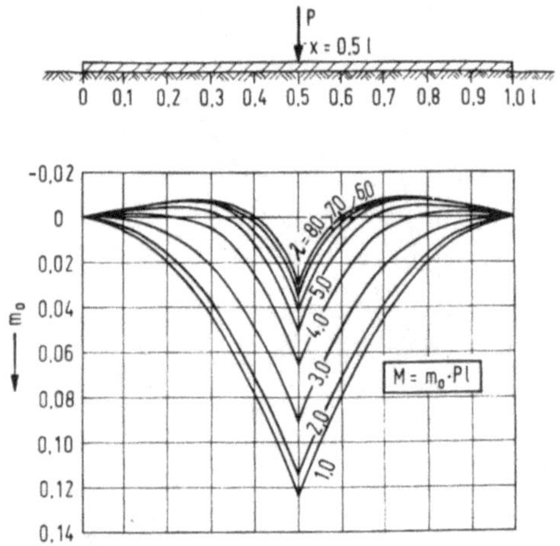

Abb. 138. Momentenverlauf für mittige Last mit λ als Parameter

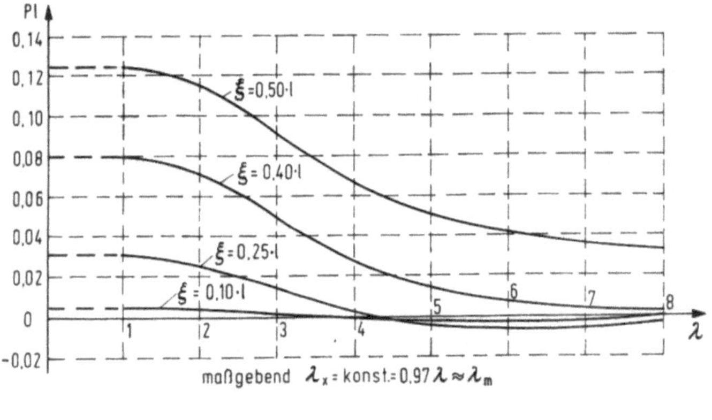

Abb. 139. Schnittstelle ξ für das Moment als Funktion von λ

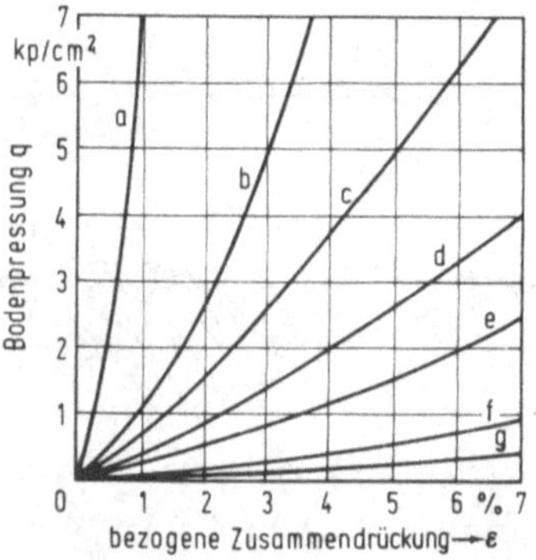

Abb. 140. Steifezahlen E_s

a)	Sand, dicht:	E_s = 500–800 kp/cm²
b)	Sand, locker:	E_s = 160–200 kp/cm²
c)	Ton, fest:	E_s = 80–100 kp/cm²
d)	Ton, steif-plastisch:	40– 80 kp/cm²
e)	Ton, weich-plastisch:	15– 40 kp/cm²
f)	Klei, Schlick:	5– 15 kp/cm²
g)	Moor, Torf:	1– 5 kp/cm²

11.3 Einfluß der Hochbausteifigkeit

Die Verformung des Bauwerkes beeinflußt die Sohldruckverteilung. Daher muß die Hochbausteifigkeit abgeschätzt werden. Ein mit Quer- und Längswänden und Decken räumlich ausgesteifter Hochbaukörper kann als starr gelten, wenn seine Verformungen bei den gegebenen Lasten klein gegenüber der mittleren Setzung des Bauwerkes sind [125].

Ein starres Bauwerk, stehe es auf einer Sohlplatte oder auf Einzelfundamenten, erzwingt eine im mittleren Teil annähernd gleichmäßige Bodenpressung, die erst an den Rändern zunimmt. Damit stimmen die in Einzelkräfte zerlegten Lasten von oben nicht mehr mit den von unten wirkenden Einzellasten überein, und es entstehen Zusatzbeanspruchungen. Diese gehen bei einer Gründungsplatte mit kleinem Trägheitsmoment voll in den Überbau, was nur allzu oft zu Rissen in Stahlbetonbauten geführt hat. Werden diese Zusatzbeanspruchungen im Hochbau nicht näher untersucht, dann hilft man sich durch Einlegen einer konstruktiven Bewehrung von etwa 0,3 % in die gefährdeten Stellen.

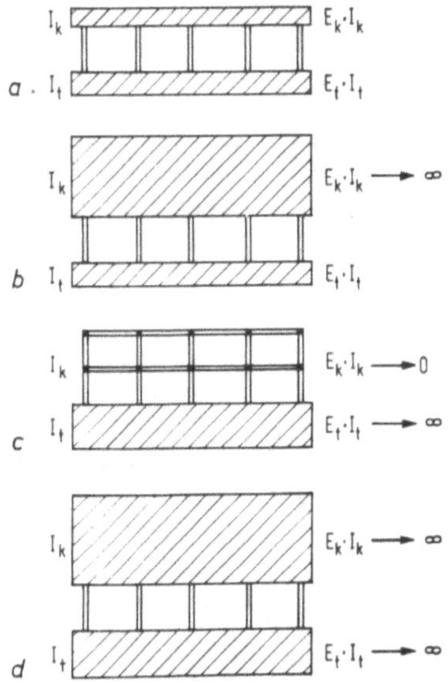

Abb. 141. Verschiedene Verhältnisse der Steifigkeit der Gründung zur Hochbausteifigkeit
a) $I_k \approx I_t$ und beide sind klein
b) $I_k \gg I_t$
c) $I_k \ll I_t$
d) $I_k \approx I_t$ und beide sind groß

Für die Einbeziehung der Hochbausteifigkeit in die Berechnung sind von *Schultze* [156], *Krsmanović* [157] und *Sommer* [158] klärende Darstellungen und Beispiele gegeben worden.

In Bild 141 sind nach [157] und [125] Bauwerke mit verschiedenen Verhältnissen der Steifigkeit des Überbaues I_k zu jener des Fundamentes I_t dargestellt. Bei a) mit $I_k \approx I_t$, und beide klein, wird das Bauwerk den Setzungen des Bodens ohne wesentliche Umlagerungen der Sohlpressung folgen können. Die Momente verteilen sich dann auf Gründungsplatte und Überbau anteilig. Bei b) ist der Fall des starren Hochbaues auf biegsamer Platte gegeben. Die zusätzlichen Momente werden allein vom Überbau aufgenommen. Bei c) ist der andere Grenzfall mit $I_k = 0$ gezeigt. Die Sohldruckverteilung ist genügend genau nach Boussinesq für einen starren Klotz anzunehmen. Sind in d) wieder beide Trägheitsmomente ungefähr gleich groß, aber beide groß, so sind im Grenzfall Überbau und Gründungsplatte beide starr. Es entstehen hierbei wieder Unterschiede zwischen den Kräften der Sohldruckverteilung nach Boussinesq und den Stützenkräften aus dem Überbau. Die Zusatzmomente verteilen sich auf Gründungsplatte und Aufbau.

Die Kenntnisse über das Zusammenwirken von Gründung und Hochbau sind also vor allem für die Kenntnisse des Sohldruckes maßgebend, während die Einrechnung von anteiligen Zusatzmomenten in den Überbau eine Maßnahme ist, die erst in neuerer Zeit Beachtung findet.

11.4 Schrifttum

[124] *DIN 4018:* Flächengründungen, Absch. 6.1

[125] *Fachnormenausschuß:* Flächengründungen und Fundamentsetzungen. Erläuterungen und Berechnungsbeispiele für die Anwendung der Normen DIN 4018 und DIN 4019, Blatt 1 (1959)

[126] *Grundbau-Taschenbuch:* Bd. 1, 2. Auflage: 1966

[127] *Betonkalender 1964:* Bd. 1, S. 194

[128] *Blaß:* Tafel zur Berechnung der Bodenpressung unter Grundkörpern mit rechteckiger Sohle. Bautechnik *20* (1942) S. 346

[129] *Hülsdünker,* A.: Maximale Bodenpressung unter rechteckigen Fundamenten bei Belastung mit Momenten in beiden Achsrichtungen. Bautechnik *41* (1964) S. 269

[130] *Miklós,* E.: Ausmittig gedrückte symmetrische Trapez- und T-Querschnitte bei Ausschluß von Zugspannungen. Bautechnik *41* (1964) S. 343

[131] *Föppl,* L.: Elastische Beanspruchung des Erdbodens unter Fundamenten. Forschung Bd. 12, Nr. 1, S. 31

[132] *Muhs,* H.: Neuere Entwicklung der Untersuchung und Berechnung von Flachfundationen. Schweiz. Bauzeit. *77* (1959) Nr. 19, S. 293/300

11.4.1 Steifezahlverfahren

[133] *Boussinesq,* J.: Application des potentiels à l'étude l'équilibre et du mouvement des solids élastiques. Paris: 1885

[134] *Schleicher,* F.: Zur Theorie des Baugrundes. Bauingenieur 7 (1926) Nr. 48, S. 931 u. Nr. 49, S. 949

[135] *Jelinek,* R.: Der Boden als querisotropes Medium. Berlin: 1948

[136] *De Beer,* E., *Lousberg,* u. *van Beveren:* Le calcul de poutres et plaques appuyées sur le sol. (1956) Auszug: Bauing. *35* (1960) Nr. 5, S. 183/189

[137] *Habel*, A.: Näherungsberechnung des auf dem elastisch-isotropen Halbraum aufliegenden elastischen Balkens. Bauing. *19* (1938) Nr. 5, S. 76

[138] *Ohde*, J.: Die Berechnung der Sohldruckverteilung unter Gründungskörpern. Bauing. *23* (1942) Nr. 14, S. 99 u. Nr. 16, S. 122

[139] *Kany*, M.: Berechnung von Flächengründungen. Berlin: 1959

[140] *De Beer*, E., H. *Graßhoff* u. M. *Kany:* Die Berechnung elastischer Gründungsbalken auf nachgiebigem Untergrund. Forschungsberichte des Landes Nordrhein-Westfalen: Nr. 1515. Köln-Opladen: 1966

[141] *Reissner*, E.: On the theory of beams on an elastic foundation. Federhofer-Girkmann-Festschrift. Wien: 1950, S. 87

[142] *Dimitrov*, N.: Plastizität und Verformung. „Aus Lehre und Forschung" Nr. 3. Carl Röhrig Vlg: Darmstadt: 1959, S. 49/69

11.4.2 Bettungszahlverfahren

[143] *Winkler*, E.: Die Lehre von der Elastizität und Festigkeit. Prag: 1867

[144] *Zimmermann*, H.: Die Berechnung des Eisenbahnoberbaues. 2. Aufl., Berlin: 1930

[145] *Pasternak*, P.: Die baustatische Theorie biegefester Balken und Platten auf elastischer Bettung. Beton und Eisen (1926) Nr. 9, S. 163 u. Nr. 10, S. 178

[146] *Swida*, W.: Die Berechnung des Balkens auf elastischer Bettung nach dem Verfahren der anfänglichen Parameter. Beton u. Stahlbeton *46* (1951) Nr. 9, S. 208 u. Nr. 10, S. 232

[147] *Orlov*, G. u. H. *Saxenhofer:* Balken auf elastischer Unterlage. Zürich: 1963

[148] *Wölfer*, K.-H.: Elastisch gebettete Balken. Wiesbaden: 1965

[149] *Bleich*, H.: Berechnung von Eisenbeton-Streifenfundamenten als elastisch gestützte Träger. Bautechnik *15* (1937), S. 477

[150] *Magnel*, G.: Stabilité des constructions. Bd. 3. Gent: 1948, S. 174

[151] *Levinton*, Z.: Elastic foundations analysed by the method of redundant reactions. Proceedings ASCE (1947) Nr. 12, S. 1529

[152] *Graßhoff*, H.: Das steife Bauwerk auf nachgiebigem Untergrund. Berlin: 1966

[153] *Graßhoff*, H.: Ein einfaches Näherungsverfahren zur Berechnung elastisch gebetteter Balken. Bautechnik *28* (1951) Nr. 8, S. 189

[154] *Dimitrov*, N.: Der Balken und die Platte als Gründungskörper. Habilitationsschrift: Universität (TH) Karlsruhe 1955

[155] *Hahn*, J.: Durchlaufträger, Rahmen und Platten. 10. Aufl. Werner Vlg. Düsseldorf: 1970

11.4.3 Einfluß der Hochbausteifigkeit

[156] *Schultze*, E.: Zur Definition der Steifigkeit des Bauwerks und des Baugrundes sowie der Systemsteifigkeit bei der Berechnung von Gründungsbalken und -platten. Bauing. *39* (1964) Nr. 6, S. 222

[157] *Krsmanović:* Influence de la continuité et de la rigidité sur le calcul des constructions et des poutres continues de la fondation. Ann. Trav. Publ. Belg. *108* (1955) S. 61; Auszug: Bauing. *33* (1958) Nr. 3, S. 111

[158] *Sommer*, H.: Beitrag zur Berechnung von Gründungsbalken und einseitig ausgesteiften Gründungsplatten unter Einbeziehung der Steifigkeit von rahmenartigen Hochbauten. VDI-Z. Fortschritt-Berichte Reihe 4, Nr. 3: Düsseldorf, 1965

IV. Knickfestigkeit

§ 12 Knickung

Knickung oder Knicken bedeutet Gleichgewichtswechsel bei Stabwerken (Balken, Bogen, Kreisring und Rahmen) unter äußeren Kräften, die eine kritische Größe P_k erreichen, s. auch 1.4.

Erstmalig wurde dieses Problem im Jahre 1744 von *Euler* [159] gelöst. Eine systematische Darstellung geben *Kollbrunner* und *Meister* [160], sowie *Vetter* [161], *Bürgermeister* [162], *Pflüger* [163] und *Timoshenko* [3]. Der Gleichgewichtswechsel wird auch Gleichgewichtsverzweigung genannt und wird durch eine homogene Differentialgleichung ausgedrückt. Diese lautet:

$$E\,I\,w''(x) + P_k\,w(x) = 0$$

bezw. (352)

$$E\,I\,M''(x) + P_k\,M(x) = 0$$

12.1 Knickung im elastischen Bereich

Die Lösung der homogenen Gleichung als Eigenwertproblem lautet:

$$P_k = \pi^2 \frac{E\,I}{l_k^2} = \alpha^2\,\pi^2 \frac{E\,I}{l^2} \tag{353}$$

Je nach den Randbedingungen erhält α verschiedene Werte:

1. Kragarm: $\alpha = 0{,}5$, bezw. die Knicklänge ist $l_k = 2\,l$,
2. Balken mit 2 drehbaren, unverschieblichen Stützen: $\alpha = 1$,
3. Beide Stützen eingespannt und unverschieblich: $\alpha = 2$, $l_k = \frac{1}{2}\,l$,

4. Einseitig eingespannter freigelagerter Balken: $\alpha = \sqrt{2}$, $l_k = l/\sqrt{2}$,
5. Beiderseits eingespannte, aber verschiebliche Stützen: $\alpha = 1$, bezw. $l_k = l$.
6. Elastisch eingespannte, unverschiebliche Stützen: mit den Drehfederkonstanten m_1 und m_2 erhält man die α-Werte nach Tafel 10. Mit $m_1 = \infty$ und $m_2 = \infty$ hat man den Fall 3, mit $m_1 = 0$ und $m_2 = 0$ den Fall 2, usw. Mit π multipliziert erhält man die Ergebnisse von [164].

Für den elastisch gebetteten Stab, wie z. B. ein Rammpfahl unter Normallast, sind in Tafel 11 Knicklasten für verschiedene Arten der Lagerung genannt.

Tafel 10. α-Werte für die Knicklänge $l_k = \dfrac{l}{\alpha}$ des elastisch eingespannten Balkens

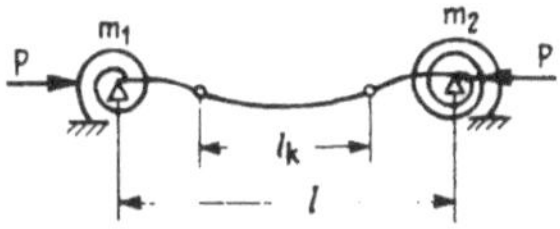

$$m_1 = \frac{M_1 l}{EI} \qquad l_k = l/\alpha$$

$$m_2 = \frac{M_2 l}{EI} \qquad P_k = \alpha^2 \frac{\pi^2 EI}{l^2}$$

m_1 \ m_2	0	0,1	0,2	0,5	1	2	5	10	50	∞
0	1,00	1,04	1,07	1,14	1,22	1,30	1,37	1,39	1,41	1,42
0,1	1,04	1,08	1,11	1,18	1,26	1,33	1,40	1,45	1,47	1,47
0,2	1,07	1,11	1,14	1,22	1,30	1,37	1,44	1,47	1,50	1,51
0,5	1,14	1,18	1,22	1,30	1,38	1,45	1,53	1,57	1,59	1,60
1	1,22	1,26	1,30	1,38	1,46	1,54	1,63	1,66	1,69	1,70
2	1,30	1,33	1,37	1,45	1,54	1,64	1,73	1,76	1,79	1,80
5	1,37	1,40	1,44	1,53	1,63	1,73	1,83	1,87	1,90	1,91
10	1,39	1,45	1,47	1,57	1,66	1,76	1,87	1,91	1,94	1,95
50	1,41	1,47	1,50	1,59	1,69	1,79	1,90	1,94	1,98	1,99
∞	1,42	1,47	1,51	1,60	1,70	1,80	1,91	1,95	1,99	2,00

Hierbei bedeutet E_s den Bettungsmodul. Die Parameter α und β für die Lagerungsarten 4 und 5 werden durch eine angegebene Zusatzgleichung ermittelt.

Die Lösung der Gl. (353) nennt man auch die *Euler'sche Knicklast*. Bei komplizierten Auflagerbedingungen und veränderlicher Biegesteifigkeit, s. auch [167, 168], ist die Lösung der Gl. (352) nicht leicht. Mathematisch einfacher

Tafel 11. Knicklasten für verschiedene Lagerungen des elastisch gebetteten Balkens

Nr.	Art der Lagerung		Knicklast
1	Auflager frei drehbar oder eingespannt	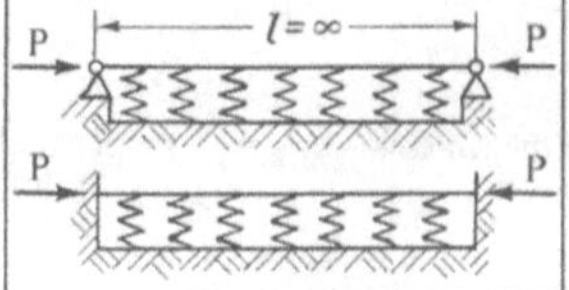	$P_k = 2\sqrt{E_s EI}$
2	linkes Ende frei, rechtes drehbar linkes Ende frei, rechtes eingespannt	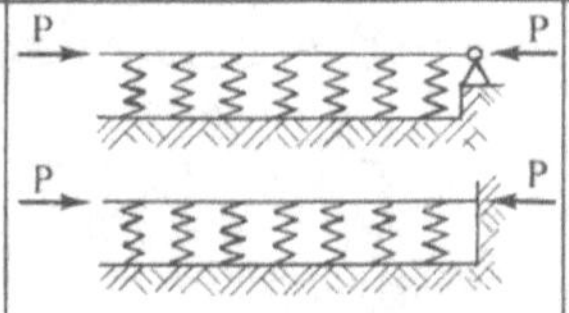	$P_k = \sqrt{E_s EI}$
3	Enden frei drehbar, elastisch verbunden an starrem Balken, der frei beweglich ist	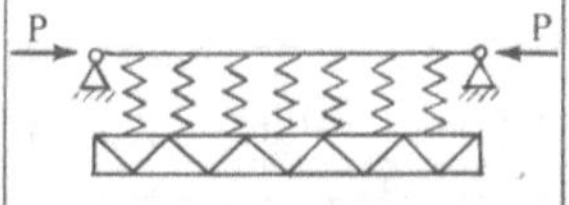	$P_k = \sqrt{E_s EI}$
4	Freigelagerter, unendlicher Stab mit Kragarm	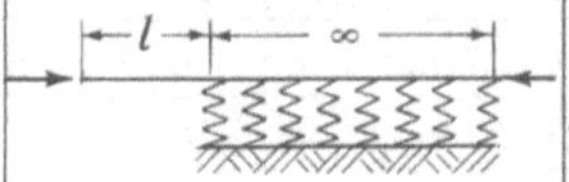	$P_k = \alpha^2\pi^2 EI/l^2$ α aus der Gl.: $\sqrt{\frac{E_s l^4}{EI}} = \frac{\alpha^2\pi^2}{1 - \sin\alpha\pi}$
5	Freigelagerter Stab mit freiem Mittelstück	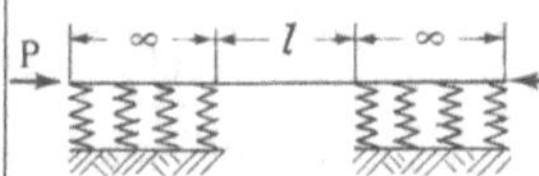	$P_k = \beta^2\pi^2 EI/l^2$ β aus der Gl.: $\sqrt{\frac{E_s l^4}{EI}} = \frac{\beta^2\pi^2}{1 + \cos\frac{\beta\pi}{2}}$

Nr. 1, 2, 4 und 5 entnommen aus [165]; Nr. 3 aus [166]

und in allen Fällen anwendbar ist dann die Energiemethode. Eine vereinfachte Form davon ist das *Rayleigh'sche Verfahren,* das wiederum eine Art *Ritz'sches Verfahren* ist. Es liefert die kritischen Lasten als Quotienten zweier bestimmter Integrale:

$$P_k = \frac{\int_0^l E\,I(x)\left[\frac{d^2 w}{dx^2}\right]^2 dx}{\int_0^l \left[\frac{dw}{dx}\right]^2 dx} \tag{354}$$

Die Näherung besteht darin, daß hier $w(x)$ eine gewählte Biegelinie ist. Die angenäherte Knicklast P_k liegt schon bei mäßig genauen Schätzwerten der Vergleichsfunktion $w(x)$ dicht am genauen Wert. Die *kritischen Spannungen* σ_{kr} im elastischen Bereich bilden die *Euler-Hyperbel,* s. Bild 142 Kurve a. Sie gilt bis zu $\sigma_{kr} = \sigma_p$, wobei σ_p die Spannung an der Proportionalitätsgrenze des Baustoffes bedeutet. Ihre Gleichung lautet:

$$\sigma_{kr} = \frac{P_k}{F} = \pi^2 \frac{E}{\lambda^2} \tag{355}$$

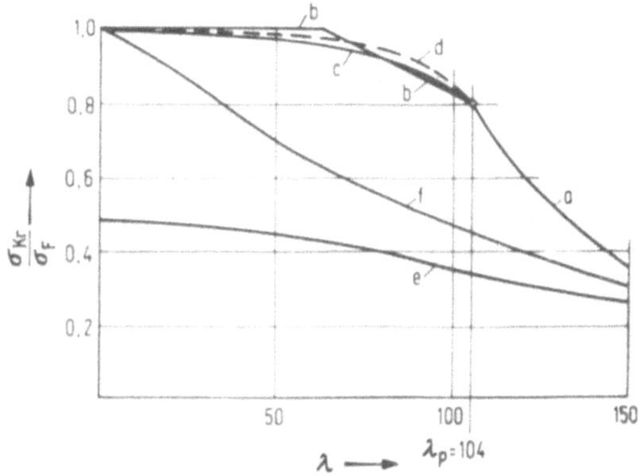

Abb. 142. Knick- und Tragspannungen für St 37 bezogen auf die Fließgrenze σ_F
a) Eulerhyperbel
b) Tetmayer-Gerade
c) Verlauf nach Engesser-Shanley
d) Verlauf nach Engesser-Kármán
e) Tragspannungen bei Außermittigkeit
f) Tragspannungen bei Vorkrümmung

Darin sind:

λ der Schlankheitsgrad, $= l_k/i$
mit $l_k = l/\alpha$ als Knicklänge und
$i = \sqrt{I/F}$ = Trägheitsradius.

Die Knickung, bezw. die Biegedrillknickung der dünnwandigen elastischen Stäbe gehört zu den räumlichen Problemen, s. § 25 (Schalenbeulung) und DIN 4114.

Weitere Knickprobleme sind:

12.1.1 Druckgurte mit federnder Querstützung.

Sie liegen vor bei Brücken mit tief liegender Fahrbahn ohne oberen Windverband. Für die Druckgurte, die durch Rahmenstäbe federnd gestützt sind, muß die kritische Last nachgewiesen werden. Für ihre Berechnung sei auf die zahlreiche Literatur [169 bis 175] verwiesen. Näherungslösungen sind in DIN 4114 gegeben, wo auch Hinweise für eine genaue Berechnung zu finden sind.

12.1.2 Knickung von Bogenträgern

Hierbei ist das sogenannte antimetrische Knicken maßgebend. Eine einfache Näherungslösung für Zweigelenkbogen und eingespannte Bogen sind in [69] abgeleitet. Für den Zweigelenkbogen gilt:

$$H_k = \frac{\pi^2}{1 + 1{,}74\left(\frac{2f}{l}\right)^2} \; \frac{EI}{\left(\frac{l}{2}\right)^2} \tag{356}$$

und für den eingespannten Bogen:

$$H_k = \frac{20{,}189}{1 + 0{,}696\left(\frac{2f}{l}\right)^2} \; \frac{EI}{\left(\frac{l}{2}\right)^2} \tag{357}$$

Ähnliche Formeln sind bei *Dischinger* [176] und *Stüssi* [177] zu finden. Allgemeine Lösungen geben *Fritz* [178] und *Nasarow* [179]. Versuche von *Gaber* [180] zeigten, daß sich Dreigelenkbogen mit großem Pfeilverhältnis $2f/l$ hinsichtlich Knickfigur und Knicklast genau wie Zweigelenkbogen verhalten. Über das Kippen von Schalenbogen unter antimetrischer Belastung macht

Kollár [181] wertvolle Angaben. Für Stahlbogen gibt DIN 4114 die Möglichkeit, eine Spannungsberechnung nach der Theorie 2. Ordnung durchzuführen (s. 10.2). Für Stahlbetonbogen verlangt DIN 1075 einen Nachweis der Knicksicherheit getrennt für mittige und außermittige Belastung mit Hilfe des *Engesser-Kármán'schen Knickmoduls* T_k.

12.1.3 Knickung freistehender Rahmen

Für die Knickung der Stiele freistehender Rahmen finden sich Hinweise auf Näherungslösungen in DIN 4114 Bl. 1 und 2. Die Knicklängen $l_k = \beta\, l$, worin l die Höhe der Stiele bedeutet, ermittelt man aus dem Faktor β. Für die β-Werte sind, je nach Rahmenart, nähere Angaben gemacht. Genauere Formeln s. *Tölke* [27, S. 273] und [182] bezw. [160 bis 163].

12.1.4 Knickfestigkeit von mehrteiligen Stäben

Mehrteilige Stäbe werden in dem Augenblick von Querkräften beansprucht, in dem Verbiegungen auftreten. Ihnen haben die Querverbände (Bindebleche für den Rahmenstab bezw. Gitterstäbe für den Gitterstab) einen ausreichenden Widerstand entgegenzusetzen. Für die praktische Berechnung gibt DIN 4114 Anleitung. Formeln für die kritischen Lasten leiteten zuerst *Prandtl* [186] und *Timoshenko* [187] ab. Ausführliches findet sich bei *Engesser* [183], *Krohn* [184] und *Müller-Breslau* [185].

12.2 Knickung im überkritschen Bereich

Der Fall der Knickung im überkritischen Bereich hat bei den Stabwerken nur eine theoretische Bedeutung. Das Gleichgewicht am verformten Element, s. Bild 22, führt zu den drei simultanten Differentialgleichungen (31) bezw. (31a). Nimmt man das obere Vorzeichen für die Druckkraft an, dann gehen die 3 Gleichungen über in die nichtlineare Gleichung:

$$\frac{M}{EI}\left[\frac{d^2}{dx^2}\left(\frac{M^2}{2EI}\right) + P\cos\varphi_0 + \frac{M^2}{2EI}\right] = 0 \tag{358}$$

Im Falle eines konstanten elastischen Stoffgesetzes (E = konst.) lautet die Lösung, s. *Tölke* [27, S. 251]:

$$M = \sqrt{2EI(\cos\varphi - \cos\varphi_0)}$$

Aus der Gleichung für die Bogenlänge

$$s = \int_{\varphi_0}^{\varphi} \frac{d\varphi}{\sqrt{\frac{4P}{EI}\left(\sin^2\frac{\varphi_0}{2} - \sin^2\frac{\varphi}{2}\right)}}$$

mit $\varphi = 0$ und $s = \frac{l}{2}$ erhält man die kritische Last zu:

$$P = \frac{4EI}{l^2} K^2(k) \tag{359}$$

Darin stellt K das *vollständige elliptische Normalintegral* erster Gattung dar und $k = \sin\varphi_0/2$. Den kleinsten Wert erhält man für $\varphi_0 = 0$ (Beginn des Knickens), d. h. $K(0) = \pi/2$:

$$P_{min} = P_{Euler} = P_k = \frac{\pi^2 EI}{l^2}$$

Für den Biegepfeil f hat man die Gleichung:

$$f = l \frac{\sin\varphi_0/2}{K(\sin\varphi_0/2)} \tag{360}$$

mit dem maximalen Wert $f = 0{,}403\, l$ bei $\varphi_0 = 113°$. Die dazugehörige kritische Last ist etwa die 1,3-fache *Euler*-Last. In Bild 143 ist dieser Verlauf als Kurve 3 gekennzeichnet. Beim Beulen der Platten (§ 24) und bei der Schalenbeulung (§ 25) hat der überkritische Bereich eine besondere Bedeutung. Im Leichtmetallbau (z. B. Flugzeug- und Raketenbau) wird mit $P > P_k$ eine Verfestigung bezw. eine zusätzliche Stabilisierung erreicht.

12.3 Knickung im plastischen Bereich

Überschreitet die Knickspannung die Proportionalitätsgrenze bei λ_p (Bild 142), dann ist nicht mehr der konstante E-Modul maßgebend, sondern der entsprechende Tangentenmodul $T(\epsilon)$:

$$T(\epsilon) = d\sigma / d\epsilon\,,$$

so daß die kritische Last jetzt allgemein lautet:

$$P_k = \pi^2 \frac{ET(\epsilon)}{l_k^2} \tag{361}$$

Diese Formel wurde von *Engesser* [188] im Jahre 1889 angegeben. Sie wurde erst im Jahre 1946 bestätigt, nachdem *Shanley* [189] durch sorgfältige Versuche den bis dahin üblichen *Engesser-Kármán'schen* Knickmodul T_k kritisiert hatte. Der Tangenten-Modul $T(\epsilon)$, der bereits im Flugzeugbau Verwendung fand, wird nun nach *Engesser-Shanley* benannt. Man kann in der Tat nachweisen, s. [1], daß die Knickformel mit T_k

$$P_k = \frac{\pi^2 T_k I}{l^2} \tag{362}$$

einen labilen Zustand darstellt. *Engesser* hatte nach einem Einwand im Jahre 1895 seine erste richtige Formel Gl. (361) in die Gl. (362) abgeändert, die von *Kármán* [190] bestätigt und ein halbes Jahrhundert als richtig angesehen wurde.

Bereits 80 Jahre nach *Euler* hat *Navier* (1826) eine recht zutreffende Vorstellung über den Knickvorgang gehabt. Für Schmiedeeisen können seine Angaben als eine Gerade

$$\sigma_k = 3{,}0 - 0{,}012\,\lambda \tag{363}$$

für die Knickspannungen ausgedrückt werden. Erst 1896 gab *Tetmayer* seine aus Versuchen entwickelte Formel zu

$$\sigma_k = 3{,}03 - 0{,}0127\,\lambda \tag{364}$$

an, s. [25] und Bild 142 Kurve b. Die genauen kritischen Spannungen im plastischen Bereich lauten damit:

$$\sigma_k = \frac{\pi^2 T(\epsilon)}{\lambda^2}, \tag{365}$$

worin $T(\epsilon)$ den Tangentenmodul bedeutet, s. z.B. Bild 43. Wegen der unvermeidlichen Außermittigkeiten ist natürlich die kritische Knickspannung sowohl im elastischen als auch im plastischen Bereich eine *obere Schranke.* Maßgebend hierfür sind die Tragspannungen (Bild 142, Kurve e und f), s. auch § 13 Knickbiegung. Werden diese *Tragspannungen* nicht nachgewiesen, so verlangen die deutschen Hochbauvorschriften (Omega-Verfahren) für Stahlbauten im elastischen Bereich eine erhöhte Knicksicherheit von 2,5 und im plastischen Bereich eine zwischen 1,71 und 2,5 veränderliche, s. auch § 13.3. Für die sogenannten nichtkonservativen Knickfälle (veränderliche Richtung der Knicklast) wird auf die Literatur [198 und 199] verwiesen.

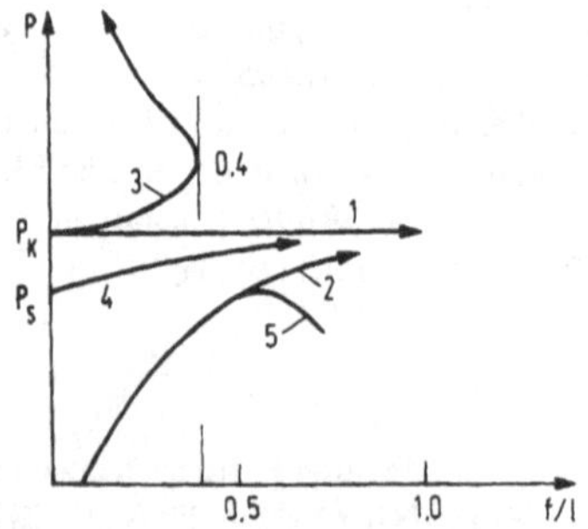

Abb. 143. Knicklasten und Verzweigungen
1) Knicken im elastischen Bereich
2) Knickbiegung (s. § 13)
3) Überkritischer Bereich
4) Knicken im plastischen Bereich
5) Knickbiegung im plastischen Bereich (s. § 13)

12.4 Kippen

12.4.1 Allgemeines

Ein Balkenträger, der lotrecht auf Biegung beansprucht wird und dessen Querschnitt Hauptachsen von sehr verschiedenen Trägheitsmomenten besitzt, hat das Bestreben, seitlich auszuweichen, sobald die Belastung einen gewissen kritischen Betrag erreicht. Die Vertauschung dieser geraden lotrechten Biegungsebene mit einer gekrümmten bei Ausnutzung der Torsionssteifigkeit, nennt man Kippen (Bild 144).

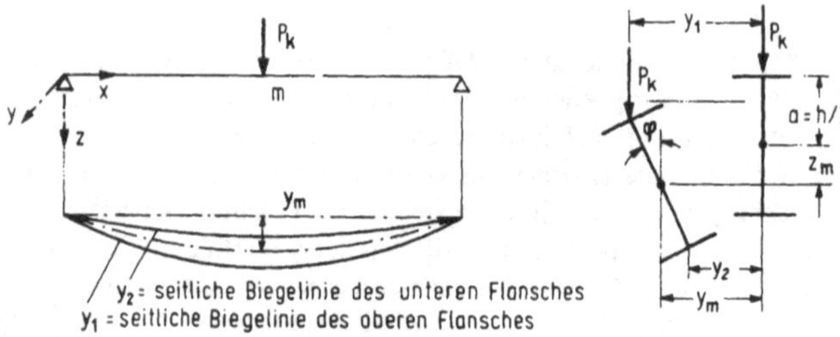

Abb. 144. Trägerkippung

Mit B wird die Biegesteifigkeit bezeichnet, mit C die Torsionssteifigkeit:

$$B = E\,I_y\,, \tag{366}$$

$$C = 0{,}385\,E\,I_T\,. \tag{366a}$$

Aus $C = G\,I_T = \frac{E}{2(1+\mu)} \cdot J_T$, für $\mu = 0{,}3$.

I_T nennt man Torsionswiderstand. Für einen Rechteckquerschnitt ist $I_T = a b t^3$, wobei t die kleinere Seite des Rechteckes bedeutet (s. Tafel 12).

Tafel 12. a-Werte für den Torsionswiderstand $I_T = a b t^3$ des Rechteckquerschnittes für verschiedene Verhältnisse b/t (t = kleinere Seite des Rechteckes)

b/t	1	2	3	4	5	10	∞
a	0,14	0,23	0,26	0,28	0,29	0,31	0,33

Bei zusammengesetzten Querschnitten wie I, ⊂ oder IPB wird einfach durch Superposition das maßgebende I_T ermittelt, das sich, da es sich um sehr schmale Querschnitte handelt ($a \cong 1/3$) wie folgt ergibt:

$$J_T = \frac{1}{3}\,\Sigma\, b t^3 \tag{367}$$

Aus der gekrümmten Gleichgewichtslage nach Bild 144 folgen die Differentialbeziehungen:

$$\left.\begin{aligned} M_1 &= -EJ_{Fl}\left(y'' + \frac{h}{2}\varphi''\right), \\ M_2 &= -EJ_{Fl}\left(y'' - \frac{h}{2}\varphi''\right), \\ M_T &= C\varphi'. \end{aligned}\right\} \tag{368}$$

Aus diesen gekoppelten Differentialgleichungen für das Biege- und Torsionsmoment erhält man eine homogene Differentialgleichung für den seitlichen Auslenkungswinkel φ. Hieraus lassen sich sechs Integrationskonstanten ermitteln, die durch sechs vorzuschreibende Randbedingungen bestimmt werden. Führt man diese sechs Randbedingungen in die allgemeine Lösung ein, so erhält man ein System von sechs linearen, homogenen Gleichungen. Wie bei allen Eigenwertproblemen gilt hier die Alternativlösung. Eine von Null verschiedene Lösung erhält man, wenn die Koeffizientendeterminante Δk verschwindet. Somit ist die Gleichung $\Delta k = 0$ die gesuchte Kippbedingung zur Bestimmung der kleinsten Kipplast. Sie kann auch mit Hilfe des Energieprinzips, d. h. Formänderungsarbeit gleich Arbeit der äußeren Kräfte, leicht abgeleitet werden.

12.4.2 Kritische Kipplasten für einige Belastungsfälle

Die Kipperscheinungen behandelten zuerst L. *Prandtl* [191] und *Michell* [192] für den Rechteckquerschnitt. Die Gleichungen für den doppelt symmetrischen I-Träger sind von *Timoshenko* [193] abgeleitet. Eine praktische Näherungslösung gibt dafür auch *Stüssi* [194]. Das Kipp-Problem des auf Druck und reine Biegung beanspruchten I-Trägers mit verschiedenen Flanschen entwickelt näherungsweise H. *Bleich* [195]. Eine umfassende Bearbeitung der Kippstabilität von symmetrischen I-Trägern stammt von *Chwalla* [196]. Es wird hier die kritische Last für einige Belastungsfälle mit Hilfe der k-Zahlen (nach Chwalla und Timoshenko angegeben). Die kritische Kipplast lautet:

$$P_k = N \cdot k_n \,, \quad \text{mit } N = \frac{\sqrt{BC}}{l^2} \qquad (369)$$

wobei $B = 2 E J_{Fl}$, und damit

$$N = \frac{0{,}877\, E}{l^2} \sqrt{J_{Fl}\, J_T} \qquad (370)$$

Die Nummern n von k_n stimmen mit denen der Arbeit von Chwalla überein. Sie sind von dem Parameter:

$$\beta = \frac{B}{C} \left(\frac{h}{2l}\right)^2 = 5{,}2 \frac{J_{Fl}}{J_T} \left(\frac{h}{2l}\right)^2 \qquad (371)$$

abhängig. (Dieser Parameter ist in DIN 4114, Blatt 2, 15.1.3 mit χ bezeichnet). In der folgenden Tafel 13 sind einige wichtige Belastungsfälle übersichtlich dargestellt.

Tafel 13. Werte für k_n nach Gl. (369) für verschiedene Systeme und Belastungen und verschiedene Werte für den Parameter β

Belastungsfall	P_k	$\beta =$	0	0,05	0,10	0,15	0,20	0,25	0,50	0,75	1,00
1 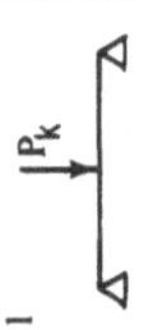	$N \cdot k_5$	$k_5 =$	17	20	23	26	30	33			
2 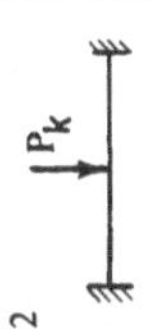	$N \cdot k_8$	$k_8 =$	27	46	59	70	80	88			
3 	$N \cdot k_{10}$	$k_{10} =$	27	34	40	44	48	51			
4 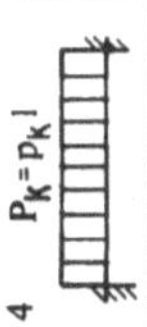	$N \cdot k_{13}$	$k_{13} =$	48	85	109	127	145	162			
5 	$N \cdot k_4$	$k_4 =$	4,0	6,4	7,5	8,4	9,2	9,8	12,2	14,0	15,6

Es ist dabei zu bemerken, daß die freie Lagerung gegen seitliches Ausweichen gesichert ist. (Gabellagerung.) Der Angriffspunkt der Lasten ist hier im Schwerpunkt des I-Querschnitts vorausgesetzt. Bild 145 gibt eine graphische Darstellung der k_n.

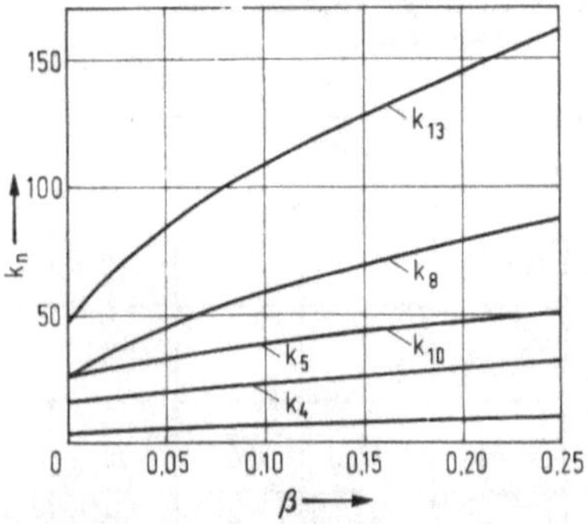

Abb. 145. k_n-Werte in Abhängigkeit vom β-Wert (zu Gl. 369 und 371)

12.4.3 Nachweis der Kippsicherheit

Nach DIN 4114 Bl. 1, Abschn. 15 muß eine ausreichende Kippsicherheit nachgewiesen werden. (Eine solche ist $\nu_k \geqq 1{,}71$ für die Hauptkräfte und $\nu_k \geqq 1{,}5$ für Haupt- und Zusatzkräfte.)

$$\nu_k = \frac{\sigma_k}{\sigma_{max}}$$

σ_k bedeutet die abgeminderte Kippspannung $\sigma_{\nu k}$, wenn man mit der idealen Kippspannung σ_{ki} in die Tafel 7 bzw. Bild 21 der DIN 4114 (§ 17) geht,

$$\sigma_{ki} = \frac{M\,(P_k)}{W_x}$$

12.4.4 Zahlenbeispiel

Als Beispiel sei der frei aufliegende Träger nach [197] mit einer am oberen Flansch angreifenden gleichmäßig verteilten Last $p = 2{,}6$ Mp/m und einer Spannweite $l = 10$ m angenommen. Die Gesamtlast $P = 26$ Mp. Ohne Berücksichtigung des Kippens genügt dafür ein I-Träger 475 mit $W_x = 2380\ \text{cm}^3$, $I_y = 2\, I_{Fl} = 2090\ \text{cm}^3$ und $h = 47{,}5 - 2{,}56 = 44{,}94$ cm. Nach Gl. (367) erhält man:

$$J_T = \frac{1}{3}\,(2 b_1 t_1^3 + b_3 t_3^3), \quad \text{mit } b_3 = 47{,}5 - 2 \cdot 2{,}56 = 42{,}38\ \text{cm},$$

$$J_T = \frac{1}{3}\,(2 \cdot 17{,}8 \cdot 2{,}56^3 + 42{,}38 \cdot 1{,}71^3) = 270\ \text{cm}^4.$$

Aus Gl. (371) ist:

$$\beta = 5{,}2 \frac{J_{Fl}}{J_T} \cdot \left(\frac{h}{2l}\right)^2 = 5{,}2 \frac{1045}{270} \cdot \left(\frac{44{,}94}{2000}\right)^2 = 0{,}01$$

Somit ist für den Lastfall 3 nach Tafel 13 $k_{10} = 29$.

Mit

$$N = \frac{0{,}877\ E}{l^2} \sqrt{J_{Fl}\, J_T} = \frac{0{,}877 \cdot 2100}{1000^2} \sqrt{1045 \cdot 270} =$$

$$= \frac{0{,}877 \cdot 2{,}1 \cdot 530}{1000} = 0{,}98$$

wird

$$P_k = 0{,}98 \cdot 29 = 28{,}5\ \text{Mp}, \quad M_{ki} = \frac{28{,}5 \cdot 10}{8} = 35{,}7\ \text{Mpm},$$

$\sigma_{ki} = \dfrac{35{,}7 \cdot 10^5}{2380} = 1500\ \text{kp/cm}^2$. Da bei St 37 $\sigma_p = 1920$, so ist

$\sigma_{ki} = \sigma_{\nu k} = \sigma_k = 1500\ \text{kp/cm}^2$. $\sigma_{max} = \dfrac{26 \cdot 10^3\, 10^3}{8 \cdot 2380} = 1370\ \text{kp/cm}^2$.

Demnach $\nu_k = \dfrac{1500}{1370} = 1{,}095$ ($< 1{,}71$, mithin unzulässig).

Für einen I 550 ergibt sich $\nu_k = 1{,}62$. Erst für einen I 600 ist $\nu_k = 2{,}33 > \nu_{k\,erf} = 1{,}71$.

12.5 Schrifttum

[159] *Stüssi,* F.: 200 Jahre Eulersche Knickformel. Schweiz. Bauztg. (1944), S. 1

[160] *Kollbrunner,* C. F., u. M. *Meister:* Knicken, Biegedrillknicken, Kippen. Berlin: 1961

[161] *Vetter,* H.: Stabwerkknickung. Berlin: 1960

[162] *Bürgermeister,* G., H. *Streup* u. H. *Kretzschmar:* Stabilitätstheorie. Bd. 1 u. 2. Berlin: 1963

[163] *Pflüger,* A.: Stabilitätsprobleme der Elastostatik. Berlin: 1950

[164] *Lundquist,* E. E., u. W. D. *Kroll:* Tables of Stiffness and Carry-Over Factor for Structural Members under Axial Load. NACA, Techn. Note 625 (1938)

[165] *Hetènyi,* M.: Beams on Elastic Foundation. Univ. of Michigan Press. Ann. Arbor: 1946

[166] *Goodier,* I. N.: Some Observations on Elastic Stability. Proc. 1st US Natl. Congr. Appl. Mech. 1952, S. 193/202

[167] *Dimitrov,* N.: Ermittlung konstanter Ersatz-Trägheitsmomente für Druckstäbe mit veränderlichen Querschnitten. Bauing. *28* (1953) Nr. 6, S. 208/11

[168] *Tölke,* F.: Bauing. *10* (1929) S. 600

[169] *Bleich,* F.: Eisenbau *10* (1919) S. 117 und „Theorie und Berechnung der eisernen Brücken". Berlin: 1924

[170] *Kriso,* K.: IVBH (1935) Nr. 3, S. 271, sowie Stahlbau (1941) S. 117 u. Stahlbau (1942) S. 5 u. 32

[171] *Hartmann,* F.: Knickung, Kippung, Beulung. Wien: 1937, sowie Stahlbrücken Bd. 1. Wien: 1946

[172] *Schwenda,* F.: Bauing. *9* (1928) S. 535

[173] *Chwalla,* E.: Bauing. *10* (1929) S. 443 u. Stahlbau (1941) S. 33

[174] *Brunner,* I.: Knickstabilität der Obergurte oben offener Brücken. Schweiz. Bauztg. *67* (1949) S. 541

[175] *Cornelius,* W.: Der elastisch gebettete Druckstab als Spannungsproblem. Diss. T. H. Darmstadt: 1944

[176] *Dischinger,* F.: Bauing. (1939) S. 290

[177] *Stüssi,* F.: Schweiz. Bauztg. *106* (1935) S. 132

[178] *Fritz,* B.: Theorie und Berechnung vollwandiger Bogenträger. Diss. T. H. Karlsruhe: 1933

[179] *Nasarow:* Bautechnik (1936) S. 114

[180] *Gaber:* Bautechnik (1934) S. 646

[181] *Kollár,* L., u. Z. *Gárdonyi:* Kippen von Schalenbogen unter antimetrischer Belastung. Acta Technica Acad. Scient. Hungaricae. *59* (1967) Nr. 1 u. 2, S. 243/64

[182] *Dimitrov,* N.: Bauing. *28* (1953) Nr. 1, S. 19/22

[183] *Engesser,* F.: Zentralbl. d. Bauverw. (1908) S. 483 u. (1909) S. 133

[184] *Krohn,* R.: Zentralbl. d. Bauverw. (1908) S. 559

[185] *Müller-Breslau:* Eisenbau (1911) S. 443 u. 483

[186] *Prandtl:* VDI-Z. (1907) S. 1867

[187] *Timoshenko:* Z. f. Math. und Phys. *58* (1910) Nr. 4

[188] *Engesser,* F.: VDI-Z. (1889) S. 927

[189] *Shanley,* F. R.: Inelastic column theory. Jour. Aer. Soc. *13* (1946) S. 261

[190] *v. Kármán,* Th.: Die Knickfestigkeit gerader Stäbe. Phys. Z. *9* (1908) S. 136

[191] *Prandtl:* Diss. München: 1899

[192] *Michell:* Philosophical Magazine *48* (1899) S. 298
[193] *Timoshenko:* Ber. Polytechn. Inst. Kiew: 1910; Ann. Ponts Chauss. *16* (1913) Nr. 4, S. 73
[194] *Stüssi,* F.: Abh. IVBH *3* (1935) S. 401
[195] *Bleich,* F.: Stahlhochbauten. Bd. 2 Berlin: 1933; sowie Vorb. zum 2. Kongress d. IVBH in Berlin: 1936, S. 907
[196] *Chwalla:* Die Kippstabilität gerader Träger mit doppelsymmetrischen I-Querschnitt. Forschungshefte a. d. Geb. d. Stahlbaues (1939) Nr. 2
[197] Stahl im Hochbau, 12. Aufl. 1953, S. 491
[198] *Ziegler,* H.: Principles of Structural Stability. Waltham, Massachusetts: 1968
[199] *Leipholz,* H.: Stabilitätstheorie. Stuttgart: 1968

§ 13 Knickbiegung

Die maßgebenden Gleichungen für das Gleichgewicht bei Knickbiegung sind die folgenden inhomogenen Differentialgleichungen:

$$\left.\begin{aligned} &EI\, w''(x) + Pw(x) = -M_0(x) \\ \text{bezw.}\quad & \\ &M''(x) + \frac{P}{EI}\, M(x) = -q(x) \end{aligned}\right\} \qquad (372)$$

Wie bei der Lösung der Differentialgleichung (47) im Abschnitt 2.6 stoßen wir hier auf trigonometrische Funktionen, wenn P der Gl. (372) bezw. H der Gl. (47) eine Druckkraft ist, s. auch die Gln. (47a bis c) und die Bilder 29 bis 32.

Mit dem Zusatzmoment $Pw(x)$ wird die Verformung $w(x)$ berücksichtigt, sonst aber werden die Verzerrungen wie bei der gewöhnlichen Balkenbiegung klein angenommen. Dadurch wird das Problem linearisiert. Solange auch die Druckkraft P konstant und unabhängig von der Querlast $q(x)$ bleibt, kann das Überlagerungsprinzip oder das Superpositionsgesetz verwendet werden, s. auch Berechnung der Hänge- und Bogenbrücken in § 10.

Mit $P = 0$ geht die *Knickbiegung* der Gl. (372) in die *reine Biegung* der Gl. (43a und b) über. Ebenso gilt mit $M_0 = 0$ bezw. $q(x) = 0$ die Gl. (352) der *reinen Knickung.* Demnach kann die Knickbiegung sowohl ein allgemeines Spannungsproblem als auch ein allgemeines Stabilitätsproblem bedeuten. Die Ermittlung des Spannungsproblems – hierfür ist die Spannungstheorie 2. Ordnung maßgebend – ist aufschlußreicher als das Knickproblem.

13.1 Balkendruckbiegung

Wenn die Querlast q (x) eine Vorverformung bezw. ein M_0-Moment erzeugt, die der ersten Halbwelle der Knickfigur affin oder nur vergleichsweise ähnlich verlaufen, dann wachsen Verformungen und Biegemomente sehr rasch und das Tragvermögen wird ohne Gleichgewichtswechsel erschöpft, s. Bild 143, Kurve 2. Da wir es mit einem nichtlinearen Problem zu tun haben, darf die Bemessung nicht nach zulässigen Spannungen erfolgen. Bildet demgegenüber die Knickung die Grundlage der Berechnung, dann ergibt sich zwangsläufig eine Bemessung nach dem Omega-Verfahren, das allerdings viel Anlaß zu Kritik gibt.

Die Normalspannungen, deren Verlauf in Bild 142 als e und f gezeigt ist, nennt man Tragspannungen. Einem außermittig belasteten Stab nach Bild 146 entspricht die Differentialgleichung (372) in der Form

$$E I\, w''(x) + P\, w(x) = -P a \tag{373}$$

Die Lösung lautet, s. Gl. (50d):

$$w(x) = a \left[\frac{\sin\varphi\,(1 - \frac{x}{l})}{\sin\varphi} + \frac{\sin\varphi\,\frac{x}{l}}{\sin\varphi} - 1 \right] \tag{374}$$

$$M(x) = P a \left[\frac{\sin\varphi\,(1 - \frac{x}{l})}{\sin\varphi} + \frac{\sin\varphi\,\frac{x}{l}}{\sin\varphi} \right] \tag{375}$$

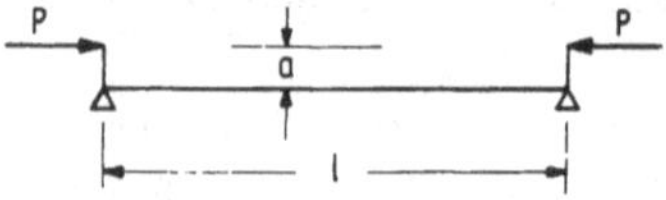

Abb. 146. Exzentrisch belasteter Stab

Beachtet man die Näherungsgleichung (55a) für die *Green*'sche Funktion, wobei nur die erste Sinuswelle zählt, dann erhält man für das Maximalmoment in der Feldmitte:

$$M_{max} = P a\, \frac{P_k/P + 0{,}273}{P_k/P - 1} \tag{376}$$

Hierin sind: $P_k/P = \pi^2/\varphi^2 = \pi^2 \dfrac{E I}{P l^2}$ und $P < P_k$.

Für einen symmetrischen Querschnitt mit der Randspannung $\sigma_e = \sigma_F$ hat man beim elastisch-idealplastischen Baustoff

$$\sigma_F = \frac{P}{F} + \frac{P\,a}{W}\;\frac{\pi^2\,EI/Pl^2 + 0{,}273}{\pi^2\,EI/Pl^2 - 1} \tag{377}$$

Mit der Abkürzung $m = \frac{a \cdot F}{W}$ erhält man die Bestimmungsgleichung für die Tragspannung $\frac{P}{F} = \sigma_{n,k}$ (378)

$$\sigma_{n,k} = \frac{2\pi^2 E}{\lambda^2 \left[\underbrace{1 + \frac{\pi^2 E}{\sigma_F \lambda^2}\;(1+m)}_{A} + \sqrt{A^2 - 4\,(1 - 0{,}273\,m)\,\frac{\pi^2 E}{\sigma_F \lambda^2}}\,\right]} \tag{379}$$

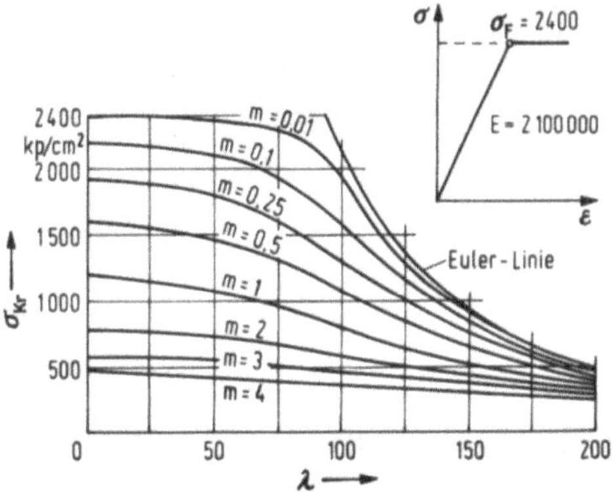

Abb. 147. Tragspannungen für alle Querschnitte nach Gl. (379)

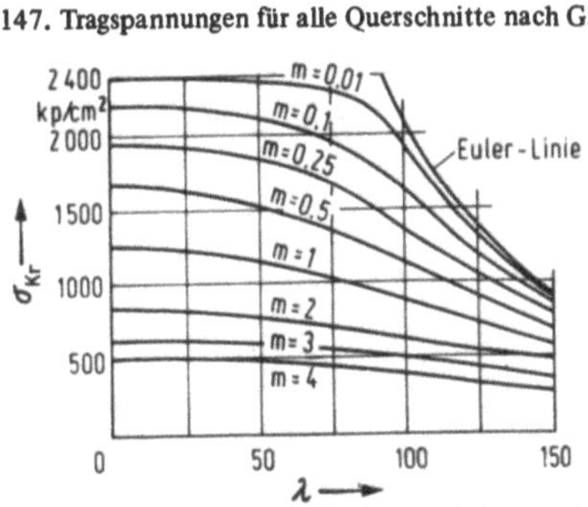

Abb. 148. Tragspannungen für I-Querschnitte nach [201]

Im Bild 147 sind die nach dieser Gleichung ausgewerteten Tragspannungen dargestellt. Bild 148 zeigt die Werte nach der Plastizitätstheorie [201] für I-Querschnitte. Schließlich gibt Bild 149a und b die Ergebnisse der Versuche von *Roš*, *Brunner* und *Chwalla* [200] für ein allgemeines Stoffgesetz wieder.

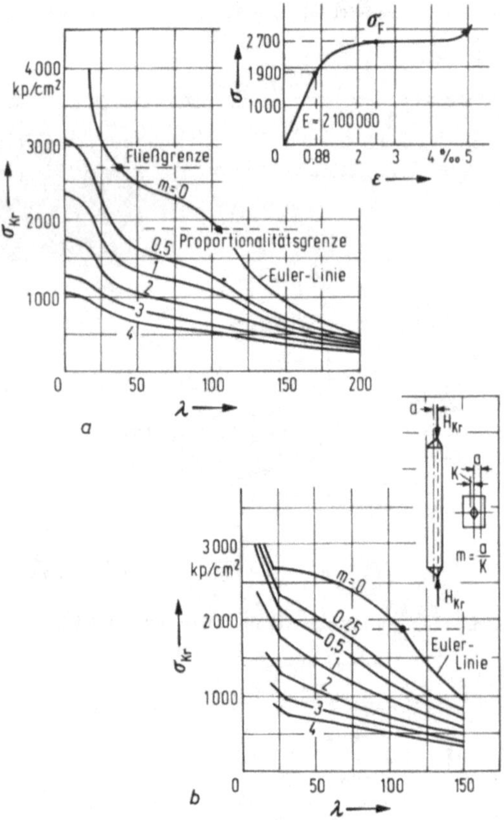

Abb. 149. Tragspannungen für Rechteckquerschnitte

a) nach Ros und Brunner
b) nach Chwalla

Für einen durch die Randmomente M_A und M_B außermittig gedrückten Stab (Bild 150) heißt die Differentialgleichung:

$$E\,I\,w''(x) + P\,w(x) = Q\,x + M_A \tag{380}$$

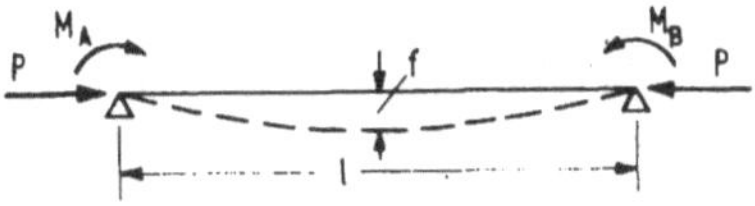

Abb. 150. Durch Randmomente exzentrisch belasteter Stab (Mit $M_A = M_B = P\,a$ ist der Fall mit Bild 146 identisch)

Die Lösung ist wieder aus Gl. (50d) zu finden und lautet:

$$w(x) = \frac{M_A}{P}\left[\frac{\sin\varphi\,(1-\frac{x}{l})}{\sin\varphi} - (1-\frac{x}{l})\right] + \frac{M_B}{P}\left[\frac{\sin\varphi\,\frac{x}{l}}{\sin\varphi} - \frac{x}{l}\right] \tag{381}$$

$$M(x) = M_A\,\frac{\sin\varphi\,(1-\frac{x}{l})}{\sin\varphi} + M_B\,\frac{\sin\varphi\,\frac{x}{l}}{\sin\varphi} \tag{382}$$

Das Beispiel nach Bild 146 konnte leicht gelöst werden, weil nur nach den Randspannungen $\sigma_e = \sigma_F$ gefragt war. Für die Berechnung der Tragfähigkeit, abhängig von verschiedenen Querschnitten und auch vom System (Knicklänge), zeigt *Jäger* in [201] die langwierige Berechnung durch die Aufteilung des Profiles in verschiedene plastische Bereiche, s. Bild 151a.

Für Bild 151 ist die Ermittlung der Tragspannungen (Kurve 5) aus

$$\frac{\partial\sigma_n}{\partial f} = 0 \tag{383}$$

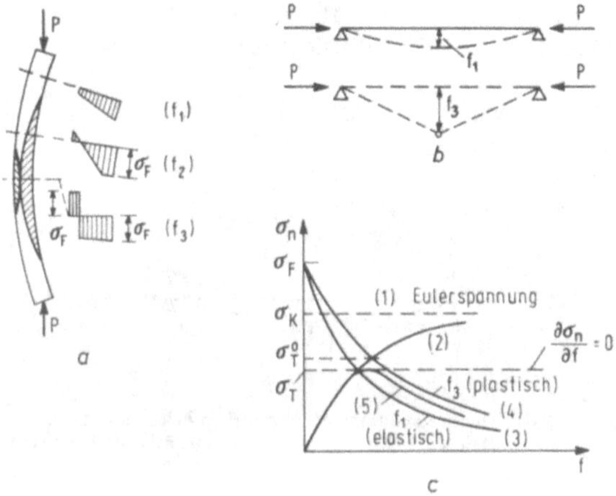

Abb. 151. Schaubild für Tragspannungen
a) Berechnungsverfahren nach [201]
b) Ausbiegung und Mechanismus
c) Spannungsverlauf
1) Eulerspannung
2) nach Theorie 2. Ordnung
3) untere Schranke der Tragspannungen
4) obere Schranke der Tragspannungen
5) genauer Verlauf

möglich. Hierbei ist $\sigma_n = P/F$ eine Funktion des Biegungspfeiles $f = w\,(l/2)$. Diese Tragspannung σ_T wird durch die obere und untere Schranke eingekreist, wenn man die genaue Funktion nicht kennt. Es handelt sich dabei um den Schnittpunkt zweier Kurven, die aus dem äußeren Moment des Systems und dem inneren Moment des Profils ermittelt werden. Die Kurve (2) des Bildes 151c ist die Verformung gemäß der Spannungstheorie 2. Ordnung. Aus der Bemessung des Querschnittes hat man, je nach dem Ausnutzungsgrade des Profiles, die Kurven (3) oder (4). Der Schnittpunkt der Kurven (2) und (3) ergibt die untere Schranke für die Tragspannung σ_T, jener der Kurven (2) und (4) die obere Schranke. Analytisch liegt dieser Konstruktion die Gl. (377) zugrunde, wo die Bemessung nach der Elastizitätstheorie durchgeführt wurde, da die Randspannung gleich der Fließspannung gesetzt wurde. Schaltet man jetzt den Schlankheitsgrad λ aus, dann erhält man für das *äußere Moment:*

$$M_1 = P\, f_1$$

und das *innere Moment* aus der Bemessungsformel:

$$M_1 = W\, \sigma_F - W\, \sigma_n$$

Mit $W = bd^2/6$ (Rechteckquerschnitt) erhält man für die Kurve (3) in Bild 151c:

$$f_1 = \frac{d}{6} \left(\frac{\sigma_F}{\sigma_n} - 1\right) \qquad (384)$$

Legt man den vollplastischen Querschnitt zugrunde, dann ist das *innere Moment:*

$$M_3 = b\, \sigma_F \left(\frac{d^2}{4} - z^2\right) \quad \text{und} \quad P = 2bz\sigma_F$$

oder

$$M_3 = b\, \sigma_F \left(\frac{d^2}{4} - \frac{P^2}{4b^2 \sigma_F^2}\right) = \frac{b\sigma_F d^2}{4} \left(1 - \frac{\sigma_n^2}{\sigma_F^2}\right)$$

s. auch Gl. (274). Mit dem *äußeren Moment* $M_3 = P\, f_3$ folgt die Kurve (4) des Bildes 151c:

$$f_3 = \frac{d}{4} \left(\frac{\sigma_F}{\sigma_n} - \frac{\sigma_n}{\sigma_F}\right) \qquad (385)$$

Für eine *teilweise plastische* und *teilweise elastische Ausnutzung eines Querschnittes,* etwa gemäß Bild 151a, mit f_2 als Biegungspfeil, erhält man die Gleichung, s. auch [102]:

$$f_2 = \frac{d}{6} \left(\frac{\sigma_F}{\sigma_n} - 1\right) \left(1 + \frac{2\sigma_n}{\sigma_F}\right) \qquad (386)$$

Der Verlauf dieser Kurve liegt zwischen den Kurven (3) und (4) und ist in Bild 151c nicht eingezeichnet.

Für *Sandwich-Querschnitte* fallen alle drei Kurven f_1, f_2 und f_3 in einer einzigen Kurve $\bar{f}$ zusammen. Wählt man dazu als Beispiel den Träger des Bildes 150 mit der Spannweite l und den Belastungen $P = nP_B$ und $M_A = M_B = M = \mu M_T$, dann lautet die maximale Ordinate der Biegelinie gemäß Gl. (381):

$$f = \frac{M}{P} \left(\frac{1}{\cos\varphi/2} - 1\right) \qquad (387)$$

Mit den folgenden Querschnittswerten des Sandwich-Profils:
Fläche: $F = 2F_0$, wenn F_0 die Fläche eines Gurtes ist,
Trägheitsmoment: $I = h^2 F_0/2$ mit h als Profilhöhe,

Schlankheitsgrad: $\lambda = \dfrac{l}{\sqrt{\dfrac{I}{F}}} = \dfrac{2l}{h}$

erhält man mit der Bruchlast $P_B = \sigma_F F = \sigma_F 2F_0$ für φ gem. Gl. (46b):

$$\varphi = \lambda\sqrt{\frac{\sigma_F}{E}}\sqrt{\frac{\sigma_n}{\sigma_F}} = \lambda\sqrt{\frac{\sigma_F}{E}}\sqrt{\frac{P}{P_B}} \tag{388}$$

Damit und mit $M_T = h\,\sigma_F F_0$ und $P_B = 2\sigma_F F_0$ lautet Gl. (387):

$$\boxed{\frac{f}{h} = \frac{M/M_T}{2P/P_B}\left[\frac{1}{\cos\dfrac{\lambda}{2}\sqrt{\dfrac{\sigma_F}{E}}\sqrt{\dfrac{P}{P_B}}} - 1\right]} \tag{389}$$

Für $M/M_T = \mu = 0{,}01$ bis $0{,}8$ und einen Baustahl, für den

$\sqrt{\dfrac{\sigma_F}{E}} = 0{,}04$ ist (etwa St. 52), sind für $\lambda = 90$ die zugehörigen Kurven in

Bild 152 aufgetragen.

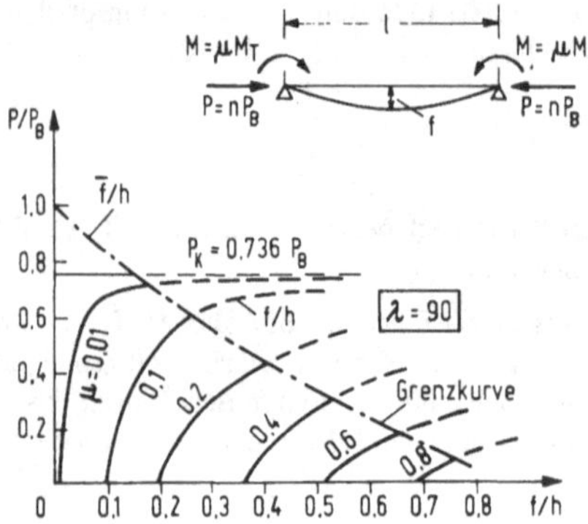

Abb. 152. Systemfestigkeit und Tragspannungen für einen Sandwich-Querschnitt

Andererseits folgt aus der *Bemessung* der Verlauf für $\bar{f}$. D. h. aus

$$\sigma_F = \sigma_n + \frac{\bar{M}\,(l/2)}{h\,F_0} \quad \text{hat man mit} \quad M_T = h\,\sigma_F\,F_0:$$

$$(1 - \frac{P}{P_B}) \cos\frac{\varphi}{2} = \bar{M} / M_T \qquad (390)$$

Setzt man dieses Ergebnis für M/M_T in die Gl. (389) ein, so erhält man

$$\boxed{\frac{\bar{f}}{h} = \frac{1 - P/P_B}{2P/P_B} \left(1 - \cos\frac{\varphi}{2}\right)} \quad , \qquad (391)$$

wobei φ aus Gl. (388) zu entnehmen ist. Diese *Bemessungskurve* stellt die *Grenzkurve* dar, die für $\lambda = 90$ in Bild 152 eingetragen ist. Solche Bemessungstafeln für verschiedene Lastfälle sind bereits in einem Forschungsheft des Amerikanischen Stahlbauverbandes aufgestellt [202].

13.2 Stockwerkrahmen

Die Grundlage hierzu bildet die Aufgabe nach Bild 150. Die Lösung erfolgt gemäß den Bildern 151 und 152 und wir verweisen auf die Literatur [203 bis 209].

13.3 Das Omega-Verfahren

Das Omega-Verfahren stellt das klassische Verfahren der Elastizitätstheorie zur Berechnung der Spannungen bei Knickung dar. Dabei wird die „verlorene" Festigkeit infolge Stabilität durch die Erhöhung mittels der ω-Zahlen wettgemacht. Mit Hilfe des ω-Verfahrens wird der Spannungsnachweis für den Druckstab auf die vom Zugstab her bekannte Art und Weise durchgeführt. Die Ergebnisse dieser Bemessungen gelten für die allgemeine Baupraxis als ausreichend. Für die Berechnung der Tragfähigkeit ist das ω-Verfahren zu ungünstig. Bild 153 zeigt die Tragspannungen für einen Stahl St 37, wenn man die ω-Zahlen verwendet. Bild 154 verdeutlicht die Anwendungsbereiche der verschiedenen Vorschriften für den Knickbalken vom Standpunkt der Außermittigkeiten, die zwischen 1/300 und 1/1000 der Spannweite liegen. Ausführliches über das ω-Verfahren bietet die 1. Ausgabe des 2. Bandes dieser Festigkeitslehre [210] sowie die DIN 1045, 1052 und 4114.

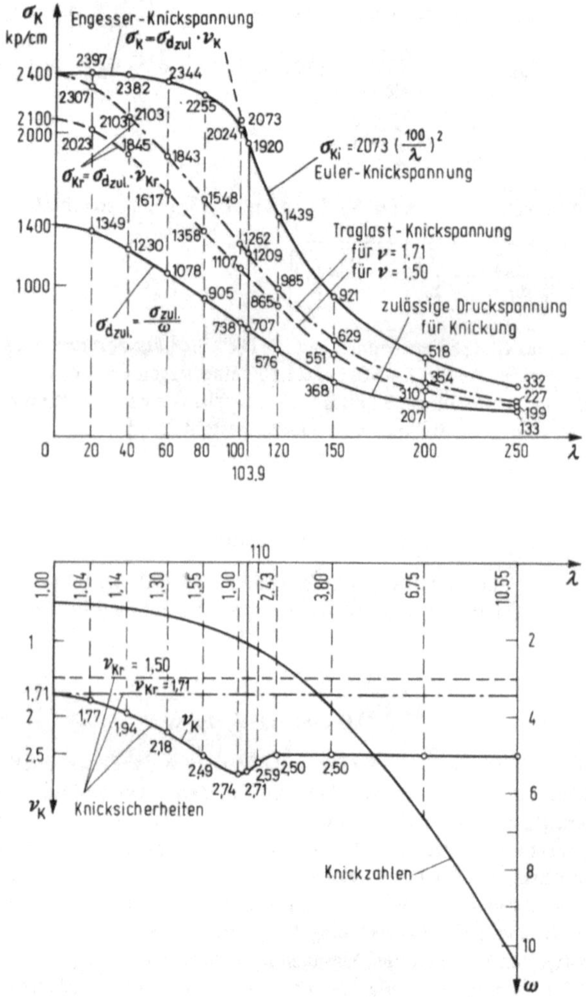

Abb. 153. Zusammenhänge der σ_K–λ-Linie mit der σ_{dzul}–λ-Linie, den ω-Werten und den Knicksicherheitszahlen ν für Baustahl bei Belastungsfall 1

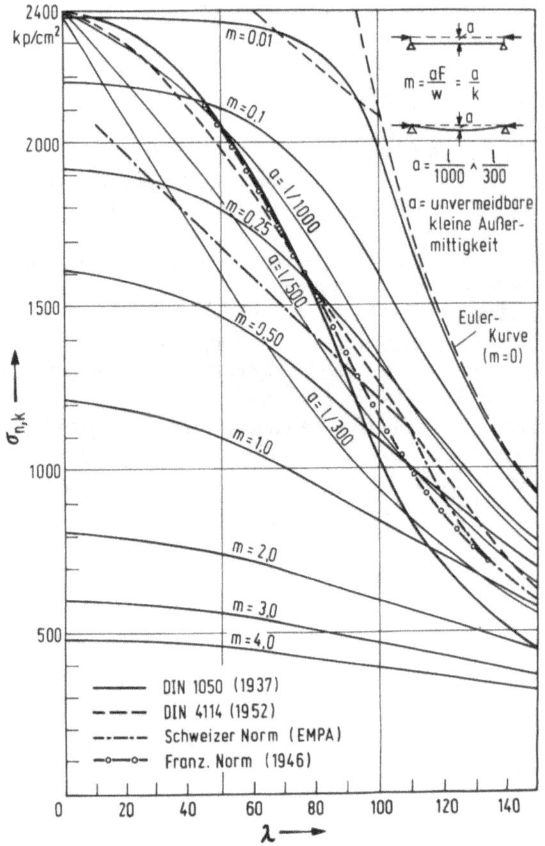

Abb. 154. Tragspannungen des mittig gedrückten Querschnittes für St 37 mit Vergleichskurven für Außermittigkeiten

13.4 Schrifttum

[200] *Roš*, M., u. I. *Brunner:* Die Knicklast von an beiden Enden gelenkig gelagerten Stäben aus Konstruktionsstahl. Zürich: 1926; Schlußbericht IVBH Wien: 1928 und Paris: 1932

[201] *Jäger (Jezek)*, K.: Die Festigkeit von Druckstäben. Wien: 1937

[202] *American Iron and Steel Institute:* Plastic Design of Braced Multistory Steel Frames. New York: 1968

[203] *Horne,* M. R., u. W. *Merchant:* The Stability of Frames. Oxford: 1965

[204] *Beedle,* L. S.: Plastic Design of Steel Frames. New York: 1958

[205] *Vogel,* U.: Die Traglastberechnung stählerner Rahmentragwerke nach der Plastizitätstheorie II. Ordnung. Köln: 1965

[206] *Vogel,* U.: Die Traglast von eingespannten Stützen mit I-Querschnitt bei Biegung um beide Hauptachsen. 8. Kongreß IVBH, New York: 1968, Schlußbericht S. 537/549

[207] *Vogel,* U., u. W. *Zimmermann:* Traglastversuche an eingespannten Geschoßstützen mit I-Querschnitt bei Biegung um beide Hauptachsen. Abhandlungen IVBH 28 (1968) Nr. I, S. 163/173

[208] *Wang,* Mieng-Siong: Beitrag zur Berechnung des Tragvermögens von Rahmentragwerken aus Stahl nach der Plastizitätstheorie II. Ordnung. Diss. Uni (TH) Karlsruhe: 1967

[209] *Steinhardt,* O., u. H. *Beer:* Plastizitätstheorie. 8. Kongreß IVBH New York: 1968; Vorbericht S. 209/230

[210] *Herberg,* W., u. N. *Dimitrov:* Festigkeitslehre. Bd. 2. Samml. Göschen. Nr. 1145/45a Berlin: 1955

Sachverzeichnis

Airysche Spannungsfunktion 90
Algol-Sprache 138
Anfangswertproblem 42
Approximation 59, 60
Arbeitsintegral 30
Arbeitsgleichung 24, 177, 184, 190
Außermittigkeit 241
Axialkräfte 127

Balkenbiegung 133
Balkendruckbiegung 234
Bauschinger-Effekt 87
Baustahl 76
Behälter 116, 119
Bettung, elastische 206
Bettungszahlverfahren 211
Bewehrung 214
Bianchi- Identität 74
Biegung mit Normalkraft 148, 164
– elastische ohne Normalkraft 139
– plastische 154, 169
Biegelinie 26
Bogenträger 115, 199
Bruchmechanismus 26, 105, 187

Castigliano, Satz von 101, 102
Christoffelsche Zahlen 138
Colonnetti, Satz von 103

Deformationen 22
Deformationsmethode 34
Dehnung 70, 71
Deviator- Invariante 69
Differentialgleichung der Biegelinie 44
diskrete Belastung 41
Diskretisierung 138
Dissipationsarbeit 97, 106
Dreimomentengleichung 61
Druckbiegung 37, 49, 55, 234
Druckgurt 222
Drucker, Satz von 105

Einflußlinie 49, 50
Einheitstensor 68
Einspielen 106
Elastizität 16
Elemente, finite 14
Energieerhaltungssatz 28
Ergänzungsarbeit (-energie) 100, 103
Energiesätze 99, 101
Engesser, Satz von 102, 103
Eulerhyperbel

Fachwerk 126
Federung 211
Festigkeit 16
Fließbedingung 20, 76
Fließgelenk, 25, 104, 181
Fließspannung 76
Formänderungsarbeit (-energie) 26, 102
Fourier- Reihen 56

Gaußsche Flächenformel 133
Gestaltänderung 74
Gitterpunkte 139
Gleichgewicht 36
– numerisches 58
Gleichgewichtsverzweigung 217
Gleitmodul 36
Greenberg, Satz von 103
Greensche Funktion 48, 49, 56
Grenzlast 174
Güteziffer 76

Haar, Satz von 102
Hauptachsen 142
Hauptträgheitsmomente 137
Hängebrücken 205
Hochbausteifigkeit 214
Hooksches Gesetz 85, 88, 101
Hysteresis 86, 87

Integraltafel (Taf. 1) 32
Invariante 75

Kármán, Satz von 102
Kerbspannungen 154
Kern 149, 150
Kernpunktsmomente 152
Kinematik 23
Kippen 226
Knickbiegung 233
Knickmodul 223
Knickung 217
Kohlenstoffgehalt 78
Kompatibilitätsbedingung 74
Kontinuum 103
Kraftmethode 34
Kronecker Delta Symbol 13, 68
Krümmung 35
Kugeltensor 68

Laplace- Operator 90
Legendresche Polynome 138

Matrizenkalkül 14
Maxwell, Satz von 33
Mechanismus, s. Bruchmechanismus 26, 105, 187
Melan, Einspielsatz von 106
Mises Fließbedingung 92
Mohrscher Satz 44, 55, 63, 65
Momentanzentrum 23

Naviersches Gradliniengesetz 36
Nullinie 140
Numerisches Gleichgewicht 58

Omega-Verfahren 241
Operatorenrechnung 15
Optimierung 188
Orthogonalitätsbedingung 13

Paradoxon der Traglasttheorie 180
Parameteransätze 45
Plastische Biegung 154
– Knicken 224
Plastizität 18
Poissonsche Zahl 88
Prager, normierte Darstellung 130
– Verfestigungsregel 96
– Satz von 103
Prinzip d. virt. Arbeit 99
– d. virt. Verschiebungen 99
– d. virt. Kräfte 100
Proportionalitätsgrenze 85

Querkontraktion 78
Querschnittsfestigkeit 133
Querstützung, federnde 222

Radialverschiebung 116
Rahmen 188, 241
Randwertproblem 44
Rechteckquerschnitt 150
Rekursionsformeln 62, 183
Ringe 116

Sandwich Querschnitt 166, 239
Schnittkräfte 22
Schlankheitsgrad 222
Schubmittelpunkt 143
Schubspannung 143, 172
Seile 107
Shake-down 105
Silodruck 119, 120
Spannungs-Dehnungs-Linie 76
Spannungsdeviator 68
Spannungstensor 67
Spannungszustand 63
Stabilität 20
Steifezahlverfahren 207
Symonds, Satz von 103

Tangentenmodul 95
Tensorrechnung 13, 88
Torsionsbelastung 148
Tragfähigkeitsreserve 179
Traglast 103, 174, 176
Traglastgruppe 105
Tragmoment 160, 174
Traglasttheorie 103, 105
– verfahren 19, 103
Trägheitsradien 149
Trägheitsmomente 135
Trapezformel 133
Tresca Fließbedingung 91

Überlastungsfaktor 159, 160, 162, 174
Umlagerungsfaktor 174, 175

Verbindungstechnik 121
Verbundquerschnitt 142
Verfestigungshypothesen 91
Versagende Zugzone 152
Verschiebungsoperator 15
Verzerrung 63
Verzerrungsdeviator 74
Verzerrungstensor 73
Volumendilatation 74
Zentrifugalmoment 136
Zieglersche Regel 96
Zugbiegung 37
Zugversuch 75
Zugzone, versagende 152
Zweigelenkbogenbrücke 199

Namenverzeichnis

Arnovlević 132
Asplund, S.O. 205

Baker, J.F. 107
Baker, Sir John 107
Beedle, L.S. 107, 244
van Beveren 216
de Beer, E. 216
Beyer, K. 63
Biezeno, C.B. 167
Blaß 215
Bleich, F. 232, 233
Bleich, H.H. 205, 216
Bornscheuer, F.W. 121, 132
Boussinesq, J. 216
Bufler, H. 132
Bürgermeister, G. 231

Castigliano, A. 106
Chwalla, E. 232, 233
Clavuot, Ch. 98
Colonnetti, G. 107
Cornelius, W. 232
Cross, H. 35

Dimitrov, N. 56, 59, 121, 168, 206, 216, 217, 232, 244, 42
Dischinger, F. 206, 232
Domininghaus, H. 86
Drucker, D.C. 98, 107

Ehlbeck, J. 86, 132
Eichinger, A. 82
Engesser, F. 106, 232
English, J.M. 193

Fahr, D. 78
Falk, S. 42
Feinberg, S.M. 193
Fillinger, P. 132
Fleßner, H. 167
Flügge, W. 10
Frank, Ph. 167
Friedrich, E. 121
Föppl, L. 215
Foulkes, J. 193
Fritz, B. 206, 232

Gaber, 232
Gardonyi, Z. 232
Goodier, J.N. 232
Grammel, R. 167
Graßhoff, H. 216, 217
Green, A.E. 98
Greenberg, H.J. 107
Guldan, R. 35

Haar, A. 107
Habel, A. 216
Hahn, J. 217
Hamel, G. 10
Hartmann, F. 232
Hawranek, A. 106
Herberg, W. 244
Hetényi, M. 231
Heyman, J. 107
Hill, R. 98
Hirschfeld, K. 62
Hodge, P.G. 107, 10
Horne, M.R. 107, 193, 244
Hülsdünker, A. 215

Illner, K.H. 132

Jäger, K. 107, 243
Jänike, J. 167
Jelinek, R. 216

Kani, G. 35
Kany, M. 216
v. Kármán, Th. 107, 232
Kawamara, H. 107
Kazinczy, G. 107
Kersten, R. 42
Kirchner, G. 132
Kist, N.C. 107
Klöppel, K. 205
Koiter, W.T. 98
Kollár, L. 232
Kollbrunner, C.F. 193, 231
Kolossow, G.V. 98
Kopal, Z. 167
Kretschmar, H. 231
Kriso, H. 232
Krohn, R. 232
Kroll, W.D. 231
Krsmanović 217

Lardy 132
Leckie, F.A. 44
Leipholz, H. 232, 10
Levinton, Z. 217
Lie, Kuo-hao 121, 205
Lousberg 216
Lueger 10
Lundquist, E.E. 231
Lurje, A.J. 98

Magnel, G. 216
Mang, F. 121
Marguerre, K. 98, 10
Massonnet, Ch. 10
Meister, M. 231
Melan, E. 107
Ménabréa, M.L. 106
Merchant, W. 244
Michell, 233
Miklos, E. 215
Mises, R. v. 167
Möhler, K. 86, 132
Mróz, Z. 98
Müller-Breslau 232
Muhs, H. 215
Muskhelisvili, N. 98

Nadai, A. 98
Naghdi, P.M. 98
Nasarow 232
Neal, B.G. 10
Neuber, H. 98
Neunkirch, H. 205

Ohde, J. 216
Olszak, W. 98
Orlov, G. 216

Pasternak, P. 216
Perzyna, P. 98
Pestel, E.C. 44
Peterson, R.E. 167
Pflüger, A. 231
Phillips, A. 168
Pieper, K. 121
Prager, W. 107, 193, 10
Prandtl 232

Reckling, K.-A. 10
Reimbert, M. 121
Reissner, E. 121
Ros, M. 82, 243

Sattler, K. 63
Save, M. 10
Saxenhofer, H. 216
Schleicher, F. 216
Schmidt, K. 98
Schreier, G. 205
Schwenda, F. 232
Schulze, E. 217
Seely, F.B. 168
Shanley, F.R. 232
Smith, J.O. 168
Sobrero, R. 98
Sokolnikoff, J.S. 98
Sokolovski, V.V. 10
Sommer, H. 217
Stahl, K. 98
Stein, P. 35
Steinhardt, O. 106, 132, 244
Steinmann, O.B. 121
Streup, H. 231
Stroppel, A. 121
Stüssi, F. 60, 63, 193, 233
Swida, W. 216
Symonds, P.S. 107, 193
Szabó, J. 10

Teichmann, A. 62
Timoshenko, S. 232, 233, 10
Tölke, F. 63, 121, 232
Torre, C. 121

Unger, H. 205

Vogel, U. 244
Volkerson, O. 132

Wang, M.-S. 244
Wiegand, H. 132
Winkler, E. 216
Wölfer, K.H. 216
Wolf 121

Yamada, M. 107

Zerna, W. 98
Ziegler, H. 98, 206, 233
Zimmermann, H. 216
Zimmermann, W. 244
Zurmühl, R. 35

FSC
www.fsc.org
MIX
Papier | Fördert gute Waldnutzung
FSC® C083411

Kolibri 360 GmbH
Ferdinand-Jühlke-Straße 7
99095 Erfurt, Deutschland
produktsicherheit@kolibri360.de

Die gesammten
Organisationsgesetze
für die
innere Verwaltung
des Preußischen Staates.

Text-Ausgabe

mit Anmerkungen, einem die einschlägigen sonstigen Gesetze, Verordnungen, Regulative und Cirkulare enthaltenden Anhang und einem ausführlichen Sachregister.

Zweite neubearbeitete Auflage.

Herausgegeben
von
Carl Pfafferoth.

Berlin und Leipzig.
Verlag von J. Guttentag.
(D. Collin.)
1884.

Vorwort zur ersten Auflage.

Das vorliegende Werk will einem lange gefühlten und besonders in Folge der Gesetzgebung der beiden letzten Jahre dringender aufgetretenen Bedürfnisse genügen, indem es in einem handlichen Bande sämmtliche neuere Gesetze über die Organisation der inneren Verwaltung und das Verfahren derselben mit kurzen Erläuterungen und ergänzt durch die einschlägigen Gesetze, Verordnungen und die wesentlichen ministeriellen Ausführungs-Erlasse, Cirkulare u. a. bringt.

Die Gesetze sind in ihrer neuesten Fassung zum Abdruck gelangt; bei dem Zuständigkeitsgesetze sind der leichteren Uebersichtlichkeit wegen die ausdrücklich aufgehobenen Bestimmungen fortgelassen.

Das rechtzeitig erscheinende Buch wird somit Jedem, welchem daran gelegen sein muß, sich in dem vielgestaltigen Behörden-Apparat, dem verwickelten Instanzenzug und den mannigfaltigen Verfahrensarten zurechtzufinden, als ein unentbehrliches Handbuch nur erwünscht und willkommen sein können.

Berlin, 21. April 1881.

Vorwort zur zweiten Auflage.

Die zweite Auflage entspricht dem gegenwärtigen Stande der Gesetzgebung, wie sie aus der im vorigen Jahre vorgenommenen und voraussichtlich nunmehr für längere Zeit zum Abschluß gelangten Reform hervorgegangen ist.

Da der Inhalt des Haupttheils des Buchs auch jetzt noch in erster Linie die Organisation der Behörden behandelt, so hat der Titel des Buchs einer Aenderung nicht bedurft; ebenso konnte die bisherige Anordnung des Inhalts, welche sich der im §. 1 des Landesverwaltungsgesetzes gegebenen Eintheilung anschließt, im Wesentlichen beibehalten bleiben. Eine Aenderung empfahl sich nur bezüglich des in Geltung gebliebenen Theils des Verwaltungsgerichtsgesetzes, welches seinen Platz unmittelbar hinter dem Landesverwaltungsgesetze erhalten hat, sowie hinsichtlich der Verordnung über das Verwaltungszwangsverfahren, welche in den Anhang übertragen worden ist.

Der Anhang hat außerdem eine Erweiterung durch Aufnahme einiger fernerer Ministerialausführungserlasse erfahren.

Nachdem im Uebrigen noch die Anmerkungen insbesondere durch Anführung aller wichtigeren Ministerial-Erlasse sowie der wesentlichsten Entscheidungen des Oberverwaltungsgerichts vermehrt und ergänzt worden sind, dürfte auch diese Auflage ihren Zweck als praktisches und zuverlässiges Handbuch in vollem Maaße erfüllen.

Berlin, Ende Juni 1884.

C. Pfafferoth.

Inhalt.

Seite

1. Gesetz über die allgemeine Landesverwaltung. Vom 30. Juli 1883 3
2. Gesetz, betreffend die Verfassung der Verwaltungsgerichte und das Verwaltungsstreitverfahren. Vom 3. Juli 1875/2. August 1880 . . 93
3. Gesetz, betreffend die Abänderung von Bestimmungen der Provinzialordnung für die Provinzen Preußen, Brandenburg, Pommern, Schlesien und Sachsen, vom 29. Juni 1875 und die Ergänzung derselben. Vom 22. März 1881 103
4. Bekanntmachung, betreffend die Redaktion der Provinzialordnung für die Provinzen Ost- und Westpreußen, Brandenburg, Pommern, Schlesien und Sachsen. Vom 22. März 1881 105
5. Provinzialordnung für die Provinzen Ost- und Westpreußen, Brandenburg, Pommern, Schlesien und Sachsen 106
6. Gesetz, betreffend die Abänderung von Bestimmungen der Kreisordnung für die Provinzen Preußen, Brandenburg, Pommern, Posen, Schlesien und Sachsen, vom 13. Dezember 1872 und die Ergänzung derselben. Vom 19. März 1881 149
7. Bekanntmachung, betreffend die Redaktion der Kreisordnung für die Provinzen Ost- und Westpreußen, Brandenburg, Pommern, Schlesien und Sachsen. Vom 19. März 1881 152
8. Kreisordnung für die Provinzen Ost- und Westpreußen, Brandenburg, Pommern, Schlesien und Sachsen 153

Seite

9. Gesetz über die Zuständigkeit der Verwaltungs- und Verwaltungsgerichtsbehörden. Vom 1. August 1883 243

10. Anhang, enthaltend:

I. Gesetz vom 11. Mai 1842 über die Zulässigkeit des Rechtsweges in Beziehung auf polizeiliche Verfügungen 342

II. Gesetz vom 11. März 1850 über die Polizeiverwaltung 344

III. Instruktion vom 10. März 1873, zur Ausführung der die Zusammensetzung des Kreistages betr. Vorschriften des I. Abschnittes, III. Titels der Kreisordnung für die Provinzen Preußen, Brandenburg, Pommern, Posen, Schlesien und Sachsen vom 13. Dezember 1872 348

IV. Gesetz vom 30. April 1873, betr. die Dotation der Provinzial- und Kreisverbände 380

V. Cirkular vom 10. Juni 1873, betr. die Vertheilung der durch das Gesetz vom 30. April 1873 zur Ausstattung der Provinzial- und Kreisverbände zu verschiedenen Zwecken bewilligten Fonds 382

VI. Instruktion vom 18. Juni 1873, zur Ausführung der Bestimmungen der Kreisordnung über die Bildung der Amtsbezirke, die Berufung der Amtsvorsteher und deren Stellvertreter, sowie die Bestellung kommissarischer Amtsvorsteher 384

VII. Cirkular und Instruktion vom 20. September 1873, zur Ausführung der drei ersten Abschnitte des 2. Titels der Kreisordnung 389

VIII. Cirkular vom 10. Juni 1874, betr. die Vertheilung der Kreisabgaben 401

IX. Gesetz vom 8. Juli 1875, betr. die Ausführung der §§ 5 und 6 des Gesetzes vom 30. April 1873 wegen der Dotation der Provinzial- und Kreisverbände . 404

und

Verordnung vom 12. September 1877, betr. die Feststellung der nach §. 2 und §. 20 des vorstehenden Gesetzes zu vertheilenden Jahresrenten . . . 422

X. Cirkular vom 1. Mai 1876, betr. die Wahlen zur Ergänzung der Kreistage 423

XI. Gesetz vom 18. Juni 1876, betr. die Einführung der

Seite

Kreisordnung vom 13. Dezember 1872 in den Grafschaften Wernigerode und Stolberg 425

XII. Cirkular vom 21. Juli 1876, betr. die Wahl der Kreistagsabgeordneten 427

XIII. Gesetz vom 19. März 1877, betr. die Theilung der Provinz Preußen 432

XIV. Regulativ vom 30. Januar 1878 für den Geschäftsgang bei dem Ober-Verwaltungsgerichte 434

nebst Nachtrag vom 22. September 1881, betr. die Zustellungen im Verwaltungsstreitverfahren 441

XV. Verordnung vom 7. September 1879, betr. das Verwaltungszwangsverfahren wegen Beitreibung von Geldbeträgen 446

XVI. Cirkular vom 1. November 1879, betr. Andeutungen für eine richtige Form und für den Inhalt von Kreistagsbeschlüssen, welche höherer Bestätigung unterliegen, oder zu welchen die Erwirkung eines Allerhöchsten Privilegiums erforderlich ist . . . 469

XVII. Cirkularverfügung vom 9. Februar 1884, betr. Aenderung der Instruktion zur Geschäftsführung der Regierungen 475

XVIII. Cirkular und Tarif vom 27. Februar 1884 für die Berechnung des Kostenpauschquantums im Verwaltungsstreitverfahren 481

nebst Kosten-Tabellen 486

sowie

Reichs-Gebührenordnung für Zeugen und Sachverständige vom 30. Juni 1878 489

XIX. Regulativ vom 28. Februar 1884 für den Geschäftsgang und das Verfahren bei den Provinzialräthen 492

XX. Regulativ vom 28. Februar 1884 zur Ordnung des Geschäftsganges und des Verfahrens bei den Bezirksausschüssen 498

XXI. Regulativ vom 28. Februar 1884 zur Ordnung des Geschäftsganges und des Verfahrens bei den Kreisausschüssen und den an Stelle des Kreisausschusses tretenden Behörden (Stadtausschuß, Magistrat) im Geltungsbereiche der Kreisordnung vom 13. Dezember 1872 505

		Seite
XXII.	Verzeichniß der Stadtkreise und der Städte mit mehr als 10000 Einwohnern	513
11.	Chronologisches Gesetzes- ꝛc.-Verzeichniß	514
	und Verzeichniß der sonstigen, in Bezug genommenen Ministerial-Erlasse, Cirkulare, Regulative u. dgl.	522
12.	Sachregister	524

Erläuterung einiger Abkürzungen.

Civ.Proz.O.	= Deutsche Civilprozeßordnung.
Ger.Verf.Ges.	= Deutsches Gerichtsverfassungsgesetz.
KreisO.	= Kreisordnung.
Ldverw.Ges.	= Gesetz über die allgemeine Landesverwaltung.
Min.Bl.	= Ministerialblatt für die innere Verwaltung.
Organis.Ges.	= Gesetz über die Organisation der allgemeinen Landesverwaltung.
O.V.G.	= Oberverwaltungsgerichts-Entscheidung; die beigesetzten römischen und deutschen Zahlen bezeichnen Band und Seite der „Entscheidungen des Königlichen Oberverwaltungsgerichts, herausgegeben von Jebens, v. Meyeren und Jacobi."
Prov.O.	= Provinzialordnung.
Zuständ.Ges.	= Gesetz über die Zuständigkeit der Verwaltungs- und Verwaltungsgerichtsbehörden.
Verw.Ger.Ges.	= Gesetz, betreffend die Verfassung der Verwaltungsgerichte und das Verwaltungsstreitverfahren.

G e s e t z

über die

allgemeine Landesverwaltung.

Gesetz über die allgemeine Landesverwaltung. *)

Vom 30. Juli 1883.

(Ges.S. S. 195.)

Die Bestimmungen des Gesetzes sind mit geringen Ausnahmen theils in der gleichen theils in geänderter Fassung dem Gesetze über die Organisation der allgemeinen Landesverwaltung vom 26. Juli 1880 (Ges.S. S. 291) und dem Verwaltungsgerichtsgesetz entnommen.

Unter den Paragraphen dieses Gesetzes ist vermerkt, welchen Bestimmungen der bezeichneten beiden Gesetze sie entsprechen.

Wir **Wilhelm**, von Gottes Gnaden König von Preußen ꝛc. verordnen, mit Zustimmung beider Häuser des Landtags, für den gesammten Umfang der Monarchie, was folgt:

Erster Titel.

Grundlagen der Organisation.

§. 1. Die Verwaltungseintheilung des Staatsgebiets in Provinzen, Regierungsbezirke und Kreise bleibt mit der Maßgabe bestehen, daß die Stadt Berlin aus der

---

*) Das Gesetz hat lediglich die Organisation der allgemeinen Landesverwaltung zum Gegenstande und berührt nicht die örtliche Gemeindeverwaltung, soweit es sich nicht um die Staatsverwaltung durch Gemeindeorgane (Stadtausschüsse ꝛc.) oder um die Ausübung der Aufsicht über die Gemeindeverwaltung durch den Staat, oder endlich um Akte der Gemeindeverwaltung handelt, welche, wie bei dem Erlasse der Polizeiverordnungen, von der Staatsverwaltung unzertrennbar sind. O.V.G. IX. S. 60.

Provinz Brandenburg ausscheidet und einen Verwaltungsbezirk für sich bildet.

— Bisher Organis.Ges. § 1. —

§§ 41 ff., § 155; KreisO. § 1; Prov.O. §§ 1, 2; Verordnung vom 30. April 1815 wegen verbesserter Einrichtung der Provinzialbehörden (Ges.S. S. 85).

§ 2. In der Provinz Hannover bleiben die Landdrosteibezirke als Regierungsbezirke bestehen.

Die Abänderung der Kreis- und Amtseintheilung der Provinz Hannover erfolgt mittels besonderen Gesetzes.

— Bisher Organis.Ges. § 2. —

§§ 25, 26, 27, 155.

§. 3. Die Geschäfte der allgemeinen Landesverwaltung werden, soweit sie nicht anderen Behörden überwiesen sind, unter Oberleitung der Minister, in den Provinzen von den Oberpräsidenten, in den Regierungsbezirken von den Regierungspräsidenten und den Regierungen, in den Kreisen von den Landräthen geführt.

Die Oberpräsidenten, die Regierungspräsidenten und die Landräthe handeln innerhalb ihres Geschäftskreises selbstständig unter voller persönlicher Verantwortlichkeit, vorbehaltlich der kollegialischen Behandlung der durch die Gesetze bezeichneten Angelegenheiten.

— Bisher Organis.Ges. § 3. —

Abs. 1: Regierungspräsident und Regierung bilden zusammen die Behörde der Bezirksinstanz, vgl. Ueberschrift zu § 17. KreisO. §§ 66, 76. Bezüglich der Organe der Amtsverbände vgl. KreisO. §§ 46 ff.

Abs. 2: Zu den vorbehaltenen Angelegenheiten gehören u. a.: Die Kirchen- und Schulsachen, sowie die Verwaltung der direkten Steuern, Domänen und Forsten. Vgl. § 117 Abs. 1, 2.

§. 4. Zur Mitwirkung bei den Geschäften der allgemeinen Landesverwaltung nach näherer Vorschrift der Gesetze bestehen für die Provinz am Amtssitze des Oberpräsidenten der Provinzialrath, für den Regierungsbezirk am Amtssitze des Regierungspräsidenten der Bezirksausschuß, für den Kreis am Amtssitze des Landraths der Kreisausschuß.

An die Stelle des Kreisausschusses tritt in den durch die Gesetze vorgesehenen Fällen in den Stadtkreisen, in welchen ein Kreisausschuß nicht besteht, der Stadtausschuß, in den einem Landkreise angehörigen Städten mit mehr als 10000 Einwohnern der Magistrat (kollegialische Gemeindevorstand).

In Stadtgemeinden, in welchen der Bürgermeister allein den Gemeindevorstand bildet, treten für die in dem zweiten Absatze bezeichneten Fälle an die Stelle des Magistrats der Bürgermeister und die Beigeordneten als Kollegium.

— Bisher Organis.Ges. § 4. —

Abs. 1: Der Provinzialausschuß, Prov.O. §§ 45 ff., ist ein ausschließlich kommunales Verwaltungsorgan. §§ 10 ff., §§ 28 ff.; KreisO. §§ 130 ff., § 134 no. 5, §§ 169 u. 170. Der Bezirksausschuß ist an die Stelle des bisherigen Bezirksraths getreten; vgl. § 153.

Abs. 2: Nämlich in denjenigen Angelegenheiten, für welche die Gesetze den Stadtausschuß ausdrücklich als zuständig bezeichnen. Vgl. §§ 37 ff., KreisO. §§ 4, 169, 170.

Abs. 3 ist neu hinzugekommen; vgl. § 38 Abs. 1.

§. 5. In den Hohenzollernschen Landen tritt, soweit nicht die Gesetze Anderes bestimmen, an die Stelle des Oberpräsidenten und des Provinzialraths der zuständige Minister, an die Stelle des Kreises der Oberamtsbezirk, an die Stelle des Landraths der Oberamtmann, an die Stelle des Kreisausschusses der Amtsausschuß.

— Bisher Organis.Ges. § 5. —

§§ 21, 35; Zuständ.Ges. § 7 Abs. 3 und Verordnung vom 7. Januar 1852 (Ges.S. S. 35) § 1.

§. 6. In Bezug auf die amtliche Stellung, die Befugnisse, die Zuständigkeit und das Verfahren der Verwaltungsbehörden bleiben die bestehenden Vorschriften in Kraft, soweit dieselben nicht durch das gegenwärtige Gesetz abgeändert werden.

— Bisher Organis.Ges. § 6. —

§§ 7, 48, 49; 50 ff.

§. 7. Die Verwaltungsgerichtsbarkeit (Entscheidung im Verwaltungsstreitverfahren) wird durch die Kreis-(Stadt-) Ausschüsse und die Bezirksausschüsse als Verwaltungsgerichte, sowie durch das in Berlin für den ganzen Umfang der Monarchie bestehende Oberverwaltungsgericht ausgeübt. Die Entscheidungen ergehen unbeschadet aller privatrechtlichen Verhältnisse.

Die sachliche Zuständigkeit dieser Behörden zur Entscheidung in erster Instanz wird durch besondere gesetzliche Bestimmungen geregelt.

Die Bezirksausschüsse treten überall an die Stelle der Deputationen für das Heimathwesen.

Wo in besonderen Gesetzen das Verwaltungsgericht genannt wird, ist darunter im Zweifel der Bezirksausschuß zu verstehen.

— Bisher Organis.Ges. § 7 und Verw.Ger.Ges. §§ 1, 2 u. 3. —

§ 153.

Im Gegensatz zu der Verwaltungsgerichtsbarkeit steht die ordentliche streitige Gerichtsbarkeit in bürgerlichen Rechtsstreitigkeiten; vgl. Gerichtsverfassungsgesetz §§ 12, 13 und Einführungsgesetz zu demselben § 2.

In Verwaltungssachen steht dem Verwaltungsstreitverfahren das Beschlußverfahren gegenüber; vgl. §§ 54, 57 ff., 61 ff. u. 115 ff.

Das Verw.Ger.Ges. enthielt im § 1 den Satz, daß der Entscheidung der Verwaltungsgerichte „Streitsachen über Ansprüche und Verbindlichkeiten aus dem öffentlichen Rechte (streitige Verwaltungssachen)" unterliegen. — Vgl. §§ 82, 83.

Abs. 1: Schlußsatz: § 127 Abs. 4; Ausnahme Zuständ.Ges. § 160 Abs. 2. Die Einrichtung des Oberverwaltungsgerichts ist in dem Verw. Ger.Ges. (hinter diesem Gesetze abgedruckt) geregelt.

Abs. 2: Für Berlin § 43 Abs. 3. — Vgl. a. § 113 Abs. 3 u. Zuständ.Ges. § 160. Oertliche Zuständigkeit §§ 56, 57.

Abs. 3: § 157 no. 3; Zuständ.Ges. § 39.

Zweiter Titel.
Verwaltungsbehörden.

I. Abschnitt.
Provinzialbehörden.

1. Oberpräsident.

§. 8. An der Spitze der Verwaltung der Provinz steht der Oberpräsident. Demselben wird ein Oberpräsidialrath und die erforderliche Anzahl von Räthen und Hülfsarbeitern beigegeben, welche die Geschäfte nach seinen Anweisungen bearbeiten. Auch ist der Oberpräsident befugt, die Mitglieder der an seinem Amtssitz befindlichen Regierung, sowie die dem Regierungspräsidenten daselbst beigegebenen Beamten (§. 19 Absatz 1) zur Bearbeitung der ihm übertragenen Geschäfte heranzuziehen.

— Bisher Organis.Ges. § 8. —

§§ 3, 17, 126; Prov.O. § 47 Abs. 5, §§ 114 ff.; Instruktion für die Oberpräsidenten vom 31. Dezember 1825 (Ges.S. 1826 S. 1).

Durch Allerh. Erlaß vom 11. April 1881 (Ges.S. S. 281) ist den Oberpräsidialräthen der Rang der Oberregierungsräthe verliehen worden.

§. 9. Die Stellvertretung des Oberpräsidenten in Fällen der Behinderung erfolgt, soweit sie nicht für einzelne Geschäftszweige durch besondere Vorschriften geordnet ist, durch den Oberpräsidialrath. Die zuständigen Minister sind befugt, in besonderen Fällen eine andere Stellvertretung anzuordnen.

— Bisher Organis.Ges. § 9. —

Prov.O. § 26.

2. Provinzialrath.

§. 10. Der Provinzialrath besteht aus dem Oberpräsidenten beziehungsweise dessen Stellvertreter als Vorsitzenden, aus einem von dem Minister des Innern auf die Dauer seines Hauptamtes am Sitze des Oberpräsidenten ernannten höheren Verwaltungsbeamten beziehungsweise dessen Stellvertreter und aus fünf Mitgliedern, welche vom Provinzialausschusse aus der Zahl der zum Provinziallandtage wählbaren Provinzialangehörigen gewählt werden. Für die letzteren werden in gleicher Weise fünf Stellvertreter gewählt.

Von der Wählbarkeit ausgeschlossen sind der Oberpräsident, die Regierungspräsidenten, die Vorsteher Königlicher Polizeibehörden, die Landräthe und die Beamten des Provinzialverbandes.

— **Bisher Organis.Ges. § 10.** —

§ 4, §§ 11 ff.; Prov.O. §§ 17, 42; für Berlin § 43; Aufsicht § 48. Ueber Entschädigung der gewählten Mitglieder vgl. Prov.O. § 100. Abs. 2: § 28 Abs. 4; Prov.O. § 47 Abs. 5, §§ 87 ff.

§. **11.** Die Wahl der Mitglieder des Provinzialraths und deren Stellvertreter erfolgt auf sechs Jahre.

Jede Wahl verliert ihre Wirkung mit dem Aufhören einer der für die Wählbarkeit vorgeschriebenen Bedingungen. Der Provinzialausschuß hat darüber zu beschließen, ob dieser Fall eingetreten ist. Gegen den Beschluß des Provinzialausschusses findet innerhalb zwei Wochen die Klage bei dem Oberverwaltungsgerichte statt. Die Klage steht auch dem Vorsitzenden des Provinzialraths zu. Dieselbe hat keine aufschiebende Wirkung; jedoch dürfen bis zur Entscheidung des Oberverwaltungsgerichts Ersatzwahlen nicht stattfinden.

— **Bisher Organis.Ges. § 11.** —

Findet auch auf die Bezirksausschüsse Anwendung; vgl. § 28.

§. **12.** Alle drei Jahre scheidet die Hälfte der gewählten Mitglieder und Stellvertreter, und zwar das erste Mal die nächstgrößere Zahl, aus und wird durch neue Wahlen ersetzt. Die Ausscheidenden bleiben jedoch in allen Fällen bis zur Einführung der Neugewählten in Thätigkeit. Die das erste Mal Ausscheidenden werden durch das Loos bestimmt. Die Ausscheidenden sind wieder wählbar.

Für die im Laufe der Wahlperiode ausscheidenden Mitglieder und Stellvertreter haben Ersatzwahlen stattzufinden. Die Ersatzmänner bleiben nur bis zum Ende desjenigen Zeitraums in Thätigkeit, für welchen die Ausgeschiedenen gewählt waren.

— Bisher Organis.Ges. § 12. —

Vgl. Anm. zu § 11.

§. 13. Die Dauer der Wahlperiode kann durch das Provinzialstatut auch anders bestimmt werden.

— Neue Bestimmung. —

Vgl. Anm. zu § 11. Für Berlin vgl. § 43 Abs. 2 no. 2.

§. 14. Die gewählten Mitglieder und stellvertretenden Mitglieder des Provinzialraths werden von dem Oberpräsidenten vereidigt und in ihre Stellen eingeführt.

Sie können aus Gründen, welche die Entfernung eines Beamten aus seinem Amte rechtfertigen (§. 2 des Gesetzes vom 21. Juli 1852, betreffend die Dienstvergehen der nicht richterlichen Beamten, Gesetz-Samml. S. 465), im Wege des Disziplinarverfahrens ihrer Stellen enthoben werden.

Für das Disziplinarverfahren gelten die Vorschriften des genannten Gesetzes mit folgenden Maßgaben:

Die Einleitung des Verfahrens, sowie die Ernennung des Untersuchungskommissars und des Vertreters der Staatsanwaltschaft erfolgt durch den Minister des Innern.

Disziplinargericht ist das Plenum des Oberverwaltungsgerichts.

— Bisher Organis.Ges. § 13. —

Abs. 2: § 157 Abs. 2; vgl. auch das abändernde Gesetz vom 9. April 1879 (Ges.S. S. 345).

§ 15. Der Provinzialrath ist beschlußfähig, wenn mit Einschluß des Vorsitzenden fünf Mitglieder anwesend sind. Die Beschlüsse werden nach Stimmenmehrheit gefaßt. Bei Stimmengleichheit giebt die Stimme des Vorsitzenden den Ausschlag.

— **Bisher Organis.Ges. § 14.** —

§§ 33, 40, § 54 Abs. 4.

3. Generalkommissionen.

§. 16. Die Generalkommission für die Provinzen Pommern und Posen zu Stargard in Pommern wird aufgehoben. An die Stelle derselben tritt für die Provinz Pommern die für die Provinz Brandenburg bestehende Generalkommission.

Für die Provinzen Ost- und Westpreußen und Posen wird eine gemeinsame Generalkommission gebildet. Die Generalkommission für die Provinz Hannover fungirt zugleich für die Provinz Schleswig-Holstein.

— **Bisher Organis.Ges. § 15.** —

§§ 23, 41.

§ 16 gilt auch in den Provinzen Posen, Schleswig-Holstein, Hannover, Hessen-Nassau, Westfalen und der Rheinprovinz. § 155 Abs. 2.

Die Generalkommission für die Provinzen Ost- und Westpreußen und Posen hat ihren Sitz in Bromberg (Verordnung vom 16. August 1880 (Ges.S. S. 351), die für Brandenburg in Frankfurt a. O., die für Hannover in Hannover.

Gesetz betr. das Verfahren in Auseinandersetzungsangelegenheiten vom 18. Februar 1880 (Ges.S. S. 59).

II. Abschnitt.

Bezirksbehörden.

1. Regierungspräsident und Bezirksregierung.

§. 17. An die Spitze der Bezirksregierung am Sitze des Oberpräsidenten tritt, unter Wegfall des Regierungsvizepräsidenten, ein Regierungspräsident. Der Oberpräsident ist fortan nicht mehr Präsident dieser Regierung.

— Bisher Organis.Ges. § 16. —

Cirk. vom 9. Februar 1884 I (Anhang XVII).

§. 18. Die Regierungsabtheilung des Innern wird aufgehoben. Die Geschäfte derselben werden, soweit nicht durch das gegenwärtige Gesetz abweichende Bestimmungen getroffen sind, von dem Regierungspräsidenten mit den der Regierung zustehenden Befugnissen verwaltet.

— Bisher Organis.Ges. § 17. —

§§ 3, 22, 23, 24, 28.

§ 2 der Regierungs-Instruktion vom 23. Oktober 1817 und Littr. D der Kabinetsordre vom 31. Dezember 1825 (Ges.S. 1826 S. 6), Cirk. betr. die Erledigung der Geschäfte der aufgehobenen Reg.Abth. des Innern vom 14. April 1881 (M.Bl. S. 94) und Cirk. vom 9. Februar 1884 III (im Anhang unter XVII abgedruckt).

Inwieweit die Geschäfte der Reg.-Abth. des Innern auf den Landrath, Kreis- (Stadt-) Ausschuß, den Bezirksausschuß und die Provinzialbehörden übergegangen sind, ergiebt das Zuständ.Ges.

Der Regierung verbleiben fortan nur die Kirchen- und Schulsachen, die Verwaltung der direkten Steuern, Domänen und Forsten. Vgl. hierzu §§ 22, 26, 27 und die Verordnung betr. den Uebergang der Verwaltung der Angelegenheiten der evangelischen Landeskirche auf den Evangelischen Oberkirchenrath und die Konsistorien der acht älteren Provinzen der Monarchie vom 5. September 1877 (Ges.S. S. 215).

Die Landräthe treten dem Regierungspräsidenten gegenüber in das gleiche Verhältniß, in welchem sie bisher der Abth. des Innern gegenüber sich befanden.

Bezüglich der Zwangsbefugnisse vgl. §§ 132 ff., und wegen des Polizeiverordnungsrechts § 137 Abs. 2, 3.

§. 19. Dem Regierungspräsidenten wird für die ihm persönlich übertragenen Angelegenheiten ein Oberregierungsrath und die erforderliche Anzahl von Räthen und Hülfsarbeitern, von denen mindestens einer die Befähigung zum Richteramte haben muß, beigegeben, welche die Geschäfte nach seinen Anweisungen bearbeiten.

Diese Beamten können zugleich bei der Regierung beschäftigt werden und nehmen an den Plenarberathungen derselben nach Maßgabe der für die Regierungsmitglieder bestehenden Vorschriften Theil.

Die Mitglieder der Regierung können von dem Regierungspräsidenten zur Bearbeitung der ihm übertragenen Geschäfte herangezogen werden.

— **Bisher Organis.Ges. § 18.** —

Cirk. vom 9. Februar 1884 (Anhang XVII).

Abs. 1: § 31.

Unter „Räthen und Hülfsarbeitern" sind auch die technischen Beamten zu verstehen, z. B. Medizinalrath, Baurath, Gewerberath.

Abs. 2: §§ 8, 31, 118.

§. **20**. Die Stellvertretung des Regierungspräsidenten in Fällen der Behinderung erfolgt durch den ihm beigegebenen Oberregierungsrath und, wenn auch dieser behindert ist, durch einen Oberregierungsrath der Bezirksregierung. Die zuständigen Minister sind befugt, in besonderen Fällen eine andere Stellvertretung anzuordnen.

— **Bisher Organis.Ges. § 19.** —

Cirk. vom 9. Februar 1884 II (Anhang XVII).

§ 28 Abs. 2, §§ 30, 146.

§. **21**. Die Geschäfte der Regierungen zu Stralsund und zu Sigmaringen, soweit sie zur Zuständigkeit der Regierungsabtheilungen des Innern gehören, werden nach Maßgabe des §. 18 von den Regierungspräsidenten verwaltet. Die Mitglieder der Regierung bearbeiten diese Geschäfte nach den Anweisungen des Präsidenten.

Die Stellvertretung des Präsidenten in Fällen der Behinderung erfolgt durch ein von den zuständigen Ministern beauftragtes Mitglied der Regierung.

— **Bisher Organis.Ges. § 20.** —

§§ 5, 130 Abs. 2.

§. **22**. Bei den Regierungen zu Danzig, Erfurt, Münster, Minden, Arnsberg, Coblenz, Cöln, Aachen und Trier tritt an die Stelle der Abtheilung des Innern für die bisher von derselben bearbeiteten Kirchen-

und Schulsachen eine Abtheilung für Kirchen- und Schulwesen.

— Bisher Organis.Ges. § 21. —

§. **23.** Die landwirthschaftlichen Abtheilungen der Regierungen zu Königsberg und Marienwerder, sowie die bei den Regierungen der Provinzen Ost- und Westpreußen und zu Schleswig bestehenden Spruchkollegien für die landwirthschaftlichen Angelegenheiten werden aufgehoben. Die Zuständigkeiten dieser Behörden, sowie diejenigen der Abtheilungen des Innern der Regierungen zu Gumbinnen, Danzig und Schleswig als Auseinandersetzungsbehörden gehen auf Generalkommissionen (§. 16) über.

Bei der Regierung zu Wiesbaden tritt an die Stelle der Abtheilung des Innern als Auseinandersetzungsbehörde ein Kollegium, welches aus dem Regierungspräsidenten, dem für ihn hierzu bestimmten Stellvertreter und mindestens zwei Mitgliedern besteht, von denen das eine die Befähigung zum Richteramte besitzen und der landwirthschaftlichen Gewerbslehre kundig sein, das andere die Befähigung zum Oekonomiekommissarius haben muß. Von diesem Kollegium sind auch die Obliegenheiten der Regierung hinsichtlich der Güterkonsolidationen wahrzunehmen.

— Bisher Organis.Ges. § 22. —

Abs. 1: § 155 Abs. 2.

§. **24.** Der Regierungspräsident ist befugt, Beschlüsse der Regierung oder einer Abtheilung derselben, mit welchen er nicht einverstanden ist, außer Kraft zu setzen und, sofern er den Aufenthalt in der Sache für nachtheilig erachtet, auf seine Verantwortung anzuordnen, daß nach seiner Ansicht verfahren werde. Andernfalls ist höhere Entscheidung einzuholen.

Auch ist der Regierungspräsident befugt, in den zur

Zuständigkeit der Regierung gehörigen Angelegenheiten an Stelle des Kollegiums unter persönlicher Verantwortlichkeit Verfügungen zu treffen, wenn er die Sache für eilbedürftig oder, im Falle seiner Anwesenheit an Ort und Stelle, eine sofortige Anordnung für erforderlich erachtet.

— Bisher Organis.Ges. § 23. —

Cirk. vom 9. Februar 1884 VI (Anhang XVII).
§ 50. Ueber das Anfechtungsrecht vgl. § 126.

§. 25. In der Provinz Hannover treten an die Stelle der Landdrosteien und der Finanzdirektion sechs Regierungspräsidenten und Regierungen, welche, gleich dem Oberpräsidenten, die Verwaltung mit den Befugnissen und nach den Vorschriften führen, welche dafür in den übrigen Provinzen gelten, beziehungsweise in dem gegenwärtigen Gesetz gegeben sind.

Welche der vorbezeichneten Regierungen nach dem Vorbild der Regierung zu Stralsund zu organisiren sind, bleibt Königlicher Verordnung vorbehalten.

— Bisher Organis.Ges. § 24. —

§§ 2, 21, 26, 27, 155.

§. 26. Die Zuständigkeiten der Konsistorialbehörden in der Provinz Hannover in Betreff des Schulwesens, sowie die kirchlichen Angelegenheiten, welche bisher zum Geschäftskreise der katholischen Konsistorien zu Hildesheim und Osnabrück gehörten, werden den Abtheilungen für Kirchen- und Schulwesen der betreffenden Regierungen überwiesen.

Die genannten katholischen Konsistorien werden aufgehoben.

— Bisher Organis.Ges. § 25. —

§. 27. Den evangelischen Konsistorialbehörden in der Provinz Hannover verbleiben, bis zur anderweitigen gesetzlichen Regelung, in Kirchensachen ihre bisherigen Zuständigkeiten.

— Bisher Organis.Ges. § 26. —

2. Bezirksausschuß.

§. 28. Der Bezirksausschuß besteht aus dem Regierungspräsidenten als Vorsitzenden und aus sechs Mitgliedern.

Zwei dieser Mitglieder, von denen eins zum Richteramte, eins zur Bekleidung von höheren Verwaltungsämtern befähigt sein muß, werden vom Könige auf Lebenszeit ernannt. Aus der Zahl dieser Mitglieder ernennt der König gleichzeitig den Stellvertreter des Regierungspräsidenten im Vorsitze mit dem Titel Verwaltungsgerichtsdirektor. Zur sonstigen Stellvertretung des Regierungspräsidenten im Bezirksausschusse und zur Stellvertretung jedes der beiden auf Lebenszeit ernannten Mitglieder ernennt der König ferner aus der Zahl der am Sitze des Bezirksausschusses ein richterliches oder ein höheres Verwaltungsamt bekleidenden Beamten einen Stellvertreter. Die Ernennung der Stellvertreter erfolgt auf die Dauer ihres Hauptamts am Sitze des Bezirksausschusses.

Die vier anderen Mitglieder des Bezirksausschusses werden aus den Einwohnern seines Sprengels durch den Provinzialausschuß gewählt. In gleicher Weise wählt letzterer vier Stellvertreter, über deren Einberufung das Geschäftsregulativ bestimmt.

Wählbar ist mit Ausnahme des Oberpräsidenten, der Regierungspräsidenten, der Vorsteher Königlicher Polizeibehörden, der Landräthe und der Beamten des Provinzialverbandes jeder zum Provinziallandtage wählbare Angehörige des Deutschen Reichs. Mitglieder des Provinzialraths können nicht Mitglieder des Bezirksausschusses sein.

Im Uebrigen finden auf die Wahlen beziehungsweise

die gewählten Mitglieder die Bestimmungen der §§ 11, 12 und 13 sinngemäße Anwendung.

— **Bisher Organis.Ges. § 27 u. Verw.Ger.Ges. § 9.** —

Abs. 1: § 4; für Berlin § 43; Aufsicht § 48.

Abs. 2: §§ 30, 152. Die Verwaltungsgerichtsdirektoren nehmen für ihre Funktion die Stellung wie die Oberregierungsräthe ein.

Abs. 3: §§ 32, 56; Prov.O. §§ 17, 42.

Abs. 4: § 10 Abs. 2.

§. **29**. Wo der Geschäftsumfang es erfordert, können durch Königliche Verordnung Abtheilungen des Bezirksausschusses für Theile des Regierungsbezirks gebildet werden. In solchen Fällen gehören der Vorsitzende, und sofern nicht für die verschiedenen Abtheilungen besondere Ernennungen erfolgen, die ernannten Mitglieder allen Abtheilungen an. Die gewählten Mitglieder und deren Stellvertreter müssen für jede Abtheilung gesondert bestellt werden. Im Uebrigen gelten die für den Bezirksausschuß gegebenen Vorschriften sinngemäß für jede Abtheilung.

— **Neue Bestimmung.** —

§. **30**. Der Vorsitz im Bezirksausschusse geht in Behinderungsfällen von dem Regierungspräsidenten beziehungsweise dem Verwaltungsgerichtsdirektor auf das zweite ernannte Mitglied, sodann auf den Stellvertreter des Verwaltungsgerichtsdirektors über. Der Regierungspräsident gilt als behindert in allen Fällen, in welchen über eine Beschwerde gegen die Verfügung eines Regierungspräsidenten verhandelt wird.

— **Bisher Verw.Ger.Ges. § 10; Satz 2 neu.** —

§ 28 Abs. 2, § 30.

§. **31**. Den ernannten Mitgliedern darf eine Vertretung des Regierungspräsidenten oder eine Hülfsleistung in den diesem persönlich überwiesenen Geschäften nicht aufgetragen werden. Beide nehmen an den Plenarberathungen der Regierung nach Maßgabe der für die Regierungsmitglieder bestehenden Vorschriften Theil. Im Uebrigen ist ihnen die Führung eines anderen Amtes nur gestattet, wenn dasselbe ein richterliches ist oder ohne Vergütung geführt wird.

— Neue Bestimmung. —

Cirk. vom 9. Februar 1884 IV, V (Anhang XVII).

§. 32. Die gewählten Mitglieder und stellvertretenden Mitglieder werden durch den Vorsitzenden vereidigt. Alle Mitglieder und stellvertretenden Mitglieder unterliegen in dieser ihrer Eigenschaft den Vorschriften des Gesetzes, betreffend die Dienstvergehen der Richter u. s. w., vom 7. Mai 1851 (Gesetz-Samml. S. 218), beziehungsweise des Gesetzes vom 26. März 1856 (Gesetz-Samml. S. 201).

Disziplinargericht ist das Plenum des Oberverwaltungsgerichts; der Vertreter der Staatsanwaltschaft wird von dem Präsidenten des Oberverwaltungsgerichts ernannt.

— Bisher Verw.Ger.Ges. § 12. —

§. 33. Der Bezirksausschuß ist bei Anwesenheit von fünf Mitgliedern, in Streitsachen unter Armenverbänden bei Anwesenheit von drei Mitgliedern beschlußfähig, unter denen sich in allen Fällen mit Einschluß des Vorsitzenden mindestens zwei ernannte, darunter ein zum Richteramte befähigtes, und ein gewähltes Mitglied befinden muß.

Die Beschlüsse werden nach Stimmenmehrheit gefaßt. Bei gerader Stimmenzahl scheidet, wenn außer dem Vorsitzenden zwei ernannte Mitglieder anwesend sind, das dem Dienstalter nach jüngste ernannte, wenn außer dem Vorsitzenden nur ein ernanntes Mitglied anwesend ist, das dem Lebensalter nach jüngste gewählte Mitglied mit der Maßgabe aus, daß das Stimmrecht vorzugsweise

1) unter den ernannten Mitgliedern einem zum Richteramte befähigten, sofern es dessen zur Beschlußfähigkeit bedarf,

2) im Uebrigen dem Berichterstatter

verbleibt.

— Bisher Verw.Ger.Ges. § 13. —

§ 7 Abs. 3, §§ 15, 40 und Verw.Ger.Ges. § 28.

§. **34.** Die gewählten Mitglieder und deren Stellvertreter erhalten Tagegelder und Reisekosten nach den für Staatsbeamte der vierten Rangklasse bestehenden gesetzlichen Bestimmungen.

Alle Einnahmen des Bezirksausschusses fließen zur Staatskasse. Derselben fallen auch alle Ausgaben zur Last.

— Bisher Verw.Ger.Ges. §§ 15 u. 16. —

Abs. 1: Tagegelder von 12 M. und Reisekosten bei Reisen auf Eisenbahnen und Dampfschiffen 13 Pf. (sowie für jeden Zu- u. Abgang 3 M.), sonst 60 Pf. für den Kilometer. Gesetz vom 24. März 1873 (Ges.S. S. 122), Gesetz vom 28. Juni 1875 (Ges.S. S. 107) und Verordnung vom 15. April 1876 (Ges.S. S. 107).

Die ständigen (ernannten) Mitglieder sollen nicht zu dem Amte eines Schöffen berufen werden. Ausf.Ges. zum Ger.Verf.Ges. vom 24. April 1878 u. Min.Erl. vom 20. Dezember 1883 (Min.Bl. 1884 S. 6).

Abs. 2: § 107 no. 1, § 124 Abs. 3.

§. **35.** In den Hohenzollernschen Landen kommen in Betreff des Bezirksausschusses die Bestimmungen der §§. 28, 30, 32, 33, 34 mit der Maßgabe zur Anwendung, daß die zu wählenden Mitglieder von dem Landesausschusse aus der Zahl der zum Kommunallandtage wählbaren Angehörigen des Landeskommunalverbandes gewählt werden. Der Regierungspräsident, die Oberamtmänner und die Beamten des Landeskommunalverbandes sind von der Wählbarkeit ausgeschlossen.

— Bisher Organis.Ges. § 28 u. Verw.Ger.Ges. § 86. —

§§ 5, 21. Hohenzollernsche Amts- und Landesordnung vom 2. April 1873 (Ges.S. S. 145).

III. Abschnitt.

Kreisbehörden.

§. 36. An der Spitze der Verwaltung des Kreises steht der Landrath. Derselbe führt den Vorsitz im Kreisausschusse. Im Uebrigen wird die Zusammensetzung des Kreisausschusses durch die Kreisordnungen geregelt.

— Bisher Organis.Ges. § 29. —

Landrath: §§ 3, 10 Abs. 2, § 28 Abs. 4; KreisO. § 21 Abs. 3, §§ 74—79.

Kreisausschuß: §§ 7, 48; KreisO. §§ 130 ff., 173.

§. 37. Der Stadtausschuß besteht aus dem Bürgermeister beziehungsweise dessen gesetzlichem Stellvertreter als Vorsitzenden und vier Mitgliedern, welche vom Magistrate (kollegialischen Gemeindevorstande) aus seiner Mitte für die Dauer ihres Hauptamtes gewählt werden.

Für Fälle der Behinderung sowohl des Bürgermeisters wie seines gesetzlichen Stellvertreters wählt der Stadtausschuß den Vorsitzenden aus seiner Mitte. Derselbe bedarf der Bestätigung des Regierungspräsidenten, in dem Stadtkreise Berlin des Oberpräsidenten der Provinz Brandenburg.

Der Vorsitzende oder ein Mitglied des Stadtausschusses muß zum Richteramt oder zum höheren Verwaltungsdienst befähigt sein.

— Bisher Organis.Ges. § 30. —

§ 4 Abs. 2 u. 3, §§ 38, 42; KreisO. §§ 4, 169, 170.

§. 38. In Stadtkreisen, in denen der Bürgermeister allein den Gemeindevorstand bildet, werden die außer dem Vorsitzenden zu bestellenden Mitglieder von der Gemeindevertretung aus der Zahl der Gemeindebürger gewählt.

Die Wahl erfolgt auf sechs Jahre.

Alle drei Jahre scheidet die Hälfte der gewählten Mitglieder aus und wird durch neue Wahlen ersetzt.

Die Ausscheidenden bleiben jedoch in allen Fällen bis zur Einführung der neu Gewählten in Thätigkeit.

Die das erste Mal Ausscheidenden werden durch das Loos bestimmt. Die Ausscheidenden sind wieder wählbar.

Für die im Laufe der Wahlperiode ausscheidenden Mitglieder haben Ersatzwahlen stattzufinden. Die Ersatzmänner bleiben nur bis zum Ende desjenigen Zeitraums in Thätigkeit, für welchen die Ausgeschiedenen gewählt worden.

Im Uebrigen gelten in Betreff der Wählbarkeit, der Wahl, der Einführung und der Vereidigung der Mitglieder, sowie des Verlustes ihrer Stellen unter einstweiliger Enthebung von denselben, die für unbesoldete Magistratsmitglieder bestehenden gesetzlichen Vorschriften.

— Bisher Organis.Ges. § 31. —

§ 4 Abs. 3.

§. 39. Die gewählten Mitglieder des Kreis- (Stadt-) Ausschusses können aus Gründen, welche die Entfernung eines Beamten aus seinem Amte rechtfertigen (§ 2 des Gesetzes vom 21. Juli 1852, betreffend die Dienstvergehen der nicht richterlichen Beamten), im Wege des Disziplinarverfahrens ihrer Stellen enthoben werden.

Für das Disziplinarverfahren gelten die Vorschriften des genannten Gesetzes mit folgenden Maßgaben:

Die Einleitung des Verfahrens, sowie die Ernennung des Untersuchungskommissars erfolgt durch den Regierungspräsidenten.

Die entscheidende Behörde erster Instanz ist der Bezirksausschuß, die entscheidende Behörde zweiter Instanz das Plenum des Oberverwaltungsgerichts.

Der Vertreter der Staatsanwaltschaft wird für die erste Instanz von dem Regierungspräsidenten, für die zweite Instanz von dem Minister des Innern ernannt.

— Bisher Organis.Ges. § 32. —

§ 14 u. Anm.

§. 40. Der Kreis- (Stadt-) Ausschuß ist beschlußfähig, wenn mit Einschluß des Vorsitzenden drei Mitglieder anwesend sind. Die Beschlüsse werden nach Stimmenmehrheit gefaßt. Ist eine gerade Zahl von Mitgliedern anwesend, so nimmt das dem Lebensalter nach jüngste gewählte Mitglied an der Abstimmung nicht Theil. Dem Berichterstatter steht jedoch in allen Fällen Stimmrecht zu.

— Bisher Organis.Ges. § 33. —

§§ 15, 33; KreisO. § 138.

IV. Abschnitt.

Behörden für den Stadtkreis Berlin.

§. 41. Der Oberpräsident der Provinz Brandenburg ist zugleich Oberpräsident von Berlin.

Ingleichen fungiren das Provinzialschulkollegium, das Medizinalkollegium, die Generalkommission und die Direktion der Rentenbank für die Provinz Brandenburg auch für den Stadtkreis Berlin.

— Bisher Organis.Ges. § 34. —

§§ 1, 16.

§. 42. An Stelle des Regierungspräsidenten führt der Oberpräsident die Aufsicht des Staats über die Verwaltung der Gemeindeangelegenheiten der Stadt Berlin. Auf welche Behörden die sonstigen Zuständigkeiten der Regierungsabtheilung des Innern zu Potsdam in Betreff Berlins übergehen, wird durch Königliche Verordnung bestimmt.

Im Uebrigen, und soweit nicht sonst die Gesetze Anderes bestimmen, tritt für den Stadtkreis Berlin an die Stelle des Regierungspräsidenten der Polizeipräsident von Berlin.

— Bisher Organis.Ges. § 35. —

§§ 18, 37 Abs. 2, §§ 48, 57 no. 2 Abs. 2; Zuständ.Ges. § 7 Abs. 2; Reglement vom 18. September 1822 (Beilage zum 28. Stück des Amtsblatts der Regierung zu Potsdam und der Stadt Berlin von 1824).

§§ 59, 116 Abs. 2, § 127 Abs. 15.

Verordnung,

zur Ausführung des § 35 des Gesetzes über die Organisation der allgemeinen Landesverwaltung vom 26. Juli 1880.

Vom 26. Januar 1881.

(Ges.S. S. 14.)

Wir Wilhelm, von Gottes Gnaden König von Preußen ꝛc. verordnen auf Grund des §. 35 des Gesetzes über die Organisation der allgemeinen Landesverwaltung vom 26. Juli 1880 (Gesetz-Samml. S. 291), was folgt:

Artikel 1. Mit dem 1. April 1881 wird die Verwaltung der Invaliden-Pensions- und Unterstützungs-Angelegenheiten der in Berlin wohnhaften Militär- und Marine-Invaliden aus dem Stande vom Feldwebel abwärts, sowie der Angelegenheiten, betreffend die Unterstützung der hinterbliebenen Eltern, Kinder und Wittwen solcher Personen, soweit diese Verwaltung bisher von der Abtheilung des Innern der Regierung zu Potsdam geführt worden ist, dem Polizeipräsidenten von Berlin übertragen.

Mit demselben Zeitpunkte gehen alle sonstigen Zuständigkeiten der gedachten Regierungsabtheilung in Betreff Berlins gleich der bereits durch §. 35 des Organisationsgesetzes vom 26. Juli 1880 dem Oberpräsidenten von Berlin übertragenen Aufsicht des Staats über die Verwaltung der Gemeinde-Angelegenheiten der Stadt Berlin auf den Oberpräsidenten von Berlin über.

Artikel 2. Der Minister des Innern wird mit der Ausführung dieser Verordnung beauftragt.

Urkundlich ꝛc.

Gegeben Berlin, den 26. Januar 1881.

Wilhelm.

§. 43. An die Stelle des Provinzialraths tritt in den Fällen, in welchen derselbe in erster Instanz beschließt, der Oberpräsident, in den übrigen Fällen der zuständige Minister.

Für den Stadtkreis Berlin besteht ein besonderer Bezirksausschuß. Auf denselben finden die Bestimmungen der §§. 28, 30 Satz 1, 31 Satz 3, 32, 33, 34 mit folgenden Maßgaben Anwendung:

1) An Stelle des Regierungspräsidenten tritt ein vom Könige ernannter Präsident. Die Ernennung

dieses Beamten kann im Nebenamte auf die Dauer seines Hauptamtes in Berlin erfolgen. Beamte des Polizeipräsidiums sind von dieser Ernennung ausgeschlossen.

2) Die zu wählenden Mitglieder werden durch den Magistrat und die Stadtverordnetenversammlung unter dem Vorsitz des Bürgermeisters gewählt. Dasselbe Kollegium beschließt an Stelle des Provinzialausschusses über das Aufhören einer der für die Wählbarkeit vorgeschriebenen Bedingungen, sowie über die Abänderung der Dauer der Wahlperiode. Die Mitglieder des Magistrats und der Stadtverordnetenversammlung sind von der Wählbarkeit ausgeschlossen.

Zur Zuständigkeit des Bezirksausschusses für den Stadtkreis Berlin gehören die im Verwaltungsstreitverfahren zu behandelnden Angelegenheiten und diejenigen im Beschlußverfahren zu behandelnden Angelegenheiten, welche im Einzelnen durch die Gesetze seiner Zuständigkeit überwiesen werden; in Betreff der übrigen im Beschlußverfahren zu behandelnden Angelegenheiten tritt für den Stadtkreis Berlin der Oberpräsident an die Stelle des Bezirksausschusses, soweit nicht in den Gesetzen ein Anderes bestimmt ist.

— Bisher Organis.Ges. § 36; Abs. 2 u. 3 neu. —

Zuständ.Ges. §§ 21, 161.

§. **44.** In Angelegenheiten der kirchlichen Verwaltung tritt für den Stadtkreis Berlin an die Stelle der Regierungsabtheilung für Kirchen- und Schulwesen der Polizeipräsident.

Bezüglich der Verwaltung des landesherrlichen Patronats und des Schulwesens verbleibt es bei den bestehenden Bestimmungen.

— Bisher Organis.Ges. § 37. —

§. **45.** Die Geschäfte der direkten Steuerverwaltung werden an Stelle der Regierungsabtheilung für direkte Steuern, Domänen und Forsten, für den Stadtkreis Berlin von der „Direktion für die Verwaltung der direkten Steuern" wahrgenommen.

Diese Behörde wird in Betreff der Zuständigkeit in Disziplinarsachen den im § 24 Nr. 2 des Gesetzes vom 21. Juli 1852, betreffend die Dienstvergehen der nicht richterlichen Beamten ꝛc., bezeichneten Provinzialbehörden gleichgestellt.

— **Bisher Organis.Ges. § 38.** —

§. **46.** Die Mitglieder der nach §. 24 des Gesetzes vom 1. Mai 1851 / 25. Mai 1873 (Gesetz-Samml. für 1873 S. 213) gebildeten Bezirkskommission für die klassifizirte Einkommensteuer werden von dem Magistrate und der Stadtverordnetenversammlung in gemeinschaftlicher Sitzung unter dem Vorsitze des Bürgermeisters gewählt.

— **Bisher Organis.Ges. § 39.** —

§. **47.** Für diejenigen Kategorien der in Berlin angestellten Beamten, bezüglich deren nicht die Zuständigkeit einer anderen Behörde in Disziplinarsachen begründet ist, behält es bei den Bestimmungen des §. 25 des Gesetzes vom 21. Juli 1852 mit der Maßgabe sein Bewenden, daß die Einleitung des Disziplinarverfahrens, sowie die Ernennung des Untersuchungskommissars und des Vertreters des Staatsanwalts für die erste Instanz dem Oberpräsidenten von Berlin zusteht.

— **Bisher Organis.Ges. § 40.** —

§ 14 Anm.

V. Abschnitt.

Stellung der Behörden.

§. **48.** Die dienstliche Aufsicht über die Geschäftsführung des Kreis- (Stadt-) Ausschusses wird von dem Regierungspräsidenten, in Berlin von dem Oberpräsidenten, die Aufsicht über die Geschäftsführung des Bezirksausschusses von dem Oberpräsidenten, die Aufsicht über die Geschäftsführung des Provinzialraths von dem Minister des Innern geführt.

Vorstellungen gegen die geschäftlichen Aufsichtsverfügungen des Regierungspräsidenten unterliegen der endgültigen Beschlußfassung des Oberpräsidenten, Vorstellungen gegen die Aufsichtsverfügungen des Oberpräsidenten der endgültigen Beschlußfassung des Ministers des Innern.

Die Aufsichtsbehörden sind zur Vornahme allgemeiner Geschäftsrevisionen befugt.

— **Bisher Organis.Ges. § 58 u. Verw.Ger.Ges. § 7.** —

§ 50 Abs. 3. Cirk. des O.V.G. vom 14. Juni 1876 (I S. 446).

Beaufsichtigung der Kreisverwaltung KreisO. §§ 136, 176 ff.; der Provinzialverwaltung Prov.O. §§ 114 ff.

Vgl. auch Zuständ.Ges. §§ 5, 7, 24.

§. **49**. Die in §. 48 bezeichneten Behörden haben sich gegenseitig Rechtshülfe zu leisten. Sie haben den geschäftlichen Aufträgen und Anweisungen der ihnen im Instanzenzuge vorgesetzten Behörden Folge zu leisten.

— **Bisher Organis.Ges. § 59 u. Verw.Ger.Ges. § 7.** —

§§ 48, 49 betreffen sowohl die Verwaltungsstreitsachen wie die Beschlußsachen.

Ger.Verf.Ges. § 157 u. Ausführungsgesetz zu demselben vom 24. April 1878 (Ges.S. S. 230) § 87.

Hinsichtlich der bei den ordentlichen Gerichten durch Ersuchen der Verwaltungsgerichte entstehenden baaren Auslagen ist mittels Verfüg. des Justizmin. vom 16. Januar 1883 — Cirk. vom 28. Februar 1883 (Min.Bl. S. 40) — angeordnet, daß Schreibgebühren, sowie Gebühren und Auslagen der Gerichtsvollzieher nicht berechnet, Postgebühren und die übrigen baaren Auslagen aber nach dem wirklich gezahlten Betrage und Kalkulaturgebühren in Höhe der festgesetzten Summe in Ansatz kommen sollen. Bei Ersuchen des Oberverwaltungsgerichts und des Bezirksausschusses unterbleibt die Erstattung der Auslagen.

Instanzenzug: Im Beschlußverfahren: Kreisausschuß, Bezirksausschuß, Provinzialrath; im Streitverfahren: Kreisausschuß, Bezirksausschuß, Oberverwaltungsgericht. — Aufsicht: § 48.

Dritter Titel.
Verfahren.

I. Abschnitt.
Allgemeine Vorschriften.*)

§. 50. Das Gesetz bestimmt, in welcher Weise Verfügungen (Bescheide, Beschlüsse) in Verwaltungssachen angefochten werden können. Zur ersten Anfechtung dienen in der Regel die Beschwerde oder die Klage im Verwaltungsstreitverfahren.

Die Beschwerde ist ausgeschlossen, soweit das Verwaltungsstreitverfahren zugelassen ist, vorbehaltlich abweichender besonderer Bestimmungen des Gesetzes.

Unberührt bleibt in allen Fällen die Befugniß der staatlichen Aufsichtsbehörden, innerhalb ihrer gesetzlichen Zuständigkeit Verfügungen und Anordnungen der nachgeordneten Behörden außer Kraft zu setzen, oder diese Behörden mit Anweisungen zu versehen.

— Bisher Organis.Ges. § 41. —

Wegen der Rechtsmittel gegen polizeiliche Verfügungen vgl. §§ 127 ff. Abs. 3: §§ 24, 48.

§. 51. Wo die Gesetze für die Anbringung der Beschwerde gegen Beschlüsse des Kreis- (Stadt-) Ausschusses, des Bezirksausschusses oder des Provinzialraths, oder der Klage beziehungsweise des Antrags auf mündliche Verhandlung im Verwaltungsstreitverfahren eine andere als eine zweiwöchentliche Frist vorschreiben, beträgt die Frist fortan zwei Wochen. Das Gleiche gilt von den im §. 11 des Gesetzes vom 14. August 1876, betreffend die Verwaltung der den Gemeinden und öffentlichen Anstalten gehörigen Holzungen in den Provinzen Preußen, Branden-

---

*) Diese Vorschriften gelten für das Verwaltungsstreitverfahren und das Beschlußverfahren.

burg, Pommern, Posen, Schlesien und Sachsen (Gesetz-Samml. S. 373) und im §. 91 des Gesetzes vom 1. April 1879, betreffend die Bildung von Wassergenossenschaften, (Gesetz-Samml. S. 297) vorgeschriebenen Fristen.

— Bisher Organis.Ges. § 42. —

§ 111.

Wegen des Antrags auf mündliche Verhandlung vgl. §§ 69, 64 Abs. 4, §§ 67, 89. Wegen des Antrags auf Beschlußfassung vgl. § 117 Abs. 3, 4.

§. 52. Die Fristen für die Anbringung der Beschwerde und der Klage beziehungsweise des Antrags auf mündliche Verhandlung im Verwaltungsstreitverfahren, sowie alle Fristen im Verwaltungsstreitverfahren sind präklusivisch und beginnen, sofern nicht die Gesetze Anderes vorschreiben, mit der Zustellung. Für die Berechnung der Fristen sind die bürgerlichen Prozeßgesetze maßgebend.

Bezüglich der Beschwerde kann die angerufene Behörde in Fällen unverschuldeter Fristversäumung Wiedereinsetzung in den vorigen Stand gewähren.

Für eine im Verwaltungsstreitverfahren zu gewährende Wiedereinsetzung in den vorigen Stand sind lediglich die für das Verwaltungsstreitverfahren besonders getroffenen Bestimmungen maßgebend (§ 112).

— Bisher Organis.Ges. § 43 u. Verw.Ger.Ges. § 54 Abs. 2, § 81. —

Hinsichtlich des Antrags auf Beschlußfassung vgl. § 117 Abs. 4. Weitere Beschwerde §§ 60, 78 Abs. 2.

Abs. 1: Die Art der Zustellung im Verwaltungsstreitverfahren ist durch die Geschäftsregulative (Anhang XX u. XXI § 17 und insbesondere XIV Nachtrag) bestimmt. Vgl. auch § 112 Satz 2.

Für die Berechnung der Fristen giebt die Civ.Proz.O. folgende Bestimmungen:

§. 198. Der Lauf einer richterlichen Frist beginnt, sofern nicht bei Festsetzung derselben ein Anderes bestimmt wird, mit der Zustellung des Schriftstücks, in welchem die Frist festgesetzt ist, und, wenn es einer solchen Zustellung nicht bedarf, mit der Verkündung der Frist.

Der Lauf einer gesetzlichen oder richterlichen Frist, deren Beginn von einer Zustellung abhängig ist, beginnt mit dieser auch gegen diejenige Partei, welche die Zustellung hat bewirken lassen.

§. 199. Bei der Berechnung einer Frist, welche nach Tagen bestimmt ist, wird der Tag nicht mitgerechnet, auf welchen der Zeitpunkt oder das Ereigniß fällt, nach welchem der Anfang der Frist sich richten soll.

§. 200. Eine Frist, welche nach Wochen oder Monaten bestimmt ist, endigt mit Ablauf desjenigen Tages der letzten Woche oder des letzten Monats, welcher durch seine Benennung oder Zahl dem Tage entspricht, an welchem die Frist begonnen hat; fehlt dieser Tag in dem letzten Monate, so endigt die Frist mit Ablauf des letzten Tages dieses Monats.

Fällt das Ende einer Frist auf einen Sonntag oder allgemeinen Feiertag, so endigt die Frist mit Ablauf des nächstfolgenden Werktages.

§. 226. Die Unterbrechung und Aussetzung des Verfahrens hat die Wirkung, daß der Lauf einer jeden Frist aufhört und nach Beendigung der Unterbrechung oder Aussetzung die volle Frist von neuem zu laufen beginnt.

Die während der Unterbrechung oder Aussetzung von einer Partei in Ansehung der Hauptsache vorgenommenen Prozeßhandlungen sind der anderen Partei gegenüber ohne rechtliche Wirkung.

Durch die nach dem Schlusse einer mündlichen Verhandlung eintretende Unterbrechung wird die Verkündung der auf Grund dieser Verhandlung zu erlassenden Entscheidung nicht gehindert.

§. 53. Die Anbringung der Beschwerde, sowie der Klage beziehungsweise des Antrags auf mündliche Verhandlung im Verwaltungsstreitverfahren hat, sofern nicht die Gesetze Anderes vorschreiben, aufschiebende Wirkung. Verfügungen, Bescheide und Beschlüsse können jedoch, auch wenn dieselben mit der Beschwerde oder mit der Klage beziehungsweise dem Antrag auf mündliche Verhandlung im Verwaltungsstreitverfahren angefochten sind, zur Ausführung gebracht werden, sofern letztere nach dem Ermessen der Behörde ohne Nachtheil für das Gemeinwesen nicht ausgesetzt bleiben kann, vorbehaltlich der Bestimmung im § 133 Absatz 3 dieses Gesetzes.

— Bisher Organis.Ges. § 44. —

§ 123 Abs. 6, § 126.

Hinsichtlich des Antrags auf Beschlußfassung vgl. § 117 Abs. 4.

Keine aufschiebende Wirkung: §§ 11, 28; KreisO. § 19 Abs. 4, § 70 a Abs. 4; Zuständ.Ges. §§ 18, 34.

§. 54. Das Verfahren des Kreis- (Stadt-) Ausschusses und des Bezirksausschusses in Angelegenheiten der allgemeinen Landesverwaltung ist entweder das Verwaltungsstreitverfahren oder das Beschlußverfahren.

Das Verwaltungsstreitverfahren tritt in allen Angelegenheiten ein, in welchen die Gesetze von der Entscheidung in streitigen Verwaltungssachen oder von der Erledigung der Angelegenheit im Streitverfahren oder durch Endurtheil oder von der Klage bei dem Kreisausschusse, dem Bezirksausschusse oder einem Verwaltungsgerichte sprechen, und wo sonst dieses Verfahren gesetzlich vorgeschrieben ist.

In allen anderen Angelegenheiten ist das Verfahren des Kreis- (Stadt-) Ausschusses und des Bezirksausschusses das Beschlußverfahren.

Das Oberverwaltungsgericht verfährt nur im Verwaltungsstreitverfahren; der Provinzialrath nur im Beschlußverfahren.

— Bisher Organis.Ges. §§ 45 u. 62. —

§ 7, §§ 61 ff., 115 ff.

Als Bezirksbehörden bestanden bisher für das Beschlußverfahren der Bezirksrath und für das Verwaltungsstreitverfahren das Bezirksverwaltungsgericht. Beide Behörden sind jetzt im Bezirksausschuß verschmolzen. § 153.

§. 55. Der Vorsitzende des Kreis- (Stadt-) Ausschusses, des Bezirksausschusses und des Provinzialraths beruft das Kollegium, leitet und beaufsichtigt den Geschäftsgang und sorgt für die prompte Erledigung der Geschäfte. Er bereitet die Beschlüsse der Behörde vor und trägt für deren Ausführung Sorge. Er vertritt die Behörde nach außen, verhandelt Namens derselben mit anderen Behörden und mit Privatpersonen, führt den Schriftwechsel und zeichnet alle Schriftstücke Namens der Behörde.

— Bisher Organis.Ges. § 49. —

§§ 48, 56, 60. Beschlußfähigkeit und Abstimmung §§ 15, 33, 40.
Kreisausschuß: § 36; KreisO. §§ 136, 137.
Bezirksausschuß: §§ 28, 30.
Provinzialrath: § 10.

§. 56. Soweit Geschäftsgang und Verfahren des Kreis= (Stadt=) Ausschusses, des Bezirksausschusses und des Provinzialraths nicht durch die nachstehenden oder durch besondere gesetzliche Bestimmungen geregelt sind, werden dieselben durch Regulative geordnet, welche der Minister des Innern erläßt.

— Bisher Organis.Ges. § 61 u. Verw.Ger.Ges. § 14. —

KreisO. § 166.
Regulative im Anhang XIX, XX, XXI.

§. 57. Die örtliche Zuständigkeit für das Verwaltungs= streit= und Beschlußverfahren bestimmt sich, wie folgt:

Zuständig in erster Instanz ist:

1) in Angelegenheiten, welche sich auf Grundstücke beziehen, die Behörde der belegenen Sache;
2) in allen sonstigen Fällen die Behörde desjenigen Bezirks (Kreis, Regierungsbezirk, Provinz), in welchem die Person wohnt oder die Korporation beziehungsweise öffentliche Behörde ihren Sitz hat, welche im Verwaltungsstreitverfahren in Anspruch genommen wird oder auf deren Angelegenheit sich die Beschlußfassung bezieht. Wenn die Korporation oder öffentliche Behörde ihren Sitz außerhalb ihres räumlichen Bezirks hat, ist diejenige Behörde zuständig, welcher dieser Bezirk angehört.

Bezüglich des Kommunalverbandes der Provinz Brandenburg ist der Bezirksausschuß zu Potsdam zuständig.

— Bisher Organis.Ges. § 46 u. Verw.Ger.Ges. §§ 31 u. 87a Abs. 2. —

§ 113 Abs. 3. Vereinbarung der Parteien (prorogatio fori) ist nicht zulässig (O.V.G. V. S. 469).

Zu 2: Zu den öffentlichen Behörden gehören auch die Kommunalbehörden, vgl. § 107 no. 1. Außerhalb des Bezirks haben ihren Sitz z. B. die Landrathsämter Teltow und Nieder-Barnim.

§. 58. Sind die Grundstücke in mehreren Bezirken belegen, oder ist es zweifelhaft, zu welchem Bezirke sie gehören, so wird die zuständige Behörde

1) für das Verwaltungsstreitverfahren durch den Bezirksausschuß und, wenn die Grundstücke in verschiedenen Regierungbezirken liegen, durch das Oberverwaltungsgericht,
2) für das Beschlußverfahren durch den Regierungspräsidenten, den Oberpräsidenten oder den Minister des Innern, je nachdem die betreffenden Bezirke demselben Regierungsbezirke, derselben Provinz, aber verschiedenen Regierungsbezirken, oder verschiedenen Provinzen angehören,

endgültig bestimmt.

Dasselbe findet statt, wenn die Personen oder Korporationen, deren Angelegenheit den Gegenstand der Entscheidung oder Beschlußfassung bildet, in mehreren Bezirken wohnen oder ihren Sitz haben.

— Bisher Organis.Ges. § 47 u. Verw.Ger.Ges. § 32. —

Die Bestimmung ist jetzt auch für das Beschlußverfahren endgültig.

§. 59. Ist bei einer Angelegenheit, welche zur Zuständigkeit des Kreis- (Stadt-) Ausschusses gehört, die betreffende Kreiskorporation (Stadtgemeinde) als solche betheiligt, so wird

1) für das Verwaltungsstreitverfahren von dem Bezirksausschusse und, wenn ein Stadtkreis betheiligt ist, von dem Oberverwaltungsgerichte,
2) für das Beschlußverfahren von dem Regierungspräsidenten, für Berlin von dem Oberpräsidenten

ein anderer Kreis- oder Stadtausschuß mit der Entscheidung oder Beschlußfassung beauftragt.

— Bisher Organis.Ges. § 48 u. Verw.Ger.Ges. § 34 a. —

§§ 61, 115; KreisO. § 139.

§. **60**. Die Vollstreckung im Verwaltungsstreitverfahren und im Beschlußverfahren erfolgt im Wege des Verwaltungszwangsverfahrens. Die Vollstreckung wird Namens der Behörde, welche in der ersten Instanz entschieden beziehungsweise beschlossen hatte, von deren Vorsitzendem verfügt. Ueber Beschwerden gegen die Verfügungen des Vorsitzenden entscheidet die Behörde. Gegen die Entscheidung der Behörde findet innerhalb zwei Wochen die Beschwerde an die im Instanzenzuge zunächst höhere Behörde statt.

Die Entscheidung der letzteren ist endgültig.

— Bisher Verw.Ger.Ges. § 79. —

§§ 55, 111. Die Bestimmung ist bezüglich des Beschlußverfahrens neu. Instanzenzug vgl. Anm. zu § 49.

Gesetz betr. das Verwaltungszwangsverfahren wegen Beitreibung von Geldbeträgen vom 7. September 1879 — Anhang XV — und Cirk. vom 26. Mai 1880, das Verfahren bei Einziehung der von den Kreisausschüssen resp. den Bezirksverwaltungsgerichten in streitigen Verwaltungssachen festgesetzten Kosten (Min.Bl. no. 7).

Für Armensachen § 157 no. 3 und Reichsgesetz über den Unterstützungswohnsitz vom 6. Juni 1870, §§ 53, 54.

II. Abschnitt.

Verwaltungsstreitverfahren.

1. Von der Ausschließung und Ablehnung der Gerichtspersonen.

§. **61**. Die Bestimmungen der bürgerlichen Prozeßgesetze über Ausschließung und Ablehnung der Gerichtspersonen finden für das Verwaltungsstreitverfahren sinngemäße Anwendung.

Aus der innerhalb seiner Zuständigkeit geübten amtlichen Thätigkeit des Landraths beziehungsweise des

Regierungspräsidenten darf kein Grund zur Ablehnung desselben wegen Besorgniß der Befangenheit entnommen werden.

— Abs. 1: bisher Verw.Ger.Ges. § 33; Abs. 2 neu. —

§§ 59, 115.

Die betreffenden Bestimmungen der Civ.Proz.O. lauten:

§. 41. Ein Richter ist von der Ausübung des Richteramtes kraft Gesetzes ausgeschlossen:

1. in Sachen, in welchen er selbst Partei ist, oder in Ansehung welcher er zu einer Partei in dem Verhältnisse eines Mitberechtigten, Mitverpflichteten oder Regreßpflichtigen steht;
2. in Sachen seiner Ehefrau, auch wenn die Ehe nicht mehr besteht;
3. in Sachen einer Person, mit welcher er in gerader Linie verwandt, verschwägert oder durch Adoption verbunden, in der Seitenlinie bis zum dritten Grade verwandt oder bis zum zweiten Gliede verschwägert ist, auch wenn die Ehe, durch welche die Schwägerschaft begründet ist, nicht mehr besteht;
4. in Sachen, in welchen er als Prozeßbevollmächtigter oder Beistand einer Partei bestellt oder als gesetzlicher Vertreter einer Partei aufzutreten berechtigt ist oder gewesen ist;
5. in Sachen, in welchen er als Zeuge oder Sachverständiger vernommen ist;
6. in Sachen, in welchen er in einer früheren Instanz oder im schiedsrichterlichen Verfahren bei der Erlassung der angefochtenen Entscheidung mitgewirkt hat, sofern es sich nicht um die Thätigkeit eines beauftragten oder ersuchten Richters handelt.

§. 42. Ein Richter kann sowohl in den Fällen, in welchen er von der Ausübung des Richteramts kraft Gesetzes ausgeschlossen ist, als auch wegen Besorgniß der Befangenheit abgelehnt werden.

Wegen Besorgniß der Befangenheit findet die Ablehnung statt, wenn ein Grund vorliegt, welcher geeignet ist, Mißtrauen gegen die Unparteilichkeit eines Richters zu rechtfertigen.

Das Ablehnungsrecht steht in jedem Falle beiden Parteien zu.

§. 43. Eine Partei kann einen Richter wegen Besorgniß der Befangenheit nicht mehr ablehnen, wenn sie bei demselben, ohne den ihr bekannten Ablehnungsgrund geltend zu machen, in eine Verhandlung sich eingelassen oder Anträge gestellt hat.

§. 44. Das Ablehnungsgesuch ist bei dem Gerichte, welchem der Richter angehört, anzubringen; es kann vor dem Gerichtsschreiber zu Protokoll erklärt werden.

Der Ablehnungsgrund ist glaubhaft zu machen; der Eid ist als Mittel der Glaubhaftmachung ausgeschlossen. Zur Glaubhaftmachung kann auf das Zeugniß des abgelehnten Richters Bezug genommen werden.

Der abgelehnte Richter hat sich über den Ablehnungsgrund dienstlich zu äußern.

Wird ein Richter, bei welchem die Partei in eine Verhandlung sich eingelassen oder Anträge gestellt hat, wegen Besorgniß der Befangenheit abgelehnt, so ist glaubhaft zu machen, daß der Ablehnungsgrund erst später entstanden oder der Partei bekannt geworden sei.

§. 47. Ein abgelehnter Richter hat vor Erledigung des Ablehnungsgesuchs nur solche Handlungen vorzunehmen, welche keinen Aufschub gestatten.

§. **62.** Ueber das Ablehnungsgesuch beschließt das Gericht, welchem der Abgelehnte angehört, und wenn der Vorsitzende des Kreis- (Stadt-) oder Bezirksausschusses abgelehnt werden soll, das nächst höhere Gericht.

Der Beschluß, durch welchen das Gesuch für begründet erklärt wird, ist endgültig. Wird das Gesuch für unbegründet erklärt, so steht der mit demselben zurückgewiesenen Partei innerhalb zwei Wochen die Beschwerde an das im Instanzenzuge zunächst höhere Gericht zu. Das letztere entscheidet endgültig. Die Verhandlung über die Ablehnung erfolgt in nicht öffentlicher Sitzung.

Das im Instanzenzuge zunächst vorgesetzte Gericht entscheidet desgleichen endgültig und bestimmt das zuständige Gericht, wenn das Gericht, dem das ausgeschlossene oder abgelehnte Mitglied angehört, bei dessen Ausscheiden beschlußunfähig wird.

— Bisher Verw.Ger.Ges. § 34. —

§§ 111, 116.

Instanzenzug: Kreisausschuß, Bezirksausschuß, Oberverwaltungsgericht.

2. Von dem Verfahren in erster Instanz.

§. **63.** Die Klage ist bei dem zuständigen Gericht schriftlich einzureichen. Die Klage beim Kreisausschusse kann zu Protokoll erklärt werden. In der Klage ist ein bestimmter Antrag zu stellen, und sind die Person des Beklagten, der Gegenstand des Anspruchs, sowie die den Antrag begründenden Thatsachen genau zu bezeichnen.

— **Bisher Verw.Ger.Ges. § 35; Satz 2 neu.** —
Civ.Proz.O. § 230. Anm. zu § 71 Abs. 2.
Ausnahme § 129 Abs. 1.

§. **64.** Stellt sich der erhobene Anspruch sofort als rechtlich unzulässig oder unbegründet heraus, so kann die Klage ohne Weiteres durch einen mit Gründen versehenen Bescheid zurückgewiesen werden.

Scheint der erhobene Anspruch dagegen rechtlich begründet, so kann dem Beklagten ohne Weiteres durch einen mit Gründen versehenen Bescheid die Klaglosstellung des Klägers aufgegeben werden.

Namens des Kreisausschusses steht auch dem Vorsitzenden desselben, Namens des Bezirksausschusses auch dem Vorsitzenden im Einverständniß mit den ernannten Mitgliedern der Erlaß eines solchen Bescheides zu.

In dem Bescheide ist den Parteien zu eröffnen, daß sie befugt seien, innerhalb zwei Wochen, vom Tage der Zustellung ab, entweder die Anberaumung der mündlichen Verhandlung zu beantragen oder dasjenige Rechtsmittel einzulegen, welches zulässig wäre, wenn der Bescheid als Entscheidung des Kollegiums ergangen wäre.

Wird mündliche Verhandlung beantragt, so muß dieselbe zunächst stattfinden.

Hat einer der Betheiligten mündliche Verhandlung beantragt, ein anderer das Rechtsmittel eingelegt, so wird nur dem Antrag auf mündliche Verhandlung stattgegeben.

Wird weder mündliche Verhandlung beantragt, noch das Rechtsmittel eingelegt, so gilt der Bescheid als endgültiges Urtheil.

— Bisher Verw.Ger.Ges. § 37. —

§§ 55, 61, 67, 81, 82, 111. Min.Verf. vom 16. Juli 1881 (Min.Bl. S. 205).

Abs. 3: § 28; also auch dem den Regierungspräsidenten im Vorsitz vertretenden Verwaltungsgerichtsdirektor im Einverständniß mit dem anderen ernannten Mitgliede. Im Beschlußverfahren § 117.

Abs. 4: Bisher war nur „Einspruch" zulässig. Rechtsmittel im Streitverfahren sind die Berufung und Revision §§ 82, 83 u. 93.

Wegen Zustellung vgl. Anm. zu § 52 Abs. 1.

Abs. 7: Gebührenfreiheit nach § 107 no. 2.

§. 65. Wird ein Bescheid nach den Bestimmungen des § 64 nicht erlassen, so ist die Klage dem Beklagten mit der Aufforderung zuzufertigen, seine Gegenerklärung innerhalb einer bestimmten, von einer bis zu vier Wochen zu bemessenden Frist schriftlich einzureichen. Wenn das Verfahren bei dem Kreisausschusse anhängig ist, so kann die Gegenerklärung auch zu Protokoll erklärt werden.

Die Frist kann in nicht schleunigen Sachen der Regel nach nicht über zwei Wochen verlängert werden. Die Gegenerklärung des Beklagten wird dem Kläger zugefertigt.

— Bisher Verw.Ger.Ges. § 36. —

§ 68 Abs. 3.

Abs. 1: Satz 2 ist neu.

§. 66. Allen Schriftstücken sind die als Beweismittel in Bezug genommenen Urkunden im Original oder in Abschrift beizufügen. Von allen Schriftstücken und deren Anlagen sind Duplikate einzureichen.

Das Gericht kann geeigneten Falls gestatten, daß statt der Einreichung von Duplikaten die Anlagen selbst zur Einsicht der Betheiligten in seinem Geschäftslokale offen gelegt werden.

— Bisher Verw.Ger.Ges. § 38. —

Civ.Proz.O. § 122.

§. 67. Ist weder vom Kläger noch vom Beklagten die Anberaumung der mündlichen Verhandlung ausdrücklich verlangt, so kann das Gericht auch ohne solche Verhandlung schon auf Grund der Erklärung der Parteien seine Entscheidung in der Form eines mit Gründen versehenen Bescheides fällen. Dabei gelten die Bestimmungen der Absätze 4 bis 7 des § 64.

Die Bestimmung ist neu und findet auch in der Berufungsinstanz entspr. Anwendung § 89.

§§ 68, 80 Abs. 1. Rechtsmittel §§ 82, 83.

§. 68. Hat dagegen auch nur eine Partei die Anberaumung der mündlichen Verhandlung gefordert oder erachtet das Gericht eine solche für erforderlich, so werden die Parteien zur mündlichen Verhandlung unter der Verwarnung geladen, daß beim Ausbleiben nach Lage der Verhandlungen werde entschieden werden.

Das Gericht kann zur Aufklärung des Sachverhältnisses das persönliche Erscheinen einer Partei anordnen.

Den Parteien steht es frei, ihre Erklärungen, auch ohne dazu besonders aufgefordert zu sein, vor dem Termine schriftlich einzureichen und zu ergänzen. Das Duplikat solcher Erklärungen ist der Gegenpartei zuzufertigen. Kann dies nicht mehr vor dem Termine zur mündlichen Verhandlung bewirkt werden, so ist der wesentliche Inhalt der Erklärungen in dieser Verhandlung mitzutheilen.

— Bisher Verw.Ger.Ges. § 39. —

Gilt auch für das Beschlußverfahren § 119.

Zu Abs. 1 wurde in der betr. Kommission des Abgeordnetenhauses konstatirt, daß die Verwaltungsgerichte nach §§ 4 und 9 des Gesetzes, betreffend die Geschäftssprache der Behörden rc. vom 28. August 1876 (Ges.S. S. 389) zur Verhandlung mit Personen, welche der deutschen Sprache nicht mächtig sind, einen beeidigten Dolmetscher zuzuziehen haben. (Drucks. 14 Leg.=Per. I Sess. 1879—80 Nr. 307 S. 5).

Abs. 2: Wegen der baaren Auslagen § 103; Civ.Proz.O. § 132.

Abs. 3: Jetzt „Erklärungen“ allgemein, bisher nur „thatsächliche“. § 65.

§. 69. Wo die Gesetze zur Einleitung des Verwaltungsstreitverfahrens statt der Klage den Antrag auf mündliche Verhandlung im Verwaltungsstreitverfahren geben, erfolgt auf den Antrag ohne Weiteres die Vorladung der Parteien zur mündlichen Verhandlung.

Der Antrag muß Alles enthalten, was nach § 63 für den Klageantrag erfordert wird, soweit dasselbe nicht aus den Vorverhandlungen bei der Behörde sich ergiebt.

Die Bestimmung ist neu.

Abs. 2: Es können also alle im Beschlußverfahren bereits ermittelte Thatsachen sofort als Unterlage für das Streitverfahren dienen.

§. 70. Das Gericht kann auf Antrag oder von Amtswegen die Beiladung Dritter, deren Interesse durch die zu erlassende Entscheidung berührt wird, verfügen. Die Entscheidung ist in diesem Falle auch den Beigeladenen gegenüber gültig.

— **Bisher Verw.Ger.Ges. § 40.** —

Civ.Proz.O. §§ 61 ff.

Die Beigeladenen können auch Rechtsmittel einlegen. O.V.G. vom 19. Juni 1879 (V S. 463).

§ 71. In der mündlichen Verhandlung sind die Parteien oder ihre mit Vollmacht versehenen Vertreter zu hören.

Dieselben können ihre thatsächlichen oder rechtlichen Anführungen ergänzen oder berichtigen und die Klage abändern, insofern durch die Abänderung nach dem Ermessen des Gerichts das Vertheidigungsrecht der Gegenpartei nicht geschmälert oder eine erhebliche Verzögerung des Verfahrens nicht herbeigeführt wird. Sie haben sämmtliche Beweismittel anzugeben und, soweit dies nicht bereits geschehen, die schriftlichen ihnen zu Gebote stehenden Beweismittel vorzulegen; auch können von ihnen Zeugen zur Vernehmung vorgeführt werden.

Der Vorsitzende des Gerichts hat dahin zu wirken, daß der Sachverhalt vollständig aufgeklärt und die sachdienlichen Anträge von den Parteien gestellt werden.

Er kann einem Mitgliede des Gerichts gestatten, das Fragerecht auszuüben.

Eine Frage ist zu stellen, wenn das Gericht diese für angemessen erachtet.

— Bisher Verw.Ger.Ges. § 41. —

Gilt auch für das Beschlußverfahren § 119.

Abs. 1: Vertreter § 73.

Abs. 2: Eine Frist für Einreichung der Klage ist also auch dann gewahrt, wenn letztere nicht in jeder Beziehung den Erfordernissen des § 63 entspricht. O.V.G. 20. Mai u. 21. Juni 1882 (IX S. 84, 158). Vgl. noch Zuständ.Ges. § 56 Abs. 4, § 66 Abs. 4 u. § 81.

Abs. 3: Civ.Proz.O. § 464.

§. 72. Die mündliche Verhandlung erfolgt in öffentlicher Sitzung des Gerichts.

Die Oeffentlichkeit kann durch einen öffentlich zu verkündigenden Beschluß ausgeschlossen werden, wenn das Gericht dies aus Gründen des öffentlichen Wohls oder der Sittlichkeit für angemessen erachtet.

Der Vorsitzende kann aus der öffentlichen Sitzung jeden Zuhörer entfernen lassen, der Zeichen des Beifalls oder des Mißfallens giebt oder Störung irgend einer Art verursacht.

Parteien, Zeugen, Sachverständige, welche den zur Aufrechthaltung der Ordnung erlassenen Befehlen des Vorsitzenden nicht gehorchen, können auf Beschluß des Gerichts aus dem Sitzungszimmer entfernt werden. Gegen die bei der Verhandlung betheiligten Personen wird sodann in gleicher Weise verfahren, wie wenn sie sich freiwillig entfernt hätten.

— Bisher Verw.Ger.Ges. § 42. —

Gilt auch für das Beschlußverfahren § 119.

Abs. 1: § 157 no. 1 u. Gewerbeordnung § 21 no. 5. Urtheilsverkündigung § 81 u. Ger.Verf.-Ges. § 170.

Abs. 2: Ger.Verf.Ges. §§ 173, 175.

Abs. 3 u. 4: §. 79, Ger.Verf.Ges. §§ 177 ff., Civ.Proz.O. § 144.

§. 73. Die Parteien sind in der Wahl der von ihnen zu bestellenden Bevollmächtigten nicht beschränkt.

Das Gericht kann Vertreter, welche, ohne Rechtsanwalte zu sein, die Vertretung vor dem Gerichte geschäftsmäßig betreiben, zurückweisen. Eine Anfechtung dieser Anordnung findet nicht statt.

Gemeindevorsteher, welche als solche legitimirt sind, bedürfen zur Vertretung ihrer Gemeinden einer besonderen Vollmacht nicht.

— Bisher Verw.Ger.Ges. § 43. —

Gilt auch für das Beschlußverfahren § 119.

Abs. 2: Bisher „gewerbmäßig" statt geschäftsmäßig. Satz 2 ist neu. Civ.Proz.O. § 143.

Unter „Vertreter" sind auch Beistände zu verstehen. O.V.G. Verf. vom 12. Juni 1882 (VIII S. 426).

§. 74. Liegt einer öffentlichen Behörde als Partei die Wahrnehmung des öffentlichen Interesses ob, so kann auf deren Antrag der Regierungspräsident für die mündliche Verhandlung vor dem Bezirksausschusse, und der Ressortminister für die mündliche Verhandlung vor dem Oberverwaltungsgerichte einen Kommissar zur Vertretung der Behörde bestellen.

Der Regierungspräsident beziehungsweise der Ressortminister kann in geeigneten Fällen auch ohne Antrag einer Partei einen besonderen Kommissar zur Wahrnehmung des öffentlichen Interesses für die mündliche Verhandlung bestellen. Der Kommissar ist vor Erlaß des Endurtheils mit seinen Ausführungen und Anträgen zu hören, zur Einlegung von Rechtsmitteln aber nicht befugt.

Der Vorsitzende des Kreis- (Stadt-) Ausschusses beziehungsweise des Bezirksausschusses und der Ressortminister hat behufs der erforderlichen Wahrnehmung des öffentlichen Interesses einen Kommissar zu bestellen, wenn das Gesetz die öffentliche Behörde, welche die Rolle des Klägers oder des Beklagten wahrzunehmen hat, nicht bezeichnet.

— Bisher Verw.Ger.Ges. § 44. —

§§ 81 ff., 93; für Berlin § 42; Reskripte vom 10. November 1875 (Min.Bl. d. J. S. 277), 1. März 1877 (Min.Bl. d. J. S. 81) u. vom 20. Mai 1878 (Min.Bl. d. J. S. 113) die Abordnung von Kommissarien behufs Wahrnehmung des öffentlichen Interesses im Verwaltungsstreitverfahren betreffend.

§. 75. Die mündliche Verhandlung erfolgt unter Zuziehung eines vereidigten Protokollführers. Das Protokoll muß die wesentlichen Hergänge der Verhandlung enthalten. Dasselbe wird von dem Vorsitzenden und dem Protokollführer unterzeichnet.

— Bisher Verw.Ger.Ges. § 45. —

Gilt auch für das Beschlußverfahren § 119.

§. 76. Das Gericht ist befugt — geeigneten Falls schon vor Anberaumung der mündlichen Verhandlung — Untersuchungen an Ort und Stelle zu veranlassen, Zeugen und Sachverständige zu laden und eidlich zu vernehmen, überhaupt den angetretenen oder nach dem Ermessen des Gerichts erforderlichen Beweis in vollem Umfange zu erheben.

— Bisher Verw.Ger.Ges. § 46. —

Gilt auch für das Beschlußverfahren § 120.
§ 79.

§. 77. Das Gericht kann die Beweiserhebung durch eines seiner Mitglieder oder erforderlichen Falls durch eine zu dem Ende zu ersuchende sonstige Behörde bewirken lassen. Es kann verordnen, daß die Beweiserhebung in der mündlichen Verhandlung stattfinden soll.

Die Beweisverhandlungen sind unter Zuziehung eines vereidigten oder von der betreffenden Behörde durch Handschlag zu verpflichtenden Protokollführers aufzunehmen; die Parteien sind zu denselben zu laden.

— Bisher Verw.Ger.Ges. § 47. —

Gilt auch für das Beschlußverfahren § 120.
Rechtshülfe § 49. Civ.Proz.O. §§ 320, 322, 326, 327.

§. 78. Hinsichtlich der Verpflichtung, sich als Zeuge oder Sachverständiger vernehmen zu lassen, sowie hinsichtlich der im Falle des Ungehorsams zu verhängenden Strafen kommen die Bestimmungen der bürgerlichen Prozeßgesetze mit der Maßgabe zur Anwendung, daß im Falle des Ungehorsams die zu erkennende Geldbuße den Betrag von Einhundertfünfzig Mark nicht übersteigen darf.

Gegen die eine Strafe oder die Nichtverpflichtung des Zeugen oder Sachverständigen aussprechende Entscheidung steht den Betheiligten innerhalb zwei Wochen die Beschwerde an das im Instanzenzuge zunächst vorgesetzte Gericht, gegen die in zweiter Instanz ergangene Entscheidung des Bezirksausschusses die weitere Beschwerde an das Oberverwaltungsgericht zu.

— **Bisher Verw.Ger.Ges. § 48.** —

Gilt auch für das Beschlußverfahren § 120.

Wegen Beschwerde § 111. Instanzenzug: Anm. zu § 62.

Die betreffenden Bestimmungen der **Reichs-Civ.Proz.O.** lauten:

§. 341. Oeffentliche Beamte, auch wenn sie nicht mehr im Dienste sind, dürfen über Umstände, auf welche sich ihre Pflicht zur Amtsverschwiegenheit bezieht, als Zeugen nur mit Genehmigung ihrer vorgesetzten Dienstbehörde oder der ihnen zuletzt vorgesetzt gewesenen Dienstbehörde vernommen werden. Für den Reichskanzler bedarf es der Genehmigung des Kaisers, für die Minister der Genehmigung des Landesherrn, für die Mitglieder der Senate der freien Hansestädte der Genehmigung des Senats.

Die Genehmigung darf nur versagt werden, wenn die Ablegung des Zeugnisses dem Wohle des Reichs oder eines Bundesstaates Nachtheil bereiten würde.

Die Genehmigung ist durch das Prozeßgericht einzuholen und dem Zeugen bekannt zu machen.

§. 344. Das Gericht kann die Ladung davon abhängig machen, daß der Beweisführer einen Vorschuß zur Deckung der Staatskasse wegen der durch die Vernehmung des Zeugen erwachsenden Auslagen hinterlegt.

Erfolgt die Hinterlegung nicht binnen der bestimmten Frist, so unterbleibt die Ladung, wenn die Hinterlegung nicht so zeitig nachgeholt wird, daß die Vernehmung ohne Verzögerung des Verfahrens erfolgen kann.

§. 345. Ein ordnungsmäßig geladener Zeuge, welcher nicht erscheint, ist, ohne daß es eines Antrages bedarf, in die durch das Ausbleiben verursachten Kosten sowie zu einer Geldstrafe bis zu dreihundert Mark und für den Fall, daß diese nicht beigetrieben werden kann, zur Strafe der Haft bis zu sechs Wochen zu verurtheilen.

Im Falle wiederholten Ausbleibens kann die Strafe noch einmal erkannt, auch die zwangsweise Vorführung des Zeugen angeordnet werden.

Gegen diese Beschlüsse findet die Beschwerde statt.

Die Festsetzung und die Vollstreckung der Strafe gegen eine dem aktiven Heere oder der aktiven Marine angehörende Militärperson erfolgt auf Ersuchen durch das Militärgericht, die Vorführung einer solchen Person durch Ersuchen der Militärbehörde.

§. 346. Die Verurtheilung in Strafe und Kosten unterbleibt, wenn das Ausbleiben des Zeugen genügend entschuldigt ist. Erfolgt nachträglich genügende Entschuldigung, so werden die gegen den Zeugen getroffenen Anordnungen wieder aufgehoben.

Die Anzeigen und Gesuche des Zeugen können schriftlich oder zum Protokolle des Gerichtsschreibers oder mündlich in dem zur Vernehmung bestimmten neuen Termine angebracht werden.

§. 347. Der Reichskanzler, die Minister eines Bundesstaates, die Mitglieder der Senate der freien Hansestädte, die Vorstände der obersten Reichsbehörden und die Vorstände der Ministerien sind an ihrem Amtssitze oder, wenn sie sich außerhalb desselben aufhalten, an ihrem Aufenthaltsorte zu vernehmen.

Die Mitglieder des Bundesraths sind während ihres Aufenthalts am Sitze des Bundesraths an diesem Sitze, die Mitglieder einer deutschen gesetzgebenden Versammlung während der Sitzungsperiode und ihres Aufenthalts am Orte der Versammlung an diesem Orte zu vernehmen.

Zu einer Abweichung von den vorstehenden Bestimmungen bedarf es:

in Betreff des Reichskanzlers der Genehmigung des Kaisers,

in Betreff der Minister und der Mitglieder des Bundesraths der Genehmigung des Landesherrn,

in Betreff der Mitglieder der Senate der freien Hansestädte der Genehmigung des Senats,

in Betreff der übrigen vorbezeichneten Beamten der Genehmigung ihres unmittelbaren Vorgesetzten, in Betreff der Mitglieder einer gesetzgebenden Versammlung der Genehmigung der letzteren.

§. 348. Zur Verweigerung des Zeugnisses sind berechtigt:
1. der Verlobte einer Partei;
2. der Ehegatte einer Partei, auch wenn die Ehe nicht mehr besteht;
3. diejenigen, welche mit einer Partei in gerader Linie verwandt, verschwägert oder durch Adoption verbunden oder in der Seitenlinie bis zum dritten Grade verwandt oder bis zum zweiten Grade verschwägert sind, auch wenn die Ehe, durch welche die Schwägerschaft begründet ist, nicht mehr besteht;
4. Geistliche in Ansehung desjenigen, was ihnen bei der Ausübung der Seelsorge anvertraut ist;
5. Personen, welchen kraft ihres Amtes, Standes oder Gewerbes Thatsachen anvertraut sind, deren Geheimhaltung durch die Natur derselben oder durch gesetzliche Vorschrift geboten ist, in Betreff der Thatsachen, auf welche die Verpflichtung zur Verschwiegenheit sich bezieht.

Die unter Nr. 1—3 bezeichneten Personen sind vor der Vernehmung über ihr Recht zur Verweigerung des Zeugnisses zu belehren.

Die Vernehmung der Nr. 4, 5 bezeichneten Personen ist, auch wenn das Zeugniß nicht verweigert wird, auf Thatsachen nicht zu richten, in Ansehung welcher erhellt, daß ohne Verletzung der Verpflichtung zur Verschwiegenheit ein Zeugniß nicht abgelegt werden kann.

§. 349. Das Zeugniß kann verweigert werden:
1. über Fragen, deren Beantwortung dem Zeugen oder einer Person, zu welcher derselbe in einem der im §. 348 Nr. 1—3 bezeichneten Verhältnisse steht, einen unmittelbaren vermögensrechtlichen Schaden verursachen würde;
2. über Fragen, deren Beantwortung dem Zeugen oder einem der im §. 348 Nr. 1—3 bezeichneten Angehörigen desselben zur Unehre gereichen oder die Gefahr strafgerichtlicher Verfolgung zuziehen würde;
3. über Fragen, welche der Zeuge nicht würde beantworten können, ohne ein Kunst- oder Gewerbegeheimniß zu offenbaren.

§. 350. In den Fällen des §. 348 Nr. 1—3 und des §. 349 Nr. 1 darf der Zeuge das Zeugniß nicht verweigern:
1. über die Errichtung und den Inhalt eines Rechtsgeschäfts, bei dessen Errichtung er als Zeuge zugezogen war;

2. über Geburten, Verheirathungen oder Sterbefälle von Familiengliedern;
3. über Thatsachen, welche die durch das Familienverhältniß bedingten Vermögensangelegenheiten betreffen;
4. über diejenigen auf das streitige Rechtsverhältniß sich beziehenden Handlungen, welche von ihm selbst als Rechtsvorgänger oder Vertreter einer Partei vorgenommen sein sollen.

Die im §. 348 Nr. 4, 5 bezeichneten Personen dürfen das Zeugniß nicht verweigern, wenn sie von der Verpflichtung zur Verschwiegenheit entbunden sind.

§. 351. Der Zeuge, welcher das Zeugniß verweigert, hat vor dem zu seiner Vernehmung bestimmten Termine schriftlich oder zum Protokolle des Gerichtsschreibers oder in diesem Termine die Thatsachen, auf welche er die Weigerung gründet, anzugeben und glaubhaft zu machen.

Zur Glaubhaftmachung genügt in den Fällen des §. 348 Nr. 4, 5 die mit Berufung auf einen geleisteten Diensteid abgegebene Versicherung.

Hat der Zeuge seine Weigerung schriftlich oder zum Protokolle des Gerichtsschreibers erklärt, so ist er nicht verpflichtet, in dem zu seiner Vernehmung bestimmten Termine zu erscheinen.

Von dem Eingange einer Erklärung des Zeugen oder von der Aufnahme einer solchen zum Protokolle hat der Gerichtsschreiber die Parteien zu benachrichtigen.

§. 352. Ueber die Rechtmäßigkeit der Weigerung wird von dem Prozeßgerichte nach Anhörung der Parteien entschieden.

Der Zeuge ist nicht verpflichtet, sich durch einen Anwalt vertreten zu lassen.

Gegen das Zwischenurtheil findet sofortige Beschwerde statt.

§. 353. Hat der Zeuge seine Weigerung schriftlich oder zum Protokolle des Gerichtsschreibers erklärt und ist er in dem Termine nicht erschienen, so hat auf Grund seiner Erklärungen ein Mitglied des Prozeßgerichts Bericht zu erstatten.

§. 354. Erfolgt die Weigerung vor einem beauftragten oder ersuchten Richter, so sind die Erklärungen des Zeugen, wenn sie nicht schriftlich oder zum Protokolle des Gerichtsschreibers abgegeben sind, nebst den Erklärungen der Parteien in das Protokoll aufzunehmen.

Zur mündlichen Verhandlung vor dem Prozeßgerichte werden der Zeuge und die Parteien von Amtswegen geladen.

Auf Grund der von dem Zeugen und den Parteien abgegebenen Erklärungen hat ein Mitglied des Prozeßgerichts Bericht zu erstatten. Nach dem Vortrage des Berichterstatters können der Zeuge und die Parteien zur Begründung ihrer Anträge das Wort nehmen; neue Thatsachen oder Beweismittel dürfen nicht geltend gemacht werden.

§. 355. Wird das Zeugniß oder die Eidesleistung ohne Angabe eines Grundes oder, nachdem der vorgeschützte Grund rechtskräftig für unerheblich erklärt ist, verweigert, so ist der Zeuge, ohne daß es eines Antrages bedarf, in die durch die Weigerung verursachten Kosten sowie zu einer Geldstrafe bis zu dreihundert Mark und für den Fall, daß diese nicht beigetrieben werden kann, zur Strafe der Haft bis zu sechs Wochen zu verurtheilen.

Im Falle wiederholter Weigerung ist auf Antrag zur Erzwingung des Zeugnisses die Haft anzuordnen, jedoch nicht über den Zeitpunkt der Beendigung des Prozesses in der Instanz hinaus. Die Vorschriften über die Haft im Zwangsvollstreckungsverfahren finden entsprechende Anwendung.

Gegen diese Beschlüsse findet die Beschwerde statt.

Die Festsetzung und die Vollstreckung der Strafe gegen eine dem aktiven Heere oder der aktiven Marine angehörende Militärperson erfolgt auf Ersuchen durch das Militärgericht.

§. 79. Das Gericht hat nach seiner freien, aus dem ganzen Inbegriffe der Verhandlungen und Beweise geschöpften Ueberzeugung zu entscheiden. Beim Ausbleiben der betreffenden Partei oder in Ermangelung einer Erklärung derselben können die von der Gegenpartei vorgebrachten Thatsachen für zugestanden erachtet werden. Die Entscheidungen dürfen nur die zum Streitverfahren vorgeladenen Parteien und die in demselben erhobenen Ansprüche betreffen.

— Bisher Verw.Ger.Ges. § 49. —

Gilt auch für das Beschlußverfahren § 120.

§§ 63, 65, 68 Abs. 3, §§ 70, 72 Abs. 4. Civ.Proz.O. §§ 259, 279; Konk.O. § 134 Abs. 5.

Abgesonderte Entscheidung über die Einrede der Unzuständigkeit § 113 Abs. 4.

§. 80. Die Entscheidung kann ohne vorgängige Anberaumung einer mündlichen Verhandlung erlassen werden, wenn beide Theile auf eine solche ausdrücklich verzichtet haben.

— Bisher Verw.Ger.Ges. § 50. —

Bescheide: § 67.

§. **81**. Die Verkündigung der Entscheidung erfolgt der Regel nach in öffentlicher Sitzung des Gerichts. Eine mit Gründen versehene Ausfertigung der Entscheidung ist den Parteien und, sofern ein besonderer Kommissar zur Wahrnehmung des öffentlichen Interesses bestellt war (§ 74 Absatz 2), gleichzeitig auch diesem zuzustellen. Die Zustellung genügt, wenn die Verkündigung in öffentlicher Sitzung nicht erfolgt ist.

— Bisher Verw.Ger.Ges. § 51. —

§ 64 Abs. 2, 7, § 82 Abs. 2, § 83; Civ.Proz.O. §§ 281, 282.

Eine Belehrung der Parteien seitens des Gerichts über die zulässigen Rechtsmittel ist nicht erforderlich.

Wegen der Zustellung vgl. Anm. zu § 52 Abs. 1.

3. Von dem Verfahren in den weiteren Instanzen und von der Wiederaufnahme des Verfahrens.

§. **82**. Gegen die in streitigen Verwaltungssachen ergangenen Endurtheile der Kreisausschüsse und gegen die Bescheide in den Fällen der §§ 64 und 67 steht, soweit nicht gemäß besonderer gesetzlicher Vorschrift diese Urtheile endgültig oder die gegen dieselben stattfindenden Rechtsmittel in abweichender Weise geregelt sind, den Parteien und aus Gründen des öffentlichen Interesses dem Vorsitzenden des Kreisausschusses die Berufung an den Bezirksausschuß zu.

Will der Vorsitzende des Kreisausschusses gegen eine Entscheidung des letzteren die Berufung einlegen, so hat er dies sofort zu erklären. Die Verkündigung der Entscheidung bleibt in diesem Falle einstweilen, jedoch längstens drei Tage ausgesetzt. Sie erfolgt mit der Eröffnung, daß im öffentlichen Interesse die Berufung eingelegt worden sei. Ist die Verkündigung ohne diese Eröffnung erfolgt, so findet die Berufung im öffentlichen Interesse nicht mehr statt. Die Gründe der Berufung sind den Parteien zur schriftlichen Erklärung innerhalb der im § 86 gedachten Frist mitzutheilen. Nach Ablauf der Frist sind die Verhandlungen dem Bezirksausschusse einzureichen und die Parteien hiervon zu benachrichtigen.

— Bisher Verw.Ger.Ges. § 4 Abs. 1, §§ 52, 58. —

§§ 83, 91.

Abs. 1: Berufung an das Oberlandeskulturgericht, Zuständ.Ges. § 78.

Abs. 2: Die Verkündigung der ausgesetzten Entscheidung braucht, abgesehen von Gewerbepolizeisachen aus § 21 der Gewerbeordnung, nicht in besonderer Sitzung zu erfolgen, es genügt vielmehr Zustellung. O.V.G.-Verf. vom 22. Mai 1882 (VIII. S. 425). Kostenfreiheit § 107 no. 4.

§. 83. Gegen die in streitigen Verwaltungssachen in erster Instanz ergangenen Endurtheile der Bezirksausschüsse und gegen die Bescheide in den Fällen der §§ 64 und 67 steht, soweit nicht gemäß besonderer gesetzlicher Vorschrift diese Urtheile endgültig oder die gegen dieselben stattfindenden Rechtsmittel in abweichender Weise geregelt sind, den Parteien und aus Gründen des öffentlichen Interesses dem Vorsitzenden des Bezirksausschusses die Berufung an das Oberverwaltungsgericht zu.

Das Recht der Berufung des Vorsitzenden findet in den Formen statt, welche in § 82 Absatz 2 vorgeschrieben sind.

— Bisher Verw.Ger.Ges. § 5 Abs. 1, § 53. —

§ 84.

Bisher statt Vorsitzende des Bezirksausschusses „der Regierungspräsident". Kostenfreiheit § 107 no. 4.

Wegen der Berufung an das Bundesamt für Heimathswesen vgl. § 57 des Ausführungsgesetzes vom 8. März 1871 zum Reichsgesetz über den Unterstützungswohnsitz.

Nur Revision zulässig in den Fällen des Zuständ.Ges. §§ 3, 21 Abs. 3, 44 Abs. 2, §§ 118, 124, 138, 141; KreisO. § 112a.

Zu §§ 82, 83: Die Rechtsmittel der Berufung und Revision finden nur gegen den dispositiven Theil einer Entscheidung, nicht gegen die Begründung derselben allein statt. O.V.G. vom 9. Juni 1877 (II S. 417).

§. 84. Die Vertretung der aus Gründen des öffentlichen Interesses von dem Vorsitzenden des Kreisausschusses oder des Bezirksausschusses eingelegten Berufung erfolgt vor dem Bezirksausschusse durch den von dem Regierungspräsidenten, vor dem Oberverwaltungsgerichte durch den von dem Ressortminister zu bestellenden Kommissar.

— Bisher Verw.Ger.Ges. § 53 a. —

§§ 74, 82, 83, 90; für Berlin § 42.

§. 85. Die Frist zur Einlegung der Berufung beträgt vorbehaltlich der Bestimmungen der §§. 82 Absatz 2, 83 Absatz 2 und 157 dieses Gesetzes zwei Wochen.

— Bisher Verw.Ger.Ges. § 54 Abs. 1. —

§ 52.

§. 86. Innerhalb der in §. 85 gedachten Frist ist, bei Verlust des Rechtsmittels, die Berufung bei dem Gerichte, gegen dessen Entscheidung dieselbe gerichtet ist, schriftlich anzumelden und zu rechtfertigen.

Das Gericht prüft, ob die Anmeldung rechtzeitig erfolgt ist. Ist dies der Fall, so wird die Berufungsschrift mit ihren Anlagen der Gegenpartei zur schriftlichen Gegenerklärung innerhalb einer bestimmten, von einer bis zu vier Wochen zu bemessenden Frist zugefertigt.

Zur Rechtfertigung der Berufung, sowie zur Gegenerklärung kann in nicht schleunigen Sachen eine angemessene, der Regel nach nicht über zwei Wochen zu erstreckende Nachfrist gewährt werden.

Ist die Frist versäumt, so ist die Berufung ohne Weiteres durch einen mit Gründen versehenen Bescheid zurückzuweisen. Namens des Kreisausschusses steht auch dem Vorsitzenden, Namens des Bezirksausschusses dem Vorsitzenden im Einverständniß mit den ernannten Mitgliedern der Erlaß eines solchen Bescheides zu. In demselben ist dem Berufungskläger zu eröffnen, daß ihm innerhalb zwei Wochen vom Tage der Zustellung ab die

Beschwerde an das Berufungsgericht zustehe, widrigenfalls es bei dem Bescheide verbleibe.

— **Bisher Verw.Ger.Ges. § 55.** —

§ 64 und Anm. zu Abs. 3.
Abs. 4: Beschwerde § 111.

§. **87.** Der Berufungsbeklagte kann sich der Berufung anschließen, selbst wenn die Berufungsfrist verstrichen ist.

— **Bisher Verw.Ger.Ges. § 56.** —

Civ.Proz.O. § 482.

§. **88.** Nach Ablauf der Frist sind die Verhandlungen dem Berufungsgerichte einzureichen. Die Parteien sind hiervon unter abschriftlicher Mittheilung der eingegangenen Gegenerklärungen zu benachrichtigen.

— **Bisher Verw.Ger.Ges. § 57.** —

§. **89.** Bezüglich der von einer Partei eingelegten Berufung findet die Bestimmung des § 67 für das Berufungsgericht entsprechende Anwendung mit der Maßgabe, daß gegen den Bescheid nur der Antrag auf mündliche Verhandlung zulässig ist.

Die Abänderung der durch Berufung angefochtenen Entscheidung findet nur nach vorgängiger Anberaumung der mündlichen Verhandlung statt.

— **Bisher Verw.Ger.Ges. § 59.** —

§. **90.** Die Ladung der Parteien zur mündlichen Verhandlung erfolgt unter der Verwarnung, daß beim Ausbleiben nach Lage der Verhandlungen werde entschieden werden. In gleicher Weise erfolgt in den Fällen der Berufung aus Gründen des öffentlichen Interesses die Ladung des zur Vertretung desselben bestellten Kommissars.

Das Gericht kann zur Aufklärung des Sachverhältnisses das persönliche Erscheinen einer Partei anordnen.

— **Bisher Verw.Ger.Ges. § 60.** —

§ 68 Abs. 1, 2, § 84.
Abs. 2: Baare Auslagen § 103 Abs. 1.

§. **91**. Ist die Berufung von dem Vorsitzenden des Kreisausschusses oder des Bezirksausschusses aus Gründen des öffentlichen Interesses eingelegt, so entscheidet das Berufungsgericht zunächst über die Vorfrage, ob das öffentliche Interesse für betheiligt zu erachten ist. Wird die Vorfrage verneint, so weist das Berufungsgericht, ohne im Uebrigen in die Sache selbst einzutreten, die Berufung als unstatthaft zurück.

— Bisher Verw.Ger.Ges. § 61. —

§. **92**. Die §§. 66, 70, 71 — mit Ausschluß der Bestimmungen über die Abänderung der Klage — §§. 72 bis 81 sind auch für das Verfahren in der Berufungsinstanz maßgebend.

Die Zufertigung der Entscheidung erfolgt durch Vermittelung desjenigen Gerichts, gegen dessen Entscheidung die Berufung eingelegt worden war.

— Bisher Verw.Ger.Ges. § 62. —

Das Berufungsgericht kann die Sache in die I. Instanz zur anderweiten Entscheidung zurückweisen. O.V.G. IV. S. 367. Vgl. § 99 u. Civ.Proz.O. § 500.

§. **93**. Gegen die von den Bezirksausschüssen in zweiter Instanz erlassenen Endurtheile steht, soweit nicht gemäß besonderer gesetzlicher Vorschrift diese Urtheile endgültig oder die gegen dieselben stattfindenden Rechtsmittel in abweichender Weise geregelt sind, den Parteien das Rechtsmittel der Revision an das Oberverwaltungsgericht zu.

Soweit das Rechtsmittel der Revision überhaupt zugelassen ist, steht dasselbe aus Gründen des öffentlichen Interesses auch dem Vorsitzenden des Bezirksausschusses zu.

— Bisher Verw.Ger.Ges. § 5 Abs. 1 u. § 63. —

Abs. 2: Bisher dem Regierungspräsidenten. Kostenfreiheit § 107 no. 4.

§. **94**. Die Revision kann nur darauf gestützt werden:

1) daß die angefochtene Entscheidung auf der Nichtanwendung oder auf der unrichtigen Anwendung

des bestehenden Rechts, insbesondere auch der von den Behörden innerhalb ihrer Zuständigkeit erlassenen Verordnungen beruhe;

2) daß das Verfahren an wesentlichen Mängeln leide.

— Bisher Verw.Ger.Ges. § 64. —

Civ.Proz.O. §§ 511—513.

Zu no. 2: O.V.G. I. S. 311, 324, 407, 412; II. S. 209, 379, 450; III. S. 109; IV. S. 131, 178, 253, 367; VI. S. 394; VIII S. 187.

§. 95. Die Bestimmungen des §. 66, des §. 71 — mit Ausschluß der Bestimmungen über die Abänderung der Klage — sowie der §§. 72 bis 75, 80 und 81, 82 Absatz 2, 84 bis 90 sind auch für die Frist zur Einlegung und Rechtfertigung der Revision, sowie für das Verfahren in der Revisionsinstanz maßgebend.

Die Anmeldung und Rechtfertigung der Revision hat bei demjenigen Gerichte zu erfolgen, welches in erster Instanz entschieden hat.

— Bisher Verw.Ger.Ges. § 65. —

§. 96. In der Revisionsschrift ist anzugeben, worin die behauptete Nichtanwendung oder unrichtige Anwendung des bestehenden Rechts oder worin die behaupteten Mängel des Verfahrens gefunden werden.

— Bisher Verw.Ger.Ges. § 66. —

§. 97. Das Oberverwaltungsgericht ist bei seiner Entscheidung an diejenigen Gründe nicht gebunden, welche zur Rechtfertigung der gestellten Anträge geltend gemacht worden sind.

— Bisher Verw.Ger.Ges. § 67. —

O.V.G. III. S. 164.

§. 98. Erachtet das Oberverwaltungsgericht die Revision für begründet, so hebt es die angefochtene Entscheidung auf und entscheidet in der Sache selbst, wenn diese spruchreif erscheint. Die Zufertigung der Entschei dung erfolgt durch Vermittelung desjenigen Gerichts, welches in erster Instanz entschieden hat.

— Bisher Verw.Ger.Ges. § 68. —

§ 92 Abs. 2. Civ.Proz.O. §§ 527, 528.

§. 99. Ist die Sache nicht spruchreif, so weist das Oberverwaltungsgericht dieselbe zur anderweitigen Entscheidung an die dazu nach der Sachlage geeignete Instanz zurück und verordnet die Wiederholung oder Ergänzung des Verfahrens, soweit es nach seinem Ermessen mit einem wesentlichen Mangel behaftet ist.

— Bisher Verw.Ger.Ges. § 69. —

Die Sache kann also auch unmittelbar an den Kreis- (Stadt-) Ausschuß zurückgewiesen werden. Vgl. §§ 100, 101.
Civ.Proz.O. §§ 527, 528.

§. 100. Gegen die im Verwaltungsstreitverfahren ergangenen, rechtskräftig gewordenen Endurtheile findet die Klage auf Wiederaufnahme des Verfahrens unter denselben Voraussetzungen, in demselben Umfange und innerhalb derselben Fristen statt, wie nach den bürgerlichen Prozeßgesetzen die Nichtigkeitsklage beziehungsweise die Restitutionsklage. Zuständig ist ausschließlich das Oberverwaltungsgericht. Erachtet das Oberverwaltungsgericht die Klage für begründet, so hebt es die angefochtene Entscheidung auf, verweist die Sache zur anderweitigen Entscheidung an die dazu nach der Sachlage geeignete Instanz und verordnet die Wiederholung oder Ergänzung des Verfahrens, soweit dasselbe von dem Anfechtungsgrunde betroffen wird.

— Bisher Verw.Ger.Ges. § 70. —

Die betreffenden Bestimmungen der **Civ.Proz.O.** lauten:

§ 541. Die Wiederaufnahme eines durch rechtskräftiges Endurtheil geschlossenen Verfahrens kann durch Nichtigkeitsklage und durch Restitutionsklage erfolgen.

Werden beide Klagen von derselben Partei oder von verschiedenen Parteien erhoben, so ist die Verhandlung und Entscheidung über die Restitutionsklage bis zur rechtskräftigen Entscheidung über die Nichtigkeitsklage auszusetzen.

§ 542. Die Nichtigkeitsklage findet statt:

1. wenn das erkennende Gericht nicht vorschriftsmäßig besetzt war;
2. wenn ein Richter bei der Entscheidung mitgewirkt hat, welcher von der Ausübung des Richteramts kraft des Gesetzes ausgeschlossen war, sofern nicht dieses Hinderniß mittels eines Ablehnungsgesuchs oder eines Rechtsmittels ohne Erfolg geltend gemacht ist;
3. wenn bei der Entscheidung ein Richter mitgewirkt hat, obgleich derselbe wegen Besorgniß der Befangenheit abgelehnt und das Ablehnungsgesuch für begründet erklärt war;
4. wenn eine Partei in dem Verfahren nicht nach Vorschrift der Gesetze vertreten war, sofern sie nicht die Prozeßführung ausdrücklich oder stillschweigend genehmigt hat.

In den Fällen Nr. 1, 3 findet die Klage nicht statt, wenn die Nichtigkeit mittels eines Rechtsmittels geltend gemacht werden konnte.

§ 543. Die Restitutionsklage findet statt:

1. wenn der Gegner durch Leistung eines Parteieides, auf welche das Urtheil gegründet ist, sich einer vorsätzlichen oder fahrlässigen Verletzung der Eidespflicht schuldig gemacht hat;
2. wenn eine Urkunde, auf welche das Urtheil gegründet ist, fälschlich angefertigt oder verfälscht war;
3. wenn durch Beeidigung eines Zeugnisses oder eines Gutachtens, auf welche das Urtheil gegründet ist, der Zeuge oder der Sachverständige sich einer vorsätzlichen oder fahrlässigen Verletzung der Eidespflicht schuldig gemacht hat;
4. wenn das Urtheil von dem Vertreter der Partei oder von dem Gegner oder dessen Vertreter durch eine in Beziehung auf den Rechtsstreit verübte Handlung erwirkt ist, welche mit einer im Wege des gerichtlichen Strafverfahrens zu verhängenden öffentlichen Strafe bedroht ist;
5. wenn ein Richter bei dem Urtheile mitgewirkt hat, welcher sich in Beziehung auf den Rechtsstreit einer Verletzung seiner Amtspflichten gegen die Partei schuldig gemacht hat, sofern diese Verletzung mit einer im Wege des gerichtlichen Strafverfahrens zu verhängenden öffentlichen Strafe bedroht ist;

6. wenn ein strafgerichtliches Urtheil, auf welches das Urtheil gegründet ist, durch ein anderes rechtskräftig gewordenes Urtheil aufgehoben ist;
7. wenn die Partei
   a) ein in derselben Sache erlassenes, früher rechtskräftig gewordenes Urtheil, oder
   b) eine andere Urkunde auffindet oder zu benutzen in den Stand gesetzt wird, welche eine ihr günstigere Entscheidung herbeigeführt haben würde.

   Diese Bestimmung kommt in dem unter b bezeichneten Falle nicht zur Anwendung, wenn das angefochtene Urtheil darauf beruht, daß auf Grund einer Eidesleistung des Gegners die betreffende Thatsache oder deren Gegentheil für bewiesen erachtet ist.

§ 544. In den Fällen des vorhergehenden Paragraphen Nr. 1—5 findet die Restitutionsklage nur statt, wenn wegen der strafbaren Handlung eine rechtskräftige Verurtheilung ergangen ist, oder wenn die Einleitung oder Durchführung eines Strafverfahrens aus anderen Gründen, als wegen Mangels an Beweis nicht erfolgen kann.

Der Beweis der Thatsachen, welche die Restitutionsklage begründen, kann durch Eideszuschiebung nicht geführt werden.

§ 545. Die Restitutionsklage ist nur zulässig, wenn die Partei ohne ihr Verschulden außer Stande war, den Restitutionsgrund in dem früheren Verfahren, insbesondere durch Einspruch oder Berufung oder mittels Anschließung an eine Berufung geltend zu machen.

§ 546. Mit den Klagen können Anfechtungsgründe, durch welche eine dem angefochtenen Urtheile vorausgegangene Entscheidung derselben oder einer unteren Instanz betroffen wird, geltend gemacht werden, sofern das angefochtene Urtheil auf dieser Entscheidung beruht.

§ 549. Die Klagen sind vor Ablauf der Nothfrist eines Monats zu erheben.

Die Frist beginnt mit dem Tage, an welchem die Partei von dem Anfechtungsgrunde Kenntniß erhalten hat, jedoch nicht vor eingetretener Rechtskraft des Urtheils. Nach Ablauf von fünf Jahren, von dem Tage der Rechtskraft des Urtheils an gerechnet, sind die Klagen unstatthaft.

Die Vorschriften des vorstehenden Absatzes finden auf die Nichtigkeitsklage wegen mangelnder Vertretung keine Anwendung; die Frist für Erhebung der Klage läuft von dem

Tage, an welchem der Partei und bei mangelnder Prozeßfähigkeit dem gesetzlichen Vertreter derselben das Urtheil zugestellt ist.

§ 554. Rechtsmittel sind insoweit zulässig, als sie gegen die Entscheidungen der mit den Klagen befaßten Gerichte überhaupt stattfinden.

§. **101**. Das Gericht, an welches die Sache in den Fällen der §§. 99, 100 gewiesen wird, hat bei dem weiteren Verfahren und bei der von ihm anderweitig zu treffenden Entscheidung die in dem Aufhebungsbeschlusse des Oberverwaltungsgerichts aufgestellten Grundsätze, sowie in den Fällen des § 100 die dem Aufhebungsbeschlusse zu Grunde gelegten thatsächlichen Feststellungen als maßgebend zu betrachten.

— **Bisher Verw.Ger.Ges. § 70a.** —

Civ.Proz.O. § 528.

4. Von den Kosten des Verwaltungsstreitverfahrens.

§. **102**. Das Verwaltungsstreitverfahren ist stempelfrei.

— **Bisher Verw.Ger.Ges. § 71.** —

Vollmachten sind stempelpflichtig. Erl. vom 7. November 1876 (Min.Bl. 1877, S. 276).

§. **103**. Dem unterliegenden Theile sind die Kosten und die baaren Auslagen des Verfahrens, sowie die erforderlichen baaren Auslagen des obsiegenden Theils zur Last zu legen. Die Gebühren eines Rechtsanwalts des obsiegenden Theils hat der unterliegende Theil nur insoweit zu erstatten, als dieselben für Wahrnehmung der mündlichen Verhandlung vor dem Bezirksausschusse oder dem Oberverwaltungsgerichte zu zahlen sind. An baaren Auslagen für die persönliche Wahrnehmung der mündlichen Verhandlung vor dem Bezirksausschusse und dem Oberverwaltungsgerichte kann die obsiegende Partei nicht mehr in Anspruch nehmen, als die gesetzlichen Gebühren eines sie vertretenden Rechtsanwalts betragen haben würden, es sei denn, daß ihr persönliches Erscheinen von dem Gerichte angeordnet war.

Im Endurtheile ist der Werth des Streitobjektes festzusetzen.

Die Gebühren der Rechtsanwalte bestimmen sich nach den für dieselben bei den ordentlichen Gerichten geltenden Vorschriften.

— Bisher Verw.Ger.Ges. § 72. —

Civ.Proz.O. § 87.

Zu Abs. 1: § 68 Abs. 2, § 90 Abs. 2, § 95; Wiedereinsetzung § 112. Hinsichtlich der baaren Auslagen vgl. Reichs-Gerichtskostengesetz vom 18. Juni 1878 (R.G.Bl. S. 141) §§ 79, 80 und Novelle vom 29. Juni 1881 — O.V.G. vom 22. Dezember 1880 (Min.Bl. 1881 S. 125).

Zu Abs. 2: Tarif zu § 106.

Zu Abs. 3: Reichs-Gebührenordnung für Rechtsanwälte vom 7. Juli 1879 (R.G.Bl. S. 176—192) — besonders §§ 43, 9, 13 — und Handbuch dazu von C. Pfafferoth (Berlin, J. Guttentag).

Unter „Gebühren" werden hier Gebühren und Auslagen (Reisekosten ꝛc.) im Sinne der Reichs-Gebührenordnung zu verstehen sein.

§. **104**. Die Kosten und baaren Auslagen bleiben dem obsiegenden Theile zur Last, soweit sie durch sein eigenes Verschulden entstanden sind.

— Bisher Verw.Ger.Ges. § 73. —

Civ.Proz.O. §§ 89—92. — § 157 no. 1 u. Gewerbeordnung § 22.

§. **105**. Die Entscheidung über den Kostenpunkt (§§. 103, 104) kann nur gleichzeitig mit der Entscheidung in der Hauptsache durch Berufung oder Revision angefochten werden.

— Bisher Verw.Ger.Ges. § 74. —

§ 87; Civ.Proz.O. § 94.

§. **106**. An Kosten kommt ein Pauschquantum zur Hebung, welches im Höchstbetrage bei dem Kreisausschusse und bei dem Bezirksausschusse sechszig Mark, bei dem Oberverwaltungsgerichte einhundertfünfzig Mark nicht übersteigen darf. Für die Gebühren der Zeugen und Sachverständigen gelten die in Civilprozessen zur Anwendung kommenden Vorschriften, für die Berechnung des Pauschquantums kann von den Ministern der Finanzen und des Innern ein Tarif aufgestellt werden.

— Bisher Verw.Ger.Ges. § 75. —

Cirkular und Tarif vom 27. Februar 1884, und Reichs-Gebührenordnung für Zeugen und Sachverständige vom 30. Juni 1878 im Anhang unter XVIII abgedruckt.

§. **107**. Die Erhebung des Pauschquantums findet nicht statt:

1) wenn der unterliegende Theil eine öffentliche Behörde ist, insoweit die angefochtene Verfügung oder Entscheidung derselben nicht lediglich die Wahrung der Haushaltsinteressen eines von der Behörde vertretenen Kommunalverbandes zum Gegenstande hatte; die baaren Auslagen des Verfahrens und des obsiegenden Theils fallen demjenigen zur Last, der nach gesetzlicher Bestimmung die Amtsunkosten der Behörde zu tragen hat;
2) wenn die Entscheidung ohne vorgängige mündliche Verhandlung erfolgt ist;
3) bei dem Kreisausschusse in den Fällen der §§. 60 bis 62 des Gesetzes vom 8. März 1871, betreffend die Ausführung des Bundesgesetzes über den Unterstützungswohnsitz (Gesetz-Samml. S. 130);
4) bei dem Bezirksausschusse und bei dem Oberverwaltungsgerichte, soweit die Berufung oder die Revision von dem Vorsitzenden des Kreisausschusses beziehungsweise des Bezirksausschusses eingelegt worden war;
5) von denjenigen Personen, mit Ausnahme jedoch der Gemeinden in den die Verwaltung der Armenpflege betreffenden Angelegenheiten, denen nach den Reichs- oder Landesgesetzen Gebührenfreiheit in bürgerlichen Rechtsstreitigkeiten zusteht.

— Bisher Verw.Ger.Ges. § 76. —

Bei Kompentenzkonflikten § 113; bei Disziplinarsachen § 157 no. 2. Die Befreiung bezieht sich nur auf die Kosten (§ 106) und erstreckt sich nicht auch auf die baaren Auslagen (§§ 103, 104, 108, 109).

Nr. 1: § 34 Abs. 2; Gesetz über die Polizeiverwaltung vom 11. März 1880 § 4 im Anhang unter II; KreisO. §§ 69, 70, 71.

Fiskus ist kostenfrei (O.V.G. V. S. 453). Kostenfreiheit tritt nur ein, wenn die unterliegende Behörde als solche Partei ist, nicht aber, wenn sie auch in Vertretung eines anderen Rechtssubjekts (Korporation) gehandelt hat. O.V.G. Plenarentsch. vom 15. Januar 1879 (V. S. 441).

In Beschlußsachen § 124 Abs. 3.

Nr. 2: Gleichviel bei welchem Gericht. §§ 64, 67, 80, 86, 89, 92, 95.

Nr. 3: Nach Zuständ.Ges. § 43 tritt jetzt Beschlußverfahren ein.

Nr. 4: §§ 82, 95.

Nr. 5: § 98 des Reichs-Gerichtskostengesetzes vom 18. Juni 1878 (R.G.Bl. S. 141) und §§ 4, 5, 6 des Gesetzes, betr. den Ansatz und die Erhebung der Gerichtskosten, vom 10. Mai 1851 (Ges.S. S. 622). Nach dem Reichsgesetz vom 24. Dezember 1883 (R.G.Bl. 1884 S. 1) sind in dem Verfahren vor dem Reichsgericht von Zahlung der Gebühren befreit:

1. öffentliche Armen-, Kranken-, Arbeits- und Besserungsanstalten, ferner Waisenhäuser und andere milde Stiftungen, insofern solche nicht einzelne Familien oder bestimmte Personen betreffen, oder in bloßen Studienstipendien bestehen;
2. öffentliche Volksschulen;
3. öffentlich gelehrte Anstalten und Schulen, Kirchen, Pfarreien, Kaplaneien, Vikarien und Küstereien, jedoch nur insoweit, als die Einnahmen derselben die etatsmäßige Ausgabe, einschließlich der Besoldung oder des statt dieser überlassenen Nießbrauchs, nicht übersteigen, und dieses durch ein Zeugniß der denselben vorgesetzten Staatsbehörden bescheinigt wird. Insoweit aber in Rechtsstreitigkeiten derselben solche Ansprüche, welche lediglich das zeitige Interesse derjenigen berühren, welchen die Nutzung des betreffenden Vermögens für ihre Person zusteht, zugleich mitverhandelt werden, haben letztere die auf ihren Theil verhältnißmäßig fallenden Gebühren zu tragen.

§. **108**. Die Kosten und baaren Auslagen des Verfahrens werden für jede Instanz von dem Gerichte festgesetzt, bei dem die Sache selbst anhängig gewesen ist.

Die von der obsiegenden Partei zur Erstattung seitens des unterliegenden Theils liquidirten Auslagen werden für alle Instanzen von demjenigen Gerichte festgesetzt, bei dem die Sache in erster Instanz anhängig gewesen ist.

Gegen den Festsetzungsbeschluß des Kreisausschusses findet innerhalb zwei Wochen die Beschwerde an den Bezirksausschuß, gegen den in erster Instanz ergangenen Festsetzungsbeschluß des Bezirksausschusses findet innerhalb gleicher Frist die Beschwerde an das Oberverwaltungsgericht statt.

— Bisher Verw.Ger.Ges. § 77. —

Abs. 1: Wenn die Sache auch ohne Entscheidung erledigt ist.

Die Kosten werden erst bei eingetretener Rechtskraft eingezogen. Verf. vom 26. Mai 1880 (Min.Bl. S. 161) u. Cirk. Anhang XVIII.

Abs. 2: § 112 Schlußsatz.

Abs. 3: § 111.

§. **109**. Dem unterliegenden Theile kann im Falle des bescheinigten Unvermögens nach Maßgabe der Bestimmungen des §. 30 des Ausführungsgesetzes zum Deutschen Gerichtskostengesetze vom 10. März 1879 (Gesetz-Samml. S. 145), oder wenn sonst ein besonderer Anlaß dazu vorliegt, gänzliche oder theilweise Kostenfreiheit beziehungsweise Stundung bewilligt werden. Gegen den das Gesuch ablehnenden Beschluß des Kreisausschusses findet innerhalb zwei Wochen die Beschwerde an den Bezirksausschuß, gegen den in erster Instanz ergangenen ablehnenden Beschluß des Bezirksausschusses innerhalb zwei Wochen die Beschwerde an das Oberverwaltungsgericht statt.

— Bisher Verw.Ger.Ges. § 78. —

Die Kostenfreiheit schließt nicht die baaren Auslagen ein, vgl. Anm. zu § 107. (Das Gerichtskostengesetz versteht dagegen unter „Kosten" die Gerichtsgebühren und die baaren Auslagen.)

Beschwerde: § 111.

Der erwähnte § 30 lautet:

„Hinsichtlich der Stundung und Niederschlagung von Kosten wegen Armuth kommen folgende Vorschriften zur Anwendung.

Ein nach den Vorschriften der deutschen Civilprozeßordnung § 109 Absatz 2 für den Schuldner eines Kostenbetrages ausgestelltes Zeugniß soll in der Regel ausreichen, um die völlige oder theilweise Niederschlagung oder die Stundung eines Kostenbetrages zu begründen. Der Schuldner ist jedoch verpflichtet, auf Verlangen der Kassenverwaltung nach den Vorschriften des § 711 der deutschen Civilprozeßordnung sein Vermögen anzugeben und den Offenbarungseid zu leisten.

Durch die Niederschlagung der Kosten wird deren spätere Einziehung nicht ausgeschlossen.

Ueber Beschwerden wegen verweigerter Niederschlagung oder Stundung wird, unbeschadet der Wirkungen des erlangten Armenrechts, von den der Kasse vorgesetzten Behörden entschieden."

§ 109 Abs. 2 Civ.Proz.O. lautet:

Dem Gesuch ist ein von der obrigkeitlichen Behörde der Partei ausgestelltes Zeugniß beizufügen, in welchem unter Angabe des Standes oder Gewerbes, der Vermögens- und Familienverhältnisse der Partei, sowie des Betrages der von dieser zu entrichtenden Staatssteuern das Unvermögen zur Bestreitung der Prozeßkosten ausdrücklich bezeugt wird. Für Personen, welche unter Vormundschaft oder Kuratel stehen, kann das Zeugniß auch von der vormundschaftlichen Behörde ausgestellt werden.

5. Schlußbestimmungen für das Verwaltungsstreitverfahren.

§. 110. Auf Beschwerden, welche die Leitung des Verfahrens bei den Kreis- und Bezirksausschüssen zum Gegenstande haben, entscheidet das im Instanzenzuge zunächst höhere Gericht endgültig.

— **Bisher Verw.Ger.Ges. § 4 Abs. 2 u. § 5 Abs. 2.** —

Instanzenzug vgl. Anm. zu § 62.
Für das Beschlußverfahren § 125.

§. 111. Alle Beschwerden sind innerhalb der für dieselben vorgeschriebenen Frist bei dem Gerichte, gegen dessen Entscheidung sie gerichtet sind, einzulegen.

Das Gericht verfährt bei Versäumung der vorgeschriebenen Frist nach Bestimmung des Schlußabsatzes des §. 86.

Für das angerufene Gericht kommt §. 64 zur Anwendung; an die Stelle des Antrags auf Anberaumung der mündlichen Verhandlung beziehungsweise der Einlegung des Rechtsmittels tritt der Antrag auf Entscheidung durch das Gericht.

Wird die Beschwerde der Vorschrift des ersten Absatzes zuwider innerhalb der gesetzlichen Frist bei demjenigen Gericht angebracht, welches zur Entscheidung darüber zuständig ist, so gilt die Frist als gewahrt. Die Beschwerde ist in solchen Fällen von dem angerufenen Gerichte zur weiteren Veranlassung an dasjenige Gericht abzugeben, gegen dessen Beschluß sie gerichtet ist.

— **Bisher Verw.Ger.Ges. § 81 a; Abs. 4 ist neu.** —

Abs. 1: Also nicht mehr, wie bisher, auch bei dem angerufenen Gericht. Frist § 51.

Für das Beschlußverfahren § 122.

§. **112.** Die Wiedereinsetzung in den vorigen Stand kann beantragen, wer durch Naturereignisse oder andere unabweisbare Zufälle verhindert worden ist, die in dem gegenwärtigen Gesetze oder die in den Gesetzen für Anstellung der Klage beziehungsweise für den Antrag auf mündliche Verhandlung im Verwaltungsstreitverfahren vorgeschriebenen Fristen einzuhalten. Als unabwendbarer Zufall ist es anzusehen, wenn der Antragsteller von einer Zustellung ohne sein Verschulden keine Kenntniß erlangt hat. Ueber den Antrag entscheidet das Gericht, dem die Entscheidung über die versäumte Streithandlung zusteht. Die versäumte Streithandlung ist, unter Anführung der Thatsachen, mittelst deren der Antrag auf Wiedereinsetzung begründet werden soll, sowie der Beweismittel, innerhalb zwei Wochen nachzuholen; der Lauf dieser Frist beginnt mit dem Ablauf des Tages, mit welchem das Hinderniß gehoben ist. Nach Ablauf eines Jahres, von dem Ende der versäumten Frist an gerechnet, findet die Nachholung der versäumten Streithandlung beziehungsweise der Antrag auf Wiedereinsetzung nicht mehr statt. Die durch Erörterung des Antrags auf Wiedereinsetzung entstehenden baaren Auslagen trägt in allen Fällen der Antragsteller.

— Bisher Verw.Ger.Ges. § 82. —

Satz 2 ist neu. Die Behauptung eines Rechtsirrthums reicht nicht aus. § 52; Civ.Proz.O. §§ 211 ff.

§. 113. Die Central- und die Provinzialverwaltungsbehörden sind auch für die im Verwaltungsstreitverfahren zu verhandelnden Angelegenheiten zur Erhebung des Kompetenzkonflikts befugt.

Die Erhebung des Kompetenzkonflikts auf Grund der Behauptung, daß in einer im Verwaltungsstreitverfahren anhängig gemachten Sache eine andere Verwaltungsbehörde zuständig sei, findet nicht statt.

Die zur Entscheidung im Verwaltungsstreitverfahren berufenen Behörden haben ihre Zuständigkeit von Amtswegen wahrzunehmen.

Wird von einer Partei in erster Instanz die Einrede der Unzuständigkeit erhoben, so kann über dieselbe vorab entschieden werden.

Haben sich in derselben Sache die zur Entscheidung im Verwaltungsstreitverfahren berufene Behörde und eine andere Verwaltungsbehörde für zuständig erklärt, so entscheidet auf Grund der schriftlichen Erklärungen der über ihre Kompetenz streitenden Behörden und nach Anhörung der Parteien in mündlicher Verhandlung das Oberverwaltungsgericht. Das Gleiche gilt in dem Falle, wenn beide Theile sich in der Sache für unzuständig erklärt haben. In beiden Fällen werden weder ein Kostenpauschquantum noch baare Auslagen erhoben. Ebensowenig findet eine Erstattung der den Parteien erwachsenden Kosten statt.

— Bisher Verw.Ger.Ges. § 83. —

Abs. 1: Ger.Verf.Ges. § 17 und Einf.Ges. dazu § 17.

Verordnung betr. die Kompetenzkonflikte zwischen den Gerichten und den Verwaltungsbehörden, vom 1. August 1879 (Ges.S. S. 573).

§ 8 ff. Nach der übereinstimmenden Ansicht der betr. Kommission des Abg.H. sollen zu den hier genannten Provinzialbehörden auch die Regierungen gezählt werden. Drucks. no. 307.

Abs. 4: Für die Endurtheile, in denen dies geschieht, ist der regelmäßige Instanzenzug beibehalten. Mot. S. 8.

§. **114**. Die gemäß §. 11 des Einführungsgesetzes zum Gerichtsverfassungsgesetze vom 27. Januar 1877 (Reichs-Gesetzbl. S. 77) dem Oberverwaltungsgerichte zustehenden Vorentscheidungen erfolgen in dem durch den letzten Absatz des §. 113 dieses Gesetzes vorgeschriebenen Verfahren, für welches im Uebrigen die Vorschriften über das Verwaltungsstreitverfahren entsprechende Anwendung finden.

— **Bisher Verw.Ger.Ges. § 84.** —

Nämlich: Vorentscheidungen bei gerichtlicher Verfolgung der Beamten aus Amtshandlungen. Gesetz vom 13. Februar 1854 (Ges.S. S. 86).

III. Abschnitt.

Beschlußverfahren.

§. **115**. Betrifft der Gegenstand der Verhandlung einzelne Mitglieder der Behörde oder deren Verwandte und Verschwägerte in auf- und absteigender Linie oder bis zum dritten Grade der Seitenlinie, so dürfen dieselben an der Berathung und Abstimmung nicht theilnehmen. Ebensowenig darf ein Mitglied bei der Berathung und Beschlußfassung über solche Angelegenheiten mitwirken, in welchen es in anderer als öffentlicher Eigenschaft ein Gutachten abgegeben hat, oder als Geschäftsführer, Beauftragter oder in anderer als öffentlicher Stellung thätig gewesen ist.

— **Bisher Organis.Ges. § 53.** —

§ 45; KreisO. § 139; Prov.O. § 54.

§. **116**. Wird in Folge des gleichzeitigen Ausscheidens mehrerer Mitglieder gemäß §. 115 die Behörde beschlußunfähig, und kann die Beschlußfähigkeit auch nicht durch

Einberufung unbetheiligter Stellvertreter hergestellt werden, so wird von dem Regierungspräsidenten beziehungsweise Oberpräsidenten oder Minister des Innern, je nachdem es sich um einen Kreis- (Stadt-) Ausschuß, Bezirksausschuß oder Provinzialrath handelt, ein anderer Kreis- oder Stadtausschuß, Bezirksausschuß oder Provinzialrath mit der Beschlußfassung beauftragt.

Für den Stadtkreis Berlin steht die Beauftragung an Stelle des Regierungspräsidenten dem Oberpräsidenten zu.

— **Bisher Organis.Ges. § 54.** —

Beschlußfähigkeit: §§ 15, 33, 40; Prov.O. § 55; KreisO. § 139.

§. 117. Der Vorsitzende des Kreis- (Stadt-) Ausschusses ist befugt, in Fällen, welche keinen Aufschub zulassen, oder in welchen das Sach- und Rechtsverhältniß klar liegt und die Zustimmung des Kollegiums nicht im Gesetz ausdrücklich als erforderlich bezeichnet ist, Namens der Behörde Verfügungen zu erlassen und Bescheide zu ertheilen.

Die gleiche Befugniß steht dem Vorsitzenden des Bezirksausschusses und des Provinzialraths mit der Maßgabe zu, daß eine Abänderung der durch Beschwerde angefochtenen Beschlüsse des Kreis- (Stadt-) Ausschusses beziehungsweise des Bezirksausschusses nur unter Zuziehung des Kollegiums erfolgen darf.

In den auf Grund der vorstehenden Bestimmungen erlassenen Verfügungen und Bescheiden ist den Betheiligten, sofern deren Anträgen nicht stattgegeben wird, zu eröffnen, daß sie befugt seien, innerhalb zwei Wochen auf Beschlußfassung durch das Kollegium anzutragen oder dasjenige Rechtsmittel einzulegen, welches zulässig wäre, wenn die Verfügung beziehungsweise der Bescheid auf Beschluß des Kollegiums erfolgt wäre.

Wird auf Beschlußfassung angetragen, so muß solche zunächst erfolgen. Hat einer der Betheiligten auf Beschlußfassung angetragen, ein anderer das Rechtsmittel eingelegt, so wird nur dem Antrag auf Beschlußfassung stattgegeben. Wird weder auf Beschlußfassung angetragen, noch das Rechtsmittel eingelegt, so gilt die Verfügung beziehungsweise der Bescheid als endgültiger Beschluß. Für den Antrag auf Beschlußfassung des Kollegiums finden die nach den §§. 52 und 53 für die Beschwerde geltenden Bestimmungen Anwendung.

Der Vorsitzende hat dem Kollegium von allen im Namen desselben erlassenen Verfügungen und ertheilten Bescheiden nachträglich Mittheilung zu machen.

— Bisher Organis.Ges. § 50. —

Aehnlich im Streitverfahren § 64.

Abs. 1, 2: § 3 Abs. 2; KreisO. § 137.

Abs. 3: Bisher war nur Einspruch zulässig.

Rechtsmittel im Beschlußverfahren ist die Beschwerde §§ 121, 122.

§. **118**. An den Verhandlungen der Behörde können unter Zustimmung des Kollegiums technische Staats- oder Kommunalbeamte mit berathender Stimme theilnehmen.

Bisher Organis.Ges. § 51. —

Also nicht mehr, wie bisher, auch die stellvertretenden ernannten Mitglieder oder die dem Oberpräsidenten bezw. dem Regierungspräsidenten beigegebenen Beamten §§ 10, 28, 8, 19 u. Anm.

§. **119**. Die Behörden fassen ihre Beschlüsse auf Grund der verhandelten Akten, sofern nicht das Gesetz ausdrücklich mündliche Verhandlung vorschreibt.

Die Behörden sind befugt, auch in anderen, als in den im Gesetze ausdrücklich bezeichneten Angelegenheiten die Betheiligten beziehungsweise deren mit Vollmacht versehene Vertreter behufs Aufklärung des Sachverhalts zur mündlichen Verhandlung vorzuladen.

In Betreff der mündlichen Verhandlung finden im Uebrigen die Vorschriften der §§. 68, 71, 72, 73 und 75 sinngemäße Anwendung.

— Bisher Organis.Ges. § 52. —

§. 120. Für die Erhebung und Würdigung des Beweises kommen die Vorschriften der §§. 76 bis 79 sinngemäß und mit der Maßgabe zur Anwendung, daß gegen den eine Strafe oder die Nichtverpflichtung eines Zeugen oder Sachverständigen aussprechenden Beschluß des Kreis- (Stadt-) Ausschusses den Betheiligten die Beschwerde an den Bezirksausschuß, gegen den in erster oder zweiter Instanz ergangenen Beschluß des letzteren oder des Provinzialraths innerhalb gleicher Frist die Beschwerde an das Oberverwaltungsgericht zusteht.

— Neue Bestimmung. —

Da eine besondere Fristbestimmung hier nicht gegeben ist, kann „innerhalb gleicher Frist" nur auf § 51 bezogen werden; vgl. §§ 111, 121.

§ 121. Gegen die Beschlüsse des Kreis- (Stadt-) Ausschusses findet innerhalb zwei Wochen die Beschwerde an den Bezirksausschuß, gegen die in erster Instanz ergehenden Beschlüsse des Bezirksausschusses innerhalb gleicher Frist die Beschwerde an den Provinzialrath statt, sofern nicht nach ausdrücklicher Vorschrift des Gesetzes

1) die Beschlüsse endgültig sind,
2) die Beschlußfassung über die Beschwerde anderen Behörden übertragen ist.

Die auf Beschwerden gefaßten Beschlüsse des Bezirksausschusses und die Beschlüsse des Provinzialraths sind endgültig, sofern nicht das Gesetz im Einzelnen anders bestimmt.

Die vorstehenden Bestimmungen finden auf die nach Maßgabe der Gesetze von dem Landrathe unter Zustimmung des Kreisausschusses, von dem Regierungspräsidenten unter Zustimmung des Bezirksausschusses, von dem Oberpräsidenten unter Zustimmung des Provinzialraths gefaßten Beschlüsse entsprechende Anwendung.

— Bisher Organis.Ges. § 55. —

§§ 50, 51, 117 Abs. 2, § 126. Wegen Beschwerde gegen polizeiliche Verfügungen § 127.

Abs. 2: Also Beschlüsse des Provinzialraths I. u. II. Instanz. Ausnahme § 120.

§. 122. Die Beschwerde ist in den Fällen des § 121 bei derjenigen Behörde, gegen deren Beschluß sie gerichtet ist, anzubringen. Der Vorsitzende prüft, ob das Rechtsmittel rechtzeitig angebracht ist.

Ist die Frist versäumt, so weist der Vorsitzende das Rechtsmittel ohne Weiteres durch einen mit Gründen versehenen Bescheid zurück. In demselben ist dem Beschwerdeführer zu eröffnen, daß ihm innerhalb zwei Wochen die Beschwerde an diejenige Behörde zustehe, welche zur Beschlußfassung in der Sache berufen ist, widrigenfalls es bei dem Bescheide verbleibe.

Ist die Frist gewahrt, und ist eine Gegenpartei vorhanden, so wird die Beschwerdeschrift mit ihren Anlagen zunächst dieser zur schriftlichen Gegenerklärung innerhalb zwei Wochen zugefertigt. Die Gegenpartei kann sich dem Rechtsmittel anschließen, selbst wenn die Frist verstrichen ist.

Abschrift der eingegangenen Gegenerklärung erhält der Beschwerdeführer. Zur näheren Begründung der Beschwerde, sowie zur Gegenerklärung kann in nicht schleunigen Sachen eine angemessene, der Regel nach nicht über zwei Wochen zu erstreckende Nachfrist gewährt werden. Hierauf werden die Verhandlungen mittelst Berichts derjenigen Behörde eingereicht, welcher die Beschlußfassung über die Beschwerde zusteht.

Wird die Beschwerde der Vorschrift des ersten Absatzes zuwider innerhalb der gesetzlichen Frist bei derjenigen Behörde angebracht, welche zur Beschlußfassung darüber zuständig ist, so gilt die Frist als gewahrt. Die Beschwerde ist in solchen Fällen von der angerufenen Behörde zur weiteren Veranlassung an diejenige Behörde abzugeben, gegen deren Beschluß sie gerichtet ist.

— Bisher Organis.-Ges. § 56. —

Die Beschwerde kann schriftlich oder zu Protokoll angebracht werden § 111.

Abs. 1: Ausnahme § 129 Abs. 1.

Abs. 5: Bisher wurde die Zwischenfrist nicht angerechnet.

§. **123.** Die Einlegung der Beschwerde steht in den Fällen des §. 121 aus Gründen des öffentlichen Interesses auch den Vorsitzenden der Behörden zu.

Will der Vorsitzende von dieser Befugniß Gebrauch machen, so hat er dies dem Kollegium sofort mitzutheilen.

Die Zustellung des Beschlusses bleibt in diesem Falle einstweilen, jedoch längstens drei Tage, ausgesetzt. Sie erfolgt mit der Eröffnung, daß im öffentlichen Interesse die Beschwerde eingelegt worden sei. Ist die Zustellung ohne diese Eröffnung erfolgt, so gilt die Beschwerde als zurückgenommen.

Die Gründe der Beschwerde sind den Betheiligten zur schriftlichen Erklärung innerhalb zwei Wochen mitzutheilen.

Nach Ablauf dieser Frist sind die Verhandlungen der Behörde einzureichen, welcher die Beschlußfassung über die Beschwerde zusteht.

Eine vorläufige Vollstreckung des mit der Beschwerde angefochtenen Beschlusses (§. 53) ist in diesen Fällen ausgeschlossen.

— Bisher Organis.Ges. § 57. —

Im Streitverfahren §§ 82, 83.

§. **124.** In dem Beschlußverfahren wird ein Kostenpauschquantum nicht erhoben, ebensowenig haben die Betheiligten ein Recht, den Ersatz ihrer baaren Auslagen zu fordern.

Jedoch können die durch Anträge und unbegründete Einwendungen erwachsenden Gebühren für Zeugen und Sachverständige demjenigen zur Last gelegt werden, welcher den Antrag gestellt beziehungsweise den Einwand erhoben hat.

Die sonstigen Kosten und baaren Auslagen des Verfahrens fallen demjenigen zur Last, der nach gesetzlicher Bestimmung die Amtsunkosten der Behörde zu tragen hat.

Bei den Vorschriften der Gewerbeordnung behält es sein Bewenden.

— Neu. —

§§ 106, 107.

§. 125. Ueber Beschwerden, welche die Leitung des Verfahrens und die Kosten betreffen, beschließt endgültig die in der Hauptsache zunächst höhere Instanz.

— Neu. —

Instanz: § 121. Für das Streitverfahren § 110.

§. 126. Der Oberpräsident kann endgültige Beschlüsse des Provinzialraths, der Regierungspräsident endgültige Beschlüsse des Bezirksausschusses und der Landrath, beziehungsweise der Vorsitzende des Kreis- (Stadt-) Ausschusses endgültige Beschlüsse dieser Behörde mit aufschiebender Wirkung anfechten, wenn die Beschlüsse die Befugnisse der Behörde überschreiten oder das bestehende Recht, insbesondere auch die von den Behörden innerhalb ihrer Zuständigkeit erlassenen Verordnungen, verletzen. Die Anfechtung erfolgt mittelst Klage beim Oberverwaltungsgericht.

Die Behörde, deren Beschluß angefochten wird, ist befugt, zur Wahrnehmung ihrer Rechte in dem Verfahren vor dem Oberverwaltungsgericht einen besonderen Vertreter zu wählen.

— Bisher Organis.Ges. § 60. —

§ 24; Prov.O. § 118; Kreis-O. §§ 54 a, 178; Zuständ.Ges. §§ 15, 29. Für Berlin § 42.

Bisher war auch das Bezirksverwaltungsgericht zuständig.

Vierter Titel.

Rechtsmittel gegen polizeiliche Verfügungen.*)

§. 127. Gegen polizeiliche Verfügungen der Orts- und Kreispolizeibehörden findet, soweit das Gesetz nicht ausdrücklich Anderes bestimmt, die Beschwerde statt, und zwar:

a) gegen die Verfügungen der Ortspolizeibehörden auf dem Lande oder einer zu einem Landkreise gehörigen Stadt, deren Einwohnerzahl bis zu 10000 Einwohnern beträgt, an den Landrath, und gegen dessen Bescheid an den Regierungspräsidenten;

b) gegen die Verfügungen der Ortspolizeibehörden eines Stadtkreises, mit Ausnahme von Berlin, einer zu einem Landkreise gehörigen Stadt mit mehr als 10000 Einwohnern, oder des Landraths an den Regierungspräsidenten, und gegen dessen Bescheid an den Oberpräsidenten;

c) gegen ortspolizeiliche Verfügungen in Berlin an den Oberpräsidenten.

Gegen den in letzter Instanz ergangenen Bescheid des Regierungspräsidenten beziehungsweise des Oberpräsidenten findet die Klage bei dem Oberverwaltungsgerichte statt.

Die Klage kann nur darauf gestützt werden,

1) daß der angefochtene Bescheid durch Nichtanwendung oder unrichtige Anwendung des bestehenden Rechts, insbesondere auch der von den Behörden innerhalb ihrer Zuständigkeit erlassenen Verordnungen den Kläger in seinen Rechten verletze;

2) daß die thatsächlichen Voraussetzungen nicht vorhanden seien, welche die Polizeibehörde zum Erlasse der Verfügung berechtigt haben würden.

---

*) § 134.

Die Prüfung der Gesetzmäßigkeit der angefochtenen polizeilichen Verfügung erstreckt sich auch auf diejenigen Fälle, in welchen bisher nach §. 2 des Gesetzes vom 11. Mai 1842 (Gesetz-Samml. S. 192) der ordentliche Rechtsweg zulässig war.

Die Entscheidung ist endgültig, unbeschadet aller privatrechtlichen Verhältnisse.

— Bisher Organis.Ges. § 63. —

Polizeiliche Verfügungen — wozu auch z. B. Konsens- und Konzessionsertheilungen, sowie die unmittelbare Ausführung von Maßregeln gehören, O.V.G. 25. Oktober 1882 (IX S. 177) — sind von polizeilichen Vorschriften (Verordnungen, Anordnungen, Reglements) — § 136 —, sowie von solchen polizeilichen Bescheiden, welche nur bei der Aufsichtsbehörde anzufechten sind (z. B. das polizeiliche Einschreiten ablehnende), zu unterscheiden; vgl. § 133 Abs. 2.

Die polizeilichen Verfügungen müssen von der Polizeibehörde selbst erlassen sein, wenn auch auf Anweisung oder Ermächtigung einer vorgesetzten Behörde, sollen nicht aber nur den Auftrag (Requisition) einer anderen Behörde vermitteln. O.V.G. 27. April 1882 (IX S. 348).

Wegen polizeilicher Strafverfügungen vgl. KreisO. § 63 u. Anm.; über Einspruch gegen wege- bzw. wasserpolizeiliche Anordnungen Zuständ.Ges. §§ 56, 66.

Abs. 1: Inwieweit als Ortspolizeibehörden — vgl. § 1 des Gesetzes über die Polizeiverwaltung vom 11. März 1850 im Anhang unter XI abgedruckt — außer dem Amtsvorsteher (KreisO. §§ 59, 62) auch Gemeinde- (Guts-) Vorsteher fungiren vgl. KreisO. §§ 29, 30. — Vgl. a. § 132.

Abs. 3: §§ 130, 136. O.V.G. II S. 393, 398, III 291, 340, IV 274, 374, V 407, VI 226.

Abs. 4: Gesetz vom 11. Mai 1842 ist im Anhang unter I abgedruckt.

Abs. 5: § 7 Abs. 1.

§. 128. An Stelle der Beschwerde in allen Fällen des §. 127 findet die Klage statt und zwar:

a) gegen die Verfügungen der Ortspolizeibehörden auf dem Lande oder einer zu einem Landkreise gehörigen Stadt, deren Einwohnerzahl bis zu 10000 Einwohnern beträgt, bei dem Kreisausschusse,

b) gegen die Verfügungen des Landraths oder der Ortspolizeibehörden eines Stadtkreises oder einer zu einem Landkreise gehörigen Stadt mit mehr als 10000 Einwohnern bei dem Bezirksausschusse.

Die Klage kann nur auf die gleichen Behauptungen gestützt werden, wie die Klage bei dem Oberverwaltungsgerichte (§. 127 Absatz 3 und 4).

— Bisher Organis.-Ges. § 64. —

§ 50.

§ 129. Die Beschwerde im Falle des §. 127 Absatz 1 und die Klage im Falle des §. 128 sind bei derjenigen Behörde anzubringen, gegen deren Verfügung sie gerichtet sind.

Die Behörde, bei welcher die Beschwerde oder Klage angebracht ist, hat dieselbe an diejenige Behörde abzugeben, welche darüber zu beschließen oder zu entscheiden hat. Der Beschwerdeführer beziehungsweise Kläger ist hiervon in Kenntniß zu setzen.

Die Frist zur Einlegung der Beschwerde und zur Anbringung der Klage gegen die polizeiliche Verfügung, sowie gegen den auf Beschwerde ergangenen Bescheid beträgt zwei Wochen.

Die Anbringung des einen Rechtsmittels schließt das andere aus. Ist die Schrift, mittelst deren das Rechtsmittel angebracht wird, nicht als Klage bezeichnet oder enthält dieselbe nicht ausdrücklich den Antrag auf Entscheidung im Verwaltungsstreitverfahren, so gilt dieselbe als Beschwerde. Bei gleichzeitiger Anbringung beider Rechtsmittel ist nur der Beschwerde Fortgang zu geben. Das hiernach unzulässigerweise angebrachte Rechtsmittel ist durch Verfügung der im Absatz 1 bezeichneten Behörde zurückzuweisen. Gegen die zurückweisende Verfügung findet innerhalb zwei Wochen die Beschwerde an die zur Entscheidung auf die Klage berufene Behörde statt.

Wird die Beschwerde oder Klage der Vorschrift des ersten Absatzes zuwider innerhalb der gesetzlichen Frist bei derjenigen Behörde angebracht, welche zur Beschlußfassung oder Entscheidung darüber zuständig ist, so gilt die Frist als gewahrt. Die Beschwerde oder Klage ist in solchen Fällen von der angerufenen Behörde zur weiteren Veranlassung an diejenige Behörde abzugeben, gegen deren Beschluß sie gerichtet ist.

— Bisher Organis.Ges. § 65. —

§§ 63, 122.

Abs. 1: Berührt nicht den Fall des § 127 Abs. 2.

Unter „Verfügungen" sind auch Bescheide und Beschlüsse der höheren Instanzen zu verstehen. O.V.G. 9. September 1882 (IX S. 391).

Abs. 4: § 50.

Abs. 5: Bisher wurde die Zwischenfrist nicht angerechnet.

§. **130**. Gegen polizeiliche Verfügungen des Regierungspräsidenten findet innerhalb zwei Wochen die Beschwerde an den Oberpräsidenten und gegen den vom Oberpräsidenten auf die Beschwerde erlassenen Bescheid innerhalb gleicher Frist die Klage bei dem Oberverwaltungsgerichte nach Maßgabe der Bestimmungen des §. 127 Absatz 3 und 4 statt.

Gegen polizeiliche Verfügungen des Regierungspräsidenten in Sigmaringen findet innerhalb zwei Wochen unmittelbar die Klage bei dem Oberverwaltungsgerichte statt.

Gegen die Landesverweisung steht Personen, welche nicht Reichsangehörige sind, die Klage nicht zu.

— Bisher Organis.Ges. § 66. —

Abs. 2: § 21.

§. **131**. Der §. 6 des Gesetzes vom 11. Mai 1842 (Gesetz-Samml. S. 192) findet auch Anwendung, wenn eine polizeiliche Verfügung im Verwaltungsstreitverfahren durch rechtskräftiges Endurtheil aufgehoben worden ist.

— Bisher Organis.Ges. § 67. —

Gesetz vom 11. Mai 1842 ist im Anhang unter I abgedruckt.

Fünfter Titel.
Zwangsbefugnisse.

§. **132.** Der Regierungspräsident, der Landrath, die Ortspolizeibehörde und der Gemeinde- (Guts-) Vorsteher (-Vorstand) sind berechtigt, die von ihnen in Ausübung der obrigkeitlichen Gewalt getroffenen, durch ihre gesetzlichen Befugnisse gerechtfertigten Anordnungen durch Anwendung folgender Zwangsmittel durchzusetzen:

1) Die Behörde hat, sofern es thunlich ist, die zu erzwingende Handlung durch einen Dritten ausführen zu lassen und den vorläufig zu bestimmenden Kostenbetrag im Zwangswege von den Verpflichteten einzuziehen.

2) Kann die zu erzwingende Handlung nicht durch einen Dritten geleistet werden, — oder steht es fest, daß der Verpflichtete nicht im Stande ist, die aus der Ausführung durch einen Dritten entstehenden Kosten zu tragen, — oder soll eine Unterlassung erzwungen werden, so sind die Behörden berechtigt, Geldstrafen anzudrohen und festzusetzen und zwar:

   a) die Gemeinde- (Guts-) Vorsteher bis zur Höhe von fünf Mark;

   b) die Ortspolizeibehörden und die städtischen Gemeinde-Vorsteher (-Vorstände) in einem Landkreise bis zur Höhe von sechszig Mark;

   c) die Landräthe, sowie die Polizeibehörden und Gemeinde-Vorsteher (-Vorstände) in einem Stadtkreise bis zur Höhe von einhundertfünfzig Mark;

   d) der Regierungspräsident bis zur Höhe von dreihundert Mark.

Gleichzeitig ist nach Maßgabe der §§. 28, 29 des Strafgesetzbuchs für das Deutsche Reich die

Dauer der Haft festzusetzen, welche für den Fall des Unvermögens an die Stelle der Geldstrafe treten soll. Der Höchstbetrag dieser Haft ist

in den Fällen zu a = Ein Tag,
" " " " b = Eine Woche,
" " " " c = Zwei Wochen,
" " " " d = Vier Wochen.

Der Ausführung durch einen Dritten (Nr. 1), sowie der Festsetzung einer Strafe (Nr. 2) muß immer eine schriftliche Androhung vorhergehen; in dieser ist, sofern eine Handlung erzwungen werden soll, die Frist zu bestimmen, innerhalb welcher die Ausführung gefordert wird.

3) Unmittelbarer Zwang darf nur angewendet werden, wenn die Anordnung ohne einen solchen unausführbar ist.

— **Bisher Organis.Ges. § 68.** —

Die Exekutivbefugniß — obrigkeitliche Gewalt — der betr. staatlichen Behörden bezieht sich auf die Durchführung administrativer Verfügungen überhaupt und beschränkt sich nicht auf das Gebiet der rein polizeilichen Anordnungen. O.V.G. 14. Oktober 1882 (IX S. 60).

No. 1: Gesetz, betr. das Verwaltungszwangsverfahren wegen Beitreibung von Geldbeträgen, vom 7. September 1879 — Anhang XV.

No. 2: Vgl. Civ.Proz.O. § 775.

Verbote von Handlungen, welche durch allgemeine Polizeivorschriften (Gesetze oder Polizeiverordnungen) unter Strafe gestellt sind, können nicht durch Androhung resp. Festsetzung von Exekutivstrafen seitens der Ortspolizeibehörden wiederholt werden. O.V.G. vom 12. April 1878 (Min.Bl. S. 125) u. 9. April 1879 (V S. 278).

Bezüglich des Gemeinde- und Gutsvorstehers vgl. KreisO. §§ 29, 31 u. 65.

Nach §§ 28, 29 des Str.G.B. ist hier bei Umwandlung der Geldstrafe der Betrag von 1 bis 15 Mark einer eintägigen Haft gleich zu achten; der Mindestbetrag der an die Stelle einer Geldstrafe tretenden Haft ist ein Tag.

Die schriftliche Androhung wird nicht durch Kurrende oder protokollarische Androhung ersetzt.

No. 3: Unmittelbarer Zwang z. B. bei Feuers- oder Wassersgefahr.

§. **133**. Gegen die Androhung eines Zwangsmittels finden dieselben Rechtsmittel statt, wie gegen die Anordnungen, um deren Durchsetzung es sich handelt. Die Rechtsmittel erstrecken sich zugleich auf diese Anordnungen, sofern dieselben nicht bereits Gegenstand eines besonderen Beschwerde- oder Verwaltungsstreitverfahrens geworden sind.

Gegen die Festsetzung und Ausführung eines Zwangsmittels findet in allen Fällen nur die Beschwerde im Aufsichtswege innerhalb zwei Wochen statt.

Haftstrafen, welche an Stelle einer Geldstrafe nach §. 132 Nr. 2 festgesetzt sind, dürfen vor ergangener endgültiger Beschlußfassung oder rechtskräftiger Entscheidung auf das eingelegte Rechtsmittel beziehungsweise vor Ablauf der zur Einlegung desselben bestimmten Frist nicht vollstreckt werden.

— **Bisher Organis.Ges. § 69.** —

§ 53. Rechtsmittel §§ 127—129, 130; Zuständ.Ges. §§ 56, 57, 66. Die Steuerexekution ist durch die Gesetzgebung besonders geregelt.

Wegen Trennung der Beschwerden über Androhung und über Festsetzung und Ausführung, Erl. vom 19. Juli 1882 (Min.Bl. S. 210).

§. **134**. Die Bestimmungen des gegenwärtigen und des vierten Titels finden sinngemäß Anwendung auf die besonderen Beamten und Organe, welche zur Beaufsichtigung der Fischerei vom Staate bestellt sind (§. 46 des Fischereigesetzes vom 30. Mai 1874, Gesetz-Samml. S. 197).

Die Vorschriften der §§. 127, 128 finden in den Fällen des §. 2 Absatz 2 des Gesetzes, betreffend die Ausführung des Reichsgesetzes über die Abwehr und Unterdrückung von Viehseuchen, vom 12. März 1881 (Gesetz-Samml. S. 128) keine Anwendung.

— **Bisher Organis.Ges. § 70.** —

Abs. 1: Ueber die polizeilichen Befugnisse der Oberfischmeister Verf. vom 17. April 1882 (Min.Bl. S. 166).

§. **135.** Gegen die Androhung eines Zwangsmittels seitens der Kommissarien für die bischöfliche Vermögensverwaltung (Gesetz vom 13. Februar 1878, Gesetz-Samml. S. 87) findet innerhalb zwei Wochen die Beschwerde an den Oberpräsidenten und gegen den von dem Oberpräsidenten auf die Beschwerde erlassenen Bescheid innerhalb gleicher Frist die Klage bei dem Oberverwaltungsgerichte nach Maßgabe der Bestimmungen des §. 127 Absatz 3 und 4 statt.

Gegen die Festsetzung und Ausführung des Zwangsmittels findet nur die Beschwerde im Aufsichtswege innerhalb zwei Wochen statt.

— **Bisher Organis.Ges. § 71.** —

Sechster Titel.

Polizeiverordnungsrecht.

§. **136.** Soweit die Gesetze ausdrücklich auf den Erlaß besonderer polizeilicher Vorschriften (Verordnungen, Anordnungen, Reglements rc.) durch die Centralbehörden verweisen, sind die Minister befugt, innerhalb ihres Ressorts dergleichen Vorschriften für den ganzen Umfang der Monarchie oder für einzelne Theile derselben zu erlassen und gegen die Nichtbefolgung dieser Vorschriften Geldstrafen bis zum Betrage von einhundert Mark anzudrohen.

Die gleiche Befugniß steht zu:

1) dem Minister der öffentlichen Arbeiten in Betreff der Uebertretungen der Vorschriften der Eisenbahnpolizei-Reglements;

2) dem Minister für Handel und Gewerbe in Betreff der zur Regelung der Strom-, Schifffahrts- und Hafenpolizei zu erlassenden Vorschriften, sofern

dieselben sich über das Gebiet einer einzelnen Provinz hinaus erstrecken sollen.

Zum Erlasse der im §. 367 Nr. 5 des Strafgesetzbuchs für das Deutsche Reich gedachten Verordnungen sind auch die zuständigen Minister befugt.

— Bisher Organis.Ges. § 72. —

Abs. 2 no. 1: Bahnpolizei-Reglement vom 4. Januar 1875 (Reichs-Centralblatt S. 57) und Bekanntmachung betr. Abänderung des Reglements vom 12. Juni 1878 (R.Centralbl. S. 355).

Abs. 2 no. 2: vgl. §§ 138, 145 Abs. 2.

Abs. 3: die im § 367 no. 5 Str.G.B. erwähnten Verordnungen betreffen:

die Aufbewahrung oder Beförderung von Giftwaaren, Schießpulver oder Feuerwerken, oder die Aufbewahrung, Beförderung, Verausgabung oder Verwendung von Sprengstoffen oder anderen explodirenden Stoffen, oder die Ausübung der Befugniß zur Zubereitung oder Feilhaltung dieser Gegenstände, sowie der Arzneien.

§. **137.** Der Oberpräsident ist befugt, gemäß §§. 6, 12 und 15 des Gesetzes über die Polizeiverwaltung vom 11. März 1850 (Gesetz-Samml. S. 265) beziehungsweise der §§. 6, 12 und 13 der Verordnung vom 20. September 1867 (Gesetz-Samml. S. 1529) und des Lauenburgischen Gesetzes vom 7. Januar 1870 (Offizielles Wochenblatt S. 13) für mehrere Kreise, sofern dieselben verschiedenen Regierungsbezirken angehören, für mehr als einen Regierungsbezirk oder für den Umfang der ganzen Provinz gültige Polizeivorschriften zu erlassen und gegen die Nichtbefolgung derselben Geldstrafen bis zum Betrage von sechszig Mark anzudrohen.

Die gleiche Befugniß steht dem Regierungspräsidenten für mehrere Kreise oder für den Umfang des ganzen Regierungsbezirks zu.

Die Befugniß der Regierung zum Erlasse von Polizeivorschriften wird aufgehoben.

— Bisher Organis.Ges. § 73. —

§ 139. Für Berlin § 42.

Gesetz vom 11. März 1850 ist im Anhang unter II abgedruckt.

Die Verordnung vom 20. September 1867 betrifft die Polizeiverwaltung in den 1876 neu erworbenen Landestheilen.

§. **138**. Die Befugniß, Polizeivorschriften über Gegenstände der Strom-, Schifffahrts- und Hafenpolizei zu erlassen, steht, vorbehaltlich der Bestimmungen des §. 136 Absatz 2 Nr. 2, ausschließlich dem Regierungspräsidenten und, wenn die Vorschriften sich auf mehr als einen Regierungsbezirk oder auf die ganze Provinz erstrecken sollen, dem Oberpräsidenten, soweit aber mit der Verwaltung dieser Zweige der Polizei besondere, unmittelbar von dem Minister für Handel und Gewerbe ressortirende Behörden beauftragt sind, den Letzteren zu. Die Befugniß des Regierungspräsidenten erstreckt sich auch auf den Erlaß solcher Polizeivorschriften für einzelne Kreise oder Theile derselben.

Für Zuwiderhandlungen gegen diese Verordnungen können Geldstrafen bis zu sechszig Mark angedroht werden.

Bei den Vorschriften des Gesetzes vom 9. Mai 1853, betreffend die Erleichterungen des Lootsenzwanges in den Häfen und Binnengewässern der Provinzen Preußen und Pommern (Gesetz-Samml. S. 216), behält es mit der Maßgabe sein Bewenden, daß an die Stelle der Bezirksregierung der Regierungspräsident tritt.

— Bisher Organis.Ges. § 74. —

§§ 139, 145; KreisO. §§ 59 u. 59a.

§. **139**. Die gemäß §§. 137, 138 von dem Oberpräsidenten zu erlassenden Polizeivorschriften bedürfen der Zustimmung des Provinzialraths, die von dem Regierungspräsidenten zu erlassenden Polizeivorschriften der Zustimmung des Bezirksausschusses. In Fällen, die keinen Aufschub zulassen, ist der Oberpräsident sowie der Regierungspräsident befugt, die Polizeivorschrift vor Einholung der Zustimmung des Provinzialraths beziehungsweise des Bezirksausschusses zu erlassen. Wird diese

Zustimmung nicht innerhalb drei Monaten nach dem Tage der Publikation der Polizeivorschrift ertheilt, so hat der Oberpräsident beziehungsweise der Regierungspräsident die Vorschrift außer Kraft zu setzen.

— Bisher Organis.Ges. § 75. —

Für Berlin § 43 Abs. 1 u. 3.

§. **140**. Polizeivorschriften der in den §§. 136, 137 und 138 bezeichneten Art sind unter der Bezeichnung „Polizeiverordnung" und unter Bezugnahme auf die Bestimmungen des §. 136 beziehungsweise der §§. 137 oder 138, sowie in den Fällen des §. 137 auf die in demselben angezogenen gesetzlichen Bestimmungen durch die Amtsblätter derjenigen Bezirke bekannt zu machen, in welchen dieselben Geltung erlangen sollen.

— Bisher Organis.Ges. § 76. —

Verkündigung § 144 Abs. 2.

§. **141**. Ist in einer gemäß §. 140 verkündeten Polizeiverordnung der Zeitpunkt bestimmt, mit welchem dieselbe in Kraft treten soll, so ist der Anfang ihrer Wirksamkeit nach dieser Bestimmung zu beurtheilen, enthält aber die verkündete Polizeiverordnung eine solche Zeitbestimmung nicht, so beginnt die Wirksamkeit derselben mit dem achten Tage nach dem Ablaufe desjenigen Tages, an welchem das betreffende Stück des Amtsblatts, welches die Polizeiverordnung verkündet, ausgegeben worden ist.

— Bisher Organis.Ges. § 77. —

§. **142**. Der Landrath ist befugt, unter Zustimmung des Kreisausschusses nach Maßgabe der Vorschriften des Gesetzes über die Polizeiverwaltung vom 11. März 1850 beziehungsweise der Verordnung vom 20. September 1867 und des Lauenburgischen Gesetzes vom 7. Januar 1870 für mehrere Ortspolizeibezirke oder für den ganzen Umfang des Kreises gültige Polizeivorschriften zu erlassen und gegen die Nichtbefolgung derselben Geldstrafen bis zum Betrage von dreißig Mark anzudrohen.

— Bisher Organis.Ges. § 78. —

§ 138. Ueber das Strafverordnungsrecht der Amtsvorsteher KreisO. §. 62.

§. **143**. Ortspolizeiliche Vorschriften (§§. 5 ff. des Gesetzes vom 11. März 1850 beziehungsweise der Verordnung vom 20. September 1867 und des Lauenburgischen Gesetzes vom 7. Januar 1870), soweit sie nicht zum Gebiete der Sicherheitspolizei gehören, bedürfen in Städten der Zustimmung des Gemeindevorstandes. Versagt der Gemeindevorstand die Zustimmung, so kann dieselbe auf Antrag der Behörde durch Beschluß des Bezirksausschusses ergänzt werden.

In Fällen, welche keinen Aufschub zulassen, ist die Ortspolizeibehörde befugt, die Polizeivorschrift vor Einholung der Zustimmung des Gemeindevorstandes zu erlassen. Wird diese Zustimmung nicht innerhalb vier Wochen nach dem Tage der Publikation der Polizeivorschrift ertheilt, so hat die Behörde die Vorschrift außer Kraft zu setzen.

— Bisher Organis.Ges. § 79. —

Gesetz vom 11. März 1850 im Anhang unter II abgedruckt. KreisO. § 62.

§. **144**. In Stadtkreisen ist die Ortspolizeibehörde befugt, gegen die Nichtbefolgung der von ihr erlassenen polizeilichen Vorschriften Geldstrafen bis zum Betrage von dreißig Mark anzudrohen. Im Uebrigen steht die Ertheilung der Genehmigung zum Erlasse ortspolizeilicher Vorschriften mit einer Strafandrohung bis zum Betrage von dreißig Mark gemäß §. 5 der im §. 137 angezogenen Gesetze dem Regierungspräsidenten zu.

Ingleichen hat der Regierungspräsident über die Art der Verkündigung orts- und kreispolizeilicher Vorschriften, sowie über die Form, von deren Beobachtung die Gültigkeit derselben abhängt, zu bestimmen.

— Bisher Organis.Ges. § 80. —

§. **145**. Die Befugniß, orts- oder kreispolizeiliche Vorschriften außer Kraft zu setzen, steht dem Regierungspräsidenten zu. Mit Ausnahme von Fällen, welche keinen Aufschub zulassen, darf diese Befugniß nur unter Zustimmung des Bezirksausschusses ausgeübt werden.

Bei der Befugniß des Ministers des Innern, jede (orts-, kreis-, bezirks- oder provinzial-) polizeiliche Vorschrift, soweit Gesetze nicht entgegenstehen, außer Kraft zu setzen (§. 16 des Gesetzes vom 11. März 1850, §. 14 der Verordnung vom 20. September 1867 beziehungsweise des Lauenburgischen Gesetzes vom 7. Januar 1870), behält es mit der Maßgabe sein Bewenden, daß diese Befugniß hinsichtlich der Strom-, Schifffahrts- und Hafenpolizeivorschriften (§. 138) auf den Minister für Handel und Gewerbe übergeht.

— Bisher Organis.Ges. § 81. —

§ 136 Abs. 2 no. 2.
Gesetz vom 11. März 1850 im Anhang unter II. abgedruckt.

Siebenter Titel.

Uebergangs- und Schlußbestimmungen.

§. **146**. Die Stellvertretung des Regierungspräsidenten bei der Regierung kann den gegenwärtig mit derselben betrauten Ober-Regierungsräthen für die Dauer ihres Amtes belassen werden.

— Bisher Organis.Ges. § 82. —

§ 20.

§. **147**. Beamte, welche bei der auf Grund des gegenwärtigen Gesetzes eintretenden Umbildung der Verwaltungsbehörden nicht verwendet werden, bleiben während

6*

eines Zeitraums von fünf Jahren zur Verfügung der zuständigen Minister und werden auf einem besonderen Etat geführt.

Diejenigen, welche während des fünfjährigen Zeitraumes eine etatsmäßige Anstellung nicht erhalten, treten nach Ablauf derselben in den Ruhestand.

— Bisher Organis.Ges. § 83. —

§. 148. Die zur Verfügung der Minister verbleibenden Beamten haben sich nach der Anordnung derselben der zeitweiligen Wahrnehmung solcher Aemter zu unterziehen, zu deren dauernder Uebernahme sie verpflichtet sein würden. Erfolgt die Beschäftigung außerhalb des Ortes ihrer letzten Anstellung, so erhalten dieselben die gesetzmäßigen Reisekosten und Tagegelder.

— Bisher Organis.Ges. § 84. —

§. 149. Die zur Verfügung der Minister verbleibenden Beamten erhalten während des im §. 147 bezeichneten fünfjährigen Zeitraumes, auch wenn sie während desselben dienstunfähig werden, unverkürzt ihr bisheriges Diensteinkommen und den Wohnungsgeldzuschuß in dem bisherigen Betrage.

Als Verkürzung im Einkommen ist es nicht anzusehen, wenn die Gelegenheit zur Verwaltung von Nebenämtern entzogen wird oder die Beziehung der für die Dienstunkosten besonders ausgesetzten Einnahmen mit diesen Unkosten selbst wegfällt.

An Stelle einer etatsmäßig gewährten freien Dienstwohnung tritt eine Miethsentschädigung nach der Servisklasse des Orts der letzten Anstellung.

— Bisher Organis.Ges. § 85. —

§. 150. Die nach Ablauf des fünfjährigen Zeitraumes gemäß §. 147 Absatz 2 in den Ruhestand tretenden Beamten erhalten eine Pension in der gesetzmäßigen Höhe mit der Maßgabe, daß die Pension ohne Rücksicht auf die Dauer der Dienstzeit auf $^{45}/_{60}$ des Diensteinkommens zu bemessen ist.

— Bisher Organis.Ges. § 86. —

§. **151**. Den Verwaltungsbeamten, welche zu den im §. 2 des Gesetzes vom 27. März 1872 (Gesetz-Samml. S. 268) bezeichneten Beamten gehören, kann ein Wartegeld bis auf Höhe des gesetzmäßigen Pensionsbetrages gewährt werden.

— Bisher Organis.Ges. § 87. —

Die bezeichneten Beamten sind die unter dem Vorbehalte des Widerrufs oder der Kündigung angestellten.

§. **152**. Die bisherigen Bezirksverwaltungsgerichts-Direktoren übernehmen mit dem Inkrafttreten des gegenwärtigen Gesetzes am Sitze ihres bisherigen Amts das Amt des Verwaltungsgerichts-Direktors (§. 28).

Denselben ist gestattet, die bis dahin verwalteten nicht richterlichen Nebenämter, auch sofern mit denselben eine Vergütung verbunden ist, beizubehalten.

— Neu. —

§. **153**. Die Bezirksräthe und die Bezirksverwaltungsgerichte werden aufgehoben.

An deren Stelle treten die Bezirksausschüsse.

— Neu. —

§. **154**. Das gegenwärtige Gesetz tritt mit dem 1. April 1884, jedoch nur gleichzeitig mit dem Gesetze über die Zuständigkeit der Verwaltungs- und Verwaltungsgerichtsbehörden, in Kraft, vorbehaltlich der Bestimmungen des §. 155.

Gleichzeitig treten das Gesetz über die Organisation der allgemeinen Landesverwaltung vom 26. Juli 1880 (Gesetz-Samml. S. 291) und die §§ 1 bis 16 a, 31 bis 87 a und 89 des Gesetzes, betreffend die Verfassung der Verwaltungsgerichte und das Verwaltungsstreitverfahren vom $\frac{\text{3. Juli 1875}}{\text{2. August 1880}}$ (Gesetz-Samml. 1880 S. 328), außer Kraft.

Auf die vor dem Inkrafttreten des Gesetzes bereits anhängig gemachten Sachen finden in Beziehnng auf die Zuständigkeit der Behörden, das Verfahren und die Zulässigkeit der Rechtsmittel die Bestimmungen der früheren Gesetze, jedoch mit der Maßgabe Anwendung, daß an Stelle des Bezirksraths und des Bezirksverwaltungsgerichts der Bezirksausschuß tritt.

§. **155**. In den Provinzen Posen, Schleswig-Holstein, Hannover, Hessen-Nassau, Westfalen und in der Rheinprovinz tritt das gegenwärtige Gesetz erst in Kraft, je nachdem für dieselben auf Grund besonderer Gesetze neue Kreis- und Provinzialordnungen erlassen sein werden. Der betreffende Zeitpunkt wird für jede Provinz durch Königliche Verordnung bekannt gemacht.

Die Geltung der Bestimmungen des §. 16 und des §. 23 Absatz 1 wird jedoch hierdurch nicht berührt.

Inwieweit die Bestimmungen der §§. 127 und 128 auf die selbstständigen Städte in der Provinz Hannover Anwendung finden, bleibt der Kreisordnung für diese Provinz vorbehalten.

— Bisher Organis.Ges. § 89 —

§. **156**. In jeder Provinz ist noch vor dem Zeitpunkte des Inkrafttretens dieses Gesetzes zur Bildung des Bezirksausschusses in Gemäßheit der Vorschriften des gegenwärtigen Gesetzes zu schreiten.

§. **157**. Durch das gegenwärtige Gesetz werden nicht berührt:

1) die Bestimmungen der §§. 20, 21 der Gewerbeordnung vom 21. Juni 1869 (Bundes-Gesetzbl. S. 245);
2) die Bestimmungen des Gesetzes vom 21. Juli 1852, betreffend die Dienstvergehen der nicht richterlichen Beamten ꝛc. (Gesetz-Samml. S. 463); die-

selben finden jedoch für das Verwaltungsstreitverfahren mit folgenden Maßgaben Anwendung: die Entscheidung erfolgt auf Grund mündlicher Verhandlung; das Gutachten des Disziplinarhofs ist nicht einzuholen; das Disziplinarverfahren kann mit Rücksicht auf den Ausfall der Voruntersuchung durch Beschluß der in erster Instanz zuständigen Behörde eingestellt werden; die Erhebung eines Kostenpauschquantums findet nicht statt;

3) die Bestimmungen des Reichsgesetzes über den Unterstützungswohnsitz vom 6. Juni 1870 (Bundes-Gesetzbl. S. 360).

— Bisher Verw.Ger.Ges. § 84. —

Zu 1) Zuständ.Ges. § 109.
Zu 3) Zuständ.Ges. § 39.

§. **158.** Aufgehoben sind:

1) die §§. 40 bis 48, 50 bis 56 des Gesetzes vom 8. März 1871, betreffend die Ausführung des Bundesgesetzes über den Unterstützungswohnsitz (Gesetz-Samml. S. 130);

2) die §§. 141 bis 163, 165 der Kreisordnung vom 13. Dezember 1872 (Gesetz-Samml. S. 661), soweit sie das Verfahren in streitigen Verwaltungssachen zum Gegenstande haben, sowie die §§. 187 bis 198 derselben Kreisordnung;

3) der fünfte Abschnitt des zweiten Titels, sowie die §§. 2 Absatz 2 und 126 der Provinzialordnung vom 29. Juni 1875 (Gesetz-Samml. S. 335) und die Titel I bis IV, sowie die §§. 168, 169, 170 Nr. 2, 4 und 5 und der §. 174 des Gesetzes vom 26. Juli 1876, betreffend die Zuständigkeit der Verwaltungsbehörden und der Verwaltungsgerichtsbehörden 2c. (Gesetz-Samml. S. 297).

— No. 1 u. 2 bisher Verw.Ger.Ges. § 89. —

§. **159**. Mit dem Tage des Inkrafttretens des gegenwärtigen Gesetzes treten alle mit demselben im Widerspruche stehenden Bestimmungen außer Kraft.

Urkundlich unter Unserer Höchsteigenhändigen Unterschrift und beigedrucktem Königlichen Insiegel.

Gegeben Bad Gastein, den 30. Juli 1883.

(L. S.) **Wilhelm.**

Fürst v. Bismarck. v. Puttkamer. Maybach. Lucius. Friedberg. v. Goßler. v. Scholz. Gr. v. Hatzfeldt.

Inhalt.

Erster Titel. Grundlagen der Organisation . . . . §§. 1 bis 7.

Zweiter Titel. Verwaltungsbehörden.

I. Abschnitt. Provinzialbehörden . . . . . §§. 8 bis 16.

II. " Bezirksbehörden . . . . §§. 17 bis 35.

III. " Kreisbehörden . . . . §§. 36 bis 40.

IV. " Behörden für den Stadtkreis Berlin . . . . §§. 41 bis 47.

V. " Stellung der Behörden . . . §§. 48 und 49.

Dritter Titel. Verfahren.

I. Abschnitt. Allgemeine Vorschriften . . §§. 50 bis 60.

II. " Verwaltungsstreitverfahren . §§. 61 bis 114.

III. " Beschlußverfahren . . . . . . §§. 115 bis 126.

Vierter Titel. Rechtsmittel gegen polizeiliche Verfügungen . . . . . . §§. 127 bis 131.

Fünfter Titel. Zwangsbefugnisse . . . . . §§. 132 bis 135.

Sechster Titel. Polizeiverordnungsrecht §§. 136 bis 145.

Siebenter Titel. Uebergangs- und Schlußbestimmungen . . . . §§. 146 bis 159.

Nachweisung

derjenigen Paragraphen des Landesverwaltungsgesetzes, welche an die Stelle der entspr. Paragraphen des Organisationsgesetzes vom 26. Juli 1880 getreten sind.

Organis.Ges.	Ldverw.Ges.	Organis.Ges.	Ldverw.Ges.	Organis.Ges.	Ldverw.Ges.
§ 1	§ 1	§ 32	§ 39	§ 63	§ 127
„ 2	„ 2	„ 33	„ 40	„ 64	„ 128
„ 3	„ 3	„ 34	„ 41	„ 65	„ 129
„ 4	„ 4	„ 35	„ 42	„ 66	„ 130
„ 5	„ 5	„ 36	„ 43	„ 67	„ 131
„ 6	„ 6	„ 37	„ 44	„ 68	„ 132
„ 7	„ 7	„ 38	„ 45	„ 69	„ 133
„ 8	„ 8	„ 39	„ 46	„ 70	„ 134
„ 9	„ 9	„ 40	„ 47	„ 71	„ 135
„ 10	„ 10	„ 41	„ 50	„ 72	„ 136
„ 11	„ 11	„ 42	„ 51	„ 73	„ 137
„ 12	„ 12	„ 43	„ 52	„ 74	„ 138
„ 13	„ 14	„ 44	„ 53	„ 75	„ 139
„ 14	„ 15	„ 45	„ 54	„ 76	„ 140
„ 15	„ 16	„ 46	„ 57	„ 77	„ 141
„ 16	„ 17	„ 47	„ 58	„ 78	„ 142
„ 17	„ 18	„ 48	„ 59	„ 79	„ 143
„ 18	„ 19	„ 49	„ 55	„ 80	„ 144
„ 19	„ 20	„ 50	„ 117	„ 81	„ 145
„ 20	„ 21	„ 51	„ 118	„ 82	„ 146
„ 21	„ 22	„ 52	„ 119	„ 83	„ 147
„ 22	„ 23	„ 53	„ 115	„ 84	„ 148
„ 23	„ 24	„ 54	„ 116	„ 85	„ 149
„ 24	„ 25	„ 55	„ 121	„ 86	„ 150
„ 25	„ 26	„ 56	„ 122	„ 87	„ 151
„ 26	„ 27	„ 57	„ 123	„ 88	„ 154
„ 27	§§ 28, 32, 33	„ 58	„ 48	„ 89	„ 155
„ 28	§ 35	„ 59	„ 49	„ 90	„ 156
„ 29	„ 36	„ 60	„ 126	„ 91	§§ 158, 159
„ 30	„ 37	„ 61	„ 56		
„ 31	„ 38	„ 62	„ 54		

Gesetz

betreffend

die Verfassung der Verwaltungsgerichte und das Verwaltungsstreitverfahren.

Gesetz, betreffend die Verfassung der Verwaltungsgerichte und das Verwaltungsstreitverfahren.

Vom 3. Juli 1875/2. August 1880.

(Ges.S. von 1880 S. 328).

Zufolge § 154 des Landesverwaltungsgesetzes haben nur noch Titel IV und § 88 Geltung behalten.

Titel IV.

Von dem Oberverwaltungsgerichte.*)

§. 17. Das Oberverwaltungsgericht besteht aus einem Präsidenten, den Senatspräsidenten (§. 26) und der erforderlichen Anzahl von Räthen. Die eine Hälfte der Mitglieder des Oberverwaltungsgerichts muß zum Richter-

---

*) Das Oberverwaltungsgericht ist
1. Revisionsgericht, Ldverw.Ges. § 93;
2. Berufungsgericht, Ldverw.Ges. § 83;
3. Gericht I. Instanz, Ldverw.Ges. §§ 11, 28 Abs. 5, 126, 127, 130, 135; Zuständ.Ges. §§ 1, 19, 20, 36, 94; Prov.O. §§ 3, 4, 24, 48, 118, 121, 123; KreisO. § 180;
4. Beschwerdegericht, Ldverw.Ges. §§ 110, 108, 109;
5. zuständiges Gericht für das Wiederaufnahmeverfahren, Ldverw. Ges. § 110;
6. zuständiges Gericht für Entscheidung von Kompetenzkonflikten, Ldverw.Ges. § 113, und für Vorentscheidungen bei Beamtenverfolgung, Ldverw.Ges. § 114;
7. Disciplinargericht, Ldverw.Ges. §§ 14, 32, 39; Verw.Ger.Ges. § 24; Prov.O. § 98; KreisO. § 68.

amte, die andere Hälfte zur Bekleidung von höheren Verwaltungsämtern befähigt sein.

Zum Mitgliede des Oberverwaltungsgerichts kann nur ernannt werden, wer das 30. Lebensjahr vollendet hat.

Ger.Verf.Ges. §§ 2, 4, 127; Gesetz betr. die Befähigung für den höheren Verwaltungsdienst vom 11. März 1879 (Ges.S. S. 160).

Durch Allerh. Erlaß vom 6. November 1875 (Ges.S. S. 602) ist dem Präsidenten des Oberverwaltungsgerichts der Rang der Räthe erster Klasse, den ständigen Mitgliedern der Titel Oberverwaltungsgerichtsrath mit dem Range der Räthe zweiter Klasse,
durch Allerh. Erlaß vom 28. Juli 1879 (Ges.S. S. 571) den Senatspräsidenten des Oberverwaltungsgerichts der Vortritt vor den übrigen Räthen der zweiten Klasse
verliehen worden.

§. 18. Die Mitglieder des Oberverwaltungsgerichts werden auf den Vorschlag des Staatsministeriums vom Könige ernannt. Die Ernennung erfolgt auf Lebenszeit.

§ 88.

§. 19. Die Mitglieder des Oberverwaltungsgerichts können ein besoldetes Nebenamt nur in den Fällen bekleiden, in denen das Gesetz die Uebertragung eines solchen Amtes an etatsmäßig angestellte Richter gestattet.

Städteordnung vom 30. Mai 1853 (Ges.S. S. 269) § 17 no. 4 u. § 30 no. 4; Kabinetsordre vom 13. Juli 1839 (Ges.S. S. 235); Gesetz vom 10. Juni 1874 (Ges.S. S. 244).

Die Mitglieder sollen nicht zu dem Amte eines Schöffen berufen werden. Ausf.Ges. zum Reichs-Ger.Verf.Ges. vom 24. April 1878.

§. 20. Die Mitglieder des Oberverwaltungsgerichts unterliegen, vorbehaltlich der Bestimmungen der §§. 21 ff., keinem Disziplinarverfahren.

§. 21. Ist ein Mitglied zu einer Strafe wegen einer entehrenden Handlung oder zu einer Freiheitsstrafe von längerer als einjähriger Dauer rechtskräftig verurtheilt, so kann es durch Plenarbeschluß des Oberverwaltungsgerichts seines Amtes und seines Gehalts für verlustig erklärt werden.

§ 25; Ger.Verf.Ges. § 128.

§. **22**. Ist wegen eines Verbrechens oder Vergehens das Hauptverfahren gegen ein Mitglied eröffnet, so kann die vorläufige Enthebung desselben von seinem Amte durch Plenarbeschluß des Oberverwaltungsgerichts ausgesprochen werden.

Wird gegen ein Mitglied die Untersuchungshaft verhängt, so tritt für die Dauer derselben die vorläufige Enthebung von Rechtswegen ein.

Durch die vorläufige Enthebung wird das Recht auf den Genuß des Gehalts nicht berührt.

§ 25; Ger.Verf.Ges. § 129.

§. **23**. Wenn ein Mitglied durch ein körperliches Gebrechen oder durch Schwäche seiner körperlichen oder geistigen Kräfte zur Erfüllung seiner Amtspflichten dauernd unfähig wird, so tritt seine Versetzung in den Ruhestand gegen Gewährung eines Ruhegehalts ein.

Ger.Verf.Ges. § 130.

§. **24**. Wird die Versetzung eines Mitgliedes in den Ruhestand nicht beantragt, obgleich die Voraussetzungen derselben vorliegen, so hat der Präsident an das Mitglied die Aufforderung zu erlassen, binnen einer bestimmten Frist den Antrag zu stellen. Wird dieser Aufforderung nicht Folge geleistet, so ist die Versetzung in den Ruhestand durch Plenarbeschluß des Oberverwaltungsgerichts auszusprechen.

§ 25; Ger.Verf.Ges. § 131.

§. **25**. Für das nach Maßgabe der §§. 21, 22 Absatz 1 und §. 24 einzuleitende Verfahren gelten die folgenden Bestimmungen:

1) Der Präsident ernennt aus der Zahl der Mitglieder des Oberverwaltungsgerichts einen Kommissar.

Der Kommissar hat die das Verfahren begründenden Thatsachen zu erörtern, erforderlichenfalls den Beweis unter Vorladung des betheiligten Mitgliedes zu erheben und darüber Bericht zu erstatten.

Der Bericht ist dem betheiligten Mitgliede zuzufertigen.

2) Vor der Beschlußfassung findet eine mündliche Verhandlung vor dem Oberverwaltungsgerichte statt. In derselben kann die mündliche Vernehmung von Zeugen und Sachverständigen erfolgen. Das betheiligte Mitglied beziehungsweise sein Kurator ist zu hören.

3) Das betheiligte Mitglied kann sich des Beistandes oder der Vertretung eines Rechtsanwaltes bedienen, jedoch ist das Oberverwaltungsgericht befugt, das persönliche Erscheinen des Mitgliedes unter der Warnung anzuordnen, daß bei seinem Ausbleiben ein Vertreter desselben nicht werde zugelassen werden.

4) Die Einleitung des Verfahrens gegen den Präsidenten erfolgt durch den Stellvertreter desselben auf Grund eines Plenarbeschlusses des Oberverwaltungsgerichts.

§. **26.** Das Oberverwaltungsgericht kann auf Beschluß des Staatsministeriums in Senate eingetheilt werden. Das Präsidium bezeichnet bei Beginn jedes Geschäftsjahres mindestens auf die Dauer desselben für jeden Senat die ständigen Mitglieder und für den Fall ihrer Verhinderung die erforderlichen Vertreter.

In gleicher Weise erfolgt nach Maßgabe des hierfür

erlassenen Regulativs (§. 30) die Vertheilung der Geschäfte unter die Senate.

Das Präsidium besteht aus dem Präsidenten, den Senatspräsidenten und dem Dienstalter nach, bei gleichem Dienstalter dem der Geburt nach ältesten Mitgliede. Das Präsidium entscheidet nach Stimmenmehrheit; im Falle der Stimmengleichheit giebt die Stimme des Präsidenten den Ausschlag.

Das O.V.G. ist in 2 Senate getheilt.
Ger.Verf.Ges. §§ 62, 63, 121.

§. 27. Dem Präsidenten gebührt der Vorsitz im Plenum und in demjenigen Senate, welchem er sich anschließt; in den anderen Senaten führt ein Senatspräsident den Vorsitz.

Im Falle der Verhinderung des ordentlichen Vorsitzenden führt den Vorsitz im Plenum derjenige Senatspräsident und in den Senaten derjenige Rath des Senats, welcher das gedachte Amt am längsten bekleidet, und bei gleichem Dienstalter derjenige, welcher der Geburt nach der Aelteste ist.

§. 28. Zur Fassung gültiger Beschlüsse des Oberverwaltungsgerichts ist die Theilnahme von wenigstens fünf Mitgliedern erforderlich.

Die Zahl der Mitglieder, welche bei Fassung eines Beschlusses eine entscheidende Stimme führen, muß in allen Fällen eine ungerade sein. Ist die Zahl der anwesenden Mitglieder eine gerade, so hat der zuletzt ernannte Rath und bei gleichem Dienstalter der der Geburt nach jüngere Rath kein Stimmrecht. Dem Berichterstatter steht jedoch in allen Fällen Stimmrecht zu.

§. 29. Will ein Senat in einer Rechtsfrage von einer früheren Entscheidung eines anderen Senats oder des Plenums abweichen, so hat er die Verhandlung und Entscheidung der Sache vor das Plenum zu verweisen.

Zur Fassung von Plenarentscheidungen ist die Theilnahme von wenigstens zwei Dritteln aller Mitglieder erforderlich.

Ger.Verf.Ges. § 137.

§. 30. Im Uebrigen wird der Geschäftsgang und die Vertheilung der Geschäfte unter die Senate durch ein Regulativ geordnet, welches das Plenum des Oberverwaltungsgerichts zu entwerfen und dem Staatsministerium zur Bestätigung einzureichen hat.

Die Ernennung der erforderlichen Subaltern- und Unterbeamten bei dem Oberverwaltungsgerichte erfolgt, insoweit sie nicht durch das Geschäftsregulativ dem Präsidenten überwiesen wird, durch das Staatsministerium.

Regulativ für den Geschäftsgang bei dem Oberverwaltungsgerichte vom 30. Januar 1878 (Ges.Samml. S. 69) vom Staatsministerium unterm 2. April 1878 bestätigt, nebst Nachtrag vom 22. September 1881 abgedruckt im Anhang unter XIV.

§. 30a. Die Disziplin über die bei dem Oberverwaltungsgerichte angestellten Subaltern- und Unterbeamten übt der Präsident mit denjenigen Befugnissen, welche nach dem Gesetze, betreffend die Dienstvergehen der nicht richterlichen Beamten ꝛc., vom 21. Juli 1852 den Ministern in Ansehung der ihnen untergeordneten Beamten zustehen. Die Einleitung des Disziplinarverfahrens auf Entfernung aus dem Amte, die Ernennung des Untersuchungskommissars und des Vertreters der Staatsanwaltschaft erfolgt durch den Präsidenten; entscheidende Behörde erster und letzter Instanz ist das Oberverwaltungsgericht.

---

§. 88. Die Stelle eines Mitgliedes des Oberverwaltungsgerichts darf als Nebenamt fortan nicht mehr verliehen werden.

Nachweisung

über den Verbleib der aufgehobenen und in das Landesverwaltungsgesetz aufgenommenen Paragraphen des Verwaltungsgerichtsgesetzes.

bisher Verw.Ger.-Ges.	jetzt Ldverw.Ges.	bisher Verw.Ger.-Ges.	jetzt Ldverw.Ges.	bisher Verw.Ger.-Ges.	jetzt Ldverw.Ges.
§ 1 Abs. 2	§ 7	§ 40	§ 70	§ 65	§ 95
§ 2 u. 3	„ 7	„ 41	„ 71	„ 66	„ 96
§ 4 Abs. 1	„ 82	„ 42	„ 72	„ 67	„ 97
„ 4 Abs. 2	„ 110	„ 43	„ 73	„ 68	„ 98
§ 5	§§ 83, 93,	„ 44	„ 74	„ 69	„ 99
	110	„ 45	„ 75	„ 70	„ 100
„ 6	§§ 67, 79, 80	„ 46	„ 76	„ 70a	„ 101
§ 7 Abs. 1	§ 48	„ 47	„ 77	„ 71	„ 102
„ 7 Abs. 2	„ 49	„ 48	„ 78	„ 72	„ 103
„ 8	§§ 36, 54, 56	„ 49	„ 79	„ 73	„ 104
„ 9	§ 28	„ 50	„ 80	„ 74	„ 105
„ 10	„ 30	„ 51	„ 81	„ 75	„ 106
„ 12	„ 32	„ 52	„ 82	„ 76	„ 107
„ 13	„ 33	„ 53	„ 83	„ 77	„ 108
„ 14	„ 56	„ 53a	„ 84	„ 78	„ 109
„ 15	„ 34	„ 54	„ 85	„ 79	„ 60
„ 16	„ 34	§ 54 Abs. 2	„ 52	„ 80	„ 154
„ 31	„ 57	„ 55	„ 86	„ 81	„ 52
„ 32	„ 58	„ 56	„ 87	„ 81a	„ 111
„ 33	„ 61	„ 57	„ 88	„ 82	„ 112
„ 34	„ 62	„ 58	„ 82	„ 83	„ 113
„ 34a	„ 59	„ 59	„ 89	„ 83a	„ 114
„ 35	„ 63	„ 60	„ 90	„ 84	„ 157
„ 36	„ 65	„ 61	„ 91	„ 86	„ 35
„ 37	„ 64	„ 62	„ 92	§ 87a Abs. 2	„ 57
„ 38	„ 66	„ 63	„ 93	§ 89	„ 158
„ 39	„ 68	„ 64	„ 94		

Provinzialordnung

für die

Provinzen Ost- und Westpreußen, Brandenburg, Pommern, Schlesien und Sachsen.

Gesetz, betreffend die Abänderung von Bestimmungen der Provinzialordnung für die Provinzen Preußen, Brandenburg, Pommern, Schlesien und Sachsen, vom 29. Juni 1875 und die Ergänzung derselben.

Vom 22. März 1881.

(Ges.S. S. 176).

Wir **Wilhelm**, von Gottes Gnaden König von Preußen ꝛc. verordnen, mit Zustimmung beider Häuser des Landtages der Monarchie, was folgt:

Artikel I.

Die §§. 38, 112, 118 und 121 der Provinzialordnung für die Provinzen Preußen, Brandenburg, Pommern, Schlesien und Sachsen, vom 29. Juni 1875 (Gesetz-Samml. S. 335) werden durch nachstehende, den bisherigen Ifferzahlen entsprechende Bestimmungen ersetzt.

(Die geänderten Bestimmungen sind in dem neu redigirten Text enthalten und deshalb hier fortgelassen.)

Artikel II.

In der Ueberschrift und in der Einleitung der Provinzialordnung sind die Worte „Provinzen Preußen" durch „Provinzen Ost- und Westpreußen" und in dem

§. 98 Ziffer 5 die Worte „Verwaltungsgericht" und „Verwaltungsgerichte" durch „Bezirksverwaltungsgericht", beziehungsweise „Bezirksverwaltungsgerichte" zu ersetzen.

In den Fällen der §§. 23, 24, 98 Nr. 4, und 114 Absatz 2 beträgt die Frist zur Erhebung des Einspruches, beziehungsweise der Klage und der Beschwerde fortan zwei Wochen, in den Fällen des §. 13 die Frist zur Anbringung der Anträge fortan vier Wochen.

Der fünfte Abschnitt des zweiten Titels (§§. 62 bis 86), sowie die §§. 2 Absatz 2, 126 und 127 kommen in Wegfall.

Artikel III.

Dieses Gesetz tritt am 1. April 1881 in Kraft.

Der Minister des Innern wird ermächtigt, den Text der Provinzialordnung vom 29. Juni 1875, wie er sich aus den in den Artikeln I. und II. festgestellten Aenderungen ergiebt, durch die Gesetz-Sammlung bekannt zu machen.

Urkundlich unter Unserer Höchsteigenhändigen Unterschrift und beigedrucktem Königlichen Insiegel.

Gegeben Berlin den 22. März 1881.

(L. S.) **Wilhelm.**

Fürst v. Bismarck, Gr. zu Stolberg, v. Kameke, Maybach, v. Puttkamer, Lucius, Friedberg, v. Bötticher.

Bekanntmachung, betreffend die Redaktion der Provinzialordnung für die Provinzen Ost- und Westpreußen, Brandenburg, Pommern, Schlesien und Sachsen.

Vom 22. März 1881.

(Ges.S. S. 233).

Auf Grund des Artikels III Absatz 2 des Gesetzes, betreffend die Abänderung von Bestimmungen der Provinzialordnung für die Provinzen Preußen, Brandenburg, Pommern, Schlesien und Sachsen vom 29. Juni 1875 und die Ergänzung derselben, vom 22. März 1881 (Gesetz-Samml. S. 176) wird der Text der Provinzialordnung vom 29. Juni 1875, wie er sich aus den in den Artikeln I und II des Gesetzes vom 22. März d. J. festgestellten Aenderungen ergiebt, nachstehend bekannt gemacht.

Berlin, den 22. März 1881.

Der Minister des Innern.

Im Allerhöchsten Auftrage:

v. Puttkamer.

Provinzialordnung für die Provinzen Ost- und Westpreußen, Brandenburg, Pommern, Schlesien und Sachsen.

Wir **Wilhelm**, von Gottes Gnaden König von Preußen ꝛc. verordnen, mit Zustimmung beider Häuser des Landtages, für die Provinzen Ost- und Westpreußen, Brandenburg, Pommern, Schlesien und Sachsen, was folgt:

Erster Titel.

Von den Grundlagen der Provinzialverfassung.

Erster Abschnitt.

Von dem Umfange und der Begrenzung der Provinzialverbände.

§. 1. Jede Provinz bildet einen mit den Rechten einer Korporation ausgestatteten Kommunalverband zur Selbstverwaltung seiner Angelegenheiten.

Zum Kommunalverbande der Provinz (Provinzialverband) gehören alle innerhalb der Grenzen derselben belegenen Kreise und alle zu diesen Kreisen gehörenden Ortschaften.

Diejenigen Kreise und einzelnen Ortschaften, welche bisher zu einem anderen provinzialständischen Verbande gehört haben, treten aus diesem Verbande aus und in den Kommunalverband derjenigen Provinz ein, innerhalb deren Grenzen sie belegen sind.

Lbverw.Ges. § 57 Abs. 2.

§. 2. Die Haupt- und Residenzstadt Berlin scheidet aus dem Kommunalverbande der Provinz Brandenburg aus.

Lbverw.Ges. §§ 1 u. 41 ff.

§. 3. Die in Folge der Ausführung der Vorschrift des §. 1 erforderliche Regelung der Verhältnisse ist, unbeschadet aller Privatrechte Dritter, durch den Minister des Innern zu bewirken.

Streitigkeiten, welche hierbei entstehen, unterliegen der Entscheidung des Oberverwaltungsgerichts.

§ 128.

Veränderung der Provinzialgrenzen.

§. 4. Die Veränderung bestehender Provinzialgrenzen erfolgt durch Gesetz.

Die in Folge einer derartigen Veränderung erforderliche Regelung der Verhältnisse ist auf dem im §. 3 bezeichneten Wege zu bewirken.

Veränderungen solcher Gemeinde- oder Gutsbezirksgrenzen, welche zugleich Provinzialgrenzen sind, ziehen die Veränderung der letzteren ohne Weiteres nach sich.

Eine jede Veränderung der Provinzialgrenzen, welche nicht durch Gesetz erfolgt, ist durch die Amtsblätter der betheiligten Provinzen bekannt zu machen.

KreisO. § 3.

Zweiter Abschnitt.

Von den Provinzialangehörigen, ihren Rechten und Pflichten.

§. 5. Provinzialangehörige sind alle Angehörigen der zu der Provinz gehörigen Kreise.

KreisO. § 6.

Rechte der Provinzialangehörigen.

§. 6. Die Provinzialangehörigen sind berechtigt:

1) zur Theilnahme an der Verwaltung und Vertretung des Provinzialverbandes nach näherer Vorschrift dieses Gesetzes;
2) zur Mitbenutzung der öffentlichen Einrichtungen und Anstalten des Provinzialverbandes nach Maßgabe der für dieselben bestehenden Bestimmungen.

§ 120.

Beitragspflicht zu den Provinzialabgaben.

§. 7. Die Provinzialangehörigen sind verpflichtet, nach näherer Vorschrift dieses Gesetzes zu den Provinziallasten beizutragen.

§§ 105—113.

Dritter Abschnitt.

Von den Provinzialstatuten und Reglements.

§. 8. Die Provinzialverbände sind befugt:

1) zum Erlasse besonderer statutarischer Anordnungen über solche ihre Verfassung betreffenden Angelegenheiten, hinsichtlich deren das Gesetz auf statutarische Regelung verweist oder keine ausdrücklichen Vorschriften enthält. Das Statut darf den bestehenden Gesetzen nicht widersprechen;

2) zum Erlasse von Reglements über besondere Einrichtungen des Provinzialverbandes.

Die Provinzialstatuten und Reglements sind auf Kosten der Provinzialverbände durch die Amtsblätter der Provinz bekannt zu machen.

No. 1: §§ 11, 35, 38 I, 46, 47 Abs. 3, 91, 93, 119 no. 1: Ldverw.Ges. §§ 13, 28 Abs. 5.
Nr. 2: §§ 35, 59, 95, 120.

Zweiter Titel.

Von der Vertretung und Verwaltung der Provinzialverbände.

Erster Abschnitt.

Von der Zusammensetzung der Provinziallandtage.

§. 9. Die Provinzialversammlung (der Provinziallandtag) besteht aus Abgeordneten der Land- und Stadtkreise der Provinz.

Zahl der Mitglieder der Provinziallandtage.

§. 10. In den Provinzen Ost- und Westpreußen, Brandenburg, Pommern und Sachsen werden für jeden Kreis zwei Abgeordnete, in der Provinz Schlesien für jeden Kreis mit weniger als 40000 Einwohnern ein Abgeordneter, für jeden Kreis mit 40000 oder mehr Einwohnern zwei Abgeordnete gewählt. Erreicht die Einwohnerzahl eines Kreises

1) in der Provinz Schlesien 80000,
2) in den Provinzen Ost- und Westpreußen 60000,
3) in den Provinzen Brandenburg und Sachsen 50000,

4) in der Provinz Pommern 40000 Einwohner, so werden drei Abgeordnete gewählt.

Für jede fernere Vollzahl von 50000 Einwohnern tritt ein Abgeordneter hinzu.

§ 3 des im Anhang unter XIII abgedruckten Gesetzes, betr. die Theilung der Provinz Preußen vom 19. März 1877.

§. **11**. Den Provinziallandtagen bleibt es überlassen, durch statutarische Anordnung in geeigneten Fällen zwei derjenigen angrenzenden Landkreise, welche nur je zwei Abgeordnete zu wählen haben, unter Zustimmung der betreffenden Kreistage zu Wahlbezirken zu verbinden und die Wahlorte zu bestimmen.

In der Provinz Schlesien können außerdem in gleicher Weise zwei Landkreise, deren einer nur einen und der andere nur zwei Abgeordnete zu wählen hat, sowie zwei oder drei derjenigen Landkreise, welche nur je einen Abgeordneten zu wählen haben, zu Wahlbezirken verbunden werden.

Die Wahlbezirke wählen diejenige Zahl der Abgeordneten, welche gemäß §. 10 auf die zusammengelegten Kreise trifft.

§. **12**. Die Feststellung der Zahl der von den einzelnen Kreisen beziehungsweise Wahlbezirken zu wählenden Abgeordneten erfolgt vor jeder neuen Wahl (§§. 20 und 122) durch den Provinzialausschuß und wird durch die Amtsblätter der Provinz zur öffentlichen Kenntniß gebracht.

Der Feststellung ist die durch die jeweilige letzte Volkszählung ermittelte Einwohnerzahl der Kreise beziehungsweise Wahlbezirke, mit Ausschluß der aktiven Militärpersonen, zu Grunde zu legen.

§. **13**. Anträge auf Berichtigung der Feststellung sind innerhalb vier Wochen nach Ausgabe des Amtsblatts, durch welches die Feststellung veröffentlicht worden ist, bei dem Provinzialausschusse anzubringen, welcher darüber endgültig beschließt.

KreisO. § 110 Abs. 2, §. 112a Abs. 1.

Vollziehung der Wahlen.

§. **14**. Die Abgeordneten der Landkreise werden von den Kreistagen gewählt.

Erfolgt die Bildung von Wahlbezirken, so treten die Kreistage der zu dem Wahlbezirke gehörigen Landkreise unter dem Vorsitze des von dem Ober-Präsidenten zu ernennenden Wahlkommissars zu einer Wahlversammlung zusammen.

§ 11. Die Vornahme der Wahl einer Mehrzahl von Abgeordneten in Einem Wahlakte ist zulässig. O.V.G. 16. Mai 1882 (VIII S. 11).

§. **15**. Die Abgeordneten der Stadtkreise werden von dem Magistrate und der Stadtverordnetenversammlung beziehungsweise dem bürgerschaftlichen Repräsentantenkollegium in gemeinschaftlicher Sitzung unter dem Vorsitze des Bürgermeisters, die Abgeordneten des Stadtkreises Magdeburg werden von dem Kreistage gewählt.

KreisO. §§ 4 u. 169 ff.

§. **16**. Die Vollziehung der Wahlen der Provinziallandtagsabgeordneten erfolgt nach näherer Vorschrift des diesem Gesetze beigefügten Wahlreglements.

Hinter diesem Gesetze abgedruckt. § 42.

Wählbarkeit zum Abgeordneten.

§. **17**. Wählbar zum Mitgliede des Provinziallandtages ist jeder selbstständige Angehörige des Deutschen Reichs, welcher das dreißigste Lebensjahr vollendet hat, sich im Besitze der bürgerlichen Ehrenrechte befindet und seit mindestens einem Jahre der Provinz durch Grundbesitz oder Wohnsitz angehört.

Als selbstständig gilt derjenige, welchem das Recht, über sein Vermögen zu verfügen und dasselbe zu verwalten, nicht durch gerichtliche Anordnung entzogen ist.

Abs. 1: und zwar auch dann, wenn Jemand der Provinz während des einen Theiles des Jahres nur durch Grundbesitz, während des übrigen aber nur durch den Wohnsitz angehört hat. O.V.G. vom 25. April 1876 (I S. 15). — § 47.

Abs. 2: KreisO. § 96.

Verlust der Wählbarkeit.

§. 18. Die Wählbarkeit geht verloren, sobald eines der im §. 17 gedachten Erfordernisse bei dem bis dahin Wählbaren nicht mehr zutrifft. Sie ruht während der Dauer eines Konkurses, ferner während der Dauer einer gerichtlichen Untersuchung, wenn dieselbe wegen Verbrechen oder wegen solcher Vergehen, welche den Verlust der bürgerlichen Ehrenrechte nach sich ziehen müssen oder können, eingeleitet, oder wenn die gerichtliche Haft verfügt ist.

Dauer der Wahlperiode der Abgeordneten.

§. 19. Die Abgeordneten zum Provinziallandtage werden auf sechs Jahre gewählt.

Jede Wahl verliert dauernd oder vorübergehend ihre Wirkung mit dem gänzlichen oder zeitweisen Aufhören einer der für die Wählbarkeit vorgeschriebenen Bedingungen. Der Provinziallandtag hat darüber zu beschließen, ob einer dieser Fälle eingetreten ist.

§ 24.

Anordnung der Wahlen.

§. 20. Die Vornahme der Wahlen zum Provinziallandtage wird durch den Ober-Präsidenten angeordnet.

§. 21. Die Namen der neugewählten Abgeordneten sind von dem Ober-Präsidenten durch die Amtsblätter der Provinz bekannt zu machen.

Die Einführung derselben erfolgt durch den Vorsitzenden des Provinziallandtages.

§ 33.

Ersatzwahlen.

§. 22. Die Ersatzwahlen für die im Laufe der Wahlperiode Ausgeschiedenen werden von denjenigen Land- und Stadtkreisen beziehungsweise Wahlbezirken vorgenommen, von denen die Ausgeschiedenen gewählt waren.

Die Vollziehung der Ersatzwahlen muß innerhalb längstens sechs Monaten und womöglich vor dem Zusammentritte des nächsten Provinziallandtages erfolgen. Die Ersatzmänner bleiben nur bis zum Ende desjenigen Zeitraums in Thätigkeit, für welchen die Ausgeschiedenen gewählt waren.

Einspruch gegen das stattgehabte Wahlverfahren und Entscheidung über die Gültigkeit der Wahlen.

§. 23. Gegen das stattgehabte Wahlverfahren kann jedes Mitglied der Wahlversammlung innerhalb zwei Wochen Einspruch bei dem Vorsitzenden des Wahlvorstandes erheben. Die Beschlußfassung über den Einspruch, über welchen die Betheiligten vorab zu hören sind, steht dem Provinziallandtage zu. Im Uebrigen prüft der Provinziallandtag die Legitimation seiner Mitglieder von Amtswegen und beschließt darüber.

§ 24.

§. 24. Gegen die nach Maßgabe der §§. 19 und 23 gefaßten Beschlüsse des Provinziallandtages findet innerhalb zwei Wochen die Klage bei dem Oberverwaltungsgerichte statt. Die Klage hat keine aufschiebende Wirkung, jedoch dürfen bis zur Entscheidung des Oberverwaltungsgerichts Ersatzwahlen nicht stattfinden.

Zweiter Abschnitt.

Von den Versammlungen der Provinziallandtage.

Einberufung des Provinziallandtages.

§. 25. Der Provinziallandtag wird von dem Könige alle zwei Jahre wenigstens ein Mal berufen, außerdem aber so oft es die Geschäfte erfordern.

§. 26. Die Ladung der Mitglieder, die Eröffnung und Schließung des Provinziallandtages erfolgt durch den Oberpräsidenten der Provinz als Königlichen Kommissarius oder den für ihn in dieser Eigenschaft ernannten Stellvertreter.

Königlicher Kommissarius bei dem Provinziallandtage.

§. 27. Der Königliche Kommissarius ist die Mittelsperson bei allen Verhandlungen der Staatsbehörden mit dem Provinziallandtage.

Der Kommissarius theilt dem Provinziallandtage die Vorlagen der Staatsregierung mit und empfängt die von ihm abzugebenden Erklärungen und Gutachten.

Der Königliche Kommissarius, sowie die zu seiner Vertretung oder Unterstützung abgeordneten Staatsbeamten sind befugt, den Sitzungen des Provinziallandtages und der von ihm zur Vorbereitung seiner Beschlüsse gewählten Kommissionen beizuwohnen; dieselben müssen auf Verlangen zu jeder Zeit gehört werden.

Oeffentlichkeit der Sitzungen des Provinziallandtages.

§. 28. Die Sitzungen des Provinziallandtages sind öffentlich. Für einzelne Gegenstände kann durch besonderen, in geheimer Sitzung gefaßten Beschluß die Oeffentlichkeit ausgeschlossen werden.

§ 31 Abs. 2; KreisO. § 120.

Beschlußfähigkeit des Provinziallandtages.

§. 29. Der Provinziallandtag kann nur beschließen, wenn mehr als die Hälfte der im §. 10 vorgeschriebenen Mitgliederzahl anwesend ist.

Als anwesend gelten auch diejenigen Mitglieder, welche sich der Abstimmung enthalten.

Fassung der Beschlüsse nach absoluter Stimmenmehrheit.

§. 30. Der Provinziallandtag faßt seine Beschlüsse nach Stimmenmehrheit. Die Stimmenmehrheit wird ohne Mitzählung derjenigen festgestellt, die sich der Abstimmung enthalten haben. Bei Stimmengleichheit gilt der gestellte Antrag als abgelehnt.

Theilnahme der Mitglieder des Provinzialausschusses, des Landesdirektors und der oberen Beamten an den Sitzungen des Provinziallandtages.

§. 31. Die Mitglieder des Provinzialausschusses, sowie der Landesdirektor (Landeshauptmann) und die ihm zugeordneten oberen Beamten (§§. 87 und 93) können, sofern sie nicht selbst Mitglieder des Provinziallandtages sind, den Sitzungen desselben mit berathender Stimme beiwohnen.

Der Provinziallandtag kann jedoch beschließen, einzelne, die Mitglieder des Provinzialausschusses, den Landesdirektor oder die ihm zugeordneten oberen Beamten persönlich berührende Gegenstände in deren Abwesenheit und in geheimer Sitzung zu verhandeln, sofern dieselben nicht Mitglieder des Provinziallandtages sind.

Wahl des Vorsitzenden des Provinziallandtages und seines Stellvertreters.

§. 32. Unter dem Vorsitze des an Jahren ältesten Mitgliedes, welchem die beiden jüngsten Mitglieder als Schriftführer und Stimmzähler zur Seite stehen, wählt der Provinziallandtag nach näherer Vorschrift des diesem

Gesetze beigefügten Wahlreglements einen Vorsitzenden und einen Stellvertreter.

Dieselben fungiren während der Sitzungsperiode und in der darauf folgenden Zwischenzeit bis zum Zusammentritte des nächsten Provinziallandtages.

Geschäftsordnung des Provinziallandtages.

§. 33. Der Vorsitzende leitet die Verhandlungen. Er eröffnet und schließt die Sitzungen und handhabt die Ordnung in denselben. Er kann jeden Zuhörer entfernen lassen, welcher Zeichen des Beifalls oder des Mißfallens giebt oder sonst eine Störung verursacht.

Im Uebrigen regelt der Provinziallandtag seinen Geschäftsgang durch eine Geschäftsordnung.

Dritter Abschnitt.

Von den Geschäften des Provinziallandtages.

a) Im Allgemeinen.

§. 34. Der Provinziallandtag ist berufen:

I. über diejenigen die Provinz betreffenden Gesetzentwürfe sowie sonstigen Gegenstände sein Gutachten abzugeben, welche ihm zu dem Ende von der Staatsregierung überwiesen werden;

II. den Provinzialverband zu vertreten, und nach näherer Vorschrift dieses Gesetzes über die Angelegenheiten desselben, sowie über diejenigen Gegenstände zu berathen und zu beschließen, welche ihm durch Gesetze oder Königliche Verordnungen überwiesen sind oder in Zukunft durch Gesetz überwiesen werden.

KreisO. § 115 ff.

b) Im Besonderen.

§. 35. Zu den Befugnissen und Obliegenheiten des Provinziallandtages gehören insbesondere folgende:

I. Der Provinziallandtag beschließt über den Erlaß von Statuten und Reglements gemäß §. 8.

§§ 8, 119 no. 1, 120.

§. 36. II. Der Provinziallandtag beschließt, in welcher Weise Staatspräſtationen, welche von dem Provinzialverbande aufzubringen sind, und deren Aufbringungsweise nicht schon durch das Gesetz vorgeschrieben ist, vertheilt werden sollen.

§. 37. III. Der Provinziallandtag beschließt über die zur Erfüllung von Verpflichtungen oder im Interesse der Provinz erforderlichen Ausgaben.

Er beschließt zu dem Ende:

1) über die Verwendung der dem Provinzialverbande aus der Staatskasse überwiesenen Jahresrenten und Fonds nach näherer Vorschrift des Gesetzes, betreffend die Ausführung der §§. 5 und 6 des Gesetzes vom 30. April 1873 wegen der Dotation der Provinzial- und Kreisverbände,

2) über die Verwendung der Einnahmen aus sonstigem Kapital- und Grundvermögen des Provinzialverbandes, sowie über die Verwendung des Kapitalvermögens selbst,

3) über die Aufnahme von Anleihen und die Uebernahme von Bürgschaften,
4) über die Ausschreibung von Provinzialabgaben.

KreisO. § 70.
No. 1: Das Gesetz vom 30. April 1873 sowie das Ausführungsgesetz vom 8. Juli 1875 sind im Anhang unter IV bezw. IX abgedruckt.
No. 3 u. 4: §§ 105, 119.

§. **38**. IV. Der Provinziallandtag beschließt über die Veräußerung von Grundstücken und Immobiliarrechten. Durch Provinzialstatut kann dem Provinzialausschusse für einzelne Verwaltungszweige und Anstalten die Befugniß zur Veräußerung von Grundstücken minderen Werthes beigelegt werden.

§§ 8, 119 no. 1.
Die Entscheidung darüber, welche Grundstücke als solche „minderen Werthes" zu betrachten sind, steht lediglich dem Provinziallandtage zu (Kommiss.Bericht des Abg.H.).

§. **39**. V. Der Provinziallandtag beschließt über die Einrichtung des Rechnungs- und Kassenwesens, über die Feststellung des Haushaltsetats, sowie über die Dechargirung der Jahresrechnungen (§§. 101 und 104).

§. **40**. VI. Der Provinziallandtag stellt die Grundsätze fest, nach denen die Verwaltung der Angelegenheiten des Provinzialverbandes zu erfolgen hat.

§ 59.

§. **41**. VII. Der Provinziallandtag beschließt über die Einrichtung von Provinzialämtern, er bestimmt die Zahl, die Besoldung, sowie die Art der Anstellung der Beamten und wählt den Landesdirektor (Landeshauptmann), die demselben nach §. 93 zugeordneten oberen Beamten, sowie die sonstigen im Provinzialstatute zu bezeichnenden leitenden Beamten einzelner Verwaltungszweige.

§§ 60, 87, 93, 94, 95.

§. **42**. VIII. Der Provinziallandtag vollzieht die Wahlen zum Provinzialausschusse, sowie nach Maßgabe der besonderen Gesetze die Wahlen zu den für Zwecke der allgemeinen Landesverwaltung angeordneten Behörden und Kommissionen; er bestellt besondere Kommissionen oder Kommissare für Zwecke der kommunalen Provinzialverwaltung (§. 99).

Für die Vollziehung dieser Wahlen gelten die Vorschriften des diesem Gesetze beigefügten Reglements. Gegen das stattgehabte Wahlverfahren kann jedes Mitglied des Provinziallandtages innerhalb vier und zwanzig Stunden Einspruch bei dem Vorsitzenden erheben. Die endgültige Beschlußfassung über den Einspruch steht dem Provinziallandtage zu.

§§ 16, 47; Ldverw.Ges. §§ 10, 28.

§. **43**. IX. Der Provinziallandtag ist befugt, Anträge und Beschwerden, welche die Provinz oder einzelne Theile derselben betreffen, an die Staatsregierung zu richten.

§. 44. X. Der Provinziallandtag nimmt die ihm durch Gesetz übertragenen sonstigen Geschäfte wahr.

Vierter Abschnitt.

Von dem Provinzialausschusse, seiner Zusammensetzung und seinen Geschäften.

Stellung des Provinzialausschusses im Allgemeinen.

§. 45. Zum Zwecke der Verwaltung der Angelegenheiten des Provinzialverbandes wird für jede Provinz ein Provinzialausschuß bestellt.

Zusammensetzung des Provinzialausschusses.

§. 46. Der Provinzialausschuß besteht aus einem Vorsitzenden und einer durch das Provinzialstatut festzusetzenden Zahl von mindestens sieben bis höchstens dreizehn Mitgliedern.

Außerdem ist der Landesdirektor von Amtswegen Mitglied des Provinzialausschusses.

§ 47 Abs. 6, §§ 87, 88 Abs. 2.

Wahl des Vorsitzenden und der Mitglieder des Provinzialausschusses.

§. 47. Der Vorsitzende, die Mitglieder des Provinzialausschusses und aus der Zahl der letzteren der Stellvertreter des Vorsitzenden werden von dem Provinziallandtage gewählt.

Für die Mitglieder ist in gleicher Weise eine mindestens der Hälfte derselben gleichkommende Zahl von Stellvertretern zu wählen.

Die Zahl der Stellvertreter, sowie die Reihenfolge, in welcher dieselben einzuberufen sind, wird durch das Provinzialstatut bestimmt.

Wählbar ist jeder zum Provinziallandtage wählbare Angehörige des Deutschen Reichs (§. 17).

Von der Wählbarkeit ausgeschlossen sind der Oberpräsident, die Regierungspräsidenten und Vizepräsidenten, sowie sämmtliche Provinzialbeamte.

Der Landesdirektor kann zum Vorsitzenden oder stellvertretenden Vorsitzenden des Provinzialausschusses nicht gewählt werden.

§ 87.

Abs. 5: Provinzialbeamte § 96. Der Regierungsvicepräsident ist weggefallen, Ldverw.Ges. § 17.

§. 48. Die Wahl des Vorsitzenden, der Mitglieder des Provinzialausschusses und deren Stellvertreter erfolgt auf sechs Jahre.

Jede Wahl verliert dauernd oder vorübergehend ihre Wirkung mit dem gänzlichen oder zeitweisen Aufhören einer der für die Wählbarkeit vorgeschriebenen Bedingungen.

Der Provinzialausschuß hat darüber zu beschließen, ob einer dieser Fälle eingetreten ist. Gegen den Beschluß des Provinzialausschusses findet nach Maßgabe des §. 24 die Klage bei dem Oberverwaltungsgerichte statt.

§. 49. Alle drei Jahre scheidet die Hälfte der gewählten Mitglieder und Stellvertreter aus und wird durch neue Wahlen ersetzt. Die Ausscheidenden bleiben jedoch in allen Fällen bis zur Einführung der neu Gewählten in Thätigkeit.

Ist die Zahl der gewählten Mitglieder beziehungsweise Stellvertreter nicht durch zwei theilbar, so scheidet das erste Mal die nächst größere Zahl aus.

Die das erste Mal Ausscheidenden werden durch das Loos bestimmt. Die Ausscheidenden sind wieder wählbar.

§. 50. Für die im Laufe der Wahlperiode ausscheidenden Mitglieder und Stellvertreter haben Ersatzwahlen stattzufinden. Die Vollziehung der Ersatzwahlen muß durch den Provinziallandtag bei dessen nächstem Zusammentritt erfolgen. Die Ersatzmänner bleiben nur bis zum Ende desjenigen Zeitraums in Thätigkeit, für welchen die Ausgeschiedenen gewählt waren.

§. 51. Der Vorsitzende des Provinzialausschusses wird vom Ober-Präsidenten, die Mitglieder des Provinzialausschusses werden von dem Vorsitzenden vereidigt und in ihre Stellen eingeführt. Sie können aus Gründen, welche die Entfernung eines Beamten aus seinem Amte rechtfertigen (§. 2 des Gesetzes vom 21. Juli 1852, Gesetz-Samml. S. 465), im Wege des Disziplinarverfahrens ihrer Stellen enthoben werden.

Für das Disziplinarverfahren gelten die Vorschriften, welche nach Maßgabe des §. 98 Nr. 5 gegen den Landesdirektor zur Anwendung kommen.

Berufung des Provinzialausschusses.

§. 52. Der Provinzialausschuß versammelt sich, so oft es die Geschäfte erfordern. Die Berufung zu den Versammlungen erfolgt durch den Vorsitzenden; sie muß erfolgen auf schriftlichen Antrag des Landesdirektors oder der Hälfte der Mitglieder des Provinzialausschusses.

Durch Beschluß des Provinzialausschusses können regelmäßige Sitzungstage festgesetzt werden.

Geschäftsordnung des Provinzialausschusses.

§. 53. Der Provinzialausschuß kann nur beschließen, wenn mehr als die Hälfte der Mitglieder, mit Einschluß des Vorsitzenden, anwesend ist.

Die Beschlüsse werden nach Stimmenmehrheit gefaßt. Bei Stimmengleichheit giebt die Stimme des Vorsitzenden den Ausschlag.

§. 54. Betrifft der Gegenstand der Verhandlung einzelne Mitglieder oder deren Verwandte und Verschwägerte in auf- und absteigender Linie oder bis zu dem dritten Grade der Seitenlinie, so dürfen dieselben an der Berathung und Abstimmung nicht Theil nehmen.

Ebensowenig darf ein Mitglied bei der Berathung und Beschlußfassung über solche Angelegenheiten mitwirken, in welchen es in anderer als öffentlicher Eigenschaft ein Gutachten abgegeben hat oder als Geschäftsführer, Beauftragter oder in anderer als öffentlicher Stellung thätig gewesen ist.

Ldverw.Ges. § 116; KreisO. § 139.

§. 55. Wird in Folge des gleichzeitigen Ausscheidens von mehr als der Hälfte der Mitglieder gemäß §. 54 ein Provinzialausschuß beschlußunfähig und kann die Beschlußfähigkeit auch nicht durch Einberufung unbetheiligter Stellvertreter hergestellt werden, so erfolgt die Beschlußnahme durch den Provinziallandtag.

Kann die Beschlußnahme nicht bis zum Zusammentritte des Provinziallandtages ausgesetzt bleiben, so ist durch den Ober-Präsidenten aus den unbetheiligten Mitgliedern des Provinzialausschusses beziehungsweise deren Stellvertretern, sowie aus Mitgliedern des Provinziallandtages eine besondere Kommission zu bestellen; dieselbe hat aus einer gleichen Anzahl von Mitgliedern, wie der Provinzialausschuß, zu bestehen.

Ldverw.Ges. § 117; KreisO. § 139.

§. 56. Der Vorsitzende des Provinziallandtages und die dem Landesdirektor zugeordneten oberen Beamten (§§. 87 und 93) können den Sitzungen des Provinzialausschusses mit berathender Stimme beiwohnen. Der Provinzialausschuß kann jedoch beschließen, einzelne den Landesdirektor oder die ihm zugeordneten oberen Beamten persönlich berührende Gegenstände in deren Abwesenheit zu verhandeln.

§. 57. Der Provinzialausschuß regelt seinen Geschäftsgang durch eine Geschäftsordnung. Dieselbe bedarf der Genehmigung des Provinziallandtages.

Geschäfte des Provinzialausschusses.

§. 58. Dem Provinzialausschusse liegt die Erledigung folgender Geschäfte ob:

I. Der Provinzialausschuß hat die Beschlüsse des Provinziallandtages vorzubereiten und auszuführen, soweit damit nicht besondere Kommissionen, Kommissarien oder Beamte durch Gesetz oder Beschluß des Provinziallandtages beauftragt sind.

§§ 99, 125 Abs. 2.

§. 59. II. Der Provinzialausschuß hat die Angelegenheiten des Provinzialverbandes, insbesondere das Vermögen und die Anstalten desselben nach Maßgabe der Gesetze, der auf Grund von Gesetzen erlassenen Königlichen Verordnungen und der von dem Provinziallandtage beschlossenen Reglements (§. 8 Nr. 2), sowie des von diesem festgestellten Haushaltsetats zu verwalten.

§§ 39, 40, 101, 111.

§. 60. III. Der Provinzialausschuß hat die Provinzialbeamten zu ernennen, soweit die Ernennung derselben nicht dem Provinziallandtage vorbehalten ist (§. 41) und deren Geschäftsführung zu leiten und zu beaufsichtigen.

§§ 93, 94, 95.

Wegen der zu wählenden Titel vgl. Erl. vom 7. November 1878 (Min.Bl. 1879 S. 2).

§. 61. IV. Der Provinzialausschuß hat sein Gutachten über alle Angelegenheiten abzugeben, welche ihm von den Ministern oder dem Ober-Präsidenten überwiesen werden.

KreisO. § 134 no. 4.

Fünfter Abschnitt.

Von den Provinzial- und Bezirksräthen (Behörden des Staates), ihrer Zusammensetzung und ihren Geschäften.

§§. 62 bis 86. (Fortgefallen.)

Sechster Abschnitt.

Von den Provinzialbeamten.*)

Landesdirektor (Landeshauptmann).

§. 87. Zur Wahrnehmung der laufenden Geschäfte der kommunalen Provinzialverwaltung wird ein Landesdirektor (Landeshauptmann) bestellt, welcher von dem Provinziallandtage auf mindestens sechs bis höchstens zwölf Jahre zu wählen ist.

Der Landesdirektor (Landeshauptmann) bedarf der Bestätigung des Königs. Wird die Bestätigung versagt, so schreitet der Provinziallandtag zu einer neuen Wahl. Wird auch diese Wahl nicht bestätigt, so kann der Minister des Innern die kommissarische Verwaltung der Stelle auf Kosten des Provinzialverbandes anordnen. Dasselbe findet statt, wenn der Provinziallandtag die Wahl verweigert oder den nach der ersten Wahl nicht Bestätigten wieder wählt. Die kommissarische Verwaltung dauert so

*) Ldverw.Ges. § 10 Abs. 2, § 28 Abs. 4.

lange, bis die Wahl des Provinziallandtages, deren wiederholte Vornahme ihm jederzeit zusteht, die Bestätigung erlangt hat.

Der Provinzialausschuß ist berechtigt, zur Uebernahme der kommissarischen Verwaltung geeignete Personen in Vorschlag zu bringen.

§. 88. Für den Fall einer Behinderung des Landesdirektors, sowie im Falle der Erledigung der Stelle desselben bestellt der Provinzialausschuß einen Stellvertreter bis zur Aufnahme der Geschäfte durch den Landesdirektor, beziehungsweise bis zum Eintritte einer kommissarischen Verwaltung nach Maßgabe des §. 87.

Weder der kommissarische Vertreter, noch der Stellvertreter des Landesdirektors sind als solche stimmberechtigte Mitglieder des Ausschusses.

§. 89. Der Landesdirektor (Landeshauptmann) wird von dem Ober-Präsidenten in sein Amt eingeführt und vereidigt.

§. 90. Der Landesdirektor (Landeshauptmann) führt unter der Aufsicht des Provinzialausschusses die laufenden Geschäfte der kommunalen Provinzialverwaltung. Er bereitet die Beschlüsse des Provinzialausschusses vor und trägt für die Ausführung derselben Sorge.

Er ist der Dienstvorgesetzte sämmtlicher Provinzialbeamten.

Der Landesdirektor vertritt den Provinzialverband nach Außen in allen Angelegenheiten, insbesondere auch da, wo die Gesetze eine Spezialvollmacht verlangen. Er verhandelt Namens des Provinzialverbandes mit Behörden und Privatpersonen, führt den Schriftwechsel und zeichnet alle Schriftstücke.

§§ 31, 56, 59, 60, 103. Wegen der Konfliktserhebung bei Verfolgung der Beamten O.V.G. vom 24. August 1880 (Min.Bl. no. 7).

§. **91**. Urkunden, mittelst deren der Provinzialverband Verpflichtungen übernimmt, müssen unter Anführung des betreffenden Beschlusses des Provinziallandtages beziehungsweise des Provinzialausschusses von dem Landesdirektor (Landeshauptmann) und von zwei Mitgliedern des Provinzialausschusses unterschrieben und mit dem Amtssiegel des Landesdirektors versehen sein. In denjenigen Fällen, in denen es der Genehmigung der Staatsaufsichtsbehörde bedarf, ist dieselbe der Ausfertigung in beglaubigter Form beizufügen.

Dem Provinziallandtage bleibt vorbehalten, für einzelne Verwaltungszweige und Anstalten in Betreff der Vollziehung von Urkunden und Vollmachten zur Vereinfachung der Geschäfte anderweite statutarische Bestimmung zu treffen.

KreisO. §. 137 Abs. 4.

§. **92**. Der Landesdirektor (Landeshauptmann) ist befugt, für die Geschäfte der kommunalen Provinzialverwaltung die vermittelnde und begutachtende Thätigkeit der Kreis-, Amts- und Gemeindebehörden in Anspruch zu nehmen.

Andere obere Beamte

§. **93**. Dem Landesdirektor (Landeshauptmann) können nach näherer Bestimmung des Provinzialstatuts zur Mitwirkung bei Erledigung der Geschäfte der gesammten oder einzelner Zweige der kommunalen Provinzialverwaltung noch andere vom Provinziallandtage zu wählende obere Beamte mit berathender oder beschließender Stimme zugeordnet werden. Sie werden von dem Landesdirektor in ihre Aemter eingeführt und vereidigt.

Werden dem Landesdirektor obere Beamte mit beschließender Stimme zugeordnet, so hat das Provinzialstatut auch darüber Bestimmung zu treffen, welche der durch dieses Gesetz dem Landesdirektor allein überwiesenen

Geschäfte von demselben unter Mitwirkung jener Beamten zu erledigen sind.

§§ 41, 90. Ueber Titel: Allerh. Ordre vom 20. Januar 1877 (Min.Bl. S. 37).

Bureau-, Kassen- rc. Beamte der kommunalen Provinzialverwaltung.

§. **94**. Die Stellen der zur Wahrnehmung der Bureau-, Kassen- und sonstigen Geschäfte der kommunalen Provinzialverwaltung erforderlichen Beamten werden von dem Provinziallandtage nach Zahl, Diensteinnahme und Art der Besetzung (auf Lebenszeit, auf Zeit, auf Kündigung) auf Vorschlag des Provinzialausschusses durch den Haushaltsetat bestimmt.

Die Besetzung dieser Stellen erfolgt vorbehaltlich der Bestimmung des §. 41 durch den Provinzialausschuß. Die Beamten werden von dem Landesdirektor (Landeshauptmann) in ihre Aemter eingeführt und vereidigt. Sie erhalten ihre Geschäftsinstruktionen von dem Provinzialausschusse.

§§ 41, 60.

Beamte der Provinzialinstitute rc.

§. **95**. Ueber die an den einzelnen Provinzialinstituten und in der Provinzial-Chaussee- und Wegeverwaltung anzustellenden Beamten, sowie über die Art der Anstellung derselben wird durch die für jene Institute und jenen Verwaltungszweig zu erlassenden Reglements beziehungsweise die für dieselben festzustellenden Etats bestimmt.

Bis zum Erlasse neuer Reglements bleiben die bestehenden Reglements in Geltung.

§ 120.

Dienstliche Verhältnisse der Provinzialbeamten.

§. **96**. Sämmtliche Provinzialbeamte haben die Rechte und Pflichten mittelbarer Staatsbeamten. Die besonderen dienstlichen Verhältnisse derselben werden durch ein von dem Provinziallandtage zu erlassendes Reglement geordnet.

§ 120.

§. 97. Hinsichtlich der Besetzung der Stellen von Provinzialbeamten mit Militärinvaliden gelten die in Ansehung der Städte erlassenen gesetzlichen Vorschriften.

KreisO. § 134 no. 3.

§. 98. In Betreff der Dienstvergehen der Provinzialbeamten finden die Vorschriften des Gesetzes vom 21. Juli 1852 (Gesetz-Samml. S. 465) mit folgenden Maßgaben Anwendung:

1) Gegen den Landesdirektor (Landeshauptmann) und die im §. 41 gedachten Provinzialbeamten ist die Festsetzung von Ordnungsstrafen nur in dem auf Entfernung aus dem Amte gerichteten Verfahren zulässig.

2) Gegen die übrigen Provinzialbeamten steht die den Ministern und den Provinzialbehörden beigelegte Befugniß zur Verhängung von Ordnungsstrafen dem Landesdirektor zu; jedoch dürfen die von ihm festzusetzenden Geldbußen den Betrag von dreißig Mark nicht übersteigen.

Außerdem steht

3) den Vorstehern von Provinzialanstalten die Befugniß zu, gegen die ihnen nachgeordneten Anstaltsbeamten, mit Ausnahme der oberen Anstaltsbeamten, Geldbußen bis zu zehn Mark festzusetzen.

4) Gegen die Disziplinarverfügungen des Landesdirektors und der Vorsteher von Provinzialanstalten findet innerhalb zwei Wochen die Klage bei dem Bezirksverwaltungsgerichte statt.

5) In dem auf Entfernung aus dem Amte gerichteten Verfahren tritt an die Stelle des Regierungs-

präsidenten der Landesdirektor und, sofern das Verfahren gegen den letzteren selbst oder einen der im §. 41 gedachten Provinzialbeamten gerichtet ist, der Minister des Innern, an die Stelle der Bezirksregierung beziehungsweise des Disziplinarhofes das Bezirksverwaltungsgericht und an die Stelle des Staatsministeriums das Oberverwaltungsgericht.

Die Vertreter der Staatsanwaltschaft bei dem Bezirksverwaltungsgerichte und dem Oberverwaltungsgerichte werden vom Minister des Innern ernannt. Die Verhandlung vor dem Bezirksverwaltungsgerichte und dem Oberverwaltungsgerichte findet im mündlichen Verfahren statt. Das Gutachten des Disziplinarhofes ist nicht einzuholen.

Das Verfahren kann mit Rücksicht auf den Ausfall der Voruntersuchung durch Beschluß des Bezirksverwaltungsgerichts eingestellt werden.

6) Die Bestimmung des §. 16 Nr. 1 des Gesetzes vom 21. Juli 1852 findet auch auf die Provinzialbeamten, mit Ausnahme der im §. 41 gedachten, Anwendung.

An die Stelle der Bezirksverwaltungsgerichte sind die Bezirksausschüsse getreten, Ldverw.Ges. § 153.

Siebenter Abschnitt.

Von den Provinzialkommissionen.

§. 99. Für die unmittelbare Verwaltung und Beaufsichtigung einzelner Anstalten, sowie für die Wahrnehmung einzelner Angelegenheiten des Provinzialverbandes können besondere Kommissionen oder Kommissare bestellt werden. Die Einsetzung, die Begrenzung der

Zuständigkeit und die Art und Weise der Zusammensetzung derselben hängt von dem Beschlusse des Provinziallandtages ab. Die Wahl der Mitglieder steht dem Provinzialausschusse zu, sofern sich nicht der Provinziallandtag dieselbe für einzelne Kommissionen oder Kommissare selbst vorbehält.

Die Kommissionen oder Kommissare empfangen von dem Provinzialausschusse ihre Geschäftsanweisung und führen ihre Geschäfte unter der Aufsicht desselben.

§§ 42, 125 Abs. 2; KreisO. § 70.

Schlußbestimmung.

§. **100**. Die Mitglieder des Provinziallandtages, des Provinzialausschusses und der Provinzialkommissionen, sowie die gewählten Mitglieder der Provinzial- und Bezirksräthe erhalten eine ihren baaren Auslagen entsprechende Entschädigung.

Ueber die Höhe derselben beschließt der Provinziallandtag.

An die Stelle der Bezirksräthe sind die Bezirksausschüsse getreten, Ldverw.Ges. § 153.

Achter Abschnitt.

Von dem Provinzialhaushalte.

Aufstellung und Feststellung des Provinzialhaushalts-Etats.

§. **101**. Ueber alle Einnahmen und Ausgaben entwirft der Provinzialausschuß einen Haushaltsetat für ein oder mehrere Jahre. Derselbe wird vom Provinziallandtage festgestellt und durch die Amtsblätter der Provinz veröffentlicht.

§§ 39, 59, 94.

§. **102**. Bei Vorlegung des Haushaltsetats hat der

Provinzialausschuß über die Verwaltung und den Stand der Angelegenheiten des Provinzialverbandes Bericht zu erstatten.

§. **103**. Der Provinzialausschuß beziehungsweise in Ausführung der Beschlüsse desselben der Landesdirektor (Landeshauptmann) haben dafür zu sorgen, daß der Haushalt nach dem Etat geführt werde.

Der Landesdirektor erläßt die Einnahme- und Ausgabeanweisungen an die Provinzial- (Landes-) Hauptkasse.

Etatsüberschreitungen und außeretatsmäßige Ausgaben dürfen nur unter Verantwortung des Provinzialausschusses stattfinden und bedürfen der Genehmigung des Provinziallandtages.

§. **104**. Die Jahresrechnungen der Provinzial-Hauptkasse sowie der Kassen der einzelnen Provinzialanstalten sind von den Rendanten derselben innerhalb vier Monaten nach Schluß des Rechnungsjahres zu legen und dem Provinzialausschusse einzureichen.

Letzterer hat die Revision der Rechnungen zu veranlassen und dieselben mit seinen Bemerkungen dem Provinziallandtage zur Prüfung, Feststellung und Entlastung vorzulegen. Nach erfolgter Entlastung sind Auszüge aus den Rechnungen durch die Amtsblätter der Provinz zur öffentlichen Kenntniß zu bringen.

§ 39.

Ausschreibung von Provinzialabgaben.

§. **105**. Der Provinziallandtag kann die Ausschreibung von Provinzialabgaben beschließen.

Bis zum Erlasse eines besonderen Gesetzes über die Kommunalbesteuerung gelten hierüber folgende Bestimmungen:

§ 37 no. 4, § 119.

Grundsätze über die Vertheilung und Aufbringung der Provinzialabgaben.

§. **106.** Die Vertheilung der Provinzialabgaben erfolgt auf die einzelnen Land- und Stadtkreise nach dem Maßstabe der in ihnen aufkommenden direkten Staatssteuern mit Ausschluß der Gewerbesteuer vom Hausirgewerbe.

Und zwar nach dem Vollaufkommen des laufenden Jahres, O.V.G. 9. Oktober 1882 (IX S. 1).

§. **107.** Bei dieser Vertheilung kommen die behufs Aufbringung der Kreis- beziehungsweise der städtischen Kommunalabgaben in den einzelnen Land- und Stadtkreisen nach den Vorschriften der §§. 14 bis 16 der Kreisordnung vom 13. Dezember 1872 beziehungsweise des §. 4 Absatz 3 der Städteordnung vom 30. Mai 1853 besonders veranlagten Steuerbeträge auf Höhe der Staatssteuern, welche von dem ihnen zu Grunde liegenden Einkommen, Grundsteuerreinertrage, Gebäudesteuernutzungswerthe oder nach dem Umfange des Gewerbe- oder Bergbaubetriebes zu entrichten wären, mit in Anrechnung. Dagegen bleiben die von einer Belastung mit Kreis- und Gemeindeabgaben ganz oder theilweise befreiten Steuerbeträge (§§. 17 und 18 der Kreisordnung, §. 4 Absatz 7 ff. der Städteordnung) mit Einschluß der Steuerbeträge der Militärpersonen außer Ansatz.

§. **108.** In den einzelnen Land- und Stadtkreisen erfolgt die Aufbringung der auf sie treffenden Antheile an den Provinzialabgaben gleich den übrigen Kreis- und beziehungsweise Gemeindebedürfnissen nach den Vorschriften der Kreisordnung vom 13. Dezember 1872 beziehungsweise der Städteordnung für die sechs östlichen Provinzen vom 30. Mai 1853, und des Gesetzes, betreffend die Verfassung der Städte in Neuvorpommern und Rügen, vom 31. Mai 1853.

§. **109**. Wo gegenwärtig mit landesherrlicher Genehmigung zu bestimmten Zwecken Provinzialabgaben nach besonderer Vertheilungsart erhoben werden, behält es dabei bis zum 31. Dezember 1879 sein Bewenden; es bleibt jedoch dem Provinziallandtage überlassen, schon in der Zwischenzeit die Vertheilung auch dieser Provinzialabgaben nach Maßgabe der §§. 106 und 107 zu beschließen.

Mehr- und Minderbelastung einzelner Theile der Provinz.

§. **110**. Sofern es sich um Provinzialeinrichtungen handelt, welche in besonders hervorragendem oder in besonders geringem Maße einzelnen Theilen der Provinz zu Gute kommen, kann der Provinziallandtag beschließen, für die betreffenden Kreise eine nach Quoten der direkten Staatssteuern zu bemessende Mehr- oder Minderbelastung eintreten zu lassen.

Die Mehrbelastung kann nach Maßgabe der Beschlüsse des Provinziallandtages durch Naturalleistungen ersetzt werden.

§. 119 no. 2; KreisO. § 13.

§. **111**. Die Vertheilung der Provinzialabgaben auf die einzelnen Land- und Stadtkreise liegt dem Provinzialausschusse ob.

Der Betrag der von dem Provinziallandtage ausgeschriebenen Provinzialabgaben, sowie die Vertheilung desselben auf die Kreise sind durch die Amtsblätter der Provinz öffentlich bekannt zu machen. In dem Ausschreiben ist der Bedarf für Verkehrsanlagen besonders anzugeben. In Betreff der Aufbringung dieses Theils der Provinzialabgaben von Seiten der Landkreise gelten die Vorschriften des §. 12 Absatz 1 Satz 2 der Kreisordnung vom 13. Dezember 1872.

Reklamationen gegen die Veranlagung zu den Provinzialabgaben.

§. **112**. Reklamationen der Kreise gegen die Vertheilung der Provinzialabgaben unterliegen der Beschlußfassung des Provinzialausschusses.

Die Reklamationen sind innerhalb einer Frist von vier Wochen nach erfolgter Bekanntmachung der Abgabenbeträge bei dem Provinzialausschusse anzubringen.

[Gegen den Beschluß des Provinzialausschusses findet innerhalb zwei Wochen die Klage bei dem Bezirksverwaltungsgerichte statt. Hierbei finden die Vorschriften des §. 146 des Gesetzes über die Zuständigkeit der Verwaltungsbehörden und der Verwaltungsgerichte Anwendung.]

Ermäßigungsansprüche nur soweit zulässig, als die gegebenen Thatsachen im Reklamations- oder Streitverfahren eine zahlenmäßige Feststellung des Abgabenbetrages gestatten, O.V.G. 9. Oktober 1882 (IX S. 1).
Abs. 3 ist in Wegfall gekommen und ersetzt durch § 1 des Zuständ.Ges.

§. **113**. Die Zahlung der Provinzialabgabe darf durch die Reklamation beziehungsweise Klage nicht aufgehalten werden, muß vielmehr mit Vorbehalt der späteren Rückerstattung des etwa zu viel Bezahlten zu den bestimmten Terminen erfolgen.

Dritter Titel.

Von der Aufsicht über die Verwaltung der Angelegenheiten der Provinzialverbände.

§. **114**. Die nach Maßgabe dieses Gesetzes zu handhabende Aufsicht über die Verwaltung der Angelegenheiten der Provinzialverbände wird von dem Ober-Präsidenten, in höherer Instanz von dem Minister des Innern geübt.

Die Beschwerde an die höhere Instanz ist innerhalb zwei Wochen zulässig.

§§ 26, 117.

§. **115**. Die Aufsichtsbehörden haben mit den ihnen in diesem Gesetze zugewiesenen Mitteln darüber zu wachen, daß die Verwaltung den Bestimmungen der Gesetze gemäß geführt und in geordnetem Gange erhalten werde.

§. **116**. Die Aufsichtsbehörden sind zu dem Ende befugt, über alle Gegenstände der Verwaltung Auskunft zu erfordern, die Einsicht der Akten, insbesondere auch der Haushaltsetats und Jahresrechnungen zu verlangen und Geschäftsrevisionen, sowie in der Verbindung mit denselben Kassenrevisionen an Ort und Stelle zu veranlassen.

§. **117**. Der Ober-Präsident ist befugt, an den Berathungen des Provinzialausschusses und der Provinzialkommissionen entweder selbst oder durch einen zu seiner Vertretung abzuordnenden Staatsbeamten Theil zu nehmen.

§. **118**. Beschlüsse des Provinziallandtages, des Provinzialausschusses oder einer Provinzialkommission, welche deren Befugnisse überschreiten oder die Gesetze verletzen, hat der Ober-Präsident, entstehenden Falles auf Anweisung des Ministers des Innern, unter Angabe der Gründe, mit aufschiebender Wirkung zu beanstanden.

Gegen die Verfügung des Ober-Präsidenten steht dem Provinziallandtage, dem Provinzialausschusse beziehungsweise der Provinzialkommission innerhalb zwei

Wochen die Klage bei dem Oberverwaltungsgerichte zu. Dieselben können zur Wahrnehmung ihrer Rechte im Verwaltungsstreitverfahren einen besonderen Vertreter bestellen.

KreisO. § 54a; Ldverw.Ges. § 126.

§. **119**. Beschlüsse des Provinziallandtages, welche folgende Angelegenheiten betreffen:

1) den Erlaß von Statuten gemäß §. 8 Nr. 1 und §. 35,
2) Mehr- oder Minderbelastungen einzelner Theile der Provinz gemäß §. 110,
3) Aufnahme von Anleihen, durch welche der Provinzialverband mit einem Schuldenbestande belastet oder der bereits vorhandene Schuldenbestand vergrößert werden würde, sowie Uebernahme von Bürgschaften auf den Provinzialverband,
4) eine Belastung des Provinzialverbandes durch Beiträge über fünfundzwanzig Prozent des Gesammtaufkommens an direkten Staatssteuern,
5) eine neue Belastung des Provinzialverbandes ohne gesetzliche Verpflichtung, insofern die aufzulegenden Leistungen über die nächsten fünf Jahre hinaus fortdauern sollen,

bedürfen in den Fällen zu 1 der landesherrlichen Genehmigung, in den Fällen zu 2 und 3 der Bestätigung des Ministers des Innern, in den Fällen zu 4 und 5 der Bestätigung der Minister des Innern und der Finanzen.

No. 3: § 37 no. 3.
No. 4, 5: § 37 no. 4, §§ 105 ff.

§. **120**. Der Genehmigung der zuständigen Minister bedürfen ferner die von dem Provinziallandtage gemäß §. 8 Nr. 2, §§. 35 und 95 für folgende Provinzialinstitute und Verwaltungszweige zu beschließenden Reglements:

1) Landarmen- und Korrigendenanstalten,

2) Irren-, Taubstummen-, Blinden- und Idiotenanstalten,

3) Hebammenlehrinstitute,

4) Provinzialhülfs- und Darlehnskassen,

5) Versicherungsanstalten.

Dieser Genehmigung unterliegen jedoch die gedachten Reglements nur insoweit, als sich die Bestimmungen derselben beziehen:

in Betreff der zu 1 und 2 gedachten Anstalten auf die Aufnahme, die Behandlung und Entlassung der Landarmen, Korrigenden, Irren, Taubstummen, Blinden und Idioten beziehungsweise auf den Unterricht derselben,

in Betreff der Hebammenlehrinstitute zu 3 auf die Aufnahme, den Unterricht und die Prüfung der Schülerinnen,

in Betreff der Provinzialhülfs- und Darlehnskassen zu 4 auf die Grundsätze, nach denen die Gewährung von Darlehnen zu erfolgen hat,

in Betreff der Versicherungsanstalten zu 5 auf die Organisation und die Verwaltungsgrundsätze.

Ingleichen bedarf das im §. 96 vorgeschriebene Reglement über die dienstlichen Verhältnisse der Provinzialbeamten der Genehmigung des Ministers des Innern in Betreff der Grundsätze über die Anstellung, Entlassung und Pensionirung der Beamten.

Dotationsgesetz, Anhang IV u. IX.

§. **121.** Unterläßt oder verweigert ein Provinzialverband die ihm gesetzlich obliegenden, von der Behörde innerhalb der Grenzen ihrer Zuständigkeit festgestellten Leistungen auf den Haushaltsetat zu bringen oder außerordentlich zu genehmigen, so verfügt der Ober-Präsident, unter Angabe der Gründe, die Eintragung in den Etat, beziehungsweise die Feststellung der außerordentlichen Ausgaben.

Gegen die Verfügung des Ober-Präsidenten steht dem Provinzialverbande innerhalb zwei Wochen die Klage bei dem Oberverwaltungsgerichte zu. Zur Ausführung der Rechte des Provinzialverbandes kann der Provinziallandtag einen besonderen Vertreter bestellen.

KreisO. § 180.

Auflösung der Provinziallandtage.

§. **122**. Auf den Antrag des Staatsministeriums kann ein Provinziallandtag durch Königliche Verordnung aufgelöst werden. Es sind sodann Neuwahlen anzuordnen, welche innerhalb drei Monaten vom Tage der Auflösung an erfolgen müssen. Der neugewählte Landtag ist innerhalb sechs Monaten nach erfolgter Auflösung zu berufen.

Im Falle der Auflösung eines Provinziallandtages bleiben die von demselben gewählten Mitglieder des Provinzialausschusses und der Provinzialkommissionen bis zum Zusammentritte des neu gebildeten Provinziallandtages in Wirksamkeit.

Vierter Titel.

Schluß-, Uebergangs- und Ausführungs-Bestimmungen.

§. **123**. Die gegenwärtige Provinzialordnung tritt mit dem 1. Januar 1876 in Kraft.

§. **124**. In allen Provinzen ist noch im Laufe des Jahres 1875 zur Wahl der Mitglieder der Provinziallandtage gemäß den Bestimmungen des gegenwärtigen Gesetzes zu schreiten.

Für diese ersten Wahlen sind die Obliegenheiten des Provinzialausschusses (§§. 12 und 13) von dem Ober-Präsidenten wahrzunehmen.

§. **125**. Von dem im §. 123 gedachten Zeitpunkte ab gehen die Rechte und Pflichten der bisherigen provinzialständischen Verbände auf die nach §. 1 dieses Gesetzes gebildeten Provinzialverbände über.

Die bisherigen provinzialständischen Ausschüsse und Kommissionen bleiben bis zur anderweitigen Beschlußnahme der nach diesem Gesetze gewählten Provinziallandtage über ihren Fortbestand und ihre Zusammensetzung in Wirksamkeit.

§. **126**. (Fortgefallen.)

§. **127**. (Fortgefallen.)

§. **128**. Die Verwaltung der zur Zeit bestehenden besonderen kommunalständischen Verbände, soweit sie die Fürsorge für Landarme, Geisteskranke, Taubstumme, Blinde und Idiote betrifft, ist spätestens bis zum 1. Januar 1878 mit allen Rechten und Pflichten auf die Provinzialverbände zu übertragen.

Soweit die betreffende Regelung in der obigen Frist nicht durch Uebereinkommen zwischen den gegenwärtigen Vertretungen der kommunalständischen Verbände und der nach diesem Gesetze zu bildenden Provinzialvertretung, unter Genehmigung des Ministers des Innern, zu Stande kommt, erfolgt dieselbe, unbeschadet aller Privatrechte Dritter, durch Königliche Verordnung.

Streitigkeiten, welche bei der Ausführung entstehen, unterliegen der Entscheidung des Oberverwaltungsgerichts.

Im Uebrigen erfolgt die Umbildung beziehungsweise

Aufhebung der kommunalständischen Verbände und ihrer Organe durch besondere Gesetze.

Abs. 4: Durch Gesetz vom 18. Januar 1881 (Ges.S. S. 7) sind die beiden kommunalständischen Verbände von Hinterpommern und Alt-Vorpommern sowie von Neu-Vorpommern und Rügen, durch Gesetz vom 19. Januar 1881 (Ges.S. S. 10) ferner der kommunalständische Verband der Neumark vom 1. April 1881 ab aufgehoben worden.

§. **129**. Mit dem Tage des Inkrafttretens des gegenwärtigen Gesetzes treten alle mit den Vorschriften desselben im Widerspruch stehenden oder mit denselben nicht zu vereinigenden gesetzlichen Bestimmungen außer Geltung.

§. **130**. Der Minister des Innern ist mit der Ausführung des gegenwärtigen Gesetzes beauftragt und erläßt die hierzu erforderlichen Anordnungen und Instruktionen.

Inhalt.

Erster Titel.

Von den Grundlagen der Provinzialverfassung.

Erster Abschnitt.

Von dem Umfange und der Begrenzung der Provinzialverbände . . . . §§. 1— 4.

Zweiter Abschnitt.

Von den Provinzialangehörigen, ihren Rechten und Pflichten . . . . §§. 5— 7.

Dritter Abschnitt.

Von den Provinzialstatuten und Reglements . . . §. 8.

Zweiter Titel.

Von der Vertretung und Verwaltung der Provinzialverbände.

Erster Abschnitt.

Von der Zusammensetzung der Provinziallandtage §§. 9—24.

Zweiter Abschnitt.

Von den Versammlungen der Provinziallandtage §§. 25—33.

Dritter Abschnitt.

Von den Geschäften des Provinziallandtages . . . §§. 34—44.

Vierter Abschnitt.

Von dem Provinzialausschusse, seiner Zusammensetzung und seinen Geschäften . . . . . . §§. 45— 61.

Fünfter Abschnitt.

Von den Provinzial- und Bezirksräthen (Behörden des Staats), ihrer Zusammensetzung und ihren Geschäften (§§. 62—86) . . . . fortgefallen.

Sechster Abschnitt.

Von den Provinzialbeamten . . . . §§. 87— 98.

Siebenter Abschnitt.

Von den Provinzialkommissionen und Schlußbestimmung . . . . §§. 99 u. 100.

Achter Abschnitt.

Von dem Provinzialhaushalte . . . . §§. 101—113.

Dritter Titel.

Von der Aufsicht über die Verwaltung der Angelegenheiten der Provinzialverbände . . . . §§. 114—122.

Vierter Titel.

Schluß-, Uebergangs- und Ausführungsbestimmungen . . . . §§. 123—125, 128—130.

§§. 126 und 127 fortgefallen.

Wahlreglement.

§. 1. Der Wahlvorstand besteht aus dem Vorsitzenden des Provinziallandtages beziehungsweise dem vom Ober-Präsidenten ernannten Wahlkommissar, dem Landrathe, dem Bürgermeister oder deren Stellvertreter als Vorsitzenden und aus zwei oder vier Beisitzern, welche von der Wahlversammlung aus der Zahl der Wähler zu wählen sind. Der Vorsitzende ernennt einen der Beisitzer zum Protokollführer.

§. 2. Während der Wahlhandlung dürfen im Wahllokale weder Diskussionen stattfinden, noch Ansprachen gehalten, noch Beschlüsse gefaßt werden.

Ausgenommen hiervon sind die Diskussionen und Beschlüsse des Wahlvorstandes, welche durch die Leitung des Wahlgeschäfts bedingt sind.

§. 3. Die Wahl erfolgt durch Stimmzettel.

§. 4. Die Wähler werden in der Reihenfolge, in welcher sie in der Wählerliste verzeichnet sind, aufgerufen.

Jeder aufgerufene Wähler legt den Stimmzettel uneröffnet in die Wahlurne.

§. 5. Die während des Wahlakts erscheinenden Wähler können an der nicht geschlossenen Wahl Theil nehmen.

Sind keine Stimmen mehr abzugeben, so erklärt der Wahlvorstand die Wahl für geschlossen; der Vorsitzende nimmt die Stimmzettel einzeln aus der Wahlurne und verliest die darauf verzeichneten, von einem Beisitzer, welchen der Vorsitzende ernennt, laut zu zählenden Namen.

§. 6. Ungültig sind:

1) Stimmzettel, welche keinen oder keinen lesbaren Namen enthalten;
2) Stimmzettel, aus welchen die Person des Gewählten nicht unzweifelhaft zu erkennen ist;
3) Stimmzettel, auf welchen mehr Namen, als zu wählende Personen oder der Name einer nicht wählbaren Person verzeichnet ist;
4) Stimmzettel, welche einen Protest oder Vorbehalt enthalten.

§. 7. Alle ungültigen Stimmzettel werden als nicht abgegeben betrachtet. Ueber die Gültigkeit der Stimmzettel entscheidet vorläufig der Wahlvorstand. Die Stimmzettel sind dem Wahlprotokolle beizufügen und so lange aufzubewahren, bis über die gegen das Wahlverfahren erhobenen Einsprüche rechtskräftig entschieden ist.

§. 8. Als gewählt sind diejenigen zu betrachten, welche die absolute Stimmenmehrheit (mehr als die Hälfte der Stimmen) erhalten haben.

Ergiebt sich keine absolute Stimmenmehrheit, so wird zu einer engeren Wahl zwischen denjenigen zwei Personen geschritten, welche die meisten Stimmen erhalten haben. Bei Stimmengleichheit entscheidet das von dem Vorsitzenden zu ziehende Loos darüber, wer auf die engere Wahl zu bringen, beziehungsweise wer als schließlich gewählt zu betrachten ist.

§. 9. Die Wahlprotokolle sind von dem Wahlvorstande zu unterzeichnen.

§. 10. Der Vorsitzende des Wahlvorstandes hat die Gewählten von der auf sie gefallenen Wahl mit der

Aufforderung in Kenntniß zu setzen, sich über die Annahme oder Ablehnung innerhalb längstens fünf Tagen zu erklären. Wer diese Erklärung nicht abgiebt, wird als ablehnend betrachtet.

§. **11**. Wahlen, welche auf dem Provinziallandtage selbst vorzunehmen sind, können auch durch Akklamation stattfinden, sofern Niemand Widerspruch erhebt.

Kreisordnung

für die

Provinzen Ost- und Westpreußen, Brandenburg, Pommern, Schlesien und Sachsen.

Gesetz betreffend die Abänderung von Bestimmungen der Kreisordnung für die Provinzen Preußen, Brandenburg, Pommern, Posen, Schlesien und Sachsen, vom 13. Dezember 1872 und die Ergänzung derselben.

Vom 19. März 1881.

(Ges.S. S. 155.)

Wir **Wilhelm**, von Gottes Gnaden König von Preußen 2c. verordnen, mit Zustimmung beider Häuser des Landtages der Monarchie, was folgt:

Artikel I.

Die §§. 3, 4, 7 Ziffer 2, 8 Absatz 5 und 6, 10, 12, 13 Satz 1, 17, 18 Satz 1 und 2, 19, 22, 23 Absatz 2, 25, 30, 31 Absatz 4, 32, 42, 49 Absatz 2, 51 Nr. 1, 56 Absatz 3, 57 Absatz 5 und 6, 61, 62 Absatz 2, 65, 67, 68, 72, 74, 97 Absatz 1 Ziffer 7, 110 Absatz 2, 113, 116 Ziffer 8 Absatz 2, 129, 133, 134 Nr. 3 und 5, 139, 170, 173, 175, 176, 177, 178, 180 und 181 der Kreisordnung für die Provinzen Preußen, Brandenburg, Pommern, Posen, Schlesien und Sachsen, vom 13. Dezember 1872 (Gesetzsamml. S. 661) werden durch nachstehende, den bisherigen Zifferzahlen entsprechende Bestimmungen ersetzt.

Ingleichen werden hinter den §§. 26, 34, 49, 51, 54, 55, 70, 112, 128 und 177 die folgenden neuen §§. 26a, 34a, 49a, 51a, 54a, 55a, 55b und 55c, 70a, 112a, 128a und 177a eingestellt, sowie den §§. 20, 51, 57 und 59 nachstehende Zusätze hinzugefügt.

(Die geänderten und neuen Vorschriften sind in dem neu redigirten Text enthalten und deshalb hier fortgelassen.)

Artikel II.

Wo in der Kreisordnung ein Geldbetrag in der Thalerwährung ausgedrückt ist, tritt der entsprechende Betrag in Reichswährung an die Stelle.

In der Ueberschrift und in der Einleitung der Kreisordnung sind die Worte: „Provinzen Preußen" durch: „Provinzen Ost- und Westpreußen" zu ersetzen und in den §§. 118 Absatz 4, 125 Absatz 4 und 127 Absatz 3 ist an Stelle der Worte: „der Bezirksregierung" zu setzen: „dem Regierungspräsidenten".

Der sechste Titel erhält die Ueberschrift: Besondere Bestimmungen für die Provinz Sachsen.

An die Stelle des der Kreisordnung beigefügten Wahlreglements tritt das in der Anlage beigefügte Wahlreglement.

Artikel III.

Das Wort: „Posen" in der Ueberschrift und Einleitung, die §§. 35, 64, 67 Absatz 1, 78, 79 bis 83, 107 Absatz 2, 111 Absatz 2, 135, 137 Absatz 3, 140 bis 163, 165, 182, 187 bis 198 der Kreisordnung, die Klammer (§. 79) am Schlusse der §§. 29 und 60, desgleichen die Klammer (§. 162) im §. 164, sowie die Worte „und 79" im §. 31 Absatz 2 a. a. O. kommen in Wegfall.

Artikel IV.

— aufgehoben durch §. 57 des Zuständ.Ges. —

Artikel V.

Dieses Gesetz tritt am 1. April 1881 in Kraft.

Der Minister des Innern wird ermächtigt, den Text der Kreisordnung vom 13. Dezember 1872, wie er sich aus den in den Artikeln I, II, III festgestellten Aenderungen ergiebt, durch die Gesetzsammlung bekannt zu machen.*)

Artikel VI.

Mit dem im Artikel V bezeichneten Zeitpunkte werden die §§. 44, 46 bis 48, 52 bis 59, 62 bis 73 und 115 des Gesetzes vom 26. Juli 1876, betreffend die Zuständigkeit der Verwaltungsbehörden und der Verwaltungsgerichtsbehörden rc. (Gesetzsamml. S. 297) aufgehoben.

Ingleichen treten mit dem gedachten Zeitpunkte alle mit den Vorschriften des gegenwärtigen Gesetzes in Widerspruch stehenden Bestimmungen außer Kraft.

Urkundlich unter unserer Höchsteigenhändigen Unterschrift und beigedrucktem Königlichen Insiegel.

Gegeben Berlin den 19. März 1881.

(L. S.) **Wilhelm.**

Fürst v. Bismarck. Gr. zu Stollberg. v. Kameke. Maybach. v. Puttkamer. Lucius. Friedberg. v. Bötticher.

---

*) Cirkular vom 26. März 1881, betr. die Abänderung der Bestimmungen der Kreisordnung (Min.Bl. S. 69).

Bekanntmachung, betreffend die Redaktion der Kreisordnung für die Provinzen Ost- und Westpreußen, Brandenburg, Pommern, Schlesien und Sachsen.

Vom 19. März 1881.

(Ges.S. S. 179).

Auf Grund des Artikels V Absatz 2 des Gesetzes, betreffend die Abänderung von Bestimmungen der Kreisordnung für die Provinzen Preußen, Brandenburg, Pommern, Posen, Schlesien und Sachsen vom 13. Dezember 1872 und die Ergänzung derselben, vom 19. März 1881 (Gesetz-Samml. S. 155) wird der Text der Kreisordnung vom 13. Dezember 1872, wie er sich aus den in den Artikeln I, II, III des Gesetzes vom 19. März 1881 festgestellten Aenderungen ergiebt, nachstehend bekannt gemacht.

Berlin, den 19. März 1881.

Der Minister des Innern.

Im Allerhöchsten Auftrage:

v. Puttkamer.

Kreisordnung für die Provinzen Ost- und Westpreußen, Brandenburg, Pommern, Schlesien und Sachsen.

Wir Wilhelm, von Gottes Gnaden König von Preußen ꝛc. verordnen, mit Zustimmung beider Häuser des Landtages, für die Provinzen Ost- und Westpreußen, Brandenburg, Pommern, Schlesien und Sachsen, was folgt:

Erster Titel.

Von den Grundlagen der Kreisverfassung.

Erster Abschnitt.

Von dem Umfange und der Begrenzung der Kreise.

§. 1. Die Kreise bleiben in ihrer gegenwärtigen Begrenzung als Verwaltungsbezirke bestehen.

Ldverw.Ges. §§ 1, 3, 4, 36; KreisO. §§ 21, 76, 134 no. 5.

§. 2. Jeder Kreis bildet nach näherer Vorschrift dieses Gesetzes einen Kommunalverband zur Selbstverwaltung seiner Angelegenheiten mit den Rechten einer Korporation.

Prov.O. § 1.

Veränderung der Kreisgrenzen und Bildung neuer Kreise.

§. 3. Die Veränderung bestehender Kreisgrenzen und die Bildung neuer, sowie die Zusammenlegung mehrerer Kreise erfolgt durch Gesetz.

Der Bezirksrath beschließt über die in Folge einer solchen Veränderung nothwendig werdende Auseinandersetzung zwischen den betheiligten Kreisen, vorbehaltlich der den letzteren gegeneinander zustehenden Klage bei dem Bezirksverwaltungsgerichte.

Veränderungen solcher Gemeinde- oder Gutsbezirksgrenzen, welche zugleich Kreisgrenzen sind, sowie die Vereinigung eines Grundstückes, welches bisher einem Gemeinde- oder Gutsbezirke nicht angehörte, mit einem in einem anderen Kreise belegenen Gemeinde- oder Gutsbezirke, ziehen die Veränderung der betreffenden Kreisgrenzen und, wo die Kreis- und Wahlbezirksgrenzen zusammenfallen, auch die Veränderung der letzteren ohne Weiteres nach sich.

Eine jede Veränderung der Kreisgrenzen ist durch das Amtsblatt bekannt zu machen.

Prov.O. § 4; wegen Amtsbezirksgrenzen § 49 Abs. 4; Gemeindegrenzen: Zuständ.Ges. §§ 8, 9, 25, 26.

Abs. 2: An die Stelle des Bezirksraths und Bezirksverwaltungsgerichts tritt jetzt zufolge § 2 des Zuständ.Ges. der Bezirksausschuß.

Ausscheiden der großen Städte aus den Kreisverbänden.

§. 4. Städte, welche mit Ausschluß der aktiven Militärpersonen eine Einwohnerzahl von mindestens 25 000 Seelen haben und gegenwärtig einem Landkreise angehören, sind befugt, für sich einen Kreisverband, Stadtkreis (§. 169), zu bilden und zu diesem Behufe aus dem bisherigen Kreisverbande auszuscheiden.

Auf den Antrag der Stadt wird dieselbe durch den Minister des Innern für ausgeschieden erklärt.

Durch Königliche Verordnung kann nach Anhörung

des Provinziallandtages auch Städten von geringerer Einwohnerzahl auf Grund besonderer Verhältnisse das Ausscheiden aus dem bisherigen und die Bildung eines eigenen Kreisverbandes gestattet werden.

Es ist jedoch zuvor in allen Fällen eine Auseinandersetzung darüber zu treffen, welchen Antheil die ausscheidende Stadt an dem gemeinsamen Aktiv- und Passivvermögen des bisherigen Kreises, sowie etwa an fortdauernden Leistungen zu gemeinsamen Zwecken der beiden neuen Kreise zu übernehmen hat.

Ueber die Auseinandersetzung beschließt der Bezirksrath vorbehaltlich der den Betheiligten gegeneinander zustehenden Klage bei dem Bezirksverwaltungsgerichte.

Abs. 5: An die Stelle des Bezirksraths und Bezirksverwaltungsgerichts tritt jetzt zufolge § 2 des Zuständ.Ges. der Bezirksausschuß.

§. 5. Privatrechtliche Verhältnisse werden durch Veränderungen der Kreisgrenzen (§§. 3, 4) nicht berührt.

Prov.O. § 3.

Zweiter Abschnitt.*)

Von den Kreisangehörigen, ihren Rechten und Pflichten.

§. 6. Angehörige des Kreises sind, mit Ausnahme der nicht angesessenen servisberechtigten Militärpersonen des aktiven Dienststandes, alle diejenigen, welche innerhalb des Kreises einen Wohnsitz haben.

Prov.O. § 5. „Angesessen" sind solche, welche im Kreise Grundeigenthum besitzen oder ein stehendes Gewerbe betreiben (Mot.). Forensen § 14.

---

*) Die Bestimmungen dieses Abschnitts finden auf Stadtkreise, mit Ausnahme des Stadtkreises Magdeburg, keine Anwendung, §§ 169, 175.

Rechte der Kreisangehörigen.

§. 7. Die Kreisangehörigen sind berechtigt:

1) zur Theilnahme an der Verwaltung und Vertretung des Kreises nach näherer Vorschrift dieses Gesetzes,

2) zur Mitbenutzung der öffentlichen Einrichtungen und Anstalten des Kreises nach Maßgabe der für dieselben bestehenden Bestimmungen.

No. 2: §§ 14, 19 no. 1 u. § 116 no. 6.

Pflichten der Kreisangehörigen:
a) Verpflichtung zur Annahme von unbesoldeten Aemtern. (Gründe der Ablehnung, Folgen einer ungerechtfertigten Ablehnung.)

§. 8. Die Kreisangehörigen sind verpflichtet, unbesoldete Aemter in der Verwaltung und Vertretung des Kreises zu übernehmen.

Zur Ablehnung oder zur früheren Niederlegung solcher Aemter berechtigen folgende Entschuldigungsgründe:

1) anhaltende Krankheit;

2) Geschäfte, die eine häufige oder lange dauernde Abwesenheit vom Wohnorte mit sich bringen;

3) das Alter von 60 Jahren;

4) die Verwaltung eines unmittelbaren Staatsamtes;

5) sonstige besondere Verhältnisse, welche nach dem Ermessen des Kreistages eine gültige Entschuldigung begründen.

Beträgt die Amtsdauer mehr als drei Jahre, so kann das Amt nach Ablauf von drei Jahren niedergelegt werden.

Wer ein unbesoldetes Amt in der Verwaltung oder Vertretung des Kreises während der vorgeschriebenen regelmäßigen Amtsdauer versehen hat, kann die Uebernahme desselben oder eines gleichartigen für die nächsten drei Jahre ablehnen.

Wer sich ohne einen der vorbezeichneten Entschuldigungsgründe weigert, ein unbesoldetes Amt in der Verwaltung oder Vertretung des Kreises zu übernehmen oder das übernommene Amt drei Jahre hindurch zu versehen, sowie derjenige, welcher sich der Verwaltung solcher Aemter trotz vorhergegangener Aufforderung Seitens des Kreisausschusses thatsächlich entzieht, kann durch Beschluß des Kreistages für einen Zeitraum von drei bis sechs Jahren der Ausübung seines Rechtes auf Theilnahme an der Vertretung und Verwaltung des Kreises für verlustig erklärt und um ein Achtel bis ein Viertel stärker, als die übrigen Kreisangehörigen, zu den Kreisabgaben herangezogen werden.

Gegen den Beschluß des Kreistages findet innerhalb zwei Wochen die Klage bei dem Bezirksverwaltungsgerichte statt.

§ 25.

Abs. 1: Nicht auf Gutsvorsteher anwendbar (O.V.G. V S. 110). Staatsbeamte ohne Erlaubniß ihrer Dienstbehörde, Min.Erl. vom 24. November 1873 (Min.Bl. 1874 S. 94).

Abs. 5: Verlust des aktiven und passiven Wahlrechts, Erl. vom 11. März 1874 (Min.Bl. S. 99).

Abs. 6: Statt Bezirksverwaltungsgericht jetzt Bezirksausschuß, Ldverw.Ges. §§ 153, 7. Zuständ.Ges. § 3.

b) Beitragspflichten zu den Kreisabgaben.

§. 9. Die Kreisangehörigen sind verpflichtet, zur Befriedigung der Bedürfnisse des Kreises Abgaben aufzubringen, insofern der Kreistag nicht beschließt, diese Bedürfnisse aus dem Vermögen des Kreises oder aus sonstigen Einnahmen zu bestreiten (§. 116 Nr. 3).

§§ 6, 14. Reklamationen § 19; Prov.O. § 108.

Grundsätze über die Vertheilung und Aufbringung der Kreisabgaben.

§. **10**. Die Vertheilung der Kreisabgaben darf nach keinem anderen Maßstabe, als nach dem Verhältnisse der von den Kreisangehörigen zu entrichtenden direkten Staatssteuern und zwar nur durch Zuschläge zu denselben, beziehungsweise zu den nach §§. 14 und 15 zu ermittelnden fingirten Steuersätzen der Forensen, juristischen Personen rc. erfolgen.

Die Grund-, Gebäude- und die von dem Gewerbebetriebe auf dem platten Lande aufkommende Gewerbesteuer der Klasse A I ist hierbei mindestens mit der Hälfte und höchstens mit dem vollen Betrage desjenigen Prozentsatzes heranzuziehen, mit welchem die Klassen- und klassifizirte Einkommensteuer belastet wird. Im Uebrigen kann die Gewerbesteuer von der Heranziehung ganz frei gelassen, darf aber keinesfalls dazu mit einem höheren Prozentsatze, als die Grund- und Gebäudesteuer, herangezogen werden. Ausgeschlossen von der Heranziehung bleibt die Gewerbesteuer vom Hausirgewerbe.

Die erste Stufe der Klassensteuer (§. 7 des Gesetzes vom $\frac{\text{1. Mai 1851}}{\text{25. Mai 1873}}$, Gesetz-Samml. 1873 S. 213 ff.) kann von der Heranziehung zu den Kreisabgaben ganz frei gelassen oder dazu mit einem geringeren Prozentsatze, als die übrigen Stufen der Klassensteuer und die klassifizirte Einkommensteuer herangezogen werden. Bei den Vorschriften des §. 9a des obenerwähnten Gesetzes behält es sein Bewenden.

Cirk. vom 10. Juni 1874, betr. die Vertheilung der Kreisabgaben, ist im Anhang unter VIII abgedruckt. O.V.G. I S. 29, 78, 79, IV S. 61, VI S. 48, VII S. 115.

Abs. 3: § 9a betrifft die Heranziehung von Personen mit weniger als 420 Mk. Einkommen. Dazu: Gesetz vom 26. März 1883, betr. Aufhebung der beiden untersten Stufen der Klassensteuer (Ges.S. S. 37).

§. **11**. Unter Anwendung des nach diesen Grundsätzen (§. 10) vom Kreistage beschlossenen Vertheilungsmaßstabes wird das Kreisabgabensoll für die einzelnen Gemeinden und selbstständigen Gutsbezirke im Ganzen berechnet und denselben zur Untervertheilung auf die einzelnen Steuerpflichtigen nach demselben Maßstabe zur Einziehung sowie zur Abführung im Ganzen an die Kreiskommunalkasse überwiesen.

Den Städten bleibt die Beschlußnahme darüber, wie ihre Antheile an den Kreisabgaben aufgebracht werden sollen, vorbehalten.

§ 70 Abs. 5: **Ueber die Untervertheilung der Kreisabgaben** vgl. Min.Erl. vom 31. Januar 1875 (Min.Bl. 1876 S. 14) u. vom 2. November 1879 (Min.Bl. 1880 S. 10).

Feststellung des Kreisabgaben-Vertheilungsmaßstabes.

§. **12**. Der Maßstab, nach welchem die Kreisabgaben zu vertheilen sind, ist für jeden Kreis bis zum 30. Juni **1874** ein für alle Mal festzustellen und demnächst unverändert zur Anwendung zu bringen. Der Kreistag ist jedoch befugt, hierbei zu den Kreisabgaben für Verkehrsanlagen die Grund- und Gebäudesteuer, sowie die von dem Gewerbebetriebe auf dem platten Lande aufkommende Gewerbesteuer der Klasse A I innerhalb der im §. 10 festgesetzten Grenzen mit einem höheren Prozentsatze als zu den übrigen Kreisabgaben heranzuziehen, beziehungsweise nach Maßgabe des §. 10 Absatz 3 die erste Stufe der Klassensteuer von der Heranziehung zu diesen Kreisabgaben ganz frei zu lassen oder dazu mit einem geringeren Prozentsatze heranzuziehen.

Kommt ein gültiger Kreistagsbeschluß über den Vertheilungsmaßstab innerhalb der festgesetzten Zeit nicht zu Stande, so werden bis zur Herbeiführung dieses Beschlusses die Kreisabgaben auf die sämmtlichen direkten Staatssteuern, mit Ausschluß der Hausirergewerbesteuer, nach Maßgabe des §. 10 Absatz 1 gleichmäßig vertheilt.

Der Kreistag kann den festgestellten Maßstab von fünf zu fünf Jahren einer Revision unterziehen.

Wo gegenwärtig mit Königlicher Genehmigung zu bestimmten Zwecken Kreisabgaben nach besonderer Vertheilungsart erhoben werden, behält es dabei bis zum 31. Dezember 1875 sein Bewenden, sofern nicht der Kreistag schon in der Zwischenzeit auch hierfür den Uebergang zu dem, nach dem gegenwärtigen Gesetze festgestellten Maßstabe für die Vertheilung der Kreisabgaben beschließt. Vom 1. Januar 1876 ab tritt der nach diesem Gesetze festzustellende Maßstab (Absatz 1 und 2) auch für die bezeichneten Abgaben von selbst in Kraft.

§§ 119, 124 Abs. 3.
Abs. 1: Prov.O. § 111.

Mehr- oder Minderbelastung einzelner Kreistheile.

§. **13**. Sofern es sich um Kreiseinrichtungen handelt, welche in besonders hervorragendem oder in besonders geringem Maße einzelnen Kreistheilen zu Gute kommen, kann der Kreistag beschließen, für die Kreisangehörigen dieser Kreistheile eine nach Quoten der Kreisabgaben zu bemessende Mehr- oder Minderbelastung eintreten zu lassen. Die Mehrbelastung kann nach Maßgabe der Beschlüsse des Kreistages durch Naturalleistungen ersetzt werden.

§§ 119, 124, 176; Prov.O. § 111.
Min.Erl. vom 1. November 1879 — im Anhang unter XVI abgedruckt —, vom 31. Oktober 1873 (Min.Bl. S. 332), 19. Februar u. 11. August 1875 (Min.Bl. S. 78 u. 211) u. 18. Februar 1880 (Min.Bl. S. 78).

Heranziehung der Forensen, juristischen Personen u. s. w. zu den Kreisabgaben.

§. **14**. Diejenigen physischen Personen, welche, ohne in dem Kreise einen Wohnsitz zu haben, beziehungsweise in demselben zu den persönlichen Staatssteuern veranlagt zu sein, in demselben Grundeigenthum besitzen, oder ein stehendes Gewerbe, oder außerhalb einer Gewerkschaft Bergbau betreiben (Forensen), mit Einschluß der nicht im Kreise wohnenden Gesellschafter einer offenen Handelsgesellschaft oder einer Kommanditgesellschaft (Artikel 85 und 150 des Allgemeinen Deutschen Handelsgesetzbuches) sind verpflichtet, zu denjenigen Kreisabgaben beizutragen, welche auf den Grundbesitz, das Gewerbe, den Bergbau oder das aus diesen Quellen fließende Einkommen gelegt werden.

Ein Gleiches gilt von den juristischen Personen, von den Kommanditgesellschaften auf Aktien und Aktiengesellschaften (Artikel 173 und 207 des Handelsgesetzbuches), sowie Berggewerkschaften, welche im Kreise Grundeigenthum besitzen, oder ein stehendes Gewerbe oder Bergbau betreiben.

Der Fiskus kann zu den Kreisabgaben wegen seines aus Grundbesitz, Gewerbe- und Bergbaubetrieb fließenden Einkommens nicht herangezogen, dagegen mit der Grund- und Gebäudesteuer um die Hälfte desjenigen Prozentsatzes stärker belastet werden, mit welchem die Klassen- und klassifizirte Einkommensteuer dazu herangezogen wird. Im Falle des §. 12 (Absatz 2) tritt diese Belastung auch ohne Beschluß des Kreistages ein.

Bergwerksbesitzer, welche in dem Umfange ihres Bergwerksbetriebes den in der Klasse A I der Gewerbesteuer veranlagten Gewerbetreibenden gleichstehen, sind zu den Steuersätzen der Klasse A I einzuschätzen und nach Maßgabe dieser Einschätzung zu den Kreisabgaben heranzuziehen.

Min.Erl. vom 10. Juni 1874 im Anhang unter VIII abgedruckt.

Heranziehung der Eisenbahngesellschaften nur nach dem für jede einzelne Station nach den Ges. vom 1. Mai 1851 u. 25. Mai 1873 berechneten Einkommen. Min.Erl. vom 8. Juni 1874 (Min.Bl. S. 157), vom 30. Dezember 1872 (Min.Bl. 1873 S. 27) u. 5. Juni 1879 (Min.Bl. S. 160). O.V.G. V S. 9, 19, II S. 64, VIII S. 68.

Betr. Versicherungsgesellschaften. Min.Erl. vom 23. September 1873 (Min.Bl. S. 266), 30. September 1874 (Min.Bl. 1875 S. 76), 31. Januar u. 26. Februar 1879 (Min.Bl. S. 52 u. 148) u. 4. Dezember 1880 (Min.Bl. S. 76).

Abs. 1: Auch die auf Grund eines Privilegs von persönlichen Staatssteuern befreiten Personen.

Abs. 2: Unter den Begriff der Berggewerkschaft fällt nicht jede, ein Bergwerk betreibende Mehrheit von Personen, O.V.G. VIII S. 27.

Vorschußvereine (eingetragene Genossenschaften) gehören nicht zu den juristischen Personen im Sinne des § 14, O.V.G. VII S. 27.

Abs. 3: Min.Erl. vom 25. Februar 1875 (Min.Bl. S. 100). Auch nicht die Staatseisenbahnen. Ebenso der Reichsfiskus, Reichseigenthumsgesetz vom 25. Mai 1873 (R.G.Bl. S. 113).

§. **15**. Die Einschätzung der Forensen, der Bergwerksbesitzer, der Kommanditgesellschaften auf Aktien, der Aktiengesellschaften und der juristischen Personen zu den Kreisabgaben erfolgt, soweit sie zu den, der Vertheilung der letzteren zum Grunde gelegten Staatssteuern (§. 10) nicht schon unmittelbar herangezogen sind, von dem Kreisausschuß, nach den für die Veranlagung dieser Staatssteuern bestehenden gesetzlichen Vorschriften, unter Anwendung des für die Kreisabgaben bestimmten Antheilsverhältnisses.

Ausschreibung nach § 11.

Unzulässigkeit einer Doppelbesteuerung desselben Einkommens.

§. **16**. Niemand darf von demselben Einkommen in verschiedenen Kreisen zu den Kreisabgaben herangezogen werden. Es muß daher dasjenige Einkommen, welches einem Abgabenpflichtigen aus seinem außerhalb des Kreises belegenen Grundeigenthume, oder aus seinem außerhalb des Kreises stattfindenden Gewerbe- oder Bergbaubetriebe zufließt, bei Feststellung des im Kreise zu veranlagenden Einkommens desselben außer Berechnung gelassen werden. Dies geschieht durch Absetzung der bezüglichen Einkommensquote von dem zur Staatssteuer veranlagten Gesammteinkommen und durch verhältnißmäßige Herabsetzung des festgestellten Steuersatzes.

O.V.G. II S. 51, 52, VI S. 6, 7.

Befreiung von den Kreisabgaben.

§. 17. Die dem Staate gehörigen, zu einem öffentlichen Dienste oder Gebrauche bestimmten Liegenschaften und Gebäude, die Königlichen Schlösser, sowie die im §. 4 zu c und d des Gesetzes vom 21. Mai 1861, betreffend die anderweite Regelung der Grundsteuer (Gesetz-Samml. S. 253), im Artikel I des Gesetzes vom 12. März 1877 (Gesetz-Samml. S. 19) und im §. 3 zu 2 bis 6 des Gesetzes vom 21. Mai 1861, betreffend die Einführung einer allgemeinen Gebäudesteuer (Gesetz-Samml. S. 317), bezeichneten Grundstücke und Gebäude sind von den Kreislasten befreit.

Eine Aufzählung der befreiten Grundstücke und Gebäude enthält Art. 2 der Instruktion vom 10. März 1873 — im Anhang unter III.

Nicht befreit sind die Liegenschaften des Reichs, § 1 Abs. 2 des Reichseigenthumsgesetzes vom 25. Mai 1873 (R.G.Bl. S. 113).

§. 18. Bis zur anderweiten gesetzlichen Regelung bleiben die Dienstgrundstücke der Geistlichen, Kirchendiener und Elementarschullehrer gleichfalls von den Kreislasten befreit. Auch ist bis zu dieser Regelung die Besteuerung des Diensteinkommens der unmittelbaren und mittelbaren Staatsbeamten nur nach Maßgabe der §§. 2 und 3 des Gesetzes vom 11. Juli 1822 (Gesetz-Samml. S. 184) und nur insoweit zulässig, als die Beiträge derselben zu den Bedürfnissen der Gemeinde ihres Wohnortes nicht bereits das in den gedachten Gesetzesvorschriften bestimmte Maximum erreichen, und auch dann nur innerhalb der Grenzen der letzteren. Ebenso findet der §. 10 des Gesetzes vom 11. Juli 1822 auf die Heranziehung zu den Kreisabgaben Anwendung.

Nach § 2 des angezogenen Gesetzes soll das Diensteinkommen nur mit der Hälfte zur Quotisirung gebracht werden.

Nach § 3 a. a. O. soll im äußersten Fall an direkten Beiträgen aller Art und zu sämmtlichen Gemeindebedürfnissen von dem gesammten Diensteinkommen nur gefordert werden können:

bei Gehalten unter 750 ℳ	nicht mehr als	1	Prozent.
von 750 ℳ bis 1500 ℳ excl.	= = =	$1^1/_2$	=
bei höheren Gehältern	= = =	2	=

Nach § 10 a. a. O. bleiben von allen direkten Beiträgen zu den Gemeindelasten befreit:

a) die aus Staatskassen zahlbaren Pensionen der Wittwen und die Erziehungsgelder für Waisen ehemaliger Staatsdiener;

b) eben dergleichen Pensionen, ingleichen Wartegelder der Staatsdiener selbst, sofern deren jährlicher Betrag die Summe von Zweihundert und Funfzig Thalern nicht erreicht;

c) die Sterbe= und Gnadenmonate;

d) alle diejenigen Dienst=Emolumente, welche blos als Ersatz baarer Auslagen zu betrachten sind;

e) alle Besoldungen und Emolumente der beim stehenden Heer und bei den Landwehrstämmen in Reihe und Glied befindlichen aktiven Militärpersonen, ingleichen der auf Inaktivitätsgehalt gesetzten Offiziere; und

f) diejenigen der Geistlichen und Schullehrer.

Wegen der Nichtanwendbarkeit der Bestimmungen über Kommunal=steuer=Privilegien der Beamten auf eine vorübergehende Beschäftigung im Staatsdienst (Allerh. Ordre vom 23. September 1867 — Min.Bl. S. 1648) vgl. Bescheid vom 6. Februar 1879 (Min.Bl. S. 97).

§ 18 gilt auch für Reichsbeamte, Reichsbeamtengesetz vom 31. März 1873 (R.G.Bl. S. 61).

Beschwerden wegen der Veranlagung der Kreisabgaben.

§. 19. Auf Beschwerden und Einsprüche, betreffend:

1) das Recht zur Mitbenutzung der öffentlichen Einrichtungen und Anstalten des Kreises,

2) die Heranziehung oder die Veranlagung zu den Kreisabgaben,

beschließt der Kreisausschuß.

Beschwerden und Einsprüche der zu 2 gedachten Art sind innerhalb einer Frist von zwei Monaten nach erfolgter Bekanntmachung der Abgabebeträge bei dem Kreis=

ausschusse anzubringen. Einsprüche gegen die Höhe von Kreiszuschlägen zu den direkten Staatssteuern, welche sich gegen den Prinzipalsatz der letzteren richten, sind unzulässig.

Gegen den Beschluß des Kreisausschusses findet innerhalb zwei Wochen die Klage bei dem Bezirksverwaltungsgerichte statt. Hierbei ist die Zuständigkeit der Verwaltungsgerichte auch insoweit begründet, als bisher durch §. 79 Titel 14 Theil II Allgemeinen Landrechts, beziehungsweise §§. 9, 10 des Gesetzes über die Erweiterung des Rechtsweges vom 24. Mai 1861 (Gesetz-Samml. S. 241) oder sonstige bestehende Vorschriften der ordentliche Rechtsweg für zulässig erklärt war.

Die Beschwerden und die Einsprüche, sowie die Klage haben keine aufschiebende Wirkung.

Abs. 1: §§ 11, 15, 70a, 116 no. 3 u. 6. Dem Verwaltungsgericht steht das Recht der Kontrole über die Rechtsgültigkeit des betr. Kreistagsbeschlusses zu, O.V.G. IX S. 26.

Abs. 3: Die in Bezug genommenen Bestimmungen lauten:

§ 79. Behauptet aber Jemand aus besonderen Gründen [nämlich durch Verträge, ausdrückliche Privilegia oder Verjährung] die Befreiung von einer solchen Abgabe (§§ 4—8) oder behauptet er in der Bestimmung seines Antheils über die Gebühr belastet zu sein (§ 9): so soll er darüber rechtlich gehört werden.

§ 9. Wegen allgemeiner Anlagen und Abgaben (§§ 36, 41 der V. v. 26. Dezember 1808 [G.S. v. 1817 S. 283]; §§ 78, 79 Th. II Tit. 14 A.L.R.) kann auf Grund der Behauptung, daß die einzelne Forderung bereits getilgt oder verjährt sei, die Klage auf Erstattung des Gezahlten angestellt werden, jedoch bei Verlust des Klagerechts nur binnen spätestens sechs Monaten nach erfolgter Beitreibung oder geleisteter Zahlung.

§ 10. Der Rechtsweg findet ferner statt, wenn der Herangezogene behauptet, daß die geforderte Abgabe keine öffentliche Abgabe sei, sondern auf einem aufgehobenen privatrechtlichen Fundamente, insbesondere einem früheren gutsherrlichen, schutzherrlichen oder grundherrlichen Verhältniß beruhe.

Vgl. Zuständ.Ges. § 160.

An die Stelle des Bezirksverwaltungsgerichts tritt jetzt der Bezirksausschuß — Ldverw.Ges. § 153 —, gegen dessen Entscheidung nur die Revision zulässig ist, Zuständ.Ges. § 3.

Dritter Abschnitt.

Kreisstatuten und Reglements.

§. 20. Jeder Kreis ist befugt:

1) zum Erlasse besonderer statutarischer Anordnungen über solche Angelegenheiten des Kreises, hinsichtlich deren das gegenwärtige Gesetz Verschiedenheiten gestattet (§§. 104 Absatz 2, 108 Absatz 1 und 109), oder das Gesetz auf statutarische Regelung verweist, sowie über solche Angelegenheiten, deren Gegenstand nicht durch Gesetz geregelt ist;
2) zum Erlasse von Reglements über besondere Einrichtungen des Kreises.

Die Kreisstatuten und Reglements sind durch das Kreisblatt und, wo ein solches nicht besteht, durch das Amtsblatt auf Kosten des Kreises bekannt zu machen.

§ 51 no. 1 Abs. 3, § 116 no. 1 u. 6, § 176 no. 1; Zuständ.Ges. § 31.

Zweiter Titel.

Von der Gliederung und den Aemtern des Kreises*).

Erster Abschnitt.

Allgemeine Bestimmungen.

Gliederung des Kreises.

§. 21. Die Kreise, mit Ausnahme der Stadtkreise (§§. 4 und 169), zerfallen in Amtsbezirke, beziehungsweise in Stadt- und Amtsbezirke.

Die Amtsbezirke bestehen aus einer oder mehreren Landgemeinden oder aus einem oder mehreren Guts-

*) Instruktionen vom 20. September 1873 im Anhang unter VII abgedruckt.

bezirken, beziehungsweise aus Landgemeinden und Gutsbezirken.

An der Spitze der Verwaltung des Kreises steht der Landrath, an der Spitze der Verwaltung des Amtsbezirks der Amtsvorsteher, an der Spitze der Verwaltung der Gemeinde der Gemeindevorsteher. Für den Bereich eines selbstständigen Gutsbezirks führt der Gutsvorsteher die dem Gemeindevorsteher obliegende Verwaltung.

Abs. 1 u. 2: §§ 47 ff.
Abs. 3: §§ 74 ff., 50, 56 ff., 22 ff., 31 ff. Ldverw.Ges. § 36.

Zweiter Abschnitt.

Von dem Gemeindevorsteher- und dem Schöffenamte, sowie von der Ortsverwaltung der selbstständigen Gutsbezirke.*)

Gemeindevorsteher und Schöffen.

§. 22. Dem Gemeindevorsteher (Schulze, Scholze, Richter, Dorfrichter) stehen zwei Schöffen (Schöppen, Gerichtsmänner, Gerichts- oder Dorfgeschworene) zur Seite, welche ihn in den ihm obliegenden Amtsgeschäften zu unterstützen und in Behinderungsfällen zu vertreten haben.

Wo die Zahl der Schöffen nach den bestehenden Bestimmungen eine größere ist, verbleibt es bei derselben.

Auch kann auf Antrag der Gemeinde die Zahl der Schöffen durch Beschluß des Kreisausschusses nach Anhörung des Amtsvorstehers vermehrt werden.

§§ 36, 186. Ldverw.Ges. § 73 Abs. 3.
Abs. 1: Allg. Landrecht II, 7 §§ 77, 78; Zuständ.Ges. § 28 Abs. 2, § 29, 37 Abs. 2.
Abs. 3: Zuständ.Ges. § 32 no. 3. Beschwerde, Ldverw.Ges. § 121.

*) Ueber Angelegenheiten der Stadtgemeinden vgl. Titel IV des Zuständ.Ges., über Angelegenheiten der Landgemeinden und der selbstständigen Gutsbezirke vgl. Titel V des Zuständ.Ges.

a) **Wahl derselben.**

§. **23.** Der Gemeindevorsteher und die Schöffen werden von der Gemeindeversammlung beziehungsweise der Gemeindevertretung aus der Zahl der stimmberechtigten Gemeindemitglieder durch absolute Stimmenmehrheit gewählt.

Vater und Sohn dürfen nicht gleichzeitig Gemeindevorsteher und Schöffen sein.

Die Wahlen erfolgen nach näherer Vorschrift des diesem Gesetze beigefügten Wahlreglements.

Zuständ.Ges. § 27. Wahlreglement hinter diesem Gesetz.

§. **24.** Die Wahl der Gemeindevorsteher und der Schöffen erfolgt auf sechs Jahre.

§. **25.** Wegen der Verpflichtung zur Uebernahme, sowie wegen der Gründe für die Ablehnung des Amts eines Gemeindevorstehers oder Schöffen finden die Vorschriften der Absätze 1 bis 4 des §. 8 mit der Maßgabe Anwendung, daß an die Stelle des Kreistages (Absatz 2 Ziffer 5 a. a. O.) die Gemeindevertretung und, wo eine solche nicht besteht, die Gemeindeversammlung tritt.

Wer sich ohne einen der im §. 8 Absatz 2 bezeichneten Entschuldigungsgründe weigert, das Amt eines Gemeindevorstehers oder Schöffen zu übernehmen, oder das übernommene Amt drei Jahre hindurch zu versehen, sowie derjenige, welcher sich der Verwaltung solcher Aemter thatsächlich entzieht, kann durch Beschluß der Gemeindevertretung und, wo eine solche nicht besteht, des Gemeindevorstandes für einen Zeitraum von drei bis sechs Jahren der Ausübung seines Rechtes auf Theilnahme an der Vertretung und Verwaltung der Gemeinde für verlustig erklärt und um ein Achtel bis ein Viertel stärker, als die übrigen Gemeindeangehörigen zu den Gemeindeabgaben herangezogen werden.

Gegen den Beschluß der Gemeindevertretung beziehungsweise des Gemeindevorstandes findet innerhalb zwei Wochen die Klage bei dem Kreisausschusse statt.

Zuständ.Ges. §§ 27, 28.

b) Bestätigung derselben.

§. 26. Die gewählten Gemeindevorsteher und Schöffen bedürfen der Bestätigung durch den Landrath.

Vor der Bestätigung ist der Amtsvorsteher mit seinem Gutachten zu hören.

Die Bestätigung kann unter Zustimmung des Kreisausschusses versagt werden.

Wird die Bestätigung versagt, so ist eine Neuwahl anzuordnen. Erhält auch diese die Bestätigung nicht, so ernennt der Landrath auf den Vorschlag des Amtsvorstehers unter Zustimmung des Kreisausschusses einen Stellvertreter auf so lange, bis eine erneuerte Wahl die Bestätigung erlangt hat.

Dasselbe findet statt, wenn keine Wahl zu Stande kommt.

§ 33.

§. 26a. Die Bestimmungen des §. 26 finden auch auf andere Gemeindebeamte Anwendung, deren Wahl nach Maßgabe des Gesetzes der Bestätigung bedarf.

§ 34a.

c) Vereidigung derselben.

§. 27. Die Gemeindevorsteher und die Schöffen werden vor ihrem Amtsantritte von dem Landrathe oder in seinem Auftrage von dem Amtsvorsteher vereidigt.

Eidesform: Verordnung vom 6. Mai 1867 (Ges.S. S. 715).

d) Dienstunkostenentschädigung derselben.

§. 28. Die Gemeindevorsteher haben Anspruch auf Ersatz ihrer baaren Auslagen und auf die Gewährung einer mit ihren amtlichen Mühewaltungen im billigen Verhältnisse stehenden Entschädigung.

Die Aufbringung derselben liegt der Gemeinde ob.

Alle fortlaufenden Geld- und Naturalbeiträge des Gutsherrn zur Remuneration des Gemeindevorstehers fallen fort.

Landdotationen, welche für die Verwaltung des Schulzenamts ausgewiesen sind, können auf Grund des gegenwärtigen Gesetzes nicht zurückgefordert werden. Sind solche Landdotationen allein oder in Verbindung mit Geld- oder Naturalbeiträgen von dem Gutsherrn gewährt, so ist derselbe berechtigt, hierfür von dem Gemeindevorsteher auch ferner die Wahrnehmung der Gutsvorstehergeschäfte beziehungsweise die Vertretung hierbei in dem bisherigen Umfange (§. 31 Absatz 3) zu fordern.

Der Gutsherr wie die Gemeinde kann die Lösung eines derartigen Verhältnisses gegen Fortfall der Geld- und Naturalbeiträge und gegen Entschädigung für die Landdotationen verlangen. Der Gemeinde steht dabei das Recht zu, statt der Gewährung einer Entschädigung die Landdotationen herauszugeben.

In Betreff der Auseinandersetzung kommen die Vorschriften der §§. 41 bis 45 mit der Maßgabe zur Anwendung, daß zu den im ersten Absatze des §. 45 erwähnten Kosten auch die Gutsherren nichts beizutragen haben.

Die Schöffen haben ihr Amt in der Regel unentgeltlich zu verwalten und nur auf den Ersatz baarer Auslagen Anspruch.

§§ 34a, 69; O.V.G. IV S. 97, 103.

Rechte und Pflichten des Gemeindevorstehers.

§. 29. Der Gemeindevorsteher ist die Obrigkeit des Gemeindebezirks und, sofern er nicht zugleich selbst Amtsvorsteher ist (§. 56 Absatz 5), das Organ des Amtsvorstehers für die Polizeiverwaltung.

Der Gemeindevorsteher hat vermöge dessen das Recht und die Pflicht, da, wo die Erhaltung der öffentlichen Ruhe, Ordnung und Sicherheit ein sofortiges polizeiliches Einschreiten nothwendig macht, das dazu Erforderliche vorläufig anzuordnen und ausführen zu lassen.

§§ 31, 65, 77. Wegen Zwangsmittel: Ldverw.Ges. § 132. O.V.G. VI S. 208, 269.

§. 30. Der Gemeindevorsteher hat insbesondere das Recht und die Pflicht:

1) der vorläufigen Festnahme und Verwahrung einer Person nach den Vorschriften des §. 127 der Strafprozeßordnung für das Deutsche Reich vom 1. Februar 1877 (Reichs-Gesetzbl. S. 253) und des §. 6 des Gesetzes zum Schutze der persönlichen Freiheit vom 12. Februar 1850 (Gesetz-Samml. S. 45);
2) die unter Polizeiaufsicht stehenden Personen zu beaufsichtigen;
3) die ihm von dem Amtsvorsteher, der Staats- oder Amtsanwaltschaft aufgetragenen polizeilichen Maßregeln auszuführen und Verhandlungen aufzunehmen;
4) die in den §§. 8 ff. des Gesetzes über die Aufnahme neu anziehender Personen vom 31. Dezember 1842 (Gesetz-Samml. 1843 S. 5) vorgeschriebene Meldung entgegenzunehmen.

Nr. 1: Die Bestimmungen der §§ 128, 129 der deutschen Strafprozeßordnung bleiben hierdurch unberührt.

Nr. 2: Strafgesetzbuch §§ 38, 39. Instr. vom 12. April 1871 (Min.Bl. S. 113); Min.Erl. vom 3. September 1871 (Min.Bl. S. 253).

Nr. 3: § 65. Durch Erlaß vom 18. September 1879 (Min.Bl. S. 265) sind die Guts- und Gemeindevorsteher und deren Stellvertreter zu Hülfsbeamten der Staatsanwaltschaft im Sinne des § 153 des Gerichtsverfassungsgesetzes bestellt worden; vgl. § 59 Anm., Strafprozeßordnung §§ 159, 161 u. 187 und §§ 80, 81 des Ausf.Ges. zum Ger.Verf.Ges. vom 24. April 1878 (Ges.S. S. 230).

Gutsvorsteher.

§. 31. Für den Bereich eines selbstständigen Gutsbezirks ist der Besitzer des Guts zu den Pflichten und Leistungen verbunden, welche den Gemeinden für den Bereich ihres Gemeindebezirks im öffentlichen Interesse gesetzlich obliegen.

Derselbe hat insbesondere die in den §§. 29 und 30 aufgeführten obrigkeitlichen Befugnisse und Pflichten entweder in Person oder durch einen von ihm zu bestellenden, zur Uebernahme des Amtes befähigten Stellvertreter auszuüben. Der letztere muß seinen beständigen Aufenthalt im Gutsbezirke oder in dessen unmittelbarer Nähe haben.

Es können jedoch auch außer dem im §. 28 Absatz 4 vorgesehenen Falle seitens des Besitzers des Guts sämmtliche oder einzelne Gutsvorstehergeschäfte an den Vorsteher einer benachbarten Gemeinde unter Beider Zustimmung gegen eine angemessene Entschädigung übertragen werden.

Ehefrauen, sowohl groß- wie minderjährige, werden rücksichtlich der angeführten Rechte und Pflichten durch ihren Ehemann, Kinder unter väterlicher Gewalt durch ihren Vater und bevormundete Personen durch ihren Vormund oder Pfleger vertreten.

§ 21.

§. 32. Die Bestellung eines Stellvertreters muß erfolgen, wenn:

1) das Gut einer juristischen Person, einer Aktiengesellschaft oder einer Kommanditgesellschaft auf Aktien gehört, oder wenn mehrere Mitbesitzer

sich nicht darüber einigen, wer von ihnen die Geschäfte des Gutsvorstehers wahrnehmen soll;
2) der Gutsbesitzer kein Angehöriger des Deutschen Reiches ist;
3) derselbe nicht seinen beständigen Aufenthalt im Gutsbezirke oder in dessen unmittelbarer Nähe hat, oder
4) wegen Krankheit oder aus anderen in seiner Person liegenden Gründen außer Stande ist, die Pflichten eines Gutsvorstehers zu erfüllen.

In den vorstehend unter 1 bis 4 bezeichneten Fällen kann auf den Antrag des Gutsbesitzers auch ein Stellvertreter für den ernannten Gutsvorsteher bestellt werden, welcher in Fällen der Behinderung des letzteren die Gutsvorstehergeschäfte wahrzunehmen hat.

Für die von dem Hauptgute entfernt belegenen Theile eines selbstständigen Gutsbezirkes kann von dem Kreisausschusse die Bestellung besonderer Stellvertreter angeordnet werden, sofern dies für eine ordnungsmäßige örtliche Verwaltung erforderlich ist.

Abs. 1 no. 2: Art. 3 der Reichsverfassung u. § 3 des Gesetzes vom 1. Juni 1870 (R.G.Bl. S. 355).
Abs. 3: Beschwerde, Ldverw.Ges. § 121.

§. **33**. Der Gutsbesitzer, beziehungsweise der Stellvertreter, wird in seiner Eigenschaft als Gutsvorsteher von dem Landrathe bestätigt. Die Bestätigung kann unter Zustimmung des Kreisausschusses versagt werden.

Der Gutsvorsteher wird vor seinem Amtsantritte von dem Landrathe oder in dessen Auftrage von dem Amtsvorsteher vereidigt.

§§ 26, 27.

§. **34**. Unterläßt der Besitzer des Guts in den im §. 32 angegebenen Fällen oder wenn ihm die Bestätigung als Gutsvorsteher versagt worden ist, die Bestellung eines

Stellvertreters, oder befindet er sich im Konkurse, oder befindet er sich nicht im Besitze der bürgerlichen Ehrenrechte, so steht dem Landrathe unter Zustimmung des Kreisausschusses die Ernennung des Stellvertreters auf Kosten des Besitzers zu.

§ 34a, Beschwerde, Ldverw.Ges. § 121.

§. 34a. Der Kreisausschuß beschließt auf Antrag der Betheiligten über die Festsetzung der Dienstunkostenentschädigung der Gemeindevorsteher, der baaren Auslagen der Schöffen, der Remuneration stellvertretender Gutsvorsteher (§§. 28 und 34), sowie über die Festsetzung der Besoldungen und Remunerationen anderer Gemeindebeamten.

§ 69; Zuständ.Ges. § 32 no. 4.

§. 35. (Fortgefallen.)

Bezüglich der Dienstvergehen der Gemeindevorsteher, Schöffen, Mitglieder des Gemeindevorstandes und sonstiger Gemeindebeamte, sowie der Gutsvorsteher vgl. Zuständ.Ges. § 36.

Dritter Abschnitt.

Aufhebung der mit dem Besitze gewisser Grundstücke verbundenen Berechtigung und Verpflichtung zur Verwaltung des Schulzenamtes.

§. 36. Die mit dem Besitze gewisser Grundstücke verbundene Berechtigung und Verpflichtung zur Verwaltung des Schulzen- (Richter-) Amtes ist aufgehoben.

§§ 28, 186.

§. 37. In Folge der Aufhebung der im §. 36 gedachten Berechtigung und Verpflichtung treten auch diejenigen Festsetzungen außer Kraft, welche in Folge der

Zerstückelung von Lehn- und Erbschulzengütern nach §. 16 des Gesetzes vom 3. Januar 1845 (Gesetz-Samml. S. 25) über die Verbindung der Verwaltung des Schulzenamtes mit dem Besitze eines der Theile des zerstückelten Grundstücks oder die Ausweisung eines auskömmlichen Schulzengehaltes in Grundstücken oder in Geld, beziehungsweise die Vertheilung des Geldbeitrages auf die einzelnen Trennstücksbesitzer getroffen worden sind.

§. 38. Grundstücke, Gerechtigkeiten und Einkünfte, welche den Schulzengutsbesitzern erweislich von der Gemeinde selbst für die Amtsverwaltung verliehen sind, fallen an die Gemeinde zurück.

§. 39. Ebenso hören diejenigen Vorrechte und Befreiungen auf, welche dem Schulzengutsbesitzer für die Verwaltung des Schulzenamtes in Beziehung auf die aus dem Kommunalverbande oder aus anderen Verbänden, z. B. dem Kirchen- und Schulverbande, entspringenden Dienste und Abgaben, der Gemeinde oder deren Mitgliedern gegenüber bisher zustanden.

Auf weitere Vergütigungen hat die Gemeinde keinen Anspruch.

§. 40. Die Beziehungen zwischen dem Besitzer des Schulzenguts und dritten Personen werden von den Vorschriften dieses Gesetzes nicht berührt.

In keinem Falle können jedoch Grundstücke, Gerechtigkeiten oder Befreiungen, welche dem Schulzengute, wenngleich mit Beziehung auf die dem Besitzer zustehende Verwaltung des Schulzenamtes, von Dritten, insbesondere von dem Landesherrn oder von Gerichts- oder Gutsherren, sei es bei der Fundation des Schulzenguts oder später, ohne ausdrücklichen Vorbehalt des Widerrufs verliehen worden sind, sowie die etwa an Stelle der verliehenen Gerechtigkeiten und Freiheiten getretenen Landabfindungen oder sonstigen Entschädigungen von den Verleihern oder deren Rechtsnachfolgern in Anspruch genommen und zurückgefordert werden. Dieselben verbleiben vielmehr dem Schulzengutsbesitzer auch nach Aufhebung der mit dem Schulzengute verbundenen Amtsverwaltung.

§ 28.

§. **41**. Die nach den §§. 38 und 39 etwa erforderliche Auseinandersetzung zwischen der Gemeinde und dem Schulzengutsbesitzer wird durch einen von dem Kreisausschusse zu ernennenden Kommissarius bewirkt.

Der über die Auseinandersetzung aufzunehmende Rezeß unterliegt der Prüfung und Bestätigung des Kreisausschusses.

§. **42**. Entstehen bei dem Auseinandersetzungsverfahren (§. 41) Streitigkeiten darüber, ob mit einem Grundstücke die Verpflichtung zur Verwaltung des Schulzenamtes verbunden ist, oder ob und welche Grundstücke, Gerechtigkeiten, Vorrechte oder Befreiungen der in den §§. 38 und 39 gedachten Art zurückzugewähren, beziehungsweise aufzuheben sind, oder wird die Vollziehung des Rezesses von den Betheiligten verweigert, oder die Bestätigung des Rezesses (§. 41 Absatz 2) von dem Kreisausschusse versagt, so sind die Verhandlungen zum weiteren Verfahren und zur Entscheidung an die betreffende Auseinandersetzungsbehörde (Generalkommission) abzugeben.

Gegen die Entscheidung der Generalkommission findet die Berufung an das Oberlandeskulturgericht statt, welches endgültig entscheidet.

Vor der Entscheidung in erster und zweiter Instanz ist das Gutachten des Kreisausschusses einzuholen und den Betheiligten zur Erklärung mitzutheilen.

Gesetz über das Verfahren in Auseinandersetzungsangelegenheiten vom 18. Februar 1880 (Ges.S. S. 59).

Abs. 2. Die Einlegung außerordentlicher Rechtsmittel gegen die Entscheidungen des Oberlandeskulturgerichts soll nicht ausgeschlossen sein (Mot.).

§. 43. Ist das Auseinandersetzungsverfahren zufolge §. 42 auf die Auseinandersetzungsbehörde übergegangen, so steht dieser Behörde auch die Aufnahme, Prüfung und Bestätigung des Rezesses zu.

§. 44. In Betreff des Verfahrens (§§. 41 bis 43), sowie der Wirkung und Ausführung der Rezesse, gelten die hinsichtlich der Ablösung der Reallasten und der Regulirung der gutsherrlichen Verhältnisse bestehenden Vorschriften.

§. 45. Zu den Kosten, welche die Ausführung der in diesem Gesetze den Kreisausschüssen und deren Kommissarien übertragenen Geschäfte verursacht, haben die Gemeinden und die Schulzengutsbesitzer nichts beizutragen.

Für das Verfahren bei den Auseinandersetzungsbehörden gelten die für dieselben bestehenden Kostenbestimmungen.

Gesetz vom 18. Februar 1880 (Ges.S. S. 59).

Vierter Abschnitt.*)

Von den Amtsbezirken und dem Amte der Amtsvorsteher. Aufhebung der gutsherrlichen Polizeiverwaltung.

§. 46. Die Polizei wird im Namen des Königs ausgeübt.

Die gutsherrliche Polizeigewalt ist aufgehoben.

§ 59. Amtsvorsteher ist aber nicht „Königlich“, Min.Erl. vom 15. Juni 1874 (Min.Bl. S. 159).

---

*) Instruktion vom 18. Juni 1873, abgedruckt im Anhang unter VI.

Amtsbezirke.

§. **47**. Behufs Verwaltung der Polizei und Wahrnehmung anderer öffentlicher Angelegenheiten wird jeder Kreis, mit Ausschluß der Städte, in Amtsbezirke getheilt.

§§ 21, 53, 59.

Bildung der Amtsbezirke.

§. **48**. Für die Bildung der Amtsbezirke gelten folgende Grundsätze:

1) Jeder Amtsbezirk soll thunlichst ein räumlich zusammenhängendes und abgerundetes Flächengebiet umfassen, dessen Größe und Einwohnerzahl dergestalt zu bemessen ist, daß einerseits die Erfüllung der durch das Gesetz der Amtsverwaltung auferlegten Aufgaben gesichert, andererseits die Unmittelbarkeit und die ehrenamtliche Ausübung der örtlichen Verwaltung nicht erschwert wird.

2) Gemeinden, welche eine den Bestimmungen des Gesetzes entsprechende Amtsverwaltung aus eigenen Kräften herzustellen vermögen, sind, wenn nicht die örtliche Lage die Zuschlagung anderer Gemeinde- oder Gutsbezirke nothwendig macht, auf ihren Antrag zu einem Amtsbezirke zu erklären.

3) Gutsbezirke von abgesonderter Lage, welche ohne wesentliche Unterbrechung ein räumlich zusammenhängendes Gebiet von erheblichem Flächeninhalte umfassen, können auf Antrag ohne Rücksicht auf ihre Einwohnerzahl unter den übrigen Voraussetzungen der Nummern 1 und 2 zu Amtsbezirken erklärt werden.

4) Alle übrigen Gemeinden und Gutsbezirke werden zu Amtsbezirken vereinigt. Insbesondere sollen Gemeinden und Gutsbezirke, welche eine örtlich verbundene Lage haben, zu einem und demselben Amtsbezirke gehören.

Bei Abgrenzung der zusammengesetzten Amtsbezirke ist möglichst darauf zu achten, daß die innerhalb der Kreise bestehenden Verbände (Kirchspiele, Schulverbände, Wegebaubezirke u. s. w.) nicht zerrissen werden.

Zuständ.Ges. § 28. Min.Erl. vom 7. Februar u. 31. Mai 1874 (Min.Bl. S. 45 u. 158). — Nr. 3: § 31.

§. **49**. Die Bildung der Amtsbezirke, sowie die etwa erforderliche Abänderung derselben erfolgt nach Anhörung der Betheiligten, auf Vorschlag des nach diesem Gesetze gewählten Kreistages, durch den Minister des Innern.

Die Revision und endgültige Feststellung, sowie jede spätere Abänderung der Amtsbezirke erfolgt durch den Provinzialrath im Einvernehmen mit dem Minister des Innern nach vorheriger Anhörung der Betheiligten und des Kreistages.

Die endgültige Feststellung der Amtsbezirke darf erst nach Ablauf einer öffentlich bekannt zu machenden angemessenen Frist stattfinden.

Veränderungen solcher Gemeinde- oder Gutsbezirksgrenzen, welche zugleich Amtsbezirksgrenzen sind, ziehen die Veränderung der letzteren ohne Weiteres nach sich.

Abs. 1: §§ 52 no. 3. — Ueber Benennung: Min.Erl. vom 17. März 1874 (Min.Bl. S. 99).
Abs. 2: jetzt durch den Minister des Innern im Einvernehmen mit dem Bezirksausschusse, Zuständ.Ges. § 6.
Abs. 4: § 3 Abs. 3.

§. **49a.** Dem Provinzialrathe steht die Befugniß zu, im Einvernehmen mit dem Minister des Innern ländliche Gemeinde- und Gutsbezirke, welche innerhalb der Feldmark einer zu einem Landkreise gehörigen Stadt belegen sind oder unmittelbar an dieselbe angrenzen, bezüglich der Verwaltung der Polizei nach Anhörung der

Betheiligten und des Kreistages mit dem Bezirke der Stadt zu vereinigen, sofern dies im öffentlichen Interesse nothwendig ist.

In Ermangelung einer Einigung unter den Betheiligten wird der Beitrag der betreffenden Landgemeinde, beziehungsweise des betreffenden Gutsbezirkes zu den Kosten der städtischen Polizeiverwaltung von dem Bezirksrathe festgesetzt.

Der Provinzialrath kann im Einvernehmen mit dem Minister des Innern in den Fällen des ersten Absatzes gleichzeitig die Ausscheidung der betreffenden Landgemeinden und Gutsbezirke aus dem Amtsbezirke, welchem sie bisher angehörten, aussprechen. Ueber die hierdurch nothwendig werdende Auseinandersetzung zwischen den Betheiligten beschließt der Kreisausschuß. Gegen den Beschluß findet innerhalb zwei Wochen der Antrag auf mündliche Verhandlung im Verwaltungsstreitverfahren statt.

Abs. 1: jetzt durch den Minister des Innern im Einvernehmen mit dem Bezirksausschusse, Zuständ.Ges. § 6.

Abs. 2: An die Stelle des Bezirksraths ist der Bezirksausschuß getreten, Ldverw.Ges. § 153. — Beschwerde: Ldverw.Ges. § 121.

Abs. 3 Satz 1: jetzt der Minister des Innern im Einvernehmen mit dem Bezirksausschusse, Zuständ.Ges. § 6.

Organe der Amtsverwaltung.

§. 50. Die Organe der Amtsverwaltung in den Amtsbezirken sind nach näherer Vorschrift dieses Gesetzes der Amtsvorsteher und der Amtsausschuß.

§ 51 no. 3. Wegen Amtsdiener: Min.Erl. vom 20. März 1874 (Min.Bl. S. 99); Amtssekretäre: Min.Erl. vom 10. Juni 1873 — im Anhang unter V — u. vom 4. November 1878 (Min.Bl. 1879 S. 2), sowie O.V.G. VI S. 127; Amtskassenrendanten: Min.Erl. vom 3. April 1874 (Min.Bl. S. 101).

Amtsausschuß.

§. 51. Für die Bildung des Amtsausschusses gelten bis zum Erlaß der Landgemeindeordnung folgende Bestimmungen:

1) In den zusammengesetzten Amtsbezirken besteht der Amtsausschuß aus Vertretern sämmtlicher zum Amtsbezirke gehörigen Gemeinden und selbstständigen Gutsbezirke. Jede Gemeinde und jeder Gutsbezirk ist wenigstens durch einen Abgeordneten zu vertreten.

Die Vertretung der Gemeinden erfolgt zunächst durch den Gemeindevorsteher, sodann durch die Schöffen und, wenn auch deren Zahl nicht ausreicht, durch andere von der Gemeinde zu wählende Mitglieder.

Die Zahl der von jeder Gemeinde zu entsendenden Vertreter, sowie der jedem Gutsbezirk einzuräumenden Stimmen wird mit Rücksicht auf die Steuerleistungen und die Einwohnerzahl durch ein nach Anhörung der Betheiligten auf den Vorschlag des Kreisausschusses von dem Kreistage zu erlassendes Statut geregelt. Beschwerden gegen dieses Statut unterliegen der endgültigen Beschlußfassung des Bezirksrathes.

Vertreter einer Gemeinde oder eines Gutsbezirkes bei dem Amtsausschusse können nur Personen sein, welche die im §. 96 unter a und b bezeichneten Eigenschaften besitzen.

2) In denjenigen Amtsbezirken, welche nur aus einer Gemeinde bestehen, nimmt die Gemeindeversammlung beziehungsweise Gemeindevertretung die Geschäfte des Amtsausschusses wahr.

3) In denjenigen Amtsbezirken, welche nur aus einem Gutsbezirke bestehen, fällt der Amtsausschuß weg.

§ 48. Cirk. vom 18. Dezember 1873 (Min.Bl. 1874 S. 13).

Nr. 1 Abs. 3: An die Stelle des Bezirksraths ist der Bezirksausschuß getreten, Ldverw.Ges. § 153.

Nr. 2, 3: § 56 Abs. 5.

§. **51a.** Gegen das zum Zwecke der Wahl eines Abgeordneten zum Amtsausschusse (§. 51 Nr. 1) stattgehabte Wahlverfahren kann jedes Mitglied der Wahlversammlung innerhalb zwei Wochen Einspruch bei dem Vorsitzenden des Wahlvorstandes erheben. Die Beschlußfassung über den Einspruch, über welchen die Betheiligten vorab zu hören sind, steht dem Amtsausschusse zu.

Im Uebrigen prüft der Amtsausschuß die Legitimation seiner Mitglieder von Amtswegen und beschließt darüber.

Jede Wahl verliert dauernd oder vorübergehend ihre Wirkung, wenn sich ergiebt, daß die für die Wählbarkeit vorgeschriebenen Bedingungen nicht vorhanden gewesen sind, oder wenn diese Bedingungen gänzlich oder zeitweise aufhören. Das Gleiche gilt in Bezug auf die unmittelbar auf dem Gesetze beruhende Mitgliedschaft des Amtsausschusses. Der Amtsausschuß hat darüber zu beschließen, ob einer der gedachten Fälle eingetreten ist.

Gegen die nach Maßgabe der vorstehenden Bestimmungen gefaßten Beschlüsse des Amtsausschusses findet innerhalb zwei Wochen die Klage bei dem Kreisausschusse statt. Dieselbe steht auch dem Amtsvorsteher zu. Die Klage hat keine aufschiebende Wirkung; jedoch dürfen Ersatzwahlen vor rechtskräftiger Entscheidung nicht vorgenommen werden.

Für das Streitverfahren kann der Amtsausschuß einen besonderen Vertreter bestellen.

§ 113.

§. **52.** Zu den Befugnissen des Amtsausschusses gehört:

1) die Kontrole sämmtlicher und die Bewilligung derjenigen Ausgaben der Amtsverwaltung, welche

vom Amtsbezirke aufgebracht werden (§§. 69 und 70 Absatz 4);

2) die Beschlußfassung über diejenigen Polizeiverordnungen, welche der Amtsvorsteher unter Mitwirkung des Amtsausschusses zu erlassen befugt ist (§. 62);

3) die Aeußerung über Abänderung des Amtsbezirkes (§. 49);

4) die Bestellung, sowie die Wahl besonderer Kommissionen oder Kommissarien zur Vorbereitung und Ausführung von Beschlüssen des Amtsausschusses;

5) die Beschlußfassung über sonstige Angelegenheiten, welche der Amtsvorsteher aus dem Kreise seiner Amtsbefugnisse dem Amtsausschusse zu diesem Zwecke unterbreitet.

§. 53. Die zu einem Amtsbezirke gehörigen Gemeinden und Gutsbezirke sind befugt, durch übereinstimmenden Beschluß einzelne Kommunalangelegenheiten dem Amtsbezirke zu überweisen.

Handelt es sich hierbei um Aufbringung von Abgaben seitens des Amtsbezirks, deren Aufbringungsmaßstab nicht gesetzlich feststeht, so muß sich die Uebereinstimmung der Betheiligten auch auf den Aufbringungsmaßstab erstrecken.

Ueber solche dem Amtsbezirke überwiesene Kommunalangelegenheiten steht alsdann die Beschlußfassung dem Amtsausschusse zu.

Beschwerden: § 55c Abs. 2.
Abs. 2: § 70.

§. 54. Der Amtsvorsteher beruft den Amtsausschuß und führt den Vorsitz mit vollem Stimmrechte. Die Sitzungen des Amtsausschusses sind öffentlich. Für einzelne Gegenstände kann durch einen in geheimer Sitzung zu fassenden Beschluß die Oeffentlichkeit ausgeschlossen werden.

Der Amtsausschuß kann nur beschließen, wenn mehr als die Hälfte der Mitglieder anwesend ist. Eine Ausnahme hiervon findet statt, wenn die Mitglieder, zum zweiten Male zur Verhandlung über denselben Gegenstand berufen, dennoch nicht in beschlußfähiger Anzahl erschienen sind. Bei der zweiten Berufung muß auf diese Bestimmung ausdrücklich hingewiesen werden.

Die Beschlüsse des Amtsausschusses werden nach Mehrheit der Stimmen gefaßt. Bei Stimmengleichheit gilt der Antrag als abgelehnt.

Abs. 1: Stimmrecht als Vorsitzender neben seinem sonstigen vgl. Min.Erl. vom 9. Oktober 1874 (Min.Bl. S. 257).

§. 54a. Beschlüsse des Amtsausschusses, welche dessen Befugnisse überschreiten oder die Gesetze verletzen, hat der Amtsvorsteher, entstehenden Falles auf Anweisung der Aufsichtsbehörde, unter Angabe der Gründe, mit aufschiebender Wirkung zu beanstanden.

Gegen die Verfügung des Amtsvorstehers steht dem Amtsausschusse innerhalb einer Frist von zwei Wochen die Klage bei dem Kreisausschusse zu. Zur Wahrnehmung seiner Rechte im Verwaltungsstreitverfahren kann der Amtsausschuß einen besonderen Vertreter wählen.

§ 178.

§. 55. Für die nach näherer Vorschrift dieses Gesetzes den Gemeinden und Gutsbezirken gemeinsamen Angelegenheiten stehen dem Amtsverbande die Rechte einer Korporation zu. Die Korporation wird nach Außen durch den Amtsvorsteher vertreten.

Urkunden, welche das Amt verpflichten sollen, sind von dem Amtsvorsteher und mindestens einem Mitgliede des Amtsausschusses unter Anführung des betreffenden Beschlusses des Amtsausschusses zu vollziehen.

§§ 55a, 55c.

§. **55a.** Beschlüsse der Amtsverbände, betreffend die Veräußerung von Grundstücken oder Immobiliarrechten, oder die Aufnahme von Anleihen, durch welche der Amtsverband mit einem Schuldenbestande belastet oder der bereits vorhandene Schuldenbestand vergrößert werden würde, bedürfen der Bestätigung des Kreisausschusses. Ohne diese Genehmigung sind die bezeichneten Rechtsgeschäfte nichtig.

Bis zum Erlaß einer Landgemeindeordnung ist zur Aufnahme von Anleihen durch den Amtsausschuß die Zustimmung sämmtlicher zu dem Amtsbezirke gehörigen Gemeinden und Gutsbezirke nothwendig.

Zuständ.Ges. §§ 16, 30.

§. **55b.** Der Kreisausschuß beschließt an Stelle der Aufsichtsbehörde:

1) über die Art der gerichtlichen Zwangsvollstreckung wegen Geldforderungen gegen Amtsverbände (§. 15 zu 4 des Einführungsgesetzes zur Deutschen Civilprozeßordnung vom 30. Januar 1877, Reichs-Gesetzbl. S. 244);
2) über die Feststellung und den Ersatz der bei Kassen und anderen Verwaltungen der Amtsverbände vorkommenden Defekte nach Maßgabe der Verordnung vom 24. Januar 1844 (Gesetz-Samml. S. 52);
3) über die verweigerte Abnahme oder Entlastung von Rechnungen der rechnungsführenden Beamten.

Der Beschluß zu 2 und 3 ist, vorbehaltlich des ordentlichen Rechtsweges, endgültig.

Zuständ.Ges. § 17 no. 4 u. 5, § 32 no. 5, § 33 no. 4.

§. 55c. [Die Aufsicht des Staates über die Verwaltung der Angelegenheiten der Amtsverbände wird in erster Instanz von dem Kreisausschusse, in höherer und letzter Instanz von dem Bezirksrathe geübt.]

Beschwerden bei den Aufsichtsbehörden in Angelegenheiten der Amtsverbände sind in allen Instanzen innerhalb zwei Wochen anzubringen.

Abs. 1 lautet jetzt zufolge Zuständ.Ges. § 5 folgendermaßen:

„Die Aufsicht des Staates über die Verwaltung der Angelegenheiten der Amtsverbände wird unbeschadet der vorstehenden Bestimmungen in erster Instanz von dem Landrath als Vorsitzenden des Kreisausschusses, in höherer und letzter Instanz von dem Regierungspräsidenten geübt."

§§ 67, 136. Wegen der Polizei § 77.

Amtsvorsteher.
a) Berufung desselben.

§. 56. Der Amtsvorsteher wird von dem Ober-Präsidenten ernannt.

Die Ernennung erfolgt auf Grund von Vorschlägen des Kreistages, in welche aus der Zahl der Amtsangehörigen die zu Amtsvorstehern befähigten Personen aufzunehmen sind.

Lehnt ein Kreistag die Aufforderung des Ober-Präsidenten zur Vervollständigung dieser Vorschläge ab, so hat der Provinzialrath auf Antrag des Ober-Präsidenten darüber zu beschließen, ob und welche Personen nachträglich in die Vorschlagsliste aufzunehmen sind.

Die Ernennung erfolgt auf sechs Jahre. Der Amtsvorsteher wird von dem Landrathe vereidigt.

In denjenigen Amtsbezirken, welche nur aus einer Gemeinde oder einem selbstständigen Gutsbezirke bestehen, ist der Gemeinde- beziehungsweise Gutsvorsteher zugleich Amtsvorsteher.

§ 8 Abs. 3, § 59. Amtsvorsteher sind mittelbare Staatsbeamte, Min.Erl. vom 15 Juni 1874 (Min.Bl. S. 159). Eidesnorm: Verordnung vom 6. Mai 1867. Dienstabzeichen, Min.Erl. vom 17. Dezember 1878 (Min.Bl. 1879 S. 1).

Abs. 5: §§ 29, 31, 48 no. 2 u. 3.

b) Stellvertretung desselben.

§. 57. Für jeden Amtsbezirk wird nach den für die Ernennung des Amtsvorstehers geltenden Bestimmungen (§. 56) ein Stellvertreter des letzteren ernannt.

Ist der Amtsvorsteher an der Wahrnehmung seiner Amtsgeschäfte verhindert, so hat der Stellvertreter dieselben zu übernehmen; der Landrath ist hiervon zu benachrichtigen, sobald die Verhinderung länger als drei Tage dauert.

Erledigt sich das Amt des Amtsvorstehers, so tritt bis zur Ernennung seines Nachfolgers der Stellvertreter für ihn ein.

Findet sich im Amtsbezirke keine zur Ernennung als Stellvertreter geeignete Person, so hat der Kreisausschuß die Stellvertretung einstweilen einem der benachbarten Amtsvorsteher, oder, nach vorherigem Einvernehmen mit der städtischen Vertretung, dem Bürgermeister einer benachbarten Stadt zu übertragen. Eine gleiche Anordnung erfolgt für den Fall des gleichzeitigen Abganges oder der gleichzeitigen Behinderung des Amtsvorstehers und seines Stellvertreters.

Ist der Amtsvorsteher bei der Erledigung eines Amtsgeschäftes persönlich betheiligt, so hat der Kreisausschuß den Stellvertreter oder einen der benachbarten Amtsvorsteher, beziehungsweise Bürgermeister, damit zu betrauen.

In den Gemeinden, welche einen eigenen Amtsbezirk bilden, vertritt nach der Bestimmung des Kreisausschusses einer der Schöffen den Gemeindevorsteher in seiner Eigenschaft als Amtsvorsteher.

In den Fällen der Absätze 5 und 6 ist der Beschluß des Kreisausschusses endgültig.

Abs. 1: Min.Erl. vom 26. März 1881 (Min.Bl. S. 67).

Abs. 4: Jeder Amtsvorsteher bzw. Bürgermeister ist zur Vertretung verpflichtet, Min.Erl. vom 14. März 1874 (Min.Bl. S. 98).

Beschwerde nach Ldverw.Ges. §§ 121, 122.

Abs. 5: § 139.

Bestellung kommissarischer Amtsvorsteher.

§. 58. Ist nach der Erklärung des Kreistages für einen Amtsbezirk weder eine zum Amtsvorsteher geeignete Person zu ermitteln, noch die zeitweilige Wahrnehmung der Amtsverwaltung durch den Vorsteher eines benachbarten Amtsbezirkes oder durch den Bürgermeister einer benachbarten Stadt thunlich, so bestellt der Oberpräsident auf Vorschlag des Kreisausschusses einen kommissarischen Amtsvorsteher.

Für die Uebernahme der Verwaltung eines benachbarten Amtsbezirkes durch einen Bürgermeister ist die Zustimmung der städtischen Vertretung erforderlich.

Sofern die Verhältnisse es gestatten, kann ein kommissarischer Amtsvorsteher mit der Verwaltung zweier oder mehrerer Amtsbezirke gleichzeitig beauftragt werden.

Obliegenheiten des Amtsvorstehers.

§. 59. Der Amtsvorsteher verwaltet:

1) die Polizei, insbesondere die Sicherheits-, Ordnungs-, Sitten-, Gesundheits-, Gesinde-, Armen-, Wege-, Wasser-, Feld-, Forst-, Fischerei-, Gewerbe-, Bau-, Feuerpolizei u. s. w., soweit sie nicht durch besondere Gesetze dem Landrathe oder anderen Beamten übertragen ist;
2) die sonstigen öffentlichen Angelegenheiten des Amtes nach näherer Vorschrift dieses Gesetzes.

Unter der nach Ziffer 1 dem Amtsvorsteher übertragenen Wasserpolizei ist die Strom-, Schifffahrts- und Hafenpolizei nicht begriffen.

Der Amtsvorsteher verwaltet die örtliche Polizei, Min.Erl. vom 24. März 1877 (Min.Bl. S. 117) vom 15. September 1875 (Min.Erl. S. 267). Allg. Landrecht II, 17 § 10.

§§ 29, 30, 31, 46, 47, 60 ff.

Wegen der Wegepolizei § 61 u. Zuständ.Ges. §§ 55 ff. Zwangsbefugnisse, Ldverw.Ges. §§ 132 ff.

Die Amtsvorsteher und deren Stellvertreter sind durch Erlaß vom 18. September 1879 (Min.Bl. S. 265) zu Hülfsbeamten der Staatsanwaltschaft im Sinne des § 153 des Gerichtsverfassungsgesetzes bestellt worden. Nach § 81 des Ausführ.Ges. zum deutschen Ger.Verf.Ges. vom 24. April 1878 (Ges.S. S. 230) sind Ehrenamtsvorsteher von der Disziplinarbefugniß der Staatsanwaltschaft ausgenommen.

Vgl. auch Strafprozeßordnung §§ 105, 159, 161 u. 187.

Nr. 2: Hinsichtlich der Thätigkeit bei der allgemeinen Landesverwaltung vgl. § 66.

Abs. 2: Zuständ.Ges. § 66.

§. **60**. Der Amtsvorsteher hat das Recht und die Pflicht, da, wo die Erhaltung der öffentlichen Ordnung, Ruhe und Sicherheit sein Einschreiten nothwendig macht, das Erforderliche anzuordnen und ausführen zu lassen.

§§ 29, 30 no. 3.

§. **61**. Der Kreisausschuß bestimmt endgültig denjenigen Amtsvorsteher, beziehungsweise Bürgermeister, welcher die in Bezug auf die öffentlichen Wege nothwendigen Anordnungen zu treffen hat, wenn die Betheiligten verschiedenen Amtsbezirken, beziehungsweise Amts- und Stadtbezirken angehören.

Diese Bestimmung findet gleichmäßig Anwendung auf die in Vorfluths- und anderen polizeilichen Angelegenheiten zu treffenden Anordnungen.

§. **62**. Das durch die §§. 5 ff. des Gesetzes vom 11. März 1850 (Gesetz-Samml. S. 265) der Ortspolizeibehörde für den Umfang einer Gemeinde ertheilte Recht zum Erlaß von Polizeistrafverordnungen wird auf den Amtsvorsteher mit der Maßgabe übertragen, daß er nicht nur für den Umfang einer einzelnen Gemeinde oder eines einzelnen Gutsbezirks, sondern auch für den Umfang mehrerer Gemeinden oder Gutsbezirke und für den Umfang des ganzen Amtsbezirks unter Zustimmung des Amtsausschusses, auch im Falle des §. 7 des Gesetzes, derartige Verordnungen zu erlassen befugt ist.

Versagt der Amtsausschuß die Zustimmung, so kann dieselbe auf Antrag des Amtsvorstehers durch Beschluß des Kreisausschusses ergänzt werden. Der Beschluß ist endgültig.

Ueber die Befugniß des Landraths vgl. Ldverw.Ges. § 142.

Abs. 1: vgl. Ldverw.Ges. §§ 144, 145.

Das Gesetz vom 11. März 1850 ist im Anhang unter II abgedruckt.

§. 63. Der Amtsvorsteher hat in den seiner Verwaltung anheimfallenden Angelegenheiten das Recht der vorläufigen Straffestsetzung nach den Vorschriften des Gesetzes vom 14. Mai 1852 (Gesetz-Samml. S. 245).

Strafprozeßordnung §§ 453 ff. An die Stelle des Gesetzes vom 14. Mai 1852 ist für das Geltungsgebiet desselben das Gesetz, betr. den Erlaß polizeilicher Strafverfügungen wegen Uebertretungen vom 23. April 1883 (Ges.S. S. 65) getreten. Anweisung zur Ausführung vom 8. Juni 1883 (Min.Bl. S. 152) u. Cirk. vom 9. Juli 1883 (Min.Bl. S. 175).

Wegen Geldbußen vgl. § 73.

§. 64. (Fortgefallen.)

Dienstliche Stellung der Gemeinde- und Gutsvorstände, sowie der Gendarmen zu dem Amtsvorsteher.

§. 65. Die Gemeinde- und Gutsvorsteher sind verbunden, den Anweisungen und Aufträgen des Amtsvorstehers, welche derselbe in Gemäßheit seiner gesetzlichen Befugnisse in Dienstangelegenheiten an sie erläßt, nachzukommen, und können hierzu von ihm unter Anwendung der den Ortspolizeibehörden nach §. 68 des Gesetzes über die Organisation der allgemeinen Landesverwaltung vom 26. Juli 1880 (Gesetz-Samml. S. 291) zustehenden Zwangsmittel, mit Ausnahme der Haftstrafe, angehalten werden. Ein Ordnungsstrafrecht steht dem Amtsvorsteher gegen die Gemeinde- und Gutsvorsteher nicht zu.

Die Gendarmen haben den Requisitionen des Amtsvorstehers in polizeilichen Angelegenheiten zu genügen. Der Dienstaufsicht des Amtsvorstehers unterliegen sie nicht.

Abs. 1: § 30 no. 3. Dem § 68 des Organis.Ges. entspricht jetzt § 132 des Ldverw.Ges. Vgl. Min.Erl. vom 20. März 1874 (Min.Bl. S. 99).

Die „Anweisungen und Aufträge" charakterisiren sich nicht als polizeiliche Verfügungen im Sinne des § 127 des Ldverw.Ges., sind daher nur im Beschwerdewege anzugreifen, O.V.G. VI S. 156.

Dienstliche Stellung des Amtsvorstehers zu dem Landrathe und dem Kreisausschuß.

§. 66. Der Landrath und der Kreisausschuß sind befugt, für die Geschäfte der allgemeinen Landes- und Kreiskommunalverwaltung, sowie bei Beaufsichtigung der Kommunalangelegenheiten der zu dem Amtsbezirke gehörigen Gemeinden und Gutsbezirke die vermittelnde und begutachtende Thätigkeit des Amtsvorstehers in Anspruch zu nehmen.

§§ 76, 77. Z. B. bei Revision der Gemeindekassen, Min.Erl. vom 13. Juni 1874 (Min. Bl. S. 158), vgl. a. Min.Erl. vom 3. Februar 1875 (Min.Bl. S. 61). O.V.G. VI S. 79, 80. Aufsicht des Staats Zuständ.Ges. §§ 7, 24.

§. 67. Der Kreisausschuß beschließt über Beschwerden gegen Verfügungen der Amtsvorsteher in nicht polizeilichen Angelegenheiten.

Die Aufsicht über die Geschäftsführung der Amtsvorsteher führt der Landrath als Vorsitzender des Kreisausschusses.

§§ 55c, 76. Ueber Rechtsmittel gegen polizeiliche Verfügungen vgl. Ldverw.Ges. § 127.
Abs. 2: § 136 Abs. 2.

Dienstvergehen des Amtsvorstehers.

§. 68. Bezüglich der Dienstvergehen der Amtsvorsteher finden die Bestimmungen des Gesetzes vom 21. Juli 1852, betreffend die Dienstvergehen der nicht richterlichen

Beamten (Gesetz-Samml. S. 465), mit folgenden Maßgaben Anwendung:

1) Ueber die Verhängung von Ordnungsstrafen gegen die Amtsvorsteher beschließt im Umfange des den Provinzialbehörden beigelegten Ordnungsstrafrechtes der Kreisausschuß und im Umfange des dem Minister beigelegten Ordnungsstrafrechtes der Regierungspräsident. Dem Landrathe steht das Recht zur Verhängung von Ordnungsstrafen gegen die Amtsvorsteher nicht zu.

   Gegen den Beschluß des Kreisausschusses findet innerhalb zwei Wochen die Beschwerde an den Bezirksrath, gegen die Strafverfügungen des Regierungspräsidenten innerhalb gleicher Frist die Beschwerde an den Ober-Präsidenten statt.

   Gegen den auf die Beschwerde ergehenden Beschluß des Bezirksrathes beziehungsweise des Ober-Präsidenten findet innerhalb zwei Wochen die Klage bei dem Oberverwaltungsgerichte statt.

2) In dem auf Entfernung aus dem Amte gerichteten Verfahren wird die Einleitung des Disziplinarverfahrens von dem Landrathe oder von dem Regierungspräsidenten verfügt und von demselben der Untersuchungskommissar, sowie der Vertreter der Staatsanwaltschaft für die erste Instanz ernannt.

   Die entscheidende Behörde erster Instanz ist der Kreisausschuß, die entscheidende Behörde zweiter Instanz das Oberverwaltungsgericht. Der Vertreter der Staatsanwaltschaft bei dem Oberverwaltungsgerichte wird von dem Minister des Innern ernannt.

Nr. 1: Ldverw.Ges. § 123; Zuständ.Ges. § 36. An Stelle des Bezirksraths ist der Bezirksausschuß getreten, Ldverw.Ges. § 153. Die Geldstrafen fließen zur Kreiskommunalkasse, Min.Erl. vom

12. Dezember 1874 (Min.Bl. 1875 S. 2) u. vom 23. März 1878 (Min.Bl. S. 46). Der Kreiskommunalverband trägt aber auch die Kosten bei Einstellung oder Freisprechung, Min.Erl. vom 26. März 1880 (Min.Bl. S. 167).

Kosten der Amtsverwaltung.

§. 69. Der Amtsvorsteher ist berechtigt, eine Amtsunkostenentschädigung zu beanspruchen, welche nach Anhörung der Betheiligten von dem Kreisausschusse als ein Pauschquantum festgesetzt wird.

In gleicher Weise erfolgt die Festsetzung der einem kommissarischen Amtsvorsteher zu gewährenden Remuneration.

§ 50 Anm., § 52 no. 1, § 34a. Beschwerde: Ldverw.Ges. § 121. Pauschquantum ohne Rechnungslegung, aber nicht auch die daneben zu besonderen Zwecken bewilligten Summen, O.V.G. IV S. 77, Erl. vom 9. März 1881 (Min.Bl. S. 75).

Cirk. vom 10. Juni 1873 — im Anhang V —, 4. Juli 1874 (Min.Bl. S. 173), 15. April 1876 (Min.Bl. S. 101), 22. Dezember 1880 (Min.Bl. 1881 S. 125) u. 3. März 1881 (Min.Bl. S. 75). O.V.G. IV S. 80.

§. 70. Als Beitrag zu den Kosten der Amtsverwaltung überweist der Staat den Kreisen diejenigen Summen, welche er in Folge des gegenwärtigen Gesetzes durch das Eingehen der Königlichen Polizeiverwaltungen, durch den Wegfall der Schulzenremunerationen und anderer Polizeiverwaltungskosten an den im Staatshaushalts-Etat für das Jahr 1873 für ebengenannte Zwecke veranschlagten Ausgaben fernerhin ersparen wird.

Die Vertheilung des für jede Provinz festzustellenden Betrages auf die einzelnen Kreise erfolgt nach Maßgabe des Bedürfnisses durch die Provinzialvertretung beziehungsweise durch eine von dieser zu erwählende Kommission.

Außerdem wird der Staat für die den Kreisen beziehungsweise Amtsbezirken durch die Wahrnehmung von Geschäften der Staatsverwaltung erwachsenden Ausgaben besondere Fonds überweisen. Das hierüber zu erlassende Gesetz wird über den Betrag und die Vertheilung dieser Fonds nähere Anordnungen treffen.

Soweit die Kosten der Amtsverwaltung durch die vom Staate überwiesenen Beträge ihre Deckung nicht finden, trägt dieselbe das Amt.

In den zusammengesetzten Amtsbezirken gilt für die Aufbringung der Verwaltungskosten in Ermangelung einer Vereinbarung unter den Betheiligten der nach Maßgabe dieses Gesetzes in dem Kreise für die Kreisabgaben festgestellte Maßstab.

Abs. 1: Zu den Kosten der Amtsverwaltung gehören neben dem Pauschquantum des § 69 besonders die Kosten der örtlichen Polizeiverwaltung. O.V.G. V S. 66.

Abs. 3: Gesetz, betr. die Dotation der Provinzial- und Kreisverbände vom 30. April 1873 und Cirk. vom 10. Juni 1873 — im Anhang unter IV bzw. V abgedruckt.

Abs. 4: §§ 52, 71, 73.

Abs. 5: § 10.

§. 70 a. Auf Beschwerden und Einsprüche, betreffend:

1) das Recht zur Mitbenutzung der öffentlichen Einrichtungen und Anstalten des Amtsbezirkes,
2) die Heranziehung oder die Veranlagung zu den Kosten der Amtsverwaltung oder zu anderen Amtsabgaben,

beschließt — in zusammengesetzten Amtsbezirken — der Amtsausschuß.

Beschwerden und Einsprüche der zu 2 gedachten Art sind innerhalb einer Frist von zwei Monaten nach Bekanntmachung der Abgabebeiträge bei dem Amtsvorsteher anzubringen. Einsprüche gegen die Höhe von Amtszuschlägen zu den direkten Staatssteuern, welche sich gegen den Prinzipalsatz der letzteren richten, sind unzulässig.

Gegen den Beschluß des Amtsausschusses findet innerhalb zwei Wochen die Klage bei dem Kreisausschusse statt. Hierbei finden die Vorschriften des §. 19 Absatz 3 Satz 2 Anwendung.

Die Beschwerden und die Einsprüche, sowie die Klage, haben keine aufschiebende Wirkung.

§ 7 no. 2, §§ 19, 116 no. 6; Zuständ.Ges. § 34.

§. 71. In denjenigen Gemeinden und Gutsbezirken, welche einen Amtsbezirk für sich bilden, werden die Kosten der Amtsverwaltung gleich den übrigen Kommunalbedürfnissen aufgebracht. Solche Amtsbezirke haben keinen Anspruch auf die vom Staate gewährten Fonds.

§ 48 no. 2 u. 3 u. Anhang VI Art. 2.

§. 72. Unterläßt oder verweigert ein Amtsverband die ihm gesetzlich obliegenden, von der Behörde innerhalb der Grenzen ihrer Zuständigkeit festgestellten Leistungen auf den Haushaltsetat zu bringen oder außerordentlich zu genehmigen, so verfügt der Landrath unter Anführung der Gründe die Eintragung in den Etat, beziehungsweise die Feststellung der außerordentlichen Ausgabe.

Gegen die Verfügung des Landraths steht dem Amtsverbande innerhalb zwei Wochen die Klage bei dem Bezirksverwaltungsgerichte zu. Zur Ausführung der Rechte des Amtsverbandes kann der Amtsausschuß einen besonderen Vertreter bestellen.

§ 180; Zuständ.Ges. § 19.

Abs. 2: An die Stelle des Bezirksverwaltungsgerichts ist der Bezirksausschuß jetzt getreten, Ldverw.Ges. § 153.

Einnahmen aus Geldbußen und Konfiskaten.

§. 73. Die von den Amtsvorstehern in Gemäßheit des Gesetzes vom 14. Mai 1852 (Gesetz-Samml. S. 245) endgültig festgesetzten Geldbußen und Konfiskate, sowie die von denselben festgesetzten Exekutivgeldbußen werden — soweit nicht in Ansehung gewisser Uebertretungen besonders bestimmt ist, wohin die durch dieselben verwirkten

Geldbußen oder Konfiskate fließen sollen — zur Amtskasse, beziehungsweise zu den Kassen der einen eigenen Amtsbezirk bildenden Gemeinden und Gutsbezirke vereinnahmt und zur Deckung der Kosten der Amtsverwaltung mitverwendet.

Vgl. § 63 u. Anm., § 65 u. Strafprozeßordnung §§ 453 ff. Geldstrafen, welche vom Landrath festgesetzt sind, fließen zur Staatskasse, Min.Erl. vom 12. Dezember 1874 (Min.Bl. 1875 S. 2).

Fünfter Abschnitt.

Von dem Amte des Landraths.

Landrath.
a) Ernennung desselben.

§. 74. Der Landrath wird vom Könige ernannt.

Der Kreistag ist befugt, für die Besetzung des erledigten Landrathsamtes geeignete Personen, welche seit mindestens einem Jahre dem Kreise durch Grundbesitz oder Wohnsitz angehören, in Vorschlag zu bringen.

Geeignet zur Bekleidung der Stelle eines Landrathes sind diejenigen Personen, welche

1) die Befähigung zum höheren Verwaltungs- oder Justizdienste erlangt haben, oder
2) dem Kreise seit mindestens einem Jahre durch Grundbesitz oder Wohnsitz angehören, und zugleich mindestens während eines vierjährigen Zeitraumes, entweder
    a) als Referendare im Vorbereitungsdienste bei den Gerichten und Verwaltungsbehörden
    oder
    b) in Selbstverwaltungsämtern des betreffenden Kreises, des Bezirkes oder der Provinz, — jedoch nicht lediglich als Stellvertreter oder als Mitglieder von Kreiskommissionen

thätig gewesen sind.

Auf den Zeitraum von vier Jahren kann den zu 2b bezeichneten Personen eine Beschäftigung bei höheren Verwaltungsbehörden bis zur Dauer von zwei Jahren in Anrechnung gebracht werden.

§ 21 Abs. 3; Prov.O. § 17 Abs. 1.

Befähigung für den höheren Verwaltungsdienst: Gesetze vom 6. Mai 1869, § 10 (Ges.S. S. 656), 11. März 1879 (Ges.S. S. 160) u. 23. Mai 1883 (Ges.S. S. 99).

b) Stellvertretung desselben.

§. 75. Behufs Stellvertretung des Landrathes werden von dem Kreistage aus der Zahl der Kreisangehörigen zwei Kreisdeputirte auf je sechs Jahre gewählt. Dieselben bedürfen der Bestätigung des Ober-Präsidenten. Sie sind von dem Landrathe zu vereidigen.

Für kürzere Verhinderungsfälle kann der Kreissekretär als Stellvertreter eintreten.

§ 118, 136 Abs. 2. Wegen Diäten und Reisekosten der Kreisdeputirten Min.Erl. vom 14. Juli bzw. 29. Oktober 1874 (Min.Bl. S. 226 bzw. 1875 S. 65).

c) Amtliche Stellung desselben.

§. 76. Der Landrath führt als Organ der Staatsregierung die Geschäfte der allgemeinen Landesverwaltung im Kreise und leitet als Vorsitzender des Kreistages und des Kreisausschusses die Kommunalverwaltung des Kreises.

§§ 21, 26, 33, 66, 67, 94, 103, 104, 118, 131, 136 u. Ldverw.Ges. §§ 3, 36, 10, 28.

d) Rechte und Pflichten desselben.

§. 77. Soweit die Rechte und Pflichten des Landrathes nicht durch das gegenwärtige Gesetz abgeändert sind, behält es bei den darüber bestehenden Vorschriften auch ferner sein Bewenden.

Demgemäß hat der Landrath auch ferner die gesammte Polizeiverwaltung im Kreise und in dessen einzelnen

Amtsbezirken, Gemeinden und Gutsbezirken zu überwachen.

§ 67.

§. 78. (Fortgefallen.)

Sechster Abschnitt.

Von dem Zwangsverfahren der Behörden des Kreises.

§§. 79 bis 83. (Fortgefallen.)

Dritter Titel.

Von der Vertretung und Verwaltung des Kreises.*)

Erster Abschnitt.

Von der Zusammensetzung des Kreistages.

Zahl der Mitglieder des Kreistages.

§. 84. Die Kreisversammlung (der Kreistag) besteht in Kreisen, welche unter Ausschluß der im aktiven Militärdienste stehenden Personen 25000 oder weniger Einwohner haben, aus 25 Mitgliedern. In Kreisen mit mehr als 25000 bis zu 100000 Einwohnern tritt für jede Vollzahl von 5000 und in Kreisen mit mehr als 100000 Einwohnern für jede über die letztere Zahl überschießende Vollzahl von 10000 Einwohnern je ein Vertreter hinzu.

§§ 4, 89.

---

*) Instruktion vom 10. März 1873 u. Cirkulare vom 1. Mai 1876 u. 21. Juli 1876, im Anhang unter III bzw. X u. XII abgedruckt.

Bildung von Wahlverbänden für die Wahl der Kreistagsabgeordneten.

§. 85. Zum Zwecke der Wahl der Kreistagsabgeordneten werden drei Wahlverbände gebildet und zwar:

a) der Wahlverband der größeren ländlichen Grundbesitzer,
b) der Wahlverband der Landgemeinden und
c) der Wahlverband der Städte.

In Kreisen, in welchen keine Stadtgemeinde vorhanden ist, scheidet der Wahlverband der Städte aus.

Für Kreise, welche nur aus einer oder mehreren Städten bestehen, gelten die Vorschriften der §§. 169 und 171 bis 175 dieses Gesetzes.

Bildung des Wahlverbandes der größeren ländlichen Grundbesitzer.

§. 86. Der Wahlverband der größeren ländlichen Grundbesitzer besteht aus allen denjenigen zur Zahlung von Kreisabgaben verpflichteten Grundbesitzern, mit Einschluß der juristischen Personen, Aktiengesellschaften und Kommanditgesellschaften auf Aktien, welche von ihrem gesammten, auf dem platten Lande innerhalb des Kreises belegenen Grundeigenthume den Betrag von mindestens 225 Mark an Grund- und Gebäudesteuer entrichten, beziehungsweise zu entrichten haben würden, wenn sie nach Maßgabe der Gesetze vom 21. Mai 1861 (Gesetz-Samml. S. 253 und 317) zur Grund- beziehungsweise Gebäudesteuer veranlagt wären.

Nach Erlaß der Provinzialordnung bleibt den Provinzialvertretungen überlassen, für ihre Provinz oder auch für einzelne Kreise derselben den Betrag von 225 Mark auf den Betrag von 300 Mark zu erhöhen oder bis auf den Betrag von 150 Mark zu ermäßigen.

Für einzelne Kreise der Provinz Sachsen darf diese Erhöhung bis zu dem Betrage von 450 Mark erfolgen.

Dem Wahlverbande der größeren ländlichen Grundbesitzer treten diejenigen Gewerbtreibenden und Bergwerksbesitzer hinzu, welche wegen ihrer auf dem platten Lande innerhalb des Kreises betriebenen gewerblichen Unternehmungen in der Klasse A I der Gewerbesteuer mit dem Mittelsatze veranlagt sind (§. 14 Absatz 4).

§§ 14, 183.

Bildung des Wahlverbandes der Landgemeinden.

§. 87. Der Wahlverband der Landgemeinden umfaßt:

1) sämmtliche Landgemeinden des Kreises;
2) sämmtliche Besitzer selbstständiger Güter mit Einschluß der juristischen Personen, Aktiengesellschaften und Kommanditgesellschaften auf Aktien, welche nicht zu dem Verbande der größeren Grundbesitzer (§. 86) gehören;
3) diejenigen Gewerbtreibenden und Bergwerksbesitzer, welche wegen ihrer auf dem platten Lande innerhalb des Kreises betriebenen gewerblichen Unternehmungen in der Klasse A I unter dem Mittelsatze veranlagt sind.

Bildung des Wahlverbandes der Städte.

§. 88. Der Wahlverband der Städte umfaßt die Stadtgemeinden des Kreises.

Vertheilung der Kreistagsabgeordneten auf die einzelnen Wahlverbände.

§. 89. Die nach §. 84 dieses Gesetzes jedem Kreise nach Maßgabe seiner Bevölkerungsziffer zustehende Zahl von Kreistagsabgeordneten wird auf die drei Wahlverbände der größeren Grundbesitzer, der Landgemeinden und der Städte nach folgenden Grundsätzen vertheilt:

1) Die Zahl der städtischen Abgeordneten wird nach dem Verhältnisse der städtischen und ländlichen Bevölkerung, wie dasselbe durch die letzte allge-

meine Volkszählung festgestellt worden ist, bestimmt. Die Zahl der städtischen Abgeordneten darf die Hälfte, und in denjenigen Kreisen, in welchen nur eine Stadt vorhanden ist, ein Drittel der Gesammtzahl aller Abgeordneten nicht übersteigen.

2) Von der nach Abzug der städtischen Abgeordneten übrig bleibenden Zahl der Kreistagsabgeordneten erhalten die Verbände der größeren Grundbesitzer und der Landgemeinden ein jeder die Hälfte.

§. **90**. Bleibt die vorhandene Zahl der in dem Wahlverbande der größeren Grundbesitzer Wahlberechtigten (§. 86) in einem Kreise unter der ihrem Verbande nach §. 89 zukommenden Abgeordnetenzahl, so wählt dieser Verband nur so viele Abgeordnete, als Wähler vorhanden sind, und fällt die demselben hiernach abgehende Zahl von Abgeordneten dem Wahlverbande der Landgemeinden zu.

Vertheilung der vom Wahlverbande der Landgemeinden zu wählenden Abgeordneten auf die einzelnen Wahlbezirke.

§. **91**. Zum Zwecke der Wahl der von dem Verbande der Landgemeinden zu wählenden Abgeordneten werden, unter möglichster Anlehnung an die Amtsbezirke, in räumlicher Abrundung und nach Maßgabe der Bevölkerung Wahlbezirke gebildet, deren jeder die Wahl von einem bis zwei Abgeordneten zu vollziehen hat.

Vertheilung der vom Wahlverbande der Städte zu wählenden Abgeordneten auf die einzelnen Stadtgemeinden, beziehungsweise Bildung von Städtewahlbezirken.

§. **92**. Die Zahl der vom Wahlverbande der Städte überhaupt zu wählenden Kreistagsabgeordneten wird auf die einzelnen Städte des Kreises nach Maßgabe der Seelenzahl vertheilt.

Sind in einem Kreise mehrere Städte vorhanden, auf welche hiernach nicht je ein Abgeordneter fällt, so werden diese Städte behufs der Wahl mindestens eines gemeinschaftlichen Abgeordneten zu einem Wahlbezirke vereinigt.

Ist in einem Kreise neben anderen großen Städten nur eine Stadt vorhanden, welche nach ihrer Seelenzahl nicht einen Abgeordneten zu wählen haben würde, so ist derselben gleichwohl ein Abgeordneter zu überweisen.

Ausgleichung der sich bei der Vertheilung der Kreistagsabgeordneten ergebenden Bruchtheile.

§. **93.** Ergeben sich bei den nach Maßgabe der §§. 89 bis 92 des Gesetzes vorzunehmenden Berechnungen Bruchtheile, so werden dieselben nur insoweit berücksichtigt, als sie $1/2$ erreichen oder übersteigen.

Uebersteigen sie $1/2$, so werden sie für voll gerechnet, kommen sie $1/2$ gleich, so bestimmt das Loos, welchem der bei der Vertheilung betheiligten Wahlverbände und Wahlbezirke, beziehungsweise welcher Stadtgemeinde der Bruchtheil für voll gerechnet werden soll.

Vollziehung der Wahlen in den Wahlverbänden der größeren Grundbesitzer.

§. **94.** Zur Wahl der von dem Wahlverbande der größeren Grundbesitzer zu wählenden Kreistagsabgeordneten treten die zu diesem Verbande gehörigen Grundbesitzer, Gewerbtreibenden und Bergwerksbesitzer in der Kreisstadt unter dem Vorsitze des Landraths zusammen.

§. **95.** Bei dem Wahlakte hat jeder Berechtigte nur Eine Stimme.

Auch als Stellvertreter können Personen, welche bereits eine Stimme führen, ein ferneres Stimmrecht nicht ausüben. Ausgenommen sind die im §. 97 Nr. 7 bezeichneten Vertreter.

§. **96.** Das Recht zur persönlichen Theilnahme an

den Wahlen (§. 94) steht vorbehaltlich der nachfolgenden besonderen Bestimmungen (§. 97) denjenigen Grundbesitzern, Gewerbtreibenden und Bergwerksbesitzern zu, welche

a) Angehörige des Deutschen Reiches und selbstständig sind.

Als selbstständig wird derjenige angesehen, welcher das 21. Lebensjahr vollendet hat, sofern ihm das Recht, über sein Vermögen zu verfügen und dasselbe zu verwalten, nicht durch gerichtliche Anordnung entzogen ist;

b) sich im Besitze der bürgerlichen Ehrenrechte befinden.

Das Wahlrecht geht verloren, sobald eins der vorstehenden Erfordernisse bei dem bis dahin Wahlberechtigten nicht mehr zutrifft. Es ruht während der Dauer eines Konkurses, ferner während der Dauer einer gerichtlichen Untersuchung, wenn dieselbe wegen Verbrechen oder wegen solcher Vergehen, welche den Verlust der bürgerlichen Ehrenrechte nach sich ziehen müssen oder können, eingeleitet oder wenn die gerichtliche Haft verfügt ist.

Abs. 1a: §. 32 no. 2 u. Anm.; Prov.O. § 17.

§. 97. Durch Stellvertretung können sich an den Wahlen betheiligen:

1) der Staat durch einen Vertreter aus der Zahl seiner Beamten, seiner Domänenpächter oder der ländlichen Grundbesitzer des Kreises;

2) juristische Personen, Aktiengesellschaften und Kommanditgesellschaften auf Aktien durch einen Pächter oder mit Generalvollmacht versehenen Administrator eines im Kreise belegenen größeren Gutes, oder durch einen Vertreter aus der Zahl der ländlichen Grundbesitzer des Kreises; Korporationen sind befugt, sich nach Maßgabe ihrer Statuten oder Verfassungen vertreten zu lassen;

3) Eltern durch ihre Söhne, welchen sie die Verwaltung selbstständiger Güter dauernd übertragen haben;
4) unverheirathete Besitzerinnen durch Vertreter aus der Zahl der ländlichen Grundbesitzer des Kreises;
5) die Mitglieder regierender Häuser durch ein Mitglied ihrer Familie oder einen Vertreter aus der Zahl ihrer Beamten, ihrer Gutspächter oder der ländlichen Grundbesitzer des Kreises;
6) die gemeinschaftlichen Besitzer eines größeren Grundeigenthums (§. 86) durch einen Mitbesitzer, beziehungsweise die Theilnehmer eines gewerblichen Unternehmens durch einen derselben;
7) Ehefrauen, sowohl groß- wie minderjährige, können durch ihren Ehemann, Kinder unter väterlicher Gewalt durch ihren Vater, bevormundete Personen durch ihren Vormund oder Pfleger vertreten werden. Wird die Vormundschaft oder Pflegschaft von weiblichen Personen geführt, so kann deren Vertretung nach Maßgabe der Bestimmung unter 4 erfolgen,

insofern die unter Nr. 2 genannten Berechtigten im Deutschen Reiche ihren Sitz haben und die unter Nr. 3 bis 7 genannten Berechtigten Angehörige des Deutschen Reiches sind und sich im Genusse der bürgerlichen Ehrenrechte befinden.

Die Vertreter, mit Ausnahme der unter Nr. 7 bezeichneten, müssen in dem Kreise entweder einen Wohnsitz haben oder in demselben Grundeigenthum besitzen. Außerdem gelten für die Vertreter die Grundsätze, welche der §. 96 für die Wahlberechtigung vorschreibt.

Vollziehung der Wahlen in den Wahlbezirken des Verbandes der Landgemeinden.

§. **98.** In jedem Wahlbezirke des Wahlverbandes der Landgemeinden wird die Wahlversammlung gebildet:

1) durch Vertreter der einzelnen Landgemeinden;
2) durch die Besitzer der in dem Bezirke liegenden selbstständigen Güter, welche nicht zu den größeren Grundbesitzern (§. 86) gehören;
3) durch diejenigen Gewerbtreibenden und Bergwerksbesitzer, welche wegen ihrer auf dem platten Lande innerhalb des Kreises betriebenen gewerblichen Unternehmungen in der Klasse A I der Gewerbesteuer unter dem Mittelsatz veranlagt sind.

Auf die in den Nummern 2 und 3 erwähnten Wahlberechtigten finden die Bestimmungen der §§. 95 bis 97 Anwendung.

§. **99**. Befinden sich in einem Wahlbezirke zwei oder mehrere Güter (§. 98 Nr. 2), deren jedes zu weniger als 60 Mark Grund- und Gebäudesteuer veranlagt ist, so werden die Besitzer derselben nach Anordnung des Kreisausschusses dergestalt zu Gesammt- (Kollektiv-) Stimmen vereinigt, daß auf jede Stimme, soweit möglich, ein Grund- und Gebäudesteuerbetrag von 60 Mark entfällt.

Der Kreisausschuß regelt die Art, in welcher das Kollektivstimmrecht ausgeübt wird.

§. **100**. Die Vertretung der Landgemeinden erfolgt bei Gemeinden:

1) von weniger als 400 Einwohnern durch einen Wahlmann,
2) von 400 und weniger als 800 Einwohnern durch zwei,
3) von 800 und weniger als 1 200 Einwohnern durch drei,
4) von 1 200 und weniger als 2 000 Einwohnern durch vier,
5) von 2 000 und weniger als 3 000 Einwohnern

durch fünf Wahlmänner, und für jede fernere Vollzahl von 1000 Seelen durch einen ferneren Wahlmann.

Die Wahlmänner der Landgemeinden werden von der Gemeindeversammlung, in denjenigen Landgemeinden aber, in welchen eine gewählte Gemeindevertretung besteht oder eingeführt wird, von der letzteren und dem Gemeindevorstande aus der Zahl der stimmberechtigten Gemeindemitglieder durch absolute Stimmenmehrheit gewählt.

Die Wahlen erfolgen nach näherer Vorschrift des diesem Gesetze beigefügten Wahlreglements.

Ausgeschlossen von der Theilnahme an der Wahl in der Gemeindeversammlung sind diejenigen, welche zum Wahlverbande der größeren Grundbesitzer gehören.

Abs. 4: § 102 Abs. 2.

§. **101**. Befinden sich in einem Wahlbezirke zwei oder mehrere Gemeinden, deren jede weniger als 60 Mark Grund- und Gebäudesteuer entrichtet und weniger als 100 Einwohner zählt, so werden dieselben nach Anordnung des Kreisausschusses in gleicher Weise, wie die Besitzer der im §. 99 gedachten Güter, zu Gesammt- (Kollektiv-) Stimmen vereinigt.

§. **102**. Wer als Besitzer eines selbstständigen Guts, als Gewerbtreibender oder Bergwerksbesitzer zur Theilnahme an den Wahlen im Verbande der Landgemeinden persönlich berechtigt ist (§. 98 Nr. 2 und 3), darf die auf ihn gefallene Wahl als Wahlmann einer Landgemeinde ablehnen. Nimmt er die Wahl an, so ist er zur Ausübung seines persönlichen Wahlrechts nicht befugt.

Dagegen wird durch die Ausübung eines Wahlrechts als Wahlmann einer Landgemeinde die Ausübung des persönlichen Wahlrechts im Verbande der größeren Grundbesitzer nicht ausgeschlossen.

§. **103**. Die Vertreter der Gemeinden des Wahlbezirks, die Besitzer der zu dem letzteren gehörigen selbstständigen Güter und die wahlberechtigten Gewerbtreibenden und Bergwerksbesitzer treten unter der Leitung des Landraths oder in dessen Auftrage eines Amtsvorstehers an dem von dem Kreisausschusse zu bestimmenden Wahlorte behufs der Wahl der Kreistagsabgeordneten zusammen.

Vollziehung der Wahlen in den Städten beziehungsweise Städtewahlbezirken.

§. **104**. Die Wahl der städtischen Kreistagsabgeordneten erfolgt in denjenigen Städten, welche für sich einen oder mehrere Abgeordnete zu wählen haben, durch den Magistrat und die Stadtverordnetenversammlung, beziehungsweise das bürgerschaftliche Repräsentantenkollegium, welche zu diesem Behufe unter dem Vorsitze des Bürgermeisters zu einer Wahlversammlung vereinigt werden.

In denjenigen Städten, welche mit anderen Städten des Kreises zu einem Wahlbezirke vereinigt sind, haben der Magistrat und die Stadtverordneten beziehungsweise die bürgerschaftlichen Repräsentanten in vereinigter Sitzung auf je 250 Einwohner einen Wahlmann zu wählen. Durch statutarische Anordnung des Kreistages kann jene Zahl erhöht werden.

Die Wahlmänner des Wahlbezirks treten unter Leitung des Landraths an dem von dem Kreisausschusse zu bestimmenden Wahlorte zur Wahl der Abgeordneten zusammen.

§§ 20, 176 no. 1, § 92.

§. **105**. Die nach den vorstehenden Bestimmungen

vorzunehmenden Wahlen erfolgen nach näherer Vorschrift des diesem Gesetze beigefügten Wahlreglements.

Das Reglement ist hinter diesem Gesetze abgedruckt. Wegen des Einspruchs gegen das Wahlverfahren vgl. § 113.

Wählbarkeit zum Wahlmanne und zum Kreistagsabgeordneten.

§. **106**. Wählbar zum Mitgliede des Kreistages und beziehungsweise zum Wahlmanne ist:

1) im Wahlverbande der Städte jeder Einwohner der im Kreise belegenen Städte, welcher sich im Besitze des Bürgerrechts befindet;

2) in den Wahlverbänden der größeren Grundbesitzer, sowie der Landgemeinden, ein Jeder seit einem Jahr in dem Kreise angesessene ländliche Grundbesitzer, sowie ein Jeder, welcher in einer Versammlung dieser Verbände ein Wahlrecht ausübt, und seit einem Jahre in dem Kreise einen Wohnsitz hat.

Für die Wählbarkeit zum Wahlmanne und zum Abgeordneten gelten die im §. 96 für die Wahlberechtigung gegebenen Bestimmungen.

Zuständ.Ges. §§ 10, 27.

Abs. 2: Nach Erl. vom 24. November 1873 (Min.Bl. 1874 S. 94) bedürfen Staatsbeamte zur Uebernahme eines Mandats als Kreistagsabgeordneter nicht der Genehmigung der vorgesetzten Behörde.

Dauer der Wahlperiode der Kreistagsabgeordneten.

§. **107**. Die Kreistagsabgeordneten werden auf sechs Jahre gewählt.

Alle drei Jahre scheidet die Hälfte der Abgeordneten eines jeden Wahlverbandes aus und wird durch neue ersetzt. Ist diese Zahl nicht durch 2 theilbar, so scheidet das erste Mal die nächstgrößere Zahl aus. Die das erste Mal Ausscheidenden werden durch das Loos bestimmt, welches der Landrath auf dem Kreistage zu ziehen hat.

Die Ausscheidenden können wiedergewählt werden.

§ 113.

Ergänzungs- und Ersatzwahlen der Kreistagsabgeordneten.

§. **108**. Die Wahlen zur regelmäßigen Ergänzung des Kreistages finden alle drei Jahre im Monat November statt, sofern nicht durch statutenmäßige Anordnung seitens des Kreistages ein anderer Termin bestimmt wird. Die Wahlen in dem Verbande der Landgemeinden erfolgen vor den Wahlen in dem Verbande der größeren Grundbesitzer.

Ergänzungs- und Ersatzwahlen werden von denselben Wahlverbänden, Stadtgemeinden und Wahlbezirken vorgenommen, von denen der Ausscheidende gewählt war.

Wo in städtischen oder ländlichen Wahlbezirken die Wahl von Wahlmännern durch dieses Gesetz vorgeschrieben ist (§§. 100 und 104), erfolgt dieselbe aufs Neue vor jeder Wahl, mit Ausnahme der Ersatzwahlen, bei welchem die früheren Wahlmänner fungiren.

Der Ersatzmann bleibt nur bis zum Ende derjenigen sechs Jahre in Thätigkeit, für welche der Ausgeschiedene gewählt war.

Einführung der Kreistagsabgeordneten.

§. **109**. Die bei der regelmäßigen Ergänzung neugewählten Kreistagsabgeordneten treten, sofern nicht durch statutarische Anordnung ein anderer Termin bestimmt wird, ihr Amt mit dem Anfange des nächstfolgenden Jahres an; die Ausscheidenden bleiben bis zur Einführung der neugewählten Mitglieder in Thätigkeit. Die Einführung der Gewählten erfolgt durch den Vorsitzenden des Kreistages.

Aufstellung von Verzeichnissen der Wahlberechtigten.

§. **110**. Für jeden Kreis werden alle drei Jahre vor jeder neuen Wahl der Kreistagsabgeordneten:

1) ein Verzeichniß der zum Wahlverbande der größeren Grundbesitzer gehörigen Grundbesitzer, Gewerbtreibenden und Bergwerksbesitzer unter Angabe der in dem §. 86 enthaltenen Merkmale,
2) ein Verzeichniß der zum Wahlverbande der Landgemeinden gehörigen Besitzer selbstständiger Gutsbezirke und wahlberechtigten Gewerbtreibenden und Bergwerksbesitzer unter Angabe der in den §§. 87, 98 und 99 enthaltenen Merkmale,
3) ein Verzeichniß der Landgemeinden unter Angabe der Zahl der von jeder einzelnen Gemeinde oder von den zu einer Kollektivstimme vereinigten Gemeinden zu wählenden Wahlmänner (§§. 100 und 101)

durch den Kreisausschuß aufgestellt und durch das Kreisblatt, oder wo ein solches nicht besteht, durch das Amtsblatt zur öffentlichen Kenntniß gebracht.

Anträge auf Berichtigung dieses Verzeichnisses sind binnen einer Frist von vier Wochen nach Ausgabe des Blattes, durch welches das Verzeichniß veröffentlicht worden ist, bei dem Kreisausschusse anzubringen, welcher darüber beschließt. Gegen den Beschluß findet innerhalb zwei Wochen die Klage bei dem Bezirksverwaltungsgerichte statt.

Abs. 2: Eine Ergänzung der Verzeichnisse aus Anlaß der Ersatzwahlen ist nicht statthaft, Min.Erl. vom 25. März 1882 (Min.Bl. S. 83).

§ 112a Abs. 2. An die Stelle des Bezirksverwaltungsgerichts ist jetzt der Bezirksausschuß getreten, Ldverw.Ges. § 153.

Aufstellung des Vertheilungsplanes.

§. **111**. Die Vertheilung der Kreistagsabgeordneten auf die einzelnen Wahlverbände (§§. 89 und 90), die

Bildung von Wahlbezirken für die Landgemeinden und die zum Verbande derselben gehörigen selbstständigen Gutsbezirke, Gewerbtreibenden und Bergwerksbesitzer, sowie die Vertheilung der Abgeordneten der Landgemeinden auf dieselben (§. 91), ingleichen die Vertheilung der städtischen Abgeordneten auf die einzelnen Städte, beziehungsweise die Bildung von Städtewahlbezirken (§. 92), erfolgt auf den Vorschlag des Kreisausschusses durch den Kreistag, und ist durch das Kreis- beziehungsweise Amtsblatt zur öffentlichen Kenntniß zu bringen.

§. **112**. Die nach den Vorschriften des §. 111 festgestellte Vertheilung der Abgeordneten bleibt das erste Mal für drei Jahre, sodann für einen Zeitraum von je zwölf Jahren maßgebend. Nach dessen Ablauf wird sie durch den Kreisausschuß einer Revision unterworfen und der Beschluß des Kreistages über die etwa nach Maßgabe der Vorschriften der §§. 84, 89 bis 93 nothwendigen Abänderungen eingeholt. In der Zwischenzeit erfolgt eine Revision nur:

1) wenn die Zahl der Städte des Kreises sich vermehrt oder vermindert, oder wenn eine Stadt in Gemäßheit des §. 4 aus dem Kreisverbande ausscheidet. In diesen Fällen ist alsbald eine anderweite Vertheilung der Abgeordneten auf die einzelnen Wahlverbände und eine Neuwahl sämmtlicher Kreistagsabgeordneten vorzunehmen;
2) wenn die Zahl der Berechtigten in dem Verbande der größeren Grundbesitzer sich dergestalt vermehrt oder vermindert, daß nach §. 90 die Zahl der diesem Verbande zukommenden Abgeordneten eine größere oder geringere wird, als bei der letzten Vertheilung. In diesem Falle ist vor den nächsten regelmäßigen Ergänzungswahlen (§. 108) von dem Kreistage eine Berichtigung des Ver-

theilungsplans vorzunehmen und sind sodann nach diesem berichtigten Vertheilungsplan die erforderlichen Ergänzungs- beziehungsweise Neuwahlen zu vollziehen.

§. **112a.** Gegen die von dem Kreistage gemäß §§. 111 und 112 wegen Vertheilung der Kreistagsabgeordneten gefaßten Beschlüsse steht den Betheiligten innerhalb einer Frist von vier Wochen nach Ausgabe des Blattes, durch welches die Vertheilung bekannt gemacht worden ist, die Klage bei dem Bezirksverwaltungsgerichte zu. Gegen die Endurtheile des Bezirksverwaltungsgerichts findet sowohl in diesen, wie in den Fällen des §. 110 Absatz 2 nur das Rechtsmittel der Revision statt.

An die Stelle des Bezirksverwaltungsgerichts ist jetzt der Bezirksausschuß getreten, Ldverw.Ges. § 153.

Entscheidung über die Gültigkeit der Wahlen der Kreistagsabgeordneten.

§. **113**. Gegen das zum Zwecke der Wahl der Kreistagsabgeordneten stattgehabte Wahlverfahren kann jedes Mitglied einer Wahlversammlung innerhalb zwei Wochen Einspruch bei dem Vorsitzenden des Wahlvorstandes erheben. Die Beschlußfassung über den Einspruch, über welchen die Betheiligten vorab zu hören sind, steht dem Kreistage zu.

Im Uebrigen prüft der Kreistag die Legitimation seiner Mitglieder von Amtswegen und beschließt darüber.

Jede Wahl verliert dauernd oder vorübergehend ihre Wirkung, wenn sich ergiebt, daß die für die Wählbarkeit vorgeschriebenen Bedingungen nicht vorhanden gewesen sind, oder wenn diese Bedingungen gänzlich oder zeitweise aufhören. Der Kreistag hat darüber zu beschließen, ob einer dieser Fälle eingetreten ist.

Gegen die nach Maßgabe der vorstehenden Bestimmungen gefaßten Beschlüsse findet innerhalb zwei Wochen die Klage bei dem Bezirksverwaltungsgerichte statt. Die Klage hat keine aufschiebende Wirkung; jedoch dürfen bis zur rechtskräftigen Entscheidung Ersatzwahlen nicht stattfinden.

Für das Streitverfahren kann der Kreistag einen besonderen Vertreter bestellen.

Die Namen der Gewählten sind durch das Kreis- beziehungsweise Amtsblatt bekannt zu machen.

Abs. 4: Vgl. Anm. zu § 112a.

§. **114**. Die Kreistagsabgeordneten erhalten weder Diäten noch Reisekosten.

§ 168.

Zweiter Abschnitt.

Von den Versammlungen und Geschäften des Kreistages.

Geschäfte des Kreistages.
a) Im Allgemeinen.

§. **115**. Der Kreistag ist berufen, den Kreiskommunalverband zu vertreten, über die Kreisangelegenheiten nach näherer Vorschrift dieses Gesetzes, sowie über diejenigen Gegenstände zu berathen und zu beschließen, welche ihm zu diesem Behufe durch Gesetze oder Königliche Verordnungen überwiesen sind oder in Zukunft durch Gesetz überwiesen werden.

Prov.O. §§ 34 ff.

b) Im Besonderen.

§. **116**. Insbesondere ist der Kreistag befugt:

1) nach Maßgabe des §. 20 statutarische und reglementarische Anordnungen zu treffen;

2) zu bestimmen, in welcher Weise Staatsprästationen, welche kreisweise aufzubringen sind, und deren

Aufbringungsweise nicht schon durch das Gesetz vorgeschrieben ist, repartirt werden sollen.

Bei der Bestimmung in §. 5 Nr. 3 des Gesetzes wegen der Kriegsleistungen vom 11. Mai 1851 (Gesetz-Samml. S. 362) behält es sein Bewenden;

3) Ausgaben zur Erfüllung einer Verpflichtung oder im Interesse des Kreises zu beschließen, und zu diesem Behufe

über das dem Kreise gehörige Grund- beziehungsweise Kapitalvermögen zu verfügen, Anleihen aufzunehmen und die Kreisangehörigen mit Kreisabgaben zu belasten;

4) innerhalb der Vorschriften der §§. 10 bis 18 den Vertheilungs- und Aufbringungsmaßstab der Kreisabgaben zu beschließen;

5) den Kreishaushalts-Etat festzustellen und hinsichtlich der Jahresrechnung Decharge zu ertheilen (§§. 127 und 129);

6) die Grundsätze festzustellen, nach welchen die Verwaltung des dem Kreise gehörigen Grund- und Kapitalvermögens, sowie der Kreiseinrichtungen und Anstalten zu erfolgen hat;

7) die Einrichtung von Kreisämtern zu beschließen, die Zahl und Besoldung der Kreisbeamten zu bestimmen;

8) die Wahlen zum Kreisausschusse (§. 130) und zu den durch das Gesetz für Zwecke der allgemeinen Landesverwaltung angeordneten Kommissionen zu vollziehen, sowie besondere Kommissionen und Kommissare für Kreiszwecke zu bestellen (§. 167).

Für die Vollziehung dieser Wahlen gelten die Vorschriften des diesem Gesetze beigefügten Reglements. Gegen das stattgehabte Wahlverfahren kann jedes Mitglied des Kreistages bis zum Schlusse des Kreistages Einspruch bei dem Vorsitzenden erheben. Die endgültige Beschlußfassung über den Einspruch steht dem Kreistage zu;

9) Gutachten über alle Angelegenheiten abzugeben, die ihm zu diesem Behufe von den Staatsbehörden überwiesen werden;

10) die durch Gesetz oder Königliche Verordnung (§. 115) ihm übertragenen sonstigen Geschäfte wahrzunehmen.

Nr. 2: Prov.O. § 108.
Nr. 3: §§ 9 ff., 19, 124, 176.
Nr. 6: §§ 19, 20, 117.
Nr. 7: § 134 no. 3.
Nr. 8: § 133; Prov.O. § 42.

Verfügung über Fonds einzelner Kreistheile.

§. **117**. Ueber Fonds, welche der Gesammtheit des platten Landes oder der Städte gehören, steht den Kreistagsabgeordneten des platten Landes beziehungsweise der Städte die Verfügung allein zu.

Insbesondere haben über diejenigen Fonds, welche in der Kur- und Neumark Brandenburg aus den Kontributionsüberschüssen angesammelt sind, die Kreistagsabgeordneten des platten Landes allein zu verfügen.

Berufung des Kreistags und Leitung der Verhandlungen auf demselben.

§. **118**. Der Landrath beruft die Kreistagsabgeordneten zum Kreistage durch besondere Einladungsschreiben, unter Angabe der zu verhandelnden Gegenstände, führt auf demselben den Vorsitz, leitet die Verhandlungen und handhabt die Ordnung in der Versammlung. In Behinderungsfällen übernimmt der dem Dienst- beziehungsweise Lebensalter nach älteste anwesende Kreisdeputirte den Vorsitz.

Mit Ausnahme dringender Fälle, in welchen die Frist bis zu drei Tagen abgekürzt werden darf, muß die Einladung sämmtlichen Kreistagsabgeordneten mindestens 14 Tage vorher zugestellt werden. Gegenstände, die nicht in die Einladung zum Kreistage aufgenommen sind, können zwar zur Berathung gelangen, die Fassung eines bindenden Beschlusses über dieselben darf jedoch erst auf dem nächsten Kreistage erfolgen.

Anträge von Kreistagsabgeordneten auf Berathung einzelner Gegenstände sind bei dem Landrathe anzubringen und in die Einladung zum nächsten Kreistage aufzunehmen, insofern sie vor Erlaß der Einladungsschreiben eingehen. Der Landrath ist verpflichtet, jährlich wenigstens zwei Kreistage anzuberaumen, außerdem aber ist er hierzu berechtigt, so oft es die Geschäfte erfordern. Die Zusammenberufung des Kreistages muß erfolgen, sobald dieselbe von einem Viertel der Kreistagsabgeordneten oder von dem Kreisausschusse verlangt wird.

Von einem jeden anzusetzenden Kreistage hat der Landrath dem Regierungspräsidenten unter Einsendung einer Abschrift des Einladungsschreibens Anzeige zu machen.

§§ 75, 119. Vorsitz: Min.Erl. vom 29. Mai 1874 (Min.Bl. S. 126) u. 2. November 1883 (Min.Bl. S. 253).

Abfassung besonderer Propositionen für den Kreistag und Zustellung derselben an die Kreistagsmitglieder.

§. **119.** Soll auf dem Kreistage Beschluß gefaßt werden:

1) über die Festsetzung des Abgabenvertheilungsmaßstabes in Gemäßheit des §. 12,

2) über Mehr- und Minderbelastungen einzelner Kreistheile in Gemäßheit des §. 13,

3) über solche Gegenstände, welche Kreisausgaben

nothwendig machen, die nicht auf einer gesetzlichen Verpflichtung des Kreises beruhen,

so ist ein ausführlicher Vorschlag zu dem Beschlusse, welcher über

a) den Zweck desselben,
b) die Art der Ausführung,
c) die Summe der zu verwendenden Kosten,
d) die Aufbringungsweise

das Nöthige enthält, von dem Kreisausschusse auszuarbeiten und jedem Abgeordneten mindestens 14 Tage vor Abhaltung des Kreistages schriftlich zuzustellen. Die Frist darf bis zu drei Tagen abgekürzt werden, wenn einem Nothstande vorgebeugt oder abgeholfen werden soll.

Oeffentlichkeit der Kreistagssitzungen.

§. 120. Die Sitzungen des Kreistages sind öffentlich. Für einzelne Gegenstände kann durch einen in geheimer Sitzung zu fassenden Beschluß der Versammlung die Oeffentlichkeit ausgeschlossen werden.

Beschlußfähigkeit des Kreistages.

§. 121. Der Kreistag kann nur beschließen, wenn mehr als die Hälfte der Mitglieder anwesend ist. Eine Ausnahme hiervon findet statt, wenn die Mitglieder des Kreistages, zum zweiten Male zur Verhandlung über denselben Gegenstand berufen, dennoch nicht in beschlußfähiger Anzahl erschienen sind. Bei der zweiten Zusammenberufung muß auf diese Bestimmung ausdrücklich hingewiesen werden.

Ausschluß von den Verhandlungen des Kreistages wegen persönlichen Interesses.

§. 122. An Verhandlungen über Rechte und Verpflichtungen des Kreises darf derjenige nicht Theil nehmen, dessen Interesse mit dem des Kreises in Widerspruch steht.

Theilnahme der Mitglieder des Kreisausschusses an den Kreistagsversammlungen.

§. **123**. Die Mitglieder des Kreisausschusses, welche nicht Mitglieder des Kreistages sind, werden zu den Versammlungen des Kreistages eingeladen und haben in denselben berathende Stimme.

Fassung der Kreistagsbeschlüsse nach einfacher und zwei Drittel Stimmenmehrheit.

§. **124**. Die Beschlüsse des Kreistages werden nach Mehrheit der Stimmen gefaßt.

Bei Stimmengleichheit gilt der Antrag als abgelehnt.

Zu einem Beschlusse, durch welchen eine neue Belastung der Kreisangehörigen ohne eine gesetzliche Verpflichtung oder eine Veräußerung vom Grund- oder Kapitalvermögen des Kreises bewirkt oder eine Veränderung des festgestellten Vertheilungsmaßstabes für die Kreisabgaben (§. 12) eingeführt werden soll, ist jedoch eine Stimmenmehrheit von mindestens zwei Drittel der Abstimmenden erforderlich.

Abfassung und Veröffentlichung der Kreistagsprotokolle.

§. **125**. Ueber die Beschlüsse des Kreistages ist eine besondere Verhandlung aufzunehmen, in welcher die Namen der dabei anwesend gewesenen Mitglieder aufgeführt werden müssen. Diese Verhandlung wird von dem Vorsitzenden und von wenigstens drei Mitgliedern des Kreistages vollzogen, welche zu diesem Behufe von der Versammlung vor dem Beginne der Verhandlung zu bestimmen und in letzterer aufzuführen sind.

Ueber die Wahl eines Protokollführers und die Formen der Verhandlung bestimmt im Uebrigen die von dem Kreistage zu beschließende Geschäftsordnung.

Der Inhalt der Kreistagsbeschlüsse ist, sofern der Kreistag nicht in einem einzelnen Falle etwas Anderes beschließt, in einer von dem Kreistage zu bestimmenden Weise zur öffentlichen Kenntniß zu bringen.

Dem Regierungspräsidenten ist eine Abschrift des Protokolls einzureichen.

Ueber Form und Inhalt der Beschlüsse vgl. Cirk. vom 1. November 1879 — im Anhang unter XVI abgedruckt.

Die Gültigkeit und Wirksamkeit der Beschlüsse ist von ihrer Publikation nicht abhängig, O.V.G. VII S. 49.

Abs. 1: Beanstandung der Beschlüsse § 178.

Abs. 2: Ueber Geschäftsordnung vgl. Cirk. vom 7. Juli 1873 (Min.Bl. S. 215).

Abfassung von Petitionen und Eingaben des Kreistages.

§. **126**. Petitionen und Eingaben, welche Namens des Kreistages in Bezug auf die seiner Beschlußnahme unterliegenden Angelegenheiten (§§. 115 und 116) überreicht werden sollen, müssen auf dem Kreistage selbst berathen und vollzogen werden. Daß dies geschehen, ist in dergleichen Eingaben ausdrücklich zu bemerken.

Dritter Abschnitt.

Vom dem Kreishaushalte.

Aufstellung und Feststellung des Kreishaushalts-Etats.

§. **127**. Ueber alle Einnahmen und Ausgaben, welche sich im Voraus bestimmen lassen, entwirft der Kreisausschuß jährlich einen Haushaltsetat, welcher von dem Kreistage festgestellt und demnächst in derselben Weise, wie die Kreistagsbeschlüsse, veröffentlicht wird.

Bei Vorlage des Haushaltsetats hat der Kreisausschuß dem Kreistage über die Verwaltung und den Stand der Kreiskommunalangelegenheiten Bericht zu erstatten.

Eine Abschrift des Etats und des Verwaltungsberichtes wird nach erfolgter Feststellung des ersteren sofort dem Regierungspräsidenten überreicht.

Ausgaben, welche außer dem Etat geleistet werden sollen, bedürfen der Genehmigung des Kreistages.

§ 116 no. 3 u. 5, § 134 no. 2, § 176.

Revision der Kreiskommunalkasse.

§. 128. Die Kreiskommunalkasse muß an einem bestimmten Tage in jedem Monate regelmäßig und mindestens einmal im Jahre außerordentlich revidirt werden. Die Revisionen werden von dem Vorsitzenden des Kreisausschusses vorgenommen. Bei den außerordentlichen Revisionen ist ein von dem Kreisausschusse zu bestimmendes Mitglied desselben zuzuziehen.

§. 128a. Der Bezirksrath beschließt, an Stelle der Aufsichtsbehörde, über die Feststellung und den Ersatz von Defekten der Kreisbeamten nach Maßgabe der Verordnung vom 24. Januar 1844.

Der Beschluß ist, vorbehaltlich des ordentlichen Rechtsweges, endgültig.

§ 55b no. 2. An die Stelle des Bezirksraths ist jetzt der Bezirksausschuß getreten, Ldverw.Ges. § 153.

Legung, Prüfung, Feststellung und Entlastung der Jahresrechnung.

§. 129. Die Jahresrechnung ist von dem Rendanten der Kreiskommunalkasse innerhalb der ersten vier Monate nach Schluß des Rechnungsjahres zu legen und dem Kreisausschusse einzureichen. Dieser hat die Rechnung zu revidiren, solche mit seinen Erinnerungen und Bemerkungen dem Kreistage zur Prüfung, Feststellung und Entlastung einzureichen und demnächst einen Rechnungsauszug zu veröffentlichen. Der Kreistag ist befugt, diese Prüfung durch eine hiermit zu beauftragende Kommission bewirken zu lassen.

Eine Abschrift des Feststellungsbeschlusses ist sofort dem Regierungspräsidenten vorzulegen.

Vierter Abschnitt.

Von dem Kreisausschusse, seiner Zusammensetzung und seinen Geschäften in der Kreiskommunal- und allgemeinen Landesverwaltung.

Die Stellung des Kreisausschusses im Allgemeinen.

§. **130**. Zum Zwecke der Verwaltung der Angelegenheiten des Kreises und der Wahrnehmung von Geschäften der allgemeinen Landesverwaltung wird ein Kreisausschuß bestellt.

Ldverw.Ges. §§ 4, 7, 36 ff. Geschäftskreis § 134. Verfahren: Ldverw.Ges. § 54. Dienstaufsicht: Ldverw.Ges. § 48.
Wegen des Stadtausschusses vgl. § 169 ff. u. Ldverw.Ges. §§ 4, 37 ff.

Die Zusammensetzung desselben.

§. **131**. Der Kreisausschuß besteht aus dem Landrathe und sechs Mitgliedern, welche von der Kreisversammlung aus der Zahl der Kreisangehörigen nach absoluter Stimmenmehrheit gewählt werden. Für die Wählbarkeit gelten die im §. 96 für die Wahlberechtigung gegebenen Bestimmungen.

Geistliche, Kirchendiener und Elementarlehrer können nicht Mitglieder des Kreisausschusses sein; richterliche Beamte, zu denen jedoch die technischen Mitglieder der Handels-, Gewerbe- und ähnlicher Gerichte nicht zu zählen sind, nur mit Genehmigung des vorgesetzten Ministers.

§ 116 no. 8 u. Ldverw.Ges. § 36.
Für „Handelsgerichte" jetzt Kammern für Handelssachen bei den Landgerichten, Ger.Verf.Ges. §§ 100 ff.

Bestellung eines Syndikus.

§. **132**. Der Kreistag kann nach Bedürfniß einen Syndikus bestellen, welcher die Befähigung zum höheren

Richteramte besitzt. Derselbe nimmt an den Sitzungen mit berathender Stimme Theil.

Amtsdauer, Vereidigung und Dienstvergehen der Ausschußmitglieder.

§. **133.** Die Wahl der Ausschußmitglieder erfolgt auf sechs Jahre mit der Maßgabe, daß bei Ablauf der Wahlperiode die Mitgliedschaft im Ausschusse bis zur Wahl des Nachfolgers fortdauert. Alle zwei Jahre scheidet ein Drittel der Mitglieder aus. Die das erste Mal Ausscheidenden werden durch das Loos bestimmt. Die Ausgeschiedenen können wiedergewählt werden. Jede Wahl verliert ihre Wirkung mit dem Aufhören einer der für die Wählbarkeit vorgeschriebenen Bedingungen. Der Kreisausschuß hat darüber zu beschließen, ob dieser Fall eingetreten ist. Gegen den Beschluß des Kreisausschusses findet innerhalb zwei Wochen die Klage bei dem Bezirksverwaltungsgerichte statt. Die Klage steht auch dem Vorsitzenden des Kreisausschusses zu. Dieselbe hat keine aufschiebende Wirkung; jedoch dürfen bis zur rechtskräftigen Entscheidung Ersatzwahlen nicht stattfinden. Für das Streitverfahren kann der Kreisausschuß einen besonderen Vertreter bestellen.

Die Ausschußmitglieder werden vom Vorsitzenden vereidigt. Sie können nach Maßgabe der Bestimmungen des §. 32 des Gesetzes über die Organisation der allgemeinen Landesverwaltung im Wege des Disziplinarverfahrens ihrer Stellen enthoben werden.

§ 51a; Prov.O. § 48 Abs. 2 u. 3; Ldverw.Ges. § 11 Abs. 2.

Abs. 1: An die Stelle des Bezirksverwaltungsgerichts ist der Bezirksausschuß getreten, Ldverw.Ges. § 153.

Abs. 2: Dem § 32 des Organis.Ges. entspricht jetzt § 39 des Ldverw.Ges.

Die Geschäfte des Kreisausschusses in der Kreiskommunal- und in der allgemeinen Landesverwaltung.

§. **134.** Der Kreisausschuß hat:

1) Die Beschlüsse des Kreistages vorzubereiten und auszuführen, soweit damit nicht besondere Kommissionen, Kommissarien, oder Beamte durch Gesetz oder Kreistagsbeschluß beauftragt werden;
2) die Kreisangelegenheiten nach Maßgabe der Gesetze und der Beschlüsse des Kreistages, sowie in Gemäßheit des von diesem festzustellenden Kreishaushalts-Etats zu verwalten;
3) Die Beamten des Kreises zu ernennen und deren Geschäftsführung zu leiten und zu beaufsichtigen.
Hinsichtlich der Besetzung der Kreisbeamtenstellen mit Militärinvaliden gelten die in Ansehung der Städte erlassenen Vorschriften; hinsichtlich der Dienstvergehen der Kreisbeamten finden die Bestimmungen des §. 68 mit der Maßgabe Anwendung, daß das Recht zur Verhängung von Ordnungsstrafen auch dem Landrathe zusteht;
4) sein Gutachten über alle Angelegenheiten abzugeben, welche ihm von den Staatsbehörden überwiesen werden;
5) diejenigen Geschäfte der allgemeinen Landesverwaltung zu führen, welche ihm durch Gesetz übertragen werden.

Nr. 1: § 116 no. 8, §§ 167, 199.

Nr. 2: § 116 no. 3—6, § 127.

Nr. 3: § 116 no. 7, §§ 128, 128a; Prov.O. § 97. Titel: Erl. vom 7. November 1878 (Min.Bl. 1879 S. 2), O.V.G. VI S. 52; Kreisbaumeister: Erl. vom 4. August 1880 (Min.Bl. S. 272).

Abs. 2 gilt auch für Staatsbeamte, welche nebenamtlich Kreisbeamte sind, für letztere Eigenschaft, O.V.G. V S. 50.

Nr. 4: Prov.O. § 61.

Nr. 5: Der Kreisausschuß fungirt als Beschlußbehörde wie auch als Verwaltungsgericht, Ldverw.Ges. §§ 7, 54. In Angelegenheiten der Waldgenossenschaften als „Waldschutzgericht“, § 7 des Gesetzes betr. Schutzwaldungen und Waldgenossenschaften vom 6. Juli 1875 (Ges.S. S. 416) und § 4 des Gesetzes über gemeinschaftliche Holzungen vom 14. März 1881 (Ges.S. S. 261).

§. 135. (Fortgefallen.)

Der Landrath als Vorsitzender des Kreisausschusses.

§. 136. Der Landrath leitet und beaufsichtigt den Geschäftsgang des Ausschusses und sorgt für die prompte Erledigung der Geschäfte.

Der Landrath beruft den Kreisausschuß und führt in demselben den Vorsitz mit vollem Stimmrechte. Ist der Landrath verhindert, so geht der Vorsitz auf seinen Stellvertreter über. Ist dies der Kreissekretär, so führt nicht dieser, sondern das hierzu vom Ausschusse gewählte Mitglied den Vorsitz.

Abs. 1: Ldverw.Ges. § 48.

Abs. 2: Ldverw.Ges. §§ 36, 55 ff.

§§ 75, 76, 167. Wegen stellv. Vorsitz Min.Erl. vom 15. Oktober 1874 (Min.Bl. S. 258) u. 17. Dezember 1875 (Min.Bl. 1876 S. 13).

Unter „Vorsitz im Kreisausschusse" ist nicht allein das Präsidium in den Sitzungen, sondern der Inbegriff derjenigen Funktionen, welche dem Landrathe als Vorsitzenden des Kreisausschusses überhaupt zustehen, zu verstehen. (Komm.Ber. d. Abg. H.)

§. 137. Der Landrath führt die laufenden Geschäfte der dem Ausschusse übertragenen Verwaltung. Er bereitet die Beschlüsse des Ausschusses vor und trägt für die Ausführung derselben Sorge. Er kann die selbstständige Bearbeitung einzelner Angelegenheiten einem Mitgliede des Kreisausschusses übertragen.

Er vertritt den Kreisausschuß nach Außen, verhandelt Namens desselben mit Behörden und Privatpersonen, führt den Schriftwechsel und zeichnet alle Schriftstücke Namens des Ausschusses.

Urkunden über Rechtsgeschäfte, welche den Kreis gegen Dritte verbinden sollen, ingleichen Vollmachten, müssen unter Anführung des betreffenden Beschlusses des Kreistages beziehungsweise Kreisausschusses von dem Landrathe und zwei Mitgliedern des Kreisausschusses beziehungsweise der mit der Angelegenheit betrauten Kommission unterschrieben und mit dem Siegel des Landraths versehen sein.

Ldverw.Ges. §§ 55 ff.

Abs. 3: §§ 55, 176 no. 5; Prov.O. § 91.

Das Verfahren vor dem Kreisausschusse.

§. **138**. Die Anwesenheit dreier Mitglieder mit Einschluß des Vorsitzenden genügt für die Beschlußfähigkeit des Kreisausschusses.

Die Beschlüsse werden nach Stimmenmehrheit gefaßt. Ist eine gerade Zahl von Mitgliedern anwesend, so nimmt das dem Lebensalter nach jüngste gewählte Mitglied an der Abstimmung keinen Antheil.

§§ 138 u. 139 gelten nur noch für Kreiskommunalangelegenheiten. Im Uebrigen greifen §§ 40, 56 ff., 61 ff., 115 ff. des Ldverw.Ges. Platz.

§. **139**. Betrifft der Gegenstand der Verhandlung einzelne Mitglieder des Kreisausschusses oder deren Verwandte und Verschwägerte in auf- oder absteigender Linie oder bis zu dem dritten Grade der Seitenlinie, so dürfen dieselben an der Berathung und Entscheidung nicht Theil nehmen.

Ebensowenig dürfen die Mitglieder des Kreisausschusses bei der Berathung und Entscheidung solcher Angelegenheiten mitwirken, in welchen sie in anderer als öffentlicher Eigenschaft ein Gutachten abgegeben haben oder in anderer als öffentlicher Eigenschaft thätig gewesen sind.

Wird dadurch ein Kreisausschuß beschlußunfähig, so erfolgt, soweit es sich um Kreiskommunalangelegenheiten handelt, die Beschlußfassung durch den Kreistag, im Uebrigen nach Maßgabe des §. 54 des Gesetzes über die Organisation der allgemeinen Landesverwaltung.

Vgl. Ldverw.Ges. § 115; Prov.O. §§ 54, 55.

Abs. 3: § 54 des Organis.Ges. entspricht jetzt dem § 116 des Ldverw.Ges.

Wegen des Streitverfahrens vgl. Ldverw.Ges. §§ 59, 61, 62.

§§. **140** bis **163**. (Fortgefallen.)

§. **164**. Soweit die eigenen Einnahmen des Kreisausschusses und die vom Staate hierzu nach §. 70 zu überweisenden Beiträge nicht ausreichen, werden die Kosten, welche die Geschäftsverwaltung desselben verursacht, von dem Kreise getragen.

Die Mitglieder des Kreisausschusses erhalten eine ihren baaren Auslagen entsprechende Entschädigung. Ueber die Höhe derselben beschließt der Kreistag.

§. **165**. (Fortgefallen.)

§. **166**. Im Uebrigen wird der Geschäftsgang bei den Kreisausschüssen durch ein von dem Minister des Innern zu erlassendes Regulativ geordnet.

Lbverw.Ges. § 56. Regulativ vom 28. Februar 1884 im Anhang unter XXI abgedruckt.

Fünfter Abschnitt.

Von den Kreiskommissionen.

§. **167**. Für die unmittelbare Verwaltung und Beaufsichtigung einzelner Kreisinstitute, sowie für die Besorgung einzelner Kreisangelegenheiten kann der Kreistag nach Bedürfniß besondere Kommissionen oder Kommissare aus der Zahl der Kreisangehörigen bestellen, welche ebenso, wie die durch das Gesetz für Zwecke der allgemeinen Landesverwaltung angeordneten Kommissionen, ihre Geschäfte unter der Leitung des Landraths besorgen.

Der Landrath ist befugt, jederzeit den Berathungen der Kreiskommissionen beizuwohnen und dabei den Vorsitz mit vollem Stimmrechte zu übernehmen, soweit nicht hierüber hinsichtlich der für Zwecke der allgemeinen Landesverwaltung angeordneten Kommissionen etwas Anderes gesetzlich bestimmt ist.

§ 116 no. 8, §§ 129, 178.

§. **168**. Ueber die Gewährung von Diäten und Reisekosten an die Mitglieder der Kreiskommissionen zu bestimmen, bleibt dem Kreistage überlassen.

§ 114.

Vierter Titel.

Von den Stadtkreisen.

§. **169**. In denjenigen Kreisen, welche nur aus einer Stadt bestehen (Stadtkreise), werden die Geschäfte des Kreistages und des Kreisausschusses, die des letzteren, soweit sich dieselben auf die Verwaltung der Kreiskommunalangelegenheiten beziehen, von den städtischen Behörden nach den Vorschriften der Städteordnung wahrgenommen.

Die Bestimmungen des zweiten Abschnittes des ersten Titels finden auf Stadtkreise keine Anwendung.

Abs. 1: § 4, 85 Abs. 3; Ldverw.Ges. §§ 4, 37 ff.
Abs. 2: § 175.

§. **170**. In den Stadtkreisen, mit Ausnahme des Stadtkreises Magdeburg, tritt an die Stelle des Kreisausschusses zur Wahrnehmung von Geschäften der allgemeinen Landesverwaltung in den durch die Gesetze bezeichneten Fällen der nach den Vorschriften der §§. 30 ff. des Gesetzes über die Organisation der allgemeinen Landesverwaltung gebildete Stadtausschuß.

Ersetzt durch Ldverw.Ges. § 4 Abs. 2 u. 3.

Besondere Bestimmungen für den Stadtkreis Magdeburg.

§. **171**. Der Kreistag des Stadtkreises Magdeburg besteht außer dem Oberbürgermeister der Stadt Magdeburg, welcher die Kreiskommunalverwaltung leitet und den Vorsitz im Kreistage mit vollem Stimmrecht führt, aus 11 Mitgliedern, von denen

1) die Altstadt Magdeburg mit Sudenburg 6,
2) die Neustadt Magdeburg 3,
3) die Stadt Buckau 2

Abgeordnete entsendet.

§. 172. Die Wahl der Kreistagsabgeordneten erfolgt nach den Vorschriften des §. 104 Absatz 1.

§. 173. Der Kreisausschuß des Stadtkreises Magdeburg besteht aus dem Oberbürgermeister der Stadt Magdeburg, in Behinderungsfällen dessen gesetzlichem Stellvertreter, als Vorsitzendem, und sechs Mitgliedern, welche von dem Kreistage aus der Zahl der Mitglieder der Magistrate der drei zum Stadtkreis Magdeburg gehörigen Städte gewählt werden.

§. 174. Für den Kreistag und den Kreisausschuß des Stadtkreises Magdeburg gelten die Vorschriften der §§. 115 und 116, 118 bis 131, 133 und 134, 136 bis 139 Absatz 1 und 2 dieses Gesetzes, soweit sich dieselben auf die Verwaltung der Kreiskommunalangelegenheiten beziehen.

§. 175. Die Bestimmungen des zweiten Abschnittes des ersten Titels finden auf den Stadtkreis Magdeburg gleichmäßige Anwendung.

—

Fünfter Titel.

Von der Oberaufsicht über die Kreisverwaltung.

Genehmigung der Kreistagsbeschlüsse.

§. 176. Beschlüsse des Kreistages, welche folgende Angelegenheiten betreffen:

1) statutarische Anordnungen nach Maßgabe des §. 20 Nr. 1,

2) Mehr- oder Minderbelastung einzelner Kreistheile (§. 13),
3) eine Belastung der Kreisangehörigen durch Kreisabgaben über 50 Prozent des Gesammtaufkommens der direkten Staatssteuern,
4) Veräußerungen von Grundstücken und Immobiliarrechten des Kreises,
5) Anleihen, durch welche der Kreis mit einem Schuldenbestande belastet oder der bereits vorhandene Schuldenbestand vergrößert werden würde, sowie die Uebernahme von Bürgschaften auf den Kreis,
6) eine neue Belastung der Kreisangehörigen ohne gesetzliche Verpflichtung, insofern die aufzubringenden Leistungen über die nächsten fünf Jahre hinaus fortdauern sollen,

bedürfen in den Fällen zu 1 der landesherrlichen Genehmigung, in den Fällen zu 2 der Bestätigung des Ministers des Innern, in den Fällen zu 3 der Bestätigung der Minister des Innern und der Finanzen, in den übrigen Fällen der Bestätigung des Bezirksrathes.

Ohne die vorgeschriebene Bestätigung sind die betreffenden Beschlüsse des Kreistages nichtig.

Abs. 1: An die Stelle des Bezirksraths ist jetzt der Bezirksausschuß getreten, Ldverw.Ges. § 153.

Nr. 3: Min.Erl. vom 1. November 1879 — Anhang XVI — u. Cirk. vom 16. August 1883 (Min.Bl. S. 213).

Nr. 5: Min.Erl. vom 8. September 1868 (Min.Bl. S. 276) u. 22. März 1875 (Min.Bl. S. 124).

Aufsichtsbehörden.

§. 177. Die Aufsicht des Staates über die Verwaltung der Angelegenheiten der Landkreise und des Stadtkreises Magdeburg wird von dem Regierungspräsidenten, in höherer und letzter Instanz von dem Ober-Präsidenten geübt, unbeschadet der in den Gesetzen geordneten Mitwirkung des Bezirksrathes und des Provinzialrathes.

Beschwerden an die Aufsichtsbehörde in Kreisangelegenheiten sind in allen Instanzen innerhalb zwei Wochen anzubringen.

§ 55c; Zuständ.Ges. §§ 7, 24. An die Stelle des Bezirksraths ist jetzt der Bezirksausschuß getreten, Ldverw.Ges. § 153.

§. **177a**. Die Aufsichtsbehörden haben mit den ihnen in den Gesetzen zugewiesenen Mitteln darüber zu wachen, daß die Verwaltung den Vorschriften der Gesetze gemäß geführt und in geordnetem Gange erhalten werde.

Die Aufsichtsbehörden sind zu dem Ende befugt, über alle Gegenstände der Verwaltung Auskunft zu erfordern, die Einsendung der Akten, insbesondere auch der Haushaltsetats und der Jahresrechnungen zu verlangen, sowie Geschäfts- und Kassenrevisionen an Ort und Stelle zu veranlassen.

§. **178**. Beschlüsse des Kreistages, der Kreiskommissionen, sowie in Kommunalangelegenheiten des Kreises gefaßte Beschlüsse des Kreisausschusses, welche deren Befugnisse überschreiten oder die Gesetze verletzen, hat der Landrath, entstehenden Falles auf Anweisung der Aufsichtsbehörde, unter Angabe der Gründe, mit aufschiebender Wirkung zu beanstanden.

Gegen die Verfügung des Landraths steht dem Kreistage, der Kreiskommission beziehungsweise dem Kreisausschusse innerhalb zwei Wochen die Klage bei dem Bezirksverwaltungsgerichte zu. Dieselben können zur Wahrnehmung ihrer Rechte im Verwaltungsstreitverfahren einen besonderen Vertreter bestellen.

§ 54a; Prov.O. § 118; Ldverw.Ges. § 126.

Dem Landrath, als unterliegendem Theile, auferlegte baare Auslagen des Verfahrens fallen dem Kreiskommunalverbande nicht zur Last, O.V.G. VII S. 88.

Abs. 2: An die Stelle des Bezirksverwaltungsgerichts ist der Bezirksausschuß getreten, Ldverw.Ges. § 153.

Auflösung des Kreistages durch Königliche Verordnung.

§. 179. Auf den Antrag des Staatsministeriums kann ein Kreistag durch Königliche Verordnung aufgelöst werden. Es sind sodann Neuwahlen anzuordnen, welche binnen sechs Monaten, vom Tage der Auflösung an, erfolgen müssen.

Im Falle der Auflösung eines Kreistages bleiben die von demselben gewählten Mitglieder des Kreisausschusses und der Kreiskommissionen so lange in Wirksamkeit, bis der neu gebildete Kreistag die erforderlichen Neuwahlen vollzogen hat.

Zwangsweise Etatisirung gesetzlicher Leistungen durch die Regierung.

§. 180. Unterläßt oder verweigert ein Kreistag die ihm gesetzlich obliegenden, von der Behörde innerhalb der Grenzen ihrer Zuständigkeit festgestellten Leistungen auf den Haushaltsetat zu bringen oder außerordentlich zu genehmigen, so verfügt der Regierungspräsident, unter Angabe der Gründe, die Eintragung in den Etat, beziehungsweise die Feststellung der außerordentlichen Ausgaben.

[Gegen die Verfügung des Regierungspräsidenten steht dem Kreise innerhalb zwei Wochen die Klage bei dem Bezirksverwaltungsgerichte zu. Zur Ausführung der Rechte des Kreises kann der Kreistag einen besonderen Vertreter bestellen.]

Abs. 2 ist zufolge § 4 des Zuständ.Ges. durch folgende Bestimmung ersetzt:

Gegen die Verfügung des Regierungspräsidenten steht dem Kreise innerhalb zwei Wochen die Klage bei dem Oberverwaltungsgerichte zu.

Zur Ausführung der Rechte des Kreises kann der Kreistag einen besonderen Vertreter bestellen.

§ 72; Prov.O. § 121.

Sechster Titel.

Besondere Bestimmungen für die Provinz Sachsen.

§. **181**. Für den Umfang der in der Provinz Sachsen belegenen Grafschaften Wernigerode, Stolberg-Stolberg mit dem vormaligen Amte Heringen, und Stolberg-Roßla mit dem vormaligen Amte Kelbra kommt dieses Gesetz mit den Maßgaben des Gesetzes vom 18. Juni 1876 (Gesetz-Samml. S. 245) zur Anwendung.

Gesetz vom 18. Juni 1876 ist im Anhang unter XI abgedruckt.

§. **182**. (Fortgefallen.)

Siebenter Titel.

Allgemeine Uebergangs- und Ausführungs-Bestimmungen.

§. **183**. Bis zu einer anderweiten Beschlußfassung der Provinzialvertretungen tritt an die Stelle des im §. 86 festgestellten Betrages von 225 Mark Grund- und Gebäudesteuer für die Kreise der Provinz Sachsen der Betrag von 300 Mark und für die Kreise des Regierungsbezirks Stralsund der Betrag von 750 Mark.

§. **184**. Für die ersten nach Maßgabe dieses Gesetzes vorzunehmenden Vertheilungen und Wahlen der Kreistagsabgeordneten sind die dem Kreisausschusse beziehungsweise dem Kreistage übertragenen Befugnisse von dem Landrathe wahrzunehmen. Ingleichen liegt für diese ersten Wahlen dem Landrathe die Prüfung der Wahlprotokolle an Stelle des Kreisausschusses ob.

§. **185**. Für jeden Kreis wird die erfolgte Bildung der Amtsbezirke und die Ernennung der Amtsvorsteher durch eine von dem Ober-Präsidenten durch das Amtsblatt zu erlassende Bekanntmachung zur öffentlichen Kenntniß gebracht. Bis zu diesem Zeitpunkte bleiben die rücksichtlich der örtlichen Polizeiverwaltung bestehenden Vorschriften in Kraft.

§. **186**. Die Amtsthätigkeit der jetzigen Gemeindevorsteher und Schöffen erlischt am 30. Juni 1874. Die schon jetzt gewählten Gemeindevorsteher und Schöffen bleiben jedoch in Funktion bis zum Ablauf der in dem gegenwärtigen Gesetze vorgeschriebenen sechsjährigen Amtsdauer, vom Tage ihrer Bestätigung gerechnet, sofern nicht eine Gemeinde eine frühere Wahl ausdrücklich beantragt.

§§. **187** bis **198**. (Fortgefallen.)

§. **199**. Alle dem gegenwärtigen Gesetze zuwiderlaufenden Bestimmungen werden aufgehoben und treten, mit Vorbehalt der Vorschriften der §§. 12, 185 und 186, mit dem 1. Januar 1874 außer Kraft. Die bisherigen kreisständischen Kommissionen bleiben bis zur anderweitigen Beschlußnahme des Kreistages über ihren Fortbestand und ihre Zusammensetzung in Wirksamkeit.

§. **200**. Der Minister des Innern ist mit der Ausführung des gegenwärtigen Gesetzes beauftragt und erläßt die hierzu erforderlichen Anordnungen und Instruktionen.

Inhalt.

Erster Titel.

Von den Grundlagen der Kreisverfassung.

Erster Abschnitt.

Von dem Umfange und der Begrenzung der Kreise . . . §§. 1— 5.

Zweiter Abschnitt.

Von den Kreisangehörigen, ihren Rechten und Pflichten . . . . §§. 6—19.

Dritter Abschnitt.

Kreisstatuten und Reglements . . . . §. 20.

Zweiter Titel.

Von der Gliederung und den Aemtern des Kreises.

Erster Abschnitt.

Allgemeine Bestimmungen . . . . §. 21.

Zweiter Abschnitt.

Von dem Gemeindevorsteher- und Schöffenamte, sowie von der Ortsverwaltung der selbstständigen Gutsbezirke . . . . §§. 22—34.

Dritter Abschnitt.

Von der Aufhebung der mit dem Besitze gewisser Grundstücke verbundenen Berechtigung und Verpflichtung zur Verwaltung des Schulzenamts . . §§. 36—45.

Vierter Abschnitt.

Von den Amtsbezirken und dem Amte der Amtsvorsteher . . . . §§. 46— 63. 65— 73.

Fünfter Abschnitt.

Von dem Amte des Landraths . . . . §§. 74— 77.

Sechster Abschnitt.

Von dem Zwangsverfahren der Behörden des Kreises (§§. 79—83) . . . . fortgefallen.

Dritter Titel.

Von der Vertretung und Verwaltung des Kreises.

Erster Abschnitt.

Von der Zusammensetzung des Kreistages . . . §§. 84—114.

Zweiter Abschnitt.

Von den Versammlungen und Geschäften des Kreistages . . . . §§. 115—126.

Dritter Abschnitt.

Von dem Kreishaushalte . . . . §§. 127—129.

Vierter Abschnitt.

Von dem Kreisausschusse, seiner Zusammensetzung und seinen Geschäften in der Kreiskommunal- und allgemeinen Landesverwaltung . . . . §§. 130—134. 136—139. 164 u. 166.

Fünfter Abschnitt.

Von den Kreiskommissionen . . . . §§. 167 u. 168.

Vierter Titel.

Von den Stadtkreisen . . . . §§. 169—175.

Fünfter Titel.

Von der Oberaufsicht über die Kreisverwaltung . . . . §§. 176—180.

Sechster Titel.

Besondere Bestimmungen für die Provinz Sachsen . . . . §. 181.

Siebenter Titel.

Allgemeine, Uebergangs- und Ausführungs-Bestimmungen . . . . . . §§. 183—186, 199 u. 200.

Anmerkung. Die §§ 35, 64, 78, 79—83, 135, 40—163, 165, 182, 187—198 sind fortgefallen.

Wahlreglement.*)

§. 1. Acht Tage vor der Wahl werden die Wähler zu den Wahlen mittels schriftlicher Einladung oder durch ortsübliche Bekanntmachung berufen. Die Einladung und Bekanntmachung muß das Lokal, den Tag und die Stunde der Wahl genau bezeichnen. Hinsichtlich der von dem Kreistage vorzunehmenden Wahlen bewendet es bei den für die Berufung des Kreistages vorgeschriebenen Fristen.

§. 2. Der Wahlvorstand besteht aus dem nach den bestehenden Vorschriften zur Leitung des Wahlaktes berufenen Beamten als Vorsitzenden und aus zwei oder vier von der Wahlversammlung aus der Zahl der Wähler zu wählenden Beisitzern. Der Vorsitzende ernennt einen der Beisitzer zum Protokollführer. In den Fällen der §§ 23, 51 Nr. 1 und 100 der Kreisordnung kann auch eine nicht zur Wählerversammlung gehörige Person zum Protokollführer ernannt werden.

Wahlvorstand: in den Fällen der §§ 23, 51, 100 der Gemeindevorsteher oder ein Schöffe, in den Fällen des § 103 der Landrath (bzw. Vertreter) oder ein von diesem bezeichneter Amtsvorsteher, in den Fällen der §§ 94, 104 der Landrath oder sein Vertreter im Amte, Cirk. vom 26. März 1881 (Min.Bl. S. 69).

§. 3. Während der Wahlhandlung dürfen im Wahllokale weder Diskussionen stattfinden, noch Ansprachen

*) Instruktion vom 10. März 1873 im Anhang unter III.

gehalten, noch Beschlüsse gefaßt werden. Ausgenommen hiervon sind Diskussionen und Beschlüsse des Wahlvorstandes, welche durch die Leitung des Wahlgeschäfts bedingt sind.

§. 4. Jede Wahl erfolgt in einer besonderen Wahlhandlung durch Stimmzettel.

§. 5. Die Wähler werden in der Reihenfolge, in welcher sie in der Wählerliste verzeichnet sind, aufgerufen. Jeder Aufgerufene legt seinen Stimmzettel uneröffnet in die Wahlurne.

Die während der Wahlhandlung erscheinenden Wähler können an der nicht geschlossenen Wahl Theil nehmen. Sind keine Stimmen mehr abzugeben, so erklärt der Wahlvorstand die Wahl für geschlossen; der Vorsitzende nimmt die Stimmzettel einzeln aus der Wahlurne und verliest die darauf verzeichneten, von einem Beisitzer, welchen der Vorsitzende ernennt, laut zu zählenden Namen.

§. 6. Ungültig sind:

1) Stimmzettel, welche nicht von weißem Papier, oder welche mit einem äußeren Kennzeichen versehen sind,
2) Stimmzettel, welche keinen oder keinen lesbaren Namen enthalten;
3) Stimmzettel, aus welchen die Person des Gewählten nicht unzweifelhaft zu erkennen ist;
4) Stimmzettel, auf welchen mehr als Ein Name, oder der Name einer nicht wählbaren Person verzeichnet ist;
5) Stimmzettel, welche einen Protest oder Vorbehalt enthalten.

§. 7. Alle ungültigen Stimmzettel werden als nicht abgegeben betrachtet. Ueber die Gültigkeit der Stimmzettel entscheidet vorläufig der Wahlvorstand.

Die Stimmzettel sind dem Wahlprotokolle beizufügen und so lange aufzubewahren, bis über die gegen das Wahlverfahren erhobenen Einsprüche rechtskräftig entschieden ist.

§. 8. Als gewählt ist derjenigen zu betrachten, welcher die absolute Stimmenmehrheit (mehr als die Hälfte der Stimmen) erhalten hat.

Ergiebt sich keine absolute Stimmenmehrheit, so kommen diejenigen zwei Personen, welche die meisten Stimmen erhalten haben, auf die engere Wahl. Haben mehr als zwei Personen die meisten und gleich viel Stimmen erhalten, so entscheidet das durch die Hand des Vorsitzenden zu ziehende Loos darüber, wer auf die engere Wahl zu bringen ist; in gleicher Weise erfolgt die Entscheidung, wenn auch die engere Wahl keine Stimmenmehrheit ergiebt.

§. 9. Die Wahlprotokolle sind von dem Wahlvorstande zu unterzeichnen.

§. 10. Der Vorsitzende des Wahlvorstandes hat die Gewählten von der auf sie gefallenen Wahl mit der Aufforderung in Kenntniß zu setzen, sich über die Annahme oder Ablehnung innerhalb längstens fünf Tagen zu erklären. Wer diese Erklärung nicht abgiebt, wird als ablehnend betrachtet.

§. 11. Wahlen, welche auf dem Kreistage vorzunehmen sind, können auch durch Akklamation stattfinden, sofern Niemand Widerspruch erhebt.

Gesetz

betreffend

die Zuständigkeit der Verwaltungs- und Verwaltungsgerichtsbehörden.

Gesetz über die Zuständigkeit der Verwaltungs- und Verwaltungsgerichtsbehörden.

Vom 1. August 1883.

(Ges.S. S. 237.)

Das Gesetz hat diejenigen Angelegenheiten, welche Titel V des durch §. 164 aufgehobenen Zuständigkeitsgesetzes vom 26. Juli 1876 behandelte, bis auf folgende wieder aufgenommen, nämlich: Sanitäts- und veterinärpolizeiliche Einrichtungen, Feldpolizei, Forstpolizei, Versicherungsangelegenheiten und Aufstellung der Geschworenenliste.

Titel I, II, III bilden gewissermaßen Novellen zur Provinzial- bezw. Kreisordnung. Titel IV, XVIII und XXI sind neu, ebenso Titel IV, welcher dem bisherigen Art. IV der Kreis-ordnungs-Novelle entspricht.

Unter den einzelnen Paragraphen dieses Gesetzes ist auf diejenigen des aufgehobenen Zuständigkeitsgesetzes hingewiesen.

Wir **Wilhelm**, von Gottes Gnaden König von Preußen ꝛc. verordnen, mit Zustimmung beider Häuser des Landtags, über die Zuständigkeit der Verwaltungs- und Verwaltungsgerichtsbehörden für den gesammten Umfang der Monarchie, was folgt:

I. Titel.

Angelegenheiten der Provinzen.

§. 1. Gegen den auf die Reklamation eines Kreises wegen Vertheilung der Provinzialabgaben erlassenen

16*

Beschluß des Provinzialausschusses findet innerhalb zwei Wochen die Klage bei dem Oberverwaltungsgerichte statt.

Der letzte Absatz des §. 112 der Provinzialordnung für die Provinzen Ost- und Westpreußen, Brandenburg, Pommern, Schlesien und Sachsen vom 29. Juni 1875 (Gesetz-Samml. 1881 S. 233) kommt in Wegfall.

II. Titel.

Angelegenheiten der Kreise.

§. 2. In den Fällen der Veränderung der Kreisgrenzen und der Bildung neuer Kreise, sowie des Ausscheidens großer Städte aus dem Kreisverbande beschließt der Bezirksausschuß über die Auseinandersetzung der betheiligten Kreise, vorbehaltlich der den letzteren gegen einander innerhalb zwei Wochen zustehenden Klage bei dem Bezirksausschusse.

§ 8 Abs. 2, § 160; KreisO. § 3 Abs. 2, § 4 Abs. 5.

§. 3. Gegen die Entscheidung des Bezirksausschusses, betreffend die Heranziehung oder die Veranlagung zu den Kreisabgaben, ist nur das Rechtsmittel der Revision zulässig.

§ 21 Abs. 3; KreisO. § 19; Ldverw.Ges. §§ 93 ff.

§. 4. Der zweite Absatz des §. 180 der Kreisordnung für die Provinzen Ost- und Westpreußen, Brandenburg, Pommern, Schlesien und Sachsen vom 13. Dezember 1872 (Gesetz-Samml. 1881 S. 179) wird dahin geändert:

Gegen die Verfügung des Regierungspräsidenten steht dem Kreise innerhalb zwei Wochen die Klage bei dem Oberverwaltungsgerichte zu.

Zur Ausführung der Rechte des Kreises kann der Kreistag einen besonderen Vertreter bestellen.

III. Titel.

Angelegenheiten der Amtsverbände.

§. 5. Der erste Absatz des §. 55c der Kreisordnung für die Provinzen Ost- und Westpreußen, Brandenburg, Pommern, Schlesien und Sachsen vom 13. Dezember 1872 (Gesetz-Samml. 1881 S. 179) wird dahin abgeändert:

Die Aufsicht des Staates über die Verwaltung der Angelegenheiten der Amtsverbände wird unbeschadet der vorstehenden Bestimmungen in erster Instanz von dem Landrath als Vorsitzenden des Kreisausschusses, in höherer und letzter Instanz von dem Regierungspräsidenten geübt.

§. 6. Im Geltungsbereiche der Kreisordnung für die Provinzen Ost- und Westpreußen, Brandenburg, Pommern, Schlesien und Sachsen vom 13. Dezember 1872 (Gesetz-Samml. 1881 S. 179) erfolgt fortan die Revision, endgültige Feststellung und Abänderung der Amtsbezirke (§. 49 Absatz 2 der Kreisordnung), die Vereinigung ländlicher Gemeinde- und Gutsbezirke bezüglich der Verwaltung der Polizei mit dem Bezirke einer Stadt (§. 49a Absatz 1 a. a. O.), sowie die Ausscheidung der ersteren aus dem Amtsbezirk (§. 49a Absatz 3 a. a. O.), durch den Minister des Innern im Einvernehmen mit dem Bezirksausschusse nach vorheriger Anhörung der Betheiligten und des Kreistages.

IV. Titel

Angelegenheiten der Stadtgemeinden.

§. 7. Die Aufsicht des Staates über die Verwaltung der städtischen Gemeindeangelegenheiten wird in erster Instanz von dem Regierungspräsidenten, in höherer und letzter Instanz von dem Oberpräsidenten geübt, unbeschadet der in den Gesetzen geordneten Mitwirkung des Bezirksausschusses und des Provinzialraths.

Für die Stadt Berlin tritt an die Stelle des Regierungspräsidenten der Oberpräsident, an die Stelle des Oberpräsidenten der Minister des Innern, für die Hohenzollernschen Lande tritt an die Stelle des Oberpräsidenten der Minister des Innern.

Beschwerden bei den Aufsichtsbehörden in städtischen Gemeindeangelegenheiten sind in allen Instanzen innerhalb zwei Wochen anzubringen.

§ 17 Abs. 2, § 24.

§. 8. Der Bezirksausschuß beschließt, soweit die Beschlußfassung nach den Gemeindeverfassungsgesetzen der Aufsichtsbehörde zusteht, über die Veränderung der Grenzen der Stadtbezirke.

Der Bezirksausschuß beschließt über die in Folge einer Veränderung der Grenzen der Stadtbezirke nothwendig werdende Auseinandersetzung zwischen den betheiligten Gemeinden, vorbehaltlich der den letzteren gegen einander zustehenden Klage im Verwaltungsstreitverfahren.

§§ 2, 9, 21; KreisO. § 4.

§. 9. Streitigkeiten über die bestehenden Grenzen der Stadtbezirke unterliegen der Entscheidung im Verwaltungsstreitverfahren.

Ueber die Festsetzung streitiger Grenzen beschließt vorläufig, sofern es das öffentliche Interesse erheischt, der Bezirksausschuß. Bei dem Beschlusse behält es bis zur rechtskräftigen Entscheidung im Verwaltungsstreitverfahren sein Bewenden.

§§ 21, 26.

§. 10. Die Gemeindevertretung beschließt:

1) auf Beschwerden und Einsprüche, betreffend den Besitz oder den Verlust des Bürgerrechts, insbesondere des Rechts zur Theilnahme an den Wahlen zur Gemeindevertretung, sowie des Rechts zur Bekleidung einer den Besitz des Bürgerrechts voraussetzenden Stelle in der Gemeindeverwaltung oder Gemeindevertretung, die Verpflichtung zum Erwerbe oder zur Verleihung des Bürgerrechts, beziehungsweise zur Zahlung von Bürgergewinngeldern (Ausfertigungsgebühren) und zur Leistung des Bürgereides, die Zugehörigkeit zu einer bestimmten Bürgerklasse, die Richtigkeit der Gemeindewählerliste;
2) über die Gültigkeit der Wahlen zur Gemeindevertretung;
3) über die Berechtigung zur Ablehnung oder Niederlegung von Aemtern und Stellen in der Gemeindeverwaltung oder Vertretung, über die Nachtheile, welche gegen Mitglieder der Stadtgemeinde wegen Nichterfüllung der ihnen nach den Gemeindeverfassungsgesetzen obliegenden Pflichten, sowie über die Strafen, welche gegen Mitglieder der Gemeindevertretung wegen Zuwiderhandlungen gegen die Geschäftsordnung nach Maßgabe der Gemeindeverfassungsgesetze zu verhängen sind.

Einsprüche gegen die Richtigkeit der Wählerliste sind während der Dauer der Auslegung der letzteren, Einsprüche gegen die Gültigkeit der Wahlen zur Gemeindevertretung innerhalb zwei Wochen nach Bekanntmachung des Wahlergebnisses und in allen Fällen bei dem Gemeindevorstande zu erheben.

In dem Geltungsbereiche der Kurhessischen Gemeindeordnung vom 23. Oktober 1834 ist die Gemeindewählerliste nach vorgängiger öffentlicher Bekanntmachung zwei Wochen hindurch auszulegen, und finden die in Betreff der Einsprüche gegen die Gemeindewählerliste getroffenen Bestimmungen auch auf Einsprüche gegen das Verzeichniß der hochbesteuerten Ortsbürger Anwendung.

§ 27.

§. **11**. Der Beschluß der Gemeindevertretung (§. 10) bedarf keiner Genehmigung oder Bestätigung von Seiten des Gemeindevorstandes oder der Aufsichtsbehörde. Gegen den Beschluß der Gemeindevertretung findet die Klage im Verwaltungsstreitverfahren statt. Die Klage steht in den Fällen des §. 10 auch dem Gemeindevorstande zu.

Die Klage hat in den Fällen des §. 10 unter 1 und 2 keine aufschiebende Wirkung; jedoch dürfen Ersatzwahlen vor ergangener rechtskräftiger Entscheidung nicht vorgenommen werden.

§ 21.

§. **12**. Der Bezirksausschuß beschließt, soweit die Beschlußfassung nach den Gemeindeverfassungsgesetzen der Aufsichtsbehörde zusteht,

1) über die Zahl der aus jeder einzelnen Ortschaft einer Stadtgemeinde zu wählenden Mitglieder der Gemeindevertretung,
2) über die Vornahme außergewöhnlicher Ersatzwahlen zur Gemeindevertretung oder in den Gemeindevorstand.

§. **13**. Soweit die Bestätigung der Wahlen von Gemeindebeamten nach Maßgabe der Gemeindeverfassungsgesetze den Aufsichtsbehörden zusteht, erfolgt dieselbe durch den Regierungspräsidenten.

Die Bestätigung kann nur unter Zustimmung des Bezirksausschusses versagt werden. Lehnt der Bezirksausschuß die Zustimmung ab, so kann dieselbe auf den Antrag des Regierungspräsidenten durch den Minister des Innern ergänzt werden.

Wird die Bestätigung vom Regierungspräsidenten unter Zustimmung des Bezirksausschusses versagt, so kann dieselbe auf Antrag des Gemeindevorstandes oder der Gemeindevertretung von dem Minister des Innern ertheilt werden.

§. **14**. Ueber die Gültigkeit von Wahlen solcher Gemeindebeamten, welche der Bestätigung nicht bedürfen, beschließt, soweit die Beschlußfassung der Aufsichtsbehörde zusteht, der Bezirksausschuß.

Für Berlin § 161.

§. **15**. Beschlüsse der Gemeindevertretung oder des kollegialischen Gemeindevorstandes, welche deren Befugnisse überschreiten oder die Gesetze verletzen, hat der Gemeindevorstand, beziehungsweise der Bürgermeister, entstehenden Falles auf Anweisung der Aufsichtsbehörde, mit aufschiebender Wirkung, unter Angabe der Gründe, zu beanstanden. Gegen die Verfügung des Gemeindevorstandes (Bürgermeisters) steht der Gemeindevertretung, beziehungsweise dem kollegialischen Gemeindevorstande, die Klage im Verwaltungsstreitverfahren zu.

Die in den Gemeindeverfassungsgesetzen begründete Befugniß der Aufsichtsbehörden, aus anderen als den vorstehend angegebenen Gründen eine Beanstandung der Beschlüsse der Gemeindevertretung oder des kollegialischen Gemeindevorstandes herbeizuführen, wird aufgehoben.

§§ 21, 29; KreisO. §§ 54a, 178; Prov.O. § 118.

§. **16.** Gemeindebeschlüsse über die Veräußerung oder wesentliche Veränderung von Sachen, welche einen besonderen wissenschaftlichen, historischen oder Kunstwerth haben, insbesondere von Archiven oder Theilen derselben, unterliegen der Genehmigung des Regierungspräsidenten.

Hinsichtlich der Verwaltung der Gemeindewaldungen bewendet es bei den bestehenden Bestimmungen.

Im Uebrigen beschließt der Bezirksausschuß über die in den Gemeindeverfassungsgesetzen der Aufsichtsbehörde vorbehaltene Bestätigung (Genehmigung) von Ortsstatuten und sonstigen die städtischen Gemeindeangelegenheiten betreffenden Gemeindebeschlüssen.

Soweit es sich um die Aufbringung der Gemeindeabgaben und Dienste handelt, steht aus Gründen des öffentlichen Interesses gegen den auf Beschwerde ergehenden Beschluß des Provinzialraths dem Vorsitzenden des letzteren die Einlegung der weiteren Beschwerde an die Minister des Innern und der Finanzen zu. Hierbei finden die Bestimmungen des §. 123 des Gesetzes über die allgemeine Landesverwaltung vom 30. Juli 1883 Anwendung.

Die Bestätigung (Genehmigung) von Gemeindebeschlüssen, durch welche besondere direkte oder indirekte Gemeindesteuern neu eingeführt oder in ihren Grundsätzen verändert werden, bedarf der Zustimmung der Minister des Innern und der Finanzen.

Abs. 1 u. 2: § 30.
Abs. 3—5: § 31.

§. **17.** Der Bezirksausschuß beschließt, soweit die Beschlußfassung nach den Gemeindeverfassungsgesetzen der Aufsichtsbehörde zusteht,

1) abgesehen von den Fällen des §. 15 über die zwischen dem Gemeindevorstande und der Gemeindevertretung, beziehungsweise dem Bürgermeister und

dem kollegialischen Gemeindevorstande entstehenden Meinungsverschiedenheiten, wenn von einem Theile auf Entscheidung angetragen wird und zugleich die Angelegenheit nicht auf sich beruhen bleiben kann,

2) an Stelle der Gemeindebehörden, im Falle ihrer durch widersprechende Interessen herbeigeführten Beschlußunfähigkeit,

3) an Stelle der nach Maßgabe der Gemeindeverfassungsgesetze aufgelösten Gemeindevertretung.

Der Bezirksausschuß beschließt ferner an Stelle der Aufsichtsbehörde:

4) über die Art der gerichtlichen Zwangsvollstreckung wegen Geldforderungen gegen Stadtgemeinden (§. 15 zu 4 des Einführungsgesetzes zur Deutschen Civilprozeßordnung vom 30. Januar 1877, Reichs-Gesetzbl. S. 244),

5) über die Feststellung und den Ersatz der Defekte der Gemeindebeamten nach Maßgabe der Verordnung vom 24. Januar 1844 (Gesetz-Samml. S. 52); der Beschluß ist vorbehaltlich des ordentlichen Rechtsweges endgültig.

Nr. 2 u. 5: Für Berlin § 161.
Nr. 4: KreisO. § 55b. Für Berlin Ldverw.Ges. § 42.
Nr. 5: § 32 no. 5.

§. 18. Auf Beschwerden und Einsprüche, betreffend:

1) das Recht zur Mitbenutzung der öffentlichen Gemeindeanstalten, sowie zur Theilnahme an den Nutzungen und Erträgen des Gemeindevermögens,

2) die Heranziehung oder die Veranlagung zu den Gemeindelasten,

beschließt der Gemeindevorstand.

Gegen den Beschluß findet die Klage im Verwaltungsstreitverfahren statt.

Der Entscheidung im Verwaltungsstreitverfahren unterliegen desgleichen Streitigkeiten zwischen Betheiligten über ihre in dem öffentlichen Rechte begründete Berechtigung oder Verpflichtung zu den im Absatz 1 bezeichneten Nutzungen beziehungsweise Lasten.

Einsprüche gegen die Höhe von Gemeindezuschlägen zu den direkten Staatssteuern, welche sich gegen den Prinzipalsatz der letzteren richten, sind unzulässig.

Die Beschwerden und die Einsprüche, sowie die Klage haben keine aufschiebende Wirkung.

§§ 21, 34, 160.

§. **19**. Unterläßt oder verweigert eine Stadtgemeinde die ihr gesetzlich obliegenden, von der Behörde innerhalb der Grenzen ihrer Zuständigkeit festgestellten Leistungen auf den Haushaltsetat zu bringen oder außerordentlich zu genehmigen, so verfügt der Regierungspräsident unter Anführung der Gründe die Eintragung in den Etat, beziehungsweise die Feststellung der außerordentlichen Ausgabe.

Gegen die Verfügung des Regierungspräsidenten steht der Gemeinde die Klage bei dem Oberverwaltungsgerichte zu.

Eine Feststellung des Stadtetats durch die Aufsichtsbehörde findet fortan nicht statt; auch in den Städten von Neuvorpommern und Rügen ist jedoch eine Abschrift des Etats gleich nach seiner Feststellung durch die städtischen Behörden der Aufsichtsbehörde einzureichen.

§§ 21, 35, 48; KreisO. §§ 72, 180; Prov.O. § 121.

§. **20**. Bezüglich der Dienstvergehen der Bürgermeister, Beigeordneten, Magistratsmitglieder und sonstigen

Gemeindebeamten kommen die Bestimmungen des Gesetzes vom 21. Juli 1852 mit folgenden Maßgaben zur Anwendung:

1) Gegen die Bürgermeister, Beigeordneten und Magistratsmitglieder, sowie gegen die sonstigen Gemeindebeamten kann an Stelle der Bezirksregierung und innerhalb des derselben bisher zustehenden Ordnungsstrafrechts der Regierungspräsident Ordnungsstrafen festsetzen. Gegen die Strafverfügungen des Regierungspräsidenten findet innerhalb zwei Wochen die Beschwerde an den Oberpräsidenten, gegen den auf die Beschwerde ergehenden Beschluß des Oberpräsidenten findet innerhalb zwei Wochen die Klage bei dem Oberverwaltungsgerichte statt. In Berlin findet gegen die Strafverfügungen des Oberpräsidenten, in den Hohenzollernschen Landen findet gegen die Strafverfügungen des Regierungspräsidenten innerhalb zwei Wochen unmittelbar die Klage bei dem Oberverwaltungsgerichte statt.

2) Gegen die Strafverfügungen des Bürgermeisters findet innerhalb zwei Wochen die Beschwerde an den Regierungspräsidenten, und gegen den auf die Beschwerde ergehenden Beschluß des Regierungspräsidenten innerhalb zwei Wochen die Klage bei dem Oberverwaltungsgerichte statt.

3) In dem Verfahren auf Entfernung aus dem Amte wird die Einleitung des Verfahrens von dem Regierungspräsidenten beziehungsweise dem Minister des Innern verfügt und von demselben der Untersuchungskommissar ernannt; an die Stelle der Bezirksregierung beziehungsweise des Disziplinarhofes tritt als entscheidende Disziplinarbehörde erster Instanz der Bezirksaus-

schuß; an die Stelle des Staatsministeriums tritt das Oberverwaltungsgericht; den Vertreter der Staatsanwaltschaft ernennt bei dem Bezirksausschusse der Regierungspräsident, bei dem Oberverwaltungsgerichte der Minister des Innern.

In dem vorstehend bezüglich der Entfernung aus dem Amte vorgesehenen Verfahren ist entstehenden Falles auch über die Thatsache der Dienstunfähigkeit der Bürgermeister, Beigeordneten, Magistratsmitglieder und sonstigen Gemeindebeamten Entscheidung zu treffen.

Gegen Mitglieder der Gemeindevertretung findet ein Disziplinarverfahren nicht statt.

Ueber streitige Pensionsansprüche der besoldeten Gemeindebeamten beschließt, soweit nach den Gemeindeverfassungsgesetzen die Beschlußfassung der Aufsichtsbehörde zusteht, der Bezirksausschuß, und zwar, soweit der Beschluß sich darauf erstreckt, welcher Theil des Diensteinkommens bei Feststellung der Pensionsansprüche als Gehalt anzusehen ist, vorbehaltlich der den Betheiligten gegen einander zustehenden Klage im Verwaltungsstreitverfahren, im Uebrigen vorbehaltlich des ordentlichen Rechtsweges. Der Beschluß ist vorläufig vollstreckbar.

§§ 21, 36. Ldverw.Ges. § 157 no. 2.
Abs. 1 no. 1 u. 2: Disc.Ges. §§ 15, 18, 19.
Abs. 1 u. 2: Für Berlin § 7 no. 2 u. Ldverw.Ges. §§ 42, 43.

§. **21**. Zuständig in erster Instanz ist im Verwaltungsstreitverfahren für die in diesem Titel vorgesehenen Fälle, sofern nicht im Einzelnen anders bestimmt ist, der Bezirksausschuß, für den Stadtkreis Berlin in den Fällen des §. 8 Absatz 2, §. 9 und §. 15 das Oberverwaltungsgericht. Die Frist zur Anstellung der Klage beträgt in allen Fällen zwei Wochen.

Die Gemeindevertretung, beziehungsweise der kollegialische Gemeindevorstand können zur Wahrnehmung ihrer

Rechte im Verwaltungsstreitverfahren einen besonderen Vertreter bestellen.

Gegen die Entscheidung des Bezirksausschusses in den Fällen des §. 18 unter 2 ist nur das Rechtsmittel der Revision zulässig.

Abs. 1. Ldverw.Ges. §§ 63, 71.
Abs. 3: § 3; Ldverw.Ges. §§ 93 ff.

§. 22. Die Bestimmungen dieses Abschnitts kommen zur Anwendung im Geltungsbereiche der Städteordnung für die sechs östlichen Provinzen vom 30. Mai 1853 (Gesetz-Samml. S. 261) auch auf die §. 1 Absatz 2 daselbst erwähnten Ortschaften (Flecken),

in der Provinz Schleswig-Holstein auch auf die §§. 94 ff. des Gesetzes vom 14. April 1869 (Gesetz-Samml. S. 589) erwähnten Flecken,

im Regierungsbezirke Cassel auch auf die Stadt Orb,

in den Hohenzollernschen Landen außer auf Hechingen auch auf die Gemeinde Sigmaringen.

Welche Gemeinden im Regierungsbezirke Wiesbaden außer der Stadt Frankfurt als Stadtgemeinden im Sinne dieses Abschnitts zu betrachten sind, wird in der zu erlassenden Kreisordnung für Hessen-Nassau bestimmt.

§. 23. In den zum ehemaligen Kurfürstenthume Hessen gehörigen Städten ist als Gemeindevorstand der Stadtrath, als Gemeindevertretung der Gemeindeausschuß,

in den Stadtgemeinden des vormaligen Herzogthums Nassau (§. 22) ist als Gemeindevorstand der Gemeinderath, als Gemeindevertretung der Bürgerausschuß,

in der Gemeinde Homburg v. d. H. ist als Gemeindevorstand der Bürgermeister, als Gemeindevertretung der Gemeindevorstand,

in der Gemeinde Hechingen ist als Gemeindevorstand der Stadtrath, als Gemeindevertretung der Bürgerausschuß, in der Gemeinde Sigmaringen ist als Gemeindevorstand der Gemeinderath, als Gemeindevertretung der Bürgerausschuß zu betrachten.

§ 38.

V. Titel.

Angelegenheiten der Landgemeinden und der selbstständigen Gutsbezirke.

§. **24**. Die Aufsicht des Staates über die Verwaltung der Angelegenheiten der Landgemeinden, der Aemter in der Provinz Westfalen und der Bürgermeistereien in der Rheinprovinz, sowie der Gutsbezirke wird, unbeschadet der Vorschriften der Kreisordnungen und der in den Gesetzen geordneten Mitwirkung des Kreisausschusses und des Bezirksausschusses, in erster Instanz von dem Landrathe als Vorsitzenden des Kreisausschusses, in höherer und letzter Instanz von dem Regierungspräsidenten geübt.

Beschwerden bei den Aufsichtsbehörden in den vorbezeichneten Angelegenheiten sind in allen Instanzen innerhalb zwei Wochen anzubringen.

— **Bisher § 60.** —

§§ 5, 7; KreisO. §§ 55c u. 177.

§. **25**. Der Kreisausschuß beschließt, soweit die Beschlußfassung nach den Gemeindeverfassungsgesetzen der Aufsichtsbehörde zusteht, über die Veränderung der Grenzen der ländlichen Gemeindebezirke und der Gutsbezirke.

Hinsichtlich der Veränderung der Grenzen der Aemter in der Provinz Westfalen und der Bürgermeistereien in der Rheinprovinz, sowie hinsichtlich der Bildung neuer Gemeinde- und Gutsbezirke behält es bei den bestehenden Vorschriften sein Bewenden.

In den im Absatz 1 bezeichneten Fällen findet neben der Beschlußfassung des Kreisausschusses die in den Gemeindeverfassungsgesetzen vorgeschriebene Anhörung des Kreistages nicht mehr statt. An die Stelle der sonst für kommunale Bezirksveränderungen, einschließlich der Fälle des zweiten Absatzes, in den Gemeindeverfassungsgesetzen vorgeschriebenen Anhörung des Kreistages tritt die Anhörung des Kreisausschusses.

Ueber die in Folge einer Veränderung der Grenzen der Landgemeinden und Gutsbezirke, sowie der in Absatz 2 erwähnten Aemter und Bürgermeistereien nothwendig werdende Auseinandersetzung zwischen den Betheiligten beschließt der Kreisausschuß, vorbehaltlich der den letzteren gegen einander zustehenden Klage im Verwaltungsstreitverfahren.

— Früher § 40. —

§§ 2, 8, 37.

§. 26. Streitigkeiten über die bestehenden Grenzen der ländlichen Gemeinde- und Gutsbezirke, sowie über die Eigenschaft einer Ortschaft als Gemeinde oder eines Guts als Gutsbezirks unterliegen der Entscheidung im Verwaltungsstreitverfahren.

Ueber die im ersten Absatze bezeichneten Angelegenheiten beschließt vorläufig, sofern es das öffentliche Interesse erheischt, der Kreisausschuß. Bei dem Beschluß behält es bis zur rechtskräftigen Entscheidung im Verwaltungsstreitverfahren sein Bewenden.

— Früher § 41. —

§§ 9, 37.

§. 27. Die Gemeindevertretung, wo eine solche nicht besteht, der Gemeindevorstand, beschließt:

1) auf Beschwerden und Einsprüche, betreffend den Besitz oder den Verlust der Gemeindemitgliedschaft, sowie des Gemeindebürgerrechts, des Stimmrechts

in der Gemeindeversammlung, des Rechts zur Theilnahme an den Gemeindewahlen, die Zugehörigkeit zu einer bestimmten Klasse von Stimmberechtigten, die Wählbarkeit zu einer Stelle in der Gemeindeverwaltung oder Gemeindevertretung, die Ausübung des Stimmrechts durch einen Dritten, sowie über die Richtigkeit der Gemeindewählerliste;

2) über die Gültigkeit der Wahlen zur Gemeindevertretung;

3) über die Berechtigung zur Ablehnung oder Niederlegung einer Stelle in der Gemeindeverwaltung oder Gemeindevertretung, über die Nachtheile, welche gegen Angehörige (Mitglieder) der Gemeinde wegen Nichterfüllung der ihnen nach den Gemeindeverfassungsgesetzen obliegenden Pflichten, sowie über die Strafen, welche gegen Mitglieder der Gemeindevertretung wegen Zuwiderhandlungen gegen die Geschäftsordnung oder wegen unentschuldigten Ausbleibens nach Maßgabe der Gemeindeverfassungsgesetze zu verhängen sind.

Einsprüche gegen die Richtigkeit der Wählerliste sind während der Dauer der Auslegung der letzteren, Einsprüche gegen die Gültigkeit der Wahlen zur Gemeindevertretung innerhalb zwei Wochen nach Bekanntmachung des Wahlergebnisses, und in allen Fällen bei dem Gemeindevorstande anzubringen.

In dem Geltungsbereiche der Kurhessischen Gemeindeordnung finden die Vorschriften des §. 10 Absatz 3 des gegenwärtigen Gesetzes entsprechende Anwendung.

— Bisher § 45. —

§ 10; KreisO. §§ 23, 25, 26.

Auch ein mündlicher Einspruch, auf welchen mündlicher oder schriftlicher Bescheid ertheilt ist, ist rechtsgültig (O.V.G. VIII S. 118).

§. 28. Die Beschlüsse der Gemeindevertretung, beziehungsweise des Gemeindevorstandes, in den Fällen des

§. 27 bedürfen keiner Genehmigung oder Bestätigung von Seiten des Gemeindevorstandes oder der Aufsichtsbehörde.

Gegen die Beschlüsse findet die Klage im Verwaltungsstreitverfahren statt. Die Klage steht in den Fällen des §. 27, wenn der Beschluß von der Gemeindevertretung gefaßt ist, auch dem Gemeindevorstande, sowie in der Provinz Westfalen dem Amtmanne zu.

Die Klage hat in den Fällen des §. 27 unter 1 und 2 keine aufschiebende Wirkung; jedoch dürfen Neuwahlen vor ergangener rechtskräftiger Entscheidung nicht vorgenommen werden.

§§ 11, 37.

§. **29**. Beschlüsse der Gemeindeversammlung, der Gemeindevertretung oder des kollegialischen Gemeindevorstandes, welche deren Befugnisse überschreiten, oder die Gesetze verletzen, hat der Gemeindevorsteher, in der Provinz Westfalen auch der Amtmann, entstehenden Falles auf Anweisung der Aufsichtsbehörde, mit aufschiebender Wirkung, unter Angabe der Gründe, zu beanstanden. Gegen die Verfügung des Gemeindevorstehers beziehungsweise Amtmanns steht der Gemeindeversammlung, Gemeindevertretung, beziehungsweise dem kollegialischen Gemeindevorstande die Klage im Verwaltungsstreitverfahren zu.

Die in den Gemeindeverfassungsgesetzen begründete Befugniß der Aufsichtsbehörde, aus anderen als den vorstehend angegebenen Gründen eine Beanstandung von Beschlüssen der Gemeindevertretung oder des kollegialischen Gemeindevorstandes herbeizuführen, wird aufgehoben.

§§ 15, 33 no. 1, 37; KreisO. §§ 54a, 178; Prov.O. § 148.

§. **30**. Gemeindebeschlüsse über die Veräußerung oder wesentliche Veränderung von Sachen, welche einen besonderen wissenschaftlichen, historischen oder Kunstwerth haben, insbesondere von Archiven oder von Theilen derselben, unterliegen der Genehmigung des Regierungspräsidenten.

Hinsichtlich der Verwaltung der Gemeindewaldungen bewendet es bei den bestehenden Bestimmungen.

§ 16 Abs. 1 u. 2.

§. **31**. Im Uebrigen beschließt der Kreisausschuß, soweit die Beschlußfassung in den Gemeindeverfassungsgesetzen der Aufsichtsbehörde oder — in der Provinz Hessen-Nassau — dem Amtsbezirksrathe zusteht, über die Bestätigung (Genehmigung) von Ortsstatuten und sonstigen, die ländlichen Gemeindeangelegenheiten betreffenden Gemeindebeschlüssen, sowie über die Herbeiführung und erforderlichen Falles Anordnung einer Ergänzung oder Abänderung der in Ansehung der Gemeindelasten oder des Gemeindestimmrechts bestehenden Ortsverfassung.

In den vorstehend bezeichneten Fällen findet neben der Beschlußfassung des Kreisausschusses die in den Gemeindeverfassungsgesetzen vorgeschriebene Anhörung des Kreistages nicht mehr statt.

Soweit es sich um die Aufbringung der Gemeindeabgaben und Dienste handelt, steht aus Gründen des öffentlichen Interesses gegen den auf Beschwerde ergehenden Beschluß des Bezirksausschusses dem Vorsitzenden des letzteren die Einlegung der weiteren Beschwerde an die Minister des Innern und der Finanzen zu. Hierbei finden die Bestimmungen des §. 123 des Gesetzes über die allgemeine Landesverwaltung vom 30. Juli 1883 Anwendung.

Die Bestätigung (Genehmigung) von Gemeindebeschlüssen und der Erlaß von Anordnungen, durch welche besondere direkte oder indirekte Gemeindesteuern neu eingeführt oder in ihren Grundsätzen verändert werden, bedürfen der Zustimmung der Minister des Innern und der Finanzen.

Die §§. 33 und 34 Titel 7 Theil II des Allgemeinen Landrechts, die Kabinetsorder vom 25. Januar 1831, betreffend die Erwerbung von Rittergütern durch Dorfgemeinden oder deren Mitglieder (Gesetz-Samml. S. 5), und der §. 4 des Anhangs zur Allgemeinen Gerichtsordnung sind aufgehoben.

— Bisher §§ 42 u. 43 no. 1. —

§ 16 Abs. 3—5. Beschwerdefrist 2 Wochen, Ldverw.Ges. §§ 52, 121.

§. 32. Der Kreisausschuß beschließt, soweit die Beschlußfassung nach den Gemeindeverfassungsgesetzen der Aufsichtsbehörde zusteht:

1) über die Zahl der aus jeder einzelnen Ortschaft einer Gemeinde zu wählenden Mitglieder der Gemeindevertretung,
2) über die Vornahme außergewöhnlicher Ersatzwahlen zur Gemeindevertretung oder in den Gemeindevorstand,
3) über die Vermehrung der Zahl der Mitglieder des Gemeindevorstandes, der Schöffen und der Ortsvorsteher, sowie über die Bestellung besonderer Ortsvorsteher für verschiedene Ortschaften eines Gemeindebezirks,
4) über die Festsetzung der Besoldungen, der Dienstunkostenentschädigungen und der baaren Auslagen der Mitglieder des Gemeindevorstandes, der Schöffen, der sonstigen Gemeindebeamten, sowie der kommissarischen Gemeindevorsteher, Gutsvorsteher und sonstiger kommissarisch bestellten Beamten.

Der Kreisausschuß beschließt ferner:

5) an Stelle der Aufsichtsbehörde über die Feststellung

und den Ersatz der bei Kassen und anderen Verwaltungen der Landgemeinden vorkommenden Defekte nach Maßgabe der Verordnung vom 24. Januar 1844 (Gesetz-Samml. S. 52). Der Beschluß ist vorbehaltlich des ordentlichen Rechtsweges endgültig.

— Zu 5: Bisher § 50 no. 2. —

§ 12. Beschwerde: Ldverw.Ges. §§ 121, 122.
Nr. 3: KreisO. § 22.
Nr. 4: KreisO. §§ 28, 34a.
Nr. 5: § 17 no. 5.

§. 33. Der Kreisausschuß beschließt, soweit die Beschlußfassung nach den Gemeindeverfassungsgesetzen der Aufsichtsbehörde zusteht:

1) abgesehen von den Fällen des §. 29 über die zwischen dem Gemeindevorstande und der Gemeindevertretung oder zwischen dem Gemeindevorsteher und dem kollegialischen Gemeindevorstande entstandenen Meinungsverschiedenheiten,
2) an Stelle der Gemeindebehörden im Falle ihrer durch widersprechende Interessen herbeigeführten Beschlußunfähigkeit oder im Falle wiederholter Beschlußunfähigkeit,
3) an Stelle der, nach Maßgabe der Gemeindeverfassungsgesetze aufgelösten Gemeindevertretung.

Der Kreisausschuß beschließt ferner an Stelle der Bezirksregierung:

4) über die Art der gerichtlichen Zwangsvollstreckungen wegen Geldforderungen gegen Landgemeinden (§. 15 zu 4 des Einführungsgesetzes zur Deutschen Civilprozeßordnung vom 30. Januar 1877, Reichs-Gesetzbl. S. 244).

— Zu 4: Bisher § 43 no. 3. —

§ 17 no. 1—4. Beschwerde: Ldverw.Ges. §§ 121, 122.

§. 34. Auf Beschwerden und Einsprüche, betreffend
1) das Recht zur Mitbenutzung der öffentlichen Gemeindeanstalten, sowie zur Theilnahme an den Nutzungen und Erträgen des Gemeindevermögens,
2) die Heranziehung oder die Veranlagung zu den Gemeindelasten,
3) die besonderen Rechte oder Verpflichtungen einzelner örtlicher Theile des Gemeindebezirks oder einzelner Klassen der Gemeindeangehörigen in Ansehung der zu Nr. 1 und 2 erwähnten Ansprüche und Verbindlichkeiten,

beschließt der Gemeindevorstand.

Gegen den Beschluß findet die Klage im Verwaltungsstreitverfahren statt.

Der Entscheidung im Verwaltungsstreitverfahren unterliegen desgleichen Streitigkeiten zwischen Betheiligten über ihre in dem öffentlichen Rechte begründete Berechtigung oder Verpflichtung zu den in Absatz 1 bezeichneten Nutzungen beziehungsweise Lasten.

Einsprüche gegen die Höhe von Gemeindezuschlägen zu den direkten Staatssteuern, welche sich gegen den Prinzipalsatz der letzteren richten, sind unzulässig.

Die Beschwerden und die Einsprüche, sowie die Klage haben keine aufschiebende Wirkung.

Die vorstehenden Bestimmungen finden sinngemäß Anwendung auf Beschwerden und Einsprüche, betreffend die Heranziehung oder die Veranlagung von Grundbesitzern und Einwohnern eines Gutsbezirks zu den öffentlichen Lasten desselben.

— Bisher § 49. —

§§ 18, 37; KreisO. § 70a.

§. 35. Unterläßt oder verweigert eine Landgemeinde (Amt, Bürgermeisterei) oder ein Gutsbezirk, die ihnen gesetzlich obliegenden, von der Behörde innerhalb der

Grenzen ihrer Zuständigkeit festgestellten Leistungen auf den Haushaltsetat zu bringen oder außerordentlich zu genehmigen, beziehungsweise zu erfüllen, so verfügt der Landrath, unter Anführung der Gründe, die Eintragung in den Etat, beziehungsweise die Feststellung der außerordentlichen Ausgabe.

Gegen die Verfügung des Landraths steht der Gemeinde beziehungsweise dem Besitzer des Guts die Klage bei dem Bezirksausschusse zu.

— **Bisher § 51.** —

§§ 19, 37, 48; KreisO. §§ 51, 72, 180; Prov.O. § 121.

§. **36**. Bezüglich der Dienstvergehen der Gemeindevorsteher, Schöffen, Mitglieder des Gemeindevorstandes und sonstigen Gemeindebeamten, sowie der Gutsvorsteher kommen die Bestimmungen des Gesetzes vom 21. Juli 1852 mit folgenden Maßgaben zur Anwendung:

1) Die Befugniß, gegen die Gemeindevorsteher (Amtmänner in Westfalen, Bürgermeister in der Rheinprovinz), Schöffen, Mitglieder des kollegialischen Gemeindevorstandes und sonstige Gemeindebeamten, sowie gegen Gutsvorsteher Ordnungsstrafen zu verhängen, steht dem Landrathe, und im Umfange des den Provinzialbehörden beigelegten Ordnungsstrafrechts dem Regierungspräsidenten zu.

   Gegen die Strafverfügungen des Landraths findet innerhalb zwei Wochen die Beschwerde an den Regierungspräsidenten, gegen die Strafverfügungen des Regierungspräsidenten innerhalb gleicher Frist die Beschwerde an den Oberpräsidenten statt.

2) Gegen die von dem Amtmann in Westfalen oder von dem Bürgermeister in der Rheinprovinz auf Grund des §. 83 der Westfälischen Landgemeindeordnung vom 19. März 1856, beziehungsweise

der §§. 83 und 104 der Rheinischen Gemeindeordnung vom 23. Juli 1845 gegen Unterbeamte der Gemeinden, Aemter oder Bürgermeistereien erlassenen Strafverfügungen findet innerhalb zwei Wochen die Beschwerde an den Landrath und gegen den auf die Beschwerde ergehenden Beschluß des Landraths innerhalb zwei Wochen die Beschwerde an den Regierungspräsidenten statt.

3) Gegen den auf die Beschwerde in den Fällen zu 1 und 2 in letzter Instanz ergehenden Beschluß des Regierungspräsidenten, beziehungsweise des Oberpräsidenten findet innerhalb zwei Wochen die Klage bei dem Oberverwaltungsgerichte statt.

In den Hohenzollernschen Landen findet gegen die Strafverfügungen des Regierungspräsidenten innerhalb zwei Wochen unmittelbar die Klage bei dem Oberverwaltungsgerichte statt.

4) In dem Verfahren auf Entfernung aus dem Amte wird die Einleitung des Verfahrens von dem Landrathe oder von dem Regierungspräsidenten verfügt und von denselben der Untersuchungskommissar und der Vertreter der Staatsanwaltschaft ernannt. Als entscheidende Disziplinarbehörde erster Instanz tritt an die Stelle der Bezirksregierung der Kreisausschuß; an die Stelle des Staatsministeriums tritt das Oberverwaltungsgericht. Der Vertreter der Staatsanwaltschaft bei dem Oberverwaltungsgerichte wird von dem Minister des Innern ernannt.

In dem vorstehend zu 4 vorgesehenen Verfahren ist entstehenden Falles auch über die Thatsache der Dienstunfähigkeit der ländlichen Gemeindebeamten Entscheidung zu treffen.

Ueber streitige Pensionsansprüche der besoldeten Gemeindebeamten beschließt, soweit nach den Gemeindeverfassungsgesetzen die Beschlußfassung der Aufsichtsbehörde zusteht, der Kreisausschuß, und zwar, soweit der Beschluß sich darauf erstreckt, welcher Theil des Diensteinkommens bei Feststellung der Pensionsansprüche als Gehalt anzusehen ist, vorbehaltlich der den Betheiligten gegen einander zustehenden Klage im Verwaltungsstreitverfahren, im Uebrigen vorbehaltlich des ordentlichen Rechtsweges. Der Beschluß ist vorläufig vollstreckbar.

— Bisher § 61. —

§§ 20, 37; Ldverw.Ges. § 157 no. 2; Discipl.Ges. §§ 18, 19, 25. Bei Einstellung des Verfahrens oder Freisprechung hat der Kreisausschuß die Kosten zu tragen. Min.Erl. vom 26. März 1880 (Min.Bl. S. 167).

§. 37. Zuständig in erster Instanz ist im Verwaltungsstreitverfahren für die in diesem Titel vorgesehenen Fälle, sofern nicht im Einzelnen anders bestimmt ist, der Kreisausschuß. Die Frist zur Anstellung der Klage beträgt in allen Fällen zwei Wochen.

Die Gemeindeversammlung, die Gemeindevertretung, beziehungsweise der kollegialische Gemeindevorstand können zur Wahrnehmung ihrer Rechte im Verwaltungsstreitverfahren einen besonderen Vertreter bestellen.

§ 21; Ldverw.Ges. §§ 63, 71.

§. 38. 1) In den Landgemeinden des vormaligen Kurfürstenthums Hessen ist als Gemeindevorstand der Gemeinderath, als Gemeindevertretung der Gemeindeausschuß,

2) in den vormals Großherzoglich Hessischen Landestheilen ist als Gemeindevorstand der Bürgermeister, als Gemeindevertretung der Gemeinderath,

3) in den Landgemeinden der vormals Königlich Bayerischen Landestheile ist als Gemeindevorstand

der Gemeindevorsteher, als Gemeindevertretung der Gemeindeausschuß,

4) In den Gemeinden des vormaligen Herzogthums Nassau ist als Gemeindevorstand der Gemeinderath, als Gemeindevertretung der Bürgerausschuß,

5) in den Gemeinden des vormals Landgräflich Hessischen Amtes Homburg ist als Gemeindevorstand der Bürgermeister, als Gemeindevertretung der Gemeindevorstand,

6) in den Landgemeinden des Stadtkreises Frankfurt a. M. ist als Gemeindevorstand der Schultheiß, als Gemeindevertretung der Gemeindeausschuß,

7) in den Landgemeinden des ehemaligen Fürstenthums Hohenzollern-Hechingen ist als Gemeindevorstand das Ortsgericht, als Gemeindevertretung der Bürgerausschuß,

8) in den Gemeinden des ehemaligen Fürstenthums Hohenzollern-Sigmaringen ist als Gemeindevorstand der Gemeinderath, als Gemeindevertretung der Bürgerausschuß

zu betrachten.

§ 23.

VI. Titel.

Armenangelegenheiten.

§. 39. Streitigkeiten zwischen Armenverbänden wegen öffentlicher Unterstützung Hülfsbedürftiger werden im Verwaltungsstreitverfahren entschieden.

Zuständig in erster Instanz ist der Bezirksausschuß.

Im Uebrigen behält es bei den Bestimmungen des

Reichsgesetzes über den Unterstützungswohnsitz vom 6. Juni 1870 sein Bewenden.

Ldverw.Ges. § 7 Abs. 3 u. § 157 no. 3.
Berufung binnen 2 Wochen an das Bundesamt für Heimathswesen.

§. 40. Der Bezirksausschuß beschließt endgültig über die Bestätigung der in den §§. 8, 9, 10 und 12 des Gesetzes, betreffend die Ausführung des Bundesgesetzes über den Unterstützungswohnsitz, vom 8. März 1871 (Gesetz-Samml. S. 130) und des betreffenden Lauenburgischen Gesetzes vom 24. Juni 1871 (Offizielles Wochenbl. S. 183) gedachten Statuten zur Regelung der Armenpflege in den nicht ausschließlich im Eigenthum des Gutsbesitzers stehenden Gutsbezirken und in den Gesammtarmenverbänden, sowie über die Genehmigung zur Wiederauflösung von Gesammtarmenverbänden (§. 14 a. a. O.).

Soweit die Feststellung der Statuten bisher dem Kreistage oblag, erfolgt dieselbe fortan durch den Kreisausschuß.

Ist den Statuten die Bestätigung wiederholt versagt worden, so stellt der Bezirksausschuß dieselben endgültig fest.

— Bisher § 74. —

KreisO. § 31.

§. 41. Beschwerden von Armen gegen Verfügungen von Ortsarmenverbänden darüber, ob, in welcher Höhe und in welcher Weise Armenunterstützungen zu gewähren sind (§. 63 des Gesetzes vom 8. März und §. 51 des Gesetzes vom 24. Juni 1871), unterliegen:

1) sofern eine Stadt von mehr als 10 000 Einwohnern an dem Armenverbande betheiligt ist, der endgültigen Beschlußfassung des Bezirksausschusses;

2) andernfalls der endgültigen Beschlußfassung des Kreisausschusses;

Desgleichen unterliegen Beschwerden von Armen gegen Verfügungen von Landarmenverbänden über die Art und Höhe der Unterstützung der endgültigen Beschlußfassung des Bezirksausschusses, sofern die Landarmenverbände nur aus einem Kreise bestehen.

— Bisher § 75. —

Ldverw.Ges. § 41; Für Berlin § 161.

§. 42. Beschwerden von Ortsarmenverbänden gegen Verfügungen der Landarmenverbände darüber, ob, in welcher Höhe und in welcher Weise Beihülfen zu gewähren sind (§. 36 des Gesetzes vom 8. März 1871), unterliegen der endgültigen Beschlußfassung des Prozialraths.

§. 43. Der Kreis- (Stadt-) Ausschuß beschließt:

1) an Stelle der in den §§. 60 bis 62 des Gesetzes vom 8. März 1871 und in den §§. 48 bis 50 des Lauenburgischen Gesetzes vom 24. Juni 1871 bezeichneten Kreiskommission über Streitigkeiten zwischen Armenverbänden im schiedsrichterlichen oder sühneamtlichen Vermittelungsverfahren;
2) an Stelle des Landraths, beziehungsweise des städtischen Gemeindevorstandes, auf den Antrag eines Armenverbandes gegen die zur Unterstützung eines Hülfsbedürftigen verpflichteten Angehörigen gemäß §. 65 beziehungsweise §. 53 a. a. O.

Die Beschlüsse des Kreis- (Stadt-) Ausschusses sind, vorbehaltlich des ordentlichen Rechtsweges im Falle zu 2, endgültig.

— Bisher § 76. —

Früher fand Streitverfahren statt.

§. 44. Auf Beschwerden und Einsprüche, betreffend

1) die Verpflichtung zur Theilnahme an den Lasten der Armenpflege in Gutsbezirken und in Gesammtverbänden (§§. 8 ff. des Gesetzes vom 8. März 1871),

2) die Heranziehung oder Veranlagung zu den Lasten der Landarmenverbände (§. 29 a. a. O.),

beschließt in den Fällen zu 1 der Gutsvorsteher, beziehungsweise der Vorsitzende der Vertretung des Gesammtarmenverbandes, in den Fällen zu 2 der Vorstand des Landarmenverbandes.

Gegen den Beschluß findet innerhalb zwei Wochen die Klage im Verwaltungsstreitverfahren statt. Zuständig ist in den Fällen zu 1 der Kreisausschuß, in den Fällen zu 2 der Bezirksausschuß. Gegen die Entscheidung des Bezirksausschusses ist in allen Fällen nur das Rechtsmittel der Revision zulässig.

Einsprüche gegen Zuschläge zu den direkten Staatssteuern, welche sich gegen den Prinzipalsatz der letzteren richten, sind unzulässig.

Die Beschwerden und die Einsprüche, sowie die Klage haben keine aufschiebende Wirkung. Dieselben stehen in den Fällen zu 2 nur den unmittelbar zur Aufbringung der Kosten der Landarmenpflege herangezogenen einzelnen Verbänden, Kreisen und Gemeinden zu.

— Bisher § 49. —

§§ 34, 160.

VII. Titel.

Schulangelegenheiten.

§. 45. Ueber die Feststellung des Geldwerthes der Naturalien und des Ertrages der Ländereien bei amtlicher Festsetzung des Einkommens der Elementarlehrer beschließt auf Anrufen von Betheiligten der Kreisausschuß und, sofern es sich um Stadtschulen handelt, der Bezirksausschuß. Der Beschluß des Bezirksausschusses in erster oder zweiter Instanz ist endgültig.

— Bisher § 77 Abs. 1 no. 2. —

Greift Platz sowohl bei Neuanstellungen wie auch bei Gehaltserhöhungen und Pensionirungen.

Früher fand Streitverfahren statt.

§. **46.** Auf Beschwerden und Einsprüche, betreffend die Heranziehung zu Abgaben und sonstigen nach öffentlichem Rechte zu fordernden Leistungen für Schulen, welche der allgemeinen Schulpflicht dienen, beschließt, vorbehaltlich der Bestimmungen des §. 47, die örtliche Behörde, welche die Abgaben und Leistungen für die Schule ausgeschrieben hat (Vorstand des Schulverbandes, der Schulgemeinde, Schulsozietät, Schulkommune ꝛc.).

Gegen den Beschluß findet innerhalb zwei Wochen die Klage im Verwaltungsstreitverfahren statt.

Der Entscheidung im Verwaltungsstreitverfahren unterliegen desgleichen Streitigkeiten zwischen Betheiligten über ihre in dem öffentlichen Rechte begründete Verpflichtung zu Abgaben und Leistungen für Schulen, welche der allgemeinen Schulpflicht dienen.

Zuständig in erster Instanz ist im Verwaltungsstreitverfahren der Kreisausschuß und, sofern es sich um Stadtschulen handelt, der Bezirksausschuß.

Die Entscheidung über streitige Abgaben und sonstige nach öffentlichem Rechte zu fordernde Leistungen für Schulen der bezeichneten Art oder für deren Beamte, sowie über streitiges Schulgeld für solche Schulen nach §. 15 des Gesetzes über die Erweiterung des Rechtsweges vom 24. Mai 1861 (Gesetz-Samml. S. 241) erfolgt fortan im Verwaltungsstreitverfahren.

Einsprüche gegen die Höhe von Zuschlägen für Schulzwecke zu den direkten Staatssteuern, welche sich gegen den Prinzipalsatz der letzteren richten, sind unzulässig.

Die Beschwerden und Einsprüche, sowie die Klage haben keine aufschiebende Wirkung.

Die Vorschriften dieses Paragraphen finden auf solche Abgaben und Leistungen für Schulen, welche zu den Gemeindelasten (§§. 18, 34) gehören, keine Anwendung.

— Bisher § 77. —

§§ 18, 34, 160.

Abs. 1 u. 3: Schulgeld gehört nicht zu diesen Abgaben und Leistungen.

Abs. 3: Die Schulaufsichtsbehörde gehört nicht zu den Betheiligten (O.V.G. VII S. 233); vgl. § 47 Abs. 1 u. 3.

§. 47. Ueber die Anordnung von Neu- und Reparaturbauten bei Schulen, welche der allgemeinen Schulpflicht dienen, über die öffentlich-rechtliche Verpflichtung zur Aufbringung der Baukosten, sowie über die Vertheilung derselben auf Gemeinden (Gutsbezirke), Schulverbände und Dritte, statt derselben oder neben denselben Verpflichtete beschließt, sofern Streit entsteht, die Schulaufsichtsbehörde.

Gegen den Beschluß findet die Klage im Verwaltungsstreitverfahren statt. Dieselbe ist, soweit der in Anspruch Genommene zu der ihm angesonnenen Leistung aus Gründen des öffentlichen Rechts statt seiner einen Anderen für verpflichtet erachtet, zugleich gegen diesen zu richten.

Auch im Uebrigen unterliegen Streitigkeiten der Betheiligten (Absatz 1) darüber, wem von ihnen die öffentlich-rechtliche Verbindlichkeit zum Bau oder zur Unterhaltung einer der Erfüllung der allgemeinen Schulpflicht dienenden Schule obliegt, der Entscheidung im Verwaltungsstreitverfahren.

Die Klage ist in den Fällen des zweiten Absatzes innerhalb zwei Wochen anzubringen. Die zuständige Behörde kann zur Vervollständigung der Klage eine angemessene Nachfrist gewähren. Durch den Ablauf dieser Fristen wird jedoch die Klage im Verwaltungsstreitverfahren auf Erstattung des Geleisteten gegen einen aus Gründen des öffentlichen Rechts verpflichteten Dritten nicht ausgeschlossen.

Zuständig im Verwaltungsstreitverfahren ist in erster Instanz der Kreisausschuß und, sofern es sich um Stadtschulen handelt, der Bezirksausschuß.

— Bisher § 78. —

§ 160.
Abs. 1: Vorläufige Vollstreckbarkeit, Ldverw.Ges. § 53.

§. 48. Unterläßt oder verweigert ein Schulverband (Schulgemeinde, Schulsozietät, Schulkommune rc.) bei Schulen, welche der allgemeinen Schulpflicht dienen, in anderen als den im §. 47 Absatz 1 bezeichneten Fällen die ihm nach öffentlichem Rechte obliegenden, von der Behörde innerhalb der Grenzen ihrer Zuständigkeit festgestellten Leistungen auf den Haushaltsetat zu bringen oder außerordentlich zu genehmigen beziehungsweise zu erfüllen, so verfügt der Landrath und, sofern es sich um Stadtschulen handelt, der Regierungspräsident die Eintragung in den Etat beziehungsweise die Feststellung der außerordentlichen Ausgabe.

Gegen die Verfügung des Landraths steht dem Schulverbande die Klage bei dem Bezirksausschusse, gegen die Verfügung des Regierungspräsidenten die Klage bei dem Oberverwaltungsgerichte zu. Dabei finden die Bestimmungen des §. 47 Absatz 2 Satz 2 und Absatz 4 sinngemäße Anwendung.

— Bisher § 78. —

§§ 19, 35.

§. 49. Die Vorschriften des §. 47 finden auch Anwendung, wenn die Schule mit der Küsterei verbunden ist.

Für die im Verwaltungsstreitverfahren nach §. 47 zu treffenden Entscheidungen sind die von den Schulaufsichtsbehörden innerhalb ihrer gesetzlichen Zuständigkeit getroffenen allgemeinen Anordnungen über die Ausführung von Schulbauten maßgebend.

Die der Schulaufsichtsbehörde nach Maßgabe des Gesetzes zustehende Befugniß zur Einrichtung neuer oder Theilung vorhandener Schulsozietäten bleibt unberührt.

— Bisher § 78 Abs. 3 u. § 79. —

VIII. Titel.

Einquartierungsangelegenheiten.

§. 50. Ueber die Bestätigung von Gemeindebeschlüssen oder Ortsstatuten wegen Vertheilung der Quartierleistungen und sonstigen Naturalleistungen (Vorspann, Naturalverpflegung, Fourage), (§. 7 Absatz 3 bis 5 des Gesetzes vom 25. Juni 1868, betreffend die Quartierleistungen für die bewaffnete Macht während des Friedenszustandes, Bundes-Gesetzbl. S. 523, und §. 7 Absatz 2 des Gesetzes über die Naturalleistungen für die bewaffnete Macht im Frieden vom 13. Februar 1875, Reichs-Gesetzbl. S. 52) beschließt der Kreisausschuß, in Städten der Bezirksausschuß.

Der Kreisausschuß beschließt über die Festsetzung des Umfangs der Quartierleistung für solche Gutsbezirke, welche eine Vereinigung mit einer Gemeinde nicht abgeschlossen haben (§. 7 letzter Absatz des Gesetzes vom 25. Juni 1868).

— Bisher § 80. —

Rechtsmittel: Ldverw.Ges. § 121.
Für Berlin der Oberpräsident, Ldverw.Ges. § 43 Abs. 3.

§. 51. Werden gegen die für die Vertheilung der Quartierleistungen aufgestellten Kataster (§. 6 Absatz 4 des Gesetzes vom 25. Juni 1868) innerhalb der gesetzlich bestimmten Frist von 21 Tagen Einwendungen erhoben, so hat hierüber in Betreff der Städte der Gemeindevorstand, in Betreff der übrigen Ortschaften der Kreisausschuß zu beschließen.

Gegen den Beschluß findet innerhalb zwei Wochen die Beschwerde an den Bezirksausschuß statt.

Der Beschluß des Bezirksausschusses ist endgültig.

— Bisher § 81. —

Für Berlin der Oberpräsident, Ldverw.Ges. §. 43 Abs. 3.

IX. Titel.

Sparkassenangelegenheiten.

§. 52. Die Errichtung von Sparkassen durch Kreise, Stadt- und Landgemeinden, und andere über den Umfang eines Kreises nicht hinausgehende kommunale Verbände bedarf der staatlichen Genehmigung auch in denjenigen Landestheilen, in welchen eine solche bisher nicht vorgeschrieben war.

Diese Genehmigung, sowie die Bestätigung der bezüglichen Statuten steht dem Oberpräsidenten zu. Die Genehmigung (Bestätigung) darf nur unter Zustimmung des Provinzialraths versagt werden. Ingleichen bedarf es der Zustimmung des Provinzialraths zu Statutenänderungen und zur Auflösung von Sparkassen, soweit solche der Oberpräsident nach bestehendem Rechte gegen den Willen der Kreise, Gemeinden oder sonstigen Verbände vorzunehmen ermächtigt ist.

— Bisher § 152. —

Für Berlin Ldverw.Ges. § 43.

§. 53. Die Aufsicht über die Verwaltung der im §. 52 bezeichneten Sparkassen wird durch die geordneten Kommunalaufsichtsbehörden geübt.

Wo bezüglich dieser Verwaltung in bestehenden Gesetzen oder in den Statuten eine ausdrückliche staatliche Genehmigung vorgeschrieben ist, ertheilt dieselbe der Regierungspräsident, in Berlin der Oberpräsident. Die Versagung der Genehmigung darf nur unter Zustimmung des Bezirksausschusses erfolgen.

— **Bisher § 152.** —

Schlußsatz: Für Berlin Ldverw.Ges. § 43 Abs. 3.

X. Titel.

Synagogengemeindeangelegenheiten.

§. 54. Der Bezirksausschuß entscheidet auf Klagen Einzelner wegen der ihnen, als Mitgliedern einer Synagogengemeinde, oder auf Grund des Gesetzes vom 28. Juli 1876, betreffend den Austritt aus den jüdischen Synagogengemeinden (Gesetz-Samml. S. 353), zustehenden Rechte und obliegenden Verpflichtungen zu Abgaben und Leistungen.

— **Bisher § 164.** —

§ 160.

XI. Titel.

Wegepolizei.

§. 55. Die Aufsicht über die öffentlichen Wege und deren Zubehörungen, sowie die Sorge dafür, daß den

Bedürfnissen des öffentlichen Verkehrs in Bezug auf das Wegewesen Genüge geschieht, verbleibt in dem bisherigen Umfange den für die Wahrnehmung der Wegepolizei zuständigen Behörden. Sind dazu Leistungen erforderlich, so hat die Wegepolizeibehörde den Pflichtigen zur Erfüllung seiner Verbindlichkeit binnen einer angemessenen Frist aufzufordern und, wenn die Verbindlichkeit nicht bestritten wird, erforderlichen Falles mit den gesetzlichen Zwangsmitteln anzuhalten. Auch ist die zuständige Wegepolizeibehörde befugt, das zur Erhaltung des gefährdeten oder zur Wiederherstellung des unterbrochenen Verkehrs Nothwendige, auch ohne vorgängige Aufforderung des Verpflichteten, für Rechnung desselben in Ausführung bringen zu lassen, wenn dergestalt Gefahr im Verzuge ist, daß die Ausführung der vorzunehmenden Arbeit durch den Verpflichteten nicht abgewartet werden kann.

KreisO. §§ 59, 61.

Hinsichtlich der Chausseen sind die Regierungspräsidenten bezw. Landräthe zuständig.

Zwangsmittel: Ldverw.Ges. §§ 132, 133.

Cirk. vom 17. April 1881 (Min.Bl. S. 118).

§. 56. Gegen die Anordnungen der Wegepolizeibehörde, welche den Bau und die Unterhaltung der öffentlichen Wege oder die Aufbringung und Vertheilung der dazu erforderlichen Kosten oder die Inanspruchnahme von Wegen für den öffentlichen Verkehr betreffen, findet als Rechtsmittel innerhalb zwei Wochen der Einspruch an die Wegepolizeibehörde statt.

Wird der Einspruch der Vorschrift des ersten Absatzes zuwider innerhalb der gesetzlichen Frist bei denjenigen Behörden erhoben, welche zur Beschlußfassung oder Entscheidung auf Beschwerden gegen Beschlüsse oder Verfügungen der Wegepolizeibehörde zuständig sind, so gilt die Frist als gewahrt.

Der Einspruch ist in solchen Fällen von den angerufenen Behörden an die Wegepolizeibehörde zur Beschlußfassung abzugeben.

Ueber den Einspruch hat die Wegepolizeibehörde zu beschließen. Gegen den Beschluß findet die Klage im Verwaltungsstreitverfahren statt. Dieselbe ist, soweit der in Anspruch Genommene zu der ihm angesonnenen Leistung aus Gründen des öffentlichen Rechts statt seiner einen anderen für verpflichtet erachtet, zugleich gegen diesen zu richten. In dem Verwaltungsstreitverfahren ist entstehenden Falles auch darüber zu entscheiden, ob der Weg für einen öffentlichen zu erachten ist.

Auch im Uebrigen unterliegen Streitigkeiten der Betheiligten darüber, wem von ihnen die öffentlich-rechtliche Verpflichtung zur Anlegung oder Unterhaltung eines öffentlichen Weges obliegt, der Entscheidung im Verwaltungsstreitverfahren.

Die Klage ist in den Fällen des vierten Absatzes innerhalb zwei Wochen anzubringen. Die zuständige Behörde kann zur Vervollständigung der Klage eine angemessene Nachfrist gewähren. Durch den Ablauf dieser Fristen wird jedoch die Klage im Verwaltungsstreitverfahren auf Erstattung des Geleisteten gegen einen aus Gründen des öffentlichen Rechts verpflichteten Dritten nicht ausgeschlossen.

Zuständig im Verwaltungsstreitverfahren ist in erster Instanz der Kreisausschuß, in Stadtkreisen, in Städten mit mehr als 10 000 Einwohnern, und, sofern es sich um Chausseen handelt, oder ein Provinzialverband, Landeskommunal- oder Kreiskommunalverband als solcher, oder — in der Provinz Hannover — ein Wegeverband betheiligt ist, oder wenn die Klage gegen Beschlüsse des Landraths gerichtet ist, der Bezirksausschuß.

Wird ein Weg im Verwaltungsstreitverfahren für einen öffentlichen erklärt, so bleibt demjenigen, welcher privatrechtliche Ansprüche auf den Weg geltend macht, der Antrag auf Entschädigung gegen den Wegebauverpflichteten im ordentlichen Rechtswege nach Maßgabe des §. 4 des Gesetzes vom 11. Mai 1842 (Gesetz-Samml. S. 192) vorbehalten.

§ 158.
Abs. 1: Rechtsmittel gegen sonstige wegepolizeiliche Anordnungen: Ldverw.Ges. §§ 127 ff.
Abs. 6: Ldverw.Ges. §§ 63, 71.
Abs. 8: Gesetz vom 11. Mai 1842 im Anhang unter I abgedruckt.

§. 57. Ueber Einziehung oder Verlegung öffentlicher Wege beschließt — vorbehaltlich der in den §§. 58 und 60 für die Provinzen Schleswig-Holstein und Hannover im Anschluß an die dortige Wegegesetzgebung getroffenen besonderen Bestimmungen — die Wegepolizeibehörde, nachdem das Vorhaben mit der Aufforderung, Einsprüche binnen vier Wochen zur Vermeidung des Ausschlusses geltend zu machen, in ortsüblicher Weise, sowie durch das Kreisblatt und das Amtsblatt veröffentlicht worden ist. Gegen den Beschluß der Wegepolizeibehörde steht den mit dem Einspruche Zurückgewiesenen innerhalb zwei Wochen die Klage bei dem Kreisausschusse, beziehungsweise dem Bezirksausschusse nach Maßgabe der Vorschrift in §. 56 Absatz 7 zu.

Wird die beantragte Verlegung oder Einziehung eines öffentlichen Weges von der Wegepolizeibehörde von vornherein oder nach dem Einspruchs- (Ausschließungs-) Verfahren abgelehnt, so ist dem Antragsteller nur das Anrufen der Aufsichtsbehörde gestattet.

Der Artikel IV des Gesetzes, betreffend die Abänderung von Bestimmungen der Kreisordnung für die Provinzen Preußen, Brandenburg, Pommern, Posen, Schlesien und Sachsen vom 13. Dezember 1872 und die Ergänzung derselben vom 19. März 1881 (Gesetz-Samml. S. 155) wird aufgehoben.

§. 58. In der Provinz Schleswig-Holstein unterliegt der Beschlußfassung des Kreisausschusses, in Stadtkreisen des Bezirksausschusses:

1) die Bestätigung von Bestimmungen der Gemeinden in Betreff der Anlegung, Verlegung oder Einziehung von Nebenwegen, öffentlichen Fußsteigen oder Landwegen nach §§. 226, 234 Absatz 1, 235 der Wegeverordnung für die Herzogthümer Schleswig und Holstein vom 1. März 1842 (Sammlung der Verordnungen S. 191) und §. 7 Absatz 1 der Wegeordnung für das Herzogthum Lauenburg vom 7. Februar 1876 (Offizielles Wochenblatt S. 27);
2) die Anordnung der Verlegung von Nebenwegen nach §. 226 Satz 1 der Wegeverordnung vom 1. März 1842, sowie die Anordnung der Anlegung neuer Landwege oder der Verlegung oder besseren Einrichtung bestehender Landwege im Kreise Herzogthum Lauenburg nach §. 7 Absatz 2 der Wegeordnung vom 7. Februar 1876;
3) die Genehmigung des Zusammentretens von Gemeinden und Gutsbezirken zu einem Verbande behufs gemeinsamer Herstellung und Unterhaltung von Nebenwegen nach §. 13 des Gesetzes vom 26. Februar 1879, betreffend die Abänderung der Wegegesetzgebung für die Provinz Schleswig-Holstein u. s. w. (Gesetz-Samml. S. 94);
4) die Anordnung der im Interesse der Sicherheit der Wegebenutzung nach §. 14 der Wegeverordnung vom 1. März 1842 zulässigen Beschränkungen der Benutzung von Grundstücken in der Nähe öffentlicher Wege.

§. 59. In der Provinz Schleswig-Holstein beschließt der Bezirksausschuß:

1) über die Zulassung einzelner Ausnahmen von den Regeln hinsichtlich der Breite und der Herstellungsart der Nebenwege nach §. 221 der Wegeverordnung vom 1. März 1842;
2) über die Herstellungsart derjenigen neu auszubauenden Nebenlandstraßen, hinsichtlich welcher die Kreise aus Provinzialmitteln eine Unterstützung nicht erhalten, nach §. 146 der Wegeverordnung vom 1. März 1842 und §. 7 Absatz 3 des Gesetzes vom 26. Februar 1879.

§. 60. In der Provinz Hannover beschließt:
1) in Landkreisen der Kreisausschuß, in Stadtkreisen sowie in den bezüglich der Verwaltung der allgemeinen Landesangelegenheiten selbstständigen Städten der Bezirksausschuß:
   a) über Beschwerden Betheiligter gegen Bestimmungen der Gemeinden darüber, welche Wege als Gemeindewege anzulegen, aufzugeben oder für solche zu erklären sind (§. 11 des Hannoverschen Gesetzes vom 8. Juli 1851 über Gemeindewege und Landstraßen — Hannoversche Gesetz-Samml. S. 141);
   b) über Beschränkungen des Gebrauchs von Gemeindewegen auf bestimmte Zwecke des Verkehrs oder hinsichtlich einzelner Arten der Beförderungsmittel (§. 17 a. a. O.);
   c) über Beschwerden Betheiligter gegen die Anordnung der gesetzlichen Gemeindevertretung in Betreff der Theilung eines Gemeindebezirks in Unterbezirke zur abgesonderten Anlegung oder Unterhaltung von Gemeindewegen (§. 24 Absatz 2 Nr. 2 und Absatz 4 a. a. O.);
2) der Bezirksausschuß über zeitweilige Beschränkungen

des Gebrauchs von Landstraßen hinsichtlich der Zwecke des Verkehrs oder der Beförderungsmittel (§. 18 a. a. O.).

3) Ueber die Verbindung mehrerer benachbarter Ortsgemeinden zur gemeinschaftlichen Anlegung und Unterhaltung der für sie alle wichtigen Gemeindewege innerhalb des einen oder des anderen Bezirks (§. 24 Absatz 2 Nr. 1 und Absatz 3 a. a. O.) beschließt

a) der Kreisausschuß, wenn die betheiligten Gemeinden demselben Kreise angehören;

b) der Bezirksausschuß, wenn ein Stadtkreis oder eine bezüglich der Verwaltung der allgemeinen Landesangelegenheiten selbstständige Stadt betheiligt ist, oder die Gemeinden verschiedenen Kreisen, aber demselben Regierungsbezirke angehören;

c) der Provinzialrath, wenn die Gemeinden verschiedenen Regierungsbezirken angehören.

§. 61. Für den Umfang des Regierungsbezirkes Cassel beschließt der Bezirksausschuß an Stelle der Bezirksregierung:

über die Heranziehung der Gemeinden und Gutsbezirke zum Wegebau außerhalb ihrer Gemarkungen, sowie über die Vertheilung der Wegebaulast (§§. 2, 3 und 4 des Gesetzes, betreffend die Abänderung der Wegegesetze im Regierungsbezirke Cassel, vom 16. März 1879 — Gesetz-Samml. S. 225).

§. 62. Für den Umfang des vormaligen Herzogthums Nassau beschließt der Bezirksausschuß über die Feststellung des Beitrages der Gemeinden zu den Kosten der Herstellung chaussirter Verbindungsstraßen nach Maßgabe der §§. 5 und 6 des Nassauischen Gesetzes, betreffend die Erbauung chaussirter Verbindungsstraßen, vom 2. Oktober 1862 (Verordnungsblatt S. 176).

Die im §. 7 a. a. O. dem Amtsbezirksrathe vorbehaltene Beschlußfassung steht dem Kreisausschusse zu. Gegen diesen Beschluß steht der Chausseebauverwaltung und den betheiligten Gemeinden binnen zwei Wochen die Beschwerde an den Bezirksausschuß offen.

§. **63**. Für den Umfang der vormals Großherzoglich Hessischen Landestheile beschließt der Kreisausschuß über die Ertheilung der Genehmigung:

1) zur Ausführung neuer Ortsstraßen und Vizinalwege seitens der Gemeinden in Gemäßheit des Gesetzes vom 4. Juli 1812, das Rechnungswesen der Gemeinden u. s. w. betreffend;
2) zur Bildung von Vizinalwegeverbänden in Gemäßheit des Großherzoglich Hessischen Gesetzes vom 6. November 1860, die Anlegung und Unterhaltung der Vizinalwege betreffend (Großherzoglich Hessisches Regierungsbl. S. 333).

§. **64**. Ueber den besonderen Beitrag, welchen die Unternehmer von Fabriken u. s. w., durch deren Betrieb Wege in erheblicher Weise benutzt werden, nach bestehenden Gesetzen (Gesetz vom 26. Februar 1877, betreffend eine Abänderung des Hannoverschen Gesetzes über Gemeindewege und Landstraßen, — Gesetz-Samml. S. 18; §. 24 der Wegeordnung für das Herzogthum Lauenburg vom 7. Februar 1876 — Lauenburgisches Offizielles Wochenbl. S. 27; §. 7 des Gesetzes vom 16. März 1879, betreffend die Abänderung der Wegegesetze im Regierungsbezirke Cassel — Gesetz-Samml. S. 225) zu den Kosten der Unterhaltung oder des Neubaues des betreffenden Weges zu leisten haben, entscheidet auf Klage des Wegepflichtigen in erster Instanz:

bei Gemeindewegen in Landkreisen der Kreisausschuß, bei sonstigen Wegen der Bezirksausschuß.

In der Provinz Hannover steht bei den Gemeindewegen in allen bezüglich der allgemeinen Landesverwaltung selbstständigen Städten diese Entscheidung dem Bezirksausschusse zu.

XII. Titel.

Wasserpolizei.

A. Räumung von Gräben, Bächen und Wasserläufen.

§. 65. Ueber den Erlaß von Reglements (Regulativen) wegen Räumung von Gräben, Bächen und Wasserläufen beschließt in den durch die nachstehend bezeichneten Gesetze vorgesehenen Fällen an Stelle der bisher zuständigen Behörde der Kreis- (Stadt-) Ausschuß (§. 3 des Vorfluthgesetzes für Neuvorpommern und Rügen vom 9. Februar 1867 — Gesetz-Samml. S. 220; Artikel 10 und 15 des Großherzoglich Hessischen Gesetzes vom 18. Februar 1853, betreffend die Aufräumung und Unterhaltung der Bäche, — Regierungsbl. S. 65; Artikel 39 des Landgräflich Hessischen Gesetzes vom 15. Juli 1862, betreffend die Errichtung und Beaufsichtigung der Wassertriebwerke an Bächen u. s. w., — Archiv S. 895).

— Bisher § 97. —

§. 66. Gegen die Anordnungen der für die Wahrnehmung der Wasserpolizei zuständigen Behörde wegen Räumung von Gräben, Bächen und Wasserläufen, beziehungsweise wegen Aufbringung oder Vertheilung der dazu erforderlichen Kosten findet als Rechtsmittel innerhalb zwei Wochen der Einspruch an die Wasserpolizeibehörde statt. Dabei finden die Vorschriften des zweiten und dritten Absatzes des §. 56 sinngemäße Anwendung.

Ueber den Einspruch hat die Wasserpolizeibehörde zu beschließen. Gegen den Beschluß der Behörde findet die Klage im Verwaltungsstreitverfahren statt. Dieselbe ist, soweit der Inanspruchgenommene zu der ihm angesonnenen Leistung aus Gründen des öffentlichen Rechts statt seiner einen Anderen für verpflichtet erachtet, zugleich gegen diesen zu richten.

Auch im Uebrigen unterliegen Streitigkeiten der Betheiligten darüber, wem von ihnen die öffentlich-rechtliche Verbindlichkeit zur Räumung von Gräben und sonstigen Wasserläufen obliegt, der Entscheidung im Verwaltungsstreitverfahren.

Die Klage ist in den Fällen des zweiten Absatzes innerhalb zwei Wochen anzubringen. Die zuständige Behörde kann zur Vervollständigung der Klage eine angemessene Nachfrist gewähren. Durch den Ablauf dieser Fristen wird jedoch die Klage im Verwaltungsstreitverfahren auf Erstattung des Geleisteten gegen einen aus Gründen des öffentlichen Rechts Verpflichteten nicht ausgeschlossen.

Zuständig im Verwaltungsstreitverfahren ist in erster Instanz der Kreisausschuß, in Stadtkreisen und, wenn die Klage gegen Beschlüsse des Landraths gerichtet ist, sowie in Städten mit mehr als 10 000 Einwohnern der Bezirksausschuß.

Auf Gräben, Bäche und Wasserläufe im Bezirke eines Deichverbandes finden die vorstehenden Bestimmungen keine Anwendung.

— Abs. 3 war bisher § 98. —

An materiellen Bestimmungen kommen in Betracht § 10 des Vorfluthsgesetzes vom 15. November 1811 (Ges.S. S. 352), § 2 des Vorfluthsgesetzes für Neuvorpommern und Rügen vom 9. Februar 1867 (Ges.S. S. 220), § 7 des Gesetzes über die Benutzung der Privatflüsse vom 28. Februar 1843 (Ges.S. S. 41).

B. Stau-, Entwässerungs- und Bewässerungsanlagen, sowie Verschaffung der Vorfluth.

I. Vorschriften für den betreffenden Geltungsbereich folgender Gesetze:

1) Gesetz vom 15. November 1811 wegen des Wasserstauens bei Mühlen und Verschaffung von Vorfluth (Gesetz-Samml. S. 352);
2) Rheinisches Ruralgesetz vom 28. September 1791;
3) Rheinisches Ressortreglement vom 20. Juli 1818;
4) Gesetz vom 11. Mai 1853, betreffend die Anwendung der Vorfluthgesetze auf unterirdische Wasserleitungen (Gesetz-Samml. S. 182);
5) Gesetz vom 14. Juni 1859 wegen Verschaffung der Vorfluth in den Bezirken des Appellationsgerichtshofes zu Cöln und des Justizsenats zu Ehrenbreitstein, sowie in den Hohenzollernschen Landen (Gesetz-Samml. S. 325);
6) Vorfluthgesetz für Neuvorpommern und Rügen vom 9. Februar 1867 (Gesetz-Samml. S. 220);
7) Gesetz über die Benutzung der Privatflüsse vom 28. Februar 1843 (Gesetz-Samml. S. 41);
8) Verordnung vom 9. Januar 1845, betreffend die Einführung des Gesetzes vom 28. Februar 1843 über die Benutzung der Privatflüsse in dem Bezirke des Appellationsgerichtshofes zu Cöln (Gesetz-Samml. S. 35);
9) Gesetz vom 23. Januar 1846, betreffend das für Entwässerungsanlagen einzuführende Aufgebots- und Präklusionsverfahren (Gesetz-Samml. S. 26);
10) Wiesenordnung für den Kreis Siegen vom 28. Oktober 1846 (Gesetz-Samml. S. 485).

a) Festsetzung der Höhe des Wasserstandes bei Stauwerken.

§. 67. Behufs Festsetzung der Höhe des Wasserstandes bei Stauwerken erfolgt die Ernennung der sachverständigen Kommissarien endgültig durch Beschluß des Kreis- (Stadt-) Ausschusses. Eine Zuziehung des Gerichts findet ferner nicht statt.

Gegen die durch die Kommissarien beim Mangel rechtsverbindlicher deutlicher Bestimmungen bewirkte Festsetzung des Wasserstandes steht den Betheiligten die Klage bei dem Kreis- (Stadt-) Ausschusse zu.

Streitigkeiten darüber, ob die Höhe des Wasserstandes in rechtsverbindlicher und deutlicher Weise bestimmt sei, unterliegen der Entscheidung im Verwaltungsstreitverfahren vor dem Kreis- (Stadt-) Ausschusse. Der Kreis- (Stadt-) Ausschuß ist befugt, durch endgültigen Beschluß einen Wasserstand, welcher bis zur rechtskräftigen Entscheidung im Verwaltungsstreitverfahren inne zu halten ist, vorläufig festzusetzen (§§. 1 bis 7 des Gesetzes vom 15. November 1811; §§. 4 bis 11 des Gesetzes vom 9. Februar 1867; Titel II Artikel 16 des Rheinischen Ruralgesetzes vom 28. September 1791; §. 2 Nr. 3 und 4 des Rheinischen Ressortreglements vom 20. Juli 1818).

— Bisher § 99. —

b) Verschaffung von Vorfluth.

§. 68. Der Kreis- (Stadt-) Ausschuß beschließt:

1) über Anträge auf Verschaffung von Vorfluth, und zwar nach einer vorgängigen, von ihm anzuordnenden örtlichen Untersuchung (§§. 103 bis 109 und 113 bis 116 Theil I Titel 8 Allgemeinen Landrechts; §§. 11 bis 18 des Vorfluthgesetzes vom 15. November 1811; Artikel 3 des Gesetzes vom 11. Mai 1853; §§. 14 bis 16, 18 bis 21 des Gesetzes vom 9. Februar 1867; §§. 4 ff. des Vorfluthgesetzes vom 14. Juni 1859). Das schiedsrichterliche Verfahren nach den Bestimmungen der §§. 15 ff. des Vorfluthgesetzes vom 15. November 1811 findet auch auf die Fälle

der §§. 103 bis 109 und 113 bis 116 Theil I Titel 8 Allgemeinen Landrechts Anwendung;

2) über Anträge auf Mitbenutzung einer Entwässerungsanlage und auf Abänderungen eines Entwässerungsplans (§§. 17, 20 des Gesetzes vom 9. Februar 1867).

Gegen den Beschluß findet innerhalb zwei Wochen der Antrag auf mündliche Verhandlung im Verwaltungsstreitverfahren statt.

— Bisher §§ 100, 101, 102. —

§. **69**. Die Aufforderung zur Schiedsrichterwahl, die Ernennung des Obmannes, sowie der von den Betheiligten nicht rechtzeitig gewählten Schiedsrichter und die Ermächtigung des Schiedsgerichts erfolgt endgültig durch Beschluß des Kreis- (Stadt-) Ausschusses (§§. 22, 23, 25, 27 des Gesetzes vom 15. November 1811; §§. 23, 24, 26 des Gesetzes vom 9. Februar 1867).

— Bisher § 103. —

§. **70**. Der Kreis- (Stadt-) Ausschuß beschließt:

1) über die Rechtmäßigkeit der Ablehnung des Schiedsrichteramts (§. 30 des Gesetzes vom 15. November 1811; §. 24 des Gesetzes vom 9. Februar 1867);
2) über die Zurückweisung unzulässiger Schiedsrichter (§§. 28, 29 des Gesetzes vom 15. November 1811; §. 24 des Gesetzes vom 9. Februar 1867);
3) über die Festsetzung der Vergütung der Schiedsrichter (§. 33 des Gesetzes vom 15. November 1811; §. 27 des Gesetzes vom 9. Februar 1867);
4) über die Festsetzung der Vergütung der Kommissarien (§. 27 des Gesetzes vom 9. Februar 1867).

Gegen die Beschlüsse des Kreis- (Stadt-) Ausschusses steht innerhalb zwei Wochen den Betheiligten der Antrag auf mündliche Verhandlung im Streitverfahren zu, in welchem der Kreis- (Stadt-) Ausschuß endgültig entscheidet.

— Bisher § 104. —

§. 71. Die Anfechtung der schiedsrichterlichen Entscheidung erfolgt innerhalb sechs Wochen im Wege der Klage bei dem Kreis- (Stadt-) Ausschusse (§§. 25, 26 des Gesetzes vom 15. November 1811; §. 26 des Gesetzes vom 9. Februar 1867).

— Bisher § 105. —

§. 72. Die Vorschrift im §. 28 des Gesetzes vom 9. Februar 1867 wegen exekutivischer Einziehung von Kosten und Kostenvorschüssen durch die Bezirksregierung ist aufgehoben.

— Bisher § 106. —

c) Bewässerungsanlagen.

§. 73. Der Bezirksausschuß beschließt über die Beschränkung der Ableitung des Wassers, wenn durch eine Bewässerungsanlage das öffentliche Interesse gefährdet oder der nothwendige Wasserbedarf den unterhalb liegenden Einwohnern entzogen wird (§. 15 des Gesetzes vom 28. Februar 1843; §. 3 der Wiesenordnung für den Kreis Siegen vom 28. Oktober 1846).

— Bisher § 107. —

§. 74. Der Kreis- (Stadt-) Ausschuß faßt den Präklusionsbescheid bei Bewässerungsanlagen ab (§§. 19 bis 22, beziehungsweise 6 bis 9 a. a. O.). Gegen die Präklusion ist das Restitutionsgesuch innerhalb zwei Wochen bei dem Kreis- (Stadt-) Ausschusse anzubringen, welcher darüber im Verwaltungsstreitverfahren entscheidet. Auf Berufung entscheidet der Bezirksausschuß endgültig.

Das Gleiche gilt bezüglich des Präklusionsverfahrens bei Entwässerungsanlagen (Gesetz vom 23. Januar 1846; Artikel 3 des Gesetzes vom 11. Mai 1853; §. 29 des Gesetzes vom 9. Februar 1867).

— Bisher § 108. —

§. 75. Ueber Widersprüche gegen eine Bewässerungsanlage des Uferbesitzers (§§. 16a und b, 17, 23 Absatz 1 und 2 des Gesetzes vom 28. Februar 1843; §. 12 der Wiesenordnung vom 28. Oktober 1846) entscheidet der Kreis- (Stadt-) Ausschuß im Verwaltungsstreitverfahren.

— Bisher § 109. —

§. 76. Die Anträge eines Uferbesitzers auf Einräumung oder Beschränkung von Rechten behufs Ausführung oder Erhaltung von Bewässerungsanlagen sind bei dem Kreis- (Stadt-) Ausschusse anzubringen.

Behufs Prüfung des Antrags an Ort und Stelle und Vernehmung der Betheiligten ernennt der Kreis- (Stadt-) Ausschuß einzelne seiner Mitglieder oder andere Sachverständige, welche das Ergebniß der Erhebung unter Beifügung ihres Gutachtens festzustellen haben.

Demnächst beschließt der Kreis- (Stadt-) Ausschuß über die Vorfrage, ob ein überwiegendes Landeskulturinteresse vorwalte (§§. 30 bis 32 des Gesetzes vom 28. Februar 1843).

— Bisher § 110. —

§. 77. Der Kreis- (Stadt-) Ausschuß ernennt endgültig die Kommissarien für das fernere Verfahren und beschließt über die erhobenen Widersprüche gegen den von den Kommissarien entworfenen Plan, sowie über die Frist zu seiner Ausführung.

Gegen den Beschluß findet innerhalb zwei Wochen der Antrag auf mündliche Verhandlung im Verwaltungsstreitverfahren statt (§§. 33 bis 44 a. a. O.).

— Bisher § 111. —

§. 78. Der Kreis- (Stadt-) Ausschuß ernennt endgültig die Taxatoren und stellt die Entschädigung durch Endurtheil fest.

Gegen das Endurtheil steht dem Berechtigten nur die

Berufung an das Oberlandeskulturgericht zu (§§. 43 bis 47, 54 und 55 a. a. O.).

— Bisher § 112. —

Gesetz vom 15. Februar 1880 (Ges.S. S. 59) § 2.

§. **79.** Die Einziehung und Auszahlung oder Hinterlegung der festgestellten Entschädigungssumme liegt dem Landrathe, in Stadtkreisen dem Gemeindevorstande ob.

— Bisher § 113. —

§. **80.** Ueber den Antrag auf vorläufige Gestattung der Anlage und die Höhe der zu erlegenden Kaution beschließt der Kreis= (Stadt=) Ausschuß.

— Bisher § 114. —

II. **Vorschriften für den Geltungsbereich der provisorischen Verfügung für die Geestdistrikte des Herzogthums Schleswig vom 6. September 1863 (Chronologische Samml. S. 232).**

§. **81.** Gegen die Anordnungen, Festsetzungen und Erkenntnisse der Wasserlösungskommissionen und der Schauungsmänner findet innerhalb zwei Wochen die Klage bei dem Kreis= (Stadt=) Ausschusse statt. Derselbe kann zur Vervollständigung der Klage eine angemessene Nachfrist gewähren.

Die Wasserlösungskommissionen und beziehungsweise die Schauungsmänner entscheiden durch Erkenntniß auch:

1) auf Beschwerde gegen Verfügungen der von den Wasserlösungskommissionen Kommittirten (§. 22 a. a. O.),
2) in Streitigkeiten der Betheiligten unter einander über die ihnen aus dem Gesetz oder den rechtlich bestehenden Regulativen zustehenden Rechte und Pflichten.

Im Falle des Schlußsatzes des §. 17 a. a. O. entscheidet der Kreis= (Stadt=) Ausschuß im Verwaltungsstreitverfahren.

Gegen Verfügungen des Landraths an die in Wasserlösungsangelegenheiten Betheiligten steht denselben innerhalb zwei Wochen die Klage bei dem Bezirksausschusse zu.

III. Vorschriften für den Geltungsbereich der Wasserlösungsordnung für die Geestdistrikte des Herzogthums Holstein vom 16. Juli 1857 (Gesetz- und Ministerialbl. S. 208) und der Wasserlösungsordnung für den Kreis Herzogthum Lauenburg vom 22. Mai 1857 (Gesetz- und Ministerialbl. S. 135).

§. 82. Die Entscheidung

1) über Beschwerden gegen Verfügungen der Behörden, durch welche die Betheiligten zur Erfüllung der durch das Gesetz oder durch die rechtlich bestehenden Regulative bestimmten Verpflichtungen angehalten werden,
2) über Streitigkeiten unter den Betheiligten über die ihnen aus dem Gesetz oder aus den rechtlich bestehenden Regulativen entspringenden Rechte und Pflichten

erfolgt nach Maßgabe der §§. 10 und 12, beziehungsweise §§. 9 und 11 der gedachten Verordnungen.

Gegen die Entscheidung findet innerhalb zwei Wochen die Klage im Verwaltungsstreitverfahren statt. Zuständig ist in erster Instanz der Kreisausschuß, in Stadtkreisen und in Städten über 10 000 Einwohner, sowie wenn die Beschwerde gegen die Verfügung des Landraths gerichtet ist, der Bezirksausschuß.

Ueber Anträge auf Regulirungen, insbesondere über den Erlaß von Regulativen, durch welche die Rechte und Pflichten der an einer Wasserlösung Betheiligten nach Maßgabe der §§. 2 bis 9 und 11, beziehungweise §§. 2 bis 8 und 10 der gedachten Verordnungen bestimmt werden sollen, beschließt der Kreis- (Stadt-) Ausschuß.

Die betreffenden Schaukommissionen sind vor dem

Beschlusse zu hören und haben auf Erfordern des Kreis- (Stadt-) Ausschusses die Untersuchung und Vermittelung vorzunehmen.

Gegen den Beschluß des Kreis- (Stadt-) Ausschusses findet innerhalb zwei Wochen der Antrag auf mündliche Verhandlung im Verwaltungsstreitverfahren statt.

IV. Vorschriften für den Geltungsbereich des Hannoverschen Gesetzes vom 22. August 1847 über Ent- und Bewässerung der Grundstücke, sowie über Stauanlagen (Hannoversche Gesetz-Samml. S. 262).

§. 83. In erster Instanz beschließt der Bezirksausschuß an Stelle der Landdrostei und der Kreis- (Stadt-) Ausschuß — in den bezüglich der Verwaltung der allgemeinen Landesangelegenheiten selbstständigen Städten der Bezirksausschuß — an Stelle der Obrigkeit (§§. 98, 99 a. a. O.) über die nach jenem Gesetze (§§. 4, 47, 53, 68, 74, 86, 87, 90) für die Vorrichtung neuer Entwässerungs-, Bewässerungs- und Stauanlagen, sowie für die Aenderung und Aufhebung solcher Anlagen erforderliche vorgängige Genehmigung der zuständigen Behörde (zu vergleichen jedoch §. 84 Ziffer 1).

§. 84. Der Kreis- (Stadt-) Ausschuß beschließt über Anträge:

1) auf Zulassung neuer Entwässerungs-, Bewässerungs- oder Stauanlagen, oder auf Aenderung oder Wegräumung derartiger Anlagen gegen den Widerspruch Betheiligter (§. 97 a. a. O.);
2) auf Setzung eines Stauziels u. s. w. (§§. 75 bis 77 a. a. O.) für vorhandene Stauanlagen (§. 79 a. a. O.);
3) auf den Eintritt in eine oder auf den Austritt aus einer Entwässerungs- oder Bewässerungsgenossenschaft, welche auf Grund des Hannoverschen

Gesetzes vom 22. August 1847 oder vor Erlaß desselben errichtet und als öffentliche Genossenschaft im Sinne des Gesetzes vom 1. April 1879, betreffend die Bildung von Wassergenossenschaften (Gesetz-Samml. S. 297), nicht begründet ist (§§. 47 bis 52, §§. 68 und 69 a. a. O.).

Gegen den Beschluß des Kreis- (Stadt-) Ausschusses findet innerhalb zwei Wochen der Antrag auf mündliche Verhandlung im Verwaltungsstreitverfahren statt.

V. Vorschriften für den Geltungsbereich der Kurhessischen Verordnung vom 31. Dezember 1824, betreffend den Wasserbau (Kurhessische Gesetz-Samml. S. 99), des Kurhessischen Gesetzes vom 28. Oktober 1834, betreffend die Beseitigung mehrerer der Verbesserung des Acker- und Wiesenbaues entgegenstehenden Hindernisse (Kurhessische Gesetz-Samml. S. 156) und des Kurhessischen Gesetzes vom 17. Dezember 1857, betreffend die Ausführung von Entwässerungsanlagen mittelst unterirdischer Röhren (Kurhessische Gesetz-Samml. S. 51).

§. 85. Der Bezirksausschuß beschließt über die Ertheilung der nach §§. 16 und 17 Absatz 2 der Verordnung vom 31. Dezember 1824 erforderlichen Genehmigung zu den dort bezeichneten Wasserbauanlagen und zu Veränderungen an vorhandenen derartigen Anlagen (zu vergleichen jedoch §. 86 Ziffer 1 und 3).

§. 86. Der Kreis- (Stadt-) Ausschuß beschließt über Anträge:

1) auf Zulassung oder Veränderung der im §. 85 bezeichneten Wasserbauanlagen gegen den Widerspruch Betheiligter;
2) auf Setzung von Aichpfählen bei vorhandenen Stauanlagen und über den Widerspruch Betheiligter;
3) auf Führung von Bewässerungs- oder Entwässerungsgräben oder Drains durch fremde

Grundstücke, auf Gestattung von Vorarbeiten für Drainsanlagen auf fremden Grundstücken, oder auf Anlegung von Werken zum Stauen oder zur Hebung des Wassers auf fremden Grundstücken, nach §§. 6 bis 9 des Gesetzes vom 28. Oktober 1834 und nach dem Gesetze vom 17. Dezember 1857;

4) auf Feststellung des Beitrags, welchen Gemeinden oder Private nach §. 3 Absatz 2 der Verordnung vom 31. Dezember 1824 zu den Kosten von Wasserbauten zu leisten haben, welche nach ihrem Gegenstande und Zwecke nicht nur als Staats-, sondern zugleich als Gemeinde- oder Privatbauten erscheinen, nach §. 18 der Verordnung vom 31. Dezember 1824.

Gegen den Beschluß des Kreis- (Stadt-) Ausschusses findet innerhalb zwei Wochen der Antrag auf mündliche Verhandlung im Verwaltungsstreitverfahren statt.

VI. Vorschriften für den Geltungsbereich der Nassauischen Verordnung vom 27. Juli 1858, betreffend Entwässerungs- und Bewässerungsanlagen (Verordnungsbl. S. 100); der Großherzoglich Hessischen Gesetze vom 18. Februar 1853, betreffend die Aufräumung und Unterhaltung der Bäche (Regierungsbl. S. 65); vom 19. Februar 1853, betreffend die Regulirung der Bäche (Regierungsbl. S. 70); vom 20. Februar 1853, betreffend die Errichtung und Beaufsichtigung der Wassertriebwerke (Regierungsbl. S. 75) und vom 2. Januar 1858, betreffend die Entwässerung von Grundstücken (Regierungsbl. S. 33); beziehungsweise der Landgräflich Hessischen Gesetze vom 15. Juli 1862 über Errichtung und Beaufsichtigung der Wassertriebwerke (Archiv S. 895) und vom 15. Juli 1862, betreffend die Entwässerung von Grundstücken (Archiv S. 889).

§. 87. Der Bezirksausschuß beschließt an Stelle der Bezirksregierung:

1) über die nach Artikel 4 des Großherzoglich Hessischen Gesetzes vom 18. Februar 1853 erforder-

liche Genehmigung der vertragsmäßigen Vereinigung mehrerer Gemeinden zu einem Verbande (Konkurrenz), behufs gemeinsamer Aufbringung der Kosten für Aufräumung und Unterhaltung eines Baches;

2) über die Genehmigung zu einer Bachregulirung, zu Ent- und Bewässerungsanlagen oder zur Anlage von Wassertriebwerken nach §§. 2, 19, 25 und 26 der Nassauischen Verordnung vom 27. Juli 1858 (zu vergleichen jedoch §. 89 Ziffer 1 und 4);

3) über die Genehmigung zur Anlegung oder Veränderung von Wassertriebwerken nach §§. 1 und 15 der Großherzoglich Hessischen Verordnung vom 20. Februar 1853 und des Landgräflich Hessischen Gesetzes vom 15. Juli 1862 (zu vergleichen jedoch §. 89 Ziffer 4).

§. 88. Der Kreisausschuß beschließt über die Anlegung von Schwellen in den Sohlen regulirter Bäche nach §. 5 der Nassauischen Verordnung vom 27. Juli 1858 und Artikel 20 des Großherzoglich Hessischen Gesetzes vom 19. Februar 1853.

§. 89. Der Kreisausschuß beschließt über Anträge:

1) auf Zulassung von Bachregulirungen, sowie neuer Ent- und Bewässerungsanlagen gegen den Widerspruch Betheiligter nach §. 2 der Nassauischen Verordnung vom 27. Juli 1858;

2) auf Ausführung von Entwässerungsanlagen gegen den Widerspruch Betheiligter nach §§. 1, 21 und 32 des Großherzoglich Hessischen Gesetzes vom 2. Januar 1858 und des Landgräflich Hessischen Entwässerungsgesetzes vom 15. Juli 1862;

3) auf Entscheidung über Widersprüche von Gemeinden gegen eine Bachregulirung oder gegen die Uebernahme der durch eine Bachregulirung entstehenden Kosten und über das Verhältniß, in welchem die Kosten einer Bachregulirung auf mehrere Gemeinden zu vertheilen sind, nach Artikel 10, 7 und 8 des Großherzoglich Hessischen Gesetzes vom 19. Februar 1853;

4) auf Genehmigung zur Errichtung, sowie zur Veränderung von Triebwerken an Bächen und deren Seitengräben gegen den Widerspruch Betheiligter nach §§. 19, 25, 26 und 27 der Nassauischen Verordnung vom 27. Juli 1858, beziehungsweise Artikel 8 und 10 des Großherzogl. Hessischen Gesetzes vom 20. Februar 1853 und des Landgräflich Hessischen Gesetzes vom 15. Juli 1862;

5) auf Setzung von Aichpfählen an bereits bestehenden Triebwerken nach §. 28 der Nassauischen Verordnung vom 27. Juli 1858, beziehungsweise Artikel 20 und 21 des Großherzoglich Hessischen Gesetzes vom 20. Februar 1853 und des Landgräflich Hessischen Gesetzes vom 15. Juli 1862.

Gegen den Beschluß des Kreisausschusses findet innerhalb zwei Wochen der Antrag auf mündliche Verhandlung im Verwaltungsstreitverfahren statt.

VII. Vorschriften für den Geltungsbereich des Bayerischen Gesetzes über Benutzung des Wassers vom 28. Mai 1852 (Bayerisches Gesetzblatt S. 489).

§. **90.** Der Bezirksausschuß beschließt:

1) über die im Interesse der Erhaltung des nöthigen Wasserbedarfs für eine Ortschaft erforderlichen Beschränkungen hinsichtlich der Ableitung des Wassers nach §. 58 a. a. O.;

2) über Anträge auf Genehmigung zur Errichtung oder Abänderung von Stauanlagen nach Artikel 61 und 82 a. a. O. (zu vergleichen jedoch §. 91 Ziffer 4).

§. **91**. Der Kreisausschuß beschließt über Anträge:

1) auf Genehmigung zu einer Abweichung von der gesetzlichen Beschränkung der Uferanlieger in der Benutzung des Wassers nach Artikel 54 Absatz 2 und §. 58 a. a. O.;
2) auf Vertheilung des Wassers unter die Berechtigten bei Verminderung des Wasserstandes nach Artikel 60 a. a. O.;
3) auf Zuweisung von Wasser für Grundstücke, welche nicht an dem Flusse liegen, nach Artikel 62 und 63 a. a. O.;
4) auf Genehmigung zur Errichtung oder Abänderung von Stauvorrichtungen und Triebwerken oder auf Setzung eines Stauziels gegen den Widerspruch Betheiligter nach Artikel 61, 73, 76, 77, 83 und 84 a. a. O.;
5) auf Zuleitung oder Ableitung des für eine Be- oder Entwässerung erforderlichen Wassers durch fremde Grundstücke.

Gegen den Beschluß des Kreisausschusses findet innerhalb zwei Wochen der Antrag auf mündliche Verhandlung im Verwaltungsstreitverfahren statt.

VIII. Vorschriften für den Geltungsbereich der Mühlenordnung für das Fürstenthum Hohenzollern-Sigmaringen vom 8. November 1845 (Gesetz-Samml. für Hohenzollern-Sigmaringen Bd. VII S. 157).

§. **92**. Der Bezirksausschuß beschließt über die Feststellung von Instruktionen für die Einrichtung und Benutzung der Mühlenhauptkanäle nach §. 27 Nr. 12 a. a. O.

§. 93. Der Amtsausschuß beschließt über die Einrichtung von Fluthschleusen an Mühlenwehren zur Verhütung von Ueberschwemmungen nach §. 27 Nr. 13 a. a. O.

Der Amtsausschuß beschließt ferner über Anträge:

1) auf Errichtung, Veränderung oder Wiederherstellung von Wassermühlen nach §. 23 II, §. 5 III, §. 8 a. a. O.;
2) auf Gewährung einer Entschädigung an einen Mühlenbesitzer für die Einrichtung von Fluthschleusen nach §. 27 Nr. 13 a. a. O.;
3) auf Benutzung des Wassers für Mühlen und die Gewährung bezüglicher Entschädigungen nach §. 25 Absatz 2 a. a. O.

Gegen den Beschluß des Amtsausschusses in den Fällen zu 1 bis 3 findet innerhalb zwei Wochen der Antrag auf mündliche Verhandlung im Verwaltungsstreitverfahren statt.

C. Allgemeine Bestimmungen.

§. 94. Das Gesetz, betreffend die Bildung von Wassergenossenschaften, vom 1. April 1879 (Gesetz-Samml. S. 297) kommt fortan mit folgenden Maßgaben zur Anwendung.

Die in §. 49 Absatz 3 dem Kreis- (Stadt-) Ausschusse, in der Beschwerdeinstanz dem Bezirksausschusse übertragene Aufsicht über Wassergenossenschaften wird fortan vom Landrath als Vorsitzenden des Kreisausschusses, in Stadtkreisen von der Ortspolizeibehörde, in der Beschwerdeinstanz vom Regierungspräsidenten geführt. In den Fällen der §§. 51, 53, 71 behält es bei der Zuständigkeit des Kreis- (Stadt-) Ausschusses sein Bewenden.

An die Stelle des zweiten Absatzes des §. 50 tritt folgende Bestimmung:

Gegen die Verfügung oder Feststellung des Landraths oder der Ortspolizeibehörde steht der Genossenschaft innerhalb zwei Wochen die Klage bei dem Bezirksausschusse, gegen die Verfügung oder Feststellung des Regierungspräsidenten die Klage bei dem Oberverwaltungsgerichte zu.

In Betreff der Rechtsmittel gegen die Androhung, Festsetzung und Ausführung des Zwangsmittels in den Fällen des §. 54 finden die Bestimmungen der §§. 132 ff. des Gesetzes über die allgemeine Landesverwaltung vom 30. Juli 1883 Anwendung.

Bei dem Verfahren zur Begründung öffentlicher Wassergenossenschaften tritt, sofern das Genossenschaftsgebiet die Grenzen eines Regierungsbezirks nicht überschreitet, in den Fällen der §§. 73, 75, 76, 77, 93 und 94 der Regierungspräsident an die Stelle des Oberpräsidenten, und im Falle des §. 72 Ziffer 2 der Landrath, in Stadtkreisen der Gemeindevorstand an die Stelle der Regierung. Die Befugniß zur Uebertragung der Leitung des Verfahrens an eine Auseinandersetzungsbehörde (§. 77 Absatz 1 Satz 2) verbleibt dem Oberpräsidenten.

Die §§. 53 Absatz 3, 97 und 98, sowie der im §. 57 daselbst für den Fall einer anderweiten Organisation der höheren Verwaltungsbehörden gemachte Vorbehalt treten außer Kraft.

§ 160.

§. 95. Durch die Vorschriften des gegenwärtigen Titels werden nicht berührt:

1) die Zuständigkeiten der zur Wahrnehmung der Strom-, Schifffahrts- und Hafenpolizei berufenen Behörden;
2) die Zuständigkeiten der Auseinandersetzungsbehörden zur Regelung der mit einer Auseinandersetzung verbundenen Wasserstau-, Ent- und Bewässerungsanlagen;

3) die Bestimmungen der Reichsgewerbeordnung vom 21. Juni 1869 (Bundes-Gesetzbl. S. 245) über Stauanlagen für Wassertriebwerke und die darauf bezüglichen Zuständigkeitsvorschriften in §§. 109 ff. des gegenwärtigen Gesetzes.

§ 158; KreisO. §§ 59, 61. Gesetz, betr. die Befugnisse der Strombauverwaltung gegenüber den Uferbesitzern an öffentlichen Flüssen, vom 20. August 1883 (Ges.S. S. 333).

XIII. Titel.

Deichangelegenheiten.

§. 96. Der Bezirksausschuß beschließt, soweit es sich um Deiche handelt, welche zu keinem Deichverbande oder Deichbande gehören:

1) über die Genehmigung für neue und für die Verlegung, Erhöhung oder Beseitigung bestehender Deichanlagen nach §§. 1 bis 3 des Gesetzes über das Deichwesen vom 28. Januar 1848 — Gesetz-Samml. S. 54; §§. 16 und 17 der Kurhessischen Verordnung vom 31. Dezember 1824, betreffend den Wasserbau, — Kurhessische Gesetz-Samml. S. 99; Artikel 10, 36 und 40 des Bayerischen Gesetzes vom 28. Mai 1852, betreffend die Benutzung des Wassers, — Gesetz-Samml. für Bayern S. 489;

2) über die Herstellung ganz oder theilweise verfallener oder zerstörter Deiche und die Heranziehung der Pflichtigen zur Erhaltung oder Wiederherstellung nach §§. 4 und 5 des Gesetzes vom 28. Januar 1848;

3) über die interimistische Tragung der Deichbaulast

und die Vertheilung der Beiträge nach §§. 6 bis 8 a. a. O.;

4) über die Beschränkung oder Untersagung der Nutzung eines Deichs nach §. 24 a. a. O.

Die Beschwerde findet an den Minister für Landwirthschaft ꝛc. statt.

— Bisher § 121. —

§. 97. Befugnisse, welche hinsichtlich der Deichverbände den Bezirksregierungen (Landdrosteien) in Gemäßheit des Gesetzes über das Deichwesen vom 28. Januar 1848 übertragen worden sind, können durch Statut oder Statutenänderung den Kreis- (Stadt-) Ausschüssen, den Bezirksausschüssen oder Provinzialräthen überwiesen werden.

Auch können den vorbezeichneten Behörden Befugnisse hinsichtlich der Deichverbände und der Sielverbände (Schleusen-, Wettern-, Wasserlösungs- u. s. w. Verbände) durch Statuten übertragen werden, mittelst welcher die innere Organisation der Deich- und Sielverbände im Geltungsbereiche der besonderen Deichordnungen nach Artikel IV des Gesetzes vom 11. April 1872 (Gesetz-Samml. S. 377) neu geregelt und festgestellt wird.

— Bisher § 122. —

XIV. Titel.

Fischereipolizei.

§. 98. Der Bezirksausschuß beschließt:

1) über den Erlaß von Regulativen, betreffend die Beaufsichtigung und den Schutz der Laichschonreviere (§. 31 des Fischereigesetzes vom 30. Mai 1874, Gesetz-Samml. S. 197);

2) über die Genehmigung zur Ausführung von Fischpässen (§§. 36 und 39 a. a. O.);

3) darüber, in welchen Zeiten des Jahres der Fischpaß geschlossen gehalten werden muß und in welcher Ausdehnung oberhalb und unterhalb des Fischpasses für die Zeit, während welcher der Fischpaß geöffnet ist, jede Art des Fischfanges verboten ist (§§. 41 und 42 a. a. O.).

— Bisher § 116. —

§. 99. Der Bezirksausschuß beschließt ferner:

1) über die Gestattung von Ableitungen nach §. 43 Absatz 2 des Fischereigesetzes vom 30. Mai 1874 und über die Anordnungen von Vorkehrungen nach §. 43 Absatz 3 a. a. O., sofern die betreffende Ableitung nicht Zubehör einer der im §. 16 der Reichsgewerbeordnung vom 21. Juni 1869 (Bundes-Gesetzbl. S. 245) als genehmigungspflichtig bezeichneten Anlagen ist.

Die Schlußbestimmung des §. 43 des Fischereigesetzes wird in Betreff der im §. 16 der Reichsgewerbeordnung nicht erwähnten Anlagen aufgehoben;

2) über die Gestattung von Ausnahmen von dem Verbote des Flachs- und Hanfrötens in nicht geschlossenen Gewässern (§. 44 a. a. O.).

— Bisher § 117. —

§. 100. Der Kreis- (Stadt-) Ausschuß führt die Aufsicht über die nach den §§. 9 und 10 des Fischereigesetzes vom 30. Mai 1874 gebildeten Genossenschaften.

Behauptet die Genossenschaft, daß eine im Aufsichtswege getroffene Verfügung dem Statute oder dem Gesetze widerspricht, so steht ihr innerhalb zwei Wochen der

Antrag auf mündliche Verhandlung im Verwaltungsstreitverfahren zu.

— Bisher § 118. —

§. **101**. Wird die Verpflichtung zur Theilnahme an den Lasten der nach den §§. 9 und 10 a. a. O. gebildeten Genossenschaften, oder

wird das Recht zur Theilnahme an den Aufkünften aus der gemeinschaftlichen Fischereinutzung (§. 10 a. a. O.) bestritten,

so hat hierüber der Genossenschaftsvorstand Bescheid zu ertheilen. Gegen den Bescheid findet innerhalb zwei Wochen die Klage bei dem Kreis- (Stadt-) Ausschusse statt. Die Entscheidung des Kreis- (Stadt-) Ausschusses ist vorläufig vollstreckbar.

— Bisher § 119. —

§. **102**. Der Entscheidung des Bezirksausschusses unterliegen:

1) Streitigkeiten über die Frage, ob ein Gewässer als ein geschlossenes anzusehen ist (§. 4 a. a. O.);
2) Klagen der Fischereiberechtigten oder Fischereigenossenschaften auf weitere Beschränkung oder gänzliche Aufhebung von Fischereiberechtigungen, welche auf die Benutzung einzelner bestimmter Fangmittel oder ständiger Fischereivorrichtungen gerichtet sind (§. 5 Ziffer 2 a. a. O.).

— Bisher § 120. —

XV. Titel.

Jagdpolizei.

§. **103**. In Jagdpolizeisachen beschließt, soweit die Beschlußfassung nach bestehendem Rechte den Verwaltungsbehörden zusteht, unbeschadet der nachfolgenden Bestimmungen, der Landrath, in Stadtkreisen die Ortspolizeibehörde.

Gegen Beschlüsse dieser Behörden, durch welche Anordnungen wegen Abminderung des Wildstandes getroffen oder Anträge auf Anordnung oder Gestattung solcher Abminderung abgelehnt werden, findet statt der allgemeinen Rechtsmittel innerhalb zwei Wochen die Beschwerde an den Bezirksausschuß statt. Der Beschluß des Bezirksausschusses ist endgültig.

— Bisher § 90. —

§. **104**. Der Kreisausschuß, in Stadtkreisen der Bezirksausschuß, beschließt, soweit die Beschlußfassung nach bestehendem Rechte den Verwaltungsbehörden zusteht,

1) über die Genehmigung zur Bildung mehrerer für sich bestehender Jagdbezirke aus dem Bezirke einer Gemeinde (Gemarkung, Feldmark);

2) über die Anordnung der Vereinigung mehrerer Gemeindebezirke (Gemarkungen, Feldmarken) zu einem gemeinschaftlichen Jagdbezirke gemäß §. 6 der Verordnung, betreffend das Jagdrecht und die Jagdpolizei im ehemaligen Herzogthum Nassau, vom 30. März 1867 (Gesetz-Samml. S. 426) und §. 8 des Lauenburgischen Gesetzes, betreffend das Jagdrecht und die Jagdpolizei, vom 17. Juli 1872 (Offizielles Wochenbl. Nr. 42).

Bestimmungen, wonach es zur Annahme eines Ausländers als Jagdpächters einer besonderen Genehmigung bedarf, finden auf Angehörige des Deutschen Reichs fortan keine Anwendung.

— Bisher § 87. —

§. **105**. Streitigkeiten der Betheiligten über ihre in dem öffentlichen Rechte begründeten Berechtigungen und

Verpflichtungen hinsichtlich der Ausübung der Jagd, insbesondere über

1) Beschränkungen in der Ausübung des Jagdrechts auf eigenem Grund und Boden,
2) Bildung von gemeinschaftlichen Jagdbezirken, Anschluß von Grundstücken an einen gemeinschaftlichen Jagdbezirk, oder Ausschluß von Grundstücken aus einem solchen,
3) Ausübung der Jagd auf fremden Grundstücken, welche von einem größeren Walde oder von einem oder mehreren selbstständigen Jagdbezirken umschlossen sind, sowie die den Eigenthümern der Grundstücke zu gewährende Entschädigung

unterliegen der Entscheidung im Verwaltungsstreitverfahren.

Zuständig im Verwaltungsstreitverfahren ist in erster Instanz der Kreisausschuß, in Stadtkreisen der Bezirksausschuß.

— Bisher § 91. —

§. **106**. Auf Beschwerden und Einsprüche, betreffend die von der Gemeindebehörde oder dem Jagdvorstande festgestellte Vertheilung der Erträge der gemeinschaftlichen Jagdnutzung, beschließt die Gemeindebehörde beziehungsweise der Jagdvorstand.

Gegen den Beschluß findet innerhalb zwei Wochen die Klage bei dem Kreisausschusse, in Stadtkreisen bei dem Bezirksausschusse statt.

Die im ersten Absatze gedachte Feststellung bedarf keiner Genehmigung oder Bestätigung von Seiten der Aufsichtsbehörde.

— Bisher § 92. —

§. **107**. Der Bezirksausschuß beschließt über die Verlängerung, Verkürzung oder Aufhebung der gesetzlichen Schonzeit, soweit darüber nach bestehendem Rechte im

Verwaltungswege Bestimmung getroffen werden kann. Der Beschluß ist endgültig.

— Bisher § 94. —

§. 108. Der Bezirksausschuß beschließt über die Erneuerung der auf den Schleswigschen Westseeinseln bestehenden Konzessionen zur Errichtung von Vogelkojen, sowie über die Ertheilung neuer Konzessionen (§. 6 des Gesetzes vom 1. März 1873, Gesetz-Samml. S. 27).

XVI. Titel.

Gewerbepolizei.

A. Gewerbliche Anlagen.

§. 109. Der Kreis- (Stadt-) Ausschuß, in den einem Landkreise angehörigen Städten mit mehr als 10 000 Einwohnern der Magistrat (kollegialische Gemeindevorstand), beschließt über Anträge auf Genehmigung zur Errichtung oder Veränderung gewerblicher Anlagen (§§. 16 bis 25 der Reichsgewerbeordnung vom 21. Juni 1869), soweit konzessionspflichtige Anlagen der nachbezeichneten Art in Frage stehen:

Gasbereitungs- und Gasbewahrungsanstalten, Anstalten zur Destillation von Erdöl, Anlagen zur Bereitung von Braunkohlentheer, Steinkohlentheer und Koaks, Asphaltkochereien und Pechsiedereien, Glas- und Rußhütten, Kalk-, Ziegel- und Gypsöfen, Metallgießereien, Hammerwerke, Schnellbleichen, Firnißsiedereien, Stärkefabriken, Stärkesyrupfabriken, Wachstuch-, Darmsaiten-, Dachpappen- und Dachfilzfabriken, Darmzubereitungsanstalten, Leim-, Thran- und Seifensiedereien, Knochenbrennereien, Knochendarren, Knochenkochereien und Knochenbleichen, Hopfenschwefeldarren,

Zubereitungsanstalten für Thierhaare, Talgschmelzen, Schlächtereien, Gerbereien, Abdeckereien, Strohpapierstofffabriken, Stauanlagen für Wassertriebwerke, Fabriken, in welchen Dampfkessel oder andere Blechgefäße durch Vernieten hergestellt werden, Anstalten zum Imprägniren von Holz mit erhitzten Theerölen, Kunstwollefabriken und Dégrasfabriken, endlich Dampfkessel mit Ausnahme der für den Gebrauch auf Eisenbahnen bestimmten Lokomotiven und der zum Betriebe auf Bergwerken und Aufbereitungsanstalten bestimmten Dampfkessel.

Im Falle fernerer Ergänzung des Verzeichnisses der konzessionspflichtigen Anlagen gemäß §. 16, letzter Absatz, der Reichsgewerbeordnung bleibt die Bestimmung darüber, für welche der in das Verzeichniß nachträglich aufgenommenen Anlagen der Kreisausschuß (Stadtausschuß, Magistrat) zuständig ist, Königlicher Verordnung vorbehalten.

— Bisher § 123. —

Durch die Novelle vom 1. Juli 1883 (R.G.Bl. S. 159) bewirkte neueste Fassung der Gewerbeordnung im R.G.Bl. 1883 S. 177 ff.

Vgl. § 157 no. 1.

§. **110**. Der Bezirksausschuß beschließt über Anträge auf Genehmigung zur Errichtung oder Veränderung gewerblicher Anlagen, soweit die Beschlußnahme darüber nicht nach §. 109 dem Kreis- (Stadt-) Ausschusse (Magistrat) überwiesen ist.

Der Bezirksausschuß beschließt ferner im Einvernehmen mit dem zuständigen Oberbergamte über die Zulässigkeit von Wassertriebwerken, welche zum Betriebe von Bergwerken oder Aufbereitungsanstalten dienen (§. 59 Absatz 3 des Allgemeinen Berggesetzes vom 24. Juni 1865, Gesetz-Samml. S. 705).

— Bisher § 124. —

Für Berlin § 161.

§. 111. Der Bezirksausschuß beschließt auf Antrag der Ortspolizeibehörde darüber, ob die Ausübung eines Gewerbes in Anlagen, deren Betrieb mit ungewöhnlichem Geräusch verbunden ist, an der gewählten Betriebsstätte zu untersagen oder nur unter Bedingungen zu gestatten ist (§. 27 der Reichsgewerbeordnung).

— **Bisher § 125.** —

Für Berlin § 161.

§. 112. Die Befugniß, gemäß §. 51 der Reichsgewerbeordnung die fernere Benutzung einer gewerblichen Anlage wegen überwiegender Nachtheile und Gefahren für das Gemeinwohl zu untersagen, steht dem Bezirksausschusse zu.

— **Bisher § 126.** —

Für Berlin § 161.

§. 113. In den Fällen der §§. 109 bis 112 findet die Beschwerde an den Minister für Handel und Gewerbe statt. Sofern bei Stauanlagen Landeskulturinteressen in Betracht kommen, ist der Minister für Landwirthschaft zuzuziehen.

B. Gewerbliche Konzessionen.

§. 114. Ueber Anträge auf Ertheilung der Erlaubniß zum Betriebe der Gastwirthschaft oder Schankwirthschaft, zum Kleinhandel mit Branntwein oder Spiritus, sowie zum Betriebe des Pfandleihgewerbes und zum Handel mit Giften (§§. 33, 34 der Reichsgewerbeordnung) beschließt der Kreis- (Stadt-) Ausschuß.

Wird die Erlaubniß versagt, so steht dem Antragsteller innerhalb zwei Wochen der Antrag auf mündliche Verhandlung im Verwaltungsstreitverfahren vor dem Kreis- (Stadt-) Ausschusse zu.

Ueber Anträge auf Ertheilung der Erlaubniß zum Betriebe der Gastwirthschaft zum Ausschänken von Branntwein oder von Wein, Bier oder anderen geistigen Getränken, sowie zum Kleinhandel mit Branntwein oder Spiritus, ist zunächst die Gemeinde- und die Ortspolizeibehörde zu hören. Wird von einer dieser Behörden Widerspruch erhoben, so darf die Ertheilung der Erlaubniß nur auf Grund mündlicher Verhandlung im Verwaltungsstreitverfahren erfolgen.

Die Entscheidung des Bezirksausschusses ist endgültig.

In den zu einem Landkreise gehörigen Städten mit mehr als 10000 Einwohnern tritt an die Stelle des Kreisausschusses der Magistrat (kollegialische Gemeindevorstand).

— **Bisher § 128.** —

Verordnung vom 31. Dezember 1883 (hinter § 121).

§. **115.** Ueber die Anträge auf Ertheilung:

a) der Konzession zu Privat-Kranken-, Privat-Entbindungs- und Privat-Irrenanstalten (§. 30 Absatz 1 der Reichsgewerbeordnung),

b) der Erlaubniß zu Schauspielunternehmungen (§. 32 a. a. O.)

beschließt der Bezirksausschuß.

Gegen den die Konzession (Erlaubniß) versagenden Beschluß findet innerhalb zwei Wochen der Antrag auf mündliche Verhandlung im Verwaltungsstreitverfahren statt.

Für die im Verwaltungsstreitverfahren in den Fällen zu a zu treffenden Entscheidungen sind die von den Medizinalaufsichtsbehörden innerhalb ihrer gesetzlichen Zuständigkeit getroffenen allgemeinen Anordnungen über die gesundheitspolizeilichen Anforderungen, welche an die baulichen und sonstigen technischen Einrichtungen der unter a bezeichneten Anstalten zu stellen sind, maßgebend.

— **Bisher § 129.** —

Für Berlin § 161 Abs. 2.

§. **116**. Gegen Verfügungen der Ortspolizeibehörde, durch welche die Erlaubniß zum gewerbsmäßigen öffentlichen Verbreiten von Druckschriften (§. 43 der Reichsgewerbeordnung) versagt, oder die nicht gewerbsmäßige öffentliche Verbreitung von Druckschriften (§. 5 des Reichsgesetzes über die Presse vom 7. Mai 1874, Reichs-Gesetzbl. S. 65) verboten worden ist, findet innerhalb zwei Wochen die Klage bei dem Kreisausschusse, in Stadtkreisen und in den zu einem Landkreise gehörigen Städten mit mehr als 10000 Einwohnern bei dem Bezirksausschusse statt.

— Bisher § 130. —

§. **117**. Gegen Verfügungen der unteren Verwaltungsbehörden, durch welche Reichsangehörigen der Legitimationsschein:

1) zum Ankauf von Waaren oder zum Aufsuchen von Waarenbestellungen (§. 44 der Reichsgewerbeordnung) oder
2) zum Gewerbebetrieb im Umherziehen (§. 58 Nr. 1 und 2 der Reichsgewerbeordnung)

versagt worden ist, findet innerhalb zwei Wochen die Klage bei dem Bezirksausschusse statt. Ueber Anträge wegen Ertheilung von Legitimationsscheinen für alle anderen Arten des Gewerbebetriebes im Umherziehen beschließt der Bezirksausschuß. Gegen den versagenden Beschluß findet innerhalb zwei Wochen der Antrag auf mündliche Verhandlung im Verwaltungsstreitverfahren statt.

— Bisher § 131. —

Für Berlin § 161 Abs. 2.

Nr. 1: Min.Anweisung vom 29. Dezember 1883 zur Ausführung des Reichsgesetzes vom 1. Juli 1883 (Min.Bl. 1884 S. 11.)

Nr. 2 ist durch die Novelle zur Gewerbeordnung vom 1. Juli 1883 (R.G.Bl. S. 159) gegenstandlos geworden.

§. **118**. In den Fällen der §§. 115, 116 und 117

ist gegen die Endurtheile des Bezirksausschusses nur das Rechtsmittel der Revision zulässig.

— Bisher § 132. —

§. 119. Der Kreisausschuß, in Stadtkreisen und in den zu einem Landkreise gehörigen Städten mit mehr als 10 000 Einwohnern der Bezirksausschuß, entscheidet auf Klage der zuständigen Behörde:

1) über die Untersagung des Betriebes der im §. 35 der Reichsgewerbeordnung und der im §. 37 a. a. O. gedachten Gewerbe;

2) über die Zurücknahme von Konzessionen zum Betriebe der Gast- und Schankwirthschaft, zum Kleinhandel mit Branntwein und Spiritus, sowie zum Betriebe des Pfandleihgewerbes und zum Handel mit Giften (§. 53 a. a. O.).

— Bisher § 133. —

Zu 1): nämlich Ertheilung von Tanz-, Turn- und Schwimmunterricht;

Handel mit gebrauchten Betten oder gebrauchter Wäsche, Kleinhandel mit altem Metallgeräth oder Metallbruch (Trödel), oder mit Garnabfällen oder Dräumen von Seide, Wolle, Baumwolle oder Leinen;

Geschäft eines Pfandleihers, Gesindevermiethers,

Gewerbe bezüglich des öffentlichen Verkehrs innerhalb der Orte durch Wagen aller Art, Gondeln, Sänften, Pferde und andere Transportmittel, sowie Gewerbe derjenigen Personen, welche auf öffentlichen Straßen oder Plätzen ihre Dienste anbieten.

§. 120. Der Bezirksausschuß entscheidet auf Klage der zuständigen Behörde über die Zurücknahme:

1) der im vorstehenden §. 119 Nr. 2 nicht gedachten, im §. 53 der Reichsgewerbeordnung aufgeführten Approbationen, Genehmigungen und Bestallungen, mit Ausnahme der Konzessionen der Markscheider;

2) der Konzessionen der Versicherungsunternehmer,

sowie der Auswanderungsunternehmer und Agenten;

3) der Konzessionen der Handelsmakler;

4) der Patente der Stromschiffer (§. 31 Absatz 3 der Reichsgewerbeordnung);

5) der Prüfungszeugnisse der Hebeammen (§. 30 Absatz 2 a. a. O.).

— Bisher § 134. —

Zu 1): nämlich Approbationen der Apotheker und Aerzte (Wundärzte, Augenärzte, Geburtshelfer, Zahnärzte, Thierärzte); Konzessionen der Unternehmer von Privat-Kranken-, Entbindungs- und Irren-Anstalten; Erlaubniß zu Schauspiel-Unternehmungen; Bestallungen der Feldmesser, Auktionatoren, derjenigen, welche den Feingehalt edler Metalle oder die Beschaffenheit, Menge oder richtige Verpackung von Waaren feststellen, Güterbestätiger, Schaffner, Wäger, Messer, Bracker, Schauer, Stauer u. s. w.

§. 121. Insofern durch Reichsgesetz bestimmt wird, daß außer den in §§. 114 bis 120 aufgeführten Gewerbetreibenden noch andere einer Konzession (Approbation, Genehmigung, Bestallung) zum Gewerbebetriebe bedürfen oder noch anderen Gewerbetreibenden der Gewerbebetrieb untersagt oder die ihnen ertheilte Konzession zurückgenommen werden kann, so wird die zur Ertheilung der Konzession, Untersagung des Gewerbebetriebes, beziehungsweise Zurücknahme der Konzession zuständige Behörde durch Königliche Verordnung bestimmt.

Verordnung zur Ausführung des Reichsgesetzes vom 1. Juli 1883, betreffend Abänderung der Gewerbeordnung.

Vom 31. Dezember 1883.

(Ges.S. S. 7.)

Wir **Wilhelm**, von Gottes Gnaden König von Preußen &c. verordnen zur Ausführung des Reichsgesetzes vom 1. Juli 1883, betreffend Abänderung der Gewerbeordnung (Reichs-Gesetzbl.

S. 159) auf Grund des §. 121 des Gesetzes vom 1. August 1883 über die Zuständigkeit der Verwaltungs- und Verwaltungsgerichtsbehörden (Gesetz-Samml. S. 237) was folgt:

§. 1. Der Kreis- (Stadt-) Ausschuß beschließt

a) über die Ertheilung der Erlaubniß an diejenigen, welche gewerbsmäßig in ihren Wirthschafts- oder sonstigen Räumen Singspiele, Gesangs- und deklamatorische Vorträge, Schaustellungen von Personen oder theatralische Vorstellungen, ohne daß ein höheres Interesse der Kunst oder Wissenschaft dabei obwaltet, öffentlich veranstalten oder zu deren öffentlicher Veranstaltung ihre Räume benutzen lassen wollen (§. 33a der Reichs-Gewerbeordnung),

b) über Anträge auf Ertheilung der Erlaubniß, innerhalb des Gemeindebezirks des Wohnsitzes oder der gewerblichen Niederlassung den im §. 42b Abs. 1 der Reichs-Gewerbeordnung bezeichneten Gewerbebetrieb auszuüben, soweit es dazu der Erlaubniß bedarf.

Wird die Erlaubniß versagt, so steht dem Antragsteller innerhalb zwei Wochen der Antrag auf mündliche Verhandlung im Verwaltungsstreitverfahren vor dem Kreis- (Stadt-) Ausschusse zu.

Die Entscheidung des Bezirksausschusses ist endgültig.

In den zu einem Landkreise gehörigen Städten mit mehr als 10000 Einwohnern tritt an die Stelle des Kreisausschusses der Magistrat (kollegialische Gemeindevorstand).

§. 2. Gegen Verfügungen der unteren Verwaltungsbehörden, durch welche Reichsangehörigen

a) eine Gewerbelegitimationskarte (§. 44a Abs. 6 a. a. O.) versagt,

b) eine Gewerbelegitimationskarte oder eine Legitimationskarte zum Aufsuchen von Waarenbestellungen oder zum Aufkaufen von Waaren (§. 44a Abs. 1 a. a. O.) durch Zurücknahme entzogen

worden ist, findet innerhalb zwei Wochen die Klage bei dem Bezirksausschusse statt, gegen dessen Endurtheile nur das Rechtsmittel der Revision zulässig ist.

§. 3. Der Bezirksausschuß, im Stadtkreis Berlin der Polizeipräsident, beschließt über Anträge auf Genehmigung des im §. 56 Abs. 4 a. a. O. vorgesehenen Druckschriftenverzeichnisses.

Gegen den versagenden Beschluß des Bezirksausschusses findet der Antrag auf mündliche Verhandlung im Verwaltungsstreitverfahren, gegen den versagenden Beschluß des Polizeipräsidenten die Klage bei dem Bezirksausschusse innerhalb zwei Wochen statt.

Gegen die Endurtheile des Bezirksausschusses ist nur das Rechtsmittel der Revision zulässig.

§. 4. Der Kreisausschuß, in Stadtkreisen und in den zu einem Landkreise gehörigen Städten mit mehr als 10000 Einwohnern der Bezirksausschuß, entscheidet auf Klage der Ortspolizeibehörde.

a) über die Zurücknahme der Erlaubniß zu dem im § 33a der Reichs-Gewerbeordnung bezeichneten Gewerbebetrieb und über die Untersagung desselben,

b) über die Zurücknahme der Erlaubniß, innerhalb des Gemeindebezirks des Wohnorts oder der gewerblichen Niederlassung den im §. 42b Abs. 1 a. a. O. bezeichneten Gewerbebetrieb auszuüben,

c) über die Untersagung des im §. 42b Abs. 1 a. a. O. bezeichneten Gewerbebetriebes mit den im §. 59 Ziffer 1 und 2 aufgeführten Erzeugnissen und Waaren, falls eine solche Untersagung nach §. 42b Abs. 3 zugelassen worden ist,

d) über die Untersagung des Gewerbebetriebes solcher Pfandleiher, welche den Gewerbebetrieb vor dem Inkrafttreten des Gesetzes vom 23. Juli 1879 begonnen haben (§. 53 Abs. 3 der Reichs-Gewerbeordnung),

e) über die Untersagung des ohne Wandergewerbeschein zulässigen Gewerbebetriebes im Umherziehen (a. a. O. §. 59a).

Zu a): § 1a.
Zu b): § 1b.

§. 5. Der Bezirksausschuß entscheidet auf Klage der Ortspolizeibehörde über die Zurücknahme des Wandergewerbescheins (§. 58 a. a. O.), der Ausdehnung desselben (§. 60 Abs. 3 a. a. O.), und der Erlaubniß, bei dem Gewerbebetrieb im Umherziehen andere Personen von Ort zu Ort mitzuführen, in den Fällen des §. 62 Abs. 2 a. a. O.

§. 6. Diese Verordnung tritt gleichzeitig mit dem Gesetz vom 30. Juli 1883 über die allgemeine Landesverwaltung (Gesetz-Samml. S. 195) in Kraft.

Urkundlich unter Unserer Höchsteigenhändigen Unterschrift und beigedrucktem Königlichen Insiegel.

Gegeben Berlin, den 31. Dezember 1883.

(L. S.) **Wilhelm.**

Für den Minister für Handel und Gewerbe:
v. Puttkamer. v. Boetticher.

C. Ortsstatuten.

§. 122. Der Bezirksausschuß beschließt über die Genehmigung von Ortsstatuten, betreffend gewerbliche Angelegenheiten (§. 142 der Reichsgewerbeordnung und §. 57 Nr. 2 der Verordnung vom 9. Februar 1849, Gesetz-Samml. S. 93).

— Bisher § 138. —

Für Berlin der Oberpräsident, Ldverw.Ges. § 43 Abs. 3.

Durch diese Bestimmung werden die in den bestehenden Vorschriften begründeten Befugnisse der Schulaufsichtsbehörde bezüglich der Errichtung 2c. gewerblicher Fortbildungsschulen nicht berührt.

D. Innungen.

§. 123. Der Bezirksausschuß beschließt:

1) über die Genehmigung zur Erhöhung der bei der Aufnahme in eine Innung zu entrichtenden Antrittsgelder (§. 85 der Reichsgewerbeordnung);
2) über die Genehmigung zur Auflösung von Innungen (§. 93 a. a. O.).

— Bisher § 136 no. 2. —

Für Berlin § 161.

§. 124. Der Bezirksausschuß beschließt über die Genehmigung von Innungsstatuten und deren Abänderung (§. 92 der Reichsgewerbeordnung; §. 98b a. a. O. in der Fassung des Reichsgesetzes vom 18. Juli 1881, Reichs-Gesetzbl. S. 233).

Gegen den, die Genehmigung versagenden Beschluß findet innerhalb zwei Wochen der Antrag auf mündliche Verhandlung im Verwaltungsstreitverfahren statt.

Gegen die Entscheidung des Bezirksausschusses ist nur das Rechtsmittel der Revision zulässig.

— Bisher § 136 no. 3. —

Für Berlin § 161 Abs. 2.

§. 125. Der Entscheidung des Bezirksausschusses

unterliegen Streitigkeiten zwischen Ortsgemeinden und Innungen in Folge der Auflösung der letzteren gemäß §. 94 Absatz 4 der Reichsgewerbeordnung (§. 103a Absatz 3 des Reichsgesetzes vom 18. Juli 1881).

Ingleichen findet in den Fällen des §. 95 Absatz 1 der Reichsgewerbeordnung und des §. 104 Absatz 7 und 8 des Reichsgesetzes vom 18. Juli 1881 innerhalb der gesetzlichen Frist von vier Wochen gegen die dort erwähnten Entscheidungen der Aufsichtsbehörde die Klage bei dem Bezirksausschusse statt.

— **Bisher § 137.** —

Abs. 2. Als Beklagte darf nicht die Gemeindebehörde (als Aufsichtsbehörde) belangt werden (O.V.G. VIII S. 260).

§. **126**. Der Bezirksausschuß entscheidet auf Klage der Aufsichtsbehörde über die Schließung einer Innung oder eines gemeinsamen Innungsausschusses (§. 103 des Reichsgesetzes vom 18. Juli 1881).

Der Bezirksausschuß kann vor Erlaß des Endurtheils nach Anhörung des Innungsvorstandes oder des gemeinsamen Innungsausschusses die vorläufige Schließung der Innung oder des gemeinsamen Innungsausschusses anordnen, welche alsdann bis zum Erlaß des Endurtheils fortdauert.

E. Märkte.

§. **127**. Der Provinzialrath beschließt über die Zahl, Zeit und Dauer der Kram- und Viehmärkte.

Gegen den Beschluß findet die Beschwerde an den Minister für Handel und Gewerbe statt.

— **Bisher § 139.** —

Abs. 1: Für Berlin der Oberpräsident, Ldverw.Ges. § 43 Abs. 3.

§. **128**. Der Bezirksausschuß beschließt über die Zahl, Zeit und Dauer der Wochenmärkte, über die fernere Gestattung des herkömmlichen Wochenmarktverkehrs mit gewissen Handwerkerwaaren von Seiten der einheimischen Verkäufer (§. 64 der Reichsgewerbeordnung), sowie darüber, welche Gegenstände außer den im §. 66 a. a. O. aufgeführten nach Ortsgewohnheit und Bedürfniß im Regierungsbezirke überhaupt oder an gewissen Orten zu den Wochenmarktsartikeln gehören.

Die Festsetzungen über Zahl, Zeit und Dauer der Wochenmärkte erfolgen unter Zustimmung der Gemeindebehörden des Marktortes.

Bisher § 136 no. 4 u. 5. —

Für Berlin § 161.

§. **129**. Sofern bei Aufhebung von Märkten der in den §§. 127 und 128 bezeichneten Art Entschädigungsansprüche von Marktberechtigten in Frage kommen, bedürfen die bezüglichen Beschlüsse der Zustimmung des Ministers für Handel und Gewerbe.

— Bisher § 140. —

§. **130**. Der Bezirksausschuß beschließt über die Einführung neuer, sowie über die Erhöhung oder Ermäßigung oder anderweite Regulirung bestehender Marktstandsgelder (Gesetz vom 26. April 1872, betreffend die Erhebung von Marktstandsgeldern, Gesetz-Samml. S. 513).

Bei der Bestimmung des §. 5 Absatz 2 des Gesetzes vom 26. April 1872 behält es sein Bewenden.

— Bisher § 141. —

Für Berlin § 161.

Abs. 2: wenn nämlich das Hebungsrecht auf einem besonderen Rechtstitel beruht.

F. Oeffentliche Schlachthäuser.

§. **131**. Der Bezirksausschuß beschließt:

1) über die Genehmigung der auf Grund der §§. 1 bis 4 des Gesetzes vom 18. März 1868, betreffend

die Errichtung öffentlicher, ausschließlich zu benutzender Schlachthäuser (Gesetz-Samml. S. 277), gefaßten Gemeindebeschlüsse, sowie über die Bestätigung von Verträgen zwischen einer Gemeinde und einem Unternehmer in Betreff der Errichtung eines öffentlichen Schlachthauses (§. 12 a. a. O.);

2) über Entschädigungsansprüche der Eigenthümer und Nutzungsberechtigten von Privatschlachtanstalten wegen des ihnen durch die Errichtung öffentlicher, ausschließlich zu benutzender Schlachthäuser zugefügten Schadens (§§. 9 bis 11 a. a. O.).

In den Fällen zu 1 findet die Beschwerde an den Minister für Handel und Gewerbe, in den Fällen zu 2 nur der ordentliche Rechtsweg gemäß §. 11 a. a. O. statt.

— **Bisher § 145.** —

Abänderndes Gesetz vom 9. März 1881 (Ges.S. S. 273).

G. Kehrbezirke.

§. **132**. Der Bezirksausschuß beschließt über die Einrichtung, Aufhebung oder Veränderung der Kehrbezirke für Schornsteinfeger (§. 39 der Reichsgewerbeordnung).

— **Bisher § 136 no. 1.** —

Für Berlin § 161.

H. Ablösung gewerblicher Berechtigungen.

§. **133**. Der Bezirksausschuß entscheidet über Anträge auf Ablösung von Gewerbeberechtigungen und auf Entschädigung für aufgehobene Gewerbeberechtigungen.

Gegen die Endurtheile des Bezirksausschusses findet unter Ausschluß anderer Rechtsmittel nur die Berufung an das Oberverwaltungsgericht statt.

— **Bisher § 144.** —

§§ 34 ff. des Entschädigungsgesetzes zur Allgemeinen Gewerbeordnung vom 17. Januar 1845 (Ges.S. S. 79).

Gesetz vom 31. Mai 1858 (Ges.S. S. 333) und Gesetz vom 17. Dezember 1872 (Ges.S. S. 717), betr. das Abdeckereigewerbe.

XVII. Titel.

Handelskammern, kaufmännische Korporationen, Börsen.

§. **134**. Der Minister für Handel und Gewerbe beschließt über die Genehmigung zur Erhebung eines zehn Prozent der Gewerbesteuer vom Handel übersteigenden Zuschlags von Seiten einer Handelskammer, sowie zu einer Ueberschreitung des Etats derselben, ingleichen über die Herabsetzung der etatsmäßigen Kosten auf den Betrag eines zehnprozentigen Zuschlags zur Gewerbesteuer vom Handel (§. 24 des Gesetzes über die Handelskammern vom 24. Februar 1870, Gesetz-Samml. S. 134).

— Bisher § 146. —

§. **135**. Die Beschlußfassung über Einsprüche gegen die Wahl von Mitgliedern (§. 15 a. a. O.) steht der Handelskammer zu, welche im Uebrigen die Legitimation ihrer Mitglieder von Amtswegen prüft und darüber beschließt.

Die Handelskammer beschließt darüber, ob die Mitgliedschaft in Folge eines in der Person des Mitgliedes eingetretenen Umstandes erloschen ist (§. 17 a. a. O.).

Die Handelskammer beschließt ferner über Beschwerden wegen unrichtiger Einschätzung zu einer fingirten Gewerbesteuer behufs Aufbringung der etatsmäßigen Kosten (§. 23 a. a. O.).

Gegen die nach Maßgabe der vorstehenden Bestimmungen gefaßten Beschlüsse der Handelskammer, ferner gegen Beschlüsse der Handelskammer über Einwendungen gegen die Listen der Wahlberechtigten (§. 11 a. a. O.) und gegen Beschlüsse der Handelskammer, durch welche ein Mitglied ausgeschlossen oder seiner Funktionen vorläufig enthoben wird (§§. 18, 19 a. a. O.) findet innerhalb zwei Wochen die Klage bei dem Bezirksausschusse statt.

— Bisher § 147. —

§. **136**. Gegen Beschlüsse des Vorstandes einer kaufmännischen Korporation über die Aufnahme, die Suspension oder die Ausschließung von Mitgliedern, die Gültigkeit der Vorstandswahlen, die Rechte und Pflichten der Mitglieder und die Verhängung von Ordnungsstrafen gegen Mitglieder findet, soweit nach dem Statut gegen dergleichen Beschlüsse der Rekurs an eine Behörde zulässig ist, an Stelle desselben innerhalb zwei Wochen die Klage bei dem Bezirksausschusse statt.

§. **137**. Gegen Beschlüsse der Handelskammer oder des Vorstandes einer kaufmännischen Korporation, durch welche die Erlaubniß zum Besuche der, der Aufsicht der Handelskammer oder kaufmännischen Korporation unterstellten Börse versagt, auf Zeit oder für immer entzogen, eine Beschwerde über unrichtige Einschätzung zu den Börsenbeiträgen zurückgewiesen, oder über einen Handelsmakler eine Ordnungsstrafe verhängt wird, findet, soweit nach der Börsen- oder Maklerordnung gegen dergleichen Beschlüsse der Rekurs an eine Behörde zulässig ist, an Stelle desselben innerhalb zwei Wochen die Klage bei dem Bezirksausschusse statt.

§. **138**. Gegen die Endurtheile des Bezirksausschusses in den Fällen der §§. 135 bis 137 ist nur das Rechtsmittel der Revision zulässig.

— Bisher § 147 Abs. 3. —

XVIII. Titel.

Feuerlöschwesen.

§. 139. Der Kreisausschuß beschließt, soweit die Vorschriften über das Feuerlöschwesen nicht entgegenstehen, über die Genehmigung und erforderlichen Falls über die Anordnung zur Bildung, Veränderung und Aufhebung von Verbänden mehrerer Landgemeinden oder Gutsbezirke behufs gemeinschaftlicher Anschaffung und Unterhaltung von Feuerspritzen (Spritzenverbänden).

Ueber die gemeinschaftlichen Angelegenheiten jedes Spritzenverbandes, insbesondere über die Aufbringungsweise und die Vertheilung der Kosten, sind, soweit dies nothwendig ist, die erforderlichen Festsetzungen durch ein unter den Betheiligten zu vereinbarendes Statut, welches der Bestätigung des Kreisausschusses bedarf, zu treffen. Kommt eine Vereinbarung über das Statut binnen einer von dem Kreisausschusse zu bemessenden Frist nicht zu Stande oder wird dem Statute die Bestätigung wiederholt versagt, so stellt der Kreisausschuß das Statut fest.

§. 140. Ueber die in Folge Veränderung oder Aufhebung eines Spritzenverbandes nothwendig werdende Auseinandersetzung zwischen den Betheiligten beschließt der Kreisausschuß.

Gegen den Beschluß findet innerhalb zwei Wochen der Antrag auf mündliche Verhandlung im Verwaltungsstreitverfahren statt.

Streitigkeiten zwischen den betheiligten Gemeinden oder Gutsbezirken über ihre Berechtigung oder Verpflichtung zur Theilnahme an den Nutzungen beziehungsweise Lasten des Spritzenverbandes unterliegen der Entscheidung des Kreisausschusses im Verwaltungsstreitverfahren.

§ 160.

XIX. Titel.

Hilfskassen.

§. **141**. Der Bezirksausschuß beschließt über Anträge auf Zulassung eingeschriebener Hilfskassen (§. 4 des Reichsgesetzes über die eingeschriebenen Hilfskassen vom 7. April 1876, Reichs-Gesetzbl. S. 125).

Gegen den die Zulassung versagenden Beschluß findet innerhalb zwei Wochen der Antrag auf mündliche Verhandlung im Verwaltungsstreitverfahren statt.

Gegen die Entscheidung des Bezirksausschusses ist nur das Rechtsmittel der Revision zulässig.

— **Bisher § 149.** —

Für Berlin § 161 Abs. 2.

§§ 24, 85, 87 des Reichsgesetzes über die Krankenversicherung der Arbeiter, vom 15. Juni 1883 (R.G.Bl. S. 73).

§. **142**. Der Bezirksausschuß entscheidet auf Klage der Aufsichtsbehörde über die Schließung eingeschriebener Hilfskassen (§. 29 a. a. O.).

Der Bezirksausschuß kann vor Erlaß des Endurtheils nach Anhörung des Kassenvorstandes die vorläufige Schließung der Hilfskasse anordnen, welche alsdann bis zum Erlasse des Endurtheils fortdauert.

— **Bisher § 150.** —

XX. Titel.

Baupolizei.

§. **143**. Der Bezirksausschuß beschließt über die Anwendung der in den Städten geltenden feuer- und baupolizeilichen Vorschriften bei Gebäuden auf solchen zum platten Lande gehörigen Grundstücken, welche innerhalb der Städte oder im Gemenge mit städtischen bebauten Grundstücken liegen, gemäß den Vorschriften der Verordnung vom 17. Juli 1846 (Gesetz-Samml. S. 399).

— Bisher § 153. —

§. **144**. Ueber die Anwendung der Bestimmungen der Verordnung vom 21. Dezember 1846, betreffend die bei dem Bau von Eisenbahnen beschäftigten Handarbeiter (Gesetz-Samml. 1847 S. 21), auf andere öffentliche Bauausführungen (Kanal- und Chausseebauten rc.) gemäß §. 26 der gedachten Verordnung beschließt:

1) insoweit es sich um Bauten der Kreise, Amts-, Wegeverbände oder Gemeinden handelt, der Regierungspräsident unter Zustimmung des Bezirksausschusses;
2) insoweit es sich um Bauten des Provinzialverbandes handelt, der Oberpräsident unter Zustimmung des Provinzialraths;
3) für den Stadtkreis Berlin der Oberpräsident.

— Bisher § 154. —

§. **145**. Ueber Dispense von Bestimmungen der Baupolizeiordnungen beschließt nach Maßgabe dieser Ordnungen der Kreisausschuß, in Stadtkreisen und in den zu einem Landkreise gehörigen Städten von mehr als 10 000 Einwohnern der Bezirksausschuß, soweit die Angelegenheit nicht nach diesen Ordnungen zur Zuständigkeit anderer Organe gehört. Verfügungen der letzteren unterliegen der Anfechtung nur im Wege der Beschwerde an die Aufsichtsbehörde.

Der Bezirksausschuß tritt in Betreff der Zuständigkeit zur Ertheilung von Dispensen in allen Fällen an die Stelle der Bezirksregierung.

Zur Einlegung der Beschwerde gegen den Beschluß ist auch die zur Ertheilung der Bauerlaubniß zuständige Behörde befugt, welcher der Beschluß zuzustellen ist.

Gegen den Beschluß des Bezirksausschusses in erster Instanz findet die Beschwerde an den Minister der öffentlichen Arbeiten statt.

— Bisher § 156. —

Für Berlin § 161.

§. **146**. Die §§. 17 und 18 des Gesetzes, betreffend die Anlegung und Veränderung von Straßen und Plätzen in Städten und ländlichen Ortschaften vom 2. Juli 1875 (Gesetz-Samml. S. 561) werden aufgehoben.

Die Wahrnehmung der in den §§. 5, 8, 9 a. a. O. dem Kreisausschusse beigelegten Funktionen liegt für den Stadtkreis Berlin dem Minister der öffentlichen Arbeiten, für die übrigen Stadtkreise, sowie für die zu einem Landkreise gehörigen Städte mit mehr als 10 000 Einwohnern dem Bezirksausschusse ob. Die Bestätigung der Statuten nach den §§. 12 und 15 a. a. O. erfolgt für den Stadtkreis Berlin durch den Minister des Innern.

XXI. Titel.

Dismembrations- und Ansiedelungssachen.

§. **147**. Die §§. 22 und 23 des Gesetzes vom 25. August 1876, betreffend die Vertheilung der öffentlichen Lasten bei Grundstückstheilungen und die Gründung neuer Ansiedelungen in den Provinzen Preußen, Brandenburg, Pommern, Posen, Schlesien, Sachsen und Westfalen (Gesetz-Samml. S. 405), treten außer Kraft.

§. **148**. Die in den §§. 1 bis 4 des Lauenburgischen Gesetzes vom 4. November 1874, betreffend die Gründung neuer Ansiedelungen im Herzogthum Lauenburg (Offizielles Wochenbl. S. 291), dem Landrathe zugewiesene Entscheidung über die Gestattung neuer Ansiedelungen ist von der Ortspolizeibehörde zu treffen.

Gegen den Bescheid, welcher mit Gründen zu versehen und dem Antragsteller, sowie Denjenigen, welche Widerspruch erhoben haben, zu eröffnen ist, steht den Betheiligten innerhalb zwei Wochen die Klage im Verwaltungsstreitverfahren bei dem Kreisausschusse zu.

§. **149**. Im Geltungsbereiche des Lauenburgischen Gesetzes vom 22. Januar 1876, betreffend die Vertheilung der öffentlichen Lasten bei Grundstückszerstückelungen (Offizielles Wochenblatt S. 11), tritt

1) an die Stelle der im §. 12 Absatz 2 den Betheiligten und der Patronatsbehörde offen gehaltenen Beschwerde gegen die Lastenvertheilung, innerhalb der dort bestimmten Frist von zwei Wochen, die Klage beim Kreisausschusse im Verwaltungsstreitverfahren und,
2) an die Stelle der vorläufigen Festsetzung des Landraths über die Lastenvertheilung (§. 16 a. a. O.) die vorläufige Festsetzung durch Beschluß des Kreisausschusses, gegen welchen eine Beschwerde nicht stattfindet.

XXII. Titel.

Enteignungssachen.

§. **150**. Die Befugnisse und Obliegenheiten, welche in dem Gesetze vom 11. Juni 1874 über die Enteignung von Grundeigenthum (Gesetz-Samml. S. 221) den Bezirksregierungen (Landdrosteien) beigelegt worden sind, werden in den Fällen der §§. 15, 18 bis 20, 24 und 27 von dem Regierungspräsidenten, in den Fällen der §§. 3, 4, 5, 14, 21, 29, 32 bis 35 und 53 Absatz 2 von dem Bezirksausschusse im Beschlußverfahren, in dem Stadtkreise Berlin von der ersten Abtheilung des Polizeipräsidiums, wahrgenommen.

Auch gehen auf den Bezirksausschuß beziehungsweise die erste Abtheilung des Polizeipräsidiums in Berlin die nach den §§. 142 ff. des Allgemeinen Berggesetzes vom 24. Juni 1865 (Gesetz-Samml. S. 705) der Bezirksregierung zustehenden Befugnisse über.

Gegen die in erster Instanz gefaßten Beschlüsse des Bezirksausschusses beziehungsweise der ersten Abtheilung des Polizeipräsidiums findet, soweit nicht der ordentliche Rechtsweg zulässig ist, innerhalb zwei Wochen die Beschwerde an den Minister der öffentlichen Arbeiten statt.

Bei der für die Erhebung der Beschwerde in §. 34 des Gesetzes vom 11. Juni 1874 bestimmten Frist von drei Tagen behält es sein Bewenden.

— Bisher § 157. —

§. **151**. Die nach §. 53 Absatz 1 des Gesetzes vom 11. Juni 1874 dem Landrathe (in Hannover der betreffenden Obrigkeit) zugewiesene Entscheidung ist durch Beschluß des Kreis- (Stadt-) Ausschusses zu treffen.

Der §. 56 des gedachten Gesetzes tritt außer Kraft.

— Bisher § 158. —

§. 152. Soweit nach den für Enteignungen im Interesse der Landeskultur im §. 54 Nr. 1 des Gesetzes vom 11. Juni 1874 aufrecht erhaltenen Gesetzen, in Verbindung mit dem Gesetze über die allgemeine Landesverwaltung vom 30. Juli 1883, der Regierungspräsident über die Enteignung Entscheidung zu treffen haben würde, beschließt der Bezirksausschuß, jedoch — unbeschadet der Vorschriften im §. 97 des gegenwärtigen Gesetzes — mit Ausnahme der Enteignungen für die Zwecke von Deichen, welche einem Deichverbande angehören, und für die Zwecke der Sielanstalten in den Verbandsbezirken.

§. 153. Der Bezirksausschuß beschließt endgültig vorbehaltlich des ordentlichen Rechtsweges über die Feststellung der Entschädigung in den Fällen der §§. 39 ff. des Reichsgesetzes vom 21. Dezember 1871, betreffend die Beschränkungen des Grundeigenthums in der Umgebung von Festungen (Reichs-Gesetzbl. S. 459).

— Bisher § 159. —

XXIII. Titel.

Personenstand und Staatsangehörigkeit.

§. 154. Die staatliche Aufsicht über die Amtsführung der Standesbeamten wird in den Landgemeinden und Gutsbezirken von dem Landrath als Vorsitzenden des Kreisausschusses, in höherer Instanz von dem Regierungspräsidenten und dem Minister des Innern, in den Stadtgemeinden von dem Regierungspräsidenten, in höherer Instanz von dem Oberpräsidenten und dem Minister des Innern, im Stadtkreise Berlin von dem Oberpräsidenten und in höherer Instanz von dem Minister des Innern geführt.

In dem Bezirke des Oberlandesgerichts zu Cöln bewendet es bei den dieserhalb zur Zeit bestehenden Vorschriften.

Die Festsetzung der Entschädigung für die Wahrnehmung der Geschäfte des Standesbeamten in den Fällen des §. 7 Absatz 2 des Reichsgesetzes vom 6. Februar 1875 (§. 5 Absatz 1 des Gesetzes vom 8. März 1874) erfolgt in den Stadtgemeinden durch die Gemeindevertretung, für die Landgemeinden durch Beschluß des Kreisausschusses. Beschwerden über die Festsetzung sind in beiden Fällen innerhalb zwei Wochen bei dem Bezirksausschusse anzubringen. Der Beschluß des Bezirksausschusses ist endgültig.

— Bisher § 160. —

Abs. 1: KreisO. § 136 Abs. 2.
Abs. 3: Für Berlin § 161.

§. 155. Die durch das Reichsgesetz vom 1. Juni 1870 über die Erwerbung und den Verlust der Bundes- und Staatsangehörigkeit (Bundes-Gesetzbl. S. 355) der höheren Verwaltungsbehörde beigelegten Befugnisse übt fortan der Regierungspräsident aus.

Gegen den Bescheid des Regierungspräsidenten, durch welchen Angehörigen eines anderen Deutschen Bundesstaats oder einem früheren Reichsangehörigen die Ertheilung der Aufnahmeurkunde, oder einem Preußischen Staatsangehörigen die Ertheilung der Entlassungsurkunde in Friedenszeiten versagt worden ist (§§. 7, 15, 17 und 21 letzter Absatz a. a. O.), findet innerhalb zwei Wochen die Klage bei dem Oberverwaltungsgerichte statt.

— Bisher § 161. —

Abs. 1: Für Berlin der Polizeipräsident, LdVerw.Ges. § 42 Abs. 2.

XXIV. Titel.

Steuerangelegenheiten.

§. 156. Der Bezirksausschuß beschließt über die Ergänzung der von dem Kreisausschusse versagten Zustimmung zur Vereinigung von Gemeinden und Gutsbezirken zu gemeinschaftlichen Einschätzungsbezirken für die Klassensteuer (Artikel II des Gesetzes vom 16. Juni 1875, betreffend einige Abänderungen der Vorschriften für die Veranlagung der Klassensteuer, Gesetz-Samml. S. 234).

— Bisher § 163. —

XXV. Titel.

Ergänzende, Uebergangs- und Schlußbestimmungen.

§. 157. Durch den in dem gegenwärtigen Gesetze vorgeschriebenen Beschwerdezug an einen bestimmten Minister wird die in den bestehenden Vorschriften begründete Mitwirkung anderer Minister bei Erledigung der Beschwerde nicht berührt.

— Bisher § 165. —

§. 158. Durch die den Behörden in diesem Gesetze beigelegten Befugnisse zur Entscheidung beziehungsweise Beschlußfassung in Wegebausachen und in wasserpolizeilichen Angelegenheiten werden die der Landespolizeibehörde und dem Minister der öffentlichen Arbeiten nach §§. 4 und 14 des Gesetzes über die Eisenbahnunternehmungen vom 3. November 1838 (Gesetz-Samml. S. 505) und nach §. 7 des Gesetzes vom 1. Mai 1865 (Gesetz-Samml.

S. 317) zustehenden Befugnisse in Eisenbahnangelegenheiten nicht berührt.

— Bisher § 166. —

§. 159. Die in den §§. 7 und 22 des Gesetzes über die Eisenbahnunternehmungen vom 3. November 1838 und nach §. 9 des Gesetzes vom 1. Mai 1865 (Gesetz-Samml. S. 317) der Bezirksregierung beigelegten Befugnisse gehen auf den Minister der öffentlichen Arbeiten über.

In Streitsachen zwischen Eisenbahngesellschaften und Privatpersonen wegen Anwendung des Bahngeld- und des Frachttarifs (§. 35 des ersteren Gesetzes) entscheidet fortan der ordentliche Richter.

— Bisher § 167. —

§. 160. In den Fällen der §§. 1, 18, 34, 44, 46, 47, 54 und 140 des gegenwärtigen Gesetzes, sowie des §. 53 des Gesetzes, betreffend die Bildung von Wassergenossenschaften, vom 1. April 1879 (Gesetz-Samml. S. 297) ist die Zuständigkeit des Kreis- (Stadt-) Ausschusses, des Bezirksausschusses und des Oberverwaltungsgerichts auch insoweit begründet, als bisher durch §. 79 Titel 14 Theil II Allgemeinen Landrechts, beziehungsweise §§. 9, 10 des Gesetzes über die Erweiterung des Rechtsweges vom 24. Mai 1861 (Gesetz-Samml. S. 241) oder sonstige bestehende Vorschriften der ordentliche Rechtsweg für zulässig erklärt war.

Der Grundsatz, daß die Entscheidungen unbeschadet aller privatrechtlichen Verhältnisse ergehen (§. 7 des Gesetzes über die allgemeine Landesverwaltung vom 30. Juli 1883), bleibt hierbei unberührt.

§ 17 no. 5, §§ 20, 32 no. 5, §§ 36, 43.

Vgl. KreisO. § 19, wo auch die angezogenen Bestimmungen des Landrechts und des Gesetzes vom 24. Mai 1861 abgedruckt sind.

§. **161**. Für den Stadtkreis Berlin ist der Bezirksausschuß auch in den Fällen der §§. 14, 17 Nr. 2 und 5, 41, 110, 111, 112, 123, 128, 130, 132, 145 und 154 Absatz 3 dieses Gesetzes zuständig.

In den Fällen der §§. 115, 117, 124 und 141 beschließt für den Stadtkreis Berlin an Stelle des Bezirksausschusses der Polizeipräsident; gegen den versagenden Beschluß desselben findet innerhalb zwei Wochen die Klage bei dem Bezirksausschusse statt.

— **Bisher § 170.** —

§. **162**. Maßgebend für die Berechnung der Einwohnerzahl einer Stadt ist in Betreff der Bestimmungen dieses Gesetzes die durch die jedesmalige letzte Volkszählung ermittelte Zahl der ortsanwesenden Civilbevölkerung.

— **Bisher § 171.** —

§. **163**. Das gegenwärtige Gesetz tritt gleichzeitig mit dem Gesetze über die allgemeine Landesverwaltung vom 30. Juli 1883 in Kraft.

Bezüglich der vor diesem Zeitpunkte anhängig gemachten Sachen sind die Vorschriften des §. 154 Absatz 3 des letzteren Gesetzes maßgebend.

§. **164**. Mit dem Tage des Inkrafttretens des gegenwärtigen Gesetzes kommt das Gesetz, betreffend die Zuständigkeit der Verwaltungsbehörden und der Verwaltungsgerichtsbehörden rc., vom 26. Juni 1876 (Gesetz-Samml. S. 297) in allen seinen Theilen in Wegfall.

Ingleichen treten mit dem gedachten Zeitpunkte alle mit den Vorschriften des gegenwärtigen Gesetzes in Widerspruch stehenden Bestimmungen außer Kraft.

Vgl. Anm. am Anfang dieses Gesetzes.

Urkundlich unter Unserer Höchsteigenhändigen Unterschrift und beigedrucktem Königlichen Insiegel.

Gegeben Bad Gastein, den 1. August 1883.

(L. S.) **Wilhelm.**

Fürst v. Bismarck. v. Puttkamer. Maybach.
Lucius. Friedberg. v. Goßler. v. Scholz.
Gr. v. Hatzfeldt.

Inhalt.

I. Titel.

Angelegenheiten der Provinzen . . . . §. 1.

II. Titel.

Angelegenheiten der Kreise . . . . §§. 2— 4.

III. Titel.

Angelegenheiten der Amtsverbände . . . . §§. 5 u. 6.

IV. Titel.

Angelegenheiten der Stadtgemeinden . . . . . . §§. 7—23.

V. Titel.

Angelegenheiten der Landgemeinden und der selbstständigen Gutsbezirke . . . . §§. 24—38.

VI. Titel.

Armenangelegenheiten . . . . §§. 39—44.

VII. Titel.

Schulangelegenheiten . . . . §§. 45—49.

VIII. Titel.

Einquartierungsangelegenheiten . . . . §§. 50 u. 51.

IX. Titel.

Sparkassenangelegenheiten . . . . §§. 52 u. 53.

X. Titel.

Synagogengemeindeangelegenheiten . . . . . . §. 54.

XI. Titel.

Wegepolizei . . . . §§. 55— 64.

XII. Titel.

Wasserpolizei.

A. Räumung von Gräben, Bächen und Wasserläufen . . . . §§. 65 u. 66.

B. Stau-, Entwässerungs- und Bewässerungsanlagen, sowie Verschaffung der Vorfluth §§. 67— 93.

C. Allgemeine Bestimmungen . . . . . . §§. 94 u. 95.

XIII. Titel.

Deichangelegenheiten . . . . §§. 96 u. 97.

XIV. Titel.

Fischereipolizei . . . . §§. 98—102.

XV. Titel.

Jagdpolizei . . . . §§. 103—108.

XVI. Titel.

Gewerbepolizei.

A. Gewerbliche Anlagen . . . . §§. 109—113.

B. Gewerbliche Konzessionen . . . . . . §§. 114—121.

C. Ortsstatuten . . . . §. 122.

D. Innungen . . . . §§. 123—126.

E. Märkte . . . . §§. 127—130.

F. Oeffentliche Schlachthäuser . . . . . §. 131.

G. Kehrbezirke . . . . §. 132.

H. Ablösung gewerblicher Berechtigungen . §. 133.

XVII. Titel.

Handelskammern, kaufmännische Korporationen, Börsen . . . . §§. 134—138.

XVIII. Titel.

Feuerlöschwesen . . . . §§. 139 u. 140.

XIX. Titel.

Hülfskassen . . . . §§. 141 u. 142.

XX. Titel.

Baupolizei . . . . §§. 143—146.

XXI. Titel.

Dismembrations- und Ansiedelungssachen . . . §§. 147—149.

XXII. Titel.

Enteignungssachen . . . . §§. 150—153.

XXIII. Titel.

Personenstand und Staatsangehörigkeit . . . . §§. 154 u. 155.

XXIV. Titel.

Steuerangelegenheiten . . . . §. 156.

XXV. Titel.

Ergänzende, Uebergangs- und Schlußbestimmungen §§. 157—164.

Anhang

in chronologischer Reihenfolge.

Inhalt des Anhangs.

Seite

I. Gesetz vom 11. Mai 1842 über die Zuläſſigkeit des Rechtsweges in Beziehung auf polizeiliche Verfügungen 342

II. Gesetz vom 11. März 1850 über die Polizeiverwaltung 344

III. Instruktion vom 10. März 1873, zur Ausführung der die Zusammensetzung des Kreistages betr. Vorschriften des I. Abschnittes, III. Titels der Kreisordnung für die Provinzen Preußen, Brandenburg, Pommern, Posen, Schlesien und Sachsen vom 13. Dezember 1872 348

IV. Gesetz vom 30. April 1873, betr. die Dotation der Provinzial- und Kreisverbände 380

V. Cirkular vom 10. Juni 1873, betr. die Vertheilung der durch das Gesetz vom 30. April 1873 zur Ausstattung der Provinzial- und Kreisverbände zu verschiedenen Zwecken bewilligten Fonds 382

VI. Instruktion vom 18. Juni 1873, zur Ausführung der Bestimmungen der Kreisordnung über die Bildung der Amtsbezirke, die Berufung der Amtsvorsteher und deren Stellvertreter, sowie die Bestellung kommissarischer Amtsvorsteher 384

VII. Cirkular und Instruktion vom 20. September 1873, zur Ausführung der drei ersten Abschnitte des 2. Titels der Kreisordnung 389

22*

Seite

VIII. Cirkular vom 10. Juni 1874, betr. die Vertheilung der Kreisabgaben 401

IX. Gesetz vom 8. Juli 1875, betr. die Ausführung der §§ 5 und 6 des Gesetzes vom 30. April 1873 wegen der Dotation der Provinzial- und Kreisverbände . 404
und
Verordnung vom 12. September 1877, betr. die Feststellung der nach §. 2 und §. 20 des vorstehenden Gesetzes zu vertheilenden Jahresrenten . . . 422

X. Cirkular vom 1. Mai 1876, betr. die Wahlen zur Ergänzung der Kreistage 423

XI. Gesetz vom 18. Juni 1876, betr. die Einführung der Kreisordnung vom 13. Dezember 1872 in den Grafschaften Wernigerode und Stolberg 425

XII. Cirkular vom 21. Juli 1876, betr. die Wahl der Kreistagsabgeordneten 427

XIII. Gesetz vom 19. März 1877, betr. die Theilung der Provinz Preußen 432

XIV. Regulativ vom 30. Januar 1878 für den Geschäftsgang bei dem Ober-Verwaltungsgerichte 434
nebst Nachtrag vom 22. September 1881, betr. die Zustellungen im Verwaltungsstreitverfahren 441

XV. Verordnung vom 7. September 1879, betr. das Verwaltungszwangsverfahren wegen Beitreibung von Geldbeträgen 446

XVI. Cirkular vom 1. November 1879, betr. Andeutungen für eine richtige Form und für den Inhalt von Kreistagsbeschlüssen, welche höherer Bestätigung unterliegen, oder zu welchen die Erwirkung eines Allerhöchsten Privilegiums erforderlich ist 469

XVII. Cirkularverfügung vom 9. Februar 1884, betr. Aenderungen zur Geschäftsführung der Regierungen 475

Seite

XVIII. Cirkular und Tarif vom 27. Februar 1884 für die Berechnung des Kostenpauschquantums im Verwaltungsstreitverfahren 481
nebst Kosten-Tabellen 486
sowie
Reichs-Gebührenordnung für Zeugen und Sachverständige vom 30. Juni 1878 489

XIX. Regulativ vom 28. Februar 1884 für den Geschäftsgang und das Verfahren bei den Provinzialräthen 492

XX. Regulativ vom 28. Februar 1884 zur Ordnung des Geschäftsganges und des Verfahrens bei den Bezirksausschüssen 498

XXI. Regulativ vom 28. Februar 1884 zur Ordnung des Geschäftsganges und des Verfahrens bei den Kreisausschüssen und den an Stelle des Kreisausschusses tretenden Behörden (Stadtausschuß, Magistrat) im Geltungsbereiche der Kreisordnung vom 13. Dezember 1872 505

XXII. Verzeichniß der Stadtkreise und der Städte mit mehr als 10000 Einwohnern 513

I. Gesetz

über die Zulässigkeit des Rechtsweges in Beziehung auf polizeiliche Verfügungen.

Vom 11. Mai 1842. (Ges.S. S. 192.)

Wir **Friedrich Wilhelm**, von Gottes Gnaden, König von Preußen 2c. 2c. verordnen zur Beseitigung der Zweifel, welche über die Zulässigkeit des Rechtsweges in Beziehung auf polizeiliche Verfügungen entstanden sind, auf den Antrag Unseres Staatsministeriums und nach erfordertem Gutachten Unseres Staatsraths für den ganzen Umfang der Monarchie was folgt:

1. Beschwerden über polizeiliche Verfügungen jeder Art, sie mögen die Gesetzmäßigkeit, Nothwendigkeit oder Zweckmäßigkeit derselben betreffen, gehören vor die vorgesetzte Dienstbehörde.

Der Rechtsweg ist in Beziehung auf solche Verfügungen nur dann zulässig, wenn die Verletzung eines zum Privat-Eigenthum gehörenden Rechts behauptet wird, und nur unter den nachfolgenden näheren Bestimmungen.

2.*) Wenn derjenige, welchem durch eine polizeiliche Verfügung eine Verpflichtung auferlegt wird, die Befreiung von derselben auf den Grund einer besonderen gesetzlichen Vorschrift oder eines speziellen Rechtstitels behauptet, so ist die richterliche Entscheidung sowohl über das Recht zu dieser Befreiung, als auch über dessen Wirkungen zulässig.

3.**) Die Verfügung (§. 2.) kann jedoch, des Widerspruchs ungeachtet, zur Ausführung gebracht werden, wenn solches nach dem Ermessen der Polizei-Behörde ohne Nachtheil für das Allgemeine nicht ausgesetzt bleiben kann. Nach ergangenem rechtskräftigen Erkenntnisse muß die Polizei-Behörde dessen Bestimmungen bei ihren weiteren Anordnungen beachten.

---

*) Ldverw.Ges. § 127 Abs. 4 u. Ger.Verf.Ges. § 13.

**) Ldverw.Ges. § 53.

4. Steht einer polizeilichen Verfügung ein besonderes Recht auf Befreiung (§. 2.) nicht entgegen, es wird aber behauptet, daß durch dieselbe ein solcher Eingriff in Privatrechte geschehen sei, für welchen nach den gesetzlichen Vorschriften über Aufopferungen der Rechte und Vortheile des Einzelnen im Interesse des Allgemeinen, Entschädigung gewährt werden muß, so findet der Rechtsweg darüber Statt: ob ein Eingriff dieser Art vorhanden sei, und zu welchem Betrage dafür Entschädigung geleistet werden müsse.

Eine Wiederherstellung des früheren Zustandes kann in diesem Falle niemals verlangt werden, wenn solche nach dem Ermessen der Polizei-Behörde unzulässig ist.

5. Gebührt der Polizei-Behörde nur die Befugniß zu einer vorläufigen Anordnung mit Vorbehalt der Rechte der Betheiligten, oder behauptet derjenige, welchem durch eine polizeiliche Verfügung eine Verpflichtung auferlegt worden ist, daß diese Verpflichtung ganz oder theilweise einem Anderen obliege, so ist zur Feststellung der Rechte unter den Betheiligten und über die zu leistende Entschädigung die richterliche Entscheidung zulässig.

6. Wird eine polizeiliche Verfügung im Wege der Beschwerde*) als gesetzwidrig oder unzulässig aufgehoben, so bleiben dem Betheiligten seine Gerechtsame nach den allgemeinen gesetzlichen Bestimmungen über die Vertretungsverbindlichkeit**) der Beamten vorbehalten.

7. Sämmtliche, sowohl allgemeine als besondere Vorschriften über Gegenstände dieses Gesetzes und namentlich die Vorschriften der Verordnung vom 26. Dezember 1808 §§. 38 bis 40 werden hierdurch aufgehoben.

Urkundlich unter Unserer Höchsteigenhändigen Unterschrift und beigedrucktem Königlichen Insiegel.

Gegeben Potsdam, den 11. Mai 1842.

(L. S.) **Friedrich Wilhelm.**

Freiherr v. Müffling. Mühler. v. Rochow. v. Savigny.

Beglaubigt: v. Düesberg.

---

*) oder durch rechtskräftiges Endurtheil im Verwaltungsstreitverfahren, Ldverw.Ges. § 131.

**) Allg. Landrecht Th. II. Tit. 10. bezw. Th. I. Tit. §§ 10 ff.

II. Gesetz

über die Polizei-Verwaltung.*)

Vom 11. März 1850. (Ges.S. S. 265.)

Wir **Friedrich Wilhelm**, von Gottes Gnaden, König von Preußen ꝛc. ꝛc. verordnen unter Zustimmung beider Kammern was folgt:

1. Die örtliche Polizei-Verwaltung wird von den nach den Vorschriften der Gemeinde-Ordnung dazu bestimmten Beamten (Bürgermeistern, Kreis-Amtmännern, Oberschulzen)**) im Namen des Königs geführt — vorbehaltlich der im §. 2 des gegenwärtigen Gesetzes vorgesehenen Ausnahme.

Die Ortspolizei-Beamten sind verpflichtet, die ihnen von der vorgesetzten Staatsbehörde in Polizei-Angelegenheiten ertheilten Anweisungen zur Ausführung zu bringen.

Jeder, der sich in ihrem Verwaltungs-Bezirke aufhält oder daselbst ansässig ist, muß ihren polizeilichen Anordnungen Folge leisten.

2. In Gemeinden, wo sich eine Bezirksregierung, ein Land-, Stadt- oder Kreisgericht befindet, so wie in Festungen und in Gemeinden von mehr als 10,000 Einwohnern, kann die örtliche Polizei-Verwaltung durch Beschluß des Ministers des Innern besonderen Staatsbeamten übertragen werden. Auch in anderen Gemeinden kann aus dringenden Gründen dieselbe Einrichtung zeitweise eingeführt werden.

3. Die Kosten der örtlichen Polizei-Verwaltung sind, mit Ausnahme der Gehälter der von der Staatsregierung im Falle der Anwendung des §. 2 angestellten besonderen Beamten, von den Gemeinden zu bestreiten.

4. Ueber die Einrichtungen, welche die örtliche Polizei-Verwaltung erfordert, kann die Bezirksregierung besondere Vorschriften erlassen. Die für den Bezirk des Appellationsgerichtshofes zu Köln bestehenden gesetzlichen Bestimmungen wegen Anstellung von Polizei-Kommissarien werden hierdurch nicht berührt. Ebenso

---

*) Ldverw.Ges. §§ 132 ff., 136 ff.

**) Auch Amtsvorsteher vgl. KreisO. § 62.

bleiben vorläufig die Distrikts-Kommissarien in der Provinz Posen in Wirksamkeit.

Die Ernennung aller Polizei-Beamten, deren Anstellung den Gemeinde-Behörden zusteht, bedarf der Bestätigung der Staatsregierung.

5.*) Die mit der örtlichen Polizei-Verwaltung beauftragten Behörden**) sind befugt, nach Berathung mit dem Gemeindevorstande, ortspolizeiliche, für den Umfang der Gemeinde gültige Vorschriften zu erlassen und gegen die Nichtbefolgung derselben Geldstrafen bis zum Betrage von 3 Rthlr. anzudrohen.

Die Strafandrohung kann bis zum Betrage von 10 Rthlr. gehen, wenn die Bezirksregierung ihre Genehmigung dazu ertheilt hat.

Die Bezirksregierungen haben über die Art und der Verkündigung der ortspolizeilichen Vorschriften, so wie über die Formen, von deren Beobachtung der Gültigkeit derselben abhängt, die erforderlichen Bestimmungen zu erlassen.

6. Zu den Gegenständen der ortspolizeilichen Vorschriften gehören:

a) der Schutz der Personen und des Eigenthums;
b) Ordnung, Sicherheit und Leichtigkeit des Verkehrs auf öffentlichen Straßen, Wegen und Plätzen, Brücken, Ufern und Gewässern;
c) der Marktverkehr und das öffentliche Feilhalten von Nahrungsmitteln;
d) Ordnung und Gesetzlichkeit bei dem öffentlichen Zusammensein einer größeren Anzahl von Personen;
e) das öffentliche Interesse in Bezug auf die Aufnahme und Beherbergung von Fremden; die Wein-, Bier- und Kaffee-Wirthschaften und sonstige Einrichtungen zur Verabreichung von Speisen und Getränken;
f) Sorge für Leben und Gesundheit;
g) Fürsorge gegen Feuersgefahr bei Bau-Ausführungen, sowie gegen gemeinschädliche und gemeingefährliche Handlungen, Unternehmungen und Ereignisse überhaupt;
h) Schutz der Felder, Wiesen, Weiden, Wälder, Baumpflanzungen, Weinberge u. s. w.;
i) alles andere, was im besonderen Interesse der Gemeinden und ihrer Angehörigen polizeilich geordnet werden muß.

*) Ldverw.Ges. § 143.
**) Auch Amtsvorsteher vgl. KreisO. § 62.

7. Zu Verordnungen über Gegenstände der landwirthschaftlichen Polizei ist die Zustimmung der Gemeindevertretung erforderlich. Die Berathung erfolgt unter dem Vorsitze des mit der örtlichen Polizei-Verwaltung beauftragten Beamten.

8. Von jeder ortspolizeilichen Verordnung ist sofort eine Abschrift an die zunächst vorgesetzte Staatsbehörde einzureichen.

9.*) Der Regierungspräsident ist befugt, jede ortspolizeiliche Vorschrift durch einen förmlichen Beschluß unter Angabe der Gründe außer Kraft zu setzen.

Dem Beschlusse muß, mit Ausnahme dringender Fälle, eine Berathung mit dem Bezirksrathe vorhergehen. Die Erklärung des Letzteren ist entscheidend:

1) wenn eine ortspolizeiliche Vorschrift außer Kraft gesetzt werden soll, weil sie das Gemeindewohl verletzt;
2) wenn es sich darum handelt, eine Verordnung über Gegenstände der landwirthschaftlichen Polizei wegen ihrer Unzweckmäßigkeit aufzuheben.

10. Die Bestimmungen der §§. 8 und 9 finden auch auf die Abänderung oder Aufhebung ortspolizeilicher Vorschriften Anwendung.

11.**) Die Bezirksregierungen sind befugt, für mehrere Gemeinden ihres Verwaltungsbezirks oder für den ganzen Umfang desselben gültige Polizei-Vorschriften zu erlassen und gegen die Nichtbefolgung derselben Geldstrafen bis zu dem Betrage von 10 Rthlr. anzudrohen.

Der Minister des Innern hat über die Art der Verkündigung solcher Vorschriften, sowie über die Formen, von deren Beobachtung die Gültigkeit derselben abhängt, die erforderlichen Bestimmungen zu erlassen.

12. Die Vorschriften der Bezirksregierungen (§. 11.) können sich auf die im §. 6 dieses Gesetzes angeführten und alle anderen Gegenstände beziehen, deren polizeiliche Regelung durch die Verhältnisse der Gemeinden oder des Bezirks erfordert wird.

13. Zum Erlasse solcher Vorschriften der Bezirksregierungen, welche die landwirthschaftliche Polizei betreffen, ist die Zustimmung des Bezirksrathes erforderlich.

---

*) Ldverw.Ges. § 145.
**) Ldverw.Ges. §§ 137, 142.

14. Die Befugniß der Bezirksregierungen, sonstige allgemeine Verbote und Strafbestimmungen in Ermangelung eines bereits bestehenden gesetzlichen Verbotes mit höherer Genehmigung zu erlassen, ist aufgehoben.

15. Es dürfen in die polizeilichen Vorschriften (§§. 5 und 11.) keine Bestimmungen aufgenommen werden, welche mit den Gesetzen oder den Verordnungen einer höheren Instanz im Widerspruche stehen.

16.*) Der Minister des Innern ist befugt, soweit Gesetze nicht entgegenstehen, jede polizeiliche Vorschrift durch einen förmlichen Beschluß außer Kraft zu setzen.

Die Genehmigung des Königs ist hierzu erforderlich, wenn die polizeiliche Vorschrift von dem Könige oder mit dessen Genehmigung erlassen war.

17. Die Polizeirichter haben über alle Zuwiderhandlungen gegen polizeiliche Vorschriften (§§. 5 und 11.) zu erkennen, und dabei nicht die Nothwendigkeit oder Zweckmäßigkeit, sondern nur die gesetzliche Gültigkeit jener Vorschriften nach den Bestimmungen der §§. 5, 11 und 15 dieses Gesetzes in Erwägung zu ziehen.

18. Für den Fall des Unvermögens des Angeschuldigten ist auf verhältnißmäßige Gefängnißstrafe zu erkennen. Das höchste Maaß derselben ist 4 Tage statt 3 Rthlr. und 14 Tage statt 10 Rthlr.

19. Die bisher erlassenen polizeilichen Vorschriften bleiben so lange in Kraft, bis sie in Gemäßheit dieses Gesetzes aufgehoben werden.

20. Die den Polizeibehörden nach den bisherigen Gesetzen zustehende Exekutionsgewalt wird durch die vorstehenden Bestimmungen nicht berührt.

Jede Polizeibehörde ist berechtigt, ihre polizeilichen Verfügungen durch Anwendung der gesetzlichen Zwangsmittel durchzusetzen.

Wer es unterläßt, dasjenige zu thun, was ihm von der Polizeibehörde in Ausübung dieser Befugniß geboten worden ist, hat zu gewärtigen, daß es auf seine Kosten zur Ausführung gebracht werde — vorbehaltlich der etwa verwirkten Strafe und der Verpflichtung zum Schadenersatze.

---

*) Ldverw.Gef. § 145 Abs. 2.

21. Alle diesem Gesetze entgegenstehenden Bestimmungen sind aufgehoben.

Urkundlich unter Unserer Höchsteigenhändigen Unterschrift und beigedrucktem Königlichen Insiegel.

Gegeben Charlottenburg, den 11. März 1850.

(L. S.) **Friedrich Wilhelm.**

Graf v. Brandenburg. v. Ladenberg. v. Manteuffel. v. d. Heydt. v. Rabe. Simons. v. Schleinitz. v. Stockhausen.

III. Instruktion

des Ministers des Innern zur Ausführung der die Zusammensetzung des Kreistages betreffenden Vorschriften des ersten Abschnittes, dritten Titels der Kreisordnung für die Provinzen Preußen, Brandenburg, Pommern, Posen, Schlesien und Sachsen vom 13. Dezember 1872.

Vom 10. März 1873.*) (Min.Bl. S. 121.)

Auf Grund des §. 200 der Kreisordnung vom 13. Dezember 1872 wird zur Ausführung der die Zusammensetzung des Kreistages betreffenden Vorschriften des ersten Abschnitts, dritten Titels dieses Gesetzes für die Provinzen Preußen, Brandenburg, Pommern, Schlesien und Sachsen die nachstehende Instruktion ertheilt.

Artikel 1.

Zum Zweck der ersten**), nach Maßgabe der Kreisordnung vorzunehmenden Wahlen der Kreistags-Abgeordneten sind zunächst für jeden Kreis durch den Landrath unter Benutzung der unter

---

*) Die in dem begleitenden Cirkular von demselben Tage beigefügten erläuternden Zusatzbestimmungen sind, soweit sie noch Bedeutung haben, am Schlusse des betreffenden Artikels der Instruktion mit kleineren Lettern eingeschaltet worden. Die Instruktion ändert sich an verschiedenen Stellen zufolge der neueren Gesetzgebung, insbesondere der Novelle zur KreisO. (§§ 97 Abs. 1 Z. 7, 110 Abs. 2, 112a, 113) und des neuen Wahlreglements. Vgl. auch Art. 17.

**) Art. 1—16 gelten auch für die späteren Ergänzungs- u. Ersatz-

A. B. und C. beigefügten Formulare die Verzeichnisse der Wahlberechtigten aufzustellen (§§. 110. und 184.) und zwar:

I. ein Verzeichniß der zum Wahlverbande der größeren ländlichen Grundbesitzer gehörigen Grundbesitzer, Gewerbetreibenden und Bergwerksbesitzer, unter Angabe der in dem §. 86. enthaltenen Merkmale;

II. ein Verzeichniß der zum Wahlverbande der Landgemeinden gehörigen Besitzer selbstständiger Gutsbezirke und wahlberechtigten Gewerbetreibenden und Bergwerksbesitzer, unter Angabe der in den §§. 87., 98. und 99. enthaltenen Merkmale;

III. ein Verzeichniß der Landgemeinden, und Angabe der Zahl der von jeder einzelnen Gemeinde oder von den zu einer Kollektivstimme vereinigten Gemeinden zu wählenden Wahlmänner (§§. 100. und 101.).

Artikel 2.

Das erste Verzeichniß zerfällt in zwei Abtheilungen:

In die Abtheilung A. sind alle diejenigen, nach §§. 10. und 14. zur Zahlung von Kreisabgaben verpflichteten Grundbesitzer mit Einschluß der juristischen Personen, Aktien-Gesellschaften und Kommandit-Gesellschaften auf Aktien aufzunehmen, welche von ihrem gesammten, auf dem platten Lande innerhalb des Kreises belegenen Grundeigenthume — es mag dasselbe in Ritter-, Köllmer-, Bauer- oder sonstigen Gütern, in Kossäthen-, Käthner-, Gärtner-, Büdner- oder Eigenthümerstellen, beziehungsweise in Trennstücken solcher Besitzungen oder sonstigen Liegenschaften bestehen, in einer oder in verschiedenen Gemarkungen belegen sein, — den Betrag von zusammen mindestens 75 Thalern (in den Kreisen der Provinz Sachsen den Betrag von zusammen mindestens 100 Thalern, und in den Kreisen des Regierungsbezirks Stralsund den Betrag von zusammen mindestens 250 Thalern — §. 183.) an Grund- und Gebäudesteuer entrichten beziehungsweise zu entrichten haben würden, wenn sie nach Maßgabe der Gesetze vom 21. Mai 1861 (G.S. S. 253 und 317) zur Grund- beziehungsweise zur Gebäudesteuer veranlagt wären.

Befreit von Kreisabgaben sind nach §§. 17. und 18.

1. folgende Liegenschaften*):

---

wahlen, nur daß bei diesen nach Art. 17 an die Stelle des Landraths der Kreisausschuß bezw. der Kreistag selbst tritt.

*) Dazu treten jetzt noch die Deichanlagen der Deichverbände und die im öffentlichen Interesse staatlich unter Schau gehaltenen Privatdeiche.

a) die dem Staate gehörigen, zu einem öffentlichen Dienste oder Gebrauche bestimmten Liegenschaften;
b) die den Provinzen, den kommunalständischen Verbänden, den Kreisen, den Gemeinden oder zu selbstständigen Gutsbezirken gehörenden Grundstücke, insofern sie zu einem öffentlichen Dienste oder Gebrauche bestimmt sind, insonderheit also: Gassen, Plätze, Brücken, Fahr- und Fußwege, Leinpfade, Bäche, Brunnen, schiffbare Kanäle, Häfen, Werfte, Ablagen, Kirchhöfe, Begräbnißplätze, Spaziergänge, Lust- und botanische Gärten, sowie lediglich zur Bepflanzung öffentlicher Plätze, Straßen und Anlagen bestimmte Baumschulen;
c) Brücken, Kunststraßen, Schienenwege der Eisenbahnen und schiffbare Kanäle, welche mit Genehmigung des Staats von Privatpersonen oder Aktiengesellschaften zum öffentlichen Gebrauche angelegt sind;
d) die Dienstgrundstücke der Geistlichen, Kirchendiener und Elementar-Schullehrer.

2. folgende Gebäude:

a) die Königlichen Schlösser;
b) die dem Staate, den Provinzen, den kommunalständischen Verbänden, den Kreisen, den Gemeinden oder zu selbstständigen Gutsbezirken gehörigen Gebäude, insofern sie zu einem öffentlichen Dienste oder Gebrauche bestimmt sind, insonderheit also die zum Gebrauche öffentlicher Behörden oder zu Dienstwohnungen für Beamte bestimmten Gebäude als: Militär-, Regierungs-, Justiz-, Polizei-, Steuer- und Postverwaltungsgebäude, Kreis- und Gemeindehäuser, sowie Bibliotheken und Museen;
c) Universitäts- und andere zum öffentlichen Unterrichte bestimmten Gebäude;
d) Kirchen, Kapellen und andere dem öffentlichen Gottesdienste gewidmete Gebäude, sowie die gottesdienstlichen Gebäude der mit Korporationsrechten versehenen Religionsgesellschaften;
e) die Diensthäuser der Erzbischöfe, der Bischöfe, der Dom- und Kurat- oder Pfarrgeistlichen und sonstiger mit geistlichen Funktionen bekleideter Personen der mit Korporationsrechten versehenen Religionsgesellschaften, ferner der Gymnasial-, Seminar- und Schullehrer, der Küster und anderer Diener des öffentlichen Kultus;
f) Armen-, Waisen- und Krankenhäuser, Besserungs-, Aufbewahrungs- und Gefängniß-Anstalten, sowie Gebäude,

welche milden Stiftungen angehören und für deren Zwecke unmittelbar benutzt werden.

Alle übrigen von der Staats-, Grund- und Gebäudesteuer befreiten Grundstücke und Gebäude — selbstverständlich mit Ausschluß der im §. 3. unter Nr. 7 und 8 des Gebäudesteuergesetzes aufgeführten unbewohnten Gebäude — sind der Verpflichtung zur Zahlung von Kreisabgaben unterworfen, und sind demgemäß die Besitzer derselben in das Verzeichniß der größeren Grundbesitzer mit aufzunehmen, sofern sich für ihre auf dem platten Lande innerhalb des Kreises belegenen, von der Staats-Grund- und Gebäudesteuer befreiten, nach Maßgabe der Gesetze vom 21. Mai 1861 fingirt zu veranlagenden Realitäten, eventuell unter Hinzurechnung der Grund- und Gebäudesteuer-Beträge, welche sie von ihren nicht befreiten Liegenschaften und Gebäuden entrichten, ein Gesammtbetrag von mindestens 75 Thalern (bezw. in Sachsen von 100 und in Neuvorpommern von 250 Thalern) an Grund- und Gebäudesteuer ergiebt.

Die Berechnung der Grundsteuerbeträge für die von der Staatsgrundsteuer befreiten Liegenschaften erfolgt durch Anwendung des allgemeinen Grundsteuer-Prozentsatzes auf die, in Ausführung des Grundsteuergesetzes festgestellten Reinerträge.

Die von der Staatsgebäudesteuer befreiten, kreisabgabenpflichtigen Gebäude sind — so weit dies nicht bereits anderweit geschehen ist — von den Kreisveranlagungs-Kommissionen, den Grundsätzen des Gebäudesteuer-Gesetzes entsprechend, besonders einzuschätzen.

Die Grund- und Gebäudebesitzer sind in das Verzeichniß, geordnet nach der Höhe der wirklichen bezw. fingirten Grund- und Gebäudesteuerbeträge, beginnend mit dem die höchsten Beträge zahlenden Besitzer, einzutragen.

Der Fiskus ist hierbei in Bezug auf seinen gesammten, auf dem platten Lande innerhalb des Kreises belegenen Besitz von Domainen, Forsten und sonstigen kreisabgabenpflichtigen fiskalischen Liegenschaften und Gebäuden nur als Ein Besitzer zu betrachten.

In die Abtheilung B. sind nach derselben, aus der Höhe der wirklichen bezw. fingirten Gewerbesteuerbeträge sich ergebenden Reihenfolge, alle diejenigen Gewerbetreibenden und Bergwerksbesitzer, mit Einschluß der juristischen Personen, Aktien-Gesellschaften und Kommandit-Gesellschaften auf Aktien, aufzunehmen, welche wegen ihrer auf dem platten Lande innerhalb des Kreises betriebenen gewerblichen Unternehmungen in der Klasse A. I. der Gewerbesteuer mit dem Mittelsatze veranlagt sind, oder mindestens diesen Satz zu entrichten haben würden, wenn sie lediglich von ihren auf dem platten Lande innerhalb des Kreises betriebenen gewerblichen Unternehmungen zur Gewerbesteuer veranlagt wären.

Der Mittelsatz der Gewerbesteuer in der Klasse A. I. beträgt nach dem Gesetze vom 19. Juli 1861 (G.S. S. 697.) in den Regierungsbezirken Breslau, Danzig, Königsberg, Liegnitz, Magdeburg, Merseburg, Potsdam und Stettin 96 Thlr., in den übrigen Regierungsbezirken der Provinzen Preußen, Brandenburg, Pommern, Schlesien und Sachsen 72 Thlr.

Die zur Zahlung einer Staatsgewerbesteuer mit verpflichteten Bergwerksbesitzer, welche in dem Umfange ihres Bergwerksbetriebes den in der Klasse A. I. der Gewerbesteuer mit dem Mittelsatze veranlagten Gewerbetreibenden gleichstehen (§. 14. Absatz 4), werden durch den Landrath nach den für die Veranlagung der Gewerbesteuer der Klasse A. I. bestehenden Grundsätzen zu derselben fingirt eingeschätzt.

In gleicher Weise erfolgt die fingirte Einschätzung derjenigen Gewerbetreibenden, welche von ihren in verschiedenen Kreisen oder in einer Stadt und auf dem platten Lande eines und desselben Kreises betriebenen gewerblichen Unternehmungen über den Mittelsatz der Klasse A. I. veranlagt sind, sofern der Umfang ihrer auf dem platten Lande des betreffenden Kreises betriebenen gewerblichen Unternehmungen die Veranlagung mindestens mit dem Mittelsatze der Klasse A. I. rechtfertigt.

Zu Artikel 2.

4. Wer von seinem ländlichen Grundeigenthum an Grund- und Gebäudesteuer den in dem §. 86. Absatz I. bezw. §. 183. vorgeschriebenen Mindestbetrag entrichtet und zugleich als Gewerbetreibender oder Bergwerksbesitzer in der Klasse A. I. unter dem Mittelsatze veranlagt ist, wird zwar sowohl in dem Verzeichnisse I. Abtheilung A. wie in dem Verzeichnisse II. Abtheilung B. aufzunehmen sein. Derselbe ist jedoch nur befugt, entweder in dem Wahlverbande der größeren ländlichen Grundbesitzer oder in dem der Landgemeinden ein Wahlrecht auszuüben, wie sich durch analoge Anwendung der Schlußbestimmung des §. 100. ergiebt.

Das Gleiche gilt von den Besitzern selbstständiger Güter (§§ 87. Nr. 2 und 98 Nr. 2), welche zugleich Gewerbetreibende oder Bergwerksbesitzer und als solche in der Klasse I. A. mit dem Mittel- oder einem höheren Satze veranlagt sind.

5. Besitzen zwei Personen, von denen die eine schon wegen des ihr allein gehörigen Grundeigenthums dem Wahlverbande der größeren Grundbesitzer angehört, die andere aber nicht, gemeinschaftlich ein größeres Grundeigenthum (§. 86 Absatz 1), so sind sie befugt, für letzteres ein Wahlrecht

durch den nicht schon anderweit dem Wahlverbande der größeren Grundbesitzer angehörigen Gutsbesitzer (§. 97. Nr. 6) selbst in dem Falle auszuüben, wo der auf den ideellen Antheil des letzteren an dem gemeinschaftlichen Grundeigenthum entfallende Grund- und Gebäudesteuerbetrag den im §. 86. bezw. §. 183. vorgeschriebenen Mindestbetrag nicht erreicht. Denn bei gemeinschaftlich besessenem Grundeigenthum kommt es nur darauf an, daß von demselben im Ganzen der gesetzlich vorgeschriebene Mindestbetrag an Grund- und Gebäudesteuer entrichtet wird. Es würde sich daher nicht rechtfertigen lassen, dem nicht schon anderweit zum Wahlverbande der größeren Grundbesitzer gehörigen Mitbesitzer das ihm in Gemeinschaft mit einem Anderen zustehende Wahlrecht lediglich deshalb zu entziehen, weil dieser Andere schon wegen seines ihm allein gehörigen Grundeigenthums in dem Wahlverbande der größeren Grundbesitzer wahlberechtigt ist.

Ein Gleiches gilt von den Theilnehmern eines in der Klasse A. I. mit dem Mittel- oder einem höheren Satze veranlagten gewerblichen Unternehmens.

Gehören die Mitbesitzer eines gemeinschaftlichen größeren Grundeigenthums oder die Theilnehmer eines gewerblichen Unternehmens sämmtlich schon wegen des von jedem allein besessenen Grundeigenthums, bezw. allein betriebenen gewerblichen Unternehmens dem Wahlverbande der größeren Grundbesitzer an, so können sie nach §. 95. ein besonderes Wahlrecht für ihr gemeinschaftliches Grundeigenthum bezw. gewerbliches Unternehmen nicht ausüben. Dabei macht es keinen Unterschied, ob die Mitbesitzer bezw. Theilnehmer physische oder juristische Personen sind. Es ist jedoch auch ein solches gemeinschaftliches Grundeigenthum bezw. gewerbliches Unternehmen in das Verzeichniß I. mit einem entsprechenden Vermerk in der Kolumne 10 mit aufzunehmen.

6. Es ist von einer Seite die Frage aufgeworfen worden, wie es sich mit dem Besitze eines selbstständigen Gutes verhalte, dessen castrum innerhalb einer städtischen Feldmark, dessen Areal zum Theil auf dem platten Lande, zum Theil in einem städtischen Gemeindebezirke gelegen ist, von dessen Gesammtareal aber ein Grund- und Gebäudesteuerbetrag entrichtet wird, welcher den Besitzer an sich zur Ausübung eines Wahlrechts im Wahlverbande der größeren Grundbesitzer befähigen würde?

Die Frage ist dahin zu beantworten: Erreicht die Grund- und Gebäudesteuer, welche von den auf dem platten Lande belegenen Ländereien zu entrichten ist, den im §. 86. Absatz 1 bezw. §. 183. vorgeschriebenen Mindestbetrag, so steht dem Besitzer ein Wahlrecht im Wahlverbande der größeren Grundbesitzer zu. Anderenfalls ist er nur befugt, nach §§. 87. Nr. 2 und 98. Nr. 2 ein Wahlrecht im Wahlverbande der Landgemeinden auszuüben, sofern die auf dem platten Lande belegenen Ländereien einen selbstständigen Gutsbezirk bilden.

7. Daß die den Königlichen Forstbeamten angewiesenen Wohnungen

als Dienstwohnungen anzusehen und demgemäß nach §. 17. der Kreisordnung von Kreisabgaben befreit sind, kann nach der Fassung des Artikels 2 der Instruktion keinem Zweifel unterliegen.

Artikel 3.

Das zweite Verzeichniß zerfällt gleichfalls in zwei Abtheilungen:

In die Abtheilung A. sind sämmtliche nicht zu dem Verbande der größeren Grundbesitzer gehörenden Besitzer selbstständiger Güter (d. h. solcher, welche einen selbstständigen Gutsbezirk bilden), mit Einschluß der juristischen Personen, Aktien-Gesellschaften und Kommandit-Gesellschaften auf Aktien, geordnet nach der Reihenfolge der von diesen Gütern zu entrichtenden Grund- und Gebäudesteuer-Beträge aufzunehmen.

Sind in Folge von Abverkäufen und Zerstückelungen in einem selbstständigen Gutsbezirke mehrere Besitzer vorhanden, so ist in das Verzeichniß nur der Besitzer des Restguts mit der auf das letztere entfallenden Grund- und Gebäudesteuer aufzunehmen.

Die eventuelle Vereinigung der Besitzer der zu weniger als 20 Thaler Grund- und Gebäudesteuer veranlagten Güter zu Gesammt- (Kollektiv-) Stimmen erfolgt, sobald die Bildung der Wahlbezirke beendigt ist. (Artikel 6 Nr. 4.)

In die Abtheilung B. sind in derselben, aus der Höhe der wirklichen bezw. fingirten Gewerbesteuerbeträge sich ergebenden Reihenfolge diejenigen Gewerbetreibenden und Bergwerksbesitzer, mit Einschluß der juristischen Personen, Aktien-Gesellschaften und Kommandit-Gesellschaften auf Aktien aufzunehmen, welche wegen ihrer auf dem platten Lande innerhalb des Kreises betriebenen gewerblichen Unternehmungen in der Klasse A. I. mit einem niedrigeren, als dem Mittelsatze veranlagt sind oder diesen Satz zu entrichten haben würden, wenn sie lediglich von ihren auf dem platten Lande innerhalb des Kreises betriebenen gewerblichen Unternehmungen zur Gewerbesteuer veranlagt wären.

Hinsichtlich der fingirten Einschätzung der Bergwerksbesitzer, sowie derjenigen Gewerbetreibenden, welche von ihren, in verschiedenen Kreisen oder in einer Stadt und auf dem platten Lande eines und desselben Kreises betriebenen gewerblichen Unternehmungen zur Gewerbesteuer der Klasse A. I. veranlagt sind, kommen die Bestimmungen der beiden letzten Absätze des Artikels 2 zur Anwendung.

Zu Artikel 3.

8. Von mehreren Seiten ist eine Abänderung bezw. Ergänzung der Bestimmung im dritten Absatze beantragt worden:

daß da, wo in Folge von Abverkäufen und Zerstückelungen in einem selbstständigen Gutsbezirke mehrere Besitzer vorhanden sind, in das Verzeichniß II. nur der Besitzer des Restgutes aufgenommen werden soll.

Wenngleich ich nicht verkenne, daß die Ausführung dieser Bestimmung in vielen Fällen auf Schwierigkeiten stoßen wird, so sehe ich mich doch nicht in der Lage, eine Abänderung derselben eintreten zu lassen.

Es ist nicht die Absicht des Gesetzgebers gewesen, durch die Vorschriften der §§. 87. Nr. 2 und 98. Nr. 2 den Besitzern aller außerhalb des Gemeindeverbandes stehender Güter, deren Grund- und Gebäudesteuer den im §. 86. Absatz 1 bezw. §. 183. vorgeschriebenen Mindestbetrag nicht erreicht, ein Wahlrecht im Wahlverbande der Landgemeinden einzuräumen, es hat vielmehr ein solches Recht nur den Besitzern derjenigen Güter beigelegt werden sollen, welche neben und gleich den Gemeinden eine selbstständige kommunale Existenz führen. Daß mit den Worten: „selbstständige Güter" nicht die wirthschaftliche, sondern die kommunale Selbstständigkeit hat ausgedrückt werden sollen, ergiebt sich schon daraus, daß im Gesetze die Ausdrücke: „selbstständige Güter" und „selbstständige" Gutsbezirke promiscue gebraucht worden (§§. 87., 98., 110., 111.).

Der Begriff eines selbstständigen Gutsbezirks beruht auf der Einheit des Besitzes. Wo diese Einheit in Folge von Abverkäufen und Zerstückelungen verloren gegangen ist, da lag und liegt noch jetzt die Veranlassung vor, in Gemäßheit der Vorschriften des Gesetzes über die Landgemeindeverfassungen vom 14. April 1856, eine anderweite Regelung der kommunalen Verhältnisse solcher Gutsbezirke vorzunehmen, — sei es in der Weise, daß ein völlig dismembrirter Gutsbezirk aufgehoben und die in Folge dessen kommunalfrei gewordenen Trennstücke zu einem selbstständigen Gemeindebezirke erklärt oder mit einer oder mehreren benachbarten Gemeinden vereinigt, sei es, daß ein oder mehrere von einem selbstständigen Gute abveräußerte größere Besitzungen (Vorwerke 2c.), welche zur Führung einer eigenen kommunalen Existenz befähigt sind, zu besonderen selbstständigen Gutsbezirken erhoben werden.

Die Abveräußerung einzelner kleinerer Parzellen von einem Gutsbezirke an dritte Personen wird, wenn neben denselben noch ein größeres leistungsfähiges Restgut bestehen bleibt, die anderweite Regelung der kommunalen Verhältnisse eines solchen Gutsbezirks noch nicht nothwendig machen. In derartigen Fällen ist der Begriff des Gutsbezirks: „Die Einheit des Besitzes" noch im Wesentlichen aufrecht erhalten; es kann ein Zweifel, wer als Inhaber des selbstständigen Gutsbezirks anzusehen ist, nicht wohl bestehen, und auch die Ausführung der Bestimmungen der §§. 87. Nr. 2 und 98. Nr. 2 der Kreisordnung wird irgend welche Schwierigkeiten nicht bereiten. Der Restgutsbesitzer, welcher dem Staate gegenüber die Verpflichtung für die Erfüllung der kommunalen Leistungen des Gutsbezirks trägt, ist zugleich der Repräsentant des Gutsbezirks, bezw. der angesessenen und nicht angesessenen Einwohner desselben in der Ausübung öffentlicher Rechte, als insbesondere auch des Wahlrechts zum Kreistage.

Dagegen wird dort, wo Zerstückelungen von Gutsbezirken in größerem Umfange stattgefunden haben, die Ermittelung dessen, wer als Restgutsbesitzer und Träger der öffentlichen Rechte und Pflichten des Gutsbezirks anzusehen ist, unter Umständen Schwierigkeiten bereiten. Es lassen sich indeß hierüber allgemeine Anweisungen nicht wohl geben, vielmehr wird die Entscheidung nach den in jedem konkreten Falle obwaltenden besonderen Verhältnissen getroffen werden müssen.

In keinem Falle kann es jedoch für gesetzlich zulässig erachtet werden, den sämmtlichen Besitzern eines zerstückelten Gutsbezirks, in welchem ein einzelner Träger der öffentlichen Rechte und Pflichten desselben nicht mehr zu ermitteln ist, das Recht beizulegen, einen besonderen Repräsentanten für die Ausübung des Wahlrechts zum Kreistage zu wählen; es würde dies gleichbedeutend sein mit der Umwandlung eines solchen Gutsverbandes in eine Gemeinde in einer bestimmten öffentlich rechtlichen Beziehung, welche nur nach Maßgabe der Vorschriften des Gesetzes vom 14. April 1856 und mit der Wirkung vollzogen werden darf, daß davon der gesammte öffentliche Rechtszustand des betreffenden Gutsbezirks ergriffen wird.

Wenn hiernach in Folge der noch nicht gehörig geordneten kommunalen Verhältnisse dismembrirter selbstständiger Güter den Besitzern derselben das Recht der Theilnahme an den vorzunehmenden ersten Kreistagswahlen vielleicht hier und da wird vorenthalten werden müssen, so darf doch erwartet werden, daß die Behörden es sich nunmehr werden angelegen sein lassen, binnen kürzester Frist überall da, wo ein Bedürfniß dazu vorliegt, die erforderlichen kommunalen Regulirungen vorzunehmen und dadurch für die späteren Kreistagswahlen ähnliche Unzuträglichkeiten zu vermeiden, wie sie für die erstmalige Bildung der Kreistage an einzelnen Orten hervorzutreten scheinen.

Das vorstehend Gesagte gilt auch von den im Stralsunder Bezirke durch das Zusammenlegen mehrerer bis dahin kommunalfreier Besitzungen neu geschaffenen Gutsbezirken, sowie von den in der Provinz Preußen und in dem Kösliner Regierungsbezirke vorkommenden, noch aus polnischer Zeit herrührenden sogenannten Antheilsgütern, soweit nicht den einzelnen Gütern die Eigenschaft selbstständiger Gutsbezirke beiwohnt. Eine analoge Anwendung der Vorschrift im §. 97. Nr. 6 auf diese Güter ist deshalb ausgeschlossen, weil dieselbe nicht von zwei oder mehreren Personen gemeinschaftlich zu ideellen Antheilen, sondern realiter und rechtlich getheilt besessen werden.

Ebensowenig dürfen einzelne Besitzungen, welche ungeachtet der Vorschriften des Gesetzes über die Landgemeindeverfassungen vom 14. April

1856 und des Ausführungsgesetzes zum Bundesgesetze über den Unterstützungswohnsitz vom 8. März 1871, sowie der zu diesen Gesetzen erlassenen Ausführungs-Anweisungen noch keinem Kommunalbezirke angeschlossen worden sind, als selbstständige Güter im Sinne der §§. 87, Nr. 2 und 98. Nr. 2 behandelt werden. Auch erscheint es nicht zulässig, derartige Besitzungen lediglich zum Zwecke der Wahl von Wahlmännern für die Vollziehung der Wahl der Kreistags-Abgeordneten einem benachbarten Gemeindebezirke einzuverleiben; vielmehr hat die Inkommunalisirung derselben — und zwar mit thunlichster Beschleunigung — auf dem im Gesetze vom 14. April 1856 vorgeschriebenen Wege zu erfolgen.

Indem ich im Uebrigen in Betreff der Frage, was unter einem selbstständigen Gute zu verstehen ist, auf den Erlaß vom 14. April 1859 (M.Bl. S. 172) Bezug nehme, bemerke ich, daß ebensowenig wie das bisherige Recht der Standschaft, das bisherige Recht der polizeiobrigkeitlichen Gewalt als ein ausschließliches Kriterium der kommunalen Selbstständigkeit eines Gutes betrachtet werden darf.

9. Sollten einzelne selbstständige Güter vorkommen, deren Liegenschaften nach den Vorschriften der §§. 10. ff. nicht kreisabgabenpflichtig sein würden, so sind dieselben in das Verzeichniß II. nicht mit aufzunehmen, wie sich aus §. 99. in Verbindung mit §. 86. ergiebt.

Artikel 4.

In das dritte Verzeichniß der Landgemeinden sind in der Reihenfolge ihrer durch die Zählung vom 1. Dezember 1871*) festgestellten Civil-Einwohnerzahl alle diejenigen Gemeinden aufzunehmen, welche nicht nach der Städte-Ordnung vom 30. Mai 1853 verwaltet werden.

Bei jeder Gemeinde ist die Zahl der von ihr zu wählenden Wahlmänner nach Maßgabe der Vorschriften des §. 100. anzugeben. Danach erfolgt die Vertretung der Landgemeinden bei Gemeinden:

1. von weniger als 400 Einwohner durch einen Wahlmann,
2. von 400 und weniger als 800 Einwohner durch zwei,
3. von 800 und weniger als 1200 Einwohner durch drei,
4. von 1200 und weniger als 2000 Einwohner durch vier,
5. von 2000 und weniger als 3000 Einwohner durch fünf Wahlmänner, und für jede fernere Vollzahl von 1000 Seelen durch einen ferneren Wahlmann.

Am Schlusse des Verzeichnisses sind diejenigen Gemeinden aufzuführen, welche weniger als 20 Thaler Grund- und Gebäudesteuer entrichten und zugleich weniger als 100 Einwohner zählen.

---

*) jetzt 1880.

Bei der Berechnung der Einwohnerzahl und der Steuersumme sind auch diejenigen Grundbesitzer und die von ihnen zu entrichtenden Grund- und Gebäudesteuer-Beträge zu berücksichtigen, welche zum Wahlverbande der größeren ländlichen Grundbesitzer oder zu den im §. 98. Nr. 2 bezeichneten Besitzern selbstständiger Güter gehören.

Die eventuelle Vereinigung dieser letzteren Gemeinden zu Kollektivstimmen und die Bestimmung der Zahl der von ihnen zu wählenden Wahlmänner erfolgt, sobald die Bildung der Wahlbezirke beendigt ist (Artikel 6, Nr. 5).

Zu Artikel 4.

10. In das Verzeichniß der Landgemeinden sind auch diejenigen Flecken mit aufzunehmen, deren Gemeindeverhältnisse nach den Vorschriften im Absatze 2 der Städteordnung vom 30. Mai 1853 geregelt worden sind, es sei denn, daß den letzteren die Städteordnung mit oder ohne die Maßgaben des Titels VIII. ausdrücklich verliehen worden ist.

Dagegen sind von der Aufnahme in das Verzeichniß der Landgemeinden diejenigen Kolonien ausgeschlossen, welche erst nach Emanation des Allgemeinen Landrechts entstanden und wenn auch schon bisher thatsächlich als Gemeinden behandelt, so doch rechtlich zu solchen noch nicht konstituirt worden sind.

Artikel 5.

Nach erfolgter Anfertigung der Verzeichnisse der Wahlberechtigten (Artikel 1) ist von dem Landrathe*), unter Zuziehung eines vereideten Protokollführers, sowie dreier Mitglieder des gegenwärtigen Kreistages, von denen eines dem Stande der Rittergutsbesitzer, eines dem Stande der Städte und eines dem Stande der Landgemeinden anzugehören hat, die Feststellung der Zahl der Mitglieder des Kreistages, sowie die Vertheilung der Kreistags-Abgeordneten auf die einzelnen Wahlverbände nach Maßgabe der Vorschriften der §§. 84., 89., 90. und 93. vorzunehmen.

Es sind hierbei die Ergebnisse der Volkszählung vom 1. Dezember 1871**) zu Grunde zu legen; die im aktiven Militärdienste stehenden Personen bleiben überall, und insbesondere auch bei der nach §. 89. Nr. 1 vorzunehmenden Vertheilung außer Berechnung.

Ergeben sich bei der Berechnung der auf die einzelnen Wahlverbände entfallenden Zahl von Abgeordneten Bruchtheile, so

---

*) vgl. jetzt KreisO. § 111.
**) jetzt 1880.

werden dieselben nach §. 93. nur insoweit berücksichtigt, als sie $^1/_2$ erreichen oder übersteigen.

Uebersteigen sie $^1/_2$, so werden sie für voll gerechnet, kommen sie $^1/_2$ gleich, so bestimmt das durch die Hand des Landraths zu ziehende Loos, welchem der bei der Vertheilung betheiligten Wahlverbände der Bruchtheil für voll gerechnet werden soll.

Die Bestimmungen des §. 93. finden jedoch auf diejenigen Fälle keine Anwendung, in denen dem Wahlverbande der Städte, bezw. der in einem Kreise vorhandenen einzigen Stadt nach der Bevölkerungszahl in Gemäßheit des §. 89. Nr. 1 Satz 2 die Hälfte, bezw. ein Drittel der Gesammtzahl aller Abgeordneten zufällt. Denn die Anwendung jener Bestimmungen würde unter Umständen dahin führen, daß der Wahlverband der Städte bezw. die in einem Kreise vorhandene einzige Stadt mehr als die Hälfte, bezw. ein Drittel sämmtlicher Abgeordneten erhalten würde, während nach der dispositiven Vorschrift im §. 89. Nr. 1 Satz 2 die Zahl der städtischen Abgeordneten die Hälfte, bezw. ein Drittel der Gesammtzahl aller Abgeordneten nicht übersteigen darf.

Wenn also beispielsweise in einem Kreise, in welchem nur eine Stadt vorhanden ist, die Zahl der Abgeordneten 26 beträgt und die Stadt nach ihrer Bevölkerungszahl ein Drittel der Gesammtzahl der Abgeordneten zu erhalten hat, so würden auf die Stadt $8^1/_3$, auf das platte Land $17^2/_3$ Abgeordnete entfallen. Gleichwohl erhält die Stadt nur 8 und das platte Land 18 Abgeordnete. Denn wollte man der ersteren 9 Abgeordnete überweisen, so würde die Zahl der städtischen Abgeordneten ein Drittel der Gesammtzahl aller Abgeordneten übersteigen.

Ebenso erhalten in dem Falle, wo auf den Wahlverband der Städte, und auf das platte Land beispielsweise je $16^1/_2$ Abgeordnete entfallen, die Städte zusammen nur 16, das platte Land 17 Abgeordnete.

Von der letzteren Zahl entfallen hinwiederum auf jeden der beiden Wahlverbände der größeren Grundbesitzer und der Landgemeinden je $8^1/_2$ Abgeordnete und hat demgemäß das Loos zu entscheiden, welcher von den beiden Verbänden 9 und welcher 8 Abgeordnete zu erhalten hat.

Ueber das Ergebniß der Feststellung der Zahl der Mitglieder des Kreistages, sowie über die Vertheilung des Kreistagsabgeordneten auf die einzelnen Wahlverbände ist eine besondere Verhandlung aufzunehmen und von dem Landrathe, den drei Mitgliedern des Kreistags und dem vereideten Protokollführer zu vollziehen.

Zu Artikel 5.

11. Der Feststellung der Zahl der Mitglieder des Kreistages, sowie der Vertheilung der Kreistagsabgeordneten auf die einzelnen Wahlverbände u. s. w. ist überall die durch die Volkszählung vom 1. Dezember 1871 ermittelte ortsanwesende Bevölkerung mit Ausschluß der im aktiven Militärdienste stehenden Personen zu Grunde zu legen. Die Wohnbevölkerung kann hierzu nicht benutzt werden, da dieselbe von dem statistischen Bureau aus den Zählkarten nicht besonders zusammengestellt worden ist. Das statistische Bureau ist übrigens von mir veranlaßt worden, die definitiven Ergebnisse der Volkszählung vom 1. Dezember 1871 den Landräthen unmittelbar und ungesäumt mitzutheilen.

Artikel 6.

1. Sobald die Zahl der von dem Verbande der Landgemeinden zu wählenden Abgeordneten feststeht, werden durch den Landrath in räumlicher Abrundung und nach Maßgabe der Bevölkerung Wahlbezirke dergestalt gebildet, daß jeder die Wahl von einem bis zwei Abgeordneten zu vollziehen hat. (§. 91.)

Es ist hierbei die Civil-Bevölkerungszahl aller derjenigen selbstständigen Gutsbezirke und Gemeinden zu Grunde zu legen, welche in den Verzeichnissen II und III (Art. 1.) aufgeführt sind, mit Einschluß der in demselben wohnenden Grundbesitzer, Gewerbetreibenden und Bergwerksbesitzer, welche zum Wahlverbande der größeren Grundbesitzer gehören.

2. Der §. 91. enthält bezüglich der Bildung der Wahlbezirke die fernere Bestimmung, daß dieselbe unter möglichster Anlehnung an die Amtsbezirke erfolgen solle. Die über die Bildung der Amtsbezirke ergehende besondere Instruktion wird den Landräthen die Aufstellung eines vorläufigen Tableaus für die Amtsbezirke übertragen, auf Grund dessen demnächst nach Maßgabe des §. 49. die Verhandlung mit den Betheiligten zu erfolgen hat.

Soweit dieses Tableau alsdann bereits aufgestellt sein wird, ist dasselbe bei der Abgrenzung der Wahlbezirke möglichst zu berücksichtigen.

3. Ferner ist darauf zu achten, daß die einzelnen Wahlbezirke eine solche Bevölkerungszahl enthalten, bei welcher für die demnächste Vertheilung der Abgeordneten auf dieselben die Anwendung der Bestimmungen des §. 93. Absatz 2, und insbesondere die Entscheidung durch das Loos möglichst vermieden wird.

Ob die Wahlbezirke so abzugrenzen sind, daß jeder derselben nur einen oder zwei Abgeordnete zu wählen hat, wird von den besonderen Verhältnissen eines jeden Kreises abhängen. Es wird hierbei insbesondere in Betracht kommen: die größere oder geringere Zahl der von dem Wahlverbande der Landgemeinden insgesammt zu wählenden Abgeordneten, die größere oder geringere Einwohnerzahl und räumliche Ausdehnung der einzelnen Wahlbezirke. Im Allgemeinen wird es sich zur Erleichterung des Wahlgeschäftes empfehlen, die Größe der Wahlbezirke so zu bemessen, daß auf einen jeden nur ein Abgeordneter entfällt.

4. Befinden sich in einem Wahlbezirke zwei oder mehrere selbstständige Güter, deren jedes zu weniger als 20 Thaler Grund- und Gebäudesteuer veranlagt ist, so sind die Besitzer derselben durch den Landrath in Gemäßheit des §. 99. dergestalt zu Gesammt- (Kollektiv-) Stimmen zu vereinigen, daß auf jede Stimme, so weit möglich, ein Grund- und Gebäudesteuerbetrag von 20 Thlr. entfällt. Auch hat der Landrath die Art zu regeln, in welcher das Kollektiv-Stimmrecht auszuüben ist.

Diese Regelung wird, wenn nur zwei selbstständige Güter in einem Wahlbezirke vorhanden sind, am zweckmäßigsten in der Art erfolgen, daß das Kollektiv-Stimmrecht abwechselnd von dem einen und dem anderen Besitzer derselben ausgeübt, die Reihenfolge, in welcher dasselbe auszuüben ist, aber durch das Loos bestimmt wird.

Sind drei oder mehrere selbstständige Güter in einem Wahlbezirke vorhanden, so wird zu bestimmen sein, daß die Besitzer derselben vor jeder Wahl einen aus ihrer Mitte durch absolute Stimmenmehrheit zu wählen haben, welcher das Wahlrecht für alle auszuüben hat.

Wenn in dem letztgedachten Falle von den betheiligten Gütern an Grund- und Gebäudesteuer zusammen der Betrag von 40 oder mehr Thalern aufkommt, so haben die Besitzer zur Ausübung des Wahlrechts zwei oder mehrere aus ihrer Mitte zu wählen, so daß auf jede Stimme, soweit möglich, ein Grund- und Gebäudesteuerbetrag von 20 Thalern entfällt.

Befindet sich in einem Wahlbezirke nur ein selbstständiges Gut, welches zu weniger als 20 Thaler Grund- und Gebäudesteuer veranlagt ist, so ist der Besitzer desselben gleich den übrigen Besitzern selbstständiger Güter bei der Abgeordnetenwahl für sich allein eine Stimme zu führen berechtigt.

5. In gleicher Weise, wie die Besitzer der im §. 99. gedachten Güter sind in Gemäßheit des §. 101. durch den Landrath auch diejenigen in einem Wahlbezirke vorhandenen zwei oder mehrere Gemeinden zu Gesammt- (Kollektiv-) Stimmen zu vereinigen, deren jede weniger als 20 Thaler Grund- und Gebäude-

steuer (vergl. Art. 4, Absatz 3) entrichtet und zugleich weniger als 100 Einwohner zählt.

Behufs Regelung der Ausübung dieses Kollektivstimmrechts wird anzuordnen sein, daß jede der Gemeinden nach Maßgabe der Vorschriften des §. 100. einen Wahlmann zu wählen hat, und daß demnächst, wenn drei oder mehrere Gemeinden in einem Wahlbezirke vorhanden sind, die Wahlmänner derselben einen oder, sofern die Einwohnerzahl der Gemeinden zusammen 400 und mehr beträgt, zwei beziehungsweise drei u. s. w. Kollektiv-Wahlmänner aus ihrer Mitte durch absolute Stimmenmehrheit zu wählen haben, welchen die Vertretung der Gemeinden bei der Abgeordnetenwahl obliegt; daß dagegen, wenn nur zwei Gemeinden vorhanden sind, das Kollektivstimmrecht derselben abwechselnd durch den von der einen und den von der anderen Gemeinde gewählten Wahlmann ausgeübt, die Reihenfolge, in welcher dasselbe auszuüben ist, aber durch das Loos bestimmt wird.

Befindet sich in einem Wahlbezirke nur eine Gemeinde, welche weniger als 20 Thaler Grund- und Gebäudesteuer entrichtet und zugleich weniger als 100 Einwohner zählt, so ist dieselbe gleich den übrigen Gemeinden von weniger als 400 Einwohnern berechtigt, für sich allein einen Wahlmann zur Abgeordnetenwahl zu entsenden.

6. Die Vertheilung der Abgeordneten auf die einzelnen ländlichen Wahlbezirke (§. 91.) erfolgt nach Maßgabe der Bevölkerung durch den Landrath*) unter Zuziehung dreier Mitglieder des Kreistages (Artikel 5, Absatz 1) und eines vereideten Protokollführers. Das Ergebniß derselben ist in einem besonderen Protokoll niederzulegen.

7. Auf Grund dieser Vorarbeiten ist (unter Benutzung des unter D. beigefügten Formulars) ein Verzeichniß (IV.) der Wahlbezirke aufzustellen, in welchem die zu jedem Wahlbezirke gehörigen einzelnen Gemeinden und selbstständigen Güter nebst ihrer Einwohnerzahl, sowie die zu demselben gehörigen Gewerbetreibenden und Bergwerksbesitzer, ingleichen die Zahl der von jedem Wahlbezirke zu wählenden Abgeordneten anzugeben sind. Bei den nach §§. 99. und 101. zu Gesammt- (Kollektiv-) Stimmen vereinigten Gütern und Gemeinden ist zu vermerken, in welcher Art von ihnen das Kollektivstimmrecht auszuüben ist.

Zu Artikel 6.

13. Wie sich aus der Bestimmung Nr. 1 Absatz 2 ergiebt, ist bei der Bildung der Wahlbezirke für den Verband der Landgemeinden die

*) vgl. jetzt KreisO. § 111.

Bevölkerungszahl derjenigen selbstständigen Gutsbezirke außer Betracht zu lassen, deren Besitzer zum Wahlverbande der größeren ländlichen Grundbesitzer gehören, während andererseits diejenigen Grundbesitzer, Gewerbetreibenden und Bergwerksbesitzer dabei zu berücksichtigen sind, welche zwar dem Wahlverbande der größeren Grundbesitzer angehören, ihren Wohnsitz jedoch in Landgemeinden oder in solchen Gutsbezirken haben, welche zu dem Wahlverbande der Landgemeinden gehören.

14. Es ist von einer Seite gewünscht worden, es möge bei der Bildung der Wahlbezirke auch auf die Zahl der für dieselben sich ergebenden Wahlstimmen Rücksicht genommen werden. Dies darf jedoch nur insoweit geschehen, als dadurch der Grundsatz, daß die Wahlbezirke in räumlicher Abrundung und nach Maßgabe der Bevölkerung gebildet werden sollen, nicht verletzt wird.

Artikel 7.

1. Gleichzeitig hat in derselben Weise, wie die Vertheilung der von dem Wahlverbande der Landgemeinden zu wählenden Abgeordneten auf die einzelnen ländlichen Wahlbezirke (Art. 6. Nr. 6) nach §§. 92. und 93. die Vertheilung der von dem Wahlverbande der Städte zu wählenden Abgeordneten auf die einzelnen Städte des Kreises zu erfolgen.

2. Sind in einem Kreise mehrere Städte vorhanden, auf welche nach Maßgabe ihrer Seelenzahl nicht je ein Abgeordneter fällt, so werden diese Städte behufs der Wahl mindestens eines gemeinschaftlichen Abgeordneten zu einem Wahlbezirke vereinigt.

3. Ist in einem Kreise neben anderen großen Städten nur eine Stadt vorhanden, welche nach ihrer Seelenzahl nicht einen Abgeordneten zu wählen haben würde, so ist derselben gleichwohl ein Abgeordneter zu überweisen.

4. Die Feststellung der auf einzelne Städte bezw. Städte-Wahlbezirke entfallenden Zahl von Abgeordneten geschieht in der Weise, daß zunächst durch Division mit der Zahl der städtischen Abgeordneten in die Gesammteinwohnerzahl aller Städte die auf einen Abgeordneten fallende Einwohnerzahl und sodann durch Division mit dieser Zahl in die Bevölkerungszahlen der einzelnen Städte bezw. Städtewahlbezirke die jeder bezw. jedem der letzteren zukommende Zahl von Abgeordneten ermittelt wird. Ergeben sich bei dieser Berechnung für die einzelnen Städte bezw. Städtewahlbezirke neben ganzen Theilen Bruchtheile, so ist in Betreff der letzteren nach den Bestimmungen des §. 93. mit folgenden Maßgaben zu verfahren:

a) Wenn der im §. 93. vorgeschriebene Ausfall der $^1/_2$ nicht erreichenden Bruchtheile zur Folge hat, daß die Zahlen der auf die einzelnen Städte bezw. Städtewahlbezirke zu vertheilenden Abgeordneten zusammengenommen die Gesammtzahl der, §. 89. Nr. 1, auf die städtische Bevölkerung fallenden Abgeordneten nicht erreichen, so erhält diejenige Stadt bezw. derjenige Städtewahlbezirk den übrig bleibenden Abgeordneten, für welche bezw. für welchen die Berechnung den größesten $^1/_2$ sich am meisten nähernden Bruchtheil ergeben hat.

b) Wenn die Anrechnung der $^1/_2$ erreichenden oder übersteigenden Bruchtheile für voll zur Folge hat, daß die Zahl der auf die einzelnen Städte bezw. Städtewahlbezirke zu vertheilenden Abgeordneten zusammengenommen die Gesammtzahl der nach §. 89. Nr. 1 auf die städtische Bevölkerung fallenden Abgeordneten übersteigen, so erhält, unbeschadet der Bestimmungen im 2. und 3. Absatze des §. 92. diejenige Stadt, bezw. derjenige Städtewahlbezirk einen Abgeordneten weniger, für welche bezw. für welchen die Berechnung den kleinsten, hinter einem ganzen Theile am weitesten zurückbleibenden Bruchtheil ergeben hat.

Haben also beispielsweise die 7 Städte eines Kreises mit einer Gesammt-Einwohnerzahl von 40,392 Seelen im Ganzen 17 Abgeordnete zu wählen, so entfällt auf eine Zahl von 2376 städtischen Einwohnern 1 Abgeordneter.

Die Stadt B. hat 24,365 Einwohner, R. 8176, Fr. 3342, Fl. 1932, Pr. 1532 und Rh. 1045.

Da keine der drei Städte Fl., Pr. und Rh. die Zahl von 2376 für sich erreicht, so sind dieselben zu einem Wahlbezirke zu vereinigen.

Es berechnet sich dann die Zahl der Abgeordneten für
die Stadt B. auf $10\frac{606}{2376}$ (weniger als $^1/_2$) also 10,
" " R. auf $3\frac{1048}{2376}$ (desgl.) " 3,
" " Fr. auf $1\frac{966}{2376}$ (desgl.) " 1,
für die Städte Fl., Pr. und Rh. mit zusammen
4509 Einwohnern auf $1\frac{2133}{2376}$ (mehr als $^1/_2$),
also auf 2,
Summa. 16.

Da aber der Wahlverband der Städte 17 Abgeordnete zu erwählen hat, so erhält die Stadt R., welche den größten $^1/_2$ sich am meisten nähernden Bruchtheil aufzuweisen hat, 4 Abgeordnete.

Hätte jedoch bei gleicher Gesammtzahl der städtischen Bevölkerung und bei gleicher Gesammtzahl der von derselben zu erwählenden Abgeordneten

B.	24,965
R.	8,376
Fr.	3,642
Fl., Pr. und Rh. zus.	3,409
	40,392 Einwohner,

so würde zu erhalten haben:

B.	$10\frac{1205}{2376}$	(über $^1/_2$)	also 11,
R.	$3\frac{1248}{2376}$	(desgl.)	" 4,
Fr.	$1\frac{1266}{2376}$	(desgl.)	" 2,
Fl., Pr. u. Rh.	$1\frac{1033}{2376}$	(unter $^1/_2$)	" 1,
			Summa 18 Abgeordnete;

es würde also 1 Abgeordneter zu viel vertheilt sein, und würden demgemäß, da Fl., Pr. und Rh. mindestens einen gemeinschaftlichen Abgeordneten erhalten müssen, der Stadt B., welche von den übrigen Städten den kleinsten Bruchtheil aufzuweisen hat, statt 11 nur 10 Abgeordnete zu überweisen sein.

5. Unter Benutzung des unter E. beigefügten Formulars ist ein Verzeichniß (V.) der Städtewahlbezirke aufzustellen, in welchem die zu jedem Wahlbezirke gehörigen Städte nebst ihrer Einwohnerzahl und der Zahl der von jeder Stadt in Gemäßheit des §. 104. Absatz 2, zu wählenden Wahlmänner (je einer auf 250 Einwohner) anzugeben sind.

Zu Artikel 7.

16. Die Bestimmungen unter Nr. 4 a. und b. beruhen auf folgender Erwägung:

Ermittelt man behufs der Untervertheilung der städtischen Abgeordneten auf die einzelnen Städte durch Division mit der Zahl der Letzteren in die Gesammt-Einwohnerzahl aller Städte die auf einen Abgeordneten fallende Einwohnerzahl und dividirt dann mit dieser in die Bevölkerungszahlen der einzelnen Städte, so liegt es in der Natur der Sache, daß nur eine genaue Addition der dabei sich ergebenden Brüche wieder genau die Abgeordnetenzahl ergeben kann, von welcher man ausgegangen ist. Verändert man die Brüche, indem man diejenigen, welche unter $^1/_2$ betragen, streicht, und die übrigen zu vollen Einheiten ergänzt, so ist es Zufall, wenn die Addition gleichwohl noch dasselbe Resultat liefert; sie kann eben so gut mehr als weniger ergeben. Das Verfahren des § 93. der Kreisordnung läßt sich daher nur da strikt anwenden, wo die resultirende Gesammtzahl der Abgeordneten oder doch wenigstens die in Berechnung zu ziehenden Bevölkerungszahlen nicht schon im Voraus anderweitig als feststehend gegeben sind. Da bei der Untervertheilung der städtischen Abgeordneten auf die einzelnen Städte beziehungsweise Städte-Wahlbezirke weder das eine noch das andere der Fall ist, so bedurfte es zur Ausführung der Bestimmungen des §. 92. einer Ergänzung der im §. 93 vorgeschriebenen Berechnungsweise. Die zu diesem Behufe unter Nr. 3a. und b. des Artikels 7 der Instruktion getroffenen Bestimmungen entsprechen der ratio legis.

Eine ähnliche Vervollständigung der Vorschriften über die Untervertheilung der auf die Wahlbezirke der Landgemeinden entfallenden Abgeordneten erschien entbehrlich, da man es hier nicht mit feststehenden Bevölkerungszahlen zu thun, es vielmehr in der Hand hat, die Wahlbezirke so zu bilden, daß auch bei strikter Anwendung der im §. 93. vorgeschriebenen Berechnungsweise die gesetzliche Zahl von Abgeordneten herauskommt.

Artikel 8.

Sobald die Aufstellung der Verzeichnisse der Wahlberechtigten (Artikel 1) beendigt ist, werden dieselben nach §. 110. durch das Kreisblatt oder wo ein solches nicht besteht, durch das Amtsblatt zur öffentlichen Kenntniß gebracht.

Anträge auf Berichtigung dieser Verzeichnisse sind binnen einer Frist von vier Wochen nach Ausgabe des Blattes durch welches das Verzeichniß veröffentlicht worden ist, bei dem Landrathe anzubringen, gegen dessen Entscheidung die Berufung an das Verwaltungsgericht innerhalb 10 Tagen*) stattfindet. Die Berufung ist bei dem Landrathe einzulegen. In der öffentlichen Bekanntmachung ist hierauf ausdrücklich hinzuweisen.

Artikel 9.

In gleicher Weise wird nach §. 111. die Vertheilung der Kreistags-Abgeordneten auf die einzelnen Wahlverbände (Artikel 5), das Verzeichniß der Wahlbezirke für die Landgemeinden und die zum Verbande derselben gehörigen selbstständigen Gutsbezirke, Gewerbetreibenden und Bergwerksbesitzer (Artikel 6 Nr. 7), sowie die Vertheilung der Abgeordneten auf die einzelnen ländlichen Wahlbezirke (Artikel 6 Nr. 6) und der städtischen Abgeordneten auf die einzelnen Städte (Artikel 7 Nr. 1—3) bezw. das Verzeichniß der Städtewahlbezirke (Artikel 7 Nr. 5) durch das Kreis- bezw. Amtsblatt zur öffentlichen Kenntniß gebracht.

Binnen einer Frist von vier Wochen nach Ausgabe des betreffenden Blattes ist die Beschwerde an das Verwaltungs-

*) jetzt an den Bezirksausschuß binnen zwei Wochen. Vgl. KreisO. § 110 Abs. 2.

gericht zulässig. Dieselbe ist dem Landrathe einzureichen. In der öffentlichen Bekanntmachung ist hierauf ausdrücklich hinzuweisen.*)

Artikel 10.

Die gegen die Verzeichnisse der Wahlberechtigten und der Wahlbezirke, sowie gegen die Vertheilungspläne eingelegten Berufungen sind von dem Landrathe mit seiner Gegenerklärung einzureichen.

Die erfolgte Bildung der Verwaltungsgerichte wird seiner Zeit durch die Amtsblätter bekannt gemacht werden.

Artikel 11.

Nach Ablauf der in den Artikeln 8 und 9 vorgesehenen Fristen, bezw. nach Erledigung der gegen die Verzeichnisse der Wahlberechtigten und Wahlbezirke, sowie gegen die Vertheilungspläne eingelegten Berufungen, sowie nach event. vorheriger Berichtigung der Verzeichnisse und Vertheilungspläne ist zur Wahl der Kreistags-Abgeordneten zu schreiten.

Die Wahlen in dem Verbande der Landgemeinden erfolgen vor den Wahlen in dem Verbande der größeren Grundbesitzer (§. 108. erster Absatz).

Artikel 12.

Zunächst wählt jede Landgemeinde die ihr nach dem Verzeichnisse III. zukommende Zahl von Wahlmännern.

Bezüglich der Wahl der von den zu einer Kollektivstimme vereinigten Landgemeinden zu wählenden Wahlmänner wird auf die Bestimmungen im Artikel 6 Nr. 5 verwiesen.

Die Wahlmänner der Landgemeinden werden in Gemäßheit des §. 100. von der Gemeindeversammlung, in denjenigen Landgemeinden aber, in welchen eine gewählte Gemeindevertretung besteht, von der letzteren und dem Gemeinde-Vorstande aus der Zahl der stimmberechtigten Gemeindemitglieder durch absolute Stimmenmehrheit gewählt. Für die Wahlen sind folgende Bestimmungen maßgebend:

1. Für jede Gemeinde, mit Ausnahme derjenigen, in welchen eine gewählte Gemeindevertretung besteht, ist nach Anleitung des unter F. beigefügten Formulars von dem Gemeindevorsteher (Schulze, Scholze, Richter, Dorfrichter) eine Wählerliste aufzustellen.

---

*) KreisO. § 112a.

In derselben sind alle stimmberechtigten Mitglieder der Gemeinde in alphabetischer Ordnung zu verzeichnen.

Ausgeschlossen von der Theilnahme an der Wahl in der Gemeindeversammlung und demgemäß in die Wählerliste nicht mitaufzunehmen sind diejenigen, welche nach dem durch das Kreis- bezw. Amtsblatt bekannt gemachten Verzeichnisse I. zum Wahlverbande der größeren Grundbesitzer gehören (§. 100. letzter Absatz).

Die Theilnahme an dem Stimmrechte und die Art der Ausübung desselben in der Gemeindeversammlung wird durch die in der Gemeinde bestehende Ortsverfassung bestimmt (§. 3. des Gesetzes, betr. die Landgemeinde-Verfassungen in den sechs östlichen Provinzen vom 14. April 1856). Abänderungen und Ergänzungen der bestehenden Ortsverfassung, sowie die Einführung einer gewählten Gemeindevertretung haben, sofern sich hierzu ein Bedürfniß ergiebt, auf dem in den §§. 4.—8. des Gesetzes vom 14. April 1856 vorgeschriebenen Wege zu erfolgen.

Sind in einer Gemeinde in Gemäßheit der Bestimmungen des §. 5. Nr. 3 und 4 a. a. O. den Besitzern solcher Grundstücke, welche die übrigen an Werth und Größe übersteigen, mehr als eine Stimme beigelegt, oder sind die Gemeindemitglieder in Ansehung ihrer Theilnahme am Stimmrechte in verschiedene Klassen getheilt, so ist bei jedem Gemeindemitgliede in einer besonderen Rubrik zu vermerken, wie viel Stimmen dasselbe zu führen berechtigt ist (z. B. der Lehnschulzen-Gutsbesitzer zwei Stimmen, die Bauern je 1, die Halbbauern je 1/2, Kossäthen je 1/4 Stimme).

In denjenigen Gemeinden, in welchen gemäß §. 5. Nr. 5 a. a. O. eine Vertretung der zu Gesammt- (Kollektiv-) Stimmen verbundenen Besitzer kleinerer nicht gespannfähiger Grundstücke durch aus ihrer Mitte gewählte Abgeordnete stattfindet, werden die letzteren in die Wählerliste aufgenommen und dabei vermerkt, wie viele Stimmen jeder Abgeordnete zu führen berechtigt ist.

2. Die Wählerliste ist mindestens drei Tage lang öffentlich auszulegen. Der Tag, an welchem die Auslegung beginnt, sowie das Lokal, in welchem die Auslegung stattfindet, ist vor dem Beginne der letzteren in ortsüblicher Weise bekannt zu machen.

3. Innerhalb drei Tagen nach dem Beginne der gemäß Nr. 2 bekannt gemachten Auslegung der Wählerliste kann jedes Mitglied der Gemeinde gegen die Richtigkeit derselben bei dem Gemeindevorsteher Einwendungen erheben. Der Gemeindevorstand (Gemeindevorsteher und Schöffen) hat darüber binnen drei Tagen zu entscheiden, und die Entscheidung den Antragstellern mitzu-

theilen. Gegen diese Entscheidung steht binnen weiteren acht Tagen die Berufung an den Landrath als Kommunal-Aufsichtsbehörde, bei den späteren Wahlen an den Kreisausschuß (§. 135. Nr. IX. 10) offen.*)

4. Im Falle einer Berichtigung der Wählerliste sind die Gründe der Streichungen und Nachtragungen in derselben unter Angabe des Datums kurz zu vermerken.

Die etwaigen Belagsstücke sind der Liste beizufügen.

Nach Erledigung der gegen die Wählerliste erhobenen Einwendungen ist dieselbe von dem Gemeindevorsteher abzuschließen und nachdem von ihm der Wahltermin bekannt gemacht worden ist, mit der am Schlusse des Formulars angegebenen Bescheinigung zu versehen.

5. Für diejenigen Gemeinden, in welchen eine gewählte Gemeindevertretung besteht oder eingeführt wird, erfolgt die Aufstellung der Wählerliste nach dem unter G. anliegenden Formular. In dieselbe sind die Mitglieder des Gemeindevorstandes und der Gemeindevertretung in alphabetischer Ordnung zu verzeichnen und unter derselben die erfolgte rechtzeitige Einladung derselben zu bescheinigen. Einer Auslegung dieser Liste bedarf es nicht.

6. Der Wahltermin für die Wahl der Wahlmänner der Landgemeinden wird von dem Landrathe anberaumt.

7. Acht Tage vor der Wahl werden die Wähler jeder Gemeinde zu der Wahl mittelst schriftlicher Einladung oder ortsüblicher Bekanntmachung durch den Gemeindevorsteher berufen. Die Einladung und Bekanntmachung muß das Lokal, den Tag und die Stunde der Wahl genau bestimmen (§. 1. des Wahlreglements).

8. Die Wahlhandlung wird von dem Wahlvorsteher durch Vorlesung des Wahlreglements und Mittheilung des wesentlichen Inhalts des Artikels 12. Nr. 8—27 der gegenwärtigen Instruktion eröffnet.

Alsdann werden die Namen aller stimmberechtigten Gemeindemitglieder in der Reihenfolge verlesen, wie sie in der Wählerliste verzeichnet sind.

Nach erfolgter Verlesung der Liste haben sich bei dem Wahlvorsteher diejenigen Personen zu melden, welche als Vertreter solcher Gemeindemitglieder erschienen sind, die in der persönlichen Ausübung des Stimmrechts ortsverfassungsgemäß durch dritte Personen vertreten werden können (z. B. Minderjährige durch ihren Vater, Stiefvater oder Vormund, die Ehefrau durch ihren Ehemann u. s. w., cfr. §. 6. des Gesetzes vom 14. April 1856).

*) jetzt Zuständ.Ges. §§ 27, 28.

Der Wahlvorsteher prüft die Legitimation dieser Personen und trägt diejenigen derselben, deren Legitimation er anerkennt, in die Wählerliste neben den Namen der durch sie vertretenen Personen in die Rubrik Bemerkungen ein.

Ueber Einwendungen, welche gegen die Entscheidungen des Wahlvorstehers erhoben werden, hat der Wahlvorstand nach seiner erfolgten Konstituirung zu beschließen.

Alle anwesenden in die Wählerliste nicht aufgenommenen Personen werden mit Vorbehalt der späteren Wiederzulassung bezw. Ausschließung derjenigen Personen, hinsichtlich deren Legitimation auf die Entscheidung des Wahlvorstandes provocirt worden ist, zum Abtreten veranlaßt und wird so die Wahlversammlung konstituirt.

Später erscheinende stimmberechtigte Gemeindemitglieder bezw. deren Vertreter (Nr. 8. Absatz 3) melden sich bei dem Wahlvorsteher und können — letztere sofern ihre Legitimation anerkannt wird — an den noch nicht geschlossenen Wahlen Theil nehmen (§. 5. Abs. 3*) des Wahlreglements).

In Gemeinden, in welchen eine gewählte Gemeindevertretung besteht, dürfen auch diejenigen Mitglieder des Gemeindevorstandes und der Gemeindevertretung, deren Name etwa aus Versehen in die Wählerliste nicht mit aufgenommen worden ist, an der Wahl Theil nehmen. Dieselben sind in der Wählerliste nachzutragen.

9.**) Nach Konstituirung der Wahlversammlung erfolgt die Bildung des Wahlvorstandes.

Der Wahlvorstand besteht aus dem Gemeindevorsteher oder einem von ihm ernannten Wahlvorsteher und aus zwei von der Wählerversammlung zu wählenden Beisitzern. Der Wahlvorstand bestimmt den Protokollführer und zwei Stimmzähler (§. 2. des Wahlreglements).

Zum Protokollführer kann auch ein nicht stimmberechtigtes Gemeindemitglied ernannt werden. Findet sich in der Gemeinde keine zur Führung des Protokolls geeignete Person, so kann dasselbe von dem Wahlvorsteher geführt werden.

Sind so viele stimmberechtigte Gemeindemitglieder, als zur Besetzung der Stellen von zwei Beisitzern und zwei Stimmzählern erforderlich sind, nicht anwesend, oder überhaupt nicht vorhanden, so ist das Amt des Stimmzählers auf die, bezw. den Beisitzer zu übertragen.

*) jetzt Abs. 2.

**) Geändert durch § 2 des neuen Wahlreglements.

10. Der Tisch, an welchem der Wahlvorstand Platz nimmt, ist so aufzustellen, daß derselbe von allen Seiten zugänglich ist. Auf diesen Tisch wird ein verdecktes Gefäß (Wahlurne) zum Hineinlegen der Stimmzettel gestellt. Vor dem Beginne der Abstimmung hat sich der Wahlvorstand davon zu überzeugen, daß dasselbe leer ist.

11. Der Wahlvorsteher verpflichtet die Beisitzer, den Protokollführer und die Stimmzähler mittelst Handschlags an Eidesstatt und konstituirt so den Wahlvorstand.

12. Während der Wahlhandlung dürfen im Wahllokale weder Diskussionen stattfinden, noch Ansprachen gehalten, noch Beschlüsse gefaßt werden.

Ausgenommen hiervon sind die Diskussionen und Beschlüsse des Wahlvorstandes, welche durch die Leitung des Wahlgeschäfts bedingt sind.

13. Der Wahlvorstand beschließt zunächst über die nach Nr. 8. seiner Entscheidung vorbehaltene Zulassung bezw. Ausschließung der Vertreter stimmberechtigter Gemeindemitglieder.

Nachdem den Beschlüssen desselben gemäß die Wählerliste berichtigt, und die Zulassung bezw. Ausschließung der betreffenden Personen erfolgt ist, beginnt die Wahl.

14. Jeder Wahlmann wird in einer besonderen Wahlhandlung gewählt (§. 4. des Wahlreglements).

15.*) Vor jedem Wahlgange wird einem jedem anwesenden Wähler durch die Stimmzähler ein mit dem Amtssiegel des Gemeindevorstehers abgestempelter Stimmzettel eingehändigt, auf welchen er den Namen Desjenigen zu schreiben hat, dem er seine Stimme geben will. Schreibensunkundigen steht es frei, sich den Namen des Kandidaten durch einen anderen schreibenskundigeu Wähler im Wahllokale selbst schreiben zu lassen.

Sind in einer Gemeinde bestimmte Klassen von Gemeindemitgliedern oder einzelne Gemeindemitglieder zur Führung von mehr als einer Stimme in der Gemeindeversammlung berechtigt, so erhalten dieselben so viele Stimmzettel, wie sie Stimmen zu führen berechtigt sind.

Sind in einer Gemeinde die Mitglieder derselben solchergestalt in verschiedene Stimmrechtsklassen getheilt, daß beispielsweise der Lehnschulzen-Gutsbesitzer 2 Stimmen, jeder Bauer 1, jeder Halbbauer 1/2, jeder Kossäth 1/4 Stimme führt und je 8 Büdner aus ihrer Mitte je einen Abgeordneten zur Gemeindeversammlung wählen, welcher je eine Stimme führt, so erhalten die Lehnschulzen-Gutsbesitzer 8 Stimmzettel, jeder Bauer 4, jeder

*) Geändert durch § 3 des neuen Wahlreglements.

Halbbauer zwei, jeder Kossäth einen, jeder Abgeordnete der Büdner je 4 Stimmzettel.

16. Wählbar zum Wahlmanne ist nach §. 100. Absatz 2, bezw. §. 106. Nr. 2 der Kreisordnung jedes stimmberechtigte Gemeindemitglied, welches seit einem Jahre auf dem platten Lande des Kreises mit Grundbesitz angesessen ist, sowie ein Jeder, welcher zwar nicht mit eigenem Grundbesitze angesessen, in der Gemeindeversammlung aber ortsverfassungsgemäß ein Stimmrecht auszuüben befugt ist (cfr. §. 6. des Gesetzes vom 14. April 1856) und seit einem Jahre in dem Kreise einen Wohnsitz hat.

Außerdem gelten für die Wählbarkeit zum Wahlmann die im §. 96. für die Wahlberechtigung gegebenen Bestimmungen, d. h. der zu Wählende muß:

a) Angehöriger des deutschen Reichs und selbstständig sein. Als selbstständig wird derjenige angesehen, welcher das 21. Lebensjahr vollendet hat, sofern ihm das Recht, über sein Vermögen zu verfügen und dasselbe zu verwalten, nicht durch gerichtliche Anordnung entzogen ist;

b) sich im Besitze der bürgerlichen Ehrenrechte befinden.

Das passive Wahlrecht geht verloren, sobald eines der vorstehenden Erfordernisse bei den bis dahin Wählbaren nicht mehr zutrifft. Es ruht während der Dauer eines Konkurses, ferner während der Dauer einer gerichtlichen Untersuchung, wenn dieselbe wegen Verbrechen oder wegen solcher Vergehen, welche den Verlust der bürgerlichen Ehrenrechte nach sich ziehen müssen oder können, eingeleitet, oder wenn die gerichtliche Haft verfügt ist.

17. Der Protokollführer ruft die Wähler, wie sie in der Wählerliste verzeichnet sind, auf, jeder Aufgerufene tritt an den Tisch, an welchem der Wahlvorstand sitzt, und wirft seinen Stimmzettel in die Wahlurne.

Der Stimmzettel muß derart zusammengefaltet sein, daß der auf ihm verzeichnete Name verdeckt ist.

Stimmzettel, bei welchen hiergegen verstoßen ist, hat der Wahlvorsteher zurückzuweisen. Insbesondere hat derselbe auch darauf zu achten, daß — mit Ausnahme der unter Nr. 15 zweiter und dritter Absatz gedachten Fälle — nicht statt eines mehrere Stimmzettel abgegeben werden.

18. Der Protokollführer vermerkt die erfolgte Stimmabgabe jedes Wählers, bezw. die Zahl der von ihm abgegebenen Stimmzettel (Nr. 15 Absatz 2 und 3) neben dem Namen desselben in der dazu bestimmten Rubrik der Wählerliste.

19. Sind keine Stimmzettel mehr abzugeben, so erklärt der Wahlvorstand die Wahl für geschlossen. Der Wahlvorsteher nimmt

die Stimmzettel aus der Wahlurne und läßt dieselben zunächst uneröffnet durch einen Stimmzähler zählen. Ergiebt sich dabei auch nach wiederholter Zählung eine Verschiedenheit von der ebenfalls festzustellenden Zahl der nach dem Abstimmungsvermerke in der Wählerliste (Nr. 18) abgegebenen Stimmzettel, so ist dieses nebst dem etwa zur Aufklärung Dienlichen in dem Protokolle anzugeben.

20. Sodann eröffnet der Wahlvorsteher die Stimmzettel einzeln, verliest die darauf verzeichneten Namen und ein Stimmzähler zählt dieselben laut.

Der Protokollführer nimmt den Namen jedes Kandidaten in das Protokoll auf und vermerkt neben demselben jede dem Kandidaten zufallende Stimme. In gleicher Weise führt einer der Stimmzähler eine Gegenliste, welche ebenso wie die Wählerliste beim Schlusse der Wahlhandlung von dem Wahlvorstande, den Stimmzählern und dem Protokollführer zu unterschreiben und dem Protokolle beizufügen ist.

21.*) Ungültig sind:

a) Stimmzettel, welche ungestempelt sind;
b) Stimmzettel, welche keinen oder keinen lesbaren Namen enthalten;
c) Stimmzettel, aus welchen die Person des Gewählten nicht unzweifelhaft zu erkennen ist;
d) Stimmzettel, auf welchen mehr als ein Name oder der Name einer nicht wählbaren Person bezeichnet ist.

22. Ueber die Gültigkeit oder Ungültigkeit der Stimmzettel entscheidet vorläufig der Wahlvorstand nach Stimmenmehrheit seiner Mitglieder.

23. Die Stimmzettel, über deren Gültigkeit es nach Nr. 21 einer Beschlußfassung des Wahlvorstandes bedurft hat, werden mit fortlaufenden Nummern versehen, dem Protokolle beigefügt, in welchem die Gründe kurz anzugeben sind, aus denen die Ungültigkeitserklärung erfolgt ist. Die ungültigen Stimmen kommen bei Feststellung des Wahlergebnisses nicht in Anrechnung.

24.*) Alle abgegebenen Stimmzettel, welche nicht nach Nr. 22 dem Protokolle beizufügen sind, hat der Wahlvorsteher in Papier einzuschlagen und zu versiegeln, und so lange aufzubewahren, bis der Landrath durch Kreisblatt-Bekanntmachung die Vernichtung derselben anordnet (§. 113. der Kreisordnung).

25. Als gewählt ist Derjenige zu betrachten, welcher die ab-

*) Geändert durch § 3 des Wahlreglements.

solute Stimmenmehrheit (mehr als die Hälfte der gültig abgegebenen Stimmen) erhalten hat. Ergiebt sich keine absolute Stimmenmehrheit, so kommen diejenigen zwei Personen, welche die meisten Stimmen für sich haben, auf die engere Wahl. Haben mehr als zwei Personen die meisten und gleich viel Stimmen erhalten, so entscheidet das durch die Hand des Wahlvorstehers zu ziehende Loos darüber, wer auf die engere Wahl zu bringen ist; in gleicher Weise erfolgt die Entscheidung, wenn auch die engere Wahl keine Stimmenmehrheit ergiebt (§. 7.*) des Wahlreglements).

26. Der gewählte Wahlmann muß sich, wenn er im Wahltermin anwesend ist, sofort, sonst binnen drei Tagen, nachdem ihm die Wahl angezeigt worden ist, erklären, ob er dieselbe annehmen will.

Annahme unter Protest oder Vorbehalt, sowie das Ausbleiben der Erklärung binnen drei Tagen gilt als Ablehnung.

27. Erfolgt die Ablehnung sofort im Wahltermine, so hat der Wahlvorsteher alsbald eine neue Wahl vorzunehmen.

Erfolgt die Ablehnung später oder geht binnen drei Tagen (Nr. 23) keine Erklärung des Gewählten ein, so hat der Wahlvorsteher die Wähler, unter Beobachtung der unter Nr. 7 gegebenen Bestimmungen, unverzüglich zu einer neuen Wahl zusammenzurufen.

28. Ueber die Wahlhandlung ist nach Anleitung des unter H. beigefügten Formulars ein Protokoll aufzunehmen.

Das Wahlprotokoll ist von dem Wahlvorsteher, den Beisitzern, den Stimmzählern und dem Protokollführer zu unterzeichnen und sogleich nach Abhaltung des Wahltermins nebst sämmtlichen Belagstücken dem Landrathe einzureichen.

Zu Artikel 12.

18. Es findet sich nichts dagegen zu erinnern, daß den Gemeindevorstehern zur Erleichterung der Aufstellung der Wählerlisten nach Formular F. gestattet wird, die stimmberechtigten Gemeindemitglieder in derselben, statt in alphabetischer Ordnung, in einer anderen ortsüblichen Reihenfolge, z. B. nach der Reihenfolge der Hausnummern zu verzeichnen.

19. Empfiehlt es sich nach den örtlichen Verhältnissen in dem Formular F. oder in einem der anderen Formulare andere als die gewählten Beispiele aufzuführen, so findet sich auch hiergegen nichts zu erinnern.

**) jetzt § 8.

20. Die nicht angesessenen Dorfeinwohner sind zur Theilnahme am Stimmrechte in den Landgemeinden der sechs östlichen Provinzen nicht berechtigt, sofern ihnen nicht etwa nachweislich bereits vor Emanation des Allgemeinen Landrechts dieses Recht zugestanden hat. Zwar enthält der §. 3. des Gesetzes vom 14. April 1856 die Vorschrift,

daß die Theilnahme an dem Stimmrechte durch die in der Gemeinde bestehende Ortsverfassung bestimmt werde;

dagegen schrieb der §. 20. Titel VII. Theil II. des Allgemeinen Landrechts vor,

daß nur die angesessenen Wirthe als Mitglieder der Gemeinden an den Berathschlagungen derselben Theil nehmen dürfen.

Eine von dieser Gesetzesvorschrift abweichende Ortsobservanz hat sich seit Emanation des Allgemeinen Landrechts bis zum Erlaß des Gesetzes vom 14. April 1856 in keiner Landgemeinde ausbilden können, weil dieselbe gegen das Gesetz verstoßen haben würde, und eben so wenig gestattet das Gesetz vom 14. April 1856, nicht angesessenen Dorfeinwohnern ein Stimmrecht beizulegen. Wenn daher bisher an einzelnen Orten auch nicht angesessene Einwohner zu den Gemeinde-Versammlungen mit Stimmberechtigung zugelassen worden sind, ohne daß ihnen dieses Recht nachweislich schon vor Emanation des Landrechts zugestanden hat, so ist dies zu Unrecht und wohl zumeist in der mißverständlichen Annahme geschehen, daß, da dieselben als Hausväter der Schulgemeinde stimmberechtigt seien, ihnen auch das Stimmrecht in den Versammlungen der politischen Gemeinde nicht vorenthalten werden dürfe.

21. Wenn auch die unter Nr. 8—27 enthaltenen Bestimmungen über das Wahlverfahren etwas komplizirt erscheinen mögen, so ist doch eine Vereinfachung derselben nicht wohl ausführbar, ohne ausdrückliche Vorschriften des Gesetzes zu verletzen. Sie entsprechen übrigens im Wesentlichen den für die Reichstags- bezw. Landtagswahlen bestehenden Bestimmungen und darf erwartet werden, daß, da die Gemeindevorsteher in der Handhabung der letzteren schon einigermaßen geübt sind, es ihnen gelingen wird, auch die Bestimmungen der Instruktion über die Kreistagswahlen richtig zur Anwendung zu bringen.

Zur möglichsten Verhütung formell ungültiger Wahlen wird es sich empfehlen, daß die Landräthe die Gemeindevorsteher über das Wahlverfahren persönlich belehren und wollen die Herren Regierungs-Präsidenten dies den Landräthen zur besonderen Pflicht machen.

Artikel 13.

Nach Vollzug der Wahlmänner-Wahlen in den Landgemeinden stellt der Landrath auf Grund der Wahlprotokolle und der nach den Formularen B. und D. angefertigten Verzeichnisse der einzelnen Wahlbezirke (Artikel 6 Nr. 7), der zum Wahlverbande der Landgemeinden gehörigen Besitzer selbstständiger Gutsbezirke, Gewerbetreibenden und Bergwerksbesitzer (Artikel 1 Nr. 11.) für jeden einzelnen Wahlbezirk nach Anleitung des unter J. beigefügten Formulars eine Wählerliste auf, in welche die von den Gemeinden des Wahlbezirks gewählten Wahlmänner, die zu demselben gehörigen Besitzer selbstständiger Gutsbezirke, bezw. die Vertreter der zu Kollektivstimmen vereinigten selbstständigen Gutsbezirke, sowie die wahlberechtigten Gewerbetreibenden und Bergwerksbesitzer in alphabetischer Ordnung, der Wahlort und der Wahlvorsteher einzutragen sind.

Die Wählerlisten sind in dem Geschäftslokale des Landraths zu Jedermanns Einsicht auszulegen und die erfolgte Auslegung derselben durch das Kreisblatt bekannt zu machen.

Die in der Liste verzeichneten Personen werden durch den Landrath oder den von diesem hierzu ernannten Wahlvorsteher mittelst schriftlicher Einladung gegen Empfangsbescheinigung, zur Wahl des bezw. der Kreistagsabgeordneten an dem von dem Landrathe zu bestimmenden Tage und Wahlorte und zwar mindestens acht Tage vor dem Wahltermine zusammengerufen. Die Einladung muß das Lokal, den Tag und die Stunde der Wahl genau bestimmen.

Auf die Wahl selbst finden die Bestimmungen des Artikels 12 mit folgender Maßgabe Anwendung:

1. Die Prüfung der Legitimation der als Stellvertreter von Besitzern selbstständiger Gutsbezirke, Gewerbetreibenden und Bergwerksbesitzern erschienenen Personen erfolgt nach Maßgabe der Vorschriften des §. 98. letzter Absatz, bezw. der §§. 96. und 97. der Kreisordnung. Die Vollmachten müssen schriftlich ausgestellt sein.
2. Bei dem Wahlakte hat nach §. 95. und 102. Absatz 1 jeder Berechtigte nur Eine Stimme. Auch als Stellvertreter können Personen, welche bereits eine Stimme führen, ein ferneres Stimmrecht nicht ausüben. Ausgenommen sind die im §. 97. Nr. 7 bezeichneten Vertreter.
3. Wählbar zum Kreistagsabgeordneten ist ein jeder, seit einem Jahre in dem Kreise angesessene ländliche Grundbesitzer, sowie ein Jeder, welcher in einer Versammlung der Verbände der größeren Grundbesitzer und der Landgemeinden ein Wahlrecht ausübt (cfr. §§. 86. letzter Absatz, 97. und 98. Nr. 3. der Kreisordnnng und §. 6. des Gesetzes vom 14. April 1856) und seit einem Jahre in dem Kreise einen Wohnsitz hat.

Für die ländlichen Grundbesitzer ist sonach der persönliche Wohnsitz im Kreise nicht erforderlich.

Außerdem gelten für die Wählbarkeit zum Abgeordneten die in §. 96. für die Wahlberechtigung gegebenen Bestimmungen.

4. Die Wahl zum Kreistags-Abgeordneten darf von einem Kreisangehörigen (d. h. demjenigen, welcher innerhalb des Kreises einen Wohnsitz hat — §. 6. des Gesetzes) nur aus den im §. 8. des Gesetzes angegebenen Gründen abgelehnt werden.

Lehnt ein Gewählter die Wahl ab und bleibt ungeachtet des Hinweises auf die Folgen einer ungerechtfertigten Ablehnung bei dieser Erklärung stehen, so ist, wenn die Erklärung im Wahltermine selbst erfolgt, von dem Wahlvorsteher sofort die Vornahme einer anderweiten Wahl zu veranlassen. Erfolgt die Ablehnung später, so ordnet der Landrath eine Neuwahl an.

Zu Artikel 13.

22. Die Befugniß des Landraths, die Leitung der Wahl des Kreistags-Abgeordneten im Wahlverbande der Landgemeinden den von ihm zu ernennenden Wahlvorstehern zu übertragen, gründet sich auf den §. 2. des Wahlreglements. Die Bestimmung des §. 103., wonach hiermit die Amtsvorsteher beauftragt werden sollen, ist für die ersten Wahlen noch nicht anwendbar. In der Auswahl der Wahlvorsteher ist der Landrath nicht beschränkt; es wird sich jedoch der Regel nach empfehlen, solche Personen zu ernennen, welche in dem Wahlbezirke ihren Wohnsitz haben.

23. Die Einladung wie die Wahl erfolgen selbstverständlich für jeden Wahlbezirk besonders.

Artikel 14.

Nach Beendigung der Wahlen in dem Verbande der Landgemeinden werden zur Wahl der von dem Wahlverbande der größeren Grundbesitzer zu wählenden Kreistags-Abgeordneten die zu diesem Verbande gehörigen, in dem Verzeichnisse I. (Artikel 1 Nr. I.) aufgeführten Grundbesitzer, Gewerbetreibenden und Bergwerksbesitzer durch den Landrath mindestens acht Tage vor dem Wahltermine, mittelst schriftlicher Einladung gegen Empfangsbescheinigung, nach der Kreisstadt zusammenberufen. Die Einladung muß das Lokal, den Tag und die Stunde der Wahl genau bestimmen.

Zur Benutzung bei der Wahlhandlung wird auf Grund des Verzeichnisses I. nach Anleitung des unter K. beigefügten Formulars eine Wählerliste angefertigt, in welcher die wahlberechtigten Grundbesitzer, Gewerbetreibenden und Bergwerksbesitzer in alphabetischer Ordnuug zu verzeichnen, auch der Wahlort und der Wahlvorsteher anzugeben sind.

Die Liste ist in dem Geschäftslokale des Landraths zu Jedermanns Einsicht auszulegen und die erfolgte Auslegung durch das Kreisblatt bekannt zu machen.

Auf die Wahl selbst finden die Bestimmungen des Artikels 13. sinngemäße Anwendung.

Zu Artikel 14.

24. Die von einer Seite vorgeschlagene Bildung besonderer Wahlbezirke für den Wahlverband der größeren Grundbesitzer erscheint mit der Vorschrift des §. 94. der Kreisordnung nicht vereinbar und hat deshalb von der Aufnahme einer hierauf bezüglichen Bestimmung in die Instruktion abgesehen werden müssen.

Artikel 15.

Gleichzeitig mit den Wahlen der Wahlmänner in dem Wahlverbande der Landgemeinden ist von dem Landrathe die Vornahme der Wahlen der städtischen Kreistags-Abgeordneten anzuordnen.

Dieselben erfolgen nach §. 104. in denjenigen Städten, welche für sich einen oder mehrere Abgeordnete zu wählen haben, durch den Magistrat und die Stadtverordneten-Versammlung, bezw. in Neuvorpommern und Rügen das bürgerschaftliche Repräsentanten-Kollegium, welche zu diesem Behufe unter dem Vorsitze des Bürgermeisters zu einer Wahlversammlung vereinigt werden.

In denjenigen Städten, welche mit anderen Städten des Kreises zu einem Wahlbezirke vereinigt sind (Artikel 7), haben der Magistrat und die Stadtverordneten bezw. die bürgerschaftlichen Repräsentanten in vereinigter Sitzung die ihnen nach dem Verzeichnisse der Städte-Wahlbezirke zukommende Zahl von Wahlmännern zu wählen. Die Wahlmänner des Wahlbezirks treten unter Leitung des Landraths*) an dem von diesem bestimmten Wahlorte zur Wahl der Abgeordneten zusammen. Die Einladung der Wahlmänner erfolgt nach den Bestimmungen im Artikel 14.

Zur Benutzung bei der Wahlhandlung wird nach dem unter L. beigefügten Formular eine Wählerliste angefertigt, in welcher die von den einzelnen Städten gewählten Wahlmänner in alpha-

---

*) KreisO. § 104 Abs. 3.

betischer Ordnung zu verzeichnen, auch der Wahlort und der Wahlvorsteher anzugeben sind.

Die Liste ist in dem Geschäftslokale des Landraths zu Jedermanns Einsicht auszulegen und die erfolgte Auslegung durch das Kreisblatt bekannt zu machen.

Wählbar zum Mitgliede des Kreistages und beziehungsweise zum Wahlmanne im Wahlverbande der Städte ist nach §. 160. Nr. 1. jeder Einwohner der im Kreise belegenen Städte, welcher sich im Besitze des Bürgerrechts befindet.

Auch auf die Vollziehung der Wahlen im Wahlverbande der Städte finden die Bestimmungen des Artikels 12 sinngemäße Anwendung.

Artikel 16.

Die Wahlprotokolle sind nach §. 113. von dem Landrathe zu prüfen und dem Kreistage nebst sämmtlichen auf die Wahlen bezüglichen Druck- und Schriftstücken vorzulegen. Der Kreistag kann in der ersten Versammlung, nachdem die Wahlprotokolle eingegangen sind, die Wahl beanstanden. Die Entscheidung über eine beanstandete Wahl erfolgt durch das Verwaltungsgericht.

Bis zu dieser Entscheidung hat dasjenige Mitglied, um dessen Wahl es sich handelt, Sitz und Stimme im Kreistage.

Die Namen der Gewählten sind durch das Kreis- beziehungsweise Amtsblatt bekannt zu machen.

Artikel 17.

Die in den vorstehenden Artikeln 1—16 für die ersten Wahlen der Kreistagsabgeordneten gegebenen Bestimmungen gelten auch für die späteren nach §§. 108. und 112. vorzunehmenden Ergänzungs- und Ersatzwahlen mit der Maßgabe, daß die in dem ersten Abschnitte des dritten Titels dem Kreisausschusse bezw. dem Kreistage übertragenen, für die ersten Wahlen aber an Stelle dieser nach §. 184. von dem Landrathe wahrzunehmenden Befugnisse bei den späteren Wahlen von dem Kreisausschusse bezw. dem Kreistage selbst wahrzunehmen sind.

Weitere Instruktion für die Vornahme der späteren Wahlen bleibt vorbehalten.*)

Berlin, den 10. März 1873.

Der Minister des Innern.

Graf zu Eulenburg.

*) Vgl. Nr. X, XII.

IV. Gesetz,

betreffend die Dotation der Provinzial- und Kreisverbände.

Vom 30. April 1873. (Ges.S. S. 187.)

Wir **Wilhelm**, von Gottes Gnaden König von Preußen ꝛc. verordnen mit Zustimmung beider Häuser des Landtages, was folgt:

1. Aus den Einnahmen des Staatshaushalts wird

1) zur Ausstattung der Provinzialverbände von Preußen, Brandenburg, Pommern, Posen, Schlesien, Sachsen, Schleswig-Holstein, Westfalen und der Rheinprovinz, sowie des Stadtkreises Frankfurt a. M., der Hohenzollernschen Lande und des Jadegebietes mit Fonds zur Selbstverwaltung.

die Summe von jährlich zwei Millionen Thaler,

und

2) zur sofortigen und unmittelbaren Gewährung von Fonds für die Durchführung der Kreisordnung, insbesondere zur Bestreitung der Kosten des Kreisausschusses und der Amtsverwaltung in den Provinzen Preußen, Brandenburg, Pommern, Schlesien und Sachsen, sowie zur Ausstattung der übrigen Provinzen und Landestheile mit gleichartigen Fonds für die Durchführung der zu erlassenden ähnlichen Gesetze,

die Summe von jährlich einer Million Thaler,

vom 1. Januar 1873 zur Verfügung gestellt.

2. Die Vertheilung der im §. 1. bestimmten Summen unter die ebendaselbst genannten kommunalen Verbände und Landestheile erfolgt zur einen Hälfte nach dem Maßstabe des Flächeninhalts, zur andern Hälfte nach dem Maßstabe der durch die Zählung vom 1. Dezember 1871 festgestellten Zahl der Civilbevölkerung.

3. Diejenigen Fonds, welche nach §. 1. Nr. 2 auf jede der Provinzen Preußen, Brandenburg, Pommern, Schlesien und Sachsen entfallen, werden nach demselben Maßstabe (§. 2.) auf die einzelnen Landkreise dieser Provinzen vertheilt und denselben zur Durchführung der Kreisordnung, insbesondere für die Kosten des Kreisausschusses und der Amtsverwaltung (§. 1. Nr. 2) vom 1. Januar 1873 ab dauernd überwiesen. In gleicher Weise und nach gleichem Maßstabe wird der Gesammtbeitrag, welchen der Staat nach §. 70. Abs. 1 der Kreisordnung vom 13. Dezember

1872 zu den Kosten der Amtsverwaltung zu leisten hat, den gedachten Landkreisen überwiesen, sobald und insoweit die in §. 70. a. a. O. bezeichneten Aufwendungen für den Fiskus erspart werden.

4. Außerdem werden vom 1. Januar 1873 ab bis zu dem Tage, an welchem die Provinzialordnung in Kraft tritt, aus den Antheilen der Provinzen Preußen, Brandenburg, Pommern, Schlesien und Sachsen an der Dotation von 2 Millionen Thaler (§. 1. Nr. 1) jährlich 480,000 Thaler entnommen und den einzelnen Landkreisen dieser Provinzen nach dem Maßstabe des §. 2. für die Zwecke der Kreisordnung (§. 1. Nr. 2) vorläufig überwiesen.

Ein Anspruch auf dauernde Belassung der vorläufig überwiesenen Summe steht den Kreisen nicht zu. Die spätere Verwendung derselben erfolgt nach näherer Vorschrift der Provinzialordnung.*)

5. Soweit über die im §. 1. bezeichneten Summen nicht bereits durch die Vorschriften der §§. 2., 3. und 4. Verfügung getroffen ist, erfolgt die Bestimmung über die Verwendung und die Ueberweisung durch besondere Gesetze.**)

Bis zum Erlasse derselben sind die Jahresbeträge der zur Verfügung gestellten Summen, soweit dieselben jeweilig noch nicht ihre bestimmungsmäßige Verwendung gefunden haben, zu einem für Rechnung der betheiligten Verbände zu verwaltenden und zinsbar zu belegenden Fonds zu vereinnahmen.

Eine Nachweisung über die Bestände des Fonds ist dem Landtage alljährlich vorzulegen.

6. Die Ueberweisung weiterer Summen aus dem Staatshaushalts-Etat, unter Uebertragung der entsprechenden Ausgabeverpflichtungen, bleibt vorbehalten.

7. Der Minister des Innern und der Finanzminister sind mit der Ausführung dieses Gesetzes beauftragt.

Urkundlich unter Unserer Höchsteigenhändigen Unterschrift und beigedrucktem Königlichen Insiegel.

Gegeben St. Petersburg, den 30. April 1873.

(L. S.) **Wilhelm.**

Gr. v. Roon. Fürst v. Bismarck. Gr. v. Itzenplitz.
Gr. zu Eulenburg. Leonhardt. Camphausen. Falk.
v. Kameke. Gr. v. Königsmarck.

---

*) Vergl. Prov.O. § 37 Nr. 1 u. Dotationsges. v. 8. Juli 1875. §§ 1, 4 u. 5, Anhang IX.

**) Vergl. Dotationsges. v. 8. Juli 1875.

V. Cirkular

des Ministers des Innern und des Finanzministers, die Vertheilung der durch das Gesetz vom 30. April 1873 zur Ausstattung der Provinzial- und Kreisverbände zu verschiedenen Zwecken bewilligten Fonds.

Vom 10. Juni 1873. (Auszug.) (Min.Bl. S. 139.)

Zu den Kosten der Amtsverwaltung gehören nach §. 69. der Kreisordnung insbesondere die Amtsunkosten-Entschädigungen der Amtsvorsteher, sofern und soweit solche in Anspruch genommen werden, und die den kommissarischen Amtsvorstehern zu gewährenden Remunerationen.

Für die Bemessung der Amtsunkosten-Entschädigungen der Amtsvorsteher können je nach Lage der Verhältnisse in Betracht kommen, die Kosten

a) für etwaige Beschaffung eines Dienstlokals,
b) für Licht, Heizung, Schreibmaterialien, Schreibhülfe und Porto*),
c) für Dienstreisen des Amtsvorstehers,
d) für die Remunerirung eines Amtsdieners, der in mittleren und kleineren Amtsbezirken sein Amt der Regel nach als ein Nebenamt zu verwalten im Stande sein wird**),
e) für die Unterhaltung, event. auch für die Beschaffung eines Amtsgefängnisses.

Der Anstellung eines besonderen Amts-Sekretärs wird es der Regel nach nur für größere Amtsbezirke bedürfen***).

Die Amtsunkosten-Entschädigungen sind in Gemäßheit des §. 69. der Kreisordnung nach Anhörung der Betheiligten von dem Kreis-Ausschusse als ein Pauschquantum festzusetzen. Dabei wird zu erwägen sein, ob nicht eine Revision der Pauschquanta nach Verlauf einiger Zeit ausdrücklich vorzubehalten sein möchte, da es unter Umständen wünschenswerth erscheinen wird, zunächst über die Höhe der einzelnen Ausgaben noch weitere Erfahrungen zu sammeln.

Für Zeugen Gebühren, Haftkosten und sonstige Kosten der

*) Erl. v. 15. April 1876.
**) Erl. v. 20. März 1874 (Min.Bl. S. 99).
***) KreisO. § 50 Anm.

Amtsverwaltung, soweit dieselben dem Amtsverbande zur Last fallen, wird es nicht wohl thunlich sein, ein bestimmtes Pauschquantum festzusetzen. Zur Deckung derartiger Kosten werden nach §. 73. der Kreisordnung zunächst die von den Amtsvorstehern festgesetzten Geldbußen und Konfiskate zur Verfügung stehen, soweit die letzteren hierzu nicht ausreichen, werden die gedachten Kosten von dem Amtsvorsteher zur Erstattung zu liquidiren sein.

Was die Beschaffung von Amtsgefängnissen anbetrifft, so wird die Ausführung kostspieliger Neubauten thunlichst zu vermeiden sein. In nicht wenigen Fällen werden mit den Behörden einer benachbarten Stadt wegen Mitbenutzung der städtischen Polizeigefängnisse Abkommen getroffen werden können, wie dies schon bisher vielfach geschehen ist. In anderen Fällen werden die vorhandenen Polizeigefängnisse der bisherigen ländlichen Ortsobrigkeiten als Amtsgefängnisse ermiethet, oder erworben werden können. Wo zu Neubauten geschritten werden muß, wird unter Umständen die Errichtung eines Gefängnisses für zwei oder mehrere kleinere Amtsbezirke genügen.

In Bezug auf die innere Einrichtung der Amtsgefängnisse verweise ich auf das Cirkular-Reskript vom 14. November 1833.

Anlangend die Remunerirung kommissarischer Amtsverwalter, so wird denselben aus einer angemessenen Besoldung gleichfalls eine als Pauschquantum festzusetzende Amtsunkosten-Entschädigung zu gewähren sein.

Soweit die vom Staate überwiesenen Beträge zur Deckung sämmtlicher Kosten der Amtsverwaltung nicht ausreichen, ist die Vertheilung dieser Beträge auf die einzelnen Amtsbezirke dergestalt zu bewirken, daß die letzteren durch das von ihnen noch aufzubringende Kostenquantum möglichst gleichmäßig und ihrer Leistungsfähigkeit entsprechend belastet werden.

Nach §. 70. letzter Absatz der Kreisordnung gilt für die Aufbringung der Amts-Verwaltungskosten in Ermangelung einer Vereinbarung unter den Betheiligten der nach Maßgabe dieses Gesetzes in dem Kreise für die Kreisabgaben festgestellte Maßstab.

Die Kontrole sämmtlicher und die Bewilligung derjenigen Ausgaben der Amtsverwaltungen, welche von den Amtsbezirken aufgebracht werden, steht nach §. 52. a. a. O. den Amtsausschüssen zu.

In denjenigen Gemeinden und Gutsbezirken, welche einen Amtsbezirk für sich bilden, werden nach §. 71. a. a. O. die Kosten der Amtsverwaltung gleich den übrigen Kommunalbedürfnissen aufgebracht. Solche Amtsbezirke haben keinen Anspruch auf die vom Staate gewährten Fonds.

VI. Instruktion

des Ministers des Innern zur Ausführung der Bestimmungen der Kreisordnung über die Bildung der Amtsbezirke, die Berufung der Amtsvorsteher und deren Stellvertreter, sowie die Bestellung kommissarischer Amtsvorsteher.

Vom 18. Juni 1873. (Auszug.) (Min.Bl. S. 153.)

(II. Titel, 4. Abschnitt, §§. 46—49, 56—58.)

Auf Grund des §. 200. der Kreisordnung ergeht für die Provinzen Preußen, Brandenburg, Pommern, Schlesien und Sachsen zur Ausführung der Bestimmungen des zweiten Titels, vierten Abschnitts, §§. 46. bis 49., 56. bis 58. dieses Gesetzes nachstehende Instruktion über die Bildung der Amtsbezirke, die Berufung der Amtsvorsteher und deren Stellvertreter, sowie über die Bestellung kommissarischer Amtsvorsteher.

Artikel 4.

1. Die erfolgte Bildung der Amtsbezirke wird dem Kreistage bekannt gemacht und derselbe aufgefordert, in Gemäßheit der §§. 56. und 57. des Gesetzes aus der Zahl der Amtsangehörigen jedes Amtsbezirks (d. h. innerhalb des Amtsbezirks wohnhaften Personen, §. 6. des Gesetzes) die zu Amtsvorstehern und deren Stellvertreter befähigten Personen vorzuschlagen.

Behufs thunlichster Beschleunigung der Einrichtung der Amtsverwaltungen wird es sich empfehlen, daß die Kreistage schon bei Gelegenheit der Berathung über die Bildung der Amtsbezirke den Kreisausschuß, bezw. eine besondere Kommission mit der Ermittelung der zu Amtsvorstehern und deren Stellvertreter befähigten Personen beauftragen.

Das Vorschlagsrecht des Kreistages ist übrigens kein Wahlrecht. Derselbe ist deshalb verpflichtet, dem Ober-Präsidenten alle in den einzelnen Amtsbezirken vorhandenen befähigten Personen vorzuschlagen. (Vergl. die stenographischen Berichte des Abgeordnetenhauses pro 1872/73. Protokoll der sechsten Sitzung am 22. November 1872 Seite 86—88.)

Der Kreistag hat in seine Vorschläge auch diejenigen Personen aufzunehmen, welchen einer der im §. 8. Nr. 1—4 angeführten, zur Ablehnung des Amtes eines Amtsvorstehers berechtigenden Entschuldigungsgründe zur Seite steht; zur Vermeidung von Weiterungen ist jedoch zugleich von dem Landrathe durch Rückfrage bei diesen Personen festzustellen, ob sie im Falle einer Ernennung den Entschuldigungsgrund geltend zu machen beabsichtigen.

Die Vorschläge des Kreistages sind für jeden Kreis, amtsbezirksweise geordnet, aufzustellen und dem Ober-Präsidenten von dem Landrathe mittelst Berichts unter Vermittelung des Regierungs-Präsidenten einzureichen.

Vor Ablauf der sechsjährigen Periode, für welche die Amtsvorsteher und deren Stellvertreter ernannt werden, ist der Kreistag von dem Ober-Präsidenten zu neuen Vorschlägen aufzufordern. In der Zwischenzeit bleibt es dem Ermessen des Ober-Präsidenten überlassen, ob er bei einer nöthig werdenden neuen Ernennung seine Auswahl auf die vorhandene Vorschlagsliste beschränken oder den Kreistag zu deren Vervollständigung veranlassen will.

2. Nach §. 69. der Kreisordnung sind die Amtsvorsteher berechtigt, eine Unkosten-Entschädigung zu beanspruchen, welche nach Anhörung der Betheiligten (d. h. der betheiligten Gemeinden und Gutsbezirke) von dem Kreisausschusse als ein Pauschquantum festgesetzt wird.

Die definitive Festsetzung der Amtsunkosten-Entschädigungen wird erst erfolgen können, wenn die Ernennung der Amtsvorsteher von dem Oberpräsidenten vollzogen sein wird. Es bleibt jedoch den Kreisausschüssen überlassen, sich schon vorher in geeigneter Weise Gewißheit darüber zu verschaffen, von welchem voraussichtlich zu Amtsvorstehern zu ernennenden Personen dergleichen Ansprüche werden erhoben werden, sich hierauf über den Betrag der als Pauschquanta zu gewährenden Amtsunkosten-Entschädigungen schlüssig zu machen und hierüber die betheiligten Gemeinden und Gutsbezirke zu vernehmen.

3. Ist nach der Erklärung des Kreistages für einen Amtsbezirk eine zum Amtsvorsteher geeignete, d. h. hierzu befähigte und verpflichtete bezw. bereite Person (vergl. stenographische Berichte des Abgeordnetenhauses a. a. O. Seite 88) nicht zu ermitteln, so hat sich derselbe zugleich darüber zu äußern, ob die zeitweilige Wahrnehmung der Verwaltung eines solchen Amtsbezirks durch den Vorsteher eines benachbarten Amtsbezirks oder durch den Bürgermeister einer benachbarten Stadt thunlich ist. Fällt diese Aeußerung im bejahenden Sinne aus, so ist zunächst die Bereitwilligkeit des von dem Kreistage bezeichneten Amtsvorstehers bezw. Bürgermeisters zur einstweiligen Wahrnehmung der Verwaltung des betreffenden benachbarten Amtsbezirks von dem Landrathe festzustellen, sowie auch event. die Zustimmung der städtischen Vertretung einzuholen.

Ergiebt sich hiernach die zeitweilige Wahrnehmung der Verwaltung eines Amtsbezirks, für welchen eine zum Amtsvorsteher geeignete Person nicht zu ermitteln ist, durch den Vorsteher eines benachbarten Amtsbezirks oder durch den Bürgermeister einer benachbarten Stadt als ausführbar, so ist hierüber dem Ober-Präsidenten behufs weiterer Anordnung von dem Landrathe Bericht zu erstatten.

4. Im anderen Falle hat der Kreisausschuß wegen Bestellung eines kommissarischen Amtsvorstehers dem Ober-Präsidenten die geeigneten Vorschläge zu machen. Im Interesse der Kostenersparniß ist hierbei darauf Bedacht zu nehmen, daß, sofern die Verhältnisse es gestatten, einem solchen kommissarischen Amtsvorsteher die Verwaltung zweier oder mehrerer Amtsbezirke gleichzeitig übertragen wird. Daß die von einem kommissarischen Amtsvorsteher gleichzeitig zu verwaltenden zwei oder mehreren Amtsbezirke ein zusammenhängendes Flächengebiet umfassen, erscheint nicht unbedingt erforderlich. Nur muß der Amtssitz für den kommissarischen Amtsvorsteher so gewählt werden, daß der amtliche Verkehr zwischen ihm und den Bewohnern der einzelnen Ortschaften der unter seiner Verwaltung vereinigten Amtsbezirke leicht und ohne Belästigung für den einen wie den andern Theil stattfinden kann. Mit Rücksicht hierauf wird es sich beispielsweise empfehlen, als Amtssitz für den kommissarischen Amtsvorsteher eine Stadt zu bestimmen, welche zu den unter seiner Verwaltung zu vereinigenden Amtsbezirken eine centrale Lage hat und zugleich den Mittelpunkt des Verkehrs für die Bewohner der letzteren bildet. Auch wird es unter Umständen ebenfalls im Interesse der Kostenersparniß rathsam und auch an sich zweckmäßig sein, das Amt eines kommissarischen Amtsvorstehers einem Staats- oder Kommunal-Beamten als ein Nebenamt zu übertragen.

Bei der Auswahl der kommissarischen Amtsvorsteher wird mit besonderer Sorgfalt zu verfahren und werden hierbei nur solche Personen zu berücksichtigen sein, deren geschäftliche Vorbildung, Integrität und soziale Stellung zu Bedenken keine Veranlassung giebt. Auf die Meldung tüchtiger Bewerber wird aber nur dann mit Sicherheit gerechnet werden können, wenn die den kommissarischen Amtsvorstehern zu gewährende Remuneration angemessen normirt wird. Die Festsetzung dieser Remuneration steht nach §. 69. des Gesetzes dem Kreisausschusse nach Anhörung der Betheiligten zu. Dieselbe wird der Auswahl der zu kommissarischen Amtsvorstehern in Vorschlag zu bringenden Personen voraufgehen müssen, da definitive Bewerbungen um ein solches Amt füglich erst nach Festsetzung des damit verbundenen Einkommens erfolgen können.

In Betreff der zur Remunerirung kommissarischer Amtsvorsteher und zu den sonstigen Kosten der Amtsverwaltung aus Staatsfonds zu gewährenden Beihülfen wird auf die zur Ausführung des Gesetzes, betreffend die Dotation der Provinzial- und Kreis-Verbände, vom 30. April d. J. an die Herren Ober-Präsidenten erlassene Cirkular-Verfügung vom 10. Juni d. J. Bezug genommen.

5. Auf Grund der vom Kreistage bezw. dem Kreisausschusse gemachten Vorschläge vollzieht der Ober-Präsident die Ernennung der Amtsvorsteher und deren Stellvertreter, bezw. die Bestallung der kommissarischen Amtsvorsteher und fertigt für jeden derselben (nach den unter B. anliegenden Formularen) eine besondere Ernennungs- bezw. Bestallungs-Urkunde aus. Die Ausfertigung der Ernennungs-Urkunden für die Amtsvorsteher und deren Stellvertreter geschieht nach dem Stempeltarif zu dem Gesetze vom 7. März 1822 stempelfrei.

Die Ernennung der Amtsvorsteher und deren Stellvertreter erfolgt nach §. 56. Absatz 4 des Gesetzes auf sechs Jahre; jedoch steht es nach §. 8. Absatz 3 dem Ernannten zu, das Amt nach Ablauf von drei Jahren niederzulegen.

Was die Bestallung der kommissarischen Amtsvorsteher anbetrifft, so wird nach den in jedem Falle obwaltenden Verhältnissen auf Vorschlag des Kreisausschusses zu bestimmen sein, ob dieselbe auf Kündigung, auf eine bestimmte Zeit oder auf Lebenszeit zu erfolgen hat und ob in dem letzteren Falle, event. nach welchen Grundsätzen ein Anspruch auf Pension zu gewähren ist. Ein solcher Pensionsanspruch darf jedoch nur unter Zustimmung der Betheiligten eingeräumt werden.

Die Ernennungs- bezw. Bestallungs-Urkunden werden durch Vermittelung des Regierungs-Präsidenten dem Landrathe zugefertigt, welcher dieselben den Ernannten aushändigt und nach Maßgabe der Verordnung vom 6. Mai 1867 (G.-S. S. 715) deren Vereidigung vornimmt, sofern sie den in dieser Verordnung vorgeschriebenen Diensteid noch nicht geleistet haben.

Zugleich vermittelt der Landrath die Uebergabe der auf die Polizeiverwaltung der zu den einzelnen Amtsbezirken gehörigen Ortschaften bezüglichen Akten und Schriftstücke, soweit dieselbe für die Amtsverwaltung erforderlich ist.

6. In denjenigen Amtsbezirken, für welche in Ermangelung hierzu geeigneter Personen Stellvertreter der Amtsvorsteher nicht haben ernannt werden können, wird durch den Kreisausschuß nach Maßgabe des §. 57. Absatz 4 des Gesetzes die Stellvertretung einstweilen einem der benachbarten Amtsvorsteher oder,

nach vorherigem Einvernehmen mit der städtischen Vertretung, dem Bürgermeister einer benachbarten Stadt übertragen.

Bezüglich der Ernennung von Stellvertretern für kommissarische Amtsvorsteher enthält das Gesetz keine ausdrückliche Vorschrift. Soweit sich ein Bedürfniß hierzu ergiebt, werden die Bestimmungen des §. 57. Absatz 1 und 4 des Gesetzes analog zur Anwendung zu bringen sein. In denjenigen Amtsbezirken, welche nur aus einer Gemeinde oder einem selbstständigen Gutsbezirke bestehen, ist nach §. 56. Absatz 5 des Gesetzes der Gemeinde- bezw. Gutsvorsteher zugleich Amtsvorsteher. Einer ausdrücklichen Ernennung derselben zu Amtsorstehern bedarf es nicht.

Für die betreffenden Gemeinden bestimmt der Kreisausschuß nach §. 57. Absatz 6 einen der Schöffen, welcher den Gemeindevorsteher in seiner Eigenschaft als Amtsvorsteher zu vertreten hat.

Für die betreffenden Gutsbezirke ist die Stellvertretung des Vorstehers nach Maßgabe des §. 31. bezw. des §. 57. Absatz 1 und 4 des Gesetzes zu ordnen.

7. Sobald der Landrath dem Ober-Präsidenten von der erfolgten Aushändigung der Ernennungs- und Bestallungs-Urkunden und der Vereidigung der Amtsvorsteher und deren Stellvertreter, von den durch den Kreisausschuß in Gemäßheit des §. 57. Abs. 4 angeordneten einstweiligen Stellvertretungen, sowie von den als Amtsvorsteher bezw. deren Stellvertreter fungirenden Gutsvorstehern, Gemeindevorsteher und Schöffen (Nr. 5) Anzeige gemacht hat, wird von dem Ober-Präsidenten in Gemäßheit des §. 185. des Gesetzes für den betreffenden Kreis die erfolgte Bildung der Amtsbezirke und die Ernennung der Amtsvorsteher und deren Stellvertreter durch eine im Amtsblatte zu erlassende Bekanntmachung zur öffentlichen Kenntniß gebracht und ein Exemplar derselben dem Minister des Innern eingereicht. In die Bekanntmachung sind auch die Namen der als Amtsvorsteher bezw. deren Stellvertreter fungirenden Gutsvorsteher, Gemeindevorsteher und Schöffen mit aufzunehmen.

Die Bekanntmachung ist zugleich auch in dem Kreisblatte abzudrucken.

Mit dem achten Tage nach Ausgabe des betreffenden Stückes des Amtsblatts (§. 4. der Verordnung vom 28. März 1811, G.S. S. 165), wobei der Tag der Ausgabe mit einzurechnen ist, treten die rücksichtlich der örtlichen Polizeiverwaltung bisher bestandenen Vorschriften außer Kraft, und geht die Verwaltung der örtlichen Polizei und der sonstigen öffentlichen Angelegenheiten des Amts (§. 59.) nach näherer Vorschrift der Kreisordnung auf die Amtsvorsteher über.

Von demselben Zeitpunkte ab treten in denjenigen der gutsherrlichen Polizeigewalt bisher unterworfenen sogenannten Mediatstädten, welche schon gegenwärtig nach der Städte-Ordnung vom 30. Mai 1853 verwaltet werden, auch die Bestimmungen der letzteren in Betreff der Handhabung der Ortspolizei in Kraft.

Zu Artikel 4.

9. Die Uebertragung der zeitweiligen Wahrnehmung der Verwaltung eines Amtsbezirks, für welchen eine zum Amtsvorsteher geeignete Person nicht zu ermitteln ist, durch den Vorsteher eines benachbarten Amtsbezirks oder durch den Bürgermeister einer benachbarten Stadt (Nr. 3 Abs. 2) erfolgt durch eine Verfügung des Ober-Präsidenten; der Ausfertigung einer besonderen Bestallungs-Urkunde bedarf es nicht.

10. Wie in der zur Ausführung der Vorschriften des zweiten Abschnitts des zweiten Titels der Kreisordnung zu erlassenden Instruktion noch näher bestimmt werden wird, kann nach §. 31. des Gesetzes die Bestellung eines Stellvertreters für den Inhaber eines selbstständigen Gutsbezirks sowohl in der Art erfolgen, daß demselben die Wahrnehmung sämmtlicher Gutsvorstehergeschäfte dauernd und ausschließlich übertragen wird, als auch in der Art, daß er für den Gutsbesitzer nur im Falle der Behinderung desselben so weit und so lange eintritt, als ihm dies aufgetragen wird. Selbstverständlich ist alsdann sowohl der Gutsbesitzer, wie der Stellvertreter als Gutsvorsteher in Gemäßheit des §. 33. zu bestätigen und zu vereidigen.

In dem letzteren Falle wird, sofern der Gutsbezirk einen besonderen Amtsbezirk bildet (Nr. 6 Abs. 4 des Artikels 4), der Gutsbesitzer selbst als Amtsvorsteher und der Stellvertreter desselben als stellvertretender Amtsvorsteher, in dem ersteren Falle dagegen der Stellvertreter des Gutsbesitzers des Amtsvorstehers zu fungiren haben, während für die Bestellung eines Stellvertreters des Amtsvorstehers, soweit sich ein Bedürfniß hierzu ergiebt, nach Maßgabe der Vorschriften des §. 57. Abs. 1 und 4 des Gesetzes von Seiten des Ober-Präsidenten auf Vorschlag des Kreistages, bezw. von Seiten des Kreisausschusses Sorge zu tragen sein wird.

— Cirk. vom 18. Juni 1873 (Min.Bl. S. 150). —

VII. Cirkular und Instruktion

vom 20. September 1873, zur Ausführung der drei ersten Abschnitte des 2. Titels der Kreisordnung.

(Min.Bl. S. 258).

Ew. ꝛc. übersende ich anliegend in — Exemplaren die von mir unter dem heutigen Tage erlassene Instruktion zur Ausführung der drei ersten Abschnitte des zweiten Titels der Kreisordnung mit dem ergebensten Ersuchen, zur Vollziehung derselben das Weitere gefälligst anzuordnen.

Bei Erlaß dieser Instruktion haben die von den Herren Regierungs-Präsidenten in Verfolg der Cirkular-Verfügung vom 25. Juni d. J. erstatteten gutachtlichen Berichte eingehende Erwägung und entsprechende Berücksichtigung gefunden.

Was die von mehreren Seiten beantragte Vereinfachung des Verfahrens bei den Wahlen der Gemeindevorsteher und Schöffen anbetrifft, so konnte, da im §. 23. der Kreisordnung auch für diese Wahlen auf das dem Gesetze beigefügte Wahlreglement ausdrücklich hingewiesen ist, von der Beachtung der Bestimmungen im Artikel 12 der Instruktion vom 10. März d. J., welche sich als eine nothwendige Konsequenz aus den Vorschriften des Wahlreglements ergeben, nicht abgesehen werden. Dagegen erscheint es zulässig, für die Wahlen der Ortssteuererheber und Gemeindeschreiber das bisherige ortsübliche Verfahren beizubehalten.

Dem gefälligen Berichte Ew. ꝛc. über die Ausführung der Bestimmungen der Instruktion, insbesondere über den Ausfall der Wahlen der Gemeindevorsteher und Schöffen darf ich seiner Zeit ergebenst entgegensehen. Berlin, den 20. September 1873.

Der Minister des Innern. Graf zu Eulenburg.

Instruktion zur Ausführung der drei ersten Abschnitte des zweiten Titels der Kreisordnung vom 20. September 1873.

Auf Grund des §. 200. der Kreisordnung ergeht für die Provinzen Preußen, Brandenburg, Pommern, Schlesien und Sachsen zur Ausführung der drei ersten Abschnitte des zweiten Titels dieses Gesetzes nachstehende Instruktion.

Zweiter Titel.

Von der Gliederung und den Aemtern des Kreises.

Erster Abschnitt.

Allgemeine Bestimmungen.

Der §. **21.** stellt die Grundlagen der neuen Verwaltungs-Organisation der Kreise fest.

Die Kreise zerfallen in Stadt- und Amtsbezirke, die letzteren in Gemeinde- und Gutsbezirke. An diese Gliederung schließen sich die Aemter des Kreises. Die Vorstände der Landgemeinden und Gutsbezirke, der Amts- und Stadtbezirke, sowie die Kreisvorstände (der Kreistag, der Kreisausschuß und der Landrath) üben neben- und übereinander die Gesammtheit der öffentlichen Funktionen, welche das Gesetz den Organen des Kreises überträgt.

Die Gemeinden und Gutsbezirke sind als selbstständige, einander koordinirte Körper hingestellt, und ist in diesem Sinne die Leitung ihrer öffentlichen Angelegenheiten geregelt. Ihre Vereinigung zu stärkeren und wirksameren Verbänden behufs Verwaltung der Polizei- und anderer öffentlicher Angelegenheiten erfolgt durch die Bildung der Amtsbezirke; die Organe der Amtsverwaltung sind der Amtsvorsteher und der Amtsausschuß.

Als Vertreter des Staats-Interesses und der gemeinsamen, dauernden Kreis-Interessen ist und bleibt der Landrath erster Beamter des Kreises.

Zweiter Abschnitt.

Von dem Gemeindevorsteher- und dem Schöffen-Amte, sowie von der Ortsverwaltung der selbstständigen Gutsbezirke.

Der §. **22.** beabsichtigt keine Aenderung der amtlichen Stellung der Schöffen zu dem Gemeindevorsteher; die Ersteren sollen, wie bisher, die Gehülfen des Letzteren sein, ohne indeß mit ihm ein Kollegium zu bilden, welches nach Stimmenmehrheit Beschlüsse faßt (§§. 73. ff. Tit. 7. Th. II. des Allgem. Landrechts).

Für sehr umfangreiche und bevölkerte oder aus mehreren Ortschaften bestehende Gemeinden ergiebt sich öfter das Bedürfniß zur Anstellung von mehr als zwei Schöffen. Die Vorschriften im zweiten und dritten Absatze des §. 22. halten die Einrichtungen, welche in dieser Beziehung bereits bestehen, aufrecht und bezeichnen den Weg, auf welchem derartige Einrichtungen neu ins Leben gerufen werden können.

Einer besonderen Erwähnung bedürfen an dieser Stelle die Orts-Steuererheber und die in einzelnen Landestheilen, insbesondere in den Provinzen Schlesien und Sachsen fungirenden Gemeinde- und Dorfgerichtsschreiber.

Diejenigen Gemeinden, in welchen nicht gemäß §. 54., Titel 7., Th. II. des Allgem. Landrechts die Einsammlung der Steuern und anderer öffentlicher Abgaben auf Verlangen der Gemeinde durch den Schulzen erfolgt, haben nach §. 159., Titel 6., Th. II.

a. a. O. bezw. des §. 46. des Gesetzes, betreffend die definitive Untervertheilung und Erhebung der Grundsteuer in den sechs östlichen Provinzen 2c. vom 8. Februar 1867 (Ges.-Samml. S. 185) einen besonderen Steuererheber zu wählen, welcher nach §. 160., Titel 6., Th. II. des Allgem. Landrechts der Bestätigung der Obrigkeit bedarf.

Nach Aufhebung der gutsherrlichen Polizeigewalt wird in analoger Anwendung der Vorschriften des §. 26. der Kreisordnung die Bestätigung an Stelle der Obrigkeit durch den Landrath zu erfolgen haben, welcher zuvor den Amtsvorsteher mit seinem Gutachten zu hören hat. Die Bestätigung kann von demselben unter Zustimmung des Kreisausschusses versagt werden. Im Falle einer wiederholten Versagung der Bestätigung tritt in Betreff der Ernennung eines Stellvertreters gleichfalls das in dem §. 26. a. a. O. vorgeschriebene Verfahren ein.

Was die Gemeinde- und Dorfgerichtsschreiber anbetrifft, so sind dieselben, soweit dies nicht schon bisher geschehen ist, in Zukunft ebenfalls von den Gemeinden zu wählen. Eine Ernennung derselben durch die Obrigkeit findet von dem im §. 185. der Kreisordnung bezeichneten Zeitpunkte ab nicht mehr statt. Die Bestätigung derselben erfolgt, soweit dieselbe nicht etwa den Gerichten zusteht, in gleicher Weise, wie die der Ortssteuererheber.

§. **23.** Wählbar zum Gemeindevorsteher und zum Schöffen ist jedes stimmberechtigte Gemeindemitglied.

Für die Uebernahme des Amtes eines Ortssteuererhebers und Gemeindeschreibers ist die Eigenschaft eines stimmberechtigten Gemeindemitgliedes nicht erforderlich.

Die Theilnahme am Stimmrechte und die Art der Ausübung desselben in der Gemeindeversammlung wird nach §. 3. des Gesetzes vom 14. April 1856, betreffend die Landgemeinde-Verfassungen, durch die bestehende Ortsverfassung bestimmt, jedoch sind die nicht angesessenen Dorfeinwohner zur Theilnahme am Stimmrechte nur dann berechtigt, wenn ihnen dieses Recht nachweislich bereits vor Emanation des Allgemeinen Landrechts, bezw. in den im Jahre 1815 mit der Krone Preußen neu oder wieder vereinigten Landestheilen vor Einführung bezw. Wiedereinführung des Allgemeinen Landrechts in denselben, zugestanden hat. (Siehe die Bemerkungen unter Nr. 20 des Cirkular-Erlasses vom 10. März 1873 und den Erlaß an das Ober-Präsidium der Provinz Sachsen vom 11. Juni 1873, I. K. O. 235.)

Die Wahlen der Gemeindevorsteher und Schöffen erfolgen nach näherer Vorschrift des der Kreisordnung beigefügten Wahlreglements, unter Berücksichtigung der Bestimmungen im Artikel

12 Nr. 1—5., 7—15., 17—25. und 28. der Instruktion zur Ausführung der die Zusammensetzung des Kreistags betreffenden Vorschriften vom 10. März 1873, mit der Maßgabe, daß von der Aufnahme in die Wählerliste diejenigen, welche zum Wahlverbande der größeren Grundbesitzer gehören, nicht ausgeschlossen, und in Gemeinden, in welchen eine gewählte Gemeindevertretung besteht, die Mitglieder des Gemeindevorstandes nur insoweit in die Wählerliste mitaufzunehmen sind, als ihnen nach dem Ortsstatute Sitz und Stimme in der Gemeindevertretung gebührt (Nr. 1. Absatz 3, Nr. 5. und Nr. 8. Absatz 8 der Instruktion.

Die Wahlen der Ortssteuererheber und Gemeindeschreiber erfolgen in der bisherigen ortsüblichen Weise.

§. **24.** Die Wahl der Gemeindevorsteher und der Schöffen erfolgt auf sechs Jahre; jedoch kann das Amt gemäß §. 8. Absatz 3 der Kreisordnung nach Ablauf von drei Jahren niedergelegt werden. •

Von Aufsichtswegen ist darauf zu halten, daß die Wahlen der neuen Gemeindevorsteher und Schöffen bei Erledigung der Aemter durch Ablauf der Dienstzeit in der Regel nicht früher als sechs und nicht später als drei Monate vor jenem Zeitpunkte, in außerordentlichen Erledigungsfällen aber sofort vollzogen werden.

Die Amtsthätigkeit der jetzigen Gemeindevorsteher und Schöffen erlischt nach §. 186. am 30. Juni 1874. Demgemäß sind die ersten Wahlen der Gemeindevorsteher und Schöffen in der ersten Hälfte des Jahres 1874 und zwar bis zum 1. April vorzunehmen.

Die schon jetzt gewählten Gemeindevorsteher und Schöffen bleiben jedoch in Funktion bis zum Ablaufe der in der Kreisordnung vorgeschriebenen sechsjährigen Amtsdauer, vom Tage ihrer Bestätigung gerechnet, sofern nicht eine Gemeinde eine frühere Wahl ausdrücklich beantragt.

In Betreff der Amtsdauer der Ortssteuerheber und der Gemeindeschreiber gelten die Vorschriften der §§. 169. und 170., Titel 6., Th. II. des Allgem. Landrechts, wonach die Festsetzung derselben bei der Wahl der Gemeinde überlassen bleibt. Ist eine solche Festsetzung nicht getroffen worden, so wird angenommen, daß der betreffende Beamte auf Lebenszeit angestellt worden ist. Der Regel nach wird es sich empfehlen, die gedachten Beamten auf Kündigung anzustellen.

Für die gegenwärtig fungirenden Ortserheber und Gemeindeschreiber sind erst dann Neuwahlen vorzunehmen, wenn das Amt derselben nach Maßgabe der vorgedachten gesetzlichen Bestimmungen zur Erledigung kommt.

§. 26. Hat der Neuwahl eines Gemeindevorstehers oder eines Schöffen die Bestätigung wiederholt versagt werden müssen, so steht es dem Landrathe zu, auf den Vorschlag des Amtsvorstehers unter Zustimmung des Kreisausschusses einen Stellvertreter auf so lange zu ernennen, bis eine erneuerte Wahl, deren Vornahme der Gemeinde jeder Zeit freisteht, die Bestätigung erlangt hat.

Dieselbe Befugniß steht dem Landrathe zu, wenn keine Wahl zu Stande kommt, weil beispielsweise eine Gemeinde die Vollziehung derselben verweigert.

Ist einer Wahl die Bestätigung wiederholt nicht aus materiellen Gründen, sondern lediglich wegen vorgekommener Formfehler versagt worden, so wird nach den im konkreten Falle obwaltenden Verhältnissen zu erwägen sein, ob sofort zur Ernennung eines Stellvertreters zu schreiten, oder ob nicht vielmehr der Gemeinde zuvor nochmals Gelegenheit zur Vornahme einer anderweiten Wahl zu geben sein wird, nachdem in entsprechender Weise für die Vermeidung von Formfehlern Fürsorge getroffen worden ist.

Der Vorschlag des Amtsvorstehers in Betreff des zu ernennenden Stellvertreters ist für den Landrath nicht bindend, sondern hat nur die Bedeutung eines Gutachtens.

Können sich der Landrath und der Kreisausschuß über den zu ernennenden Stellvertreter nicht einigen, so entscheidet auf Anrufen des einen oder des anderen Theils das Verwaltungsgericht als Kommunal-Aufsichtsbehörde höherer Instanz (cfr. Bericht der Kommission des Herrenhauses Seite 48 und Stenographische Berichte des Herrenhauses, 29. Sitzung am 28. Oktober 1872 Seite 484). *)

Der Stellvertreter ist gleichfalls aus der Zahl der stimmberechtigten Gemeindemitglieder zu ernennen, so lange es darunter an geeigneten Personen nicht fehlt.

§. 27. Die Gemeindevorsteher und Schöffen, sowie die nach §. 26. Absatz 4. **) zu ernennenden Stellvertreter derselben, ingleichen die Ortssteuererheber und Gemeindeschreiber haben den im §. 1. Absatz 1. der Verordnung vom 6. Mai 1867 (Ges.-Samml. S. 715) vorgeschriebenen Diensteid zu leisten.

Ist dieser Diensteid bereits früher von ihnen geleistet worden, so genügt der Hinweis auf denselben und bedarf es keiner wiederholten Eidesleistung.

Es wird sich empfehlen, die Vereidigung der Gemeindevor-

---

*) KreisO. § 177.
**) jetzt Abs. 3.

steher der Regel nach an Ort Stelle vor versammelter Gemeinde vorzunehmen und damit die Uebergabe der Geschäfte zu verbinden.

§. 28. Dem Charakter des Gemeindevorsteher-Amtes als eines Ehrenamtes entspricht es, daß dem Gemeindevorsteher nur eine Dienstunkosten-Entschädigung, welche in dem Ersatze der baaren Auslagen und in einer mit den amtlichen Mühewaltungen des Gemeindevorstehers im billigen Verhältnisse stehenden Entschädigung bestehen soll, nicht aber eine Besoldung gewährt wird. Daß die Remuneration des Gemeindevorstehers, unter Fortfall aller von dem Gutsherrn zu derselben bisher gewährten Geld- und Natural-Beiträge, künftig von der Gemeinde aufgebracht werden soll, ist eine Konsequenz der Wahl des Gemeindevorstehers und der Auflösung des Abhängigkeitsverhältnisses der Gemeinde von ihrer Gutsherrschaft.

Die Festsetzung der Dienstunkosten-Entschädigung steht in Ermangelung einer gütlichen Einigung unter den Betheiligten nach §. 135. Nr. IX. 11.*) dem Kreisausschusse zu.

Das Verhältniß, nach welchem den Gemeindevorstehern gegen den Nießbrauch von Landdotationen allein oder in Verbindung mit Geld- oder Natural-Beiträgen die Verpflichtung zur Wahrnehmung sämmtlicher oder einzelner Gutsvorstehergeschäfte obliegt, besteht gegenwärtig in vielen Orten zur Befriedigung nicht nur der Gutsherren, sondern auch der Gemeinden, welchen die Remuneration der Schulzen dadurch nicht unwesentlich erleichtert, ja unter Umständen ganz abgenommen ist, ohne daß die in der Regel nicht umfangreichen Geschäfte der Gutsbezirke als eine Mehrbelastung der Gemeindevorsteher empfunden worden sind. Dieses Verhältniß gemeinsamer Verwaltung in der Hand des Schulzen, welches zugleich die Vereinfachung vieler Geschäfte und eine Ersparniß von Arbeitskraft im Gefolge hat, zu konserviren, ist die Absicht der Bestimmungen im vierten Absatze dieses Paragraphen. Es werden sich daher die Landräthe angelegen sein lassen, da, wo auf der einen oder der anderen Seite Neigung zur Lösung dieses Verhältnisses hervortreten sollte, auf die Beibehaltung desselben in entsprechender Weise hinzuwirken.

Kommt es zu einer Lösung des Verhältnisses, so hat die Auseinandersetzung zwischen den Betheiligten nach Maßgabe der Vorschriften der §§. 41. bis 45. zu erfolgen. Entstehen hierbei Streitigkeiten darüber, ob und welche Geld- und Natural-Beiträge

*) jetzt KreisO. § 34a.

des Gutsherrn fortfallen, sowie ob und welche Landdotationen vom Gutsherrn gewährt worden sind, für welche er von der Gemeinde eine Entschädigung zu beanspruchen hat, und auf wie hoch event. diese Entschädigung zu bemessen ist, sofern die Gemeinde nicht vorzieht, die Dotation in natura zurückzugeben, so sind dieselben nach §. 42. nicht von den ordentlichen Gerichten, sondern von den Auseinandersetzungsbehörden zu entscheiden.

Vorstehendes gilt übrigens nicht für den Fall, wenn Landdotationen vom Gutsherrn (allein oder in Verbindung mit Geld- oder Natural-Beiträgen) ohne Verpflichtung für den Gemeindevorsteher zur Wahrnehmung der Gutsvorstehergeschäfte gewährt worden sind. In diesem Falle bewendet es bei der Bestimmung, daß Landdotationen, welche für die Verwaltung des Schulzenamtes ausgewiesen sind, auf Grund der Kreis-Ordnung nicht zurückgefordert werden können.

§§. **29.** und **30.** Wie wenig auch die gesetzlichen Befugnisse des Schulzen nach dem Allgemeinen Landrechte und den einzelnen Dorfordnungen u. s. w. über die eines untergeordneten polizeilichen Exekutivbeamten hinausgingen, so nöthigten ihm doch die praktischen Verhältnisse, wenigstens überall da, wo der Polizeiherr nicht an Ort und Stelle wohnte, eine gewisse obrigkeitliche Gewalt, das Recht und die Pflicht des ersten polizeilichen Einschreitens auf.

Durch die Vorschriften der §§. 29., 30. und 79.*) wird dieses Verhältniß, wie es sich praktisch schon bisher meistentheils herausgebildet hat, gesetzlich anerkannt, befestigt und, soweit es das Ansehen der Gemeindevorsteher erfordert und die Bildung derselben im Allgemeinen gestattet, ausgedehnt. Es erschien dies um so mehr geboten, als es bei dem durch das Gesetz in Aussicht genommenen Umfange der für die Ortspolizeiverwaltung zu bildenden Amtsbezirke nur auf diese Weise möglich wird, den Anforderungen des Publikums an die Polizeiverwaltung gerecht zu werden, ohne den ehrenamtlichen Dienst des Amtsvorstehers zu sehr zu erschweren.

Dieser Absicht entspricht es, daß den Gemeindevorstehern im §. 30. besondere Pflichten auferlegt sind, welche zu erfüllen sie selbst bei geringerer Bildung sehr wohl im Stande sein werden, und daß ihnen im §. 79.*) ein Exekutionsrecht verliehen ist.

Für die Gemeindevorsteher wird demnächst eine besondere Dienst-Instruktion erlassen werden.

---

*) jetzt Ldverw.Ges. § 133.

§. 31. Der der Vollständigkeit und Uebersichtlichkeit wegen an die Spitze dieses Paragraphen gestellte Satz, daß die Inhaber selbstständiger Gutsbezirke die gesetzlichen Pflichten der Gemeinden zu erfüllen haben, ist schon bestehenden Rechtens und nur die Konsequenz der im §. 1. des Gesetzes, betreffend die Landgemeinde-Verfassungen ꝛc. vom 14. April 1856 ausgesprochenen parallelen Stellung der selbstständigen Gutsbezirke und der Landgemeinden. Hieraus ergiebt sich sodann auch die Stellung des Gutsherrn bezw. des von ihm zu bestellenden Stellvertreters, nachdem seine bisherigen polizeiobrigkeitlichen Befugnisse auf den Amtsvorsteher übergegangen sind, von selbst als die eines Vorstehers des Gutsbezirks mit den analogen Rechten und Pflichten eines Gemeindevorstehers.

Die Bestellung eines Stellvertreters kann sowohl in der Art erfolgen, daß demselben die Wahrnehmung sämmtlicher Gutsvorstehergeschäfte dauernd und ausschließlich übertragen wird, als auch in der Art, daß er für den Gutsbesitzer nur im Falle der Behinderung desselben so weit und so lange eintritt, als ihm dies aufgetragen wird. Selbstverständlich ist in dem letzten Falle sowohl der Gutsbesitzer, als der Stellvertreter als Gutsvorsteher in Gemäßheit des §. 33. zu bestätigen und zu vereidigen.

Der Vertreter muß seinen beständigen Aufenthalt im Gutsbezirke oder in dessen unmittelbarer Nähe haben. Unter letzterer Voraussetzung kann auch der Gutsvorsteher eines anderen Bezirks zum Stellvertreter bestellt werden.

In zerstückelten Gutsbezirken steht die Befugniß zur Bestellung eines Stellvertreters dem Besitzer des Restguts zu (vergl. Nr. 8 der Cirkular-Verfügung vom 10. März 1873), sofern nicht dieser selbst das Amt des Gutsvorstehers übernehmen will.

Nach der Bestimmnng im dritten Absatze können Seitens des Besitzer des Guts auch außer dem im §. 28. Absatz 4. vorgeschriebenen Falle sämmtliche oder einzelne Gutsvorstehergeschäfte, wie namentlich die Anfertigung der Klassensteuer-, Militair-Stammrollen und anderer Listen und Nachweisungen, die Vorführung der Militairpflichtigen vor die Ersatz-Kommissionen u. s. w. an den Vorsteher einer benachbarten Gemeinde unter Beider (d. h. der Gemeinde und des Gemeindevorstehers) Zustimmung gegen eine angemessene Entschädigung übertragen werden.

Von derartigen Abkommen ist dem Landrathe behufs der Bestätigung (§. 33.) Anzeige zu machen.

Den Vorstehern von Gemeinden und Gutsbezirken, welche eine örtlich verbundene Lage haben, liegt es ob, sich darüber zu vereinbaren, wer von ihnen diejenigen amtlichen Handlungen auszuführen hat, welche eine einheitliche Vollziehung erfordern, wie beispielsweise die Anordnungen bei einheimischen und auswärtigen Bränden, bei Ueberschwemmungen und großem Schneefall, bei Ruhestörungen aus der gemeinschaftlichen Dorfstraße, die Beaufsichtigung gemeinschaftlicher Wegebesserungen, Grabenräumungen u. s. w.

Von der getroffenen Vereinbarung ist dem Amtsvorsteher Anzeige zu machen.

Kommt eine Vereinbarung nicht zu Stande, so erläßt der Amtsvorsteher die erforderlichen Bestimmungen (§. 65.). Ist einer der betheiligten Guts- und Gemeindevorsteher selbst Amtsvorsteher, so bedarf es einer Vereinbarung nicht; vielmehr gebührt alsdann die Anordnung darüber, wie es in den vorgedachten Fällen gehalten werden soll, lediglich dem Amtsvorsteher.

Wie in Gemeinden zu mechanischen Dienstleistungen ein besonderer Gemeindediener, so kann in Gutsbezirken zu gleichem Zwecke ein besonderer Gutsdiener angestellt und vereidigt werden.

§. **32.** In den unter Nr. 1, 2 und 4 aufgeführten Fällen hat die Bestellung des Stellvertreters in der Art zu erfolgen, daß demselben die Wahrnehmung sämmtlicher Gutsvorstehergeschäfte dauernd und ausschließlich übertragen wird.

Dagegen wird es zulässig sein, dem Besitzer eines Gutes, welcher zwar nicht seinen beständigen, aber doch regelmäßig einige Zeit im Jahre seinen Aufenthalt im Gutsbezirke oder in dessen unmittelbarer Nähe hat, für diese Zeit die eigene Wahrnehmung der Gutsvorstehergeschäfte zu gestatten und mit Rücksicht hierauf die Funktionen des Stellvertreters in entsprechender Weise zu regeln.

In Gemäßheit der Nr. 4 haben auch unverheirathete Besitzerinnen einen Stellvertreter zu bestellen (vergl. Stenographische Berichte des Abgeordnetenhauses Seite 1348, 50. Sitzung am 18. März 1872).

Auf die Ausführung der Schlußbestimmung des §. 32. haben die Kreisausschüsse ihr besonderes Augenmerk zu richten und zu diesem Behufe eine sorgfältige Ermittelung der hierbei in Betracht kommenden Güter, Vorwerke, Kolonien, größeren Etablissements u. s. w. anzustellen.

§. **33.** Die Gutsvorsteher haben mit dem im §. 185. bezeichneten Zeitpunkte in Funktion zu treten.

Es wird daher von Seiten der Landräthe an sämmtliche Inhaber selbstständiger Gutsbezirke rechtzeitig die Aufforderung zu erlassen sein, entweder für sich selbst die Bestätigung als Gutsvorsteher zu beantragen oder einen geeigneten Stellvertreter zur Bestätigung als Gutsvorsteher mit den zu §. 31. gedachten Maßgaben zu präsentiren.

Wegen der Ableistung des Diensteides durch die Gutsvorsteher gilt das zu §. 27. Gesagte.

Dritter Abschnitt.

Aufhebung der mit dem Besitze gewisser Grundstücke verbundenen Berechtigung und Verpflichtung zur Verwaltung des Schulzenamtes.

§§. 36—44. Behufs Ausführung der Bestimmungen dieses Abschnitts haben die Landräthe, sobald eine Gemeinde oder ein Schulzengutsbesitzer darauf anträgt, mit Hülfe vorhandener Lehnsbriefe, Erbverschreibungen, Prästations-Tabellen, Urbarien, Rezesse, der Grund- und Hypotheken-Bücher oder sonstiger Urkunden zu ermitteln:

1. ob und mit welchen Grundstücken die Berechtigung und Verpflichtung zur Verwaltung des Schulzen- (Richter-) Amtes bisher verbunden war (§. 36.);
2. ob und welche Grundstücke, Gerechtigkeiten und Einkünfte dem Schulzengutsbesitzer erweislich von der Gemeinde selbst für die Amtsverwaltung verliehen sind (§. 38.);
3. ob und welche Vorrechte und Befreiungen dem Schulzengutsbesitzer für die Verwaltung des Schulzenamtes in Beziehung auf die aus dem Kommunal-Verbande oder aus anderen Verbänden, z. B. dem Kirchen- und Schulverbande, entspringenden Dienste und Abgaben, der Gemeinde oder deren Mitgliedern gegenüber bisher zugestanden.

Bei den zu 2. anzustellenden Ermittelungen ist zu beachten, daß viele der den Lehn- und Erbschulzengütern bei ihrer Gründung oder in der Folge von den Landes-, Grund- oder Gerichtsherren verliehenen Gerechtsame, wie Bau- und Brennholz-, Waldstreu-, Schäferei-, Weide-, Jagd-, Mühlen- und Fischerei-Berechtigungen auf der Ortsfeldmark, Krugsverlagsrechte u. s. w. zufolge der neueren Agrar- und Gewerbegesetzgebung bei den Separationen, Ablösungen und gutsherrlich-bäuerlichen Regulirungen gegen Entschädigung in Land, Kapital oder Rente aufgehoben worden sind. Häufig finden sich in den Rezessen die Landesabfindungen, welche den Lehn- und Erbschulzengutsbesitzern von Gutsherren oder auch von den Gemeinden für bestimmte, den ersteren von dem Gutsherrn auf der Gemeindefeldmark eingeräumte Berechtigungen der vorgedachten Art gewährt worden sind, als Schulzenland, Schulzenwiese, Schulzenacker ꝛc. bezeichnet, ohne daß dieselben die Natur besonderer, erst von dem Gutsherrn oder der Gemeinde neu verliehener Schulzenamts-Dotationen hätten. Solche Landabfindungen gehören nicht zu den im §. 38. bezeichneten Grundstücken (§. 40.). Dagegen sind zu den daselbst gedachten Einkünften insbesondere zu rechnen diejenigen Entschädigungen, welche den Lehn- und Erbschulzengutsbesitzern für baare Dienstausgaben, namentlich für Dienstreisen, Schreibmaterialien, Botendienste u. s. w. von den Gemeinden in neuerer Zeit vielfach gewährt worden sind. (Vergl. das Reskript vom 5. Mai 1840 — Minist.-Blatt Seite 217.)

§§. **41—44.** Ist nach dem Ergebnisse der angestellten Ermittelungen eine Auseinandersetzung zwischen der Gemeinde und dem Schulzengutsbesitzer erforderlich, so legt der Landrath die in der Sache gepflogenen Verhandlungen dem Kreisausschusse vor, welcher den Kommissarius für die Auseinandersetzung ernennt.

Entstehen hierbei Streitigkeiten, so findet das in den §§. 42 bis 44. vorgeschriebene Verfahren statt.

Die Aufhebung der Berechtigung und Verpflichtung zur Verwaltung des Schulzenamtes ist von der Beendigung des Auseinandersetzungsverfahrens nicht abhängig. Die Amtsthätigkeit der das Schulzenamt verwaltenden Schulzengutsbesitzer erlischt vielmehr nach §. 186. am 30. Juni 1874. Mit demselben Zeitpunkte fällt auch die Verpflichtung derselben bezw. der Trennstücksbesitzer eines zerstückelten Schulzenguts (§. 37.) zur Besoldung eines Stellvertreters weg.

§. **45.** Die Kosten des Auseinandersetzungsverfahrens, soweit dasselbe vor den Kreisausschüssen und deren Kommissarien stattfindet, werden von den Kreisen getragen. Denselben stehen zur Bestreitung dieser Kosten die durch das Gesetz, betreffend die Dotation der Provinzial- und Kreisverbände vom 30. April 1873 zur Durchführung der Kreis-Ordnung bewilligten Fonds zur Verfügung.

Berlin, den 20. September 1873.

Der Minister des Innern. Graf zu Eulenburg.

VIII. Cirkular-Verfügung

des Ministers des Innern, betreffend die Vertheilung der Kreisabgaben.

Vom 10. Juni 1874. Auszug. (Min.Bl. S. 155.)

In Verfolg meines Cirkular-Erlasses vom 4. März sehe ich mich veranlaßt, der Königlichen Regierung in Betreff der Auslegung einiger Vorschriften der Kreisordnung über die Vertheilung und Aufbringung der Kreisabgaben, welche von Seiten der Kreistage verschiedener Kreise eine nicht richtige Anwendung gefunden haben, Nachstehendes zu eröffnen:

I. Nach den Vorschriften der §§. 10. und 12.*) der Kreisordnung können die drei untersten Stufen der Klassensteuer (§. 9. zu a. des Gesetzes vom 1. Mai 1851) von der Heranziehung zu den Kreisabgaben ganz frei gelassen oder dazu mit einem geringeren Prozentsatze, als die übrigen Stufen der Klassensteuer und der klassifizirten Einkommensteuer herangezogen werden ꝛc.

II. Nach §. 10. der Kreisordnung ist die Grund-, Gebäude- und die von dem Gewerbebetriebe auf dem platten Lande aufkommende Gewerbesteuer der Klasse A. I. zu den Kreisabgaben mindestens mit der Hälfte und höchstens mit dem vollen Betrage desjenigen Prozentsatzes heranzuziehen, mit welchem die Klassen- und klassifizirte Einkommensteuer belastet wird.

Diese Bestimmung ist nach dem Wortlaute und dem Sinne des Gesetzes dahin aufzufassen, daß die Grund-, Gebäude- und Gewerbesteuer der Klasse A. I. stets mit einem gleichen Prozentsatze zu belasten sind. Es erscheint daher nicht zulässig, die Grund- und Gebäudesteuer beispielsweise nur mit 50 Prozent, die Gewerbesteuer der Klasse A. I. dagegen mit 100 Prozent zu den Kreisabgaben heranzuziehen.

III. Was die Gewerbesteuer im Uebrigen anbetrifft, so kann dieselbe nach der ferneren Vorschrift des §. 10. a. a. O. von der Heranziehung zu den Kreisabgaben ganz frei gelassen, darf aber keinenfalls dazu mit einem höheren Prozentsatze, als die Grund- und Gebäudesteuer herangezogen werden.

Einige Kreistage haben diese Vorschrift in der Art zur Anwendung gebracht, daß nur einzelne Klassen der Gewerbesteuer

---

*) Vgl. KreisO. §§ 10 u. 12 in der neuen Fassung.

— beispielsweise die Klassen B. H. und I. — von den Kreisabgaben frei gelassen, die übrigen aber dazu herangezogen worden sind.

Auch dieses Verfahren kann als dem Gesetze entsprechend nicht erachtet werden; vielmehr sind mit Ausnahme der von dem Gewerbebetriebe auf dem platten Lande aufkommenden Gewerbesteuer der Klasse A. I. und der Gewerbesteuer vom Hausirgewerbe (Klasse L.) sämmtliche Klassen der Gewerbesteuer stets gleichmäßig zu behandeln.

IV. Ebenso unzulässig erscheint es, nicht nur die von dem Gewerbebetriebe auf dem platten Lande aufkommende Gewerbesteuer der Klasse A. I., sondern auch die übrigen Klassen der Gewerbesteuer zu den Kreisabgaben für Verkehrsanlagen heranzuziehen, von den übrigen Kreisabgaben aber freizulassen. Denn nach §. 12. der Kreisordnung sind die Kreistage nur befugt, zu den Kreisabgaben für Verkehrsanlagen die Grund- und Gebäudesteuer, sowie die von dem Gewerbebetriebe auf dem platten Lande aufkommende Gewerbesteuer der Klasse A. I. innerhalb der im §. 10. festgesetzten Grenzen mit einem höheren Prozentsatze als zu den übrigen Kreisabgaben heranzuziehen.

V. Nach §. 9a. des Klassensteuergesetzes vom 25. Mai v. J. können zu den nach dem Klassensteuerfuße aufzubringenden Lasten der kommunalen und anderen öffentlichen Verbände in Ermangelung sonstiger Befreiungsgründe auch diejenigen Personen herangezogen werden, deren jährliches Einkommen weniger als 140 Thaler beträgt und welche nicht im Wege der öffentlichen Armenpflege eine fortlaufende Unterstützung erhalten. Die Veranlagung dieser Steuerpflichtigen hat nach einem für Haushaltungen wie für Einzelsteuernde geltenden fingirten Klassensteuersatze von einem halben Thaler jährlich zu erfolgen.

Diese Vorschrift findet auch Anwendung auf die Aufbringung der Kreisabgaben. Die Heranziehung der Personen mit einem Einkommen von weniger als 140 Thaler zu den Kreisabgaben muß jedoch von den Kreistagen ausdrücklich beschlossen werden. Dagegen dürfen dieselben es nicht der Beschlußnahme der einzelnen ländlichen Gemeinden und Gutsbezirke überlassen, ob letztere die Personen mit einem Einkommen von weniger als 140 Thaler zur Aufbringung des ihnen zugewiesenen Antheils an den Kreisabgaben mit heranziehen wollen oder nicht. Denn der §. 11. der Kreisordnung enthält die ausdrückliche Vorschrift, daß die Untervertheilung der für die einzelnen ländlichen Gemeinden und Gutsbezirke im Ganzen festgesetzten Antheile an den Kreisabgaben auf die einzelnen Steuerpflichtigen nach demselben Maßstabe zu erfolgen hat, welcher von dem Kreistage als Maßstab für die Vertheilung des Kreisabgaben=Solls auf die einzelnen Gemeinden und Gutsbezirke beschlossen worden ist.

VI. Nach §. 14. Absatz 3. der Kreisordnung kann der Fiskus zu den Kreisabgaben wegen seines aus Grundbesitz, Gewerbe= und Bergbaubetrieb fließenden Einkommens nicht herangezogen, dagegen mit der Grund= und Gebäudesteuer um die Hälfte desjenigen Prozentsatzes stärker belastet werden, mit welchem die Klassen= und klassifizirte Einkommensteuer dazu herangezogen wird.

Diese Bestimmung beruht auf der Erwägung, daß der halbe Betrag der für die fiskalischen Liegenschaften und Gebäude fingirt zu veranlagenden Grund= und Gebäudesteuer etwa dem vollen Betrage der von dem Einkommen aus denselben zu entrichtenden Einkommensteuer gleichkommt, wenn man dabei die verschiedenen Prozentsätze, welche von dem Einkommen, beziehungsweise dem Grundsteuer=Reinertrage und Gebäudenutzungswerthe als Einkommen= beziehungsweise Grund= und Gebäudesteuer erhoben werden und welche für die Einkommensteuer 3 Prozent, für die Grundsteuer 9,6 Prozent und für die Gebäudesteuer 4 beziehungsweise 2 Prozent betragen, sowie ferner die Verschuldung des fiskalischen Grundeigenthums und den Umstand in Betracht zieht, daß der Grundsteuer=Reinertrag nur etwa die Hälfte des gegenwärtigen wirklichen Reinertrags der Liegenschaften repräsentirt.

Hieraus ergiebt sich, daß wenn die Klassen= und klassifizirte Einkommensteuer zu Kreiszwecken mit 100 Prozent belastet wird, der Fiskus an Stelle der nicht von ihm zu entrichtenden Einkommensteuer um 50 Prozent (d. i. um die Hälfte desjenigen Prozentsatzes, mit welchem die Klassen= und klassifizirte Einkommensteuer belastet ist), stärker zu der Grund= und Gebäudesteuer herangezogen werden kann, als er gleich den übrigen Grund= und Gebäudebesitzern nach §. 14. Abs. 1. und 2. der Kreisordnung zu den nach dem Grund= und Gebäudesteuerfuße umzulegenden Kreisabgaben heranzuziehen ist. Es darf mithin in dem Falle, wo nach dem Beschlusse eines Kreistages die Klassen= und klassifizirte Einkommensteuer mit 100 Prozent, die Grund= und Gebäudesteuer dagegen mit 50 Prozent zu Kreiszwecken belastet wird, der Fiskus im Ganzen nur mit 100 Prozent der für die fiskalischen Liegenschaften und Gebäude fingirt zu veranlagenden Grund= und Gebäudesteuer — und nicht wie von mehreren Kreistagen beschlossen worden ist — mit 150 Prozent herangezogen werden.*)

*) Vgl. wegen Heranziehung des Fiskus zu den Kreisabgaben auch Besch. d. Min. d. J. vom 9. und vom 25. Februar 1875 (Min.Bl. S. 120 und S. 100).

Die Königliche Regierung veranlasse ich, den Inhalt vorstehender Verfügung den Landräthen zur Nachachtung mitzutheilen und darüber zu wachen, daß die darin näher erläuterten Bestimmungen der Kreisordnung von den Kreistagen richtig angewendet werden.

IX. Gesetz,

betreffend die Ausführung der §§. 5. und 6. des Gesetzes vom 30. April 1873 wegen der Dotation der Provinzial- und Kreisverbände.

Vom 8. Juli 1875. (Ges.S. S. 497.)

Wir **Wilhelm**, von Gottes Gnaden, König von Preußen ꝛc. verordnen zur Ausführung der Vorschriften in den §§. 5. und 6. des Gesetzes vom 30. April 1873, betreffend die Dotation der Provinzial- und Kreisverbände (Gesetz-Samml. S. 187), mit Zustimmung beider Häuser des Landtages, was folgt:

Ueberweisung einer Summe von (4,480,000 Thaler) 13,440,000 Mk. jährlich an die neu auszustattenden Provinzialverbände und Landestheile

1. Behufs Ausstattung mit Fonds zur Selbstverwaltung wird den Provinzialverbänden von Preußen, Brandenburg, Pommern, Posen, Schlesien, Sachsen, Schleswig-Holstein, Westfalen und der Rheinprovinz, den Stadtkreisen Berlin und Frankfurt a. M., dem Landes-Kommunalverbande der Hohenzollernschen Lande und dem Provinzialverbande von Hannover für das demselben durch die beiden Gesetze vom 23. März 1873 (Gesetz-Samml. S. 107 und 119) einverleibte Jadegebiet, außer der zu diesem Zwecke durch das Gesetz vom 30. April 1873 zur Verfügung gestellten Summe von jährlich 6,000,000 Mk. (2 Millionen Thaler) eine fernere Summe von jährlich 7,440,000 Mk. (2,480,000 Thaler) aus den Einnahmen des Staatshaushalts, unter Uebertragung der entsprechenden Ausgabeverpflichtungen, überwiesen.

2. Die Vertheilung der im §. 1. gedachten Gesammtsumme von 13,440,000 Mk. erfolgt zu einer Hälfte nach dem Maßstabe des Flächeninhaltes, zur anderen Hälfte nach dem Maßstabe der

Zahl der Civilbevölkerung, wie solche durch die Volkszählung im Dezember 1875 festgestellt wird. Die hiernach auf die einzelnen Kommunalverbände entfallenden Jahresrenten werden durch Königliche Verordnung festgestellt. Bis zu der nach Maßgabe derselben zu bewirkenden Ausgleichung erhalten vorläufig an Jahresrenten:

1)	der Provinzialverband von Preußen . . .	2,465,166	Mk.
2)	: : : Brandenburg . .	1,539,531	:
3)	: : : Pommern . . .	1,131,114	:
4)	: : : Posen	1,160,073	:
5)	: : : Schlesien . . .	2,081,058	:
6)	: : : Sachsen . . .	1,229,319	:
7)	: : : Schleswig-Holstein	730,581	:
8)	: : : Westfalen . . .	1,017,285	:
9)	: : der Rheinprovinz . .	1,735,755	:
10)	: Stadtkreis Berlin	264,897	:
11)	: : Frankfurt a. M.	36,090	:
12)	: Landeskommunalverband der Hohenzollernschen Lande	47,865	:
13)	: Provinzialverband von Hannover für das demselben einverleibte Jadegebiet . . .	1,266	:

Ueberweisung der in den Jahren 1873, 1874 und 1875 zinsbar belegten Dotationsfonds an die neu auszustattenden Provinzialverbände und Landestheile.

3. Außer den im §. 2. festgestellten Jahresrenten werden den ebendaselbst gedachten Kommunalverbänden aus den Kapitalbeständen des gemäß §. 5. des Gesetzes vom 30. April 1873 gebildeten Fonds folgende Summen nebst den auf dieselben entfallenden Antheilen an den, den Kapitalien bis zu dem Zeitpunkte ihrer Ueberweisung (§. 17.) zugewachsenen Zinsen überwiesen:

1)	dem Provinzialverbande von Preußen . . .	2,085,696	Mk.
2)	: : : Brandenburg .	1,172,106	:
3)	: : : Pommern . .	990,513	:
4)	: : : Posen . . .	1,546,011	:
5)	: : : Schlesien. . .	1,748,493	:
6)	: : : Sachsen . . .	1,037,646	:
7)	: : : Schleswig-Holstein	952,929	:
8)	: : : Westfalen . .	1,363,284	:
9)	: : der Rheinprovinz .	2,326,635	:
10)	: Stadtkreise Berlin	345,519	:
11)	: : Frankfurt a. M.	47,079	:
12)	: Landeskommunalverbande der Hohenzollernschen Lande	62,433	:

13) dem Provinzialverbande von Hannover für das Jadegebiet . . . . 1,656 Mk.

Verwendungszwecke der den neu auszustattenden Provinzialverbänden und Landestheilen zu gewährenden Summen.

4. Die Ueberweisung der in den §§. 2. und 3. gedachten Summen an die im §. 2. unter Nr. 1.—12. genannten Kommunalverbände erfolgt zur Verwendung für folgende Zwecke:

1) Fürsorge für den Neubau von chaussirten Wegen und Unterstützung des Gemeinde- und Kreiswegebaues,
2) Beförderung von Landesmeliorationen, soweit sie nach Zweck und Umfang eine nicht über das provinzielle Interesse hinausgehende Bedeutung haben,
3) Bestreitung der Kosten des Landarmen- und Korrigendenwesens, beziehungsweise Gewährung von Beihülfen hierzu an die Landarmenverbände,
4) Fürsorge beziehungsweise Gewährung von Beihülfen für das Irren-, Taubstummen- und Blindenwesen,
5) Unterstützung milder Stiftungen, Rettungs-, Idioten- und anderer Wohlthätigkeitsanstalten,
6) Leistung von Zuschüssen für Vereine, welche der Kunst und Wissenschaft dienen, desgleichen für öffentliche Sammlungen, welche diese Zwecke verfolgen, Erhaltung und Ergänzung von Landesbibliotheken, Unterhaltung von Denkmälern,
7) für ähnliche im Wege der Gesetzgebung festzustellende Zwecke.

Soweit ad 1. die Staatsregierung zur Ausführung von Chausseebauten für Rechnung der Staatskasse oder zur Unterstützung von anderen als Staats-Chausseebauten sich verpflichtet hat, muß der betreffende Kommunalverband auf Verlangen der Staatsregierung in diese Verpflichtungen eintreten.

Ergeben sich bei den zu Neu- und Umbauten der Staatschausseen, sowie zu Prämien für Chausseeneubauten im Staatshaushalts-Etat ausgesetzten Fonds Ersparnisse, so sind dieselben unter die im §. 2. genannten Kommunalverbände nach dem daselbst angegebenen Maßstabe zu vertheilen.

5. Außerdem sind zugleich bestimmt:

I. die den Provinzialverbänden (§. 2. Nr. 1. bis 9.) überwiesenen Summen:

zur Bestreitung der Kosten des Provinziallandtages und der Provinzialverwaltung mit Einschluß der Kosten der Verwaltungsgerichte, beziehungsweise der Deputationen für das Heimathswesen, soweit diese Kosten den Provinzialverbänden zur Last fallen. Auch können daraus Beihülfen an die Kreise zur Durchführung der Kreisordnung vom 13. Dezember 1872 gewährt werden;

II. die dem Landeskommunalverbande der Hohenzollernschen Lande überwiesenen Summen:
zur Bestreitung der Kosten des Kommunallandtages und der Landeskommunalverwaltung mit Einschluß der Kosten des Verwaltungsgerichts, soweit die letzteren dem Landeskommunalverbande zur Last fallen.

6. Die dem Provinzialverbande von Hannover für das Jadegebiet durch die §§. 2. und 3. überwiesenen Summen sind zu den in dem §. 1. des Gesetzes vom 7. März 1868, betreffend die Ueberweisung einer Summe von jährlich 500,000 Thalern an den provinzialständischen Verband der Provinz Hannover (Gesetz-Samml. S. 223), aufgeführten Zwecken zu verwenden.

Uebertragung der Verwaltung und Unterhaltung mehrerer bisher von den Staatsbehörden verwalteten Irren-, Taubstummen-, Waisen- und anderer Anstalten an die Provinzialverbände.

7. Folgende Institute werden, unter Uebertragung aller dem Staate bezüglich derselben und der dazu gehörigen Vermögensobjekte zustehenden Rechte und obliegenden Verpflichtungen, den nachstehend genannten Provinzialverbänden zur Verwaltung und Unterhaltung überwiesen:

I. dem Provinzialverbande von Preußen:
1) die Taubstummenanstalt zu Königsberg,
2) das Königliche große Hospital im Löbenicht zu Königsberg;

II. dem Provinzialverbande von Pommern:
1) das Hospital St. Petri zu Stettin,
2) das Königliche Waisenhaus zu Stargard,
3) das Gertruder Hospital zu Treptow a. d. Tollense;
4) das Hospital St. George zu Treptow a. d. Tollense;

III. dem Provinzialverbande von Sachsen:
die Landwaisenanstalt bei Langendorf;

IV. dem Provinzialverbande von Schleswig-Holstein:
1) die Irrenanstalt zu Schleswig,
2) das Taubstummeninstitut zu Schleswig;

V. dem Provinzialverbande von Westfalen:
die Taubstummenanstalten zu Büren, Soest, Langenhorst und Petershagen.

Uebereignung des Hülfskassenfonds an die Provinzialverbände der acht älteren Provinzen.

8. Die durch die Königliche Botschaft am 7. April 1847 und den Abschied an die zum vereinigten Landtage versammelten Stände vom 24. Juli desselben Jahres zur Errichtung von Hülfskassen in den Provinzen Preußen, Brandenburg, Pommern, Posen, Schlesien, Sachsen, Westfalen und der Rheinprovinz zinsfrei gewährten Fonds von zusammen zwei Millionen Thaler in Staatsschuldscheinen und 500,000 Thaler baar werden unter Aufhebung des bei der Gewährung gemachten Vorbehalts wegen Zurückziehung derselben bei nicht statutenmäßiger Verwendung oder nach erfolgtem Anwachsen derselben auf das Doppelte, den betreffenden Provinzialverbänden, vorbehaltlich der zwischen einzelnen Provinzialverbänden wegen Nichtübereinstimmung ihrer Grenzen mit den Grenzen der jetzigen kommunalständischen Verbände vorzunehmenden Auseinandersetzung, als ein ihnen gehöriges Vermögen überwiesen. Für die Auseinandersetzung gelten die Bestimmungen des §. 3. der Provinzialordnung.

Die Verwaltung dieser Fonds verbleibt bis auf Weiteres den jetzt mit der Verwaltung beauftragten Kommunal- und Provinzialverbänden.

9. Den Vertretungen der im §. 8. Abs. 2. genannten Verbände steht die freie Verfügung über den gesammten Zinsgewinn der Hülfskassen zu gemeinnützigen Zwecken im Interesse dieser Verbände zu, während die ursprünglichen Dotationsfonds, sowie die denselben bisher hinzugewachsenen Kapitalbestände, als Kapitalbestand zur Gewährung von Darlehnen zu erhalten sind.

Uebereignung der Provinzialmeliorationsfonds an mehrere Provinzialverbände der älteren Provinzen.

10. Die für die Provinzen Preußen, Brandenburg, Pommern, Westfalen und die Rheinprovinz beziehungsweise für einzelne Theile derselben gegründeten Provinzialmeliorationsfonds werden den Verbänden dieser Provinzen, soweit ihnen dieselben noch nicht eigenthümlich gehören, übereignet.

Ebenso geht die Verwaltung und Verwendung dieser Fonds, soweit dieselbe bisher den Behörden des Staates zustand, auf die gedachten Provinzialverbände über. Die Fonds sind zu Darlehnen für dauernde Bodenverbesserungen aller Art in denjenigen Landestheilen zu verwenden, für welche sie nach den zur Zeit bestehenden Einrichtungen bestimmt sind.

Außerdem dürfen Bewilligungen erfolgen zu Waldanlagen, Obstbaumplantagen und sonstigen Baumpflanzungen, zu Verbesserungen des Wirthschaftsbetriebes u. s. w.

Ueber den Zinsgewinn der Meliorationsfonds steht den Provinzialverbänden die freie Verfügung zu.

Uebereignung der Schlesischen Vieh-Assekuranzfonds an den Provinzialverband von Schlesien.

11. Die in Ausführung des Gesetzes vom 30. Juni 1841 (Gesetz-Samml. S. 285) in der Provinz Schlesien angesammelten Fonds werden, unter Aufhebung der für die drei Regierungsbezirke dieser Provinz bestehenden Viehversicherungsgesellschaften, dem Provinzialverbande von Schlesien zur Verwaltung und Verwendung im Interesse der Rindviehzucht derjenigen Bezirke, für welche diese Fonds angesammelt sind, überwiesen.

Ueberweisung von Zuschüssen für das Hebammenwesen an einzelne Provinzialverbände.

12. Die bisher vom Staate zu Beihülfen und Prämien für Hebammen und Hebammenzöglinge geleisteten Zuschüsse werden den betheiligten Kommunalverbänden überwiesen. Demgemäß erhöhen sich die diesen Kommunalverbänden nach §. 2. dieses Gesetzes, beziehungsweise nach §. 1 des Gesetzes vom 7. März 1868 (Gesetz-Samml. S. 223) aus den Einnahmen des Staatshaushalts zu gewährenden Jahresrenten für den Provinzialverband von Preußen um die Summe von jährlich 1641 Mk., für den Provinzialverband von Hannover um die Summe von jährlich 60 Mk., für den Provinzialverband der Rheinprovinz um die Summe von jährlich 930 Mk., für den Stadtkreis Frankfurt a. M. um die Summe von jährlich 1200 Mk., für den Landeskommunalverband der Hohenzollernschen Lande um die Summe von jährlich 258 Mk.

Uebertragung der Verwaltung und Unterhaltung der Hebammenlehrinstitute an die Provinzialverbände.

13. Folgende Hebammenlehrinstitute werden unter Uebertragung aller dem Staate bezüglich derselben und der dazu gehörigen Vermögensobjekte zustehenden Rechte und obliegenden Verpflichtungen und unter Gewährung der aus der Staatskasse bisher geleisteten Zuschüsse, den nachstehend genannten Provinzialverbänden zur Verwaltung und Unterhaltung überwiesen:

1) dem Provinzialverbande von Preußen:
   die Hebammenlehrinstitute zu Gumbinnen und Danzig mit einen Zuschusse von jährlich 18,645 Mk.;

2) dem Provinzialverbande von Brandenburg:
das Hebammenlehrinstitut zu Frankfurt a. d. O. mit einem Zuschusse von jährlich 7548 Mk.;

3) dem Provinzialverbande von Pommern:
das Hebammenlehrinstitut zu Stettin mit einem Zuschusse von jährlich 9090 Mk.;

4) dem Provinzialverbande von Posen:
das Hebammenlehrinstitut zu Posen mit einem Zuschusse von jährlich 6819 Mk.;

5) dem Provinzialverbande von Schlesien:
die Hebammenlehrinstitute zu Breslau und Oppeln mit einem Zuschusse von jährlich 18,663 Mk.;

6) dem Provinzialverbande von Sachsen:
die Hebammenlehrinstitute zu Magdeburg, Wittenberg und Erfurt mit einem Zuschusse von jährlich 17,319 Mk.;

7) dem Provinzialverbande von Hannover:
die Hebammenlehrinstitute zu Hannover, Hildesheim, Celle, Osnabrück und Aurich mit einem Zuschusse von jährlich 38,214 Mk.;

8) dem Provinzialverbande von Westfalen:
das Hebammenlehrinstitut zu Paderborn mit einem Zuschusse von jährlich 3342 Mk.

Die den vorgenannten Provinzialverbänden nach §. 2. dieses Gesetzes, beziehungsweise nach §. 1. des Gesetzes vom 7. März 1868 (Gesetz-Samml. S. 223) aus den Einnahmen des Staatshaushalts zu gewährenden Jahresrenten werden demgemäß um die angegebenen Beträge der bisher zur Unterhaltung der Hebammenlehrinstitute aus der Staatskasse geleisteten Zuschüsse erhöht.

Ebenso erhöht sich die dem Provinzialverbande der Rheinprovinz nach §. 2. dieses Gesetzes zu gewährende Jahresrente um den Betrag desjenigen Zuschusses, welcher bisher in Höhe von 4972 Mark 50 Pfennigen zur Unterhaltung des Provinzial-Hebammenlehrinstituts zu Cöln aus der Staatskasse geleistet worden ist.

Uebertragung der Verwaltung und Unterhaltung der Ackerbau-, Wiesen- und Obstbauschulen an die Provinzialverbände.

14. Die Unterstützung niederer landwirthschaftlicher Lehranstalten (Ackerbau-, Obstbau-, Wiesenbau- u. s. w. Schulen) erfolgt unter Ueberweisung der aus der Staatskasse im Jahre 1875 geleisteten Zuschüsse vom 1. Januar 1876 ab durch die im §. 20. aufgeführten Kommunalverbände.

Zugleich erhöhen sich die den einzelnen Verbänden nach §. 2. dieses Gesetzes beziehungsweise §. 1. des Gesetzes vom 7. März 1868 und des Gesetzes vom 11. März 1872 zu gewährenden Jahresrenten um diejenigen Beträge, welche im Jahre 1875 zur Unterstützung derartiger Schulen innerhalb der einzelnen Kommunalverbände aus der Staatskasse gezahlt worden sind, wogegen die für diese Schulen vertragsmäßig bestehenden Verpflichtungen des Staates auf die betreffenden Kommunalverbände übergehen.

Ueberweisung von Staatsnebenfonds an die Provinzialverbände.

15. Den Provinzialverbänden von Preußen, Brandenburg, Schlesien, Sachsen, Hannover, Westfalen und der Rheinprovinz, sowie dem Kommunalverbande des Regierungsbezirks Wiesbaden werden die in der Anlage verzeichneten Staatsnebenfonds des Ministeriums des Innern zur Verwaltung und Verwendung mit allen bisher der Staatsverwaltung hinsichtlich dieser Fonds zustehenden Rechten und obliegenden Verpflichtungen überwiesen.

Erhöhung der Renten des Provinzialverbandes von Hannover und des Kommunalverbandes des Regierungsbezirks Wiesbaden zu Wohlthätigkeitszwecken.

16. Es erhält ferner aus den Einnahmen des Staatshaushalts:

1) der Provinzialverband von Hannover zur Gewährung von Zuschüssen für Armen- und Wohlthätigkeitsanstalten eine Summe von jährlich 1170 Mark,
2) der Kommunalverband des Regierungsbezirks Kassel für Zwecke der Armenpflege eine Summe von jährlich 2850 Mark,
3) der Kommunalverband des Regierungsbezirks Wiesbaden zur Gewährung von Zuschüssen für Blinden- und Krankenanstalten eine Summe von jährlich 2400 Mark.

Die dem Provinzialverbande von Hannover und dem Kommunalverbande des Regierungsbezirks Wiesbaden nach dem Gesetze vom 7. März 1868 (Gesetz-Samml. S. 223), beziehungsweise dem Gesetze vom 11. März 1872 (Gesetz-Samml. S. 257), zu gewährenden Jahresrenten werden demgemäß um die vorangegebenen Beträge erhöht.

Zeitpunkt der Ueberweisung der Fonds und Renten.

17. Die Ueberweisung sämmtlicher Fonds und Renten an die in den §§. 1. ff. gedachten Kommunalverbände erfolgt am 2. Januar 1876, beziehungsweise vom 1. Januar 1876 ab.

Vom letzterem Zeitpunkte ab gehen zugleich auf die betreffenden Kommunalverbände die ihnen durch dieses Gesetz auferlegten Verpflichtungen über.

Die bei dem im §. 3. gedachten Fonds vorhandenen Effekten werden in Anrechnung auf die für jeden der betheiligten Kommunalverbände sich ergebende Summe nach dem Kurs der Berliner Börse vom 2. Januar 1876 überwiesen.

Uebertragung der Verwaltung und Unterhaltung der Staats-Chausseen an die Provinzialverbände ꝛc.

18. Den Provinzialverbänden von Preußen, Brandenburg, Pommern, Posen, Schlesien, Sachsen, Schleswig-Holstein, Hannover, Westfalen und der Rheinprovinz, den Kommunalverbänden der Regierungsbezirke Kassel und Wiesbaden, den Stadtkreisen Berlin und Frankfurt a. M. und dem Landeskommunalverbande der Hohenzollernschen Lande wird ferner die Verwaltung, einschließlich der technischen Bauleitung, sowie der Unterhaltung der bereits ausgebauten Staatschausseen und derjenigen chaussirten Straßen übertragen, welche aus den den betreffenden Kommunalverbänden durch dieses Gesetz, beziehungsweise durch die früheren Dotationsgesetze überwiesenen Fonds ausgebaut werden und nicht in die Verwaltung und Unterhaltung an Dritte übergehen.

Zugleich mit der Unterhaltung der bereits ausgebauten Staatschausseen geht das Eigenthum an denselben nebst allen Nutzungen und Pertinenzien einschließlich der Chausseewärter- und Einnehmerhäuser auf die Kommunalverbände über.

Den Provinzialverbänden bleibt es überlassen, die Verwaltung und Unterhaltung der ihnen überwiesenen Staatschausseen auf engere Kommunalverbände nach Maßgabe der mit denselben zu treffenden Vereinbarung zu übertragen.

Eine solche Uebertragung muß erfolgen hinsichtlich derjenigen Straßenstrecken, welche der Staat auf Grund des §. 9. der Verordnung vom 16. Juni 1838 (Gesetz-Samml. S. 353) übernommen hat, sofern es die betheiligte Stadtgemeinde verlangt. Kommt über den zu diesem Zweck auszusondernden Antheil an der Provinzialdotation zwischen dem Provinzialverband und der betreffenden Stadtgemeinde eine Vereinbarung nicht zu Stande, so entscheidet das Oberverwaltungsgericht über die Höhe der zu gewährenden jährlichen Geldrente nach Verhältniß der aufzuwendenden Kosten.

Die Verwaltung und Unterhaltung derjenigen Staatschausseen, deren Kosten bisher aus berg- oder forstfiskalischen Fonds bestritten sind, verbleibt auch fernerhin dem Staate.

19. Die der Staatsbauverwaltung nach gesetzlichen Bestimmungen obliegenden Verpflichtungen zur Leitung der Neu- und Unterhaltungsbauten hinsichtlich der chaussirten oder unchaussirten Straßen außer den Staatschausseen gehen gleichfalls auf die betreffenden Kommunalverbäude über. Dasselbe gilt von den der Staatsbauverwaltung den Provinzial- und Bezirksstraßen gegenüber obliegenden Verpflichtungen.

20. Für die Uebernahme der Verwaltung und Unterhaltung der Staatschausseen einschließlich der Kosten der Besoldung und Pensionirung des für die obere Leitung der Neu- und Unterhaltungsbauten, sowie für die Beaufsichtigung der Chausseen neu anzustellenden, beziehungsweise schon vorhandenen Beamtenpersonals wird den im §. 18. genannten Kommunalverbänden eine Jahresrente von 19 Millionen Mark gewährt. Von dieser Rente erhalten:

1)	der Provinzialverband von Preußen . . .	1,581,840	Mk.
2)	= = = Brandenburg . .	940,400	=
3)	= = = Pommern . . .	656,540	=
4)	= = = Posen	401,520	=
5)	= = = Schlesien . . .	1,522,170	=
6)	= = = Sachsen . . .	1,549,510	=
7)	= = = Schleswig-Holstein .	1,001,690	=
8)	= = = Hannover (einschließlich des Jadegebiets)	1,896,890	=
9)	= Provinzialverband von Westfalen . . .	1,746,340	=
10)	= Kommunalverband des Regierungsbezirks Kassel	1,071,110	=
11)	= Kommunalverband des Regierungsbezirks Wiesbaden	639,598	=
12)	= Stadtkreis Frankfurt a. M.	114,072	=
13)	= Provinzialverband der Rheinprovinz . .	1,605,850	=
14)	= Stadtkreis Berlin	160,500	=
15)	= Landeskommunalverband der Hohenzollernschen Lande	111,970	=
		15,000,000	Mk.

Der Rest der 4 Millionen Mark wird auf die vorgenannten Kommunalverbände nach dem Maßstabe und den Vorschriften im §. 2. dieses Gesetzes vertheilt; bis zu dem Erlaß der hierin vorgesehenen Königlichen Verordnung wird der Vertheilung vorläufig die Volkszählung vom Dezember 1871 zum Grunde gelegt.

Die den Kommunalverbänden nach §. 2. dieses Gesetzes, beziehungsweise nach §. 1. des Gesetzes vom 7. März 1868 (Gesetz-Samml. S. 223) und des Gesetzes vom 11. März 1872 (Gesetz-Samml. S. 157) zu gewährenden Jahresrenten werden demgemäß um die angegebenen Beträge erhöht.

21. Die dem Staate nach dem Patente vom 27. Dezember 1865, betreffend verschiedene Abänderungen der Vorschriften der Wegeordnung über die Instandsetzung und Unterhaltung der Nebenlandstraßen und die Beaufsichtigung der Nebenwege (Verordnungsblatt für das Herzogthum Holstein, 1866 S. 1. ff.), obliegenden Verpflichtungen zur theilweisen Erstattung der Baukosten und zur Uebernahme der ausgebauten Nebenlandstraßen im früheren Herzogthum Holstein gehen auf den Provinzialverband von Schleswig-Holstein über. Demselben wird hierfür, unter Anrechnung auf die ihm nach §. 20. zufallende Rente, der von dem früheren Herzogthum Holstein aufzubringende Landesbeitrag zur Unterhaltung der Staatschausseen und der auf die Staatskasse übergehenden Nebenlandstraßen im Betrage von 66,300 Mark überwiesen.

Bis zu einer Auseinandersetzung zwischen den Herzogthümern Schleswig und Holstein mit Bezug auf das aus dem erwähnten Patent entspringende Verhältniß ruht die Verpflichtung des Provinzialverbandes zur theilweisen Erstattung der Baukosten und zur Uebernahme solcher neu ausgebauten Nebenlandstraßen im Herzogthum Holstein, deren Baupläne nicht bereits bei Erlaß dieses Gesetzes die regierungsseitige Genehmigung erhalten haben.

Desgleichen werden dem Landeskommunalverbande der Hohenzollernschen Lande die Beiträge, welche von den Gemeinden und Markungsbesitzern zur Anlegung und Unterhaltung der unmittelbaren, bezw. der Staatsstraßen nach dem §. 2. des Sigmaringischen Gesetzes über die Theilnahme an den Straßenbaukosten vom 6. Juni 1840 (Sammlung der Sigmaringischen Gesetze 1840 S. 228 ff.) und dem §. 1. des Hechingischen Gesetzes vom 16. August 1842, betreffend die Uebernahme sämmtlicher mit der Anlage und Unterhaltung der Staatsstraßen verbundenen Kosten auf die Fürstliche Staatskasse (Verordnungs- und Intelligenzblatt 1842 S. 321 ff.), zu zahlen sind, im Betrage von 21,160,„ Mark, gleichfalls unter Anrechnung auf die im §. 20. angegebene Rente überwiesen.

Die dem Staate nach dem §. 11. des Gesetzes vom 2. Oktober 1862, betreffend die Erbauung chaussirter Verbindungsstraßen (Verordnungsblatt für Nassau 1862 S. 176 ff.), obliegende Verpflichtung zur Unterhaltung der dem Verkehr übergebenen Straßen geht auf den Kommunalverband des Regierungsbezirks Wiesbaden über.

22. Die Verwaltung und Unterhaltung der Staatschausseen geht auf die im §. 18. aufgeführten Kommunalverbände vom 1. Januar 1876 ab über.

Von demselben Zeitpunkte ab erfolgt die Ueberweisung der im §. 20. angegebenen Renten. Desgleichen gehen von diesem Zeitpunkte die sämmtlichen Verpflichtungen, welche dem Staate gegenüber dem angestellten Chaussee-Aufsichtspersonale obliegen, auf die betreffenden Kommunalverbände über.

23. Sofern die erforderlichen administrativen und technischen Organe von den betreffenden Kommunalverbänden bis zum 1. Januar 1876 nicht beschafft werden können, wird die Verwaltung der im §. 22. gedachten Chausseen einstweilen, jedoch längstens bis zum 1. Januar 1878, durch den Staat fortgeführt.

Die Kosten der Verwaltung, einschließlich der Unterhaltung der Chausseen, werden aus den den einzelnen Kommunalverbänden durch den §. 20. überwiesenen Renten bestritten.

Ebenso wird in dem vorbezeichneten Zeitraum bis zum Uebergange der Chausseebauverwaltung auf die Kommunalverbände die Ausführung derjenigen Chausseebauten, zu denen die Staatsregierung sich verpflichtet hat (§. 4. Alin. 2.) oder die von den Vertretungen der im §. 18. gedachten Kommunalverbände neu beschlossen worden sind, durch die staatlichen Organe bewirkt.

Die Kosten dieser Chausseebauten, ingleichen die Unterstützungen von anderen als Staatschausseebauten, welche bereits zugesichert sind oder neu zugesichert werden, sind aus den Summen zu bestreiten, welche den betreffenden Kommunalverbänden zu diesen Zwecken überwiesen worden sind.

24. Die durch §. 8. des Hannoverschen Chausseebaugesetzes vom 20. Juni 1851 dem Königlichen Ministerium des Innern gewährte Ermächtigung, andere Straßen in die Klasse der Staatschausseen aufzunehmen und aufgenommene aus dieser zu entfernen, wird aufgehoben.

25. Die näheren Bestimmungen über die Verwaltung der in diesem Gesetze genannten Provinzialinstitute und Verwaltungszweige werden durch besondere von den Vertretungen der betreffenden Kommunalverbände zu erlassende Reglements getroffen.

Diese Reglements bedürfen der Genehmigung der zuständigen Minister nach Maßgabe der Bestimmungen des §. 120. der Provinzialordnung für die Provinzen Preußen, Brandenburg, Pommern, Schlesien und Sachsen.

Bis zum Erlasse dieser Reglements bleiben die bestehenden Verwaltungsvorschriften in Kraft.

Die Verwaltung der den Stadtkreisen Berlin und Frankfurt a. M. durch dieses Gesetz übertragenen Fonds und Verwaltungszweige erfolgt nach Maßgabe der Städteordnung vom 31. Mai 1853 beziehungsweise der Verordnung vom 26. September 1867, betreffend die Kreisverfassung im Gebiet des Regierungsbezirks Wiesbaden.

An der Zuständigkeit wegen der Verleihung und Festsetzung der Präbenden in dem mit dem Königlichen großen Hospital im Löbenicht zu Königsberg verbundenen Marienstift wird durch die Uebertragung der Verwaltung dieses Hospitals an den Provinzialverband von Preußen nichts geändert.

Ueberweisung der für die Kreise außerhalb des Geltungsbereichs der Kreisordnung vom 13. Dezember 1872 zur Verfügung gestellten Kreisfonds an die betreffenden Provinzial- und Kommunalverbände.

26. Von der durch den §. 1. Nr. 2 des Gesetzes vom 30. April 1873 für die Durchführung der Kreisordnung und der zu erlassenden ähnlichen Gesetze aus den Einnahmen des Staatshaushalts zur Verfügung gestellten Summe von jährlich einer Million Thaler werden vom 1. Januar 1876 ab alljährlich:

1)	dem Provinzialverbande von Posen . .	220,317	Mk.,
2)	" " " Schleswig-Holstein . .	135,819	"
3)	" " " Hannover .	284,076	"
4)	" " " Westfalen .	194,874	"
5)	" " der Rheinprovinz	333,411	"
6)	" Kommunalverbande des Regierungsbezirks Kassel	91,428	"
7)	" Kommunalverbande des Regierungsbezirks Wiesbaden	55,146	"
8)	" Stadtkreise Frankfurt a. M. . . .	6,798	"
9)	" Landeskommunalverbande der Hohenzollernschen Lande	8,898	"

überwiesen, um dieselben bis zum Erlasse weiterer gesetzlicher Bestimmungen über deren Verwendung zinsbar zu belegen, oder zu den in den §§. 4. 13. 14. und 20. angegebenen Zwecken zu verwenden.

Zu gleichem Zwecke werden den genannten Kommunalverbänden aus den Kapitalbeständen des gemäß §. 5. des Gesetzes vom 30. April 1873 gebildeten Fonds am 2. Januar 1876 folgende Summen nebst den auf dieselben entfallenden Antheilen an den, den Kapitalien bis dahin zugewachsenen Zinsen überwiesen:

1)	dem Provinzialverbande von Posen . .	660,951 Mk.,
2)	" " " Schleswig-Holstein .	407,457 "
3)	" " " Hannover .	852,228 "
4)	" " " Westfalen .	584,622 "
5)	" " der Rheinprovinz	1,000,233 "
6)	" Kommunalverbande des Regierungsbezirks Kassel	274,284 "
7)	" Kommunalverbande des Regierungsbezirks Wiesbaden	165,438 "
8)	" Stadtkreise Frankfurt a. M. . . .	20,394 "
9)	" Landeskommunalverbande der Hohenzollernschen Lande	26,694 "

Die Ueberweisung der bei den Fonds vorhandenen Effekten erfolgt in Anrechnung auf die für jeden dieser Verbände sich ergebende Summe nach dem Kurs der Berliner Börse vom 2. Januar 1876.

27. Scheidet gemäß §. 4. der Kreisordnung vom 13. Dezember 1872 eine Stadt aus einem Landkreise aus, so ist derjenige Theil der dem letzteren auf Grund der §§. 3. und 4. des Gesetzes vom 30. April 1873 zur Durchführung der Kreisordnung überwiesenen Summe, welcher nach dem im §. 2. jenes Gesetzes vorgeschriebenen Maßstabe auf die ausscheidende Stadt entfallen würde, nach eben diesem Maßstabe auf sämmtliche Landkreise der betreffenden Provinz zu vertheilen und um den hiernach auf jeden Landkreis entfallenden Betrag die Dotation desselben zu erhöhen.

Diese Bestimmung findet auch auf die seit Erlaß des Gesetzes vom 30. April 1873 bereits ausgeschiedenen Städte Anwendung.

28. Der Minister der Finanzen, des Innern, der geistlichen, Unterrichts- und Medizinalangelegenheiten, für Handel, Gewerbe und öffentliche Arbeiten und für die landwirthschaftlichen Angelegenheiten sind mit der Ausführung dieses Gesetzes beauftragt.

Urkundlich unter Unserer Höchsteigenhändigen Unterschrift und beigedrucktem Königlichen Insiegel.

Gegeben Carlsruhe, den 8. Juli 1875.

(L. S.) **Wilhelm.**

Fürst v. Bismarck. Camphausen. Gr. zu Eulenburg. Leonhardt. Falk. v. Kameke. Achenbach. Friedenthal.

Anlage zu §. 15.

Staats-Nebenfonds des Ministeriums des Innern.

Es erhält:

I. Der Provinzialverband von Preußen.

1) Den Pferde-Demobilmachungsfonds für den Kreis Memel im Regierungsbezirke Königsberg zur Beihülfe der Provinzial-Armenpflege für invalide Krieger und für Wittwen und Waisen der im Kriege Gebliebenen mit einem Kapitalbestande von 1525 Thlr. in Staatsschuldscheinen und einem Jahresbetrage von 53 Thlr. 11 Sgr. 3 Pf.;

2) den zu gleichem Zwecke bestimmten Demobilmachungsfonds im Regierungsbezirke Gumbinnen mit einem Kapitalbestande von 21,564 Thlr. 17 Sgr. 4 Pf. theils in Hypotheken, theils in Staatspapieren, theils baar, und einem Jahresbetrage von 1100 Thlr.;

3) den aus der Vermögensmasse des aufgehobenen Klosters der barmherzigen Brüder zu Alt-Schottland gebildeten Krankenpflegefonds zur Unterbringung unvermögender Kranken des Regierungsbezirks Danzig in dem städtischen Hospital zu Danzig und zur Unterstützung solcher Kranken in ihrer Heimath mit einem Kapitalbestande von 15,100 Thlr. und einem Jahresbetrage von 549 Thlr. 2 Sgr. 6 Pf.

II. Der Provinzialverband von Brandenburg.

4) den aus Beständen der ehemaligen Kursächsischen Generalbrandkasse gebildeten Fonds zur Unterstützung Hülfsbedürftiger, deren Gebäude ihrer Feuergefährlichkeit wegen abgerissen werden müssen, und solcher, welche durch Brandunglück oder durch Ge-

witterschläge an ihren Gebäuden Schaden erlitten haben, sowie zur Unterstützung armer Gemeinden bei Anschaffung von Schlauchspritzen und Löschgeräthschaften im Regierungsbezirke Potsdam mit einem Kapitalbestande von 6250 Thlr. in Staatsschuldscheinen, 44 Thlr. 7 Sgr. 9 Pf. baar und einem Jahresbetrage von 190 Thlr.;

5) den aus Beständen der ehemaligen Kursächsischen Generalbrandkasse für gleiche Zwecke gebildeten Fonds im Regierungsbezirke Frankfurt a. d. O. mit einem Kapitalbestande von 1400 Thlr. in Staatspapieren und einem Jahresbetrage von 54 Thlr.;

6) den Buderschen Stiftungsfonds zur Unterstützung armer Wenden im Regierungsbezirke Frankfurt a. d. O. mit einem Kapitalbestande von 4950 Thlr. in Staatspapieren, 18,318 Thlr. 1 Sgr. 2 Pf. in Hypotheken-Dokumenten, 760 Thlr. 16 Sgr. 9 Pf. baar, zusammen 24,028 Thlr. 17 Sgr. 11 Pf., und einem Jahresbetrage von 1183 Thlr.

III. Der Provinzialverband von Schlesien.

7) den Fonds zu Unterstützungen bei Brandschäden und Epidemien im Regierungsbezirke Oppeln mit einem Kapitalbestande von 450 Thlr. in Staatsanleihen und einem Jahresbetrage von 17 Thlr.;

8) den Fonds zur Unterstützung durch Ueberschwemmung Verunglückter daselbst mit einem Jahresbetrage von 118 Thlr.

IV. Der Provinzialverband von Sachsen.

9) den aus den Beständen der ehemaligen Kursächsischen Generalbrandkasse gebildeten Fonds zu den unter Nr. 4 angegebenen Zwecken im Regierungsbezirke Magdeburg mit einem Kapitalbestande von 1475 Thlr. in Staatspapieren, 53 Thlr. 21 Sgr. 3 Pf. baar und einem Jahresbetrage von 47 Thlr.;

10) den aus den Beständen der ehemaligen Kursächsischen Generalbrandkasse gebildeten Fonds zu den unter Nr. 4 angegebenen Zwecken im Regierungsbezirke Merseburg mit einem Kapitalbestande von 34,375 Thlr. und einem Jahresbetrage von 1314 Thlr. 3 Sgr. 9 Pf.;

11) desgleichen im Regierungsbezirke Erfurt mit einem Kapitalbestand von 6875 Thlr. in Staatspapieren und einem Jahresbetrage von 265 Thlr. 8 Sgr.;

12) den General-Armenfonds zu Heiligenstadt im Regierungsbezirke Erfurt zur Unterstützung armer Bewohner des Eichsfeldes mit einem Jahresbetrage von 722 Thlr.;

13) den Fonds zu außerordentlichen Unterstützungen im Regierungsbezirke Merseburg, soweit die Verwaltung desselben bisher der Abtheilung des Innern der Regierung zu Merseburg zustand, mit einem Kapitalbestande von 10,300 Thlr. und einem Jahresbetrage von 466 Thlr. 7 Sgr. 6 Pf.;

14) den Stift-Merseburger-Ueberschußfonds zu Unterstützungen für die Armenkassen und Schulen, sowie an Hülfsbedürftige im Stifte Merseburg mit einem Kapitalbestande von 24,456 Thlr. 29 Sgr. 2 Pf. und einem Jahresbetrage von 757 Thlr.

V. Der Provinzialverband von Hannover.

15) den Eichsfeldschen General-Armenfonds der Provinz Hannover zur Unterstützung hülfsbedürftiger Bewohner des Eichsfeldes mit einem Kapitalbestande von 3500 Thlr. und einem Jahresbetrage von 127 Thlr. 15 Sgr.;

16) den Osnabrückschen Kornmagazinfonds zur Beförderung gemeinnütziger und wohlthätiger Anstalten im Fürstenthum Osnabrück mit einem Kapitalbestande von 33,850 Thlr. Kurant und einem Jahresbetrage von 960 Thlr.;

17) den Bentheimschen Bataillonsunterstützungsfonds für Hülfsbedürftige in der Grafschaft Bentheim mit einem Kapitalbestande von 1650 Thlr. Kurant und einem Jahresbetrage von 71 Thlr.;

18) den Lingenschen Waisenkassenfonds zur Unterstützung von Waisen in der Niedergrafschaft Lingen mit einem Kapitalbestande von 10,850 Holländische Gulden, 1000 Thlr. Gold und 17,200 Thlr. Kurant, mit einem Jahresbetrage von 1111 Thlr. 26 Sgr. 2 Pf.;

19) den Fonds des von Dankelmannschen Legats in Osnabrück zur Unterstützung einer reformirten Predigerwittwe der Stadt und Grafschaft Lingen und zweier anderer Wittwen mit einem Kapitalbestande von 3200 Holländische Gulden und 2200 Thlr. Kurant und einem Jahresbetrag von 142 Thlr. 4 Sgr.

VI. Der Provinzialverband von Westfalen.

20) den allgemeinen Unterstützungs- und Wohlthätigkeitsfonds für den Regierungsbezirk Arnsberg mit einem Kapitalbestande von 52,825 Thlr. in Hypotheken und Werthpapieren und einem Jahresbetrage von 2154 Thlr. 18 Sgr. 9 Pf.;

21) den Waisenhausfonds zur Unterstützung armer Waisenkinder reformirter Konfession im Kreise Siegen des Regierungsbezirks Arnsberg mit einem Kapitalbestande von 7316 Thlr. 6 Sgr. 6 Pf. in Hypotheken und Werthpapieren und einem Jahresbetrage von 247 Thlr. 4 Sgr. 5 Pf.

VII. Der kommunalständische Verband des Regierungsbezirks Wiesbaden.

22) den Fonds der Adolfsstiftung in Wiesbaden zur Unterstützung armer Waisenkinder beiderlei Geschlechts Behufs ihrer Ausbildung in einem Handwerke oder Gewerbe mit einem Kapitalbestande von 13,580 Thlr. und einem Jahresbetrage von 585 Thlr. 3 Sgr.

VIII. Der Provinzialverband der Rheinprovinz.

23) den Ehrenbreitsteiner allgemeinen Armenfonds im Regierungsbezirke Coblenz mit einem Kapitalbestande von 15,150 Thlr. und einem Jahresbetrage von 575 Thlr.;

24) den Polizeistrafgelderfonds zur Unterstützung verlassener Findel- und verwaister Kinder rc. für den rechtsrheinischen Theil des Regierungsbezirks Coblenz mit einem Kapitalbestande von 8000 Thlr. und einem Jahresbetrage von 3874 Thlr. 28 Sgr.;

25) für den linksrheinischen Theil des Regierungsbezirks Coblenz mit einem Kapitalbestande von 4500 Thlr. und einem Jahresbetrage von 4485 Thlr. 25 Sgr.;

26) für den rheinisch-rechtlichen Theil des Regierungsbezirks Düsseldorf mit einem Kapitalbestande von 4800 Thlr. rentbar angelegt und 2612 Thlr. 29 Sgr. baar (am Schlusse des Jahres 1872) und einem Jahresbetrage von 17,236 Thlr. 8 Sgr. 1 Pf.;

27) für den landrechtlichen Theil des Regierungsbezirks Düsseldorf mit einem Kapitalbestande von 21,916 Thlr. 20 Sgr. rentbar angelegt und 2097 Thlr. 15 Sgr. 7 Pf. baar (am Schlusse des Jahres 1872) und einem Jahresbetrage von 7509 Thlr. 14 Sgr.;

28) für den Regierungsbezirk Cöln mit einem Kapitalbestande von 13,190 Thlr. in Effekten, 10,968 Thlr. 21 Sgr. 5 Pf. baar und einem Jahresbetrage von 17,998 Thlr. 4 Sgr. 9 Pf.;

29) für den Regierungsbezirk Trier mit einem Kapitalbestande von 22,400 Thlr. (am Schlusse des Jahres 1872) und einem Jahresbetrage von 13,558 Thlr. 22 Sgr. 6 Pf.

30) für den Regierungsbezirk Aachen mit einem Kapitalbestande von 16,300 Thlr. in Staatspapieren und Eisenbahn-Prioritäten und einem Jahresbetrage von 10,810 Thlr. 19 Sgr.

Verordnung,

betreffend die Feststellung der nach §. 2. und §. 20. des Gesetzes vom 8. Juli 1875 über die Ausführung der §§. 5. und 6. des Gesetzes vom 30. April 1873 wegen der Dotation der Provinzial- und Kreisverbände zu vertheilenden Jahresrenten.

Vom 12. September 1877. (Ges.S. S. 227.)

Wir **Wilhelm**, von Gottes Gnaden König von Preußen rc. verordnen in Gemäßheit der §§. 2. und 20. des Gesetzes, betreffend die Ausführung der §§. 5. u. 6. des Gesetzes vom 30. April 1873 wegen der Dotation der Provinzial- und Kreisverbände, vom 8. Juli 1875 (GS. S. 497 ff.), was folgt:

1. Nach dem Maßstabe und den Vorschriften des §. 2. des vorbezeichneten Gesetzes vom 8. Juli 1875 haben an Jahresrenten zu erhalten:

I. von der nach §. 2. a. a. O. behufs Ausstattung mit Fonds zur Selbstverwaltung überwiesenen Summe von 13,440,000 Mk.

1.	der Provinzialverband von Preußen	2,435,714	:
2.	: : : Brandenburg	1,549,077	:
3.	: : : Pommern	1,156,487	:
4.	: : : Posen	1,139,700	:
5.	: : : Schlesien	2,070,111	:
6.	: : : Sachsen	1,223,613	:
7.	: : : Schleswig-Holstein	697,693	:
8.	: : : Westfalen	1,033,501	:
9.	: : der Rheinprovinz	1,756,736	:
10.	: Stadtkreis Berlin	289,155	:
11.	: : Frankfurt a. M.	39,453	:
12.	: Landkommunalverband der Hohenzollernschen Lande	46,021	:
13.	der Provinzialverband von Hannover für das demselben einverleibte Jadegebiet	2,739	:

II. von denjenigen 4 Millionen Mark, welche den Rest der nach §. 20. a. a. O. für die Uebernahme der Verwaltung und Unterhaltung der Staatschausseen gewährten Jahresrente von 19 Millionen Mark bilden:

1.	der Provinzialverband von Preußen	620,171	Mk.
2.	: : : Brandenburg	394,647	:

3. der Provinzialverband von Pommern .	294,331	Mk.,
4. " " " Posen . . .	290,409	"
5. " " " Schlesien . .	529,403	"
6. " " " Sachsen . .	312,700	"
7. " " " Schleswig-Holstein . .	177,856	"
8. " " " Hannover (einschließlich des Jadegebietes)	375,400	"
9. der Provinzialverband von Westfalen .	264,290	"
10. der Kommunalverband des Regierungsbezirks Kassel	119,120	"
11. der Kommunalverband des Regierungsbezirks Wiesbaden	74,549	"
12. der Stadtkreis Frankfurt a. M. . . .	10,195	"
13. der Provinzialverband der Rheinprovinz	450,383	"
14. der Stadtkreis Berlin	74,815	"
15. der Landeskommunalverband der Hohenzollernschen Lande	11,731	"

2. Der Finanz-Minister, der Minister des Innern und der Minister für Handel, Gewerbe und öffentliche Arbeiten haben hiernach das Weitere zu veranlassen.

Urkundlich unter Unserer Höchsteigenhändigen Unterschrift und beigedrucktem Königlichen Insiegel.

Gegeben Schloß Brühl, den 12. September 1877.

(L. S.) **Wilhelm.**

X. Cirkular-Verfügung

des Ministers des Innern, betreffend die Wahlen zur Ergänzung der Kreistage.

Vom 1. Mai 1876. (Min.Bl. S. 121.)

In Erledigung des Vorbehaltes am Schlusse meiner Instruktion vom 10. März 1873 (S. 101) bestimme ich hiermit Folgendes:

1. Behufs Vorbereitung der zur regelmäßigen Ergänzung der Kreistage nach §. 108. der Kreisordnung erforderlichen Wahlen,

sowie zum Zwecke der Neuwahlen, welche in Folge der nach §. 112. von den Kreisvertretungen aufzustellenden Vertheilungspläne nothwendig werden, sind gemäß §. 110. die Verzeichnisse der Wahlberechtigten aufzustellen.

2. Die Aufstellung der Verzeichnisse der Wahlberechtigten erfolgt nach Vorschrift der Art. 1 bis 4 der Instruktion vom 10. März 1873 (S. 76 ꝛc.) und der zu denselben durch Cirkular-Verfügung vom gleichen Datum (S. 75) erlassenen Zusatzbestimmungen, mit folgenden Maßgaben:

a) die Aufstellung der Verzeichnisse bewirkt der Kreisausschuß (§. 110.),

b) die Beträge der Grund- und Gebäudesteuer in den Verzeichnissen I. bis III. sind in Reichswährung anzugeben.

c) die Reihenfolge der Landgemeinden in dem Verzeichnisse III. (Art. 4) wird bestimmt nach der, durch die Volkszählung vom 1. Dezember 1875 ermittelten ortsanwesenden Bevölkerung, mit Ausschluß der im aktiven Militärdienste stehenden Personen (§§. 84., 89. Nr. 1).

Das Königliche statistische Büreau ist von mir veranlaßt worden, die Ergebnisse der Volkszählung vom 1. Dezember 1875 den Landräthen unmittelbar und ungesäumt mitzutheilen. Die vom Königlichen statistischen Büreau mitgetheilten Zahlen sind überall maßgebend.

3. Sobald die Aufstellung der Verzeichnisse der Wahlberechtigten beendigt ist, werden dieselben durch das Kreisblatt oder, wo ein solches nicht besteht, durch das Amtsblatt zur öffentlichen Kenntniß gebracht (§. 110. KreisO.).

Anträge auf Berichtigung dieser Verzeichnisse sind binnen einer Frist von vier Wochen nach Ausgabe des Blattes, durch welches die Verzeichnisse veröffentlicht worden sind, bei dem Kreisausschusse anzubringen (§. 110. KreisO.).

Gegen die Beschlüsse (Entscheidungen) des Kreisausschusses findet innerhalb zehn Tagen die Klage bei dem Bezirks-Verwaltungsgerichte statt (§. 98. Nr. 2 des Gesetzes vom 3. Juli 1875).*)

4. Mit der Aufstellung der Verzeichnisse der Wahlberechtigten ist sofort zu beginnen und Alles soweit vorzubereiten, daß es nach dem Eintreffen der Mittheilungen des statistischen Büreaus nur der Revision des Verzeichnisses III. bedarf und die öffentliche Bekanntmachung nach Nr. 3 unmittelbar darauf erfolgen kann.

Mit der Ausführung dieser Verfügung werden die Königlichen Regierungen betraut.

---

*) KreisO. § 110 Abs. 2 u. Ldverw.Ges. § 153.

5. Wegen weiterer Ausführung der §§. 111. und 112. der Kreisordnung in Verbindung mit §§. 107. und 108. wird demnächst besondere Verfügung ergehen.*)

Berlin, den 1. Mai 1876.

Der Minister des Innern.
Graf zu Eulenburg.

XI. Gesetz,

betreffend die Einführung der Kreisordnung vom 13. Dezember 1872 in den Grafschaften Wernigerode und Stolberg.

Vom 18. Juni 1876. (Ges.S. S. 245.)

Wir Wilhelm, von Gottes Gnaden König von Preußen rc. verordnen zur Ausführung des §. 181. der Kreisordnung vom 13. Dezember 1872 (Gesetz-Samml. 1872 S. 661), mit Zustimmung beider Häuser des Landtages, was folgt:

1. Mit dem 1. Oktober 1876 tritt in den Grafschaften Wernigerode, Stolberg-Stolberg mit dem vormaligen Amte Heringen und Stolberg-Roßla mit dem vormaligen Amte Kelbra die Kreisordnung vom 13. Dezember 1872 in allen ihren Theilen, jedoch unter Ausschluß des §. 181. mit nachstehenden Maßgaben in Kraft:

1) Die Ernennung der Amtsvorsteher und deren Stellvertreter (§§. 56. 57.), sowie die Bestellung kommissarischer Amtsvorsteher (§. 58.) erfolgt in den genannten Grafschaften nach Anhörung der Besitzer derselben, des Grafen zu Stolberg-Wernigerode, beziehungsweise des Grafen zu Stolberg-Stolberg und des Grafen zu Stolberg-Roßla, unbeschadet des dem Kreistage nach §§. 56. 57. zustehenden Vorschlagsrechtes.
2) Der Landrath des Kreises Wernigerode wird nach Anhörung des Grafen zu Stolberg-Wernigerode vom Könige ernannt. Das der Kreisversammlung gemäß §. 74. zustehende Vorschlagsrecht wird hierdurch nicht berührt.

---

*) Nr. XII.

3) Die Grafen zu Stolberg-Wernigerode, Stolberg-Stolberg und Stolberg-Roßla sind befugt, das in dem Kreise Wernigerode, beziehungsweise Sangerhausen ihnen zustehende Recht der Theilnahme an den von den Wahlverbänden der größeren Grundbesitzer zu vollziehenden Wahlen von Kreistagsabgeordneten durch Stellvertreter in gleicher Weise, wie die Mitglieder der regierenden Häuser (§. 97, 5.) auszuüben.

2. In den Grafschaften Wernigerode und Stolberg ist noch vor dem im §. 1. gedachten Zeitpunkte zur Wahl der Gemeindevorsteher und Schöffen, zur Bildung der Amtsbezirke und zur Ernennung oder Bestellung der Amtsvorsteher in Gemäßheit der Vorschriften der Kreisordnung zu schreiten.

3. Von dem im §. 1. angegebenen Zeitpunkte ab treten die von den Grafen zu Stolberg in den §. 1. bezeichneten Gebieten bestellten Polizeioberbeamten, Medizinal- und Lokalbeamten, sowie die gräfliche Regierung und das mit ihr verbundene Medizinalkollegium in Wernigerode außer Wirksamkeit.

Die Befugnisse und Obliegenheiten dieser Behörden gehen, mit allen Nutzungen und Lasten, auf die nach der Kreisordnung oder den sonst bestehenden allgemeinen Vorschriften zuständigen staatlichen oder kommunalen Behörden über.

4. Die durch Aufhebung der gräflichen Behörden (§. 3.) disponibel werdenden öffentlichen Beamten der Grafen zu Stolberg sind mit ihrem derzeitigen Gehalte, Dienstalter und Range in den unmittelbaren Staatsdienst zu übernehmen, oder geeigneten Falles für Rechnung der Staatskasse mit Wartegeld oder Pension in den Ruhestand zu versetzen. Lehnt einer dieser Beamten die anderweite Anstellung ab, so ist er mit Pension in Ruhestand zu setzen.

Urkundlich unter Unserer Höchsteigenhändigen Unterschrift und beigedrucktem Königlichen Insiegel.

Gegeben Bad Ems, den 18. Juni 1876.

(L. S.) **Wilhelm.**

Camphausen. Gr. zu Eulenburg. Leonhardt. Falk. v. Kameke. Achenbach. Friedenthal.

XII. Cirkular-Verfügung

des Ministers des Innern, betreffend die Wahl der Kreistagsabgeordneten.

Vom 21. Juli 1876. (Min.Bl. S. 223.)

Im Anschlusse an meine Cirkular-Verfügung vom 1. Mai cr. bestimme ich zur weiteren Ausführung der §§. 111. und 112. der KreisO. vom 13. Dezember 1872 in Verbindung mit §§. 107. und 108. Folgendes:

I.

1. Nachdem die Bekanntmachung der Verzeichnisse der Wahlberechtigten I. bis III. in Gemäßheit meiner Cirkularverfügung vom 1. Mai cr. erfolgt ist, hat der Kreisausschuß nach §. 111. die geeigneten Vorschläge an den Kreistag

über die Vertheilung der Kreistagsabgeordneten auf die einzelnen Wahlverbände,

über die Bildung von Wahlbezirken für die Landgemeinden und die zum Verbande derselben gehörigen selbstständigen Gutsbezirke, Gewerbetreibenden und Bergwerksbesitzer,

über die Vertheilung der Abgeordneten der Landgemeinden auf die einzelnen Wahlbezirke,

über die Vertheilung der städtischen Abgeordneten auf die einzelnen Städte, bezw. die Bildung von Städtewahlbezirken,

auszuarbeiten. Hierbei sind die verschiedenen Eventualitäten, welche in Folge des Loosens auf dem Kreistage eintreten können (§. 93.), entsprechend zu berücksichtigen.

2. Wenn Anträge auf Berichtigung der Verzeichnisse der Wahlberechtigten (§. 110.) nicht eingegangen, oder die gestellten Anträge vom Kreisausschusse berücksichtigt, oder die Klagen gegen die Entscheidungen des Kreisausschusses endgültig entschieden (Gesetz vom 3. Juli 1875 §. 90. Nr. 2),*) oder die Klageanträge der Art sind, daß nach der Ansicht des Kreisausschusses die Entscheidungen des Bezirks- bezw. Oberverwaltungsgerichts, auch wenn sie den Klageanträgen entsprechen sollten, die Vertheilung der Abgeordneten auf die Wahlverbände, Wahlbezirke und Städte nicht beeinflussen würden, hat der Landrath, eventuell nach Re-

*) KreisO. § 110 Abs. 2.

vision der Vorschläge (Nr. 1) durch den Kreisausschuß, einen Kreistag zur Aufstellung des Vertheilungsplanes nach §§. 111. und 112. und zur Ausloosung des Kreistagsabgeordneten nach §. 107. anzuberaumen.

In dem Einladungsschreiben, welchem die Vorschläge des Kreisausschusses beizufügen sind, ist mitzutheilen, welche Klagen bezüglich der Feststellung der Verzeichnisse der Wahlberechtigten noch schweben.

II.

Der Kreistag erledigt die ihm nach §§. 107. und 112. obliegenden Geschäfte in nachstehender Reihenfolge:

1. Der Kreistag vertheilt die dem Kreise nach der Volkszählung vom 1. Dezember 1875 zustehende Anzahl von Kreistagsabgeordneten auf die einzelnen Wahlverbände nach Maßgabe des Artikels 5 der Instruktion vom 10. März 1873 und der Zusatzbestimmungen der Cirkularverfügung von demselben Tage (s. Nr. 17).

2. Der Kreistag bildet die Wahlbezirke für den Wahlverband der Landgemeinden und vertheilt die Abgeordneten ihrer Zahl nach auf die einzelnen Wahlbezirke nach Maßgabe des Artikel 6 Nr. 1 bis 3 und Nr. 6 der Instruktion und der Zusatzbestimmungen der Cirkularverfügung.

3. Der Kreistag vertheilt die von dem Wahlverbande der Städte zu wählenden Abgeordneten auf die einzelnen Städte und bildet die Städtewahlbezirke nach Maßgabe des Artikel 7 der Instruktion und der Zusatzbestimmungen der Cirkularverfügung.

4. Nach Vertheilung der Kreistagsabgeordneten auf die Wahlverbände und nach Bildung der Wahlbezirke gemäß Nr. 1 bis 3 erfolgt die Ausloosung der Abgeordneten eines jeden Wahlverbandes nach §. 107.

5. Der Kreistag vertheilt die nicht ausgeloosten Kreistagsabgeordneten aus dem Wahlverbande der Landgemeinden auf die gemäß Nr. 2 gebildeten Wahlbezirke in der Art, daß die neuen Wahlbezirke an die Stelle derjenigen früheren Wahlbezirke treten, welchen sie nach der Seelenzahl der in den neuen Wahlbezirken verbliebenen Ortschaften der früheren Wahlbezirke am Meisten entsprechen. Event. entscheidet zwischen den bei der Vertheilung der einzelnen Abgeordneten in Frage kommenden Wahlbezirken das Loos, welchen Wahlbezirken die einzelnen nicht ausgeloosten Abgeordneten als Vertreter zu überweisen sind.

6. Wird bei der Vertheilung gemäß Nr. 3 ein früherer Städtewahlbezirk aufgelöst und ist der Abgeordnete desselben bei der Ausloosung nach §. 4. nicht ausgeloost worden, so wird derselbe als Abgeordneter derjenigen Stadt überwiesen, in welcher

er seinen Wohnsitz hat. Event. entscheidet das Loos darüber, für welche Stadt derselbe als Abgeordneter weiter fungiren soll.

Gehören zum Wahlverbande der Städte eines Kreises mehrere Städte und entfällt nach der neuen Vertheilung (§. 92. Abs. 1) auf eine dieser Städte eine geringere Anzahl von Abgeordneten, als früher, so ist die Ausloosung der Hälfte der Abgeordneten des Wahlverbandes der Städte (§. 107.) so einzurichten, daß jedenfalls so viel Abgeordnete der betreffenden Stadt ausgeloost werden, als derselben gegen früher weniger zustehen. Hierbei ist nach folgendem Beispiele zu verfahren:

> In dem Kreise C. befinden sich 6 Städte mit 17 Abgeordneten. Nach der früheren Seelenzahl entfielen auf die Städte D. und S. je 4, nach der jetzigen 3 bezw. 5 Abgeordnete.
>
> 9 Abgeordnete des Städtewahlverbandes werden ausgeloost. Befindet sich unter den 8 zunächst ausgeloosten Abgeordneten kein Vertreter der Stadt D., so wird der 9. Abgeordnete, welcher ausscheidet, nur unter den Vertretern der Stadt D. ausgeloost.

Ist bereits vor Erlaß dieser Cirkularverfügung in der Weise verfahren worden, daß bei der Ausloosung der Hälfte der städtischen Abgeordneten so viel Abgeordnete der betreffenden Stadt vorweg ausgeloost worden sind, als ihr jetzt weniger zustehen, so behält es dabei für die Vergangenheit sein Bewenden.

7. Auf Grund dieser Vertheilungen und Ausloosungen stellt der Kreistag die Zahl derjenigen Abgeordneten fest, welche ein jeder Wahlverband nach §. 108. bei der Wahl im November d. J., bezw. in dem durch Kreisstatut anderweitig festgesetzten Zeitabschnitte, zu wählen hat. Die Zahl wird gefunden aus der Differenz der nach Nr. 1 ermittelten Anzahl der dem Kreise zustehenden Abgeordneten und der Anzahl der nach Nr. 4 nicht ausgeloosten Kreistagsabgeordneten.

Ferner bezeichnet der Kreistag diejenigen Wahlbezirke und Städte, welche nach Nr. 5 und 6 die Ergänzungs- bezw. Neuwahlen zu vollziehen haben.

8. Nach Maßgabe dieser Vertheilungen und Feststellungen stellt der Kreistag nach Art. 6 Nr. 7 und Art. 7 Nr. 5 das Verzeichniß IV. der Wahlbezirke der Landgemeinden 2c. und das Verzeichniß V. der Städtewahlbezirke auf.

9. Die nach Nr. 1 bis 8 erforderlichen Vertheilungen erfolgen nach der durch die Volkszählung vom 1. Dezember 1875 ermittelten ortsanwesenden Civilbevölkerung. Die hierüber vom König-

lichen statistischen Büreau nach der Cirkularverfügung vom 1. Mai cr. mitgetheilten Zahlen sind überall maßgebend.

Das Loos wird in allen Fällen vom Landrathe gezogen.

III.

1. Befinden sich in einem der vom Kreistage nach Abschnitt II. gebildeten Wahlbezirke mehrere Güter oder Gemeinden, auf welche die §§. 99. und 101. der Kreisordnung Anwendung finden, so sind dieselben vom Kreisausschusse gemäß Art. 6 Nr. 4 und 5 der Instruktion vom 10. März 1873 zu Gesammt- (Kollektiv-) Stimmen zu vereinigen.

2. Die bezüglichen Beschlüsse des Kreisausschusses werden in der Kolonne „Bemerkungen" des Verzeichnisses IV. eingetragen.

3. Die vom Kreistage nach Abschnitt II. getroffenen Vertheilungen und Feststellungen, sowie die Verzeichnisse IV. und V. sind vom Kreisausschusse durch das Kreis- bezw. Amtsblatt nach Maßgabe des Art. 9. der Instruktion vom 10. März 1873 mit dem Bemerken zur öffentlichen Kenntniß zu bringen, daß diese Vertheilungen, Feststellungen und Verzeichnisse nach §. 112. der Kreisordnung für einen Zeitraum von 12 Jahren maßgebend sein sollen.

Binnen einer Frist von 4 Wochen nach Ausgabe des betreffenden Blattes ist die Klage an das Königliche Bezirksverwaltungsgericht zulässig. (Gesetz, betreffend die Zuständigkeit der Verwaltungsbehörden und Verwaltungsgerichtsbehörden im Geltungsbereiche der Provinzial-Ordnung §. 63.)*)

IV.

1. Nach Ablauf der Fristen (Nr. 3 der Cirkularverfügung vom 1. Mai cr. und Nr. 3 Abschnitt III. dieser Cirkularverfügung), bezw. nach Erledigung der gegen die Verzeichnisse I. bis V. erhobenen Anträge oder nach Entscheidung der Klagen und Berufungen, welche gegen diese Verzeichnisse oder gegen die vom Kreistage bewirkten Vertheilungen und Feststellungen angebracht worden sind, sowie nach event. vorheriger Berichtigung der Verzeichnisse und Vertheilungspläne durch den Kreisausschuß ist zur Vollziehung der Ergänzungs- bezw. Neuwahlen zum Kreistage zu schreiten, und zwar:

a) im Wahlverbande der größeren Grundbesitzer seitens aller Wahlberechtigten,

*) jetzt KreisO. § 112a u. Ldverw.Ges. § 153.

b) in den Wahlverbänden der Landgemeinden und Städte seitens derjenigen Wahlbezirke und Städte, welche nach der Feststellung des Kreistages (Abschnitt II. Nr. 7 und 8) bezw. nach der Entscheidung des Königlichen Bezirks- bezw. Oberverwaltungsgerichts Ergänzungs- bezw. Neuwahlen vorzunehmen haben.

Die Wahlen im Verbande der Landgemeinden erfolgen vor den Wahlen im Verbande der größeren Grundbesitzer (§. 108).

2. Zunächst wählt jede Landgemeinde der nach Nr. 1 ermittelten Wahlbezirke die ihr nach dem Verzeichnisse III. zukommende Anzahl von Wahlmännern. Für das Wahlverfahren sind Art. 12 der Instruktion vom 10. März 1873 und die Zusatzbestimmungen der Cirkularverfügung vom gleichen Tage maßgebend.

3. Nach Vollziehung der Wahlmännerwahlen stellt der Landrath für jeden der nach Nr. 1 ermittelten Wahlbezirke eine Wählerliste auf und ordnet die Wahl der Abgeordneten für die einzelnen Wahlbezirke an. Auf dieses Verfahren findet der Art. 13 der Instruktion vom 10. März 1873 mit den zu ihm erlassenen Zusatzbestimmungen der Cirkularverfügung vom gleichen Tage mit der Maßgabe Anwendung, daß die Wahlorte vom Kreisausschusse bestimmt werden (§. 103).

4. Bach Beendigung der Wahlen in dem Verbande der Landgemeinden erfolgen die Wahlen im Wahlverbande der größeren Grundbesitzer nach Maßgabe des Art. 14 der Instruktion und der Zusatzbestimmungen.

5. Gleichzeitig mit den Wahlen der Wahlmänner im Wahlverbande der Landgemeinden ist vom Landrathe die Vornahme der Wahlen im Verbande der Städte anzuordnen. Dieselben regeln sich nach Art. 15 der Instruktion mit der Maßgabe, daß der Wahlort für Städtewahlbezirke vom Kreisausschusse bestimmt wird (§. 104).

6. Die Wahlprotokolle sind nach §. 113. von dem Kreisausschusse zu prüfen und dem Kreistage vorzulegen.

V.

Mit der Ausführung dieser Verfügung werden die Königlichen Regierungen betraut.

XIII. Gesetz,

betreffend die Theilung der Provinz Preußen.

Vom 19. März 1877. (Ges.S. S. 107.)

Wir **Wilhelm**, von Gottes Gnaden König von Preußen rc. verordnen, mit Zustimmung beider Häuser des Landtages der Monarchie, was folgt:

1. Aus der Provinz Preußen werden die beiden Provinzen:
Ostpreußen, bestehend aus den Kreisen der Regierungsbezirke Königsberg und Gumbinnen,
und
Westpreußen, bestehend aus den Kreisen der Regierungsbezirke Danzig und Marienwerder
gebildet.

2. Die Einrichtung der erforderlichen neuen Behörden für die Staatsverwaltung in den neu gebildeten Provinzen (§. 1.) erfolgt nach näherer Vorschrift der bezüglichen gesetzlichen Bestimmungen und der Festsetzungen im Staatshaushalts-Etat.

Bis zur erfolgten Einrichtung bleiben die gegenwärtigen staatlichen Organe der Provinz Preußen für beide neuen Provinzen in Wirksamkeit.

3. Jede der neuen Provinzen Ostpreußen und Westpreußen bildet einen mit den Rechten einer Korporation ausgestatteten Kommunalverband zur Selbstverwaltung seiner Angelegenheiten nach Maßgabe der Vorschriften der Provinzialordnung vom 29. Juni 1875 (Gesetz-Samml. S. 335.) und der dieselbe ergänzenden Gesetze.

Die Zahl der Mitglieder der Vertretungen (Provinziallandtage) der neugebildeten Provinzen bestimmt sich nach den im §. 10. der Provinzialordnung vom 29. Juni 1875 für die Provinz Preußen gegebenen Vorschriften.

Es bleiben jedoch die gegenwärtigen Mitglieder des Provinziallandtages der Provinz Preußen bis zum Ablaufe ihrer Wahlperiode (§. 19. der Provinzialordnung) dergestalt in Wirksamkeit, daß die Abgeordneten der zu den Regierungsbezirken Königsberg und Gumbinnen gehörigen Kreise die Vertretung der Provinz Ostpreußen, die Abgeordneten der zu den Regierungsbezirken Danzig und Marienwerder gehörigen Kreise die Vertretung der Provinz Westpreußen bilden.

4. Die Theilung der Provinz Preußen tritt mit dem 1. April 1878 in Vollzug.

Von diesem Zeitpunkte ab gehen die Rechte und Pflichten des bisherigen Provinzialverbandes von Preußen auf die neuen Provinzialverbände von Ost- und Westpreußen über, und zwar nach näherer Bestimmung eines Uebereinkommens, welches, unbeschadet aller Privatrechte Dritter, unter Genehmigung des Staatsministeriums, zwischen den Vertretern Ostpreußens einerseits und den Vertretern Westpreußens andererseits (§. 3. Absatz 3) zu treffen ist.

Zu diesem Behufe treten dieselben in gesonderten Versammlungen zusammen, auf welche die §§. 26. bis 33. der Provinzialordnung sinngemäße Anwendung finden.

Wenn ein solches Uebereinkommen bis zum 15. Oktober 1877 nicht zu Stande kommt, erfolgt die betreffende Regelung durch Gesetz.

Streitigkeiten, welche bei Ausführung des Uebereinkommens entstehen, unterliegen der Entscheidung des Oberverwaltungsgerichtes.

5. Die Vertheilung der auf die Ausführung oder Unterstützung von Chausseebauten bezüglichen Verpflichtungen des Staates, in welche der Provinzialverband von Preußen nach §. 4. Absatz 2. des Gesetzes vom 8. Juli 1875 (Gesetz-Samml. S. 497.) eingetreten ist, hat nach dem im §. 2. des gedachten Gesetzes bezeichneten Maßstabe zu erfolgen.

6. Bis zu der in Gemäßheit der §§. 4. und 5. dieses Gesetzes bewirkten Auseinandersetzung und bis zur Einrichtung der entsprechenden Organe für die kommunale Verwaltung der neuen Provinzen Ost- und Westpreußen bleiben die bisherigen kommunalen Organe der Provinz Preußen für die beiden neuen Provinzen in Wirksamkeit.

Urkundlich unter Unserer Höchsteigenhändigen Unterschrift und beigedrucktem Königlichen Insiegel.

Gegeben Berlin, den 19. März 1877.

(L. S.) **Wilhelm.**

Fürst v. Bismarck. Camphausen. Gr. zu Eulenburg. Leonhardt. Falk. v. Kameke. Achenbach. Friedenthal. v. Bülow. Hofmann.

XIV. Regulativ

für den Geschäftsgang bei dem Oberverwaltungsgerichte vom 30. Januar 1878,

bestätigt am 2. April 1878. (Min.Bl. S. 69.)

An Stelle des Regulativs für den Geschäftsgang bei dem Oberverwaltungsgerichte vom 27. Dezember 1875 treten die nachstehenden Vorschriften:

Eintheilung im Senate.

1. Der Gerichtshof wird bis auf Weiteres in zwei Senate eingetheilt.

Die Senate führen die Bezeichnung: „Erster Senat", „Zweiter Senat".

2. Jedes Mitglied muß einem Senate als ständiges Mitglied angehören und jeder Senat aus mindestens fünf ständigen, auf Lebenszeit ernannten Mitgliedern, einschließlich des Vorsitzenden bestehen.

3. Die Vertheilung der Geschäfte unter die Senate erfolgt bis auf Weiteres nach Gattungen (Gemeinde-, Kreis-, Provinzial-, Schul-Angelegenheiten, Jagdpolizei, Wasserpolizei, Gewerbepolizei, Baupolizei &c.) durch den Präsidenten; jedoch können zur Ausgleichung der Geschäftslast unter den beiden Senaten einzelne Gattungen von Streitsachen, insbesondere von gewerbepolizeilichen, auch nach Sprengeln der Bezirksverwaltungsgerichte vertheilt werden.

4. Die dem Präsidenten in Betreff der Bezeichnung der ständigen Mitglieder für jeden Senat und deren Vertreter durch den §. 26 Absatz 3 des Gesetzes vom 3. Juli 1875, sowie in Betreff der allgemeinen Vertheilnng der Geschäfte unter die Senate durch den §. 3 dieses Geschäftsregulativs beigelegten Befugnisse werden von ihm unter Zuziehung des Senats-Präsidenten und des dem Dienstalter nach, bei gleichem Dienstalter das der Geburt nach ältesten Mitgliedes geübt.*)

5. Jeder Senat bearbeitet die ihm zugetheilten Sachen

*) jetzt durch das Präsidium, Verw.Ger.Ges. § 26.

selbstständig, unbeschadet der Bestimmungen des §. 29 des Gesetzes vom 3. Juli 1875.

6. Vor das Plenum gehören außer den Angelegenheiten, welche durch das Gesetz vor das Plenum verwiesen sind:

1. die Berathung und Beschlußfassung über allgemeine Geschäftsangelegenheiten (Geschäfts-Revisionen der Bezirksverwaltungsgerichte, Erlaß von Cirkular-Verfügungen ꝛc.),
2. die von dem Gerichtshofe zu erstattenden Gutachten, insbesondere die über legislative Angelegenheiten;
3. die Berathung zweifelhafter und wichtiger Rechtsfragen auf Anregung des Präsidenten oder eines der beiden Senate.

7. Jeder Senat führt ein besonderes Präjudizien-Buch über die bei der Erledigung der einzelnen Sachen erfolgten Entscheidungen zweifelhafter und wichtiger Rechtsfragen in zwei gleichlautenden Exemplaren. Die Eintragung geschieht in Folge Anregung des Referenten oder eines anderen Mitgliedes auf einen — zugleich den Wortlaut feststellenden — Beschluß des Senats. Die Eintragung wird von einem Sekretär unter Kontrole des Referenten bewirkt. Die in das Präjudizien-Buch des einen Senats eingetragenen Entscheidungen sind in dem anderen Senate durch dessen Vorsitzenden zum Vortrag zu bringen. Ueber die Plenarentscheidungen (§. 8) wird gleichfalls ein besonderes Präjudizien-Buch in zwei gleichlautenden Exemplaren geführt.

8. Wenn in Gemäßheit des §. 29 des Gesetzes vom 3. Juli 1875 eine Streitsache durch das Plenum zu entscheiden ist, so erfolgt die Entscheidung auf den Vortrag eines Referenten und eines Korreferenten, welche der Präsident zu ernennen hat. Die beiden Referenten dürfen nicht demselben Senate als ständige Mitglieder angehören.

Sitzungen.

9. Die Sitzungen der Senate finden wöchentlich an ein für alle Mal bestimmten Tagen statt, vorbehaltlich der Bestimmung außerordentlicher Sitzungen, sofern die Umstände es erfordern. Die Plenarsitzungen werden nach Bedürfniß von dem Präsidenten bestimmt.

Leitung des Verfahrens.

10. Prozeßleitende und ähnliche Verfügungen können, sofern nicht über den Widerspruch einer Partei zu entscheiden ist, oder ein besonderes Bedenken obwaltet, oder der Vorsitzende den Vortrag angeordnet hat, von dem Dezernenten, unter Zustimmung des Vorsitzenden, ohne Vortrag erlassen werden.

Der Vortrag, wenn er erforderlich ist, wird von den Dezernenten in der Sitzung des Gerichtshofes mündlich erstattet.

11. Der Vorsitzende leitet die Verhandlungen und Berathungen in den Sitzungen des Gerichtshofes; er stellt die Fragen und sammelt die Stimmen. Im Falle einer Meinungsverschiedenheit über die Stellung der Fragen oder über das Ergebniß der Abstimmung entscheidet der Gerichtshof.

12. Die Abstimmungen erfolgen in der nachstehenden Reihenfolge:

Zuerst stimmt der Dezernent oder Referent (wenn ein solcher bestellt ist), nach dem Referenten der etwa ernannte Korreferent; im Uebrigen bestimmt sich die Reihenfolge der Abstimmung nach dem Dienstalter als Mitglied des Oberverwaltungsgerichts und bei gleichem Dienstalter nach dem Lebensalter so zwar, daß das jüngste Mitglied zuerst stimmt. Der Senats-Präsident stimmt unmittelbar vor dem Präsidenten; der Präsident giebt seine Stimme zuletzt ab.

Im mündlichen Verfahren zu erledigende Spruchsachen.

13. Bei den im mündlichen Verfahren zu erledigenden Spruchsachen wird von dem Vorsitzenden ein Referent und nach Befinden ein Korreferent ernannt. Nachdem dem Vorsitzenden das Referat bezw. Korreferat zugegangen ist, beraumt derselbe den Termin zur mündlichen Verhandlung an; für schleunige Sachen bleibt es jedoch dem Ermessen des Vorsitzenden überlassen, den Termin vor Anfertigung des Referats anzuberaumen.

14. Die zur mündlichen Verhandlung gelangenden Sachen werden der Regel nach in der durch den Vorsitzenden bestimmten, durch Aushang vor dem Sitzungszimmer bekannt zu machenden Reihenfolge erledigt.

Vor jeder Sitzung hat der Vorsitzende den betreffenden Ressortministern, behufs Beschlußnahme über die Bestellung eines Kommissars zur Wahrnehmung des öffentlichen Interesses, ein Verzeichniß der in der Sitzung zur mündlichen Verhandlung gelangenden wichtigeren streitigen Verwaltungssachen, welches die Namen der Partei und eine kurze Bezeichnung des Streitgegenstandes enthält, rechtzeitig zuzustellen. Auf Verlangen sind den Ressortministern auch einzelne Aktenstücke, sowie in den Fällen, in denen ein besonderer Kommissar nicht bestellt war, Abschriften der ergangenen Endurtheile mitzutheilen.

15. Bleiben im Termine beide Parteien aus, so wird das Sachverhältniß durch den Referenten vorgetragen. Dasselbe geschieht, wenn nur eine Partei erscheint; der letzteren ist nach dem Vortrage des Referenten das Wort zu geben. Sind beide Parteien erschienen, so hängt es von dem Ermessen des Vorsitzenden ab, den Vorträgen derselben die Darstellung des Sachverhalts vorangehen bezw. diese Vorträge ergänzen zu lassen.

16. Die Berathung des Gerichtshofes beginnt mit dem Vortrage des Referenten und des etwa ernannten Korreferenten. Dieselbe erfolgt ohne Zuziehung eines Protokollführers.

17. Bei den Beschlüssen, welche auf Grund einer mündlichen Verhandlung erlassen werden, dürfen nur Mitglieder mitwirken, vor welchen die mündliche Verhandlung stattgefunden hat.

18. Der Vorsitzende verkündigt die ergangene Entscheidung durch Vorlesung der Urtheilsformel. Nach Befinden des Gerichtshofes kann die Verkündigung der Entscheidung bis auf die nächste regelmäßige Sitzung ausgesetzt werden. Zu letzterer werden die erschienenen Parteien mündlich vorgeladen; einer Vorladung der ausgebliebenen Parteien bedarf es nicht.

Wird die Verkündigung der Entscheidungsgründe für angemessen erachtet, so erfolgt sie durch Vorlesung der Urtheilsgründe oder durch mündliche Mittheilung des wesentlichen Inhalts.

Aus besonderen Gründen kann der Gerichtshof beschließen, die mit Gründen versehene Ausfertigung der Entscheidung den Parteien und dem Kommissar zur Wahrnehmung des öffentlichen Interesses an Stelle der Verkündigung zustellen zu lassen.

Vorstehende Bestimmungen finden auf Beweis-Beschlüsse entsprechende Anwendung.

19. Im Eingange eines jeden Endurtheils sind die Mitglieder namentlich aufzuführen, welche an der Entscheidung Theil genommen haben.

Auch ist in jedem Urtheil der Tag der Sitzung zu bezeichnen, in welcher die Entscheidung erfolgt ist.

20. Für die Akten des Verwaltungsgerichts, welches in erster Instanz entschieden hat, wird eine Ausfertigung des Endurtheils ertheilt.

Außerdem wird von jedem in der Revisionsinstanz ergangenen Endurtheile dem betreffenden Bezirksverwaltungsgerichte eine Abschrift zugefertigt.

Vollziehung der Urschriften der Endurtheile, Beschlüsse 2c.

21. Unbeschadet der Bestimmung des §. 45 des Gesetzes vom 3. Juli 1875 erfolgt die Vollziehung der Urschriften der Beschlüsse des Oberverwaltungsgerichts, insbesondere der Endurtheile, durch diejenigen Mitglieder, welche an der Beschlußfassung Theil genommen haben.

In den Fällen des §. 10 genügt die Vollziehung der Urschriften der Beschlüsse durch den Vorsitzenden und den Dezernenten.

Ist ein Mitglied an der Unterschrift verhindert, so ist der Grund der Verhinderung anzugeben und von dem Vorsitzenden zu bescheinigen.

Form der Ausfertigung der Endurtheile, Beschlüsse 2c.

22. Der Gerichtshof erläßt alle Endurtheile, Beschlüsse, Verfügungen, Berichte, Requisitionen 2c. unter dem Namen „Königliches Oberverwaltungsgericht".

Die Reinschriften werden von dem Präsidenten vollzogen.

Bei Endurtheilen, Beschlüssen 2c. eines Senats wird die Bezeichnung des letzteren hinzugefügt und die Reinschrift von dem Vorsitzenden des Senats unterschrieben.

Für prozeßleitende und ähnliche Verfügungen ist die Beglaubigung durch einen Subalternbeamten genügend.

23. Die förmlichen Ausfertigungen, insbesondere die der Endurtheile, enthalten neben dem Siegel des Gerichtshofes die Schlußformel:

„Urkundlich unter dem Siegel des Königl. Oberverwaltungsgerichts und der verordneten Unterschrift."

Die Ausfertigungen der Endurtheile werden mit der Ueberschrift versehen:

„Im Namen des Königs".

Siegel.

24. Das Oberverwaltungsgericht führt ein größeres und ein kleineres Siegel, entsprechend den Siegeln, welche gemäß den Bestimmungen unter Nr. III. und VII. des durch den Allerhöchsten Erlaß vom 16. August 1873 — Ges.-Samml. S. 397 —

modifizirten Reglements über die Anwendung des größeren, mittleren und kleineren Königlichen Wappens vom 9. Januar 1817 (Ges.-Samml. S. 26) von dem Obertribunal geführt werden.

Die Siegel sind mit der Umschrift:

„Königlich Preußisches Oberverwaltungsgericht"

zu versehen.

Das größere Siegel wird nur bei den förmlichen Ausfertigungen, insbesondere der Endurtheile gebraucht.

Das Präsidium bedient sich des kleineren Siegels mit der Umschrift:
„Präsidium des Königlich Preußischen Oberverwaltungsgerichts", der Kommissar des Gerichtshofes des kleineren Siegels mit der Umschrift:

„Königlich Preußisches Oberverwaltungsgericht.
Kommissions-Siegel",

das Sekretariat eines Siegels mit dem Königlichen Adler und der Umschrift:

„Sekretariat des Königlich Preußischen Oberverwaltungsgerichts".

Behändigung der Ausfertigung der Endurtheile, Beschlüsse 2c.

25.*) Soweit nicht das Gesetz ein Anderes bestimmt, erfolgen die von Seiten des Oberverwaltungsgerichts zu bewirkenden Zustellungen in der Regel durch die Post. Steht ein Termin oder eine Frist in Frage, so ist ein Behändigungsschein zu den Akten zu bringen.

Ferien.

26. Das Oberverwaltungsgericht hält Ferien während der Monate Juli und August.

Auf den Lauf der gesetzlichen Fristen sind die Ferien ohne Einfluß.

In der Ferienzeit fallen die regelmäßigen Sitzungen aus; es müssen jedoch während derselben immer wenigstens fünf Mitglieder zur Erledigung schleuniger Angelegenheiten am Sitze des Gerichts anwesend sein oder in solcher Nähe desselben sich aufhalten, daß sie auf erfolgte Einladung innerhalb 48 Stunden zu einer Sitzung erscheinen können.

Beurlaubung.

27. Außer der Ferienzeit darf der Präsident sich nicht über acht Tage ohne Urlaub des Ministers des Innern vom Sitze des

*) Ersetzt durch den Nachtrag vom 22. September 1881.

Gerichts entfernen. Der Senats-Präsident und die anderen Mitglieder des Gerichtshofes dürfen außer der Ferienzeit sich nicht über drei Tage und jedenfalls nicht an einem für die regelmäßigen Sitzungen bestimmten Tage ohne Urlaub vom Sitze des Gerichts entfernen. Die Ertheilung des Urlaubs an dieselben steht bis zur Dauer von 6 Wochen dem Präsidenten, über diese Dauer hinaus dem Minister des Innern zu.

Präsidialbefugnisse.

28. Dem Präsidenten liegt die Leitung und Beaufsichtigung des gesammten Geschäftsganges ob. Der Präsident öffnet die unter der Adresse des Gerichtshofes eingehenden Sendungen, versieht dieselben mit dem Tage des Eingangs, vertheilt die Geschäfte, ernennt die Dezernenten, Referenten und Korreferenten, zeichnet die Konzepte aller Verfügungen 2c. und bestimmt die Sitzungstage. Er verfügt — und zwar entweder selbst oder mit Zuziehung eines Dezernenten, in wichtigeren Fällen aber nach Berathung mit dem Kollegium — in den das Oberverwaltungsgericht als solches betreffenden Angelegenheiten, sowie in allen Verwaltungsangelegenheiten, insbesondere in denjenigen, welche das Etatswesen, die nöthigen Anschaffungen, die Erhaltung der Geschäftsräume, die Anlegung und Vervollständigung der Bibliothek und dergleichen betreffen, und erläßt die in Bezug auf die Führung der Geschäftskontrolen erforderlichen äußeren Anordnungen. Er ernennt ferner die Subaltern- und Unterbeamten, überwacht die Dienstführung derselben, vertheilt unter sie die Geschäfte, erläßt für diese Beamten die nöthigen Instruktionen. ertheilt ihnen Urlaub und übt über sie die Disziplin (§. 169 des Zuständigkeitsgesetzes vom 26. Juli 1876).*)

Dem Senats-Präsidenten gebührt jedoch für den von ihm geleiteten Senat, vorbehaltlich des Aufsichtsrechts des Präsidenten, die Vertheilung der Geschäfte unter die Mitglieder, die Ernennung der Dezernenten, Referenten und Korreferenten, die Zeichnung der Konzepte der Verfügungen 2c., sowie die Bestimmung der außerordentlichen Sitzungen.

Vertretung des Präsidenten in den Präsidial-Geschäften.

29. Der Präsident wird in Verhinderungsfällen von dem Senats-Präsidenten und wenn auch dieser verhindert ist, von dem ältesten Rathe in den Präsidialgeschäften vertreten.

---

*) jetzt Verwaltungsgerichtsgesetz § 30a.

Geschäftsjahr. Geschäftsbericht.

30. Das Geschäftsjahr des Oberverwaltungsgerichts beginnt mit dem 1. Dezember und endigt mit dem 30. November.

Am Schlusse des Geschäftsjahres hat das Oberverwaltungsgericht dem Minister des Innern eine Uebersicht der erledigten Geschäfte einzureichen.

Berlin, den 30. Januar 1878.

Persius.

Das vorstehende, von dem Oberverwaltungsgerichte entworfene Regulativ wird hiermit auf Grund des §. 30 des Gesetzes vom 3. Juli 1875 (Ges.-Samml. S. 375) bestätigt.

Berlin, den 2. April 1878.

Königl. Staats-Ministerium.

Nachtrag,

betreffend die Zustellung im Verwaltungsstreitverfahren, vom 22. September 1881.

(Min.Bl. 1882 S. 42.)

An die Stelle des §. 25 des Regulativs vom 30. Januar/2. April 1878 treten die nachstehenden Vorschriften:

I.

Soweit das Gesetz nicht ein Anderes bestimmt, erfolgen die von Seiten des Oberverwaltungsgerichtes zu bewirkenden Zustellungen entweder durch die Post oder durch damit besonders beauftragte Beamte. Die erstere Art der Zustellung bildet die Regel.

II.

Die Zustellungen für nicht prozeßfähige Personen erfolgen für dieselben an deren gesetzliche Vertreter.

Bei Behörden, Gemeinden und Korporationen, sowie bei Personenvereinen, welche als solche klagen oder verklagt werden können, genügt die Zustellung an die Vorsteher.

Bei mehreren gesetzlichen Vertretern, sowie bei mehreren Vorstehern genügt die Zustellung an einen derselben.

III.

Die Zustellung für einen Unteroffizier oder einen Gemeinen des aktiven Heeres oder der aktiven Marine erfolgt an den Chef der zunächst vorgesetzten Kommandobehörde (Chef der Kompagnie, Eskadron, Batterie u. s. w.).

IV.

Die Zustellung kann an den Bevollmächtigten und, wenn dieselbe durch den Betrieb eines Handelsgewerbes veranlaßt ist, an den Prokuristen erfolgen.

Bei mehreren Bevollmächtigten, sowie bei mehreren Prokuristen genügt die Zustellung an Einen derselben.

V.

Sind Streitgenossen vorhanden, so ist die Ausfertigung einer ergangenen Entscheidung der Regel nach nur Einem derselben zuzustellen. Die übrigen Theilnehmer sind alsdann hiervon unter Beifügung einer Abschrift des Tenors der Entscheidung zu benachrichtigen.

Bei Streitgenossen, welche Deputirte aus ihrer Mitte bestellt haben, erfolgt die Zustellung der ergehenden Entscheidungen, Bescheide und Verfügungen nur an Einen derselben.

VI.

Für die Ausführungen der Zustellungen gelten die in §§. 165 bis 170*) der Deutschen Civilprozeßordnung gegebenen Vor-

---

*) Die angezogenen §§ der Civ.Proz.O. lauten:

§. 165. Die Zustellungen können an jedem Orte erfolgen, wo die Person, welcher zugestellt werden soll, angetroffen wird.

Hat die Person an diesem Orte eine Wohnung oder ein Geschäftslokal, so ist die außerhalb der Wohnung oder des Geschäftslokals an sie erfolgte Zustellung nur gültig, wenn die Annahme nicht verweigert wird.

§. 166. Wird die Person, welcher zugestellt werden soll, in ihrer Wohnung nicht angetroffen, so kann die Zustellung in der Wohnung an einen zu der Familie gehörenden erwachsenen Hausgenossen oder an eine in der Familie dienende erwachsene Person erfolgen.

Wird eine solche Person nicht angetroffen, so kann die Zustellung an

schriften. Im Falle des §. 167 findet jedoch die Niederlegung des zu übergebenden Schriftstückes nur bei der Ortsbehörde oder bei der Postanstalt des Zustellungsortes statt.

VII

An Sonntagen und allgemeinen Feiertagen' darf eine Zustellung nur auf besondere Anweisung des Oberverwaltungsgerichtes erfolgen. Die Verfügung, durch welche diese Anweisung ertheilt wird, ist bei der Zustellung auf Erfordern vorzuzeigen. Eine Zustellung, bei welcher diese Bestimmungen nicht beobachtet sind, ist gültig, wenn die Annahme nicht verweigert ist.

---

den in demselben Hause wohnenden Hauswirth oder Vermiether erfolgen, wenn diese zur Annahme des Schriftstücks bereit sind.

§. 167. Ist die Zustellung nach diesen Bestimmungen nicht ausführbar, so kann sie dadurch erfolgen, daß das zu übergebende Schriftstück auf der Gerichtsschreiberei des Amtsgerichts, in dessen Bezirke der Ort der Zustellung gelegen ist, oder an diesem Orte bei der Postanstalt oder dem Gemeindevorsteher oder dem Polizeivorsteher niedergelegt und die Niederlegung sowohl durch eine an der Thür der Wohnung zu befestigende schriftliche Anzeige, als auch, soweit thunlich, durch mündliche Mittheilung an zwei in der Nachbarschaft wohnende Personen bekannt gemacht wird.

§. 168. Für Gewerbetreibende, welche ein besonderes Geschäftslokal haben, kann, wenn sie in dem Geschäftslokale nicht angetroffen werden, die Zustellung an einen darin anwesenden Gewerbegehülfen erfolgen.

Wird ein Rechtsanwalt, welchem zugestellt werden soll, in seinem Geschäftslokale nicht angetroffen, so kann die Zustellung an einen darin anwesenden Gehülfen oder Schreiber erfolgen.

§. 169. Wird der gesetzliche Vertreter oder der Vorsteher einer Behörde, einer Gemeinde, einer Korporation oder eines Personenvereins, welchem zugestellt werden soll, in dem Geschäftslokale während der gewöhnlichen Geschäftsstunden nicht angetroffen, oder ist er an der Annahme verhindert, so kann die Zustellung an einen anderen in dem Geschäftslokale anwesenden Beamten oder Bediensteten bewirkt werden.

Wird der gesetzliche Vertreter oder Vorsteher in seiner Wohnung nicht angetroffen, so finden die Bestimmungen der §§. 166, 167 nur Anwendung, wenn ein besonderes Geschäftslokal nicht vorhanden ist.

§. 170. Wird die Annahme der Zustellung ohne gesetzlichen Grund verweigert, so ist das zu übergebende Schriftstück am Orte der Zustellung zurückzulassen.

VIII.

Ueber die Zustellung ist eine Urkunde aufzunehmen; dieselbe muß enthalten:

1. Ort und Zeit der Zustellung;
2. die Bezeichnung des zuzustellenden Schriftstückes;
3. die Bezeichnung der Person, an welche zugestellt werden soll;
4. die Bezeichnung der Person, welcher zugestellt ist; in den Fällen der §§. 166, 168, 169 der Deutschen Civilprozeßordnung die Angabe des Grundes, durch welchen die Zustellung an die bezeichnete Person gerechtfertigt wird; wenn nach §. 167 a. a. O. verfahren ist, die Bemerkung, wie die darin enthaltenen Vorschriften nach Maßgabe der Nr. VI dieses Regulativs befolgt sind;
5. im Falle der Verweigerung der Annahme, die Erwähnung, daß die Annahme verweigert und das zu übergebende Schriftstück am Orte der Zustellung zurückgelassen ist;
6. die Bemerkung, daß das zuzustellende Schriftstück übergeben ist;
7. die Unterschrift des die Zustellung vollziehenden Beamten.

IX.

Wird durch die Post zugestellt, so hat das Oberverwaltungsgericht einen durch sein Dienstsiegel verschlossenen, mit der Adresse der Person, an welche zugestellt werden soll, versehenen und mit einer Geschäftsnummer bezeichneten Briefumschlag, in welchem das zuzustellende Schriftstück enthalten ist, der Post mit dem Ersuchen zu übergeben, die Zustellung einem Postboten des Bestimmungsortes aufzutragen. Daß die Uebergabe in der bezeichneten Art geschehen, ist zu den Akten zu bescheinigen.

X.

Die Zustellung durch den Postboten erfolgt in Gemäßheit der Bestimmungen zu VI. Ueber die Zustellung ist von dem Postboten eine Urkunde aufzunehmen, welche den Bestimmungen zu VIII. Nr. 1, 3 bis 5, 7 entsprechen und die Uebergabe des seinem Verschlusse, seiner Adresse und seiner Geschäftsnummer nach bezeichneten Briefumschlages bezeugen muß.

Die Urkunde ist von dem Postboten der Postanstalt und von dieser dem Oberverwaltungsgerichte zu überliefern.

XI.

In den Fällen der §§. 182 bis 184*) der Deutschen Civilprozeßordnung erfolgt die Zustellung in der dort vorgeschriebenen Weise.

Eine in einem anderen Deutschen Staate zu bewirkende Zustellung erfolgt, sofern sie nicht nach den mit diesem bestehenden Vereinbarungen durch die Post ausführbar ist, mittelst Ersuchens der zuständigen Behörde desselben.

Die Zustellung wird durch das schriftliche Zeugniß der ersuchten Behörden oder Beamten, daß die Zustellung erfolgt sei, nachgewiesen.

XII.

Ist der Aufenthalt einer Partei unbekannt, so kann die Zustellung an dieselbe durch Anheftung des zuzustellenden Schriftstückes an der zu Aushängen des Oberverwaltungsgerichtes bestimmten Stelle erfolgen. Die Zustellung gilt als bewirkt, wenn seit der Anheftung zwei Wochen verstrichen sind. Auf die Gültigkeit der Zustellung hat es keinen Einfluß, wenn das Schriftstück von dem Orte der Anheftung zu früh entfernt wird.

Enthält das zuzustellende Schriftstück eine Ladung, so kann angeordnet werden, daß außerdem die ein= oder mehrmalige Einrückung eines Auszuges des Schriftstückes in die seitens des Oberverwaltungsgerichtes zu bestimmenden Blätter zu erfolgen habe.

In dem Auszuge des Schriftstückes müssen die Parteien, der Gegenstand des Streites, der Antrag, der Zweck der Ladung und

---

*) Die angezogenen §§ der Civ.Proz.O. lauten:

§. 182. Eine im Auslande zu bewirkende Zustellung erfolgt mittels Ersuchens der zuständigen Behörde des fremden Staates oder des in diesem Staate residirenden Konsuls oder Gesandten des Reichs.

§. 183. Zustellungen an Deutsche, welche das Recht der Exterritorialität genießen, erfolgen, wenn dieselben zur Mission des Reichs gehören, mittels Ersuchens des Reichskanzlers; wenn dieselben zur Mission eines Bundesstaates gehören, mittels Ersuchens des Ministers der auswärtigen Angelegenheiten dieses Bundesstaates.

Zustellungen an die Vorsteher der Reichskonsulate erfolgen mittels Ersuchens des Reichskanzlers.

§. 184. Zustellungen an Personen, welche zu einem im Auslande befindlichen oder zu einem mobilen Truppentheile oder zur Besatzung eines in Dienst gestellten Kriegsfahrzeuges gehören, können mittels Ersuchens der vorgesetzten Kommandobehörde erfolgen.

die Zeit, zu welcher der Geladene vor dem Oberverwaltungsgerichte erscheinen soll, bezeichnet werden.

Die Ladung gilt in diesem Falle als an dem Tage zugestellt, an welchem seit der letzten Einrückung des Auszuges in die öffentlichen Blätter ein Monat verstrichen ist, sofern nicht durch das Oberverwaltungsgericht der Ablauf einer längeren Frist für erforderlich erklärt wird.

Diese Arten der Zustellung sind auch dann zulässig, wenn bei einer in einem anderen Deutschen Staate oder im Auslande zu bewirkenden Zustellung die Befolgung der für diese bestehenden Vorschriften unausführbar ist, oder keinen Erfolg verspricht.

XIII.

Ob auch in anderen als solchen Fällen, in welchen eine Frist in Frage steht, oder es sich um Zustellung einer Entscheidung, einer Ladung oder eines Schriftstückes handelt, an dessen Empfang sich gesetzlich oder richterlich bestimmte Folgen knüpfen, und demzufolge eine Zustellungsurkunde zu den Akten zu bringen ist, eine Zustellung (Benachrichtigung, Mittheilung) unter Beobachtung der Vorschriften zu I. bis XII. bewirkt werden soll, bleibt der Anordnung des Oberverwaltungsgerichtes im einzelnen Falle vorbehalten.

Der vorstehende, von dem Oberverwaltungsgerichte entworfene Nachtrag zu dem Regulative für den Geschäftsgang bei dem Oberverwaltungsgerichte vom 30. Januar 2. April 1878 wird hiermit auf Grund des §. 30 des Gesetzes vom 3. Juli 1875 2. August 1880 bestätigt.

Berlin, den 22. September 1881.

Königliches Staatsministerium.

XV. Verordnung,

betreffend das Verwaltungszwangsverfahren wegen Beitreibung von Geldbeträgen.

Vom 7. September 1879. (Ges.S. S. 591.)

Wir **Wilhelm**, von Gottes Gnaden König von Preußen 2c. verordnen in Gemäßheit des §. 14*) des Ausführungsgesetzes zur

*) Nach diesem § finden die Vorschriften der Civilprozeßordnung über die Wirkungen der Pfändung entsprechende Anwendung auf die auf Grund

Deutschen Civilprozeßordnung vom 24. März 1879 (Gesetz-Samml. S. 281), was folgt:

I. Allgemeine Bestimmungen.

1. Die Zwangsvollstreckung wegen aller derjenigen Geldbeträge, welche nach den bestehenden Vorschriften auf Grund einer Entscheidung oder Anordnung der zuständigen Verwaltungsbehörde, eines Verwaltungsgerichts, einer Auseinandersetzungsbehörde oder eines solchen Instituts einzuziehen sind, dem die Befugniß zur Zwangsvollstreckung zusteht, erfolgt ausschließlich nach den Vorschriften dieser Verordnung.

Die bestehenden Bestimmungen darüber, welche Abgaben, Gefälle und sonstigen Geldbeträge der Beitreibung im Verwaltungszwangsverfahren unterliegen, werden durch die gegenwärtige Verordnung nicht berührt.

Abs. 1: Ldverw.Ges. §§ 60, 132 ff.

2. Ueber die Verbindlichkeit zur Entrichtung der geforderten Geldbeträge findet der Rechtsweg, sofern derselbe nach den in den einzelnen Landestheilen hierüber bestehenden Bestimmungen bisher zulässig war, auch ferner statt.

Wegen vermeintlicher Mängel des Zwangsverfahrens, dieselben mögen die Form der Anordnung oder die der Ausführung oder die Frage betreffen, ob die gepfändeten Sachen zu den pfändbaren gehören, ist dagegen, unbeschadet der besonderen Vorschriften über die Rechtsmittel im Falle der zwangsweisen Ausführung polizeilicher Verfügungen, nur die Beschwerde bei der vorgesetzten

---

einer Entscheidung oder Anordnung der zuständigen Verwaltungsbehörde, eines Verwaltungsgerichts, einer Auseinandersetzungsbehörde oder eines solchen Instituts, dem die Befugniß zur Zwangsvollstreckung zusteht, bewirkte Pfändung.

Die betreffende Vorschrift der Civ.Proz.O. — § 709 — lautet:

§. 709. Durch die Pfändung erwirbt der Gläubiger ein Pfandrecht an dem gepfändeten Gegenstande.

Das Pfandrecht gewährt dem Gläubiger im Verhältniß zu anderen Gläubigern dieselben Rechte wie ein durch Vertrag erworbenes Faustpfandrecht; es geht Pfand- und Vorzugsrechten vor, welche für den Fall eines Konkurses den Faustpfandrechten nicht gleichgestellt sind.

Das durch eine frühere Pfändung begründete Pfandrecht geht demjenigen vor, welches durch eine spätere Pfändung begründet wird.

Dienstbehörde des Beamten zulässig, dessen Verfahren angefochten wird.

Abs. 2: Ldverw.Ges. § 133 Abs. 2.

3. Diejenigen Behörden oder Beamten, welchen die Einziehung der der Beitreibung im Verwaltungszwangsverfahren unterliegenden Geldbeträge zusteht, bilden die zur Anordnung und Leitung des Zwangsverfahrens zuständigen Vollstreckungsbehörden. Auf die Beamten der Korporationen, welche nach den bisherigen Vorschriften zur eigenen Zwangsvollstreckung nicht berechtigt sind, findet diese Bestimmung nicht Anwendung.

Die Strafvollstreckungsbehörde, welcher die Einziehung einer gerichtlich erkannten Geldstrafe obliegt, ist zugleich Vollstreckungsbehörde für die mit der Einziehung der Strafe verbundene Beitreibung der Kosten. Diese Beitreibung erfolgt nach den Vorschriften der Deutschen Civilprozeßordnung.

Fehlt es an einer nach den vorstehenden Vorschriften zuständigen Vollstreckungsbehörde, so hat die Bezirksregierung (Landdrostei, Polizeipräsidium in Berlin) eine solche zu bestimmen.

Den zuständigen höheren Verwaltungs- und den Aufsichtsbehörden ist es gestattet, die Funktionen der Vollstreckungsbehörde selbst zu übernehmen.

4. Muß eine Vollstreckungsmaßregel außerhalb des Geschäftsbezirks der Vollstreckungsbehörde zur Ausführung gebracht werden, so hat die entsprechende Behörde desjenigen Bezirks, in welchem die Ausführung erfolgen soll, auf Ersuchen der Vollstreckungsbehörde das Zwangsverfahren auszuführen. Insoweit von der ersuchten Behörde die Pfändung körperlicher Sachen und deren Versteigerung ausgeführt wird, tritt diese an die Stelle der Vollstreckungsbehörde.

Civ.Proz.O. § 700.

5. Die Vollstreckungsbehörde hat das Zwangsverfahren durch die ihr beigegebenen Vollziehungsbeamten oder durch diejenigen Beamten, deren sie sich als solcher zu bedienen hat, auszuführen.

Fehlt es derselben an solchen Beamten, so kann die Bezirksregierung (Landdrostei, Polizeipräsidium in Berlin) eine andere Vollstreckungsbehörde bestimmen.

Die Vollziehungsbeamten müssen eidlich verpflichtet werden.

Die Ausführung einer Zwangsvollstreckung kann einem Gerichtsvollzieher übertragen werden. Dieser hat nach den für gerichtliche Zwangsvollstreckungen bestehenden Vorschriften zu verfahren.

6. Der Zwangsvollstreckung soll in der Regel eine Mahnung des Schuldners mit dreitägiger Zahlungsfrist vorhergehen. In Betreff der Gerichtskosten vertritt die Mittheilung der Kostenrechnung die Stelle der Mahnung. Bei der Ausführung der Mahnung finden die Vorschriften der §§. 8, 12 bis 18 keine Anwendung.

7. Gegen eine dem aktiven Heere oder der aktiven Marine angehörende Militärperson darf die Zwangsvollstreckung erst beginnen, nachdem von derselben die vorgesetzte Militärbehörde Anzeige erhalten hat. Der Vollstreckungsbehörde ist auf Verlangen der Empfang der Anzeige zu bescheinigen.

Soll die Zwangsvollstreckung gegen eine dem aktiven Heere oder der aktiven Marine angehörende Person des Soldatenstandes in Kasernen und anderen militärischen Dienstgebäuden oder auf Kriegsfahrzeugen erfolgen, so hat die Vollstreckungsbehörde die zuständige Militärbehörde um die Zwangsvollstreckung zu ersuchen. Die gepfändeten Gegenstände sind dem von der Vollstreckungsbehörde bezeichneten Beamten zu übergeben.

Civ.Proz.O. § 699. Ueber die Feststellung des Begriffs „Militärbehörde" vgl. die Zusammenstellung in no. 26 des Centralblatts für das deutsche Reich für 1880.

8. Die in dem Zwangsverfahren erforderlichen Zustellungen erfolgen durch die Vollziehungsbeamten oder durch die Post.

§ 6.

9. Die Zustellungen für nicht prozeßfähige Personen erfolgen für dieselben an deren gesetzliche Vertreter.

Bei Behörden, Gemeinden und Korporationen, sowie bei Personenvereinen, welche als solche klagen und verklagt werden können, genügt die Zustellung an die Vorsteher.

Bei mehreren gesetzlichen Vertretern, sowie bei mehreren Vorstehern genügt die Zustellung an einen derselben.

Civ.Proz.O. § 157.

10. Die Zustellung für einen Unteroffizier oder einen Gemeinen des aktiven Heeres oder der aktiven Marine erfolgt an den Chef der zunächst vorgesetzten Kommandobehörde (Chef der Kompagnie, Eskadron, Batterie u. s. w.).

Anm. zu § 7; Civ.Proz.O. § 158.

11. Die Zustellung kann an den Bevollmächtigten und, wenn dieselbe durch den Betrieb eines Handelsgewerbes veranlaßt ist, an den Prokuristen erfolgen.

Civ.Proz.O. § 159; Hand.Ges.B. Art. 42.

12. Für die Ausführung der Zustellungen gelten die in den §§. 165 bis 170 der Deutschen Civilprozeßordnung gegebenen Vorschriften. Im Falle des §. 167 findet jedoch die Niederlegung des zu übergebenden Schriftstückes nur bei der Ortsbehörde oder bei der Postanstalt des Zustellungsortes statt.

§ 6. Die erwähnten §§ 165—170 sind bei XIV, Nachtrag, abgedruckt.

13. An Sonntagen und allgemeinen Feiertagen darf eine Zustellung nur mit Erlaubniß der Vollstreckungsbehörde erfolgen; die Verfügung, durch welche die Erlaubniß ertheilt wird, ist bei der Zustellung auf Erfordern vorzuzeigen. Eine Zustellung, bei welcher diese Bestimmungen nicht beobachtet sind, ist gültig, wenn die Annahme nicht verweigert ist.

§ 6; Civ.Proz.O. § 681.

14. Ueber die Zustellung ist eine Urkunde aufzunehmen; dieselbe muß enthalten:

1) Ort und Zeit der Zustellung;
2) die Bezeichnung des zuzustellenden Schriftstückes;
3) die Bezeichnung der Person, an welche zugestellt werden soll;
4) die Bezeichnung der Person, welcher zugestellt ist, in den Fällen der §§. 166, 168, 169 der Deutschen Civilprozeßordnung die Angabe des Grundes, durch welchen die Zustellung an die bezeichnete Person gerechtfertigt wird; wenn nach §. 167 a. a. O. verfahren ist, die Bemerkung, wie die darin enthaltenen Vorschriften nach Maßgabe des §. 12 dieser Verordnung befolgt sind;
5) im Falle der Verweigerung der Annahme die Erwähnung, daß die Annahme verweigert und das zu übergebende Schriftstück am Orte der Zustellung zurückgelassen ist;
6) die Bemerkung, daß das zuzustellende Schriftstück übergeben ist;
7) die Unterschrift des die Zustellung vollziehenden Beamten.

§ 6; Civ.Proz.O. § 174.
Nr. 4: Anm. zu § 12.

15. Wird durch die Post zugestellt, so hat die Vollstreckungsbehörde einen durch ihr Dienstsiegel verschlossenen, mit der Adresse der Person, an welche zugestellt werden soll, versehenen und mit einer Geschäftsnummer bezeichneten Briefumschlag, in welchem das zuzustellende Schriftstück enthalten ist, der Post mit dem Ersuchen zu übergeben, die Zustellung einem Postboten des Bestimmungsortes aufzutragen. Daß die Uebergabe in der bezeichneten Art geschehen, ist von der Vollstreckungsbehörde oder dem Vollziehungsbeamten zu bescheinigen.

§ 6; Civ.Proz.O. § 177.

16. Die Zustellung durch den Postboten erfolgt in Gemäßheit der Bestimmungen des §. 12. Ueber die Zustellung ist von dem Postboten eine Urkunde aufzunehmen, welche den Bestimmungen des §. 14 Nr. 1, 3 bis 5, 7 entsprechen und die Uebergabe des seinem Verschlusse, seiner Adresse und seiner Geschäftsnummer nach bezeichneten Briefumschlages bezeugen muß.

Die Urkunde ist von dem Postboten der Postanstalt und von dieser der Vollstreckungsbehörde zu überliefern.

§ 6; Civ.Proz.O. § 178.

17. In den Fällen der §§. 182 bis 184 der Deutschen Civilprozeßordnung erfolgt die Zustellung in der dort vorgeschriebenen Weise.

Eine in einem anderen Deutschen Staate zu bewirkende Zustellung erfolgt mittelst Ersuchens der zuständigen Behörde desselben.

Die Zustellung wird durch das schriftliche Zeugniß der ersuchten Behörden oder Beamten, daß die Zustellung erfolgt sei, nachgewiesen.

§ 6. — Die §§ 182—184 Civ.Proz.O. sind bei XIV, Nachtrag, abgedruckt.

18. Ist der Aufenthalt des Schuldners unbekannt, so kann die Zustellung an denselben durch Anheftung des zuzustellenden Schriftstückes an der zu Aushängen der Vollstreckungsbehörde bestimmten Stelle erfolgen. Die Zustellung gilt als bewirkt, wenn seit der Anheftung zwei Wochen verstrichen sind. Auf die Gültigkeit der Zustellung hat es keinen Einfluß, wenn das Schriftstück von dem Ort der Anheftung zu früh entfernt wird.

Diese Art der Zustellung ist auch dann zulässig, wenn bei einer in einem anderen Deutschen Staate oder im Auslande zu bewirkenden Zustellung die Befolgung der für diese bestehenden Vorschriften unausführbar ist oder keinen Erfolg verspricht.

§ 6; Civ.Proz.O. §§ 186, 187.

19. **Dem Schuldner und Dritten gegenüber wird der Vollziehungsbeamte zur Vornahme der Zwangsvollstreckung durch den ihm ertheilten und auf Verlangen einer betheiligten Person vorzuzeigenden schriftlichen Auftrag der Vollstreckungsbehörde ermächtigt.**

Civ.Proz.O. § 676.

20. **Der Vollziehungsbeamte hat die im §. 678 mit Ausnahme des Schlußsatzes, sowie in den §§. 679, 682 der Deutschen Civilprozeßordnung dem Gerichtsvollzieher beigelegten Rechte und Pflichten.**

Die Bestimmungen des §. 681 a. a. O. finden mit der Maßgabe Anwendung, daß die Ortspolizeibehörde für die Ertheilung der Erlaubniß zur Vornahme einer Vollstreckungshandlung zuständig ist.

§§ 678, 679, 681, 682 **Civ.Proz.O.** lauten:

§ 678. Der Gerichtsvollzieher ist befugt, die Wohnung und die Behältnisse des Schuldners zu durchsuchen, soweit der Zweck der Vollstreckung dies erfordert.

Er ist befugt, die verschlossenen Hausthüren, Zimmerthüren und Behältnisse öffnen zu lassen.

Er ist, wenn er Widerstand findet, zur Anwendung von Gewalt befugt und kann zu diesem Zwecke die Unterstützung der polizeilichen Vollzugsorgane nachsuchen. Ist militärische Hülfe erforderlich, so hat er sich an das Vollstreckungsgericht zu wenden.

Wird bei einer Vollstreckungshandlung Widerstand geleistet oder ist bei einer in der Wohnung des Schuldners erfolgenden Vollstreckungshandlung weder der Schuldner noch eine zur Familie desselben gehörige oder in dieser Familie dienende erwachsene Person gegenwärtig, so hat der Gerichtsvollzieher zwei großjährige Männer oder einen Gemeinde- oder Polizeibeamten als Zeugen zuzuziehen.

§ 681. Zur Nachtzeit, sowie an Sonntagen und allgemeinen Feiertagen darf eine Vollstreckungshandlung nur mit Erlaubniß des Amtsrichters erfolgen, in dessen Bezirke die Handlung vorgenommen werden soll.

Die Verfügung, durch welche die Erlaubniß ertheilt wird, ist bei der Zwangsvollstreckung vorzuzeigen.

Die Nachtzeit umfaßt in dem Zeitraume vom 1. April bis 30. September die Stunden von neun Uhr Abends bis vier Uhr Morgens und in dem Zeitraume vom 1. Oktober bis 31. März die Stunden von neun Uhr Abends bis sechs Uhr Morgens.

§ 682. Der Gerichtsvollzieher hat über jede Vollstreckungshandlung ein Protokoll aufzunehmen.

Das Protokoll muß enthalten:

1. Ort und Zeit der Aufnahme;
2. den Gegenstand der Vollstreckungshandlung unter kurzer Erwähnung der wesentlichen Vorgänge;
3. die Namen der Personen, mit welchen verhandelt ist;
4. die Unterschrift dieser Personen und die Bemerkung, daß die Unterzeichnung nach vorgängiger Vorlesung oder Vorlegung zur Durchsicht und nach vorgängiger Genehmigung erfolgt sei;
5. die Unterschrift des Gerichtsvollziehers.

Hat einem der unter Nr. 4 bezeichneten Erfordernisse nicht genügt werden können, so ist der Grund anzugeben.

21. Die Aufforderungen und sonstigen Mittheilungen, welche zu den Vollstreckungshandlungen gehören, sind von dem Vollziehungsbeamten mündlich zu erlassen und vollständig in das Protokoll aufzunehmen.

Kann die mündliche Ausführung nicht erfolgen, so hat die Vollstreckungsbehörde Demjenigen, an welchen die Aufforderung oder Mittheilung zu richten ist, eine Abschrift des Protokolls zustellen zu lassen.

Civ.Proz.O. § 683.

22. Eine Zwangsvollstreckung, welche zur Zeit des Todes des Schuldners gegen diesen bereits begonnen hatte, wird in den Nachlaß desselben fortgesetzt.

Ist in diesem Falle die Zuziehung des Schuldners bei einer Vollstreckungshandlung nöthig oder ist der Schuldner vor Beginn der Zwangsvollstreckung gestorben, so hat bei ruhender Erbschaft, oder wenn der Erbe oder dessen Aufenthalt unbekannt ist, das zuständige Nachlaßgericht auf Antrag der Vollstreckungsbehörde dem Nachlasse oder dem Erben einen Pfleger zu bestellen.

Civ.Proz.O. § 693; Vormundsch.O. v. 5. Juli 1875, § 89.

23. Die Kosten der Mahnung und der Zwangsvollstreckung fallen dem Schuldner zur Last; sie sind zugleich mit dem zur Zwangsvollstreckung stehenden Anspruche beizutreiben.

Civ.Proz.O. § 697.

II. Zwangsvollstreckung in das bewegliche Vermögen.

A. Allgemeine Bestimmungen.

24. Die Zwangsvollstreckung in das bewegliche Vermögen erfolgt durch Pfändung. Sie darf nicht weiter ausgedehnt werden, als zur Deckung der beizutreibenden Geldbeträge und der Kosten der Zwangsvollstreckung erforderlich ist.

Die Pfändung hat zu unterbleiben, wenn sich von der Verwerthung der zu pfändenden Gegenstände ein Ueberschuß über die Kosten der Zwangsvollstreckung nicht erwarten läßt.

Civ.Proz.O. § 708.

25. Gegen die Pfändung kann sich der Schuldner nur schützen, wenn derselbe entweder eine Fristbewilligung vorzeigt oder die vollständige Berichtigung des beizutreibenden Geldbetrages durch Quittung oder durch Vorlegung eines Postscheines nachweist, aus welchem sich ergiebt, daß der beizutreibende Geldbetrag an die für die Einziehung zuständige Stelle eingezahlt ist.

Zur Empfangnahme von Geldbeträgen ist der Vollziehungsbeamte nur nach Maßgabe des ihm ertheilten schriftlichen Auftrags ermächtigt.

§ 33 Abs. 3.

26. Behauptet ein Dritter, daß ihm an dem gepfändeten Gegenstande ein die Veräußerung hinderndes Recht zustehe, so ist der Widerspruch gegen die Pfändung erforderlichenfalls im Wege der Klage geltend zu machen.

Auf die Einstellung weiterer und die Aufhebung bereits erfolgter Vollstreckungmaßregeln finden die Vorschriften der §§. 688, 689 der Deutschen Civilprozeßordnung Anwendung.

Der Pfändung einer Sache kann ein Dritter, welcher sich nicht im Besitze der Sache befindet, auf Grund eines Pfand- oder Vorzugsrechtes nicht widersprechen; er kann jedoch seinen Anspruch auf vorzugsweise Befriedigung aus dem Erlöse im Wege der Klage geltend machen, ohne Rücksicht darauf, ob seine Forderung fällig ist oder nicht.

In den in den Absätzen 1 und 3 bezeichneten Fällen ist die Klage ausschließlich bei dem Gerichte zu erheben, in dessen Bezirke die Pfändung erfolgt ist. Wird die Klage gegen Denjenigen, für dessen Rechnung die Zwangsvollstreckung stattfindet und den Schuldner gerichtet, so sind diese als Streitgenossen anzusehen.

§§ 688, 689 **Civ.Proz.O.** lauten:

§ 688. Das Prozeßgericht kann auf Antrag anordnen, daß bis zur Erlassung des Urtheils über die in den §§ 686, 687 bezeichneten Einwendungen die Zwangsvollstreckung gegen oder ohne Sicherheitsleistung eingestellt oder nur gegen Sicherheitsleistung fortgesetzt werde und daß die erfolgten Vollstreckungsmaßregeln gegen Sicherheitsleistung aufzuheben seien. Die thatsächlichen Behauptungen, welche den Antrag begründen, sind glaubhaft zu machen.

In dringenden Fällen kann das Vollstreckungsgericht eine solche Anordnung erlassen, unter Bestimmung einer Frist, innerhalb welcher die Entscheidung des Prozeßgerichts beizubringen sei. Nach fruchtlosem Ablaufe der Frist wird die Zwangsvollstreckung fortgesetzt.

Die Entscheidung über diese Anträge kann ohne vorgängige mündliche Verhandlung erfolgen.

§ 689. Das Prozeßgericht kann in dem Urtheile, durch welches über die Einwendungen entschieden wird, die in dem vorstehenden Paragraphen bezeichneten Anordnungen erlassen oder die bereits erlassenen Anordnungen aufheben, abändern oder bestätigen. In Betreff der Anfechtung einer solchen Entscheidung finden die Vorschriften des § 656 entsprechende Anwendung.

27. **Hat die Pfändung zu einer vollständigen Deckung der beizutreibenden Geldbeträge nicht geführt oder wird glaubhaft gemacht, daß durch Pfändung eine vollständige Deckung nicht zu erlangen sei, so ist der Schuldner auf Antrag der für die Einziehung des Geldbetrages zuständigen Stelle verpflichtet, ein Verzeichniß seines Vermögens vorzulegen, in Betreff seiner Forderungen den Grund und die Beweismittel zu bezeichnen, sowie den Offenbarungseid dahin zu leisten:**

daß er sein Vermögen vollständig angegeben und wissentlich nichts verschwiegen habe.

Für die Abnahme des Offenbarungseides ist das Amtsgericht zuständig, in dessen Bezirk der Schuldner seinen Wohnsitz oder in Ermangelung eines solchen seinen Aufenthaltsort hat; für das Verfahren gelten die Vorschriften der §§. 781 bis 795 der Deutschen Civilprozeßordnung; jedoch ist die Vorauszahlung der Verpflegungskosten nicht erforderlich, wenn die Leistung des Offenbarungseides wegen solcher Geldbeträge beantragt ist, welche an den Staat zu entrichten sind.

§ 45 Abs. 5.

B. Zwangsvollstreckung in körperliche Sachen.

28. Die Pfändung der im Gewahrsam des Schuldners befindlichen körperlichen Sachen wird dadurch bewirkt, daß der Vollziehungsbeamte dieselben in Besitz nimmt.

Werden die Sachen im Gewahrsam des Schuldners belassen, so ist durch Anlegung von Siegeln oder auf sonstige Weise die Pfändung ersichtlich zu machen.

Der Vollziehungsbeamte hat den Schuldner von der geschehenen Pfändung in Kenntniß zu setzen.

Civ.Proz.O. § 712.

29. Die vorstehenden Bestimmungen finden entsprechende Anwendung auf die Pfändung von Sachen, welche sich im Gewahrsam eines zur Herausgabe bereiten Dritten befinden.

Civ.Proz.O. § 713.

30. Früchte können, auch bevor sie von dem Boden getrennt sind, gepfändet werden. Die Pfändung darf nicht früher als einen Monat vor der gewöhnlichen Zeit der Reife erfolgen.

Civ.Proz.O. § 714.

31. Die in dem §. 715 der Deutschen Civilprozeßordnung bezeichneten Sachen sind der Pfändung nicht unterworfen.

Dies sind:

1. die Kleidungsstücke, die Betten, das Haus- und Küchengeräth, insbesondere die Heiz- und Kochöfen, soweit diese Gegenstände für den Schuldner, seine Familie und sein Gesinde unentbehrlich sind;
2. die für den Schuldner, seine Familie und sein Gesinde auf zwei Wochen erforderlichen Nahrungs- und Feuerungsmittel;
3. eine Milchkuh oder nach der Wahl des Schuldners statt einer solchen zwei Ziegen oder zwei Schafe nebst dem zum Unterhalt und zur Streu für dieselben auf zwei Wochen erforderlichen Futter und Stroh, sofern die bezeichneten Thiere für die Ernährung des Schuldners, seiner Familie und seines Gesindes unentbehrlich sind;
4. bei Künstlern, Handwerkern, Hand- und Fabrikarbeitern, sowie bei Hebammen die zur persönlichen Ausübung des Berufs unentbehrlichen Gegenstände;
5. bei Personen, welche Landwirthschaft betreiben, das zum Wirthschaftsbetriebe unentbehrliche Geräth, Vieh- und Feldinventarium nebst dem nöthigen Dünger, sowie die landwirthschaftlichen Erzeugnisse, welche zur Fortsetzung der Wirthschaft bis zur nächsten Ernte unentbehrlich sind;
6. bei Offizieren, Deckoffizieren, Beamten, Geistlichen, Lehrern an öffentlichen Unterrichtsanstalten, Rechtsanwälten, Notaren und Aerzten die zur Verwaltung des Dienstes oder Ausübung des Berufs erforderlichen Gegenstände, sowie anständige Kleidung;
7. bei Offizieren, Militärärzten, Deckoffizieren, Beamten, Geistlichen und Lehrern an öffentlichen Unterrichtsanstalten ein Geldbetrag, welcher dem der Pfändung nicht unterworfenen Theile des Dienst-

einkommens oder der Pension für die Zeit von der Pfändung bis zum nächsten Termine der Gehalts- oder Pensionszahlung gleichkommt;

8. die zum Betriebe einer Apotheke unentbehrlichen Geräthe, Gefäße und Waaren;
9. Orden und Ehrenzeichen;
10. die Bücher, welche zum Gebrauche des Schuldners und seiner Familie in der Kirche oder Schule bestimmt sind.

32. Die gepfändeten Sachen sind auf schriftliche Anordnung der Vollstreckungsbehörde, und zwar in der Regel durch den Vollziehungsbeamten öffentlich zu versteigern; Kostbarkeiten sind vor der Versteigerung durch einen Sachverständigen abzuschätzen. Gepfändetes Geld hat der Vollziehungsbeamte an die Vollstreckungsbehörde abzuliefern; die Wegnahme des Geldes durch den Vollziehungsbeamten gilt als Zahlung von Seiten des Schuldners.

Civ.Proz.O. § 716.

33. Die Versteigerung der gepfändeten Sachen darf nicht vor Ablauf einer Woche seit dem Tage der Pfändung geschehen, sofern nicht der Schuldner sich mit einer früheren Versteigerung einverstanden erklärt oder dieselbe erforderlich ist, um die Gefahr einer beträchtlichen Werthverringerung der zu versteigernden Sache abzuwenden oder um unverhältnißmäßige Kosten einer längeren Aufbewahrung zu vermeiden.

Die Versteigerung erfolgt in der Gemeinde, in welcher die Pfändung geschehen ist. Zeit und Ort der Versteigerung sind unter allgemeiner Bezeichnung der zu versteigernden Sachen öffentlich bekannt zu machen. Auf Ersuchen der Vollstreckungsbehörde ist der Ortsvorsteher verpflichtet, der Versteigerung beizuwohnen oder einen Gemeinde- oder Polizeibeamten mit der Beiwohnung zu beauftragen.

Die Vorschriften des §. 25 finden auf die Versteigerung entsprechende Anwendung.

Civ.Proz.O. § 717.

34. Bei der Versteigerung ist nach den Vorschriften der §§. 718, 719 der Deutschen Civilprozeßordnung zu verfahren.

Die Empfangnahme des Erlöses durch den versteigernden Beamten gilt als Zahlung von Seiten des Schuldners.

§§ 718, 719 der **Civ.Proz.O.** lauten:

§. 718. Der Zuschlag an den Meistbietenden erfolgt nach dreimaligem Aufrufe.

Die Ablieferung einer zugeschlagenen Sache darf nur gegen baare Zahlung geschehen.

Hat der Meistbietende nicht zu der in den Versteigerungsbedingungen bestimmten Zeit oder in Ermangelung einer solchen Bestimmung nicht vor dem Schlusse des Versteigerungstermins die Ablieferung gegen Zahlung des Kaufgeldes verlangt, so wird die Sache anderweit versteigert. Der Meistbietende wird zu einem weiteren Gebote nicht zugelassen; er haftet für den Ausfall, auf den Mehrerlös hat er keinen Anspruch.

§. 719. Die Versteigerung wird eingestellt, sobald Erlös zur Befriedigung des Gläubigers und zur Deckung der Kosten der Zwangsvollstreckung hinreicht.

35. Gold- und Silbersachen dürfen nicht unter ihrem Gold- oder Silberwerthe zugeschlagen werden. Wird ein den Zuschlag gestattendes Gebot nicht abgegeben, so kann der Verkauf aus freier Hand zu dem Preise bewirkt werden, welcher den Gold- oder Silberwerth erreicht.

Civ.Proz.O. § 721.

36. Gepfändete Werthpapiere sind, wenn sie einen Börsen- oder Marktpreis haben, aus freier Hand zum Tageskurse zu verkaufen und, wenn sie einen solchen Preis nicht haben, nach den allgemeinen Bestimmungen zu versteigern.

Civ.Proz.O. § 722.

37. Die Versteigerung gepfändeter, von dem Boden noch nicht getrennter Früchte ist erst nach der Reife zulässig. Sie kann vor oder nach der Trennung der Früchte erfolgen; im letzteren Falle hat der Vollziehungsbeamte die Aberntung bewirken zu lassen.

Civ.Proz.O. § 725.

38. Lautet ein gepfändetes Werthpapier auf Namen oder ist ein gepfändetes Inhaberpapier durch Einschreibung auf den Namen oder in anderer Weise außer Kurs gesetzt, so ist die Vollstreckungsbehörde berechtigt, die Umschreibung auf den Namen des Käufers, bezw. die Wiederinkurssetzung zu erwirken und die hierzu erforderlichen Erklärungen an Stelle des Schuldners abzugeben.

Civ.Proz.O. §§ 723, 724.

39. Auf Antrag des Schuldners oder aus besonderen

Zweckmäßigkeitsgründen kann die Vollstreckungsbehörde anordnen, daß die Verwerthung einer gepfändeten Sache in anderer Weise oder an einem anderen Orte, als in den vorstehenden Paragraphen bestimmt ist, stattzufinden habe oder daß die Versteigerung durch eine andere Person, als den Vollziehungsbeamten vorzunehmen sei.

Civ.Proz.O. § 726.

40. Die Pfändung bereits gepfändeter Sachen wird durch die in das Protokoll aufzunehmende Erklärung des Vollziehungsbeamten, daß er die Sachen zur Deckung der ihrer Art und Höhe nach zu bezeichnenden Geldbeträge pfände, bewirkt. Der Schuldner ist von der weiteren Pfändung in Kenntniß zu setzen.

Ist die frühere Pfändung im Auftrage einer anderen Vollstreckungsbehörde oder durch einen Gerichtsvollzieher erfolgt, so ist dieser Vollstreckungsbehörde bezw. dem Gerichtsvollzieher eine Abschrift des Protokolls zuzustellen.

Eine entsprechende Verpflichtung hat der Gerichtsvollzieher, welcher im Wege der gerichtlichen Zwangsvollstreckung eine bereits im Auftrage einer Vollstreckungsbehörde gepfändete Sache pfändet.

Civ.Proz.O. § 726.

41. Wenn eine mehrfache Pfändung desselben Gegenstandes im Auftrage verschiedener Vollstreckungsbehörden oder im Auftrage einer Vollstreckungsbehörde und durch Gerichtsvollzieher stattgefunden hat, so begründet ausschließlich die erste Pfändung die Zuständigkeit zur Ausführung der Versteigerung.

Die Versteigerung erfolgt für alle betheiligten Gläubiger auf Betreiben eines Jeden derselben.

Die Vertheilung des Erlöses erfolgt nach der Reihenfolge der Pfändungen oder, falls die sämmtlichen Betheiligten über die Vertheilung einverstanden sind, nach der getroffenen Vereinbarung.

Ist der Erlös zur Deckung der Forderungen nicht ausreichend und verlangt der Gläubiger, für welchen die zweite oder eine spätere Pfändung erfolgt ist, ohne Zustimmung der übrigen betheiligten Gläubiger eine andere Vertheilung als nach der Reihenfolge der Pfändungen, so ist die Sachlage unter Hinterlegung des Erlöses demjenigen Amtsgerichte, in dessen Bezirk die Pfändung stattgefunden hat, anzuzeigen. Dieser Anzeige sind die auf das Verfahren sich beziehenden Schriftstücke beizufügen. Die Vertheilung erfolgt nach Maßgabe der Vorschriften der §§. 759 bis 768 der Deutschen Civilprozeßordnung.

In gleicher Weise ist zu verfahren, wenn die Pfändung für mehrere Gläubiger gleichzeitig bewirkt ist.

Civ.Proz.O. § 728; Hinterlegungsordnung v. 14. März 1879.

C. Zwangsvollstreckung in Forderungen und andere Vermögensrechte.

42. Soll eine Geldforderung gepfändet werden, so hat die Vollstreckungsbehörde durch schriftliche Verfügung dem Drittschuldner zu verbieten, an den Schuldner zu zahlen.

Zugleich hat die Vollstreckungsbehörde an den Schuldner durch schriftliche Verfügung das Gebot zu erlassen, sich jeder Verfügung über die Forderung, insbesondere der Einziehung derselben, zu enthalten.

Mit der Zustellung der Verfügung an den Drittschuldner ist die Pfändung als bewirkt anzusehen. Von dieser Zustellung ist der Schuldner in Kenntniß zu setzen.

§ 48; Civ.Proz.O. § 730.

43. Die Pfändung von Forderungen aus Wechseln und anderen Papieren, welche durch Indossament übertragen werden können, wird dadurch bewirkt, daß der Vollziehungsbeamte diese Papiere in Besitz nimmt.

Civ.Proz.O. § 732.

44. Die gepfändete Geldforderung ist Demjenigen, für dessen Rechnung die Zwangsvollstreckung erfolgt, durch die Vollstreckungsbehörden zur Einziehung zu überweisen; dieselbe hat beglaubigte Abschriften der Verfügung dem Schuldner und dem Drittschuldner zustellen zu lassen.

§ 45 Abs. 6; Civ.Proz.O. § 736.

45. Die Ueberweisung ersetzt die förmlichen Erklärungen des Schuldners, von welchen nach den Vorschriften des bürgerlichen Rechts die Berechtigung zur Einziehung der Forderung abhängig ist. Bei Pfändung einer in einem Grund- oder Hypothekenbuche eingetragenen Forderung oder Berechtigung findet außerdem der §. 16. des Ausführungsgesetzes zur Deutschen Civilprozeßordnung vom 24. März 1879 (Gesetz-Samml. S. 281) Anwendung.

Der Schuldner ist verpflichtet, die über die Forderung vorhandenen Urkunden herauszugeben. Im Weigerungsfalle sind dieselben auf Anordnung der Vollstreckungsbehörde dem Schuldner durch den Vollziehungsbeamten wegzunehmen.

Werden die herauszugebenden Urkunden nicht vorgefunden, so kann von dem Schuldner die Ableistung des Offenbarungseides dahin,

daß er die Urkunden nicht besitze, auch nicht wisse, wo dieselben sich befinden,

gefordert werden.

Das Gericht kann eine der Lage der Sache entsprechende Aenderung der vorstehenden Eidesnorm beschließen.

Für die Zuständigkeit des Gerichts und das Verfahren finden die Vorschriften des §. 27 entsprechende Anwendung.

Befindet sich eine herauszugebende Urkunde im Gewahrsam eines Dritten, so ist Demjenigen, für dessen Rechnung die Zwangsvollstreckung erfolgt, der Anspruch des Schuldners auf Herausgabe derselben nach Maßgabe des §. 44 zu überweisen.

Civ.Proz.O. § 737.

Abs. 1: der angezogene § 16 lautet:

§. 16. Die Pfändung einer in einem Grund- oder Hypothekenbuche eingetragenen Forderung oder Berechtigung ersetzt die Bewilligung des Schuldners zur Eintragung des entstandenen Pfandrechts. Zum Nachweise der Pfändung ist der Nachweis der Zustellung des Pfändungsbeschlusses an den Eigenthümer des Grundstücks erforderlich und ausreichend.

Die Ueberweisung einer in einem Grund- oder Hypothekenbuche eingetragenen Geldforderung an Zahlungsstatt ersetzt die Bewilligung des Schuldners zur Eintragung der Abtretung.

Zu dem Antrage des Gläubigers auf Eintragung ist weder die Vermittelung des Prozeßgerichts oder des Vollstreckungsgerichts, noch die Beglaubigung erforderlich.

Die Vorschriften des bürgerlichen Rechts über die Voraussetzungen, unter welchen die Rechte an einer in einem Grund- oder Hypothekenbuche eingetragenen Forderung Rechtswirkung gegen Dritte erlangen, bleiben unberührt.

46. Auf Verlangen des Gläubigers hat der Drittschuldner binnen zwei Wochen, von der Zustellung der im §. 42 Abs. 1 bezeichneten Verfügung an gerechnet, dem Gläubiger zu erklären:

1) ob und inwieweit er die Forderung als begründet anerkenne und Zahlung zu leisten bereit sei;
2) ob und welche Ansprüche andere Personen an die Forderung machen;
3) ob und wegen welcher Ansprüche die Forderung bereits für andere Gläubiger gepfändet sei.

Die Aufforderung zur Abgabe dieser Erklärungen kann in die

vorgedachte Verfügung aufgenommen werden. Der Drittschuldner haftet dem Gläubiger für den aus der Nichterfüllung seiner Verpflichtung entstehenden Schaden.

Die Bestimmungen der §§. 740 bis 742 der Deutschen Civilprozeßordnung finden Anwendung.

§§ 740—742 Civ.Proz.O. lauten:

§. 740. Der Gläubiger, welcher die Forderung einklagt, ist verpflichtet, dem Schuldner gerichtlich den Streit zu verkünden, sofern nicht eine Zustellung im Ausland oder eine öffentliche Zustellung erforderlich wird.

§. 741. Der Gläubiger, welcher die Beitreibung einer ihm zur Einziehung überwiesenen Forderung verzögert, haftet dem Schuldner für den daraus entstehenden Schaden.

§. 742. Der Gläubiger kann auf die durch Pfändung und Ueberweisung zur Einziehung erworbenen Rechte unbeschadet seines Anspruchs verzichten. Die Verzichtleistung erfolgt durch eine dem Schuldner zuzustellende Erklärung. Die Erklärung ist auch dem Drittschuldner zuzustellen.

47. Schon vor der Pfändung kann die für die Einziehung zuständige Stelle durch die Vollstreckungsbehörde dem Drittschuldner und dem Schuldner die Benachrichtigung, daß die Pfändung bevorstehe, zustellen lassen mit der Aufforderung an den Drittschuldner, nicht an den Schuldner zu zahlen, und mit der Aufforderung an den Schuldner, sich jeder Verfügung über die Forderung, insbesondere der Einziehung derselben, zu enthalten.

Die Benachrichtigung an den Drittschuldner hat die Wirkung eines Arrestes (§. 810 der Deutschen Civilprozeßordnung), sofern die Pfändung der Forderung innerhalb drei Wochen bewirkt wird. Die Frist beginnt mit dem Tage, an welchem die Benachrichtigung zugestellt ist.

Civ.Proz.O. § 744.

48. Die Zwangsvollstreckung in Ansprüche, welche die Herausgabe oder Leistung körperlicher Sachen zum Gegenstande haben, erfolgt nach den Vorschriften der §§. 42 bis 47 unter Berücksichtigung der nachstehenden Bestimmungen.

Civ.Proz.O. § 745.

49. Bei der Pfändung eines Anspruches, welcher eine bewegliche körperliche Sache betrifft, hat die Vollstreckungsbehörde anzuordnen, daß die Sache an den zu bezeichnenden Vollziehungsbeamten herauszugeben sei.

Auf die Verwerthung der Sache finden die Vorschriften über die Verwerthung gepfändeter Sachen Anwendung.

§§ 32 ff., Civ.Proz.O. § 746.

50. Bei Pfändung eines Anspruches, welcher eine unbewegliche Sache betrifft, hat die Vollstreckungsbehörde anzuordnen, daß die Sache an einen auf ihren Antrag vom Amtsgerichte der belegenen Sache zu bestellenden Sequester herauszugeben sei.

Die Zwangsvollstreckung in die herausgegebene Sache wird nach den für die Zwangsvollstreckung in unbewegliche Sachen geltenden Vorschriften bewirkt.

Bei Pfändung eines Anspruches, welcher die Uebertragung des Eigenthums einer unbeweglichen Sache zum Gegenstande hat, findet außerdem der §. 17. des Ausführungsgesetzes zur Deutschen Civilprozeßordnung vom 24. März 1879 (Gesetz-Samml. S. 281) Anwendung.

Civ.Proz.O. § 747. — Abs. 2: Ges. betr. die Zwangsvollstreckung in Immobilien v. 4. März 1879 (Ges.S. S. 102).

Abs. 3: der angezogene § 17 lautet:

§. 17. Bei Pfändung eines Anspruchs, welcher die Uebertragung des Eigenthums einer unbeweglichen Sache zum Gegenstande hat, ist anzuordnen, daß die Uebertragung nur an den nach §. 747 der Deutschen Civilprozeßordnung zu bestellenden Sequester als Vertreter des Schuldners vorgenommen werde. Der Sequester ist zu ermächtigen und anzuweisen, daß er an Stelle des Schuldners die zu dem Erwerb erforderlichen Erklärungen abgebe und die Eintragung der Forderung des Gläubigers in das Grund- oder Hypothekenbuch in der zur Sicherstellung eines Anspruchs auf Eintragung vorgeschriebenen Form bewillige und beantrage.

Ist der Anspruch für mehrere Gläubiger gepfändet, so hat der Sequester die Eintragung der Forderungen in der durch die Zeit der Pfändungen bestimmten Reihenfolge zu beantragen; wenn ein Gläubiger eine andere Reihenfolge verlangt oder die Zeit der Pfändungen nicht erhellt, zu gleichen Rechten unter dem miteinzutragenden Vorbehalt einer anderweiten Feststellung des Ranges derselben untereinander.

51. Der Pfändung sind nicht unterworfen:

1) die auf gesetzlicher Vorschrift beruhenden Alimentenforderungen;
2) die fortlaufenden Einkünfte, welche ein Schuldner aus Stiftungen oder sonst auf Grund der Fürsorge und Freigebigkeit eines Dritten bezieht, insoweit der Schuldner zur Bestreitung des nothdürftigen Unterhalts für sich, seine Ehefrau und seine noch unversorgten Kinder dieser Einkünfte bedarf;

3) die aus Kranken-, Hülfs- oder Sterbekassen, insbesondere aus Knappschaftskassen und Kassen der Knappschaftsvereine zu beziehenden Hebungen;
4) der Sold und die Invalidenpension der Unteroffiziere und der Soldaten;
5) das Diensteinkommen der Militärpersonen, welche zu einem mobilen Truppentheil oder zur Besatzung eines in Dienst gestellten Kriegsfahrzeuges gehören;
6) die Pensionen der Wittwen und Waisen und die denselben aus Wittwen- und Waisenkassen zukommenden Bezüge, die Erziehungsgelder und die Studienstipendien, sowie die Pensionen invalider Arbeiter;
7) das Diensteinkommen der Offiziere, Militärärzte und Deckoffiziere, der Beamten, der Geistlichen und der Lehrer an öffentlichen Unterrichtsanstalten; die Pension dieser Personen nach deren Versetzung in einstweiligen oder dauernden Ruhestand, sowie der nach ihrem Tode den Hinterbliebenen zu gewährende Sterbe- oder Gnadengehalt.

Uebersteigen in den Fällen Nr. 6 und 7 das Diensteinkommen, die Pension oder die sonstigen Bezüge die Summe von fünfzehnhundert Mark für das Jahr, so ist der dritte Theil des Mehrbetrages der Pfändung unterworfen.

Bei der Einziehung von kurrenten öffentlichen Abgaben, von Disziplinarstrafen und von solchen Zwangsstrafen, welche durch die vorgesetzte Dienstbehörde festgesetzt sind, finden die Vorschriften der Nr. 7. rücksichtlich des Diensteinkommens und der Pension der Beamten, der Geistlichen und der Lehrer an öffentlichen Unterrichtsanstalten nicht Anwendung.

Die Einkünfte, welche zur Bestreitung eines Dienstaufwandes bestimmt sind und der Servis der Offiziere, Militärärzte und Militärbeamten sind weder der Pfändung unterworfen noch bei der Ermittelung, ob und zu welchem Betrage ein Diensteinkommen der Pfändung unterliege, zu berechnen.

Bezüglich der Zulässigkeit der Pfändung des Arbeits- oder Dienstlohns verbleibt es bei den Bestimmungen des Reichsgesetzes vom 21. Juni 1869 (Bundes-Gesetzbl. 1869 S. 242 und 1871 S. 63).

Civ.Proz.O. § 739.

52. Ist eine Forderung auf Anordnung mehrerer Vollstreckungsbehörden oder auf Anordnung einer Vollstreckungsbehörde und eines Gerichts gepfändet, so finden die Vorschriften der §§. 750

bis 753 der Deutschen Civilprozeßordnung entsprechende Anwendung.

In Ermangelung eines nach §§. 750, 751 zuständigen Amtsgerichts findet die Hinterlegung bei der Hinterlegungsstelle desjenigen Amtsgerichts statt, in dessen Bezirk die Vollstreckungsbehörde, deren Pfändungsverfügung dem Drittschuldner zuerst zugestellt worden, ihren Sitz hat.

53. Auf die Zwangsvollstreckung in andere Vermögensrechte, welche nicht Gegenstand der Zwangsvollstreckung in das unbewegliche Vermögen sind, finden die vorstehenden Bestimmungen entsprechende Anwendung.

Ist ein Drittschuldner nicht vorhanden, so ist die Pfändung mit dem Zeitpunkte als bewirkt anzusehen, in welchem dem Schuldner das Gebot sich jeder Verfügung über das Recht zu enthalten, zugestellt ist.

Die Vollstreckungsbehörde kann bei der Zwangsvollstreckung in Rechte, welche nur in Ansehung der Ausübung veräußerlich sind, sofern durch anderweite Pfändung keine Zahlung zu erlangen ist, besondere Anordnungen erlassen. Sie kann insbesondere bei der Zwangsvollstreckung in Nutzungsrechte eine Verwaltung anordnen. In diesem Falle wird die Pfändung durch Uebergabe der zu benutzenden Sache an den Verwalter bewirkt, sofern sie nicht durch Zustellung der Pfändungsverfügung bereits vorher bewirkt ist.

Ist die Veräußerung des Rechts selbst zulässig, so kann auch diese Veräußerung unter der gleichen Voraussetzung von der Vollstreckungsbehörde angeordnet werden.

Bezüglich der Sequestration und Wiederverpachtung verpachteter Grundstücke und Gerechtsame behält es bei den besonderen Bestimmungen des §. 42 der Verordnung vom 26. Dezember 1808 (Gesetz-Samml. von 1806 bis 1810 S. 464) und der Allerhöchsten Order vom 31. Dezember 1825 (Gesetz-Samml. für 1826 S. 5) sein Bewenden.

Civ.Proz.O. § 754.

III. Zwangsvollstreckung in das unbewegliche Vermögen.

54. Die Zwangsvollstreckung in das unbewegliche Vermögen erfolgt als gerichtliche Zwangsvollstreckung; sie ist unbeschadet des Antrages auf hypothekarische Eintragung nur zulässig, sobald feststeht, daß durch Pfändung die Beitreibung der Geldbeträge nicht erfolgen kann.

Der Antrag auf Einleitung des Verfahrens ist durch die Vollstreckungsbehörde zu stellen. Dasselbe gilt für den Antrag auf Eintragung der Forderung in einem Grund- oder Hypothekenbuche (§. 22 des Gesetzes vom 4. März 1879, Gesetz-Samml. S. 102).

Die Vollstreckbarkeit der Forderung und die Zulässigkeit der Zwangsvollstreckung nach der Vorschrift des ersten Absatzes unterliegen nicht der Beurtheilung des Gerichts.

In den besonderen Rechten der bestehenden Kreditverbände bei der Sequestration und Subhastation der zu denselben gehörigen oder von denselben beliehenen Güter wird durch die Bestimmungen dieser Verordnung nichts geändert.

IV. Arrest.

55. Soweit ein Arrest zur Sicherung der Zwangsvollstreckung wegen einer im Verwaltungszwangsverfahren beizutreibenden Geldforderung zulässig ist, erfolgt die Vollziehung desselben unter entsprechender Anwendung der Vorschriften dieser Verordnung. Die Vorschriften der Zoll- und Steuergesetze über die Beschlagnahme zoll- oder steuerpflichtiger Gegenstände werden hierdurch nicht berührt.

V. Kosten der Zwangsvollstreckung.

56. Die Kosten des Verfahrens sind nach dem angehängten Tarif unter Beachtung der nachstehenden näheren Bestimmungen zu berechnen:

a) Die Werthsklasse wird bei der Ausführung einer Versteigerung durch den Erlös der versteigerten Gegenstände, in allen anderen Fällen durch die Summe der von jedem einzelnen Schuldner einzuziehenden Geldbeträge einschließlich der rückständigen Kosten bestimmt.

b) Bei der Pfändung körperlicher Sachen, sowie bei deren Versteigerung ist der Anspruch des Vollziehungsbeamten auf die Gebühren begründet, sobald derselbe die Ausführung des entsprechenden Auftrages begonnen hat.

c) die Gebühren des Vollziehungsbeamten müssen, auch wenn derselbe mehrere Zwangsmaßregeln in derselben Gemeinde an demselben Tage vollstreckt hat, von jedem Schuldner besonders entrichtet werden.

   Die Kosten für die öffentliche Bekanntmachung und für die Versteigerung sind jedoch, wenn mehrere Massen zusammengenommen werden, nur einmal nach der Gesammtsumme zu entrichten und unter die betheiligten Schuldner nach Verhältniß des aus jeder Masse gewonnenen Erlöses zu vertheilen.

d) Die durch die Zwangsvollstreckung verursachten baaren

Auslagen sind von dem Schuldner zu ersetzen; bei Vertheilung der Transportkosten und anderer baaren Auslagen, welche mehrere Schuldner gemeinschaftlich zu tragen haben, ist auf die besonderen Umstände, namentlich den Werth, den Umfang und das Gewicht der Gegenstände, billige Rücksicht zu nehmen.

e) Neben den Gebühren findet ein Anspruch auf Reise- und Zehrungskosten nicht statt.

f) Die Gebühren der zugezogenen Sachverständigen werden nach den für gerichtliche Schätzungen vorgeschriebenen Sätzen bestimmt.

g) Die Gebühren des Vollziehungsbeamten können auch anderen mit der Vornahme einzelner Vollstreckungshandlungen beauftragten Beamten gewährt werden.

Das Staatsministerium ist ermächtigt, eine Revision und anderweite Festsetzung des Tarifs vorzunehmen.

Littr. f: § 16 der Gebührenordnung für Gerichtsvollzieher vom 28. Juni 1878 (R.G.Bl. S. 166).

57. Die Gebühren des Vollziehungsbeamten und alle anderen Kosten der Zwangsvollstreckung werden von der Vollstreckungsbehörde aus den eingegangenen Geldern bezahlt.

Bei Unzulänglichkeit dieser Gelder werden aus denselben zunächst die Gebühren des Vollziehungsbeamten, sodann die übrigen Kosten der Zwangsvollstreckung berichtigt.

Soweit die Kosten aus den eingegangenen Geldern nicht gedeckt werden, sind dieselben unbeschadet der bestehenden anderweiten Vorschriften von Demjenigen zu tragen, für dessen Rechnung die Zwangsvollstreckung erfolgt.

58. Diese Verordnung tritt gleichzeitig mit dem Deutschen Gerichtsverfassungsgesetz in Kraft.

Die zur Ausführung derselben erforderlichen Anordnungen haben die betheiligten Ministerien gemeinschaftlich zu erlassen*).

Urkundlich unter Unserer Höchsteigenhändigen Unterschrift und beigedrucktem Königlichen Insiegel.

Gegeben Königsberg i. Pr., den 7. September 1879.

(L. S.) **Wilhelm.**

Leonhardt. v. Bülow. Maybach. v. Puttkamer.

*) Anweisung vom 15. September 1879 zur Ausführung der Verordnung vom 7. September 1879, betr. das Verwaltungszwangsverfahren wegen Beitreibung von Geldbeträgen.

Gebühren-Tarif.

	I.	II.	III.	IV.	V.	VI.	VII.
	bis 3 ℳ einschließlich Mark.	3 bis 15 ℳ einschließlich Mark.	15 bis 150 ℳ einschließlich Mark.	150 bis 300 ℳ einschließlich Mark.	300 bis 1000 ℳ einschließlich Mark.	1000 bis 5000 ℳ einschließlich Mark.	über 5000 ℳ Mark.
1)*) Für jede Mahnung, welche nicht mittelst der Post erfolgt ist	0,10	0,20	0,40	0,75	0,75	0,75	0,75
2) Für die Pfändung körperlicher Sachen, sowie für die Wegnahme der vom Schuldner herauszugebenden Urkunden einschließlich der durch die Pfändung und Wegnahme der Urkunden veranlaßten Zustellungen . . Wenn der Schuldner die Pfändung abwendet (§. 25), wird nur die Hälfte der Gebühren entrichtet.	0,40	0,80	1,60	3,00	4,00	5,00	6,00
3) Für die öffentliche Bekanntmachung der Versteigerung durch Aushang und Ausruf	0,20	0,20	0,40	0,75	0,75	0,75	0,75
4) Für die Versteigerung, sowie für den freihändigen Verkauf der gepfändeten Sachen einschließlich der hierdurch veranlaßten Zustellungen . . Wenn der Schuldner die Versteigerung abwendet (§. 33 Abs. 3), wird nur die Hälfte der Gebühren entrichtet, jedoch nicht über 2,50 ℳ	0,40	0,80	1,60	3,00	5,00	15,00	30,00
5) Für jede Abschrift eines Protokolls	0,10	0,10	0,10	0,10	0,10	0,10	0,10
6) Für jede im Zwangsverfahren erforderliche Zustellung, welche nicht nach den Bestimmungen unter Nr. 2 und 4 unentgeltlich zu leisten ist . . Zu 1 bis 6. Die mit der Einziehung einer gerichtlich erkannten Geldstrafe verbundene Beitreibung der Kosten des Strafverfahrens erfolgt gebührenfrei.	0,20	0,40	1,20	2,00	2,00	2,00	2,00
7) Gebühren der bei einer Pfändung zugezogenen Zeugen	0,20	0,20	0,40	0,50	0,50	0,80	0,50
8) Gebühren des Aufbewahrers von gepfändeten Sachen täglich . . . . Wenn die Aufbewahrung länger als 8 Tage dauert, werden von dem 9. Tage an nur die halben Gebühren bewilligt.	0,10	0,20	0,30	0,50	0,75	1,00	1,50

*) Für Mittheilung von Gerichtskostenrechnungen wird die Gebühr nicht entrichtet. Das durch derartige Mittheilung veranlaßte Porto bleibt der Staatskasse zur Last.

XVI. Cirkular

vom 1. November 1879, betreffend Andeutungen für eine richtige Form und für den Inhalt von Kreistagsbeschlüssen, welche höherer Bestätigung unterliegen, oder zu welchen die Erwirkung eines Allerhöchsten Privilegiums erforderlich ist.

(Min.Bl. 1880 S. 11.)

Hinsichtlich einer nicht unerheblichen Zahl von Kreistagsbeschlüssen, welche uns in neuerer Zeit behufs Ertheilung der in §. 176. Nr. 2 und 5 der Kreisordnung vom 13. Dezember 1872 vorgesehenen Bestätigung, bezw. zum Zwecke der Erwirkung eines Allerhöchsten Privilegiums zur Ausgabe von Kreisanleihescheinen vorgelegt worden sind, hat den Anträgen der Kreis- und Provinzialbehörden keine Folge gegeben werden können, weil die Form und der Inhalt der gefaßten Beschlüsse den bestehenden Vorschriften nicht entsprachen.

Wir nehmen hieraus Veranlassung, Ew. Hochwohlgeboren behufs gefälliger weiterer Verständigung der Vorsitzenden der Kreisausschüsse des dortigen Bezirkes, im Anschlusse an die in Betreff des fraglichen Gegenstandes früher ergangenen generellen Erlasse eine Zusammenstellung:

A. der bei Anwendung der Vorschrift des §. 13. der vorbezeichneten Kreisordnung in Betreff der Mehr- oder Minderbelastung einzelner Kreistheile zu beachtenden Grundsätze;

B. derjenigen Punkte, welche nach den gemachten Erfahrungen bei der Fassung der Kreistagsbeschlüsse wegen Ausführung von Chausseebauten und wegen Aufnahme von Anleihen durch Ausgabe auf den Inhaber lautender Kreisobligationen vielfach entweder inkorrekt behandelt oder übersehen werden,

im Nachstehenden mitzutheilen.

Zu A. 1) die Mehrbelastung der Kreisangehörigen einzelner Kreistheile, denen eine Kreiseinrichtung (z. B. Herstellung einer Chaussee) in besonders hervorragendem Maße zu Gute kommt, darf — wie aus dem Prinzipe des §. 10. und der Stellung des §. 13. der Kreisordnung vom 13. Dezember 1872 zu entnehmen ist, — nur nach Quoten der für die betreffende Einrichtung aufzubringenden Kreisabgaben, nicht aber in Form von quantitativ feststehenden Beträgen und ebensowenig nach Quoten des Kostenbedarfes erfolgen (Erlasse vom

19. Februar und 11. August 1875 — Minist.-Bl. der inn. Verw. S. 78 und 211). Die Auferlegung einer derartigen Präzipualquote (20, 25, 30 ꝛc. Prozent) der für die betreffende Kreiseinrichtung aufzubringenden Kreisabgaben kann sich beziehen:

a. auf die Aufbringung der Herstellungskosten (Neubaukosten einer Chaussee),
b. falls der Kreis die Aufnahme einer Anleihe zur Deckung dieser Kosten beschließt, auf die zur Verzinsung und Tilgung erforderlichen Mittel,
c. auf die Kosten der Unterhaltung der Anlage.

2) Unbeschadet des zu 1. ausgesprochenen Grundsatzes ist selbstverständlich bei Bemessung der als Mehrbelastung aufzubringenden Quote der Kreisabgaben derjenige quantitative Betrag, welcher in der Mehrbelastung Deckung finden soll, zunächst zu ermitteln, und nach ihm das Verhältniß der Mehrbelastung der Interessenten zur Prinzipalbelastung des gesammten Kreises festzusetzen. (Erlaß vom 11. August 1875 — Minist.-Bl. der inn. Verw. S. 211).

3) Die Mehrbelastung ist allen Kreisangehörigen der betreffenden Kreistheile und zwar nach demjenigen Verhältnisse aufzuerlegen, in welchem die von ihnen zu entrichtenden Staatssteuern überhaupt mit Zuschlägen für Kreiszwecke getroffen werden. Die Mehrbelastung einer einzelnen Klasse von Kreisangehörigen, sowie die Festsetzung verschiedener Quoten für die präzipuale Heranziehung der einzelnen Steuergattungen widerspricht dem, der Kreisordnung zum Grunde liegenden Prinzipe der gleichmäßigen Heranziehung der Kreisangehörigen zu den Kreisabgaben nach einem, ein für alle Mal feststehenden Vertheilungsmaßstabe. (Erlaß vom 31. Oktober 1873 — Minist.-Bl. der inn. Verw. S. 332).

4) Die Kreisvertretung ist nicht befugt, eine Mehrbelastung durch Auferlegung bestimmter Naturalleistungen zu beschließen, sondern kann nur gestatten, daß die Präzipualabgaben durch Naturalleistungen ersetzt werden dürfen (vorerwähnter Erlaß vom 11. August 1875).

5) Durch vertragsmäßige Vereinbarung zwischen der Kreiskorporation und den betheiligten Gemeinden bezw. Gutsbesitzern kann die Entrichtung eines quantitativ feststehenden Betrages zu Gunsten der herzustellenden Einrichtung, an Stelle der Präzipualbelastung mit Kreisabgaben stipulirt werden.

6) Die einem einzelnen Kreistheile auferlegte Präzipualquote der Kreisabgaben kann — je nach dem besonderen Vortheile, den einzelne Ortschaften des Kreistheiles an der betreffenden Kreis-

einrichtung haben — innerhalb des Kreistheiles, zufolge besonderer Festsetzungen der Kreisvertretung wiederum in verschiedenen, nach Quoten zu bestimmenden Unter-Abstufungen der Präzipualbelastung aufgebracht werden.

7) Bei Vorlegung der bezüglichen Kreistagsbeschlüsse behufs Erwirkung der nach §. 176. Nr. 2 der Kreisordnung vom 13. Dezember 1872 erforderlichen ministeriellen Genehmigung ist gleichzeitig die Frage zu erörtern, ob die beschlossene Auferlegung einer Präzipualquote eine Belastung der betreffenden Kreisangehörigen durch Kreisabgaben über 50 Prozent des Gesammtaufkommens der direkten Staatssteuern zur Folge haben würde, welche nach §. 176. Nr. 5.*) l. c. der Genehmigung der Minister des Innern und der Finanzen unterliegt. Es kommt hierbei nicht darauf an, ob die Belastung mit Kreisabgaben zu den bestimmten Zwecken der beschlossenen Kreiseinrichtung — z. B. zu Verkehrszwecken — 50 Prozent jenes Steuersolls erreicht, sondern vielmehr darauf, ob der aus den Beschlüssen der Kreisvertretung sich ergebende Betrag der Kreisabgaben, einschließlich der Präzipualbeiträge unter Zurechnung des sonstigen gesammten Jahresbetrages der Kreisabgaben, die eben bezeichnete Grenze des Sollaufkommens der direkten Staatssteuern überschreitet.

Zu B. I. Hinsichtlich der Kreisbeschlüsse wegen Ausführung von Chausseebauten sind folgende Punkte zu beachten:

1) der erforderliche Nachweis der Erfüllung der vorgeschriebenen Förmlichkeiten ist durch Vorlegung des vom Kreisausschusse ausgearbeiteten ausführlichen Vorschlages (§. 119. der Kreisordnung vom 13. Dezember 1872), des amtlich bescheinigten Verzeichnisses der Kreistagsabgeordneten, der Behändigungsscheine über die erfolgte Einladung der letzteren und einer beglaubigten Abschrift des Kreistags-Protokolls zu führen. Diese Abschriften sind bisher oft insofern unvollständig gefertigt worden, als die Namen der erschienenen Mitglieder und die Unterschriften derjenigen Personen, welche das Kreistags-Protokoll vollzogen haben (§. 125. l. c.), nicht aufgenommen waren.

2) Neben der Bezeichnung des Maßstabes, nach welchem die zur Deckung der Kosten der auszuführenden Chausseebauten erforderlichen Mittel, bezw. soweit diese Mittel im Wege einer Anleihe beschafft werden sollen, die zur Verzinsung und Tilgung der Anleihe nothwendigen Summen aufzubringen sind, bedarf es auch — was bisher vielfach übersehen worden ist, — eines ausdrücklichen Beschlusses in Betreff des Maßstabes für die Aufbringung

---

*) jetzt Nr. 4.

der Kosten der Unterhaltung der fertig gestellten Chausseen, wofern die Unterhaltungspflicht nicht auf einen anderen Verband übergeht.*)

3) Ist ein Chausseebau nur unter bestimmten Voraussetzungen beschlossen worden, von deren Eintritt die Bauausführung abhängig gemacht ist (z. B. Fortsetzung der auszubauenden Chausseelinie in einem anderen Kreise, unentgeltliche Hergabe von Land oder Baumaterialien Seitens gewisser Interessenten, Gewährung von Beihülfen oder Bauprämien aus Staats- oder Provinzialfonds u. s. w.), so ist mit dem Antrage auf Bestätigung der bezüglichen Kreistagsbeschlüsse gleichzeitig die Führung des Nachweises zu verbinden, daß die fraglichen Voraussetzungen bereits eingetreten sind, bezw. die Erfüllung der Bedingungen zum bestimmten Zeitpunkte gesichert ist.

4) In Betreff der technischen Prüfung der Chausseebauprojekte bleiben die Cirkular-Erlasse vom 8. Januar 1878 (Minist.-Bl. der inn. Verw. S. 19) und vom 2. November 1878 (ebenda Jahrgang 1879 S. 38) maßgebend.

II. Hinsichtlich der Fassung der Beschlüsse wegen Ausgabe auf den Inhaber lautender Schuldverschreibungen der Kreiskorporationen (Kreisobligationen) wird unter Bezugnahme auf die Cirkular-Erlasse vom 8. September 1868 (Minist.-Bl. der inn. Verw. S. 276), vom 22. März 1875 (Minist.-Bl. S. 124) und vom 21. Juli 1875 (Minist.-Bl. S. 207) auf folgende Punkte verwiesen:

a. zur Tilgung der in Inhaberpapieren aufzunehmenden Anleihen sind außer einem bestimmten Prozentsatze des ursprünglichen Schuldkapitals — welcher bei Anleihen zu gemeinnützigen Einrichtungen und Anlagen auf mindestens 1 Prozent und bei Anleihen zu gewinnbringenden Anlagen auf mindestens 1½ Prozent zu bemessen ist — auch die durch die fortschreitende Tilgung ersparten Zinsen und die Ertragsüberschüsse der betreffenden Anlagen zu verwenden;

b. die auszugebenden Inhaberpapiere sind in Stücken, welche auf mindestens 200 ℳ Nennwerth lauten, auszustellen und Stückbeträge, welche — wie 300, 600 und 1500 ℳ — geeignet sind, den Gebrauch der Rechnung nach der früheren Thalerwährung zu erhalten, thunlichst zu vermeiden.

c. Falls die Tilgung der Anleihe im Wege der regelmäßig wiederkehrenden Auslosung der Obligationen bewirkt werden soll, so ist bei Abmessung der Zahl, in welcher die

*) KreisO. § 176.

verschiedenen Nennwerths-Kategorien der Anleihestücke auszugeben sind, auf die planmäßigen Tilgungsbeträge Rücksicht zu nehmen.

d. Nach der Bestimmung in Nr. 8. des Cirkular-Erlasses vom 17. April 1854 (Minist.-Bl. d. inn. Verw. S. 94) hat die Bekanntmachung der ausgeloosten und gekündigten Schuldverschreibungen in Zeiträumen von 6, 3, 2 und 1 Monat vor dem Zahlungstermine zu erfolgen und darf sich auf eine einmalige Veröffentlichung nicht beschränken.

III. Das dem vorerwähnten Cirkular-Erlasse vom 17. April 1854 beigefügte Schema zu einer Kreisobligation hat — abgesehen von der Einführung des neuen Münzfußes — einige durch die neuere Gesetzgebung bedingte Veränderungen erfahren.

a. Das Aufgebot und die Kraftloserklärung (Amortisation) verlorener oder vernichteter Schuldverschreibungen hat fortan nicht mehr nach Vorschrift der Allgem. Gerichts-Ordnung Theil I. Titel 51. §§. 120 ff., sondern nach den Bestimmungen der Civilprozeß-Ordnung für das Deutsche Reich vom 30. Januar 1877 (Reichsges.-Bl. S. 83) — §§. 838 ff. — zu erfolgen.

b. An Stelle der im Schema vorgesehenen Unterschrift der kreisständischen Kommission unter dem Texte der Schuldverschreibung, sowie unter den Zins-Koupons und Talons tritt gemäß §. 137. Abs. 4 der Kreisordnung vom 13. Dezember 1872 die mit dem Siegel des Landrathes zu versehende Unterschrift des Landrathes und zweier Mitglieder des Kreisausschusses bezw. der mit der Angelegenheit betrauten Kommission. Das angeschlossene Schema zu einem Privilegium behufs Ausgabe auf den Inhaber lautender Schuldverschreibungen, sowie zu einem Kreis-Anleihescheine, zu Zinsscheinen und Anweisungen (Talons) ist fortan als Muster zu benutzen.

IV. Was endlich die formelle Behandlung der Beschlüsse der Kreisvertretungen über die im gegenwärtigen Erlasse erörterten Gegenstände anlangt, so hat die Beschlußfassung des Bezirksrathes*) über die nach §. 68. Nr. 2 und 3 des Zuständigkeitsgesetzes vom 26. Juli 1876**) demselben zugewiesene Bestätigung solcher Kreistagsbeschlüsse, welche Anleihen betreffen, durch die der Kreis mit einem Schuldenstande belastet werden soll, oder welche eine neue Belastung der Kreisangehörigen ohne gesetzliche Verpflichtung über

*) Statt Bezirksraths jetzt Bezirksausschusses.
**) KreisO. § 176.

den Zeitraum von fünf Jahren zur Folge haben, der durch den Minister des Innern bezw. die Minister des Innern und der Finanzen auszusprechenden Bestätigung der Kreistagsbeschlüsse, soweit dieselben die Mehr- oder Minderbelastung einzelner Kreistheile, bezw. eine Belastung der Kreisangehörigen durch Kreisabgaben über 50 Prozent des Gesammtaufkommens an direkten Staatssteuern betreffen (§. 176. Nr. 2 und 5 der Kreisordnung vom 13. Dezember 1872) voranzugehen. Denn einerseits sind die fraglichen Kreistagsbeschlüsse ohne die Bestätigung des Bezirksrathes*) nichtig (§. 68. Abs. 2 des Zuständigkeitsgesetzes vom 26. Juli 1876**)), andrerseits wird diese Bestätigung durch die Seitens der Ressort-Minister auszusprechende Bestätigung nicht ersetzt, weil letztere sich nur auf solche Theile des betreffenden Kreistagsbeschlusses zu erstrecken hat, welche die Rechtsbeständigkeit des Fundamentalbeschlusses (hinsichtlich der Belastung der Kreisangehörigen mit den Kosten einer neuen Kreiseinrichtung, der Aufnahme einer Anleihe u. s. w.) zur Voraussetzung haben.

Die Anträge auf Ertheilung der ministeriellen Bestätigung bezw. auf Erwirkung eines Allerhöchsten Privilegiums wegen Ausgabe von Inhaberpapieren sind mittelst Berichtes des Regierungs-Präsidenten, als der erstinstanzlichen Aufsichtsbehörde über die Verwaltung der Kommunalangelegenheiten der Landkreise (§. 71. des Zuständigkeitsgesetzes) vorzulegen. Der Bericht muß gleichzeitig gemäß der Bestimmung des Cirkular-Erlasses vom 8. August 1854 (Minist.-Bl. der inn. Verw. S. 183) eine gutachtliche, eventl. im Einvernehmen mit der Finanzabtheilung der Bezirksregierung abzugebende Aeußerung darüber enthalten, ob die durch die Ausführung der Kreistagsbeschlüsse verursachte Belastung der Kreisangehörigen mit Kreisabgaben die Sicherheit der Einziehbarkeit der Staatssteuern gefährden würde.

Berlin, den 1. November 1879.

Der Minister des Innern. Graf zu Eulenburg.

Der Minister der öffentl. Arbeiten. Maybach.

Der Finanz-Minister. Bitter.

Der Minister für Handel und Gewerbe. In Vertretung: Jacobi.

*) Statt Bezirksraths jetzt Bezirksausschusses.

**) KreisO. § 176.

XVII. Cirkular-Verfügung

vom 9. Februar 1884, betreffend Abänderung der Instruktion zur Geschäftsführung der Regierungen.

(Min.Bl. S. 15.)

In der Cirkularverfügung vom 10. Febr. 1881 — Minist.Bl. S. 157 — ist auf die Aenderungen hingewiesen worden, welche in den Vorschriften der Instruktion zur Geschäftsführung der Regierungen vom 23. Oktober 1817 (G.S. S. 248), der Allerhöchsten Ordre vom 31. Dezember 1825 (G.S. 1826 S. 6) und der Instruktion für die Oberpräsidenten von demselben Tage (GS. 1826 S. 1) durch die auf den Regierungspräsidenten und die Bezirksregierung bezüglichen Bestimmungen des Organisationsgesetzes vom 26. Juli 1880 eingetreten sind.

An die Stelle dieser Bestimmungen treten vom 1. April d. J. ab die wesentlich gleichlautenden, aber anders numerirten Paragraphen des Gesetzes über die allgemeine Landesverwaltung vom 30. Juli 1883 (GS. S. 195).

Der Inhalt der erwähnten Cirkularverfügung bedarf daher für die Zeit vom 1. April d. J. ab insofern, als darin die Paragraphen des Organisationsgesetzes citirt sind, einer Berichtigung. Mit Rücksicht hierauf und auf gewisse weitere Abänderungen, welche in den Verhältnissen der Bezirksregierung und des Regierungspräsidenten als solchen durch die auf die ernannten Mitglieder des Bezirksausschusses bezüglichen Bestimmungen des neuen Gesetzes eintreten werden, erscheint es zweckmäßig, die Cirkularverfügung vom 10. Februar 1881, und die ergänzende Verfügung vom 6. Mai dess. J. — Minist.Bl. S. 161 —, durch nachstehende Bemerkungen zu ersetzen.

1. Betreffend den Regierungspräsidenten am Sitze des Oberpräsidenten.

Der gemäß §. 17 des Landesverwaltungsgesetzes, unter Aufhebung der Vorschriften in §. 15 der Oberpräsidialinstruktion vom 31. Dezember 1825 und zu D. IV. der Allerhöchsten Ordre von demselben Tage, an der Spitze der Regierung am Sitze des Oberpräsidenten stehende Regierungspräsident hat die Stellung der übrigen Regierungspräsidenten.

II. Betreffend die Stellvertretung des Regierungspräsidenten.

Nach §. 20 des Landesverwaltungsgesetzes ist, vorbehaltlich der Bestimmung in §. 146, unter Aufhebung des Schlußsatzes zu D. IV. der Allerhöchsten Ordre vom 31. Dezember 1825 die Stellvertretung der Regierungspräsidenten in der Weise geregelt, daß, abgesehen von den besonderen Fällen, in denen unsererseits eine anderweite Anordnung getroffen wird, der dem Regierungspräsidenten für die ihm persönlich übertragenen Angelegenheiten beigegebene Oberregierungsrath die Stellvertretung des Regierungspräsidenten in vollem Umfange, also auch bezüglich des Vorsitzes im Plenum und in den Abtheilungen, sowie bezüglich der Ausübung der Präsidialbefugnisse in Personalangelegenheiten u. s. w. (§. 40 der Regierungs-Instruktion vom 23. Oktober 1817 und zu D. VI. der Allerhöchsten Ordre vom 31. Dezember 1825) wahrzunehmen, und einer der anderen Oberregierungsräthe nur im Falle der Behinderung des erstgenannten Oberregierungsrathes einzutreten hat.

Die Stellvertretung des Regierungspräsidenten als Vorsitzenden des Bezirksausschusses ist dem beigegebenen Oberregierungsrathe nicht übertragen, sondern in den §§. 28, 30 des Landesverwaltungsgesetzes besonders geregelt.

III. Betreffend die Verwaltung der Geschäfte der früheren Abtheilung des Innern durch den Regierungspräsidenten und die dienstliche Stellung der ihm beigegebenen Beamten.

Die Uebertragung der Geschäfte der früheren Abtheilung des Innern auf den Regierungspräsidenten ist nicht in dem Sinne aufzufassen, als ob hierdurch der Regierungspräsident als eine besondere Behörde der Regierung gegenübergestellt worden wäre. Vielmehr nimmt der Regierungspräsident hinsichtlich der Geschäfte der früheren Abtheilung des Innern dieselbe Stellung ein, wie hinsichtlich der ihm bereits nach D. I. und VI. der Allerhöchsten Ordre vom 31. Dezember 1825 zur selbstständigen Entscheidung zugewiesenen Angelegenheiten. Im Uebrigen aber bleibt der im §. 5 der Regierungsinstruktion vom 23. Oktober 1817 ausgesprochene Grundsatz bestehen, daß keine Abtheilung — und demnach auch nicht der an Stelle der Abtheilung des Innern tretende Regierungspräsident — für sich eine besondere Behörde bildet, sondern daß, wie auch aus der Fassung des §. 3 Abs. 1 des

Landesverwaltungsgesetzes hervorgeht, der Regierungspräsident und die Regierung zusammen die zur Führung der Geschäfte der allgemeinen Landesverwaltung in der Bezirksinstanz bestimmte Behörde bilden.

Die Bedeutung der Vorschrift des §. 18 des Landesverwaltungsgesetzes ist dahin aufzufassen, daß die früher von der Abtheilung des Innern unter deren Firma kollegialisch bearbeiteten Geschäfte insoweit, als sie nicht an andere Behörden, insbesondere an den Bezirksausschuß und den Kreisausschuß übertragen worden sind, von dem Regierungspräsidenten wahrgenommen werden und unter dessen Firma und vollen persönlichen Verantwortlichkeit zur Erledigung gelangen. Es bleiben für diese Geschäfte alle diejenigen Bestimmungen der Regierungs-Instruktion vom 23. Oktober 1817 und der Allerhöchsten Ordre vom 31. Dezember 1825, welche sich nicht auf die kollegialische Behandlung der Angelegenheiten, sondern auf die der Behörde zustehenden Befugnisse und Verpflichtungen, sowie auf deren Stellung zu den vorgesetzten oder koordinirten Behörden beziehen, insbesondere die §§. 6 ff., 17 und 19 der Regierungs-Instruktion (wegen der in §. 11 daselbst geordneten Zwangsbefugnisse vergl. bezüglich des Regierungspräsidenten §§. 132 ff. des Landesverwaltungsgesetzes) auch ferner in Kraft, soweit sie nicht anderweit bereits abgeändert sind. Für aufgehoben dagegen — bezüglich der Geschäfte der bisherigen Abtheilung des Innern — sind diejenigen Bestimmungen zu erachten, welche sich auf die kollegiale Behandlung und Erledigung der Geschäfte beziehen. Dies gilt insbesondere von der Bestimmung in §. 24 Abs. 7e und §. 27 der Regierungs-Instruktion über die zum Vortrag zu bringenden Sachen, und von §. 28 daselbst über die Abstimmung.

Bezüglich der von dem Regierungspräsidenten an Stelle der Abtheilung des Innern zu erledigenden Geschäfte ist die Abhaltung von Sitzungen unter Zuziehung der ihm beigegebenen Beamten gesetzlich nicht mehr vorgeschrieben. Es empfiehlt sich jedoch, dergleichen Sitzungen auch ferner abzuhalten, damit der Regierungspräsident in der Lage ist, bei wichtigeren Fragen das Urtheil der ihm beigegebenen Beamten zu hören, insbesondere aber damit letztere die Kenntniß des Zusammenhangs der Geschäfte nicht verlieren, und damit nicht durch die Beschränkung auf ein eng begrenztes Dezernat ihre Arbeitsfreudigkeit gelähmt und in Folge dessen ihre Leistungsfähigkeit gemindert werde. Es bedarf keiner weiteren Erörterung, daß in diesen Sitzungen gegen den Willen des Regierungspräsidenten keine Sache zum Gegenstande des Vortrags gemacht werden darf und daß den beigegebenen

Beamten nur eine berathende Stimme zusteht, die Entschließung aber allein in der Hand des dafür verantwortlichen Regierungspräsidenten bezw. des ihn vertretenden Oberregierungsraths liegt.

Die Bestimmungen hinsichtlich der Zuziehung des Justitiarius, des Kassenraths und der technischen Mitglieder der Regierung bei der Erledigung gewisser Geschäfte der Abtheilung des Innern bleiben mit der letztbemerkten Maßgabe auch ferner in Kraft.

Hinsichtlich der Rechtsgeschäfte, die der Regierungspräsident in den ihm persönlich übertragenen Angelegenheiten abschließt, ist die unter VIII. der Allerhöchsten Ordre vom 31. Dezember 1825 vorgeschriebene Mitzeichnung des Justitiars auf das Konzept zu beschränken. Ob der Regierungspräsident in allen früher zur Abtheilung des Innern gehörigen Angelegenheiten die Konzepte und Reinschriften der zu erlassenden Verfügungen selbst zeichnen, oder in minder wichtigen Angelegenheiten diese Zeichnung dem ihm beigegebenen Oberregierungsrathe übertragen will, bleibt seinem Ermessen überlassen.

Bei den von dem Regierungspräsidenten zu erstattenden Berichten sind auch in Zukunft in Gemäßheit des §. 32 Abs. 3 der Regierungs-Instruktion die Namen des Referenten und Korreferenten auf der Reinschrift anzugeben.

Wenn Seitens des Regierungspräsidenten dem ihm beigegebenen Oberregierungsrathe in einzelnen Fällen oder für gewisse Gattungen von Geschäftssachen die Entscheidung überlassen worden ist, so trägt der Letztere, soweit er nicht durch spezielle oder generelle Instruktionen besondere Anweisung erhalten hat, für die getroffene Entscheidung in gleicher Weise, wie bei einer Stellvertretung im Falle der Abwesenheit oder sonstiger Behinderung des Regierungspräsidenten, oder im Falle einer Stellenerledigung, in erster Linie die Verantwortlichkeit.

Im Uebrigen finden bezüglich aller dem Regierungspräsidenten persönlich übertragenen Angelegenheiten, was die Verantwortlichkeit der ihm beigegebenen Beamten, insbesondere des Referenten und des Korreferenten betrifft, namentlich hinsichtlich der rechtzeitigen Erledigung, gründlichen und vorschriftsmäßigen Bearbeitung und angemessenen Fassung der anzugebenden Verfügungen, die Bestimmungen in §§. 24, 34 bis 36, 42, 44, 45, 47, 48 der Regierungs-Instruktion auch ferner insoweit Anwendung, als dieselben nicht auf der Voraussetzung einer kollegialischen Beschlußfassung beruhen.

Falls nach §. 19 Abs. 2 und 3 des Landesverwaltungsgesetzes die dem Regierungspräsidenten beigegebenen Beamten zugleich bei der Regierung beschäftigt, oder die Mitglieder der Regierung zur Bearbeitung der dem Regierungspräsidenten übertragenen Geschäfte herangezogen werden, so ist, sofern es sich nur um einzelne Angelegenheiten oder eine vorübergehende Aushülfe handelt, die bezügliche Anordnung von dem Regierungspräsidenten selbstständig zu erlassen, sofern dagegen eine dauernde Einrichtung und die Uebertragung eines Dezernats in Frage kommt, hierzu unsere Genehmigung einzuholen.

IV. Betreffend die Beschäftigung der ernannten Mitglieder des Bezirksausschusses bei der Regierung und deren Abtheilungen.

Den ernannten Mitgliedern des Bezirksausschusses darf nach §. 31 des Landesverwaltungsgesetzes eine Vertretung des Regierungspräsidenten oder eine Hülfsleistung in den diesem persönlich überwiesenen Geschäften (ausgenommen in den Hohenzollernschen Landen, §. 35 a. a. O.) nicht aufgetragen werden. Wohl aber ist es zulässig, dieselben bei der Regierung und deren Abtheilungen in den Geschäften eines Mitgliedes oder Vorsitzenden unentgeltlich zu verwenden, und es wird sich namentlich bei kleineren Regierungen empfehlen, von dieser Befugniß Gebrauch zu machen, insoweit die Mitglieder des Bezirksausschusses durch ihre Thätigkeit bei diesem nicht voll beschäftigt sind. Ob ein Mitglied eines Bezirksausschusses geeigneten Falls bei der Regierung überhaupt zu beschäftigen sei, bleibt für jedes einzelne Mitglied unserer Entscheidung vorbehalten; im Uebrigen aber ist, sofern es sich nur um einzelne Angelegenheiten oder eine vorübergehende Aushülfe handelt, die bezügliche Anordnung von dem Regierungspräsidenten selbstständig zu erlassen, — sofern dagegen eine dauernde Einrichtung und die Uebertragung eines bestimmten Dezernats in Frage kommt, hierzu unsere besondere Genehmigung einzuholen.

V. Betreffend die Plenarberathungen der Regierung.

An den Plenarberathungen der Regierung nehmen sowohl die dem Regierungspräsidenten beigegebenen Beamten (§. 19 des Landesverwaltungsgesetzes) als die ernannten Mitglieder des Bezirksausschusses (§. 31) nach Maßgabe der für die Regierungsmitglieder bestehenden Vorschriften Theil. Es gelten mithin bezüglich dieser Theilnahme, insbesondere des Stimmrechts, die Vorschriften in §. 32 der Regierungs-Instruktion vom 23. Oktober 1817 und zu D. V. der Allerhöchsten Ordre vom 31. Dezember

1825. Die in §§. 5, 31 der Regierungs-Instruktion und zu D. VI. der Allerhöchsten Ordre erörterte Einrichtung der Plenarberathungen erhält durch die Theilnahme der ernannnten Mitglieder des Bezirksausschusses eine erhöhte Bedeutung, indem sie allein den letzteren Gelegenheit bietet, sich an den Geschäften der allgemeinen Landesverwaltung in ihrem ganzen Umfange zu betheiligen und andererseits die bei ihrer Geschäftsthätigkeit im Bezirksausschusse gesammelten Erfahrungen zum Vortheile eines stetigen, einheitlichen und den Gesetzen entsprechenden Ganges der Verwaltung bei den Verhandlungen des Plenums zu verwerthen. Es wird daher Seitens der Regierungspräsidenten darauf zu halten sein, nicht allein, daß dem Ressort des Plenums nichts entzogen wird und die Plenarberathungen dem Bedürfniß entsprechend wiederkehrend abgehalten werden, sondern auch daß dieselben in einer für die gesammte allgemeine Landesverwaltung fruchtbringenden Weise erfolgen.

VI. Betreffend die Befugnisse des Regierungspräsidenten in den zur Zuständigkeit der Regierung oder einer Abtheilung derselben gehörigen Angelegenheiten

ist der §. 24 des Landesverwaltungsgesetzes maßgebend und sind demgemäß die Vorschriften im §. 39 Nr. 3 der Regierungs-Instruktion vom 23. Oktober 1817 und zu D. V. Abs. 5 der Allerhöchsten Ordre vom 31. Dezember 1825 für aufgehoben zu erachten. Dagegen sind die zu D. VII. der Allerhöchsten Ordre bestimmten Befugnisse der Abtheilungsdirigenten unverändert gelassen.

Berlin, den 9. Februar 1884.

Der Minister des Innern. v. Puttkamer. — Der Finanzminister. Scholz.

An
die Königlichen Regierungspräsidenten in den Provinzen Ostpreußen, Westpreußen, Brandenburg, Pommern, Schlesien und Sachsen.

Abschrift vorstehender Verfügung übersenden wir Ew. Hochwohlgeboren mit dem ergebensten Bemerken, daß dieselbe dort mit folgenden Maßgaben zur Anwendung kommt.

Bezüglich der Stellvertretung des Regierungspräsidenten (II. Abs. 1), welche bei der Regierung zu Stralsund nach §. 21 Abs. 2 des Landesverwaltungsgesetzes durch ein von den zuständigen Ministern beauftragtes Mitglied erfolgt, bewendet es bei den dieserhalb getroffenen Anordnungen.

Die zur Zuständigkeit der Regierungsabtheilungen des Innern gehörigen, jetzt gemäß der §§. 18, 21 Abs. 1 von dem Regierungspräsidenten zu verwaltenden Geschäfte (III.), werden nach dessen Anweisungen von den Mitgliedern der dortigen Regierung bearbeitet. Die Anwendbarkeit der unter III gegebenen Vorschriften regelt sich daher nach dem Gegenstande des Geschäfts.

Berlin, den 9. Februar 1884.

Der Minister des Innern. v. Puttkamer. — Der Finanzminister. Scholz.

An
die Königlichen Regierungspräsidenten zu Stralsund und zu Sigmaringen.

Abschrift übersenden wir Ew. Excellenz zur gefälligen Kenntnißnahme ganz ergebenst.

Der Minister des Innern. v. Puttkamer. — Der Finanzminister. Scholz.

An
die Königlichen Oberpräsidenten der Provinzen Ostpreußen, Westpreußen, Brandenburg, Pommern, Schlesien und Sachsen.

XVIII. Cirkular und Tarif

für die Berechnung des Kostenpauschquantums im Verwaltungsstreitverfahren.

Vom 27. Februar 1884. (Min.Bl. S. 30.)

Auf Grund des §. 106 des Gesetzes über die allgemeine Landesverwaltung vom 30. Juli v. J. haben wir für die Berechnung des Pauschquantums im Verwaltungsstreitverfahren den anliegenden Tarif aufgestellt. Derselbe tritt vom 1. April d. J. ab an die Stelle des Tarifs vom 8. November 1876, mit welchem er in den Tarifsätzen völlig, und auch sonst im Wesentlichen übereinstimmt. Ew. Excellenz ersuchen wir ganz ergebenst, den Tarif nebst den beigefügten Tabellen in unserem Auftrage den Kreisausschüssen (Stadtausschüssen, Magistraten der zu einem Landkreise gehörigen Städten von mehr als 10000 Einwohnern), sowie den Regierungspräsidenten als Vorsitzenden der am 1. April d. J. in Wirksamkeit tretenden Bezirksausschüsse mitzutheilen und durch die Amtsblätter zur öffentlichen Kenntniß zu bringen.

Hierbei ist darauf aufmerksam zu machen, daß nach §. 107 Nr. 2 a. a. O. fortan die Erhebung eines Pauschquantums nicht nur, wie bisher, bei den Kreisausschüssen, sondern auch bei den Bezirksausschüssen und bei dem Oberverwaltungsgericht wegfällt, wenn das Verfahren ohne mündliche Verhandlung zur Erledigung gelangt.

Als „unschätzbare" Gegenstände gemäß Nr. VIII. des Tarifs sind nur solche Streitobjekte anzusehen, welche überhaupt keinen vermögensrechtlichen Inhalt haben oder deren Geldwerth dermaßen unbestimmt ist, daß sich derselbe auch nicht durch sachverständiges Ermessen abschätzen läßt. Die Verpflichtung zur Unterstützung eines Hülfsbedürftigen, sowie die Erlaubniß zum Betriebe eines Gewerbes, die Entziehung der Erlaubniß oder die Untersagung des Gewerbebetriebes, wenn sie den Gegenstand eines Verwaltungsstreitverfahrens bilden, können im allgemeinen für „unschätzbar" nicht angesehen werden; vielmehr wird in diesen Fällen der Werth des Streitobjekts unter Zugrundelegung des J a h r e s w e r t h s gemäß Nr. VII. des Tarifs zu berechnen sein (vergleiche die Cirkularverfügung vom 8. November 1876).

Um über die Angemessenheit der Tarifsätze weitere Erfahrungen zu sammeln, sollen die angeordneten Zusammenstellungen der im Laufe des Geschäftsjahres erhobenen Pauschquanta auch ferner eingereicht werden und zwar da das Geschäftsjahr demnächst mit dem Kalenderjahr zusammenfällt, am Schlusse des Jahres 1884 für die Zeit vom 1. April 1884 ab gesondert.

Für die Gebühren der Zeugen und Sachverständigen gelten im Verwaltungsstreitverfahren nach §. 106 des Landesverwaltungsgesetzes die in Civilprozessen zur Anwendung kommenden Vorschriften. Nach denselben Vorschriften ist zu verfahren, wenn im Beschlußverfahren Zeugen oder Sachverständige vernommen werden (§§. 120, 124 Abs. 2 a. a. O..

Die von den Kreisausschüssen und Bezirksausschüssen festgesetzten Kosten und baaren Auslagen sind nicht unmittelbar nach beendigter Instanz, sondern erst nach eingetretener Rechtskraft der Entscheidung bezw. des Beschlusses von dem Pflichtigen einzuziehen (vergl. Cirkularverfügung vom 26. Mai 1880, Min.Bl. S. 161).

Hiernach wollen Ew. 2c. das Weitere gefälligst veranlassen.

Der Minister des Innern. Puttkamer. Der Finanzminister. Scholz.

Tarif

für die Berechnung des Kostenpauschquantums im Verwaltungsstreitverfahren.

Auf Grund des §. 106 des Gesetzes über die allgemeine Landesverwaltung vom 30. Juli 1883 (Gesetz-Sammlung Seite 195) wird Folgendes bestimmt:

I.

Das nach §§. 106, 107 a. a. O. zur Hebung kommende Pauschquantum wird nach dem Werthe des Streitobjektes berechnet und beträgt (vorbehaltlich der Bestimmungen unter II., III. und IV.) für je

20	Mark	des	Werthes bis	100 Mark
40	„	„	Mehrwerthes bis	300 „
60	„	„	„ „	600 „
80	„	„	„ „	1000 „
100	„	„	„ „	1500 „
200	„	„	„ „	2500 „
400	„	„	„ „	4500 „
700	„	„	„	über 4500 „

a) bei dem Oberverwaltungsgerichte zwei Mark,

b) bei den Bezirksausschüssen, Kreisausschüssen und den an Stelle des Kreisausschusses tretenden Behörden eine Mark,

mit der Beschränkung des Höchstbetrages im Falle a auf 100 Mark, im Falle b auf 40 Mark.

Die nur angefangenen Mehrwerthbeträge von 20, 40, 60, 80, 100, 200, 400, 700 Mark werden für voll gerechnet.

II.

Die Sätze zu I werden auf die Hälfte ermäßigt, wenn die Entscheidung auf Anerkenntniß erfolgt oder die Sache durch Vergleich oder durch Zurücknahme der Klage, des Antrages auf mündliche Verhandlung oder des Rechtsmittels ihre Erledigung findet.

III.

Sind die Voraussetzungen der Nr. II nur bei einem Theile des Streitobjektes vorhanden, so werden für diesen und für den übrigen Theil des Gegenstandes die Sätze gesondert berechnet, jedoch zusammen nicht mehr, als der für das ganze Streitobjekt zu berechnende Satz zu I.

IV.

Wenn eine Beweisaufnahme angeordnet ist und stattgefunden hat, so wird nach dem Werthe des Gegenstandes derselben die Hälfte des nach I bis III zu liquidirenden Satzes zusätzlich erhoben.

V.

Die Höhe der Pauschsätze in Gemäßheit der Vorschriften unter I bis IV ergiebt sich aus den anliegenden Tabellen A, B, C.

VI.

Der Werth des Streitobjektes wird in dem Endurtheile (§. 103, Abs. 2 a. a. O.) — wenn ein solches nicht ergeht, in dem Festsetzungsbeschlusse (§. 108 a. a. O.) oder erforderlichenfalls durch besonderen Beschluß — von dem Gerichte, welches in der Sache selbst zu entscheiden hat, nach Maßgabe der Vorschriften unter VII und VIII festgesetzt. In zweifelhaften Fällen und bei Gegenständen, welche keiner Schätzung nach Gelde fähig sind, kann zum Zweck der Festsetzung die Erklärung der Parteien erfordert, nöthigenfalls auch eine Beweisaufnahme herbeigeführt werden.

VII.

Der Werth des Streitobjektes bestimmt sich durch den Kapitalswerth desselben und die rückständigen Nutzungen, soweit der ursprüngliche oder veränderte Antrag darauf gerichtet ist oder die Nutzungen von Amtswegen zuerkannt werden.

Der Zeitpunkt, bis zu welchem die rückständigen Nutzungen zu berechnen sind, wird durch den Tag der Einreichung der Klage, wenn aber eine Vervollständigung derselben verfügt worden, durch den Tag der Einreichung der vervollständigten Klage bestimmt.

An Stelle der Klage ist im Falle des §. 69 a. a. O. der Antrag auf mündliche Verhandlung im Verwaltungsstreitverfahren maßgebend.

Dagegen bleiben von der Berechnung ausgeschlossen:

a) die Nutzungen, welche erst während des Streitverfahrens entstanden sind,

b) die während des Streitverfahrens entstandenen Schäden und Kosten und im Werthe des streitigen Gegenstandes eingetretenen Veränderungen

Bei Einlegung eines Rechtsmittels bleibt von der Berechnung ausgeschlossen, was in diesem Zeitpunkt unter den Parteien nicht mehr streitig ist.

Der Werth des Rechts auf wiederkehrende Nutzung oder Leistungen wird nach dem Werthe des einjährigen Bezugs berechnet und zwar auf den 12½fachen Betrag, wenn der künftige Wegfall des Bezugrechts gewiß, die Zeit des Wegfalls aber ungewiß ist, auf den 25fachen Betrag bei unbeschränkter oder länger als 25jähriger Dauer.

VIII.

Ist das Streitobjekt keiner Schätzung nach Geld fähig, so wird der Werth desselben zur Berechnung des Pauschquantums, je nach der größeren oder geringeren Wichtigkeit der Sache, für die streitenden Parteien auf 50 bis 5000 Mark angenommen.

Ist mit einem unschätzbaren Anspruche ein daraus hergeleiteter, einer Schätzung nach Geld fähiger Anspruch verbunden, so ist nur ein Anspruch, und zwar der höhere maßgebend.

IX.

In Endurtheilen, auf Grund welcher eine nochmalige Entscheidung in einer Vorinstanz zu ergehen hat, kann die Festsetzung des Werths des Streitobjektes mit der Entscheidung über den Kostenpunkt der weiteren Entscheidung vorbehalten werden.

Die Kosten einer Vorentscheidung sind, wenn in derselben Instanz, in Folge der Zurückweisung der Sache in einer Vorinstanz, eine nochmalige Verhandlung stattfindet, auf den Kostenbetrag der anderweitigen Verhandlung und Entscheidung anzurechnen. Nach dieser Vorschrift ist auch im Falle des §. 100 a. a. O. zu verfahren.

Berlin, den 27. Februar 1884.

Der Minister des Innern. Puttkamer.

Der Finanzminister. Scholz.

Tabelle A. für die Kosten bei dem Oberverwaltungsgerichte.

Werth des Streitobjekts.	Das Pauschquantum (§. 106 des Gesetzes über die allgemeine Landesverwaltung vom 31. Juli 1883), falls ein solches überhaupt zur Hebung kommt (§. 107 a. a. O.), beträgt, wenn die Entscheidung auf Anerkenntniß erfolgt oder die Sache durch Vergleich oder durch Zurücknahme der Klage oder des Antrages auf mündliche Verhandlung oder des Rechtsmittels ihre Erledigung findet, und zwar				wenn die Entscheidung nicht auf Anerkenntniß erfolgt, und zwar			
	ohne Beweisaufnahme		nach erfolgter Beweisaufnahme		ohne Beweisaufnahme		nach erfolgter Beweisaufnahme	
	M	Pf	M	Pf	M	Pf	M	Pf
bis zu 20 M einschließlich	1	—	1	50	2	—	3	—
von mehr als 20 M bis zu 40 M einschl.	2	—	3	—	4	—	6	—
40 „ „ „ 60 „ „	3	—	4	50	6	—	9	—
60 „ „ „ 80 „ „	4	—	6	—	8	—	12	—
80 „ „ „ 100 „ „	5	—	7	50	10	—	15	—
100 „ „ „ 140 „ „	6	—	9	—	12	—	18	—
140 „ „ „ 180 „ „	7	—	10	50	14	—	21	—
180 „ „ „ 220 „ „	8	—	12	—	16	—	24	—
220 „ „ „ 260 „ „	9	—	13	50	18	—	27	—
260 „ „ „ 300 „ „	10	—	15	—	20	—	30	—
300 „ „ „ 360 „ „	11	—	16	50	22	—	33	—
360 „ „ „ 420 „ „	12	—	18	—	24	—	36	—
420 „ „ „ 480 „ „	13	—	19	50	26	—	39	—
480 „ „ „ 540 „ „	14	—	21	—	28	—	42	—
540 „ „ „ 600 „ „	15	—	22	50	30	—	45	—
600 „ „ „ 680 „ „	16	—	24	—	32	—	48	—
680 „ „ „ 760 „ „	17	—	25	50	34	—	51	—
760 „ „ „ 840 „ „	18	—	27	—	36	—	54	—
840 „ „ „ 920 „ „	19	—	28	50	38	—	57	—
920 „ „ „ 1000 „ „	20	—	30	—	40	—	60	—
1000 „ „ „ 1100 „ „	21	—	31	50	42	—	63	—
1100 „ „ „ 1200 „ „	22	—	33	—	44	—	66	—
1200 „ „ „ 1300 „ „	23	—	34	50	46	—	69	—
1300 „ „ „ 1400 „ „	24	—	36	—	48	—	72	—
1400 „ „ „ 1500 „ „	25	—	37	50	50	—	75	—
1500 „ „ „ 1700 „ „	26	—	39	—	52	—	78	—
1700 „ „ „ 1900 „ „	27	—	40	50	54	—	81	—
1900 „ „ „ 2100 „ „	28	—	42	—	56	—	84	—
2100 „ „ „ 2300 „ „	29	—	43	50	58	—	87	—
2300 „ „ „ 2500 „ „	30	—	45	—	60	—	90	—
2500 „ „ „ 2900 „ „	31	—	46	50	62	—	93	—
2900 „ „ „ 3300 „ „	32	—	48	—	64	—	96	—
3300 „ „ „ 3700 „ „	33	—	49	50	66	—	99	—
3700 „ „ „ 4100 „ „	34	—	51	—	68	—	102	—
4100 „ „ „ 4500 „ „	35	—	52	50	70	—	105	—
4500 „ „ „ 5200 „ „	36	—	54	—	72	—	108	—
5200 „ „ „ 5900 „ „	37	—	55	50	74	—	111	—
5900 „ „ „ 6600 „ „	38	—	57	—	76	—	114	—
6600 „ „ „ 7300 „ „	39	—	58	50	78	—	117	—
7300 „ „ „ 8000 „ „	40	—	60	—	80	—	120	—
8000 „ „ „ 8700 „ „	41	—	61	50	82	—	123	—
8700 „ „ „ 9400 „ „	42	—	63	—	84	—	126	—
9400 „ „ „ 10100 „ „	43	—	64	50	86	—	129	—
10100 „ „ „ 10800 „ „	44	—	66	—	88	—	132	—
10800 „ „ „ 11500 „ „	45	—	67	50	90	—	135	—
11500 „ „ „ 12200 „ „	46	—	69	—	92	—	138	—
12200 „ „ „ 12900 „ „	47	—	70	50	94	—	141	—
12900 „ „ „ 13600 „ „	48	—	72	—	96	—	144	—
13600 „ „ „ 14300 „ „	49	—	73	50	98	—	147	—
14300 „	50	—	75	—	100	—	150	—

Tabelle B. für die Kosten des Verwaltungsstreitverfahrens bei den Bezirksausschüssen.

Werth des Streitobjekts.	Das Pauschquantum (§. 106 des Gesetzes über die allgemeine Landesverwaltung vom 31. Juli 1883), Falls ein solches überhaupt zur Hebung kommt (§. 107 a. a. O.), beträgt, wenn die Entscheidung auf Anerkenntniß erfolgt oder die Sache durch Vergleich oder durch Zurücknahme der Klage oder des Antrages auf mündliche Verhandlung oder des Rechtsmittels ihre Erledigung findet, und zwar: ohne Beweisaufnahme		nach erfolgter Beweisaufnahme		wenn die Entscheidung nicht auf Anerkenntniß erfolgt, und zwar: ohne Beweisaufnahme		nach erfolgter Beweisaufnahme	
	ℳ	₰	ℳ	₰	ℳ	₰	ℳ	₰
bis zu 20 ℳ einschließlich	—	50	—	75	1	—	1	50
von mehr als								
20 ℳ bis zu 40 ℳ einschl.	1	—	1	50	2	—	3	—
40 „ „ „ 60 „ „	1	50	2	25	3	—	4	50
60 „ „ „ 80 „ „	2	—	3	—	4	—	6	—
80 „ „ „ 100 „ „	2	50	3	75	5	—	7	50
100 „ „ „ 140 „ „	3	—	4	50	6	—	9	—
140 „ „ „ 180 „ „	3	50	5	25	7	—	10	50
180 „ „ „ 220 „ „	4	—	6	—	8	—	12	—
220 „ „ „ 260 „ „	4	50	6	75	9	—	13	50
260 „ „ „ 300 „ „	5	—	7	50	10	—	15	—
300 „ „ „ 360 „ „	5	50	8	25	11	—	16	50
360 „ „ „ 420 „ „	6	—	9	—	12	—	18	—
420 „ „ „ 480 „ „	6	50	9	75	13	—	19	50
480 „ „ „ 540 „ „	7	—	10	50	14	—	21	—
540 „ „ „ 600 „ „	7	50	11	25	15	—	22	50
600 „ „ „ 680 „ „	8	—	12	—	16	—	24	—
680 „ „ „ 760 „ „	8	50	12	75	17	—	25	50
760 „ „ „ 840 „ „	9	—	13	50	18	—	27	—
840 „ „ „ 920 „ „	9	50	14	25	19	—	28	50
920 „ „ „ 1000 „ „	10	—	15	—	20	—	30	—
000 „ „ „ 1100 „ „	10	50	15	75	21	—	31	50
100 „ „ „ 1200 „ „	11	—	16	50	22	—	33	—
200 „ „ „ 1300 „ „	11	50	17	25	23	—	34	50
300 „ „ „ 1400 „ „	12	—	18	—	24	—	36	—
400 „ „ „ 1500 „ „	12	50	18	75	25	—	37	50
500 „ „ „ 1700 „ „	13	—	19	50	26	—	39	—
700 „ „ „ 1900 „ „	13	50	20	25	27	—	40	50
900 „ „ „ 2100 „ „	14	—	21	—	28	—	42	—
100 „ „ „ 2300 „ „	14	50	21	75	29	—	43	50
300 „ „ „ 2500 „ „	15	—	22	50	30	—	45	—
500 „ „ „ 2900 „ „	15	50	23	25	31	—	46	50
900 „ „ „ 3300 „ „	16	—	24	—	32	—	48	—
300 „ „ „ 3700 „ „	16	50	24	75	33	—	49	50
700 „ „ „ 4100 „ „	17	—	25	50	34	—	51	—
100 „ „ „ 4500 „ „	17	50	26	25	35	—	52	50
500 „ „ „ 5200 „ „	18	—	27	—	36	—	54	—
200 „ „ „ 5900 „ „	18	50	27	75	37	—	55	50
900 „ „ „ 6600 „ „	19	—	28	50	38	—	57	—
600 „ „ „ 7300 „ „	19	50	29	25	39	—	58	50
300 „	20	—	30	—	40	—	60	—

Tabelle C. für die Kosten des Verwaltungsstreitverfahrens bei dem Kreisausschusse (und der an Stelle des Kreisausschusses tretenden Behörde).

Werth des Streitobjekts.	Das Pauschquantum (§. 106 des Gesetzes über die allgemeine Landesverwaltung vom 31. Juli 1883), Falls ein solches überhaupt zur Hebung kommt (§. 107 a. a. O.), beträgt,							
	wenn die Entscheidung auf Anerkenntniß erfolgt oder die Sache durch Vergleich oder durch Zurücknahme der Klage oder des Antrages auf mündliche Verhandlung ihre Erledigung findet, und zwar				wenn die Entscheidung nicht auf Anerkenntniß erfolgt, und zwar			
	ohne Beweisaufnahme		nach erfolgter Beweisaufnahme		ohne Beweisaufnahme		nach erfolgter Beweisaufnahme	
	ℳ	₰	ℳ	₰	ℳ	₰	ℳ	₰
bis zu 20 ℳ einschließlich	—	50	—	75	1	—	1	50
von mehr als 20 ℳ bis zu 40 ℳ einschl.	1	—	1	50	2	—	3	—
40 „ „ „ 60 „ „	1	50	2	25	3	—	4	50
60 „ „ „ 80 „ „	2	—	3	—	4	—	6	—
80 „ „ „ 100 „ „	2	50	3	75	5	—	7	50
100 „ „ „ 140 „ „	3	—	4	50	6	—	9	—
140 „ „ „ 180 „ „	3	50	5	25	7	—	10	50
180 „ „ „ 220 „ „	4	—	6	—	8	—	12	—
220 „ „ „ 260 „ „	4	50	6	75	9	—	13	50
260 „ „ „ 300 „ „	5	—	7	50	10	—	15	—
300 „ „ „ 360 „ „	5	50	8	25	11	—	16	50
360 „ „ „ 420 „ „	6	—	9	—	12	—	18	—
420 „ „ „ 480 „ „	6	50	9	75	13	—	19	50
480 „ „ „ 540 „ „	7	—	10	50	14	—	21	—
540 „ „ „ 600 „ „	7	50	11	25	15	—	22	50
600 „ „ „ 680 „ „	8	—	12	—	16	—	24	—
680 „ „ „ 760 „ „	8	50	12	75	17	—	25	50
760 „ „ „ 840 „ „	9	—	13	50	18	—	27	—
840 „ „ „ 920 „ „	9	50	14	25	19	—	28	50
920 „ „ „ 1000 „ „	10	—	15	—	20	—	30	—
1000 „ „ „ 1100 „ „	10	50	15	75	21	—	31	50
1100 „ „ „ 1200 „ „	11	—	16	50	22	—	33	—
1200 „ „ „ 1300 „ „	11	50	17	25	23	—	34	50
1300 „ „ „ 1400 „ „	12	—	18	—	24	—	36	—
1400 „ „ „ 1500 „ „	12	50	18	75	25	—	37	50
1500 „ „ „ 1700 „ „	13	—	19	50	26	—	39	—
1700 „ „ „ 1900 „ „	13	50	20	25	27	—	40	50
1900 „ „ „ 2100 „ „	14	—	21	—	28	—	42	—
2100 „ „ „ 2300 „ „	14	50	21	75	29	—	43	50
2300 „ „ „ 2500 „ „	15	—	22	50	30	—	45	—
2500 „ „ „ 2900 „ „	15	50	23	25	31	—	46	50
2900 „ „ „ 3300 „ „	16	—	24	—	32	—	48	—
3300 „ „ „ 3700 „ „	16	50	24	75	33	—	49	50
3700 „ „ „ 4100 „ „	17	—	25	50	34	—	51	—
4100 „ „ „ 4500 „ „	17	50	26	25	35	—	52	50
4500 „ „ „ 5200 „ „	18	—	27	—	36	—	54	—
5200 „ „ „ 5900 „ „	18	50	27	75	37	—	55	50
5900 „ „ „ 6600 „ „	19	—	28	50	38	—	57	—
6600 „ „ „ 7300 „ „	19	50	29	25	39	—	58	50
7300 „	20	—	30	—	40	—	60	—

Gebührenordnung

für Zeugen und Sachverständige vom 30. Juni 1878.

(Reichsgesetzblatt S. 173.)

Wir **Wilhelm**, ꝛc. ꝛc.
verordnen im Namen des Reichs, nach erfolgter Zustimmung des Bundesraths und des Reichstags, was folgt:

§. **1.** In den vor die ordentlichen Gerichte gehörigen Rechtssachen, auf welche die Civilprozeßordnung, die Strafprozeßordnung oder die Konkursordnung Anwendung findet, erhalten die Zeugen und Sachverständigen Gebühren nach Maßgabe der folgenden Bestimmungen.

§. **2.** Der Zeuge erhält eine Entschädigung für die erforderliche Zeitversäumniß im Betrage von zehn Pfennig bis zu einer Mark auf jede angefangene Stunde.

Die Entschädigung ist unter Berücksichtigung des von dem Zeugen versäumten Erwerbes zu bemessen und für jeden Tag auf nicht mehr als zehn Stunden zu gewähren.

Personen, welche durch gemeine Handarbeit, Handwerksarbeit oder geringeren Gewerbebetrieb ihren Unterhalt suchen, oder sich in gleichen Verhältnissen mit solchen Personen befinden, erhalten die nach dem geringsten Satze zu bemessende Entschädigung auch dann, wenn die Versäumniß eines Erwerbes nicht stattgefunden hat.

§. **3.** Der Sachverständige erhält für seine Leistungen eine Vergütung nach Maßgabe der erforderlichen Zeitversäumniß im Betrage bis zu zwei Mark auf jede angefangene Stunde.

Die Vergütung ist unter Berücksichtigung der Erwerbsverhältnisse der Sachverständigen zu bemessen und für jeden Tag auf nicht mehr als zehn Stunden zu gewähren.

Außerdem sind dem Sachverständigen die auf die Vorbereitung des Gutachtens verwendeten Kosten, sowie die für eine Untersuchung verbrauchten Stoffe und Werkzeuge zu vergüten.

§. **4.** Bei schwierigen Untersuchungen und Sachprüfungen ist dem Sachverständigen auf Verlangen für die aufgetragene Leistung eine Vergütung nach dem üblichen Preise derselben und für die außerdem stattfindende Theilnahme an Terminen die im §. 3 bestimmte Vergütung zu gewähren.

§. 5. Als versäumt gilt für den Zeugen oder Sachverständigen auch die Zeit, während welcher er seine gewöhnliche Beschäftigung nicht wieder aufnehmen kann.

§. 6. Mußte der Zeuge oder Sachverständige außerhalb seines Aufenthaltsortes einen Weg bis zur Entfernung von mehr als zwei Kilometer zurücklegen, so ist ihm außer den nach §§. 2 bis 5 zu bestimmenden Beträgen eine Entschädigung für die Reise und für den durch die Abwesenheit von dem Aufenthaltsorte verursachten Aufwand nach Maßgabe der folgenden Bestimmungen zu gewähren.

§. 7. Soweit nach den persönlichen Verhältnissen des Zeugen oder Sachverständigen oder nach äußeren Umständen die Benutzung von Transportmitteln für angemessen zu erachten ist, sind als Reiseentschädigung die nach billigem Ermessen in dem einzelnen Falle erforderlichen Kosten zu gewähren. In anderen Fällen beträgt die Reiseentschädigung für jedes angefangene Kilometer des Heimweges und des Rückweges fünf Pfennig.

§. 8. Die Entschädigung für den durch Abwesenheit von dem Aufenthaltsorte verursachten Aufwand ist nach dem persönlichen Verhältnissen des Zeugen oder Sachverständigen zu bemessen, soll jedoch den Betrag von fünf Mark für jeden Tag, an welchem der Zeuge oder Sachverständige abwesend gewesen ist und von drei Mark für jedes außerhalb genommene Nachtquartier nicht überschreiten.

§. 9. Mußte der Zeuge oder Sachverständige innerhalb seines Aufenthaltsortes einen Weg bis zu einer Entfernung von mehr als zwei Kilometer zurücklegen, so ist ihm für den ganzen zurückgelegten Weg eine Reiseentschädigung nach den Vorschriften des §. 7 zu gewähren.

§. 10. Konnte der Zeuge oder Sachverständige den erforderlichen Weg ohne Benutzung von Transportmitteln nicht zurücklegen, so sind die nach billigem Ermessen erforderlichen Kosten auch außer den in den §§. 6, 9 bestimmten Fällen zu gewähren.

§. 11. Abgaben für die erforderliche Benutzung eines Weges sind in jedem Falle zu erstatten.

§. 12. Bedarf der Zeuge wegen jugendlichen Alters oder wegen Gebrechen eines Begleiters, so sind die bestimmten Entschädigungen für Beide zu gewähren.

§. 13. Soweit für gewisse Arten von Sachverständigen besondere Taxvorschriften bestehen, welche an dem Orte des Gerichts, vor welches die Ladung erfolgt, und an dem Aufenthaltsorte des Sachverständigen gelten, kommen lediglich diese Vorschriften in Anwendung. Gelten solche Taxvorschriften nur an einem dieser Orte, oder gelten an demselben verschiedene Taxvorschriften, so kann der Sachverständige die Anwendung der ihm günstigeren Bestimmungen verlangen.

Dolmetscher erhalten Entschädigung als Sachverständige nach den Vorschriften dieses Gesetzes, sofern nicht ihre Leistungen zu den Pflichten eines von ihnen versehenen Amtes gehören.

§. **14.** Oeffentliche Beamte erhalten Tagegelder und Erstattung von Reisekosten nach Maßgabe der für Dienstreisen geltenden Vorschriften, falls sie zugezogen werden:

1. als Zeugen über Umstände, von denen sie in Ausübung ihres Amtes Kenntniß erhalten haben;
2. als Sachverständige, wenn sie aus Veranlassung ihres Amtes zugezogen werden und die Ausübung der Wissenschaft, der Kunst oder des Gewerbes, deren Kenntniß Voraussetzung der Begutachtung ist, zu den Pflichten des von ihnen versehenen Amtes gehört.

Werden nach den Vorschriften dieses Paragraphen Tagegelder und Reisekosten gewährt, so findet eine weitere Vergütung an den Zeugen oder Sachverständigen nicht statt.

§. **15.** Ist ein Sachverständiger für die Erstattung von Gutachten im Allgemeinen beeidigt, so können die Gebühren für die bei bestimmten Gerichten vorkommenden Geschäfte durch Uebereinkommen bestimmt werden.

§. **16.** Die Gebühren der Zeugen und Sachverständigen werden nur auf Verlangen derselben gewährt. Der Anspruch erlischt, wenn das Verlangen binnen drei Monaten nach Beendigung der Zuziehung oder Abgabe des Gutachtens bei dem zuständigen Gerichte nicht angebracht wird.

§. **17.** Die einem Zeugen oder Sachverständigen zu gewährenden Beträge werden durch das Gericht oder den Richter, vor welchem die Verhandlung stattfindet, festgesetzt.

Sofern die Beträge aus der Staatskasse gezahlt und dieser nicht erstattet sind, kann die Festsetzung von dem Gericht oder dem Richter, durch welche sie erfolgt ist, sowie von dem Gerichte der höheren Instanz von Amtswegen berichtet werden.

Gegen die Festsetzung findet Beschwerde nach Maßgabe der §§. 531 bis 538 der Civilprozeßordnung und des §. 4 Abs. 3

des Gerichtskostengesetzes, in Strafsachen nach Maßgabe der §§. 346 bis 352 der Strafprozeßordnung statt.

§. 18. Dieses Gesetz tritt im ganzen Umfange des Reichs gleichzeitig mit dem Gerichtsverfassungsgesetz in Kraft.

Urkundlich unter Unserer Höchsteigenhändigen Unterschrift und beigedrucktem Kaiserlichen Insiegel.

Gegeben Berlin, den 30. Juni 1878.

Im Allerhöchsten Auftrage Seiner Majestät des Kaisers:
(L. S.) gez. Friedrich Wilhelm, Kronprinz.
ggz. Fürst v. Bismarck.

XIX. Regulativ

für den Geschäftsgang und das Verfahren bei den Provinzialräthen.

Vom 28. Februar 1884. (Min.Bl. S. 35.)

Auf Grund des §. 56 des Gesetzes über die allgemeine Landesverwaltung vom 30. Juli 1883 wird zur Ordnung des Geschäftsganges und des Verfahrens bei den Provinzialräthen an Stelle des Regulativs vom 23. September 1876 (Min.Bl. f. d. i. V. S. 217) für die Zeit vom Inkrafttreten des genannten Gesetzes ab Folgendes bestimmt.

Geschäftskreis, Verfahren.

§. 1. Der Provinzialrath hat in der allgemeinen Landesverwaltung nach näherer Vorschrift der Gesetze mitzuwirken (§. 4 Abs. 1 des Landesverwaltungsgesetzes).

Derselbe verfährt stets im Beschlußverfahren (§. 54 Abs. 4 a. a. O.).

Sitzungen, Einberufung der Stellvertreter, Beurlaubung der Mitglieder.

§. 2. Der Provinzialrath versammelt sich auf Berufung seines Vorsitzenden. Dem Vorsitzenden bleibt es überlassen, im Voraus regelmäßige Sitzungstage zu bestimmen. Während der

Zeit vom 21. Juli bis 1. September dürfen Termine zur mündlichen Verhandlung der Regel nach nur in schleunigen Sachen abgehalten werden.

§. 3. Ein Mitglied, welches durch Krankheit oder durch sonstige nicht zu beseitigende Umstände verhindert ist, einer Sitzung beizuwohnen oder sich der Wahrnehmung der ihm sonst obliegenden Geschäfte zu unterziehen, hat dies dem Vorsitzenden sofort anzuzeigen.

Die Einberufung der Stellvertreter der gewählten Mitglieder durch den Vorsitzenden erfolgt, wenn der Provinzialausschuß bei der Wahl eine Reihenfolge bestimmt hat, nach dieser Reihenfolge, anderenfalls nach der durch Beschluß des Provinzialraths unter Zustimmung der Stellvertreter oder durch das Loos zu bestimmenden Reihenfolge.

§. 4. Für die Beurlaubung der ernannten Mitglieder und stellvertretenden Mitglieder kommen die für die Beurlaubung der Staatsbeamten bestehenden Bestimmungen zur Anwendung.

Die gewählten Mitglieder und stellvertretenden Mitglieder haben bei beabsichtigter längerer Entfernung von ihrem Wohnorte dem Vorsitzenden sofort Anzeige zu machen, welcher die erforderliche Stellvertretung unter Beachtung der im §. 3 gegebenen Vorschriften ordnet.

Befugnisse des Vorsitzenden.

§. 5. Der Vorsitzende (§§. 9, 10 a. a. O.) leitet und beaufsichtigt den gesammten Geschäftsgang und sorgt für die prompte Erledigung der Geschäfte. Er eröffnet die eingehenden Schriftstücke und vermerkt auf denselben den Tag des Einganges. Für den Fall der Behinderung des Vorsitzenden beziehungsweise dessen Stellvertreters kann ein vereidigter Büreaubeamter des Oberpräsidenten mit der Eröffnung und Präsentation der eingehenden Schriftstücke beauftragt werden.

§. 6. Der Vorsitzende vertheilt die Geschäfte an die Mitglieder des Provinzialraths. In den zur kollegialischen Beschlußfassung des letzteren gelangenden Sachen bestellt er aus der Zahl der Mitglieder einen Referenten und nach Befinden einen Korreferenten, auch kann er dazu sich selbst ernennen.

Er zeichnet die Konzepte aller Verfügungen.

§. 7. Abgesehen von den Fällen, in welchen das Gesetz — §§. 60, 117, 122 a. a. O. — den Vorsitzenden des Provinzialraths ermächtigt bezw. anweist, Namens der Behörde Verfügungen oder Bescheide zu erlassen, werden Verfügungen, welche, ohne der sachlichen Beschlußfassung vorzugreifen, lediglich zur Vorbereitung derselben dienen oder die Leitung des Verfahrens bezwecken und für welche die Zustimmung des Kollegiums nicht besonders vorgeschrieben ist (§. 118 a. a. O.), der Regel nach ohne Vortrag im Kollegium entweder von dem Vorsitzenden selbst oder, unter seiner Mitzeichnung, von demjenigen Mitgliede erlassen, welchem der Vorsitzende die Bearbeitung der Sache überträgt. Ergiebt sich zwischen diesem Mitgliede und dem Vorsitzenden eine Meinungsverschiedenheit oder wird gegen das Verfügte von den Betheiligten Einspruch erhoben, so ist der Beschluß des Kollegiums darüber herbeizuführen. Dem Ermessen des Vorsitzenden bleibt es in allen Fällen überlassen, den vorgängigen Vortrag im Kollegium anzuordnen.

§. **8.** Der Vorsitzende leitet die Verhandlungen und Berathungen in den Sitzungen; bei der Abstimmung stellt er die Fragen und sammelt die Stimmen — vorbehaltlich der Entscheidung des Kollegiums, falls über die Fragestellung oder über das Ergebniß der Abstimmung eine Meinungsverschiedenheit entsteht. Bei der Abstimmung giebt der Referent seine Stimme zuerst ab.

Beweisaufnahme.

§. **9.** Zur Aufnahme des Beweises ist der Provinzialrath nach näherer Vorschrift der §§. 76 bis 79 und 120 a. a. O. befugt.

Mündliche Verhandlung.

§. **10.** Zur Erledigung der dem Provinzialrathe obliegenden Geschäfte ist eine mündliche Verhandlung mit den Betheiligten nicht erforderlich. Der Provinzialrath ist jedoch befugt, in allen seiner Beschlußfassung unterliegenden Angelegenheiten die Betheiligten oder ihre mit Vollmacht versehenen Vertreter zur mündlichen Verhandlung vorzuladen (§. 119 a. a. O.). Für die mündliche Verhandlung finden die Vorschriften der §§. 68, 71, 72, 73 und 75 a. a. O. sinngemäße Anwendung.

§. **11.** Die zur mündlichen Verhandlung gelangenden Sachen werden der Regel nach in der durch den Vorsitzenden bestimmten, durch Aushang vor dem Sitzungszimmer bekannt zu machenden Reihenfolge erledigt.

In der Vorladung ist die zur mündlichen Verhandlung bestimmte Stunde anzugeben. Die mündliche Verhandlung ist durch einen Vortrag des Referenten über das Sachverhältniß einzuleiten;

bei dem Erscheinen sämmtlicher Betheiligten kann der Vorsitzende diesen den Vortrag des Sachverhalts überlassen.

Der Vorsitzende hat dahin zu wirken, daß der Sachverhalt vollständig aufgeklärt und die sachdienlichen Anträge von den Betheiligten gestellt werden.

§. **12.** Durch Aufnahme in das Protokoll über die mündliche Verhandlung sind insbesondere festzustellen:

a) neue thatsächliche Erklärungen und neue Anträge der Betheiligten oder die Thatsache, daß solche aus den Vorträgen der Betheiligten nicht zu entnehmen waren;
b) Anerkenntnisse, Verzichtleistungen und Vergleiche, durch welche der geltend gemachte Anspruch ganz oder theilweise erledigt wird;
c) die Aussagen der Zeugen und Sachverständigen, welche im Termin zur mündlichen Verhandlung vernommen werden;
d) die zum Zwecke der Aufklärung des Sachverhalts oder der förmlichen Beweisaufnahme erfolgte Vorlegung von Akten und Vorlesung von Schriftstücken;
e) das Ergebniß eines im Termin eingenommenen Augenscheins.

Das Protokoll ist insoweit, als es die sub a bis e bezeichneten Gegenstände betrifft, den Betheiligten vorzulesen oder zur Durchsicht vorzulegen. In dem Protokoll ist zu bemerken, daß dies geschehen und die Genehmigung erfolgt sei, oder welche Einwendungen erhoben sind.

Den Betheiligten ist auf Erfordern Abschrift des über die mündliche Verhandlung aufgenommenen Protokolls zu ertheilen.

§. **13.** Der Vorsitzende handhabt gemäß §§. 72, 119 a. a. O. die Ordnung in der mündlichen Verhandlung und führt erforderlichenfalls einen Beschluß des Kollegiums über den Ausschluß der Oeffentlichkeit herbei.

§. **14.** Der Vorsitzende verkündigt den ergangenen Bescheid. Wird die Verkündigung der Gründe für angemessen erachtet, so erfolgt sie durch Vorlesung derselben oder durch mündliche Mittheilung des wesentlichen Inhalts.

Hat die Verkündigung des Beschlusses nicht sofort erfolgen können, so genügt die Zustellung des mit Gründen versehenen Beschlusses an die Betheiligten.

Urschriften und Ausfertigungen.

§. 15. Alle Beschlüsse und Verfügungen, die von der Behörde als Kollegium erlassen werden, sind in der Ausfertigung mit der Unterschrift:

„Der Provinzialrath der Provinz N. N."

zu versehen und von dem Vorsitzenden zu vollziehen. Bei Bescheiden und Verfügungen, welche von dem Vorsitzenden erlassen werden und gegen welche das Gesetz ausdrücklich den Antrag auf Kollegialbeschluß zuläßt (§§. 60, 111 Abs. 3, 117 Abs. 3), lautet die Unterschrift:

Namens des Provinzialraths.
Der Vorsitzende.

Die Urschriften der vom Kollegium gefaßten Beschlüsse sind von dem Vorsitzenden, dem ernannten und mindestens einem gewählten Mitgliede zu vollziehen.

§. 16. Die gemäß §§. 117 Abs. 3, 122 Abs. 2 a. a. O. zu ertheilende Belehrung über das Rechtsmittel ist stets am Schlusse der betreffenden Verfügungen und Bescheide in einer thunlichst in die Augen fallenden Form zu ertheilen.

Zustellungen.

§. 17. Alle Namens des Provinzialraths zu bewirkenden Zustellungen erfolgen durch Beamte des Oberpräsidenten oder durch die dem Provinzialrath nachgeordneten Behörden (städtische Polizeiverwaltungen, Amtsvorsteher, Gemeinde- und Gutsvorsteher) oder durch die Post. Im Uebrigen finden auf diese Zustellungen die Vorschriften des Nachtrages zu dem Regulative für den Geschäftsgang bei dem Oberverwaltungsgerichte vom 22. September 1881 (M.Bl. für die innere Verw. 1882 S. 42) mit der Maßgabe, daß die Zustellungsurkunde durch eine beglaubigte Empfangsbescheinigung der zur Annahme bestimmten Person ersetzt werden kann, sinngemäße Anwendung.

Einreichung der Akten an die Beschwerdeinstanz.

§. 18. Bei Einreichung der Akten Seitens des Provinzialraths an die Beschwerde-Instanz (§. 121 Abs. 2 des Landesverwaltungsgesetzes) ist auf Vollständigkeit des Aktenmaterials Bedacht zu nehmen; die Akten sind zu foliiren und mit einem Inhaltsverzeichnisse zu versehen, in dem Begleitbericht ist der Gegenstand der Beschwerde zu bezeichnen und auf die Aktenfolien Bezug zu nehmen.

Kosten.

§. **19.** Die Berechnung der Gebühren für Zeugen und Sachverständige erfolgt nach den in Civilprozessen zur Anwendung kommenden Vorschriften, die Einziehung derselben von den Betheiligten nach Maßgabe des §. 124 Abs. 2 a. a. O.

Geschäftskontrolbücher 2c.

§. **20.** Die Einrichtung der erforderlichen Geschäftskontrolbücher bleibt bis auf Weiteres dem Vorsitzenden des Provinzialrathes überlassen.

Die erforderlichen Geschäftslokale, das erforderliche Subalternpersonal und den Büreaubedarf hat der Oberpräsident dem Provinzialrath zur Verfügung zu stellen.

Geschäftsjahr, Jahresbericht.

§. **21.** Das Geschäftsjahr des Provinzialraths ist das Kalenderjahr.

Am Jahresschlusse hat der Vorsitzende des Provinzialrathes in Gemeinschaft mit dem ernannten Mitgliede dem Minister des Innern eine Uebersicht der vorgekommenen Geschäfte berichtlich einzureichen. In der Uebersicht ist die Zahl der im Laufe des Jahres abgehaltenen Sitzungen, die Zahl der anhängig gemachten, erledigten und unerledigt gebliebenen Sachen, nach Materien geordnet, ferner die Zahl der abgehaltenen Termine, sowie derjenigen Termine, in denen mündliche Verhandlung stattgefunden hat, anzugeben. Die Bestimmung eines Formulars für diese Uebersicht bleibt vorbehalten. In den Bericht sind die gutachtlichen Bemerkungen aufzunehmen, zu denen die bei Handhabung der materiellen und formellen Bestimmungen der einschlagenden Gesetzgebung und des gegenwärtigen Regulatives gemachten Erfahrungen Anlaß bieten.

Berlin, den 28. Februar 1884.

Der Minister des Innern.
v. Puttkamer.

XX. Regulativ

zur Ordnung des Geschäftsganges und des Verfahrens bei den Bezirksausschüssen.

Vom 28. Februar 1884. (Min.Bl. S. 37.)

Auf Grund des §. 56 des Gesetzes über die allgemeine Landesverwaltung vom 30. Juli 1883 ergeht zur Ordnung des Geschäftsganges und des Verfahrens bei den Bezirksausschüssen nachstehendes Regulativ, welches gleichzeitig mit dem genannten Gesetze in Kraft tritt.

Geschäftskreis; Art des Verfahrens.

§. 1. Der Bezirksausschuß hat in der allgemeinen Landesverwaltung nach näherer Vorschrift der Gesetze mitzuwirken und die Verwaltungsgerichtsbarkeit (Entscheidung im Verwaltungsstreitverfahren) auszuüben (§. 4 Abs. 1, §. 7 des Landesverwaltungsgesetzes).

Das Verfahren des Bezirksausschusses ist in den gesetzlich besonders bezeichneten Fällen das Verwaltungsstreitverfahren, im Uebrigen das Beschlußverfahren, nach näherer Vorschrift des Landesverwaltungsgesetzes und der für gewisse Angelegenheiten, insbesondere zur Ausführung der Reichsgewerbeordnung, erlassenen Bestimmungen.

Sitzungen, Einberufung der Stellvertreter, Beurlaubung, Ferien.

§. 2. Der Bezirksausschuß versammelt sich an regelmäßigen im Voraus bestimmten Sitzungstagen. Dem Vorsitzenden liegt es ob, im Bedürfnißfalle außerordentliche Sitzungen anzuberaumen.

§. 3. Ein Mitglied, welches durch Krankheit oder durch sonstige nicht zu beseitigende Umstände verhindert ist, einer Sitzung beizuwohnen oder sich der Wahrnehmung der ihm sonst obliegenden Geschäfte zu unterziehen, hat dies sofort dem Vorsitzenden anzuzeigen.

Die Einberufung der Stellvertreter der gewählten Mitglieder durch den Vorsitzenden erfolgt, wenn der Provinzialausschuß bei der Wahl eine Reihenfolge bestimmt hat, nach dieser Reihenfolge, anderenfalls nach der durch Beschluß des Bezirksausschusses unter Zustimmung der Stellvertreter oder durch das Loos zu bestimmenden Reihenfolge.

§. 4. Für die Beurlaubung der ernannten Mitglieder und stellvertretenden Mitglieder kommen, wenn sie Mitglieder der Bezirksregierung sind, die für die letzteren gegebenen Vorschriften zur Anwendung, während im Uebrigen die Ertheilung des Urlaubes bis zur Dauer von sechs Wochen dem Oberpräsidenten, bei längerer Dauer dem Minister des Innern zusteht.

Die gewählten Mitglieder und stellvertretenden Mitglieder haben bei beabsichtigter längerer Entfernung von ihrem Wohnorte dem Vorsitzenden sofort Anzeige zu machen, welcher die erforderliche Stellvertretung unter Beachtung der im §. 3 gegebenen Vorschriften ordnet.

§. 5. Der Bezirksausschuß hält Ferien während der Zeit vom 21. Juli bis zum 1. September. Dieselben sind zwei Wochen vor ihrem Beginne durch das Amtsblatt zur öffentlichen Kenntniß zu bringen. Während der Ferien dürfen Termine zur mündlichen Verhandlung der Regel nach nur in schleunigen Sachen abgehalten werden. Auf den Lauf der gesetzlichen Fristen bleiben die Ferien ohne Einfluß.

Befugnisse des Vorsitzenden.

§. 6. Der Vorsitzende (§. 28 Abs. 1 und 2, §. 30 des Landesverwaltungsgesetzes) leitet und beaufsichtigt den gesammten Geschäftsgang und sorgt für die prompte Erledigung der Geschäfte.

Er eröffnet die eingehenden Schriftstücke und vermerkt auf denselben den Tag des Eingangs. Für den Fall der Behinderung des Vorsitzenden beziehungsweise dessen Stellvertreters im Vorsitze kann ein vereidigter Büreaubeamter der Regierung mit der Eröffnung und Präsentation der eingehenden Schriftstücke beauftragt werden.

Ist von einer Partei im Verwaltungsstreitverfahren, der Vorschrift im §. 66 a. a. O. zuwider, die Einreichung von Duplikaten verabsäumt, so kann die Anfertigung derselben auf Kosten der Partei von dem Vorsitzenden angeordnet werden.

§. 7. Der Vorsitzende vertheilt die Geschäfte unter die Mitglieder des Kollegiums. In den zur kollegialischen Entscheidung oder Beschlußfassung gelangenden Sachen bestellt der Vorsitzende aus der Zahl der ernannten oder der gewählten Mitglieder einen

Referenten und nach Befinden einen Korreferenten; auch kann er sich selbst zum Referenten oder zum Korreferenten bestellen.

Er zeichnet die Konzepte aller Verfügungen.

§. 8. Abgesehen von den Fällen, in welchen das Gesetz — §§. 60, 64, 86, 95, 111, 117, 122 a. a. O. — den Vorsitzenden, beziehungsweise im Einvernehmen mit den ernannten Mitgliedern des Bezirksausschusses, ermächtigt oder anweist, Namens der Behörde Verfügungen oder Bescheide zu erlassen, werden Verfügungen, welche, ohne der sachlichen Entscheidung vorzugreifen, zur Vorbereitung derselben dienen oder die Leitung des Verfahrens bezwecken und für welche die Zustimmung des Kollegiums nicht besonders vorgeschrieben ist (§. 118 a. a. O.), der Regel nach ohne Vortrag im Kollegium entweder von dem Vorsitzenden selbst oder, unter seiner Mitzeichnung, von demjenigen Mitgliede erlassen, welchem der Vorsitzende die Bearbeitung der Sache überträgt. Ergiebt sich zwischen diesem Mitgliede und dem Vorsitzenden eine Meinungsverschiedenheit, oder wird gegen das Verfügte Einspruch erhoben, so ist der Beschluß des Kollegiums hierüber herbeizuführen.

Dem Ermessen des Vorsitzenden bleibt es in allen Fällen überlassen, den vorgängigen Vortrag im Kollegium anzuordnen.

§. 9. Der Vorsitzende leitet die Verhandlungen und Berathungen in den Sitzungen; bei der Abstimmung stellt er die Fragen und sammelt die Stimmen, — vorbehaltlich der Entscheidung des Kollegiums, falls über die Fragestellung oder über das Ergebniß der Abstimmung eine Meinungsverschiedenheit entsteht. Bei der Abstimmung giebt der Referent, soweit er Stimmrecht hat, seine Stimme zuerst ab.

Beweisaufnahme.

§. 10. Zur Aufnahme des Beweises ist der Bezirksausschuß nach näherer Vorschrift der §§. 76 bis 79 und 120 a. a. O. sowohl im Verwaltungsstreitverfahren als im Beschlußverfahren befugt.

Mündliche Verhandlung.

§. 11. Die im Verwaltungsstreitverfahren oder Beschlußverfahren zur mündlichen Verhandlung gelangenden Sachen werden der Regel nach in der durch den Vorsitzenden bestimmten, durch Aushang vor dem Sitzungszimmer bekannt zu machenden Reihenfolge erledigt. In der Vorladung ist die zur mündlichen Verhandlung bestimmte Stunde anzugeben. Die mündliche Verhandlung ist durch einen Vortrag des Referenten über das Sachverhältniß einzuleiten; bei dem Erscheinen sämmtlicher Betheiligten kann der Vorsitzende diesen den Vortrag des Sachverhalts überlassen. Ist in Gemäßheit des Absatz 2 des §. 74 a. a. O. zur Wahrnehmung des öffentlichen Interesses für die mündliche Verhandlung von dem Regierungspräsidenten ein besonderer Kommissar bestellt, so wird dieser mit seinen Ausführungen und Anträgen nach den Parteien gehört.

Der Vorsitzende hat dahin zu wirken, daß das Sachverhältniß vollständig aufgeklärt wird und die sachgemäßen Anträge von den Betheiligten gestellt werden.

§. **12.** Durch Aufnahme in das Protokoll über die mündliche Verhandlung sind insbesondere festzustellen:

a) neue thatsächliche Erklärungen und neue Anträge der Betheiligten oder die Thatsache, daß solche aus den Vorträgen der Betheiligten nicht zu entnehmen waren;
b) Anerkenntnisse, Verzichtleistungen und Vergleiche, durch welche der geltend gemachte Anspruch ganz oder theilweise erledigt wird;
c) die Aussagen der Zeugen und Sachverständigen, welche im Termin zur mündlichen Verhandlung vernommen werden;
d) die zum Zwecke der Aufklärung des Sachverhalts oder der förmlichen Beweisaufnahme erfolgte Vorlegung von Akten und Verlesung von Schriftstücken;
e) Das Ergebniß eines im Termin eingenommenen Augenscheins.

Das Protokoll ist insoweit, als es die sub a bis e bezeichneten Gegenstände betrifft, den Betheiligten vorzulesen oder zur Durchsicht vorzulegen. In dem Protokoll ist zu bemerken, daß dies geschehen und die Genehmigung erfolgt sei, oder welche Einwendungen erhoben sind.

Den Betheiligten ist auf Erfordern Abschrift des über die mündliche Verhandlung aufgenommenen Protokolls zu ertheilen.

§. **13.** Der Vorsitzende handhabt gemäß §§. 72, 119 a. a. O. die Ordnung in der mündlichen Verhandlung und führt erforderlichenfalls einen Beschluß des Kollegiums über den Ausschluß der Oeffentlichkeit herbei.

§. **14.** Der Vorsitzende verkündigt die ergangene Entscheidung oder den ergangenen Beschluß. Wird die Verkündigung der Gründe für angemessen erachtet, so erfolgt sie durch Vorlesung derselben oder durch mündliche Mittheilung des wesentlichen Inhalts.

Hat die Verkündigung der Entscheidung oder des Beschlusses nicht sofort erfolgen können, so bedarf es zu diesem Behufe nicht der Anberaumung einer besonderen Sitzung, vielmehr genügt die Zustellung der mit Gründen versehenen Entscheidung oder des Beschlusses an die Betheiligten.

Nur in denjenigen Angelegenheiten, auf welche der §. 21 der Reichsgewerbeordnung vom 21. Juni 1869 Anwendung findet, muß die Verkündigung der Entscheidung oder des Beschlusses stets in öffentlicher Sitzung erfolgen. Erscheint in derartigen Sachen die Aussetzung der Entscheidung oder des Beschlusses nothwendig, so erfolgt die Verkündigung derselben in einer weiteren Sitzung, welche sofort anzuberaumen und den Parteien bekannt zu machen ist.

Urschriften und Ausfertigungen.

§. **15.** Alle Entscheidungen, Bescheide, Beschlüsse und Verfügungen, welche von der Behörde als Kollegium erlassen werden, sind in der Ausfertigung mit der Unterschrift:

„Der Bezirksausschuß zu N. N.“

zu versehen und von dem Vorsitzenden zu vollziehen. Bei Bescheiden und Verfügungen, welche von dem Vorsitzenden im Einvernehmen mit den ernannten Mitgliedern oder von dem Vorsitzenden allein erlassen werden und gegen welche das Gesetz ausdrücklich den Antrag auf mündliche Verhandlung oder auf Kollegialbeschluß zuläßt (§§. 60, 64 Abs. 3, 111 Abs. 3, 117 Abs. 3 des Landesverwaltungsgesetzes), lautet die Unterschrift:

„Namens des Bezirksausschusses.
Der Vorsitzende.“

Die Urschriften der Bescheide, welche von dem Vorsitzenden im Einvernehmen mit den ernannten Mitgliedern erlassen werden, sind von diesen mitzuvollziehen. Die Urschriften der Entscheidungen, Bescheide und Beschlüsse, welche von dem Kollegium erlassen werden, sind von dem Vorsitzenden und wenigstens einem ernannten und einem gewählten Mitgliede, welche theilgenommen haben, zu vollziehen.

Die Ausfertigungen der im Verwaltungsstreitverfahren ergangenen Endurtheile sind mit der Ueberschrift:

„Im Namen des Königs“

und dem Siegel des Bezirksausschusses — entsprechend dem Siegel der Regierungen mit der Unterschrift:

„Der Bezirksausschuß zu N. N.“

zu versehen. Dieselben müssen im Eingange den Sitzungstag, an welchem die Entscheidung getroffen ist, und die Mitglieder des Bezirksausschusses, welche an der Abstimmung theilgenommen haben, ersehen lassen.

§. **16.** Die gemäß §§. 64 Abs. 4, 67, 86 Abs. 4, 89, 95, 111 Abs. 2 und 3, 117 Abs. 3, 122 Abs. 2 a. a. O. zu ertheilende Belehrung über die Rechtsmittel ist stets am Schlusse der betreffenden Bescheide und Verfügungen und zwar, falls in denselben der dispositive Inhalt von der Begründung geschieden ist, am Schlusse der Gründe, in einer thunlichst in die Augen fallenden äußereren Form zu ertheilen.

Zustellungen.

§. **17.** Alle Namens des Bezirksausschusses zu bewirkenden Zustellungen erfolgen durch Beamte der Regierung oder durch die dem Bezirksausschusse nachgeordneten Behörden (städtische Polizeiverwaltungen, Amtsvorsteher, Gemeindevorsteher, Gutsvorsteher) oder durch die Post. Im Uebrigen finden auf diese Zustellungen die Vorschriften des Nachtrages zu dem Regulative für den Geschäftsgang bei dem Oberverwaltungsgerichte, vom 22. September 1881 (Ministerialblatt für die innere Verwaltung 1882 Seite 42) mit der Maßgabe, daß die Zustellungsurkunde durch eine beglaubigte Empfangsbescheinigung der zur Annahme legitimirten Person ersetzt werden kann, sinngemäße Anwendung.

Die Zufertigung der in der Berufungsinstanz ergangenen Entscheidungen erfolgt gemäß §. 92 Abs. 2 des Landesverwaltungsgesetzes durch Vermittelung der ersten Instanz. Auch in der Beschwerdeinstanz kann geeignetenfalls hiernach verfahren werden.

Rücksendung der Akten in die erste Instanz.

§. **18.** Das bei dem Bezirksausschuß in zweiter Instanz entstandene Aktenmaterial ist zu den Akten der ersten Instanz zu nehmen und mit diesen zurückzusenden, mit Ausnahme der Urschriften der in zweiter Instanz ergangenen Entscheidungen und Bescheide, von denen eine beglaubigte Abschrift zu den Akten der ersten Instanz zu ertheilen ist. Hat der Bezirksausschuß in zweiter Instanz einen Bescheid gemäß §§. 89, 111, 117 a. a. O. erlassen, so ist die Rücksendung der Akten auszusetzen und zuvörderst abzuwarten, ob gegen den Bescheid der Antrag auf mündliche Verhandlung bezw. auf Beschluß des Kollegiums gestellt wird.

Einreichung der Akten an die höhere Instanz.

§. **19.** Bei der Einreichung der vom Bezirksausschuß in erster Instanz verhandelten Akten an die höhere Instanz ist auf Vollständigkeit des einzusendenden Materials an Vorakten und dergl. Bedacht zu nehmen und außerdem Folgendes zu beachten:

1. Die Akten sind zu foliiren, mit einem vorzuheftenden vollständigen Inhaltsverzeichnisse zu versehen und mittelst besonderen Begleitberichts einzureichen, in welchem auf die Aktenfolien der Entscheidung oder des Beschlusses erster Instanz, der in zweiter Instanz gewechselten Erklärungen und der von den Betheiligten ausgestellten Vollmachten zu verweisen ist.
2. In diesem Berichte sind kurz ersichtlich zu machen:
   a) die Art des Verfahrens und die Bezeichnung des Rechtsmittels (Beschwerde, Berufung, Revision);
   b) Namen, Stand und Wohnort der Betheiligten und die Bezeichnung desjenigen, der das Rechtsmittel eingelegt hat;
   c) der Gegenstand des Verfahrens;
   d) im Verwaltungsstreitverfahren der Werth des Streitgegenstandes.

Kosten.

§. **20.** Die Einziehung der Kosten und baaren Auslagen des Verfahrens gemäß §§. 108, 124, 157 Nr. 2 a. a. O., §. 22 der Reichsgewerbeordnung, erfolgt nach Maßgabe der hierüber besonders ergehenden Bestimmungen.

Die Festsetzung der einer Partei im Verwaltungsstreitverfahren zu erstattenden baaren Auslagen gemäß §. 108 cit. erfolgt auf Antrag der Partei, erforderlichen Falls nach Anhörung des Gegners.

Geschäftskontrolbücher rc.

§. **21.** Die Einrichtung der erforderlichen Geschäftskontrolbücher bleibt bis auf Weiteres dem Vorsitzenden des Bezirksausschusses überlassen.

Die erforderlichen Geschäftslokale, das erforderliche Subalternpersonal und den Büreauchef hat der Regierungspräsident dem Bezirksausschuß zur Verfügung zu stellen.

Geschäftsjahr. Jahresbericht.

§. **22.** Das Geschäftsjahr der Bezirksausschüsse ist das Kalenderjahr. Am Jahresschlusse hat der Regierungspräsident in

Gemeinschaft mit den beiden ernannten Mitgliedern dem Minister des Innern eine Uebersicht der vorgekommenen Geschäfte berichtlich einzureichen. In der Uebersicht ist die Zahl der im Laufe des Jahres abgehaltenen Sitzungen, die Zahl der anhängig gemachten, erledigten und unerledigt gebliebenen im Verwaltungsstreitverfahren bezw. im Beschlußverfahren verhandelten Sachen, beide Sachen getrennt und nach Materien geordnet, ferner die Zahl der abgehaltenen Termine überhaupt, sowie derjenigen Termine, in denen mündliche Verhandlung stattgefunden hat, und derjenigen Termine, in denen der Regierungspräsident den Vorsitz geführt hat, anzugeben. Die Bestimmung eines Formulars für diese Uebersicht bleibt vorbehalten. In den Bericht sind die gutachtlichen Bemerkungen aufzunehmen, zu denen die bei Handhabung der materiellen und formellen Bestimmungen der einschlagenden Gesetzgebung und des gegenwärtigen Regulativs gemachten Erfahrungen Anlaß geben.

Abschrift des Jahresberichts nebst Anlagen ist dem Oberverwaltungsgericht einzureichen.

Berlin, den 28. Februar 1884.

Der Minister des Innern.
v. Puttkamer.

XXI. Regulativ

zur Ordnung des Geschäftsganges und des Verfahrens bei den Kreisausschüssen und den an Stelle des Kreisausschusses tretenden Behörden (Stadtausschuß, Magistrat) im Geltungsbereiche der Kreisordnung vom 13. Dezember 1872.

Vom 28. Februar 1884. (Min.Bl. S. 41; zu vergl. Min.Bl. von 1878 S. 77.)

An Stelle des Regulativs zur Ordnung des Geschäftsganges bei den Kreis- (Stadt-) Ausschüssen vom 2. April 1878 treten vom 1. April 1884 ab gemäß §. 166 der Kreisordnung vom 13. Dezember 1872 und §. 56 des Gesetzes über die allgemeine Landesverwaltung vom 30. Juli 1883 die nachstehenden Bestimmungen:

Geschäftskreis.

§. 1. Der Kreisausschuß hat

a) in der Kreiskommunalverwaltung die ihm durch die Kreisordnung übertragenen Geschäfte zu versehen,

b) in der allgemeinen Landesverwaltung nach näherer Vorschrift der Gesetze mitzuwirken (§. 4 Abs. 1 des Landesverwaltungsgesetzes) und die Verwaltungsgerichtsbarkeit (Entscheidung im Verwaltungsstreitverfahren) auszuüben (§. 7 Abs. 1 und 2 a. a. O.).

Der Stadtausschuß in Stadtkreisen und der Magistrat in den einem Landkreise angehörigen Städten mit mehr als 10000 Einwohnern*) tritt bezüglich der unter litt. b bezeichneten Geschäfte in den durch die Gesetze besonders bestimmten Fällen an Stelle des Kreisausschusses (§. 4 Abs. 2 a. a. O.).

Die in den nachfolgenden Paragraphen für den Kreisausschuß gegebenen Vorschriften gelten auch für den Stadtausschuß und den Magistrat, soweit keine besondere Bestimmung getroffen ist.

Verfahren.

§. 2. Das Verfahren des Kreisausschusses hinsichtlich der in §. 1 litt. b erwähnten Geschäfte ist in den gesetzlich besonders bezeichneten Fällen das Verwaltungsstreitverfahren, im Uebrigen das Beschlußverfahren, nach näherer Vorschrift des Landesverwaltungsgesetzes und der für gewisse Angelegenheiten, insbesondere auch zur Ausführung der Reichsgewerbeordnung, erlassenen Bestimmungen.

Sitzungen.

§. 3. Der Kreisausschuß versammelt sich auf Berufung seines Vorsitzenden. Dem Vorsitzenden bleibt es überlassen, im Voraus regelmäßige Sitzungstage zu bestimmen.

Behinderung der Mitglieder.

§. 4. Ein Mitglied, welches durch Krankheit oder durch sonstige nicht zu beseitigende Umstände verhindert ist, einer Sitzung beizuwohnen oder sich der Wahrnehmung der ihm sonst obliegenden Geschäfte zu unterziehen, hat dies dem Vorsitzenden sofort anzuzeigen.

Mitglieder, welche eine längere Entfernung von ihrem Wohnorte beabsichtigen, haben dies dem Vorsitzenden zeitig anzuzeigen.

---

*) Verzeichniß S. 513.

Ferien.

§. 5. Der Kreisausschuß hält Ferien während der Zeit vom 21. Juli bis zum 1. September. Dieselben sind zwei Wochen vor ihrem Beginn durch das Kreisblatt beziehungsweise das zur Aufnahme kreispolizeilicher Bekanntmachungen bestimmte Blatt zur öffentlichen Kenntniß zu bringen.

Während der Ferien dürfen Termine zur mündlichen Verhandlung der Regel nach nur in schleunigen Sachen abgehalten werden.

Auf den Lauf der gesetzlichen Fristen bleiben die Ferien ohne Einfluß.

Befugnisse des Vorsitzenden.

§. 6. Der Vorsitzende (§. 136 der Kreisordnung; §§. 36, 37 des Landesverwaltungsgesetzes) leitet und beaufsichtigt den gesammten Geschäftsgang und sorgt für die prompte Erledigung der Geschäfte.

Er eröffnet die eingehenden Schriftstücke und vermerkt auf denselben den Tag des Eingangs. Für den Fall der Behinderung des Vorsitzenden beziehungsweise dessen Stellvertreters im Vorsitze kann ein vereidigter Büreaubeamter des Kreisausschusses mit der Eröffnung und Präsentation der eingehenden Schriftstücke beauftragt werden.

Ist von einer Partei im Verwaltungsstreitverfahren, der Vorschrift des §. 66 des Landesverwaltungsgesetzes zuwider, die Einreichung von Duplikaten verabsäumt, so kann die Anfertigung derselben auf Kosten der Partei von dem Vorsitzenden angeordnet werden.

§. 7. Der Vorsitzende vertheilt die Geschäfte unter die Mitglieder des Kollegiums. In den zur kollegialischen Beschlußfassung oder Entscheidung gelangenden Sachen bestellt der Vorsitzende aus der Zahl der Mitglieder einen Referenten und nach Befinden einen Korreferenten: auch kann er sich selbst und da, wo ein Syndikus angestellt ist, auch diesen zum Referenten oder zum Korreferenten ernennen.

Er zeichnet die Konzepte aller Verfügungen.

§. 8. Abgesehen von den Fällen, in welchen das Gesetz — §§. 60, 64, 86, 111, 117, 122 a. a. O. — den Vorsitzenden des Kreisausschusses ermächtigt bezw. anweist, Namens der Behörde, Verfügungen oder Bescheide zu erlassen, werden Verfügungen, welche, ohne der sachlichen Beschlußfassung oder Entscheidung vorzugreifen, zur Vorbereitung derselben dienen oder die Leitung des Verfahrens bezwecken und für welche die Zustimmung des Kollegiums nicht besonders vorgeschrieben ist (§. 118 a. a. O.), der Regel nach ohne Vortrag im Kollegium entweder von dem Vorsitzenden selbst oder unter seiner Mitzeichnung von demjenigen Mitgliede erlassen, welchem der Vorsitzende die Bearbeitung der Sache überträgt. Ergiebt sich zwischen diesem Mitgliede und dem Vorsitzenden eine Meinungsverschiedenheit oder wird gegen das Verfügte Einspruch erhoben, so ist die Beschlußfassung des Kollegiums hierüber herbeizuführen.

Dem Ermessen des Vorsitzenden bleibt es in allen Fällen überlassen, den vorgängigen Vortrag im Kollegium anzuordnen.

§. **9.** Der Vorsitzende leitet die Verhandlungen und Berathungen in den Sitzungen; bei der Abstimmung stellt er die Fragen und sammelt die Stimmen — vorbehaltlich der Entscheidung des Kollegiums, falls über die Fragestellung oder über das Ergebniß der Abstimmung eine Meinungsverschiedenheit entsteht. Bei der Abstimmung giebt der Referent, soweit er Stimmrecht hat (§. 132 der Kreisordnung), seine Stimme zuerst ab.

Beweisaufnahme.

§. **10.** In denjenigen Angelegenheiten, welche zu dem im §. 1 litt. b bezeichneten Geschäftskreise gehören, ist der Kreisausschuß sowohl im Verwaltungsstreitverfahren als im Beschlußverfahren (§. 2) zur Aufnahme des Beweises nach näherer Vorschrift der §§. 76 bis 79 und 120 a. a. O. befugt.

Mündliche Verhandlung.

§. **11.** Die im Verwaltungsstreitverfahren oder Beschlußverfahren (§. 2) zur mündlichen Verhandlung gelangenden Sachen werden der Regel nach in der durch den Vorsitzenden bestimmten, durch Aushang vor dem Sitzungszimmer bekannt zu machenden Reihenfolge erledigt.

In der Vorladung ist die zur mündlichen Verhandlung bestimmte Stunde anzugeben. Die mündliche Verhandlung ist durch einen Vortrag des Referenten über das Sachverhältniß einzuleiten; bei dem Erscheinen sämmtlicher Betheiligten kann der Vorsitzende diesen den Vortrag des Sachverhalts überlassen. Der Vorsitzende hat dahin zu wirken, daß das Sachverhältniß vollständig aufgeklärt und die sachdienlichen Anträge von den Betheiligten gestellt werden.

§. **12.** Durch Aufnahme in das Protokoll über die mündliche Verhandlung sind insbesondere festzustellen:

a) neue thatsächliche Erklärungen und neue Anträge der Betheiligten oder die Thatsache, daß solche aus den Vorträgen der Betheiligten nicht zu entnehmen waren;
b) Anerkenntnisse, Verzichtleistungen und Vergleiche, durch welche der geltend gemachte Anspruch ganz oder theilweise erledigt wird;
c) die Aussagen der Zeugen und Sachverständigen, welche im Termine zur mündlichen Verhandlung vernommen werden;
d) die zum Zwecke der Aufklärung des Sachverhalts oder der förmlichen Beweisaufnahme erfolgte Vorlegung von Akten und Vorlesung von Schriftstücken;
e) das Ergebniß eines im Termin eingenommenen Augenscheins.

Das Protokoll ist insoweit, als es die sub a bis e bezeichneten Gegenstände betrifft, den Betheiligten vorzulesen oder zur Durchsicht vorzulegen. In dem Protokoll ist zu bemerken, daß dies geschehen und die Genehmigung erfolgt sei oder welche Einwendungen erhoben sind.

Den Betheiligten ist auf Antrag Abschrift des über die mündliche Verhandlung aufgenommenen Protokolls zu ertheilen.

§. **13.** Der Vorsitzende handhabt gemäß §§. 72, 119 a. a. O. die Ordnung in der mündlichen Verhandlung und führt erforderlichen Falles einen Beschluß des Kollegiums über den Ausschluß der Oeffentlichkeit herbei.

§. **14.** Der Vorsitzende verkündet die ergangene Entscheidung oder den ergangenen Beschluß. Wird die Verkündigung der Gründe der Entscheidung oder des Beschlusses für angemessen erachtet, so erfolgt sie durch Vorlesung derselben, oder durch mündliche Mittheilung ihres wesentlichen Inhaltes.

Hat die Verkündigung der Entscheidung oder des Beschlusses nicht sofort erfolgen können, so bedarf es zu diesem Behufe nicht der Anberaumung einer besonderen Sitzung; vielmehr genügt die Zustellung der mit Gründen versehenen Entscheidung oder des Beschlusses an die Betheiligten.

Nur in denjenigen Angelegenheiten, auf welche der §. 21 der Reichsgewerbeordnung vom 21. Juni 1869 Anwendung findet, muß die Verkündigung der Entscheidung oder des Beschlusses stets in öffentlicher Sitzung erfolgen. Erscheint in derartigen Sachen die Aussetzung der Entscheidung oder des Beschlusses nothwendig, so erfolgt die Verkündigung in einer weiteren Sitzung, welche sofort anzuberaumen und den Parteien bekannt zu machen ist.

Urschriften und Ausfertigungen.

§. **15.** Alle Entscheidungen, Bescheide, Beschlüsse und Verfügungen, welche von der Behörde als Kollegium erlassen werden, sind in der Ausfertigung mit der die Behörde bezeichnenden Unterschrift (Der Kreisausschuß des Kreises N. N., Der Stadtausschuß des Stadtkreises N. N., Der Magistrat) zu versehen und von dem Vorsitzenden zu vollziehen. Bei Bescheiden und Verfügungen, welche von dem Vorsitzenden erlassen werden und gegen welche das Gesetz ausdrücklich den Antrag auf mündliche Verhandlung oder auf Kollegialbeschluß zuläßt (§§. 60, 64 Abs. 3, 111 Abs. 3, 117 Abs. 3 des Landesverwaltungsgesetzes), lautet die Unterschrift:

Namens des Kreisausschusses.
Der Vorsitzende.

Die Urschriften der von dem Kollegium erlassenen Entscheidungen, Bescheide und Beschlüsse sind von dem Vorsitzenden und wenigstens zwei Mitgliedern zu vollziehen.

Die Ausfertigungen der im Verwaltungsstreitverfahren ergangenen Entscheidungen sind mit der Ueberschrift:

„Im Namen des Königs"

und mit dem Siegel der Behörde — für die Kreis- und Stadtausschüsse Preußischer Adler mit einer die Behörde bezeichnenden Umschrift, für den Magistrat das Magistratssiegel — zu versehen. Dieselben müssen im Eingange den Sitzungstag, an welchem die Entscheidung getroffen worden ist, und die Mitglieder der Behörde, welche an der Abstimmung theilgenommen haben, ersehen lassen.

Bezüglich der Urkunden über Rechtsgeschäfte und der Vollmachten eines Kreisverbandes bewendet es bei der Vorschrift des §. 137 Abs. 3 der Kreisordnung.

§. **16.** Die gemäß §§. 64 Abs. 4, 67, 86 Abs. 4, 111 Abs. 2, 117 Abs. 3, 122 Abs. 2 des Landesverwaltungsgesetzes zu ertheilende Belehrung über die Rechtsmittel ist stets am Schlusse der betreffenden Bescheide und Verfügungen und zwar, falls in denselben der dispositive Inhalt von der Begründung geschieden ist, am Schlusse der Gründe in einer thunlichst in die Augen fallenden äußeren Form zu ertheilen.

Zustellungen.

§. 17. Alle Namens des Kreisausschusses zu bewirkenden Zustellungen erfolgen durch die eigenen Beamten desselben oder durch die demselben nachgeordneten Behörden (städtische Polizeiverwaltungen, Amtsvorsteher, Gemeindevorsteher, Gutsvorsteher) oder durch die Post. Im Uebrigen finden auf diese Zustellungen die Vorschriften des Nachtrags zu dem Regulative für den Geschäftsgang bei dem Oberverwaltungsgerichte vom 22. September 1881 (M.Bl. f. d. innere Verw. 1882. S. 42), mit der Maßgabe, daß die Zustellungsurkunde durch eine beglaubigte Empfangsbescheinigung der zur Annahme legitimirten Person ersetzt werden kann, sinngemäße Anwendung.

Einreichung der Akten an die höhere Instanz.

§. 18. Bei der Einreichung der Akten an die höhere Instanz ist auf Vollständigkeit des einzusendenden Materials an Vorakten u. dergl. Bedacht zu nehmen und außerdem Folgendes zu beachten.

1. Die Akten sind zu foliiren, mit einem vorzuheftenden vollständigen Inhaltsverzeichnisse zu versehen und mittelst besonderen Begleitberichtes einzureichen, in welchem auf die Aktenfolien der angefochtenen Entscheidung oder des angefochtenen Beschlusses, der in der höheren Instanz gewechselten Erklärungen und der von den Betheiligten ausgestellten Vollmachten zu verweisen ist.

2. In diesem Berichte sind kurz ersichtlich zu machen:
a) die Art des Verfahrens und die Bezeichnung des Rechtsmittels (Beschwerde, Berufung, Revision);
b) Name, Stand und Wohnort der Betheiligten und die Bezeichnung desjenigen, der das Rechtsmittel eingelegt hat;
c) der Gegenstand des Verfahrens;
d) im Verwaltungsstreitverfahren der Werth des Streitgegenstandes.

§. 19. Wenn gemäß §. 82 des Landesverwaltungsgesetzes aus Gründen des öffentlichen Interesses gegen die Entscheidung des Kreisausschusses von dem Vorsitzenden Berufung eingelegt ist, so hat derselbe hiervon sofort dem Regierungspräsidenten, zum Zwecke der Bestellung eines Kommissars für die Verhandlung vor dem Bezirksausschusse gemäß §. 84 a. a. O., Anzeige zu machen.

Wenn gemäß §. 92 (§. 74 Abs. 2) a. a. O. ein besonderer Kommissar des Regierungspräsidenten zur Wahrnehmung des öffentlichen Interesses an der mündlichen Verhandlung in zweiter Instanz vor dem Bezirksausschusse Theil genommen hat und demnächst gegen die ergangene Entscheidung Seitens einer Partei das Rechtsmittel der Revision eingelegt wird, so hat der Kreisausschuß hiervon dem Regierungspräsidenten Anzeige zu machen und zwar gleichzeitig mit der Einforderung der Gegenerklärung auf die Anmeldungs- und Rechtfertigungsschrift. Abschrift dieser Schriftsätze ist dem Regierungspräsidenten auf Verlangen mitzutheilen.

Kosten.

§. **20.** Die Einziehung der Kosten und baaren Auslagen des Verfahrens gemäß §§. 108, 124, 157 Nr. 2 a. a. O., § 22 der Reichsgewerbeordnung, erfolgt nach Maßgabe der hierüber besonders ergehenden Bestimmungen.

Die Festsetzung der einer Partei im Verwaltungsstreitverfahren zu erstattenden baaren Auslagen gemäß §. 108 des Landesverwaltungsgesetzes erfolgt auf Antrag der Partei, erforderlichen Falles nach Anhörung des Gegners.

Geschäftskontrolbücher.

§. **21.** Die Einrichtung der erforderlichen Geschäftskontrolbücher bleibt bis auf Weiteres der Bestimmung des Regierungspräsidenten, für den Stadtausschuß zu Berlin der des Oberpräsidenten überlassen.

Geschäftsjahr, Jahresbericht.

§. **22.** Das Geschäftsjahr der Kreisausschüsse ist das Kalenderjahr.

Am Jahresschlusse hat der Vorsitzende dem Regierungspräsidenten (für den Stadtkreis Berlin dem Oberpräsidenten) eine Uebersicht der vorgekommenen Geschäfte berichtlich einzureichen. In der Uebersicht ist die Zahl der im Laufe des Jahres abgehaltenen Sitzungen, die Zahl der anhängig gemachten, erledigten und unerledigt gebliebenen im Verwaltungsstreitverfahren und im Beschlußverfahren verhandelten Sachen (§. 1b, §. 2 des Regulativs), beide Sachen getrennt und nach Materien geordnet, ferner die Zahl der in diesen Sachen zusammen abgehaltenen Termine überhaupt, sowie diejenigen Termine, in denen mündliche Verhandlung stattgefunden hat, anzugeben. Die Bestimmung eines Formulars für diese Uebersicht bleibt vorbehalten. In den Bericht sind die gutachtlichen Bemerkungen aufzunehmen, zu denen die bei Handhabung der materiellen und formellen Bestimmungen der einschlagenden Gesetzgebung und des gegenwärtigen Regulativs gemachten Erfahrungen Anlaß bieten.

Berlin, den 28. Februar 1884.

Der Minister des Innern.
v. Puttkamer.

XXII. Verzeichniß

der Stadtkreise und der Städte mit mehr als 10000 Einwohnern in den Landkreisen der Provinzen Ostpreußen, Westpreußen, Brandenburg, Pommern, Schlesien und Sachsen.

a. Stadtkreise:

Berlin, Brandenburg, Breslau, Charlottenburg, Danzig, Elbing, Erfurt, Frankfurt a O., Görlitz, Halle a S., Königsberg, Liegnitz, Magdeburg, Potsdam, Stettin, Stralsund.

b. Städte mit mehr als 10000 Einwohnern:

Anklam, Aschersleben, Beuthen, Braunsberg, Brieg, Bunzlau, Burg bei Magdeburg, Cöslin, Colberg, Cottbus, Cüstrin, Dirschau, Eberswalde, Eilenburg, Eisleben, Forst, Fürstenwalde, Glatz, Gleiwitz, Glogau, Grabow a O., Graudenz, Greifswald, Grünberg, Guben, Halberstadt, Hirschberg, Jauer, Insterburg, Kattowitz, Königshütte, Landsberg a W., Langensalza, Lauban, Leobschütz, Luckenwalde, Memel, Merseburg, Mühlhausen i. Th., Naumburg, Neiße, Neu-Ruppin, Neustadt, Nordhausen, Oppeln, Prenzlau, Quedlinburg, Rathenow, Ratibor, Sagan, Schönebeck, Schweidnitz, Sommerfeld, Sorau, Spandau, Spremberg, Stargard, Staßfurt, Stendal, Stolp, Striegau, Thorn, Tilsit, Waldenburg, Weißenfels, Wittenberg, Zeitz.

Chronologisches Verzeichniß

der in Bezug genommenen Gesetze, Verordnungen, Allerhöchsten Ordres u. a. mit Angabe der Seiten, auf welchen die Bezugnahme bezw. der Abdruck derselben sich befindet.

(Die im Zuständigkeitsgesetze erwähnten Gesetze 2c. sind nur soweit aufgenommen, als sie die Kreisordnungsprovinzen betreffen.)

Allgemeines Landrecht. — S. 165, 167, 188, 261, 287, 288, 331, 343, 355, 391, 392, 393.
abgedruckt II. Theil, Tit. 14 §. 79 auf Seite 165.
Allgemeine Gerichtsordnung. — S. 473; Anhang. — S. 261.
Reichsverfassung, Art. 3. — S. 173.
Deutsches Strafgesetzbuch. — §§. 28, 29 S. 76; §§. 38, 39 S. 171; §. 367 no. 5 S. 79.
Deutsches Handelsgesetzbuch. — S. 161, 450.
Deutsches Gerichtsverfassungsgesetz. — S. 39 ff., 94, 189, 221.
Einführungsgesetz zu demselben. — S. 64.
Deutsche Strafprozeßordnung. — S. 171, 172, 189, 190.
Deutsche Civilprozeßordnung. — S. 37 ff., 448 ff., 473.
abgedruckt:
§§. 41—44, 47 auf S. 34.
§. 109 Abs. 2 auf S. 61.
§§. 165—170 auf S. 442, 443.
§§. 182—184 auf S. 445.
§§. 198—200 u. 226 S. 27. 28.
§§. 341, 344—355 auf S 42—46.
§§. 541—546, 549, 554 auf S. 53—56.
§§. 678, 679, 681 u. 682 auf S. 452.
§§. 688, 689 auf S. 454, 455.
§. 709 auf S. 447.
§§. 718, 719 auf S. 457, 458.
§§. 740—742 auf S. 462.
Einführungsgesetz zu demselben. — S. 185, 251, 262.

1808, 26. Dezember, Verordnung wegen verbesserter Einrichtung der Provinzial-, Polizei- und Finanzbehörden. — S. 465.
1811, 28. März, Verordnung über die Einrichtung der Amtsblätter. — S. 388.
— 15. November, Gesetz wegen des Wasserstaues bei Mühlen und Verschaffung von Vorfluth. — S. 285, 286, 287, 288, 289.
1815, 30. April, Verordnung wegen verbesserter Einrichtung der Provinzialbehörden. — S. 4.
1817, 23. Oktober, Instruktion zur Geschäftsführung der Regierungen in den Königl. Preuß. Staaten. – S. 11, 476 ff.
1822, 7. März, Stempelgesetz. — S. 387.
— 11. Juli, Gesetz, betr. die Heranziehung der Staatsdiener zu Gemeindelasten. — S. 163.
— 18. September, Reglement über die Einrichtung der Verwaltungsbehörden. – S. 21.
1825, 31. Dezember, Kabinetsordre, betr. Abänderung der Organisation der Prov. Verwaltungsbehörden. – S 7, 465, 475 ff.
1831, 25. Januar, Kabinetsordre, betr. die Erwerbung von Rittergütern durch Dorfgemeinden oder deren Mitglieder. — S. 261.
1838, 16. Juni, Verordnung, betr. die Kommunikations-Abgaben. — S. 412.
— 3. November, Gesetz über die Eisenbahn-Unternehmungen. — S. 330, 331.
1839, 13. Juli, Kabinetsordre, betr. die rücksichtlich der Uebernahme von Nebenämtern durch Staatsbeamte zu beobachtenden Bestimmungen. — S 94.
1840, 6. Juni, Sigmaringisches Gesetz über die Theilnahme an den Straßenbaukosten. S. 414.
1841, 30. Juni, Gesetz über die Versicherungs-Gesellschaften der Prov. Schlesien zur Vergütung der durch die Rindviehseuche veranlaßten Verluste. — S. 409.
1842, 11. Mai, Gesetz über die Zulässigkeit des Rechtsweges in Beziehung auf polizeiliche Verfügungen. — S. 72, 74, 279; abgedruckt S. 342, 343.
— 31. Dezember, Gesetz über die Aufnahme neu anziehender Personen. — S. 171.
1843, 28. Februar, Gesetz über die Benutzung der Privatflüsse. — S. 285, 286, 289, 290.
1844, 24. Januar, Verordnung über Festsetzung und Ersatz der Defekte. — S. 185, 220, 251, 262.
1845, 3 Januar, Gesetz, betr. die Zertheilung von Grundstücken und die Gründung neuer Ansiedelungen. — S. 175.
— 17. Januar, allgem. Gewerbeordnung. — S. 319.

1845, 17. Januar, Entschädigungsgesetz zur Gewerbeordnung. — S. 319.
1846, 23. Januar, Gesetz, betr. das für Entwässerungsanlagen einzuführende Aufgebots- und Präklusionsverfahren. — S. 286, 289.
— 17. Juli, Verordnung, betr. feuer- und baupolizeiliche Vorschriften. — S. 324.
— 21. Dezember, Gesetz, betr. die bei dem Bau von Eisenbahnen beschäftigten Handarbeiter. — S. 324.
1847, 7. April, Königl. Botschaft. — S. 408.
1848, 28. Januar, Gesetz über das Deichwesen. — S. 301.
1849, 9. Februar, Abänderung der Gewerbeordnung. — S. 316.
1850, 12. Februar, Gesetz zum Schutz der persönlichen Freiheit. — S. 171.
— 11. März, Gesetz über die Polizeiverwaltung. — S. 59, 79, 81, 82, 83 189; abgedruckt S. 344—348.
1851, 1. Mai, Gesetz über die Klassen- und Einkommensteuer. — S. 24, 158, 161, 401.
— 7. Mai, Gesetz, betr. Dienstvergehen der Richter — S. 17.
— 10. Mai, Gesetz, betr. den Ansatz und die Erhebung der Gerichtskosten. — S. 59.
— 11. Mai, Gesetz über die Kriegsleistungen. — S. 214.
— 20. Juni, Hannoversches Chausseebaugesetz. — S. 415.
1852, 7. Januar, Verordnung über die Organisation der Verwaltungsbehörden der Hohenzollernschen Lande. — S. 5.
— 14. Mai, Gesetz über die vorläufige Straffestsetzung wegen Uebertretungen. — S. 190, 195.
— 21. Juli, Gesetz, betr. Disciplinarvergehen der nichtrichterlichen Beamten. S. 9, 20, 24, 86, 122, 129, 130, 191, 253, 264.
1853, 9. Mai, Gesetz, betr. Erleichterung des Lootsenzwangs. — S. 80.
— 11. Mai, Gesetz, betr die Anwendung der Vorfluthgesetze auf unterirdische Wasserleitungen. — S. 286, 287, 289.
— 30. Mai, Städteordnung. — S. 94, 133, 255, 358, 389, 416.
— 31. Mai, Gesetz, betr. die Verfassung der Städte in Neuvorpommern und Rügen. — S. 134.
1854, 13. Februar, Gesetz, betr. die Konflikte bei gerichtl. Verfolgungen wegen Amts- und Diensthandlungen. — S. 64.
1856, 26. März, Abänderung des Gesetzes über die Dienstvergehen der Richter. — S. 17.
— 14. April, Landgemeinde-Ordnung. — S. 355, 356, 357, 368, 392, 397.
1858, 31. Mai, Gesetz über das Abdeckereigewerbe. — S. 319.
1861, 21. Mai, Gesetz, betr. die anderweite Regelung der Grundsteuer. — S. 163, 189.

1861, 21. Mai, Gesetz, betr. die Einführung einer allgem. Gebäudesteuer. — S. 163, 199, 349, 351.
— 24. Mai, Gesetz, betr. die Erweiterung des Rechtswegs. — S. 165, 271, 331; abgedruckt §§. 9 u. 10 auf S. 165.
— 19. Juli, Gesetz, betr. einige Abänderungen des Gewerbesteuergesetzes v. 30. Mai 1820. — S. 352.
1862, 2. Oktober, Nassauisches Gesetz, betr. die Erbauung chaussirter Verbindungsstraßen. — S. 415.
1865, 24. Juni, Berggesetz. — S. 308, 327.
— 27. Dezember, Holsteinsches Patent, betr. Nebenlandstraßen und Nebenwege. — S. 414.
1867, 7. Februar, Gesetz, betr. die definitive Untervertheilung und Erhebung der Grundsteuer. — S. 392.
— 9. Februar, Vorfluthsgesetz für Neuvorpommern und Rügen. — S. 284, 285, 286, 287, 288, 289.
— 6. Mai, Verordnung, betr. die Form der Diensteide. — S. 169, 187, 387, 394.
— 20. September, Verordnung über die Polizeiverwaltung in den neuerworbenen Landestheilen. — S. 79, 81, 82, 83.
— 23. September, Allerh. Ordre, betr. Kommunalsteuer-Privilegien der Beamten. — S. 164.
— 26. September, Verordnung, betr. die Kreisverfassung im Reg.-Bezirk Wiesbaden. — S. 416.
1868, 7. März, Gesetz, betr. die Ueberweisung von 500000 Thalern an den provinzialständischen Verband der Provinz Hannover. — S. 407, 409, 410, 411, 414.
— 18. März, Gesetz, betr. die Errichtung öffentlicher Schlachthäuser. — S. 318.
— 25. Juni, Bundesgesetz, betr. die Quartierleistung für die bewaffnete Macht während des Friedenszustandes. — S. 274, 275.
1869, 6. Mai, Gesetz, betr. die Befähigung für den höheren Verwaltungsdienst. — S. 197.
— 21. Juni, Gesetz, betr. die Beschlagnahme des Arbeits- und Dienstlohnes. — S. 464.
— 21. Juni, Reichsgewerbeordnung. — S. 39, 57, 86, 301, 303, 307—317.
1870, 7. Januar, Lauenburgisches Gesetz, betr. die Polizeiverwaltung. — S. 79, 81, 82, 83.
— 24. Februar, Gesetz, betr. die Handelskammern. — S. 320.
— 1. Juni, Reichsgesetz, betr. die Bundes- und Staatsangehörigkeit. — S. 173, 329.
— 6. Juni, Reichsgesetz über den Unterstützungswohnsitz. — S. 32, 87, 268.

1871, 8. März, Gesetz, betr. die Ausführung des Reichsgesetzes über den Unterstützungswohnsitz. — S. 48, 58, 87, 268, 269, 270, 357.
— 21. Dezember, Reichs-Rayongesetz. — S. 328.
1872, 11. März, Gesetz, betr. Dotirung des kommunalen Verbandes des Reg.-Bez. Wiesbaden. — 411, 414.
— 27. März, Pensionsgesetz. — S. 85.
— 2. April, Hohenzollernsche Amts- und Landesordnung. — S. 18.
— 26. April, Gesetz, betr. die Marktstandsgelder. — S. 318.
— 17. Dezember, Gesetz über das Abdeckereigewerbe. — S. 319.
1873, 10. März, Instruktion, betr. Zusammensetzung des Kreistags. — S. 163, 198, 392, 397, 424; abgedruckt S. 348—379.
— 23. März, Gesetz, betr. Jadegebiet. — S. 404.
— 24. März, Gesetz, betr. die Tagegelder und Reisekosten der Staatsbeamten. — S. 18.
— 31. März, Reichsbeamtengesetz. — S. 164.
— 30. April, Dotationsgesetz. — S. 117, 194; abgedruckt S. 380, 381.
— 25. Mai, Reichs-Eigenthumsgesetz. — S. 163.
— 25. Mai, Gesetz, betr. die Abänderung des Gesetzes vom 1. Mai 1851 über die Klassen- und Einkommensteuer. — S. 24, 158, 161, 403.
— 10. Juni, Cirkular, betr. Kosten der Amtsverwaltung. — S. 180, 193, 194; abgedruckt S. 382, 383.
— 18. Juni, Instruktion, betr. die Bildung der Amtsbezirke, die Amtsvorsteher u. a. — S. 177; abgedruckt S. 384—389 und Cirkular. — S. 389.
— 16. August, Reglement über die Anwendung der Königlichen Wappen. — S. 438.
— 20. September, Cirkular und Instruktion zur Ausführung der drei ersten Abschnitte des 2. Titels der Kreisordnung. — S. 166; abgedruckt S. 389—400.
— 18. Dezember, Cirkular, betr. Bildung der Amtsausschüsse. — S. 181.
1874, 8. März, Personenstandsgesetz. — S. 329.
— 7. Mai, Reichspreßgesetz. — S. 311.
— 30. Mai, Fischereigesetz. — S. 77, 302.
— 10. Juni, Cirkular, betr. die Vertheilung der Kreisabgaben. — S. 158; abgedruckt S. 401—404.
— 10. Juni, Gesetz, betr. die Betheiligung der Staatsbeamten bei der Gründung und Verwaltung von Aktien-, Kommandit- und Bergwerks-Gesellschaften. — S. 94.
— 11. Juni, Gesetz über die Enteignung von Grundeigenthum. — S. 327, 328.

1875, 4. Januar, Bahnpolizeireglement. — S. 79.
— 6. Februar, Reichs-Personenstandsgesetz. — S. 329.
— 13. Februar, Gesetz über die Naturalleistungen für die bewaffnete Macht im Frieden. — S. 274.
— 16. Juni, Gesetz, betr. einige Abänderungen der Vorschriften für die Veranlagung der Klassensteuer. — S. 330.
— 28. Juni, Gesetz, betr. Abänderung des Gesetzes über Tagegelder und Reisekosten der Staatsbeamten. — S. 18.
— 2. Juli, Gesetz, betr. die Anlegung und Veränderung von Straßen und Plätzen. — S. 325.
— 5. Juli, Vormundschaftsordnung. - S. 453.
— 6. Juli, Gesetz, betr. Schutzwaldungen und Waldgenossenschaften. — S. 223.
— 8. Juli, Gesetz, betr. Ausführung der §§. 5 und 6 des Dotationsgesetzes. — S. 118, 422, 433; abgedruckt S. 404—421.
— 6. November, Allerh. Ordre, betr. den Rang der Mitglieder des Oberverwaltungsgerichts. — S. 94.
1876, 7. April, Reichsgesetz über die eingeschriebenen Hülfskassen. — S. 323.
— 15. April, Verordnung, betr. Tagegelder und Reisekosten der Staatsbeamten. — S. 18.
— 1. Mai, Cirkular, betr. die Wahlen zur Ergänzung der Kreistage. — S. 198; abgedruckt S. 423—425.
— 13. Juni, Gesetz, betr. die Einführung der Kreisordnung in die Grafschaften Wernigerode und Stolberg. — S. 232; abgedruckt S. 425, 426.
— 21 Juli, Cirkular, betr. die Wahl der Kreistagsabgeordneten. — S. 198; abgedruckt S. 427—431.
— 26. Juli, Gesetz, betr. die Zuständigkeit der Verwaltungsbehörden und Verwaltungsgerichtsbehörden. — S. 87, 332.
— 28. Juli, Gesetz, betr. den Austritt aus den Synagogengemeinden. — S. 276.
— 14. August, Gesetz, betr. die Verwaltung der den Gemeinden und öffentlichen Anstalten gehörigen Holzungen. — S. 26.
— 25. August, Gesetz, betr. Grundstückstheilung und Gründung neuer Ansiedelungen. — S. 325.
— 28. August, Gesetz, betr. die Gesprächssprache. — S. 37.
— 8. November, Cirkular und Tarif für die Berechnung der Kosten in streitigen Verwaltungssachen S. 482.
1877, 20. Januar, Allerh. Ordre, betr. Titel der Provinzialbeamten. — S. 128.
— 27. Januar, Einführungsgesetz zum Gerichtsverfassungsgesetz. — S. 64.

1877, 12. März, Gesetz, betr. Veranlagung der Grundsteuer, der Klassen- und Einkommensteuer. — S. 163.
— 19. März, Gesetz, betr. die Theilung der Provinz Preußen. — S. 110; abgedruckt S. 432, 433.
— 5. September, Gesetz, betr. den Uebergang der Verwaltung der Angelegenheiten der evangelischen Landeskirche auf den Evangelischen Oberkirchenrath und die Konsistorien S. 11.
— 12. September, Verordnung, betr. die Vertheilung der Jahresrenten der Dotation — abgedruckt S. 422.
1878, 30. Januar, Regulativ für den Geschäftsgang bei dem Oberverwaltungsgericht. — S. 98; abgedruckt S. 434—441.
— 13. Februar, Gesetz, betr. die bischöfliche Vermögensverwaltung. — S. 78.
— 22. März, Cirkular, betr. Verwaltungsgericht. — S. 412.
— 2. April, Bestätigung des Regulativs vom 30. Januar 1878. — S. 434.
— 24. April, Ausführungsgesetz zum deutschen Gerichtsverfassungsgesetz. — S. 18, 25, 94, 172, 189.
— 12. Juni, Bekanntmachung, betr. Aenderung des Bahnpolizeireglements. — S. 79.
— 18. Juni, Reichs-Gerichtskostengesetz. — S. 57, 59.
— 30. Juni, Reichs-Gebührenordnung für Zeugen und Sachverständige. — S. 58; abgedruckt S. 489—492.
1879, 4. März, Gesetz, betr. die Zwangsvollstreckung in Immobilien. — S. 463, 466.
— 10. März, Ausführungsgesetz zum deutschen Gerichtskostengesetz. — S. 60; abgedruckt §. 30 auf S. 60.
— 11. März, Gesetz, betr. die Befähigung für den höheren Verwaltungsdienst. — S. 94, 197.
— 14. März, Hinterlegungsordnung. — S. 460.
— 24. März, Ausführungsgesetz zur deutschen Civilprozeßordnung. — S. 446, 460, 463; abgedruckt §. 16 auf S. 461, §. 17 auf S. 463.
— 1. April, Gesetz, betr. die Wassergenossenschaften. — S. 27, 294, 299, 331.
— 9. April, Gesetz, betr. Abänderung der Bestimmungen der Disciplinargesetze. — S. 9.
— 7. Juli, Reichs-Gebührenordnung für Rechtsanwälte — S. 57.
— 28. Juli, Allerh. Erlaß betr. den Rang der Senatspräsidenten des Oberverwaltungsgerichts. — S. 94.
— 1. August, Gesetz, betr. die Kompetenzkonflikte. — S. 63.
— 7. September, Verordnung, betr. das Verwaltungszwangsverfahren wegen Beitreibung von Geldbeträgen. — S. 32, 76; abgedruckt S. 446—468.

1879, 1. November, Cirkular, betr. richtige Form und Inhalt von Kreistagsbeschlüssen. — S. 160; abgedruckt S. 469—474.
1880, 18. Februar, Gesetz, betr. das Verfahren in Auseinandersetzungsangelegenheiten. — S. 10, 177.
— 26. Juli, Gesetz über die Organisation der allgemeinen Landesverwaltung. — S. 3, 85, 90, 190, 222, 225, 227.
— 16. August, Gesetz über die Generalkommissionen. — S. 10.
1881, 18. Januar, Gesetz, betr. die Aufhebung der kommunalständischen Verbände in der Provinz Pommern. — S. 141.
— 19. Januar, Gesetz, betr. die Aufhebung des kommunalständischen Verbandes der Neumark. — S. 141.
— 26. Januar, Verordnung, betr. die zuständigen Behörden für Berlin. — S. 22; abgedruckt S. 22.
— 9. März, Gesetz, betr. die öffentlichen Schlachthäuser. — S. 319.
— 12. März, Viehseuchengesetz. — S. 77.
— 14. März, Gesetz, betr. gemeinschaftliche Holzungen. — S. 223.
— 11. April, Allerh. Erlaß, betr. den Rang der Oberpräsidialräthe. — S. 7.
— 14. April, Cirkular, betr. die Erledigung der Geschäfte der aufgehobenen Reg.-Abth. des Innern. — S. 11.
— 29. Juni, Novelle zum Reichs-Gerichtskostengesetz. — S. 57.
— 18. Juli, Novelle zur Reichs-Gewerbeordnung. — S. 316, 317.
— 22. September, Nachtrag zum Oberverwaltungsgerichts-Geschäftsregulativ, betr. die Zustellungen im Verwaltungsstreitverfahren. — S. 496, 503, 511; abgedruckt S. 441—446.
1883, 26 März, Gesetz, betr. die Aufhebung der beiden untersten Stufen der Klassensteuer. — S. 158.
— 23. April, Gesetz, betr. den Erlaß polizeilicher Strafverfügungen wegen Uebertretungen. — S. 190.
— 23. Mai, Gesetz, betr. die Befähigung für den höheren Verwaltungsdienst. — S. 197.
— 15. Juni, Gesetz, betr. die Krankenversicherung der Arbeiter. — S. 323.
— 1. Juli, Novelle zur Gewerbeordnung. — S. 308, 311.
— 20. August, Gesetz, betr. die Befugnisse der Strombauverwaltung, gegenüber den Uferbesitzern an öffentlichen Flüssen. — S. 301.
— 24. Dezember, Reichsgesetz, betr. Gebührenfreiheit in dem Verfahren vor dem Reichsgericht. — S. 59.
— 31. Dezember, Verordnung zur Ausführung der Novelle zur Gewerbeordnung. — S. 310; abgedruckt S. 313—315.
1884, 9. Februar, Cirkular, betr. Aenderungen zur Geschäftsführung der Regierungen. — S. 11 ff.; abgedruckt S. 475 bis 481.

1884, 27. Februar, Cirkular und Tarif für die Berechnung des Kostenpauschquantums im Verwaltungsstreitverfahren. — S. 58; abgedruckt S. 481—488.

— 28. Februar, Geschäftsregulativ für die Provinzialräthe. — S. 30; abgedruckt S. 492—497.

— 28. Februar, Geschäftsregulativ für die Bezirksausschüsse. — S. 30; abgedruckt S. 498—505.

— 28. Februar, Geschäftsregulativ für die Kreisausschüsse. — S. 30; abgedruckt S. 505—513.

Verzeichniß

der sonstigen, in Bezug genommenen Ministerial-Erlasse, Cirkulare, Regulative u. dgl.

		Seite
1833,	14. November	383
1840,	5. Mai	400
1854,	17. April	473
—	8. August	474
1859,	14. April	357
1868,	8. September	229
1871,	12. April	171
—	3. September	171
1872,	30. Dezember	161
1873,	25. Mai	162
—	7. Juli	219
—	23. September	162
—	31. Oktober	160, 470
—	24. November	157, 208
—	18. Dezember	181
1874,	7. Februar	179
—	11. März	157
—	14. März	188
1874,	17. März	179
—	20. März	180, 191
—	3. April	180
—	29. Mai	216
—	31. Mai	179
—	8. Juni	161
—	13. Juni	191
—	15. Juni	177, 186
—	4. Juli	193
—	14. Juli	197
—	30. September	162
—	9. Oktober	184
—	15. Oktober	224
—	29. Oktober	197
—	12. Dezember	193, 196
1875,	31. Januar	159
—	3. Februar	191
—	19. Februar	160, 470

		Seite
1875,	25. Februar . . .	162
—	22. März . .	229, 472
—	21. Juli	472
—	11. August .	160, 470
—	15. September . .	188
—	10 November . .	41
—	17. Dezember . .	224
1876,	15. April . . .	193
—	14. Juni	25
1877,	1. März	41
—	24. März	188
—	7. November . .	56
1878,	8. Januar . . .	472
—	23. März	193
—	20. Mai	41
—	8. September . .	472
—	2. November . .	472
—	4. November . .	180
—	7. November	124, 223
—	17. Dezember . .	187
1879,	31. Januar . . .	162
—	6. Februar . . .	164
—	26. Februar . . .	162
—	5. Juni	161
—	15. September . .	467
—	18. September	171, 189

		Seite
1879,	1. November	219, 229
—	2. November . .	159
1880,	16. Februar . . .	160
—	26. März . .	193, 226
—	26. Mai .	32, 60, 483
—	4. August . . .	223
—	4. Dezember . .	162
—	22. Dezember . .	193
1881,	10. Februar . . .	475
—	3. März	193
—	9. März	193
—	26. März . .	151, 187
—	17. April . . .	277
—	6. Mai	475
—	16. Juli	36
1882,	25. März	210
—	17. April	77
—	12. Juni	40
—	19. Juli	77
1883,	28. Februar . . .	25
—	8. Juni	190
—	9. Juli	190
—	16. August . . .	229
—	2. November . .	216
—	20. Dezember . .	18
—	29. Dezember . .	311

Sachregister.

A.

Aachen, Regierungs-Abtheilung für Kirchen- und Schulsachen 12.
Abänderung von Bestimmungen der Provinzialordnung 103, 104;
der Ortsverfassung 260, von Innungsstatuten 316.
Abdeckereianlage 308.
Abdeckereigewerbe 319.
Abfassung der Kreistagsprotokolle 218, von Petitionen und Eingaben des Kreistages 219.
Abgaben, welche der Beitreibung im Verwaltungszwangsverfahren unterliegen 447; — Befreiung 165; s. a. Provinzial-, Kreis-, Gemeinde- und Amtsabgaben.
Abgeordnete, s. Provinziallandtag und Kreistag.
Ablehnung unbesoldeter Aemter im Kreise 156, in der Gemeinde-Verwaltung oder -Vertretung 247, 258, des Gemeindevorsteher- u. Schöffenamtes 168, von Gerichtspersonen im Verwaltungsstreitverfahren 32, 33.
Ablösung von Gewerbeberechtigungen 319.
Abstimmung des Amtsausschusses 183, 184, Bezirksausschusses 17, 500, Kreisausschusses 21, 225, 508, Kreistags 218, Oberverwaltungsgerichts 97, 436, Provinzialausschusses 122, Provinziallandtages 115, Provinzialraths 10, Stadtausschusses 20, 225, bei Wahl der Kreistagsabgeordneten 202, 360.
Ausschließung betheiligter Mitglieder 64, 123.
Abwesenheit, häufige, vom Wohnort 156, 168.
Abzeichen der Amtsvorsteher 87.
Ackerbauschulen, Uebertragung der Verwaltung auf die Provinzialverbände 410.
Aerzte, Zurücknahme der Approbation 313, nicht pfändbare Sachen 456.
Agenten, Zurücknahme der Konzession 313.
Aichpfähle 294, 297.
Akklamation bei Wahlen auf dem Kreistag 249, auf dem Provinziallandtage 146.
Akten als Grundlagen der Beschlußfassung 66.
Aktiengesellschaften, Kreisabgabenpflicht 161, 162, — als Gutsvorsteher 172, Zugehörigkeit zu den Wahlverbänden 199, 200, Stellvertretung bei den Wahlen 203.
Alimentenforderungen, nicht pfändbar 463.
Alter, s. Lebensalter.
Amortisation von Schuldverschreibungen 473.
Amtmänner in Westfalen, s. Gemeindevorsteher.
Amtsabgaben 194.
Amtsangehörige 186, 384.
Amtsanwaltschaft, Beauftragung der Gemeindevorsteher 171.
Amtsausschuß, Organ der Amtsverwaltung 180, 391; Bildung 180; fällt in Amtsbezirken, aus einem Gutsbezirk bestehend, fort 181; Vorsitz 183; Beschlußfähigkeit 184; Befugnisse 183 ff.; beschließt auf Einspruch gegen die Wahlen 182, prüft die Legitimation seiner Mit-

glieder 182, beschließt über die Giltigkeit der Wahl 182, über die Ueberweisung von Kommunalangelegenheiten an Amtsbezirke 183, desgl. auf Beschwerden und Einsprüche betr. Amtsanstalten und Abgaben 194; Zustimmungsrecht zu Strafpolizeiverordnungen der Amtsvorsteher 190; Zuständigkeit für Be- und Entwässerungs-Anlagen 299;
Beanstandung von Beschlüssen der Amtsvorsteher 184;
tritt in den Hohenzollernschen Landen an die Stelle des Kreisausschusses 5.
Amtsbehörden, Inanspruchnahme der Thätigkeit durch d. Landesdirektor 127.
Amtsbezirk 166, 177, 391; an der Spitze steht der Amtsvorsteher 167; Bildung ders. 178, 233, 384; Revision, endgiltige Feststellung und Abänderung 179, 183, 245.
Amtsbezirksrath 260.
Amtsblatt s. Bekanntmachung.
Amtsdiener 180.
Amtseintheilung in Hannover 4.
Amtsenthebung s. Disciplinarverfahren.
Amtsgefängnisse 383.
Amtskassen, Vereinnahmung der Geldbußen u. Konfiskate 195, Defekte 185, Rendant 180.
Amtssekretäre 180, 382.
Amtssitz des Oberpräsidenten, Regierungspräsidenten und Landraths 4, 21, des kommissarischen Amtsvorstehers 386.
Amtsunkosten des Gemeindevorstandes, Gutsvorstehers und der sonstigen Gemeindebeamten 261, Entschädigung des Amtsvorstehers 193, 382, 385, der Gemeindevorsteher und Schöffen 169, 170, 174, 261, der Gutsvorsteher 174, s. a. Entschädigung.
Amtsverband, Korporation 184, Aufsicht des Staats 186, 245, Beamte 264, Veräußerung von Grundstücken ꝛc. und Aufnahme von Anleihen 185, Zwangsvollstreckung 185, Zwangsetatisirung 195, Kassendefekte 186, Rechnungsdecharge 185.
Amtsverwaltung, Organe 180, 391, Controle der Ausgaben 182, Kosten 193, 194, 382 ff.
Amtsvorsteher sind mittelbare Staatsbeamte 186, Dienstabzeichen 187, Ernennung und Vereidigung 186, 233, 384 ff., Stellvertretung 187, 188, 387, einstweilige Wahrnehmung der Geschäfte 385, 386, kommissarische A. 188, 386, dessen Remuneration 193, 383, 386, Beaufsichtigung 191; Dienstvergehen 191, 192, Pensionsanspruch 387, Amtsunkosten-Entschädigung 193, 382, 385;
steht an der Spitze des Amtsbezirks 167, ist Organ der Amtsverwaltung 180, 391, führt den Vorsitz im Amtsausschuß 183, Stimmrecht 184, Stellung zum Gemeinde- u. Gutsvorsteher 190, zu den Gendarmen 190, zum Landrath u. Kreisausschuß 191, ist Hülfsbeamter der Staatsanwaltschaft 189;
Obliegenheiten 188 ff., verwaltet die örtliche Polizei 188, 344, Polizeiverordnungsrecht 183, 189, Recht der vorläufigen Straffestsetzung 190, 195, beanstandet Beschlüsse des Amtsausschusses 184, vollzieht die Urkunden des Amtsverbandes 184, ist bei Vermehrung der Schöffen zu hören 167, desgl. vor Bestätigung der Gemeindevorsteher und Schöffen 169, der Ortssteuererheber, Gemeinde- u. Dorfgerichtsschreiber 392;
beauftragt den Gemeindevorsteher mit der Ausführung polizeilicher Maßregeln 171, ist befugt zur Klage gegen Beschlüsse des Amtsausschusses, betr. die Wahl der Abgeordneten 182;
Beschwerde gegen dessen Verfügungen in nicht polizeilichen Angelegenheiten 191.
Androhung von Zwangsmitteln und Geldstrafen 75, 76, 79, 80, Rechtsmittel 77.
Anfechtung in Verwaltungssachen 26, desgl. der Entscheidung über den Kostenpunkt 57, von Beschlüssen 70.
Angehörigkeit zum deutschen Reich, Erforderniß für die Mitgliedschaft beim Amtsausschuß 181, desgl. für das Amt eines Gutsvorstehers 173, desgl. für das Wahlrecht bzw. Wählbarkeit 111, 121, 203, 204, s. a. Amts-, Bezirks-, Kreis- u. Provinzialangehörige.
Angelegenheiten der Provinzen 243, der Kreise 244, der Amtsverbände 245, der Städtgemeinden 246 ff.,

der Landgemeinden und selbstständigen Gutsbezirke 256 ff.
Angesessene 155.
Anlagen, s. gewerbliche.
Anleihen der Amtsverbände 185, der Kreise 214, 229, der Provinzen 118, 137.
Anordnungen, obrigkeitliche 72, 78, deren Anfechtung 72, statutarische des Kreistags 228, der Wasserlösungskommissionen u. Schauungsmänner 291, s. a. Verfügungen, Polizei u. Außerkraftsetzung.
Ansiedelungssachen 325.
Ansprüche auf Ermäßigung der Provinzialabgaben 135.
Anstalten der Kreise 156, 164, der Provinzialverbände 108, 118, 124, der Amtsbezirke 194, s. a. gewerbliche A.
Anstellung der Provinzialbeamten 128, 138, von Polizei-Kommissarien 344.
Antrag auf mündliche Verhandlung im Beschlußverfahren 65, im Verwaltungsstreitverfahren 35, 38, 323, Frist 26, 27, aufschiebende Wirkung 28, schließt die Beschwerde aus 26; in der Auseinandersetzung beim Ausscheiden von Landgemeinden bzw. Gutsbezirken aus Amtsbezirken 179, 180, Wasserpolizei 288, 289, Gewerbl. Concession 309, auf Berichtigung des Verzeichnisses der Wahlberechtigten zum Kreistage 210.
Antrittsgeld bei Aufnahme in eine Innung 316.
Anweisungen der Amtsvorsteher 191.
Apotheker, Zurücknahme der Approbation 313, nicht pfändbare Gegenstände 457.
Approbation der Aerzte u. Apotheker, Zurücknahme 313.
Arbeiter bei Bauausführungen 324.
Arbeitslohn, Pfändung 464.
Archive, Veränderung u. Veräußerung 250.
Armenangelegenheiten, Zuständigkeit 267, s. a. Landarmen.
Armenpflege, Kosten in Gemeinden 270, Statuten 268.
Armenpolizei 188.
Armenstreitsachen 268—270.
Armenunterstützung 268.
Armenverbände, Streitsachen zwischen solchen 267, 269, s. a. Orts-, Gesammt- und Landarmenverbände.
Arnsberg, Regierungs-Abtheilung für Kirchen- und Schulwesen 12.
Arreste im Verwaltungszwangsverfahren 466.
Arzeneien 79.
Asphaltkochereien, Anlage 307.
Aufbereitungsanstalten, Wassertriebwerke 308.
Aufbewahrung von Giftwaaren, Schießpulver, Sprengstoffen rc. 79.
Aufbringung der Provinzialabgaben 133, der Kosten der Amtsverwaltung 193, 194, 383, der Kreisabgaben 158, 214, der Gemeindeabgaben u. Dienste 250, der etatsmäßigen Kosten der Handelskammer 320.
Aufgebot von Schuldverschreibungen 473.
Aufhebung von Vollstreckungsmaßregeln 454, 455, von polizeilichen Verfügungen im Verwaltungsstreitverfahren 74, der kommunalständischen Verbände 141, der Berechtigung und Verpflichtung zur Verwaltung des Schulzenamtes 174, der gutsherrlichen Polizeiverwaltung 177, von Schornsteinfeger-Kehrbezirken 319.
Auflösung eines Provinziallandtags 139, Kreistags 231, der Gemeinde-Vertretung 251, 262, von Innungen 316.
Aufnahme-Urkunde der Staatsangehörigen 324.
Aufschiebende Wirkung der Anfechtung von Beschlüssen 70, 136, der Beanstandung von Beschlüssen 184, 230, 249, 259, von Beschwerden u. Einsprüchen im Beschlußverfahren 165, 195, von Klagen im Verwaltungsstreitverfahren 8, 28, 70, 135, 165, 182, 213, 222, 263.
Aufsicht über die Geschäftsführung der Amtsvorsteher 191, des Bezirksausschusses und Provinzialraths 25, der Kreis- (Stadt-) Ausschüsse 24, 323;
über die Kreisbeamten 223;
über die Amtsführung der Standesbeamten 328;
über die Verwaltung der Angelegenheiten der Amtsverbände 186, 245, der städtischen Gemeindeangelegenheiten 246, der Gemeinde u. Gutsbezirke 250, der Landkreise u. Kreis Magdeburg 229, der Stadt Berlin 21, der Provinzialverbände 135—139.
über die Gemeinde- und Kreissparkassen 276.

Aufsichtsbehörden, deren Befugnisse gegenüber den nachgeordneten Behörden 25, 26, über die Provinzialverwaltung 136, die Kreisverwaltung 229, Befugnisse d. Aufsichtsbehörden 230, erhalten Abschrift der Etats der Städte von Neuvorpommern und Rügen 252.
Aufstellung des Provinzialhaushaltsetats 131, 132, des Vertheilungsplanes der Kreistagsabgeordneten 210, des Kreishaushaltsetats 219.
Aufträge der Amtsvorsteher 191.
Auktionatoren, Zurücknahme der Bestallung 313.
Auseinandersetzungsangelegenheiten 16, 177.
Auseinandersetzungsbehörden 13, 176, 300, bei Streitigkeiten zwischen Gemeinden und Schulzenguts-besitzern 176, 395, 400, Kosten 177, 400.
Ausfertigung der Entscheidungen der Verwaltungsgerichte 46, 47, 438, von Urkunden, welche den Provinzialverband verpflichten 127, der Beschlüsse 2c. der Provinzialräthe 498, desgl. der Bezirksausschüsse 502, der Kreisausschüsse 510.
Ausfertigungsgebühren 247.
Ausführung von Zwangsmitteln 77, Rechtsmittel 77.
Ausgaben des Bezirksausschusses 18, der Amtsverwaltung 182. — Anweisung 132.
Auslagen, baare, im Verwaltungsstreitverfahren 56, 230, 504, Festsetzung 59, 60, 63; im Beschlußverfahren 69, s. a. Entschädigung und Dienstunkosten.
Ausländer als Jagdpächter 305.
Ausland, Zustellungen daselbst 445, 451.
Auslegung der Gemeindewählerliste 247, 248.
Ausscheiden großer Städte aus den Kreisverbänden 154, 155, 244.
Ausschließung von der Berathung und Abstimmung 64, 123, 217, 225; von Gerichtspersonen im Verwaltungsstreitverfahren 32.
Ausschreibung von Provinzialabgaben 132, von Kreisabgaben 159, 162.
Außerkraftsetzung von Verfügungen und Anordnungen nachgeordneter Behörden 26, von Polizeivorschriften 80, 81, 82, 346, 347.
Ausstattung der Provinzial- und Kreisverbände mit Fonds zur Selbstverwaltung 117 ff., 194, 380, 382 ff., 404 ff., 422 ff.
Auswanderungsunternehmer, Zurücknahme der Konzession 313.

B.

Bachregulirung 296.
Bäche, Räumung 284, Befreiung von Kreisabgaben 350.
Bahnpolizei-Reglement 79.
Bauausführung, die dabei beschäftigten Handarbeiter 324.
Baupolizei 188, 324.
Baupolizeiliche Bestimmungen, Dispensation 324.
Beamte, Vernehmung als Zeugen 42, Tagegelder und Reisekosten als solche 491, Vertretungsverbindlichkeit 74, 343;
der Pfändung nicht unterworfene Sachen 456;
welche bei der Umbildung der Verwaltungsbehörden nicht verwendet werden 83, 84.
— der Amtsverbände 264, der Gemeinden 169, 174, 264, der Kreise 214, 223, des Landesdirektors 115, 119, 123, 127, der Landgemeinden 264, des Oberpräsidenten 7, der Provinzialverbände 8, 15, 119, 121, 125, 128, 138, der Regierungen 7, 11, 12, des Regierungspräsidenten 7, 11, 12, des Landeskommunalverbandes in den Hohenzollernschen Landen 18, des Polizeipräsidiums in Berlin 23.
Beanstandung von Beschlüssen des Amtsausschusses 184, des Kreisausschusses, der Kreiskommission und des Kreistags 219, des Provinzialausschusses, -Kommission u. -Landtags 136.
Beaufsichtigung von Wasserbetriebswerken 284, s. a. Aufsicht.
Befähigung zum höheren Verwaltungsdienst 94, 197, Erforderniß für Mitglieder des Bezirksausschusses 15, des Stadtausschusses 19, des Oberverwaltungsgerichts 93, 94;
— zum Richteramt, für Mitglieder des Bezirksausschusses 15, des Stadtausschusses 19, des Oberverwaltungsgerichts 93, 94, für einen Rath des Regierungs-Präsidenten 11, den Syndikus beim Kreisausschuß 221, beim Kollegium in Wiesbaden 13.

Erforderniß des einen oder andern für den Landrath 196.
Befangenheit, Ablehnungsgrund von Richtern im Verwaltungsstreitverfahren 33.
Beförderung von Schießpulver, Sprengstoffen rc. 79.
Befreiung von Abgaben 165, von Kreisabgaben 163, 164, von Gemeindeabgaben 164;
der Schulzengüter 175.
Befugnisse, amtliche, der Verwaltungsbehörden 5; der staatlichen Aufsichtsbehörden 26, der Oberfischmeister 77;
zum Erlaß von Polizeivorschriften: der Minister 78, 83, der Oberpräsidenten 79-81, der Regierungspräsidenten 79—83, des Landraths 81, der Ortspolizeibehörde 82, des Provinziallandtages 116 ff., des Amtsausschusses 182 ff.
Begräbnißplätze, frei von Kreisabgaben 350.
Begrenzung der Provinzialverbände 106, der Provinzialkommissionen 130, der Kreise 153.
Behändigungsschein, s. Zustellungsurkunde.
Behörden für den Stadtkreis Berlin 21, Exekutivbefugniß der staatlichen Behörden 76.
Beigeladene im Verwaltungsstreitverfahren 38.
Beigeordnete, Disciplinarverfahren 253.
Beitrag des Staats zu den Kosten der Amtsverwaltung 193.
Beitreibung von Geldbeträgen im Verwaltungszwangsverfahren 76, 446.
Bekanntmachung über vorzunehmende Wahlen 237;
der Polizeiverordnungen 81, 82;
der Statuten u. Reglements der Kreise 166, desgl. der Provinzen 109;
über Einziehung u. Verlegung öffentlicher Wege 279, der Versteigerung gepfändeter Sachen 457, der ausgeloosten und gekündigten Schuldverschreibungen 473;
der Veränderung der Kreisgrenzen 154, der Provinzialgrenzen 107;
der Bildung der Amtsbezirke und Ernennung der Amtsvorsteher 233, 388;
einer Frist vor Festsetzung der Amtsbezirksgrenzen 179;
der Amtsabgaben 194, Kreisabgaben 164, Provinzialabgaben 134;
des Verzeichnisses der Wahlberechtigten zum Kreistag 210, 424, des Vertheilungsplans über dieselben 211, 212, 430;
der Zahl der zu wählenden Abgeordneten zum Provinziallandtag 110;
der Namen der Abgeordneten zum Kreistag 213, 430, zum Provinziallandtag 112;
der Kreistags-Protokolle 218;
des Kreishaushalts-Etats 219, der Provinzialhaushalts-Etats 131;
von Auszügen aus der Jahresrechnung der Provinz 132, der Kreisverwaltung 220.
Belastung des Provinzialverbandes 137.
Belehrung der Parteien über einzulegende Rechtsmittel rc. 35, 49, 68, 496, 503, 510, der Zeugen über ihr Recht zur Verweigerung des Zeugnisses 44.
Berathung, Ausschließung betheiligter Mitglieder 64, 123, 127, 225.
Berechtigung zur Verwaltung des Schulzenamtes 174, 399.
Berggewerkschaften, Kreisabgabenpflicht 161, 162.
Bergwerke, Wassertriebwerksanlagen 308, Enteignungssachen 327.
Bergwerksbesitzer, Kreisabgabenpflicht 161; Einschätzung 162, Zugehörigkeit zu Wahlverbänden 200, 205, Verzeichniß 210, 349.
Berlin, selbständiger Verwaltungsbezirk 3, 107;
Behörden des Stadtkreises 21—24, Bestätigung des gewählten stellvertretenden Vorsitzenden des Stadtausschusses 19;
Aufsicht über die Verwaltung der Gemeindeangelegenheiten 21, 246;
Disciplinarverfahren über die Gemeindebeamten 24, 253;
Bezirksausschuß- und Provinzialrath 22;
kirchliche Verwaltung, landesherrliches Patronat und Schulwesen 23, direkte Steuerverwaltung 22, 24, s. a. Oberpräsident.
Berufung im Verwaltungsstreitverfahren 47 ff., an das Oberlandeskulturgericht 48, 176, 291, an das Bundesamt für Heimathwesen 48, im öffentlichen Interesse 47, 51, Frist 49, Verfahren 49.
Bescheid in Verwaltungssachen 26,

Rechtsmittel 35, im Verwaltungsstreitverfahren auf Zurückweisung der Klage 35, auf Klaglosstellung des Klägers 35.
Beschlüsse, endgültige 34, 36, 66, 67, 70, 184, 185, 187, 189, 190, 215, 220, 251, 262, 268, 269, 275, 287, 288, 305, 307, 329.
Beschlußbehörde 223.
Beschlußfähigkeit des Amtsausschusses 184, des Bezirksausschusses 17, 64, 65, der Gemeindebehörden 261, 262, des Kreis- (Stadt-) Ausschusses 20, 64, 65, 225, des Kreistages 217, des Provinzialausschusses 122, 123, des Provinziallandtags 115, des Provinzialraths 10, 64, 65.
Beschlußfassung auf Grund der Akten 66, durch das Kollegium 65.
Beschlußverfahren 26, 64 ff., Instanzenzug 25, örtliche Zuständigkeit für dasselbe 30, Vollstreckung 32, Ausschließung v. d. Berathung u. Abstimmung 64, Beschlußfähigkeit 64, 65, Rechtsmittel 66, 67, Theilnahme technischer Staats- oder Kommunalbeamten an der Berathung 66, Beschlußfassung 66, Beweiserhebung 67, Fristen 68, Einlegung der Beschwerde aus Gründen des öffentlichen Interesses 69, Kosten, Gebühren, Auslagen 69, 70, Anfechtung endgültiger Beschlüsse 70.
Beschwerde gegen Verfügungen der Verwaltungsbehörden 26, Frist 26, 27, aufschiebende Wirkung 28, des Amtsvorstehers 191;
im Beschlußverfahren: gegen Beschlüsse des Kreis- (Stadt-) Ausschusses 67, des Bezirksausschusses 67, des Provinzialraths 67, 250, Anbringung der B. 68, Gegenerklärung 68, Einlegung im öffentlichen Interesse 69, 250;
gegen polizeiliche Verfügungen 71, 342;
gegen die Zurückweisung unzulässigerweise angebrachter Rechtsmittel 73, gegen die Leitung des Verfahrens bei den Kreis- u. Bezirksausschüssen 61, gegen die Androhung 2c. von Zwangsmitteln 77;
welche der Beschlußfassung der Gemeindevertretung unterliegen 247, 257, 258 (s. a. Gemeindevertretung), desgl. dem Gemeindevorstand 251, 263 (s. a. Gemeindevorstand);
gleichzeitige Anbringung der B. und der Klage 73;
über die Provinzialverwaltung 136, Mitbenutzung der Kreisanstalten und Einrichtungen 164, desgl. der Amtsbezirke 194, Kreisabgaben 164, 165, Amtsabgaben 194, in Angelegenheiten der Amtsverbände 186, 195, gegen Statuten, betr. Vertretung im Amtsausschuß 181, gegen Verfügungen des Amtsvorstehers in nichtpolizeilichen Angelegenheiten 191, bei Ordnungsstrafen gegen Amtsvorsteher 192, desgl. gegen Kreisbeamte 223, desgl. gegen städtische und ländliche Gemeindebeamte 253, 264, in Gemeindeangelegenheiten 246, 250, 256, in Armenangelegenheiten 268, 269, 270, in Schulangelegenheiten 271 ff., in Deichangelegenheiten 302, in Jagdpolizeisachen 305, 306, in Baupolizeisachen 325, in Marktangelegenheiten 317, in Gewerbeangelegenheiten 309, in Ansiedelungssachen 326, in Enteignungssachen 327, gegen die Festsetzung der Entschädigung der Standesbeamten 329, desgl. der Zeugen- u. Sachverständigen-Gebühren 491, in Kostensachen 60, 61;
im Aufsichtswege 77, 78, 256;
Einlegung im Verwaltungsstreitverfahren 34, 50, 61, der Zeugen und Sachverständigen 41, 42;
gegen Vollstreckungs-Verfügungen des Vorsitzenden 32, im Verwaltungszwangsverfahren 32, 447;
Mitwirkung der Minister 330.
Beschwerdeschrift 69.
Besetzung des Gerichts, unvorschriftsmäßige 54.
Besoldungen der Gemeindebeamten 174, 261.
Bestätigung des gewählten Vorsitzenden der Stadtausschüsse 19;
der Gemeindevorsteher und Schöffen 169, anderer Gemeindebeamten 169, 248;
der Gutsvorsteher 173;
von Gemeindebeschlüssen und Statuten 250, 260;
von Beschlüssen des Provinziallandtages 137, 138, der Amtsverbände 185, des Kreistags 228, 229, von Sparkassenstatuten 275.
Bestimmungen, durch das Landesver-

waltungsgesetz nicht berührte 86, 87, aufgehobene 87.
Betheiligung, einer Kreiskorporation bei der Beschlußfassung des Kreis-(Stadt-)Ausschusses 31, als Partei vor diesem im Verwaltungsstreitverfahren 31;
— persönliche des Amtsvorstehers bei Erledigung von Amtsgeschäften 187.
Betten, gebrauchte, Untersagung des Handels mit denselben 312.
Bevölkerung, s. Civilbevölkerung u. Städte.
Bevollmächtigte Partei im Verwaltungsstreitverfahren 40, s. a. Vertreter.
Bevormundete Personen, Vertretung bei den Wahlen 204.
Bewässerungsanlagen 286, 289 ff.
Bewässerungsgenossenschaft 293.
Beweismittel im Verwaltungsstreitverfahren 36, 37, Beweiserhebung 41, 67.
Bezirksangehörige, wählbar in den Bezirksausschuß 15.
Bezirksausschuß 4, Zusammensetzung 15, 16, 23, Mitgliedschaft 15, 131, Beschlußfähigkeit 17, Verfahren 20 ff., 498, Befugnisse des Vorsitzenden 65, 499, zur Bescheidung auf die Klage im Verwaltungsstreitverfahren 35, zur Einlegung der Berufung aus Gründen des öffentlichen Interesses 48, desgl. der Revision 51 und Beschwerden 69, zur Bescheidung auf die Berufung im Einverständniß mit den ernannten Mitgliedern 49, Stellvertretung des Vorsitzenden 16, Vereidigung der Mitglieder 17, Disciplinargericht für dieselben 17, gewählte Mitglieder und deren Stellvertreter erhalten Tagegelder und Reisekosten 18, Geschäftskreis 498, Beurlaubung u. Ferien 499, Urschriften und Ausfertigungen der Entscheidungen 2c. 502, Zustellungen 503, Kosten und baare Auslagen 504, Geschäftsjahr 504, Jahresbericht 504, 505, Einnahmen und Ausgaben 18, Ausschließung der ständigen Mitglieder von dem Amte eines Schöffen 18, Beschäftigung derselben bei der Regierung und deren Abtheilungen 479;
Funktionirung als Verwaltungsgericht 6, tritt an die Stelle der Deputationen für das Heimathwesen 6, in den Hohenzollernschen Landen 18, für Berlin 22, Zuständigkeit 23, bestimmt die zuständige Behörde für das Verwaltungsstreitverfahren in Betreff von Grundstücken 31, beauftragt desgl. einen Kreis- oder Stadt-Ausschuß bei Betheiligung einer Kreiskorporation oder Stadtgemeinde 31, Theilnahme von technischen Staats- oder Kommunalbeamten an den Verhandlungen 66,
Aufsicht über dessen Geschäftsführung 24, Anfechtung endgültiger Beschlüsse desselben 70;
Zustimmungsrecht zu Polizeivorschriften 80—83, 346, zur Versagung der Genehmigung von Sparkassen 276, zur Nichtbestätigung von Gemeindebeamten 249, zur Anwendung der Vorschriften betr. Handarbeiter bei Bauten 324;
Aufsichtsrecht über die Verwaltung der städtischen Gemeindeangelegenheiten 246;
Bestätigung von Beschlüssen des Kreistags 229;
Feststellung von Statuten zur Regelung der Armenpflege 268;
Mitwirkung bei der Revision, endgiltigen Feststellung und Abänderung der Amtsbezirke 179, 245, desgl. bei der Vereinigung von Gemeinde- und Gutsbezirken mit Stadtbezirken bez. der Verwaltung der Polizei 179, 245, desgl. bezüglich der Ausscheidung von Landgemeinden u. Gutsbezirken aus dem Amtsbezirke 180, 245;
beschließt: über die Auseinandersetzung bei Veränderung von Kreisgrenzen 154, 244, ebenso bei Bildung von Stadtkreisen 155, 246, Festsetzung des Beitrags von Landgemeinden und Gutsbezirken zu den Kosten der städtischen Polizeiverwaltung 180, über die Mitgliederzahl der Gemeindevertretung und Ersatzwahlen zur Gemeindevertretung 248, über die Bestätigung der Statuten zur Regelung der Armenpflege 268, über Auflösung der Gesammtarmenverbände 268, bei Beschlußunfähigkeit der Gemeindebehörden 251, an Stelle der aufgelösten

Gemeindevertretung 251, über Zwangsvollstreckung gegen Stadtgemeinden 251, über die Giltigkeit von Gemeindebeamtenwahlen 249, über die Bestätigung von Ortsstatuten und Gemeindebeschlüssen 250, über Meinungsverschiedenheiten zwischen den Gemeindebehörden 251, über streitige Pensionsansprüche der Gemeindebeamten 254, in Jagdpolizeisachen 305, 306, Fischereipolizeisachen 302, Deichangelegenheiten 301, Gewerbliche Anlagen und Gewerbeausübung 308, 309, 310, Dispensationen in baupolizeilichen Bestimmungen 324, Enteignungssachen 327, 328, Entschädigung in Festungs-Rayonsachen 328, Defekte der Kreisbeamten 220, desgl. der Gemeindebeamten 251, in Be- u. Entwässerungs-Angelegenheiten 289, 293, 294, 296, 297, Konzessionen zur Errichtung von Vogelkojen 307, über die Genehmigung von Ortsstatuten betr. gewerbliche Angelegenheiten 316, über Angelegenheiten der Innungen 316, desgl. der Märkte 317, desgl. der öffentlichen Schlachthäuser 318, 319, desgl. der Kehrbezirke 319, über die Bildung von Einschätzungsbezirken für die Klassensteuer 330, in Hilfskassenangelegenheiten 323, über feuer- und baupolizeiliche Vorschriften 324, in Quartierleistungssachen 274;

entscheidet: über Ertheilung von Schankkonzessionen 310, über Zurücknahme der Erlaubniß und Untersagung des Gewerbebetriebes 315, über Zurücknahme des Wandergewerbescheines 315, über Ablösung von Gewerbeberechtigungen 319, über Schließung einer Innung oder Innungsausschusses 317, in Stadtschulangelegenheiten 271 ff., bei Zwangsetatisirung der Schulverbände 273, in Synagogengemeinde-Angelegenheiten 276, in Wegepolizeisachen 278, 279, in Fischereipolizeisachen 304, über Heranziehung zu Kreisabgaben u. Mitbenutzung der Kreiseinrichtungen und Anstalten 165, Zwangsetatisirung bei den Amtsverbänden 195, bei den Landgemeinden und Gutsbezirken 264, Berichtigung der Verzeichnisse der Wahlberechtigten zum Kreistage 210, 424, desgl. des Vertheilungsplanes 212, 430, Giltigkeit dieser Wahlen 212. 313, Mitgliedschaft beim Kreisausschuß 222, Beanstandung von Beschlüssen des Kreistags, der Kreiskommission und des Kreisausschusses 230, Auseinandersetzung bei Veränderung von Kreisgrenzen 244, Jagdpolizeisachen 306, Streitigkeiten der Armenverbände 267, Wasserpolizeisachen 285, Wasserlösungsangelegenheiten 292, Handelskammersachen 321, Schließung eingeschriebener Hilfskassen 323, Druckschriftenverbreitung 311, Versagung des Legitimationsscheines 311, 314;

Beschwerde-Instanz gegen Beschlüsse des Kreis- (Stadt-) Ausschusses 60, 67, bei statutarischer Regelung der Vertretung im Amtsausschuß 181, gegen Ordnungsstrafen des Amtsvorstehers 192, in Armenangelegenheiten 268, 270, in Jagdpolizeisachen 305, in Standesbeamten-Angelegenheiten 339, in Einquartierungsangelegenheiten 275, im Verwaltungsstreitverfahren 61, in Kostensachen 60;

Berufungs-Instanz im Verwaltungsstreitverfahren 47;

Disciplinarbehörde, I. Instanz gegen Gemeindebeamte 253, gegen Mitglieder des Kreis-(Stadt-)Ausschusses 20;

Zuständigkeit für den Stadtkreis Berlin 332.

Bezirksbehörden 10.

Bezirksregierung 10, Befugnisse 448, in Deichsachen 302, bezüglich der örtlichen Polizei-Verwaltung 344 bis 346.

Bibliotheken, Zuschüsse 406.

Bischöfliche Vermögensverwaltung, Androhung von Zwangsmitteln 78.

Blinde, Fürsorge für dieselben 140.

Blindenanstalten, Reglements 138, Fonds 406.

Börsen 320.

Bracker, Zurücknahme der Bestallung 313.

Brandenburg, Ausscheiden der Stadt Berlin 3, Ansiedelungen 326.

Braunkohlentheer-Bereitungsanstalten 307.

Bromberg, Generalkommission 10.
Brücken, frei von Kreisabgaben 350.
Brunnen, frei von Kreisabgaben 350.
Bücher, nicht pfändbare 457.
Büreaubeamte der kommunalen Provinzialverwaltung 128.
Bürger-Ausschuß 255, 256, 267.
Bürgereid 247.
Bürgergewinngelder 247.
Bürgerklasse 247.
Bürgermeister 255, Vorsitzender des Stadtausschusses 19, der Wahlversammlung für die Kreistagswahlen 207, Vertreter des Amtsvorstehers 187, 188, Beanstandung von Beschlüssen der Gemeindevertretung oder des kollegialischen Gemeindevorstandes 249, Disciplinarverfahren 253, örtliche Polizeiverwaltung 344, B. i. d. Rheinprovinz s. Gemeindevorsteher.
Bürgerrecht, Bedingung für die Wählbarkeit als Wahlmann 208, 247.
Bürgschaft, Uebernahme durch Kreisverband 229, durch Provinzialverband 118, 137.
Bundesamt für Heimathwesen 48.
Bundesangehörigkeit, Erwerb und Verlust 329.
Bundesrathsmitglied, Vernehmung als Zeuge 43.

C.

Cassel, Wegepolizei 282, 283.
Centralverwaltungsbehörden, deren Befugniß zur Erhebung des Kompetenz-Konfliktes im Verwaltungsstreitverfahren 63.
Chausseebauten-Projekte, technische Prüfung 472.
Chausseen 277, Streitigkeiten 278, Bauausführung 406, 471, Bauten in den Provinzen Preußen 433, Uebertragung der Verwaltung und Unterhaltung auf die Provinzialverbände 412 ff.
Civilbevölkerung, 110, 198, 332, 357.
Coblenz, Regierungs-Abtheilung für Kirchen- und Schulwesen 12.
Cöln, desgl. 12.

D.

Dachfilzfabrik, Anlage 307.
Dachpappenfabrik, Anlage 307.
Dampfkesselanlage, 308.
Danzig, Regierungs-Abtheilung des Innern 13, desgl. für Kirchen- und Schulwesen 12.
Darmsaitenfabrik, Anlage 307.
Darmzubereitungsanstalt, Anlage 307.
Dechargirung, s. Rechnungen.
Defekte bei den Amtsverbänden 185, Kreisbeamten 220, Landgemeinden 262.
Dégrasfabriken 308.
Deichangelegenheiten 301.
Deichanlagen sind von Kreisabgaben befreit 349.
Deichverband 285, 302.
Denkmäler, deren Unterhaltung 406.
Deputationen für Heimathswesen, an deren Stelle treten Bezirksausschüsse 6.
Diäten der Kreisdeputirten 197, Kreiskommissions-Mitglieder 227, der Mitglieder des Bezirksausschusses 18, Kreistagsabgeordnete beziehen keine 213.
Dienstabzeichen der Amtsvorsteher 187.
Dienstanbietungsgewerbe, Untersagung 312.
Dienstaufwandsgelder, nicht pfändbar 464.
Diensteinkommen, Grenze der Pfändbarkeit 464.
— der Staatsbeamten; Besteuerung 163, 164.
Dienstemolumente, Befreiung von den Gemeindelasten 164.
Dienstgrundstücke der Geistlichen, Kirchendiener u. Elementarlehrer sind von Kreisabgaben befreit 163.
Dienstlohn, Pfändung 464.
Dienstunkosten-Entschädigung, siehe Amtsunkosten.
Dienstvergehen, s. Disciplinarverfahren.
Disciplinargericht 9.
Disciplinarverfahren 86, 87, gegen: Mitglieder des Bezirksausschusses 17, Kreis- (Stadt-) Ausschusses 20, 222, Oberverwaltungsgerichts 94, 96, Provinzialausschusses 122, Provinzialraths 9, Amtsvorsteher 192, 264, Gemeindevorsteher, Schöffen, Gutsvorsteher, Mitglieder des Gemeindevorstandes und sonstige Gemeindebeamte 264, Gemeindebeamte in Berlin 253, Bürgermeister, Beigeordnete, Magistratsmitglieder und sonstige Gemeindebeamte 253 ff., Kreisbeamten 223, Provinzialbeamten 129, 130, Landes-

direktor und Provinzialbeamte 129; gegen Mitglieder der Gemeindevertretung findet dasselbe nicht statt 254.
Zuständigkeit der Direktion für die Verwaltung der direkten Steuern in Berlin 24.
Dismembrationssachen 325.
Distrikts-Kommissar in Posen 345.
Dolmetscher im Verwaltungsstreitverfahren 37, Entschädigung 491.
Domänenpächter vertreten den Staat bei der Wahl der Kreistagsabgeordneten 203.
Domänenverwaltung 11, mit kollegialischer Behandlung 4.
Doppelbesteuerung bei den Kreisabgaben 162.
Dorfeinwohner, nicht angesessene, deren Stimmrecht 392.
Dorfgemeinden 261.
Dorfgerichtsschreiber 391, 392.
Dorfgeschworene (Schöffen) 167.
Dorfrichter (Gemeindevorsteher) 167.
Dotation der Provinzial- und Kreisverbände 117, 194, 380 ff., 382 ff., 404 ff., 422 ff.
Drämmen, Untersagung des Handels mit denselben 312.
Druckschriften, öffentliche, deren Verbreitung 311.
Duplikate der Schriftstücke im Verwaltungsstreitverfahren 36, 37.

E.

Ehefrauen, Vertretung bei den Wahlen 204; Ausschließung der Gerichtspersonen in Sachen ihrer E. 33.
Ehegatte einer Partei, Zeugnißverweigerung 44.
Ehrenrechte, bürgerliche, Verlust derselben ist Hinderniß zur Wählbarkeit 110, 111, 112, 174, 181, 203, 204, 221.
Ehrenzeichen, nicht pfändbar 457.
Eidesform für die Vereidigung der Gemeindevorsteher und Schöffen 169, desgl. der Amtsvorsteher 186.
Einberufung des Provinziallandtages 114.
Einführung neuer Gemeindesteuern 250.
Eingaben des Kreistages 219.
Einkommensteuer, s. Staatssteuer.
Einnahmen des Bezirksausschusses 18, des Kreisausschusses 226, aus Geldbußen und Konfiskaten der Amtsvorsteher 195.
Einquartierungsangelegenheiten 274.
Einrichtung von Kehrbezirken der Schornsteinfeger 319, der Amtsgefängnisse 383.
Einrichtungen der Provinzialverbände 108, 109, der Kreise 156, 164, 166, der Amtsbezirke 194.
Einschätzungsbezirke für die Klassensteuer 330.
Einsetzung von Provinzialkommissionen 130.
Einspruch auf mündliche Verhandlung im Verwaltungsstreitverfahren 35, mündlicher, dessen Rechtsgiltigkeit 258, gegen: das Verfahren bei Wahl der Abgeordneten zum Provinziallandtag 113, desgl. zum Provinzialausschuß 119, Amtsausschuß 182, Kreisausschuß und Kreiskommission 215, Kreistag 212, die Wahl der Gemeindebeamten 258;
gegen Anordnungen der Wegepolizeibehörde 277;
gegen Kreisabgaben 164, 165, Amtsabgaben 144, über Mitbenutzung der Kreiseinrichtungen und Anstalten 164, desgl. der Amtsbezirke 194;
ferner gegen Vertheilung der Jagdnutzung 306, das Verzeichniß der hochbesteuerten Ortsbürger 248, die Höhe von Gemeindezuschlägen zu den direkten Staatssteuern 252, 263, 270, die Richtigkeit der Wählerliste 258, die Gültigkeit der Wahlen 258, in Armenangelegenheiten 269, in Schulangelegenheiten 271 ff., in Wasserpolizeiangelegenheiten 284, Einsprüche, über welche die Gemeindevertretung beschließt 247, 257, 258 (s. a. Gemeindevertretung), desgl. der Gemeindevorstand 251, 263 (s. a. Gemeindevorstand).
Einstellung von Vollstreckungsmaßregeln 454, 455.
Einwohnerzahl, Berechnungsart 332, s. a. Civilbevölkerung und Städte.
Einziehung im Verwaltungszwangsverfahren 448 ff., von Kosten in streitigen Verwaltungssachen 483.
Eisenbahnen, Uebertretung der Vorschriften des E.-Reglements 78, beim Bau derselben beschäftigte Arbeiter 324, Befugnisse des Ministers der öffentl. Arbeiten 331.

Eisenbahngesellschaften, Heranziehung zu den Kreisabgaben 161.
Elementarschullehrer können nicht Mitglieder des Kreisausschusses sein 221, ihre Dienstgrundstücke sind von Kreisabgaben befreit 350, Regulirung ihres Diensteinkommens 270.
Eltern, Stellvertretung bei Wahlen 204.
Endgültige Beschlüsse 34, 36, 66, 67, 70, 184, 185, 187, 189, 190, 215, 220, 251, 262, 268, 269, 275, 287, 288, 305, 307, 329;
— Anfechtung von Beschlüssen 70;
— Entscheidungen 72, 289, 310.
Endurtheile in Verwaltungsstreitsachen 29, 290, 311, 321.
Entbindungsanstalten, Konzession 310, deren Zurücknahme 313.
Enteignungssachen 327.
Entfernung aus dem Amte, s. Disciplinarverfahren.
Entlassung der Provinzialbeamten 128, 138.
Entlassungsurkunden für Staatsangehörige 329.
Entschädigung der Gemeindevorsteher 169, 170, 174, der Mitglieder des Kreisausschusses 226, desgl. des Provinziallandtags, -Ausschusses und -Kommission 131, s. a. Amtsunkosten;
— bei Bewässerungsanlagen 290.
Entscheidung von Meinungsverschiedenheiten zwischen dem Gemeindevorstande und der Gemeindevertretung 250, 251;
in streitigen Verwaltungssachen 46, 47, 51, 52, 57, 252;
Verkündigung 495, 501, 509, Ausfertigung 496, 502, 510, Vollstreckung 32;
über den Kostenpunkt 504, 512.
Entschuldigungsgründe zur Ablehnung oder Niederlegung unbesoldeter Aemter im Kreise 156, 168.
Entwässerungsanlagen 286, 288, 289.
Entwässerungsgenossenschaft 293.
Entwässerungsplan, dessen Abänderung 288.
Erdöl-Destillationsanstalten 307.
Erfurt, Regierungs-Abtheilung für Kirchen- und Schulwesen 12.
Ergänzung von Bestimmungen der Provinzialordnung 103, 104, der Verzeichnisse der Wahlberechtigten zum Kreistage 210, der bestehenden Ortsverfassung 260.
Ergänzungswahlen der Kreistagsabgeordneten 209, 211, s. a. Wahlen.
Erlaß von Statuten und Reglements 117, 137, 138.
Ernennung der Mitglieder des Oberverwaltungsgerichts 94, der Kreisbeamten 223, des Untersuchungskommissars und des Vertreters der Staatsanwaltschaft im Disciplinarverfahren gegen Gemeindebeamte 253, 254.
Ernennungsurkunde für Amtsvorsteher 387.
Errichtung von Wasserbetriebswerken 284, von gewerblichen Anlagen 307.
Ersatz der Defekte der Gemeindebeamten 251.
Ersatzwahlen der Kreistagsabgeordneten 209, 210, 213, des Kreisausschusses 222, der Gemeindevertretung 248, 261, des Gemeindevorstandes 248, 261, s. Wahlen.
Erstattung der Kosten und baaren Auslagen im Verwaltungsstreitverfahren 59, 60, 63, 504, 512, baarer Auslagen an die Schöffen 170.
Erziehungsgelder, nicht pfändbar 464, deren Befreiung von den Gemeindelasten 164.
Etat, s. Haushaltsetat, Zwangsetatisirung und Stadtetat.
Etatsüberschreitung 132.
Evangelische Landeskirche 11.
Execution, s. Zwangsvollstreckung.
Executivbefugniß der Verwaltungsbehörden ꝛc. 76, 396, der Polizeibehörden 347.
Executivische Einziehung von Kosten in Entwässerungssachen 289.

F.

Fabrikanlage für Dampfkessel 308.
Fabrikarbeiter, nicht pfändbare Sachen 456.
Faustpfandrecht 447.
Feilhaltung von Sprengstoffen ꝛc. 79.
Feldmesser, Zurücknahme der Bestallung 313.
Feldpolizei 188, 243.
Ferien des Bezirksausschusses 499, Kreis- (Stadt-) Ausschusses 507, Oberverwaltungsgerichts 439.
Festnahme, vorläufige, durch Gemeindevorsteher 171.
Festsetzung der Besoldungen ꝛc. der

Gemeindebeamten 251, der Amtsunkostenentschädigung der Amtsvorsteher 193, 386, der Gebühren der Zeugen und Sachverständigen 491, der Kosten und baaren Auslagen im Verwaltungsstreitverfahren 504.
Feststellung des Provinzialhaushaltetats 131, 132, des Kreisabgabensolls 159, des Kreisabgaben-Vertheilungs-Maaßstabes 159, 214, des Kreishaushaltetats 214, 219, der Defekte der Gemeindebeamten 251, der Defekte bei Kassen und anderen Verwaltungen der Landgemeinden 262, der Statuten zur Regelung der Armenpflege 268, der Zahl der Mitglieder des Kreistages 358, 360, 363.
Feuerlöschwesen 322.
Feuerpolizei 188.
Feuerspritzen, Anschaffung u. Unterhaltung 322.
Feuerwerk, Aufbewahrung und Beförderung 79.
Finanzminister, Bestätigung von Beschlüssen des Provinziallandtags 137, des Kreistags 229, Aufstellung des Kostentarifs 58;
Beschwerde-Instanz gegen Beschlüsse des Provinzialraths 250, des Bezirksausschusses 260;
Zustimmung bei Einführung von neuen oder Veränderung von Gemeindesteuern 250, 260.
Firnißsiederei-Anlagen 307.
Fischerei, Befugnisse der Beamten und Organe zur Beaufsichtigung der F. 77.
Fischereigenossenschaft 303, 304.
Fischereipolizei 188, 302–304.
Fischpässe 303.
Fiskus, Heranziehung zu den Kreisabgaben 161, 351, 403.
Flachsröten 303.
Fluthschleusen 299.
Fonds des Provinzialverbandes, deren Verwaltung 117, einzelner Kreistheile, Verfügung darüber 215.
Forderungen, Zwangsvollstreckung in solche 460, Eintragung in die Grund- und Hypothekenbücher 463, 466.
Forensen, Kreisabgabenpflicht 158, 160, Einschätzung 162.
Form der Kreistagsbeschlüsse 219, 469.
Forstpolizei 188.
Forstverwaltung 11, mit kollegialischer Behandlung 4.
Fortbildungsschulen, gewerbliche, deren Einrichtung 316.
Fourage-Vertheilung 274.
Fragerecht im Verwaltungsstreitverfahren 39.
Frist für die Beschwerde gegen Beschlüsse der Verwaltungsbehörden, die Klage bezw. den Antrag auf mündliche Verhandlung im Verwaltungsstreitverfahren 26, Berechnung 27, 28, Wiedereinsetzung bei Versäumniß 27, 62, Versäumniß bei Beschwerden 68;
Nichtanrechnung der Zwischenfrist bei unrichtigem Instanzengang 74;
— im Verwaltungsstreitverfahren ist präklusivisch 27, Berechnung 27, 28;
— vor Festsetzung der Amtsbezirke 179;
— von 6 Monat 231, von 3 Monat 139, von 2 Monat 164, 194, von 1 Monat 55, von 4 Wochen 210, 212, 110, 135, 279, 317, 424, von 21 Tagen 275, von 10 Tagen 424, von 3 Tagen 449.
Früchte, deren Pfändung 456, Versteigerung 458.
Funktionen, öffentliche, deren Ausübung im Kreise 391.

G.

Garnabfälle, Untersagung des Handels mit denselben 312.
Gasbereitungs- und Bewahrungsanstalten 307.
Gastwirthschaftsbetrieb 309, Konzessionszurücknahme 312.
Gebäude, welche von Kreisabgaben befreit sind 163, 350.
Gebäudesteuer, s. Staatssteuer.
Gebühren, s. a. Kosten;
der Rechtsanwälte im Verwaltungsstreitverfahren 57;
der Zeugen und Sachverständigen in den vor die ordentlichen Gerichte gehörigen Rechtssachen 489 ff., im Verwaltungsstreitverfahren 57, 482, im Beschlußverfahren 69, 482, der Sachverständigen im Verwaltungszwangsverfahren 467;
der Vollziehungsbeamten im Verwaltungszwangsverfahren 466 ff.
Gefälle, welche der Beitreibung im Verwaltungszwangsverfahren unterliegen 447.
Gegenerklärung auf die Klage im Verwaltungsstreitverfahren 36, auf

die Berufungsschrift 49, bei Beschwerden 68.
Geisteskranke, Fürsorge für solche 140.
Geistliche können nicht Mitglieder des Kreis-Ausschusses sein 221;
ihr Einkommen und Dienstgrundstücke sind frei von Kreisabgaben 163, 164, 350;
der Pfändung nicht unterworfene Sachen derselben 456;
Zeugnißverweigerung derselben 44.
Geldbeträge, Bezeichnung in der Kreisordnung 150;
Beitreibung im Verwaltungszwangsverfahren 446 ff.;
Empfangnahme durch Vollziehungsbeamte 454.
Geldstrafe, Androhung u. Festsetzung 75—80, 346, 347;
vorläufige Festsetzung durch Amtsvorsteher 190, 195;
bei Ungehorsam der Zeugen u. Sachverständigen 42, bei deren Ausbleiben 43;
gegen Amtsvorsteher 192 fließen zur Kreiskommunalkasse 192.
Gemeinden, s. a. Landgemeinde;
selbständige Amtsbezirke 178, 195;
können Kommunalangelegenheiten den Amtsbezirken zur Verwaltung überweisen 183, Vertretung derselben im Amtsausschuß 181, Stellung zu den Gutsbezirken 391, wählen Ortssteuererheber 391, 392, Gemeinde- u. Dorfgerichtsschreiber 392.
Gemeindeabgaben 250, 260, Erhöhung bei Ablehnung des Gemeindevorsteher- und Schöffenamtes 168.
Gemeindeanstalten, öffentliche, deren Mitbenutzung 251.
Gemeindeausschuß 255, 266, 267.
Gemeindebeamte 169, Wahl 248, Besoldung und Remuneration 174, 261, Dienstvergehen 253, 264, Pensionsansprüche 264, 265, s. a. Gemeindevorsteher, Schöffen u. Gutsvorsteher.
Gemeindebehörden, Inanspruchnahme ihrer Thätigkeit durch den Landesdirektor 127, Beschlußunfähigkeit 251, 262, Ertheilung gewerblicher Konzessionen 310, in Marktangelegenheiten 318.
Gemeindebeschlüsse, deren Bestätigung 250, 260, Beanstandung 259.
Gemeindebezirke, deren Vereinigung mit Stadtbezirken bez. der Verwaltung der Polizei 179, 245.
Gemeindebezirks-Grenzen 107, 154, 179, 256.
Gemeindebürgerrecht 257.
Gemeindedienste 250, 260.
Gemeindegerechtigkeit, Veräußerung 229.
Gemeindegrundstücke, Veräußerung und Belastung 118, 218, 229.
Gemeindelasten, Streitigkeiten darüber 251, 263, Befreiungen von denselben 164.
Gemeindemitgliedschaft 257.
Gemeindenutzungen, Streitigkeiten darüber 251, 263.
Gemeindeordnung, kurhessische 248.
Gemeindepolizeibehörde, Ertheilung gewerblicher Konzessionen 309, s. a. Ortspolizeibehörden.
Gemeinderath 255, 256, 266, 267.
Gemeindeschreiber 391, Wahl u. Bestätigung 392, Amtsdauer 393.
Gemeindeschulden, Aufnahme solcher 229.
Gemeindesparkassen 275.
Gemeindestatuten 260.
Gemeindesteuern, Neueinführung bezw. Veränderung 250, 260.
Gemeindevermögen, Theilnahme an den Erträgen 251.
Gemeindeversammlung 168, 181, wählt die Wahlmänner der Landgemeinden 206, Stimmrecht in derselben 257, 258.
Gemeindevertretung, Feststellung der Mitgliederzahl 248, 261, wählt Mitglieder des Stadtausschusses 19, die Gemeindevorsteher und Schöffen 168, beschließt bei Ablehnung dieser Aemter 168, setzt die Entschädigung der Standesbeamten fest 329, nimmt in Amtsbezirken, bestehend aus einer Gemeinde, die Geschäfte des Amtsausschusses wahr 181, gegen Mitglieder derselben findet ein Disciplinarverfahren nicht statt 264;
Stimmrecht 257, 260, Zustimmungsrecht zu Polizeiverordnungen über Landwirthschaftsangelegenheiten 346, Befugnisse der G. der Stadtgemeinden 247, der Landgemeinden und selbständigen Gutsbezirke 206, 258.
Gemeindeverwaltung 247.
Gemeindevorsteher (-vorstand), Amt 167 ff., 391, Wahl 168, 392, Bestätigung und Vereidigung 169,

Rechte und Pflichten 170, 171, Dienstvergehen 264, steht an der Spitze der Gemeindeverwaltung 167, vertritt die Gemeinde im Amtsausschuß 181, ist in Amtsbezirken, bestehend aus nur einer Gemeinde, zugleich Amtsvorsteher 186, 388, Vermehrung der Mitgliederzahl 261, Dienstvergehen der Mitglieder 264, Besoldungen rc. 261, Dienstunkosten-Entschädigung 169, 170, Befugniß zur Klage gegen Beschlüsse der Gemeindevertretung 248, 259, Beanstandung von Beschlüssen 249, 259;
Zwangsmittel zur Durchsetzung seiner Anordnungen 75 ff., 396;
Zustimmungsrecht zu Polizeivorschriften 82, 345;
dienstliche Stellung zum Amtsvorsteher 190;
vertritt ohne Vollmacht die Gemeinde im Verwaltungsstreitverfahren 40, Befugnisse in Quartierleistungssachen 275, Entschädigung bei Bewässerungsanlagen 291, ist Hülfsbeamter der Staatsanwaltschaft 171, Befugnisse des G. der Stadtgemeinden 251, der Landgemeinden 263.
Gemeindewählerliste 247, 248, 258.
Gemeindewahlen 258.
Gemeindewaldungen 250, 260.
Gemeindewegebau, Verwendung der Dotation 406.
Gemeindezuschläge zu den direkten Staatssteuern 252, 263.
Gendarmen, dienstliche Stellung zum Amtsvorsteher 190, 191.
Genehmigung von Kreistagsbeschlüssen 228, 229, von Ortsstatuten und Gemeindebeschlüssen 250, 260, 316, von Sparkassen 275, von gewerblichen Anlagen 307, von Innungsstatuten 316.
Generalkommission 10, 13, für Prov. Brandenburg, auch für den Stadtkreis Berlin 21, Streitigkeiten zwischen Gemeinden und Schulzengutsbesitzern 176.
Genossenschaft, eingetragene, Kreisabgabenpflicht 162.
Gerberei-Anlage 308.
Gerechtigkeiten der Schulzengüter 175.
Gerichtsgeschworene (Schöffen) 167.
Gerichtsmänner (Schöffen) 167.
Gerichtspersonen im Verwaltungsstreitverfahren, Ablehnung und Ausschließung 32, 33, 34.
Gerichtsvollzieher, deren Rechte und Pflichten 452, Gebührenordnung 467;
demselben kann die Zwangsvollstreckung im Verwaltungszwangsverfahren übertragen werden 448.
Gesammtarmenverbände 268, 270.
Geschäfte der allgemeinen Landesverwaltung, deren Erledigung 4, Verfahren 26 ff., des Kreistags 213 ff.
Geschäftsbericht des Bezirksausschusses 505, Kreis-(Stadt-)Ausschusses 512, des Oberverwaltungsgerichts 441, der Provinzialräthe 497.
Geschäftsgang bei den Verwaltungsbehörden 30, bei dem Oberverwaltungsgerichte 98, bei dem Provinziallandtage 116, bei den Provinzialräthen 492 ff.
Geschäftsjahr bei den Verwaltungsgerichten 441, 497, 504, 512.
Geschäftsordnung (Regulativ) des Bezirksausschusses 498, des Kreistags 219, des Kreis- (Stadt-) Ausschusses 226, 505 ff., des Oberverwaltungsgerichts 434 ff., des Provinzialausschusses 122, 124, Provinziallandtags 116 ff., der Provinzialräthe 492 ff.
Geschäftsrevision durch die Aufsichtsbehörden 24, 136, 230.
Geschäftssprache im Verwaltungsstreitverfahren 37.
Geschworenenlisten 243.
Gesetz, durch solches erfolgt die Veränderung der Provinzgrenzen 107, desgl. der Kreisgrenzen 154, Ueberweisung von Gegenständen zur Beschlußfassung des Kreistags 213.
Gesetzmäßigkeit polizeilicher Verfügungen 72.
Gesindepolizei 188.
Gesindevermiethungs-Gewerbe, Untersagung desselben 312.
Gesundheitspolizei 188.
Gewalt, obrigkeitliche, der staatlichen Behörden 76.
Gewerbeausübung 307.
Gewerbeberechtigungen, deren Ablösung 319.
Gewerbebetrieb im Umherziehen, Legitimationsschein 311.
Gewerbeordnung, im Landesverwaltungsgesetz nicht berührte Bestimmungen 70.
Gewerbepolizei 188, 307.

Gewerbesteuer, s. Staatssteuer.
Gewerbetreibende. Zugehörigkeit zu Wahlverbänden 200, 205, Verzeichniß 210, Kreisabgabenpflicht 161.
Gewerbliche Anlagen 307, Benutzung 309.
Gewerbliche Konzession 309, Legitimationsschein 311, Zurücknahme desselben 312.
Gifte, Handel damit 309, Untersagung 312.
Giftwaaren, Aufbewahrung und Beförderung 79.
Glashüttenanlagen 307.
Gliederung der Kreise 390, 391.
Gnadengehalt ist nicht pfändbar 464.
Goldsachen, gepfändete, deren Versteigerung 458.
Gräben, Räumung 284.
Grenzstreitigkeiten 246.
Grundbesitzer, ländliche, Wahlverband 199 ff., Verzeichniß 210, 349, Kreisabgabenpflicht 161.
Grundsteuer, s. Staatssteuer.
Grundstück, bestimmen die örtliche Zuständigkeit der Verwaltungsbehörden 30, der Provinzialverbände, deren Veräußerung 118, desgl. der Amtsverbände 185, der Kreise 229.
— welche von Kreisabgaben befreit sind 163, 164, 350.
Sequestration u. Wiederverpachtung im Verwaltungszwangsverfahren 465.
Grundvermögen des Provinzialverbandes, Verwendung der Einnahmen aus demselben 117, der Kreise 214, 218.
Gültigkeit der Kreistagsbeschlüsse 219.
Güter, selbstständige 357.
Güterbestätiger, Zurücknahme der Bestallung 313.
Güterkonsolidation 13.
Gumbinnen, Regierungsabtheilung des Innern 13.
Gutachten, Hinderniß der Theilnahme an der Berathung u. Abstimmung 64, 123, 225;
des Kreisausschusses 223, Kreistags 215, Provinzialausschusses 125, Provinziallandtags 116.
Gutsbezirk 171, selbständiger Amtsbezirk 178, 186, 195, kann Kommunalangelegenheiten den Amtsbezirken überweisen 183, deren Vereinigung mit Stadtbezirken bezw. der Verwaltung der Polizei 179, 245, Vertretung derselben im Amtsausschuß 181, deren Ausscheiden aus dem Amtsbezirke 180, 245, Zwangsetatisirung 263, Stellung zu den Gemeinden 391, Ortsverwaltung 391.
Gutsbezirksgrenzen 107, 154, 179, 256.
Gutsherren, Beiträge zur Remuneration der Gemeindevorsteher 170.
Gutsherrliche Polizeiverwaltung ist aufgehoben 177.
Gutsvorsteher 157, 167, 172, Stellvertretung 172, 173, 397, Bestätigung und Vereidigung 173, Wahrnehmung der Geschäfte durch Gemeindevorsteher 170, 172, Stellung zum Amtsvorsteher 190, Dienstvergehen 264, ist Hülfsbeamter der Staatsanwaltschaft 171, ist in Amtsbezirken, bestehend aus nur einem Gutsbezirke, zugleich Amtsvorsteher 186, Zuständigkeit in Armensachen 270.
Gypsöfenanlagen 307.

H.

Häfen, frei von Kreisabgaben 350.
Hafenpolizei 78, 80, 188, 300.
Haft an Stelle der Geldstrafe bei Durchsetzung obrigkeitlicher Anordnungen 76, 77, bei Zeugniß- oder Eidesleistungs-Weigerung 46, gerichtliche, hemmt Wählbarkeit und Wahlrecht 112, 203.
Hammerwerks-Anlage 307.
Handarbeiter, s. Arbeiter.
Handel mit Giften 309, Zurücknahme der Konzession 312, s. a. Kleinhandel.
Handelsgesellschaften, Kreisabgabenpflicht 160, 161.
Handelskammer-Angelegenheiten 320.
Handelsmakler, Zurücknahme der Konzession 313.
Handlungen, deren Erzwingung 75.
Handwerker, nicht pfändbare Sachen 456.
Hanfröten, Verbot 303.
Hannover, Provinz, Verwaltungseintheilung 4, Behörden 14;
Inkrafttreten des Landesverwaltungsgesetzes 86;
Chausseebaugesetz 415, Wegepolizei 281, 283, 284, Be-, Entwässerungs- und Stau-Anlagen 293, 294, Erhöhung der Renten des Provinzial-

verbandes zu Wohlthätigkeitszwecken 411.
Haushalts-Etat der Amtsverbände 195, Kreise 214, 219, 220, Provinzialverbände 118, 131, 136, der Stadtgemeinden 252.
Hebeammen, Zurücknahme der Prüfungszeugnisse 313, nicht pfändbare Sachen 456;
Zuschüsse zu Beihülfen und Prämien 409.
Hebeammenlehrinstitute, Reglements 138, Uebertragung der Verwaltung an die Provinzialverbände 409.
Hebungen aus Kranken-Hülfs-Sterbekassen und Knappschaftskassen sind nicht pfändbar 464.
Heimathswesen, Bundesamt 48, Deputationen für H., an deren Stelle treten die Bezirksausschüsse 6, Kosten 407.
Herausgabe körperlicher Sachen im Verwaltungszwangsverfahren 462.
Hessen-Nassau, Inkrafttreten des Landesverwaltungsgesetzes 86.
Hinterlegung eines Kostenvorschusses 42, des Erlöses mehrfach gepfändeter Sachen 459, desgl. Forderungen 465.
Hohenzollernsche Lande, Verwaltungsorganisation 5, Bezirksausschuß 18, Kosten der Landeskommunalverwaltung 407, Aufsicht über die Verwaltung der Gemeindeangelegenheiten 246, Disciplinarverfahren gegen Bürgermeister, Beigeordnete, Magistratsmitglieder und sonstige Gemeindebeamte 253.
Anlegung und Unterhaltung der Staatsstraßen 414, s. a. Sigmaringen.
Holstein, Instandsetzung und Unterhaltung der Nebenlandstraßen 414;
Stau-, Ent- und Bewässerungs-Anlagen 292, 293.
Holzimprägnirungsanstalten 308.
Holzungen 223, vorgeschriebene Fristen 26.
Hopfenschwefeldarren 307.
Hospitäler, Uebertragung der Verwaltung an Provinzialverbände 407.
Hülfsarbeiter 12, s. a. Beamte.
Hülfsbeamte der Staatsanwaltschaft 171, 189.
Hülfskassen der Provinzen 138, eingeschriebene 323.
Hülfskassenfonds, Uebereignung an die Provinzialverbände 408.
Hypothekarische Eintragung von Forderungen 465, 466.

J.

Jagdbezirke, Bildung derselben 305, 306.
Jagdnutzung, gemeinschaftliche, Vertheilung der Erträge 306.
Jagdpächter, Ausländer 305.
Jagdpolizei 304—307.
Jahresbericht, s. Geschäftsbericht.
Jahresrechnung, s. Rechnung.
Jahresrenten des Provinzialverbandes, deren Verwendung 117, zur Dotirung der Provinzial- und Kreisverbände 422.
Idioten, Fürsorge für dieselben 140.
Idiotenanstalten, Reglements 138, Fonds 406.
Immobiliarrechte der Provinzialverbände, deren Veräußerung 118, desgl. der Amtsverbände 185, der Kreise 229.
Inhalt der Kreistagsbeschlüsse 219, 469.
Inkrafttreten des Landesverwaltungsgesetzes 85, bez. der Provinzen Posen, Schleswig-Holstein, Hannover, Hessen-Nassau, Westfalen und der Rheinprovinz 86, der Provinzialordnung 139.
Innungen, Statuten und Auflösung 316, Streitigkeiten 317.
Instanzenzug 25, 34, 42.
Invaliden-Pensions- und Unterstützungsangelegenheiten in Berlin 22;
— der Unteroffiziere und Soldaten nicht pfändbar 464.
Irrenanstalten, Reglements 138, Konzession 310, Zurücknahme 313, Fonds 406, Uebertragung der Verwaltung auf Provinzialverbände 407.
Juden-Synagogenangelegenheiten 276.
Juristische Personen, Einschätzung 162, Kreisabgabenpflicht 158, 160, — als Gutsvorsteher 172, Zugehörigkeit zu Wahlverbänden 199, 200, Vertretung bei Wahlen 203.

K.

Kalköfen-Anlagen 307.
Kanäle, schiffbare, frei von Kreisabgaben 356.

Kanalbauten, dabei beschäftigte Arbeiter 324.
Kapitalvermögen des Provinzialverbandes, dessen Verwendung 117, des Kreises 214, 218.
Kasernen, Zwangsvollstreckung in denselben 449.
Kassenbeamte der kommunalen Provinzialverwaltung 128.
Kassenrevision durch die Aufsichtsbehörden 136, 191, 230.
Kassenwesen der Provinzialverbände 118.
Kaufmännische Korporationen 320.
Kehrbezirke der Schornsteinfeger 319.
Kinder, Vertretung bei den Wahlen 204.
Kirchendiener können nicht Mitglieder des Kreisausschusses sein 221;
ihre Dienstgebäude frei von Kreisabgaben 350.
Kirchensachen 11, 12, mit kollegialischer Behandlung 4, in Hannover 14, für Berlin 23.
Kirchhöfe, frei von Kreisabgaben 350.
Kirchspielverbände, Beachtung bei Bildung der Amtsbezirke 179.
Klage im Verwaltungsstreitverfahren schließt die Beschwerde aus 26, Frist 26, 27, aufschiebende Wirkung 28, Einreichung und Inhalt 35, Zurückweisung durch Bescheid 35, Bescheid auf Klaglosstellung des Klägers 35, Berichtigung und Abänderung 38, gleichzeitiges Anbringen der Klage und Beschwerde 73.
— zur Anfechtung gültiger Beschlüsse 70, 137, desgl. polizeilicher Verfügungen 71, 74, wegen allgemeiner Anlagen und Abgaben 165, gegen Beschlüsse des Amtsausschusses 182, wegen Beanstandung der Beschlüsse des Kreistages, der Kreiskommissionen und des Kreisausschusses 230, gegen Reklamationsentscheidungen des Provinzialausschusses 243, über die Auseinandersetzung bei Veränderung von Kreisgrenzen 244, von Stadtgrenzen 246, gegen Beschlüsse der Gemeindevertretung 248, 258, desgl. des Gemeindevorstandes 249, 252, 259, 263, über streitige Pensionsansprüche der Gemeindebeamten 254, gegen Disciplinarverfügungen 129, gegen Zwangsetatisirung der Provinzialverbände 139, desgl. der Amtsverbände 195, der Kreise 231, der Stadtgemeinden 252, der Landgemeinden und Gutsbezirke 264, der Schulverbände 273, gegen Beschlüsse des Kreistags 157, des Bezirksausschusses bezw. des Oberpräsidenten 192, in Armenangelegenheiten 270, in Schulangelegenheiten 271, in Wegepolizeisachen 278, in Wasserpolizeisachen 285, in Wasserlösungsangelegenheiten 292, gegen Versagung gewerblicher Konzessionen 311, der Aufsichtsbehörde in Innungssachen 317, in Reichs- und Staatsangehörigkeitssachen 329;
s. a. Bezirksausschuß, Kreis-(Stadt-) Ausschuß und Oberverwaltungsgericht.
Klaglosstellung des Klägers, Bescheid 35
Klassensteuer, Aufhebung der beiden untersten Stufen 158, Einschätzungsbezirke 330, s. a. Staatssteuern.
Kleinhandel mit Branntwein und Spiritus 309, Zurücknahme der Konzession 312.
Knochenbrennereien, -darren, -kochereien, -bleichen 307.
König ernennt den Landrath 196, Mitglieder des Bezirksausschusses 15, ebenso des Oberverwaltungsgerichts 94, bestätigt den Landesdirektor 125, beruft den Provinziallandtag 114, in dessen Namen wird die Polizei (im Amtsbezirk) ausgeübt 177, Genehmigung zur Außerkraftsetzung polizeilicher Vorschriften 347.
Königliche Verordnung über Organisation der Hannöverschen Regierung 14, Zuständige Behörden für Berlin 21, Inkrafttreten des Landesverw.Ges. in einigen Provinzen 86, Auflösung des Provinziallandtags 139, des Kreistags 231, Regelung der Provinzialverbände 140, Bildung von Abtheilungen des Bezirksausschusses 16, von Stadtkreisen 154, konzessionspflichtige Anlagen 308, Feststellung der auf die Kommunalverbände entfallenden Jahresrenten der Dotation 405, Bestimmung der zur Ertheilung und Zurücknahme der Konzession, sowie zur Untersagung des Gewerbebetriebes zuständigen Behörde 313, s. a. landesherrliche.

Königsberg, landwirthschaftliche Regierungsabtheilung 13.
Körperliche Sachen, Pfändung 455, desgl. von Ansprüchen auf Herausgabe u. Leistung k. S. 462.
Kollegialische Behandlung in Landesverwaltungsgeschäften 4.
Kollegium, Zustimmung zu Verfügungen und Bescheiden des Vorsitzenden 65, 66, zur Theilnahme technischer Staats- und Kommunalbeamten an den Verhandlungen 66, zu Polizeivorschriften 80, 81, zur Uebernahme der Verwaltung eines benachbarten Amtsbezirks seitens des Bürgermeisters 188.
Kollektivstimmen 205, 206, 210.
Kollektivstimmrecht 361, 362.
Kommanditgesellschaften auf Aktien, Kreisabgabenpflicht 161, Einschätzung 162, als Gutsvorsteher 172, Zugehörigkeit zu Wahlverbänden 199, 200, Stellvertretung bei Wahlen 203.
Kommissar beim Amtsausschuß 183, beim Provinziallandtag 114;
des Kreises 214, 216, 223, für Zwecke der kommunalen Provinzialverwaltung 119, 130, für die Auseinandersetzung zwischen Gemeinde u. Schulzengutsbesitzer 176; 400, zur Wahrnehmung des öffentlichen Interesses im Verwaltungsstreitverfahren 40, 437, 501, 511, zur Einlegung der Berufung im öffentlichen Interesse 49, 511, in Be- und Entwässerungs-Angelegenheiten 290.
Kommissionen des Amtsausschusses 183;
des Provinziallandtags 119, 123, 193, s. a. Provinzialkommissionen;
der Kreise 214, 220, 223, 226, Diäten u. Reisekosten der Mitglieder 227.
Kommunalbeamte, technische, können mit berathender Stimme an den Verhandlungen der Behörde theilnehmen 66; s. a. Gemeindebeamte.
Kommunalbehörden 31.
Kommunalbesteuerung 132.
Kommunalbezirksveränderungen 256 ff.
Kommunallandtag in den Hohenzollernschen Landen 18, Kosten 407.
Kommunalständische Verbände 140, deren Umbildung und Aufhebung 141.
Kommunalverband der Provinzen (Provinzialverband) 106, 140.
der Kreise 153, der Provinz Brandenburg, für denselben ist der Bezirksausschuß zu Potsdam zuständig für das Verwaltungsstreit- und Beschlußverfahren 30.
Kommunalverwaltung des Kreises 197.
Kompetenzkonflikte in streitigen Verwaltungssachen 63, zwischen den Gerichten und Verwaltungsbehörden 63.
Konfiskate der Amtsvorsteher 195, 383.
Konkurs, Hinderniß der Wählbarkeit 112, 203, 204, 221, bei Gutsvorsteher 174.
Konsens-Ertheilungen gehören zu den polizeilichen Verfügungen 72.
Konsistorien 11, 14.
Kontributions Ueberschüsse der Kur- und Neumark Brandenburg 216.
Konzession, s. Gewerbliche.
Konzessionsertheilungen gehören zu den polizeilichen Verfügungen 72.
Konzessionspflichtige Anlagen 307, 308.
Korporationen, örtliche Zuständigkeit der Verwaltungsbehörden 30;
Amtsverbände 184, Kreisverbände 153, Provinzialverbände 106;
deren Vertretung bei den Wahlen 203;
Betheiligung bei der Beschlußfassung des Kreis- (Stadt-) Ausschusses 81.
— als Partei im Verwaltungsstreitverfahren 31;
— kaufmännische 320.
Korrigendenanstalten, Reglement 138, Fonds 406.
Kosten der Amtsverwaltung 193, 194, 195, 382 ff., der Kreisverwaltung 226, im Verwaltungsstreitverfahren 56 ff., 266 Cirkular 481, Tarif 58, 483, beim Kreis- (Stadt-) Ausschuß 512, Bezirksausschuß 504, im Verwaltungszwangsverfahren 453, 454, der Zwangsvollstreckung 466, bei Auseinandersetzungen zwischen Gemeinden und Schulzengutsbesitzern 177, 400, im Disciplinarverfahren keine 87, desgl. bei Kompetenzkonflikten 63, etatsmäßige, der Handelskammern 320, des Feuerlöschwesens 322, der örtlichen Polizeiverwaltung 344.
Kosteneinziehung 60.

Kostenerstattung 60, 63, 512.
Kostenfestsetzung 59.
Kostenfreiheit 58, 60.
Kostenstundung 60.
Krammärkte 317.
Krankenanstalten, Konzessionirung 310, Zurücknahme der Konzession 313.
Krankheit, anhaltende, berechtigt zur Ablehnung u. Niederlegung unbesoldeter Aemter 156, 168.
Kreditverbände, Recht bei Sequestration u. Subhastation von Gütern 466.
Kreis als Verwaltungsbezirk 3, 153, Umfang und Begrenzung 153—155, Bildung und Zusammenlegung 154, 244, Gliederung und Aemter 390, 391, in Hannover 4, Behörden 4, 19, Verwaltung u. Vertretung 156, 157, 198 ff., zerfällt in Amtsbezirke 178, an der Spitze steht der Landrath 19.
Kreisabgaben 214, 229, Beitragspflicht 157, 229, Aufbringung und Vertheilung 158 ff., 214, 216, 401, Untervertheilung 159, Heranziehung des Fiskus 161, 351, 403, Mehr- oder Minderabgaben einzelner Kreistheile 160, 216, 229;
Heranziehung und Einschätzung der Forensen, juristischen Personen ꝛc. 160—162, stärkere Heranziehung bei Verweigerung unbesoldeter Aemter 157;
Doppelbesteuerung 162, Befreiungen 163, 164, 349, 350;
Maßstab dient auch als Maßstab für die Aufbringung der Kosten der Amtsverwaltung 194, Beschwerden wegen der Veranlagung der Kreisabgaben 164, 165.
Kreisämter 166, 214, unbesoldete 156.
Kreisamtmänner führen die örtliche Polizeiverwaltung 344.
Kreisangehörige 155, 196, Rechte 156, Pflichten 156 ff., Wahlen in den Kreisausschuß 221, Belastung durch Kreisabgaben 218, 229, Mehrbelastung der Kreisangehörigen einzelner Kreistheile 469.
Kreisanleihen 214, 229.
Kreisanstalten 156, 164, 166, 214.
Kreisausschuß, für Stadtkreise 227, für den Stadtkreis Magdeburg am Amtsitze des Landraths 5;
Stellung und Zusammensetzung 19, 24, 221, Beschlußfähigkeit 20, 225, Disciplinarverfahren gegen die Mitglieder 20, deren Amtsdauer, Vereidigung und Dienstvergehen 222;
Funktionirung als Verwaltungsgericht 6;
fungirt als Beschlußbehörde und als Verwaltungsgericht 223, als Waldschutzgericht in Angelegenheiten der Waldgenossenschaften 223;
Verfahren 29 ff., 225, 506, Geschäftskreis 222 ff., 506, *Geschäftsregulativ* 226, 505 ff. Vorsitzender ist der Landrath 19, 197, Vorsitz 224, Befugnisse des Vorsitzenden 65, 507, Leitung der Verhandlung 508, 509, Sitzungen 506, Behinderung von Mitgliedern 506, Geschäftsvertheilung 507, Beschlußfassung u. Abstimmung 21, 225, 508, Ausschließung von Mitgliedern von der Berathung und Entscheidung 225, Protokoll 509, Verkündigung und Ausfertigung der Entscheidungen 509, 510, Zustellung 511, Vollziehung der Urkunden u. Schriftwechsel 224, 510, Siegel 507, 510, Einreichung der Akten an die höhere Instanz 511, Geschäftskontrolen 512, Ferien, Geschäftsjahr und Geschäftsbericht 512, Theilnahme von technischen Staats- und Kommunalbeamten an den Verhandlungen 66;
Aufsicht über die Geschäftsführung desselben 24, Anfechtung endgültiger Beschlüsse desselben 70, Beanstandung von Beschlüssen in Kommunalangelegenheiten 230;
ernennt die Kreisbeamten 223, bestellt Vertreter für Gemeindevorsteher u. Schöffen 169, u. für Gutsvorsteher 173, ordnet die Stellvertretung des Amtsvorstehers 187, hat Vorschlagsrecht bei Bestellung eines kommissarischen Amtsvorstehers 188, 386, 388, Disciplinarbehörde erster Instanz für Amtsvorsteher 192 u. Kreisbeamte 223, verhängt über dieselben Ordnungsstrafen 192, 223, ernennt ferner Kommissarien Behufs Festsetzung der Höhe des Wasserstandes bei Stauwerken 286, 287, das Schiedsgericht in Entwässerungssachen 288, Sachverständige, Kommissarien und Taxatoren in Bewässerungssachen

290 u. stellt die Entschädigung fest 290, entwirft den Kreishaushaltsetat 219;

Aufsichtsrecht über die Verwaltung der Landgemeinden und Gutsbezirke 256, der Angelegenheiten der Amtsverbände 186, über Fischereigenossenschaften 303, dienstliche Stellung zum Amtsvorsteher 191;

Zustimmungsrecht zu Polizeiverordnungen 81, zu Polizeistrafverordnungen des Amtsvorstehers 190, bei Nichtbestätigung der Gemeindevorsteher und Schöffen 169, der Ortssteuererheber, Gemeinde- und Dorfgerichtsschreiber 392, bei Ernennung eines Stellvertreters für dieselben 394;

Bestätigung gewisser Beschlüsse der Amtsverbände 185, von Gemeindebeschlüssen und Ortsstatuten 260, der Statuten der Spritzenverbände 322, betr. Armenpflege 260, von Auseinandersetzungsrezessen 176;

der Vorsitzende revidirt die Kreiskommunalkasse 220, bestellt Kommissare zur Wahrnehmung des öffentlichen Interesses im Verwaltungsstreitverfahren 40, legt Berufung im öffentl. Interesse ein 47, 69, Kostenfreiheit 58, Befugniß desselben zur Bescheidung auf die Klage 35, desgl. auf die Berufung 49, zur Anfechtung endgültiger Beschlüsse des Kreisausschusses 70, zur Einlegung der Klage gegen den Beschluß des Kreisausschusses über die Gültigkeit der Wahlen 222;

beschließt ferner über:

Einschätzung der Forensen, juristischen Personen u. a. zu den Kreisabgaben 162, Vermehrung der Schöffen 167, Dienstunkosten, Besoldung und Remuneration der Gemeindebeamten 174, 395, Regelung der Vertretung der Gemeinden im Amtsausschuß 181, Zwangsvollstreckung gegen Amtsverbände 185, Kassendefekte und Rechnungsdecharge derselben 185, Bestimmung eines Amtsvorstehers bei Wege-, Vorfluths- oder anderen polizeilichen Angelegenheiten verschiedener Amtsbezirke 189, Festsetzung der Amtsunkosten-Entschädigung der Amtsvorsteher 193, 382, Regelung des Kollektivstimmrechts 205, 206, Bestimmung des Wahlorts bei Kreistagsabgeordneten-Wahlen 207, Wahlberechtigten-Verzeichniß 210, 424, Vertheilungsplan der Kreistagsabgeordneten 211, Propositionen für den Kreistag 216, Theilnahme der Mitglieder an der Berathung des Kreistags 218, Berichterstattung an den Kreistag über den Stand der Kommunalangelegenheiten 219, Revision der Jahresrechnung 220, die Gültigkeit der Wahl der Mitglieder 222, Veränderung der ländlichen Gemeinde- und Gutsbezirks-Grenzen 256, Auseinandersetzung zwischen den Betheiligten 257, im öffentlichen Interesse vorläufig bei Streitigkeiten über die bestehenden Grenzen 257, desgl. über die Eigenschaft eines Orts als Gemeinde bezw. Gutsbezirk 257, Ergänzung oder Abänderung der bestehenden Ortsverfassung 260, Zahl der zu wählenden Mitglieder der Gemeindevertretung 261, Vornahme außergewöhnlicher Ersatzwahlen der Gemeindevertretung bezw. des Vorstandes 261, Vermehrung der Mitglieder des Gemeindevorstandes, der Schöffen u. Ortsvorsteher 261, Bestellung von Ortsvorstehern 261, Festsetzungen der Besoldungen, Dienstunkostenentschädigungen und baaren Auslagen der Gemeindebeamten 261, Feststellung u. den Ersatz von Defekten in Landgemeinden 262, bei Meinungsverschiedenheiten zwischen Gemeindebehörden 262, bei Beschlußunfähigkeit der Gemeindebehörden 262, an Stelle der aufgelösten Gemeindevertretung 262, über gerichtliche Zwangsvollstreckung gegen Landgemeinden 262, die Streitsachen zwischen Armenverbänden 269, desgl. gegen die zur Unterstützung verpflichteten Angehörigen 269, über den Erlaß von Reglements wegen Räumung von Gräben und Wasserläufen 284, Anträge auf Verschaffung von Vorfluth 287, Mitbenutzung von Entwässerungsanlagen 288, Abänderung eines Entwässerungsplanes 288, Ablehnung des Schiedsrichteramtes 288, Zurückweisung unzulässiger Schiedsrichter 288, Festsetzung der Vergütung der Schiedsrichter und Kommissarien 288, Zulassung, Aenderung und Wegräumung von Be- und Entwässerungs-, Stau- und Wasserbau-Anlagen 293, 294, Setzung eines Stauziels 293, desgl. von Aichpfählen 294, 297, Be- und Entwässerungsgräben 294, Drainsanlagen 295, Anlegung von Stauwerken 295, Feststellung des Beitrages zu den Kosten von Wasserbauten 295, Bachregulirungen 296, Errichtung und Veränderung von Triebwerken 297, 298, Einquartierungssachen 274, 275, Jagdpolizeisachen 305, 306, Gewerbepolizeisachen 307, gewerbliche Konzession 309, Enteignungssachen 327, Baupolizeisachen 324, über die Entschädigung der Standesbeamten 329, über streitige Pensionsansprüche der ländlichen Gemeindebeamten 265;

auf *Beschwerden* in Armensachen 269, 270, gegen Verfügungen der Amtsvorsteher in nichtpolizeilichen Angelegenheiten 191, auf *Beschwerden und Einsprüche* betr. Mitbenutzung der Kreiseinrichtungen und -anstalten 164, die Heranziehung oder Veranlagung zu den Kreisabgaben 164;

Auseinandersetzung zwischen Gemeinden und Schulzengutsbesitzern 176, 177, 400, desgl. bei Ausscheiden von Landgemeinden und Gutsbezirken aus dem Amtsbezirk 180;

Zuständigkeit für Klagen: gegen polizeiliche Verfügung 72, 73, bei Ablehnung des Gemeindevorsteher- und Schöffenamts 169, betr. die Wahlen der Abgeordneten zum Amtsausschuß 182, und der Gemeindebeamten 169, gegen die Verfügung des Amtsvorstehers betr. Beanstandung von Beschlüssen des Amtsausschusses 184, betr. Benutzung der Amtsanstalten und die Amtsabgaben 194, betr. Gemeindenutzungen und -Lasten 251, 263, Jagdpolizei 306, Wasserpolizei 287, 289, Fischereipolizei 304, Wegepolizei 278, 279, Druckschriften Verbreitung 311, Dismembrations- und Ansiedelungssachen 326, gegen Anordnungen u. Erkenntnisse der Wasserlösungskommissionen und Schauungsmänner 291;

entscheidet ferner: in Ent- u. Bewässerungs-Angelegenheiten 288, 289, über Streitigkeiten zwischen Wegebaupflichtigen und Grundbesitzern 327, über Streitigkeiten der Spritzenverbände 322, 323;

Disciplinarbehörde I. Instanz gegen Gemeindevorsteher, Schöffen und Gutsvorsteher u. a. 265, zuständig in Angelegenheiten der Landgemeinden u. selbstständigen Gutsbezirke als I. Instanz im Verwaltungsstreitverfahren 266, Bestätigung der Statuten zur Regelung der Armenpflege 269, in Angelegenheiten der Landschulen 270 ff., Räumung von Gräben und Wasserläufen 285, gewerbliche Konzessionen 309, 311, 312, 314.

Kreisbaumeister 223.

Kreisbeamte, Zahl und Besoldung 214, Ernennung und Beaufsichtigung 223.

Kreisbehörden 19, Inanspruchnahme der Thätigkeit durch den Landesdirektor 127.

Kreisblatt 164, 210, 211, 213, s. a. Bekanntmachung.

Kreisbürgschaften 229.

Kreisdeputirte 197, 215, Diäten und Reisekosten 197.

Kreiseinrichtungen 156, 164, 166, 214.

Kreisgliederung 166.

Kreisgrenzen 154, 155, 244.

Kreisgrundstücke, Veräußerung 229.

Kreishaushalts-Etat 214, 219, 223, Zwangsetatisirung 231.

Kreis-Jahresrechnung 220.

Kreisinstitute, deren Verwaltung u. Beaufsichtigung 226.

Kreiskommission 223, 226, 227, Beanstandung der Beschlüsse 230.

Kreiskommunalkasse, Ueberweisung der Kreisabgaben 159 der Geldstrafen der Amtsvorsteher 192, Revision 220, Rechnungslegung 220.

Kreisobligationen 472, 473.

Kreisordnung 153, Novelle 149, Einführung in den Grafschaften Wernigerode und Stolberg 232, 425.

Kreispolizeibehörden, Beschwerden gegen deren Verfügungen 71.
Kreispolizeiliche Vorschriften 82, 83.
Kreisreglements 166, 213.
Kreissekretär, Stellvertretung des Landraths 197, 224.
Kreissparkasse 213.
Kreisstadt, Wahlort 202.
Kreisstatuten 166, 207, 209, 213.
Kreistag, Zusammensetzung 198, 348, Zahl der Mitglieder 198, deren Feststellung 358, 360, Bildung von Wahlverbänden für die Wahl der Kreistagsabgeordneten 199, Prüfung der Legitimation der Mitglieder und Gültigkeit der Wahlen 212, Vorsitz 197, 215, Berufung 215, Geschäftskreis 213 ff., 219, Geschäftsordnung 219, Propositionen 216, Oeffentlichkeit der Sitzungen 217, Beschlußfähigkeit 217, Stimmenmehrheit 218, Protokolle 218, Ausschließung wegen persönlichen Interesses 217, Theilnahme der Mitglieder des Kreisausschusses 218, Petitionen 219, Fassung der Beschlüsse 218, deren Form und Inhalt 219, Gültigkeit und Wirksamkeit 219, Genehmigung 228, 229, Beanstandung 219, 230; Auflösung 231; Genehmigung außeretatsmäßiger Ausgaben des Kreises 220, Rechnungsdechargirung 220, wählt die Mitglieder des Kreisausschusses 214, 221, die Kreisdeputirten 197, die Abgeordneten zum Provinziallandtag 111, kann Syndikus bestellen 221, Vorschlagsrecht für die Ernennung des Amtsvorstehers 186, 384, wie des Landraths 196, Feststellung des Kreisabgaben-Vertheilungsmaßstabs 159, Revision desselben 160, Mehr- oder Minderbelastungen 160, 229, Bildung der Amtsbezirke 179, 245, Regelung der Vertretung der Gemeinden im Amtsausschuß 181, beschließt bei Beschlußunfähigkeit des Kreisausschusses 225, und über die Entschädigung der Kreisausschußmitglieder 226, die Diäten u. Reisekosten der Kreiskommissionsmitglieder 227, beschließt bei Ablehnung von unbesoldeten Aemtern im Kreise 157, vertheilt die Kreistagsabgeordneten auf die einzelnen Wahlverbände, Bezirke und Städte 210, 211, 428, beschließt über die Abänderung des Vertheilungsplanes 211, stellt den Haushaltsetat fest 220, 223, wählt die Mitglieder des Kreisausschusses 221, bildet die Wahlbezirke für den Wahlverband der Landgemeinden 428, desgl. die Städtewahlbezirke 428; — für Stadtkreise 227, für Stadtkreis Magdeburg 228;
Kreistagsabgeordnete, Wahl 199 ff. 348 ff., 376, 378, 423, 427, Wählbarkeit 208, Verzeichniß der Wahlberechtigten 210, 348 ff., 423, Vertheilung auf die Wahlverbände u. Bezirke 200, 201, 210, 211, 358, 360, 362 ff., 427, Wahlperiode 208, Ergänzungs- u. Ersatzwahlen 209, 423, Einführung 209, beziehen keine Diäten und Reisekosten 213, Verfügung über Fonds einzelner Kreistheile 215.
Kreistagsbeschlüsse 219, deren Genehmigung 228, 229; Form u. Inhalt 469 ff.; wegen Ausführung von Chausseebauten 471.
Kreistagsprotokolle 218, Abfassung, Veröffentlichung und Vollziehung derselben 218.
Kreisverband 153 ff.; Ausscheiden großer Städte aus demselben 154, 244, Ausstattung mit Fonds zur Selbstverwaltung s. Dotation.
Kreisverfassung 153 ff.
Kreisversammlung, s. Kreistag.
Kreisvertretung 156, 198, Verlust des Rechts zur Theilnahme 157.
Kreisverwaltung, deren Beaufsichtigung 25, 228 ff.
Kreiswegebau, Verwendung der Dotation 406.
Künstler, nicht pfändbare Sachen 456.
Küsterei, Verbindung mit der Schule 274.
Kunstwollefabriken 308.
Kurhessen, Gemeindeordnung 248, Stau-, Be- und Entwässerungsanlagen 294.

L.

Ladung der Parteien und Dritter im Verwaltungsstreitverfahren 37, 50, 66.
Laichschonrevier 302.
Landarme, Fürsorge für solche 140, 404.
Landarmenanstalten, Reglements 138.
Landarmenverbände 269, 270.

Landdotationen für die Verwaltung des Schulzenamts 170.
Landdrosteibezirke in der Provinz Hannover 4, 14.
Landesausschuß in den Hohenzollernschen Landen 18.
Landesbibliotheken, deren Unterhaltung 406.
Landesdirektor, Wahl 119, 125, Bestätigung 125, Vereidigung und Einführung 126, Geschäfte 126, 132, kommissarische Verwaltung 125, Stellvertreter 126, Disciplinarverfahren 129, Mitglied des Provinzialausschusses 120, kann nicht Vorsitzender des Provinzialausschusses sein 121, auf dessen Antrag ist der Provinzialausschuß zu berufen 122, Theilnahme an den Sitzungen des Provinziallandtags 116, Kompetenzkonflikts-Erhebung 126, Vollziehung von Urkunden 127, Befugniß zur Inanspruchnahme der Thätigkeit der Kreis-, Amts- u. Gemeinde-Behörden 127.
Landeshauptmann, s. Landesdirektor.
Landesherrliche Genehmigung von Beschlüssen des Provinziallandtags 137, des Kreistags 229, s. a. König.
Landeskommunalverband in den Hohenzollernschen Landen 18, Beamte desselben sind in den Bezirksausschuß nicht wählbar 18, Kosten 407.
Landeskulturinteresse bei Bewässerungen 290, bei Stauanlagen 309.
Landesmelioration, Verwendung der Dotation 406.
Landesverwaltung, Organisation 4 ff., 197, 214, 221—223, 227.
Landesverweisung 74.
Landgemeinden, Ausscheiden aus dem Amtsbezirk 180, 245, Wahlverband 199, 200, 204, s. a. Gemeinde, Streitsachen über Rechnungen und Defekte 261, 262, Zwangsetatisirung 263, Vertretung im Kreistage 205, 357, Vereinigung mit Stadtbezirken bez. der Verwaltung der Polizei 179, 245, Zwangsvollstreckungen gegen dieselben 262.
Landgemeinde-Ordnung 185.
Landrath, Amt 196, Ernennung 196, Stellvertretung 197, amtliche Stellung 197, 391, Stellung gegenüber dem Regierungspräsidenten 11, Rechte und Pflichten 197, führt selbstständig die Geschäfte der allgemeinen Landesverwaltung im Kreis 4, 197, Verantwortlichkeit 4, steht an der Spitze des Kreises 19, 167, führt den Vorsitz im Kreisausschuß 19, 224, im Kreistag 215, in der Kreiskommission 226, bei der Wahl der Kreistagsabgeordneten 202, 207, gehört zum Kreisausschuß 221, nicht wählbar in den Provinzialrath 8, Bezirksausschuß 15;
bestätigt und vereidigt die Gemeindevorsteher und Schöffen 169, desgl. die Gutsvorsteher 173, ernennt die Stellvertreter 169, 174, 394, vereidigt die Amtsvorsteher 186, ist bei Verhinderung der Amtsvorsteher zu benachrichtigen 187, Stellung zum Amtsvorsteher 191, hat gegen diesen kein Ordnungsstrafrecht 192, leitet gegen den Amtsvorsteher das Disciplinarverfahren ein 192, vereidigt die zu Stellvertretern gewählten Kreisdeputirten 197, leitet die Kommunalverwaltung des Kreises 197; bestätigt die Ortssteuererheber, Gemeinde- und Dorfgerichtsschreiber 392, theilt dem Regierungspräsidenten die Berufung der Kreistage mit 216, beschließt in Jagdpolizeisachen 304, 305;
loost die ausscheidenden Kreistagsmitglieder aus 209, 428, führt die Kreistagsabgeordneten ein 209, hat Ordnungsstrafrecht gegen Kreisbeamte 223, gegen Gemeindevorsteher (Amtmänner, Bürgermeister), Schöffen, Gutsvorsteher und andere Gemeindebeamte 264;
Anfechtung endgültiger Beschlüsse des Kreis-(Stadt-)Ausschusses 70, Beanstandung der Beschlüsse des Kreistags, der Kreiskommission und des Kreisausschusses 230;
Beschwerdeinstanz gegen polizeiliche Verfügungen, gegen Strafverfügungen der Amtmänner in Westfalen und der Bürgermeister in der Rheinprovinz gegen Unterbeamte 265, Polizeiverordnungsrecht 81, Zwangsmittel zur Durchsetzung seiner Anordnungen 75 bis 78, 82, Zwangsetatisirung bei den Amtsverbänden 195, bei den Landgemeinden und Gutsbezirken 264, den Schulverbänden 273, Befugnisse bei den ersten Wahlen der Kreistagsabgeordneten 232, 358;

Bildung der Kreistagswahlbezirke 360, Vertheilung der Kreistagsabgeordneten auf die Wahlverbände und Wahlbezirke 358, 360, 362 ff.;
Entschädigung bei Bewässerungsanlagen 290;
als Vorsitzender des Kreisausschusses 224 ff., 256, Funktionen 224, Aufsichtsrecht über die Geschäftsführung des Amtsvorstehers 191, der Standesbeamten 328, über die Verwaltung der Angelegenheiten der Amtsverbände 186, 245, desgl. der Landgemeinden, der Aemter in der Provinz Westfalen, der Bürgermeistereien in der Rheinprovinz und der Gutsbezirke in I. Instanz 256, leitet und beaufsichtigt den Geschäftsgang des Kreisausschusses 224, Stimmrecht 224, Vertretung desselben im Vorsitz 224, Vollziehung der Schriftstücke, Urkunden und Vollmachten 224.
Landwirthschaftliche Lehranstalten, Verwaltung und Unterstützung 410, Polizei 346;
— Minister, s. Minister für Landwirthschaft.
Lauenburg, Wegepolizei 280, 283, Lastenvertheilung bei Grundstückszerstückelungen 326, Stau-, Ent- u. Bewässerungsanlagen 292, 293, Ansiedelungen 326.
Lebensalter von 30 Jahr zur Wählbarkeit in den Provinziallandtag 111, zur Mitgliedschaft beim Oberverwaltungsgericht 94, von 60 Jahren berechtigt zur Ablehnung und Niederlegung unbesoldeter Aemter 156, 168.
Legitimationsschein: zum Gewerbebetrieb 311.
Lehrer, nicht pfändbare Sachen 456, — s. a. Elementarlehrer.
Lehrerbesoldung 270.
Leimsiedereien 307.
Liegenschaften des Reichs, Kreisabgabenpflicht 163, s. a. Grundstück.
Loos über das Ausscheiden von Mitgliedern und Stellvertretern des Provinzialraths 9, des Bezirksausschusses 16, Kreisausschusses 222, Kreistags 208, Provinzialausschusses 121, Stadtausschusses 20, bei den Wahlen 145, 239, bei der Vertheilung der Kreistagsabgeordneten 202.
Lootsenzwang 80.

M.

Magdeburg, Wahl der Abgeordneten des Stadtkreises M. zum Provinziallandtage 111, Bestimmung für den Stadtkreis 227, 228, für den Kreistag und Kreisausschuß 228.
Magistrat tritt an die Stelle des Kreisausschusses 5, als Kollegium 5, wählt die Mitglieder des Stadtausschusses 19, des Bezirksausschusses für den Stadtkreis Berlin 23, der Bezirkskommission für die klassifizirte Einkommensteuer in Berlin 24, die Abgeordneten zum Kreistag 207 und Provinziallandtag 111, Genehmigung gewerblicher Anlagen 307, 308, Ertheilung gewerblicher Konzessionen 310.
Magistratsmitglieder, Disciplinarverfahren 253.
Mahnung im Zwangsvollstreckungsverfahren 449, Kosten 453.
Marienwerder, landwirthschaftl. Regierungsabtheilung 13.
Markt 317, 318, s. a. Wochen-, Vieh- und Krammarkt.
Marktstandsgelder 318.
Medizinalkollegium für den Stadtkreis Berlin 21.
Mehrbelastung einzelner Theile der Provinz 134, 137, der Kreise 160, 229, 469.
Meineid begründet die Restitutionsklage 54.
Meinungsverschiedenheiten zwischen den Gemeindebehörden, deren Entscheidung 250, 251, 262.
Meldung neu anziehender Personen 171.
Meliorationen, s. Landes- und Provinzialm.
Messer, Zurücknahme der Bestallung 313.
Metallbruch, Untersagung des Handels mit demselben 312.
Metallgeräth, Untersagung des Handels mit demselben 312.
Metallgießerei, Anlage 307.
Militärbehörde 449.
Militärinvaliden, Berücksichtigung bei Besetzung der Provinzialbe-

amtenstellen 129, desgl. der Kreisbeamtenstellen 223.
Militärpersonen, Nichtangehörige des Kreises 155, Besteuerung 133, 164, Zwangsvollstreckung gegen sie 449, Zustellung 442, 449, Straffestsetzung und Vollstreckung gegen sie 43, 46;
Ausschluß bei der Einwohnerzählung 110, 198, 332, 360.
Minden, Regierungsabtheilung für Kirchen und Schulsachen 12.
Minderbelastung einzelner Theile der Provinz 134, 137, desgl. der Kreise 160, 229.
Minister, deren Vernehmung als Zeugen 42, 43, haben die Oberleitung der Geschäfte der allgemeinen Landesverwaltung 4, ordnen die Stellvertretung des Oberpräsidenten 7, desgl. des Regierungspräsidenten 12, treten für Berlin an die Stelle des Provinzialraths 22, Polizeiverordnungsrecht 78, Genehmigung der Reglements der Provinzialverbände 137, Bestellung von Kommissarien zur Wahrnehmung des öffentlichen Interesses im Verwaltungsstreitverfahren 40, desgl. zur Vertretung der Berufung vor dem Oberverwaltungsgerichte 49.
Minister der Finanzen, s. Finanzminister.
Minister des Innern ernennt einen höheren Verwaltungsbeamten für den Provinzialrath 7, Aufsichtsrecht über den Provinzialrath 24, den Provinzialverband 136, die Standesbeamten 328, Maßregeln im Disciplinarverfahren gegen Mitglieder des Provinzialraths 9, Kreis-(Stadt-)Ausschusses 20, gegen Provinzialbeamte 130, Amtsvorsteher 192, gegen Bürgermeister, Beigeordnete, Magistratsmitglieder und sonstige Gemeindebeamte 253, 254, gegen Gemeindevorsteher, Schöffen, Mitglieder des Gemeindevorstandes und sonstige Gemeindebeamte, sowie gegen Gutsvorsteher 265;
Urlaubsertheilung 440, ordnet die kommissarische Verwaltung der Stelle des Landesdirektors an 125;
bestimmt die zuständige Behörde für das Beschlußverfahren in Betreff von Grundstücken 31, desgl. bei Beschlußunfähigkeit einen anderen Provinzialrath 65, erläßt Geschäftsregulative für die Beschlußbehörden 30, den Kreisausschuß 226, Bezirksausschuß 30;
ordnet die Bildung der Provinzialverbände 107, 140, der Amtsbezirke 179, 245, Erlaß von Polizeivorschriften 346, Befugniß zur Außerkraftsetzung polizeilicher Vorschriften 83, 347, zur Anordnung der kommissarischen Verwaltung der Stelle des Landesdirektors 125, zur Uebertragung der örtlichen Polizeiverwaltung an besondere Staatsbeamte 344, Bestätigung von Statuten für den Stadtkreis Berlin in baupolizeilichen Angelegenheiten 325, Feststellung der Stadtkreise 154;
Bestätigung von Beschlüssen des Provinziallandtags 137, des Kreistags 229, Genehmigung der Reglements der Provinzialverbände 138;
erhält Jahresberichte des Bezirksausschusses 505, der Provinzialräthe 497, Oberverwaltungsgerichts 441, Kostentarif-Festsetzung im Verwaltungsstreitverfahren 58, 481 ff., Befugniß zur Vereinigung von Gemeinde- und Guts-Bezirken mit Stadtbezirken bez. der Verwaltung der Polizei 179, 245, bez. der Ausscheidung von Landgemeinden und Gutsbezirken aus dem Amtsbezirke 180, 245, Aufsicht über die Verwaltung der Gemeindeangelegenheiten der Stadt Berlin 246, desgl. der Hohenzollernschen Lande 246, zur Ertheilung oder Versagung der Bestätigung der Wahlen von Gemeindebeamten 249, Beschwerdeinstanz gegen Beschlüsse des Provinzialraths 250, des Bezirksausschusses 260, Zustimmung bei Einführung von neuen oder Veränderung von Gemeindesteuern 250, 260.
Minister der öffentlichen Arbeiten, Polizeibefugnisse bei Uebertretung des Bahnpolizeireglements 78, Baupolizei 325, Enteignungssachen 327, Eisenbahnangelegenheiten 330, 331.
Minister für Handel und Gewerbe, Befugnisse in Strom-, Schiffahrts- und Hafenpolizeisachen 78, 80, 83, in Marktsachen 317, 318, betr.

Schlachthäuser 319, Handelskammersachen 320, Beschwerdeinstanz für gewerbliche Anlagen 309.
Minister für Landwirthschaft, Beschwerdeinstanz in Viehseuchesachen 77, Deichsachen 302, für Stauanlagen 309.
Mitglieder der Senate der freien Hansestädte, deren Vernehmung als Zeugen 42, 43, desgl. einer deutschen gesetzgebenden Versammlung 43, des Oberverwaltungsgerichts 94, 98, deren Ernennung, Befugniß zur Uebernahme eines Nebenamtes, Ausschließung von dem Amte eines Schöffen 94, Disciplinarverfahren 94, 95, Pensionirung 95, Zahl der Mitglieder der Provinziallandtage 109, 110, 131, Wählbarkeit derselben 111, Einführung 113, des Provinzialausschusses 120 ff., 131, 139, der Provinzialkommissionen 131, 139, des Amtsausschusses 181, 182, des Kreistags 198, des Kreisausschusses 221.
Mühlenhauptkanäle, Einrichtung u. Benutzung 298.
Mühlenwehre, Einrichtung von Fluthschleußen an denselben 299.
Mündliche Verhandlung im Beschlußverfahren 66, im Verwaltungsstreitverfahren 35 ff., 180, 288, 290, 293 ff., 297 ff., 304, 309, 310, 316, 322, 323, beim Kreis-(Stadt-) Ausschuß 508, Bezirksausschuß 500, Oberverwaltungsgericht 436, 437, im Disciplinarverfahren 64, 130, bei den Provinzialräthen 494.
Münster, Regierungsabtheilung für Kirchen- und Schulsachen 12.

N.

Nachlaß, Zwangsvollstreckung in solchen 453.
Nassau, Wegepolizei 282.
Naturalleistungen 274.
Naturalverpflegung 274.
Naturereignisse, Grund zur Wiedereinsetzung in den vorigen Stand 62.
Nebenamt der Mitglieder des Oberverwaltungsgerichts 94, 98.
Neuvorpommern, Feststellung der Stadtetats 252.
Neuwahlen bei Nichtbestätigung der Gemeindevorsteher und Schöffen 169, bei Revision des Vertheilungsplanes der Kreistagsabgeordneten 211, 212, bei Auflösung des Kreistags 231, Provinziallandtags 139, s. a. Wahlen.
Richtigkeitsklage 53, Zulässigkeit derselben 54, Frist 55.
Niederlegung unbesoldeter Aemter im Kreise 156, in der Gemeindeverwaltung oder Vertretung 247.
Niederschlagung von Kosten im Verwaltungsstreitverfahren 60, 61.
Notare, nicht pfändbare Sachen derselben 456.
Nutzungen, bei Berechnung des Werthobjekts 484.

O.

Oberamtmann in den Hohenzollernschen Landen 5, sind ausgeschlossen von der Wählbarkeit in den Bezirksausschuß 18.
Oberamtsbezirk in den Hohenzollernschen Landen 5.
Oberaufsicht über Kreisverwaltung 228 ff., s. a. Aufsicht.
Oberfischmeister, polizeiliche Befugnisse 77.
Oberkirchenrath 11.
Oberlandeskulturgericht 43, 176, 177, 291.
Oberpräsident, s. a. Vorsitz;
führt selbständig die Geschäfte der allgemeinen Landesverwaltung in den Provinzen 4, Verantwortlichkeit 4, an der Spitze der Verwaltung 7, dessen Räthe und Hülfsarbeiter 7, Stellvertretung 7, Vorsitz im Provinzialrath 7, ausgeschlossen von der Wählbarkeit in den Provinzialrath 8, Provinzialausschuß 121, Bezirksausschuß 15, ist nicht mehr Präsident der Regierung 11;
vereidigt die Mitglieder des Provinzialraths 9 und den Landesdirektor 126, den Vorsitzenden des Provinzialausschusses 122, nimmt an den Berathungen des Provinzialausschusses und der Provinzialkommissionen Theil 136, ernennt den Wahlkommissar zur Wahlversammlung der Kreistage 111, die Amtsvorsteher 386, 387, bestellt kommissarische Amtsvorsteher 188, bestätigt den Vorsitzenden des Stadtausschusses im Stadtkreise

Berlin 19, die Kreisdeputirten 197, publicirt die Amtsbezirke und Amtsvorsteher 233, 388, Aufsichtsrecht über die Amtsführung der Standesbeamten 328, über den Bezirksausschuß 24, über die Kreisverwaltung 229, über die Verwaltung der Angelegenheiten der Provinzialverbände 136, desgl. der städtischen Gemeindeangelegenheiten 246, Anfechtung von endgültigen Beschlüssen des Provinzialraths 70, Beanstandung von Beschlüssen des Provinziallandtags, -Ausschusses und der Kommissionen 136;

bestimmt die zuständige Behörde für das Beschlußverfahren in Betreff von Grundstücken 31, desgl. bei Beschlußunfähigkeit einen anderen Bezirksausschuß 65;

Polizeiverordnungsrecht 79—81, Beschwerdeinstanz gegen polizeiliche Verfügungen 71, 74, desgl. in bischöflichen Vermögenssachen 78, bei Ordnungsstrafen gegen Amtsvorsteher 192, Kreisbeamte 223, Bürgermeister, Beigeordnete, Magistratsmitglieder u. sonstige Gemeindebeamte 253, Gemeindevorsteher, Schöffen, Mitglieder des kollegialischen Gemeindevorstandes, sonstige Gemeindebeamte u. Gutsvorsteher 264;

ordnet die Wahlen zum Provinziallandtag an 112, veröffentlicht die Namen der neugewählten Abgeordneten 112, eröffnet und schließt diesen 114, setzt bei Beschlußunfähigkeit des Provinzialausschusses eine Kommission ein 123, Zwangsetatisirung der Provinzialverbände 138, 139, Obliegenheiten bei ersten Wahlen zum Provinziallandtag 140, Genehmigung von Sparkassen 275, Vorschriften über Handarbeiter bei Bauten 324;

für Berlin: 21, 23, erhält Jahresbericht des Stadtausschusses 512, Aufsicht über die Amtsführung der Standesbeamten 328, über die Verwaltung der Gemeindeangelegenheiten 21, 246, desgl. über die Geschäftsführung des Stadtausschusses 24, 512, tritt an die Stelle des Bezirksausschusses 23, des Provinzialraths 22, Befugniß im Disciplinarverfahren gegen Gemeindebeamte 24, 253, beschließt in Einquartierungsangelegenheiten 274, in Marktsachen 317, über die Genehmigung von Ortsstatuten betr. gewerbliche Angelegenheiten 316, über die Genehmigung von Sparkassen 276, beauftragt für das Beschlußverfahren einen Kreis- oder Stadtausschuß bei Betheiligung der Stadtgemeinde 31, bestimmt bei Beschlußunfähigkeit einen anderen Stadtausschuß 65, Beschwerde-Instanz gegen ortspolizeiliche Verfügungen 71.

Oberpräsidialrath 7.

Oberregierungsrath 11, 12, 83.

Oberschulzen führen die örtliche Polizeiverwaltung 344.

Oberverwaltungsgericht 6, 29;

Zusammensetzung 93, Mitgliedschaft 94, 98, Rang des Präsidenten, der Senatspräsidenten und der ständigen Mitglieder 94, Amtsenthebung 94, 95, Versetzung in den Ruhestand 95, Beurlaubung 439, Subaltern- und Unterbeamte 98;

Geschäftsregulativ 98, 434 ff., Theilung in Senate 96, 434, Vorsitz 97, 436, Vertheilung der Geschäfte 98, 434, Präsidium 96, 97, 434, Präsidialbefugnisse 98, 440, Vertretung des Präsidenten 97, 440, Präjudizienbuch 495, Sitzungen 435, Verfahren 52, Leitung des Verfahrens 435, mündliche Verhandlung 436, 437, Beschlußfassung und Stimmrecht 97, Entscheidungen 52, 97, 98, 437, dieselben sind bei anderweiten Entscheidungen maßgebend 56, Vollziehung der Urschriften der Endurtheile und Beschlüsse 438, Form der Ausfertigung derselben 438, Siegel 438, Zustellungen 439, Ferien 439, Einreichung der Akten der unteren Instanzen 504, Geschäftsjahr, Geschäftsbericht 441;

Wiederaufnahme des Verfahrens 53;

Berufungsinstanz 48;

Revisionsinstanz 51;

Beschwerdeinstanz in Kostensachen 60, gegen Beschlüsse des Bezirksausschusses und des Provinzialraths 67, Disciplinarbehörde II. Instanz gegen Amtsvorsteher 192, Gemeindebeamte 253, 254, 265, erste und letzte Instanz gegen

Subaltern- und Unterbeamte des Oberverwaltungsgerichts 98;
Thätigkeit des Präsidenten im Disciplinarverfahren gegen Mitglieder des Bezirksausschusses 17, des Oberverwaltungsgerichts 96;
Vorentscheidung bei gerichtlicher Verfolgung von Beamten aus Amtshandlungen 64, Entscheidung bei Kompetenzkonflikten 63, Beauftragung eines anderen Verwaltungsgerichts bei Betheiligung einer Korporation als Partei 31, 32;
Zuständig für Klagen: betr. Vertheilung der Provinzialabgaben 244, bei Anfechtung von Beschlüssen 70, 137, in Reichs- und Staatsangehörigkeitssachen 329, über die Mitgliedschaft beim Provinzialrath 8, beim Provinzialausschuß 121, Bezirksausschuß 16, Zwangsetatisirung der Provinzialverbände 138, 139, der Kreise 231, 244, der Stadtgemeinden 252, der Schulverbände 273, gegen polizeiliche Verfügungen 71, 74, in bischöflichen Vermögensverwaltungssachen 78, über die Wahlen der Abgeordneten zum Provinziallandtage 113, bei Ordnungsstrafen gegen Amtsvorsteher 192, gegen Kreisbeamte 223, gegen Gemeindebeamte 253, 265, bei Streitigkeiten über Bildung der Provinzialverbände 107;
bestimmt die zuständige Behörde für das Verwaltungsstreitverfahren in Betreff von Grundstücken 31;
s. a. Plenum.
Obrigkeitliche Gewalt 75, der Gemeindevorsteher 170, Gutsvorsteher 172.
Obstbauschulen, Uebertragung der Verwaltung an die Provinzialverbände 410.
Oeffentliche Ruhe, Ordnung und Sicherheit, Erhaltung 171, 189.
Oeffentliche Wege 279.
Oeffentlicher Dienst, Liegenschaften u. Gebäude steuerfrei 163.
Oeffentliches Interesse, Einlegung von Beschwerden im ö. J. 69, 250, 260, desgl. der Berufung 48, 51, der Revision 51, Bestellung von Kommissaren zur Wahrnehmung d. ö. J. im Verwaltungsstreitverfahren 40. 437, 501, 511, Vereinigung von Gemeinde- und Gutsbezirken mit Stadtbezirken bez. der Verwaltung der Polizei 179.
Oeffentlichkeit der Sitzungen des Provinziallandtags 114, Amtsausschusses 183, Kreistags 217, der Verwaltungsgerichte 34, 39, 495, 501, 509.
Oertliche Zuständigkeit für das Verwaltungsstreit- und Beschlußverfahren 30 ff.
Offenbarungseid bei Stundung bezw. Niederschlagung von Kosten 61, im Verwaltungszwangsverfahren 455, 461.
Offiziere, nicht pfändbare Sachen 456.
Orden, nichtpfändbar 457.
Ordnung, Aufrechterhaltung in der Sitzung der Provinzialräthe 495, der Bezirksausschüsse 501, der Kreis-(Stadt-)Ausschüsse 509.
Ordnungspolizei 188, 345.
Ordnungsstrafe, s. Disciplin.
Organisation der allgemeinen Landesverwaltung 3 ff.
Ortsarmenverbände 268.
Ortsgericht 267.
Ortspolizeibehörden 30, 345, Verordnungsrecht 82, Zwangsmittel zur Durchsetzung der Anordnungen 75, 76, Ertheilung gewerblicher Konzessionen 310, Gestattung neuer Ansiedelungen 326, Jagdpolizei 304, 305, Beschwerden gegen Verfügungen der Ortspolizeibehörden 71.
Ortspolizeiliche Vorschriften 82, 346.
Ortsstatuten, deren Bestätigung 250, 260, wegen Vertheilung der Quartierleistungen 2c. 274, betr. gewerbliche Angelegenheiten 316, s. a. Gemeindestatuten.
Ortssteuererheber 391, Wahl und Bestätigung 392, Amtsdauer 393.
Ortsverfassung, Abänderung 260.
Ortsverwaltung der selbstständigen Gutsbezirke 167, 391.
Ortsvorsteher, Vermehrung der Zahl derselben 261, Bestellung besonderer Ortsvorsteher für verschiedene Ortschaften 261, Beiwohnung der Versteigerung gepfändeter Sachen 457.

P.

Partei im Verwaltungsstreitverfahren, persönliches Erscheinen 37, 39.
Patent der Stromschiffer 313.

Pauschquantum an Kosten im Verwaltungsstreitverfahren 57, 58, 481 ff., im Beschlußverfahren 69, als Amtsunkostenentschädigung der Amtsvorsteher 193, 382, 385.
Pechsiedereien 307.
Pensionen, abgabenfrei 164, nicht pfändbar 464.
Pensionirung der bei der Neubildung der Verwaltungsbehörden nicht verwendbaren Beamten 84, der Mitglieder des Oberverwaltungsgerichts 95, der Provinzialbeamten 128, 138.
Pensionsansprüche, streitige, der Gemeindebeamten 254, 265, der kommissarischen Amtsvorsteher 387.
Personenstand 328.
Petitionen des Kreistages 219.
Pfändung im Verwaltungszwangsverfahren 453, Widerspruch Dritter 454, — in körperliche Sachen 455 ff., von Früchten 456, bereits gepfändeter Sachen 459, freizulassende Sachen 456, 463, 464, von Geldforderungen 460, von Ansprüchen auf Sachen 462, 463.
Pfandleihergewerbe, Betrieb 309, Untersagung 312.
Pfandrecht durch Pfändung 447, 454.
Plenarberathungen der Regierung 479.
Plenum des Oberverwaltungsgerichts, Vorsitz 97, Entscheidung bei Rechtsfragen 97, 98, 435, Erstattung von Gutachten 435, Erledigung allgemeiner Geschäftsangelegenheiten 435, Disciplinargericht gegen Mitglieder des Provinzialraths 9, des Bezirksausschusses 17, Oberverwaltungsgerichts 94, 95, 96, Disciplinargericht II. Instanz gegen Mitglieder des Kreis-(Stadt-)Ausschusses 20.
Polizei, Ausübung derselben im Namen des Königs 177, 344, Verwaltung durch Amtsvorsteher 188, Organ der Amtsvorsteher und Gemeindevorsteher 171, Ueberwachung durch den Landrath 197.
Polizeiaufsicht, Beaufsichtigung der darunter stehenden Personen 171.
Polizeibeamte, Bestätigung derselben durch die Staatsregierung 345.
Polizeibehörden, Vorsteher Königlicher, ausgeschlossen von der Wählbarkeit in den Provinzialrath 8, Bezirksausschuß 15, Zwangsmittel zur Durchführung ihrer Anordnungen 75—78, 347.
Polizeigefängnisse, 383.
Polizeikommissar 344.
Polizeiliche Verfügungen 171, 344, Gegenstand 345, Rechtsmittel 71, 72, 342.
— Vorschriften (Verordnungen, Anordnungen, Reglements) 72, 78, 79, deren Anfechtung 72. — Bescheide, deren Anfechtung 72, Aufhebung derselben im Verwaltungsstreitverfahren 74;
— Befugnisse der Minister 78, 83, der Oberfischmeister 77, des Oberpräsidenten 79—81, der Regierungspräsidenten 79—83, des Landraths 81.
Polizeipräsident von Berlin, Zuständigkeit 21, 22, 23, 314, 332.
Polizei-Präsidium von Berlin, Beamte desselben sind von der Ernennung zum Präsidenten des Bezirksausschusses ausgeschlossen 23, Zuständigkeit in Enteignungssachen 327, bezüglich des Verwaltungszwangsverfahrens 478.
Polizeirichter 347.
Polizeistrafverordnungen 81, 189, Bekanntmachung 81, Anfang ihrer Wirksamkeit 81, Außerkraftsetzung 83, — des Amtsvorstehers 183, 189, — 3-Recht 78 ff.
Polizeiverwaltung, örtliche 344, in den neuerworbenen Landestheilen 80, gutsherrliche, deren Aufhebung 177, im Kreise 197.
Pommern, Ansiedelungen 326.
Posen, Inkrafttreten des Landesverwaltungsgesetzes 86, — Ansiedelungen 326.
Post, Zustellung durch diese 449, 450, 451.
Potsdam, Regierungsabtheilung des Innern, Zuständigkeit für Berlin 21, 22, Bezirksausschuß, Zuständigkeit 30.
Präjudizienbuch des Oberverwaltungsgerichts 435.
Präklusionsbescheid bei Be- und Entwässerungs-Anlagen 289.
Präklusionsverfahren für Entwässerungsanlagen 286.
Präklusivische Fristen 27.
Presse, Druckschriftenverbreitung 311.
Preußen, Ansiedelungen 326, Theilung der Provinz 432.

Privatdeiche, frei von Kreisabgaben 349.
Privatflüsse, deren Benutzung 285, 286.
Privat-Kranken-, Entbindungs- und Irrenanstalten, Konzession 310, Zurücknahme 313.
Privatrechtliche Verhältnisse 6, 72, 107, 140, 155.
Privatschlachtanstalten, Entschädigungsansprüche 319.
Propositionen für den Kreistag 216.
Protokoll, Anbringung von Beschwerden 69;
— im Verwaltungsstreitverfahren 41, 501, 509, über Zwangsvollstreckungen 458.
Protokollführer im Verwaltungsstreitverfahren 41, bei den Kreistagsverhandlungen 218.
Provinzen 3, 243.
Provinzialabgaben, Ausschreibung 118, 132, Vertheilung und Aufbringung 133 ff., Mehr- oder Minderbelastung 134, Reklamationen gegen die Veranlagung 135, Rechtsmittel 135, Ermäßigungsansprüche 135.
Provinzialämter 118, 119.
Provinzialangehörige 108, wählbar in den Provinzialrath 8, Rechte und Pflichten 108.
Provinzialanleihen 118, 137.
Provinzialanstalten 108, 118, 124, Befugniß der Vorsteher zur Festsetzung von Ordnungsstrafen 129.
Provinzialausschuß 120, Zusammensetzung 120, Vorsitzender und Mitglieder 120, 121, 131, 139, Vereidigung und Einführung dieser 122, Disciplinarvergehen 122, Berufung und Sitzungstage 122, Geschäftsordnung 122, 124.
Geschäfte 124, 125, 132, 134, Geschäftsinstruktion für Provinzialbeamte 128, desgl. für Kommissare und Kommissionen sowie Aufsicht über diese 131;
wählt die Mitglieder des Provinzialraths 8, Bezirksausschusses 15, beschließt über Aufhören der Mitgliedschaft 8, stellt die Zahl der zu wählenden Abgeordneten für den Provinziallandtag fest 110, 111;
Theilnahme an den Sitzungen desselben 115, Vorschlagsrecht zur kommissarischen Verwaltung der Landesdirektorstelle 126, Berichterstattung über die Provinzialverwaltung 132, Verantwortlichkeit für Etatsüberschreitungen 132, beschließt über Reklamationen gegen Veranlagung zu den Provinzialabgaben 135, 243, Theilnahme des Oberpräsidenten an den Sitzungen 136;
Beanstandung der Beschlüsse 136, vertheilt die Provinzialabgaben 134.
Provinzialbeamte 8, 15, 119, 121, 124 ff., 128, 138, Disciplinarverfahren 129, 130, s. a. Landesdirektor.
Provinzialbehörden 4, 7, 24.
Provinzialbürgschaft 118, 137.
Provinzial-Chausseeverwaltung Beamte 128.
Provinzial-Darlehnskassen, Reglements 138.
Provinzialgrenzen, deren Veränderung 107.
Provinzialgrundstücke 118.
Provinzialhauptkasse 132.
Provinzial-Haushalts-Etat 118, 131 ff., 138.
Provinzial-Hülfskassen, Reglements 138.
Provinzial-Jahresrechnungen 132.
Provinzialinstitute 128, 137, 138.
Provinzialkasse, Rechnungswesen 118.
Provinzialkommission, 130, 131, 136, 139.
Provinziallandtag, Zusammensetzung 109, Mitgliederzahl 109, 110, der Provinzen Preußen 432, Feststellung der Zahl der Abgeordneten 110, Frist zur Einbringung des Antrages auf Berichtigung der Feststellung 110, Wahl der Abgeordneten 111, Wählbarkeit 111 ff., Verlust der Wählbarkeit 112, Wahlperiode 112, Prüfung der Legitimation 113, Versammlungen 114, Einberufung 114, Königlicher Kommissar 114, Oeffentlichkeit der Sitzungen 114, Beschlußfähigkeit 115, Abstimmung 115, Vorsitzender 115, 116, dessen Theilnahme an den Provinzialausschuß-Sitzungen 129, Beanstandung der Beschlüsse 136, Bestätigung von Beschlüssen 137, 138, Auflösung 139, Kosten 406;
Geschäftsordnung 116, Geschäfte, Befugnisse u. Obliegenheiten 116 ff., Verbindung mehrerer Landkreise zu Wahlbezirken 110, Bestimmung der Wahlorte 110, Genehmigung der Geschäftsordnung des Ausschusses 124;

stellt die Verwaltungsgrundsätze fest 118;
bestimmt die Zahl, Besoldung und Anstellung der Provinzialbeamten 119, 128, wählt den Landesdirektor und die oberen Beamten 119, 125. 127, vollzieht die Wahlen zum Provinzialausschuß 119, bestellt Kommissare zum Zwecke der kommunalen Provinzialverwaltung 119, wählt den Provinzialausschuß 120.
beschließt bei Beschlußunfähigkeit des Provinzialausschusses 123, über Erlaß von Statuten und Reglements 117, über Vertheilung von Staatspräſtationen 117, über Provinzialausgaben und Verpflichtungen 117, Veräußerung von Grundstücken und Immobiliarrechten 118, Einrichtung des Rechnungs- und Kassenwesens 118, Feststellung des Haushaltsetats 118, 131, Dechargirung der Jahresrechnungen 118, Einrichtung von Provinzialämtern 118;
beschließt ferner über die Einsetzung von Provinzialkommissionen 130, 131, über Entschädigung der Mitglieder 131, über Ausschreiben der Provinzialabgaben 132, über Mehr- oder Minderbelastung 134, Genehmigung von Etatsüberschreitungen 132, Anhörung bei Bildung von Stadtkreisen 155, Vertheilung des Beitrags des Staats zu den Kosten der Amtsverwaltung 193, Prüfung, Feststellung und Entlastung der Rechnungen 132.
Provinziallasten 108.
Provinzialmeliorationsfonds 408.
Provinzialordnung 106, Novelle 103.
Provinzialrath 4, Zusammensetzung 7, für Berlin 22, Mitglieder 8, 9, 15, 131, deren Beurlaubung 493, Beschlußfähigkeit u. Abstimmung 10, Verfahren 29 ff., 492, Geschäftskreis 492, Befugnisse des Vorsitzenden 65, 69, 250, 493;
stellvertretende Mitglieder 8, 493, Theilnahme von technischen Staats- oder Kommunalbeamten an den Verhandlungen 66;
Aufsicht über die Geschäftsführung 24, 493, Anfechtung endgültiger Beschlüsse 70, Kosten 497, Geschäftskontrollbücher 497, Geschäftsjahr und Jahresbericht 497;
Zustimmungsrecht zu Polizeivorschriften 80, 81;
Aufsichtsrecht über die Verwaltung der städtischen Gemeindeangelegenheiten 246;
Beschwerdeinstanz gegen Beschlüsse des Bezirksausschusses 67, in Armenangelegenheiten 269;
Vorschlagsrecht für die Ernennung des Amtsvorstehers 186, beschließt über die Zahl, Zeit u. Dauer der Kram- und Viehmärkte 317, der Vorschriften über Arbeiter bei Bauten 324, Sparkassenstatuten und Auflösung von Sparkassen 275.
Provinzialreglements 108, 109, 117, 124, 128, 138, 416.
Provinzial-Schulkollegium für die Provinz Brandenburg auch für den Stadtkreis Berlin 21.
Provinzialständische Verbände, Ausschüsse und Kommissionen 140.
Provinzialstatuten 108, 118 ff., 127, 137.
Provinzialverband 106, 107, Korporation 106, Verwaltung u. Vertretung 109, 110, 116, 126, Beamte 8, 15, Einrichtungen u. Anstalten 108, Staatspräſtationen 117, Abgaben 118, Anleihen 118, Grundstücke 118, Vertretung nach außen 126, Vollziehung verpflichtender Urkunden 127, Aufsicht über die Verwaltung 135 ff.;
Ausstattung mit Fonds zur Selbstverwaltung, s. Dotation;
Uebertragung der Verwaltung von Anstalten 407, der Hebeammenlehrinstitute 409, der Chausseen 412 ff., Ueberweisung der Hülfskassenfonds 382, desgl. der Meliorationsfonds 408, und Staatsnebenfonds 411, 418 ff.
Provinzialverfassung 106, 109.
Provinzialvermögen 117, 118, 124.
Provinzialvertretungen, Befugniß bei Bildung der Wahlverbände 199.
Provinzialverwaltung, Beaufsichtigung 25, Geschäfte 126, Beschwerden 136, Kosten 406.
Provinzialverwaltungsbehörden, deren Befugniß zur Erhebung des Kompetenzkonfliktes im Verwaltungsstreitverfahren 63.
Provinzialwegeverwaltung, Beamte 128.
Prüfung, technische, der Chausseebauprojekte 472.

Q.

Quartierleistung, Vertheilung 274, 275.

R.

Räthe 12, s. a. Beamte.
Rang der Präsidenten u. Mitglieder des Oberverwaltungsgerichts 94.
Rechnungen der Amtsverbände 185, Kreise 159, 214, 220, Provinzialverbände 118, 131, 132, 136.
Rechtsanwalt, Vertretung im Verwaltungsstreitverfahren 40, im Verfahren auf Amtsentsetzung gegen Mitglieder des Oberverwaltungsgerichts 96;
Gebühren 56, 57, nicht pfändbare Sachen 456.
Rechtshülfeleistung der Verwaltungsbehörde 25.
Rechtsirrthum 63.
Rechtsmittel gegen polizeiliche Verfügungen 71, gegen Bescheide im Verwaltungsstreitverfahren 35, 36, gegen Bescheide und Verfügungen des Vorsitzenden im Beschlußverfahren 65, 66, gegen Androhung und Festsetzung von Zwangsmitteln 77, 78, gegen die Veranlagung zu den Provinzialabgaben 135, gegen Versagung gewerblicher Konzessionen 309 ff., Zurückweisung von unzulässigerweise angebrachten Rechtsmitteln 73;
— außerordentliche, gegen die Entscheidungen des Oberlandeskulturgerichts 177, gegen wegepolizeiliche Anordnungen 279, gleichzeitiges Anbringen der Klage und Beschwerde 73, s. a. Klage, Beschwerde, Einspruch, Berufung und Revision.
Rechtsverletzung, Grund zur Anfechtung endgültiger Beschlüsse 70.
Rechtsweg, Zulässigkeit in Bezug auf polizeiliche Verfügungen 342;
— ordentlicher 165, 185, 220, 254, 262, 266, 269, 447.
Referendare können Landräthe werden 196.
Regierende Häuser, Vertretung bei den Wahlen 204.
Regierungen führen die Geschäfte der allgemeinen Landesverwaltung als Behörde der Bezirks-Instanz 4;
— Erhebung des Kompetenzkonfliktes im Verwaltungsstreitverfahren 64, zum Erlasse von Polizeivorschriften nicht befugt 79;
Veränderungen in der Geschäftsführung 475 ff., Beschäftigung der ernannten Mitglieder des Bezirksausschusses bei denselben 479, Plenarberathungen 479.
Regierungsabtheilung des Innern 12, 13, 476.
— für landwirthschaftliche Angelegenheiten 13, für Kirchen- u. Schulsachen 12, 23.
Regierungsbezirke 3, Behörden 4, 5.
Regierungsmitglieder 11.
Regierungspräsident, s. a. Vorsitzender;
führt selbstständig die Geschäfte der allgemeinen Landesverwaltung in den Regierungsbezirken 4, dessen Verantwortlichkeit 4, verwaltet die Geschäfte der bisherigen Regierungsabtheilung des Innern 11, 476, Stellvertreter 12, 83, 476, 481, Befugniß bezüglich der Beschlüsse der Regierung 13, 480, persönliche Maßnahmen 14, ist ausgeschlossen von der Wählbarkeit in den Provinzialrath 8, den Bezirksausschuß 15, 18, Provinzialausschuß 121, führt den Vorsitz im Bezirksausschuß 15, Beschwerde-Instanz gegen polizeiliche Verfügungen der Ortspolizeibehörden und des Landraths 71, Vertretung in Behinderungsfällen 16;
Aufsichtsrecht über die Geschäftsführung des Kreis-(Stadt-)Ausschusses 24, über die Kreisverwaltung 229, über die Verwaltung der Angelegenheiten der Amtsverbände 186, 245, der städtischen Gemeindeangelegenheiten 246, desgl. der Landgemeinden und selbstständigen Gutsbezirke 256, über die Amtsführung der Standesbeamten 328, Ordnungsstrafrecht über Amtsvorsteher 192, über Bürgermeister, Beigeordnete, Magistratsmitglieder und sonstige Gemeindebeamte 253, über Gemeindevorsteher, Schöffen und Gutsvorsteher 264;
Anfechtung endgültiger Beschlüsse des Bezirksausschusses 70;
bestätigt den gewählten Vorsitzenden des Stadtausschusses 19, die Wahlen von Gemeindebeamten 249;
Befugnisse in Enteignungssachen 327,

zur Außerkraftsetzung ortspolizeilicher Vorschriften 346, betr. die Erwerbung und den Verlust der Bundes- und Staatsangehörigkeit 329, betr. das Disciplinarverfahren gegen Mitglieder des Kreis-(Stadt-)Ausschusses 20, gegen Amtsvorsteher 191, 192 und Kreisbeamte 223, Gemeindebeamte 253, 254, 264, Zwangsmittel zur Durchführung seiner Anordnungen 75 bis 78;
Polizeiverordnungsrecht 79—83;
bestimmt die zuständige Behörde für das Beschlußverfahren in Betreff von Grundstücken 31, beauftragt einen Kreis-(Stadt-)Ausschuß bei Betheiligung einer Kreiskorporation oder Stadtgemeinde 31, desgl. bei Beschlußunfähigkeit einen anderen Kreis-(Stadt-)Ausschuß 65, erhält Mittheilung von der Berufung der Kreistage 216, u. von deren Protokollen 218, desgl. Abschrift des Etats- u. Verwaltungsberichts 219 und Abschrift des Feststellungsbeschlusses zur Jahresrechnung 220, Jahresbericht der Kreisausschüsse 512; Zwangsetatisirung der Kreisverwaltung 231, der Stadtgemeinden 252, der Schulverbände 273, Bestätigung von Gemeindebeschlüssen 250, 260;
bestellt Kommissare zur Wahrnehmung des öffentl. Interesses im Verwaltungsstreitverfahren 40, 501, und legt Berufung im öffentl. Interesse ein 48, 49, desgl. Revision als Vorsitzender des Bezirksausschusses 51, Beschwerde-Instanz bei Strafverfügungen gegen Unterbeamte der Landgemeinden in Westfalen und der Rheinprovinz 265;
Einrichtung der Geschäftskontrollen des Kreis-(Stadt-)Ausschusses 512;
Genehmigung von Sparkassen 276, Vorschriften über Handarbeiter bei Bauausführungen 324, Erwerb u. Verlust der Bundes- und Staatsangehörigkeit 328.

Regierungsvicepräsident 10.

Reglements, polizeiliche 72, 78, deren Anfechtung 72, über Räumung von Gräben u. Wasserläufen 284, s. a. Wahl.

Regulativ über den Geschäftsgang u. das Verfahren der Beschlußbehörden 30, über den Geschäftsgang bei dem Oberverwaltungsgerichte 98, bei den Kreisausschüssen 226, bei den Provinzialräthen 492, bei den Bezirksausschüssen 498;
s. a. Geschäftsregulativ.

Regulirung der Lehrerbesoldungen 270.

Reichsbeamte, Besteuerung ihres Diensteinkommens 164.

Reichsbehörden, Vernehmung der Vorstände derselben als Zeugen 43.

Reichsfiskus, Kreisabgabenpflicht 162.

Reichskanzler, Vernehmung als Zeuge 42, 43.

Reisekosten der Kreisdeputirten 197, Kreiskommissions-Mitglieder 227, Amtsvorsteher 382, der gewählten Mitglieder des Bezirksausschusses und deren Stellvertreter 18, der Zeugen und Sachverständigen 490, der Beamten als Zeugen 491;
Kreistagsabgeordnete erhalten keine 213.

Reklamationen gegen die Veranlagung zu den Provinzialabgaben 135, 243, den Kreisabgaben 164.

Remuneration stellvertretender Gutsvorsteher und anderer Gemeindebeamten 174, der kommissarischen Amtsvorsteher 193, 382.

Rentenbank, Direktion für den Stadtkreis Berlin 21.

Repräsentantenkollegium, bürgerliches, wählt die Abgeordneten zum Provinziallandtage 111, zum Kreistage 207.

Restitutionsgesuch gegen Präklusionsbescheide bei Be- und Entwässerungs-Anlagen 289.

Restitutionsklage 53, Zulässigkeit derselben 54, 55, Fristen 55.

Rettungsanstalten, Fonds 406.

Revision, Instanz 51 ff., nur gegen den dispositiven Theil einer Entscheidung 48, Gründe 51, 52, Frist und Verfahren 52;
ausschließliches Rechtsmittel betr. Vertheilungsplan der Kreistagsabgeordneten 212, betr. die Heranziehung und Veranlagung zu den Kreisabgaben 244, Innungsangelegenheiten 316, gewerbliche Konzessionen 312, 315, Handelskammern 321, gegen Entscheidungen des Bezirksausschusses 165, 255.

Rezeß über Auseinandersetzung zwischen Gemeinde- und Schulzenguts-besitzer 176, 177.
Rheinprovinz, Inkrafttreten des Landesverwaltungsgesetzes 86, Veränderung der Grenzen der Bürgermeistereien 256, Bildung von Gemeinde- und Gutsbezirken 256, Bürgermeister, s. Gemeindevorsteher.
Richter, Ausschließung und Ablehnung im Verwaltungsstreitverfahren 32, 33, 34.
— (Gemeindevorsteher) 167.
Richteramt, s. Befähigung.
Richterliche Beamte können nur mit Genehmigung des vorgesetzten Ministers Mitglieder des Kreisausschusses sein 221.
Rittergüter 261.
Rügen, Feststellung der Stadtetats 252.
Ruhestand, s. Pensionen, Pensionirung.
Rußhütten-Anlagen 307.

S.

Sachsen, Wahlverbände 199, besondere Bestimmung der Kreisordnung 232, Ansiedelungen 326, Gemeinde- und Dorfgerichtsschreiber 391, 392.
Sachverständige im Verwaltungsstreitverfahren 39, 41, 42, Gebühr 57, 482, im Beschlußverfahren 67, 69, in Be- und Entwässerungs-Angelegenheiten 290, in den vor die ordentlichen Gerichte gehörigen Rechtssachen 489 ff.
Sanitätspolizeiliche Einrichtungen 243.
Schaffner, Zurücknahme der Bestallung 313.
Schankwirthschafts-Betrieb 309, Zurücknahme der Konzession 312.
Schauer, Zurücknahme der Bestallung 313.
Schaukommissionen 292.
Schauspielunternehmungen, Erlaubniß 310, Zurücknahme 313.
Schauungsmänner, Zuständigkeit 291.
Schiedsgericht in Entwässerungssachen 288.
Schießpulver, Aufbewahrung und Beförderung 79.
Schifffahrtspolizei 80, 188, 300.
Schlachthäuser, Errichtung öffentlicher 318, 319.
Schlächtereien, Anlage 308.
Schlesien, Verbindung von Landkreisen zu Wahlbezirken 110, Ansiedelungen 326, Gemeinde- und Dorfgerichtsschreiber 391, 392, Viehassekuranzfonds 409.
Schleswig, Regierungsabtheilung des Innern und für landwirthschaftliche Angelegenheiten 13, Stau-, Ent- und Bewässerungs-Anlagen 291, Vogelkojen 307.
Schleswig-Holstein, Inkrafttreten des Landesverwaltungsgesetzes 86, Wegepolizei 280, 281.
Schleusenverbände, 302.
Schlösser, frei von Kreisabgaben 350.
Schnellbleichen, Anlagen 307.
Schöffen, Amt 167 ff., 233, 391. Wahl 168, Bestätigung und Vereidigung 169, Ersatz baarer Auslagen 170, 174, Vermehrung derselben 261, Dienstvergehen 264, vertreten die Gemeinde im Amtsausschuß 181.
Schöppen (Schöffen) 167, 181, 392.
Scholze 167.
Schonzeit des Wildes 306.
Schornsteinfeger, Kehrbezirk 319.
Schriftwechsel der Behörden 30.
Schulangelegenheiten 270 ff.
Schulaufsichtsbehörde, Anordnungen 272, 274, Befugnisse bez. der Errichtung 2c. gewerblicher Fortbildungsschulen 316.
Schulbauten, 274.
Schulbeiträge, Verpflichtung zur Leistung 271.
Schuldverschreibungen, Bekanntmachung ausgelooster und gekündigter 473, Aufgebot und Amortisation 473, Unterschrift 473.
Schulen, Bau und Unterhaltung 272, landwirthschaftl., s. Lehranstalten.
Schulgeld gehört nicht zu den Abgaben und Leistungen für die Schulen 272.
Schulgemeinde (Schulkommune), Zwangsetatisirung 271.
Schullehrer, Befreiung von Abgaben 163, 164, Besoldungen 270, s. a. Lehrer.
Schulsachen 11—13, 270, mit kollegialischer Behandlung 4, in Hannover 14, für Berlin 23.
Schulsocietäten, Einrichtung derselben 271, 274, Zwangsetatisirung 273.
Schultheiß 267.
Schulverbände, Beachtung bei Bildung der Amtsbezirke 179, Streitsachen 271, 272, Zwangsetatisirung 273.
Schulze, (Gemeindevorsteher) 167.

Schulzenamt, Landdotation für die Verwaltung des Amts 170, Aufhebung der Berechtigung und Verpflichtung zur Verwaltung desselben 174—177.
Schulzengutsbesitzer 175, 176.
Schutzwaldungen 223.
Schwägerschaft hindert die Theilnahme an der Berathung und Abstimmung 64, 122, 225, Ausschließungsgrund bei Gerichtspersonen im Verwaltungsstreitverfahren 33, Zeugnißverweigerung 44.
Schwimmunterricht, Untersagung 312.
Seifensiedereien, Anlagen 307.
Selbstständige Güter 357.
Selbstständigkeit bei Angehörigen des deutschen Reichs 111, 112. 203, 221, der Mitglieder des Amtsausschusses 181.
Sequestration von Grundstücken 465.
Servis der Offiziere u. Militärbeamten, nicht pfändbar 464.
Sicherheitsleistung bei Aufhebung von Vollstreckungs-Maßregeln 454.
Sicherheitspolizei 82, 188.
Siegel des Bezirksausschusses 502, Kreis-(Stadt-)Ausschusses 510, Oberverwaltungsgerichts 438.
Siegelanlegung bei der Pfändung 455.
Sigmaringen, Regierungsgeschäfte 12, polizeiliche Verfügungen 74, s. a. Hohenzollern.
Silbersachen, gepfändete, deren Versteigerung 458.
Sittenpolizei 188.
Sitz der Korporation bestimmt die örtliche Zuständigkeit der Behörde 30.
Sitzungen des Provinziallandtages 114, 115, des Amtsausschusses 183.
Sitzungstage des Provinzialausschusses 122.
Sohn 168, s. Vater.
Sold der Unteroffiziere und Soldaten, nicht pfändbar 464.
Sparkassenangelegenheiten 275.
Sparkassenstatuten, deren Bestätigung 275.
Sprache im Verwaltungsstreitverfahren 37.
Sprengstoffe, Aufbewahrung und Beförderung 79.
Spritzenverbände 322.
Spruchkollegium, s. a. landwirthschaftl. Angelegenheiten 13.
Staat, Vertretung bei den Wahlen der Kreistagsabgeordneten 203.
Staatsamt, unmittelbares, Grund zur Ablehnung unbesoldeter Aemter im Kreise 156, 168.
Staatsangehörigkeit, Erwerbung u Verlust 329.
Staatsanwaltschaft, Hülfsbeamte 171. 189, beauftragt den Gemeindevorsteher 171, — im Disciplinarverfahren, s. dieses.
Staatsbeamten, Besteuerung ihres Diensteinkommens 163, 164, bedürfen keiner Genehmigung bei Uebernahme des Mandats als Kreistagsabgeordnete 208, 223, technische, können mit berathender Stimme an den Verhandlungen der Behörde theilnehmen 66.
Staatschausseen. s. Chausseen.
Staatseisenbahnen, Kreisabgabenpflicht 162.
Staatsgebiet, Verwaltungseintheilung 3.
Staatskasse, in diese fließen die Einnahmen des Bezirksausschusses 18, auch die vom Landrath festgesetzten Geldstrafen 196.
Staatsministerium beantragt die Auflösung des Kreistags 231, des Provinziallandtags 139, schlägt die Mitglieder des Oberverwaltungsgerichts vor 94, theilt letzteres in Senate 96, ernennt bei demselben die Subaltern- und Unterbeamten 98, bestätigt das Geschäftsregulativ des Oberverwaltungsgerichts 98, Revision und anderweite Festsetzung des Tarifs für die Kosten der Zwangsvollstreckung im Verwaltungszwangsverfahren 467.
Staatsnebenfonds, Ueberweisung an die Provinzialverbände 411, 418.
Staatspräftationen, Aufbringung seitens der Provinzialverbände 117, Repartirung auf die Kreise 213.
Staatssteuern, direkte, als Maßstab für die Vertheilung der Kreisabgaben 138 ff., 401, der Provinzialabgaben 133, für die Bildung der Wahlverbände 199, 200, 205, s. a. Klassensteuer.
Staatsverwaltung, Wahrnehmung der Geschäfte durch die Amtsverbände 193, s. a. Landesverwaltung.
Stadtausschuß 5, 227, Zusammensetzung 19, als Verwaltungsgericht 6, Vorsitzender 19, Wahl der Mitglieder 19, Dauer der Amtsperiode 19, Einführung und Vereidigung 20, Disciplinarverfahren gegen die

Mitglieder 20, Beschlußfähigkeit 20, Verfahren 29 ff., 506, Sitzungen 506, Behinderung der Mitglieder 507, Ferien 507, Ablehnung des Vorsitzenden im Verwaltungsstreitverfahren 34, Befugnisse des Vorsitzenden 65, 70, 507, Beweisaufnahme 508, mündliche Verhandlung 509, Protokoll 509, Theilnahme von technischen Staats- oder Kommunalbeamten an den Verhandlungen 66, Urschriften und Ausfertigungen der Entscheidungen 510, Siegel 510, Zustellungen 511, Einreichung der Akten an die höhere Instanz 511, Kosten 512, Geschäftskontrollbücher 512, Geschäftsjahr und Jahresbericht 512, Befugniß des Vorsitzenden zur Einlegung von Beschwerden aus Gründen des öffentlichen Interesses 69;

beschließt über Streitigkeiten zwischen Armenverbänden 269, gegen die zur Unterstützung verpflichteten Angehörigen 269, über den Erlaß von Reglements wegen Räumung von Gräben u. Wasserläufen 284, über Anträge auf Verschaffung von Vorfluth 287, in Be- und Entwässerungsangelegenheiten 288 ff., über die vorläufige Gestattung von Bewässerungsanlagen und die Höhe der zu erlegenden Kaution 291, in Wasserlösungsangelegenheiten 292, über Stauanlagen 293, über Zulassung und Veränderung von Wasserbauanlagen 294, Setzung von Aichpfählen 294, über Be- und Entwässerungs-Gräben und Drainsanlagen 294, 295, über die Beiträge zu den Kosten von Wasserbauten 295, in Gewerbeangelegenheiten 307, über gewerbliche Konzessionen 309;

faßt den Präklusionsbescheid bei Bewässerungsanlagen ab 289, führt die Aufsicht über die Fischereigenossenschaften 303, ernennt Sachverständige Behufs Festsetzung der Höhe des Wasserstandes bei Stauwerken 286, 287, desgl Sachverständige, Kommissarien und Taxatoren in Bewässerungssachen 290, stellt die Entschädigung für dieselben fest 290;

entscheidet auf das Restitutionsgesuch in Ent- und Bewässerungssachen 289, über Widersprüche gegen eine Bewässerungsanlage 289, 290, über die Versagung gewerblicher Konzessionen 309, über Streitigkeiten zwischen Wegebaupflichtigen und Grundbesitzern 327;

zuständig für Klagen: gegen die Festsetzung der Höhe des Wasserstandes bei Stauwerken 287, betr. die Anfechtung der schiedsrichterlichen Entscheidung in Entwässerungssachen 289, gegen die Anordnungen, Festsetzungen und Erkenntnisse der Wasserlösungskommissionen und Schauungsmänner 291, in Fischereiangelegenheiten 304, s. a. Kreisausschuß.

Stadtbezirk 166, 391.

Stadtbezirksgrenzen 246, Auseinandersetzung bei deren Veränderung 246, Streitigkeiten über die bestehenden Stadtbezirksgrenzen 246.

Stadtetat, Feststellung 252.

Stadtgemeinden, Angelegenheiten derselben 246 ff., Zwangsetatisirung 252.

Stadtkreis 154, 227, 513, mit Stadtausschuß 5, Ortspolizeiverordnung 82.

Stadtrath 255.

Stadtverordnetenversammlung wählt Abgeordnete zum Provinziallandtag 111, desgl. zum Kreistag 207.

Städte, Wahlverband 199, 200, Wahlbezirk 207 363, Aufbringung der Kreisabgaben 159, Ausscheiden der Städte aus den Kreisverbänden 154, 244;

Berechnung der Einwohnerzahl 332, — mit einer Einwohnerzahl über oder unter 10 000 5, 71, 72, 73, 109, 110, 154, 268, 278, 285, 292, 307, 310—312, 324, 513.

Städtische Behörden nehmen in Stadtkreisen die Geschäfte des Kreisausschusses und des Kreistages wahr 227.

Stärkefabrikation, Anlage 307.

Stärkesyrupfabrik, Anlage 307.

Standesbeamte, Beaufsichtigung 328, Entschädigung 329.

Stargardt, Generalkommission 10.

Statut in Deichsachen 302, zur Regelung der Armenpflege 268, s. a. Amts-, Kreis- und Provinzialstatuten.

Stauanlagen für Wassertriebwerke 286, 293, 298—300, 308.

Stauer, Zurücknahme der Bestallung 313.
Stauwerke, Festsetzung des Wasserstandes 286.
Steinkohlentheerbereitungsanstalten 307.
Stellung, amtliche, der Verwaltungsbehörden 5, des Provinzialausschusses 120.
Stellvertretende Mitglieder der Behörden 15, 66, 120.
Stellvertretung des Oberpräsidenten 7, Regierungspräsidenten 12, 83, Landesdirektors 120, Gemeindevorstehers und Schöffen 169, Gutsvorstehers 172, 173, 397, Landraths 197;
bei den Wahlen der Kreistagsabgeordneten 203.
Stempelfreiheit im Verwaltungsstreitverfahren 56, von Ernennungs-Urkunden für Amtsvorsteher 387.
Sterbegehalt, nicht pfändbar 464, Befreiung von den Gemeindelasten 164.
Steuer, Verwaltung der direkten Steuer 4, 11, in Berlin 24, s. a. Staatssteuer.
Steuerexekution 77.
Steuerreklamationen, s. Reklamationen.
Steuerverwaltung, direkte, in Berlin 24.
Stiftungen, milde, Fonds, 406.
Stimmenmehrheit, absolute, 17, 115, 122, 145, 221, 239, 361, zwei Drittel 218, s. a. Abstimmung.
Stimmrecht, s. Abstimmung.
Stimmzettel, ungültige 145, 238.
Stolberg, Stolberg u. Stolberg-Roßla, Grafschaften, Einführung der Kreisordnung 232, 425.
Strafe, s. Geldstrafe.
Straffestsetzung u. Vollstreckung gegen aktive Militärpersonen 43, vorläufige, des Amtsvorstehers 190.
Strafverfügungen, polizeiliche 72, der Bürgermeister 253.
Strafverordnungsrecht der Amtsvorsteher 82.
Stralsund, Regierung 12, 481.
Streithandlung, versäumte, deren Nachholung 62.
Streitige Verwaltungssachen 6, 47, 48.
Streitobjekt, unschätzbar 482, s. a. Werthsberechnung.
Streitsachen über Ansprüche und Verbindlichkeiten aus dem öffentlichen Recht 6, unter Armenverbänden 17, zwischen Eisenbahngesellschaften u. Privatpersonen 331.
Strohpapierstofffabriken, Anlage 308.
Strombauverwaltung, Befugnisse 301.
Strompolizei 78—80, 188, 300.
Stromschiffer, Zurücknahme der Patente 313.
Studienstipendien, nicht pfändbar 464.
Stundung von Kosten 60, 61.
Synagogenangelegenheiten 276.
Syndikus des Kreisausschusses 221, 507.

T.

Tagegelder der Mitglieder des Bezirksausschusses und deren Stellvertreter 18, der Beamten als Zeugen 491, s. a. Diäten.
Talgschmelzen 308.
Tanzunterricht, Untersagung 312.
Tarif für die Berechnung der Kosten im Verwaltungsstreitverfahren 483 ff.;
— für die Kosten im Verwaltungszwangsverfahren 468.
Taubstumme, Fürsorge für dieselben 140.
Taubstummenanstalten, Reglements 138, Fonds 406, Uebertragung der Verwaltung auf Provinzialverbände 407.
Taxatoren in Be- und Entwässerungs-Angelegenheiten 290.
Technische Beamte 13, 66.
Theerbereitungsanstalten 307.
Thransiedereien 307.
Triebwerke 297, 298.
Trier, Regierungsabtheilung für Kirchen- und Schulsachen 12.
Trödelbetrieb, Untersagung 312.
Turnunterricht, Untersagung 312.

U.

Uebernahme von Bürgschaften Seitens des Provinzialverbandes 118, 137.
Ueberschreitung der Befugnisse, Grund zur Anfechtung endgültiger Beschlüsse 70.
Ueberweisung gepfändeter Geldforderungen 460.
Uferbesitzer, Bewässerungsanlagen 289, 290.
Umbildung der kommunalständischen Verbände 141.

Umfang der Provinzialverbände 106, der Kreise 153.
Unbesoldetes Amt im Kreise 156.
Unbewegliches Vermögen, Zwangsvollstreckung in dasselbe 465.
Unmittelbarer Zwang zur Durchsetzung obrigkeitlicher Anordnungen 76.
Unschätzbare Streitobjekte 482, 485.
Unterhaltung der Bäche 284.
Unterlassung, Erzwingung derselben 75.
Unterstützungswohnsitz, Bestimmungen über Armenstreitsachen 268; Aufhebung einiger Bestimmungen 87.
Untersuchung, gerichtliche, hemmt Wählbarkeit u. Wahlrecht 112, 203, 204, 221, bewirkt vorläufige Amtsentsetzung der Mitglieder des Oberverwaltungsgerichts 95.
Untersuchungskommissar im Disciplinarverfahren, s. dieses.
Untervertheilung der Kreisabgaben 159.
Unzuständigkeit, Einrede 46, 63.
Urkunden, den Provinzialverband verpflichtende 127, desgl. bezüglich der Kreise 224.
Urkundenfälschung, Grund zur Restitutionsklage 54.
Urlaub der Mitglieder des Bezirksausschusses 449, des Oberverwaltungsgerichts 440, der Provinzialräthe 493.

V.

Vater und Sohn dürfen nicht gleichzeitig Gemeindevorsteher und Schöffen sein 168.
Veränderung der Provinzialgrenzen 107, von Gemeinde- u. Gutsbezirksgrenzen 107, 256, der Kreisgrenzen 154, 244, des Vertheilungsmaßstabes für die Kreisabgaben 218, gewerblicher Anlagen 337, von Kehrbezirken 319, in der Geschäftsführung der Regierungen und Regierungspräsidenten 475 ff., von Archiven 250, 260, von wissenschaftlichen, historischen oder Kunstsachen 250, 260.
Veräußerung von Grundstücken und Immobiliarrechten der Provinzen 118, von Grund- und Kapitalvermögen des Kreises 218, 220, von Archiven, wissenschaftlichen, historischen oder Kunstsachen 250, 260.
Verantwortlichkeit des Oberpräsidenten 4, Regierungspräsidenten 4, 13, des Landraths 4.
Verausgabung von Sprengstoffen 2c. 79.
Vereidigung des Landesdirektors 126, der oberen Beamten desselben 127, des Gemeindevorstehers u. Schöffen 169, Gutsvorstehers 173, Amtsvorstehers 186;
der Mitglieder des Bezirksausschusses 17, Kreisausschusses 222, Provinzialausschusses 122, Provinzialraths 9, Stadtausschusses 20, s. a. Verpflichtung.
Vereine für Kunst und Wissenschaft, Zuschüsse 406.
Verfahren der Verwaltungsbehörden 5, 29, 30, in Auseinandersetzungsangelegenheiten 177, bei den Provinzialräthen 492 ff.
Verfassung der Verwaltungsgerichte 93–98.
Verfügungen der Verwaltungsbehörden, Beschwerde oder Klage im Verwaltungsstreitverfahren dagegen 26, des Vorsitzenden im Beschlußverfahren 65, polizeiliche 71, 72.
Verhandlung 66, s. a. mündliche.
Verkehrsanlagen, Aufbringung der Kosten 134, 135.
Verkündigung der Entscheidungen im Verwaltungsstreitverfahren 47, s. a. Bekanntmachung.
Verlobte einer Partei, Zeugnißverweigerung 44.
Vermittelungsverfahren über Streitigkeiten zwischen Armenverbänden 269.
Vermögen, s. Kapitalvermögen, Grundvermögen.
Vermögensrechte, Zwangsvollstreckung in dieselben 460, 465.
Verordnungen, polizeiliche 72, 78, 346, deren Anfechtung 72, Zustimmung zu denselben 80, 81, Anfang ihrer Wirksamkeit 81, Außerkraftsetzung 81, 83.
Verpflichtung, eidliche, der Vollziehungsbeamten 448, des Protokollführers im Verwaltungsstreitverfahren 41, zur Verwaltung des Schulzenamtes 174, 399, zur Vertretung von Amtsvorstehern 188.
Verschwägerte, s. Schwägerschaft.
Versicherungs-Angelegenheiten 243;
— Anstalten, Reglements 138;
— Gesellschaften, Heranziehung zu den Kreisabgaben 162;

— Unternehmer, Zurücknahme der Konzession 312.
Versteigerung gepfändeter Sachen 457, 458, — bei mehrfacher Pfändung 459, Kosten 466.
Vertheilung der Provinzialabgaben 133, der Kreisabgaben 158, 214, 218, 401, der öffentlichen Lasten bei Grundstückstheilungen 326, der Kreistagsabgeordneten auf die einzelnen Wahlverbände 358, 360, desgl. auf die Wahlbezirke 362 ff., der Dotation der Kreis- und Provinzialverbände 404 ff.
Vertreter bei der mündlichen Verhandlung im Beschlußverfahren 66, desgl. im Verwaltungsstreitverfahren 38, 40, 137, 139, 182, 184, 195, 202, 213, 222, 230, 231, 244, 255, 266, der Behörde bei Anfechtung endgültiger Beschlüsse 70.
Vertretung der Provinzialverbände 109, der Gemeinde u. Gutsbezirke im Amtsausschuß 181, des Kreises 198 ff., des Kreiskommunalverbandes 213.
Vertretungsverbindlichkeit der Beamten 74, 343.
Verwahrung, vorläufige, durch den Gemeindevorsteher 171.
Verwaltung der Provinzialverbände 109, 135, 139, des Kreises 198 ff., des Schulzenamtes 399, kommissarische, der Stelle des Landesdirektors 125, 126.
Verwaltungsbehörden 5, örtliche Zuständigkeit 30, 31.
Verwaltungsbezirk d. Stadt Berlin 3.
Verwaltungsdienst, höherer, s. Befähigung.
Verwaltungseintheilung des Staatsgebiets 3.
Verwaltungsgerichte 6, 223;
Organisation 6, sachliche Zuständigkeit 6, örtliche Zuständigkeit 30, Kosten 56, 406, Stempelfreiheit 56, nehmen ihre Zuständigkeit von Amtswegen wahr 63, berechtigt zur Kontrolle über die Rechtsgültigkeit von Kreistagsbeschlüssen 165, s. a. Kreis- (Stadt-) Ausschuß, Bezirksausschuß, Oberverwaltungsgericht.
Verwaltungsgerichtsbarkeit, Behörden 6.
Verwaltungsgerichtsdirektor 15, 16.
Verwaltungsstreitsachen 6.
Verwaltungsstreitverfahren 23, 25, 26, 28, 29, 32, 74, örtliche Zuständigkeit für dasselbe 30, Vollstreckung in demselben 32, Ausschließung und Ablehnung der Gerichtspersonen 32, Instanzenzug 25, 34, Verfahren in I. Instanz 35 ff., Einreichung und Inhalt der Klage 35, Abweisung durch Bescheid 35, Bescheid auf Klaglosstellung des Klägers 35, Frist zur Beantragung der mündlichen Verhandlung bezw. zur Einlegung des zulässigen Rechtsmittels 35, zur Einreichung der Gegenerklärung auf die Klage 36, Beweismittel 36, 37, Entscheidung durch Bescheid bei nicht beantragter mündlicher Verhandlung 37, 41, mündliche Verhandlung, Vorladung zu derselben, Verwarnung 37, Verfahren in derselben 38, Fragerecht 39, Oeffentlichkeit 39, Befugnisse des Vorsitzenden 35, 38, 39, Wahrnehmung des öffentlichen Interesses 40, Beweiserhebung 41, Protokollführer 41, Entscheidung ohne mündliche Verhandlung 46, Verkündung der Entscheidung 47, Verfahren in den weiteren Instanzen und von der Wiederaufnahme des Verfahrens 47—56, Berufung an den Bezirksausschuß 47, das Oberverwaltungsgericht 48, Vertretung der aus Gründen des öffentlichen Interesses eingelegten Berufung 49, 50, Revision 51, 52, Wiederaufnahme des Verfahrens 53, Kosten 56 ff., Stempelfreiheit 56, Gebühren der Rechtsanwälte 57, der Zeugen und Sachverständigen 58, 482, Wiedereinsetzung in den vorigen Stand 62, Erhebung des Kompetenz-Konfliktes 63, Entscheidung nach freier Ueberzeugung 272.
Verwaltungszwangsverfahren 32, 75 ff., 446, gegen Militärpersonen 449, Kosten 453, 466 ff.
Verwandtschaft hindert die Theilnahme an der Berathung und Abstimmung 64, 122, 123, 225, zwischen Gemeindevorsteher u. Schöffen 168;
Ausschließungsgrund bei Gerichtspersonen 32, 33;
Zeugnißverweigerung 44.
Verwarnung bei Ladung der Parteien zur mündlichen Verhandlung im Verwaltungsstreitverfahren 37, 50.
Verzeichniß der Wahlberechtigten zum Kreistage 210.
Vicepräsident 121.

Viehassekuranzfonds 409.
Viehmärkte 317.
Viehseuchen 77.
Vogelkojen 307.
Vollmacht der Vertreter im Verwaltungsstreitverfahren 40, stempelpflichtig 56.
Vollstreckung in Schulsachen 273, im Beschluß- und Verwaltungsstreitverfahren 32, s. a. vorläufige V.
Vollstreckungsbehörden u. -Beamte im Verwaltungszwangsverfahren 448, Gebühren 467.
Vollstreckungsmaßregeln, deren Aufhebung und Einstellung 454, 455.
Vollziehung der Wahlen zum Provinziallandtage 111, der Ersatzwahlen 113, der Wahlen der Kreistagsabgeordneten in den Wahlverbänden der größeren Grundbesitzer 202 ff., desgl. in den Wahlbezirken des Verbandes der Landgemeinden 204 ff., desgl. in den Städten 207 ff., der Kreistagsprotokolle 218.
Vollziehungsbeamte 448, 449, Legitimation 452, Rechte und Pflichten 452, 456, Gebühren 466 ff.
Vorentscheidung bei Verfolgung von Beamten aus Amtshandlungen 64.
Vorfluths-Angelegenheiten 189, 284 bis 287.
Vorläufige Vollstreckung von Beschlüssen bei Beschwerden 2c. 28, 69;
in Fischereipolizeisachen 304, Schließung von Hülfskassen 323;
— Straffestsetzung des Amtsvorstehers 190.
Vorrechte der Schulzengüter 175.
Vorschriften, polizeiliche 72, 78, 345, deren Anfechtung 72, Zustimmung zu denselben 80, 81, Anfang ihrer Wirksamkeit 81, Außerkraftsetzung 81, 83.
Vorschuß bei Zeugenladungen 42.
Vorschußvereine, Kreisabgabenpflicht 162.
Vorsitzender des Amtsausschusses 183, Bezirksausschusses 15, des Kreisausschusses 19, 40, 222, 224, der Kreiskommission 226, des Stadtausschusses 19, 40, des Kreistags 215, des Provinzialausschusses 120, 121, 122, des Provinziallandtags 115, 123, des Provinzialraths 7, 10, 493, bei der Wahl der Kreistagsabgeordneten 202, 207;
Funktionen 29, Erlassung von Verfügungen und Bescheiden Namens der Behörden 65, Einlegung von Beschwerden 69, Anfechtung endgültiger Beschlüsse 70;
im Verwaltungsstreit- und Beschlußverfahren: beim Bezirksausschuß 15, Stadtausschuß 19, Provinzialrath 7, Kreisausschuß 19, Oberverwaltungsgericht 97, Befugnisse 32, 38, 39, 65, 69, Mittheilung der Bescheide 2c. an das Kollegium 66.
Vorspann, Vertheilung 274.
Vorzugsrecht 447, 454.

W.

Waarenankäufe 311.
Wachstuchfabrik 307.
Wäger, Zurücknahme der Bestallung 313.
Wählbarkeit zum Provinziallandtagsabgeordneten 111, deren Verlust 112, zum Provinzialausschuß 121, zum Wahlmanne und zum Kreistagsabgeordneten 208, 372, zum Gemeindevorsteher und Schöffen 392.
Wählerliste 367, 376, Einsprüche gegen dieselbe 247, 258, öffentliche Auslegung derselben 248, 368, 376.
Wäsche, gebrauchte, Untersagung des Handels 312.
Wahl des Landesdirektors 119, 125, der Gemeindevorsteher u. Schöffen 168, 392, der Kreisdeputirten 197;
der Mitglieder des Amtsausschusses 182, Bezirksausschusses 15, der Bezirkskommission für die klassifizirte Einkommensteuer in Berlin 24, des Kreisausschusses und der Kreiskommission 214, 221, des Kreistags 199 ff., 423, 427, 430, des Provinzialausschusses 119, 120, 121, des Provinziallandtags 111 ff., 139, 144, des Provinzialraths 8, des Stadtausschusses 19, der Provinzialkommissionen 131, der Ortssteuererheber, Gemeinde- und Dorfgerichtsschreiber 391, 392.
Wahlbezirk für die Wahl der Kreistagsabgeordneten 201, 360, 362, 363, der Provinziallandtagsabgeordneten 110, des Vorsitzenden des Provinziallandtages und seines Stellvertreters 115.
Wahlbezirksgrenzen 154.
Wahlkommissar 111, 144.
Wahlmann 207—209, 374.

Wahlort 110, 207.
Wahlperiode der Provinziallandtagsabgeordneten 112, der Kreistagsabgeordneten 208.
Wahlprotokoll, s. Wahlreglement.
Wahlrecht 157, 203, 247, 352, 353, 355, 356.
Wahlreglement zur Provinzialordnung 144—146, zur Kreisordnung 206, 208, 237.
Wahlverbände 199 ff., Vertheilung der Kreistagsabgeordneten auf dieselben 200, 427.
Wahlversammlung 111, 204.
Wahlvorstand 144, 237—239, 371.
Waisenanstalt, Uebertragung der Verwaltung auf die Provinzialverbände 407.
Waldgenossenschaften 223.
Waldschutzgericht 223.
Wartegeld, nicht verwendeter Beamten 85, Befreiung von den Gemeindelasten 164.
Wasserbetriebswerke für Bergwerke u. a. 284, 295, 296, 300, 308.
Wassergenossenschaften 27, 294, 299, 300, 331.
Wasserläufe, deren Räumung 284.
Wasserleitungen 286.
Wasserlösungskommissionen, Zuständigkeit derselben 291.
Wasserlösungsverbände 302.
Wassermühlen 299.
Wasserpolizei 188, 284 ff., 330.
Wasserstand, Streitigkeiten über die Höhe desselben 287, 298.
Wechsel, Pfändung aus solchen 460.
Wege, öffentliche, deren Einziehung und Verlegung 279.
Wegebau, darauf zu verwendende Summen der Dotation 406;
— bezirke, deren Beachtung bei der Bildung der Amtsbezirke 179.
— sachen, Befugnisse des Kreisausschusses 189, des Ministers der öffentlichen Arbeiten 330.
Wegepolizei 188, 189, 276 ff., s. a. Chausseen;
— behörde 277, 279.
Wegewesen 277 ff.
Wernigerode, Grafschaft, Einführung der Kreisordnung 232, 425 ff.
Werth des Streitobjekts im Verwaltungsstreitsverfahren 57, 483 ff., Feststellung des Minderwerths von Grundstücken 118, wissenschaftlicher, historischer oder Kunstwerth 250, 260.
Werthpapiere, gepfändete, deren Verkauf bezw. Versteigerung 458; Wiederinkurssetzung 458.
Westfalen, Inkrafttreten des Landesverwaltungsgesetzes 86, Veränderung der Grenzen der Aemter 256, Bildung neuer Gemeinde- u. Gutsbezirke 256, Ansiedelungen 326, Amtmänner, s. Gemeindevorsteher.
Wetternverbände 302.
Wiederaufnahme des Verfahrens 47ff., 53.
Wiedereinsetzung in den vorigen Stand 27, 62.
Wiederinkurssetzung gepfändeter Werthpapiere 458.
Wiesbaden, Regierungsabtheilung des Innern 13, Erhöhung der Renten des Kommunalverbandes zu Wohlthätigkeitszwecken 411.
Wiesenbauschulen, Uebertragung der Verwaltung an die Provinzialverbände 410.
Wiesenordnung 286.
Wild, Abschuß 305, Schonzeit 306.
Wirksamkeit der Kreistagsbeschlüsse 219.
Wittwenpensionen, Befreiung von den Gemeindelasten 164.
Wochenmärkte 317, 318.
Wohlthätigkeits-Anstalten, Fonds 406.
Wohnsitz bestimmt die örtliche Zuständigkeit 30.

Z.

Zeugen im Verwaltungsstreitverfahren 39, 41, 42, 43, 57, Gebühren 482 ff.
Zeugniß-Verweigerung 42—46;
— falsches, Grund zur Restitutionsklage 54.
Ziegelöfen, Anlage 307.
Zinsen, bei Berechnung des Werthobjekts 484.
Zubereitung von Sprengstoffen 2c. 79.
Zubereitungsanstalten für Thierhaare 308.
Zufälle, unabweisbare, Grund zur Wiedereinsetzung in den vorigen Stand 62.
Zulässigkeit der Ansprüche auf Ermäßigung der Provinzialabgaben 135, der Pfändung des Arbeits- und Dienstlohnes 464, der Zwangsvollstreckung in das unbewegliche Vermögen 465.

Zuschlag bei Versteigerung gepfändeter Sachen 458.

Zuständigkeit, örtliche, der Verwaltungsbehörden 30, sachliche, der Verwaltungsbehörden 5, 243, des Bezirksausschusses für den Stadtkreis Berlin 23, der Direktion für die Verwaltung der direkten Steuern in Berlin in Disciplinarsachen 24, der staatlichen Aufsichtsbehörden 26, des Bezirksausschusses zu Potsdam bezw. des Kommunalverbandes der Provinz Brandenburg 30, des Oberverwaltungsgerichts 93, 244, 252, 253, 254, der Provinzialkommissionen 131.

Zustellung, als Beginn der Fristen 27, 35;
- bei Verfügungen und Bescheiden des Vorsitzenden 65, Aussetzung bei Beschwerden 69;
- im Verwaltungsstreitverfahren 27, 35, 47, 51, 439, 441, 450.
- im Verwaltungszwangsverfahren 449 bis 451, 460, der Provinzialräthe 496, der Bezirksausschüsse 503, der Kreis- (Stadt-) Ausschüsse 511.

Zustellungsurkunde 444, 451, 496, 503, 511.

Zustimmung, s. Kollegium.

Zwangsbefugnisse u. **Zwangsmittel** 75 ff. 171, 189, 347.

Zwangsetatisirung bei den Amtsverbänden 195, den Landgemeinden und Gutsbezirken 263, 264, den Kreisen 231, 244, den Provinzialverbänden 138, 139, den Stadtgemeinden 252, den Schulverbänden 273.

Zwangsvollstreckung gegen Amtsverbände 185, Landgemeinden 262, gegen Stadtgemeinden 251;
- im Verwaltungszwangsverfahren s. a. dieses;
- in bewegliches Vermögen 453 ff., in körperliche Sachen 455, in Forderungen 460, in andere Vermögensrechte 460, 465, in Ansprüche auf Sachen 462, 463, in das unbewegliche Vermögen 465, Kosten 453, 466 ff.;
- s. a. Vollstreckung.

G. Pätz'sche Buchdr. (Otto Hauthal) in Naumburg a. S.

11. **Civilprozeßordnung mit Gerichtsverfassungsgesetz, Einführungsgesetzen, Nebengesetzen und Ergänzungen.** Von R. Sydow. Dritte vermehrte Auflage. Cartonnirt. (Unter der Presse.) Preis ca. 2 Mark 50 Pf.

12. **Strafprozeßordnung nebst Gerichtsverfassungsgesetz für das Deutsche Reich.** Von Dr. A. Dochow, weil. ordentl. Professor in Halle a. d. S. Dritte veränderte und vermehrte Auflage bearbeitet von A. Hellweg, Landrichter in Hannover. Cartonnirt 1 Mark 60 Pf.

13. **Konkursordnung mit Einführungsgesetz, Nebengesetzen und Ergänzungen.** Von R. Sydow, Landrichter in Halle a. d. S. Zweite vermehrte Anflage. Cartonnirt 80 Pf.

14. **Gerichtsverfassungsgesetz für das Deutsche Reich.** Von R. Sydow, Landrichter in Halle a. d. S. Cartonnirt 60 Pf.

15. **Gerichtskostengesetz und Gebührenordnung für Gerichtsvollzieher nebst der Novelle** vom 29. Juni 1881. **Gebührenordnung für Zeugen und Sachverständige. Mit Kostentabellen.** Von R. Sydow, Landrichter in Halle a. d. S. Zweite vermehrte Auflage. Cartonnirt 80 Pf.

16. **Rechtsanwaltsordnung für das Deutsche Reich.** Von R. Sydow. Zweite vermehrte Auflage. Cartonnirt 50 Pf.

17. **Gebührenordnung für Rechtsanwälte**. Von R. Sydow. Zweite vermehrte Auflage. Cartonnirt 50 Pf.

18. **Das Deutsche Reichsgesetz über die Reichsstempelabgaben** vom 1. Juli 1881. Von Gaupp, Regierungsrath und Stempelfiskal in Berlin. Zweite vermehrte Auflage. Cartonnirt 1 Mark 20 Pf.

19. **Die Seegesetzgebung des Deutschen Reiches.** Von Dr. jur. W. E. Knitschky, Landgerichtsrath zu Rostock. Cartonnirt 3 Mark.

20. **Gesetz, betreffend die Krankenversicherung der Arbeiter.** Vom 15. Juni 1883 von E. von Woedtke, Regierungsrath. Zweite Auflage mit einem Anhang, enthaltend die für Preußen erlassene Ausführungsanweisung vom 26. November 1883. Cartonnirt 1 Mark 20 Pf.

21. **Die Konsulargesetzgebung des Deutschen Reiches** von Dr. Philipp Zorn, ordentl. Professor der Rechte zu Königsberg. Cartonnirt 4 Mark.

22. **Patentgesetz. Gesetz, betreffend das Urheberrecht an Mustern und Modellen. Gesetz über Markenschutz.** Nebst Ausführungsbestimmungen. Von T. Ph. Berger, Regierungsrath. Cartonnirt 80 Pf.

23. **Unfallversicherungsgesetz.** Von E. von Woedtke. Regierungsrath. Cartonnirt 1 Mark.

24. **Gesetz, betreffend die Kommanditgesellschaften auf Aktien und die Aktiengesellschaften.** Vom 15 Juli. 1884. Von H. Keyßner, Kammergerichtsrath und Dr. H. Simon, Rechtsanwalt. Cartonnirt 1 Mark.

Kolibri 360 GmbH
Ferdinand-Jühlke-Straße 7
99095 Erfurt, Deutschland
produktsicherheit@kolibri360.de